JN219601

［逐条解説］
# 建設業法解説

改訂12版

建設業法研究会◯編著

大成出版社

# はしがき

建設業は、国内総生産の約十%を占める建設投資を担い、また就業人口の約十%を擁する我が国の基幹産業です。現在、建設業を取り巻く環境は厳しい状況にありますが、先進諸国中でも前例のない少子高齢・人口減少社会を迎えようとしている今日、これまで蓄積されてきた社会資本ストックの老朽化に伴う維持管理・更新需要の増大への対応や、これまで培ってきた技術・ノウハウを活用したソフト分野や新分野への進出など、建設業の果たす役割はますます重要となっています。

建設業法は、建設業の健全な発展に資することを目的として、昭和二十四年に制定され、その後時代の要請に応じながら、幾多の改正を経て現在に至っています。

最近では、建設工事における現在及び将来にわたる適正な施工及び品質の確保と、その担い手の中長期的な育成・確保を目的として、「公共工事の品質確保の促進に関する法律の一部を改正する法律」(平成二十六年第百八十六回通常国会)とともに「建設業法等の一部を改正する法律」(同)が成立し、約四十年ぶりに業種区分が見直され解体工事業が新設されるなど、建設業法上幾つかの重要な改正が行われたところです。

このたびの改訂は、これらの改正の内容についての解説を新たに収録するとともに、他の部分についても所要の加筆・修正を行い、その内容を充実させたものとなっています。

本書が、建設業に従事する方々をはじめ、建設業行政に携わる方々など関係各位に幅広く活用され、建設業法の趣旨についての理解を深めていただくための一助となることを期待します。また、その内容については、関係者のご意見等をいただき、さらに充実したものにしていきたいと考えております。

平成二十八年十月

建設業法研究会

# 建設業法解説　目　次

はしがき

## 第一部　総　論



## 第二部　逐条解説

第三部　関係法令

# 第一部　総　論

# 第一章　建設業法の制度及び改正

## 一　建設業の重要性

建設とは創造と再生であり、進歩発展につながる。

この言葉で表されているとおり、建設事業の、そして建設事業における施工の直接の担い手である建設業の重要性は、ここに改めて述べるまでもないことであろう。

われわれが生活を営んでいく上において、「衣」、「食」とともに「住」が最も必要なものの一つに挙げられているが、この「住」も、住宅の建設という一つの建設事業であり、その施工は建設業に担われている。

また、社会生活を営むため必要不可欠である道路、河川、港湾、鉄道、上下水道等の社会資本の整備も建設事業として行われ、さらに経済社会の発展の基礎となる工場、事務所等の各種産業施設、あるいは学校、病院等の教育施設、医療施設などの建設も同様であり、これらはそのほとんどすべてが建設業の手によって創り出されたものといっても過言ではない。

このように建設業は、豊かで均衡のとれた国土の発展に、健康で文化的な国民生活の向上に、国際化の下にますます伸びてゆく産業経済の発達に、重要な関係を持つ産業の一つであるということができ、建設工事の適正な施工は、社会公共の福祉に重要な影響を与えるものである。

戦後、荒廃した国土の復興に始まって、その後の急速な成長、さらには最近国際化の下において国民の福祉の向上にその重点を置いて安定的な成長を遂げようとする我が国の経済は、その発展を通じて、建設業を、巨大なしかも重要な産業の一つに育てあげてきたということができよう。

さらに、東日本大震災という未曾有の災害を経て、建設業は、震災からの復興、防災・減災、老朽化対策、インフラの維持管理など、その役割はますます重要性を増している。

このように、今後も我が国の産業の中における建設業の重要性がゆらぐことはなく、建設業の発達は国民の等しく期待するところである。

建設業法は、このような建設業の重要性を背景にして、個人の生活に、また社会公共の利害に重大な影響を与える建設工事の適正な施工の確保を図り、建設工事の発注者を保護するとともに建設業の健全な発達を促進し、もって公共の福祉の増進に寄与することを目的とするものであり、昭和二十四年の制定以来、数次の改正を経て現在に至っている。

## 二　本法の制定

㈠　昭和二十年太平洋戦争の終戦によって、戦災復興を中心として生じた終戦直後からの建設業の繁栄時代、いわゆる土建景気は、建設業者の急増を招くとともに、従来の建設業界の秩序を瓦解させるに至った。

しかし、この繁栄時代は昭和二十二年において急速に終わりを告げ、そこに残されたのは、当時二十五万と称せられた前近代的経営の色彩の濃い建設業者と、依然として残る請負契約に関する封建性あるいは片務性であった。

そして戦後の繁栄時代が急速に終わってしまった結果、建設業の経済情勢のひっ迫に伴う金融難と工事量の漸減に伴う経営難は、建設業者の乱立を加えて激烈な競争を招き、そのため不正工事の誘因となる不当に低い請負価格で工事を行う事態が生じ、随所に混乱と弊害をもたらした。すなわち、前渡金の詐取、不正工事の施工等を行う悪質な建設業者の増加も見られるとともに、建設工事の請負契約に関する片務性を助長し、契約内容も権力関係に基づいた強圧的なあるいは恩恵的な性格を強め、結果として建設業者に不当過大な義務を課し、又は当然の権利をも放棄せしめているものが多く見受けられるに至り、建設業界全体の信用に関する問題となっていった。

一方、建設業は古い歴史を有する伝統的な産業であることはいうまでもなく、その生産するものは国民公共の福祉、あるいは個人の生活に密接な関連を有する公共施設や家屋等の工作物であり、その工事の施工の良否は社会公共の福祉に直接につながるものである。また建設業は、戦後の国民経済の再建のため重要な責務を有する産業である。

このような背景をもとにして、建設工事の特殊性と公共性とを基礎とし、混乱と弊害の生じている建設業界の現状にかんがみ、建設工事の適正な施工を確保するとともに建設業の健全な発達を図り、もって公共の福祉に寄与しようとして制定されたものが建設業法である。

㈡　本法が制定される以前に、建設業に関する法的規制としては、建設業者を取り締まるための府県令があったにすぎず、これらの府県令も新憲法の施行と同時にすべて失効し、新憲法施行後においては建設業の取締りに関する条例を定めた府県が二、三あったのみである。

㈢　本法は、昭和二十一年三月に新設された戦災復興院に建設業行政が移管された当時からその立法が企画され、その後戦災復興院が建設院となり、更に建設省に昇格するとともに立法化の検討が急速に進められ、昭和二十三年十月に「建設業法案要綱試案」として公にされた。

その後、同試案について各界の意見を採り入れて修正し、「建設業法案」として第五回国会に提出されている。国会においては、衆参両院の各建設委員会において十分審議がつくされた結果、昭和二十四年五月十二日に衆議院本会議において、同五月十六日に参議院本会議において、それぞれ可決され、ここに本法は「建設業法」として成立し、同五月二十四日法律第百号として公布されたものである。

なお、本法は、昭和二十四年八月二十日から施行されている。

㈣　制定された当時の本法の概要は、次のとおりである。

㈠　目的

本法は、建設業を営む者の登録の実施、建設工事の請負契約の規正、技術者の設置等により、建設工事の適正な施工を確保するとともに、建設業の健全な発達に資することを目的とした。

㈡　適用範囲

本法は、建設工事（土木建築に関する工事で法の別表に掲げられているもの）の完成を請け負うことを営業とする者に適用されるが、軽微な建設工事のみを請け負うことを営業とする者及び別表に掲げられている建設工事のうち、工作物の主体をなさず、かつ、比較的重要性の薄い一定の工事のみを請け負うことを営業とする者には適用されなかった。

なお、この一定の工事としては、板金工事、とび工事、ガラス工事、塗装工事、防水工事、タイル工事、壁紙工事、機械器具設置工事及び熱絶縁工事が定められていた。

(ハ) 登録

建設業を営もうとする者は、建設大臣又は都道府県知事の登録を受けなければならず、登録の要件としては、登録申請者（法人の場合においては役員）又はその使用人のいずれか一人が、学歴に応じ三年か五年以上の建設工事に関する実務経験を有する者、法令による免許、技能等の認定を受けた者又は十年以上の建設工事に関する実務の経験を有する者でなければならないこととされていた。

そのほか、建設業の登録に関し、申請手続、拒否要件、登録簿の閲覧制度、登録手数料等の規定が置かれていた。

(ニ) 建設工事の請負契約

請負契約の公正な履行の確保を図るため、請負契約の当事者が遵守すべき建設工事の請負契約の原則を定めるとともに、建設工事の請負契約の内容、一括下請負の禁止、一定の見積期間の設定等の規定が置かれていた。

また、注文者の保護のため、前金払をするときに保証人を請求することができる旨の契約の保証の規定及び下請負人の変更請求の規定が定められていた。

さらに、建設工事の紛争の処理のため、建設業審議会が紛争の解決のあっせんをし得ることとされていた。

(ホ) 技術者の設置

建設工事を施工する場合に工事現場に主任技術者を置かなければならないこと及び建設大臣登録の建設業者は、各営業所に一定の技術者を置かなければならないこと等について規定されていた。

(ヘ) 監督

建設大臣又は都道府県知事は、その登録を受けた建設業者が本法に違反した場合又は一定の監督処分事由に該当する事実があった場合には、勧告、指示、営業の停止又は登録の取消しを行うことができる旨規定されていたが、重要な監督処分である営業の停止と登録の取消しについては、建設業審議会の同意が必要と規定されていた。また、関連して利害関係人による不正事実の申告、報告及び検査、監督処分の場合の聴問などについても所要の規定が置かれていた。

(ト)　建設業審議会

建設業に関する重要事項の調査審議、重要な監督処分についての同意等を行う機関として、中央建設業審議会及び都道府県建設業審議会が必置機関として設けられ、審議会の構成、委員等についての規定が設けられていた。

(チ)　その他

建設業者の標識の掲示義務、訴願、建設大臣の権限の委任等について必要な規定が設けられていたほか、罰則が規定されていた。

## 三　本法の改正

本法は、昭和二十四年制定以来、時代の要請に応えて、数回にわたる改正が行われており、特に昭和四十六年には建設業の許可制の採用、請負契約の適正化を中心とする大改正が行われている。

これらの改正のうち、主要なものを年次別についてみると次のとおりである。

(一)　「審議会等の整理のための建設省設置法等の一部を改正する法律」（昭和二十六年法律第百七十八号）第二条による改正

建設業者に対する監督処分のうち、営業の停止又は登録の取消しを行う場合には、建設業審議会の同意が必要であったが、これを改めて同意を不要としたものである。

(二)　「建設業法の一部を改正する法律」（昭和二十八年法律第二百二十三号）による改正

(イ) 建設業法の適用範囲の拡大

法の別表に掲げる建設工事のうち、工作物の主体をなさず、かつ、比較的重要性の薄い板金工事、とび工事、ガラス工事、塗装工事、防水工事、タイル工事、壁紙工事、機械器具設置工事又は熱絶縁工事のみを請け負うことを営業とする者については、本法の適用が除外されていたが、これらの工事のうち壁紙工事を除く他の工事は、建設工事としての重要性を増してきたので本法を適用することとされた。

(ロ) 建設業者の登録要件の強化

建設大臣の登録を受けた建設業者は、同一都道府県内にあるその営業所の一に所要の資格を有する技術者を一人以上置かなければならないとされていたが、これが建設大臣の登録の要件に改められた。

また、不誠実な行為、不正不法の行為により登録を取り消された建設業者の重要な地位にあった使用人は、二年間は、独立して新たな建設業の登録を申請したり、又は登録申請者の役員若しくは特定の使用人になれないよう、欠格要件の強化が行われた。

(ハ) 一括下請負の禁止の強化

建設業者は、本法の適用を受けないで建設業を営む者に対しても一括下請負をさせてはならず、また、本法の適用を受けないで建設業を営む者も一括下請負してはならない旨の規定が追加された。

(ニ) 建設業審議会の権限の強化

請負契約の不備や不合理による紛争の多発にかんがみ、紛争の解決のあっせんにおいて当事者に対して、請負契約の内容を変更することを勧告することができる権限が建設業審議会に付与された。

また、公共工事の入札の参加者の資格に関する基準、予定価格を構成する材料費及び役務費以外の諸経費に関する基準を作成し、その実施を勧告する権限も同時に追加された。

(ホ) その他

「公共工事の前払金保証事業に関する法律」(昭和二十七年法律第百八十四号)の制定に伴い、保証事業会社の保証がある場合には、前払金について保証人を立てることを要しない旨の改正がなされた。

また、本法に違反して建設業の登録を受けないで建設業を営む者と下請契約を締結した建設業者に対して、監督処分が行えるように改められるとともに、所在地不明の建設業者に対しては、聴問に代えて、公報等に事実を公告することにより登録を取り消すことができる旨の規定が追加された。

さらに、建設業者の登録を受けないで建設業を営む者についても、建設大臣又は都道府県知事の報告徴取権及び立入検査権が及ぶように改められた。

㈢　「建設業法の一部を改正する法律」（昭和三十一年法律第百二十五号）による改正

(イ)　建設工事の請負契約に関して紛争が生じたときは、従来は建設業審議会がその解決のあっせんを行うこととされていたが、紛争をより適正かつ迅速に処理するため、新たに紛争処理機関として建設省及び各都道府県に、中央建設工事紛争審査会又は都道府県建設工事紛争審査会を必置機関として設けることとされた。

(ロ)　紛争の処理の方法として、あっせん、調停、仲裁の三種類が設けられ、これに伴い、紛争処理の手続、審査会の構成、委員等に関する規定が整備された。

なお、建設工事紛争審査会の設置に伴い、都道府県建設業審議会は、これを任意機関とすることに改められた。

㈣　「建設業法の一部を改正する法律」（昭和三十五年法律第七十四号）による改正

(イ)　建設工事の著しい増加傾向にかんがみ、建設業者の施工体制を強化するため、従来の登録の要件とされている技術者の資格要件のうち、「法令による免許、技能等の認定を受けた者」を、更に「建設大臣が指定したものを受けた者」に限定したほか、建設業者に施工技術の確保に努める義務が新たに課されることとされた。

(ロ)　施工技術の向上を図るため、技術検定制度が新たに設けられた。

㈤　「建設業法の一部を改正する法律」（昭和三十六年法律第八十六号）による改正

高度経済成長や公共投資の著しい伸び等に支えられ、建設投資が増大し、建設業の社会的役割が一層重要となったことにかんがみ、建設業者の施工体制の整備、建設工事の適正な施工の確保の強化、建設業の自主的な振興の促進及び建設業審議会の強化が図られた。

(イ)　建設業の登録の要件として、主として請け負う建設工事の種類ごとに一定の学歴又は資格を有する技術者を備えなければならないこととされた。

(ロ)　建設工事の注文者に、建設業者の基本的な施工体制を識別させることを目的として、土木一式工事又は建築一式工事を請け負う建設業者は総合工事業者の登録を受けることにより総合工事業者と称することができ、その他の建設業者は工事種類名を冠した専門工事業者と称することができることと改められた。

(ハ)　公共工事の入札制度の合理化によって建設工事の適正な施工と建設業者の能力に応じた受注を確保するため、建設業者の経営に関する客観的事項を統一的かつ客観的な基準により、その登録を行った建設大臣又は都道府県知事が審査する制度が新たに設けられ、これに伴って所要の規定が定められた。

(ニ)　建設業者の自主的な振興を強く促進するための媒体とすることを目的として、建設業者団体の届出制が定められた。

(ホ)　中央建設業審議会に専門委員を置くことができることとされた。

(ヘ)　建設大臣又は都道府県知事は、建設業者及び建設業者の団体に対して必要な指導、助言及び勧告をすることができることとされた。

(六)　「建設業法の一部を改正する法律」（昭和四十六年法律第三十一号）による改正

(イ)　改正の経緯

昭和四十年代に至り、我が国の経済の発展と国民生活の向上に伴い、建設投資の需要はますます増大し、建設業の重要性は一層高まったにもかかわらず、建設業の実状は、残念ながら、施工能力、資力、信用に問題のある建設業者がなおその跡を絶たず、加えて科学技術の進歩による技術革新、建設労働力の不足化傾向、経済の国際化に伴う資本の自由化等、建設業をめぐる新しい環境の変化に対応して、建設業の近代化、合理化を急速に進めることが各方面から要請されてきた。

そのため、この建設業の近代化、合理化方策の一環として、中央建設業審議会において、昭和四十年十二月から「建設業法の当面する諸問題」について審議が行われ、二年有余にわたる審議の結果、建設大臣の諮問に応じて、昭和四十三年十一月「建設業法の改正に関する答申」が建設大臣あてに提出された。

建設省ではこの答申に基づき、立法化の作業を進め、「建設業法の一部を改正する法律案」として、昭和四十四年四月、第六十一回国会に提出する運びとなったが、同国会では審議未了のため廃案となった。

さらに翌年、同法案は一部改められた上、再び「建設業法の一部を改正する法律案」として三月に第六十三回国会に提出され、衆議院先議となり、同建設委員会において審議が進められた結果、五月十一日衆議院建設委員会で修正可決され、その際七項目にわたる附帯決議がなされた。

同法案は、同日衆議院本会議で可決され、次いで参議院に回付されて建設委員会に付託されたが、会期の関係上、継続審査となることが決定された。

次いで第六十四回国会は臨時国会であったため、法案は再び継続審査となり、第六十五回国会に引き継がれた。第六十五回国会では、参議院建設委員会において八回にわたる審議が行われ、昭和四十六年三月二十三日同法案は、同委員会において修正可決され、またその際十項目の附帯決議がなされた。

さらに同法案は、翌三月二十四日参議院本会議で可決され、衆議院に送付された後、同日衆議院建設委員会で可決された。

かくて、同法案は、三月二十五日衆議院本会議で可決成立し、同年四月一日公布されることとなった。

(ロ)　改正法の概要

この改正法の内容は、追って第二章でその概要を明らかにし、更に第二部において詳細な逐条解説をそれぞれ行うので、ここではその骨子についてのみ説明することとする。

(a)　建設業の許可制度の採用

従前の建設業者の登録制度に代えて、新たに建設業の許可制度を採用し、法の別表に掲げる建設工事の種類を改めて、許可は建設工事の種類に対応する建設業の業種に分けて行ういわゆる業種別許可制度がとられた。

また、許可の基準を定めるとともに、許可の欠格要件も従前の登録の拒否要件と比べて加重された。

(b)　特定建設業の許可制度の採用

建設工事の下請負人の保護の徹底を図るため、発注者から直接請け負う一件の建設工事につき、一定金額以上のものを下請負に付する建設業者は、特定建設業の許可を受けなければならないこととし、許可の基準が加重された。

(c) 請負契約の適正化に関する規定の整備

建設工事の請負契約書に記載すべき内容を充実させ、現場代理人又は監督員の権限等に関する事項の通知義務を規定するとともに、請負契約の締結等に際しての重要事項の提示の義務が注文者に課された。

また、注文者が自己の取引上の地位を不当に利用して、不当な請負代金の額又は不当な使用資材等の購入等を請負人に強制することを禁止する規定が設けられた。

(d) 下請負人の保護に関する規定の新設等

一般的に元請負人が遵守すべき下請負人保護のための義務として、工事施工の場合の下請負人の意見の聴取、下請代金の支払期間等並びに検査及び引渡しに関する規定が設けられ、また、特定建設業の許可と関連して、特定建設業者の下請代金の支払期日等に関する規定及び特定建設業者の下請指導義務に関する規定が定められた。

このほか、下請負人の賃金不払、あるいは第三者に与えた損害について、不払を受けた労働者又は損害を受けた第三者を救済するため、特定建設業者に対する立替払等の勧告に関する規定が設けられている。

(e) その他

許可制度の採用と併せて建設業者等に対する監督処分が強化され、許可を受けないで建設業を営む者が許可を受けた建設業者と明らかに誤認されるおそれのある表示をすることを禁止する規定が設けられたほか、一部罰則の強化が図られた。

(七) 「許可、認可等の整理に関する法律」(昭和五十年法律第九十号)第七条による改正

建設業者は、工事経歴書等の書類を毎営業年度経過後二月以内に提出しなければならないとされていたが、これを改めてその提出期間を毎営業年度経過後三月以内としたものである。

(八) 「審議会等の整理等に関する法律」(昭和五十二年法律第五十五号)第七十七条による改正

中央建設業審議会の委員は、関係各庁の職員、学識経験のある者、建設工事の需要者及び建設業者のうちから、建設大臣が任命するものとされていたが、これを改めて関係各庁の職員は委員になれないものとした。

(九)「行政事務の簡素合理化及び整理に関する法律」（昭和五十八年法律第八十三号）第四十五条による改正

(イ)　許可申請書の添付書類として営業用機械器具の名称、種類、能力及び数量を記載した書面が必要であったが、その提出を要しないものとしたものである。

(ロ)　建設業者が他に営業を行っている場合において、その営業の種類に変更があったときは変更届出書の提出が必要であったが、その提出を要しないものとしたものである。

(十)「建設業法の一部を改正する法律」（昭和六十二年法律第六十九号）による改正

(イ)　改正の経緯

昭和五十年代半ば以降、公共工事の抑制や企業の設備投資に占める建設投資の比率の低下などから、建設投資は極めて不振な状態が続いてきた。需要の低迷の中で建設産業は、競争の激化により、経営環境が悪化し、労働条件が低下し、倒産が多発するなど、極めて厳しい局面を迎えていた。さらに施工能力や資力・信用などに問題のある不良業者の市場への不当参入が目に余るものとなっていた。

こうした中で、建設業の長期的な発展を確保するため、企業及び業界全体の合理化、近代化及び労働生産性の向上が強く求められていた。

そのため条件整備を行うことを目的に、昭和六十一年二月、建設大臣は中央建設業審議会に対して四項目の諮問（建設業の許可要件等の在り方、経営事項審査制度の在り方、共同企業体等の在り方、産業構造の改善を進めるための諸方策）を行った。これらのうち、建設業の許可要件等の在り方及び経営事項審査制度の在り方のうち審査体制等に係る事項について、同審議会における審議の結果、昭和六十二年一月、「今後の建設産業政策の在り方について（第一次答申）」が建設大臣あて提出された。

この答申に基づいて立法作業が進められ、「建設業法の一部を改正する法律案」として第百八回国会に提出され、昭和六十二年五月二十七日参議院本会議で可決成立し、同年六月六日公布されることとなった。

(ロ)　改正法の概要

(a)　特定建設業の許可基準の改正

特定建設業の許可基準のうち、営業所ごとに専任で置かなければならない技術者を、指定建設業については、国家資格者等でなければならないこととした。

(b) 監理技術者制度の整備

指定建設業に係る特定建設業者が、工事現場に置かなければならない監理技術者については、改正後の許可基準と同様に国家資格者等でなければならないこととした。

さらに、指定建設業に係る建設工事で国、地方公共団体等が発注者であるものに専任で置かなければならない監理技術者は、指定建設業監理技術者資格者証の交付を受けた者でなければならないこととし、発注者から請求があったときはこれを提示しなければならないこととした。同時に、指定建設業監理技術者資格者証の交付等に関する所要の規定を整備した。

(c) 技術検定に係る指定試験機関制度の導入

技術検定の試験（学科・実地）を、建設大臣が指定する者に行わせることができることとした。

(d) 経営事項審査制度の整備

経営事項審査制度の整備充実を図るため、書面による申請、添付書類、報告又は資料の提出に関する規定の整備や経営状況分析に関する指定機関制度の導入等を行った。

(e) その他

建設工事紛争審査会の特別委員の任期延長、施工技術の確保のための措置についての規定新設、罰金、過料の引上げがなされた。

(十一) 「建設業法の一部を改正する法律」（平成六年法律第六十三号）による改正

(イ) 改正の経緯

二十一世紀を目前に控え、住宅・社会資本の整備に対する国民のニーズは多様化、高度化し、その担い手である建設業者の責務は益々重大になりつつあった。一方、公共工事をめぐる一連の不祥事に端を発し、公共事業に対する国民の信頼を回復する観点から公共工事の入札・契約制度の改革が強く求められているところであった。こうした中、平成五年十二月二十一日の中央建設業審議会建議「公共工事に関する入札・契約制度の改革について」において、一般競争入札の本格的採用等と併せ、不良不適格業者の排除等建設業法の改正を要する事項についても積極的な提言がなされ、これを踏まえ、平成六年三月二十五日、中央建設業審議会より「新たな時代に向けた建設業法の在り方について」が建議された。

同建議においては、建設業法の具体的改善内容として、不良不適格業者の排除の徹底、建設工事とりわけ公共工事の適正な施工の確保、経営事項審査の改善、建設業の許可に係る事務の簡素合理化等が示された。

この建議に基づいて立法作業が進められ、「建設業法の一部を改正する法律案」として第百二十九回国会に提出された後、平成六年六月二十二日に参議院本会議で可決成立し、同年六月二十九日公布されることとなった。

(ロ)　改正法の概要

(a)　建設業の許可要件の強化

①　許可の取消しを受けた建設業者の欠格期間を二年（特定建設業者にあっては三年）から五年に延長した。

②　許可の取消しを免れるために「駆け込み」で廃業の届出を行った建設業者に対して五年の欠格期間を設けた。

③　欠格事由に該当する刑罰の範囲を一年以上の懲役又は禁錮の刑から禁錮以上の刑へと拡大した。

④　暴力団員による不当な行為の防止等に関する法律や刑法等の一定の罪を犯し、罰金の刑に処せられた場合も欠格事由に該当することとした。

(b)　経営事項審査制度の改善

①　公共性のある施設又は工作物に関する建設工事を発注者から直接請け負おうとする建設業者は、経営事項審査を受けなければならないこととした。

②　建設大臣又は都道府県知事は、①の発注者が請求をしたときは、当該発注者に対して、経営事項審査の結果を通知しなければならないこととした。

③　経営事項審査申請書に虚偽記載をした場合等について罰則を設けた。

(c)　建設工事の適正な施工の確保及び請負契約の適正化

① 施工体制台帳等の整備

(i) 特定建設業者は、発注者から直接請け負った建設工事を一定額以上下請に付して施工する場合においては、施工体制台帳を作成し、工事現場ごとに備え置き、発注者から請求があったときは、これを発注者の閲覧に供しなければならないこととした。

また、当該建設工事における各下請負人の施工分担関係を表示した施工体系図を作成し、これを当該工事現場の見やすい場所に掲げなければならないこととした。

(ii) (i)の建設工事の下請負人は、その請け負った建設工事をさらに他の建設業を営む者に請け負わせたときは、再下請通知を(i)の特定建設業者に通知しなければならないこととした。

② 監理技術者の専任制の徹底等

(i) 公共性のある工作物に関する重要な工事で、国、地方公共団体等が発注者であるものについては、工事現場ごとに専任で設置する監理技術者を監理技術者資格者証の交付を受けている者のうちから選任しなければならないこととした。

(ii) 指定建設業について交付していた指定建設業監理技術者資格者証に代えて、全二十八業種について、監理技術者資格者証を交付することとした。

(iii) 監理技術者資格者証の交付を受けようとする者（更新を受けようとする者を含む。）は、建設大臣が指定する講習で交付の申請前一年以内に行われるものを受講しなければならないこととした。

(iv) 主任技術者及び監理技術者の職務を明確化した。

③ 見積りの適正化

建設業者は、建設工事の請負契約を締結するに際して、見積りを行うよう努めなければならず、建設工事の注文者から請求があったときは、請負契約が成立するまでの間に、見積書を提示しなければならないこととした。

④ 帳簿の備付け

建設業者は、営業所ごとに、営業に関する事項を記載した帳簿を備え、保存しなければならないこととした。また、これに違反した者に対する罰則を設けた。

(d)　監督の強化

①　都道府県知事は、自らが許可を与えた建設業者のみならず、建設大臣又は他の都道府県知事の許可を受けた建設業者の当該都道府県の区域内における営業について、指示処分又は営業停止処分を行うことができることとした。

②　建設大臣又は都道府県知事は、営業の停止又は許可取消しを行ったときは、その旨を公告しなければならないこととした。

③　建設大臣又は都道府県知事は、その許可に係る建設業者が受けた指示処分、営業停止処分又は許可取消し処分の内容等を建設業者監督処分簿に登載し、これを公衆の閲覧に供しなければならないこととした。

(e)　建設業許可の簡素合理化等

①　許可の有効期間を三年から五年に延長し、また、許可に条件を付することができることとした。

②　許可の更新の際の添付書類の一部を省略できることとした。

③　変更等の届出を行うべき期限を延長することとした。

④　建設業の許可の申請その他の省令で定める手続については、磁気ディスクの提出により行うことができることとした。

(f)　その他

以上の改正に関連して罰則の引上げ等所要の改正を行うこととした。

(十二)　「地方分権の推進を図るための関係法律の整備等に関する法律」（平成十一年法律第八十七号）による改正

地方分権に伴って本法に基づく都道府県知事の事務が都道府県の自治事務又は法定受託事務とされたことにより、手数料、経由事務等に関する規定の整備を行ったものである。

(十三)　「中央省庁等改革のための国の行政組織関係法律の整備等に関する法律」（平成十一年法律第百二号）及び「中

央省庁等改革関係法施行法」（平成十一年法律第百六十号）による改正

中央省庁等改革に伴い、「建設省」、「建設大臣」等の文言を「国土交通省」、「国土交通大臣」等に改めるとともに、中央建設業審議会の改組のための規定、国土交通大臣の権限を地方整備局長及び北海道開発局長に委任するための規定等の整備を行ったものである。

㈣「書面の交付等に関する情報通信の技術の利用のための関係法律の整備に関する法律」（平成十二年法律第百二十六号）による改正

建設工事の請負契約に関して書面の交付又は書面による手続きを義務付けている規定につき、書面の交付等に代えて電子的手段を講ずることを認める旨の規定を追加したものである。

㈤「公共工事の入札及び契約の適正化の促進に関する法律」（平成十二年法律第百二十七号）による改正

公共工事の入札及び契約の適正化の促進に関する法律（平成十二年法律第百二十七号。以下「入札契約適正化法」という。）の規定に違反した建設業者に対して、監督処分を行うことができることとする等の規定を整備したものである。

なお、入札契約適正化法においては、公共工事について、一括下請負を全面禁止したほか、施工体制台帳の発注者への提出義務を規定するなど、建設業法の特例が設けられている。

㈥「公益法人に係る改革を推進するための国土交通省関係法律の整備に関する法律」（平成十五年法律第九十六号）による改正

(イ)　改正の経緯

非営利かつ公益的な事務・事業を行うものとして、民法の規定により主務官庁の許可を得て設立された社団法人又は財団法人（いわゆる「公益法人」）は、幅広い分野における様々な活動を通じ、市民社会において一定の役割を担ってきたが、行政改革の流れの中で、官民の役割分担の見直し、規制改革の推進等の観点から、その運営及び活動の在り方、国との関係等について、厳しく見直しを行うよう求められていた。中でも、特定の法令等により国から制度的に委託（事務の内容等を法令等で定め、当該事務を国以外の特定の法人に制度的に行わせることをいう。）、推薦（法律に基づく制度・仕組みの一部として組み込むことなどにより、特定の法人が独自に行っている事業について、制度的に国が関与することをいう。）等を受けて検査・認定・資格付与等の事務・事業を行っている法人については、国との関係が特に密接であると考えられることから、「行政改革大綱」（平成十二年十二月一日閣議決定）において、国の関与の最小限化、一層の透明化・効率化等を図るための措置を講ずること等が決定され、更にその措置の具体的内容を盛り込んだ「公益法人に対する行政の関与の在り方の改革実施計画」（平成十四年三月二十九日閣議決定）が決定された。

これを受けて、平成十五年六月、「公益法人に係る改革を推進するための国土交通省関係法律の整備に関する法律」により、建設業法を含む国土交通省が所管する十二の法律に関して所要の措置を講じた。

(ロ)　改正法の概要

(a)　監理技術者講習制度に関する改正

監理技術者資格者証の交付等の要件として、国土交通大臣の指定する講習の受講を義務付けることを廃止する一方で、良質な社会資本の提供という観点から、特に品質の確保が重要となる国、地方公共団体等が発注する公共工事の専任の監理技術者になる際には、国土交通大臣によって登録された講習を受講していなければならないこととした。また、申請に基づき、講習の適正な実施を確保する観点から定められる一定の要件に適合する講習を国土交通大臣が登録する制度とし、講習の実施主体について広く門戸を開放し、民間も含めて参入が可能なものとした。

(b)　経営状況分析制度に関する改正

経営状況分析の実施について、広く申請に基づき、経営状況分析の公正性及び厳格性を確保する観点から定められる一定の要件を満たす者を国土交通大臣が登録する制度とし、広く門戸を開放し、民間も含めて参入が可能なものとした。

(七)　「建築物の安全性の確保を図るための建築基準法等の一部を改正する法律（平成十八年法律第九十二号）による改正

(イ)　改正の経緯

構造計算書偽装の問題は、多数のマンション等の耐震性に大きな問題を発生させ、多くの住民の安全と居住の安定に大きな支障を与えただけでなく、国民の間に建築物の安全性に対する不安と建築界への不信を広げた。かかる問題の再発を防止し、法令遵守を徹底することにより、建築物の安全性の確保を図るべく、建設業法等について所用の措置を講じたものである。（なお、続く㈥・㈦に掲げる一連の法改正も、構造計算書偽装問題により露見した問題に対応するため、所用の措置を講じたものである。）

(ロ)　改正法の概要

施工業者の瑕疵担保に関する責任関係を明確にするため、建設業法第十九条に規定する請負契約書の必要的記載事項を追加し、工事目的物の瑕疵担保責任又は瑕疵担保責任に関する保証等の措置について定めがある場合は、その内容を請負契約の書面に記載しなければならないこととした。

㈥　「建築士法等の一部を改正する法律」（平成十八年法律第百十四号）による改正

建設工事の施工の適正化を図るため、分譲マンションなど発注者とエンドユーザーが異なる一定の工事について、一括下請負を全面的に禁止することとした。また、公共工事に加え、民間工事においても、公共性の高い工作物に関する一定規模以上の工事に専任配置される監理技術者については、監理技術者資格者証の交付を受け、監理技術者講習を受講した者でなければならないこととした。

㈦　「特定住宅瑕疵担保責任の履行の確保等に関する法律」（平成十九年法律第六十六号）による改正

同法において、建設業法上の許可を受けた建設業者が新築住宅の建設工事を請け負い、当該新築住宅を引き渡す場合の瑕疵担保責任の履行の確保のための措置が義務付けられたことに伴い、同法違反があった場合に建設業法第二十八条に基づく監督処分を課すことができることとした。

㈧　「地域の自主性及び自立性を高めるための改革の推進を図るための関係法律の整備に関する法律」（平成二十五年法律第四十四号。いわゆる「第三次一括法」）による改正

「義務付け・枠付けの更なる見直しについて」（平成二十三年十一月閣議決定）にのっとり、都道府県建設工事紛争審査会の委員を十五人以内とする義務付けを廃止するとともに、国土交通大臣及び都道府県知事による建設業者

監督処分簿の閲覧の方法について、閲覧所において閲覧に供しなければならないとする義務付けを廃止することとした。

㈢　「建設業法等の一部を改正する法律」（平成二十六年法律第五十五号）による改正

(イ)　改正の契機

平成二十三年三月に東日本大震災が発生し、建設業は、その復興事業の重要な担い手となったばかりか、防災・減災、老朽化対策、インフラの維持管理などの担い手として、その役割はますます重要性を帯びることとなった。その一方で、長年続いてきた建設投資の急激な減少や競争の激化により、建設業の経営を取り巻く環境が悪化し、いわゆるダンピング受注などにより、建設企業の疲弊や下請企業へのしわ寄せ、現場の技能労働者等の就労環境の悪化といった構造的な問題が発生していた。こうした問題を看過すれば、若年入職者の減少等により、中長期的には、建設工事の担い手が不足することが懸念されるところであった。また、高度経済成長期に建設された高層ビルなどの工作物が老朽化し、維持管理・更新に関する工事の増加に伴い、これらの工事の適正な施工の確保を徹底する必要性も高まっていた。こうした背景のもと、中央建設業審議会・社会資本整備審議会産業分科会建設部会基本問題小委員会において議論が重ねられ、公共工事の入札契約制度のあり方のほか、業種区分の見直しのあり方についても検討が行われた。その結果、平成二十六年一月に「当面講ずべき施策のとりまとめ」が行われ、この中で、「公共工事の品質確保の促進に関する法律（品確法）を中心に、密接に関連する入札契約適正化法と建設業法についても一体として必要な改正を行うことが必要」との結論に至った。

これを受け、平成二十六年三月に「建設業法等の一部を改正する法律案」が閣議決定・国会に提出され、同年四月に参議院本会議にて全会一致で可決、同年五月二十九日に衆議院本会議にて全会一致で可決・成立し、同年六月四日に公布されることとなった。なお、本改正法とあわせて、「公共工事の品質確保の促進に関する法律の一部を改正する法律案」も同時に参議院・衆議院ともに全会一致で可決・成立し、同日に公布されており、これらを総称して「担い手三法の改正」と呼ばれることもある。

(ロ)　改正法の概要

(a) 許可に係る業種区分の見直し

許可に係る業種区分を約四十年ぶりに見直し、「解体工事業」を新設することとした。

(b) 暴力団排除条項の整備

許可に係る欠格要件及び取消事由に暴力団員であること等が追加されるとともに、欠格要件の対象となる役員の範囲を拡大することとした。

(c) 許可申請書等の閲覧制度の改正

許可申請書等の閲覧対象から個人情報が含まれる書類が除外され、そのために必要となる許可申請書の記載事項の改正を行うこととした。

(d) 建設業者及び建設業者団体等による建設工事の担い手の育成及び確保に関する責務の追加

建設業者や建設業者団体について、建設工事の担い手の育成及び確保に関する責務を追加したほか、国土交通大臣が、建設業者団体が行う取組を促進するために必要な措置を講ずることとした。

(ハ) 関連法律の改正（入札契約適正化法の一部改正）

建設業者に対し、公共工事の入札の際に入札金額の内訳書の提出を義務づけたほか、下請契約を締結する全ての公共工事について、施工体制台帳の作成及び提出を義務づけることとした。

# 第二章　本法の概要

以上述べたとおり、昭和二十四年五月に制定された「建設業法」は、その後数次にわたる改正を経てきたが、特に昭和四十六年四月には建設業の許可制の採用及び請負契約の適正化をその骨子とする大改正が行われて、現在に至っている。

この法律は、全体が十一章百六十五ケ条により構成されているので、各条の詳細な解説を行う前に、その概要についてあらかじめ説明することとする。

## 一　目　的

この法律は、建設業を営む者の資質の向上、建設工事の請負契約の適正化等を図ることによって、建設工事の適正な施工を確保し、発注者を保護するとともに、建設業の健全な発達を促進し、もって公共の福祉の増進に寄与することを目的とする（第一条）。

建設業法の究極の目的は、国民の身体、生命、財産の保護に重大な関係を有し、経済の発展及び社会生活の向上に密接な関連を有する公共施設をはじめ、産業施設、住宅等建設工事の目的物が、より正しくより安全に建設され、また、より経済的に行われ、それが公共の福祉の増進に寄与することである。

したがって、究極の目的を達成するための当面の目的として、建設工事の適正な施工、発注者の保護、建設業の健全な発達の促進が掲げられ、そのための手段として、建設業の許可制度の実施、建設工事の請負契約の適正化、下請負人の保護、建設工事の施工技術の確保、建設工事に関する紛争の解決、建設業者等に対する必要な監督等の規定が本法の内容として盛り込まれているものである。

もとより、本法が、単に建設業の育成及び発達のみを目的とするものではないことは、以上述べたところにより当然に理解されるところであろう。

## 二　適用範囲

本法は、建設工事（土木建築に関する工事で法の別表第一の上欄に掲げるもの）の完成を請け負うことを営業とする者に適用される。

この建設工事の完成を請け負う営業を本法においては「建設業」という概念でとらえ、建設業には、単に発注者から建設工事を請け負って営業することのみならず、建設工事の下請契約に基づき、建設工事を他の者から請け負った建設業を営む者からその建設工事の全部又は一部を下請負して営業することも当然に含まれることとされている（第二条）。

なお、昭和四十六年の「建設業法の一部を改正する法律」による改正前の建設業法（以下「旧法」という。）においては、軽微な建設工事のみを請け負うことを営業とする者等は、原則として本法の適用外とされていたが、同法による改正後における本法（以下「新法」という。）においては、軽微な建設工事のみを請け負うことを営業とする者も建設業の許可の適用を除外されることを除き、原則として本法の対象とすることに改められている。

## 三　建設業の許可

建設業を営もうとする者の資質の向上を図るためには、施工能力、資力、信用がある者に限りその営業を認める制度が必要である。そこで本法においては、軽微な建設工事のみを請け負うことを営業とする者を除き、建設業を営もうとする者は、建設業の許可を受けなければならないこととし、次に掲げることをその軸とした許可制度を規定している。

㈠　建設業の許可は、国土交通大臣の許可と都道府県知事の許可があり、二以上の都道府県の区域内に営業所を設けて建設業を営もうとする者は国土交通大臣の、一の都道府県の区域内にのみ営業所を設けて建設業を営もうとする者は当該都道府県知事の許可を受けなければならない（第三条第一項）。

なお、国土交通大臣の許可と都道府県知事の許可の別は、行政庁の許可事務の執行又は監督上の便宜により分けられたものであって、法律上の効果はまったく同一であり、営業し得る区域又は建設工事を施工し得る区域についての制限はない。

㈡　建設業の許可は、一般建設業又は特定建設業の別に区分して与えられる（第三条第一項）。

すなわち、建設業を営もうとする者であって、発注者から直接請け負う一件の建設工事につき、その工事の全部又は一部を下請代金の額が政令で定める金額以上となる下請契約を締結して施工しようとする者は特定建設業の許可を、その他の者は一般建設業の許可を受けなければならない。

これは、建設工事における下請施工の実態にかんがみ、下請負人保護の徹底を期するため、発注者から請け負った建設工事のうち一定額以上の工事を下請負人に施工させて営業しようとする建設業者については、下請代金の支払を適正に行い、あるいは下請負人に対して適切な指導を行う能力を有することを要求し、要件を加重した特定建設業の許可を受けなければその営業を行うことができないこととしたものである。

この特定建設業の許可を受けた者は、下請負人保護のため特別の義務が課されるが、それだからといって何らの権利又は利益を与えられるものではない。

なお、特定建設業の許可の制度と関連して、特定建設業の許可を受けた者でなければ、その者が発注者から請け負った建設工事につき、次の(イ)又は(ロ)に掲げる下請契約を締結してはならないこととされている（第十六条）。
(イ) その下請契約に係る下請代金の額が、一件で第三条第一項第二号の政令で定める金額以上である下請契約
(ロ) その下請契約を締結することにより、その下請契約及び既に締結された当該建設工事を施工するための他のすべての下請契約に係る下請代金の総額が、第三条第一項第二号の政令で定める金額以上となる下請契約
(三) 建設業の許可は、一般建設業の許可又は特定建設業の許可を問わず、法の別表第一に掲げる二十九の建設工事の種類ごとに、それぞれ対応する建設業の種類に分けて行われるいわゆる業種別の許可制度が設けられている（第三条第二項）。
これは建設業者の資質を向上させ、施工能力を確保するためには、建設工事の専門化を一層促進する必要があり、建設業が二十九種の一式工事又は専門工事により施工されている実情にかんがみ、これらの工事の種類に対応する工事業を定めて、各工事業ごとに許可を与えることとしたものである。

もちろん、一の建設業者が同時に二以上の建設業の許可を受けることは差し支えなく、一度許可を受けた後に追加の許可を受け、又は許可を受けた一部の建設業を廃止することも差し支えない。
(四) 建設業の許可の有効期間は五年とされており、期間の満了後も引き続き建設業を営もうとする者は許可の更新を受けなければならない（第三条第三項）。
(五) 許可行政庁は許可に条件を付し、及びこれを変更することができる（第三条の二）。
(六) 建設業者は、許可を受けた建設業に係る建設工事のみしか請け負うことができないのが原則であるが、例外として、許可を受けた建設業に係る建設工事を請け負う場合においては、当該建設工事に附帯する他の建設業に係る建設工事を請け負うことができる（第四条）。
(七) 建設業の許可は、許可を受けようとする者の申請に基づき行われることとされており、申請者は許可行政庁に許可申請書及び工事経歴書その他の添付書類を提出しなければならない（第五条、第六条、第十七条）。

許可の基準は、法定されており、一般建設業の許可にあっては建設業に関する経営経験、一定の資格又は実務経験等を有する技術者の設置、請負契約の履行に関する誠実性及び請負契約を履行するに足りる財産的基礎又は金銭的信用の四つの許可の積極的要件に該当する者であり、かつ、成年被後見人又は被保佐人等、悪質な行為を行ったことにより建設業の許可を取り消された者、禁錮以上の刑に処せられ一定の期間を経過しない者、暴力団員である者等一定の許可の欠格要件に該当しない者であることが要求されている（第七条、第八条）。

また、特定建設業の許可にあっては、許可の積極的要件のうち、建設業に関する一定の経営経験及び請負契約の履行に関する誠実性の要件は一般建設業の許可と同様であるが、技術者の要件及び財産的基礎の要件は一般建設業の許可と比べて加重されている。すなわち、技術者の要件に関し、特に政令で定める指定建設業については、国家資格者等でなければならないものとするとともに、財産的基礎の要件については、発注者との間の請負契約で、その請負代金の額が一定金額以上であるものを履行するに足りることを求めている。

なお、特定建設業の許可の欠格要件は、一般建設業の許可の欠格要件と同じである（第十五条、第十七条）。

(八)　許可に係る建設業者が、その後営業所の移動により許可行政庁を異にする場合において引き続き建設業を営もうとするときは、新たな許可行政庁の許可を受けなければならず、新たな許可行政庁の許可を受けたときは、旧許可行政庁の許可はその効力を失うこととされている（第九条）。

(九)　許可を受けようとする者は、はじめて国土交通大臣の許可を受けようとするときは登録免許税を、その他の場合は許可手数料を納めなければならない（第十条、第十七条）。

(十)　許可に係る建設業者は、許可申請書及びその添付書類の記載事項に変更を生じた場合その他一定の事由に該当したときは、許可行政庁にその旨を届け出又は所定の書面を提出しなければならない（第十一条、第十七条）。

また、建設業者が死亡したとき、法人が消滅したとき、許可を受けた建設業を廃止したとき等は、建設業者の一般承継人等はその旨を許可行政庁に届け出なければならないこととされている（第十二条、第十七条）。

なお、許可申請書及びその添付書類並びに変更の届出書等は、個人情報が含まれる書類を除き、許可行政庁により閲覧所において公衆の閲覧に供される（第十三条、第十七条）。

## 四　建設工事の請負契約

請負契約に関する法律の規定としては、民法があるが、民法の請負契約に関する規定は任意規定が多く、実質的には建設工事の注文者と請負人との間で自由に契約内容を定めることができる。

しかしながら、現実の建設工事の請負契約は、注文生産という建設工事の特性からして、注文者に著しく有利な規定がおかれることが一般的傾向としてみられ、このため請負契約の片務性を改善し、建設工事の施工の適正化を図る必要があることがかねてから叫ばれていたところである。

また、この請負契約の片務性は、継続的にかつ多量に建設工事を発注する発注者と請負人や、あるいは隷属的地位におかれる下請負人と元請負人の間において、特に見受けられるものであり、これが建設業の健全な経営を阻害する一因となっていたともいうことができる。

更には、建設工事の多くは直接的には下請負人によって施工されるものであるので、建設工事の適正な施工を確保し、建設業の近代化、合理化を図るためには、下請負人の経済的地位の向上を図り、その体質の改善を促進することが必要であり、そのため下請負人の保護の徹底を行うことが望まれる。

このような観点から本法においては、建設工事の請負契約の適正化と下請負人の保護を図るための次のような規定が設けられている（第三章）。

㈠　建設工事の請負契約の当事者は、各々対等な立場における合意に基づいて公正な契約を締結し、信義に従って誠実にこれを履行しなければならない（第十八条）とともに、この趣旨に従って、契約の締結に際して工事内容、請負代金の額、工事着手の時期及び工事完成の時期その他の請負契約の内容で法に規定する事項を書面に記載し、署名又は記名押印して相互に交付しなければならない。これらの事項を変更するときも同様とする（第十九条）。

また、請負契約の履行に関し請負人が現場代理人を置く場合、又は注文者が監督員を置く場合には、それぞれ相手方に対して、現場代理人又は監督員の権限に関する事項等を通知しなければならない（第十九条の二）。

㈡　注文者は、自己の取引上の地位を不当に利用して、その注文した建設工事を施工するため通常必要と認められる原価に満たない金額を請負代金の額とする契約を締結してはならず、また同時に、請負契約の締結後、注文した建設工事に使用する資材、機械器具を指定する等の行為により請負人の利益を害してはならない（第十九条の三、第十九条の四）。

なお、注文者がこれらの規定に違反した場合において、当該注文者が私的独占の禁止及び公正取引の確保に関する法律第二条第一項に規定する事業者であるときは、公正取引委員会が同法の規定に基づき、排除命令等の必要な措置をとることとされており、当該注文者がいわゆる公共発注機関等同法第二条第一項に規定する事業者でないときは、当該契約の相手方の建設業者の許可行政庁が、当該発注者に対して必要な勧告をすることができる（第十九条の五）。

㈢　建設業者は、建設工事の請負契約を締結するに際して、その見積りを行うよう努めなければならず、また、注文者から請求があったときは、請負契約が成立するまでの間に見積書を交付しなければならない。

また、建設工事の注文者は、随意契約による場合には契約を締結する以前に、入札により競争に付する場合には入札を行う以前に、請負契約の内容についてできる限り具体的な内容を提示し、かつ、その提示から契約の締結又は入札までに一定の見積期間を置かなければならない（第二十条）。

㈣　建設工事の請負契約において、請負代金の全部又は一部について前金払をする定めがなされたときは、注文者は建設業者に対して、建設業者の債務不履行による損害金の支払を保証する者又は建設業者に代わって工事の完成を保証する他の建設業者を保証人として立てることを請求でき、建設業者がこの請求に応じないときは、注文者は前金払をしないことができる（第二十一条）。

㈤　建設業者はその請け負った建設工事を如何なる方法をもってするを問わず、一括して他人に請け負わせてはならず、また、建設業を営む者は建設業者からその請け負った建設工事を一括して請け負ってはならないのが原則である（第二十二条）。

㈥　建設工事の元請負人は、その請け負った建設工事を施工するために必要な工程の細目、作業方法等を定めるときは、あらかじめ下請負人の意見をきかなければならない（第二十四条の二）。

また、元請負人は、請負代金の出来高払又は竣工払を注文者から受けたときは、その支払の対象となった建設工事を施工した下請負人に対して、その施工部分に相当する下請代金を、注文者から支払を受けた日から一月以内で、かつ、できる限り短い期間内に支払わなければならないとともに、注文者から前払金の支払を受けたときは、下請負人に対しても工事の着手に必要な費用を前払するよう必要な配慮をしなければならない（第二十四条の三）。

さらに元請負人は、下請負人から工事が完成した旨の通知を受けたときは、二十日以内で、かつ、できる限り短い期間内に、その完成を確認するための検査を行い、検査によって工事の完成を確認し、確認後下請負人が申し出たときは、原則として直ちにその工事の目的物の引渡しを受けなければならない（第二十四条の四）。

(七)　特定建設業者が注文者となった下請契約（下請契約の相手方が特定建設業者等である場合を除く。）における下請代金の支払期日は、下請負人からの工事の目的物の引渡しの申出の日から五十日以内で、かつ、できる限り短い期間内において定めなければならず、下請代金の支払期日が定められなかったときは、引渡しの申出の日が、この申出の日から五十日を超える日に支払期日が定められているときは申出の日から五十日目が、それぞれ下請代金の支払期日とみなされる。

特定建設業者は、下請代金の支払について一般の金融機関で割引くことが困難と認められる手形を交付してはならず、また、支払期日までに下請代金の支払を行わなかったときは、原則として、一定の遅延利息を支払わなければならない（第二十四条の五）。

(八)　発注者から直接建設工事を請け負った特定建設業者は、その建設工事に参加するすべての下請負人に対して、本法の規定又は建設工事の施工若しくは建設工事に従事する労働者の使用に関する法令のうち一定の規定に違反しないよう指導しなければならず、指導の結果、下請負人が法令に違反している事実を認めたときは、その事実を指摘して是正を求めるよう努めなければならない。

また、下請負人等がこの是正勧告に応じないときは、当該下請負人の許可行政庁等にすみやかにその旨を通報しなければならない（第二十四条の六）。

㈨　発注者から直接建設工事を請け負った特定建設業者は、当該建設工事を施工するために締結した請負契約の代金の額が政令で定める金額以上になるときは、当該建設工事について、下請負人の商号又は名称、当該下請工事の内容等を記載した施工体制台帳を作成し、工事現場に備え置かなければならない。この場合において、下請負人がその請け負った工事をさらに他の建設業を営む者に請け負わせたときは、当該特定建設業者に対し、当該他の建設業を営む者の商号又は名称、請け負った工事の内容等を通知しなければならない。

また、当該特定建設業者は、発注者から請求があったときは、施工体制台帳をその閲覧に供しなければならない。

さらに、当該特定建設業者は、各下請負人の施工の分担関係を表示した施工体系図を作成し、これを当該工事現場の見やすい場所に掲げなければならない（第二十四条の七）。

## 五　建設工事の請負契約に関する紛争の処理

契約に関する紛争の処理を行う制度としては、一般的には、民事訴訟の制度があり、そのほか民事調停又は商取引における仲裁制度がある。

しかしながら、建設工事の請負契約における紛争は、純技術的判断がその解決の決め手となる場合が多く、その点裁判所による民事訴訟の手続はこれになじまない場合もあり、また、訴訟手続が極めて精密に、かつ、慎重に進められるため、事件の解決に年月を要する場合も少なくない。

さらに、民事調停についてもこれと同じような問題があり、商事仲裁についても建設工事の注文者と請負人のように共通の基盤を欠く者について、公正な立場に立ち、しかも両当事者を納得させ得る第三者を求めることは容易なことではない。

そこで本法は、建設工事の請負契約に関する紛争につき、民事訴訟その他の制度を補う制度として、建設工事紛争審査会（以下「審査会」という。）によるあっせん、調停、仲裁の制度を設け、専門的に、またより早期に紛争を解決することを期待しているものである。

㈠　審査会には、中央建設工事紛争審査会及び都道府県建設工事紛争審査会の二種があり、それぞれ、あっせん、調停及び仲裁を行う権限を有する（第二十五条）。
㈡　審査会は、中央審査会にあっては委員十五人以内をもって組織され、委員は人格が高潔で識見の高い者のうちから国土交通大臣又は都道府県知事によって任命され、任期は二年であり、一定の欠格要件に該当する者はなることができない（第二十五条の二から第二十五条の四）。
　また、審査会に特別委員を置くことができ、その任期は二年とされている（第二十五条の七）。
㈢　中央審査会又は都道府県審査会の管轄は法定されているが、例外として合意管轄が認められている（第二十五条の九）。
㈣　あっせん又は調停は、当事者の双方若しくは一方からの申請に基づき、又は公共性のある施設等で一定のものの紛争につき審査会が職権に基づき行うこととされている（第二十五条の十一）。
㈤　あっせんは、事件ごとに会長の指名するあっせん委員が行い、あっせん委員は、当事者間をあっせんし、双方の主張の要点を確かめ、事件が解決されるよう努めなければならない（第二十五条の十二）。
　調停は、事件ごとに会長の指名する三人の調停委員が行い、調停委員は、必要に応じて当事者の意見をきき、委員の過半数の意見で調停案を作成し、審査会は当事者に対して調停案の受諾を勧告することができる（第二十五条の十三）。
　なお、審査会は一定の事由に該当するときはあっせん又は調停をしないものとされている（第二十五条の十四）。
㈥　建設工事紛争審査会のあっせん及び調停の手続を利用した場合で、紛争解決手続を途中で打ち切った場合には、申立時に遡って時効の中断が認められる（第二十五条の十五、第二十五条の十六）。
　また、建設工事紛争審査会の紛争解決手続と並行して訴訟が係属している紛争について、当事者があっせん又は調停により、解決を図ろうとする場合に、裁判所の判断で、四月以内の期間、訴訟手続を中止することができる。
㈦　仲裁は、当事者の双方から仲裁の申請がなされたとき、又は仲裁契約に基づき当事者の一方から仲裁の申請がなされたときに開始され、委員又は特別委員のうちから原則として当事者が合意によって選定した弁護士となる資格を有する者を含む三人の仲裁委員によって行われ、本法に別段の定めがある場合を除き仲裁法の規定が適用される（第二十五条の十八、第二十五条の十九）。

また、審査会は、仲裁を行う場合において必要があると認めるときは、文書又は物件の提出を求め、又は立入検査を行うことができる（第二十五条の二十、第二十五条の二十一）。

㈧　審査会の行う調停又は仲裁の手続は、原則として非公開とされている（第二十五条の二十二）。

㈨　紛争処理の手続に要する費用は、原則として各自の負担とされているほか、紛争処理の申請をする者は一定の手数料を納めなければならない（第二十五条の二十三、第二十五条の二十四）。

## 六　施工技術の確保

建設工事の適正な施工を期待するには、建設業者が常に進歩する科学技術に対応してその施工技術を進歩向上させるとともに、その施工技術を個々具体の建設工事の施工において発揮することが必要であることは、ここでいうまでもないことである。また、ともすれば忘れがちであるが、建設業は人で成り立つ産業である。施工技術を持続的に確保するためには、建設工事の担い手を中長期的に育成し、確保していくことが必要不可欠であることは言を俟たない。

そのため、本法においては、常に建設業者が建設工事の担い手の育成及び確保その他の施工技術の確保に努めるべきことを訓示し、必要に応じて国土交通大臣が講習の実施等の措置を講ずるものとする（第二十五条の二十七）とともに、建設業の許可の基準における技術者の要件が、建設業者の営業所に置かれる技術者に関するもので、直接工事を施工する工事現場における技術者に触れていないこととの関連において、工事現場における技術者の配置及び施工技術の向上のための次のような規定を設けている。

㈠　建設業者は、その請け負った建設工事を施工しようとするときは、一定の資格（一般建設業の許可基準における技術者の資格と同じ。）を有する者で、その工事現場における建設工事の施工の技術上の管理をつかさどる主任技術者を置かなければならない。

この場合において、発注者から直接建設工事を請け負った特定建設業者が、当該建設工事の施工に関し、一定額以上の下請契約を締結して施工するときは、さらに加重された資格（特定建設業の許可基準における技術者の資格と同じ。）を有する監理技術者を置かなければならない。

なお、これらの主任技術者又は監理技術者は、公共性のある施設若しくは工作物又は多数の者が利用する施設若しくは工作物に関する重要な工事においては、工事現場ごとに専任のものでなければならない。

また、専任で置かなければならない監理技術者は、監理技術者資格者証（以下「資格者証」という。）の交付を受け、国土交通大臣の登録を受けた講習を受講したものでなければならず、発注者から請求があったときは資格者証を提示しなければならない（第二十六条）。

㈡　土木工事業又は建築工事業を営む者は、土木一式工事又は建築一式工事を施工する場合においては、前記㈠により主任技術者又は監理技術者を工事現場に置かなければならないのは当然であるが、同時に、一式工事の内容である専門工事を施工する場合において、その専門工事を自ら施工しようとするときは、当該工事に関する主任技術者を置いて施工しなければならず、主任技術者を置いて自ら施工することができないときは、当該専門工事に係る許可を受けた建設業者に施工させなければならない。

また同様に、建設業者が許可を受けた建設業に係る建設工事に附帯する他の建設工事を施工する場合において、当該附帯工事に係る主任技術者を置いて自ら施工することができないときは、当該専門工事に関する許可を受けた建設業者に施工させなければならない（第二十六条の二）。

㈢　国土交通大臣は、講習を行おうとする者の申請により、一定の要件に適合した講習を登録しなければならない（第二十六条の四及び第二十六条の六）。また、この講習を行う者は、公正に、かつ、国土交通大臣が定める要件及び基準に適合する方法により講習を行わなければならない（第二十六条の八）。

㈣　国土交通大臣は、施工技術の向上を図るため建設工事に従事し又は従事しようとする者について政令で定めるところにより技術検定を行うことができ、この検定は、学科試験及び実地試験によって行う。

また、検定に合格した者は、合格証明書の交付を受け、政令で定める称号を称することができる（第二十七条）。

なお、この技術検定として、現在、建設機械施工、土木施工管理、建築施工管理、電気工事施工管理、管工事施工管理及び造園施工管理の六種類がある。

(五) 国土交通大臣は、その指定する者（指定試験機関）に技術検定の学科試験及び実地試験の全部又は一部を行わせることができる（第二十七条の二）。

(六) 国土交通大臣は、監理技術者資格を有する者の申請により、その申請者に資格者証を交付する。また、国土交通大臣はその指定する者（指定資格者証交付機関）に資格者証の交付等に関する事務を行わせることができる（第二十七条の十九）。

## 七　経営事項審査

国、地方公共団体等の発注する公共工事に関する契約の方式は、それぞれの会計法規においてあらかじめ定めておくこととされている。したがって、各発注者において適切に定めることができるわけであるが、この審査方式は、一般的に客観的事項に関するものと主観的事項に関するものに区分される。客観的事項については基準が同一である限り、どの発注者が行っても同一の結果となり、かつ、建設業行政とも密接な関連を有するので、建設業を所管する行政庁が一元的に行えば、審査の信頼性を担保しつつ、各発注者が審査結果を活用して効率的かつ的確に業者を選択することが可能になり、ひいては建設工事の適正な施工の確保に役立つことになる。

(一) 公共性のある施設又は工作物に関する建設工事で政令で定める金額以上のものを発注者から直接請け負おうとする建設業者は、その経営に関する客観的事項についてその許可を受けた国土交通大臣又は都道府県知事の審査（以下「経営事項審査」という。）を受けなければならない。経営事項審査は、経営状況及び経営規模、技術的能力その他の客観的事項について、数値による評価をすることにより行うこととされており、その他の経営事項審査の項目及び基準は、中央建設業審議会の意見を聴いて、国土交通大臣が定めることとされている（第二十七条の二十三）。

(二) 経営事項審査のうち経営状況の分析（以下「経営状況分析」という。）については、国土交通大臣の登録を受けた者（以下「登録経営状況分析機関」という。）が、経営規模、技術的能力その他経営状況以外の客観的事項の評価（以下「経営規模等評価」という。）については、国土交通大臣又は都道府県知事が行うものとされている（第二十七条の二十四及び第二十七条の二十六）。

㈢ 登録経営状況分析機関は、経営状況分析を行ったときは、その結果を経営状況分析の申請をした建設業者に通知しなければならない（第二十七条の二十五）。

㈣ 国土交通大臣又は都道府県知事は、経営規模等評価を行ったときは、その結果を経営規模等評価の申請をした建設業者に通知しなければならない（第二十七条の二十七）。

㈤ 国土交通大臣又は都道府県知事は、請求をした建設業者に対して総合評定値（経営状況分析及び経営規模等評価の結果を用いて算出した客観的事項の全体についての総合的な評定の結果に係る数値をいう。）を通知しなければならない。また、㈠の発注者が請求したときは、当該発注者に対して総合評定値を通知しなければならない（第二十七条の二十九）。

㈥ 国土交通大臣は、経営状況分析を行おうとする者の申請により、一定の要件に適合した者を登録しなければならない（第二十七条の三十一）。また、登録経営状況分析機関は、公正に、かつ、国土交通大臣が定める基準に適合する方法により経営状況分析を行わなければならない（第二十七条三十二において準用する第二十六条の八）。

## 八　建設業者団体

建設業の健全な発達を助長し、建設工事の適正な施工の確保を図るためには、建設業者団体の整備振興による自主的な建設業の進歩発達のための運動に期待する面が多く、また、行政庁の建設業者団体を通じての指導も効果的であるといえよう。

そのため、建設業に関する調査、研究、講習、指導、広報等建設工事の適正な施工を確保するとともに、建設業の健全な発達を図ることを目的とする事業を行う一定の社団又は財団については、国土交通大臣又は都道府県知事に対し、届出を行う義務を課すとともに、国土交通大臣又は都道府県知事は、その実態の的確な把握のためこれらの団体に対して必要な事項に関して報告を求めることができる旨の規定が置かれている（第二十七条の三十七、第二十七条の三十八）。加えて、施工技術の確保やその前提となる建設工事の担い手の育成及び確保を実現するためには、個々の建設業者のみならず、建設業者団体の組織力を活かした自主的・効率的な取組が推進されることが不可欠である。このため、建設業者団体が事業を行うに当たって、建設工事の担い手の育成及び確保その他の施工技術の確保に資するよう努めるべき旨の規定が置かれている。さらに、国土交通大臣が、建設業者団体による取組を促進する旨の責務規定も置かれている（第二十七条の三十九）。

## 九　監督処分

本法及び建設工事の施工に関する諸法令の規定は、建設業者等の業務の適正を確保し、建設工事の適正な施工と建設業の健全な発達を図るため制定されているのであり、建設業者その他の建設業を営む者は、ひとえにそれらの法令を遵守しなければならないものである。

しかしながら、これらの法令の規定等は、一部の者によって必ずしも遵守されない場合もあり、そのような場合に対処し、これらの法令の規定の実効性を確保するため、本法は次に掲げる監督上の措置を規定している。

(一)　国土交通大臣又は都道府県知事は、その許可を受けた建設業者が次に掲げる事由に該当した場合又は本法の規定（第十九条の三、第十九条の四及び第二十四条の三から第二十四条の五までを除く。）等に違反した場合においては、当該建設業者に対して、必要な指示をすることができる（第二十八条第一項前段）。

(イ)　建設業者が建設工事を適切に施工しなかったために公衆に危害を及ぼしたとき、又は危害を及ぼすおそれが大であるとき。

(ロ)　建設業者が請負契約に関し不誠実な行為をしたとき。

(ハ)　建設業者（建設業者が法人であるときは、当該法人又はその役員等）又は政令で定める使用人がその業務に関し他の法令に違反し、建設業者として不適当であると認められるとき。
㈡　建設業者が第二十二条（一括下請負の禁止）の規定に違反したとき。
㈭　第二十六条第一項又は第二項に規定する主任技術者又は監理技術者が工事の施工の管理について著しく不適当であり、かつ、その変更が公益上必要であると認められるとき。
㈬　建設業者が、第三条第一項の規定に違反して同項の許可を受けないで建設業を営む者と下請契約を締結したとき。
㈦　建設業者が、特定建設業者以外の建設業を営む者と下請代金の額が第三条第一項第二号の政令で定める金額以上となる下請契約を締結したとき。
㈠　建設業者が、情を知って、㈢の規定により営業の停止を命ぜられている者又は第二十九条の四第一項の規定により営業を禁止されている者と当該停止され、又は禁止されている営業の範囲に係る下請契約を締結したとき。
㈷　特定住宅瑕疵担保責任の履行の確保等に関する法律（平成十九年法律第六十六号）第三条第一項、第五条又は第七条第一項の規定に違反したとき。
また、特定建設業者が、下請負人の不払賃金又は第三者に与えた損害につき、第四十一条第二項又は第三項の規定による立替払等の勧告を受け、その勧告に従わない場合において必要があると認めるときは、国土交通大臣又は都道府県知事は、当該特定建設業者に対して、必要な指示をすることができる（第二十八条第一項後段）。
㈡　都道府県知事は、その管轄する区域内で建設工事を施工している第三条第一項の許可を受けないで建設業を営む者が次に掲げる事由に該当した場合においては、当該建設業を営む者に対して、必要な指示をすることができる（第二十八条第二項）。
㈰　建設工事を適切に施工しなかったために公衆に危害を及ぼしたとき、又は危害を及ぼすおそれが大であるとき。
㈺　請負契約に関し著しく不誠実な行為をしたとき。
㈢　国土交通大臣又は都道府県知事は、建設業者が前記㈠の㈰から㈠までのいずれかに該当するとき若しくは指示に従わないとき又は建設業を営む者が前記㈡の㈰若しくは㈺に該当するとき若しくは指示に従わないときは、一年以内の期間を定めて、その営業の全部又は一部の停止を命ずることができる（第二十八条第三項）。

㈣　都道府県知事は、国土交通大臣又は他の都道府県知事の許可を受けた建設業者で当該都道府県の区域内において営業を行うものに対しても、㈠及び㈢の場合と同様に当該建設業者に対して必要な指示又は営業の停止を命ずることができる（第二十八条第四項、第五項）。

なお、都道府県知事が前段の規定により処分をしたときは、遅滞なくその旨を当該建設業者が国土交通大臣の許可を受けたものであるときは国土交通大臣に報告し、当該建設業者が他の都道府県知事の許可を受けたものであるときは当該他の都道府県知事に通知しなければならない（第二十八条第六項）。

㈤　国土交通大臣又は都道府県知事は、前記㈠の(イ)若しくは(ハ)に該当する建設業者又は前記㈡の(イ)に該当する許可を受けないで建設業を営む者に指示をする場合において、特に必要があると認めるときは、注文者に対しても適当な措置をとるべきことを勧告することができるとされている（第二十八条第七項）。

㈥　国土交通大臣又は都道府県知事は、許可を受けた建設業者が、①許可の基準のうち一定の基準を満たさなくなった場合、②許可の欠格要件のうち一定の要件に該当するに至った場合、③許可換えをすべき一定の要件に該当するに至った建設業者が新たな許可を受けない場合、④許可を受けてから一年以内に営業を開始しない場合若しくは引き続いて一年以上営業を休止した場合、許可を受けた営業体が消滅した場合、⑤不正の手段により許可（更新を含む。）を受けた場合、⑥監督処分事由に該当し情状特に重い場合若しくは営業の停止の処分に違反した場合等一定の許可の取消事由に該当したときは、その許可を取り消さなければならない。

また、国土交通大臣又は都道府県知事は、その許可を受けた建設業者が許可に付された条件に違反したときは、当該建設業者の許可を取り消すことができる（第二十九条）。

㈦　国土交通大臣又は都道府県知事は、建設業者等に対し営業の停止を命ずる場合においては、当該建設業者等（法人の場合においてはその役員等）及びその処分の原因である事実について相当の責任を有する政令で定める使用人に対して、当該停止を命ずる範囲の営業について、当該営業の停止の期間中、新たに営業を開始することを禁止しなければならず、同じく、特に悪質な行為を行ったこと等のため、第二十九条第五号又は第六号に該当するとして建設業の許可を取り消す場合においては、当該建設業者たる法人の役員等又は法人若しくは個人のその処分の原因である事実に関し相当の責任を有する政令で定める使用人に対して、当該取消しに係る建設業について、五年間新たに営業を開始することを禁止しなければならない（第二十九条の四、なお第八条第二号参照）。

(八) 国土交通大臣又は都道府県知事は、営業停止処分又は許可の取消処分をしたときは、その旨を国土交通大臣の場合は官報で、都道府県知事の場合は都道府県の公報又はウェブサイト等で、公告しなければならない。また、国土交通省及び都道府県に建設業者監督処分簿を備え、建設業者に対する指示処分又は営業停止処分を行ったときは、これに処分の内容等を登載しなければならない。さらに、建設業者監督処分簿は公衆の閲覧に供しなければならない（第二十九条の五）。

(九) 建設業者その他建設業を営む者に、一定の監督処分事由に該当する事実があるときは、その利害関係人は、当該建設業者が許可を受けた国土交通大臣又は都道府県知事（許可を受けないで建設業を営む者については、建設工事の施工地を管轄する都道府県知事）に対して、その事実を申告し、適当な措置をとるべきことを求めることができる（第三十条）。

(十) 以上のほか、監督上の措置として、建設業者の所在地等を確知できない場合における許可の取消し（法第二十九条の二）、許可の取消し等の場合における建設工事の措置として建設業者の注文者に対する通知義務及び注文者の解除権の行使に関する権限規定等（第二十九条の三）並びに監督行政庁の建設業者に対する報告の徴取又は立入検査の権限について定めている（第三十一条）。

なお、建設業者等に対し、指示、営業の停止、許可の取消し又は営業の禁止の処分を行う場合において、必要があると認めるときは参考人の意見を聴かなければならない（第三十二条）。

## 十　中央建設業審議会等

(一) この法律、公共工事の前払金保証事業に関する法律（昭和二十七年法律第百八十四号）及び入札契約適正化法によりその権限に属させられた事項を処理するため、国土交通省に中央建設業審議会が置かれることとされており、建設工事の標準請負契約約款、入札の参加者の資格に関する基準等を作成し、及びその実施を勧告することができることとされている（第三十四条）。

㈡　中央建設業審議会は、学識経験者、建設工事の需要者及び建設業者のうちから国土交通大臣の任命した委員二十人以内をもって構成する（第三十五条）。委員の任期は二年であり、一定の欠格事由に該当する者は委員となることができない（第三十六条）。

また、建設業に関する専門の事項を調査審議させるため専門委員を置くことができる（第三十七条）。

㈢　中央建設業審議会は、学識経験者である委員のうちから、委員の互選により会長を置き、会長は、会務を総理する（第三十八条）。

㈣　都道府県知事の諮問に応じ建設業の改善に関する重要事項を調査審議させるため、都道府県は、条例で、都道府県建設業審議会を設置することができ、都道府県建設業審議会に関し必要な事項は、条例で定めることとされている（第三十九条の二）。

㈤　社会資本整備審議会は、国土交通大臣の諮問に応じ、建設業の改善に関する重要事項を調査審議するとともに、建設業に関する事項について関係各庁に意見を述べることができることとされている（第三十九条の三）。

## 十一　雑　則

㈠　建設業者は、その店舗及び建設工事の現場ごとに、公衆の見易い場所に、許可を受けた建設業の名称その他の一定の事項を記載した標識を掲げなければならない（第四十条）。

㈡　建設業を営む者は、許可を受けていない建設業について、許可を受けた建設業者であると明らかに誤認されるおそれのある表示をしてはならない（第四十条の二）。

㈢　建設業者は、その営業所ごとに営業に関する事項を記載した帳簿を備え、保存しなければならない（第四十条の三）。

㈣　国土交通大臣又は都道府県知事は、建設業者その他建設業を営む者又は届出のあった建設業者団体に対して、必要な指導、助言及び勧告を行うことができる（第四十一条第一項）。

㈤　特定建設業者が発注者から直接請け負った建設工事の全部又は一部を施工している他の建設業を営む者が、当該建設工事の施工のために使用している労働者に対する賃金の支払を遅滞した場合又は当該建設工事の施工に関し他人に損害を加えた場合において、必要があると認めるときは、許可行政庁である国土交通大臣又は都道府県知事は、当該特定建設業者に対し、適正と認められる賃金相当額又は損害額を立替払することその他適切な措置を講ずることを勧告することができる（第四十一条第二項、第三項）。

㈥　国土交通大臣又は都道府県知事は、その許可を受けた建設業者が第十九条の三、第十九条の四、第二十四条の三第一項、第二十四条の四又は第二十四条の五第三項若しくは第四項の規定に違反している事実があり、その事実が独占禁止法第十九条の規定に違反していると認めるときは、公正取引委員会に措置請求をすることができるとともに、その措置請求が中小企業者である下請負人との下請契約に係る元請負人に関するものであるときは、中小企業庁長官にその旨を通知しなければならない（第四十二条）。

㈦　中小企業庁長官は、中小企業者である下請負人の利益の保護のため特に必要があると認めるときは、元請負人若しくは下請負人に対して、その取引に関する報告を求め、又は立入検査を行うことができ、その結果元請負人が前記㈥に掲げる本法の規定に違反している事実があると認めるときは、公正取引委員会に対し措置請求ができるとともに、その措置請求に係る元請負人につき、許可行政庁である国土交通大臣又は都道府県知事にその旨を通知しなければならない（第四十二条の二）。

㈧　都道府県知事が本法を施行するために必要とする経費は、当該都道府県の負担とされている（第四十三条）。

㈨　この法律に規定する国土交通大臣の権限は、国土交通省令で定めるところにより、その一部を地方整備局長又は北海道開発局長に委任することができることとされている（第四十四条の三）。

㈩　国土交通省令で定める書類は、国土交通省令で定める都道府県知事を経由しなければならないこととされており、当該経由事務は地方自治法第二条第九項第一号に規定する第一号法定受託事務とされている（第四十四条の四及び

第四十四条の五）。

## 十二　罰　則

本法の施行を確保するため、第三条第一項の規定に違反して建設業を営んだ者等、本法の規定に違反した者に対しては刑罰又は過料の制裁が予定されている（第四十五条から第五十五条）。

# 第二部　逐条解説

# 第一章　総　則

〔法　律〕

（目的）

**第一条**　この法律は、建設業を営む者の資質の向上、建設工事の請負契約の適正化等を図ることによつて、建設工事の適正な施工を確保し、発注者を保護するとともに、建設業の健全な発達を促進し、もつて公共の福祉の増進に寄与することを目的とする。

本条は、本法の目的を明らかにしたものである。

一　建設業は歴史の経過とともに発展してきており、現在では、産業の基盤を形成するとともに国民の日常生活にも深く関連する重要な産業となっている。ところが、建設業は、他の産業にはみられない次のような特殊性を持っており、その経営は前近代的な側面を持っていることは否定し得ない。

第一に、建設業は受注産業であり、建設業者は通常請負契約の形で注文者から工事を受け、それを完成して注文者に引き渡すものであるから、あらかじめ一般需要者を想定して市場生産を行うことができない。そのため建設業の経営は不安定なものとなり、また複雑な下請制度を必要とする結果となっている。第二に、建設業は移動産業であり、一定の場所に工場を持ち機械設備を設けて生産に当たるものではないので、機械や労働力の能率的な使用が難しい。第三に、建設業は屋外産業であり、気象天候の影響を大きく受け、特に台風等により大きな被害を受けることが多い。第四に、建設業は、総合産業であり、他の各種産業と密接に結び付いており、国民経済にも大きな影響を与えるものであるが、逆に他の種々の産業からの影響を受けやすい。

加えて、建設業が受注産業であることに関連して、建設業者の立場は弱く、注文者の意思に強く制約される傾向にあり、建設工事の請負契約等に種々の不合理な問題を生じさせている。

更に、建設業の現状をみると、資力・信用に問題のある業者が多く、また、工事の施工能力の劣悪な業者も少なくなく、建設業者の倒産や公衆災害・労働災害もあとを絶たない。

このような実情にかんがみ、建設工事の適正な施工を確保し、建設業の健全な発達を促進するため、必要な規制を行うとともに適切な保護を加えることとしたのが本法の趣旨である。

二　本法の第一の目的は、建設工事の適正な施工を確保し、発注者を保護することである。
「適正な施工を確保する」とは、手抜き工事、粗雑疎漏工事等の不正工事を防止することのほか、更に積極的に建設工事の適正な施工を実現することを意味しており、これにより契約の目的にかなった工事の完成が担保され、「発注者を保護する」こととなるのである。

本法の第二の目的は、建設業の健全な発達を促進することである。

既に述べたとおり、建設業は我が国の重要産業の一つとなっており、その国民経済活動に与える影響は極めて大きなものがある。したがって、建設業が調和のとれた産業として発達することは、国家公益的要請でもある。

三　以上の二つの目的を達成するための手段として、本条は、「建設業を営む者の資質の向上」及び「建設工事の請負契約の適正化」の二つを掲げているが、もちろんこれらは、目的達成のための手段の主たる例示にほかならず、他にも手段が規定されているという趣旨で、「……請負契約の適正化等」としている。「建設業を営む者の資質の向上」とは、建設業の経営の近代化等による実際の経営能力、施工能力の向上のほか、社会的信用の向上をも意味しており、その向上を図るための具体的方策としては、技術者の設置、経営業務の管理責任者の設置等を内容とした建設業の許可制（第二章）を大きな柱として、特に施工技術の確保・向上を図るため技術検定制度を設けている（第四章）。また「建設工事の請負契約の適正化」とは発注者と請負人あるいは元請負人と下請負人の間にみられる不平等な契約関係の是正のことで、これにより請負人、特に下請負人を保護しようとするものである。適正化を図るための具体的方策としては、請負契約の原則を明示するとともに、契約書の記載事項、一括下請負の禁止、注文者の取引上の地位の不当利用の禁止、下請代金の支払期日等について規定している（第三章）。

そのほかの目的達成のための手段としては、建設工事の請負契約に関する紛争の的確かつ迅速な解決を図るための建設工事紛争審査会の設置（第三章の二）、建設業者の施工能力等を審査する経営事項審査制度の確立（第四章の二）、建設業者団体に対する指導監督（第四章の三）、建設業の改善に関する重要事項を調査審議するための建設業審議会の設置（第六章）等がある。

このように、本法は、単に目的達成のために建設業者に対する監督を行うだけではなく、むしろ積極的に指導育成を推進し、建設業の健全な発達を促進しようとするものである。

建設工事の適正な施工を確保し、発注者を保護するという目的と、建設業の健全な発達を促進するという目的は、相反するものではなく、相互に密接な依存関係に立つものであり、ともに「公共の福祉の増進に寄与すること」を共同理念とすべきものである。

〔法　律〕

（定義）

**第二条**　この法律において「建設工事」とは、土木建築に関する工事で別表第一の上欄に掲げるものをいう。

２　この法律において「建設業」とは、元請、下請その他いかなる名義をもつてするかを問わず、建設工事の完成を請け負う営業をいう。

３　この法律において「建設業者」とは、第三条第一項の許可を受けて建設業を営む者をいう。

４　この法律において「下請契約」とは、建設工事を他の者から請け負つた建設業を営む者と他の建設業を営む者との間で当該建設工事の全部又は一部について締結される請負契約をいう。

５　この法律において「発注者」とは、建設工事（他の者から請け負つたものを除く。）の注文者をいい、「元請負人」とは、下請契約における注文者で建設業者であるものをいい、「下請負人」とは、下請契約における請負人をいう。

**別表第一**〔第二条・第三条〕

| | |
|---|---|
| 土木一式工事 | 土木工事業 |
| 建築一式工事 | 建築工事業 |
| 大工工事 | 大工工事業 |
| 左官工事 | 左官工事業 |
| とび・土工・コンクリート工事 | とび・土工工事業 |
| 石工事 | 石工事業 |
| 屋根工事 | 屋根工事業 |
| 電気工事 | 電気工事業 |
| 管工事 | 管工事業 |
| タイル・れんが・ブロック工事 | タイル・れんが・ブロック工事業 |
| 鋼構造物工事 | 鋼構造物工事業 |
| 鉄筋工事 | 鉄筋工事業 |
| 舗装工事 | 舗装工事業 |
| しゅんせつ工事 | しゅんせつ工事業 |
| 板金工事 | 板金工事業 |
| ガラス工事 | ガラス工事業 |
| 塗装工事 | 塗装工事業 |
| 防水工事 | 防水工事業 |
| 内装仕上工事 | 内装仕上工事業 |
| 機械器具設置工事 | 機械器具設置工事業 |
| 熱絶縁工事 | 熱絶縁工事業 |
| 電気通信工事 | 電気通信工事業 |
| 造園工事 | 造園工事業 |
| さく井工事 | さく井工事業 |
| 建具工事 | 建具工事業 |
| 水道施設工事 | 水道施設工事業 |
| 消防施設工事 | 消防施設工事業 |
| 清掃施設工事 | 清掃施設工事業 |
| 解体工事 | 解体工事業 |

本条は、本法の用語の定義を示したものである。

一　「建設工事」とは、土木建築に関する工事で別表第一の上欄に掲げるものをいうとされている。「関する工事」であるので、いわゆる土木工事、建築工事ばかりでなく、設備工事等も含むものである。

「別表第一の上欄に掲げる建設工事」には、土木一式工事及び建築一式工事の二つの一式工事のほか、大工工事、左官工事、電気工事等二十七の専門工事があり、合計二十九の種類に分かれている。実際の工事の施工に当たっては、これらの単一の工事だけではなく、数種類の工事が複合した形で行われることが多いが、それも建設工事であることは当然である。建設工事の種類は、昭和四十六年の改正による後述の業種別許可制の採用以来二十八であったが、その後、解体工事に関し、施工技術の専門化や施工実態の変化といった事情が生じ、また、一定の市場規模が見込まれることを踏まえ、平成二十六年の改正により、新たに解体工事が追加され、二十九となった。

各建設工事の内容及びその具体的な例示は、次のとおりである。

| 建設工事の種類 | 建設工事の内容 | 建設工事の例示 |
|---|---|---|
| 土木一式工事 | 総合的な企画、指導、調整のもとに土木工作物を建設する工事（補修、改造又は解体する工事を含む。以下同じ。） | |
| 建築一式工事 | 総合的な企画、指導、調整のもとに建築物を建設する工事 | |
| 大工工事 | 木材の加工又は取付けにより工作物を築造し、又は工作物に木製設備を取付ける工事 | 大工工事、型枠工事、造作工事 |
| 左官工事 | 工作物に壁土、モルタル、漆くい、プラスター、繊維等をこて塗り、吹付け、又ははり付ける工事 | 左官工事、モルタル工事、モルタル防水工事、吹付け工事、とぎ出し工事、洗い出し工事 |

| | | |
|---|---|---|
| とび・土工・コンクリート工事 | イ　足場の組立て、機械器具・建設資材等の重量物の運搬配置、鉄骨等の組立て等を行う工事<br>ロ　くい打ち、くい抜き及び場所打ぐいを行う工事<br>ハ　土砂等の掘削、盛上げ、締固め等を行う工事<br>ニ　コンクリートにより工作物を築造する工事<br>ホ　その他基礎的ないしは準備的工事 | イ　とび工事、ひき工事、足場等仮設工事、重量物の揚重運搬配置工事、鉄骨組立て工事、コンクリートブロック据付け工事<br>ロ　くい工事、くい打ち工事、くい抜き工事、場所打ぐい工事<br>ハ　土工事、掘削工事、根切り工事、発破工事、盛土工事<br>ニ　コンクリート工事、コンクリート打設工事、コンクリート圧送工事、プレストレストコンクリート工事<br>ホ　地すべり防止工事、地盤改良工事、ボーリンググラウト工事、土留め工事、仮締切り工事、吹付け工事、法面保護工事、道路付属物設置工事、屋外広告物設置工事、捨石工事、外構工事、はつり工事、切断穿孔工事、アンカー工事、あと施工アンカー工事、潜水工事 |
| 石工事 | 石材（石材に類似のコンクリートブロック及び擬石を含む。）の加工又は積方により工作物を築造し、又は工作物に石材を取付ける工事 | 石積み（張り）工事、コンクリートブロック積み（張り）工事 |
| 屋根工事 | 瓦、スレート、金属薄板等により屋根をふく工事 | 屋根ふき工事 |
| 電気工事 | 発電設備、変電設備、送配電設備、構内電気設備等を設置する工事 | 発電設備工事、送配電線工事、引込線工事、変電設備工事、構内電気設備（非常用電気設備を含む。）工事、照明設備工事、電車線工事、信 |

| | | |
|---|---|---|
| | | 号設備工事、ネオン装置工事 |
| 管工事 | 冷暖房、冷凍冷蔵、空気調和、給排水、衛生等のための設備を設置し、又は金属製等の管を使用して水、油、ガス、水蒸気等を送配するための設備を設置する工事 | 冷暖房設備工事、冷凍冷蔵設備工事、空気調和設備工事、給排水・給湯設備工事、厨房設備工事、衛生設備工事、浄化槽工事、水洗便所設備工事、ガス管配管工事、ダクト工事、管内更生工事 |
| タイル・れんが・ブロック工事 | れんが、コンクリートブロック等により工作物を築造し、又は工作物にれんが、コンクリートブロック、タイル等を取付け、又ははり付ける工事 | コンクリートブロック積み（張り）工事、レンガ積み（張り）工事、タイル張り工事、築炉工事、スレート張り工事、サイディング工事 |
| 鋼構造物工事 | 形鋼、鋼板等の鋼材の加工又は組立てにより工作物を築造する工事 | 鉄骨工事、橋梁工事、鉄塔工事、石油・ガス等の貯蔵用タンク設置工事、屋外広告工事、閘門・水門等の門扉設置工事 |
| 鉄筋工事 | 棒鋼等の鋼材を加工し、接合し、又は組立てる工事 | 鉄筋加工組立て工事、鉄筋継手工事 |
| 舗装工事 | 道路等の地盤面をアスファルト、コンクリート、砂、砂利、砕石等により舗装する工事 | アスファルト舗装工事、コンクリート舗装工事、ブロック舗装工事、路盤築造工事 |
| しゅんせつ工事 | 河川、港湾等の水底をしゅんせつする工事 | しゅんせつ工事 |
| 板金工事 | 金属薄板等を加工して工作物に取付け、又は工作物に金属製等の付属物を取付ける工事 | 板金加工取付け工事、建築板金工事 |
| ガラス工事 | 工作物にガラスを加工して取付ける工事 | ガラス加工取付け工事、ガラスフィルム工事 |
| 塗装工事 | 塗料、塗材等を工作物に吹付け、塗付け、又は | 塗装工事、溶射工事、ライニング工事、布張り |

| | | |
|---|---|---|
| | はり付ける工事 | 仕上工事、鋼構造物塗装工事、路面標示工事 |
| 防水工事 | アスファルト、モルタル、シーリング材等によって防水を行う工事 | アスファルト防水工事、モルタル防水工事、シーリング工事、塗膜防水工事、シート防水工事、注入防水工事 |
| 内装仕上工事 | 木材、石膏ボード、吸音板、壁紙、たたみ、ビニール床タイル、カーペット、ふすま等を用いて建築物の内装仕上げを行う工事 | インテリア工事、天井仕上工事、壁張り工事、内装間仕切り工事、床仕上工事、たたみ工事、ふすま工事、家具工事、防音工事 |
| 機械器具設置工事 | 機械器具の組立て等により工作物を建設し、又は工作物に機械器具を取付ける工事 | プラント設備工事、運搬機器設置工事、内燃力発電設備工事、集塵機器設置工事、給排気機器設置工事、揚排水機器設置工事、ダム用仮設備工事、遊技施設設置工事、舞台装置設置工事、サイロ設置工事、立体駐車設備工事 |
| 熱絶縁工事 | 工作物又は工作物の設備を熱絶縁する工事 | 冷暖房設備、冷凍冷蔵設備、動力設備又は燃料工業、化学工業等の設備の熱絶縁工事、ウレタン吹付け断熱工事 |
| 電気通信工事 | 有線電気通信設備、無線電気通信設備、放送機械設備、データ通信設備等の電気通信設備を設置する工事 | 電気通信線路設備工事、電気通信機械設置工事、放送機械設置工事、空中線設備工事、データ通信設備工事、情報制御設備工事、ＴＶ電波障害防除設備工事 |
| 造園工事 | 整地、樹木の植栽、景石のすえ付け等により庭園、公園、緑地等の苑地を築造し、道路、建築物の屋上等を緑化し、又は植生を復元する工事 | 植栽工事、地被工事、景石工事、地ごしらえ工事、公園設備工事、広場工事、園路工事、水景工事、屋上等緑化工事、緑地育成工事 |

| | | |
|---|---|---|
| さく井工事 | さく井機械等を用いてさく孔、さく井を行う工事又はこれらの工事に伴う揚水設備設置等を行う工事 | さく井工事、観測井工事、還元井工事、温泉掘削工事、井戸築造工事、さく孔工事、石油掘削工事、天燃ガス掘削工事、揚水設備工事 |
| 建具工事 | 工作物に木製又は金属製の建具等を取付ける工事 | 金属製建具取付け工事、サッシ取付け工事、金属製カーテンウォール取付け工事、シャッター取付け工事、自動ドアー取付け工事、木製建具取付け工事、ふすま工事 |
| 水道施設工事 | 上水道、工業用水道等のための取水、浄水、配水等の施設を築造する工事又は公共下水道若しくは流域下水道の処理設備を設置する工事 | 取水施設工事、浄水施設工事、配水施設工事、下水処理設備工事 |
| 消防施設工事 | 火災警報設備、消火設備、避難設備若しくは消火活動に必要な設備を設置し、又は工作物に取付ける工事 | 屋内消火栓設置工事、スプリンクラー設置工事、水噴霧、泡、不燃性ガス、蒸発性液体又は粉末による消火設備工事、屋外消火栓設置工事、動力消防ポンプ設置工事、火災報知設備工事、漏電火災警報器設置工事、非常警報設備工事、金属製避難はしご、救助袋、緩降機、避難橋又は排煙設備の設置工事 |
| 清掃施設工事 | し尿処理施設又はごみ処理施設を設置する工事 | ごみ処理施設工事、し尿処理施設工事 |
| 解体工事 | 工作物の解体を行う工事 | 工作物解体工事 |

この建設工事の内容及び例示は、現実の建設業における施工の実態を前提として、施工技術の相違、取引の慣行等により分類され、また、営業に関する許可でもあるため、市場規模や取引の慣行を踏まえ、さらには建設業界の実態や意見も十分に参酌して分類されたものである。各工事の内容は、それぞれ他の工事の内容と重複する場合も

ある。これは、建設工事が純粋に一つの工事のみにより完成されることはほとんどなく、通常複数の工事が、程度の差はあるにしても絡みあい、あるいは補完しあって成り立つことから当然のことと考えられる。たとえば、ふすま工事は、内装仕上工事にも建具工事にも含まれるものとされているが、これは、ふすま工事が一面においては建築物の内装において重要な比重を持つものであることと同時に、他面、機能的には窓、扉その他の建具と何ら変わるものではないことによる。このほかにも、個々の具体的な建設工事の施工に当たって、その部分的な工事が当該建設工事において占める比重、役割あるいは機能から判断して、ある場合にはA建設工事と考えられ、またある場合にはB建設工事と考えられることもあり得る。

また、この建設工事の内容は現段階における各建設工事の内容を定義したもので、時代の変遷により、施工技術の進歩発展あるいは建設業の施工の実態の変化等に伴って、当然に変化してゆくことが考えられる。同様に、建設工事の例示も、各建設工事のうち主なものを掲げたものであり、変化が予想されるものといえよう。なお、土木一式工事及び建築一式工事の二つの一式工事は、他の二十七の専門工事と異なり、総合的な企画、指導及び調整の下に土木工作物又は建築物を建設する工事であるが、二つ以上の専門工事を有機的に組み合わせて、社会通念上独立の使用目的がある土木工作物又は建築物を造る場合は当然この一式工事に該当するほか、必ずしも二以上の専門工事が組み合わされていなくても、工事の規模、複雑性等からみて総合的な企画、指導及び調整を必要とし、個別の専門的な工事として施工することが困難であると認められるものも、この一式工事に含まれる。

また、この建設工事の内容や例示は、あくまでも工事であるものが列挙されているに過ぎず、たとえば、パーソナルコンピュータを単に配置する作業などは当然これには含まれないものと解すべきであろう。

二　「建設業」とは、元請、下請その他いかなる名義をもってするかを問わず、建設工事の完成を請け負う営業をいうとされている。したがって、これは、まず「営業」に限られる。「営業」とは、利益を得る目的すなわち営利の目的をもって同種の業務を継続的かつ集団的に行うことである。「営利の目的」とは、資本的計算方法の下に少なくとも収支が相償うことを目的とすることで、この目的が現実に実現されるか否かは問うところではない。

次に、これは建設工事の完成を請け負うことを営業とするものに限られる。「請負」とは、当事者の一方がある仕事を完成することを約し、相手方がその仕事の結果に対して報酬を与えることを約する契約である（民法第六百三十二条、なお商法第五百二条第五号参照）。このように、建設工事の完成を請け負うことを営業とする実態を有するものであるならば、使用される名義のいかんを問わず、すべて建設業となる。請負と類似の概念としては、雇用及び委任があるが、雇用は単に使用者の指揮命令に従い労務に服することを目的とするだけであり仕事の完成の危険を負担するものではなく（民法第六百二十三条）、委任は委託された目的の下に事務を処理すること自体を内容とするもので、仕事の完成を内容とする請負と異なり、仕事の完成がなくても履行の割合に応じて報酬を請求することができる。なお、建設工事の請負契約は、片務性の是正のため、契約の履行過程におけるリスクを注文者側に一部移転することが一般的であり、その意味において、委任者側が成果実現に関する危険を負担する委任に性質的に近づいているとも言えるが、あくまでも仕事の完成を契約内容としているという点において、契約類型としては「請負」を修正したものと解することが適当であろう。

三　「建設業者」とは、第三条第一項の許可を受けて建設業を営む者をいうとされている。これは、第三条第一項において、建設業を営もうとする者は、国土交通大臣又は都道府県知事の許可を受けなければならないと規定されているのに対応するものである。

建設業の許可は、後述するように一般建設業の許可と特定建設業の許可とに区分して与えられるので（第三条の解説参照）、それに応じて建設業者も、一般建設業の許可を受けた者（以下「一般建設業者」という。）と特定建設業の許可を受けた者（以下「特定建設業者」という。第十七条参照）の二者に分けることができる。いずれにせよ、建設業の許可の適用除外となる軽微な建設工事のみを請け負うことを営業とする者（第三条第一項、令第一条の二参照）は、本法にいう建設業者ではない。いわんや、許可を受けなければならないのに許可を受けないで建設業を営む者（以下「無許可業者」という。）は、当然本法にいう建設業者には含まれない。

以下本書において「建設業者」というときは、本条に規定する建設業者をさし、これと許可を受けないで建設業を営むことができる者及び無許可業者を合わせて「建設業を営む者」と総称するので注意されたい。

なお、「建設業を営む」ことができない者は、建設業者となり得ないことはいうまでもない。したがって、法律上営業活動を禁止されている者、たとえば、国、地方公共団体等はもちろん建設業者となり得ない。また民法上の組合や法人格のない労働組合等は、法律上権利能力を認められないから、同様に建設業者となり得ない。さらに、定款等により建設業を営むことができないこととされている者も、同様である。

四　「下請契約」とは、建設工事を他の者から請け負った建設業を営む者と他の建設業を営む者との間で当該建設工事の全部又は一部について締結される請負契約をいうとされている。

「建設工事を他の者から請け負つた建設業を営む者と他の建設業を営む者」との請負契約であるので、すべての下請契約をさし、いわゆる孫請以下の関係における請負契約も下請契約である。また下請契約の当事者となり得る者は、単に「建設業を営む者」とされているだけであるから、建設業者でない者同士の間における下請契約も考えられるわけである。ただし、これは「建設工事の全部又は一部」を完成する目的で締結される請負契約であるので、建設工事の完成と直接関係のない請負行為等を目的とする契約は、本法にいう下請契約に該当しない。たとえば、建設業者と資材メーカーとの間におけるブロック等の建設資材の製造委託契約は、下請契約ではない。

五　「発注者」とは、建設工事（他の者から請け負ったものを除く。）の注文者をいうとされている。

注文者とは、民法上の注文者をいい、次に述べるように下請関係におけるものも含むが、発注者とは、注文者のうち、他の者から請け負った建設工事の全部又は一部を更に他の建設業を営む者に注文する者を除いたもの、すなわち、建設工事の最初の注文者のみをいう。

六　「元請負人」とは、下請契約における注文者で建設業者であるものをいうとされている。

したがって、許可を受けないで建設業を営むことができる者、無許可業者等建設業者でない者が注文者である場合においては、本法の元請負人には含まれないが、これは、本法においては元請負人は、下請負人の保護等に関して各種の法律上の義務を負うので、それに応え得るか否かの資格を審査して許可した者に限ることを適当と考えたものである。

七　「下請負人」とは、下請契約における請負人をいうものとされている。

請負人とは、民法上の請負人であるが、ここでは、零細な下請負人も保護して建設業の体質の改善、建設工事の施工の適正化を図る必要があるので、元請負人と異なり建設業者であるか否かは問わないが、第三項との関係から当然建設業を営む者に限られることとなる。

# 第二章　建設業の許可

## 第一節　通　則

〔法　律〕

（建設業の許可）

**第三条**　建設業を営もうとする者は、次に掲げる区分により、この章で定めるところにより、二以上の都道府県の区域内に営業所（本店又は支店若しくは政令で定めるこれに準ずるものをいう。以下同じ。）を設けて営業をしようとする場合にあつては国土交通大臣の、一の都道府県の区域内にのみ営業所を設けて営業をしようとする場合にあつては当該営業所の所在地を管轄する都道府県知事の許可を受けなければならない。ただし、政令で定める軽微な建設工事のみを請け負うことを営業とする者は、この限りでない。

一　建設業を営もうとする者であつて、次号に掲げる者以外のもの

二　建設業を営もうとする者であつて、その営業にあたつて、その者が発注者から直接請け負う一件の建設工事につき、その工事の全部又は一部を、下請代金の額（その工事に係る下請契約が二以上あるときは、下請代金の額の総額）が政令で定める金額以上となる下請契約を締結して施工しようとするもの

2　前項の許可は、別表第一の上欄に掲げる建設工事の種類ごとに、それぞれ同表の下欄に掲げる建設業に分けて与えるものとする。

3　第一項の許可は、五年ごとにその更新を受けなければ、その期間の経過によつて、その効力を失う。

4　前項の更新の申請があつた場合において、同項の期間（以下「許可の有効期間」という。）の満了の日までにその申請に対する処分がされないときは、従前の許可は、許可の有効期間の満了後もその処分がされるまでの間は、なおその効力を有する。

5　前項の場合において、許可の更新がされたときは、その

許可の有効期間は、従前の許可の有効期間の満了の日の翌日から起算するものとする。

6　第一項第一号に掲げる者に係る同項の許可（第三項の許可の更新を含む。以下「一般建設業の許可」という。）を受けた者が、当該許可に係る建設業について、第一項第二号に掲げる者に係る同項の許可（第三項の許可の更新を含む。以下「特定建設業の許可」という。）を受けたときは、その者に対する当該建設業に係る一般建設業の許可は、その効力を失う。

〔政　令〕

（支店に準ずる営業所）

**第一条**　建設業法（以下「法」という。）第三条第一項の政令で定める支店に準ずる営業所は、常時建設工事の請負契約を締結する事務所とする。

（法第三条第一項ただし書の軽微な建設工事）

**第一条の二**　法第三条第一項ただし書の政令で定める軽微な建設工事は、工事一件の請負代金の額が建築一式工事にあつては千五百万円に満たない工事又は延べ面積が百五十平方メートルに満たない木造住宅工事、建築一式工事以外の建設工事にあつては五百万円に満たない工事とする。

2　前項の請負代金の額は、同一の建設業を営む者が工事の完成を二以上の契約に分割して請け負うときは、各契約の請負代金の額の合計額とする。ただし、正当な理由に基いて契約を分割したときは、この限りでない。

3　注文者が材料を提供する場合においては、その市場価格又は市場価格及び運送賃を当該請負契約の請負代金の額に加えたものを第一項の請負代金の額とする。

（法第三条第一項第二号の金額）

**第二条**　法第三条第一項第二号の政令で定める金額は、四千万円とする。ただし、同項の許可を受けようとする建設業が建築工事業である場合においては、六千万円とする。

本条は、建設業を営もうとする者は、令第一条の二で定める軽微な建設工事のみを請け負うことを営業とする者を除き、建設業の許可を受ける義務があること及び建設業の許可の内容について定めたものである。

一　建設業の許可を行うべき許可行政庁は、建設業を営もうとする者の設ける営業所の所在地によって法定されている。すなわち、二以上の都道府県の区域内に営業所を設ける場合にあっては国土交通大臣が、一の都道府県の区域内にのみ営業所を設ける場合（一の都道府県の区域内に二以上の営業所を設けるときも当然含まれる。）にあっては当該営業所の所在地を管轄する都道府県知事が、それぞれ許可行政庁となる。

二以上の都道府県の区域内に営業所を設ける建設業の許可を国土交通大臣が行うこととしたのは、複数の都道府県にまたがる営業所における建設業の営業に関する許可及びその監督について、一の都道府県知事の管轄に委ねることは、規制の実効性や事務の効率性の観点から行政運営上適切でなく、国土交通大臣がこれらの事務を総合的に行うことが必要であるからである。

建設業の許可は、一般建設業又は特定建設業の区分に応じ、本法の別表第一に掲げる建設業の種類ごとに行うこととされているが、許可行政庁を定める場合の営業所は、当該申請に係る建設業の営業所のみではなく、当該建設業を営もうとする者についての許可に係る建設業を営むすべての営業所と解するべきであろう。たとえば、A県に置く営業所で一般建設業の建築工事業を、B県に置く営業所で特定建設業の土木工事業をそれぞれ営もうとする者はA県とB県でそれぞれ知事許可を申請するのではなく、大臣許可を申請すべきである。本条は、建設業者の許可行政庁をその営業所の所在地を基準として特定することをその目的としており、許可の区分又は許可の業種によって、許可行政庁が複数になることは本法の趣旨からみて妥当ではないと考えられるからである。

二　「営業所」とは、本店又は支店若しくは常時建設工事の請負契約を締結する事務所とされている。したがって、本店又は支店は、常時建設工事の請負契約を締結する事務所でない場合であっても、他の営業所に対し請負契約に関する指導監督を行う等建設業に係る営業に実質的に関与する事務所であれば、本条の営業所に該当する。

しかし、建設業を他の営業と兼営する場合等における支店、営業所等であって建設業にはまったく無関係なもの及び単に登記上の本店等に過ぎないものは、ここでいう「営業所」とは解されず、また、海外に設置された支店、営業所等も同様である。

「常時請負契約を締結する事務所」とは、請負契約の見積り、入札、狭義の契約締結等請負契約の締結に係る実体的な行為を行う事務所をいい、必ずしもその事務所の代表者が契約書上の名義人であるか否かを問うものではないが、建設業に関係のある事務所であっても特定の目的のため臨時に置かれる工事事務所、作業所等又は単なる事務の連絡のために置かれる事務所は該当しない。

「営業所」であるか否かの判断は、当該営業所の実態に応じて行うべきであるが、最低限度の要件としては契約締結に関する権限を委任されており、かつ、事務所など建設業の営業を行うべき場所を有し、電話、机等什器備品を備えていることが必要であろう。

なお、営業所の所在地とその営業に係る建設工事の施工場所については、法に何らの規定がなく無関係と解されている。そのため、営業所の所在する都道府県の区域以外の地域において、その営業所における請負契約に基づき建設工事を施工することは、何ら差し支えない。

三　許可の適用除外となる軽微な建設工事は、建設工事が公共の福祉に与える影響、発注者の保護の必要性、許可制の実施による建設業者特に小規模零細建設業者に課せられる負担を総合的に考慮し、昭和三十一年に定められた旧法の適用除外の金額が改正された理由及びその後の建設工事価格の上昇を併せ考え、かつ、昭和四十六年の法改正の国会審議の際の参議院の附帯決議の趣旨をも尊重して定められたものである。

「軽微な建設工事」は、工事一件の請負代金の額（取引に係る消費税及び地方消費税の額を含む。以下同じ。）が建築一式工事にあっては千五百万円に満たない工事又は延べ面積が百五十平方メートルに満たない木造住宅工事、建築一式工事以外の建設工事にあっては五百万円に満たない工事と定められている。この場合の「木造」とは、建築基準法第二条第五号に定める主要構造部が木造であるものと、「住宅」とは、住宅、共同住宅及び店舗等との併用住宅で延べ面積の二分の一以上を居住の用に供するものと解すべきであろう。また、千五百万円に満たない工事又は百五十平方メートルに満たない木造住宅工事の要件の関連については、いずれか一方の要件を満たしていれば、軽微な建設工事の範囲に入るものであり、たとえば、千五百万円を超える建築一式工事であっても延べ面積が百五十平方メートル未満の木造住宅工事であれば、建設業の許可を受けることなく請け負うことができる。なお、軽微な建設工事に該当するか否か判断する際、注文者が材料を提供し、工事の請負代金の額に材料の価格が含まれない場合であっても、その市場価格又は市場価格及び運送賃を当該請負契約の請負代金の額に加えた額で判断する。

なお、軽微な建設工事のみを請け負うことを営業とする者であっても、建設業の許可を受けることは差し支えないと解される。

四　建設業の許可は、一般建設業の許可又は特定建設業の許可の区分に分けて行われる。

建設工事の施工は、一般的にはそれぞれ独立した各種専門工事の総合的な組合せにより成り立っており、そのため建設業は他産業には類をみないほど多様化し、かつ、重層化した下請構造を有している。したがって、建設工事の適正な施工を確保するためには、建設工事の下請制度に参加する下請負人の体質を強化し、その経営の安定を図る必要があり、昭和四十六年の法改正においても下請負人の保護に関する規定が整備されたものである。

特定建設業の許可は、この下請負人の保護に関する規定の整備と関連して、その徹底を期するため、発注者から直接請け負った一件の建設工事につき、四千万円（建築工事業にあっては六千万円。どちらも取引に係る消費税及び地方消費税の額を含む。以下同じ。）以上の工事を下請負人に施工させて営業する建設業者については、下請負人保護のために特に重い義務を負わせるべく、特別の許可制度を創設し、後述するように許可要件が加重されたものである。

特定建設業の許可の対象となる建設業者は、主として土木工事業又は建築工事業のような下請施工が一般的ないわゆる一式工事業者であるが、それ以外であっても発注者から直接建設工事を請け負う建設業者であれば、その施工の態様によっては特定建設業の許可が必要である。したがって、電気工事業、舗装工事業、管工事業等いわゆる一式工事業以外の専門工事業者であっても、発注者から直接請け負う一件の建設工事につき、四千万円以上の工事を下請施工させようとするときは、特定建設業の許可を受け、下請負人保護の特別の義務を負わなければならないことはいうまでもない。また、四千万円以上の工事に該当するか否かを判断する際には、元請負人が提供する材料等の価格は含まない。

特定建設業の許可は、その趣旨が下請負人の保護の徹底を期し、特に重い義務を課するため設けられたものであり、同一の建設業について、特定建設業者と一般建設業者との間においては、その営業の範囲について特別の差異はない。ただ、一般建設業者は、発注者から直接請け負った一件の建設工事につき、四千万円（建築工事業にあっては六千万円）以上の下請契約を締結して工事を施工することができないのに対し、特定建設業者はこの制限が解除されていることが異なる点である。したがって、発注者から直接請け負う一件の工事の請負金額については、一般建設業者であっても、特定建設業者であっても等しく制限はなく、一般建設業者であっても、工事をすべて直営施工する限り、あるいは四千万円（建築工事業にあっては六千万円）未満の工事を下請施工させる限り、請負金額に制限はない。

下請契約の金額が制限されるのは、発注者から直接請け負った工事に関してであるので、元請負人から請け負った工事につき、下請負人が更に次の段階の下請負人と締結するいわゆる孫請以下の下請契約については、何ら制限はない。そのため、下請負人は特定建設業者であると一般建設業者であるとを問わず、金額の如何にかかわらずさらに下請契約を締結することができる。

五　建設業の許可は、一般建設業の許可又は特定建設業の許可のどちらにおいても、本法の別表第一の上欄に掲げる建設工事の種類ごとに、それぞれ同表の下欄に掲げる建設業に分けて行われ、いわゆる業種別許可制が採られている。業種別許可制は昭和四十六年の改正で採用され、平成二十六年の改正で解体工事業が追加されている。

本法が業種別許可制を採用したのは、建設工事はその種類ごとに必要な施工技術等が異なり、建設業が本法の別表第一に掲げる二十九の一式工事又は専門工事により施工されている実情に基づき、それぞれの工事に対応する工事業を定めてその工事業ごとに許可を行うことが、建設業者の資質の向上を図り、適正な施工能力を確保するために必要であるからである。

さらに、業種別許可制によって専門工事業者の専門化が一層促進され、その地位の安定化が図られ、これを通じて体質の改善、施工技術の向上が行われ、ひいては建設業の合理化が促進されることが、本法の期待するところである。

建設業の許可は、業種別に行うため、許可を受けた建設業に係る建設工事以外の建設工事を請け負い施工することは、当然に許可なくして営業を行ったこととなるが、例外として、次条に規定する附帯工事として請け負い営業する場合及び許可の適用除外となる軽微な建設工事を請け負い営業する場合は、当該建設工事に関する許可を受けることなく営業を行うことができる。

六　許可の有効期間は五年とされ、許可の更新を受けなければその効力を失うことと定められている。許可は一定の時点において建設業を営もうとする者に対し、本法に規定する許可基準に該当するか否かを審査して、適格な者に対し営業の禁止の解除をして建設業を営むことを認めるものであるが、その有効期間があまり長期にわたると、変更の届出の制度又は一定の許可の基準に該当しなくなった場合の許可の取消しの制度はあるにしても、許可を受けた者が本法の規定するその他の許可の基準に関する要件を欠くに至った場合において、建設業を営み得る立場が既得権化したり、監督が徹底を欠くうらみも生じ、また、許可の基準の運用自体の変更も特に変動の著しい現在の経済社会においてはある期間の経過によって当然に予想される。一方、この有効期間をごく短い期間とすることは、建設業の営業の継続性について不安を生ずるのみならず、許可の更新の手続、費用の負担等について建設業者に対し過重の負担をかけることとなる。

従来は、許可制度の採用に当たって過去の登録制度の場合の登録の有効期間が二年であったこと、許可制度の採用によって許可の審査が慎重に行われることとなったこと等も考慮し、三年ごとに本法において定められた要件を備えているかどうかを審査することとしていたが、平成六年の法改正により、申請者の負担の軽減、許可事務の簡素合理化をより一層図る観点から、許可の有効期間が五年に延長されたところである。

許可の有効期間は、許可のあった日から五年目の当該許可があった日に対応する日の前日をもって満了する。有効期間が満了したときは、許可は自動的にその効力を失い、許可行政庁の通知行為等は何ら必要でないことは条理上明らかである。したがって、この場合行政庁は、当該建設業者であった者に係る許可簿の抹消等内部的な事務処理を行えばよい。

また、当該効力を失った許可に係る建設業者であった者は、許可が効力を失った後に新たに注文者との間における請負契約を締結することはできないが、許可がその効力を失う前に締結された請負契約に係る建設工事に限り、特例として施工することが認められる（第二十九条の三）。

建設業の許可の有効期間の満了後、引き続き当該許可に係る建設業を営もうとする建設業者は、許可の更新を受けなければならない。

しかし、許可の更新であっても、許可の手続、許可の基準等は新規の許可とほぼ同一であり、有効期間についても同様である。なお、許可の更新の申請は、その性格上、従来の許可の有効期間内に適法に行われる必要があることはいうまでもなく、この場合においては、有効期間の満了する日前三十日までに更新に係る許可申請書を提出しなければならない（規則第五条）。

なお、許可の更新の申請があった場合において、従前の許可の有効期限までに更新の申請に対する処分がなされないときは、第四項の規定により、従前の許可はなおその効力を有するものとされる。すなわち、許可の更新を申請しても新たな許可又は不許可の処分が行われるまでは、従前の許可のままで適法に営業できる。

また、この場合において、許可の更新がされたときは、その許可の有効期間は、従前の許可の有効期間の満了する日の翌日から起算される。

七　建設業の許可は、一般建設業又は特定建設業の別に区分して、かつ、二十九の建設業の種類ごとに行われる。その結果、建設業を営もうとする者がその行おうとする営業の範囲に応じて、同時に二以上の建設業の許可を必要とする場合があり、さらにある建設業の許可を受けた者が営業の範囲の拡大等のため別途他の建設業の許可を必要とする場合がある。このような場合に、一の者に対し同時に又は追加して二以上の建設業の許可を与え得ることはもちろんである。

また、二以上の建設業の許可を受ける場合において、その個々の建設業に係る建設工事の施工の実態や営業所に置く技術者の資格等に応じて、ある建設業については特定建設業の許可を、他の建設業については一般建設業の許可をそれぞれ受ける必要がある場合も生ずるが、このような場合においても、業種を分けてそれぞれ特定建設業の許可又は一般建設業の許可を行うことができる。

しかしながら、同時に一の建設業の業種について一般建設業の許可及び特定建設業の許可を重複して行うことは、手続上又は本法の適用上混乱を招くのみであって、法理上妥当ではない。一方、既にある建設業の業種について一般建設業の許可を受けた建設業者が、その営業に係る建設工事の施工の実態に応じて更に特定建設業の許可を必要とする場合も予想されるので、このような事態に対処するため、第六項の規定により、一般建設業の許可を受けた者が当該許可に係る建設業について特定建設業の許可を受けたときは、特定建設業の許可と同一の業種の一般建設業の許可は、その効力を失うこととしている。

なお、特定建設業の許可を受けた者が、技術者の退職等により許可の有効期間中に一般建設業の許可を受ける必要が生ずることが予想されるが、本法にはこの取扱いに関して特別の規定はない。したがって、このような場合には、当該建設業者から第十一条第五項の規定による変更等の届出を提出させ第二十九条第一項第一号に該当するとして許可の取消しを行うか、第十二条第五号の規定による廃業等の届出を提出させ第二十九条第一項第四号に該当するとして許可の取消しを行った上で、別途一般建設業の許可を受けさせることによって処理するのが妥当であると考えられる。

八　なお、本条に基づく国土交通大臣の建設業の許可に関する権限は、地方整備局長及び北海道開発局長に委任されている（第四十四条の三）。

〔法　律〕

（許可の条件）

**第三条の二**　国土交通大臣又は都道府県知事は、前条第一項の許可に条件を付し、及びこれを変更することができる。

2　前項の条件は、建設工事の適正な施工の確保及び発注者の保護を図るため必要な最小限度のものに限り、かつ、当該許可を受ける者に不当な義務を課することとならないものでなければならない。

本条は、建設業者が許可を取得する際に求められる請負契約に関する誠実性、財産的基礎等の要件をより長期にわたって継続的に充足させるため、許可行政庁が、許可に一定の条件を付すことができることを定めたものである。

一　許可の条件は、建設工事の適正な施工の確保及び発注者の保護を図ることを目的として、許可の効果に制限を加えるものである。したがって、付することができる条件は、こうした目的に照らして一定の制約があり、どのような場合にどのような条件を付するかは、各許可行政庁が個々の事例に即して判断することになる。具体的な例としては、次のようなものが考えられる。

許可を行う時点では、第七条第四号又は第十五条第三号の請負契約を履行するに足りる財産的基礎を有するが、自己資本の額、資本金の額、許可申請者の経営状況等を総合的に判断した場合には、許可の有効期間中に、当該財産的基礎を有しなくなり適切な営業活動や建設工事の適正な施工を期待し得なくなるおそれがあると認められるときに、「一定の財産的基礎の水準を継続的に維持すること」、「財務状況、事業実績等を定期的に許可行政庁へ報告すること」等を条件として付すること。

なお、一般建設業者に関する第七条第一号及び第二号に掲げる基準並びに特定建設業者に関する第七条第一号及び第十五条第二号に掲げる基準については、これらを満たさなくなれば第二十九条第一項第一号に該当するものとして許可を取り消さなければならないので、当該基準を満たさなくなった場合に関する条件を付する余地はないものと解される。

二　建設業者がその許可に付された条件に違反した場合には、第二十九条第二項の規定により、許可行政庁は当該許可を取り消すことができることとされている。

なお、法令上の義務を履行することを許可の条件として付することも可能ではあるが、この場合には、当該条件違反があったとしても、第二十九条第一項第六号に該当する場合を除き、同条第二項の規定により許可を取り消す前に、当該義務の履行を確保するための指示をし、又は営業停止を命ずることが妥当であろう。

〔法　律〕

（附帯工事）

**第四条**　建設業者は、許可を受けた建設業に係る建設工事を請け負う場合においては、当該建設工事に附帯する他の建設業に係る建設工事を請け負うことができる。

本条は、許可を受けた建設業以外の建設業に係る建設工事であっても、許可を受けた建設業に係る建設工事に附帯する工事であれば、請け負って営業することができることを定めたものである。

一　前条で述べたとおり、建設業の許可は二十九の建設工事の種類に応じ、対応する建設業に分けて行うので、許可を受けた建設業以外の建設業に係る建設工事については、それを請け負って営業することを原則として禁止されている。

一方、建設工事の目的物である土木工作物や建築物は、各種の建設工事の成果が複雑微妙に組み合わされてできているものであって、一の建設工事の施工の過程において他の建設工事の施工を誘発し、又は関連する他の建設工事の同時施工を必要とする場合がしばしば生ずる。

そのため、建設業の業種別許可を厳格に実施して、許可を受けた建設業に係る建設工事以外の建設工事は一切請け負うことを禁止すると、建設工事の実際の施工において著しく不合理な面を生じ、建設工事の注文者や請負人にとって不便なこともあるので、本法は、建設業者は許可を受けた建設業に係る建設工事を請け負う場合においては、当該建設工事に附帯する他の建設業に係る建設工事をも請け負うことができることとしたものである。

附帯工事の性格は、次の二つのものがあると考えられる。

まず、主たる建設工事の施工により必要を生じた他の従たる建設工事が、附帯工事の一つの性格として考えられる。たとえば、管工事の施工に伴って必要を生じた熱絶縁工事、屋根工事の施工に伴って必要を生じた塗装工事などがこれに該当する。このような場合には、その工事の主たる目的は、たとえば、建築物の暖房なり、あるいは屋根の改修であって、暖房設備を熱絶縁することあるいは屋根を塗装することは、主たる建設工事の機能を保全し、十分な能力を発揮するために必要を生じたものといえよう。

次に、主たる建設工事を施工するために生じた他の従たる建設工事が、附帯工事の一つの性格として挙げられる。たとえば、建築物の改修等の場合の電気工事の施工に伴って必要を生じた内装仕上工事、建具工事の施工に伴って必要を生じたコンクリート工事、左官工事などがこれに該当する。このような場合には、その工事の主たる目的は、たとえば、建築物の電気配線の改修、照明器具の取替えであり、あるいは金属製サッシの取付けであって、その工事に関連して余儀なく内装仕上工事又はコンクリート工事や左官工事を施工することを必要とされるものであるといえよう。

附帯工事の性格は、以上のようなものであって、いずれにしてもその附帯工事自体が独立の使用目的に供されるものではなく、また、河川法又は道路法に規定する附帯工事とは別個の概念である。

二　附帯工事であるか否かの判断は、一で述べた本条の趣旨及び附帯工事の性格を前提に、建設工事の注文者の利便、建設工事の請負契約の慣行等を基準として、その主たる建設工事の準備、実施、仕上げ、機能の保持等に関して、一連の工事又は一体の工事として施工することが必要であり、または相当であるか否かを総合的に検討して判断することが必要であろう。

附帯工事は、その認められる趣旨からみて主たる建設工事に附帯する従たる建設工事であるので、原則として、主たる建設工事の工事価格を上回る工事価格はあり得ないと考えられる。また、土木一式工事又は建築一式工事は、各種の専門工事を組み合わせて行う工事であるので附帯工事に該当するものはおおむねそれぞれの一式工事の内容に包含されているものとなるが、例外的には、別途附帯工事と解することが妥当な事例も生じ得る。なお、一式工事は他の建設工事の附帯工事となることはあり得ない。

三　附帯工事であっても、当該附帯工事に関する建設業の許可を受けている場合及び請負代金の額が許可の適用除外の金額である場合は、ここでいう附帯工事の範囲には含めて解されない。なお、主たる建設工事に係る建設業の許可が一般建設業の許可である場合において、発注者から直接請け負った附帯工事の施工につき、下請代金の額が四千万円（取引に係る消費税及び地方消費税の額を含む。）以上である下請契約を締結して行うことは、特定建設業の許可の制度の趣旨からしてできないものと解する。

## 第二節　一般建設業の許可

〔法　律〕

（許可の申請）

**第五条**　一般建設業の許可（第八条第二号及び第三号を除き、以下この節において「許可」という。）を受けようとする者は、国土交通省令で定めるところにより、二以上の都道府県の区域内に営業所を設けて営業をしようとする場合にあつては国土交通大臣に、一の都道府県の区域内にのみ営業所を設けて営業をしようとする場合にあつては当該営業所の所在地を管轄する都道府県知事に、次に掲げる事項を記載した許可申請書を提出しなければならない。

一　商号又は名称

二　営業所の名称及び所在地

三　法人である場合においては、その資本金額（出資総額を含む。以下同じ。）及び役員等（業務を執行する社員、取締役、執行役若しくはこれらに準ずる者又は相談役、顧問その他いかなる名称を有する者であるかを問わず、法人に対し業務を執行する社員、取締役、執行役若しくはこれらに準ずる者と同等以上の支配力を有するものと

認められる者をいう。以下同じ。）の氏名
四　個人である場合においては、その者の氏名及び支配人があるときは、その者の氏名
五　第七条第一号イ又はロに該当する者（法人である場合においては同号に規定する役員のうち常勤であるものの一人に限り、個人である場合においてはその者又はその支配人のうち一人に限る。）及びその営業所ごとに置かれる同条第二号イ、ロ又はハに該当する者の氏名
六　許可を受けようとする建設業
七　他に営業を行つている場合においては、その営業の種類

本条は、一般建設業の許可の申請の方法及びその申請書の記載事項について定めたものであり、一般建設業の申請はすべてこの方式でなされなければならない。

一　建設業の許可は、他の営業の許可と同様に、許可を受けようとする者の出願に基づいて行われるものであり、いわゆる申請主義によるものである。

すなわち、新規の建設業の許可又は許可の更新を受けようとする者は、本条第一号から第六号までに掲げる事項を記載した許可申請書を、二以上の都道府県の区域内に営業所を設けて営業しようとする場合にあっては国土交通大臣に、一の都道府県の区域内にのみ営業所を設けて営業しようとする場合にあってはその営業所の所在地を管轄する都道府県知事に提出しなければならない。

二　「商号」とは、商法による登記された商号はもちろん、登記されていないものであっても商人（商法第四条に規定するものをいう。）がその営業に当たって自己を表わすために用いる名称を含むものである。

「名称」とは、法人又は個人を問わず、商人でない者が自己を表わすために用いる名称をいう。

「営業所の名称」とは、営業に当たって対外的に表示する事務所の名称をいい、「所在地」とは、当該事務所の所在する場所を表示するものであって、原則として住居表示に関する法律の定めるところによる。

「法人」とは、一般的には自然人以外で権利能力を認められた者をいい、具体的には株式会社、合名会社等の各種営利法人、民法第三十四条の規定により設立された公益法人及び中小企業協同組合法、中小企業団体の組織に関する法律等の特別法によって法人格を与えられたいわゆる中間法人がこれに含まれる。

「資本金額」とは、法人にあっては株式会社の払込資本金、持分会社等の出資金額をいい、個人にあっては期首資本金をいう。

「役員等」とは、「業務を執行する社員、取締役、執行役若しくはこれらに準ずる者又は相談役、顧問その他いかなる名称を有する者であるかを問わず、法人に対し業務を執行する社員、取締役、執行役若しくはこれらに準ずる者と同等以上の支配力を有するものと認められる者」と定義されている。「取締役」とは株式会社の取締役、「執行役」とは指名委員会等設置会社の執行役、「社員」とは持分会社の業務を執行する社員をいい、「これらに準ずる者」とは、法人格のある各種の組合等（協同組合、協業組合等）の理事等をいう。したがって、いわゆる監査役、会計参与、監事及び事務局長等は「これらに準ずる者」に含まれない。また、「同等以上の支配力を有するものと認められる者」には、相談役、顧問のほか、多数の株式を有する者などが想定され、これに該当するか否かは実際に支配力を有するか否かで判断されることとなるが、許可の申請の際には、審査の実効性を確保するため、建設業法施行規則において氏名を提出させる範囲を補充しており、顧問、相談役並びに総株主の議決権の百分の五以上を有する株主及び出資の総額の百分の五以上に相当する出資をしている者（個人であるものに限る。）の記載を必要としている。

「支配人」とは、営業主に代わって、その営業に関する一切の裁判上又は裁判外の行為をなす権限を有する使用人をいい、原則として商法第二十二条の規定による登記の行われているものをいう。なお、複数の支配人を置く場合にはそのすべてを記載する必要がある。

「第七条第一号イ又はロに該当する者」とは、経営業務の管理責任者としての所定の経験を有する者を指し、一人に限っているのは、要件を満たす者を全て記載しなければならなくなる事態を回避し、少なくとも一人の記載を要することとする趣旨であり、複数の者を記載することも妨げられないものと解される。同様に、「第七条第二号イ、ロ又はハに該当する者の氏名」として、営業所ごとに専任で置かれる技術者の氏名についての記載も求めている。なお、許可申請者は第六条第一項第五号の規定により、第七条第一号（経営業務の管理責任者の要件）及び第七条第二号（営業所専任技術者の要件）を満たしていることを証する書面を提出する必要があり、当該書面にこれらの者の氏名も記載されることとなるが（実際に建設業法施行規則で定められた様式には記載することとされている。）、これらの書面には必然的に学歴、職歴等の個人情報が含まれるため第十三条の規定による閲覧に供することができない一方、これら二つの要件は建設業者に最も必要とされる経営能力及び施工能力を担保する許可の根幹となる要件であることから、平成二十六年改正の際に、これらの者の氏名については、許可の際の基本的な情報として申請書本体に記載することとされ、今後も閲覧対象とすることとされたものである。

「許可を受けようとする建設業」とは、許可を受けてその営業を行おうとする本法の別表第一の下欄に掲げる建設業の種類をいう。この場合において同時に二以上の建設業について許可を受けようとする場合には、後述するとおり、許可申請者の便宜を図るため、一個の許可申請として取り扱うことができるので、当該二以上の建設業の種類を記載することとなる。

「他に営業を行なつている場合においては、その営業の種類」とは、許可を受けようとする建設業以外の営業をいい、継続的又は反復的に行われているものをいう。

この他に行っている営業は、次の二つに区分される。

㈠　許可を受けようとする建設業以外の建設業であって、既に一般建設業の許可又は特定建設業の許可を受けているもの

この場合には、本法の別表第一の下欄に掲げる建設業の種類に基づき記載する。

㈡　造船業、機械器具製造業、宅地建物取引業、採石業等建設業と直接関連のない他の営業

この場合には、定款の記載内容や通常行われている営業の分類等に基づき、当該営業の内容が的確に表現されるように記載する。

三　許可申請書の記載事項は、許可申請者を特定し、許可を申請する建設業の種類を明定するとともに、その営業体に関する最小限度の内容を明らかにすることを目的としている。

一般建設業の許可の申請であるのか、特定建設業の許可の申請であるのかの許可の区分は、本法には特段の規定はないが、許可申請書には当然に記載する必要がある（許可申請書の様式参照）。

四　建設業の許可は、本法の別表第一の下欄に掲げる二十九の建設業の種類ごとに行うこととしており、二以上の建設業の許可を申請する場合においては、形式上はそれぞれが別個の申請とすべきであるとも考えられる。
　しかし、昭和四十六年の法改正においてこのような業種別の許可制度を採用したため、結果的に許可申請者に過重の負担を強いることとなったので、この点を考慮し、一部申請手続の簡素化が図られている。

　すなわち、二以上の建設業について同時に許可の申請を行う場合には、申請者の便宜及び事務手続の簡素化等を考慮し、これをまとめて一個の許可申請として取り扱うこととしている。したがって、許可申請書及びその添付書類は一通（所要の写しは別途必要とされる。）でよく、登録免許税又は許可手数料については、同一の区分（一般又は特定の別をいう。）に係るものはまとめて一個の許可として扱われる。

　この取扱いは、さらに追加して他の二以上の建設業につき同時に許可を申請する場合、及び二以上の建設業につき同時に許可の更新を受ける場合においても、同様である。
五　許可申請書の提出部数は、次のとおりとなっている。
㈠　国土交通大臣の許可を受けようとする場合
　正本及び副本各一通を提出することとされている。平成二十六年改正前は、正本一通のほか、営業所のある都道府県と同一部数の写しを提出することとされていたが、都道府県における国土交通大臣許可業者に係る許可申請書等の閲覧が廃止されたことに伴い、写しの提出は不要とされた。
㈡　都道府県知事の許可を受けようとする場合
　各都道府県知事が個別に定める数とされている。
六　以上述べたもののほか、許可申請に関する手続について、次のとおり定められている。
㈠　国土交通大臣に許可申請書を提出する者は、その主たる営業所の所在地を管轄する都道府県知事を経由してしなければならない。
　許可申請書等の記載の形式審査、許可申請者に対する連絡等は、主たる営業所の所在地を管轄する都道府県知事が行うのが適切であり、かつ、許可申請者の利便にもなるとの趣旨で規定したものである。

「主たる営業所」とは、建設業を営む営業所を統轄し、指揮監督する権限を有する営業所をいい、通常は本社、本店等である。しかし、名目上は本社、本店等であってもその実体を有しないものは、この主たる営業所には該当しない。

都道府県知事は、経由する権限を持つのみであるので、許可申請書に誤り若しくは脱漏がある場合又は許可申請者が許可の基準に適合しない場合であっても、これを却下することはできない。このようなときは、許可申請者に対しその旨を指導し、許可の申請者が補正しないときはその同意により許可申請を取り下げさせることはできるが、許可申請者が取下げに応じないときは、国土交通大臣にその許可申請書を進達し、国土交通大臣がこれを却下すべきであろう。

(二) 第三条第三項の規定により、許可の更新を受けようとする者は、有効期間満了の日前三十日までに許可申請書を提出しなければならない（規則第五条）。

許可の更新は、従前の許可の有効期間が満了するに当たって、なお引き続き建設業を営もうとする者に対し、許可の効力を切れ目なく持続させることもその目的としているので、有効期間との関係において一定の日までに申請すべきことを定めたものである。

有効期間満了の日前三十日以内までとの規定であり、それ以前であれば何時でも許可の更新の申請をなし得るが、あまり長期間以前に申請することは、その間の経営内容、役員又は令第三条の使用人の変動等により補正等を必要とするため妥当ではない。

なお、有効期間満了後であれば、許可の更新は認められず、新規の許可の申請となり、有効期間満了の日の翌日から当該申請に対する許可のある日の前日までは、無許可の状態となり、建設業を営むことができないことはいうまでもない。

国土交通大臣に許可の更新の申請書を提出する場合においては、有効期間満了の日前三十日までに、その主たる営業所の所在地を管轄する都道府県知事に提出すればよいと解するのが妥当であろう。

七 許可申請書が提出されたときの許可行政庁の事務取扱いは、次のとおりである。

㈠　提出された許可申請書及びその添付書類について、形式審査を行い、次に掲げるような場合に該当し、許可申請書の却下を行うとき以外は、当該許可申請書を正式に受け付ける。

イ　許可申請者が、法律上建設業を営むことができないとき。

ロ　許可申請書又はその添付書類に、明白かつ重大な誤謬又は脱漏があるとき。

ハ　登録免許税又は許可手数料の納付がないとき。

ニ　イからハに掲げる場合のほか、明らかに不適式な許可申請であるとき。

たとえば、許可行政庁を誤って申請したとき、既に当該建設業につき許可を受けているのに重複して許可申請を行ったとき等がこれに該当する。

なお、ロからニに掲げる場合において、許可申請書を補正することにより適式な許可申請となり得るものについては、その補正を命ずることができ、許可申請者がその補正命令に応じない場合は、許可申請書を却下することができるのは条理上明らかである。

㈡　正式に受け付けた許可申請書及びその添付書類に基づき、建設業に関する経営経験、技術者の設置、誠実性及び財産的基礎という第七条に規定する許可の基準に適合しているか否か、及び第八条に規定する許可の拒否の要件に該当していないか否かを審査するとともに、必要に応じて当該建設業の営業所に立ち入りその実態を調査し、第七条及び第八条に定める許可の基準に適合しているときは許可を行い、許可の基準に適合していないときは許可の拒否を行う。

この場合に、許可の基準に適合するか否か審査するに際して、許可行政庁が許可の申請書及びその添付書類以外に他の書面等の提出あるいは提示等を求め得るか否かについては、本法の明文の規定はないが、条理上、許可申請書及び添付書類の記載内容を証明し、又は疎明するため必要な範囲においては当然求め得るものと解されよう。

㈢　許可又は許可の拒否等の処分は、許可申請者に対する応答行為であるので、理由を示し、明示の意思表示としてなされることが必要である。

なお、提出された許可申請書及びその添付書類は、許可申請を却下する場合にあっては申請者に返送し、許可申請を拒否する場合にあっては正本を除くほか、許可申請者の請求に応じ返却すべきであろう。

八　許可申請書又はその写しはその添付書類とともに、一部の書類を除き、国土交通大臣の許可に係るものにあっては国土交通省において、都道府県知事の許可に係るものにあっては当該都道府県において、それぞれ公衆の閲覧に供される。

九　本条は、特定建設業の許可について準用される（第十七条）。

〔法　律〕

（許可申請書の添付書類）

**第六条**　前条の許可申請書には、国土交通省令の定めるところにより、次に掲げる書類を添付しなければならない。

一　工事経歴書

二　直前三年の各事業年度における工事施工金額を記載した書面

三　使用人数を記載した書面

四　許可を受けようとする者（法人である場合においては当該法人、その役員等及び政令で定める使用人、個人である場合においてはその者及び政令で定める使用人）及び法定代理人（法人である場合においては、当該法人及びその役員等）が第八条各号に掲げる欠格要件に該当しない者であることを誓約する書面

五　次条第一号及び第二号に掲げる基準を満たしていることを証する書面

六　前各号に掲げる書面以外の書類で国土交通省令で定めるもの

2　許可の更新を受けようとする者は、前項の規定にかかわらず、同項第一号から第三号までに掲げる書類を添付することを要しない。

〔政　令〕

（使用人）

**第三条**　法第六条第一項第四号（法第十七条において準用する場合を含む。）、法第七条第三号、法第八条第四号、第十一号及び第十二号（これらの規定を法第十七条において準用する場合を含む。）、法第二十八条第一項第三号並びに法第二十九条の四の政令で定める使用人は、支配人及び支店又は第一条に規定する営業所の代表者（支配人である者を除く。）であるものとする。

本条は、許可申請書に添付すべき書類について、その種類及び内容について定め、これを提出しなければならない

ことを義務付けたものである。

一　建設業の許可を受けようとする者は、その提出する許可申請書に本法の規定する書類を添付しなければならない。この添付書類の提出は、次のような趣旨により義務付けられたものである。

㈠　許可行政庁が許可申請の審査に当たって、申請者が法律上建設業を営むことができる者であることを確認するための書類を必要とする。

㈡　許可行政庁が許可申請の審査に当たって、申請者が第七条に規定する許可の基準に適合し、かつ、第八条に規定する欠格要件に該当しないことを確認するための書類を必要とする。

㈢　許可行政庁として、その許可に係る建設業者の建設工事の施工に関する能力、経営の状態、経営規模、過去の経歴その他の事項について、必要な範囲内のものを把握することが監督行政上要請される。

㈣　建設工事の発注者その他の一般公衆が、許可を受けた建設業者の事業内容、経営の実態等につき、参考として把握するための最小限度の範囲内の資料を必要とする。

二　許可申請書に添付すべき書類は、次のとおりである。

㈠　工事経歴書

申請又は届出時を基準とした直前一年の事業年度間に施工した主な建設工事について、本法の別表第一に定める建設工事の種類ごとに記載する。記載項目は、注文者（下請負に係る建設工事においては、直接注文をした元請負人）の商号又は名称、元請又は下請の区別、工事名、請負代金の額等であり、完成した工事のみでなく、施工中の工事をも含むものである。

㈡　直前三年の各事業年度における工事施工金額を記載した書面

申請をする日の直前三年の事業年度に完成した建設工事の工事施工金額を、建設工事の種類、注文者の区分（元請・下請の別及び元請にあっては公共・民間の別）、及び事業年度別に記載する。この場合、未成工事は工事施工金額に含まれない。

㈢　使用人数を記載した書面

建設業に従事している職員について、営業所別に技術関係使用人及び事務関係使用人に分けて人数を記載する。

㈣　許可を受けようとする者及び法定代理人が第八条各号に掲げる欠格要件に該当しない者であることを誓約する書面

許可を受けようとする者が法人である場合においては当該法人、その役員等及び政令で定める使用人の、許可を受けようとする者が個人である場合においてはその者及び政令で定める使用人の、すべてが第八条各号に掲げる欠格要件に該当しないことを誓約しなければならない。

「政令で定める使用人」には、建設工事の請負契約の締結及びその履行に当たって、一定の権限を有すると判断される者すなわち支配人及び支店又は営業所（本店を除く。）の代表者である者が該当することと定められている。

本法は、第八条で許可申請者が一定の欠格要件に該当する場合には許可を拒否しなければならないことを規定しているので、その欠格要件に該当しないことを誓約するものであり、取扱いに当たっては、法人であるときはその代表者、個人であるときはその者（法定代理人は除く。）が代表してその旨を誓約すればよいこととされている。

㈤　第七条第一号に掲げる基準を満たしていることを証する書面

建設業の許可を受けようとする者は、第七条第一号の規定により、法人にあってはその常勤の役員のうち一人が、個人にあってはその者又は支配人のうち一人が、許可を受けようとする建設業に係る一定の経営経験を必要とするので、許可の申請に当たってその事実を証明しなければならない。

この証する書面として提出することを要する書類は、次のとおりである。

イ　第七条第一号に該当する者が、許可申請者が法人である場合においてはその常勤の役員であること、個人である場合においてはその者又はその支配人であることを証する書面

ロ　イの者が、経営業務の管理責任者としての経験を有することを証する使用者の証明書（使用者の証明を得ることができない正当な理由があるときには、自己証明でも認められるが、この場合には、第三者の証明書を添付す

る等により、当該事実を証明することが必要である。）、第七条第一号ロの規定により能力を有すると認定された者であることの証明書又はこれらの証明書に代えて第七条第一号に掲げる基準を満たしていることを証するに足りる書面

㈥　第七条第二号に掲げる基準を満たしていることを証する書面

建設業の許可を受けようとする者は、第七条第二号の規定により、その営業所ごとに一定の資格を有する専任の技術者を置いていることが必要であるので、許可の申請に当たってはその事実を証明しなければならない。

この証する書面として提出することを要する書類は、次のとおりである（ただし、許可の更新を申請する際は、ロからへの書面の提出を省略することができる。）。

イ　その営業所ごとに第七条第二号イ、ロ又はハに該当する専任の技術者を置いていることを証する証明書

ロ　イの技術者が高等学校、大学等において所定の学科を修めて卒業した後、所定の実務経験を有する場合には、これらの学校を所定の学科を修めて卒業したことを証する学校の証明書及び所定の実務経験を有することを証する使用者の証明書（これらの書類を得ることができない正当な理由があるときは、これらに代えてその事実を証するに足りる適切な書面）

ハ　イの技術者が旧実業学校卒業程度検定規程等による検定で所定の学科に関するものに合格した後、所定の実務経験を有する場合には、これらの検定に合格したことを証する証明書及び所定の実務経験を有することを証する使用者の証明書（これらの書類を得ることができない正当な理由があるときは、これらに代えてその事実を証するに足りる適切な書面）

ニ　イの技術者が建設工事に関する所定の実務経験のみを有する場合には、その実務の経験を有することを証する使用者の証明書（これを得ることができない正当な理由があるときは、これに代えてその事実を証するに足りる適切な書面）

ホ　イの技術者が建設工事に関する免許又は技術若しくは技能の検定、認定等で国土交通大臣が認定したものを受け又は合格した者である場合には、これらの資格を有することを証する証明書（ただし、これらの資格を有した

後、さらに所定の実務経験を必要とする場合には、その実務経験を有することを証する使用者の証明書（これらの証明書を得ることができない正当な理由があるときは、これらに代えてその事実を証するに足りる適切な書面）をも必要とする。）

ヘ　イの技術者が監理技術者資格者証を所持している場合は、監理技術者資格者証の写し（この場合においては、ロからホまでの書類は不要となる。）

ト　その他イの技術者がロからへまでに該当する場合以外のときは、国土交通大臣又は都道府県知事がその事実を認定するに足りる適切な書面

(七)　その他国土交通省令で定める書類

その他国土交通省令で定める書類は、(一)から(六)までに掲げる書類のほか、次のイからソに掲げる書面である（規則第四条）。

イ　建設業法施行令第三条に規定する使用人の一覧表

支配人及び営業所（本店を除く。）を代表する者の氏名等を記載する。

ロ　国家資格者等・監理技術者一覧表

営業所に置く専任の技術者を除き、第七条第二号ハに該当する者、第十五条第二号イに該当する者及び同号ハの規定により同号イと同等以上の能力を有すると認定された者について記載する。なお、特定建設業者にあっては、これらの者に加え、第十五条第二号ロに該当する者及び同号ハの規定により同号ロと同等以上の能力を有すると認定された者についても記載する。この場合、同号ロに該当するものについては、前記(六)のロ、ハ、ニ又はへの証明書及び指導監督的な実務の経験を有する証明書を添付しなければならない（第十七条の解説参照）。

ハ　法人である場合においてはその役員等、個人である場合においてはその者及び法定代理人がある場合には法定代理人の住所、生年月日等に関する調書

氏名、住所及び賞罰等について記載する。

ニ　建設業法施行令第三条に規定する使用人の住所、生年月日等に関する調書

ホ　法人である場合においてはその役員、個人である場合においてはその者、法定代理人がある場合には法定代理人及び令第三条に規定する使用人が成年後見人及び被保佐人に該当しない旨の登記事項証明書

法務局登記官の発行する証明書を添付する。

ヘ　法人である場合においてはその役員、個人である場合においてはその者、法定代理人がある場合には法定代理人及び令第三条に規定する使用人が成年被後見人、被保佐人又は破産者で復権を得ないものに該当しない旨の市町村の長の証明書

これらの者の本籍地の市区町村長の発行する証明書を添付する。

ト　法人である場合においては、定款

株式会社その他の会社のみならず、事業協同組合等においても添付する必要がある。

チ　法人である場合においては、発行済株式総数の百分の五以上の株式を有する株主又は出資の総額の百分の五以上に相当する出資をしている者の氏名又は名称、住所及びその有する株式の数又はそのなした出資の価額を記載した書面

リ　法人である場合においては、直前一年の各事業年度の貸借対照表、損益計算書、株主資本等変動計算書及び注記表

株式会社である場合においては、これらに加えて附属明細表（ただし、有価証券報告書提出会社については有価証券報告書の写しに代えることができる。）

ヌ　個人である場合においては、直前一年の各事業年度の貸借対照表及び損益計算書

ル　商業登記がなされている場合においては、登記事項証明書

ヲ　個人であって法定代理人がある場合には法定代理人の登記事項証明書

ワ　営業の沿革を記載した書面

創業、商号又は名称の変更、組織の変更、合併又は分割、資本金額の変更、営業の休止又は再開、営業体に対する賞罰（行政処分を含む。）等に加え、許可申請直前の過去五年間で許可を受けて営業した期間等について記

載する。

カ　第二十七条の三十七に規定する建設業者団体に所属する場合においては、その建設業者団体の名称及び所属した年月日

ヨ　国土交通大臣の許可を申請する者については、法人にあっては法人税、個人にあっては所得税のそれぞれ直前一年の各年度における納付すべき額及び納付済額を証する書面

法人税も所得税も、ともに所轄税務署長の発行する証明書を添付する。

タ　都道府県知事の許可を申請する者については、事業税の直前一年の各年度における納付すべき額及び納付済額を証する書面

所轄税務事務所署長等の発行する証明書を添付する。

レ　健康保険法、厚生年金保険法及び雇用保険法の規定による被保険者に係る届出の状況を記載した書面

ソ　主要取引金融機関名を記載した書面

主な取引金融機関名を、政府関係金融機関、普通銀行、長期信用銀行、商工組合中央金庫、信用金庫、信用協同組合及びその他の金融機関に区分して支店名等まで記載する。

以上の提出しなければならない許可申請書及び添付書類の一覧表は次のとおりである。

**許可申請書と添付書類一覧**

| 様式番号（注２） | 書類の名称 | 要否 ○× | | 省略可能な書類 | | 閲覧の有無 |
|---|---|---|---|---|---|---|
| | | 法人 | 個人 | 更新 | 追加 | |
| 第一号 | 建設業許可申請書 | ○ | ○ | | | ○ |
| 別紙一 | 役員等の一覧表 | ○ | ― | | | ○ |
| 別紙二(1) | 営業所一覧表（新規許可等） | ○ | ○ | ― | | ○ |
| 別紙二(2) | 〃　（更新） | ○ | ○ | | ― | ○ |

| | | | | | | | |
|---|---|---|---|---|---|---|---|
| 別紙三 | 収入印紙、証紙、登録免許税領収証書又は許可手数料領収証書はり付け欄 | | ○ | ○ | | | ○ |
| 別紙四 | 専任技術者一覧表 | | ○ | ○ | | | ○ |
| 第二号 | 工事経歴書 | | ○ | ○ | ○ | | ○ |
| 第三号 | 直前三年の各事業年度における工事施工金額 | | ○ | ○ | ○ | | ○ |
| 第四号 | 使用人数 | | ○ | ○ | ○ | | ○ |
| 第六号 | 誓約書 | | ○ | ○ | | | ○ |
| — | 成年被後見人及び被保佐人に該当しない旨の登記事項証明書 | | ○ | ○ | | | × |
| — | 成年被後見人又は被保佐人とみなされる者に該当せず、また、破産者で復権を得ないものに該当しない旨の市町村の長の証明書 | | ○ | ○ | | | × |
| 第七号 | 経営業務の管理責任者証明書 | | ○ | ○ | | | × |
| 別紙 | 経営業務の管理責任者の略歴書 | | ○ | ○ | | | × |
| 第八号 | 専任技術者証明書（新規・変更） | | ○ | ○ | — | | × |
| — | 技術検定合格証明書等の資格証明書 | 監理技術者資格者証で代替可能 | ○ | ○ | ○ | | × |
| 第九号 | 実務経験証明書（必要に応じて卒業証明書を添付） | | ○ | ○ | ○ | | × |
| 第一〇号 | 指導監督的実務経験証明書 | | ○ | ○ | ○ | | × |
| 第一一号 | 建設業法施行令第三条に規定する使用人の一覧表 | | ○ | ○ | | | ○ |
| 第一一号の二 | 国家資格者等・監理技術者一覧表（新規・変更・追加・削除） | | ○ | ○ | □ | □ | × |
| 第一二号 | 許可申請者（法人の役員等・本人・法定代理人）の住所、生年月日等に関する調書 | | ○ | ○ | | | × |

| | | | | | | |
|---|---|---|---|---|---|---|
| 第一三号 | 建設業法施行令第三条に規定する使用人の住所、生年月日等に関する調書 | ○ | ○ | | | × |
| — | 定款 | ○ | × | △ | ○ | ○ |
| 第一四号 | 株主（出資者）調書 | ○ | × | △ | ○ | × |
| 第一五号 | 貸借対照表 | ○ | × | ○ | ○ | ○ |
| 第一六号 | 損益計算書　完成工事原価報告書 | ○ | × | ○ | ○ | ○ |
| 第一七号 | 株主資本等変動計算書 | ○ | × | ○ | ○ | ○ |
| 第一七号の二 | 注記表 | ○ | × | ○ | ○ | ○ |
| 第一七号の三 | 附属明細表 | ○ | × | ○ | ○ | ○ |
| 第一八号 | 貸借対照表 | × | ○ | ○ | ○ | ○ |
| 第一九号 | 損益計算書 | × | ○ | ○ | ○ | ○ |
| — | 登記事項証明書 | ○ | ○ | △ | ○ | × |
| 第二〇号 | 営業の沿革 | ○ | ○ | | ○ | ○ |
| 第二〇号の二 | 所属建設業者団体 | ○ | ○ | △ | ○ | ○ |
| — | 納税証明書（納付すべき額及び納付済額） | ○ | ○ | ○ | ○ | × |
| 第二〇号の三 | 健康保険等の加入状況 | ○ | ○ | | | ○ |
| 第二〇号の四 | 主要取引金融機関名 | ○ | ○ | △ | ○ | ○ |

※「省略可能な書類」欄の記号について○…省略可能
△…変更がなければ省略可能
□…場合によっては省略可能

添付書類は以上のとおりであるが、業種追加・般特新規の場合は、㈦のロ、トからタまで及びソの書類を、許可の更新の場合は、㈠から㈢並びに㈦のロ、トからヲまで、カからタまで及びソの書類（ト、チ、ル、ヲ、カ、ソについては記載事項に変更がない場合のみ）を省略することができる。

三　添付書類の提出部数は、許可申請書の提出部数と同様である（第五条の解説五参照）。

四　添付書類の様式は、許可行政庁における許可事務の迅速かつ合理的な執行に寄与し、また、許可申請書及びその添付書類を閲覧する者の利便を図るため、一定のものが定められているので、申請者はその定められた様式に従わなければならない。

また、許可申請書及びその添付書類の紙質及び記載の具体的な方法については特別の定めはしていないが、申請を行う許可行政庁の指示に従い、適正な方法で申請を行う必要があることに注意すべきである。

五　本条は、特定建設業の許可について準用される（第十七条）。

〔法　律〕

（許可の基準）

**第七条**　国土交通大臣又は都道府県知事は、許可を受けようとする者が次に掲げる基準に適合していると認めるときでなければ、許可をしてはならない。

一　法人である場合においてはその役員（業務を執行する社員、取締役、執行役又はこれらに準ずる者をいう。以下同じ。）のうち常勤であるものの一人が、個人である場合においてはその者又はその支配人のうち一人が次のいずれかに該当する者であること。

イ　許可を受けようとする建設業に関し五年以上経営業務の管理責任者としての経験を有する者

ロ　国土交通大臣がイに掲げる者と同等以上の能力を有するものと認定した者

二　その営業所ごとに、次のいずれかに該当する者で専任のものを置く者であること。

イ　許可を受けようとする建設業に係る建設工事に関し学校教育法（昭和二十二年法律第二十六号）による高等学校（旧中等学校令（昭和十八年勅令第三十六号）による実業学校を含む。以下同じ。）若しくは中等教育学校を卒業した後五年以上又は同法による大学（旧大学令（大正七年勅令第三百八十八号）による大学を含む。以下同じ。）若しくは高等専門学校（旧専門学校令（明治三十六年勅令第六十一号）による専門学校を含む。以下同じ。）を卒業した後三年以上実務の経験を有する者で在学中に国土交通省令で定める学科を修めたもの

ロ　許可を受けようとする建設業に係る建設工事に関し十年以上実務の経験を有する者

ハ　国土交通大臣がイ又はロに掲げる者と同等以上の知

識及び技術又は技能を有するものと認定した者

三　法人である場合においては当該法人又はその役員等若しくは政令で定める使用人が、個人である場合においてはその者又は政令で定める使用人が、請負契約に関して不正又は不誠実な行為をするおそれが明らかな者でないこと。

四　請負契約（第三条第一項ただし書の政令で定める軽微な建設工事に係るものを除く。）を履行するに足りる財産的基礎又は金銭的信用を有しないことが明らかな者でないこと。

〔政　令〕

（法第三条第一項ただし書の軽微な建設工事）

**第一条の二**　法第三条第一項ただし書の政令で定める軽微な建設工事は、工事一件の請負代金の額が建築一式工事にあつては千五百万円に満たない工事又は延べ面積が百五十平方メートルに満たない木造住宅工事、建築一式工事以外の建設工事にあつては五百万円に満たない工事とする。

2　前項の請負代金の額は、同一の建設業を営む者が工事の完成を二以上の契約に分割して請け負うときは、各契約の請負代金の額の合計額とする。ただし、正当な理由に基いて契約を分割したときは、この限りでない。

3　注文者が材料を提供する場合においては、その市場価格又は市場価格及び運送賃を当該請負契約の請負代金の額に加えたものを第一項の請負代金の額とする。

（使用人）

**第三条**　法第六条第一項第四号（法第十七条において準用する場合を含む。）、法第七条第三号、法第八条第四号、第十一号及び第十二号（これらの規定を法第十七条において準用する場合を含む。）、法第二十八条第一項第三号並びに法第二十九条の四の政令で定める使用人は、支配人及び支店又は第一条に規定する営業所の代表者（支配人である者を除く。）であるものとする。

本条は、一般建設業の許可の基準について定めたものである。

一　建設業の許可は、軽微な建設工事となるものを除き、建設工事の施工を請け負うことを営業とすることを一般的に禁止し、一定の要件を備えている者に対し、その申請に基づき、許可行政庁において一定の要件を満たしているかどうかを審査して許可することにより営業の禁止を解除し、適法に営業を行わせるものである。

したがって、この一定の要件、すなわち許可の基準はこれを法律上明らかにしておくことが必要であり、許可行政庁は、この法の羈束の範囲内において許可事務を執行しなければならず、行政法上の特許とはその性格を異にするものである。

建設業の許可の基準として本条は、建設業に関する経営経験、技術者の設置、誠実性及び財産的基礎等の四つの要件を定めており、これらの要件のすべてを満たしていない限り、建設業の許可は、これを行うことができない。また、この許可の基準は許可の更新においてもそのまま適用され、許可の更新を申請した建設業者がこの基準に適合していないときは、許可の更新を受けることができない。

二　国土交通大臣又は都道府県知事は、許可を受けようとする者が次の三から六までに掲げる基準に適合していると認めるときでなければ、許可してはならない。

なお、建設業の許可は前述のとおり行政法上の羈束裁量行為であるので、その受理した許可申請者が許可の基準に適合していると認められ、かつ、次条の欠格要件等に該当しない場合には、許可をしなければならない。

三　法人である場合においてはその役員のうち常勤であるものの一人が、個人である場合においてはその者又はその支配人のうち一人が、許可を受けようとする建設業に関し五年以上経営業務の管理責任者としての経験を有する者又は国土交通大臣がこれと同等以上の能力を有するものと認定した者であることを必要とする（第一号）。

㈠　建設業の経営は、他の産業の経営とは著しく異なった特徴を有している。すなわち、建設業は一品ごとの注文生産であり、一つの工事の受注ごとにその工事の内容に応じて資金の調達、資材の購入、技術者及び労働者の配置、下請負人の選定及び下請契約の締結を行わなければならず、また工事の目的物の完成まで、その内容に応じた施工管理を適切に行うことが必要である。したがって、適正な建設業の経営を行うことを期待するためには、建設業の経営業務についての経験を少なくとも五年以上有する者が、最低一人はいることが必要であると判断され、この要件が定められたものである。

㈡　「役員のうち常勤であるもの」とは、原則として本社、本店等において休日その他勤務を要しない日を除き、一定の計画のもとに、毎日所定の時間中、その職務に従事している者をいう。許可申請者が法人である場合において、経験業務の管理責任者としての経験を有する者を、常勤の役員に限ったのは、日常の経営業務を具体的に執行している役員が、この要件を満たすものでなければ、建設業の適正な経営が行われることを期待し得ず、単に取締役会にのみ出席するのみであって日常の経営業務を執行する権限を持たない非常勤役員を含めることは妥当でないからである。ただし、「常勤」とされているが、例えば、当該役員が現場の技術者として配置されることまでを禁じる趣旨ではない。

なお、建築士事務所を管理する建築士、宅地建物取引業者の専任の取引主任者等、他の法令で専任を要するものと重複する者は、その専任を要する営業体及び場所が同一である場合を除き、ここでいう常勤であるものには該当しないものと解される。

法人の役員及び個人の支配人については、前述のとおりである（第五条の解説の二参照）。

㈢　「経営業務の管理責任者としての経験」とは、営業取引上対外的に責任を有する地位にあって、建設業の経営業務について総合的に管理した経験をいい、具体的には、法人の役員、個人の事業主又は支配人、その他支店長、営業所長等の地位にあって経営業務を総合的に執行した経験を指すが、単なる連絡所の長又は工事の施工に関する事務所の長のような経験はこれに含まれない。

なお、その従事した建設業が、許可（旧法における登録を含む。）を受けて行った建設業である場合は問題はないが、許可の適用除外となる建設工事を許可を受けずに営業した場合における経験も、ここでいう経営業務の管理責任者としての経験に含めて取り扱うのが妥当であろう。

㈣　国土交通大臣が行う第七条第一号イに掲げる者と同等以上の能力を有するものとしての認定は、一般的な認定が既にされており、次に掲げる者が認められる（昭和四十七年建設省告示第三百五十一号）。

イ　許可を受けようとする建設業に関し、経営業務の管理責任者に準ずる地位（使用者が法人である場合においては役員に次ぐ職制上の地位をいい、個人である場合においては当該個人に次ぐ職制上の地位をいう。）にあって次のいずれかの経験を有する者

a　経営業務の執行に関して、取締役会の決議を経て取締役会又は代表取締役から具体的な権限委譲を受け、かつ、その権限に基づき、執行役員等として建設業の経営業務を総合的に管理した経験

経営業務の執行に関して、取締役会の決議を経て取締役会又は代表取締役から具体的な権限委譲を受け、かつ、その権限に基づき、執行役員等として建設業の経営業務を総合的に管理した経験とは、取締役会設置会社

において、取締役会の決議により特定の事業部門に関して業務執行権限の委譲を受ける者として選任され、かつ、取締役会によって定められた業務執行方針に従って、代表取締役の指揮及び命令のもとに、具体的な業務執行に専念した経験をいう。また、当該事業部門は、許可を受けようとする建設業に関する事業部門であることを要する。

b　七年以上経営業務を補佐した経験

経営業務を補佐した経験とは、許可を受けようとする建設業に関する建設工事の施工に必要とされる資金の調達、技術者及び技能者の配置、下請業者との契約の締結等の経営業務に、法人の場合は役員に次ぐ職制上の地位にある者、個人の場合は当該個人に次ぐ職制上の地位にある者として、従事した経験をいう。

経営業務の管理責任者としての経験とは、前記㈢のとおりであるが、経営業務の管理責任者に準ずる地位にある者、いわゆる執行役員、大企業の部長、個人企業の事業主に次ぐ者等も、ある程度の経営経験があると認められ、また、特に個人企業の場合等は、事業主のみを要件適格者とすると事業主の死亡等により実質的な廃業に追い込まれる結果ともなり得る。

そこで、経営業務の管理責任者に準ずる地位について前述の要件を満たす場合には、経営経験の要件を充足するものとして認めようとするものである。

なお、この要件に該当するものとして認められるためには、経営業務の管理責任者に準ずる地位にあったばかりでなく同時に経営業務を補佐したことが社会常識上認められることが必要であろう。

ロ　許可を受けようとする建設業以外の建設業に関し七年以上の経営業務の管理責任者としての経験を有する者

第七条第一号イに掲げる要件は、「許可を受けようとする建設業に関し」であるので、許可を受けようとする建設業以外の建設業に関する経営経験はこれに含まれない。しかし、建設業に関する経営経験は他の建設業に関する経営経験と共通している面があるので、許可を受けようとする建設業以外の建設業の経営経験についても年数を二年加重して、これを認めようとするものである。

このような本規定の趣旨から、許可を受けようとする建設業とそれ以外の建設業に関して通算七年以上の経営経験を有する場合、又は許可を受けようとする建設業以外の複数の建設業に関して通算七年以上の経営経験を有する場合も同様に取り扱うことが妥当である。ただし、同時期に複数の業種について経営経験を有していたとしても、これを通算することができないのは当然である。

したがって、結果的には、一つの建設業について七年以上の経営業務の管理責任者としての経験を有する者は、すべての建設業について第七条第一号の要件を満たすことができることとなる。

ハ　前記イ又はロに掲げる者のほか、国土交通大臣が第七条第一号イに掲げる者と同等以上の能力を有すると認める者

一般的でない極めて特殊な場合を想定した規定であり、個別の申請に基づき国土交通大臣が認定する途を開いたものである。

㈤　許可を受けようとする建設業に関し経営業務の管理責任者としての経験を有する者を置かなければならないこととされているが、その趣旨は、二以上の建設業の許可を受けようとする場合において、それぞれの建設業について、それぞれ別個の者をこの要件に合致する者として置いていることを求めているものではない。したがって、二以上の建設業について許可を受けようとする場合において、一の建設業についてこの要件を満たしている者が、同時に他の一以上の建設業についてもこの要件を満たしているときは、その他の建設業についてもその者をもってこの要件を満たすことができる。

なお、これは既に許可を受けている建設業と許可が追加又は更新される建設業、あるいは一般建設業の許可と特定建設業の許可の関係においても同様である。

四　その営業所ごとに、建設工事の施工に関する一定の資格又は経験を有する技術者で専任のものを置かなければならない（第二号）。

㈠　建設工事の適正な施工を図るためには、許可を受けようとする建設業に係る建設工事について、それぞれ専門の技術者（国家資格者又は実務経験者）を有していることが必要であることは自明の理である。更に、建設業に関する営業の中心は各営業所にあることからみて、建設工事に関する請負契約の適正な締結及びその履行を確保

するためには、各営業所ごとに許可を受けて営業しようとする建設業に係る建設工事についての技術者を置くことが必要であり、また、そこに置かれる者は常時その営業所に勤務していることが適切であるのでそれぞれ専任のものでなければならないこととしたものである。

㈡　「専任のもの」とは、その営業所に常勤して専ら職務に従事することを要する者をいい、したがって、雇用契約等により事業主体と継続的な関係を有し、休日その他勤務を要しない日を除き、通常の勤務時間中はその営業所に勤務し得るものでなければならない。

なお、この「専任」であるか否かの判断に当たって、次に掲げるような者は、取扱上専任と認められない場合があるので許可申請者は注意すべきである。

イ　住所が勤務を要する営業所の所在地から著しく遠距離にあり、常識上通勤不可能な者

ロ　他の営業所（他の建設業者の営業所を含む。）における専任の技術者となっている者

ハ　建築士事務所を管理する建築士、専任の宅地建物取引主任者等他の法令により特定の事務所において専任を要することとされている者（建設業において専任を要する営業所が他の法令により専任を要する事務所等と兼ねている場合において、その事務所等において専任を要する者を除く。）

ニ　他に個人営業を行っている者、他の法人の常勤役員である者等他の営業等について専任に近い状態にあると認められる者

㈢　「許可を受けようとする建設業に係る建設工事に関する実務の経験」とは、本法の別表第一に定める二十九の建設工事のうち、許可を受けようとするものに関する技術上の経験をいう。したがって、請負人の主任技術者等の資格で建設工事の施工を指揮・監督した経験及び建設機械の操作等によって実際に建設工事の施工に携わった経験はもちろんのこと、これらの技術を習得するためにした見習中の技術的経験も含まれる。また、この実務の経験は請負人の立場における経験に限られないから、建設工事の注文者側において設計に従事した経験あるいは現場監督技術者としての経験もこれらに含まれる。

一方、工事現場の単なる雑務や事務系の仕事に関する経験は技術上の経験とは目されず、当然ここにいう実務

の経験には含まれない。

㈣　「国土交通省令で定める学科」は、規則で建設業の種別に応じて次のとおり定められている（規則第一条）。なお、「関する学科」であるので、ここに掲げる学科と同一の名称でなくとも、その内容又は実体がここに掲げる学科と同程度のものであればよいこととされている。

| 許可を受けようとする建設業 | 学科 |
|---|---|
| 土木工事業<br>舗装工事業 | 土木工学（農業土木、鉱山土木、森林土木、砂防、治山、緑地又は造園に関する学科を含む。以下この表において同じ。）、都市工学、衛生工学又は交通工学に関する学科 |
| 建築工事業<br>大工工事業<br>ガラス工事業<br>内装仕上工事業 | 建築学又は都市工学に関する学科 |
| 左官工事業<br>とび・土工工事業<br>石工事業<br>屋根工事業<br>タイル・れんが・ブロック工事業<br>塗装工事業<br>解体工事業 | 土木工学又は建築学に関する学科 |
| 電気工事業<br>電気通信工事業 | 電気工学又は電気通信工学に関する学科 |
| 管工事業<br>水道施設工事業<br>清掃施設工事業 | 土木工学、建築学、機械工学、都市工学又は衛生工学に関する学科 |
| 鋼構造物工事業 | 土木工学、建築学又は機械工学に関する学科 |

| | |
|---|---|
| 鉄筋工事業 | |
| しゅんせつ工事業 | 土木工学又は機械工学に関する学科 |
| 板金工事業 | 建築学又は機械工学に関する学科 |
| 防水工事業 | 土木工学又は建築学に関する学科 |
| 機械器具設置工事業<br>消防施設工事業 | 建築学、機械工学又は電気工学に関する学科 |
| 熱絶縁工事業 | 土木工学、建築学又は機械工学に関する学科 |
| 造園工事業 | 土木工学、建築学、都市工学又は林学に関する学科 |
| さく井工事業 | 土木工学、鉱山学、機械工学又は衛生工学に関する学科 |
| 建具工事業 | 建築学又は機械工学に関する学科 |

(五)　本条第二号イ又はロに掲げる者と同等以上の知識及び技術又は技能を有するものとしての認定は、一般的な認定が既になされており、次に掲げる者が認められる（規則第七条の三）。

イ　許可を受けようとする建設業に係る建設工事に関し、旧実業学校卒業程度検定規程による検定で、規則第一条に規定する学科に合格した後五年以上、又は専門学校卒業程度検定規程による検定で規則第一条に規定する学科に合格した後三年以上実務の経験を有する者

旧実業学校卒業程度検定規程による検定試験に合格した者又は専門学校卒業程度検定による検定試験に合格した者は、それぞれ旧実業学校又は専門学校を卒業した者と同程度の知識を有するものと認められるので、同様に取り扱おうとするものである。

ロ　許可を受けようとする建設業が次の表の上欄に掲げる建設業である場合において、それぞれ同表の下欄に掲げる者

建設工事の施工に関連する知識及び技術又は技能を公的に認める制度は、第二十七条に規定する技術検定制度、

建築士法による一級建築士又は二級建築士の免許制度その他各種の立法において定められているが、これらの制度に基づく資格を有している者のうち、本条第二号イ又はロに掲げる者と同等程度以上のものを認めるものである。

| | |
|---|---|
| 土木工事業 | 一　法第二十七条第一項の規定による技術検定のうち検定種目を建設機械施工又は一級の土木施工管理若しくは二級の土木施工管理（種別を「土木」とするものに限る。）とするものに合格した者<br>二　技術士法（昭和五十八年法律第二十五号）第四条第一項の規定による第二次試験のうち技術部門を建設部門、農業部門（選択科目を「農業土木」とするものに限る。）、森林部門（選択科目を「森林土木」とするものに限る。）、水産部門（選択科目を「水産土木」とするものに限る。）又は総合技術監理部門（選択科目を建設部門に係るもの、「農業土木」、「森林土木」又は「水産土木」とするものに限る。）とするものに合格した者 |
| 建築工事業 | 一　法第二十七条第一項の規定による技術検定のうち検定種目を一級の建築施工管理又は二級の建築施工管理（種別を「建築」とするものに限る。）とするものに合格した者<br>二　建築士法（昭和二十五年法律第二百二号）第四条の規定による一級建築士又は二級建築士の免許を受けた者 |
| 大工工事業 | 一　法第二十七条第一項の規定による技術検定のうち検定種目を一級の建築施工管理又は二級の建築施工管理（種別を「躯体」又は「仕上げ」とするものに限る。）とするものに合格した者<br>二　建築士法第四条の規定による一級建築士、二級建築士又は木造建築士の免許を受けた者<br>三　職業能力開発促進法（昭和四十四年法律第六十四号）第四十四条第一項の規定による技能検定のうち検定職種を一級の建築大工若しくは型枠施工とするものに合格した者又は検定職種を二級の建築大工若しくは型枠施工とするものに合格した後大工工事に関し三年以上実務の経験を有する者<br>四　建築工事業及び大工工事業に係る建設工事に関し十二年以上実務の経験を有する者のう |

| | |
|---|---|
| | ち、大工工事業に係る建設工事に関し八年を超える実務の経験を有する者<br>五　大工工事業及び内装仕上工事業に係る建設工事に関し十二年以上実務の経験を有する者のうち、大工工事業に係る建設工事に関し八年を超える実務の経験を有する者 |
| 左官工事業 | 一　法第二十七条第一項の規定による技術検定のうち検定種目を一級の建築施工管理又は二級の建築施工管理（種別を「仕上げ」とするものに限る。）とするものに合格した者<br>二　職業能力開発促進法第四十四条第一項の規定による技能検定のうち検定職種を一級の左官とするものに合格した者又は検定職種を二級の左官とするものに合格した後左官工事に関し三年以上実務の経験を有する者 |
| とび・土工工事業 | 一　法第二十七条第一項の規定による技術検定のうち検定種目を建設機械施工、一級の土木施工管理若しくは二級の土木施工管理（種別を「土木」又は「薬液注入」とするものに限る。）又は一級の建築施工管理若しくは二級の建築施工管理（種別を「躯体」とするものに限る。）とするものに合格した者<br>二　技術士法第四条第一項の規定による第二次試験のうち技術部門を建設部門、農業部門（選択科目を「農業土木」とするものに限る。）、森林部門（選択科目を「森林土木」とするものに限る。）、水産部門（選択科目を「水産土木」とするものに限る。）又は総合技術監理部門（選択科目を建設部門に係るもの、「農業土木」、「森林土木」又は「水産土木」とするものに限る。）とするものに合格した者<br>三　職業能力開発促進法第四十四条第一項の規定による技能検定のうち検定職種を一級のとび、型枠施工、コンクリート圧送施工若しくはウェルポイント施工とするものに合格した者又は検定職種を二級のとびとするものに合格した後とび工事に関し三年以上実務の経験を有する者、検定職種を二級の型枠施工若しくはコンクリート圧送施工とするものに合格した後コンクリート工事に関し三年以上実務の経験を有する者若しくは検定職種を二級のウェルポイント施工とするものに合格した後土工工事に関し三年以上実務の経験を有する者 |

| | |
|---|---|
| | 四　地すべり防止工事に必要な知識及び技術を確認するための試験であつて規則第七条の四から第七条の六までの規定により国土交通大臣の登録を受けたもの（以下「登録地すべり防止工事試験」という。）に合格した後土工工事に関し一年以上実務の経験を有する者<br>五　基礎ぐい工事に必要な知識及び技術を確認するための試験であつて規則第七条の四から第七条の六までの規定により国土交通大臣の登録を受けたもの（以下「登録基礎ぐい工事試験」という。）に合格した者<br>六　土木工事業及びとび・土工工事業に係る建設工事に関し十二年以上実務の経験を有する者のうち、とび・土工工事業に係る建設工事に関し八年を超える実務の経験を有する者<br>七　とび・土工工事業及び解体工事業に係る建設工事に関し十二年以上実務の経験を有する者のうち、とび・土工工事業に係る建設工事に関し八年を超える実務の経験を有する者 |
| 石工事業 | 一　法第二十七条第一項の規定による技術検定のうち検定種目を一級の土木施工管理若しくは二級の土木施工管理（種別を「土木」とするものに限る。）又は一級の建築施工管理若しくは二級の建築施工管理（種別を「仕上げ」とするものに限る。）とするものに合格した者<br>二　職業能力開発促進法第四十四条第一項の規定による技能検定のうち検定職種を一級のブロック建築若しくは石材施工とするものに合格した者又は検定職種を二級のブロック建築若しくは石材施工とするものに合格した後石工事に関し三年以上実務の経験を有する者 |
| 屋根工事業 | 一　法第二十七条第一項の規定による技術検定のうち検定種目を一級の建築施工管理又は二級の建築施工管理（種別を「仕上げ」とするものに限る。）とするものに合格した者<br>二　建築士法第四条の規定による一級建築士又は二級建築士の免許を受けた者<br>三　職業能力開発促進法第四十四条第一項の規定による技能検定のうち検定職種を一級の建築板金若しくはかわらぶきとするものに合格した者又は検定職種を二級の建築板金若しくはかわらぶきとするものに合格した後屋根工事に関し三年以上実務の経験を有する者<br>四　建築工事業及び屋根工事業に係る建設工事に関し十二年以上実務の経験を有する者のう |

| | |
|---|---|
| | ち、屋根工事業に係る建設工事に関し八年を超える実務の経験を有する者 |
| 電気工事業 | 一　法第二十七条第一項の規定による技術検定のうち検定種目を電気工事施工管理とするものに合格した者<br>二　技術士法第四条第一項の規定による第二次試験のうち技術部門を電気電子部門、建設部門又は総合技術監理部門（選択科目を電気電子部門又は建設部門に係るものとするものに限る。）とするものに合格した者<br>三　電気工事士法（昭和三十五年法律第百三十九号）による第一種電気工事士免状の交付を受けた者又は同項の規定による第二種電気工事士免状の交付を受けた後電気工事に関し三年以上実務の経験を有する者<br>四　電気事業法（昭和三十九年法律第百七十号）による第一種電気主任技術者免状、第二種電気主任技術者免状又は第三種電気主任技術者免状の交付を受けた者（同法附則第七項の規定によりこれらの免状の交付を受けている者とみなされた者を含む。）であつて、その免状の交付を受けた後電気工事に関し五年以上実務の経験を有する者<br>五　建築士法第二条第五項に規定する建築設備士となつた後電気工事に関し一年以上実務の経験を有する者<br>六　建築物その他の工作物若しくはその設備に計測装置、制御装置等を装備する工事又はこれらの装置の維持管理を行う業務に必要な知識及び技術を確認するための試験であつて規則第七条の四から第七条の六までの規定により国土交通大臣の登録を受けたもの（以下「登録計装試験」という。）に合格した後電気工事に関し一年以上実務の経験を有する者 |
| 管工事業 | 一　法第二十七条第一項の規定による技術検定のうち検定種目を管工事施工管理とするものに合格した者<br>二　技術士法第四条第一項の規定による第二次試験のうち技術部門を機械部門（選択科目を「熱工学」又は「流体工学」とするものに限る。）、上下水道部門、衛生工学部門又は総合技術監理部門（選択科目を「熱工学」、「流体工学」又は上下水道部門若しくは衛生工学部 |

| | |
|---|---|
| | 門に係るものとするものに限る。）とするものに合格した者<br>三　職業能力開発促進法第四十四条第一項の規定による技能検定のうち検定職種を一級の建築板金（選択科目を「ダクト板金作業」とするものに限る。以下この欄において同じ。）、一級の冷凍空気調和機器施工若しくは配管（選択科目を「建築配管作業」とするものに限る。以下同じ。）とするものに合格した者又は検定職種を二級の建築板金、冷凍空気調和機器施工若しくは配管とするものに合格した後管工事に関し三年以上実務の経験を有する者<br>四　建築士法第二条第五項に規定する建築設備士となつた後管工事に関し一年以上実務の経験を有する者<br>五　水道法（昭和三十二年法律第百七十七号）第二十五条の五第一項の規定による給水装置工事主任技術者免状の交付を受けた後管工事に関し一年以上実務の経験を有する者<br>六　登録計装試験に合格した後管工事に関し一年以上実務の経験を有する者 |
| タイル・れんが・ブロック工事業 | 一　法第二十七条第一項の規定による技術検定のうち検定種目を一級の建築施工管理又は二級の建築施工管理（種別を「躯体」又は「仕上げ」とするものに限る。）とするものに合格した者<br>二　建築士法第四条の規定による一級建築士又は二級建築士の免許を受けた者<br>三　職業能力開発促進法第四十四条第一項の規定による技能検定のうち検定職種を一級のタイル張り、築炉若しくはブロック建築とするものに合格した者又は検定職種を二級のタイル張り、築炉若しくはブロック建築とするものに合格した後タイル・れんが・ブロック工事に関し三年以上実務の経験を有する者 |
| 鋼構造物工事業 | 一　法第二十七条第一項の規定による技術検定のうち検定種目を一級の土木施工管理若しくは二級の土木施工管理（種別を「土木」とするものに限る。）又は一級の建築施工管理若しくは二級の建築施工管理（種別を「躯体」とするものに限る。）とするものに合格した者 |

| | |
|---|---|
| | 二　建築士法第四条の規定による一級建築士の免許を受けた者<br>三　技術士法第四条第一項の規定による第二次試験のうち技術部門を建設部門（選択科目を「鋼構造及びコンクリート」とするものに限る。）又は総合技術監理部門（選択科目を「鋼構造及びコンクリート」とするものに限る。）とするものに合格した者<br>四　職業能力開発促進法第四十四条第一項の規定による技能検定のうち検定職種を一級の鉄工（選択科目を「製缶作業」又は「構造物鉄工作業」とするものに限る。以下同じ。）とするものに合格した者又は検定職種を二級の鉄工とするものに合格した後鋼構造物工事に関し三年以上実務の経験を有する者 |
| 鉄筋工事業 | 一　法第二十七条第一項の規定による技術検定のうち検定種目を一級の建築施工管理又は二級の建築施工管理（種別を「躯体」とするものに限る。）とするものに合格した者<br>二　職業能力開発促進法第四十四条第一項の規定による技能検定のうち検定職種を鉄筋施工とするものであつて選択科目を「鉄筋施工図作成作業」とするもの及び検定職種を鉄筋施工とするものであつて選択科目を「鉄筋組立て作業」とするものに合格した後鉄筋工事に関し三年以上実務の経験を有する者（検定職種を一級の鉄筋施工とするものであつて選択科目を「鉄筋施工図作成作業」とするもの及び検定職種を一級の鉄筋施工とするものであつて選択科目を「鉄筋組立て作業」とするものに合格した者については、実務の経験を要しない。） |
| 舗装工事業 | 一　法第二十七条第一項の規定による技術検定のうち検定種目を建設機械施工又は一級の土木施工管理若しくは二級の土木施工管理（種別を「土木」とするものに限る。）とするものに合格した者<br>二　技術士法第四条第一項の規定による第二次試験のうち技術部門を建設部門又は総合技術監理部門（選択科目を建設部門に係るものとするものに限る。）とするものに合格した者 |
| しゅんせつ工事業 | 一　法第二十七条第一項の規定による技術検定のうち検定種目を一級の土木施工管理又は二級の土木施工管理（種別を「土木」とするものに限る。）とするものに合格した者 |

|  |  |
| --- | --- |
| | 二　技術士法第四条第一項の規定による第二次試験のうち技術部門を建設部門、水産部門（選択科目を「水産土木」とするものに限る。）又は総合技術監理部門（選択科目を建設部門に係るもの又は「水産土木」とするものに限る。）とするものに合格した者<br>三　土木工事業及びしゅんせつ工事業に係る建設工事に関し十二年以上実務の経験を有する者のうち、しゅんせつ工事業に係る建設工事に関し八年を超える実務の経験を有する者 |
| 板金工事業 | 一　法第二十七条第一項の規定による技術検定のうち検定種目を一級の建築施工管理又は二級の建築施工管理（種別を「仕上げ」とするものに限る。）とするものに合格した者<br>二　職業能力開発促進法第四十四条第一項の規定による技能検定のうち検定職種を一級の工場板金若しくは建築板金とするものに合格した者又は検定職種を二級の工場板金若しくは建築板金とするものに合格した後板金工事に関し三年以上実務の経験を有する者 |
| ガラス工事業 | 一　法第二十七条第一項の規定による技術検定のうち検定種目を一級の建築施工管理又は二級の建築施工管理（種別を「仕上げ」とするものに限る。）とするものに合格した者<br>二　職業能力開発促進法第四十四条第一項の規定による技能検定のうち検定職種を一級のガラス施工とするものに合格した者又は検定職種を二級のガラス施工とするものに合格した後ガラス工事に関し三年以上実務の経験を有する者<br>三　建築工事業及びガラス工事業に係る建設工事に関し十二年以上実務の経験を有する者のうち、ガラス工事業に係る建設工事に関し八年を超える実務の経験を有する者 |
| 塗装工事業 | 一　法第二十七条第一項の規定による技術検定のうち検定種目を一級の土木施工管理若しくは二級の土木施工管理（種別を「鋼構造物塗装」とするものに限る。）又は一級の建築施工管理若しくは二級の建築施工管理（種別を「仕上げ」とするものに限る。）とするものに合格した者<br>二　職業能力開発促進法第四十四条第一項の規定による技能検定のうち検定職種を一級の塗装とするものに合格した者若しくは検定職種を路面標示施工とするものに合格した者又は検定職種を二級の塗装とするものに合格した後塗装工事に関し三年以上実務の経験を有す |

| | |
|---|---|
| | る者 |
| 防水工事業 | 一　法第二十七条第一項の規定による技術検定のうち検定種目を一級の建築施工管理又は二級の建築施工管理（種別を「仕上げ」とするものに限る。）とするものに合格した者<br>二　職業能力開発促進法第四十四条第一項の規定による技能検定のうち検定職種を一級の防水施工とするものに合格した者又は検定職種を二級の防水施工とするものに合格した後防水工事に関し三年以上実務の経験を有する者<br>三　建築工事業及び防水工事業に係る建設工事に関し十二年以上実務の経験を有する者のうち、防水工事業に係る建設工事に関し八年を超える実務の経験を有する者 |
| 内装仕上工事業 | 一　法第二十七条第一項の規定による技術検定のうち検定種目を一級の建築施工管理又は二級の建築施工管理（種別を「仕上げ」とするものに限る。）とするものに合格した者<br>二　建築士法第四条の規定による一級建築士又は二級建築士の免許を受けた者<br>三　職業能力開発促進法第四十四条第一項の規定による技能検定のうち検定職種を一級の畳製作、内装仕上げ施工若しくは表装とするものに合格した者又は検定職種を二級の畳製作、内装仕上げ施工若しくは表装とするものに合格した後内装仕上工事に関し三年以上実務の経験を有する者<br>四　建築工事業及び内装仕上工事業に係る建設工事に関し十二年以上実務の経験を有する者のうち、内装仕上工事業に係る建設工事に関し八年を超える実務の経験を有する者<br>五　大工工事業及び内装仕上工事業に係る建設工事に関し十二年以上実務の経験を有する者のうち、内装仕上工事業に係る建設工事に関し八年を超える実務の経験を有する者 |
| 機械器具設置工事業 | 技術士法第四条第一項の規定による第二次試験のうち技術部門を機械部門又は総合技術監理部門（選択科目を機械部門に係るものとするものに限る。）とするものに合格した者 |
| 熱絶縁工事業 | 一　法第二十七条第一項の規定による技術検定のうち検定種目を一級の建築施工管理又は二級の建築施工管理（種別を「仕上げ」とするものに限る。）とするものに合格した者 |

| | |
|---|---|
| | 二　職業能力開発促進法第四十四条第一項の規定による技能検定のうち検定職種を一級の熱絶縁施工とするものに合格した者又は検定職種を二級の熱絶縁施工とするものに合格した後熱絶縁工事に関し三年以上実務の経験を有する者<br>三　建築工事業及び熱絶縁工事業に係る建設工事に関し十二年以上実務の経験を有する者のうち、熱絶縁工事業に係る建設工事に関し八年を超える実務の経験を有する者 |
| 電気通信工事業 | 一　技術士法第四条第一項の規定による第二次試験のうち技術部門を電気電子部門又は総合技術監理部門（選択科目を電気電子部門に係るものとするものに限る。）とするものに合格した者<br>二　電気通信事業法（昭和五十九年法律第八十六号）第四十六条第三項の規定による電気通信主任技術者資格者証の交付を受けた者であつて、その資格者証の交付を受けた後電気通信工事に関し五年以上実務の経験を有する者 |
| 造園工事業 | 一　法第二十七条第一項の規定による技術検定のうち検定種目を造園施工管理とするものに合格した者<br>二　技術士法第四条第一項の規定による第二次試験のうち技術部門を建設部門、森林部門（選択科目を「林業」又は「森林土木」とするものに限る。）又は総合技術監理部門（選択科目を建設部門に係るもの、「林業」又は「森林土木」とするものに限る。）とするものに合格した者<br>三　職業能力開発促進法第四十四条第一項の規定による技能検定のうち検定職種を一級の造園とするものに合格した者又は検定職種を二級の造園とするものに合格した後造園工事に関し三年以上実務の経験を有する者 |
| さく井工事業 | 一　技術士法第四条第一項の規定による第二次試験のうち技術部門を上下水道部門（選択科目を「上水道及び工業用水道」とするものに限る。）又は総合技術監理部門（選択科目を「上水道及び工業用水道」とするものに限る。）とするものに合格した者<br>二　職業能力開発促進法第四十四条第一項の規定による技能検定のうち検定職種を一級のさ |

| | |
|---|---|
| | く井とするものに合格した者又は検定職種を二級のさく井とするものに合格した後さく井工事に関し三年以上実務の経験を有する者<br>三　登録地すべり防止工事試験に合格した後さく井工事に関し一年以上実務の経験を有する者 |
| 建具工事業 | 一　法第二十七条第一項の規定による技術検定のうち検定種目を一級の建築施工管理又は二級の建築施工管理（種別を「仕上げ」とするものに限る。）とするものに合格した者<br>二　職業能力開発促進法第四十四条第一項の規定による技能検定のうち検定職種を一級の建具製作、カーテンウォール施工若しくはサッシ施工とするものに合格した者又は検定職種を二級の建具製作、カーテンウォール施工若しくはサッシ施工とするものに合格した後建具工事に関し三年以上実務の経験を有する者 |
| 水道施設工事業 | 一　法第二十七条第一項の規定による技術検定のうち検定種目を一級の土木施工管理又は二級の土木施工管理（種別を「土木」とするものに限る。）とするものに合格した者<br>二　技術士法第四条第一項の規定による第二次試験のうち技術部門を上下水道部門、衛生工学部門（選択科目を「水質管理」又は「廃棄物管理」とするものに限る。）又は総合技術監理部門（選択科目を上下水道部門に係るもの、「水質管理」又は「廃棄物管理」とするものに限る。）とするものに合格した者<br>三　土木工事業及び水道施設工事業に係る建設工事に関し十二年以上実務の経験を有する者のうち、水道施設工事業に係る建設工事に関し八年を超える実務の経験を有する者 |
| 消防施設工事業 | 消防法（昭和二十三年法律第百八十六号）第十七条の七第一項の規定による甲種消防設備士免状又は乙種消防設備士免状の交付を受けた者 |
| 清掃施設工事業 | 技術士法第四条第一項の規定による第二次試験のうち技術部門を衛生工学部門（選択科目を「廃棄物管理」とするものに限る。）又は総合技術監理部門（選択科目を「廃棄物管理」とするものに限る。）とするものに合格した者 |

| 解体工事業 |
| --- |
| 一　法第二十七条第一項の規定による技術検定のうち検定種目を一級の土木施工管理若しくは二級の土木施工管理（種別を「土木」とするものに限る。）又は一級の建築施工管理若しくは二級の建築施工管理（種別を「建築」又は「躯体」とするものに限る。）とするものに合格した者<br>二　技術士法第四条第一項の規定による第二次試験のうち技術部門を建設部門又は総合技術監理部門（選択科目を建設部門に係るものとするものに限る。）とするものに合格した者<br>三　職業能力開発促進法第四十四条第一項の規定による技能検定のうち検定職種を一級のとびとするものに合格した者又は検定職種を二級のとびとするものに合格した後解体工事に関し三年以上の実務経験を有する者<br>四　解体工事に必要な知識及び技術を確認するための試験であつて規則第七条の四から第七条の六までの規定により国土交通大臣の登録を受けたもの（以下「登録解体工事試験」という。）に合格した者<br>五　土木工事業及び解体工事業に係る建設工事に関し十二年以上実務の経験を有する者のうち、解体工事業に係る建設工事に関し八年を超える実務の経験を有する者<br>六　建築工事業及び解体工事業に係る建設工事に関し十二年以上実務の経験を有する者のうち、解体工事業に係る建設工事に関し八年を超える実務の経験を有する者<br>七　とび・土木工事業及び解体工事業に係る建設工事に関し十二年以上実務の経験を有する者のうち、解体工事業に係る建設工事に関し八年を超える実務の経験を有する者 |

ハ　前記イ又はロに掲げる者のほか、国土交通大臣が本条第二号イ又はロに掲げる者と同等以上の知識及び技術又は技能を有すると認める者

一般的に認定した資格以外にも、極めて特殊なものとして同等程度の資格があることを想定した規定であり、個別の申請に基づき国土交通大臣が認定する余地を認める趣旨で定められたものである。

⑹　その営業所ごとに、許可を受けようとする建設業に係る建設工事に関し、一定の実務の経験を有する者で専任

のものを置かなければならないこととされているが、その趣旨は三の㈤において述べたのと同様に、二以上の建設業の許可を受けようとする場合において、それぞれの建設業についてその営業所ごとにそれぞれ別個の者をこの要件に合致する者として置くことを求めているものではない。したがって、二以上の建設業について許可を受けようとする場合において、ある営業所に置かれている者が一の建設業についてこの要件を満たす場合において、同時に他の一以上の建設業についてもこの要件を満たすときは、当該営業所につき他の一以上の建設業についてもその者をもって、この要件を満たすものとして取り扱うことができる。

なお、これは既に許可を受けている建設業と許可が追加又は更新される建設業、あるいは一般建設業の許可と特定建設業の許可の関係においても、専任を要する営業所が同一の場合に限り同様に扱うことができる。

㈦　「許可を受けようとする建設業に係る経営業務の管理責任者としての経験を有する者」と本号の「許可を受けようとする建設業に係る建設工事に関し実務の経験を有する者」とは、それぞれの要件に合致するかぎり、同一人をもって充てることができると解する。

したがって、経営経験を有する者とその者が常勤する営業所（通常の場合は本社、本店等であろう。）に置かれる建設工事に関し実務の経験を有する者とを、それぞれの要件に合致するかぎり同一人が兼ねることができ、これは許可を受けようとする建設業が二以上の建設業であるときにおいても同様であり、すでに許可を受けている建設業と許可が追加又は更新される建設業、あるいは一般建設業の許可と特定建設業の許可の関係においても同様である。

㈧　営業所に置かれる技術者は、第二十六条の規定により建設工事を施工するときに工事現場に置かれる技術者又は第二十六条の二の規定により工事現場に置かれて施工の技術上の管理をつかさどる者と兼任することが技術者の配置その他の理由により必要となる場合があると考えられるが、このようなときは、当該営業所と工事現場との距離等を考慮して、営業所における取引に関する業務と工事現場における工事の施工管理業務がそれぞれ実質的に行うことができると判断される範囲内であれば、兼任することもできると解するのが妥当であろう。

五　法人である場合においては当該法人又はその役員等若しくは政令で定める使用人が、個人である場合においてはその者又は政令で定める使用人が、請負契約に関して不正又は不誠実な行為をするおそれが明らかな者であってはならない（第三号）。

㈠　建設業の営業は他の一般の営業と異なり、注文生産であるためその取引の開始から終了までに長い期日を要すること、また前払などによる金銭の授受が慣習化していること等により、いわば信用を前提として行われるものであって、請負契約の締結やその履行に際して不正又は不誠実な行為をするような者に営業を認めることはできず、建設業の許可の対象となる法人又は個人についてそのおそれがある場合はもちろん、法人の役員等又は法人若しくは個人の政令で定める使用人など建設業の営業取引において重要な地位にあり、責任を有する者についても、そのおそれが明らかな者がいる場合には、許可を与えないこととしたものである。

㈡　法人の役員等については、第五条の解説の二と同趣旨であり、この場合においては、常勤のもの以外のいわゆる非常勤役員も含まれる。また、政令で定める使用人は、第六条の解説の二の㈣と同様である。

㈢　「請負契約に関する不正な行為」とは、請負契約の締結又は履行に際して、法律に違反する行為、たとえば詐欺、脅迫、横領、文書偽造等を行うことであり、「不誠実な行為」とは、請負契約に違反する行為、たとえば工事の内容、工期、天災等不可抗力による損害の負担等について契約違反の行為を行うことをいう。

「不正又は不誠実な行為をするおそれが明らかな者」とは、過去の一定期間内において、建設業又は建設業に類似する営業（例えば、宅地建物取引業、建築士の業務などが考えられる。）等に関し、不正な行為又は不誠実な行為を行った経歴があり、今後もそのような行為を繰り返すおそれが明らかに認められる者と解され、具体的には、次のように取り扱うこととされている。

イ　建設業者が、建設業の営業に関し、その情状が建設業の許可の基準に適合しないと判断される不正又は不誠実な行為を行ったときは、第二十九条第一項第六号前段の規定に該当し、許可を取り消されるのが当然である。

したがって、許可を受けて継続して建設業を営んでいた者は、一般に不正又は不誠実な行為をするおそれがないと推定されるので、特別の事実が確知されない限り不正又は不誠実な行為をすることが明らかな者としては取り扱われない。

しかし、仮に許可の更新の場合等において、不正又は不誠実な行為をしたことが明らかになったときは、その事実が第二十九条第一項第六号前段に該当する限り、許可の有効期間中であれば許可が取り消され、有効期間後は本条第三号の要件に適合しないものとされよう。

ロ　建築士法、宅地建物取引業法等で不正又は不誠実な行為を行ったことにより免許等の取消処分を受け、その最終処分の日から五年を経過しない者は、原則として、不正又は不誠実な行為をするおそれが明らかな者として取り扱われる。

㈣　この基準は、許可申請の審査の際の判断基準であるので、許可を受けた建設業者が許可の有効期間中にこの要件に適合しない過去の事実が判明するに至った場合においても、それが許可申請書又はその添付書類に真正な記載がなされていなかったことにより不正な手段により許可を受けたとされるときを除き、許可の取消しはできない（第二十九条第一項第一号参照）。

したがって、建設業者が建設工事の請負契約に関し不正又は不誠実な行為を行い、情状特に重いときは第二十九条第一項第六号前段該当により、新任にかかる役員等が法定の欠格事由に該当するときは第二十九条第一項第二号該当により、それぞれ許可の取消しを行うことができる場合のほかは、許可の更新に当たって審査することとなろう。

㈤　第二十九条第一項第六号に該当することにより許可の取消しを受けその取消しの日から五年を経過しない者、第二十九条の四の規定により営業を禁止され、その禁止の期間が経過しない者等は、第八条の規定によりこれらの期間中は許可を受けることができないが、これらの期間が経過した後においても、なおかつ不正又は不誠実な行為を行うことが明らかなとき、たとえばこれらの期間中においても悪質な行為を行っている場合は、この要件に適合しないと判断することは差し支えない。

六　請負契約を履行するに足りる財産的基礎又は金銭的信用を有しないことが明らかなものであってはならない（第四号）。

㈠　建設業の営業を行うには、資材の購入、労働者の募集、機械器具又は仮設器材の購入等工事の着工のためにかなりの準備資金を必要とし、そのため適切な営業活動を行い、また、建設工事の適正な施工を確保するためには、その営業に当たってある程度の資金を確保していることが必要である。

本号はこのような趣旨により設けられたものであるが、建設業者が請け負う建設工事は大規模なものからごく小規模なものまで広く分布し、その建設業者の営業の規模によってどれだけの資金の調達が必要であるかは一律ではない。しかし、建設業者として許可をする以上その者は、令第一条の二に定める軽微な建設工事以上の工事を請け負うことができる者でなければならず、少なくとも軽微な建設工事以上となる工事を請け負うことができるだけの財産的基礎又は金銭的信用を有している者でなければ、本号の基準に適合しないものと考えられる。したがって、この基準はこのように許可を受けるべき建設業者としての最低限度の経済的な水準を求めたものである。

また、本来は建設業者に対し財産的基礎を有していることを求めることが必要であると考えられるが、建設業者、特に小規模零細業者の中には、その信用によって必要な資金を調達している者もあり、これらの者についてもその営業を認める必要があるので、財産的基礎又は金銭的信用を有していないことが明らかな者に限って許可をしてはならないこととしたものである。

なお、建設業者は、前払金の支払を受けて建設工事に着手するのが慣習化しており、このような財産的基礎又は金銭的信用を有することを求める必要はないのではないかとの意見もあるが、前述のような趣旨、更には完成した建設物の瑕疵担保、建設工事の施工に伴う公衆災害又は労働災害等の発生の場合に適切に対処する能力を有するためにも、最小限度の資金の準備が必要であること等により、一定の財産的基礎又は金銭的信用が必要とされている。

㈡ 本号の基準に適合するか否かの具体的な判断については、許可の審査に当たって倒産することが明白である場合を除き、次のいずれかに該当する者は本号の基準に適合するものとして取り扱われることとされている。

イ 自己資本の額が五百万円以上である者

ここでいう「自己資本」とは、法人にあっては貸借対照表における純資産合計の額を、個人にあっては期首資本金、事業主借勘定及び事業主利益の合計額から事業主貸勘定の額を控除した額に負債の部に計上されている利益留保性の引当金及び準備金の額を加えた額を指すものである。また、この「資本金」とは、法人にあっては株式会社の払込資本金、持分会社等の出資金額をいい、個人にあっては期首資本金を指すものである。

ロ　担保とすべき不動産を有すること等により、イの自己資本の額に相当する資金について、金融機関等から借り入れる等調達する能力を有すると認められる者

ハ　許可申請直前の過去五年間、許可を受けて継続して営業した実績を有する者

(三)　本号の基準に適合するか否かの判断は、原則として、既存の企業にあっては申請時の直前の決算期における財務諸表により、新規設立の企業にあっては創業時における財務諸表により、それぞれ行う。

なお、許可を行った後、当該建設業者がこの基準に適合しないこととなった場合においても、それは直ちにその許可の効力に影響を及ぼすものではない。

(四)　二以上の建設業について許可を行う場合又は建設業以外の営業を行っている者に対し建設業の許可を行う場合においても、その営業体は一であるので営業体自体が本号の基準に適合していればよく、特に本号の基準が加重されるものではない。

〔法　律〕

**第八条**　国土交通大臣又は都道府県知事は、許可を受けようとする者が次の各号のいずれか（許可の更新を受けようとする者にあつては、第一号又は第七号から第十三号までのいずれか）に該当するとき、又は許可申請書若しくはその添付書類中に重要な事項について虚偽の記載があり、若しくは重要な事実の記載が欠けているときは、許可をしてはならない。

一　成年被後見人若しくは被保佐人又は破産者で復権を得ないもの

二　第二十九条第一項第五号又は第六号に該当することにより一般建設業の許可又は特定建設業の許可を取り消され、その取消しの日から五年を経過しない者

三　第二十九条第一項第五号又は第六号に該当するとして一般建設業の許可又は特定建設業の許可の取消しの処分に係る行政手続法（平成五年法律第八十八号）第十五条の規定による通知があつた日から当該処分があつた日又は処分をしないことの決定があつた日までの間に第十二

条第五号に該当する旨の同条の規定による届出をした者で当該届出の日から五年を経過しないもの

四　前号に規定する期間内に第十二条第五号に該当する旨の同条の規定による届出があつた場合において、前号の通知の日前六十日以内に当該届出に係る法人の役員等若しくは政令で定める使用人であつた者又は当該届出に係る個人の政令で定める使用人であつた者で、当該届出の日から五年を経過しないもの

五　第二十八条第三項又は第五項の規定により営業の停止を命ぜられ、その停止の期間が経過しない者

六　許可を受けようとする建設業について第二十九条の四の規定により営業を禁止され、その禁止の期間が経過しない者

七　禁錮以上の刑に処せられ、その刑の執行を終わり、又はその刑の執行を受けることがなくなつた日から五年を経過しない者

八　この法律、建設工事の施工若しくは建設工事に従事する労働者の使用に関する法令の規定で政令で定めるもの若しくは暴力団員による不当な行為の防止等に関する法律（平成三年法律第七十七号）の規定（同法第三十二条の三第七項及び第三十二条の十一第一項の規定を除く。）に違反したことにより、又は刑法（明治四十年法律第四十五号）第二百四条、第二百六条、第二百八条、第二百八条の二、第二百二十二条若しくは第二百四十七条の罪若しくは暴力行為等処罰に関する法律（大正十五年法律第六十号）の罪を犯したことにより、罰金の刑に処せられ、その刑の執行を終わり、又はその刑の執行を受けることがなくなつた日から五年を経過しない者

九　暴力団員による不当な行為の防止等に関する法律第二条第六号に規定する暴力団員又は同号に規定する暴力団員でなくなつた日から五年を経過しない者（第十三号において「暴力団員等」という。）

十　営業に関し成年者と同一の行為能力を有しない未成年者でその法定代理人が前各号又は次号（法人でその役員等のうちに第一号から第四号まで又は第六号から前号までのいずれかに該当する者のあるものに係る部分に限る。）のいずれかに該当するもの

十一　法人でその役員等又は政令で定める使用人のうちに、第一号から第四号まで又は第六号から第九号までのいずれかに該当する者（第二号に該当する者についてはその者が第二十九条の規定により許可を取り消される以前から、第三号又は第四号に該当する者についてはその者が第十二条第五号に該当する旨の同条の規定による届出がされる以前から、第六号に該当する者についてはその者が第二十九条の四の規定により営業を禁止される以前から、建設業者である当該法人の役員等又は政令で定める使用人であつた者を除く。）のあるもの

十二　個人で政令で定める使用人のうちに、第一号から第

四号まで又は第六号から第九号までのいずれかに該当する者（第二号に該当する者についてはその者が第二十九条の規定により許可を取り消される以前から、第三号又は第四号に該当する者についてはその者が第十二条第五号に該当する旨の同条の規定による届出がされる以前から、第六号に該当する者についてはその者が第二十九条の四の規定により営業を禁止される以前から、建設業者である当該個人の政令で定める使用人であつた者を除く。）のあるもの

十三　暴力団員等がその事業活動を支配する者

**〔政　令〕**

（使用人）

**第三条**　法第六条第一項第四号（法第十七条において準用する場合を含む。）、法第七条第三号、法第八条第四号、第十一号及び第十二号（これらの規定を法第十七条において準用する場合を含む。）、法第二十八条第一項第三号並びに法第二十九条の四の政令で定める使用人は、支配人及び支店又は第一条に規定する営業所の代表者（支配人である者を除く。）であるものとする。

（法第八条第八号の法令の規定）

**第三条の二**　法第八条第八号（法第十七条において準用する場合を含む。）の政令で定める建設工事の施工又は建設工事に従事する労働者の使用に関する法令の規定は、次に掲げるものとする。

一　建築基準法（昭和二十五年法律第二百一号）第九条第一項又は第十項前段（これらの規定を同法第八十八条第一項から第三項まで又は第九十条第三項において準用する場合を含む。）の規定による特定行政庁又は建築監視員の命令に違反した者に係る同法第九十八条第一項（第一号に係る部分に限る。）

二　宅地造成等規制法（昭和三十六年法律第百九十一号）第十四条第二項、第三項又は第四項前段の規定による都道府県知事の命令に違反した者に係る同法第二十六条

三　都市計画法（昭和四十三年法律第百号）第八十一条第一項の規定による国土交通大臣、都道府県知事又は市長の命令に違反した者に係る同法第九十一条

四　景観法（平成十六年法律第百十号）第六十四条第一項の規定による市町村長の命令に違反した者に係る同法第百一条

五　労働基準法（昭和二十二年法律第四十九号）第五条の規定に違反した者に係る同法第百十七条（労働者派遣事業の適正な運営の確保及び派遣労働者の保護等に関する法律（昭和六十年法律第八十八号。以下「労働者派遣法」という。）第四十四条第一項（建設労働者の雇用の改善等に関する法律（昭和五十一年法律第三十三号。以下「建設労働法」という。）第四十四条の規定により適用される場合を含む。第七条の三第三号において同じ。）の規定により適用される場合を含む。）又は労働基準法第六

条の規定に違反した者に係る同法第百十八条第一項
六　職業安定法（昭和二十二年法律第百四十一号）第四十四条の規定に違反した者に係る同法第六十四条
七　労働者派遣法第四条第一項の規定に違反した者に係る労働者派遣法第五十九条

本条は、一般建設業の許可の基準のうち、消極的な要件、すなわち欠格要件等を規定したものである。

一　本条により、国土交通大臣又は都道府県知事が建設業の許可をしてはならない事由は二つに分けられる。その一つは許可申請書又はその添付書類中に重要な事項について虚偽の記載があり又は重要な事実の記載が欠けている場合で、これは許可制度それ自体から求められる拒否事由である。

また、他の一つは、許可申請者又はその役員等若しくは令第三条に規定する使用人が社会制度上又は本法の運営の性格上、建設業者としての適性を期待し得ない一定の要件に該当している場合で、通常、欠格要件とよばれるものである。

二　許可申請書若しくはその添付書類中に重要な事項について虚偽の記載があり、又は重要な事実の記載が欠けているときは、許可をしてはならない（各号列記以外の部分）。

㈠　許可申請書等の重要な事項について虚偽の記載をしたとき又は重要な事実の記載が欠けているときは、許可行政庁の審査を不可能とし又は審査に当たってその判断を誤らせることとなるのみならず、許可申請書等が公衆の閲覧に供されるため、閲覧を行う者の建設業者に対する認識を誤らせることとなり、その行為は故意に行ったときはもちろんのこと、仮に過失であったときにおいても、招かれる結果は極めて重大であるので、許可の拒否事由とされたものである。

㈡　「重要な事項」又は「重要な事実」の判断は、前述のような趣旨に即して具体的に判断されるべきであるが、許可行政庁が許可の審査に当たって必要とする事項についての虚偽の記載又は記載もれはすべて本条に該当する。

㈢　許可事務の実際の運営に当たっては、許可申請書及びその添付書類の記載内容についての審査が行われ、故意又は悪意がない限り誤記がある場合にはその訂正が、脱落がある場合にはその補充が、経由行政庁又は許可行政庁により指導されるのが望ましい姿であろう。しかしながら、行政庁の指導に応ぜず、又は故意に不正な申請を行った等の場合は厳格な取扱いをすべきであることはいうまでもない。

㈣　許可を受けた建設業者について、許可申請書若しくはその添付書類中に重要な事項について虚偽の記載があり、又は重要な事実の記載が欠けていたため、行政庁の判断を誤らせて許可を受けたことが判明したときは、その許可は取り消される（第二十九条第一項第五号参照）。

三　許可を受けようとする者（許可の更新を受けようとする者を除く。）が、次のいずれかに該当するときは許可を受けることができない。

㈠　成年被後見人若しくは被保佐人又は破産者で復権を得ないもの（第一号）。

イ　「成年被後見人」とは、精神上の障害により事理を弁識する能力を欠く常況にあることをもって家庭裁判所から後見開始の審判を受けた者をいい（民法第七条）、成年被後見人には成年後見人が付されることとなる（同法第八条）。成年被後見人の行為は、常に取り消すことができる（同法第九条）など、その行為能力は制限されているため、建設業者として的確な営業取引を行うことを期待することができず、許可を受けることができないこととされている。

ロ　「被保佐人」とは、精神上の障害により事理を弁識する能力が著しく不十分なことをもって家庭裁判所から保佐開始の審判を受けた者をいい（同法第十一条）、被保佐人には保佐人が付されることとなる（同法第十二条）。被保佐人は、重要な財産上の行為は保佐人の同意が必要となること（同法第十三条）などから、独立して建設業の営業を行うことができず、迅速かつ的確な営業取引を期待することができないため、許可を受けることができないこととされている。

ハ　「破産者で復権を得ない者」とは、破産法の規定に基づき、裁判所から破産宣告を受けた者であって、いまだ破産法にいう復権事由に該当しないものをいう。この復権には、裁判所による免責の決定が確定した場合等に認められる当然復権と破産者が弁済等により債務の全部を免れたときに破産者の申立てに基づいて裁判所が行う決定による復権とがあるが、本条にいう復権は、このいずれであるかを問わない（破産法第二百五十五条及び第二百五十六条参照）。復権の制度は、破産者に対して加えられた私法上あるいは公法上の各種の制限を解除するために設けられたものであり、本条もこの趣旨により、復権を得た場合は、許可の拒否事由にはならないとしたものである。

㈡　第二十九条第一項第五号又は第六号に該当することにより、一般建設業の許可又は特定建設業の許可を取り消され、その取消しの日から五年を経過しない者（第二号）。

イ　第二十九条第一項第五号に該当する場合とは、不正の手段により建設業の許可を受けた場合であり、同じく第六号に該当する場合とは、第二十八条第一項各号の監督処分事由に該当しその情状が特に重い場合又は第二十八条第三項の営業停止処分に違反した場合である。

　これらはいずれも建設業者として特に悪質な行為を行ったことにより、建設業の許可を取り消されたもので、許可の取消しの制度がある以上、一定期間改めて営業を開始し得ないこととするのは当然のことである。

　更に、建設業の業種別許可制の採用に伴い、特に悪質な行為を行ったことにより、ある建設業について許可の取消しを受けた者が、すぐ他の建設業について許可を受け得ることも適切でないので、このような者は、その許可の取消しの日から五年間は、更新の許可を除き、すべての建設業についての新規の許可は受けられないこととされたものである。

ロ　許可を受けることができない期間は、従来二年（特定建設業者は三年）とされていたところであるが、許可段階における不良不適格業者の排除をより一層徹底するため、平成六年の法改正により、他の立法例も参考として、五年に延長されたところである。

　なお、五年が経過して欠格要件には該当しないとしても、その間の情状等によりまた許可を行えば再び請負契約に関し不正又は不誠実な行為をすることが明らかな者については、第七条第三号に掲げる要件に適合しないものとして、許可を拒否することとなろう。

㈢　第二十九条第一項第五号又は第六号に該当するとして許可の取消しの処分に係る行政手続法第十五条の規定による通知があった日から当該処分があった日又は処分をしないことの決定があった日までの間に第十二条第五号

に該当する旨の同条の規定による届出をした者で当該届出の日から五年を経過しない者（第三号）。

第二十九条第一項第五号又は第六号に該当することにより許可の取消しを受けた場合には、その後五年間は新たな許可を受けることができないが（前記㈡参照）、許可の取消処分の対象となる事実があるにもかかわらず、許可の取消処分を予知して、許可取消処分を受ける前にあらかじめ建設業を廃業してしまえば、結果として取消処分を受けないため、五年間は新たな許可を受けることができないとの規定を適用することができず、このような者の建設業界への再参入を許す結果となってしまう。

このため、こうした建設業者の参入を排除するため、許可の取消処分に係る行政手続法第十五条の規定による通知（取消処分に先立って行われる聴聞の通知）があった日から当該処分があった日又は処分をしないことの決定があった日までの間に、許可の取消処分を逃れるべく「駆け込み」で自主的な廃業を行った者についても、第十二条第五号の規定による廃業届の提出後五年間は新たな許可を受けることはできないこととしたものである。

㈣　前記㈢の期間内に第十二条第五号に該当する旨の同条の規定による届出があった場合において、行政手続法第十五条の規定による通知の日前六十日以内に当該届出に係る法人の役員等若しくは政令で定める使用人であった者又は当該届出に係る個人の政令で定める使用人であった者で、当該届出の日から五年を経過しない者（第四号）。

法人又は個人が許可の取消処分を免れるべく第十二条第五号の規定による廃業届を提出した場合においては、当該法人又は個人のみならず（前記㈢参照）、行政手続法第十五条の規定による通知の日前六十日以内に当該法人の役員等若しくは政令で定める使用人であった者又は当該個人の政令で定める使用人であった者についても、当該届出の提出後五年間は新たな許可を受けることはできないこととしたものである。

㈤　第二十八条第三項又は第五項の規定により営業の停止を命ぜられ、その停止の期間が経過しない者（第五号）。

第二十八条第三項又は第五項の規定により営業の停止を命ぜられる場合とは、同条第一項各号の監督処分事由に該当する場合若しくは同項の規定による指示に従わない場合又は同条第二項各号の監督処分事由に該当する場合若しくは同項の規定による指示に従わない場合で、いずれも建設業者又は建設業を営む者として適格性を疑われる場合である。

したがって、このような場合には建設業の品位とその社会的信用の保持の観点から、営業停止の期間中の建設業者にあっては既に許可を受けている建設業以外の新たな建設業の許可を、許可を受けないで建設業を営むことができる者（許可の適用除外の者）にあってはすべての建設業の新たな許可を、それぞれ受けられないこととしたのである。

㈥　許可を受けようとする建設業について第二十九条の四の規定により営業を禁止され、その禁止の期間が経過しない者（第六号）。

イ　第二十九条の四の規定による営業の禁止とは、建設業者その他の建設業を営む者が第二十八条の規定により営業停止処分を受けた場合において、法人である場合においては、その役員等及び処分の原因である事実について相当の責任を有する令第三条の使用人に対して、個人である場合においてはその者及び処分の原因である事実について相当の責任を有する令第三条の使用人に対して、その停止される範囲の営業について停止の期間中新たに営業を開始することを禁止すること、又は建設業者が第二十九条第一項第五号若しくは同項第六号に該当することにより許可を取り消された場合において、法人である場合においてはその役員等及び処分の原因である事実について相当の責任を有する令第三条の使用人に対して、個人である場合においては処分の原因である事実について相当の責任を有する令第三条の使用人に対して、その取消しに係る建設業について、五年間、新たに営業を開始することを禁止することをいう。

ロ　営業の禁止は、建設業者その他の建設業を営む者が営業停止の処分を受け、又は建設業者が建設業の許可を取り消された場合において、法人の役員等やその処分について責任を有する重要な地位にある使用人等が、独立してあるいは別の法人等を組織して新たに同一の営業を開始することを防ぐ趣旨により設けられたものであるので、許可を受けようとする建設業につき、営業を禁止されている者はその期間中は当然に許可を受けることはできない。

ハ　第二十九条の四第二項の規定により営業の禁止をされた者については、禁止の期間（五年間）が満了すれば許可を受けられるが、これはあくまでも欠格事由の最低基準を定めたもので、その禁止されている期間中の情状により、再び請負契約に関し不正又は不誠実な行為をすることが明らかな者については、第七条第三号に掲げる基準に該当しないと解する。

㈦　次に掲げる者で、その刑の執行を終わり、又は刑の執行を受けることがなくなった日から五年を経過しないもの（第七号及び第八号）。

a　禁錮以上の刑に処せられた者

b　この法律の規定により罰金の刑に処せられた者

c　建設工事の施工に関する法令の規定で政令で定めるものにより罰金の刑に処せられた者

d　建設工事に従事する労働者の使用に関する法令の規定で政令で定めるものにより罰金の刑に処せられた者

e　暴力団員による不当な行為の防止等に関する法律の規定により罰金の刑に処せられた者

f　刑法第二百四条（傷害罪）、第二百六条（現場助勢罪）、第二百八条（暴行罪）、第二百八条の二（凶器準備集合罪）、第二百二十二条（脅迫罪）、第二百四十七条（背任罪）の規定により罰金の刑に処せられた者

g　暴力行為等処罰に関する法律の規定により罰金の刑に処せられた者

イ　建設業者の営業の重要性にかんがみ、その品位を保持するため、禁錮以上の刑に処せられた者を欠格事由の対象にするとともに、建設工事の適正な施工の確保、建設工事に従事する労働者の保護及び建設業界からの暴力団関係企業の排除の徹底を図るため、本法の規定に違反して罰金の刑に処せられた者、建設工事の施工若しくは建設工事に従事する労働者の使用に関する法令の規定に違反して罰金の刑に処せられた者又はいわゆる暴力団対策法等の規定に違反して罰金の刑に処せられた者等を、欠格事由の対象としたものである。

ロ　「刑の執行を終わり」とは、現実に刑の執行を終えたときをいう。

「刑の執行を受けることがなくなつた」とは、刑の時効完成、仮出獄期間中における刑期満了、恩赦の一種としての刑の執行免除など刑の執行の免除を受けた場合のことである。

なお、刑の執行猶予の言渡しを受けた後その言渡しを取り消されることなく猶予期間を経過した者、又は大赦若しくは特赦を受けた者については、刑の執行が免除されるのではなく、有罪の言渡しの効力そのものが消滅す

るものであるので、その消滅と同時にただちに許可の拒否事由が消えるものであることはいうまでもない（刑法第二十七条、恩赦法第三条・第五条）。

ハ　「禁錮以上の刑に処せられた者」とは、刑法その他の我が国のすべての法律の規定により禁錮以上の刑の言渡しが確定した者のことをいい、言渡しを受けた者が執行猶予付であるか否かを問わない。

なお、外国の立法により刑を受けたものは、この規定には含まれないが、出入国管理及び難民認定法第五条第一項第四号の規定により、日本国以外の法令に違反して禁錮以上又はこれらに相当する刑に処せられたことのある外国人は本邦に上陸できないこととされている。

ニ　「この法律の規定」とは、第四十五条から第五十三条までの規定をいう。

「建設工事の施工若しくは建設工事に従事する労働者の使用に関する法令の規定で政令で定めるもの」としては、令第三条の二に建築基準法、宅地造成等規制法、都市計画法、景観法、労働基準法、職業安定法及び労働者派遣法のうち、特に建設業の営業と密接な関連を有するものでその違反が重大であるものに係る罰条規定が定められている。

(八)　暴力団員による不当な行為の防止等に関する法律第二条第六号に規定する暴力団員又は同号に規定する暴力団員でなくなった日から五年を経過しない者（第九号）

建設業法においては、従前より、運用上、建設業の許可の際には、許可申請者の役員が暴力団の構成員である場合などには、第七条第三号に掲げる基準（「請負契約に関して不正又は不誠実な行為をするおそれが明らかな者でないこと」）を満たさないものとして取り扱われ、許可をしないこととされていた。しかし、要件が法律上は明確ではなく、許可の欠格要件や取消事由（第二十九条参照）に位置づけられていないことから、許可後に暴力団員が役員に入った場合などに取消ができないこと、また、元暴力団員が排除の対象となっていないことから、偽装離脱した暴力団員を排除できないこと等の問題があったことを踏まえ、平成二十六年改正の際、他の立法例も参考に、本条の欠格要件として、本要件が明確に位置づけられた。

(九)　営業に関し成年者と同一の能力を有しない未成年でその法定代理人が前記(一)から(八)まで又は(十)の一に該当する

もの（第十号）。

「営業に関し成年者と同一の能力を有しない未成年者」とは、婚姻により成年者とみなされた者（民法第七百五十三条）以外の未成年者のうち、建設業に関する営業の許可を法定代理人から受けていないものをいう。

未成年者が営業を行う場合には、法定代理人の許可を必要とし（民法第五条第一項、第六条第一項）、この許可が制限され又は受けられない未成年者は、営業に関し成年者と同一の能力を有しないこととなる。

このような未成年者が建設業の営業を行うときは、法定代理人がその行為について個別に許可を与え、又は未成年者を代理して営業を行うため、結果的に法定代理人の未成年者に対する支配力又は影響力が著しく大きいということができる。

そのため、営業に関し成年者と同一の能力を有しない未成年者が許可申請者であるときは、その法定代理人についても欠格要件の有無について審査し、該当するときは許可をしないこととするものである。

㈩　法人でその役員等又は令第三条の使用人のうちに、前記㈠から㈣まで又は㈥から㈧までに該当する者（前記㈡に該当する者についてはその者が第二十九条の規定により許可を取り消される以前から、前記㈢又は㈣に該当する者についてはその者が第十二条第五号に該当する旨の同条の規定による届出がされる以前から、前記㈥に該当する者についてはその者が第二十九条の四の規定により営業を禁止される以前から、建設業者である当該法人の役員等又は令第三条の使用人であった者を除く。）のあるもの（第十一号）。

イ　許可申請者が法人である場合において、その法人自身が本条第二号、第三号、第五号、第八号又は第十三号に掲げる許可の欠格要件に該当するときは当然に許可が拒否されるが、法人の役員等又は令第三条に規定する重要な地位にある使用人の中に、本条に規定する欠格要件に該当する者がいる場合においても、それらの者が実質的にその法人の営業活動を支えていく関連上、このような欠格要件に該当する者を役員等や令第三条の使用人といった重要な地位に置く法人に対し建設業の許可を与えることは、建設業の品位を保持し、建設工事の適正な施工を期待する上から適切でなく、欠格要件として定められたものである。

ロ　役員等については第五条を参照していただきたいが、「役員等」の定義として明記されている「相談役」や

「顧問」、あるいは、規則に定める様式により氏名等の提出が必要とされている百分の五以上の議決権を有する株主等が、前記㈠から㈣又は㈥から㈧に該当した場合でも、当然に本欠格要件に該当すると判断されるべきではなく、実際に取締役等と「同等以上の支配力を有するものと認められる」か否かを個別に検討し、本欠格要件に該当するかを判断すべきであろう。また、令第三条の使用人については第六条を参照のこと。

ハ　本号のかっこ書が設けられたのは、次の事由によるものである。

「本条第二号に該当する者」とは、特に悪質な行為を行ったため第二十九条第一項第五号又は第六号の規定により建設業の許可を取り消され、その取消しの日から五年を経過しない者であるが、その者（法人は他の法人の役員等や令第三条の使用人となり得ないので、個人に限る。）が他の建設業者の役員等や令第三条の使用人を兼ねている場合は、かっこ書がなければその者が許可の取消処分を受けることによって当該他の建設業者が必然的に第二十九条の規定により許可を取り消されることとなり、あるいは許可の更新を拒否されることとなる。

これは処分の性格からみて不適当であり、その者が許可の取消処分を受ける以前から役員等や令第三条の使用人であった場合については、当該他の建設業者についての欠格事由から除外するとともに、また、その者が許可の取消処分を受けた後において他の法人である建設業者の役員等や令第三条の使用人といった重要な地位を占めることは、処分の実効性を希薄にし、かつ、そのような者に対して役員等や令第三条の使用人といった重要な地位を与える建設業者には適正な建設業の業務運営が期待し得ないので、そのような場合についてのみ当該建設業者についての欠格要件に該当させることとしたものである。また、「本条第三号又は第四号に該当する者」についても、同様の趣旨から、その者が第十二条第四号に基づく廃業の届出がされる以前から役員等や令第三条の使用人であった場合について、欠格要件から除外したものである。

また、「本条第六号に該当する者」とは、第二十九条の四の規定により営業を禁止され、その禁止の期間が経過しない者であり、その者が同時に他の建設業者の役員等や令第三条の使用人を兼ねている場合には、その者が営業の禁止の処分を受けることによって他の建設業者が必然的に第二十九条の規定により許可を取り消されることになり、あるいは許可の更新を拒否されることとなるので、第二号に該当する者の取扱いと同じ理由により、その者が営業の禁止の処分を受ける以前から役員等や令第三条の使用人であった場合については、欠格事由から除外したものである。

(十一)　個人で令第三条の使用人のうちに、前記㈠から㈣まで又は㈥から㈧までに該当する者（前記㈡に該当する者についてはその者が第二十九条の規定により許可を取り消される以前から、前記㈢又は㈣に該当する者についてはその者が第十二条第五号に該当する旨の同条の規定による届出がされる以前から、前記㈥に該当する者についてはその者が第二十九条の四の規定により営業を禁止される以前から、建設業者である当該個人の令第三条の使用人であった者を除く。）のあるもの（第十二号）。

前記㈩と同趣旨である。

(十二)　暴力団員等がその事業活動を支配する者（第十三号）

前記㈧と同趣旨であり、平成二十六年改正の際、他の立法例も参考に、欠格要件として位置づけられた。

四

許可の更新を受けようとする者は、本条第一号又は第七号から第十三号まで（前記三の㈠又は㈦から(十二)まで）の一に該当するときは許可を受けることができない（第八条本文かっこ書）。

一に該当しても許可の拒否事由とはならないこととされており、これは次のような理由によるものである。

㈠　「第二号に該当する者」とは、特に悪質な行為を行ったため第二十九条第一項第五号又は第六号の規定により建設業の許可を取り消され、その取消しの日から五年を経過しない者であるが、建設業の許可は業種別に行われるため、二以上の建設業の許可を受けている者については、ある建設業の許可が取り消されても、他の建設業については許可が取り消されず、適法に営業し得る場合がある。「第三号に該当する者」及び「第四号に該当する者」についても同様である。

したがって、このような場合には、その他の建設業については許可の更新を行うことが当然に必要である。

㈡　「第五号に該当する者」とは、公衆に危害を与える等一定の事由に該当したため第二十八条第三項の規定により営業の停止を命ぜられ、その停止の期間が経過しない者であるが、営業の停止の処分は、許可の効力は有効に存続させ、かつ、一定の期間のみその営業を行わせないものであるので、これを許可の更新に当たって拒否事由とすると、営業の停止の処分が実質的には許可の取消処分と同様の効果を生ずることとなり、矛盾する結果となる。また、同時に営業の停止の処分を受けた建設業以外の建設業についても、同様の不合理な面をも生ずるので、許可の更新を認める必要があるからである。

㈢　「第六号に該当する者」とは、許可を受けようとする建設業について第二十九条の四の規定により営業を禁止され、その禁止の期間が経過しない者であるが、許可の更新に当たって実際上これに該当するのは、個人である建設業者が他の建設業者の役員等や令第三条の使用人を兼ねている場合に、当該他の建設業者が営業の停止の処分又は許可の取消しの処分を受け、当該個人が営業の禁止の処分を受けたときである。

したがって、当該個人である建設業者は、営業の禁止の処分を受ける以前から適法に建設業の営業を行ってきているので、その更新を認める必要があるからである。

五　許可に係る建設業者が本条第一号又は第七号から第十三号までの規定のいずれかに該当するに至ったときは、国土交通大臣又は都道府県知事は、当該建設業者の許可を取り消さなければならないこととされている（第二十九条）。

六　本条は、特定建設業の許可について準用される（第十七条）。

〔法　律〕

（許可換えの場合における従前の許可の効力）

**第九条**　許可に係る建設業者が許可を受けた後次の各号の一に該当して引き続き許可を受けた建設業を営もうとする場合において、第三条第一項の規定により国土交通大臣又は都道府県知事の許可を受けたときは、その者に係る従前の国土交通大臣又は都道府県知事の許可は、その効力を失う。

一　国土交通大臣の許可を受けた者が一の都道府県の区域内にのみ営業所を有することとなつたとき。

二　都道府県知事の許可を受けた者が当該都道府県の区域内における営業所を廃止して、他の一の都道府県の区域内に営業所を設置することとなつたとき。

三　都道府県知事の許可を受けた者が二以上の都道府県の区域内に営業所を有することとなつたとき。

2　第三条第四項の規定は建設業者が前項各号の一に該当して引き続き許可を受けた建設業を営もうとする場合において第五条の規定による申請があつたときについて、第六条第二項の規定はその申請をする者について準用する。

本条は、建設業者がその営業所を新設し、廃止し、又は営業所の所在地を変更したため許可行政庁を異にすることとなった結果、新たな許可行政庁より新たに建設業の許可を受けた場合の従前の許可の効力について規定したものである。

一　建設業者が許可を受けた後、その営業所の新設若しくは廃止又は所在地の変更により、従前の許可行政庁が適格な許可行政庁でなくなるような場合は、本法にはこれに関する特別の規定はないが、建設業者が引き続き建設業を営もうとする限り、当然に新たな許可行政庁から、新規の許可を受けることが必要である。

旧法の登録制度においては、このような場合には、国土交通大臣の登録を必要とするときを除いて従前の登録行政庁を経由して登録換えの申請を行うべきこととされていたが、新法においては、登録換えの申請の規定に相当する許可換えの申請の規定はなく、新規の許可を受けた場合における従前の許可の失効についてのみ規定したものである。

二　許可を受けた建設業者が、次に掲げるような場合において引き続き建設業を営もうとする場合において、新たに第三条第一項の規定により国土交通大臣又は都道府県知事の許可を受けたときは、その者に係る従前の国土交通大臣又は都道府県知事の許可は、その効力を失う。

㈠　国土交通大臣の許可を受けた者が、一の都道府県の区域内にのみ営業所を有することとなったとき。

この場合には、二以上の都道府県の区域内に営業所を設けて営業するという国土交通大臣許可の前提が失われたので、残った営業所の所在地を管轄する都道府県知事に許可の申請をしなければならない。

㈡　都道府県知事の許可を受けた者が、当該都道府県の区域内における営業所を廃止して、他の一の都道府県の区域内に営業所を設置することとなったとき。

この場合には、営業所の所在地を管轄する都道府県知事の許可という前提が失われたので、新たに設置された営業所の所在地を管轄する都道府県知事に許可の申請をしなければならない。

㈢　都道府県知事の許可を受けた者が、二以上の都道府県知事の区域内に営業所を有することとなったとき。

この場合には、一の都道府県の区域内に営業所を有していた者が、他の都道府県の区域内に営業所を新設するときと、当該都道府県の区域内にある営業所を廃止して同時に他の二以上の都道府県の区域内に営業所を新設するときの二つに分けられるが、いずれも二以上の都道府県の区域内に営業所を有することとなるので、国土交通大臣に許可の申請をしなければならない。

三　二以上の都道府県の区域内に営業所を有することにより国土交通大臣の許可を受けた者が、他の都道府県の区域内に営業所を設けた場合、又は一部の営業所を廃止してもなおかつ二以上の都道府県の区域内に営業所を有することとなる場合は、国土交通大臣の許可に変わりがなく、同様に、都道府県知事の許可を受けた者が、当該都道府県の区域内での営業所の新設、一部の廃止、又は所在地の変更をした場合も、当該都道府県知事の許可に変わりがないので、これらの場合には国土交通大臣又は都道府県知事に第十一条第一項の規定による変更の届出を行うことをもって足りる。

四　新たな許可を受けたときは従前の許可は効力を失うこととなっているので、新たな許可を受けるまでの間は従前の許可は有効であり、したがって、従前の許可行政庁は監督処分の権限その他本法に基づく許可行政庁としての権限を有すると解する。

また、新たな許可行政庁に対する許可の申請は、第三条第一項の規定により、営業所を設けて営業しようとするときになされることが必要であり、その趣旨により事前の申請が必要であろう。

営業所の概念については、前に述べたとおりであるが（第三条の解説参照）、本条において営業所を有し、設置し、又は廃止するというのは、物理的に営業所を置き、あるいは廃止することではなく、当該事務所において建設業に関する営業行為を開始し、又は取り止めることと解するのが妥当である。

なお、建設業者が本条各号に掲げる場合に該当したにもかかわらず、新たな許可行政庁の許可を受けなかった場合には、第二十九条第一項第二号の二に該当することとなり、その許可（二以上の建設業の許可を受けているときは、そのすべての許可）は取り消される。

五　第二項の規定により、許可換えの申請があった場合において、従前の許可の有効期限までに当該申請に対する処分がなされないときは、従前の許可はなおその効力を有するものとされる。また、許可換えの申請をする建設業者は、法第六条第一項第一号から第三号までの書類（以下「工事経歴書等」という。）の添付を省略できることとされている。

このため、工事経歴書等の添付を省略して許可換えの申請が行われた場合には、これを受けた許可行政庁は、従前の許可行政庁と連絡を密にしつつ、変更届等により従前の許可行政庁に提出されている工事経歴書等の内容を十分に把握・理解した上で、当該申請に係る審査を行うことが必要である。

申請に関する審査の結果、許可換えの許可をした行政庁は、従前の許可行政庁に対して、許可換えの許可をした旨の通知を行うとともに、当該許可を受けた建設業者に係る工事経歴書等を送付するよう依頼し、また、この依頼を受けた従前の許可行政庁は、遅滞なく当該工事経歴書等を依頼した許可行政庁に送付することが必要となる。

また、工事経歴書等の送付を受けた許可行政庁は、その設ける閲覧所において、送付を受けた工事経歴書等を、許可換えの申請時に提出された書類とあわせて公衆の閲覧に供することが必要である。

六　本条は、特定建設業の許可及び特定建設業者について準用される（第十七条）。

〔法　律〕

（登録免許税及び許可手数料）

**第十条**　国土交通大臣の許可を受けようとする者は、次に掲げる区分により、登録免許税法（昭和四十二年法律第三十五号）で定める登録免許税又は政令で定める許可手数料を納めなければならない。

一　許可を受けようとする者であつて、次号に掲げる者以外のものについては、登録免許税

二　第三条第三項の許可の更新を受けようとする者及び既に他の建設業について国土交通大臣の許可を受けている者については、許可手数料

〔**登録免許税法**〕

（趣旨）

**第一条**　この法律は、登録免許税について、課税の範囲、納税義務者、課税標準、税率、納付及び還付の手続並びにその納税義務の適正な履行を確保するため必要な事項を定めるものとする。

（課税の範囲）

**第二条**　登録免許税は、別表第一に掲げる登記、登録、特許、免許、許可、認可、認定、指定及び技能証明（以下「登記等」という。）について課する。

**別表第一**　課税範囲、課税標準及び税率の表（第二条、第五条、第九条、第十条、第十三条、第十五条―第十七条、第十八条、第十九条、第二十三条、第二十四条、第三十四条関係）

| 登記、登録、特許、免許、許可、認可、認定、指定又は技能証明の事項 | 課税標準 | 税　率 |
| --- | --- | --- |
| 百四十四　建設業の許可又は監理技術者に係る講習の登録若しくは建設業者に係る登録経営状況分析機関の登録 | | |
| ㈠　建設業法（昭和二十四年法律第百号）第三条第一項（建設業の許可）の国土交通大臣がする建設業（同法別表第一の下欄に掲げる建設業をいう。以下㈠において同じ。）の許可（更新の許可及び次の区分ごとに他の建設業について既に国土交通大臣の許可がされている場合における許可を除くものとし、二以上の建設業について同時に国土交通大臣の許可がされる場合には、次の区分ごとにこれらの許可を一の許可とみなす。） | | |
| イ　建設業法第三条第一項第一号に掲げる者に係る同項の許可 | 許可件数 | 一件につき十五万円 |
| ロ　建設業法第三条第一項第二号に掲げる者に係る同項の許可 | 許可件数 | 一件につき十五万円 |

〔**政　令**〕

（許可手数料）

**第四条**　法第十条第二号（法第十七条において準用する場合を含む。）の許可手数料は、その金額を五万円とし、許可申請書にこれに相当する額の収入印紙をはつて納めなければならない。ただし、行政手続等における情報通信の技術の利用に関する法律（平成十四年法律第百五十一号）第三条第一項の規定により同項に規定する電子情報処理組織を使用して法第三条第一項の許可又は同条第三項の許可の更新の申請をする場合には、国土交通省令で定めるところにより、現金をもつてすることができる。

〔**地方公共団体の手数料の標準に関する政令**〕

地方自治法第二百二十八条第一項の手数料について全国的に統一して定めることが特に必要と認められるものとして政令で定める事務（以下「標準事務」という。）は、次の表の上欄に掲げる事務とし、同項の当該標準事務に係る事務のうち政令で定めるもの（以下「手数料を徴収する事務」という。）は、同表の上欄に掲げる標準事務についてそれぞれ同表の中欄に掲げる事務とし、同項の政令で定める金額は、同表の中欄に掲げる手数料を徴収する事務についてそれぞれ同表の下欄に掲げる金額とする。

| 標準事務 | 手数料を徴収する事務 | 金額 |
|---|---|---|
| 二十五　建設業法（昭和二十四年法律第百号）第三条第一項及び第三項の規定に基づく建設業の許可に関する事務 | 1　建設業法第三条第一項の規定に基づく建設業の許可の申請に対する審査 | 九万円（既に他の建設業について当該都道府県知事がした許可と建設業法第三条第一項各号に掲げる区分を同じくする建設業の許可の申請に係る審査にあっては、五万円） |
| | 2　建設業法第三条第三項の規定に基づく建設業の許可の更新の申請に対する審査 | 五万円 |

本条は、国土交通大臣の許可を受けようとする者が納めなければならない登録免許税及び許可手数料について定めたものである。従来は、都道府県知事の許可を受けようとする者が納めなければならない許可手数料についても定めていたが、地方公共団体の徴収する手数料については地方自治法に徴収根拠を原則として一元化するという政府の方針（「地方分権推進計画」平成十年閣議決定）を受けて、該当する規定が削除されたものである。したがって、本条の規定が都道府県知事の許可を受けようとする者について許可手数料を不要としたものでないことはいうまでもない（後記六参照）。

一　国土交通大臣の許可を受けようとする者は、許可の申請に際して登録免許税又は許可手数料のいずれか一方を必ず納めなければならず、この納付がなされないときは、許可申請書等が受理されないことはいうまでもない。

二　登録免許税を納めなければならない場合は、国土交通大臣の新規の許可を受けようとする場合である。したがって、知事許可を受けていた者が大臣許可を受けようとする場合はもちろん、既に大臣の一般（特定）建設業の許可ければならない。

　登録免許税の額は、一般建設業の許可又は特定建設業の許可の区分に分けてそれぞれ一件と数え、一件の許可につき十五万円である（登録免許税法別表第一第四十四号）。

　一般建設業の許可又は特定建設業の許可の区分に分けてそれぞれ一件と数えるのであるから、一般建設業の許可と特定建設業の許可のいずれか一方の許可を、二以上の建設業につき同時に受けようとする場合には、一件の許可申請とみなされ、登録免許税は十五万円を納めれば足りることになる。したがって同一の区分に係る二以上の建設業の許可をとる意思のある場合には、申請書等の重複を避けるためにも、これらを同時に申請することが妥当である。

三　登録免許税は、登録免許税法の定めるところに従い納付しなければならない。すなわち、許可申請者は、登録免許税十五万円を現金で、申請者の主たる営業所の所在地を所管する地方整備局等の所在地を管轄する税務署に納付しなければならない（登録免許税法第二十一条）。この場合、直接右記税務署に納税するほか、最寄りの税務署又は日本銀行歳入代理店をとおして納税することもできる。

　国土交通大臣に許可の申請をするときには、登録免許税法第二十四条の二第一項又は建設業法施行令第四条ただし書の規定により現金をもって納めた場合を除き、納税をした際に交付された領収証書を、許可申請書の登録免許税領収証書はり付け欄に貼付しなければならない（登録免許税法第二十一条）。

　なお、納付された登録免許税は、許可の申請が取り下げられた場合又は却下された場合には還付される（国税通則法第五十六条第一項、登録免許税法第三十一条参照）。

四　許可手数料を納めなければならない場合は、次に掲げる場合である。

㈠　国土交通大臣の許可の更新を申請しようとする場合

㈡　国土交通大臣の一般建設業の許可を受けている者が、他の建設業について新たに国土交通大臣の一般建設業の許可を申請しようとする場合

㈢　国土交通大臣の特定建設業の許可を受けている者が、他の建設業について新たに国土交通大臣の特定建設業の

許可を申請しようとする場合

なお、許可手数料を納めるべき許可の申請又は許可の更新の申請が、二以上の建設業につき同時になされる場合には、登録免許税の場合と同様、一般建設業の許可と特定建設業の許可の区分ごとにそれぞれ一件の許可と数えられ、各々一件分の許可手数料を納めれば足りることになっている。

五　許可手数料は、国土交通大臣の許可に係る場合は五万円に相当する収入印紙を許可申請書の収入印紙はり付け欄に貼付して納付しなければならない。都道府県知事の許可に係る場合で都道府県の収入証紙により納付することが定められているときは所要の収入証紙を許可申請書の収入印紙はり付け欄に貼付して、その他の納付方法が定められているときは、その方法により、それぞれ納付しなければならない。

六　都道府県知事の許可を受けようとする者が納めなければならない許可手数料については、地方自治法第二百二十七条に基づき、各都道府県において所要の条例が定められることとなる。その具体的な額は、地方公共団体の手数料の標準に関する政令で新規許可の際には九万円、更新又は追加の許可の際には五万円を標準として条例で定めることとされている。これを受けて、ほとんどの都道府県では九万円、五万円と定めているようである。

知事許可に係る許可手数料は、都道府県の収入証紙により納付することが定められている場合には所要の収入証紙を許可申請書の表面の収入証紙はり付け欄に貼付して、その他の納付方法が定められている場合には、その方法により、それぞれ納付しなければならない。

なお、都道府県知事の許可については、新規、更新又は追加の如何にかかわらず、すべて許可手数料である。

〔法　律〕

（変更等の届出）

**第十一条**　許可に係る建設業者は、第五条第一号から第五号までに掲げる事項について変更があつたときは、国土交通省令の定めるところにより、三十日以内に、その旨の変更届出書を国土交通大臣又は都道府県知事に提出しなければならない。

2　許可に係る建設業者は、毎事業年度終了の時における第六条第一項第一号及び第二号に掲げる書類その他国土交通省令で定める書類を、毎事業年度経過後四月以内に、国土交通大臣又は都道府県知事に提出しなければならない。

3　許可に係る建設業者は、第六条第一項第三号に掲げる書面その他国土交通省令で定める書類の記載事項に変更を生じたときは、毎事業年度経過後四月以内に、その旨を書面で国土交通大臣又は都道府県知事に届け出なければならない。

4　許可に係る建設業者は、第七条第一号イ又はロに該当する者として証明された者が、法人である場合においてはその役員、個人である場合においてはその支配人でなくなつた場合若しくは同号ロに該当しなくなつた場合又は営業所に置く同条第二号イ、ロ若しくはハに該当する者として証明された者が当該営業所に置かれなくなつた場合若しくは同号ハに該当しなくなつた場合において、これに代わるべき者があるときは、国土交通省令の定めるところにより、二週間以内に、その者について、第六条第一項第五号に掲げる書面を国土交通大臣又は都道府県知事に提出しなければならない。

5　許可に係る建設業者は、第七条第一号若しくは第二号に掲げる基準を満たさなくなつたとき、又は第八条第一号及び第七号から第十三号までのいずれかに該当するに至つたときは、国土交通省令の定めるところにより、二週間以内に、その旨を書面で国土交通大臣又は都道府県知事に届け出なければならない。

本条は、許可を受けた建設業者が、許可申請書の記載事項に変動を生じたとき、許可申請書の添付書類の記載事項について変更があったときその他一定の事由が生じたときは、変更届出書その他の書面を許可行政庁に提出しなければならないことを義務付けたものである。

一　許可を受けた後、建設業者の営業についてはその多少を問わず変動を生ずるのが通例である。この変動は、建設業者の商号又は名称の変更、営業所の名称及び所在地の変更等営業体それ自体の変動、法人の役員等又は令第三条の使用人の辞任又は新任等組織内容の変動、工事経歴、工事施工金額、財務内容等時の経過に伴って必然的に生ずる変動及び使用人数、主要取引金融機関名等営業の実体を表すその他の事項の変動がある。

一方、建設業の許可を行った許可行政庁は、その許可に係る建設業者の実態を常に把握しておくことが要請される。

何故ならば、許可行政庁は、建設業者が営業体等の変動により許可の取消要件に該当するか否かを常に点検する義務を有するとともに、許可の申請に当たって提出された許可申請書及びその添付書類は、許可行政庁等において公衆の閲覧に供されるといういわば一種の公示の作用をも果たしているため、このような建設業者の営業に関する変動は、常に明らかにしておく必要があるからである。

二　許可に係る建設業者は、第五条第一号から第五号までに掲げる事項について変更があったときは、三十日以内にその旨の変更届出書を許可を行った国土交通大臣又は都道府県知事に提出しなければならない（第一項）。

これは許可申請書の記載事項の変更であり、これらの記載事項は建設業者の営業に関する基本的な事項であるので、変更後三十日以内に届け出なければならないものとされたものである。

㈠　第五条第一号から第五号までに掲げる事項の変更は、次に掲げるとおりであり、これらの記載事項の多くは、商業登記簿の記載事項でもあることから、商業登記簿の記載事項の変更手続を終えてから、当該変更に係る登記事項を記載した登記事項証明書を添付した上で変更届を提出することとなる。なお、第六号（許可を受けようとする建設業）が除かれているのは建設業の許可が業種別に行われる結果、許可を受けた建設業以外の建設業を営もうとするときは新規の許可の申請を、許可を受けた建設業の一部を廃止したときは廃業の届出（第十二条参照）をそれぞれ必要とするからである。

イ　商号又は名称の変更（第五条第一号）

単なる商号又は名称の変更のほか、株式会社と持分会社の相互間（会社法第二条第二十六号）、合名会社、合資会社及び合同会社の相互間の変更（会社法第六百三十八条）等がこれに当たるが、個人営業を廃止して株式会社を設立するような場合はこの変更には含まれない。

ロ　営業所の名称又は所在地の変更（同条第二号）

営業所の新設、廃止、移転、名称変更の場合のほか、住居表示に関する法律の規定によりその表示方法が定められた場合もこれに該当する。

なお、営業所を新設し、廃止し、又は移転したため、許可行政庁を異にすることとなるときは、新しい許可行政庁の許可を受けなければならない（第九条参照）。

ハ　法人である場合においては、その資本金額（出資総額を含む。）又は役員等の氏名の変更（同条第三号）

株式会社の増資、減資等払込資本金額の変更及び持分会社等の出資総額の変更がこれに該当する。また、役員等の氏名の変更とは、役員等の新任及び退任による変更のほか、婚姻、養子縁組等による氏名の変更も含まれる。

ニ　個人である場合においては、その者の氏名又は支配人があるときは、その者の氏名の変更（同条第四号）

個人の氏名の変更とは婚姻、養子縁組等による氏名の変更を、支配人の氏名の変更とは、支配人の選任又は解任による変更及び支配人個人の氏名の変更をそれぞれいう。

ホ　経営業務の管理責任者としての所定の経験を満たす者又は営業所の専任技術者の氏名の変更（同条第五号）

氏名の変更とは、これらの者の交代による変更のほか、婚姻、養子縁組等による氏名の変更も含まれる。これらの者が交代した場合には、本項の規定による変更届出書とは別に、本条第四項の規定により、第七条第一号又は第二号の要件を満たすことの証明書類を提出する必要がある。これは、第五条の解説二と同様の趣旨であり、証明書類には学歴、職歴等の個人情報が含まれるため、閲覧に供することができないことから、別途個人情報が含まれず閲覧の対象となる変更届出書において、氏名のみ記載させることが適当であるからである。

㈡　前記㈠のイからニまでに掲げる変更のため、変更届出書を提出する場合においては、次に掲げるとおりの書面の添付が必要とされている（規則第九条）。

イ　前記㈠のイからニまでに掲げる事項（第五条第一号から第四号までに掲げる事項）の変更のうち、商業登記の変更を必要とするものについては、当該変更に係る登記事項を記載した登記事項証明書

ロ　前記㈠のロに掲げる事項（第五条第二号に掲げる事項）のうち営業所の新設に係る変更については、当該営業所に係る第六条第一項第四号の書面（その営業所に係る令第三条の使用人が第八条第十一号又は第十二号に規定する欠格要件に該当しないことを誓約する書面及び当該令第三条の使用人が欠格要件に該当しないことを証する証明書）及び第六条第一項第五号の書面（その営業所に許可に係る建設業に関する専任の技術者を置いていること及びその技術者が第七条第二号イ、ロ又はハに該当することを証する書面）

新たに設置される営業所に関し、その営業所を代表する者が第八条第十一号又は第十二号に規定する欠格要件

に該当しないこと及びその営業所が第七条第二号に規定する要件を充足していることを証することを要するからである。

ハ　前記㈠のハに掲げる事項（第五条第三号に掲げる事項）のうち役員等の新任に係る変更及び前記㈠のニに掲げる事項（第五条第四号に掲げる事項）のうち支配人の新任に係る変更については、当該役員等又は支配人に係る第六条第一項第四号の書面（当該役員等又は支配人が第八条第十号又は第十一号に規定する欠格要件に該当しないことを誓約する書面及び当該役員等又は支配人が欠格要件に該当しないことを証する証明書）及び規則第四条第三号又は第四号に掲げる書面（当該役員等又は支配人の住所、生年月日等に関する調書）

三　許可に係る建設業者は、毎事業年度終了の時における第六条第一項第一号及び第二号に掲げる書類その他国土交通省令で定める書類を、毎事業年度経過後四月以内に、国土交通大臣又は都道府県知事に提出しなければならない（第二項）。

許可申請書に添付された工事経歴書、施工金額を記載した書面等の記載内容は、建設業者の営業の進展に伴って常に変動するものであり、それが建設業者の営業の実績をもっともよく表すものであるので、許可行政庁においてその実績を把握するとともに公衆の利便に供するため、一定時点ごとにこれらの書類を提出させることとしたものである。提出を必要とする書類は次のとおりである。

㈠　第六条第一項第一号に規定する工事経歴書

㈡　第六条第一項第二号に規定する直前三年の各事業年度における工事施工金額を記載した書面

㈢　株式会社以外の法人である場合においては貸借対照表、損益計算書、株主資本等変動計算書及び注記表、株式会社である場合においては、これらの書類及び附属明細表（ただし、有価証券報告書提出会社については有価証券報告書の写しに代えることができる。）

㈣　個人である場合においては、貸借対照表及び損益計算書

㈤　国土交通大臣の許可を受けている者については、法人である場合においては法人税、個人である場合においては所得税の納付すべき額及び納付済額を証する書面

㈥　都道府県知事の許可を受けている者については、事業税の納付すべき額及び納付済額を証する書面

なお、株式会社である建設業者の場合、これらの書類の中には、株主総会での承認を受けなければならないものが含まれているため、各事業年度経過後に当該事業年度における各書類をとりまとめて、株主総会での承認を受けてから当該書類の提出を行うこととなる。

四　許可に係る建設業者は、第六条第一項第三号に規定する書面その他国土交通省令で定める書類の記載事項に変更を生じたときは、毎事業年度経過後四月以内に、その旨を書面で国土交通大臣又は都道府県知事に届け出なければならない（第三項）。

許可申請書に添付される書面のうち、建設業者の営業の能力を表すもの、その他許可行政庁において必要とするものについて、その記載事項の変動の状況を一定時点ごとに把握するためであり、建設業者の提出の利便をも考慮して前記三の書類の提出と併せて毎事業年度経過後四月以内に届け出なければならないものとしたものである。

記載事項に変更を生じた場合において、提出を必要とする書類は、次のとおりである。

㈠　第六条第一項第三号に規定する使用人数を記載した書面

㈡　建設業法施行令第三条に規定する使用人の一覧表

㈢　第七条第二号ハに該当する者、第十五条第二号イに該当する者及び同号ハの規定により国土交通大臣が同号に掲げる者と同等以上の能力を有するものと認定した者（特定建設業者の場合にあっては、第十五条第二号ロに該当する者及び同号ハの規定により国土交通大臣が同号ロに掲げる者と同等以上の能力を有するものと認定した者も含む。第十七条の解説参照）の一覧表（国家資格者等・監理技術者一覧表）

㈣　法人である場合においては、定款

㈤　健康保険法第四十八条の規定による被保険者の資格の取得の届出、厚生年金保険法第二十七条の規定による被保険者の資格の取得の届出及び雇用保険法第七条の規定による被保険者となったことの届出の状況を記載した書面

五　許可に係る建設業者は、第七条第一号イ又はロに該当する者として証明された者が、法人である場合においては

その役員、個人である場合においてはその支配人でなくなった場合若しくは同号ロに該当しなくなった場合又は営業所に置く第七条第二号イ、ロ若しくはハに該当する者として証明された者が当該営業所に置かれなくなった場合若しくは同号ハに該当しなくなった場合において、これに代わるべき者があるときは、国土交通省令で定めるところにより、二週間以内に、その者について、第六条第一項第五号に掲げる書面を国土交通大臣又は都道府県知事に提出しなければならない（第四項）。

㈠　第七条第一号は、許可を受けようとする建設業に関する経営業務の管理責任者としての経験を有する者又はこれと同等以上の能力を有すると国土交通大臣が認定した者を、法人の常勤の役員（個人である場合においてはその支配人）に擁していることを許可の基準としたものであり、この基準に該当するとして証明された者が法人である場合においてはその役員、個人である場合においてはその支配人でなくなった場合においては、許可を受けた建設業者として満たしていなければならない基本的な資格要件が証明されていないこととなる。

また、第七条第二号は、許可を受けようとする建設業に係る建設工事に関し一定の資格又は実務の経験を有する者をその営業所ごとに置いていることを許可の基準としたものであり、この基準に該当するとして証明された者がその営業所に置かれなくなった場合等は、同じく許可を受けた建設業者として満たしていなければならない基本的な資格要件が証明されていないこととなる。

したがって、これらの場合において、それらの者に代わるべき者がいるときは、その代わるべき者によって引き続き許可の基準が満たされていることを証明するために、所要の書面の提出が義務付けられているものである。

なお、これらの場合においては、二において詳述したとおり、変更届出書の提出も必要となることに留意が必要である。

㈡　「役員又は支配人でなくなつた場合」とは、当該役員又は支配人が死亡したとき、辞任したとき等をいい、「営業所に置かれなくなつた場合」とは、その者の死亡、退職、配置換え等により、当該営業所において専任の状態が満たされなくなったときと解される。なお、常勤の役員であった者がいわゆる非常勤の役員になったときは、本法の明文の規定はないが、役員でなくなった場合に含めて解するのが条理上妥当であろう。

また、第七条第一号ロ又は同条第二号ハに該当しなくなった場合とは、たとえば、建設工事に関する技術又は技能の認定等で国土交通大臣の認定したものに合格した後、それが不正行為の発覚等の理由により取り消されたとき等の場合である。

㈢　提出すべき書類は、次のとおりである。

イ　経営業務の管理責任者としての経験を有する者又はこれと同等以上の能力を有すると国土交通大臣が認定した者が役員等でなくなった場合等において、これに代わるべき者があるときは、規則第三条第一項に規定する書面（第六条の解説の二の㈤参照）

ロ　許可を受けた建設業に係る建設工事に関し一定の資格又は実務の経験等を有する者が営業所に置かれなくなった場合等において、これに代わるべき者があるときは、規則第三条第二項に規定する書面（第六条の解説の二の㈥参照）

六　許可に係る建設業者は、第七条第一号若しくは第二号に掲げる基準を満たさなくなったとき、又は第八条第一号及び第七号から第十三号までの規定に該当するに至ったときは、二週間以内に、その旨を書面で国土交通大臣又は都道府県知事に届け出なければならない（第五項）。

㈠　「第七条第一号若しくは第二号に規定する要件を欠くに至つたとき」とは、前記五において述べた場合と同様であるが、前記五の場合はこれに代わるべき者があるので許可の効力自体には影響せず、これに代わるべき者について必要な証明行為を行えば足りるのに対し、この場合には、許可を受けるための基本的な要件を欠いた点で異なるものである。

また、「第八条第一号及び第七号から第十三号までの規定に該当するに至つたとき」とは、いずれも許可の拒否要件に該当することとなったときである。

したがって、これらの場合は、いずれも建設業を営むことが社会的に好ましくないとされるような事態に建設業者が立ち至ったことを意味するものであり、本法は、これらの場合に当該建設業者の許可を取り消すこととしている（第二十九条第一項第一号及び第二号参照）が、これに対応して本法の適正な運営を図るため、その事実について建設業者に届出義務を課したものである。

㈡　第七条第一号若しくは第二号に規定する要件を欠き、又は第八条第一号及び第七号から第十三号までの規定に該当した結果、自主的に許可に係る建設業を廃止したときは、二週間以内に第十二条の規定に基づく廃業等の届出を行う限り本項の規定に基づく届出は必要がないと解される。ただし、一部の業種の廃業の場合には、専任技術者証明書（様式第八号）による専任技術者の変更又は届出書（様式第二十二号の三）による専任技術者の削除が必要となるので、本届出と同時に必要な書類を提出させることが必要である。

また、第七条第二号に規定する要件を欠くに至った場合、当該要件を欠く営業所を廃止し、その結果、許可行政庁の区分に影響を与えないときには、本条第一項の規定に基づく変更届出書を提出するとともに、本項の規定に基づく届出を行う必要がある。

㈢　本号の規定に基づく届出が行われた場合においては、許可行政庁は第二十九条第一項第一号又は第二号の規定により、当該届出に係る建設業の許可を取り消さなければならない。

七　前記二から六までに掲げるもののほか、許可に係る建設業者は、第七条第一号イ若しくはロに該当する者として証明された者又は営業所に置く同条第二号イ、ロ若しくはハに該当する者として証明された者が氏名を変更した場合、又は新たに令第三条に規定する使用人になった者がある場合には、二週間以内に、国土交通大臣又は都道府県知事にその旨を届け出なければならない（規則第七条の二、第八条）。

また、これらの届出に当たっては、規則第七条の二に基づく届出の場合は当該氏名を変更した者に係る戸籍抄本又は住民票の抄本を、規則第八条に基づく届出の場合は当該使用人に係る第六条第一項第四号に掲げる書面（当該使用人が法第八条各号に掲げる欠格要件に該当しない者であることを誓約する書面及び当該使用人が欠格要件に該当しないことを証する証明書）及び規則第四条第四号に掲げる書面（当該使用人の住所、生年月日等に関する調書）を添付しなければならない。

八㈠　二から七までに述べた届出書を国土交通大臣に提出しようとする場合には、その主たる営業所の所在地を管轄する都道府県知事を経由して行わなければならない（規則第十一条）。

(二) この届出書及びその添付書類の提出部数については、規則第七条の規定が準用されている（規則第十二条）。したがって、国土交通大臣に届出をしようとする者にあっては、正本副本各一通を、都道府県知事に届出をしようとする者にあっては、当該都道府県知事の定める数を、提出しなければならない。

なお、本条第一項から第四項までの規定により提出された届出書その他の書面は、一部を除き、許可申請書及びその添付書類とともに公衆の閲覧に供される（第十三条）。

九 本条の規定により提出しなければならない書類を提出せず、若しくは届出をすべき場合において届出を行わなかったとき、又はこれらの書類に虚偽の記載をしたときは、罰則の適用がある（第五十条第一項第二号及び第三号参照）ほか、当該建設業者に対し監督処分としての指示処分を行うことができる（第二十八条第一項）。

十 本条は、特定建設業者について準用される（第十七条）。

**【参考】 変更等の届出の提出期限と必要な書類**

| 根拠条項 | 期限 | 変更届を必要とする事由 | 提出が必要な書類 |
|---|---|---|---|
| 第十一条第一項及び四項 | 事実発生後2週間以内 | 経営業務の管理責任者に変更があったとき | ①変更届出書（様式第二十二号の二）、②経営業務の管理責任者証明書（様式第七号）（①は事実発生後三十日以内） |
| 第十一条第一項及び第十四条（規則第七条の二） | | 経営業務の管理責任者が氏名を変更したとき | ①変更届出書（様式第二十二号の二）、②経営業務の管理責任者証明書（様式第七号）、③戸籍又は住民票の抄本）※1（①は事実発生後三十日以内） |
| 第十一条第一項及び第四項 | | 営業所の専任の技術者に変更があったとき | ①変更届出書（様式第二十二号の二）、②専任技術者証明書（様式第八号）、③卒業証明書、実務経験証明書（様式第九号）、その他の資格証明書、④指導監督的実務経験証明書（様式第十号）、その他の資格証明書（①は事実発生後三十日以内、③及び④は監理技術者資格者証の写しで代替可） |
| 第十一条第一項及び第 | | 営業所の専任の技術者が氏 | ①変更届出書（様式第二十二号の二）、②専任技術者 |

| | | | |
|---|---|---|---|
| 十四条（規則第七条の二） | | 名を変更したとき | 証明書（様式第八号）、③戸籍又は住民票の抄本）※（①は事実発生後三十日以内） |
| 第十四条（規則第八条） | | 新たに令第三条の使用人になった者があるとき | ①変更届出書（様式第二十二号の二）、②誓約書（様式第六号）、③登記されていないことの証明書、④身分証明書、⑤建設業法施行令第三条に規定する使用人の調書（様式第十三号） |
| 第十一条第五項 | | 経営業務の管理責任者を欠いたとき | ①届出書（様式第二十二号の三） |
| 第十一条第五項 | | 営業所の専任の技術者を欠いたとき | ①届出書（様式第二十二号の三） |
| 第十一条第五項 | | 欠格要件に該当するに至ったとき | ①届出書（様式第二十二号の三） |
| 第十一条第一項 | 事実発生後30日以内 | 商号又は名称を変更したとき | ①変更届出書（様式第二十二号の二）、②登記事項証明書 |
| 第十一条第一項 | | 既存の営業所の名称、所在地又は業種を変更したとき | ①変更届出書（様式第二十二号の二）、②登記事項証明書 |
| 第十一条第一項 | | 営業所を新設したとき | ①変更届出書（様式第二十二号の二）、②誓約書（様式第六号）、③登記されていないことの証明書、④身分証明書、⑤専任技術者証明書（様式第八号）、⑥卒業証明書、実務経験証明書（様式第九号）、その他の資格証明書、⑦指導監督的実務経験証明書（様式第十号）、その他の資格証明書（⑥及び⑦は監理技術者資格者証の写しで代替可） |
| 第十一条第一項 | | 法人の資本金額（含、出資総額）又は役員の氏名に変更があったとき | ①変更届出書（様式第二十二号の二）、②誓約書（様式第六号）、③許可申請者（法人の役員・本人・法定代理人）の調書（様式第十二号）、④登記事項証明書 |

| 条項 | 期限 | 事由 | 提出書類 |
|---|---|---|---|
| 第十一条第一項 | | 個人の事業主又は支配人の氏名に変更があったとき | ①変更届出書（様式第二十二号の二）、②誓約書（様式第六号）、③登記されていないことの証明書、④身分証明書、⑤許可申請者（法人の役員・本人・法定代理人）の調書（様式第十二号）、⑥登記事項証明書 |
| 第十一条第二項 | 毎営業年度経過後4月以内 | 毎事業年度（決算期）が終了したとき | ①変更届出書（平成十三年四月三日国総建第九十七号別紙八）、②工事経歴書（様式第二号）、③直前三年の各事業年度における工事施工金額（様式第三号）、④貸借対照表（法人は様式第十五号、個人は様式第十八号）、⑤損益計算書・完成工事原価報告書（法人は様式第十六号、個人は様式第十九号）、⑥株主資本等変動計算書（法人は様式第十七号）、⑦注記表（法人の場合のみ様式第十七号の二）、⑧附属明細表（法人の場合のみ（ただし、有価証券報告書提出会社にあっては有価証券報告書の写しに代えることができる。）様式第十七号の三）、⑨納税証明書 |
| 第十一条第三項 | | 使用人数に変更があったとき | ①変更届出書（平成十三年四月三日国総建第九十七号別紙八）、②使用人数（様式第四号） |
| 第十一条第三項 | | 令第三条の使用人の一覧表に変更があったとき | ①変更届出書（平成十三年四月三日国総建第九十七号別紙八）、②建設業法施行令第三条に規定する使用人の一覧表（様式第十一号） |
| 第十一条第三項 | | 国家資格者・監理技術者一覧表に変更があったとき | 国家資格者等・監理技術者一覧表（様式第十一号の二（特定建設業者にあっては、第十五条第二号ロに該当する者に係る変更が生じた場合に、当該変更に係る技術者についての卒業証明書又は実務経験証明書（様式第九号）及び指導監督的実務経験証明書（様式第十号）（監理技術者資格者証の写しで代替可）を提出する必 |

| | | | 要がある。） |
|---|---|---|---|
| 第十一条第三項 | | 定款に変更があったとき | ①変更届出書（平成十三年四月三日国総建第九十七号別紙八）、②定款 |
| 第十一条第三項 | | 健康保険等の加入状況に変更があったとき | ①変更届出書（平成十三年四月三日国総建第九十七号別紙八）、②健康保険等の加入状況（様式第二十号の三） |

㈱　様式番号は、建設業法施行規則における様式番号である。

※　国土交通大臣又は都道府県知事が、氏名の変更に係る住民基本台帳法上の本人確認情報の提供を受けることができないとき又は利用できないときは、提出を求められる場合がある。

〔**法　律**〕

（廃業等の届出）

**第十二条**　許可に係る建設業者が次の各号のいずれかに該当することとなつた場合においては、当該各号に掲げる者は、三十日以内に、国土交通大臣又は都道府県知事にその旨を届け出なければならない。

一　許可に係る建設業者が死亡したときは、その相続人

二　法人が合併により消滅したときは、その役員であつた者

三　法人が破産手続開始の決定により解散したときは、その破産管財人

四　法人が合併又は破産手続開始の決定以外の事由により解散したときは、その清算人

五　許可を受けた建設業を廃止したときは、当該許可に係る建設業者であつた個人又は当該許可に係る建設業者であつた法人の役員

本条は建設業者の廃業等の場合における届出の義務、その届出義務者等について定めたものである。

一　建設業の許可は、それが法人であると個人であるとを問わず一個の独立した営業体に与えられるものであり、その営業体の消滅により当然にその許可も取り消されるべきものである。

また、許可は、建設業を営もうとする意思を有する者に対して与えるものであり、その意思を失った者に対する許可は単に形骸化するのみであるので、これも取り消さなければならない。

そのため、本法は、これらの場合においてそれぞれ当該建設業の許可を取り消すこととしている（第二十九条第一項第四号参照）が、これと対応して本法の適正な運営を図るため、その事実に関する関係人に対して届出義務を課したものである。

二　建設業者が次の㈠から㈣までに掲げる場合に該当するに至ったときは、㈠から㈣までにおいてそれぞれ定められた者は、三十日以内に、国土交通大臣又は都道府県知事にその旨を届け出なければならない。

㈠　許可に係る建設業者が死亡したときは、その相続人

これは建設業者が個人である場合の規定であるが、建設業の許可は一身専属的なものであると解されるため、その者の死亡により許可の効力も失われるので、相続人に届出を行わせようとするものである。

なお、この場合において相続人が被相続人である建設業者の営業を承継して行おうとするときは、その相続人が新たに建設業の許可を受けなければならない。

㈡　法人が合併により消滅したときは、その役員であった者

建設業者である法人が合併により消滅したときは、事業経営の主体が消滅したのであるから、当然に許可の効力も失われるので届出を行わせる必要がある。

この場合において、消滅する側の法人は解散し、解散登記があるだけで清算手続はないので、その法人の役員であった者に届出義務を課したものである。なお、法人の役員であった者はすべて連帯してこの義務を負うものと解されるが、通常の場合は代表権を有していた者が届出を行うべきであろう。

なお、法人が合併する場合において、吸収合併のときの建設業者でない存続会社、又は新設合併のときの新規設立会社が、合併により解散した法人である建設業者の建設業に関する営業を承継しようとするときは、新たに建設業の許可を受けなければならない。

㈢　法人が破産手続開始の決定により解散したときは、その破産管財人

法人が破産手続開始の決定により解散したときは、破産手続が行われ業務が停止するので、この場合には破産管財人に届出義務を課したものである。また、この場合には破産宣告をした裁判所から当該法人の許可行政庁に

通知されることとなっている（平成十六年十一月三十日最高裁民三第百十三号）。

㈣　法人が合併又は破産手続開始の決定以外の事由により解散したときは、その清算人

法人が合併又は破産手続開始の決定以外の事由により解散したときは、清算が行われ業務が停止するので、この場合には清算人に届出義務を課したものである。

㈤　許可を受けた建設業を廃止したときは、当該許可に係る建設業者であった個人又は当該許可に係る建設業者であった法人の役員

許可を受けた建設業を廃止したときに届出義務を課す趣旨は、前に述べたとおりであり、その建設業者であった者が個人の場合にあってはその者が、法人の場合にあってはその法人の役員が届出義務を負うこととされている。許可を受けた建設業を廃止したときとは、建設業の許可が業種別に行われることからみて、許可を受けたすべての建設業を廃止する場合のみではなく、許可を受けた建設業のうちの一部の建設業を廃止する場合をも含むものである。

個人である建設業者が、法人組織に変更して建設業を行おうとする場合にあっては、個人である営業主体の消滅と法人である営業主体の発生であるので、新たに設立された法人は別途建設業の許可を受けなければならないことはもとより、個人である建設業者は本号の規定により、建設業を廃止した旨の届出をしなければならないことはいうまでもない。

三　本条の規定による届出を国土交通大臣にしようとする場合にあっては、その主たる営業所の所在地を管轄する都道府県知事を経由してしなければならない。

届出書の提出部数は、一通でよいと解される。

四　本条の規定による届出を怠った者については罰則の適用がある（第五十五条第一号参照）。

五　本条は、特定建設業の許可を受けた者について準用される（第十七条）。

〔法　律〕

（提出書類の閲覧）

**第十三条**　国土交通大臣又は都道府県知事は、政令の定めるところにより、次に掲げる書類又はこれらの写しを公衆の閲覧に供する閲覧所を設けなければならない。

一　第五条の許可申請書

二　第六条第一項に規定する書類（同項第一号から第四号までに掲げる書類であるものに限る。）

三　第十一条第一項の変更届出書

四　第十一条第二項に規定する第六条第一項第一号及び第二号に掲げる書類

五　第十一条第三項に規定する第六条第一項第三号に掲げる書面の記載事項に変更が生じた旨の書面

六　前各号に掲げる書類以外の書類で国土交通省令で定めるもの

〔政　令〕

（閲覧所）

**第五条**　国土交通大臣又は都道府県知事は、閲覧所を設けた場合においては、当該閲覧所の閲覧規則を定めるとともに、当該閲覧所の場所及び閲覧規則を告示しなければならない。

2　国土交通大臣の設ける閲覧所においては、許可申請書等（法第十三条（法第十七条において準用する場合を含む。）に規定する書類をいう。次項において同じ。）で国土交通大臣の許可を受けた建設業者に係るものを公衆の閲覧に供しなければならない。

3　都道府県知事の設ける閲覧所においては、当該都道府県知事の許可を受けた建設業者に係る許可申請書等を公衆の閲覧に供しなければならない。

本条は、建設業者が本法の規定に基づいて提出した書類（以下「提出書類」という。）の閲覧について定めたものである。

一　この閲覧所の設置の目的は、提出書類を公衆の閲覧に供することによって、建設工事の注文者、下請負人等に、当該建設業者の施工能力、施工実績、経営内容等に関する情報を提供し、適切な建設業者の選定の利便等に供しようとするものであり、建設業者に関する情報を持たないことによって、建設業者の選定を誤まる一般公衆等が少なくないと考えられるので、これらの人びとによって、この閲覧制度が広く利用されることが、もっとも望まれるところである。

二　閲覧所に備えられる提出書類は、その許可を受けた建設業者が提出した許可申請書及びその添付書類の一部並びに変更届出書である。国土交通大臣及び都道府県知事が設ける閲覧所には、それぞれの許可を受けた建設業者が提出した書類が備えられる（令第五条第二項及び第三項）。

　提出書類の具体的内容は、許可申請書、工事経歴書、工事施工金額、使用人数、その他貸借対照表等の財務諸表等であり（第五条、第六条及び第十一条の解説参照）、たとえば、特殊な工事を注文しようとする者は、これにより、建設業者の工事実績、経営状態、経営基盤等がその発注する工事に十分耐え得るかどうかを判断する資料とすることができるものと考えられる。

　なお、第十一条の規定により、これらの書面の記載事項の変更につき、変更届があったときは、変更後の書類も閲覧に供される。

　一方で、役員等や令第三条に規定する使用人の住所、生年月日等に関する調書、経営業務の管理責任者としての経験を有する者や営業所の専任技術者としての要件を満たすことの証明書等、住所、生年月日、職歴、学歴等の個人情報が含まれる書類については、許可の審査の際に必要ではあるものの、個人情報保護の観点から、公衆の閲覧に供することは適当ではないため、平成二十六年改正の際に、閲覧の対象から除外されることとなった。閲覧の対象外となる書類と、これに含まれる個人情報は、次のとおりである。

㈠　国家資格者等・監理技術者一覧表（規則第四条第一項第二号）【生年月日】
㈡　役員等の調書（同項第三号）【住所、生年月日及び賞罰】
㈢　令第三条に規定する使用人の調書（同項第四号）【住所、生年月日及び賞罰】
㈣　個人の登記事項証明書（同項第五号）【本籍】
㈤　身分証明書（同項第六号）【本籍】
㈥　株主調書（同項第八号）【住所】
㈦　法人の登記事項証明書（同項第十一号）【過去の代表取締役の住所】
㈧　法人である法定代理人の登記事項証明書（同項第十二号）【代表取締役の住所】
㈨　納税証明書（同項第十五号及び第十六号）【納税額】

(十) 登記事項証明書（規則第九条第二項第一号）【過去の代表取締役の住所】
(十一) 経営業務管理責任者等の要件を満たす証明書（同項第二号）【職歴等】
(十二) 役員等の調書等（同項第三号）【住所、生年月日等】
(十三) 納税証明書（規則第十条第一項第三号、第四号）【納税額】

三　本条の規定によって、閲覧所が設けられた場合には、許可行政庁がその場所及び閲覧規則を告示することになっている（令第五条第一項）。

国土交通大臣が設けている閲覧所の所在地は、次のとおりである。また都道府県知事が設けている閲覧所は、多くの場合、都道府県の建設業行政を所管する部課にある。

(一) 北海道開発局長の設ける閲覧所
北海道札幌市北区北八条西二丁目札幌第一合同庁舎　北海道開発局事業振興部建設産業課内
(二) 東北地方整備局長の設ける閲覧所
宮城県仙台市青葉区本町三―三―一仙台合同庁舎B棟　東北地方整備局建政部計画・建設産業課内
(三) 関東地方整備局長の設ける閲覧所
埼玉県さいたま市中央区新都心二―一さいたま新都心合同庁舎二号館　関東地方整備局建政部建設産業第一課内
(四) 北陸地方整備局長の設ける閲覧所
新潟県新潟市中央区美咲町一―一―一新潟美咲町合同庁舎一号館　北陸地方整備局建政部計画・建設産業課内
(五) 中部地方整備局長の設ける閲覧所
愛知県名古屋市中区三の丸二―五―一名古屋合同庁舎第二号館西館　中部地方整備局建政部建設産業課内
(六) 近畿地方整備局長の設ける閲覧所
大阪府大阪市中央区大手前一―五―四十四大阪合同庁舎第一号館別館　近畿地方整備局閲覧室内
(七) 中国地方整備局長の設ける閲覧所
広島県広島市中区八丁堀二―十五　中国地方整備局建政部計画・建設産業課内

㈧　四国地方整備局長の設ける閲覧所
香川県高松市サンポート三―三十三高松サンポート合同庁舎　四国地方整備局建政部計画・建設産業課内
㈨　九州地方整備局長の設ける閲覧所
福岡県福岡市博多区博多駅東二―十一―七福岡第二合同庁舎別館　九州地方整備局建政部計画・建設産業課内
㈩　沖縄総合事務局長の設ける閲覧所
沖縄県那覇市おもろまち二―一―一那覇第二地方合同庁舎二号館　沖縄総合事務局開発建設部建設行政課内
閲覧規則においては、通常、閲覧時間、閲覧をしない日、閲覧のための手続及び閲覧に要する費用、閲覧に当たっての注意事項等が規定されているので、提出書類の閲覧をしようとする者は、この閲覧規則に従って閲覧しなければならない。

四　本条は、特定建設業の許可に係る提出書類について準用される（第十七条）。

〔法　律〕

（国土交通省令への委任）

**第十四条**　この節に規定するもののほか、許可の申請に関し必要な事項は、国土交通省令で定める。

本条は、許可の申請に関し必要な事項を、国土交通省令で定めることができると規定したいわゆる省令委任規定である。

一　本条の規定によって国土交通省令で定められているものは、許可の更新手続き（規則第五条）、専任技術者等の氏名の変更（規則第七条の二）、使用人の変更の届出（規則第八条）、廃業等の届出の様式（規則第十条の三）、届出書の提出（規則第十一条）及び届出書の部数（規則第十二条）の規定である。

二　本条は、特定建設業の許可及び特定建設業者について準用される（第十七条）。

## 第三節　特定建設業の許可

〔法　律〕

（許可の基準）

**第十五条**　国土交通大臣又は都道府県知事は、特定建設業の許可を受けようとする者が次に掲げる基準に適合していると認めるときでなければ、許可をしてはならない。

一　第七条第一号及び第三号に該当する者であること。

二　その営業所ごとに次のいずれかに該当する者で専任のものを置く者であること。ただし、施工技術（設計図書に従つて建設工事を適正に実施するために必要な専門の知識及びその応用能力をいう。以下同じ。）の総合性、施工技術の普及状況その他の事情を考慮して政令で定める建設業（以下「指定建設業」という。）の許可を受けようとする者にあつては、その営業所ごとに置くべき専任の者は、イに該当する者又はハの規定により国土交通大臣がイに掲げる者と同等以上の能力を有するものと認定した者でなければならない。

イ　第二十七条第一項の規定による技術検定その他の法令の規定による試験で許可を受けようとする建設業の種類に応じ国土交通大臣が定めるものに合格した者又は他の法令の規定による免許で許可を受けようとする建設業の種類に応じ国土交通大臣が定めるものを受けた者

ロ　第七条第二号イ、ロ又はハに該当する者のうち、許可を受けようとする建設業に係る建設工事で、発注者から直接請け負い、その請負代金の額が政令で定める金額以上であるものに関し二年以上指導監督的な実務の経験を有する者

ハ　国土交通大臣がイ又はロに掲げる者と同等以上の能力を有するものと認定した者

三　発注者との間の請負契約で、その請負代金の額が政令で定める金額以上であるものを履行するに足りる財産的基礎を有すること。

---

〔政　令〕

（法第十五条第二号ただし書の建設業）

**第五条の二**　法第十五条第二号ただし書の政令で定める建設業は、次に掲げるものとする。

一　土木工事業

二　建築工事業

三　電気工事業

四　管工事業

五　鋼構造物工事業
六　舗装工事業
七　造園工事業

（法第十五条第二号ロの金額）
**第五条の三**　法第十五条第二号ロの政令で定める金額は、四千五百万円とする。

（法第十五条第三号の金額）
**第五条の四**　法第十五条第三号の政令で定める金額は、八千万円とする。

本条は、特定建設業の許可の基準について定めたものである。

一　本法は、前述のとおり建設業の許可を一般建設業の許可と特定建設業の許可に区分し、発注者から直接請け負った一件の建設工事につき、その工事の全部又は一部を、下請代金の額（その工事に係る下請契約が二以上あるときは、下請代金の総額）が四千万円以上（建築工事業にあっては六千万円以上）となる下請契約を締結して施工しようとするものは、特定建設業の許可を受けなければならないものとし（第三条第一項、令第二条）、一方、この許可を受けた特定建設業者に対しては、下請負人の保護等のために、特別の義務を課している（第二十四条の五、第二十四条の六、第四十一条第二項及び第三項参照）。

本条は、このように特定建設業者が、下請代金の支払及び下請負人等の指導について特別の義務が課せられ（第二十四条の五、第二十四条の六）、その下請負人が労働者に対する賃金の支払を遅滞した場合等においては、当該特定建設業者の許可をした国土交通大臣又は都道府県知事は、当該特定建設業者に対して、適正と認められる賃金相当額等を立替払することその他適切な措置を講ずることを勧告することができる（第四十一条第二項、第三項）とされていること、また、一般的に元請負人の資力不足、経営困難から派生する下請負人の連鎖倒産等を防止する必要性があること等の理由により、許可の基準のうち、財産的基礎に係る要件を一般建設業の許可のそれよりも加重し、あわせて、高度の技術的水準が要求される大規模工事の安全かつ適正な施工を確保するために、技術者に係る要件を加重したものである。

二　国土交通大臣又は都道府県知事は、特定建設業の許可を受けようとする者が次の㈠から㈢までに掲げる基準に適合していると認められるときでなければ、許可をしてはならない。

㈠　第七条第一号及び第三号に該当する者であること（第一号）。

第七条第一号は、法人である場合においてはその役員のうち常勤であるものの一人が、個人である場合においてはその者又は支配人のうちの一人が、許可を受けようとする建設業に関し五年以上経営業務の管理責任者としての経験を有する者又は国土交通大臣がこれと同等以上の能力を有するものと認定した者であることを要求している。

また、第七条第三号は、法人である場合においては当該法人又はその役員等若しくは令第三条の使用人が、個人である場合においてはその者又は令第三条の使用人が、請負契約に関して不正又は不誠実な行為をするおそれが明らかな者でないことを規定している。

したがって、これら建設業に関する経営経験の要件及び誠実性の要件は特定建設業の許可においても一般建設業の許可と同様の基準で判断される。

㈡　その営業所ごとに次のいずれかに該当する者で専任のものを置くものであること。ただし、施工技術の総合性、施工技術の普及状況その他の事情を考慮して政令で定める建設業（以下「指定建設業」という。）の許可を受けようとする者にあっては、①に該当する者又は③の規定により国土交通大臣が①に掲げる者と同等以上の能力を有するものと認定した者でなければならない（第二号）。

①　技術検定その他の法令の規定による試験で国土交通大臣が定めるものに合格した者又は他の法令の規定による免許で国土交通大臣が定めるものを受けた者

②　第七条第二号イ、ロ又はハに該当し、かつ、許可を受けようとする建設業に係る建設工事で、発注者から直接請け負い、その請負代金の額が四千五百万円以上であるものに関し二年以上指導監督的な実務の経験を有する者

③　国土交通大臣が①又は②と同等以上の能力を有すると認定した者

イ　特定建設業の許可の基準のうち、一般建設業の許可の基準に比べて加重されたものの一つである。なお、「営

業所」及び「専任」の意味については、前に述べたとおりである（第三条の解説一、第七条の解説四の(二)参照）。

ロ　指定建設業は施工技術の総合性、施工技術の普及状況その他の事情を勘案して定められることとされているが、現在、指定建設業として、土木工事業、建築工事業、電気工事業、管工事業、鋼構造物工事業、舗装工事業、造園工事業の七業種が定められている（令第五条の二）。

「施工技術の総合性」とは、施工技術の基礎となる学問的論理体系が高度かつ複雑であるため、その工種そのものが大規模かつ複雑となっているか、又は複数の工種を包括するものとなっていることをいう。

「施工技術の普及状況」とは、工事の規模、業者の別にかかわらず、当該建設業に必要とされる施工技術の内容が技能的な要素が支配的か、さらにより高度な技術的な要素が支配的かを、従前の普及の状況及び他の建設業における普及状況と比較した場合に高度な技術的な要素が支配的であることをいう。

「その他の事情」とは、建設工事の公共性、社会的な要請、国家資格の充足度等をいう。

このような建設業のうち総合的な施工技術を要する一定の業種については、その社会的責任の大きさにかんがみ、技術者の要件をそれにふさわしい国家資格者等に限定するものである。

この指定建設業に係る規定は、昭和六十二年の改正によって導入されたものである。

特定建設業に限り指定建設業については国家資格者等を置かなければならないこととしたのは、一般建設業に比べ、複数の下請を使うことが多く、また、大きな工事を請け負うことの多い特定建設業者については、その社会的責任の大きさにかんがみ、高度な技術力を有する技術者を要求するからである。

国土交通大臣が定める試験及び免許については、一級の技術検定試験等が業種に応じて定められている。

| 土木工事業 | 一　建設業法による技術検定のうち検定種目を一級の建設機械施工又は一級の土木施工管理とするもの<br>二　技術士法（昭和五十八年法律第二十五号）による第二次試験のうち技術部門を建設部門、農業部門（選択科目を「農業土木」とするものに限る。）、森林部門（選択科目を「森林土木」とするものに限る。）、水産部門（選択科目を「水産土木」とするものに限る。）又は |
| --- | --- |

| 業種 | 資格 |
| --- | --- |
| | 総合技術監理部門（選択科目を建設部門に係るもの、「農業土木」、「森林土木」又は「水産土木」とするものに限る。）とするもの |
| 建築工事業<br>大工工事業<br>屋根工事業<br>タイル・れんが・ブロック工事業<br>内装仕上工事業 | 一　建設業法による技術検定のうち検定種目を一級の建築施工管理とするもの<br>二　建築士法（昭和二十五年法律第二百二号）による一級建築士の免許 |
| 左官工事業<br>鉄筋工事業<br>板金工事業<br>ガラス工事業<br>防水工事業<br>熱絶縁工事業<br>建具工事業 | 建設業法による技術検定のうち検定種目を一級の建築施工管理とするもの |
| とび・土工工事業 | 一　建設業法による技術検定のうち検定種目を一級の建設機械施工、一級の土木施工管理又は一級の建築施工管理とするもの<br>二　技術士法による第二次試験のうち技術部門を建設部門、農業部門（選択科目を「農業土木」とするものに限る。）、森林部門（選択科目を「森林土木」とするものに限る。）、水産部門（選択科目を「水産土木」とするものに限る。）又は総合技術監理部門（選択科目を建設部門に係るもの、「農業土木」、「森林土木」又は「水産土木」とするものに限る。）とするもの |
| 石工事業 | 建設業法による技術検定のうち検定種目を一級の土木施工管理又は一級の建築施工管理とす |

| | |
|---|---|
| 塗装工事業 | るもの |
| 電気工事業 | 一　建設業法による技術検定のうち検定種目を一級の電気工事施工管理とするもの<br>二　技術士法による第二次試験のうち技術部門を電気電子部門、建設部門又は総合技術監理部門（選択科目を電気電子部門又は建設部門に係るものとするものに限る。）とするもの |
| 管工事業 | 一　建設業法による技術検定のうち検定種目を一級の管工事施工管理とするもの<br>二　技術士法による第二次試験のうち技術部門を機械部門（選択科目を「流体工学」又は「熱工学」とするものに限る。）、上下水道部門又は衛生工学部門又は総合技術監理部門（選択科目を「流体工学」、「熱工学」又は上下水道部門若しくは衛生工学部門に係るものとするものに限る。）とするもの |
| 鋼構造物工事業 | 一　建設業法による技術検定のうち検定種目を一級の土木施工管理又は一級の建築施工管理とするもの<br>二　建築士法による一級建築士の免許<br>三　技術士法による第二次試験のうち技術部門を建設部門（選択科目を「鋼構造及びコンクリート」とするものに限る。）又は総合技術監理部門（選択科目を「鋼構造及びコンクリート」とするものに限る。）とするもの |
| 舗装工事業 | 一　建設業法による技術検定のうち検定種目を一級の建設機械施工又は一級の土木施工管理とするもの<br>二　技術士法による第二次試験のうち技術部門を建設部門又は総合技術監理部門（選択科目を「建設部門」に係るものとするものに限る。）とするもの |
| しゅんせつ工事業 | 一　建設業法による技術検定のうち検定種目を一級の土木施工管理とするもの<br>二　技術士法による第二次試験のうち技術部門を建設部門又は水産部門（選択科目を「水産土木」とするものに限る。）又は総合技術監理部門（選択科目を建設部門に係るもの又は「水産土木」とするものに限る。）とするもの |

| 事業 | 要件 |
| --- | --- |
| 機械器具設置工事業 | 技術士法による第二次試験のうち技術部門を機械部門又は総合技術監理部門（選択科目を機械部門に係るものとするものに限る。）とするもの |
| 電気通信工事業 | 技術士法による第二次試験のうち技術部門を電気電子部門又は総合技術監理部門（選択科目を電気電子部門に係るものとするものに限る。）とするもの |
| 造園工事業 | 一　建設業法による技術検定のうち検定種目を一級の造園施工管理とするもの<br>二　技術士法による第二次試験のうち技術部門を建設部門又は森林部門（選択科目を「林業」又は「森林土木」とするものに限る。）又は総合技術監理部門（選択科目を建設部門に係るもの、「林業」又は「森林土木」とするものに限る。）とするもの |
| さく井工事業 | 技術士法による第二次試験のうち技術部門を上下水道部門（選択科目を「上水道及び工業用水道」とするものに限る。）又は総合技術監理部門（選択科目を「上水道及び工業用水道」とするものに限る。）とするもの |
| 水道施設工事業 | 一　建設業法による技術検定のうち検定種目を一級の土木施工管理とするもの<br>二　技術士法による第二次試験のうち技術部門を上下水道部門、衛生工学部門（選択科目を「水質管理」又は「廃棄物管理」とするものに限る。）又は総合技術監理部門（選択科目を上下水道部門に係るもの、「水質管理」又は「廃棄物管理」とするものに限る。）とするもの |
| 清掃施設工事業 | 技術士法による第二次試験のうち技術部門を衛生工学部門（選択科目を「廃棄物管理」とするものに限る。）又は総合技術監理部門（選択科目を「廃棄物管理」とするものに限る。）とするもの |
| 解体工事業 | 一　建設業法による技術検定のうち検定種目を一級の土木施工管理又は一級の建築施工管理とするもの<br>二　技術士法による第二次試験のうち技術部門を建設部門又は総合技術監理部門（選択科目を建設部門に係るものに限る。）とするもの |

ハ　本号で求められる実務の経験は、発注者から直接請け負った建設工事に関するものに限られる。したがって元請負人から請け負った建設工事に係る実務の経験は含まれない。また請け負った建設工事に係る実務の経験であるから、発注者の現場監督員としての経験等もここには含まれない。

さらに、この実務の経験は、請負代金の額が四千五百万円以上のものであることが必要である（令第五条の三）。

また、実務の経験は、「指導監督的」なものでなければならない。この「指導監督的な実務の経験」とは、建設工事の設計又は施工の全般について、工事現場主任者又は工事現場監督者のような資格で工事の技術面を総合的に指導監督した経験をいう。同じく指導監督的な地位にあって、建設工事の施工に関与した者であっても、発注者の現場監督員等としてであれば本号ロに該当しないことはすでに述べたとおりである。

なお、この基準については、建設業法施行令の一部を改正する政令（平成六年十二月十四日政令第三百九十一号）で従来の「三千万円以上」から「四千五百万円以上」に改正されたが、同政令の附則で政令の施行日（平成六年十二月二十八日）までに従来の基準以上の工事に関して積まれた経験については、改正後も有効である旨の経過措置が置かれている。

㈢　発注者との間の請負契約で、その請負代金の額が八千万円以上であるものを履行するに足りる財産的基礎を有すること（第三号）。

イ　技術者の要件とともに一般建設業の許可の基準に比し、加重された要件の一つである。

このように、特定建設業について財産的基礎の要件を加重したのは、繰り返して述べることになるが、特定建設業者は、一般に多くの下請負人を使用して建設工事を施工するものであるので、特にその経営内容が健全であることが強く要請されること及び本法においては、特定建設業者に対し下請負人の保護のため、発注者から請負代金の支払を受けていない場合であっても下請負人には工事目的物の引渡しの申し出の日から五十日以内に下請代金を支払う義務を課しており（第二十四条の五）、またその支払金額も一般に相当多額なものであることなどの理由によるものである。

ロ　特定建設業者でなければ下請負させることができない建設工事の請負代金の額は四千万円（建築工事業にあっ

ては六千万円）であり、前述したとおり建設工事におけるいわゆる外注比率が平均して現在約五十パーセント（建築工事の場合は約七十パーセント）であることからみて、特定建設業者にあっては、財産的基礎が八千万円以上の工事を履行するに足りるものでなければならないとされたものである。

ハ　財産的基礎の有無の判断は、一般建設業の許可の場合と同様、許可及びその更新の申請の際に提出される財務諸表を資料として行われる（第七条第四号の解説六の㈢参照）。この財務諸表に虚偽の記載があれば、許可の取消処分、罰則の適用があることは一般建設業の許可と変わるところはない（第二十九条第五号、第四十七条第一項第三号、第五十条第一号）。

ニ　次に掲げる基準のすべてに適合する者は、本号の基準に適合するものとして取り扱われることとされている。ただし、倒産することが明白である場合には、次の基準のすべてに合致していても許可はされない。

a　欠損の額が資本金の額の二十パーセントを超えていないこと。

b　流動比率が七十五パーセント以上であること。

c　資本金の額が二千万円以上であり、かつ、自己資本の額が四千万円以上であること。

「欠損の額」とは、法人にあっては貸借対照表の利益剰余金合計が負である場合にその額が資本剰余金の額を上回る額を、個人にあっては事業主損失が事業主借勘定から事業主貸勘定の額を控除した額に負債の部に計上されている利益留保性の引当金及び準備金を加えた額を上回る額をいう。

「資本金の額」は、前に述べたとおりである（第五条の解説の二参照）。

「流動比率」とは、流動資産の額を流動負債の額で除して得た数値を百分率で表したものをいう。

「自己資本」は、前に述べたとおりである（第七条の解説の六㈡イ参照）。

ホ　財産的基礎の基準に適合しているかどうかの判断は、原則として既存の企業にあっては申請等の直前の決算期における財務諸表により、新規設立の企業にあっては創業時における財務諸表により、それぞれ行うこととなっている。ただし、直前の決算期又は創業時における資本金の額のみが二千万円未満である場合、申請日までに増資を行うことによって二千万円以上とすることにより財産的基礎を満たす場合には、建設業法第十五条第三号の基準に適合するものとして取り扱うことは差し支えない。

ヘ　この財産的基礎の要件は、一般建設業の許可の場合と同様、許可の申請及び許可の更新の申請の際に審査されるものであり、許可の有効期間中に基準に適合しない状態が生じても、許可を取り消されることはない。経営業務の管理責任者の要件及び技術者の要件と異なる点である（第二十九条第一号参照）。

〔法　律〕

（下請契約の締結の制限）

**第十六条**　特定建設業の許可を受けた者でなければ、その者が発注者から直接請け負つた建設工事を施工するための次の各号の一に該当する下請契約を締結してはならない。

一　その下請契約に係る下請代金の額が、一件で、第三条第一項第二号の政令で定める金額以上である下請契約

二　その下請契約を締結することにより、その下請契約及びすでに締結された当該建設工事を施工するための他のすべての下請契約に係る下請代金の額の総額が、第三条第一項第二号の政令で定める金額以上となる下請契約

〔政　令〕

（法第三条第一項第二号の金額）

**第二条**　法第三条第一項第二号の政令で定める金額は、四千万円とする。ただし、同項の許可を受けようとする建設業が建築工事業である場合においては、六千万円とする。

本条は、特定建設業者でなければ、発注者から直接請け負った建設工事につき、一定金額以上の下請契約を締結してはならないことを定めたものである。

一　本法においては、発注者から直接請け負った建設工事につき、その工事の全部又は一部を、下請代金の額（その工事に係る下請契約が二以上あるときは、下請代金の額の総額）が四千万円（建築工事業にあっては六千万円）以上となる下請契約を締結して施工しようとする者は特定建設業の許可を受けなければならないこととされているが（第三条第一項第二号）、本条は、これを特定建設業者でない者に対する禁止という形で表現した規定にほかならない。

二　本条の下請契約の締結の制限が及ぶのは、発注者から直接建設工事を請け負った、いわゆる第一次元請負人に対

してである。したがって、いわゆる第二次元請負人以下については、一般建設業者であっても本条各号に掲げる下請契約の締結は妨げられない。第二次元請負人が本条各号に該当する下請契約を締結する場合には、必然的に第一次元請負人も本条各号に掲げる下請契約を締結しているはずであり、この第一次元請人が特定建設業の許可をとることになり、下請負人に対する指導（第二十四条の六）、下請負人の不払賃金等の立替払の勧告（第四十一条第二項、第三項）に関する規定は、この第一次元請負人たる特定建設業者に対して適用すれば足りるからである。

三　第一次元請負人たる一般建設業者が、締結を禁止される下請契約は、下請代金の額が、一件で、四千万円（建築工事業にあっては六千万円）以上であるもの（第一号）とその下請契約を締結することによりその建設工事に係る下請代金の総額が四千万円（建築工事業にあっては六千万円）以上であるもの（第二号）である。

なお、二以上の建設工事を施工するための下請契約を同一の下請負人と行った結果、その下請代金の額が、それぞれの工事については本条に該当せず合計して四千万円以上である場合に、本条の適用がないことはいうまでもない。

四　本条の違反については、罰則の適用がある（第四十七条、第五十三条）。また、その下請契約の相手方となった下請負人に対しては、指示等の監督処分をすることができることになっている（第二十八条第一項第七号）。

〔法　律〕

（準用規定）

**第十七条**　第五条、第六条及び第八条から第十四条までの規定は、特定建設業の許可及び特定建設業の許可を受けた者（以下「特定建設業者」という。）について準用する。この場合において、第五条第五号中「同条第二号イ、ロ又はハ」とあるのは「第十五条第二号イ、ロ又はハ」と、第六条第一項第五号中「次条第一号及び第二号」とあるのは「第七条第一号及び第十五条第二号」と、第十一条第四項中「同条第二号イ、ロ若しくはハ」とあるのは「第十五条第二号イ、ロ若しくはハ」と、「同号ハ」とあるのは「同号イ、ロ又はハ」と、同条第五項中「第七条第一号若しくは第二号」とあるのは「第七条第一号若しくは第十五条第二号」と読み替えるものとする。

本条は、一般建設業の許可に関する規定を、特定建設業の許可及び特定建設業者について準用することを定めたものである。

一　準用される一般建設業の許可に関する規定は、第五条（許可の申請）、第六条（許可申請書の添付書類）、第八条（欠格要件）、第九条（許可換えの場合における従前の許可の効力）、第十条（登録免許税及び許可手数料）、第十一条（変更等の届出）、第十二条（廃業等の届出）、第十三条（提出書類の閲覧）及び第十四条（省令への委任）である。

要するに、一般建設業の許可基準について定めた第七条の規定を除き、前節の規定がすべて準用される。

二　準用される規定のうち、第六条については、一般建設業と特定建設業とで許可申請書の添付書類に若干の相違点があり、注意が必要である。

相違点のある添付書類は、次のとおりである。

㈠　第十五条第二号に掲げる基準を満たしていることを証する書面

特定建設業者にあっては、営業所に置く専任の技術者の要件が一般建設業者に比して加重されており、第十五条第二号に掲げる基準を満たすことが求められている。

このため、これを証する書面として、その営業所ごとに第十五条第二号イ、ロ又はハに該当する専任の技術者を置いていることを証する証明書（規則様式第八号）に加え、当該技術者の資格に応じ、次のいずれかの書面を提出することが必要である（ただし、許可の更新を申請する際には、次の書面の提出を省略することができる。）。

イ　当該技術者が第十五条第二号イに該当する者である場合

第十五条第二号イの規定により国土交通大臣が定める試験に合格したこと又は国土交通大臣が定める免許を受けたことを証する書面

ロ　当該技術者が第十五条第二号ロに該当する者である場合

第七条第二号イ、ロ又はハに該当する者であることを証する書面（第六条の解説二の㈥参照）及び指導監督的な実務の経験を証する使用者の証明書

ハ　当該技術者が第十五条第二号ハに該当する者である場合

第十五条第二号ハの規定により能力を有すると認定された者であることを証する証明書

これらの書類は、いずれも監理技術者資格者証の写しをもって代えることが可能である。

なお、これらの書面を得ることができない正当な理由があるときは、これらに代えてその事実を証するに足りる適切な書面を提出すればよい。

(二) 国家資格者・監理技術者一覧表

建設業の許可を申請する者は、本法上の技術者について、営業所専任技術者を置いている旨の証明書を提出するほか、営業所専任技術者以外の一定の技術者についても、国家資格者・監理技術者一覧表にこれを記載し、提出しなければならないこととされている。

一般建設業の許可を申請する者が同一覧表に記載することを要する技術者の範囲は、①第七条第二号ハに該当する者（一級又は二級の国家資格者等）、②第十五条第二号イに該当する者（一級の国家資格者）及び③同号ハの規定により同号イと同等以上の能力を有すると認定された者であるが（第六条の解説二の(七)のロ参照）、特定建設業の許可を申請する者にあっては、①から③の者に加え、④第十五条第二号ロに該当する者（指導監督的な実務経験を有する者）及び⑤同号ハの規定により同号ロと同等以上の能力を有すると認定された者についても、記載することとされている（なお、①から⑤の者については、許可申請業種とは関わりなくすべての業種について記載することとされている。）。

これは、特定建設業者の監理技術者（第二十六条第二項参照）については、その果たすべき役割が大きく、一級の国家資格者等のみならず指導監督的な実務経験を有する者にあっても、一級の国家資格者等と同等かつ極めて重要な役割と責務を有していることから、特定建設業の許可を受けようとする者は、一級又は二級の国家資格者等に限らず、指導監督的な実務経験があることによってはじめて特定建設業者の監理技術者となる資格を有することとなる者（第十五条第二号ロ又はハ（ロ相当）に該当する者）についても、国家資格者・監理技術者一覧表に記載してこれを提出しなければならないこととしたものである。

また、第十五条第二号ロに該当する者については、その有する能力・経験をより客観的に立証させるため、卒業証明書等学歴を証する書類又は実務経験証明書及び指導監督的実務経験証明書を添付しなければならないものとされている。具体的には、その者の有する資格に応じ、次のとおり書類を添付する必要がある。

イ　法第七条第二号イに該当し、かつ、二年以上の指導監督的実務経験がある者
　卒業・学科習得証明書、実務経験証明書、指導監督的実務経験証明書

ロ　法第七条第二号ロに該当し、かつ、二年以上の指導監督的実務経験がある者
　実務経験証明書、指導監督的実務経験証明書

ハ　法第七条第二号ハに該当し、かつ、二年以上の指導監督的実務経験がある者
　技術検定等の合格証明書等、指導監督的実務経験証明書

　これらの書類についても、いずれも監理技術者資格者証の写しをもって代えることが可能である。

　なお、①特定建設業の許可の更新の申請（更新）②一般建設業の許可のみを受けている者が行う特定建設業の許可の申請（般特新規）又は③特定建設業者が行う業種追加の申請（業種追加）のいずれかの手続を行う者は、その手続の際に、第十五条第二号ロに該当する指導監督的な実務経験を有する者（同号ハの規定により同号ロの者と同等以上の能力を有すると国土交通大臣が認定した者を含む。）を申請業種に関わりなく国家資格者・監理技術者一覧表にすべて記載し、かつ、記載した者に係る所定の添付書類を提出しなければならないことに注意が必要である。

# 第三章　建設工事の請負契約

## 第一節　通　則

〔法　律〕
（建設工事の請負契約の原則）
**第十八条**　建設工事の請負契約の当事者は、各々の対等な立場における合意に基いて公正な契約を締結し、信義に従つて誠実にこれを履行しなければならない。

本条は建設工事の請負契約の原則を示したものである。

一　建設工事の請負契約の当事者は、「各々の対等な立場における合意に基いて公正な契約を締結し」なければならない。近代私法の三大原則の一つである「契約自由の原則」は、当事者間の合意により契約内容を自由に定めることを原則とする。同時に、この合意は、「各々の対等な立場における合意」でなければならないことも近代契約法の理念として異論のないところである。したがって、これはいわば当然のことを規定したものであるが、従来ややもすればみられがちであった請負契約の片務性を是正し、当事者が真に対等な立場に立ち近代的かつ合理的な請負契約関係を樹立することを確保するため設けられた規定である。もっとも、この規定は、訓示的な効果を有するにとどまり、本条に違反したことにより契約そのものが直ちに無効となるものではない。

ただし、この契約は、「公正な契約」でなければならず、強行規定や公序良俗に反する事項を目的とするものはその効力を否定されることはいうまでもない。

二　建設工事の請負契約の当事者は、「信義に従つて誠実にこれを履行」しなければならない。この信義誠実の原則は、すべての私法関係を支配する基本的理念であり、契約関係を成立させた当事者は、その契約の存続中だけでなく、その終了後の事情についても、あるいはまた契約締結の前段階においても信義に従って一定の義務を負うものというべきである。

三　建設工事の請負契約の当事者は、一及び二において述べた契約の締結における公正平等の原則及び契約の履行における信義誠実の原則に則って、建設工事の円滑な施工を図るべきであり、いやしくも当事者の一方が当事者の他方を不当に圧迫したり、信義に反するようなことのないよう共に協力すべきである。とくに、本条は、この基本原則を全うするため、次条以下において両当事者に対し、具体的に必要な規定をしているので、その遵守に努めることを期待するものである。

〔法　律〕

（建設工事の請負契約の内容）

**第十九条**　建設工事の請負契約の当事者は、前条の趣旨に従つて、契約の締結に際して次に掲げる事項を書面に記載し、署名又は記名押印をして相互に交付しなければならない。

一　工事内容

二　請負代金の額

三　工事着手の時期及び工事完成の時期

四　請負代金の全部又は一部の前金払又は出来形部分に対する支払の定めをするときは、その支払の時期及び方法

五　当事者の一方から設計変更又は工事着手の延期若しくは工事の全部若しくは一部の中止の申出があつた場合における工期の変更、請負代金の額の変更又は損害の負担及びそれらの額の算定方法に関する定め

六　天災その他不可抗力による工期の変更又は損害の負担及びその額の算定方法に関する定め

七　価格等（物価統制令（昭和二十一年勅令第百十八号）第二条に規定する価格等をいう。）の変動若しくは変更に基づく請負代金の額又は工事内容の変更

八　工事の施工により第三者が損害を受けた場合における賠償金の負担に関する定め

九　注文者が工事に使用する資材を提供し、又は建設機械その他の機械を貸与するときは、その内容及び方法に関する定め

十　注文者が工事の全部又は一部の完成を確認するための検査の時期及び方法並びに引渡しの時期

十一　工事完成後における請負代金の支払の時期及び方法

十二　工事の目的物の瑕疵（かし）を担保すべき責任又は当該責任

の履行に関して講ずべき保証保険契約の締結その他の措置に関する定めをするときは、その内容

十三　各当事者の履行の遅滞その他債務の不履行の場合における遅延利息、違約金その他の損害金

十四　契約に関する紛争の解決方法

2　請負契約の当事者は、請負契約の内容で前項に掲げる事項に該当するものを変更するときは、その変更の内容を書面に記載し、署名又は記名押印をして相互に交付しなければならない。

3　建設工事の請負契約の当事者は、前二項の規定による措置に代えて、政令で定めるところにより、当該契約の相手方の承諾を得て、電子情報処理組織を使用する方法その他の情報通信の技術を利用する方法であつて、当該各項の規定による措置に準ずるものとして国土交通省令で定めるものを講ずることができる。この場合において、当該国土交通省令で定める措置を講じた者は、当該各項の規定による措置を講じたものとみなす。

本条は、建設工事の請負契約の当事者は、契約の締結に際しては、契約の内容となる一定の重要な事項を書面に記載し、相互に交付すべきことを規定したものである。

一　民法によれば請負契約は両当事者の合意によって成立する諾成契約とされており（民法第六百三十二条）、何らの様式を必要としない。したがって、いわゆる口約束だけでも効力を生ずる。しかし、それでは、内容が不明確、不正確となり、後日紛争の原因ともなるので、工事の内容その他契約の内容となるべき重要な事項についてはできるだけ詳細かつ具体的に記載し、当事者間の権利義務関係を明確にしておくことが必要であり、この規定が設けられている。また、このように、あらかじめ契約の内容を書面により明確にしておくことは、いわゆる請負契約の「片務性」を改善することに資することともなり、極めて重要な意義がある。

二　「建設工事の請負契約の当事者」とは、発注契約の当事者すなわち発注者と請負人のみならず、下請契約の当事者すなわち元請負人と下請負人も当然含むものであり、すべての請負契約関係について本条は適用される。また、本条は建設業の許可を受けることを要しない軽微な建設工事についても適用されることにも注意が必要である。

三　請負契約書に記載すべき事項は、次に掲げる十四項目であるが、これについては、前条の趣旨に従って、各々の

対等な立場における合意に基づいて公正に定めなければならず、単にこれらの事項を規定すれば足りると解するのは妥当でないといえよう。

㈠　工事内容

契約の目的である工事の概要及びその具体的内容をいい、構造、仕様等を契約書、設計図、仕様書等によって明確にしなければならない。

下請負人の責任施工範囲、施工条件等が具体的に記載されている必要があるので、○○工事一式といった曖昧な記載は避けるべきである。

㈡　請負代金の額

請負代金の額の定め方については、理論的には、仕事の報酬総額をあらかじめ一定した総額定額請負と、実費精算方式をその両極として、その中間の形態も考えられるが、実際には、あらかじめ一定の額を定めてそれによることを原則とする例が多く、またそれが請負の本質に合致するものといえる。この請負代金の額は、工事内容及び工期とともに請負契約の最も重要な内容となるものであるので、後日の紛争を防ぐためにも必ず明定すべきである。

㈢　着工及び完工の時期

この定め方には種々の方法があり、明確に日を定める場合のほか、契約の日から何日以内とする場合等がある。いずれにせよ、これにより請負人は、その定められた日までに着工しあるいは完成すべき義務を負い、これをなし得ない場合には、契約解除の原因となり、注文者は損害賠償の請求をすることができることとなる。

㈣　請負代金の前金払又は出来高払の時期及び方法

前金払とは、工事の出来形がまったくないにもかかわらず、請負人の資材の購入等の着工準備行為に必要な資金をあらかじめ支払うものであり、出来高払とは、既に出来上がった工事部分に対して支払われるものである。この前金払又は出来高払をするときは、あらかじめ、その時期及び方法を定めておけば、請負人はそれに合わせて資材の購入等のための資金計画を立てることができ、工事を円滑に行うことができる。

下請代金の支払時に建設廃棄物の処理費用等を相殺する（いわゆる赤伝処理）場合には、当該事項を契約書面に記載しておく必要がある（㈩においても同様）。

また、一般消費者が発注者となる工事（戸建ての住宅新築工事、住宅リフォーム工事等）の場合、契約締結時未着工の段階で高い割合の前払金を支払い、請負人の倒産の結果、大きな損害を被る事例もあることから、支払の時期をあらかじめ定める際、出来高を超過して過度な支払いを行うことがないよう、注意することが必要である。

㈤　設計変更、工事着手の延期又は工事の中止の場合の工期の変更、請負代金の変更、損害の負担及びこれらの額の算定方法に関する定め

現実の建設工事の施工に当たっては、最初の計画どおり工事が進行しないことがあり、設計変更等が行われることが多いので、あらかじめそのような場合における処理について定めておくこととしたものである。

㈥　天災等不可抗力による工期の変更又は損害の負担及びその額の算定方法

台風等の天災その他不可抗力によって建築中の家屋が壊れたとか、工事中の盛土部分が流出したとかいうような損害が発生した場合、あるいはそのため工期を延長せざるを得なくなったような場合に、その損害を注文者と請負人のどちらが負担するか、またその負担する額はどのようにして算定するか、あるいは工期の延長はどのように取り扱うかということについて、あらかじめその方針を定めておくべきこととしたものである。「天災その他不可抗力」とは、台風、地震、豪雨等人力をもってしては防ぐことのできない異常な災害、その他社会通念上可能な限りの防止措置を講じても抗することのできない事故等で注文者及び請負人の双方の責に帰することのできないものをいい、この天災不可抗力による損害の負担の問題は、民法第五百三十四条以下に規定する危険負担の問題とは異なり、仮りに工事目的物の全部が滅失しても請負人はなお工事の完成が可能であり、その工事完成義務は依然として存在するということを踏まえて、工事完成に要する費用等の損害をどちらが負担することにするかという問題である。

㈦　価格等の変動等に基づく請負代金の額又は工事内容の変更

請負契約の締結後、その基礎となった価格等が変動し又は変更されたため、当初の契約内容で工事を続行することが妥当でないと認められるような場合に、請負代金の額又は工事内容をどのように変更するかということについての定めである。物価統制令第二条に規定する「価格等」とは、価格、運送賃、保管料、保険料、賃貸料、加工賃、修繕料その他給付の対価たる財産的給付をいうが、このような経済事情の変動は一般に企業のリスクとしてある程度見込まれているのが請負契約の例である。しかし、この変動が、請負人の予見することのできない、あるいはその負担の限界を超えると考えられるようなものである場合には、それをすべて請負人の負担とすることは、信義公平の原則に反するばかりでなく、またこれらをすべて請負人のリスクとして請負代金に見込むことは徒らに契約の投機性を惹起することとなり好ましいことではない。そこで、この価格等の変動等がある場合に、その負担をどのように扱うか、あるいは工事内容をどのように改めることとするかというようなことを、あらかじめ、定めておくべきこととしたものである。

㈧　第三者損害の賠償金の負担に関する定め

工事の施工により第三者に損害を与えた場合に、迅速かつ的確にその賠償その他問題の解決に必要な措置を講じるためには、あらかじめ、両当事者の間で、賠償金の負担区分を定めておくことが必要であり、これにより被害者との話合いも円滑に進むものと考えられる。工事の施工による第三者の損害には、注文者の責に帰すべきもの、請負人の責に帰すべきもの、及び工事の施工に伴い避けることのできない騒音、振動、地下水の断絶等の事由があるが、これらの損害賠償の責任は、民法第七百十六条の原則によれば、注文者にその注文又は指示について過失がない限り、すべて請負人の負うところとされている。しかし、注文者の故意又は過失によらない損害であっても、工事の施工に伴い避けることのできない損害等は、これをすべて請負人に負担させることは、請負人の経済的な立場などを考えると妥当なこととはいえない。そこで、想定される損害について、その負担の区分を明確にし、請負人の不安を除去するとともに、工事の円滑な施工を図ろうとするものであり、民法の損害賠償責任の問題とは異なり、公平の見地から負担の帰属を定めようとするものである。

㈨　支給材料、貸与品の内容及び方法に関する定め工事の種類、規模等によっては、注文者から工事に使用する資材が提供され、あるいは建設機械等が貸与されることが多い。このような場合には、あらかじめ、その内容を明確にするとともに、その引渡し時期、引渡しの方法等を請負契約書に定めておけば、請負人は、これを前提として工事の予定を立て、事前に必要な準備をすることができる。また、支給材料や貸与品の数量、仕様等がはっきりしていれば、これを原因とする請負代金に関する紛争も未然に防ぐことができる。

㈩　工事完成検査の時期及び方法並びに引渡しの時期

工事目的物が完成しても、注文者がその確認のための検査を行わず、引渡しを受領しないときは、請負人が不当に長期間当該工事目的物の保管責任を負うこととなり、また、それに伴い請負代金の支払いも遅延するおそれがある。本法は、下請契約関係におけるこのような問題を是正するために、元請負人は、下請負人から工事完成の通知を受けたときは、その日から二十日以内に工事完成検査を行うべきものとし、これにより工事の完成を確認し、下請負人から申出があったときは、直ちに、工事目的物の引渡しを受領すべきこととした（ただし、下請契約において工事完成の時期を定めており、その定められた日から二十日を経過した日以前の一定の日を引渡しの時期として特約している場合には、その特約は有効とされている。第二十四条の四）。しかし、これは下請契約関係についてのみ適用されるもので、発注者との間の契約関係については適用がない。そこで、一般に、検査及び引渡しの時期について、あらかじめ定めておくべきこととしたものである。なお、この検査及び引渡しは、原則として工事の全部の完成のときと解するが、当該契約において工事の一部分について全体と切り離して完成及び引渡し等に関し別段の定めをしたときは、当該一部分についても本号の趣旨により、契約書において明定しておくことが必要である。

㈩㈠　工事完成後における請負代金の支払の時期及び方法

これは、工事が完成した後の請負代金の支払に関する定めであり、㈣により前金払や部分払をしている場合には残代金を何時いかなる方法で支払うかということである。時期については、工事目的物の引渡し後〇日以内とか、継続的取引関係にあるものにあっては毎月〇日締切りという方法等が一般に行われているようであるが、本来は工事目的物の引渡しと請負代金の支払は同時履行の関係に立つものであるから、少なくとも工事目的物の引渡し後、できる限り短期間のうちに支払うように定めるべきである。本法では、このような趣旨から、特定建設業者の下請代金の支払期日については、下請負人から工事目的物の引渡しの申出があった日から五十日以内でできる限り短期間内に定めるべきこととしている（第二十四条の五）。請負代金の支払の方法については、現金払い、小切手払い、銀行振込あるいは手形払い等が考えられるが、下請契約における下請代金を手形により支払う場合においては、それが現金払いと同様の効果を持つことが必要である。すなわち、一般の金融機関において、支払期日までに通常の割引料で割引くことのできないような手形の交付は、請負代金の支払として十分であるとはいい難い（第二十四条の五第三項参照）。

㈩　工事の目的物の瑕疵を担保すべき責任又は当該責任の履行に関して講ずべき保証保険契約の締結その他の措置に関する定めをするときは、その内容

施工業者の瑕疵担保に関する責任関係を明確にするため、工事目的物の瑕疵担保責任又は瑕疵担保責任に関する保証等の措置について定めがある場合は、その内容を請負契約の書面に記載しなければならない。

瑕疵を担保すべき責任とは、請負契約の目的物に不具合があった場合に請負人が負う修補又は損害賠償の責任をいい、請負契約書面に記載すべき内容は、どのような瑕疵について、何年瑕疵担保責任を負うのか、ということである。この瑕疵担保責任については、従前より公共工事標準請負契約約款第四十四条等においても定めが置かれているところであり、これら約款を用いて契約を締結する場合には、新たに契約書の記載事項を追加する必要はない。また、これら約款を用いずに契約を締結する場合には、瑕疵担保責任の内容について特別の取り組みをすることはあり得るにせよ、これら約款と同種の条項を契約書に記載することとなる。

また、瑕疵を担保すべき責任の履行に関して講ずべき保証保険契約の締結その他の措置とは、建設工事の請負者が、工事対象物に瑕疵が生じた場合に瑕疵担保責任を確実に履行することができるよう講ずべき保証保険契約等の補完措置のことをいう。

なお、「瑕疵を担保すべき責任」や「瑕疵を担保すべき責任の履行に関して講ずべき保証保険契約の締結その

他の措置」に関する定めをするときはその内容を書面に記載することを義務付けるものであり、「瑕疵を担保すべき責任」や「瑕疵を担保すべき責任の履行に関して講ずべき保証保険契約の締結その他の措置」に関する定めをすること自体を義務付けるものではない。

㈠㈢ 履行の遅滞、債務不履行の場合における遅延利息、違約金その他の損害金

履行遅滞、債務不履行は、注文者については請負代金の支払、工事完成検査をはじめとして、支給材料、貸与品の引渡し等について、請負人については工事の着手及び完成等について想定される。本号は、このような履行遅滞又は債務不履行が生じた場合における遅延利息、違約金その他の損害金をいかなる場合に、どの程度負担するかということをあらかじめ定めておくべきこととしたものである。「違約金」とは、金銭債務に限らず広く債務不履行のあった場合に債務者が債権者に支払うべきことをあらかじめ約した金銭のことで、損害賠償額の予定と考えられている（民法第四百二十条第三項）。これに対し、「遅延利息」とは、金銭債務の履行遅滞について損害賠償として支払われる金銭である。この金銭債務の履行遅滞の損害賠償については、原則として法定利率（民法第四百四条（年五分）、商法第五百十四条（年六分））によることとされているが、これを超える特約も可能とされている（民法第四百十九条第一項）。また、金銭債務の遅滞があれば、債務者は不可抗力をもって抗弁となすことができないだけでなく、債権者は、損害の証明をすることも要しないとされている（民法第四百十九条第二項）。「損害金」とは、名称のいかんを問わず、また金銭債務であるか否かを問わず、これらの履行遅滞、債務不履行について損害賠償として支払われる金銭である。

㈠㈥ 契約に関する紛争の解決方法

建設工事の請負契約の解釈や履行については、前各号の事項について契約内容を詳細に定めた場合においても、両当事者の間に争いが生じるおそれがあることは否定し得ないところである。したがって、そのような場合に、紛争を速やかに解決し、工事の円滑な実施を確保するためには、紛争の解決方法についても、両当事者の間に合意をみておくことが望ましい。特に建設工事の請負契約に関する紛争は、特殊専門的、技術的な色彩が強いので、この解決を図る主体の選定には十分留意すべきである。なお、現在の法律制度の下における紛争の解決方法とし

ては、民事訴訟手続あるいは民事調停等があるが、右のような請負契約に関する紛争の特殊性にかんがみ、本法は、建設工事紛争審査会によるあっせん、調停及び仲裁の制度を設けて簡易かつ迅速な紛争の処理を図ることとしている（第三章の二の解説参照）。このほか、両当事者が信頼をおく第三者に対して紛争解決のあっせんを依頼することも考えられるであろう。

四　請負契約書には当事者が署名又は記名押印をした上、これを相互に交付することが必要である。

「署名」とは、書類等の作成の責任を明らかにするために、自己の氏名を自ら書きしるすことで、自署ともいわれる。これに対し「記名」とは、同じく書類等の作成の責任を明らかにするものではあるが、自ら氏名を書きしるす必要はなく、他人が書いてもよいし、印刷でもよいとされている。後者の記名については押印することによって署名に代えることができるとするのが一般的であり（商法第三十二条）、本法もこの例によったものである。

契約書を相互に交付するとは、各当事者が同じものをそれぞれ一部ずつ持つべきことを求めたものであるが、これは請負契約が双務契約である以上当然のことである。

ただし、当事者間で署名又は記名押印した基本契約書を締結し、相互に交付した上で、具体の取引については注文書及び請書の交換によることや、注文者及び請負者があらかじめ同意した内容の基本契約約款を添付又は印刷し、注文者、請負者がそれぞれ署名又は記名押印した注文書及び請書の交換によることは認められる。

注文書・請書による請負契約を締結する場合は、次に掲げる場合に応じた要件を満たさなければならない。

ア　当事者間で基本契約書を取り交わした上で、具体の取引については注文書及び請書の交換による場合

①　基本契約書には、第十九条第一項第四号から第十四号に掲げる事項（ただし、注文書及び請書に個別に記載される事項を除く。）を記載し、当事者の署名又は記名押印をして相互に交付する。

②　注文書及び請書には、第十九条第一項第一号から第三号までに掲げる事項その他必要な事項を記載する。

③　注文書及び請書には、それぞれ注文書及び請書に記載されている事項以外の事項については基本契約書の定めによるべきことを明記する。

④　注文書には注文者が、請書には請負者がそれぞれ署名又は記名押印する。

イ　注文書及び請書の交換のみによる場合

①　注文書及び請書のそれぞれに、同一の内容の契約約款を添付又は印刷する。

②　契約約款には、第十九条第一項第四号から第十四号に掲げる事項（ただし、注文書及び請書に個別に記載される事項を除く。）を記載する。

③　注文書又は請書と契約約款が複数枚に及ぶ場合には、割印を押す。

④　注文書及び請書の個別的記載欄には、第十九条第一項第一号から第三号までに掲げる事項その他必要な事項を記載する。

⑤　注文書及び請書の個別的記載欄には、それぞれの個別的記載欄に記載されている事項以外の事項については契約約款の定めによるべきことを明記する。

⑥　注文書には注文者が、請書には請負者がそれぞれ署名又は記名押印する。

五　第二項は、第一項各号に掲げる事項を変更したときも、契約締結の際と同様にその変更の内容を書面に記載し、署名又は記名押印をして相互に交付すべきこととしたものである。これは、せっかく契約の締結に際し契約内容を明定しても、その後の変更が口約束で行われるようなことがあっては、後日紛争の原因となることは明らかであるので、重要な契約内容の決定又は変更は常に書面によるべきことを注意的に規定したものである。

ただし、工事状況により追加工事等の全体数量等の内容がその着工前の時点では確定できない等の理由により、追加工事等の依頼に際して、その都度追加・変更契約を締結することが不合理な場合は、注文者は、以下の事項を記載した書面を追加工事等の着工前に請負人と取り交わすこととし、契約変更等の手続きについては、追加工事等の全体数量等の内容が確定した時点で遅滞なく行うものとする。

①　請負人に追加工事等として施工を依頼する工事の具体的な作業内容

②　当該追加工事等が契約変更の対象となること及び契約変更等を行う時期

③　追加工事等に係る契約単価の額

追加工事等が発生しているにもかかわらず、たとえば、元請負人が発注者との間で追加・変更契約を締結していないことを理由として、下請負人からの追加・変更契約の申出に応じない行為等、元請負人が合理的な理由もなく一方的に変更契約を行わない行為については、第十九条第二項に違反することとなる。

また、追加工事等を請負人の負担により施工させたことにより、請負代金の額が当初契約工事及び追加工事等を施工するために、「通常必要と認められる原価」に満たない金額となる場合には、当該契約当事者間の取引依存度等の状況によっては、第十九条の三の不当に低い請負代金の禁止に違反するおそれがあるので注意が必要である。

六　本条は、このように請負契約の内容となる重要な事項については、後日の紛争を防ぐとともに、公平平等な契約の締結に資するため、あらかじめ、両当事者の合意に基づき書面に明定しておくべきこととしているが、前条の指導理念にもかかわらず、実際には契約当事者の社会的、経済的力関係により、当事者の合意は必ずしも公平平等な立場においてなされるとは限らない。

そこで、具体的に契約の内容としてどのような定めをするのが妥当であるかということについて、標準的なよりどころとなるべきものを作成することが強く要請され、中央建設業審議会において建設工事の標準請負契約約款を作成し、その実施を勧告することができることとされている（第三十四条第二項）。

中央建設業審議会は、この規定に基づき、公共工事標準請負契約約款（昭和二十五年二月作成）、建設工事標準下請契約約款（昭和五十二年四月作成）並びに民間建設工事標準請負契約約款（甲）及び（乙）（昭和二十六年二月作成）を定め、それぞれ官公庁あるいは建設業者団体等関係者に対しその実施を勧告してきたところである。

このように標準請負契約約款は、公平平等な立場における契約の締結を制度的に担保しようとするものであるから、建設工事の請負契約の当事者は、この趣旨を踏まえて特別な理由のない限り、これによるのが妥当であると考えられる。

そのため、元請負人と下請負人の双方の義務であるべきところを下請負人に一方的に義務を課すものや、元請負人の裁量の範囲が大きく、下請負人に過大な負担を課す内容など、建設工事標準下請契約約款に比べて片務的な内容による契約については、結果として第十九条の三により禁止される不当に低い請負代金につながる可能性が高い契約となるので、適当でない。発注者と元請負人の間の契約においても同様である。

なお、このほか建設工事に関する請負契約約款としての代表的なものとしては、民間団体の作成に係る民間（旧四会）連合協定工事請負契約約款（日本建築学会、日本建築協会、日本建築家協会、全国建設業協会等、通称「民間（旧四会）連合約款」といわれる。）がある。

七　第三項は、書面の交付等に関する情報通信の技術の利用のための関係法律の整備に関する法律（平成十二年法律第百二十六号）により追加された。同法は、経済のIT化が進展する中で、書面の交付あるいは書面による手続きを義務付けている規制が電子商取引等の阻害要因となっているとの指摘を踏まえ、全省庁所管の法律のうち、合計五十の法律について、契約等において書面の交付あるいは書面による手続きが義務付けられている場合に、従来の手続きに加え、電子メール等の電子的手段を用いることを認めることとする改正を行ったものである。本法においても、本条に加え、第十九条の二、第二十二条及び第二十三条について改正が行われた。

本項の規定により、建設工事の請負契約の当事者は、第一項及び第二項の規定による書面による手続きに代えて、国土交通省令で定める情報通信の技術を利用した措置（以下「電磁的措置」という。）を講ずることができることとなるが、その際には、令第五条の五第一項の規定に従い、あらかじめ当該契約の相手方の承諾を得る必要がある。この承諾は、書面、情報通信の技術を利用した方法（以下「電磁的方法」という。）のいずれの方法によって行われても構わないが、講じることとする電磁的措置の種類及び内容についての承諾を得る必要がある。

なお、電磁的措置は、電子メール、CD－ROM等を利用した措置のうち、①契約の相手方がファイルへの記録を出力することによる書面を作成することができること及び②改変が行われていないかどうかを確認することができることという基準を満たすものでなければならないものである旨が、国土交通省令で規定されている。

また、令第五条の五第二項の規定により、当該契約の相手方から電磁的措置を講ずることについての承諾を撤回する旨の申出があった場合は、電磁的措置を講じてはならないこととされ、請負契約の両当事者が合意した場合においてのみ、書面の交付に代えて電磁的措置が認められる。

**第十九条の二**　請負人は、請負契約の履行に関し工事現場に現場代理人を置く場合においては、当該現場代理人の権限に関する事項及び当該現場代理人の行為についての注文者の請負人に対する意見の申出の方法（第三項において「現場代理人に関する事項」という。）を、書面により注文者に通知しなければならない。

2　注文者は、請負契約の履行に関し工事現場に監督員を置く場合においては、当該監督員の権限に関する事項及び当該監督員の行為についての請負人の注文者に対する意見の申出の方法（第四項において「監督員に関する事項」という。）を、書面により請負人に通知しなければならない。

3　請負人は、第一項の規定による書面による通知に代えて、政令で定めるところにより、同項の注文者の承諾を得て、現場代理人に関する事項を、電子情報処理組織を使用する方法その他の情報通信の技術を利用する方法であつて国土交通省令で定めるものにより通知することができる。この場合において、当該請負人は、当該書面による通知をしたものとみなす。

4　注文者は、第二項の規定による書面による通知に代えて、政令で定めるところにより、同項の請負人の承諾を得て、監督員に関する事項を、電子情報処理組織を使用する方法その他の情報通信の技術を利用する方法であつて国土交通省令で定めるものにより通知することができる。この場合において、当該注文者は、当該書面による通知をしたものとみなす。

本条は、建設工事の施工に当たって、請負人又は注文者が、現場代理人又は監督員を工事現場に置く場合に、これらの現場代理人又は監督員の権限の範囲等をそれぞれ相手方に通知すべきことを規定したものである。

一　通常工事が施工されるときは、請負人や注文者が直接工事現場において指図又は監督を行うことは少なく、請負人の現場代理人や注文者の監督員が現場においてこれらの任務を代行することが多い。しかし、このように、現場代理人や監督員が置かれた場合には、これらの者の権限の範囲等が明確にされていないため、契約に関してなされた現場代理人や監督員の行為が後で両当事者の紛争の原因となることが少なくない。また現場代理人や監督員の行為について紛争が起こった場合において、現場代理人や監督員が相手では問題がなかなか解決しないため、直接請負人や注文者に異議あるいは苦情を申し出ることが適当な場合も少なくない。このように、工事現場における紛争を防ぎ、あるいは解決し、請負契約の円滑かつ適正な履行を確保するために、あらかじめ両当事者が現場代理人の選任等に関する通知義務を課したのが本条の趣旨である。

二　第一項は、請負人が現場代理人を選任した場合における請負人の注文者に対する当該現場代理人の権限に関する事項等の通知義務を規定したものである。

請負人が、本項による通知をしなければならないのは、「請負契約の履行に関し工事現場に現場代理人を置く場合」であるが、この「現場代理人」とは、請負契約の的確な履行を確保するため、請負人の代理人として、工事現場の取締りを行い工事の施工に関する一切の事項を処理するものであり、原則として当該工事現場に常駐することとされている。工事の施工に関する一切の事項には、工事現場の保安、火災予防、風紀衛生等の事項が当然含まれるほか、契約上の権利・義務に関する事項も含まれる。ただし、契約上の権利・義務に関する事項については、重要な契約内容の変更、契約の解除等現場代理人が権限内の事項として処理することが適当でないものもあるので、現場代理人に対する授権の範囲を明らかにすべきこととしているのである。なお、「工事現場」とは、工事目的物の敷地に止まらず、その近傍で直接管理可能な一定の場所を含むと解すべきであろう。

通知すべき事項は、第一に「現場代理人の権限に関する事項」、第二に「現場代理人の行為についての注文者の請負人に対する意見の申出の方法」である。前者については、特に契約上の権利・義務に関する事項（たとえば、契約内容の変更の承諾等）について、明確にしておく必要がある。後者の「意見の申出の方法」とは、たとえば、「理由を明示した書面による」というようなことである。

本項の通知は、「書面」によりなすべきものとされているが、これは、代理権授与の範囲を通知するものであるから当然のことである。

なお、「現場代理人」の資格、要件等については、本法をはじめ法令上特段の規定はなく、また、その義務等も法令上は何ら規定されていない。たとえば、前述の通り、現場代理人は、原則として工事現場に常駐することとされているが、公共工事標準請負契約約款においては、工事現場における運営、取締り及び権限の行使に支障がなく、かつ、発注者との連絡体制が確保されると発注者が認めた場合には、常駐を要しないこととされている。具体的にいかなる場合に常駐を要しないこととするかは、発注者が判断することとなる。

三　第二項は、注文者が監督員を選任した場合における注文者の請負人に対する当該監督員の権限に関する事項等の通知義務を規定したもので、前項に対応するものである。

「監督員」とは、請負契約の的確な履行を担保するため、注文者の代理人として、設計図書に従って工事が施工されているか否かを監督するもので、材料調合、見本検査等にも立ち会うのが例とされている。これは、建設工事は、性質上工事完成後に施工上の瑕疵を発見することは困難であり、また仮に瑕疵を発見することができても、それを修復するには相当の費用を要する場合が多く、施工の段階で逐次監督することが合理的であることによる。しかし、監督員は、現場代理人とは違って、工事現場に常駐しなくてもその目的を達することができる。

四　第三項及び第四項は、第十九条第三項と同様、書面の交付等に関する情報通信の技術の利用のための関係法律の整備に関する法律により追加されたものである。

この二項の規定により、請負人又は注文者は、現場代理人の選任等に関する通知を電磁的方法により行うことができることとなるが、その際には令第五条の六第一項又は第五条の七第一項の規定に従い、あらかじめ注文者又は請負人の承諾を得る必要がある。この承諾は、書面、電磁的方法のいずれの方法によって行われても構わないが、用いられる電磁的方法の種類及び内容についての相手方の承諾を得る必要がある。

なお、電磁的方法としては、電子メール、ＣＤ－ＲＯＭ等を利用した方法のうち適切と認められるものが、国土交通省令で定められている。

また、令第五条の六第二項又は第五条の七第二項の規定により、注文者又は請負人から電磁的方法による通知を受けない旨の申出があった場合は、請負人又は注文者は当該通知を電磁的方法によってしてはならないこととされ、両者が合意した場合においてのみ、書面による通知に代えて電磁的方法を用いることが認められる。

五　本条は、訓示規定であり、これに違反したからといって、直ちに罰則の適用があるわけではないが、後日の紛争を防ぐために権限事項の通知には特に注意すべきである。

〔法　律〕

（不当に低い請負代金の禁止）

**第十九条の三**　注文者は、自己の取引上の地位を不当に利用して、その注文した建設工事を施工するために通常必要と認められる原価に満たない金額を請負代金の額とする請負契約を締結してはならない。

本条は、注文者が自己の取引上の地位を不当に利用して、請負人に不当に低い請負代金を強いることを禁止したものである。

一　建設工事の注文者は、継続的に多量の工事を注文すること等のため、経済的に優越した地位にあることが多く、その優越性を不当に利用して請負人を経済的に圧迫し低価格受注を強いることが少なくない。しかし、このような行為が放置されれば、請負人、特に経済的基盤の弱い下請負人の経営の安定が阻害されるばかりでなく、それが請負人をして工事の施工方法、工程等について技術的に無理な手段、期間等の採用を強いることとなり、手抜き工事、不良工事等の原因となり、ひいては公衆災害、労働災害等を惹起する結果となることさえある。また、仮に当該請負人は特に経営上苦境に陥ることもなく、工事も適正に施工することができたとしても、そのしわよせは必ず他の建設工事やその下請負人等に及ぶものである。したがって、請負人がこのような低価格受注を強いられることを排除し、請負人を保護するとともに、公共的性格を有する建設工事の適正な施工を確保しようというのが、本条の趣旨である。

二　不当に低い請負代金の強制に該当するか否かは、請負契約を締結するに当たって、注文者が自己の取引上の地位を「不当に利用し」たか否か、及び定められた請負代金の額がその注文した建設工事を施工するのに「通常必要と認められる原価」に満たないか否かの二つの要件により判断される。

「自己の取引上の地位を不当に利用」するとは、工事を多量かつ継続的に注文することにより優越的な地位にある注文者が、請負人の指名権、選択権等を背景に、請負人を経済的に不当に圧迫するような取引等を強いることをいう。「取引上優越的な地位」にある場合とは、請負人にとって注文者との取引の継続が困難になることが請負人の事業経営上大きな支障をきたすため、注文者が請負人にとって著しく不利益な要請を行っても、請負人がこれを受け入れざるを得ないような場合をいう。取引上優越的な地位に当たるか否かについては、当事者間の取引依存度等により判断されることとなるため、たとえば、元請下請関係の場合、下請負人にとって大口取引先に当たる元請負人については、取引上優越的な地位に該当する蓋然性が高いと考えられる。どのような場合に、この「地位の不当利用」に該当することとなるかは、具体的事案に応じて判断しなければならない。注文者が、請負人の指名権、選択権等を背景に、請負人を経済的に不当に圧迫するような取引等を強いたか否かについては、請負代金の額の決定に当たり請負人と十分な協議が行われたかどうかといった対価の決定方法等により判断されるものであり、たとえば請負人と十分な協議を行うことなく注文者が価格を一方的に決定し当該価格による取引を強要する指値発注については、注文者による地位の不当利用に当たるものと考えられる。したがって、逆に請負人が真に自己の自由意志に基づき当該請負代金の額に応じた場合は、地位の不当利用に当たらない。

たとえば、入札に付する場合の予定価格が適正に定められていたにもかかわらず、応札する請負人が自己の企業努力によって通常よりも安い価格で施工できるという判断に基づいて落札した場合、下請負人が手持ちの安い資材があるため、サービス的に元請負人から安い価格で受注する場合等はこれに該当するとはいえない。

「通常必要と認められる原価」とは、工事の施工場所の地域性、工事の具体的内容等を総合的に勘案して通常当該建設工事に必要と認められる価格をいう。具体的には標準的な歩掛り、単価、材料費及び直接経費を基礎とした直接工事費、共通仮設費及び現場管理費よりなる間接工事費並びに一般管理費を合計して求める方法等により算定される。なお、ここにいう一般管理費には利潤相当額は含まれない。したがって、請負契約により定められた請負代金の額が「通常必要と認められる原価」に満たないか否かを判断するに当たっては、当該注文者が他の請負人と同様の建設工事の請負契約を締結している場合にはその請負代金の額を調査するとともに、さらに一般的に同様の建設工事における請負代金の額の実例等を調査する必要もある。

三　本条は、「請負契約を締結してはならない」と規定しているが、これは当初の契約の締結に際して、不当に低い請負代金を強制することを禁止しただけでなく、契約締結後注文者が原価の上昇を伴うような工事内容の変更（請負人の責めに帰すべき理由がないやり直し工事の依頼を含む。）をしたのに、それに見合った請負代金の増額をしないことや、一方的に請負代金を減額することにより原価を下回ることも禁止したものである。

なお、本法において「注文者」とは、民法上の注文者のことで発注者のみならず、下請契約における注文者たる元請負人も含む（第二条第五項参照）ことに注意すべきである。

四　このように、注文者が自己の取引上の地位を不当に利用して、通常必要と認められる原価に満たない金額を請負代金の額とする請負契約を締結した場合には、当該注文者が国、地方公共団体等私的独占の禁止及び公正取引に関する法律（昭和二十二年法律第五十四号。以下「独占禁止法」という。）第二条第一項に規定する事業者に該当しない発注者であるときは、請負人の許可行政庁である国土交通大臣又は都道府県知事が当該発注者に対し必要な勧告をすることとなる（第十九条の五）。一方、注文者が建設業者であり、かつ、当該違反行為が独占禁止法第十九条の規定に違反していると認められるときは、当該建設業者の許可行政庁である国土交通大臣若しくは都道府県知事又は中小企業庁長官から公正取引委員会に対し同法の規定に従い適当な措置を採るべきことを求めることとなる（第四十二条、第四十二条の二）。すなわち、本条の違反者が独占禁止法に規定する事業者に該当する場合には、建設業者でない場合も含めて、原則として、本法による指示等の監督処分の適用はなく、独占禁止法の規定により処理されることとなるのである（第十九条の四及び第二十四条の三から第二十四条の五までについて同じ。）。

五　独占禁止法第十九条は、事業者が不公正な取引方法を用いることを禁止したものであり、私的独占の禁止及び不公正な取引制限の禁止を補完するとともに、同法の体系的構成において重要な役割を果たしている。すなわち、「不公正な取引方法」の禁止は、私的独占の形成を未然に防ぐ目的でその手段となる行為を禁止したものであり、その内容は、同法第二条第九項において「この法律において「不公正な取引方法」とは、左の各号のいずれかに該当する行為であつて、公正な競争を阻害するおそれがあるもののうち、公正取引委員会が指定するものをいう。」と定義されている。そして、同項第五号の「自己の取引上の地位を不当に利用して相手方と取引すること」に該当する行為として、公正取引委員会は、「自己の取引上の地位が相手方に優越していることを利用して、正常な商慣習に照らして相手方に不当に不利益な条件で取引すること」を指定している（「不公正な取引方法」十四（以下「一般指定の十四」という。））。本条の自己の取引上の地位の不当利用による不当に低い請負代金の禁止に違反する行為は、ほとんどすべての場合、この「一般指定の十四」に該当する行為として不公正な取引方法と認定されることになると考えられるが、公正取引委員会は、これをより一層明確化し、建設業の下請取引に対する独占禁止法による規制を迅速かつ的確に行うため、「建設業の下請取引に関する不公正な取引方法の認定基準」（以下「認定基準」という。）を定めている。この認定基準は、元請負人（下請負人に対してその取引上の地位が優越している者のみをいう。以下「認定基準」の適用について同じ。）の行為のうち不公正な取引方法に該当するものを類型化したものであり、本条に違反する行為に対応するものとして次の㈥及び㈦の行為が示されている。

㈥　自己の取引上の地位を不当に利用して、注文した建設工事を施工するために通常必要と認められる原価に満たない金額を請負代金の額とする下請契約を締結すること。

㈦　下請契約の締結後、正当な理由がないのに、下請代金の額を減ずること。

この㈥は、本条の規定と同様であり、したがって、本条に違反した場合には、違反した注文者が事業者であるときは、すべて不公正な取引方法と認定され得るものと考えられる。また㈦は、元請負人は下請契約において下請代金を決定した後に、その代金の額を減じてはならないこととしたものである。これには、下請契約の締結後、元請負人が原価の上昇を伴うような工事内容の変更をしたのに、それに見合った下請代金の増額をしない等実質的に下請代金の額を減ずることとなる場合も含むものとされており、これも本条の趣旨に対応するものである。なお、㈦の場合、下請代金の額を減ずることに正当な理由がある場合、たとえば、工事目的物の引渡しを受けた後に瑕疵が判明し、その瑕疵が下請負人の責に帰すべきものであることが明らかに認められる場合等は、不当減額に当たらないとされている。

さらに、同認定基準㈩によれば、「元請負人が前記㈠から㈨までに掲げる行為をしている場合又は行為をした場合に、下請負人がその事実を公正取引委員会、国土交通大臣、中小企業庁長官又は都道府県知事に知らせたことを理由として、下請負人に対し、取引の量を減じ、取引を停止し、その他不利益な取扱いをすること」、すなわち、いわゆる報復措置も不公正な取引方法に該当するものとして取り扱うこととされている。

そして、右のような不公正な取引方法に該当する事実がある場合には、公正取引委員会が排除命令等の措置をとることとなる。

〔法　律〕

（不当な使用資材等の購入強制の禁止）

**第十九条の四**　注文者は、請負契約の締結後、自己の取引上の地位を不当に利用して、その注文した建設工事に使用する資材若しくは機械器具又はこれらの購入先を指定し、これらを請負人に購入させて、その利益を害してはならない。

本条は、注文者が自己の取引上の地位を不当に利用して、請負人に使用資材等の購入を強制することを禁止したものである。

一　建設工事の注文者は、継続的に多量の工事を注文することが多く、経済的に優越した地位にあるので、請負契約の締結後においても、その優越的地位を不当に利用して当該建設工事に使用する資材、機械器具等を指定し、あるいはその購入先を指定して購入させるおそれがある。しかし、このような行為を容認することは、既にそれら使用資材、機械器具等を購入している請負人に損害を与えるのみならず、仮に請負人がいまだ当該使用資材等を購入していない場合においても、その指定は、請負人の購入先を限定し商取引において不利な立場に立たせるとともに、当該請負人に継続的取引関係のある購入先があり、通常よりも安い価格で当該資材等を購入することを期待して注文者との請負契約に応じている場合には、その利益を不当に害することとなる。そして、このような不測の損害は、請負人の経営の安定をもおびやかすものであり、建設工事の適正な施工を妨げる結果となるおそれすらある。そこで、このような行為を禁止し、請負人の保護を図ることとしたのが本条の趣旨である。

二　本条により不当な使用資材等の購入強制が禁止されるのは、「請負契約の締結後」における行為に限られる。それは、注文者の希望するものを作るのが建設工事の請負契約であるから、契約の締結に当たって、注文者が、自己の希望する資材等やその購入先を指定することは、当然のことであり、これを認めたとしても請負人はそれに従って適正な見積りを行い、適正な請負代金で契約を締結することができるから、請負人の利益は何ら害されるものではないからである。したがって、逆に注文者は、使用資材等についてそのような希望がある場合には、あらかじめ、契約の内容にそれらの事項を盛り込んでおくべきである。

三　本条により禁止される行為の態様は、第一に、当該建設工事に使用する資材又は機械器具を指定して購入させること、第二に、それらの資材等の購入先を指定して購入させることである。前者は、使用資材等について具体的に○○会社○○○型というように会社名、商品名等を指定する場合であり、必ずしもその購入先を指定することを要しない。これに対し後者は、購入先となる販売会社等を指定するものであり、必ずしも具体的な商品名等を指定するものでなくともこれに該当する。なお、注文者が、自ら使用資材を提供し、又は機械を貸与するときは、その内容及び方法をあらかじめ請負契約の内容として定め、契約書に記載しておくべきこととされている（第十九条第一項第七号の㈢）のも本条と同様の趣旨に基づくものである。

四　これらの行為が、本条の不当な使用資材等の購入強制の禁止に違反することとなるか否かは、その行為に当たって、注文者が「自己の取引上の地位を不当に利用し」たか否か、及びその結果請負人の「利益を害し」たか否かの二つの要件によって判断される。

「自己の取引上の地位を不当に利用」するとは、工事を多量かつ継続的に注文することにより優越的な地位にある注文者が、請負人の指名権、選択権等を背景に請負人を経済的に不当に圧迫するような取引等を強いることをいう。どのような場合に、この地位の不当利用に該当することとなるかは、具体的事案に応じて判断しなければならない。たとえば、単に注文者が使用資材等の購入先を指定し請負人がそれを承諾した場合であっても、それが両当事者の力関係から、その後の取引において不利益な取扱いがあり得るべきことを注文者が示唆したことによるものである場合等は、注文者が自己の取引上の地位を不当に利用して請負人の自由な意思決定を阻害したものと判断されよう。これに対し、請負人が真に自己の自由意思に基づき使用資材等又はその購入先の指定に応じた場合は、もちろん地位の不当利用には当たらない。たとえば、注文者が指定した購入先から購入した方が安く買い入れることができるという判断の下に、むしろ請負人の方が積極的にそれに応じたような場合等である。また、請負人が積極的に承諾した場合でなくとも、当該請負契約の内容からみて、一定の品質の資材等を当然必要とすることが明らかであるのに、請負人がこれより劣った品質の資材等を使用しようとしているときは、注文者が一定の品質の資材等を指定し、購入させたとしても、やむを得ないものとして地位の不当利用には当たらないと解すべきである。

請負人の「利益を害する」とは、資材等を指定して購入させた結果、請負人が予定していた資材等の購入価格よりも高い価格で購入せざるを得なくなった場合、あるいは既に購入していた資材等を返却せざるを得なくなり金銭面及び信用面における損害を受けるとともに、その結果、従来から継続的取引関係にあった販売店との取引関係が極度に悪化した場合等が、これに該当する。これに対し、注文者が指定した資材等の価格の方が請負人が予定していた購入価格よりも安く、かつ、注文者の指定により資材の返却等の問題が生じない場合には、請負人の利益は害されたことにはならないであろう。

五　このように、注文者が自己の取引上の地位を不当に利用して、使用資材等の購入強制をし、請負人の利益を害した場合には、前条の場合と同様、当該注文者が国、地方公共団体等独占禁止法第二条第一項に規定する事業者に該当しない発注者であるときは、請負人の許可行政庁である国土交通大臣又は都道府県知事が当該注文者に対し勧告することとなる（第十九条の五）。一方注文者が建設業者であり、かつ、当該違反行為が独占禁止法第十九条の規定に違反していると認められるときは、当該建設業者の許可行政庁である国土交通大臣若しくは都道府県知事又は中小企業庁長官から公正取引委員会に対し同法の規定に従い適当な措置をとるべきことを求めることとなる（第四十二条、第四十二条の二、なお第十九条の三の解説参照）。

独占禁止法による「認定基準」の(八)によれば、元請負人が「下請契約の締結後、自己の取引上の地位を不当に利用して、注文した建設工事に使用する資材若しくは機械器具又はこれらの購入先を指定し、これらを下請負人に購入させることによって、その利益を害すること」は、同法の不公正な取引方法に該当するものとされている。したがって、本条に違反した注文者が建設業者である場合においては、ほとんどすべての場合が独占禁止法第十九条に違反することとなり、同法により、排除措置命令等の行政的措置がとられることとなる。

〔法　律〕

（発注者に対する勧告）

**第十九条の五**　建設業者と請負契約を締結した発注者（私的独占の禁止及び公正取引の確保に関する法律（昭和二十二年法律第五十四号）第二条第一項に規定する事業者に該当するものを除く。）が前二条の規定に違反した場合において、特に必要があると認めるときは、当該建設業者の許可をした国土交通大臣又は都道府県知事は、当該発注者に対して必要な勧告をすることができる。

本条は、前二条の規定に違反した発注者に対する勧告についての規定である。

一　本来、請負契約の発注者に対しては、行政庁はみだりに勧告等を行うべきではないと考えられるが、第十九条の三及び第十九条の四に違反するような場合は、前にも述べたとおりしばしば手抜き工事や粗雑疎漏工事等を誘発することとなり、これがひいては公衆災害や労働災害を引き起こすばかりでなく、下請負人の保護に支障をきたし、倒産の原因ともなる。したがって、そのような事態に陥ることを防止するため、行政庁が、公共の福祉の見地から、違反を犯している発注者に対し勧告することができることとしたものである。

二　本条の勧告がなされるのは、発注者が第十九条の三又は第十九条の四の規定に違反している場合で、行政庁が、特に必要があると認めるときである。「特に必要があると認めるとき」とは、一に述べたような趣旨から、公衆災害あるいは労働災害を惹起するおそれが大きいときなど、公共公益的見地からして、何らかの措置をとることが妥当な場合等である。

勧告をする行政庁は、当該建設業者の許可をした国土交通大臣又は都道府県知事、すなわち許可行政庁であり、なされる勧告は、公共の利益ないし公共の福祉を維持するために必要な勧告である。したがって、通常の場合においては、勧告は当該違反事実を是正し請負人の保護を図るよう措置すべきことを、その内容とすることになろう。

三　本条の勧告の対象となるのは、独占禁止法第二条第一項に規定する事業者以外の発注者である。

独占禁止法第二条第一項によれば「事業者」とは、「商業、工業、金融業その他の事業を行う者をいう。」とされている。「その他の事業」とは、商業、工業、金融業などと同種の経済的活動を指し、建設業も当然それに含まれる。ただし、「事業」は、経済活動である限り、営利事業であるか否かを問わないで、たとえば、営利目的の事業活動を禁止されている農業協同組合であっても同法の適用上は、事業者となり得ることはいうまでもない。これに対し国又は地方公共団体は事業活動の主体たる関係においては事業者と考えられているが、発注者として建設工事の請負契約を締結する場合には、同法にいう事業者には該当しないものとされている。したがって、結局、本条の規定による勧告の対象となるのは、国又は地方公共団体等のいわゆる公的発注機関に限られることとなる。

なお、これらのいわゆる公的発注機関が第十九条の三又は第十九条の四の規定に違反した場合の措置は、本条による勧告ができるのみであり、また、その勧告に従わない場合の措置も規定されていないが、これは対象とするのが公的発注機関であるので、勧告により十分その効果が期待されると認められるからである。

〔法　律〕

（建設工事の見積り等）

**第二十条**　建設業者は、建設工事の請負契約を締結するに際して、工事内容に応じ、工事の種別ごとに材料費、労務費その他の経費の内訳を明らかにして、建設工事の見積りを行うよう努めなければならない。

2　建設業者は、建設工事の注文者から請求があつたときは、請負契約が成立するまでの間に、建設工事の見積書を交付しなければならない。

3　建設工事の注文者は、請負契約の方法が随意契約による場合にあつては契約を締結する以前に、入札の方法により競争に付する場合にあつては入札を行う以前に、第十九条第一項第一号及び第三号から第十四号までに掲げる事項について、できる限り具体的な内容を提示し、かつ、当該提示から当該契約の締結又は入札までに、建設業者が当該建設工事の見積りをするために必要な政令で定める一定の期間を設けなければならない。

〔政　令〕

（建設工事の見積期間）

**第六条**　法第二十条第三項に規定する見積期間は、次に掲げるとおりとする。ただし、やむを得ない事情があるときは、第二号及び第三号の期間は、五日以内に限り短縮することができる。

一　工事一件の予定価格が五百万円に満たない工事については、一日以上

二　工事一件の予定価格が五百万円以上五千万円に満たない工事については、十日以上

三　工事一件の予定価格が五千万円以上の工事については、十五日以上

2　国が入札の方法により競争に付する場合においては、予算決算及び会計令（昭和二十二年勅令第百六十五号）第七十四条の規定による期間を前項の見積期間とみなす。

本条は、建設工事の見積り等について規定したものである。

一　第一項は、建設業者の見積り努力義務について定めたものである。

建設工事の請負契約を締結するに際しては、請負金額の算定に当たり、適正な見積りを実施することが重要である。すなわち、工事費の内訳が明らかにされた見積りを行うことにより、適正な請負価額の設定や注文者の保護が

図られるのみならず、ダンピングの防止や下請業者の保護にもつながることとなる。

　このため、本項において、建設業者は、建設工事の請負契約を締結するに際して、内訳を明らかにして見積りを行うよう努めなければならないこととしたものである。

二　建設工事の見積りについては、工事の種別ごとに経費の内訳を明らかにして行うよう努める義務がある。請け負う建設工事がどのような工事の種別に分けられるかは、その内容により異なるものであるが、例えば、切土、盛土、型枠工事、鉄筋工事のような工事の別ごと、本館、別館のような目的物の別ごと等に分けられるものと考えられる。また、ここでいう経費としては、労務費及び材料費（いわゆる直接工事費）のほか、共通仮設費、現場管理費、機械経費等が考えられる。

三　第二項は、見積書の交付義務について規定したものである。
　建設業者は、建設工事の注文者から請求があったときは、請負契約が成立するまでの間に、見積書を交付しなければならない。ここでいう見積書とは、第一項の規定に基づき経費の内訳を明らかにして行った見積りを書面化したものである。

　見積書は、契約締結前に注文者が工事内容や請負代金額の妥当性を判断するための材料となるだけでなく、単価や数量、仕様等工事に係る重要な情報が記載されているため、施工段階において注文者が施工の適正さを確認するための材料ともなる。本項では従前は見積書の「提示」が義務づけられていたところ、住宅リフォーム工事など注文者が消費者である工事が増加しており、見積書が手元にないことによる契約後のトラブルを防止し、注文者が見積書に照らして適正に工事が施工されているかを確認する上でも、単なる「提示」ではなく「交付」することが必要であることから、平成二十六年改正により、「交付」の義務づけされたところである。

　なお、本項の規定による見積書の交付の義務は、請負契約の締結後に工事費の内訳書を発注者に提出すること等請負契約の当事者による取決めによって生じる契約上の義務とは異なるものである。

　また、公共工事については、入札契約適正化法に基づき、入札に係る申込みの際、入札金額の内訳書を発注者に提出しなければならないこととされている。すなわち、本項に基づき発注者から請求があるか否かにかかわらず、内訳書を提出する必要がある。

四　第三項は、建設工事の見積期間について規定したものである。

建設工事の合理的かつ適正な施工を図るためには、あらかじめ、契約の内容となるべき重要な事項を建設業者に提示し、適正な見積期間を設け、見積落し等の問題が生じないよう検討する機会を与えて請負代金の額の計算その他請負契約の締結に関する判断を行わせることが必要である。そこで、建設工事の注文者は、請負契約の方法が随意契約である場合には契約締結前に、入札による場合には入札前に、請負契約書に記載すべき事項とされている工事内容、工期等の事項について、できる限り具体的な内容を提示し、その後に、建設業者が当該建設工事の見積りをするために必要な一定の期間を設けなければならないこととしたものである。

五　「随意契約」とは、注文者が競争の方法によらないで任意に相手方を選んでこれと契約を締結する方法である。民間工事においては、注文者と受注者が継続的かつ特定的な信頼関係にあり、そういう特定の相手方と契約すれば足りるということもあって、随意契約による場合がほとんどを占めているといわれている。

これに対し「入札」とは、請負契約の相手方となるべきものを競争させることにより、注文者にもっとも有利な条件を提供する者を選んで契約を締結する方法で、これには、契約に関する公告をして不特定多数人に競争させる一般競争入札と、注文者が指名した特定多数人に競争させる指名競争入札がある。公共工事においては、公正に相手方を選択し最低の費用で適正に工事を施工しなければならないので、この入札によって施工者を選ぶのが通例となっている。

六　注文者は、注文する建設工事について建設業者が適正に見積もることができるように、契約の内容となるべき重要な事項についてできる限り具体的に提示しなければならないが、その具体的な内容の提示を義務付けられている事項は、第十九条により契約書に記載することを義務付けられた事項のうち請負代金の額を除くすべての事項である。工事内容や工期といった事項はもちろん、天災その他不可抗力による損害の負担等に関する事項についても注文者がどのような負担をするのか明らかにしなければ適正な見積りはできないから、あらかじめ、契約内容を明確にして、請負人が不測の損害を被ることのないようにしようとするものである。

工事内容に関し、注文者が最低限明示すべき事項としては、

① 工事名称
② 施工場所
③ 設計図書（数量等を含む）
④ 工事の責任施工範囲
⑤ 工事の工程（下請契約にあっては、下請工事を含む工事の全体工程を含む。）
⑥ 見積条件（下請契約にあっては、他工種との関係部位、特殊部分に関する事項を含む。）
⑦ 施工環境、施工制約に関する事項
⑧ 下請契約にあっては、材料費、労働災害防止対策、産業廃棄物処理等に係る元請下請間の費用負担区分に関する事項

が挙げられ、注文者は、具体的内容が確定していない事項についてはその旨を明確に示さなければならない。施工条件が確定していないなどの正当な理由がないにもかかわらず、注文者が、請負人に対して、契約までの間に上記事項等に関し具体的な内容を提示しない場合には、本条第三項に違反する。

また、注文者が見積りを依頼する際は、口頭ではなく、書面によりその内容を示すことが望ましく、更に、下請契約にあっては、元請負人は、「施工条件・範囲リスト」（建設生産システム合理化推進協議会作成）に提示されているように、材料、機器、図面・書類、運搬、足場、養生、片付けなどの作業内容を明確にしておくことが望ましい。

七　「見積りをするために必要な一定の期間」とは、工事一件の予定価格が㈠五百万円未満の工事は一日以上、㈡五百万円以上五千万円未満の工事は十日以上、㈢五千万円以上の工事は十五日以上の期間である。ただし、やむを得ない事情があるときは、㈡及び㈢の期間は、五日以内に限り短縮することができる。

予定価格は、その競争入札に付する事項の価格として契約担当職員があらかじめ作成する。

この見積期間は、二の契約内容の提示から当該契約の締結又は入札までの間に設けなければならない期間である。

したがって、たとえば五月一日に契約内容の提示をした場合には、㈠に該当する場合は五月三日、㈡に該当する場合は五月十二日、㈢に該当する場合は五月十七日以後に契約の締結又は入札をしなければならないこととなる。ただし、やむを得ない事情があるときは、㈡及び㈢については、それぞれ五月七日及び五月十二日以後とすることができる。

八　国が入札の方法により競争に付する場合においては、四にかかわらず、予算決算及び会計令第七十四条の規定による期間が、必要な見積期間とみなされる。これによると、競争入札の場合に関しては、入札期日の前日から起算し少なくとも十日前に官報等で公告しなければならず、急を要する場合に限り五日までにその期間を短縮することができることとされている。

九　適切な見積期間を置かない契約の民事法上の効力について判例は、「見積期間を定めるが如きは公の秩序、善良の風俗に関せざる事項であって、契約自由の原則上当事者の意思、特に請負人の意思によって左右することができるものであって、必ずしもこの法令に定める見積期間を置かなくても契約を無効とすべきものではない。」としているが、建設工事の適正な施工を確保するためには、適切な見積期間を置くよう、特に注意すべきである。

〔法　律〕

（契約の保証）

**第二十一条**　建設工事の請負契約において請負代金の全部又は一部の前金払をする定がなされたときは、注文者は、建設業者に対して前金払をする前に、保証人を立てることを請求することができる。但し、公共工事の前払金保証事業に関する法律（昭和二十七年法律第百八十四号）第二条第四項に規定する保証事業会社の保証に係る工事又は政令で定める軽微な工事については、この限りでない。

2　前項の請求を受けた建設業者は、左の各号の一に規定する保証人を立てなければならない。

一　建設業者の債務不履行の場合の遅延利息、違約金その他の損害金の支払の保証人

二　建設業者に代つて自らその工事を完成することを保証する他の建設業者

3　建設業者が第一項の規定により保証人を立てることを請求された場合において、これを立てないときは、注文者は、契約の定にかかわらず、前金払をしないことができる。

〔政　令〕

（保証人を必要としない軽微な工事）

**第六条の二**　法第二十一条第一項ただし書の政令で定める軽微な工事は、工事一件の請負代金の額が五百万円に満たない工事とする。

本条は、建設工事の請負契約において前金払の定めをした場合における、契約の保証人に関する規定である。

一　第一項は、建設業者に対して前金払をする注文者に前金払の返済を担保するため保証人を立てることを請求する権利を認めた規定である。

建設工事は、その性質上着工に際して相当の資金を必要とするものであるが、一般に建設業者は担保となるような資産が乏しく、金融機関からの融資を円滑に受けることも困難な状況にあり、そのため建設工事の円滑な施工を妨げる結果となることが多い。そこで、請負人が着工に必要な資材等を円滑に入手し得るよう、着工に際し、注文者が必要な金額を請負人に対し前払金として支払うことがほぼ商慣習となっている。しかし、何の保証もなく建設工事について前金払をする場合には、前払金が他の工事や旧債の返済に使用され、あるいは持ち逃げされる等の不測の事態が起こるおそれがあり、注文者に過大な危険負担を強いることとなる。そこで、このような危険負担を取り除き安心して前金払をすることができるよう、保証人を立てることを請求し得る権利を注文者に認めたものである。

したがって、逆に、前金払をすることについて、特に危険があると認められないような場合については、本項の規定による保証人の請求権を認める必要はないので、保証事業会社の保証に係る工事及び政令で定める軽微な工事については、本項の適用が除外されている。ただし、このことは、契約の締結時において又は前金払に係わらない債務について保証を請求することを禁ずる趣旨ではない。

二　「公共工事の前払金保証事業に関する法律第二条第四項に規定する保証事業会社」とは、国土交通大臣の登録を受けて国、地方公共団体等の発注する公共工事に関する前払金の保証をすることを目的とする事業を営む会社を指す。保証事業会社の保証に係る工事とは、当然同法に規定する公共工事に限られる。保証事業会社による前払金の保証は、請負契約が解除された場合は、前金払をした額（出来高払をしたときは、その金額を加えた額）から当該工事の既済部分に対する代価に相当する額を控除した額（前金払をした額に出来高払をした額を加えた場合には、前金払をした額を限度とする。）、すなわち前払金の実損についてなされるものであるから、出来高が前払金よりも超過している場合には、支払うべき額がないこととなる。また、債務不履行による遅延利息等の損害も保証の範囲には含まれない。

三　「政令で定める軽微な工事」とは、工事一件の請負代金の額が五百万円に満たない工事である。

四　第二項は、前項の請求を受けた建設業者が立てるべき保証人の性格について規定したものである。

第一号は、いわゆる金銭保証人である。

この金銭保証人の保証の目的は、「請負人に債務不履行のあった場合の遅延利息、違約金その他の損害金」とされており、前払金に止まらず、請負人の債務不履行によって生じたすべての金銭債務に及ぶものであり、たとえば、工期の有償延長の場合の遅延利息、工事目的物の瑕疵による損害などもこれに含まれる。

金銭保証人の法律的性格は、連帯保証人である。民法の原則によれば、連帯保証が成立するためには、保証契約において連帯である旨の特約がなされていることが必要であるとされているが、商法においては、主たる債務又は保証債務に商事性があるときは、その保証は連帯保証となる旨を規定している（商法第五百十一条第二項）。したがって、保証人の行う保証は必ずしも商行為に該当しないとしても、建設業者の請負契約の保証は商行為として、商法の規定により連帯保証となるのである。連帯保証とは、保証人が主たる債務者と連帯して債務を負担するものであり、その特質は、普通の保証と異なり、連帯保証人は、催告の抗弁権・検索の抗弁権を失うことであり、債権者の権利が強力となること、及び連帯保証人について生じた事由が主たる債務者に対しても効力を及ぼすことがあることである。連帯保証人に対する請求が主たる債務者についても効力を及ぼすということが、後者の例である。

五　第二号は、いわゆる工事完成保証人である。

建設工事の請負契約においては、工事目的物が地上に建設されるなど土地の利用と密接な関連をもっており、工事の中途放棄等の場合は土地に代替性がないため、工事の既済部分の処理をめぐって複雑な問題を引き起こすことが多く、これを円滑に解決させるためには、その場所において工事を引き継いで施工する者をあらかじめ定めておくことがより合理的である。したがって、あらかじめ、請負人が工事を完成することができない場合に、それに代わって残工事の完成を引き受ける工事完成保証人を要求する例がある。

このように、工事完成保証人制度は、請負人が万一工事を完成できない場合に、他の建設業者（工事完成保証人）が本来の請負人に代わって工事を続行し、完成を保証する役務的保証制度であり、経済的負担なしに工事の完成を確保できるという面で、発注者にとってメリットの大きい制度である。

しかしながら、公共工事における工事完成保証人制度については、従来より、本来競争関係にあるべき建設業者が何らの対価なしに他の建設業者の保証をするということの不自然さ、特に相指名業者が保証人になる場合には落札者よりも高い価格で応札した者が万一の場合に工事を引き受けなければならないことの不合理、「談合破り」に対して工事完成保証人となることを拒否するという形で談合を助長する可能性等の問題が指摘されていた。このため、平成五年十二月二十一日の中央建設業審議会において、公共工事については工事完成保証人制度を廃止することとされたところである。

六　第一項の請求を受けた建設業者は、第二項第一号の金銭保証人又は第二号の工事完成保証人のいずれか一方を立てればよく、その選択権は建設業者にある。なお、保証人は少なくとも能力者であり、かつ、弁済の資力を有することが必要である（民法第四百五十条）。

七　建設業者が保証人を立てることができない場合には、第三項の規定により、注文者は、前金払をする契約にもかかわらず前金払をしなくてもよい。

〔**法　律**〕

（一括下請負の禁止）

**第二十二条**　建設業者は、その請け負つた建設工事を、いかなる方法をもつてするかを問わず、一括して他人に請け負わせてはならない。

2　建設業を営む者は、建設業者から当該建設業者の請け負つた建設工事を一括して請け負つてはならない。

3　前二項の建設工事が多数の者が利用する施設又は工作物に関する重要な建設工事で政令で定めるもの以外の建設工事である場合において、当該建設工事の元請負人があらかじめ発注者の書面による承諾を得たときは、これらの規定は、適用しない。

4　発注者は、前項の規定による書面による承諾に代えて、政令で定めるところにより、同項の元請負人の承諾を得て、電子情報処理組織を使用する方法その他の情報通信の技術を利用する方法であつて国土交通省令で定めるものにより、同項の承諾をする旨の通知をすることができる。この場合において、当該発注者は、当該書面による承諾をしたものとみなす。

本条は、一括下請負の禁止について定めたものである。

一　請負人は、その本来の性格からみれば建設工事を完成しさえすればよく、その手段や実際の工事の施工については自由に行い得るとも考えられる。しかしながら、建設工事はその性格からして、的確な目的物の完成を期待するためには、その工事の施工の全般にわたって適正な施工を求められるものであり、注文者の建設業者の選択に関する重要な要素の一つとして、当該工事の施工の全般にわたる信頼性があることはいうまでもないことである。

そのため、請負人が自己の請け負った建設工事をそのまま一括して他人に請け負わせる一括下請負は、この注文者の信頼に反するものであり、実際上の工事施工の責任の所在を不明確にし、ひいては工事の適正な施工を妨げるものであり、また、中間において利潤をとられる場合が多く請負代金の増嵩又は工事の質の低下を招くことも予想される。

加えて、一括下請負を容認すると商業ブローカー的不良建設業者の輩出を招くこととなり、健全な建設業の発展が阻害される懸念もある。そこで、原則として一括下請負を禁止することとしたものである。

二　第一項は、建設業者がその請け負った建設工事を一括して他人に請け負わせることを禁止したものである。

㈠　本項の「如何なる方法をもつてするを問わず」とは、契約を分割したり、あるいは他人の名義を用いるなどのことが行われていても、その実態が一括下請負に該当するものは一切禁止するということである。

また、一括下請負により仮に発注者が期待したものと同程度又はそれ以上の良質な建設生産物ができたとしても、発注者の信頼を裏切ることに変わりはないため、本項違反となるものである。

㈡　建設業者は、その請け負った建設工事の完成について誠実に履行することが求められる。したがって、次のような場合は、元請負人がその下請契約の施工に実質的に関与していると認められるときを除き、一括下請負に該当するものと解される。

イ　請け負った建設工事の全部又はその主たる部分を一括して他の業者に請け負わせる場合

「その主たる部分を一括して他の業者に請け負わせる場合」とは、下請負に付された工事の質及び量を勘案して個別の工事ごとに判断しなければならないが、例えば、本体工事のすべてを一業者に下請負させ、附帯工事のみを自ら又は他の下請負人が施工する場合や、本体工事の大部分を一業者に下請負させ、本体工事のうち主要でない一部分を自ら又は他の下請負人が施工する場合などが典型的なものである。

具体的事例としては、次のようなものが考えられる。

① 建築物の電気配線の改修工事において、電気工事のすべてを一社に下請負させ、電気配線の改修工事に伴って生じた内装仕上工事のみを元請負人が自ら施工し、又は他の業者に下請負させる場合

② 住宅の新築工事において、建具工事以外のすべての工事を一社に下請負させ、建具工事のみを元請負人が自ら施工し、又は他の業者に下請負させる場合

ロ　請け負った建設工事の一部分であって、他の部分から独立してその機能を発揮する工作物の工事を一括して他の業者に請け負わせる場合

具体的事例としては、次のようなものが考えられる。

① 戸建住宅十戸の新築工事を請け負い、そのうちの一戸の工事を一社に下請負させる場合

② 道路改修工事二キロメートルを請け負い、そのうちの五百メートル分について施工技術上分割しなければならない特段の理由がないにもかかわらず、その工事を一社に下請負させる場合

㈢　「実質的に関与」とは、元請負人が自ら施工計画の作成、工程管理、品質管理、安全管理、技術的指導等を行うことをいい、具体的には以下のとおり。

① 発注者から直接建設工事を請け負った建設業者は、「施工計画の作成、工程管理、品質管理、安全管理、技術的指導等」として、それぞれ次に掲げる事項を全て行うことが必要。

(i)　施工計画の作成：請け負った建設工事全体の施工計画書等の作成、下請負人の作成した施工要領書等の確

認、設計変更等に応じた施工計画書等の修正

(ii) 工程管理：請け負った建設工事全体の進捗確認、下請負人間の工程調整

(iii) 品質管理：請け負った建設工事全体に関する下請負人からの施工報告の確認、必要に応じた立会確認

(iv) 安全管理：安全確保のための協議組織の設置及び運営、作業場所の巡視等請け負った建設工事全体の労働安全衛生法に基づく措置

(v) 技術的指導：請け負った建設工事全体における主任技術者の配置等法令遵守や職務遂行の確認、現場作業に係る実地の総括的技術指導

(vi) その他：発注者等との協議・調整、下請負人からの協議事項への判断・対応、請け負った建設工事全体のコスト管理、近隣住民への説明

② ①以外の建設業者は、「施工計画の作成、工程管理、品質管理、安全管理、技術的指導等」として、それぞれ次に掲げる事項を主として行うことが必要。

(i) 施工計画の作成：請け負った範囲の建設工事に関する施工要領書等の作成、下請負人が作成した施工要領書等の確認、元請負人等からの指示に応じた施工要領書等の修正

(ii) 工程管理：請け負った範囲の建設工事に関する進捗確認

(iii) 品質管理：請け負った範囲の建設工事に関する立会確認（原則）、元請負人への施工報告

(iv) 安全管理：協議組織への参加、現場巡回への協力等請け負った範囲の建設工事に関する労働安全衛生法に基づく措置

(v) 技術的指導：請け負った範囲の建設工事に関する作業員の配置等法令遵守、現場作業に係る実地の技術指導

(vi) その他：自らが受注した建設工事の請負契約の注文者との協議、下請負人からの協議事項への判断・対応、元請負人等の判断を踏まえた現場調整、請け負った範囲の建設工事に関するコスト管理、施工確保のための下請負人調整

ただし、請け負った建設工事と同一の種類の建設工事について単一の業者と下請契約を締結するものにつ

いては、次に掲げる事項を全て行うことが必要。

・請け負った範囲の建設工事に関する、現場作業に係る実地の技術指導
・自らが受注した建設工事の請負契約の注文者との協議
・下請負人からの協議事項への判断・対応

なお、建設業者は、法第二十六条第一項及び第二項に基づき監理技術者等を置かなければならないが、単に現場に監理技術者等を置いているだけではこれらの事項を行ったことにはならず、また、現場に元請負人との間に直接的かつ恒常的な雇用関係を有する適格な監理技術者等が置かれない場合には、「実質的に関与」しているとはいえない。

㈣　一括下請負に該当するか否かの判断は、元請負人が請け負った建設工事一件ごとに行い、建設工事一件の範囲は、原則として請負契約単位で判断される。また、元請負人の中間搾取の有無は、一括下請負であるか否かの判断においては考慮されず、元請負人が一切利潤を得ていなくても、工事そのものを一括して請け負わせたのであれば、本項違反となるものである。

なお、本項に「一括して他人に請け負させてはならない」とあるが、ここに「他人」とは、発注者と請負人以外のすべての者を指すものである。

三　第二項は、建設業を営む者が、建設業者から当該建設業者の請け負った建設工事を一括して請け負うことを禁止したものである。

これは、第一項において元請負人に対し一括下請負を禁止したのを受けて、さらにその徹底を期するため、下請負人に対しても一括下請負に該当する請負行為を禁止し、このような一括下請負を避けることを元請負人と下請負人の双方の義務としたものである。なお、本項の規制を受けるものは、「建設業を営む者」であり、建設業者に限らない。

このように、一括下請負の禁止は、元請負人だけでなく下請負人にも及ぶものであり、下請負人においても、工事の施工に係る自己の責任の範囲及び元請の監理技術者又は主任技術者による指導監督系統を正確に把握すること

により、漫然と一括下請負違反に陥ることのないよう注意する必要がある。
そもそも、誰が元請負人における当該工事の施工の責任者であるのか分からない状態で下請負人の施工が適切に行われることは考えられず、瑕疵が発生した場合の責任の所在も不明確となる。したがって、下請負人にとって元請負人の適格な技術者が配置されていると信じるに足りる特段の事由があり事後に適格性がないことが判明した等やむを得ない事情がない限り、元請負人において適格な技術者が配置されず、実質的に関与しているといえない場合には、本項違反となるものと解される。

四　第三項は、一括下請負の禁止の例外を定めたものである。
本条の規定の趣旨からみて、一括下請負に該当する場合であっても、請負代金の額が適正に定められた元請負人と下請負人の間における不当な中間搾取がなく、下請契約の内容も適正であり、工事の適正な施工が保証されている場合は、とくにこれを禁止する理由及び実益はない。そこで、前二項の建設工事が多数の者が利用する施設又は工作物に関する重要な建設工事で政令で定めるもの以外の建設工事である場合において、当該建設工事の元請負人があらかじめ発注者の書面による承諾を得た場合には、前二項を適用しないこととしたものである。

㈠　本項の適用を受けるためには、あらかじめ「発注者の承諾」を受けることを要する。「発注者の承諾」であるから、数次の下請をしている場合であっても、必ず最初の注文者たる発注者の承諾を得なければならないことに注意すべきである。これは、一括下請負により不利益を被るおそれが一番大きいのは発注者であることから、当然のことである。承諾を受けるべき者は「元請負人」であるから、建設工事を一括して他人に請け負わせようとする者であり、その承諾は「あらかじめ書面により」受けておく必要がある。したがって、下請人が請け負った工事を一括して再下請負に付そうとする場合にも、発注者の書面による承諾を受けなければならない（当該下請負人に工事を注文した元請負人の承諾ではない）。
なお、許可を受けた事業協同組合は、組合として請け負った工事を、組合員はもちろん組合員以外の者にも下請させることはできるが、組合員であると組合員以外の者であるとにかかわらず、一括下請負については本法の適用を受けるので、組合員に工事を一括して行わせる場合であっても、あらかじめ発注者の書面による承諾を受けるべきものと解されている。

また、本項の規定により、第二十六条第二項に該当する工事をあらかじめ発注者の書面による承諾を得て、一括下請負に付したときでも、元請負人は第二十六条第二項の監理技術者を設置しなければならず、下請負人も同時に第二十六条第一項の主任技術者を設置しなければならない。

(二)　分譲マンション等においては、工事の発注をする不動産業者と、元請業者のブランドを信頼してマンションを取得するマンション取得者は一致しておらず、こうした発注者とエンドユーザーとが異なる場合には、発注者の承諾のみに基づく一括下請負は、エンドユーザーの元請業者に対する信頼を損なうことに帰着する。そこで、構造計算書偽装事件を受けて行われた平成十八年の法改正（平成十八年法律第百十四号「建築士法等の一部を改正する法律」）において、一定の建設工事に限って、発注者の書面の承諾があっても、一括下請負を全面的に禁止することとしたものである。

一括下請負の全面禁止の対象としては、

・分譲マンションは、消費者が広告を見てマンション選びをする段階から、元請が大手のゼネコンであるかなどに注意を払い、物件の選定をしている実態が見られ、こうした消費者の信頼を保護する必要がある

・マンションは、賃貸用として建設し、結果的に分譲する場合もあることから、禁止に当たっては抜け道を遮断するために、賃貸住宅も含めた「共同住宅」とすることが適当である（共同住宅を規定して賃貸住宅を含むこととなっても、居住は人間の生活において基本的な行為であり、その場がどのように施工されたのかについては居住者も大きな利害関係を有していることから、過剰な規制とはならない）

・他に、百貨店やホテルなども一括下請負の全面禁止の対象とすることも考えられるが、エンドユーザーが元請業者の名前を信頼して買い物や宿泊をすることは考えにくく、その信頼は保護するまでもないことから、こうした施設は除外することが適当である

等の理由から、「共同住宅を新築する建設工事」とされた（平成二十年十一月二十八日より施行。参照、平成二十年政令第百八十六号）。

なお、「共同住宅を新築する建設工事」以外の建設工事については、発注者の書面による承諾があれば、一括下請負は違法ではない。

五　第四項は、第十九条第三項と同様、書面の交付等に関する情報通信の技術の利用のための関係法律の整備に関する法律により追加されたものである。

本項の規定により、発注者は、一括下請負の承諾に係る通知を電磁的方法により行うことができることとなるが、その際には令第六条の三第一項の規定に従い、あらかじめ元請負人の承諾を得る必要がある。この承諾は、書面、電磁的方法のいずれの方法によって行われても構わないが、用いられる電磁的方法の種類及び内容についての相手方の承諾を得る必要がある。

なお、電磁的方法としては、電子メール、CD－ROM等を利用した方法のうち適切と認められるものが、国土交通省令で定められている。

また、令第六条の三第二項の規定により、元請負人から電磁的方法による通知を受けない旨の申出があった場合は、発注者は当該通知を電磁的方法によってしてはならないこととされ、両者が合意した場合においてのみ、書面による通知に代えて電磁的方法を用いることが認められる。

六　本条の規定に違反した者に対しては、指示、営業の停止、許可の取消等の監督処分の適用がある。しかし、この場合においても、下請負契約自体が当然に無効となるものではない。

なお、実際の請負契約においては、本条による一括下請負の禁止のほか、特約で個々の工事を下請に出すことを禁止又は注文者の承諾にかからしめていることが少なくないが、そのような下請禁止の特約に違反する下請契約も、請負人の注文者に対する債務不履行を生ずることとなるのは別として、下請契約自体は無効ではなく、有効であるとされている（大判・明四五・三・一六）。

七　なお、当該建設工事が入札契約適正化法に規定する公共工事に該当する場合には、本条第三項の規定は適用されず、一括下請負は一切認められないこととなる（同法第十四条参照）。

〔法　律〕

（下請負人の変更請求）

**第二十三条**　注文者は、請負人に対して、建設工事の施工につき著しく不適当と認められる下請負人があるときは、その変更を請求することができる。ただし、あらかじめ注文者の書面による承諾を得て選定した下請負人については、この限りでない。

2　注文者は、前項ただし書の規定による書面による承諾に代えて、政令で定めるところにより、同項ただし書の規定により下請負人を選定する者の承諾を得て、電子情報処理組織を使用する方法その他の情報通信の技術を利用する方法であつて国土交通省令で定めるものにより、同項ただし書の承諾をする旨の通知をすることができる。この場合において、当該注文者は、当該書面による承諾をしたものとみなす。

本条は、建設工事の施工に当たっている下請負人が、注文者の期待に反して、建設工事を的確に施工していない場合、あるいはその円滑な施工を妨げている場合等には、注文者は、請負人に対して、その下請負人の変更を求めることができることを明らかにしたものである。それは、請負人は、通常当該建設工事の完成の義務を負うだけであり、どのような下請負人を使おうとも原則として自由なはずであるが、右のような下請負人がいる場合には、注文者は安心して工事の施工を請負人に任せておくことができず、注文者と請負人の信頼関係の上に成り立つ建設工事の請負契約の履行そのものが危ぶまれるからである。

一　第一項の規定により、下請負人の変更を請求することができるのは、その下請負人が、「建設工事の施工につき著しく不適当と認められる」場合に限られる。したがって、「建設工事の施工」に直接関係のない事柄、たとえば下請負人の品行がよくないというようなことは、本条の直接問題とするところではない（ただし、そのために工事の施工そのものが不可能となるような場合には、本条に該当するものと考えられよう。）。また、建設工事の施工に関係のある事項（建設工事を的確に施工しうる技術、技能又は能力の有無等）であっても、そのことについて「著しく不適当と認められる」者でなければ、変更を求めることはできない。「著しく不適当と認められる」ためには、客観的妥当性が必要であり、注文者が主観的あるいは恣意的判断により、変更を請求しても、客観的に証明されない限り請負人はそれに応ずる義務がないことは当然である。

二　下請負人の「変更」の請求とは、要するに下請負人の交代の請求のことであり、単に著しく不適当と認められる行為に対する是正の要求に止まるものではない。これは、下請負人は、工事の施工に実質的に携わるものであり、下請負人に対する全人格的信頼のない限り、注文者は工事の的確な施工そのものについて確信を持つことができないこととなるからである。

三　本条ただし書の規定は、下請負人の選定について、注文者が、あらかじめ書面により承諾している場合には、その変更を請求することができない旨を規定したものである。これは、注文者が自己の責任において、その下請負人を容認したものであるから当然のことである。

四　注文者の下請負人の変更の請求が正当な理由に基づくものであるのに、請負人がその変更の請求に応じない場合には、指示等の監督処分の対象になると解されよう。

五　第二項は、第十九条第三項と同様、書面の交付等に関する情報通信の技術の利用のための関係法律の整備に関する法律により追加されたものである。

本項の規定により、注文者は、下請負人の選定の承諾に係る通知を電磁的方法により行うことができることとなるが、その際には令第七条第一項の規定に従い、あらかじめ下請負人を選定する者の承諾を得る必要がある。この承諾は、書面、電磁的方法のいずれの方法によって行われても構わないが、用いられる電磁的方法の種類及び内容についての相手方の承諾を得る必要がある。

なお、電磁的方法としては、電子メール、ＣＤ－ＲＯＭ等を利用した方法のうち適切と認められるものが、国土交通省令で定められている。

また、令第七条第二項の規定により、下請負人を選定する者から電磁的方法による通知を受けない旨の申し出があった場合は、注文者は当該通知を電磁的方法によってしてはならないこととされ、両者が合意した場合においてのみ、書面による通知に代えて電磁的方法を用いることが認められる。

〔法　律〕

（工事監理に関する報告）

**第二十三条の二**　請負人は、その請け負つた建設工事の施工について建築士法（昭和二十五年法律第二百二号）第十八条第三項の規定により建築士から工事を設計図書のとおりに実施するよう求められた場合において、これに従わない理由があるときは、直ちに、第十九条の二第二項の規定により通知された方法により、注文者に対して、その理由を報告しなければならない。

本条は、請負人が、その請け負った建設工事の施工について建築士法第十八条第三項の規定により建築士から工事を設計図書のとおりに実施するよう求められた場合において、これに従わない理由があるときは、直ちに、第十九条の二第二項の規定により通知された方法により、注文者に対して、その理由を報告すべきことを義務付けたものである。

一　工事が設計図書のとおりに実施されることを確保するため、建築士法第十八条第三項では、工事監理を行う建築士は、工事が設計図書のとおりに実施されていないと認めるときは、直ちに、施工者に工事を設計図書の通りに実施するよう求め、施工者がこれに従わないときは、建築主（発注者）に対して報告しなければならないこととされている。

他方、施工に当たる建設業者は、施工技術をもって設計図書に従って建設工事を行う責務を有しており、工事現場には一定の資格を有する監理技術者又は主任技術者が配置されていることから、設計図書通りの施工であるか否かについて工事監理者と見解の相違が生じた場合には施工者の方が正しい可能性もある。

こうしたことから、工事監理を行う建築士と施工者の見解が相違する場合には、発注者が適切な判断をできるよう、建築士の意見のみならず、場合によっては施工者の意見についても施工者から報告をさせることが必要であることから、平成十八年の改正により、新たに工事監理に関する報告の規定を置くこととなったものである。

二　建設業法は施工に関する規律を規定する法律であるが、工事監理業務は、設計通りに施工がなされているかを確認するものとして、施工にとっても極めて重要な位置付けを占めている。

工事監理業務は設計と同様、建築士の領域にあるものであることからすれば、当然、工事監理業務そのものについて建設業法で規定することは適当ではない。

しかしながら、工事監理業務に関連して、設計図書通りに施工がなされていない場合に、工事監理者が施工者に与えた指示に対して施工者が指示に従わない旨とその理由を発注者に報告することは、工事監理業務の内容に踏み込むものではなく、発注者と施工者の請負契約の関係によって施工の適正を確保しようとするものであることから、建設業法の趣旨には反しないものといえる。

〔法　律〕

**第二十四条**　委託その他いかなる名義をもってするかを問わず、報酬を得て建設工事の完成を目的として締結する契約は、建設工事の請負契約とみなして、この法律の規定を適用する。

本条は、本法の適用上請負契約とみなすものの範囲を規定したものである。

一　建設工事の請負契約の適正化を図ることは、本法の大きな目的の一つであり、その具体的な実現を確保するため、建設工事の完成を請け負う営業を営む者については、令第一条の二に規定する軽微な建設工事のみを請け負うことを営業とする者を除き、建設業の許可を受けなければならないこととする（第三条）とともに、本章においては、建設工事の請負契約の原則（第十八条）、建設工事の請負契約の内容（第十九条）、不当に低い請負代金の禁止（第十九条の三）、一括下請負の禁止（第二十二条）等建設工事の請負契約に関する一般的な事項について規制しているほか、特に特定建設業者については、下請代金の支払期日等について重い義務を課しており（第二十四条の五）、また、次章においては、建設工事の請負契約に関する紛争の解決を図るための機関である建設工事紛争審査会について規定している。

ところが、現実に締結される契約は、建設工事の完成を目的としているものであっても、必ずしも請負という名義を用いていない場合がある。それは、一つには、民法の請負そのものが、他の典型契約である雇用や委任と明確に区別し難いばかりでなく、種々の特約が可能であり、さらに、民法の典型契約以外の無名契約も認められていることにより、現実の建設工事が民法の原則を修正した形で行われることが多いことによるものである。また第二に、本法の適用を免れるために、雇用契約とか委任契約とかの名称を使用することも多いためと考えられる。

そこで、本法の適用の対象を明確にし、脱法行為を防ごうというのが、本条の趣旨である。

二　本条により、委託、雇用、委任その他いかなる名義を用いるものであろうと、実質的に報酬を得て建設工事の完成を目的として締結する契約はすべて建設工事の請負契約とみなされ、このような行為をする者に対しては、本法の規定が適用される。なお、売買契約と請負契約の混合契約と考えられるいわゆる製作物供給契約により建設工事の完成をする場合も本条の適用を受けるものと解釈すべきであり、したがって、いわゆる建物の建売業者と称するものであっても、実質的には請負契約である場合は本法の適用を受けることがあると考えるべきである。

## 第二節　元請負人の義務

〔法　律〕

（下請負人の意見の聴取）

**第二十四条の二**　元請負人は、その請け負つた建設工事を施工するために必要な工程の細目、作業方法その他元請負人において定めるべき事項を定めようとするときは、あらかじめ、下請負人の意見をきかなければならない。

本条は、元請負人がその請け負った建設工事を施工するため必要な工程の細目、作業方法等を定めるときは、下請負人の意見を聴取すべきことを義務付けたものである。

一　下請負に付される建設工事は、通常部分的な専門工事であり、その施工に当たって、工程の細目、作業方法等は他の工事と密接に関連するのが通常である。

したがって、下請負人が施工する工事の工程の細目、作業方法その他の事項で元請負人があらかじめ定めておくことが必要なものについては、当然下請契約書において契約の内容として定めておくべきことが原則であると考えられる。しかし、現実の建設工事の下請契約においては、これらの事項を契約書に盛り込んでおくことが非常に困難であり、そのため工事現場における元請負人の指導管理に委ねられているのが通常である。

このような建設工事は、工事現場における元請負人の総合的な指導管理の下に下請負人が参加して施工されるものであるから、その円滑かつ適正な施工を確保するためには、元請負人と下請負人との緊密な連絡、協調の体制がとられていることが望ましく、とくに元請負人の工事施工管理の面に、下請負人の意見や意思をできる限り反映させることは、下請負人の利益の保護に資するものであり、ぜひ必要とされるところである。

以上の趣旨により、建設工事の適正な施工を図るとともに、下請負人の利益をできるだけ保護するため、本来元請負人が単独で決定することができる工程の細目等の事項についても、元請負人が決定するに当たっては、あらかじめ下請負人の意見をきくべきこととしているのが本条の規定である。

二　本条により、元請負人が下請負人の意見をきかなければならない事項は、その請け負った建設工事を施工するために必要な工程の細目、作業方法その他元請負人において定めるべき事項である。

工事の「工程」とは、工事の施工順序及び所要日数のことである。このうち工事着手の時期及び完成の時期並びに引渡しの時期は、請負契約の内容として書面に記載しなければならないこととされており（第十九条）これについては契約の締結に際して両当事者の合意がなされるわけであるから、ここで考えられているのは、具体的に細分された個々の工事について何時から何時までを予定しているかというような実際の工事の進行に関する細かい内容である。たとえば、各工程別の基礎工事、根切り工事、コンクリート工事、型枠工事、鉄筋工事、仕上工事等について、それぞれ何日から始め何日までに終わるかというような予定のことである。

「作業方法」とは、当該契約の目的たる工事を完成するために具体的に用いられる工法、使用する建設機械等工事の施工方法の細部にわたる事項であり、他の下請負人の工事との調整、工期等の都合から契約に定められた場合又は元請負人が指示した場合を除き、下請負人が選択決定し得るものである。

「その他元請負人において定めるべき事項」とは、たとえば、使用材料についてとくに通常と異なるものを要求する場合に、それについての下請負人の意見の聴取などが考えられよう。

三　本条は、訓示規定であり、下請負人の意見を聴取しなかったからといって、ただちに契約が無効となり、罰則が適用されるわけではない。しかし、これらの事項について、下請負人の意見を反映することができるならば、下請負人は、その工程、作業方法等に合わせて、円滑に必要な人員の確保、資材の購入等を図ることができ、計画的な工事の実施が可能となり、安心して当該工事の施工に専念し得るものであるから、下請保護を目的とする本条の規定により元請負人は、下請負人の意見の聴取に十分意を用いるべきである。

〔法　律〕

（下請代金の支払）

**第二十四条の三**　元請負人は、請負代金の出来形部分に対する支払又は工事完成後における支払を受けたときは、当該支払の対象となつた建設工事を施工した下請負人に対して、当該元請負人が支払を受けた金額の出来形に対する割合及び当該下請負人が施工した出来形部分に相応する下請代金を、当該支払を受けた日から一月以内で、かつ、できる限り短い期間内に支払わなければならない。

２　元請負人は、前払金の支払を受けたときは、下請負人に対して、資材の購入、労働者の募集その他建設工事の着手に必要な費用を前払金として支払うよう適切な配慮をしなければならない。

本条は、元請負人が注文者から請負代金の支払を受けたときの下請負人に対する下請代金の支払について規定したものである。

一　第一項は、元請負人が、その注文者から請負代金の出来形部分に対する支払又は工事完成後における支払を受けたときは、その支払の対象となった建設工事を施工した下請負人に対して、下請代金を一月以内にすみやかに支払うべきことを義務付けたものである。

下請代金の支払については、本来、元請負人と下請負人の両当事者の合意により下請契約において定められるべきものであるが、建設工事の請負契約の実態をみると、元請負人は、その経済的事情により、注文者から支払われた工事代金を下請代金の支払にあてることなく他に転用して下請負人を不当に圧迫することが少なくない。そこでこのような不公正な取引を排除するため本項の規定が設けられたのである。

二　元請負人が本項により下請代金を支払わなければならないのは、「請負代金の出来形部分に対する支払又は工事完成後における支払を受けたとき」に限られる。

「請負代金の出来形部分に対する支払」とは、いわゆる出来高払のことである。民法の規定によれば、請負代金は仕事の完成に対して支払われるものであり、その支払時期も原則として工事目的物の引渡しと同時と考えられている（民法第六百三十二条、第六百三十三条）が、実際には、請負人とくに下請負人はその資金を持っているわけではないので、民法の一般原則によらないで、前金払や部分払を行うのが合理的である。実際、出来高払は、このような観点から、工事の途中においても、ある程度の出来形ができると行われるのが通例であり、建設工事標準請負契約約款においても、請負人の権利として明定されている。

請負代金の「工事完成後における支払」とは、いわゆる竣工払のことであり、前払金及び出来高払金を除いた残金の支払である。

ここで問題となるのは、元請負人が前払金の支払を受けたときに本項はどのように適用されるかということであるが、これについては、前払金の支払を受けたときは、その限度内において当該前払金が各月の当該工事の出来形部分に対する支払に順次充当されたものとみなして本項が適用されると考えるべきである。

また元請負人が請負代金を手形で受けとった場合には、その手形が一般の金融機関で割引を受けることができないものであるならば格別、その他の場合はここにいう支払を受けたものと解することができよう。

三　下請代金を支払うべき相手は、「当該支払の対象となった建設工事を施工した下請負人」である。したがって、元請負人が請負代金の支払を受けた場合であっても、当該支払の対象となった建設工事とは直接関係のない下請負人に対しては、本条による下請代金を支払う必要がないことはいうまでもない。

四　下請負人に対して支払うべき下請代金は、「当該元請負人が支払を受けた金額の出来形に対する割合及び当該下請負人が施工した出来形部分に相応する下請代金」である。

「元請負人が支払を受けた金額の出来形に対する割合に相応する下請代金」とは、たとえば、注文者から元請負人が、その施工した工事の出来形に対して、九割に相当する金額の支払を受けた場合は、その支払の対象となった工事のうち下請負人が施工した工事の出来形に対して九割に相当する金額の下請代金をいい、また、「下請負人が施工した出来形部分に相応する下請代金」とは、たとえば、支払の対象となった工事を複数の下請負人によって施工していた場合に、当該下請負人が、その工事の三割に相当する部分を施工したのであれば、下請負人全部に支払われる下請代金の三割に相当する下請代金をいう。

五　下請代金は「当該支払を受けた日から一月以内で、かつ、できる限り短い期間内に支払われなければならない。」

この「一月以内」という支払期間は、本来、下請負人の保護の見地からすれば、下請代金は、できる限りすみやかに支払うべきものであるが、建設業界の商慣習では、毎月一定の日に代金の支払を行うということが多いという実情を踏まえて、このように定められたものである。したがって、一月以内であれば何時でもよいというのではなく、できる限り短い期間内に支払わなければならないのは当然のことである。

本項は、下請代金の支払期日を定めた強行規定であるので、下請契約において定めた支払期日が、本項で定める期日よりも遅い場合は、下請契約で定めた支払期日は無効となり、本項で定める期日、すなわち、元請負人が支払を受けた日から一月目に当たる日が支払期日となる。したがって、その日までに下請代金を支払わないときは、履行遅滞となり、損害賠償の責を負うこととなる。

六　元請負人が、本項の規定に違反している事実があり、その事実が独占禁止法第十九条の規定に違反していると認められるときは、国土交通大臣又は都道府県知事あるいは中小企業庁長官から、公正取引委員会に対して同法の規定に従い適当な措置をとるべきことを求めることができることとされている（第四十二条、第四十二条の二）。独占禁止法の「認定基準」の㈢によれば、元請負人が、正当な理由がないのに、本項の規定に違反して一月以内に代金の支払をしない場合には、不公正な取引方法となり、同法の規定により公正取引委員会から排除命令等の措置がとられることとなる（第十九条の三、第四十二条、第四十二条の二の解説参照）。

本来の規定は取引上の地位の優劣の如何にかかわらず、当然必要な義務を定めたものであり、また、重層下請関係が多くみられる建設工事の施工の実情を考慮すれば末端の下請業者にまで下請代金の支払の適正化を図る必要があり、どのような下請関係においても本条の規定が適用されるが、独占禁止法の「認定基準」においては、元請負人とはその地位が下請負人に対して優越しているものと考えられており、下請負人が経済的に優位な立場にある場合は、同法の適用はないものと考えられている（第十九条の三の解説参照）。

なお、「認定基準」において「正当な理由」があると認められるのは、たとえば、不測の事態が発生したため、支払が遅延することに真にやむを得ないと明らかに認められる理由がある場合等とされている。

七　第二項は、元請負人が、前払金の支払を受けたときは、下請負人に対しても建設工事の着手に必要な費用を前払金として支払うよう努めるべきことを規定したものである。

建設工事の請負契約においては、発注者から資材の購入や、労働者の募集等建設工事の着手のために必要な準備資金が前払金として支払われることが一般的慣行となっている。ところが、このような資材の購入等の準備行為は、元請負人ばかりでなく下請負人によっても行われることが多く、したがって、そのような場合には、下請負人にも前払金を支払うことが適切であり、本項の規定が設けられたものである。

本項は、元請負人の受ける前払金の内容や着工準備行為の内容が、個々の契約によって異なること及び前払金に対する担保手段も確立していないことにより、形式上努力規定とされているが、右のような趣旨からすれば、できるかぎり下請負人に対しても前金払の支払をすることが望ましく、またそれが下請負人の保護育成にも資することとなるから、元請負人は、前金払について特段の問題がない限り、積極的にその実施に心がけるべきである。

〔法　律〕

（検査及び引渡し）

**第二十四条の四**　元請負人は、下請負人からその請け負つた建設工事が完成した旨の通知を受けたときは、当該通知を受けた日から二十日以内で、かつ、できる限り短い期間内に、その完成を確認するための検査を完了しなければならない。

2　元請負人は、前項の検査によつて建設工事の完成を確認した後、下請負人が申し出たときは、直ちに、当該建設工事の目的物の引渡しを受けなければならない。ただし、下請契約において定められた工事完成の時期から二十日を経過した日以前の一定の日に引渡しを受ける旨の特約がされている場合には、この限りでない。

本条は、元請負人の建設工事の完成の検査及び当該工事目的物の引渡しの受領について規定したものである。

一　一般の元請負人は、注文者から請負代金の支払を受けた場合にのみ一定期間内に下請代金を支払うことを義務付けられている（第二十四条の三）が、注文者からの支払がない場合の元請負人と下請負人の間における下請代金の支払期日については、従来法律的な規制は何もなく、通常慣習的に毎月何日締切の出来高について翌月の何日に支払うというように取り扱われている場合が多いようであった。しかし、これは、必ずしも両当事者の間で契約等により明確に定められているわけではないので、元請負人の検査が遅れて支払を遅らされたり、支払期日が一方的に変更されたりして、下請負人が不当な不利益を被ることが多かった。建設工事の請負契約に基づき下請負人がその請け負った建設工事を完成した場合において、元請負人がいつまでもその完成を確認するための検査を行わず、したがって、完成した工事目的物の引渡しを受けないときは、下請負人は、下請代金の支払を受けることができないばかりでなく、その間完成した工事目的物の保管責任を負わされて、不測の損害を被ることとなるおそれもあり妥当ではない。したがって、本法は、このような下請負人の不利な立場を救済するため、元請負人の竣工検査の実施及び工事目的物の受領を義務付けることとしたものである。

二　第一項は、元請負人が下請負人から建設工事が完成した旨の通知を受けたときの、当該建設工事の完成を確認するための検査の時期について規定したものである。

元請負人に対する下請負人からの「通知」は、条文上は、必ずしも書面による必要はなく、口頭によるものでもよいが、後日の争いを避けるためには書面によることが望ましく、実際、大規模な下請工事については書面による検査願等が使用されているのが通例である。

元請負人は、当該通知を受けた日から二十日以内に工事完成検査を完了しなければならない。

この「二十日以内」という期間は、通常、検査準備から終了までに要する期間は大体二週間を限度としている（政府契約の支払遅延防止等に関する法律第五条）が、請負契約の内容、工事目的物、工事施工場所その他の事情により検査に要する期間が多少長くなる場合もあると考えられるので若干余裕をもたせ、それ以上の遅延を禁止することとしたものである。なお、「当該通知を受けた日」とは、通知が元請負人の支配圏内に到達し、了知し得べき状態に置かれた日をいい、その日から二十日以内に検査を完了すべきこととなるわけであるが、この期間の計算は民法の原則（民法第百四十条）により、通知を受けた日の翌日から起算することとなる。

工事完成検査は、二十日以内であればいつでもよいというのではなく、「できる限り短い期間内に」行われなければならない。すなわち、この二十日以内という期間は、通常の建設工事の検査に要する最長期間よりもさらに余裕をもたせているものであるから、普通の場合においては、元請負人の検査は、もっと早く完了することができるものであるので、そのような場合には「できる限り短い期間内に」検査を完了すべきこととしたものである。

なお、下請契約において、工事完成の時期を特定している場合において、それ以前に工事が完成している旨の通知を下請負人から受けたときも、元請負人は、その日から二十日以内に検査を完了しなければならないか否かは疑問のあるところである。この場合には、下請負人が期限の利益を放棄したものとして、検査は特約による工事完成の時期から二十日以内に完了すればよいという考え方もあると思われるが、第二項ただし書において、下請契約において特定した工事完成の時期から二十日以内の一定の日を引渡しの日とする特約は有効であると規定していることを考えると、その反対解釈として、本項の検査は、特約の如何にかかわらず、実際に工事を完成した旨の通知を受けた日から二十日以内に完了すべきものと解すべきであろう。

三　第二項は、前項の工事完成検査完了後における元請負人の当該建設工事の目的物の引渡しの受領義務について規定したものである。

建設工事の請負契約において、工事目的物の引渡しが問題とされるのは、原則として工事目的物の所有権は引渡しにより請負人から注文者に移転するものであるから、工事完成後における保管責任、危険負担の帰属を、すみやかに請負人から注文者に移転する必要があるからである。

元請負人は、建設工事の完成を確認した後において、下請負人が申し出たときは、「直ちに」工事目的物の引渡しを受けなければならないとされているが、この下請負人の「申出」も要式行為ではなく、口頭による申出でもよい。また「引渡しを受ける」とは、所有権の移転を受けて、自ら保管責任を負うことを指すものである。また下請けされた工事についてあらかじめ一部分を指定し、その指定された部分について完成した場合には、当該部分について完成したものとして引き渡す旨の特約があるときは、その当該部分の完成を本条にいう完成として、検査及び引渡しの対象とすべきであろう。

四　第二項ただし書は、下請契約であらかじめ工事完成の時期を定めたにもかかわらず、下請負人の事情で工事の完成が予定よりも早くなり、その結果、元請負人が工事目的物の引渡しの受領を当初の予定よりも早く義務付けられることは元請負人の都合等もあり、適当ではないので、下請負契約において定められた工事完成の時期から二十日を経過した日、すなわち契約どおりに履行がなされれば工事完成検査を完了していなければならない日以前の一定の日に引渡しを受ける旨の特約がなされているときは、この特約は有効であり特約の日に引渡しを受ければよいこととしたものである。しかしこれは、実際の工事の完成が、契約による予定日よりも相当早まった場合には、工事の完成検査と引渡しの間に相当の日数があくこととなるが、このようなときに、両当事者が合意により、引渡しの期日を早めることを禁止するものでないことはもちろんである。

なお、工事目的物の引渡時期について特約をしている場合でも、その引渡時期が契約において定められた工事完成の時期から二十日を超えるときは、当該特約は無効であることは文理上当然のことである。

五　元請負人が本条の規定に違反している事実があり、その事実が独占禁止法第十九条の不公正な取引方法の禁止の規定に違反していると認められるときは、当該元請負人の許可行政庁は、公正取引委員会に対し、同法の規定に従い適当な措置をとるべきことを求めることとなる（第四十二条、第四十二条の二参照）。

独占禁止法の「認定基準」の㈠及び㈡によれば、元請負人が行う次に掲げる行為は、不公正な取引方法に該当するものとして取り扱われる。

㈠　下請負人からその請け負った建設工事が完成した旨の通知を受けたときに、正当な理由がないのに、当該通知を受けた日から起算して二十日以内に、その完成を確認するための検査を完了しないこと。

㈡　前記㈠の検査によって建設工事の完成を確認した後、下請負人が申し出た場合に、下請契約において定められた工事完成の時期から二十日を経過した日以前の一定の日に引渡しを受ける旨の特約がなされているときを除き、正当な理由がないのに、直ちに、当該建設工事の目的物の引渡しを受けないこと。

㈠の「正当な理由」がある場合とは、たとえば、風水害等不可抗力により検査が遅延する場合、あるいは、下請契約の当事者以外の第三者の検査を要するため、やむを得ず遅延することが明らかに認められる場合等とされており、㈡の「正当な理由」がある場合とは、たとえば、検査完了から引渡し申出の間において、下請負人の責に帰すべき破損、汚損等が発生し、引渡しを受けられないことが明らかに認められる場合等とされている。

〔法　律〕

（特定建設業者の下請代金の支払期日等）

**第二十四条の五**　特定建設業者が注文者となつた下請契約（下請契約における請負人が特定建設業者又は資本金額が政令で定める金額以上の法人であるものを除く。以下この条において同じ。）における下請代金の支払期日は、前条第二項の申出の日（同項ただし書の場合にあつては、その一定の日。以下この条において同じ。）から起算して五十日を経過する日以前において、かつ、できる限り短い期間内において定められなければならない。

2　特定建設業者が注文者となつた下請契約において、下請代金の支払期日が定められなかつたときは前条第二項の申出の日が、前項の規定に違反して下請代金の支払期日が定められたときは同条第二項の申出の日から起算して五十日を経過する日が下請代金の支払期日と定められたものとみなす。

3　特定建設業者は、当該特定建設業者が注文者となつた下請契約に係る下請代金の支払につき、当該下請代金の支払期日までに一般の金融機関（預金又は貯金の受入れ及び資金の融通を業とする者をいう。）による割引を受けることが困難であると認められる手形を交付してはならない。

4　特定建設業者は、当該特定建設業者が注文者となつた下請契約に係る下請代金を第一項の規定により定められた支払期日又は第二項の支払期日までに支払わなければならない。当該特定建設業者がその支払をしなかつたときは、当該特定建設業者は、下請負人に対して、前条第二項の申出の日から起算して五十日を経過した日から当該下請代金の支払をする日までの期間について、その日数に応じ、当該未払金額に国土交通省令で定める率を乗じて得た金額を遅延利息として支払わなければならない。

〔政　令〕

（法第二十四条の五第一項の金額）

**第七条の二**　法第二十四条の五第一項の政令で定める金額は、四千万円とする。

本条は、特定建設業者の下請代金の支払期日、支払の方法、支払遅延の場合の遅延利息等について規定をしたものである。

一　本条は、下請負人の保護の徹底を図るために設けられた特定建設業の許可制度と関連して特定建設業者については、注文者から支払を受けたか否かにかかわらず、工事完成の確認後、下請負人から工事目的物の引渡しの申出があったときは、申出の日から五十日以内に下請代金を支払わなければならないこととしたものである。そして、これに違反した特定建設業者に対しては、高率の遅延利息の支払義務を課すこととして、支払の遅延の防止を担保しているのである。本条の規定と同趣旨のものとしては、下請代金支払遅延等防止法第二条の二の規定がある。

二　第一項は、特定建設業者が注文者となった下請契約における下請代金の支払期日は、工事目的物の引渡しの申出の日から起算して五十日以内に定められなければならないとしたものである。

本条の規制の対象となる「下請契約」は、「特定建設業者が注文者となつた下請契約」であるが、本条の立法趣旨が、経済的弱者である下請負人に対する下請代金の支払の著しい遅延を防止し公正な取引を確保しようとするものであることから、特定建設業者と同等以上の経済的能力を有すると認められる者が下請負人になった場合にまで、その保護を図る必要はないと考えられるので、下請負人が「特定建設業者又は資本金額が政令で定める金額以上の法人」である場合には、本条は適用されないこととされている。この本条の適用を除外される「特定建設業者」は、「当該建設工事に係る特定建設業者」であり、また「資本金額が政令で定める金額以上の法人」とは、それと同等以上の資力を有すると認められる「資本金額四千万円以上の法人」である。これらの者が下請負人である場合を除いて、元請負人たる特定建設業者は常に本条の義務を負うこととなる。また、本条においても、下請負人は建設業を営む者でありさえすればよく、建設業者には限られないことは当然である。

なお、本条の適用とならない元請負人であったとしても、下請負人の資本金の額が四千万円未満かを問わず、元請負人は下請負人に対し下請代金の支払はできるだけ早い時期に行うことが望ましい。

三　下請代金の支払期日の起算日は、「前条第二項の申出の日」すなわち、特定建設業者が建設工事の完成を確認した後で下請負人が当該建設工事の目的物の引渡しを申し出た日、又は「同項ただし書の一定の日」、すなわち、引渡しについて下請契約において定められた工事完成の日から二十日以内の一定の日とする旨の特約がある場合の、その特約による一定の引渡し日である。単に工事目的物の引渡し後五十日以内としなかったのは、特定建設業者が直ちに引渡しを受領しないこともあり得ると考えられたためである。「特約による一定の引渡し日」を起算日とするのは、下請契約において工事完成の時期について定めがあり、かつ、その定められた工事完成の時期から二十日を経過した日前の一定の日を引渡し日とする特約をしている場合で、それ以外の場合は、工事目的物の「引渡しの申出の日」が起算日となる。

下請代金の支払期日は、この「引渡しの申出の日」又は「特約による引渡しの日」から起算して五十日を経過する日以前において、かつ、できる限り短い期間内において定められなければならない。

このように、下請代金の支払期日は、右の起算日から五十日を経過する日以前でできる限り短い期間内に定めなければならないとされているが、「定められなければならない」と規定されているだけであって、定め方については何ら規定していない。したがって、本条の規定だけからすれば、両当事者の合意さえあれば、必ずしも契約書による必要はないようであるが、第十九条により請負代金の支払時期及び方法は、請負契約書の必要的記載事項とされているのであるから、契約書で一般的に定めておくべきものと考えられる。

四　第一項の規定にかかわらず、下請代金の支払期日が定められなかった場合、あるいは第一項の規定に違反して、引渡しの申出の日又は特約による引渡し日から起算して五十日を超える日を支払期日と定めた場合には、罰則の定めはないが、第二項の規定により、支払期日の定めのない場合は前条第二項の引渡しの申出の日（同項ただし書の場合にあっては、特約による一定の引渡し日。以下同じ。）が、また五十日を超える定めをしている場合は申出の日から起算して五十日を超える日が支払期日とみなされることとなる。

支払期日が定められなかった場合に、申出の日が支払期日とみなされることについては、違反して定められた場合よりも厳しく実態上も無理があるのではないかという意見も予想されるが、前条の規定により元請負人は引渡しの申出の日に直ちに工事目的物を受領しなければならず、その場合には、民法の同時履行の原則により同時に下請代金の支払をしなければならないこととなるのであるから、いわば当然の規定といえる。また、このような規定を設けることにより、支払期日を明確に定めることを促進する趣旨もあると考えられる。逆に、違反して定められた場合に、五十日を経過する日を支払期日とみなすことについては、本来引渡しと同時履行の関係に立つ請負代金の支払の引きのばしを是認することとなるのではないかという批判も考えられるが、建設業の取引においては、工事目的物の引渡し後何日以内に支払うというのが慣例であり、これは必ずしも下請負人を一方的に圧迫するものではなく、取引の実態上正当な理由も認められるものであり、契約において、両当事者に一定の期間をおいて支払うという意思が一応認められる以上、すべて同時履行の関係に立たせる必要はないと考えられたことによるものである。要するに本条の趣旨が、下請負人の保護を図るため、支払期日の明確化、それもできる限り短い期間内におけるのを促進しようとすることにある点から、合目的的に取り扱うこととしたものである。

五　政府契約の支払遅延防止等に関する法律によれば、工事完成検査の時期は、給付終了通知を受けた日から十四日以内（第五条）で、工事代金の支払の時期は検査終了後適法な支払請求書を受理した日から四十日以内（第六条）と定められており、通算すると工事完成後五十四日以内となる。ただし、特殊な内容のものについては、これらの期間はそれぞれ一・五倍の日数以内とされている（第七条）から例外的には通算八十一日以内までは認められる。これは、本法が、工事完成検査の時期を工事完成の通知を受けた日から二十日以内とし、下請代金の支払の時期を工事目的物の引渡しの申出の日から五十日以内としているのと比べると、かなり厳格なものであるが、この法律の適用を受けるのが、国、地方公共団体等公的機関であることを考えれば当然のことである。また、物品製造、役務提供等を対象とする下請代金支払遅延等防止法によれば、下請代金の支払の時期は、給付受領日から六十日以内とされており、当該期間内に検査期間も含まれている。これは、たとえば製品の検査は製品納入後に行われるもので、検査の方法も比較的簡便であり、工事完成検査が、引渡し前に工事内容についてかなり具体的に行われるのと性格を異にすることなどの理由による。

六　前述のとおり、実際の取引においては、毎月一回一定の日をもって締切り翌月の一定の日にだけ支払をするという例も少なくないが、このような場合においては、引渡しの申出の日から起算して五十日を超える日が支払日となることもあるので注意すべきである。

七　第三項は、下請代金の支払を、一般の金融機関による割引を受けることが困難と認められる手形により行うことを禁止したものである。

下請代金の支払とは、法律上は原則として現金による支払と解されるが、一般の商慣習においては手形による支払が非常に多いことは周知のとおりである。

しかし、手形の交付はその約定された日に支払うとのことであって厳密な意味においては支払ではない。そのため、いわゆる手形による支払は禁止されるべきが当然であるが、これを禁止すると一般の商取引に大きな混乱を生ずることとなり、一方、手形の割引によって現金による支払とほぼ同等の効果も期待し得るので、一律に禁止することは避け、「割引を受けることが困難」なため、支払を受けたのと同等の効果を生じない手形の交付のみを禁止することにより、下請負人の利益を不当に害することを規制し、第一項又は第二項の規定による支払期日までに現金払と同等の効果のある支払を確保することを目的としたものである。

「一般の金融機関」とは、預金又は貯金の受入れ及び資金の融通をあわせて業とする銀行、相互銀行、信用組合、信用金庫、農業協同組合等をいい、いわゆる市中の金融業者は含まない。なお、事業協同組合は、預貯金の受入れを業としないから、本項の「一般の金融機関」には含まれない。

「割引を受けることが困難であると認められる手形」に該当するか否かは、その時の金融情勢、金融慣行、元請負人の信用度及び下請負人の信用度等の事情並びに手形の支払期間を総合的に勘案して判断することが必要であるが、元請負人が手形期間百二十日を超える長期手形を交付した場合は、「割引を受けることが困難である手形の交付」と認められる場合があり、その場合には本項に違反する。また、元請負人が特定建設業者か一般建設業者かを問わず、下請代金を手形で支払う場合には、元請負人は下請負人に対し手形期間が百二十日を超えない手形を交付することが望ましい。

特定建設業者が、本項の規定に違反して一般の金融機関による割引を受けることが困難と認められる手形を交付した場合においては、その手形が支払期日までに割引くことができなければ第四項の規定に違反することとなるほか、その事実が独占禁止法第十九条の規定に違反していると認められるときは、許可行政庁が公正取引委員会に対し同法の規定に従い適当な措置をとるべきことを求めることができる（第四十二条、なお第四十二条の二参照）。

独占禁止法の「認定基準」の㈤によれば、「特定建設業者が注文者となった下請契約に係る下請代金の支払につき、前記(二)の申し出の日から起算して五十日以内に、一般の金融機関による割引を受けることが困難であると認められる手形を交付することによって、下請負人の利益を不当に害すること」は、独占禁止法第十九条の不公正な取引方法に該当するものとして取り扱うこととされている。

ここに、「下請負人の利益を不当に害する」とは、下請代金の支払につき手形を交付したことが、現金で支払った場合に比して下請負人に不利益になっている場合で、たとえば、とくに多額の割引料を徴せられた場合とか、過大な担保を求められた場合等がこれに該当すると解されている。なお、下請負人が受け取った手形を自己の都合で割引かずに保有している場合や、手形の紛失等自己の責に帰すべき事由により割引かない場合は、本項に該当しないことは当然であろう。

八　第四項は、特定建設業者は、下請代金を第一項又は第二項による支払期日までに支払うべきことを義務付けるとともに、これに違反した場合には、特別の遅延利息を支払うべきこととしたものである。

支払うべき下請代金の額は、原則として契約により定められた額（契約の変更があった場合においては、変更後の額）であり、すでに前金払や部分払をしている場合には、それを控除した残額を支払えばよいことは当然であるが、工事目的物について部分引渡しをした場合には、それに対応する代金の額は、本条の下請代金の額として支払期日までに支払わなければ、本項の違反となる。

下請代金を支払うべき時期は、第一項又は第二項による「支払期日」までとされている。したがって、本項後段の「その支払をしなかつたとき」とは、①引渡しの申出の日から五十日以内に支払期日が定められている場合には、その定められた支払期日までに支払をしなかったとき、②引渡しの申出の日から五十日を超えて支払期日が定められている場合には、申出の日から五十日までに支払をしなかったとき、③支払期日が定められていない場合には、その申出の日までに支払をしなかったときである。

下請代金の「支払」の方法としては、現金払のほか、これと同様の性格をもつ銀行振込、小切手の交付が認められることはいうまでもないが、さらに一般の金融機関において割引くことのできる手形の交付も現金払と同等の効果をもつ限りにおいて「支払」とみなされる。なお、手形が割引けなかった場合や、割引に当たって通常の割引料を超える割引料を徴せられた場合等は本項の違反となると解される。

特定建設業者は支払期日までに、「その支払をしなかつたとき」は、引渡しの申出の日から起算して五十日を経過した日、すなわち五十一日目からその支払をする日までの期間に対応する遅延利息を支払わなければならない。遅延利息の計算の基礎となる額は、「当該未払金額」と規定されているが、この額は、当該遅延利息算定の起算日においてまだ支払われていない下請代金の額ということである。遅延利息の率は、下請代金支払遅延等防止法第四条の二の規定による遅延利息の率と同率の年十四・六％と定められている（規則第十四条）。この遅延利息は商事法定利率（年六分、商法第五百十四条）に優先して適用され、またこれと異なる約定利率を定めていても、その約定利率は排除される。なお、遅延利息の支払の方法については、特段の定めはない。

九　第四項の規定は、遅延利息の支払義務を課することが目的ではなく、遅延利息を支払えば、下請代金の支払を遅延してもよいという趣旨でないことは当然のことであり、特定建設業者が本項に違反している場合においては、前項の場合と同様許可行政庁が公正取引委員会に対し独占禁止法に基づく措置請求をすることとなる。そして、前記「認定基準」の㈣によれば、「特定建設業者が注文者となった下請契約における下請代金を、正当な理由がないのに、前記㈡（「認定基準」の㈡）の申出の日から起算して五十日以内に支払わないこと」は、独占禁止法第十九条の不公正な取引方法に該当するものとされており、同法により、差止命令等の措置が講ぜられることとなるほか、損害賠償の責に任ずることとなる。

「正当な理由」があると認められるのは、たとえば、天災等不測の事態が発生したため、支払が遅延することが真にやむを得ないと明らかに認められる理由がある場合等と解されている。

十　特定建設業者は、本条の義務のほか、元請負人として第二十四条の三の義務を負う。したがって、特定建設業者の下請代金の支払期日については、注文者から出来高払又は竣工払を受けた日から一月を経過する日か、本条による支払期日のいずれか早い方が実際の支払期日となる。ただし、本条による遅延利息は、引渡しの申出の日から起算して五十日を経過した日以後にのみ課せられるので、それまでの間は、約定の遅延利息か、商事法定利率を支払うこととなる。

〔法　律〕

（下請負人に対する特定建設業者の指導等）

**第二十四条の六**　発注者から直接建設工事を請け負つた特定建設業者は、当該建設工事の下請負人が、その下請負に係る建設工事の施工に関し、この法律の規定又は建設工事の施工若しくは建設工事に従事する労働者の使用に関する法令の規定で政令で定めるものに違反しないよう、当該下請負人の指導に努めるものとする。

２　前項の特定建設業者は、その請け負つた建設工事の下請負人である建設業を営む者が同項に規定する規定に違反していると認めたときは、当該建設業を営む者に対し、当該違反している事実を指摘して、その是正を求めるように努めるものとする。

３　第一項の特定建設業者が前項の規定により是正を求めた場合において、当該建設業を営む者が当該違反している事実を是正しないときは、同項の特定建設業者は、当該建設業を営む者が建設業者であるときはその許可をした国土交通大臣若しくは都道府県知事又は営業としてその建設工事の行われる区域を管轄する都道府県知事に、その他の建設業を営む者であるときはその建設工事の現場を管轄する都道府県知事に、速やかに、その旨を通報しなければならない。

〔政　令〕

（法第二十四条の六第一項の法令の規定）

**第七条の三**　法第二十四条の六第一項の政令で定める建設工事の施工又は建設工事に従事する労働者の使用に関する法令の規定は、次に掲げるものとする。

一　建築基準法第九条第一項及び第十項（これらの規定を同法第八十八条第一項から第三項までにおいて準用する場合を含む。）並びに第九十条

二　宅地造成等規制法第九条（同法第十二条第三項において準用する場合を含む。）及び第十四条第二項から第四項まで

三　労働基準法第五条（労働者派遣法第四十四条第一項の規定により適用される場合を含む。）、第六条、第二十四条、第五十六条、第六十三条及び第六十四条の二（労働者派遣法第四十四条第二項（建設労働法第四十四条の規定により適用される場合を含む。）の規定によりこれらの規定が適用される場合を含む。）、第九十六条の二第二項並びに第九十六条の三第一項

四　職業安定法第四十四条、第六十三条第一号及び第六十五条第八号

五　労働安全衛生法（昭和四十七年法律第五十七号）第九十八条第一項（労働者派遣法第四十五条第十五項（建設労働法第四十四条の規定により適用される場合を含む。）の規定により適用される場合を含む。）

六　労働者派遣法第四条第一項

本条は、特定建設業者に、発注者から直接請け負った建設工事に参加しているすべての下請負人が、その建設工事の施工に関し、本法の規定や建設工事の施工に関する法令あるいは建設工事に従事する労働者の使用に関する法令の規定に違反しないよう指導に努めるべき義務を課するとともに、下請負人がこれらの規定に違反している場合における所要の措置について規定したものである。

一　大規模な建設工事の施工に当たっては、多数の下請負人が参加し、さらにいわゆる孫請以下の二次、三次の下請が行われることも多く、これらの下請負人が共同して工事を施工することとなるのであるが、従来これら下請負人は建設工事の施工に関し必要とされる本法や建築基準法、労働基準法等の規定についての理解が十分でなく、これらの規定を遵守しないために、工事現場における事故災害等のほか、労働者に対する賃金の不払等種々の問題を生じることが少なくなかった。加えて建設工事に従事する下請負人が建設工事の施工に関し必要とされる法令の規定を遵守するよう指導すべき者もはっきりしておらず、その指導能力も問題とされるところであった。そこで、このような問題を解決するため、発注者から直接建設工事を請け負った特定建設業者に対して、当該建設工事の下請負人が所定の法令の規定に違反しないよう指導すべき義務を課することとしたのが本条の趣旨である。

二　下請負人に対する指導義務等を負うのは、特定建設業者のうち、「発注者から直接建設工事を請け負つた特定建設業者」だけである。したがって、特定建設業者が下請負人である場合は、本条の義務を負うところではないが、これは、発注者から直接建設工事を請け負った特定建設業者が、当該建設工事の施工に関して統一的かつ総合的な指導監督を行うものであり、その下に各下請負人が共同して工事を施工するという実態を考えて、最終的責任者たる最初の元請負人である特定建設業者に法律上の義務を限定したものである。このことは、しかし、他の元請負人が下請負人に対する指導を怠ってもよいという趣旨でないことはもちろんであり、他の元請負人においても積極的に同様の指導に努めるべきであることはいうまでもない。また、同様に一般建設業者においても、当該工事の下請負人に対し本条の趣旨に準じ指導を行うことが望ましいことも当然のことである。

指導の対象となる当該建設工事の「下請負人」とは、右の特定建設業者と直接の契約関係にある者に限らず、当該建設工事に従事するすべての下請負人と解すべきである。

三　下請負人に対し違反しないよう指導すべき法令の規定は、①建設業法の規定並びに②建設工事の施工に関する法令（建築基準法、宅地造成等規制法）及び③建設工事に従事する労働者の使用に関する法令（労働基準法、職業安定法、労働安全衛生法等）の規定のうち一定のものである。その具体的な内容は次のとおりであるが、これらの規定は、建設工事の施工に密接な関連を有するもので、下請負人の保護、建設工事の施工に伴う災害の防止、労働者の保護及び安全の確保等の見地から必要最小限のものであるから、これらの規定が確実に遵守されるよう、特定建設業者が、下請負人の指導に特段の注意を払うことが期待される。

㈠　建設業法の規定

下請負人の保護に関する規定、技術者の設置に関する規定等本法のすべての規定が対象とされているが、とくに建設業の許可（第三条）、一括下請負の禁止（第二十二条）、下請代金の支払（第二十四条の三、第二十四条の五）検査及び確認（第二十四条の四）、主任技術者の設置等（第二十六条、第二十六条の二）に関する規定に注意すべきである。

㈡　建設工事の施工に関する法令の規定

イ　建築基準法第九条第一項及び第十項（同法第八十八条第一項から第三項までにおいてこれらの規定を準用する場合を含む。）並びに第九十条

建築基準法第九条第一項及び第十項は、特定行政庁又は建築監視員による違反建築物に関する工事の請負人等に対する工事の施工の停止命令等の規定であり、かっこ書は工作物に対するその準用である。したがって、特定行政庁又は建築監視員がこれらの命令をした場合に、特定建設業者は、下請負人がその命令に従うよう指導すべきこととなるわけである。また第九十条は、建築物に関する工事の施工者は、当該工事の施工に伴う地盤の崩落、建築物の倒壊等による工事現場における危害の防止のため技術基準に従い必要な措置を講ずるべきことと定めたものである。したがって、下請負人がこのような工事現場の危害の防止に常に注意を払うよう指導すべきこととなる。

ロ　宅地造成等規制法第九条及び第十四条第二項から第四項まで

宅地造成等規制法第九条は、宅地造成に関する工事について宅地造成に伴う災害を防止するため技術的基準に従い、擁壁又は排水施設の設置等の措置を講じるべきこと及び一定の設計者の資格を定めたものであり、第十四条は、宅地造成工事の請負人等に対する防災措置の実施命令等の規定である。したがって、いずれも建築基準法と同趣旨の規定である。

㈢　建設工事に従事する労働者の使用に関する法令の規定

イ　労働基準法第五条、第六条、第二十四条、第五十六条、第六十三条及び第六十四条の二、第九十六条の二第二項並びに第九十六条の三第一項

労働基準法第五条は暴行等による強制労働の禁止、第六条は中間搾取の排除、第二十四条は賃金の支払方法及び支払額等に関する規制、第五十六条は労働者として使用し得る者の最低年令（十五歳）の制限、第六十三条及び第六十四条の二は満十八歳未満の者又は女子の坑内労働の禁止、第九十六条の二第二項及び第九十六条の三第一項は労働者の安全及び衛生のための行政庁による工事の着手の差し止めその他の必要な措置命令の規定である。いずれも労働者の保護のため重要なものであり、その厳守が図られるべきである。

ロ　職業安定法第四十四条、第六十三条第一号及び第六十五条第八号

職業安定法第四十四条は無許可の労働者供給者供給事業の禁止の規定であり、第六十三条第一号は暴行等により職業紹介、労働者の募集又は労働者の供給を行った者等に対する罰則、第六十五条第八号は虚偽の手段により同様の行為を行った者等に対する罰則である。後の二条は罰則であるが、これは要するにこれらの規定の構成要件事実に該当する行為を行ってはならないということである。

ハ　労働安全衛生法第九十八条第一項

労働安全衛生法第九十八条第一項は、労働者の危険又は健康障害を防止するための必要な措置を講じなかった事業者等に対する労働基準局長又は労働基準監督署長による作業の停止、建設物の使用の停止等の命令に関する規定である。

ニ　労働者派遣法第四条第一項

労働者派遣法第四条第一項は、建設業務についての労働者派遣事業の禁止の規定である。

四　第二項は、第一項の特定建設業者の指導にかかわらず、下請負人が同項に規定する規定に違反している場合には、その下請負人に対して、違反を是正するよう求めるべきことを義務付けたものである。

「当該違反している事実を指摘して」とあるのは、当該違反をしている下請負人がそれが違反行為であることを了知していない場合も考えられるので、具体的に違反事実を指摘して、下請負人が速やかに当該違反行為を排除し、あるいは必要な是正措置を講じ得るよう的確な内容をもった是正要求をすることを期待したものである。たとえば、下請負人が工事現場における危害の防止のため必要な措置を講じていない場合に、具体的に所要の措置を示して直ちに危険の防止を図るよう求めるべきこととしたものである。

五　第三項は、第二項の規定により特定建設業者が違反の是正を求めたにもかかわらず、下請負人が依然として当該違反している事実を是正しない場合も予想されるので、そのような場合には、強制力のある行為によって直ちに当該違反事実を是正する必要があるので、特定建設業者に対して行政庁に対する通報を義務付けたものである。通報をすべき行政庁は、当該違反をしている下請負人が建設業者である場合にあっては、その許可行政庁である国土交通大臣若しくは都道府県知事又は営業として当該違反事実のある建設工事が行われる区域を管轄する都道府県知事であり、その他の建設業を営む者である場合にあっては、当該違反事実のある建設工事の現場を管轄する都道府県知事である。通報すべき内容は、当該建設工事の下請負人が法令の規定に違反しており、かつ、その違反を是正しないということである。この通報は「速やかに」行わなければならない。通報に係る事項が災害の防止、労働者の保護等を図るための最小限の基本的事項であることを考えれば、可能な限り早急に通報すべきである。

六　本条第一項及び第二項は、「……努めるものとする」と規定されており、文理上はともに訓示的規定とも解されるが、本条による指導の内容がすでに述べたように建設工事の適正な施工を確保する上で欠くことのできないものであること、及び第二十八条第一項本文かっこ書で本条を除外していないことなどを考えあわせると、発注者から直接建設工事を請け負った特定建設業者が、本条第一項又は第二項の指導を的確に行っていない場合は第二十八条の規定による指示処分の対象となると考えるべきである。なお、下請負人等の違反事実を発見したにもかかわらず第三項の通報を行わないときは、当然第二十八条の規定による指示処分の対象となる。

〔法　律〕

（施工体制台帳及び施工体系図の作成等）

**第二十四条の七**　特定建設業者は、発注者から直接建設工事を請け負つた場合において、当該建設工事を施工するために締結した下請契約の請負代金の額（当該下請契約が二以上あるときは、それらの請負代金の額の総額）が政令で定める金額以上になるときは、建設工事の適正な施工を確保するため、国土交通省令で定めるところにより、当該建設工事について、下請負人の商号又は名称、当該下請負人に係る建設工事の内容及び工期その他の国土交通省令で定める事項を記載した施工体制台帳を作成し、工事現場ごとに備え置かなければならない。

2　前項の建設工事の下請負人は、その請け負つた建設工事を他の建設業を営む者に請け負わせたときは、国土交通省令で定めるところにより、同項の特定建設業者に対して、当該他の建設業を営む者の商号又は名称、当該者の請け負つた建設工事の内容及び工期その他の国土交通省令で定める事項を通知しなければならない。

3　第一項の特定建設業者は、同項の発注者から請求があつたときは、同項の規定により備え置かれた施工体制台帳を、その発注者の閲覧に供しなければならない。

4　第一項の特定建設業者は、国土交通省令で定めるところにより、当該建設工事における各下請負人の施工の分担関係を表示した施工体系図を作成し、これを当該工事現場の見やすい場所に掲げなければならない。

〔政　令〕

（法第二十四条の七第一項の金額）

**第七条の四**　法第二十四条の七第一項の政令で定める金額は、四千万円とする。ただし、特定建設業者が発注者から直接請け負つた建設工事が建築一式工事である場合においては、六千万円とする。

本条は、特定建設業者が発注者から直接建設工事を請け負った場合における施工体制台帳及び施工体系図の作成義務等について規定したものである。

建設工事の施工は、一般的に、それぞれ独立した各種専門工事の総合的な組み合わせにより成り立っているため、建設業は他産業に類をみないほど多様化し、かつ、重層化した下請構造を有している。

このような特色を有する建設業において建設工事の適正な施工を確保するためには、発注者から直接工事を請け負った特定建設業者が、直接の契約関係にある下請業者のみならず、当該工事の施工に当たるすべての建設業を営む者を監督しつつ工事全体の施工を管理することが必要である。

このため、本条は、発注者から直接請け負った建設工事を一定額以上の下請契約を締結して施工しようとする特定建設業者に対し、施工体制台帳の作成等を義務付けたものであり、当該特定建設業者は、施工体制台帳の作成等を通じ施工体制の的確な把握を行うことによって、建設工事の適正な施工に努め、必要に応じ、第二十四条の六に規定するところにより下請負人に対する適切な指導等に努めなければならないものである。

一　第一項は、発注者から建設工事を直接請け負った特定建設業者で当該建設工事を施工するために締結した下請契約の総額が四千万円（建築一式工事にあっては、六千万円）以上となるものについて、下請負人の名称等、当該下請負人に係る工事内容及び工期等を記載した施工体制台帳の作成とその工事現場ごとの備付けを義務付けたものである。公共工事については、入札契約適正化法第十五条第一項において本項を読み替えて適用することとしており、下請契約を締結する全ての建設業者について、施工体制台帳の作成を義務づけている（以下、本項（入札契約適正化法第十五条第一項により読み替えて適用される場合を含む。）の規定により施工体制台帳を作成しなければならない特定建設業者を、「作成建設業者」という。）。

なお、本項及び第二項の下請負人は、作成建設業者と直接下請契約を締結した請負人に限られず、二次、三次下請等を含め、当該建設工事の施工に携わるすべての下請負人を指すものである。また、許可を受けている建設業者はもちろんのこと、許可を受けていない建設業を営む者も、ここでいう下請負人に該当するものである。

㈠　施工体制台帳の整備は、公共工事であると民間工事であるとを問わずに求められる。また、施工体制台帳を作成する義務は、作成建設業者に課されるものであり、第二項の規定による通知（再下請負通知）が下請負人から行われないことを理由に施工体制台帳の作成等を行わなくても構わないことにはならない。作成建設業者は、施工体制台帳を的確かつ速やかに作成するため、自ら進んで施工に携わる下請負人の把握に努め、これらの下請負人に対し速やかに再下請負通知を行うよう指導するとともに、自ら施工体制台帳の作成に必要な情報の把握に努める責務がある。

なお、先に述べたとおり、公共工事を除き、施工体制台帳の作成等に関する義務は、発注者から直接請け負った建設工事を施工するために締結した下請契約の総額が四千万円（建築一式工事にあっては、六千万円）以上となったときに生じるものであるが、監理技術者の設置や施工体制台帳の作成等の要否の判断を的確に行うことができるよう、発注者から直接建設工事を請け負おうとする特定建設業者は、建設工事を請け負う前に下請負人に施工させる範囲と下請代金の額に関するおおむねの計画を立案しておくことが望ましい。

また、下請契約の総額が右記の金額を下回る場合など本項の規定により施工体制台帳の作成等を行わなければならない場合以外の場合であっても、建設工事の適正な施工を確保する観点から、本条の定めるところに準拠して施工体制台帳の作成等を行うことが望ましい。

㈡　施工体制台帳は、所定の記載事項と添付書類から成り立っている（〔参考二〕参照）。その作成は、発注者から請け負った建設工事に関する事実と、施工に携わるそれぞれの下請負人から直接に、若しくは各下請負人の注文を経由して提出される再下請負通知書により、又は自ら把握した施工に携わる下請負人に関する情報に基づいて行うこととなるが、作成建設業者が自ら記載をしてもよいし、所定の記載事項が記載された書面や各下請負人から提出された再下請負通知書を束ねるようにしてもよい。ただし、いずれの場合も下請負人ごとに、かつ、施工の分担関係が明らかとなるようにしなければならない。

また、建設業者は、作成建設業者に該当することとなったときは、

イ　自社が下請契約を締結した下請負人に対し、

①　自社の商号又は名称

②　当該下請負人の請け負った建設工事を他の建設業を営む者に請け負わせたときは再下請負通知を行わなければならない旨

③　再下請負通知に係る書類（再下請負通知書）を提出すべき場所

の三点を記載した書面を交付するか、①から③までの事項を電磁的方法により通知しなければならない（〔参考二〕の㈠参照）。

ロ　イの①、②及び③に掲げる事項が記載された書面を、工事現場の見やすい場所に掲げなければならない

（〔参考二〕の㈡参照）。

〔例〕

発注者から直接建設工事を請け負った特定建設業者をＡ社とし、Ａ社が下請契約を締結した建設業を営む者をＢ社及びC社とし、Ｂ社が下請契約を締結した建設業を営む者をＢａ社及びＢｂ社とし、Ｂｂ社が下請契約を締結した建設業を営む者をＢｂａ社及びＢｂｂ社とし、Ｃ社が下請契約を締結した建設業を営む者をＣａ社、Ｃｂ社、Ｃｃ社とする場合における施工体制台帳の作成については、次の①から⑩の順序で記載又は再下請負通知書の整理を行う。

① Ａ社自身に関する事項及びＡ社が請け負った建設工事に関する事項

② Ｂ社に関する事項及びＢ社が請け負った建設工事に関する事項

③ Ｂａ社に関する事項及びＢａ社が請け負った建設工事に関する事項…〔Ｂ社が提出する再下請負通知書等に基づき記載又は添付〕

④ Ｂｂ社に関する事項及びＢｂ社が請け負った建設工事に関する事項…〔Ｂ社が提出する再下請負通知書等に基づき記載又は添付〕

⑤ Ｂｂａ社に関する事項及びＢｂａ社が請け負った建設工事に関する事項…〔Ｂｂ社が提出する再下請負通知書等に基づき記載又は添付〕

⑥ Ｂｂｂ社に関する事項及びＢｂｂ社が請け負った建設工事に関する事項…〔Ｂｂ社が提出する再下請負通知書等に基づき記載又は添付〕

⑦ C社に関する事項及びC社が請け負った建設工事に関する事項

⑧ Ｃａ社に関する事項及びＣａ社が請け負った建設工事に関する事項…〔Ｃ社が提出する再下請負通知書等に基づき記載又は添付〕

⑨ Ｃｂ社に関する事項及びＣｂ社が請け負った建設工事に関する事項…〔Ｃ社が提出する再下請負通知書等に基づき記載又は添付〕

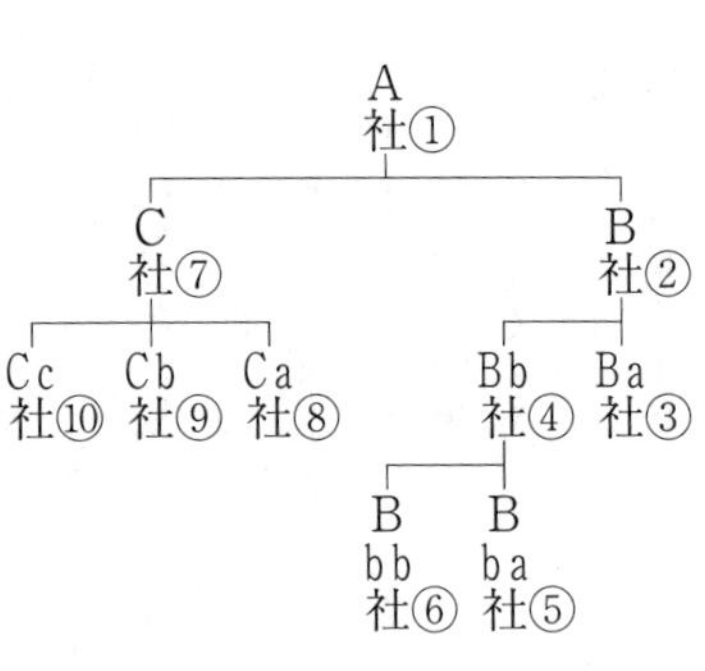


⑩　Ｃｃ社に関する事項及びＣｃ社が請け負った建設工事に関する事項…〔Ｃ社が提出する再下請負通知書等に基づき記載又は添付〕

また、添付書類についても同様に整理して添付しなければならない。

なお、施工体制台帳は、一冊に整理されていることが望ましいが、それぞれの関係を明らかにして、分冊により作成しても差し支えない。

㈢　施工体制台帳の作成は、記載すべき事項又は添付すべき書類に係る事実が生じ、又は明らかとなったとき（「作成建設業者が許可を受けて営む建設業の種類」については、作成建設業者に該当することとなったとき）に遅滞なく行わなければならないが、新たに下請契約を締結し下請契約の総額が四千万円（建築一式工事にあっては、六千万円）以上となったこと等により、このときよりも後に作成建設業者に該当することとなった場合は、作成建設業者に該当することとなったときに記載又は添付をすれば足りる。

また、作成建設業者に該当することとなる前に記載すべき事項又は添付すべき書類に係る事実に変更があった場合も、作成建設業者に該当することとなったとき以降の事実に基づいて施工体制台帳を作成すれば足りる。

㈣　一度作成した施工体制台帳の記載事項又は添付書類（第十九条第一項の規定による契約書を含む。）について変更があったときは、遅滞なく、当該変更があった年月日を付記して、既に記載されている事項に加えて変更後の事項を記載し、又は既に添付されている書類に加えて変更後の書類を添付しなければならない。変更後の記載事項についても、㈡に述べたように、作成建設業者が自ら行ってもよいし、変更後の所定の記載事項が記載された書面や各下請負人から提出された変更に係る再下請負通知書を束ねるようにしてもよい。

二　第二項は、施工体制台帳の円滑な作成に資するため、第一項の建設工事の下請負人が、他の建設業を営む者に当該建設工事を請け負わせたときは、第一項に掲げられた事項と同様の事項を、作成建設業者に対して通知（再下請負通知）することとしたものである。

㈠　下請負人は、その請け負った建設工事の注文者から一㈡イの書面の交付を受けた場合や、工事現場に一㈡ロの書面が掲示されている場合において、その請け負った建設工事を他の建設業を営む者に請け負わせたときは、工事を請け負わせる都度、遅滞なく、工事を請け負わせた他の建設業を営む者に対し、自ら交付を受けた当該書面（の写し）を交付するか、一㈡イの事項を電磁的方法により通知するとともに、再下請負通知を元請である作成建設業者に行わなければならない（〔参考三〕参照）。

なお、再下請負通知に係る書面（再下請負通知書）の作成は、工事を請け負わせた他の建設業を営む者から必要事項を聴取すること等により作成する必要があり、自ら記載をして作成してもよいし、所定の記載事項が記載された書面を束ねるようにしてもよい。ただし、いずれの場合も工事を請け負わせた他の建設業を営む者ごとに行わなければならない。

㈡　再下請負通知書の作成及び作成建設業者への通知は、施工体制台帳が作成される建設工事の下請負人となり、その請け負った建設工事を他の建設業を営む者に請け負わせた後、遅滞なく行わなければならない。

また、発注者から直接建設工事を請け負った建設業者が新たに下請契約を締結し下請契約の総額が四千万円（建築一式工事にあっては、六千万円）以上となったこと等により、施工途中で再下請負通知人に該当することとなった場合において、当該該当することとなったときよりも前に記載事項又は添付書類に係る事実に変更があったときも、再下請負通知人に該当することとなったとき以降の事実に基づいて再下請負通知書を作成すれば足りる。

㈢　一度再下請負通知を行った後、再下請負通知書に記載した事項又は添付した書類について変更があったときは、遅滞なく、当該変更があった年月日を付記して、既に記載されている事項に加えて変更後の事項を記載し、又は既に添付されている書類に加えて変更後の書類を添付しなければならない。

㈣　作成建設業者に対する再下請負通知書の提出は、注文者から交付される一㈡イの書面、工事現場に掲示される一㈡ロの書面にしたがって、直接に元請である作成建設業者に提出することを原則とするが、やむを得ない場合には、自らが下請契約を締結した注文者に経由を依頼して元請である作成建設業者あてに提出することとしても差し支えないこととされている。

㈤　なお、再下請負通知及びその内容の変更の通知は、国土交通省令に規定する電磁的方法によってなされることが認められており、この場合には書面に記載することを要しない。

三　第三項の規定により、作成建設業者は、建設工事の発注者から請求があったときには、当該建設工事の施工体制台帳をその発注者の閲覧に供しなければならないこととされている。

当該建設工事が適切な施工体制の下で実施されているか否かは、当該発注者にとっても重大な関心事であるため、当該発注者からの請求があれば施工体制台帳を閲覧に供しなければならないこととし、建設工事の適正な施工の確保に資することとしたものである。

なお、当該建設工事が入札契約適正化法に規定する公共工事に該当する場合には、作成建設業者は、その作成した施工体制台帳の写しを発注者に提出しなければならない。この場合にあっては、本項の規定は適用されないこととなる（同法第十五条第二項参照）。

四　第四項は、施工体系図の作成義務について規定したものである。

作成建設業者は、各下請負人の施工分担関係を表示した、いわば施工体制台帳の要約版ともいえる施工体系図を作成し、工事に携わる関係者全員に施工の分担関係等が分かるよう、これを当該工事現場の見やすい場所に掲げなければならない。

施工体系図は、施工体制台帳をもとに、樹上図等により作成することとなるが、その作成に当たっては、次の点に留意して行う必要がある。

㈠　施工体系図には、現にその請け負った建設工事を施工している下請負人に限り表示すれば足りる。なお、「現にその請け負つた建設工事を施工している」か否かは、請負契約で定められた工期を基準として判断する。

㈡　施工体系図の掲示は、遅くとも㈠により下請負人を表示しなければならなくなったときまでには行う必要がある。また、工期の進行により表示すべき下請負人に変更があったときには、速やかに施工体系図を変更して表示しておかなければならない。

㈢　施工体系図に表示すべき「建設工事の内容」は、その記載から建設工事の具体的な内容が理解されるような工種の名称等を記載する必要がある。

㈣　施工体系図は、その表示が複雑になり見にくくならない限り、労働安全等他の目的で作成される図面を兼ねるものとして作成しても差し支えない。

㈤　なお、当該建設工事が入札契約適正化法に規定する公共工事に該当する場合には、本項中「見やすい場所」とあるのは、「工事関係者が見やすい場所及び公衆が見やすい場所」と読み替えられることとなる（同法第十五条第一項参照）。

五　施工体制台帳の備置き及び施工体系図の掲示は、発注者から請け負った建設工事の目的物を発注者に引き渡すまで行わなければならない。ただし、請負契約に基づく債権債務が消滅した場合（請負契約の目的物の引渡しをする前に契約が解除されたこと等に伴い、請負契約の目的物を完成させる債務とそれに対する報酬を受けとる債権とが消滅した場合を指す。）には、当該債権債務の消滅するまで行えば足りる。

なお、施工体制台帳の一部は、備置きを要する時期を経過した後は、第四十条の三の帳簿の添付書類として添付しなければならない。すなわち、当該時期を経過した後に、施工体制台帳から帳簿に添付しなければならない部分だけを抜粋することとなる。このため、施工体制台帳を作成するときに、あらかじめ、帳簿に添付しなければならない事項を記載した部分と他の事項が記載された部分とを別紙に区分して作成しておけば、施工体制台帳の一部の帳簿への添付を円滑に行うことができると考えられる。

**〔参考一〕　施工体制台帳の記載事項及び添付書類**

- 施工体制台帳を作成する特定建設業者……自社（A社）
- 施工体制台帳が作成される建設工事の下請負人となった者（二次下請、三次下請等を含む。）……下請負人（B社）

㈠　記載事項

イ　自社（A社）が許可を受けて営む建設業の種類すべて（請け負った建設工事に係る建設業の種類にかかわることなく、特定建設業の許可か一般建設業の許可かの別を明示して記載する。）

ロ　自社（A社）が請け負った建設工事に関する次に掲げる事項

①　自社（A社）が請け負った建設工事の名称、内容及び工期

②　発注者と請負契約を締結した年月日、発注者の商号・名称・氏名及び住所並びに当該請負契約を締結した自社（A社）の営業所の名称及び所在地

③　発注者が監督員を置くときは、当該監督員の氏名及び第十九条の二第二項に規定する通知事項（監督員の権限、意見申出方法）

④　自社（A社）が現場代理人を置くときは、当該現場代理人の氏名及び第十九条の二第一項に規定する通知事項（現場代理人の権限、意見申出方法）

⑤　実際に工事現場に置いている主任技術者又は監理技術者の氏名、その者が有する主任技術者資格又は監理技術者資格及びその者が実際に専任で置かれているか否かの別

⑥　⑤の主任技術者又は監理技術者以外に専門技術者（付帯工事を施工する場合や、土木一式工事又は建築一式工事を請け負って自らこれら以外の建設工事を施工する場合に、工事現場に置く技術者をいう。）を置くときは、その者の氏名、その者が管理をつかさどる建設工事の内容及びその有する主任技術者資格

ハ　すべての下請負人（Ｂ社）に関する次に掲げる事項
①　その下請負人（Ｂ社）の商号・名称及び住所
②　その下請負人（Ｂ社）の許可番号及びその請け負った建設工事に係る許可を受けた建設業の種類（下請負人（Ｂ社）が建設業の許可を受けている者であるときのみ。）
ニ　下請負人（Ｂ社）が請け負った建設工事に関する次に掲げる事項
①　その下請負人（Ｂ社）が請け負った建設工事の名称、内容及び工期
②　その下請負人（Ｂ社）が注文者と下請契約を締結した年月日
③　下請負人（Ｂ社）が請け負った建設工事の注文者が監督員を置くときは、当該監督員の氏名及び法第十九条の二第二項に規定する通知事項（監督員の権限、意見申出方法）
④　その下請負人（Ｂ社）が現場代理人を置くときは、当該現場代理人の氏名及び第十九条の二第一項に規定する通知事項（現場代理人の権限、意見申出方法）
⑤　その下請負人（Ｂ社）が実際に工事現場に置く主任技術者の氏名、当該主任技術者が有する主任技術者資格及び当該主任技術者が実際に専任で置かれているか否かの別（下請負人（Ｂ社）が建設業の許可を受けている者であるときのみ。）
⑥　その下請負人（Ｂ社）がホの主任技術者以外に専門技術者を置くときは、当該者の氏名、その者が管理をつかさどる建設工事の内容及びその有する主任技術者資格
⑦　その下請負人（Ｂ社）が請け負った建設工事が自社（Ａ社）の請け負わせたものであるときは、その建設工事について請負契約を締結した自社（Ａ社）の営業所の名称及び所在地

㈡　添付書類

イ　自社（Ａ社）が発注者と締結した請負契約に係る契約書の写し又は当該契約に関する電磁的記録（契約書には、第十九条各号に掲げる事項が網羅されていなければならないので、これらを網羅していない注文伝票等は、該当しない。以下ロにおいて同じ。）

ロ　下請負人（B社）が注文者と締結した下請契約に係る契約書の写し（自社（A社）が注文者となった下請契約以外の下請契約であって入札契約適正化法に規定する公共工事以外の建設工事について締結されるものに係る契約書にあっては、請負代金の額に係る部分が抹消されているもので差し支えない。）

ハ　自社（A社）が工事現場に実際に置いた主任技術者又は監理技術者が監理技術者資格を有することを証する書面、又はその写し

自社（A社）が請け負った建設工事が専任の主任技術者又は監理技術者を置かなければならないものであるときは、監理技術者資格者証の写しに限る。

ニ　自社（A社）が工事現場に実際に置いた主任技術者又は監理技術者が自社（A社）に雇用期間を特に限定することなく雇用されている者であることを証する書面又はその写し

ホ　自社（A社）が主任技術者又は監理技術者以外に専門技術者を置くときは、その者が主任技術者資格を有することを証する書面及びその者が自社（A社）に雇用期間を特に限定することなく雇用されている者であることを証する書面又はこれらの写し

**〔参考二〕　作成建設業者が下請負人に交付する書面及び工事現場に掲示する書面の文例**

(一)　下請負人に交付する書面の文例

………下請負人となった皆様へ………

今回、下請負人として貴社に施工を分担していただく建設工事については、建設業法（昭和二十四年法律第百号）第二十四条の七第一項の規定により、施工体制台帳を作成しなければならないこととなっています。

この建設工事の下請負人（貴社）は、その請け負ったこの建設工事を他の建設業を営む者（建設業の許可を受けていない者を含みます。）に請け負わせたときは、

①　建設業法第二十四条の七第二項の規定により、遅滞なく、建設業法施行規則（昭和二十四年建設省令第十四号）第十四条の四に規定する再下請負通知書を当社あてに次の場所まで提出しなければなりませ

ん。また、一度通知いただいた事項や書類に変更が生じたときも、遅滞なく、変更の年月日を付記して同様の通知書を提出しなければなりません。

②　貴社が工事を請け負わせた建設業を営む者に対しても、この書面を複写し交付して、「もしさらに他の者に工事を請け負わせたときは、作成建設業者に対する①の通知書の提出と、その者に対するこの書面の写しの交付が必要である」旨を伝えなければなりません。

作成建設業者の商号　　○○建設㈱
再下請負通知書の提出場所　　工事現場内建設ステーション／△△営業所

㈡　工事現場に掲示する書面の文例

この建設工事の下請負人となり、その請け負った建設工事を他の建設業を営む者に請け負わせた方は、遅滞なく、工事現場内建設ステーション／△△営業所まで、建設業法施行規則（昭和二十四年建設省令第十四号）第十四条の四第一項に規定する再下請負通知書を提出してください。一度通知した事項や書類に変更が生じたときも変更の年月日を付記して同様の書類の提出をしてください。

○○建設㈱

**〔参考三〕　再下請負通知書の記載事項と添付書類**

- 再下請負通知を行う下請負人（建設業の許可を受けているか否かを問わない。）……自社（B社）
- 再下請負通知書を作成する下請負人（B社）が工事を請け負わせた他の建設業を営む者（建設業の許可を受けているか否かを問わない。）……C社

㈠　記載事項

イ　自社（B社）の商号・名称、住所及び許可番号（B社が建設業の許可を受けているときのみ。）

ロ　自社（B社）が請け負った建設工事の名称、注文者の商号・名称及び注文者と下請契約を締結した年月日

ハ　自社（B社）が工事を請け負わせた他の建設業を営む者（C社）に関する次に掲げる事項

①　C社の商号・名称及び住所

②　C社の許可番号及びC社の請け負った建設工事に係る許可を受けた建設業の種類（C社が建設業の許可を受けている者であるときのみ。）

ニ　C社が請け負った建設工事に関する次に掲げる事項

①　C社が請け負った建設工事の名称、内容及び工期

②　C社が自社（B社）と下請契約を締結した年月日

③　自社（B社）が監督員を置くときは、当該監督員の氏名及び第十九条の二第二項に規定する通知事項（監督員の権限、意見申出方法）

④　C社が現場代理人を置くときは、当該現場代理人の氏名及び第十九条の二第一項に規定する通知事項（現場代理人の権限、意見申出方法）

⑤　C社が実際に工事現場に置く主任技術者の氏名、当該主任技術者が有する主任技術者資格及び当該主任技術者が実際に専任で置かれているか否かの別（C社が建設業の許可を受けている者であるときのみ。）

⑥　C社が⑤の主任技術者以外に専門技術者（付帯工事を施工する場合や、土木一式工事又は建築一式工事を請け負って自らこれら以外の建設工事を施工する場合に、工事現場に置く技術者をいう。）を置くときは、当該者の氏名、その者が管理をつかさどる建設工事の内容及びその有する主任技術者資格

(二)　添付書類

自社（B社）が、工事を請け負わせた他の建設業を営む者（C社）と締結した下請契約に係る契約書の写し又は当該契約に関する電磁的記録

## 〔参考四〕　施工体系図のイメージ

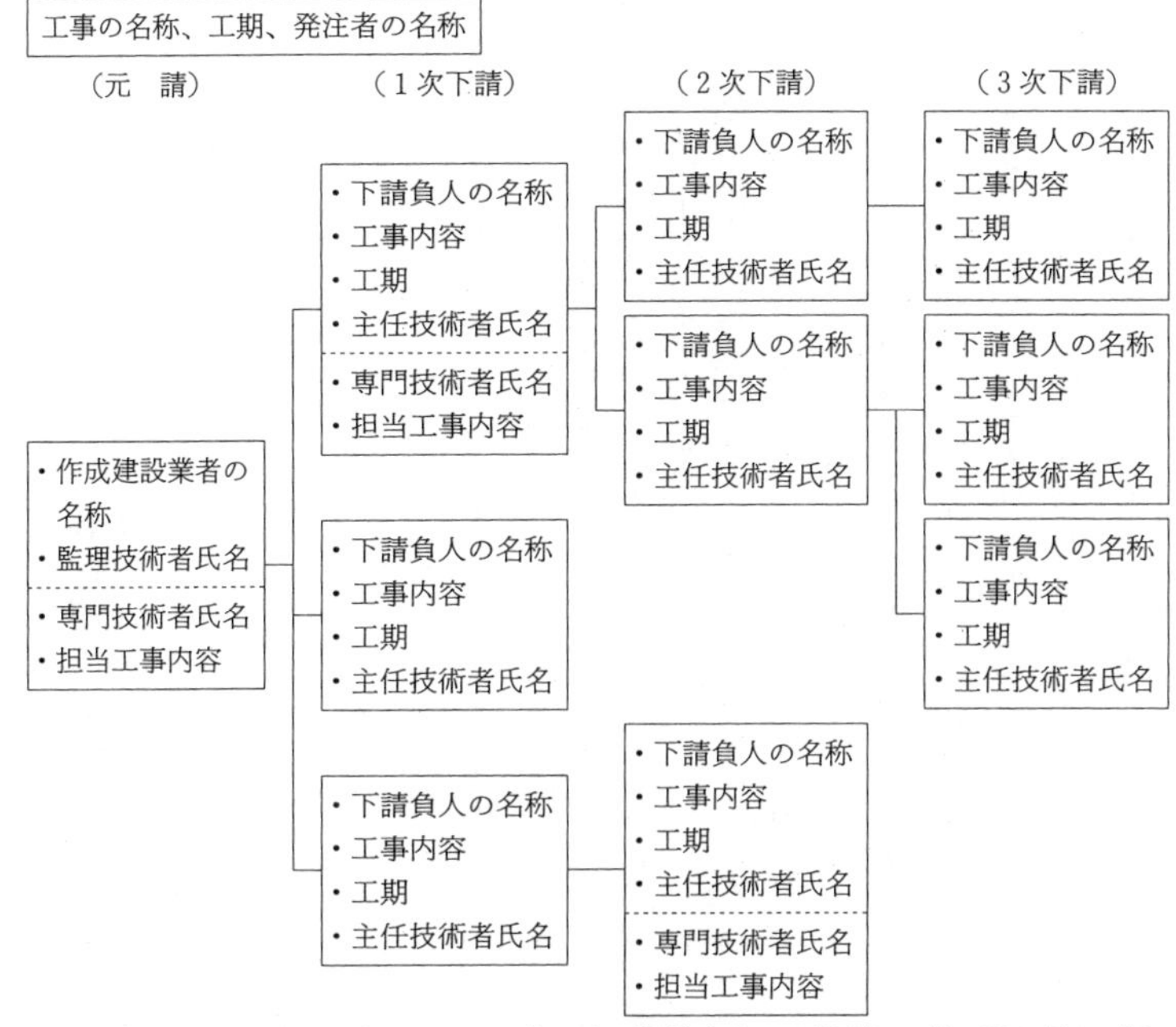


注１）　下請負人に関する表示は、現に施工中（契約書上の工期中）の者に限り行えば足りる。
注２）　主任技術者の氏名は、当該下請負人が建設業者であるときに限り行う。
注３）　「専門技術者」とは、監理技術者又は主任技術者に加えて置く第26条の２の規定による技術者をいう。

## 〔参考五〕　施工体制台帳作成のイメージ

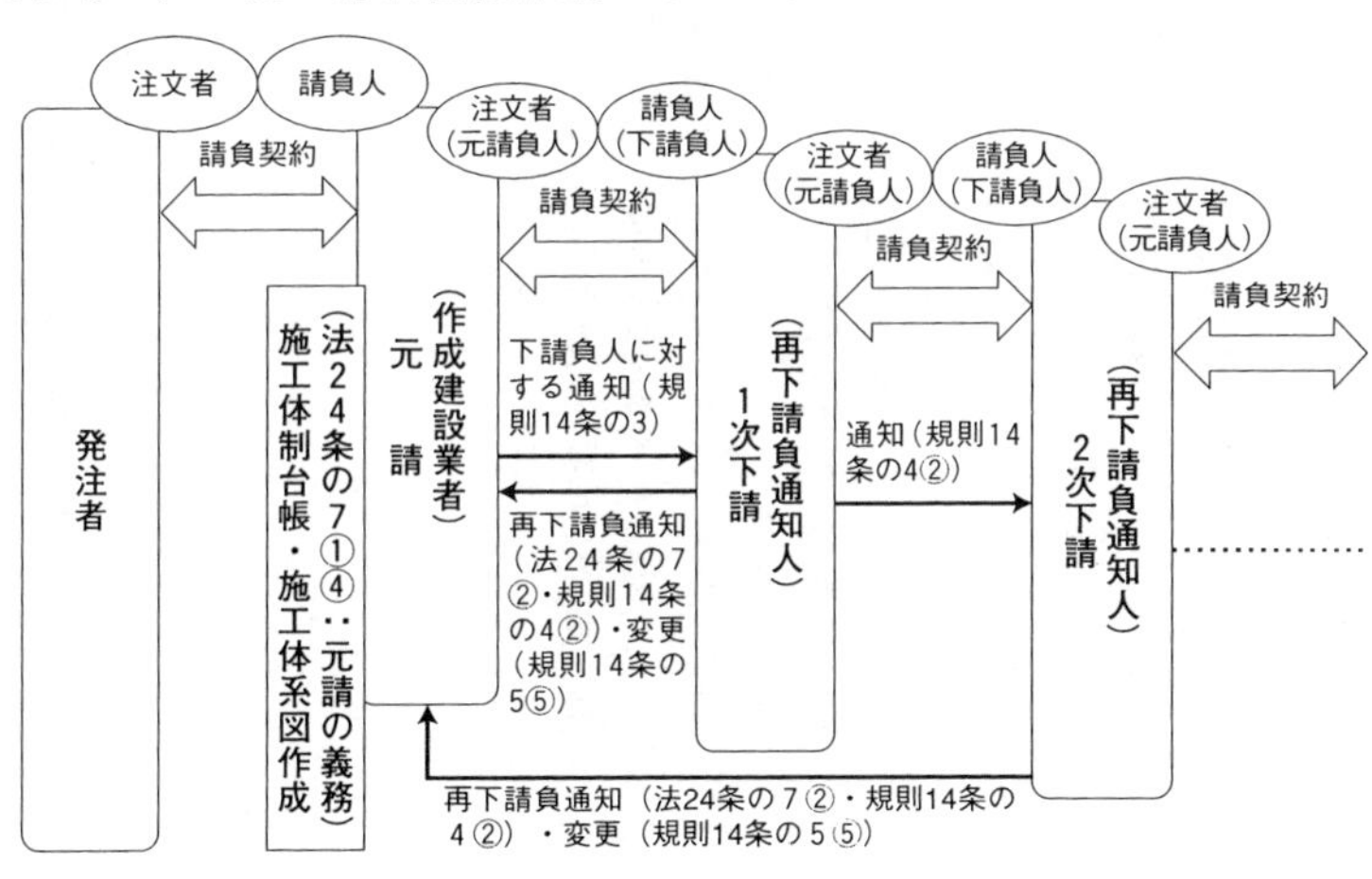

# 第三章の二　建設工事の請負契約に関する紛争の処理

〔法　律〕

（建設工事紛争審査会の設置）

**第二十五条**　建設工事の請負契約に関する紛争の解決を図るため、建設工事紛争審査会を設置する。

2　建設工事紛争審査会（以下「審査会」という。）は、この法律の規定により、建設工事の請負契約に関する紛争（以下「紛争」という。）につきあつせん、調停及び仲裁（以下「紛争処理」という。）を行う権限を有する。

3　審査会は、中央建設工事紛争審査会（以下「中央審査会」という。）及び都道府県建設工事紛争審査会（以下「都道府県審査会」という。）とし、中央審査会は、国土交通省に、都道府県審査会は、都道府県に置く。

本条は、建設工事紛争審査会の設置の目的、権限及びその組織を規定したものである。

一　建設工事の請負契約に関する紛争は、件数が多いのみならず、その解決方法の困難さからかねてより問題となっていたところであり、本法も初めて制定されたときは、建設省と各都道府県に設置された建設業審議会（当時は必置機関）に特にその紛争解決のあっせんの権限を与えたほどであった。建設工事の請負契約に関する紛争を権威のある専門の機関が処理することは請負契約関係の近代化及び消費者（一般注文者）の保護という観点から必要なことであり、また紛争の多くが工事の途中において発生するため、迅速かつ簡易に行われることが望まれる。ところが、かつての建設業審議会のあっせんにあってはエキスパートによる実情に合った解決は図れるものの、処理手続が法定されていないこと、法律的効果が弱く、当事者への和解の勧告にすぎないこと等の問題があり、一方では、裁判所による手続にあっては慎重な手続を強い法律的効果がある反面、迅速な解決、技術的な判断という点で当事者が利用しやすい制度となっていないこと等の問題があった。そこで昭和三十一年の本法の改正で建設工事の請負契約に関する解決を図るために建設工事紛争審査会を設置し、簡易な手続で迅速かつ専門的に紛争を処理することとしたものである。なお、法律的効果も強くなり、仲裁にあっては確定判決と同一の効力を有することとされている（第二十五条の十九第四項、仲裁法第四十五条）。

二　審査会は、現に存する建設工事の請負契約に関する紛争の解決を図るものであり、具体的には請負契約の解釈（ある事故が「天災その他の不可抗力」に該当するか否かということ等）又は実施（代金支払の遅延、粗雑工事等）をめぐる紛争について処理する権限を有するが、これに対し、契約に関係のない紛争、たとえば工事に関して第三者に与えた損害について加害者である注文者又は請負人と被害者との間の工事差止請求、損害賠償請求等の紛争、建設業者と資材業者との資材取引をめぐる紛争等は、審査会は取り上げない。しかし、工事完成後であっても、工事代金の支払遅延、瑕疵担保責任の不履行等によるものは、当然審査会の紛争処理の対象であり、また元請負人と下請負人の間の請負契約に関する紛争も審査会が処理する権限を有することはいうまでもない。

なお「請負契約」は、単に当事者が交わした請負契約書に記載されているところに限定されるものではなく、本法第三章の規定の中で実体規定となっているもの、即ち契約当事者に権利・義務を賦与しているものも民法の規定と同様請負契約の内容と解される。たとえば、第二十四条の五第四項の規定に基づいて下請負人が請求することができる遅延利息をめぐる紛争も請負契約に関する紛争に該当する。

三　あっせん、調停、仲裁については第二十五条の十一及び第二十五条の十八の解説を参照されたい。

四　審査会は、第三十九条の二に規定する都道府県建設業審議会と異なり、必置機関であって、全国各所で発生している建設工事の請負契約に関する紛争に迅速に対応し得るようになっている。審査会の性格は、中央審査会にあっては国家行政組織法第八条の、都道府県審査会にあっては地方自治法第百三十八条の四の附属機関であり、国土交通大臣又は都道府県知事の一般的な監督権に服することは当然である（第二十五条の二第二項、第二十五条の五、

第二十五条の二十五参照）が、紛争処理手続及び判断に当たっては監督機関の制約を受けずに自主的にこれを行うものである。

〔法　律〕

（審査会の組織）

**第二十五条の二**　審査会は、委員をもつて組織し、中央審査会の委員の定数は、十五人以内とする。

2　委員は、人格が高潔で識見の高い者のうちから、中央審査会にあつては国土交通大臣が、都道府県審査会にあつては都道府県知事が任命する。

3　中央審査会及び都道府県審査会にそれぞれ会長を置き、委員の互選により選任する。

4　会長は、会務を総理する。

5　会長に事故があるときは、委員のうちからあらかじめ互選された者がその職務を代理する。

〔政　令〕

（名簿の作成）

**第八条**　建設工事紛争審査会（以下「審査会」という。）は、当該審査会の委員又は特別委員の名簿を作成しておかなければならない。

2　前項の名簿の記載事項は、国土交通省令で定める。

本条は、審査会の組織について定めたものである。

一　審査会は委員をもって組織し、中央審査会については十五人以内をもって組織される。一般的に建設工事の請負契約に関する紛争は、東京、大阪等の大都市部に集中して発生しており、地域によって事件の繁閑の差が著しい。このため都道府県審査会については、地域の実情に合った組織が設けられるよう、地方分権の観点から、委員の数の上限及び下限が法定されておらず、さらに、委員のみでは不十分な場合には、特別委員（第二十五条の七）を置くこととしている。中央審査会の委員を十五人以内としたのは、委員は紛争処理のほかに審査会会議を運営することになっており、会議運営の効率性の点から、一定の数にとどめることとしたのである。

二　委員は、人格が高潔で識見の高い者のうちから任命されることとなっているが、この規定は通常の審議会の委員の任命の場合（たとえば第三十五条第二項）と異なっている。通常の審議会にあっては執行機関の要請により、又は自主的に調査を行い、意見を述べる等行政執行の前提としての事務を担任する組織であるのに対し、審査会にあっては中立公正の立場から請負契約に関する紛争を審査会の権限において処理する（したがって、紛争の処理方法及び処理内容については、国も都道府県も関与しない。）という組織の性格の相違によるものである。

すなわち、審査会の委員には、人格が高潔で一方の立場に偏することなく当該紛争の解決に当たり、また、視野の広い人が望まれるわけで、本条第二項が定められている次第である。具体的には近年建設工事の技術は飛躍的に高度化していることから、建設工事の技術について十分な識見のある専門家が求められるとともに、紛争は要するに契約の解釈等法律問題でもあるから、法律の専門家（大学教授、弁護士）が必要であるのでこのような専門家等の中から委員が委嘱されることとなろう。

なお、第二十五条の四（委員の欠格条項）の規定に該当する者（破産者で復権を得ない者、禁錮以上の刑に処せられ、その執行を終わってから五年以内の者等）は、委員となることができない。

三　審査会と委員との関係は、裁判所と裁判官との関係に相当し、紛争処理を行う権限は審査会が有するが、実際にその衝に当たるのは事件ごとに会長が指名する個々の委員又は特別委員であって、裁判官による裁判の効果が裁判所に帰属するように、委員又は特別委員の行った紛争処理が審査会による紛争処理となるのである。たとえば、昭和四十六年の改正前においては、都道府県審査会による仲裁判断については中央審査会に異議の申出が認められていたが、この場合には都道府県審査会の仲裁委員の行った仲裁判断が都道府県審査会の仲裁判断となっていたのである。

四　審査会にはそれぞれの審査会の委員によって互選された会長が置かれ、会務を総理する。会長の互選をするのは委員であり、特別委員は含まれない。会長代理についても同様である。

〔法　律〕

（委員の任期等）

**第二十五条の三**　委員の任期は、二年とする。ただし、補欠の委員の任期は、前任者の残任期間とする。

2　委員は、再任されることができる。

3　委員は、後任の委員が任命されるまでその職務を行う。

4　委員は、非常勤とする。

本条は、委員の任期等について定めたものである。

一　委員の任期は二年であるが、委員が欠けた場合に選任される補欠の委員の任期は、前任者の残任期間である。また、委員は再任を妨げない。通常の審議会等の委員と異なり、審査会の委員の職務は、当事者間に生じた紛争を解決することにあるので、紛争処理の経験が重要であり、審査会の委員の再任の規定は他の場合より意味がある。
　第三項の規定は、紛争処理の手続中に任期が終了した場合において、後任者の任命が遅れたときに備えて設けられた規定である。第二十五条の四の規定に該当する等の理由により解任された場合には適用がないと解される。
二　委員は、中央審査会にあっては一般職非常勤の国家公務員（国家公務員法第二条第二項）、都道府県審査会にあっては特別職非常勤の地方公務員（地方公務員法第三条第三項第二号）である。

〔法　律〕

（委員の欠格条項）
**第二十五条の四**　次の各号のいずれかに該当する者は、委員となることができない。
一　破産者で復権を得ない者
二　禁錮以上の刑に処せられ、その執行を終わり、又はその執行を受けることがなくなつた日から五年を経過しない者

本条は委員の欠格要件を定めたものである。

この欠格要件に該当している者は、委員に任命されないし、委員となった後に欠格要件に該当するに至ったときには、委員を解任される（第二十五条の五第一項）。

個々の欠格事由については、第八条（建設業者の欠格要件）の解説を参照のこと。

〔法　律〕

（委員の解任）
**第二十五条の五**　国土交通大臣又は都道府県知事は、それぞれその任命に係る委員が前条各号の一に該当するに至つたときは、その委員を解任しなければならない。
2　国土交通大臣又は都道府県知事は、それぞれその任命に係る委員が次の各号の一に該当するときは、その委員を解任することができる。
一　心身の故障のため職務の執行に堪えないと認められるとき。
二　職務上の義務違反その他委員たるに適しない非行があると認められるとき。

本条は、委員の解任について定めたものである。

一　審査会は、通常の審議会のように一定の行政分野において調査審議し、行政庁に対して意見を述べる機関と異なり、審査会の権限と責任とにおいて当事者間の紛争を直接解決する機関であって、紛争処理の方法や内容の判断について国や都道府県が関与するものではない。また、仲裁判断は確定判決と同一の効力が与えられており、当事者を法律的に拘束するので判断の公正を期する必要がある。このようなことから委員に対してはある程度の身分保障を与えるとともに、著しい非行があった場合等について国土交通大臣又は都道府県知事に委員の解任権を与えたものである。このような趣旨からすれば本条に掲げられている場合を除いては、委員がその意に反して解任されることはないと解すべきである。このような規定は行政委員会の委員について設けられていることが多く、通常の審議会の委員については設けられていないようである。本法においても、本条は建設業審議会の委員には準用されていない（第三十六条参照）。

二　第一項に掲げる場合は、第二項に掲げる場合とは異なり、機械的に該当するか否かが判断でき、委員がこれに該当したときにはただちに解任しなければならない。第二項各号に該当するか否かについては慎重な判断が必要であるが、「職務上の義務違反」には、委員が職務上知ることのできた他人の秘密を漏らすこと等が含まれ、「委員たるに適しない非行」には、これらのほか本来公正中立でなければならない職務上の立場を侵す行為等が含まれよう。

〔法　律〕

（会議及び議決）

**第二十五条の六**　審査会の会議は、会長が招集する。

２　審査会は、会長又は第二十五条の二第五項の規定により会長を代理する者のほか、委員の過半数が出席しなければ、会議を開き、議決をすることができない。

３　審査会の議事は、出席者の過半数をもつて決する。可否同数のときは、会長が決する。

〔政　令〕

（審査会の会議）

**第十条**　この政令で定めるもののほか、審査会の会議に関し必要な事項は、審査会が定める。

（中央建設工事紛争審査会の庶務）

**第十一条**　中央建設工事紛争審査会（以下「中央審査会」という。）の庶務は、国土交通省土地・建設産業局建設業課において処理する。

（指定職員）

**第十二条**　審査会の庶務に従事する職員で国土交通大臣又は都道府県知事が指定した者（以下「指定職員」という。）は、審査会の行う紛争処理に立ち会い、調書を作成し、その他紛争処理に関し審査会の命ずる事務を取り扱うものとする。

本条は、審査会全体の会議とその議決方法を定めたものである。

一　本条は、個々の事件の紛争の処理方法について定めたものではなく、審査会としての意思を決定する等のために特に招集される、いわば委員の総会のための規定である。個々の紛争処理方法については、たとえば、調停案は三人の調停委員の過半数の意見で作成する（第二十五条の十三第五項）等別に定めている。

二　審査会は、行政庁に対して意見を述べるための機関ではなく、紛争処理のための機関であり、しかも紛争処理は、事件ごとに会長が指名するあっせん委員、調停委員又は仲裁委員がそれぞれ行うので、審査会全体で意思決定を要する事項はあまり多くない。たとえば、第二十五条の二第三項の規定により会長を互選すること、同条第五項の規定により会長に事故があった場合のために会長を代理する者を互選すること、第二十五条の十一第二号の規定に基づき公共的な施設、工作物の工事の請負契約に関する紛争につき、当事者からは紛争処理の申請はないが、審査会が職権によりあっせん又は調停を行う必要があると決議すること等が本条の適用の対象である（第二十五条の十四の規定によるあっせん又は調停をしない旨の決定はあっせん委員又は調停委員が行うものであって、本条の会議の議決事項ではない。）。

三　審査会の会議は委員のみによって構成され、議事も委員のみによって決せられる。第二十五条の七に規定する特別委員は、専ら紛争処理に参与させるために置かれるものであって、会議の議決には加わることはできない。ただ特別委員は、会長の承認を得て、会議に出席し、意見を述べることができる（令第九条）。

四　審査会の会議に関しては、本法及び施行令で定めるもののほかは審査会がそれぞれ定めることとしており（令第十条）、現在中央審査会が定めているものは次のとおりである。

# ○中央建設工事紛争審査会議事細則

〔昭和三十一年十一月二十八日制定〕

（細則の適用）

**第一条**　中央建設工事紛争審査会（以下「審査会」という。）の会議に関しては、建設業法及び同法施行令に規定するものを除くほか、この細則の定めるところによる。

（招集）

**第二条**　会議は、会長が必要と認めるときこれを招集する。ただし、委員の総数の三分の一以上の者から、付議すべき事項を示して招集の請求があつたときは、会長は、これを招集しなければならない。

2　招集は、あらかじめ議事事項及び期日を定めて会議の三日前までにこれを委員に通知しなければならない。ただし、止むを得ない場合は、この限りでない。

（委員の除斥）

**第三条**　委員は、次の各号の一に該当する場合においては、会議の議事に加わることができない。ただし、審査会の同意があつたときは、会議に出席し意見を述べることができる。

一　自己又は父母、祖父母、配偶者、子、孫若しくは兄弟姉妹が議事事項の当事者又は当事者である法人の役員であるとき。

二　委員が議事事項の当事者の参考人として出頭を求められているとき。

三　委員が議事事項につき当事者の代理人（法定代理人を含む。）又は保証人であるとき。

（会議の公開の原則）

**第四条**　会議は、これを公開する。この場合において、会長は、傍聴人の数を制限することができる。

2　前項の規定にかかわらず、会長は、必要があると認めるときは、出席委員の同意を得て会議を公開しないことができる。

（会議録）

**第五条**　会長は、会議録を調製し、会議の次第及び出席委員の氏名を記載しなければならない。

〔法　律〕

（特別委員）

**第二十五条の七**　紛争処理に参与させるため、審査会に、特別委員を置くことができる。

2　特別委員の任期は、二年とする。

3　第二十五条の二第二項、第二十五条の三第二項及び第四項、第二十五条の四並びに第二十五条の五の規定は、特別委員について準用する。

4　この法律に規定するもののほか、特別委員に関し必要な事項は、政令で定める。

〔政　令〕

（特別委員の意見の陳述）

**第九条**　特別委員は、会長の承認を得て、審査会の会議に出席し、意見を述べることができる。

本条は、審査会に特に置くことができる特別委員について定めたものである。

一　第二十五条の二の解説で述べたように、請負契約に関する紛争の発生件数は地域により相当の開きがあり、審査会の規模もその地域の実情に合うよう組織することとされているが、委員の定員を最大限の十五名としても、なお紛争の処理を迅速にできないほど申請件数が多いことがあり得る。また、事件によっては特殊な専門的な分野での判断が要求されることもあろう。審査会の設置の目的が建設工事の請負契約に関する紛争を迅速かつ専門的に処理するという点にある以上、このような場合に対処する必要がある。特別委員はこのような考えから置かれるものである。

二　特別委員は、当該審査会に係属している事件が多すぎる場合、特に専門的な判断が要求される場合等に置かれるものであるから、委員よりも臨時的、補充的な性質を持っており、その職務権限も紛争の処理のみに限定される。即ち、審査会は委員により構成される（第二十五条の二第一項）が、特別委員は、委員に該当しないので、審査会としての意思決定（職権あっせん及び職権調停の決議、会長及び会長代理の決定等）には参与できない。会長の承認を得てオブザーバーとして審査会の会議に出席し、意見を述べることができるにとどまる（令第九条）。また、かつては委員の任期が二年であるのに対し特別委員の任期は一年であったが、委員と特別委員とは紛争処理についてはその職務内容について違いはないこと、近年の事件の取扱件数の増加により、特別委員が恒常的に事件を担当するようになっていることから特別委員の任期を委員のそれより短期に設定する必要がなくなってきており、また、事件の複雑化・多様化により申請から終了まで一年以上を要するものが多くなってきており、一年という任期内で事件が終了することは少なくなってきたので、昭和六十二年の改正により特別委員の任期を二年に延長し、事件処理期間との整合性を図ることとした。

しかし、紛争処理に関しては特別委員は委員と全く同じである。特別委員の資格としては人格が高潔で識見の高い者であって破産者で復権を得ない者、禁錮以上の刑に処せられ、その執行を終わり、又はその執行を受けることがなくなった日から五年を経過しない者のいずれにも該当しないこと、特別委員の任命者は国土交通大臣又は都道府県知事であること、特別委員は再任を妨げず、第二十五条の五（委員の解任）に掲げる場合に該当するときは解任されること、また、その職務権限の範囲はあっせん、調停及び仲裁であること等委員と変わりない。

三　特別委員は、事件ごとに任命されるのではなく、あらかじめ任命されていることが予定されている。仲裁の場合においては、紛争当事者が仲裁委員を選定することになっているので、選定する前に特別委員を任命しておき、その名簿を作っておく必要があるからである。

〔法　律〕
（都道府県審査会の委員等の一般職に属する地方公務員たる性質）
**第二十五条の八**　都道府県審査会の委員及び特別委員は、地方公務員法（昭和二十五年法律第二百六十一号）第三十四条、第六十条第二号及び第六十二条の規定の適用については、同法第三条第二項に規定する一般職に属する地方公務員とみなす。

本条は、都道府県審査会の委員及び特別委員に秘密を守る義務を課したものである。

審査会の委員は、その職務上知り得た他人の秘密を漏らしてはならないことは当然であるが、中央審査会の委員及び特別委員は、一般職の国家公務員として国家公務員法第百条の適用を受けて秘密を守る義務が課せられ、その違反に対しては罰則が適用されるのに対し、都道府県審査会の委員及び特別委員は地方公務員法上特別職とされ（同法第三条第三項第二号）、地方公務員法の適用を受けないので当然にはこの義務が課せられていない。そこで本条により地方公務員法の特例を設け、同法による秘密を守る義務及びその違反に対する罰則の適用を受けることとしたものである。

〔参　考〕

**○地方公務員法**

（秘密を守る義務）

**第三十四条**　職員は、職務上知り得た秘密を漏らしてはならない。その職を退いた後も、また、同様とする。

2　法令による証人、鑑定人等となり、職務上の秘密に属する事項を発表する場合においては、任命権者（退職者については、その退職した職又はこれに相当する職に係る任命権者）の許可を受けなければならない。

3　前項の許可は、法律に特別の定がある場合を除く外、拒むことができない。

（罰則）

**第六十条**　次の各号のいずれかに該当する者は、一年以下の懲役又は五十万円以下の罰金に処する。

二　第三十四条第一項又は第二項の規定（第九条の二第十二項において準用する場合を含む。）に違反して秘密を漏らした者

**第六十二条**　第六十条第二号又は前条第一号から第三号まで若しくは第五号に掲げる行為を企て、命じ、故意にこれを容認し、そそのかし、又はそのほう助をした者は、それぞれ各本条の刑に処する。

〔法　律〕

（管轄）

**第二十五条の九**　中央審査会は、次の各号に掲げる場合における紛争処理について管轄する。

一　当事者の双方が国土交通大臣の許可を受けた建設業者であるとき。

二　当事者の双方が建設業者であつて、許可をした行政庁を異にするとき。

三　当事者の一方のみが建設業者であつて、国土交通大臣の許可を受けたものであるとき。

2　都道府県審査会は、次の各号に掲げる場合における紛争処理について管轄する。

一　当事者の双方が当該都道府県の知事の許可を受けた建設業者であるとき。

二　当事者の一方のみが建設業者であつて、当該都道府県の知事の許可を受けたものであるとき。

三　当事者の双方が許可を受けないで建設業を営む者である場合であつて、その紛争に係る建設工事の現場が当該都道府県の区域内にあるとき。

四　前項第三号に掲げる場合及び第二号に掲げる場合のほか、当事者の一方のみが許可を受けないで建設業を営む者である場合であつて、その紛争に係る建設工事の現場が当該都道府県の区域内にあるとき。

3　前二項の規定にかかわらず、当事者は、双方の合意によつて管轄審査会を定めることができる。

〔政　令〕

**第十三条第三項**　法第二十五条の九第三項の規定により合意によつて管轄審査会が定められたときは、その合意を証する書面を申請書に添附しなければならない。

本条は、審査会の管轄を定めたものである。

一　管轄は、要するにどこの審査会で紛争の処理を行うかの定めである。審査会が取り扱うのは建設工事の請負契約に関する紛争だけであり（第二十五条）、たとえ仲裁契約で建設工事の請負契約に関する紛争以外の紛争について審査会の仲裁手続に服するという旨の取決めがあっても、それは審査会の権限の及ばぬ問題であるから審査会としては仲裁の引受けを拒まざるを得ず、結局仲裁契約は失効することになろう（仲裁法第二十条）。本条は、建設工事の請負契約に関する紛争の処理について、どこの審査会が取り扱うかを決定するのがその目的である。なお、昭和四十六年の改正により審級管轄の定めが削除されている（第二十五条の十九の解説参照）。

二　本条を要約すれば、紛争当事者たる建設業者が許可業者であるときは、許可をした行政庁の審査会が原則として当該事件を管轄することとし、無許可業者であるときは紛争に係る建設工事の現場を所管する都道府県の審査会が管轄することとなっている。これは、審査会は紛争処理に当たって当該事件の原因たる事実関係を調査することになるが、この事実関係の重要な一部をなす建設業者の実態を最も的確に把握している許可行政庁の審査会が担当することとすれば、手続を円滑に進行させ、実情に即した解決を図ることができること、無許可業者の場合は紛争の発生した現場の都道府県の審査会が担当することによりやはり同様の効果を期待することができること等に基づくものである。

三　管轄の標準時期は紛争処理の申請のときと解される。

紛争係属中に管轄審査会が変わってしまう場合があり得る。たとえば、紛争当事者であるA県知事許可業者が大臣許可業者となった場合、又はA県知事業者がB県知事業者となった場合等である。管轄の内容は、円滑な紛争解決を図ることを基準に定められていること、審査会に対して管轄違いの申請がなされた場合に本法に移送等の手続が定められてなく、その申請は却下すべきものと解されること等から、訴訟（民事訴訟法第十五条）と同様に、管轄が決まる時期は紛争処理の申請のときと解すべきであり、その後の事情の変動は管轄には影響がない。A県知事許可業者が審査会に係属中にB県知事許可業者になっても、当該事件の紛争処理はA県審査会が最後まで行うべきである。ただ当事者間の契約に「この契約につき紛争が生じた場合には建設工事紛争審査会に調停を申請し、調停による解決ができなかった場合には仲裁を申請する」旨の取決めがあり、A県審査会で調停手続中に当事者たる請負人がA県知事許可業者からB県知事許可業者に許可換えしたような場合には、調停の手続はA県審査会が行うべきであるが、調停が不調に終わったときに仲裁を申請するときには、調停の手続と仲裁の手続とは全く別個の手続である以上、B県審査会に対して行うべきで、A県審査会に申請したときは、本条第三項の管轄の合意がないことを確認の上却下すべきである。

四　許可をした都道府県と異なる都道府県の区域で生じた紛争、当該都道府県知事が当事者となった紛争、大臣許可業者が当事者で発生場所が東京から相当離れている紛争等第一項又は第二項の管轄によるのが適当でない場合には、第三項により、当事者同士で管轄の合意を行い、別に管轄を定めることができる。

五　昭和四十六年の法改正では、異議の申出の制度が廃止された（第二十五条の十九の削除）ことに伴い審級管轄が削られたことと、無許可業者が当事者である紛争についても紛争処理を行うこととしたことの二点について本条に改正が加えられている。

**※管轄審査会一覧表**

| 紛争当事者 | 管轄審査会 |
| --- | --- |
| 大臣許可に係る建設業者と大臣許可に係る建設業者（元請と下請）<br>大臣許可に係る建設業者とA県知事許可に係る建設業者（元請と下請）<br>A県知事許可に係る建設業者とB県知事許可に係る建設業者（元請と下請）<br>大臣許可に係る建設業者と許可を受けないで建設業を営む者（元請と下請）<br>発注者と大臣許可に係る建設業者（発注者と請負人） | 中央審査会 |
| A県知事許可に係る建設業者とA県知事許可に係る建設業者（元請と下請）<br>A県知事許可に係る建設業者と許可を受けないで建設業を営む者（元請と下請）<br>発注者とA県知事許可に係る建設業者（発注者と請負人）<br>許可を受けないで建設業を営む者と許可を受けないで建設業を営む者（元請と下請）で現場がA県<br>発注者と許可を受けないで建設業を営む者（発注者と請負人）で現場がA県 | A県審査会 |

**〔法　律〕**

（紛争処理の申請）

**第二十五条の十**　審査会に対する紛争処理の申請は、政令の定めるところにより、書面をもつて、中央審査会に対するものにあつては国土交通大臣を、都道府県審査会に対するものにあつては当該都道府県知事を経由してこれをしなければならない。

**〔政　令〕**

（紛争処理の申請書の記載事項等）

**第十三条**　法第二十五条の十の書面には、次に掲げる事項を記載し、申請人が記名押印しなければならない。

一　当事者及びその代理人の氏名及び住所
二　当事者の一方又は双方が建設業者である場合においては、その許可をした行政庁の名称及び許可番号
三　あつせん、調停又は仲裁を求める事項
四　紛争の問題点及び交渉経過の概要
五　工事現場その他紛争処理を行うに際し参考となる事項
六　申請手数料の額
七　審査会の表示
八　申請の年月日

2　証拠書類がある場合においては、その原本又は写を前項の書面（以下「申請書」という。）に添附しなければならない。

3　法第二十五条の九第三項の規定により合意によつて管轄審査会が定められたときは、その合意を証する書面を申請書に添附しなければならない。

4　当事者の一方から仲裁の申請をする場合においては、紛争が生じた場合において法による仲裁に付する旨の合意を証する書面を申請書に添附しなければならない。

（代理権の証明）

**第十四条**　法定代理権又は紛争処理に係る行為を行うに必要な授権は、審査会に対し書面でこれを証明しなければならない。

（紛争処理の通知）

**第十六条**　審査会は、当事者の一方から紛争処理の申請がなされたときは申請書の写しを添えてその相手方に対し、法第二十五条の十一第二号に規定する決議をしたときは当事者の双方に対し、遅滞なく、書面をもつてその旨を通知しなければならない。

（申請の変更）

**第十六条の二**　あつせん、調停又は仲裁の申請人は、書面をもつて第十三条第一項第三号に掲げる事項を変更することができる。ただし、これにより、当該あつせん、調停又は仲裁の手続を著しく遅延させる場合は、この限りでない。

2　審査会は、前項の規定による変更の申請がなされたときは、同項の書面（以下「変更申請書」という。）の写しを添えて、その相手方に対し、遅滞なく、書面をもつてその旨を通知しなければならない。

本条は、紛争処理の申請の具体的な方法を定めたものである。

一　紛争処理の申請は、中央審査会に対するものにあっては国土交通大臣に、都道府県審査会に対するものにあっては、都道府県知事に提出させ、そこを経由して審査会に提出させることとしているものである。審査会の庶務を預かる局部課（中央審査会にあっては国土交通省総合政策局建設業課（令第十一条））においては、申請書を受け付け、申請書の記載漏れの有無、証拠書類の有無、手数料の額等その手続に違反がないかどうかを審査するとともに、当該事件が審査会の権限に属する事項か否か、管轄違いはないか等についても調査する必要がある。

二　本条の「政令で定めるところ」とは、令第十三条であるが、これによれば申請書には次に掲げる事項を記載し、申請人が記名押印しなければならない。

㈠　当事者及びその代理人の氏名及び住所

㈡　当事者の一方又は双方が建設業者である場合においては、その許可をした行政庁の名称及び許可番号
㈢　あっせん、調停又は仲裁を求める事項
㈣　紛争の問題点及び交渉経過の概要
㈤　工事現場その他紛争処理を行うに際し参考となる事項
㈥　申請手数料の額
㈦　審査会の表示
㈧　申請の年月日

証拠書類がある場合においては、その原本又は写しを申請書に添付しなければならない。また、合意によって管轄審査会が定められた（第二十五条の九第三項）ときにはその合意を証する書面を、仲裁の申請にあっては紛争が生じた場合には審査会の仲裁に付する旨の合意（仲裁契約）を証する書面をそれぞれ申請書に添付するとともに、代理人がいる場合には法定代理権又は紛争処理に係る代理権を授与することを証する書面を提出しなければならない（令第十三条、令第十四条）。

三　審査会の庶務は一で述べた所管課で行われるが、庶務的事項の主なものとしては、委員及び特別委員の名簿の作成、管理、申請書の受付け、審査、各種の通知（審理開催通知、証人訊問通知等）、費用の徴収、支払負担行為、記録の保管、審査会の会議の開催に必要な事務等である。

紛争の処理についての事務担当は指定職員がこれに当たり（令第十二条）、指定職員は、審査会の行う紛争処理に立ち会い、調書を作成し、その他紛争処理に関し審査会の命ずる事務を取り扱うことをその職務としている。

四　紛争処理の方法をあっせんとするか調停とするか仲裁とするかは当事者の選択に任されている。事件の性質とあっせん、調停、仲裁の解決方法、法的効果等とを勘案し決めることとなろう。

〔法　律〕
（あっせん又は調停の開始）

**第二十五条の十一**　審査会は、紛争が生じた場合において、次の各号の一に該当するときは、あっせん又は調停を行う。

一　当事者の双方又は一方から、審査会に対しあつせん又は調停の申請がなされたとき。
二　公共性のある施設又は工作物で政令で定めるものに関する紛争につき、審査会が職権に基き、あつせん又は調停を行う必要があると決議したとき。

〔政　令〕

（公共性のある施設又は工作物）
**第十五条**　法第二十五条の十一第二号の公共性のある施設又は工作物で政令で定めるものは、次の各号に掲げるものとする。
一　鉄道、軌道、索道、道路、橋、護岸、堤防、ダム、河川に関する工作物、砂防用工作物、飛行場、港湾施設、漁港施設、運河、上水道又は下水道
二　消防施設、水防施設、学校又は国若しくは地方公共団体が設置する庁舎、工場、研究所若しくは試験所
三　電気事業用施設（電気事業の用に供する発電、送電、配電又は変電その他の電気施設をいう。）又はガス事業用施設（ガス事業の用に供するガスの製造又は供給のための施設をいう。）
四　前各号に掲げるもののほか、紛争により当該施設又は工作物に関する工事の工期が遅延することその他適正な施工が妨げられることによつて公共の福祉に著しい障害を及ぼすおそれのある施設又は工作物で国土交通大臣が指定するもの

（紛争処理の通知）
**第十六条**　審査会は、当事者の一方から紛争処理の申請がなされたときは申請書の写しを添えてその相手方に対し、法第二十五条の十一第二号に規定する決議をしたときは当事者の双方に対し、遅滞なく、書面をもつてその旨を通知しなければならない。

本条は、あっせん又は調停の開始について定めたものである。

一　あっせんも調停も、当事者が紛争について新たな合意点が見つかるよう審査会が協力し、見つかった場合には和解契約を締結して事件の解決を図るというものであって、法律的な効果において差異はない。ただ、あっせんは対立する両当事者に話合いの機会を与える制度で、原則として一人のあっせん委員が両当事者の主張の要点を確かめ、事件を解決にもっていくというものであって、比較的簡単な事件について、紛争の原因が当事者の誤解に基づくというような場合に活用されるのに対し、調停は三人の調停委員が対立する両当事者の意見をきき、調停案を作成してその受諾を勧告する等によって事件を解決するものであって、あっせんよりは複雑な事件ではあるが、専門家の介入によって強制的手段によらなくとも解決される見込みのあるもの等について活用されるという事実上の相違が

ある。

二　仲裁の申請にあっては仲裁契約があることがその前提となるが、あっせん又は調停の場合にはそのような契約は必要ではなく、したがって当事者の一方が審査会に対しあっせん又は調停の申請をすれば、審査会は紛争処理を開始する。

三　第二号は、公共性のある施設等の工事について紛争が発生して公益を阻害するおそれが生じた場合には、審査会が積極的にあっせん又は調停に乗り出すこととしたものである。もとよりあっせん又は調停による法的効果は、当事者双方があっせん又は調停の結果合意に達することによってはじめて発生するものであるから、職権で乗り出すといっても私権を侵害することにならないのであるが、この決定を下すに当たっては、積極的に公共工事の適正な施工を図る観点に立つと同時に、いやしくも私権侵害のそしりを受けないよう留意すべきである。職権あっせん、職権調停の対象となる施設又は工作物の範囲は、工期遅延、粗悪工事等により公共の福祉に著しい障害を及ぼすおそれのあるものを中心として規定されており、その内容は次のとおりである。

㈠　鉄道、軌道、索道、道路、橋、護岸、堤防、ダム、河川に関する工作物、砂防用工作物、飛行場、港湾施設、漁港施設、運河、上水道又は下水道

㈡　消防施設、水防施設、学校又は国若しくは地方公共団体が設置する庁舎、工場、研究所若しくは試験所

㈢　電気事業用施設（電気事業の用に供する発電、送電、配電又は変電その他の電気施設をいう。）又はガス事業用施設（ガス事業の用に供するガスの製造又は供給のための施設をいう。）

㈣　㈠から㈢までに掲げるもののほか、紛争により当該施設又は工作物に関する工事の工期が遅延することその他適正な施工が妨げられることによって公共の福祉に著しい障害を及ぼすおそれのある施設又は工作物で国土交通大臣が指定するもの

〔法　律〕

（あっせん）

**第二十五条の十二**　審査会によるあっせんは、あっせん委員がこれを行う。

2　あっせん委員は、委員又は特別委員のうちから、事件ごとに、審査会の会長が指名する。

3　あっせん委員は、当事者間をあっせんし、双方の主張の要点を確かめ、事件が解決されるように努めなければならない。

本条は審査会によるあっせんについて定めたものである。

一　あっせんは、対立する両当事者に紛争解決のための話合いの機会を与える制度であって、会長の指定するあっせん委員が両当事者の主張の要点を確かめ、その誤解を解くなどにより冷静な第三者が両当事者の間に入ることによって事件の解決を図ろうとするものである。事件の解決は両当事者の新たな合意に従って契約を締結することにより行われるが、その法的な性質は民法上の和解契約（民法第六百九十五条、第六百九十六条）であって訴訟法上の強制的な効果を生ずるものではない。あっせんによる解決は両当事者が相互に譲歩し合って争いをやめようというものであって、あっせん委員は側面からこれに協力するにすぎないから、両当事者はあっせん委員の提案する解決案に服する義務はないが、逆に両当事者間に新たな合意が成立する見込みもないのにいつまでも手続を続行することは実益がないので、このような場合は、あっせん委員は、あっせんを打ち切ることができる。

二　事件ごとに会長が指名するあっせん委員の数は法定されていない（調停委員及び仲裁委員は、それぞれ三人と規定されている。）が、原則として、一人と解されている。あっせん委員は、紛争がその性質上あっせんをするのに適当でないと認めるとき等はあっせんをしないものとすることができる（第二十五条の十四）。

三　具体的なあっせんの方法についてはあまり定められていないが、これはあっせんの性質上、それぞれのあっせん委員が当該事件に即した方法を採用すればよいという考え方に基づくものであって、当事者に出頭を求め、話合いをさせ、あるいは資料を提出させる等によって新たな合意点を見つける努力がなされることとなろう。当事者があっせん委員の指揮に従わなくても罰則による制裁はないが、解決が遅れるという不利益を受けることになる。通常のあっせんの手続については第二十五条の十三の解説三を参照のこと。

〔法　律〕

（調停）

**第二十五条の十三**　審査会による調停は、三人の調停委員がこれを行う。

2　調停委員は、委員又は特別委員のうちから、事件ごとに、審査会の会長が指名する。
3　審査会は、調停のため必要があると認めるときは、当事者の出頭を求め、その意見をきくことができる。
4　審査会は、調停案を作成し、当事者に対しその受諾を勧告することができる。
5　前項の調停案は、調停委員の過半数の意見で作成しなければならない。

本条は審査会による調停について定めたものである。

一　調停は、対立する両当事者に話合いの機会を与え、事件解決のための努力を行わせ、調停案を示して和解契約を締結させようとする制度である。法律上の効果、合意成立の見込みのないときの手続上の打切り制等はあっせんと同じである。すなわち、紛争の解決方法の性質はあっせんと変わりなく、両当事者が新たな合意に達することによってのみはじめて事件の解決が期待できるのであって、審査会は、当事者に解決案を強制できるものではなく、また新たな合意点に達して和解契約を結んでもそれは民法上の和解であってそれ自体に強制執行その他の訴訟法上の強制的効果を生ずるものではない。あっせんと異なるのは、委員の数が多く、調停委員に当事者に対する出頭命令権限が与えられ（違反者は第四十九条により過料に処される。）、調停案の作成、受諾勧告に関する規定が設けられていること等からもわかるように、委員が一層積極的に事件の解決に介入し、斯界の権威の参加による早期の紛争処理を行うことができるよう制度が整備されていることである。

二　調停委員は三人であり、委員又は特別委員から指名される。調停委員の中に弁護士の資格を有する委員が必ずいる必要はない（第二十五条の十六参照）が、実際問題としては調停委員のうち一人は法律家を指名しておくことが望ましい。調停委員は、紛争がその性質上調停をするのに適当でないと認めるとき等は、調停をしないものとすることができる（第二十五条の十四）。

三　調停手続については当事者に対する出頭命令権が審査会に賦与されていること及び調停案の作成方法のほかは、あまり規定されていないが、この場合の考え方はあっせんと同様である。

通常の調停の手続は、次のとおりである（これはあっせんの場合も同様と考えてよい。）。

㈠　当事者の双方又は一方から審査会に対し調停の申請があった場合又は公共的な工事に関する紛争について審査会が職権に基づき調停を行う必要があると決議した場合に調停手続が開始される。

㈡　調停の事務的な手続は国土交通省又は都道府県の所管課において行い、具体的には国土交通大臣又は都道府県知事から指定された指定職員が行う。

㈢　したがって、申請者は、令第十三条に掲げる事項を記載し、申請手数料と令第十三条及び第十四条に掲げる書類のうち必要なものを添えて、審査会の事務局である国土交通省総合政策局建設業課又は都道府県の所管課（通常は土木部監（管）理課）に提出する。

㈣　審査会は、申請書を受理したときはその相手方に対して申請書の写しを添えてその旨を通知し、審査会が職権調停の決議をしたときは当事者の双方に対してその旨を通知する。

㈤　通知を受けた者の申請者に対する答弁書を得て、審査会の会長は、委員又は特別委員のうちから当該事件を担当する調停委員を指名する。

㈥　調停委員は、両当事者の主張を調べ、必要に応じて当事者の出頭を命じてその意見をきくこと、関係者の了解を得て証人を呼ぶこと、現場に調べること等を行って解決の糸口をさぐる。指定職員は審査会の行う処理手続について国土交通省令で定める様式による調書の作成その他の事務処理を行う。

㈦　当事者の主張のうち理由のないものは取り下げさせること等によって両者の意見を近寄らせ、調停委員の過半数の者の意見で作成した調停案を両当事者に示してその受諾を勧告する。

㈧　両当事者がこの調停案をもとに合意に達したときは、その合意の内容を和解契約書にして、事件の処理を終える。

㈨　当事者がはじめから調停手続を拒否するとき、調停案を示しても受諾しないとき等は調停を打ち切り、当事者に通知する。また、第二十五条の十四の規定により調停しないこととするときも同様である。

〔法　律〕

――（あっせん又は調停をしない場合）

**第二十五条の十四**　審査会は、紛争がその性質上あっせん若しくは調停をするのに適当でないと認めるとき、又は当事者が不当な目的でみだりにあっせん若しくは調停の申請をしたと認めるときは、あっせん又は調停をしないものとする。

〔政　令〕
（あっせん又は調停をしない場合の措置）
**第十七条**　審査会は、法第二十五条の十四の規定によりあっせん又は調停をしないものとしたときは、当事者に対し、遅滞なく、書面をもつてその旨を通知しなければならない。

本条は、あっせん又は調停をしない場合を規定したものである。

一　「紛争がその性質上あっせん若しくは調停をするのに適当でないと認めるとき」とは、申請人の請求が法律的にも道義的にも理非明白で互譲の余地がない場合、互譲による妥協が不可能な場合等をいうのであり、また「不当な目的でみだりにあっせん若しくは調停の申請をしたと認めるとき」とは、申請の目的が審査会による紛争の解決を求めるのではなく、単なるいやがらせ、時期の遅延のため等の場合を指す。

二　この判定は、あっせん委員又は調停委員が行うのであって審査会の議決によって行うものではない。すなわち、この判定は、紛争処理手続における終結方法の一つであって、あっせん委員又は調停委員が当事者の意見をきいた上で判定を下すことも当然であり得ることである。この決定が行われても申請手数料を返還する等の措置は必要でない。

三　あっせん、調停の成立は、当事者の合意に係るものであるので、委員がいかに努力しても合意が成立する見込みがないと認めるときは当然あっせん又は調停を打ち切ることができる。委員の意見が対立して調停案を作成できないときも同様である。

審査会があっせん若しくは調停を行わないこととし、又はこれを打ち切ったときは、遅滞なく、その旨を書面で当事者に通知しなければならない。（令第十七条）。

〔法　律〕
（あっせん又は調停の打切り）
**第二十五条の十五**　審査会は、あっせん又は調停に係る紛争についてあっせん又は調停による解決の見込みがないと認めるときは、あっせん又は調停を打ち切ることができる。
2　審査会は、前項の規定によりあっせん又は調停を打ち切つたときは、その旨を当事者に通知しなければならない。

本条は、審査会によるあっせん又は調停の打切りについて定めたものである。

次条による時効中断効の付与に当たっては、調停等において紛争解決に向けた諸活動がなされたが、それが奏功せず、審査会がこれを終了したことが必要である（当事者が調停等の申請を撤回した場合には、訴えの取下げと同様の事態になることから、時効中断効を認める基礎を欠くことになる。）。また、手続の終了時点（訴え提起までの期間の起算点）が明確であることも必要である。

このため、審査会は、調停等による解決の見込みがないと認めるときは、調停等を打ち切ることができることとし、打ち切った時は、その旨を当事者に通知しなければならないこととしたものである。

〔法　律〕

（時効の中断）

**第二十五条の十六**　前条第一項の規定によりあつせん又は調停が打ち切られた場合において、当該あつせん又は調停の申請をした者が同条第二項の通知を受けた日から一月以内にあつせん又は調停の目的となつた請求について訴えを提起したときは、時効の中断に関しては、あつせん又は調停の申請の時に、訴えの提起があつたものとみなす。

本条は、建設工事紛争審査会が行うあっせん及び調停に係る時効中断について定めたものである。

いわゆるＡＤＲ法（裁判外紛争解決手続の利用の促進に関する法律）においては、同法により法務大臣の認証を受けた紛争解決事業者が行う紛争解決手続について、紛争解決手続を途中で打ち切った場合には紛争解決手続の申立時に遡っての時効の中断が認められることとなっている。本条は、ＡＤＲ法における紛争解決手続と同様、建設工事紛争審査会のあっせん及び調停の手続を利用した場合で、紛争解決手続を途中で打ち切った場合には、申立時に遡って時効の中断を認めることとしたものである。

〔法　律〕

（訴訟手続の中止）

**第二十五条の十七**　紛争について当事者間に訴訟が係属する場合において、次の各号のいずれかに掲げる事由があり、かつ、当事者の共同の申立てがあるときは、受訴裁判所は、四月以内の期間を定めて訴訟手続を中止する旨の決定をすることができる。

一　当該紛争について、当事者間において審査会によるあつせん又は調停が実施されていること。

二　前号に規定する場合のほか、当事者間に審査会によるあつせん又は調停によつて当該紛争の解決を図る旨の合意があること。

2　受訴裁判所は、いつでも前項の決定を取り消すことができる。

3　第一項の申立てを却下する決定及び前項の規定により第一項の決定を取り消す決定に対しては、不服を申し立てることができない。

本条は、建設工事紛争審査会が行うあっせん及び調停と並行して係属している訴訟手続の中止について定めたものである。

紛争の当事者が訴えを提起し、裁判によって当該紛争を解決しようとした場合においても、紛争の内容、その後の事情の変化等によっては、当事者が建設工事紛争審査会の紛争解決手続によって紛争を解決することを希望する場合もある。

このため、ADR法における紛争解決手続と同様、建設工事紛争審査会のあっせん及び調停の手続を利用した場合に、①訴訟が係属していること、②当事者間にあっせん又は調停によってその紛争の解決を図る旨の合意があること、③当事者の共同の申立てがあることを要件として、裁判所の判断において訴訟手続を中止することができることとし、裁判所の定める四ヶ月以内の期間、当事者が事実上建設工事紛争審査会のあっせん及び調停の手続に専念できることとしたものである。

〔法　律〕

（仲裁の開始）

**第二十五条の十八**　審査会は、紛争が生じた場合において、次の各号のいずれかに該当するときは、仲裁を行う。
一　当事者の双方から、審査会に対し仲裁の申請がなされたとき。
二　この法律による仲裁に付する旨の合意に基づき、当事者の一方から、審査会に対し仲裁の申請がなされたとき。

〔**政　令**〕
（紛争処理の申請書の記載事項等）
**第十三条第四項**　当事者の一方から仲裁の申請をする場合においては、紛争が生じた場合において法による仲裁に付する旨の合意を証する書面を申請書に添附しなければならない。

本条は、仲裁の開始に関する規定である。
一　本条から第二十五条の二十一までの規定は、仲裁に関する規定である。本法による仲裁の性質は、第二十五条の十六第四項の規定からもわかるように、仲裁法に規定する仲裁であり、これに若干の特例を加えたものである。仲裁は、国の訴訟制度による強制的解決に代えて、当事者が既に発生した又は発生するおそれのある紛争を解決するために、相互の合意によって、その選定する仲裁人の仲裁判断に服することを約した場合に、これに基づいて仲裁人の行う審判手続である。仲裁は訴訟に代わる機能を営み、それだけ裁判所の手も省けることになるから仲裁法上これを是認し、仲裁判断に裁判所の確定判決と同一の効力を認め、これに不服があっても仲裁手続に瑕疵がある場合以外は取り消すことができないこととし、また仲裁手続を助成するために裁判所が協力することとなっているものである。逆に仲裁合意が締結されている事件について裁判所に訴訟を提起した場合には被告が仲裁合意のあることを抗弁すれば、その訴訟は裁判所の手を煩わす必要のないものとして、原告の訴権は否定され、訴は却下されることになる。
二　仲裁はおよそ裁判所以外の者が行う紛争処理手続としては最も強力な効果を有するものであって、国際的な商取引等について広く用いられ、独立した仲裁法を有する国は少なくない。
当事者から選ばれた個人（法律の専門家であることを要しない。）が裁判所に代位し得るということは、一見司法機関の権限の侵害のような奇異の感を与えるものである。この制度は古代の地中海沿岸諸国の貿易上の商慣習から発生し、商取引における事件を商慣習の素人たる裁判官よりも斯界の権威者、長老の手に委ね、しかも隠密のうちに解決しようとするものであって、裁判と同様古い沿革を有する制度であるが、この種の契約が国家の裁判権を奪うものではないかという観点から、その取扱いについて法制史上種々曲折を経たものである。しかしながら、近代的商慣習の複雑化や市民的自由権の伸長、そして国際私法の発達から、十九世紀以来各国とも公然とこの慣習を認めるに至り、最近では、国が進んでこれを立法化して保護助長する傾向にある。

三　あっせん、調停手続と仲裁手続との主な相違点は、あっせん、調停にあっては、あっせん、調停手続によって紛争の解決を図る旨の当事者間の合意が必要でないこと、紛争を解決するか否かは当事者が互譲によって新たな合意に達するか否かに委ねられていること、あっせん、調停手続の最中に同じ訴訟物で訴訟を起こしてもその却下の問題はないこと、和解契約に強制執行力がないこと等に対して、仲裁手続にあっては、仲裁手続に委ねる前に仲裁合意が必要であり、紛争の解決は仲裁判断によって行われ、当事者はこの仲裁判断に不服があっても服する義務があること、仲裁合意があれば訴は却下されること、仲裁判断には執行判決により執行力が生ずること等の性質があることである。要するにあっせん、調停にあっては入口は広いが紛争を処理する力が弱いのに対し、仲裁にあっては入口は狭いが紛争を処理する力は強いということができる。したがって、当事者に対して強制的に紛争を解決する仲裁手続はそれだけ慎重に行われる必要があり、本法においても手続に関する規定はあっせん、調停にくらべ相当詳細に定められている。

四　本法による仲裁制度の要点は、次のとおりである。

㈠　審査会に仲裁を申請するためには、仲裁合意のあることが要件である。

㈡　当事者が仲裁を申請する相手は審査会であって、個々の仲裁委員ではない。即ち、原則としては、当事者が選んだ仲裁委員が仲裁することになるが、当事者が選定を行わないときは、会長が仲裁委員を指名して仲裁を行わせることができる。

㈢　仲裁の効果は、当事者間において確定判決と同一であり、一度仲裁判断が下されたら仲裁手続に形式的な瑕疵があった場合等特殊な場合を除いて訴訟を起こせないことになる。仲裁判断が下された場合には執行決定を得て民事執行をすることができる（仲裁法第四十五条）。

五　仲裁手続は、仲裁合意のある当事者からの申請があってはじめて開始される。あっせん及び調停のように、職権による手続の開始はない。当事者に対して強制力を有する仲裁手続を職権で開始することは、制度の性質上適当でないからである。当事者間に仲裁合意があることを前提とすることは、既に説明してきたように、仲裁手続の特徴である。仲裁合意の方法としては、具体的にある紛争が発生した後に、当事者間で解決を図ってきたが成功せず、解決を審査会の仲裁制度に委ねようという合意が成立する場合と、請負契約を締結する際にあらかじめ紛争解決の方法を審査会の仲裁に委ねようと約しておく場合とがあり得るが、本条の第一号は主として前者の場合、本条の第二号は主として後者の場合を予想している。実際問題としては、中央建設業審議会が決定して各界に勧告している建設工事標準請負契約約款や旧四会連合約款等通常の請負契約に用いられている契約書では、紛争解決の方法として紛争が生じたときは審査会による仲裁（まず調停を申請し不調の場合は仲裁というのもある。）で解決しようという条文が入っており、これが仲裁合意書となっている。したがって、建設工事の請負契約に関する紛争は、そのほとんどが裁判所による解決ではなく、審査会による解決を行うようになっているわけである。ただし、消費者保護の観点から、当分の間、自ら仲裁の申立てを行っていない消費者は、あらかじめ事業者との間で合意された仲裁合意を解除することができる（仲裁法附則第三条）。

なお、仲裁合意があることが審査会による仲裁を申請するためには必要であるから、当事者の一方からなされる仲裁判断の申請書には、令第十三条第四項の定めるところにより、相手方の合意を証する書面を添付させることになっており、この書面の存否及び真否をよく確認審査する必要がある。また当事者が代理人によって手続を行おうとする場合に、令第十四条の規定により、代理権の証明をとっておく必要がある。

〔法　律〕

（仲裁）

**第二十五条の十九**　審査会による仲裁は、三人の仲裁委員がこれを行う。

2　仲裁委員は、委員又は特別委員のうちから当事者が合意によつて選定した者につき、審査会の会長が指名する。ただし、当事者の合意による選定がなされなかつたときは、委員又は特別委員のうちから審査会の会長が指名する。

3　仲裁委員のうち少なくとも一人は、弁護士法（昭和二十四年法律第二百五号）第二章の規定により、弁護士となる資格を有する者でなければならない。

4　審査会の行う仲裁については、この法律に別段の定めがある場合を除いて、仲裁委員を仲裁人とみなして、仲裁法（平成十五年法律第百三十八号）の規定を適用する。

**〔政　令〕**

（仲裁委員の選定等）

**第十八条**　審査会は、仲裁の申請があつたときは、当事者に対して第八条第一項の名簿の写を送付しなければならない。

2　当事者が合意により仲裁委員となるべき者を選定したときは、その者の氏名を前項の名簿の写の送付を受けた日から二週間以内に審査会に対し書面をもつて通知しなければならない。

3　前項の期間内に同項の規定による通知がなかつたときは、当事者の合意による選定がなされなかつたものとみなす。

**第十九条**　当事者の合意による仲裁委員となるべき者の選定がなされない場合において、各当事者は、仲裁委員に指名されることが適当でないと認める委員又は特別委員があるときは、その者の氏名を前条第二項に規定する期間内に審査会に対し書面をもつて通知することができる。

2　会長は、法第二十五条の十九第二項ただし書の規定により仲裁委員を指名するに当たつては、当該事件の性質、当事者の意思等を勘案してするものとし、仲裁委員を指名したときは、当事者に対し、遅滞なく、その者の氏名を通知しなければならない。

（仲裁委員が欠けた場合の措置）

**第二十条**　審査会は、仲裁委員が死亡、解任、辞任その他の理由により欠けた場合においては、当事者に対し、遅滞なく、その旨を通知しなければならない。

2　前二条の規定は、仲裁委員が欠けた場合における後任の仲裁委員となるべき者の選定及び後任の仲裁委員の指名について準用する。

（仲裁判断の作成）

**第二十一条**　審査会は、仲裁判断をするための審訊（じん）その他必要な調査を終了したときは、速やかに、仲裁判断をしなければならない。

2　仲裁判断の正本及び謄本には指定職員が正本又は謄本である旨の附記をし、及び記名押印し、かつ、正本には審査会の印を押さなければならない。

3　仲裁判断の正本は、その一通を仲裁判断の記録に添附しなければならない。

本条は、仲裁委員の選定方法等仲裁手続について規定したものである。

一　仲裁委員の指名は、当事者が合意によって選定した三人の委員又は特別委員について会長が行うことになっているが、当事者間の対立が深刻な場合はこの合意がなされないことが予想されるため、当事者が選定を行わなかった場合は、審査会が一方的に指名する途を開いている。この規定は仲裁法第十七条の規定の特別規定である。

具体的な選定方法は、まず仲裁の申請を受けた審査会は、当事者に審査会の委員及び特別委員の名簿の写しを送付する。当事者は、名簿に記載された委員又は特別委員のうちから合意により仲裁委員となるべき者を選定したときは、名簿の写しの送付を受けた日から二週間以内に審査会に対し書面をもって通知しなければならない。仲裁委員の選定は両当事者が共同で行ってもよいし、別々に行ってもよく、後者の場合には、それぞれの選定した委員のうち一致したものについてのみ合意があったと解される。送付を受けた日から二週間以内に通知がなかった場合には、当事者の合意がなかったものとみなされる（以上令第十八条）。仲裁人選定の通知が当事者の一方からしかなかった場合には、合意による選定がなかったものと解される。また、本条第三項の規定により、仲裁委員のうち少なくとも一名は弁護士となる資格を有する者でなければならないので、合意による選定が仲裁委員全部について行われ、しかもその中に弁護士となる資格を有する委員が含まれていない場合には選定は無効となるので、遅滞なく当事者に連絡して補正等の方法をとることが望まれる。

当事者の合意による選定が行われない場合には審査会の会長が仲裁委員を指名するが、各当事者はこのような場合に備えて、仲裁委員に指名されることが適当でないと認める委員又は特別委員の氏名を名簿の送付を受けた日から二週間以内に書面をもって審査会に通知することができる。

本来仲裁手続は、裁判所の手を煩わすことなく、当事者の選定する仲裁人の判断に服することによって紛争を解決するという合意に基づくものであるから、当事者の紛争解決の方法についての意思は最大限に尊重されるべきものである。しかし余りに当事者の意思を尊重しすぎれば、もともと利害が対立している当事者同士である以上、紛争解決が困難となってしまうので、紛争の合理的な解決が期待できる範囲で一定の制限を行おうとするのが本法による仲裁制度である。すなわち、仲裁委員の選定については当事者の合意による選定を原則とし、選定についての合意が成立しない場合には審査会の会長が指名するが、この指名に際して仲裁委員として好ましくない委員又は特別委員がいるときには、当事者があらかじめその旨を審査会に連絡し得る制度を作っておくことにより、当事者の意思を十分に反映できるようにしているわけである。なおこの令第十九条第一項の通知は、法的には審査会の会長の指名権を拘束するものではなく、この通知に反した指名が行われても仲裁手続に瑕疵があったとは解されない。

審査会の会長が本条第一項ただし書の規定により仲裁委員を指名するに当たっては、当該事件の性質、当事者の意思等を勘案して行うものとし、仲裁委員を指名したときは、当事者に対し、遅滞なく、仲裁委員の氏名を通知しなければならない（以上令第十九条）。

二　仲裁委員のうち一人は弁護士となる資格を有する者でなければならない。仲裁判断が、当事者間において確定判決と同一の効力を有すること、従来の仲裁制度において往々にして仲裁人が法律知識に欠けるため違法な仲裁判断を下すおそれがあったこと等にかんがみ設けられた規定である。弁護士となる資格とは、

㈠　司法修習生の修習を終えた者

㈡　最高裁判所の裁判官の職に在った者

㈢　司法修習生となる資格を得た後、五年以上簡易裁判所判事、検察官、裁判所調査官等の職に在った者

㈣　五年以上一定の大学の学部、専攻科又は大学院において法律学の教授又は助教授の職に在った者

等に該当し、かつ、禁錮以上の刑に処せられた者、成年被後見人又は被保佐人、破産者であって復権を得ない者等に該当しないことである（弁護士法第二章）。

三　第四項の規定により、審査会が行う仲裁手続については、仲裁委員を仲裁人とみなして仲裁法が適用されるため、審査会が行う仲裁手続は仲裁法と本法の規定との組合せにより行われるが、その手続の概略は次のとおりである。

㈠　当事者の申請

第二十五条の十五について述べたとおりである。

㈡　仲裁委員の選定指名

原則的には第二十五条の十五について述べたとおりである。ただし、当事者は、仲裁法第十八条の規定により、当事者の合意により定められた仲裁人の要件を具備しないとき、又は仲裁人の公正性又は独立性を疑うに足りる相当な理由があるときには、会長が指名した仲裁委員を忌避することができる。忌避は、同法第十九条により、

当事者の合意による定めがある場合にはその定め、ない場合には仲裁廷に対する申立てにより行われ、忌避が確定すれば当該仲裁委員は当然に失格し、補充の仲裁委員を当初の手続に準じた方法で選定指名することになるのである。

㈢　仲裁委員が死亡、辞職等によって欠けた場合

この場合には審査会が当事者に対し、遅滞なく、その旨を通知するものとし、当初の選定、指名の方法に準じて委員の補充が行われ、手続が続行される（令第二十条）。

㈣　仲裁手続

仲裁委員は、当事者（代理人を含む。以下同じ。）に対して事案について説明する十分な機会を与えなければならない（仲裁法第二十五条第一項）。ただし、当事者がこの機会を利用するか否かはその自由に属する。仲裁廷が従うべき仲裁手続の準則は、仲裁法の公の秩序に関する規定に反しない限り、当事者が合意により定めるところによる（仲裁法第二十六条第一項）。裁判の場合は口頭弁論主義をとり、当事者は、自己の主張、証拠書類等を文書で提出しておいても、公判廷で述べない事実は判決で勘案されないこととなっているが、本法の場合はこういう形式に拘束されない。

仲裁手続の準則に関する当事者間の合意がない場合は、仲裁法の規定に反しない限り、審査会が適当と認める方法により仲裁手続を実施することができ、この場合、審査会は、証拠に関し、証拠としての許容性、取調べの必要性及びその証明力についての判断をする権限を有する。

㈤　鑑定人の選定

審査会は、鑑定人を選任し、必要な事項について鑑定をさせ、文書又は口頭によりその結果を報告させることができる。この場合に審査会が当事者に対し求めることができる行為は、次のとおりである。

イ　鑑定に必要な情報を鑑定人に提供すること。

ロ　鑑定に必要な文書その他の物を、鑑定人に提出し、又は鑑定人が検分することができるようにすること。

また、当事者の求めがあるとき、又は仲裁廷が必要と認めるとき、鑑定人は口頭審理の期日に出頭しなければ

ならない。この場合に当事者ができる行為は、次のとおりである。

イ　鑑定人に質問すること。

ロ　自己が依頼した専門的知識を有する者に当該鑑定に係る事項について陳述をさせること。

㈥　裁判所により実施する証拠調べ

審査会又は当事者は、民事訴訟法の規定による証拠調べであって審査会が必要と認めるものについて、審査会の同意を得て、裁判所に対してその実施を求める申立てをすることができる。審査会は、裁判所が当該証拠調べを行うに当たり、文書を閲読し、検証の目的を検証し、又は裁判長の許可を得て証人若しくは鑑定人に対して質問することができる（仲裁法第三十五条）。

なお、審査会は必要があると認めるときは、事実の調査を官公署その他適当であると認める者に嘱託することができる（令第二十四条）。

ただし、この規定は、相手方に当然にこれに応ずる義務を課したものではなく、調査費用等は審査会が負担すべきである。

㈦　仲裁判断書の作成

審査会は必要な調査を完了したときは、すみやかに仲裁判断をしなければならない。仲裁判断書は、裁判の判決書に相当する文書で、強制執行のもとになる本手続中最も重要な文書であって、委員の意見の多数決によって作成される。ただし、当事者が特に仲裁合意において全員一致を要する旨の定めをした場合はこれに従う。したがって、三人の委員の意見が完全に分裂し又は当事者間に前述の趣旨の定めがある場合において、全員一致を得られないときは、仲裁は成立しない（仲裁法第三十七条）。仲裁判断は、通常簡潔な主文（例、「甲は乙に対し…を行え。甲のその他の請求はこれを認めない。」）と理由から成る。

仲裁判断書には、理由、作成年月日及び審査会の場所を記載し、仲裁委員が署名するものとする（仲裁法第三十九条参照）。仲裁委員の記名捺印は仲裁判断の成立要件であるが、仲裁委員の過半数が署名し、かつ、他の仲裁委員の署名がないことの理由を記載すれば足りる。また仲裁判断が当事者の請求の一部についてなされたときは、他の部分については仲裁判断がなかったこととなる。更に仲裁については裁判の補充判決に相当するような規定がないので、審査会が一度仲裁判断をなした後において、これを補正することは認められない。ただし、両当事者が新たな仲裁合意により、審査会に別個の仲裁判断を求めた場合は、審査会がこれをなし得ることは勿論である。作成された仲裁判断の正本（官印を押捺した公文書に相当する。）には、指定職員が正本である旨の附記をし、かつ、審査会の印を押すものとし、その謄本（公文書の写しに相当する。）には、同じく謄本である旨の附記をしなければならない（令第二十一条）。

㈧　仲裁判断により行う強制執行

仲裁判断は当事者間において裁判所の確定した判決と同一の効力を有する。したがって、当事者は裁判所に対して執行決定を求める申立てを行うことができる。この場合、裁判所は、仲裁法の拒絶事由（同法第四十五条第一項）が存在しないことを確認の上、執行決定を行い、これに基づいて民事執行が行われるのである（仲裁法第四十六条）。裁判所は、給付を内容とする仲裁判断のごとく執行行為を要する場合のみならず、当事者が単に仲裁判断に形式上の確定力を与える目的で執行決定を求めた場合等においてもこれを付与するものとされている。

㈨　仲裁判断取消しの訴

仲裁法第四十四条第一項各号の一に該当する事由があるときは、当事者は裁判所に仲裁判断取消しの訴を起こすことができる。したがって、審査会としてはかかることのないよう、仲裁を開始するに当たって両当事者間に合意があることを十分確かめておくことが必要であり、同条第一項第四号又は第五号に係る当事者間の合意があるときは、当該合意を証する書面を徴しておく等慎重に手続を進めるべきである。

なお、判決をもって仲裁判断の一部が取り消されたときといえども他の部分は当然には失効しない。取り消された事項と関連して分離し得ない部分のみが失効するものと解する。

㈩　調書及び記録の作成

指定職員は、審査会が行う紛争処理の手続について、規則第十一条の定めるところにより調書を作成しなければならない。ただし、あっせん又は調停の場合において審査会が必要がないと認めたときは、この限りでない。

調書と他の仲裁判断に関する手続の記録、書類等は仲裁判断取消しの訴が提起された場合重要な証拠物件となるものであり、これをとりまとめて確実に保管しておかなければならない。

〔法　律〕
（文書及び物件の提出）
**第二十五条の二十**　審査会は、仲裁を行う場合において必要があると認めるときは、当事者の申出により、相手方の所持する当該請負契約に関する文書又は物件を提出させることができる。
2　審査会は、相手方が正当な理由なく前項に規定する文書又は物件を提出しないときは、当該文書又は物件に関する申立人の主張を真実と認めることができる。

本条は仲裁手続のうち、当事者に対する文書及び物件の提出要求について定めたものである。

審査会は、仲裁を行う場合において必要があると認めるときは、当事者の申立てにより、その相手方に対してその所持する文書、物件を提出するよう要求することができるが、裁判所の場合と異なり、これを強制することはできない。

相手方が正当な理由なくこれを拒んだ場合は、審査会は、本条第二項の規定により、当該文書、物件の提出を求めた当事者の事実関係に関する主張を真実と認めることができるが、なお事実関係を知る必要がある場合等にあっては、仲裁法第三十五条第一項の規定を活用して、当事者から管轄裁判所に申立てを行わせ、裁判所に所要の証拠調べを行ってもらう方法がある。裁判所による証拠調べが行われた場合には、本条第二項の適用はないものと解される。

〔法　律〕
（立入検査）
**第二十五条の二十一**　審査会は、仲裁を行う場合において必要があると認めるときは、当事者の申出により、相手方の占有する工事現場その他事件に関係のある場所に立ち入り、紛争の原因たる事実関係につき検査をすることができる。
2　審査会は、前項の規定により検査をする場合においては、当該仲裁委員の一人をして当該検査を行わせることができる。
3　審査会は、相手方が正当な理由なく第一項に規定する検査を拒んだときは、当該事実関係に関する申立人の主張を真実と認めることができる。

本条は仲裁手続のうち、立入検査について定めたものである。

一　審査会の立入検査は、仲裁を行う場合において必要があると認めるときで、当事者の申立てがあり、相手方の占有する一定の場所に限って、という条件の下に行われる。しかも相手方が拒否すれば、強制することもできない。しかしながら、正当な理由がなく拒否した場合には、審査会は、立入検査を申し出た当事者の事実関係に関する申立人の主張を真実と認めることができるし、また仲裁法第三十五条第一項を活用し、当事者から裁判所に実地検証を求めさせることもできる。裁判所による実地検証を行った場合には、その限りにおいて本条第三項の適用はないと解される。

二　立入検査の場所は「工事現場その他事件に関係ある場所」に限定される。工事現場、工事予定地、竣工した施設又は工作物の所在地、材料置場等直接工事に関係のある場所のみが該当し、広く、営業所、事務所一般を含むものではない。第三十一条のように監督官庁が監督権限を発動して行う立入検査とは異なり、単なる民事上の紛争の仲介者たる審査会の紛争処理の一環として行う立入検査であるので、その範囲はおのずから制限的に解するのが妥当であろう。

三　立入検査は、三人の仲裁委員が行うことは必ずしも必要ではなく、委員のうちの一人又は二人をして検査を行わせることができる。この場合には、立入検査をした仲裁委員は立入検査をしなかった仲裁委員にその結果を報告しなければならない。

〔法　律〕

（調停又は仲裁の手続の非公開）

**第二十五条の二十二**　審査会の行う調停又は仲裁の手続は、公開しない。ただし、審査会は、相当と認める者に傍聴を許すことができる。

本条は審査会の手続の非公開の原則を定めたものである。

請負契約に関する紛争の当事者は、概して訴訟のごとく相手方と攻撃、防禦の方法により法廷闘争をしたりすることは好まず、むしろ早く紛争を解決して工事を再開し、工事目的物の完成を求め、あるいは代金を受け取ることを第一の目的とし、そのためには多少の妥協もしようという考え方を持つ場合も少なくない。このような事情から、家事審判法、非訟事件手続法等の例にならって非公開を原則としたものである。

〔法　律〕

（紛争処理の手続に要する費用）

**第二十五条の二十三**　紛争処理の手続に要する費用は、当事者が当該費用の負担につき別段の定めをしないときは、各自これを負担する。

2　審査会は、当事者の申立に係る費用を要する行為については、当事者に当該費用を予納させるものとする。

3　審査会が前項の規定により費用を予納させようとする場合において、当事者が当該費用の予納をしないときは、審査会は、同項の行為をしないことができる。

〔政　令〕

（紛争処理の手続に要する費用）

**第二十五条**　紛争処理の手続に要する費用のうち紛争処理の手続について審査会が必要とする費用の算定は、次の各号に掲げるところによる。

一　委員、特別委員及び指定職員の鉄道賃、船賃、航空賃、車賃、日当、宿泊料及び食卓料は、中央審査会にあつては国家公務員等の旅費に関する法律（昭和二十五年法律第百十四号）の定めるところにより、都道府県建設工事紛争審査会（以下「都道府県審査会」という。）にあつては当該都道府県の条例の定めるところによる。

二　証人及び鑑定人の旅費、日当及び宿泊料の額については、民事訴訟の例により、中央審査会に係るものにあつては国土交通大臣、都道府県審査会に係るものにあつては当該都道府県の知事が相当と認める額とする。

三　鑑定人の特別手当（鑑定について特別の技能若しくは費用又は長時間を要した場合において鑑定人に支給する特別の手当をいう。）は、中央審査会に係るものにあつては国土交通大臣、都道府県審査会に係るものにあつては当該都道府県の知事が相当と認める額とする。

四　執行官の手数料及び立替金は、執行官の手数料及び費用に関する規則（昭和四十一年最高裁判所規則第十五号）の定めるところによる。

五　送付に要する費用、電報料及び電話料は、その実費とする。

六　前各号に掲げるもののほか必要な費用は、その実費とする。

本条は、審査会による紛争処理の手続に要する費用について定めたものである。

一　当事者からみた紛争処理の費用には、審査会に納付する費用と審査会に関係なく自ら支出する費用（弁護士や代理人等に対する報酬、審査会に提出する証拠物件の取集め又は作成に要する費用、審査会に出頭するための旅費等々）がある。ここでいう費用は後者を含まず、専ら審査会と当事者の関係から生ずる費用のみを指すのである。審査会からみた費用もまた広義に解すれば委員等が立入検査に赴くための旅費、証人、鑑定人に支給する旅費、日当、鑑定料、書類の郵送料等直接個々の事件について必要となる費用と、委員手当、庶務担当職員の俸給、審査会の会合に要する費用等個々の事件に関係のない間接経費の二種に分類される。本法においては、前者すなわち直接経費だけを費用とし、間接経費は手数料収入で賄う建前となっている。即ち個々の事件の処理に要する費用は個々の受益者の負担とし、審査会の存立自体に要する経費は受益者全体の負担とするという考え方に立つのである。

二　第一項は費用負担の原則についての定めである。訴訟の場合には、費用は敗訴者の負担となるのが原則であるが、本法の紛争処理手続は両当事者の互譲によって開始され（仲裁）、あるいは互譲によって完結し（あっせん、調停）、いずれにせよ互譲の精神が枢軸となるものであり、訴訟とは趣きを異にするので、裁判上の和解の例にならい、当事者が当該費用の負担について別段の定めをしない限り、各自これを負担することとしている。「各自負担する」とは、各々が、その発意によって行われた立証等の費用を負担するということであって、折半の意味ではない。費用の徴収は、各自負担の原則により、たとえば甲が立入検査を要求したときは、委員の出張旅費等は甲の負担となり、乙の申立てにより鑑定を行ったときは鑑定の経費は乙に負担させるというように、当該費用を個々の行為の申請者から徴収することとなる。問題は当事者のいずれの申立てに係る費用とも判定し難い事務費（仲裁判断の送達に要する費用その他書類の送付等に要する費用）であるが、こういうものについては、あらかじめ両当事者に折半か、申請者負担か「別段の定め」を行わせておくことが便宜であり、この話合いがつかないときは申請者負担とすべきであろう。なお、経費の支出に当たっては、審査会は紛争処理に要する審査会自身の費用を一応立替支出し、後に当事者から徴収することとなるのである。

当事者の申立てによらない、職権あっせん、職権調停の場合について法律は別段の規定を設けていないが、職権あっせん（調停）は当事者の便宜のために行われるものではなく、公益上紛争を放置できないという行政上の見地から行われるものであるから、当事者負担の原則を貫き得ないのは当然であって、原則として国費又は都道府県費支弁によるほかはない。ただし、手続中個々の行為について当事者から申立てがあったときは（その現場を見てもらいたい等）、その申立者負担の原則にもどって申立者から徴収すべきである。

三　費用の納付方法の原則であるが、審査会は当事者の申立てにより証拠調べ等の行為をなすべきときは、当該当事者がその費用を支出するが、同時に費用の最終負担者たる当事者から、その費用の額に相当する額を予納させるのである。この予納金は、ただちに紛争処理の費用に繰替使用されるものではなく、保管金（歳入歳出外現金）として国土交通省又は都道府県の金庫に保管され、歳出が行われるとともに歳入調定を行って、その額をこれから差し引き、紛争処理手続の終了後余剰を生ずれば保管金に関する国又は都道府県の規程により、当事者の請求を待って当事者に返還されることとなるのである（手続中に不足を生ずるおそれがあるときは、当然、追加予納を行わせる。）。

なお、当事者の申立てに係る費用は、本項の規定によりすべて予納させるのであって、それを免除したり、取立てを猶予したりすることは認められないのである。

当事者が費用を納付しなかった場合の効果は、第三項に規定するように、当事者の申し立てた行為をしないだけにとどまる。民事訴訟の場合と同様である。

四　事務取扱い上留意すべき点を列挙すれば、次のとおりである。

㈠　予算編成について

紛争処理に要する経費のうち当事者の申立てに係る行為のために必要な経費は、いわゆるトンネル経費であって、これに相当する歳入が予納という確実な方法で担保されているので、国費、都道府県費の持出しとなるものではないが、予算としては科目構成に留意し、いやしくも必要と目される科目のすべてを設けるとともに、各科目に必要と予想される金額を計上しておく必要がある。

なお予算単価については、費用として当事者から徴収する分、すなわち、一で説明した直接経費に相当する分については次のとおりである（令第二十五条）。

イ　委員、特別委員及び指定職員の出張旅費

中央審査会にあっては国家公務員等の旅費に関する法律の定めるところによる。

都道府県審査会にあっては条例の定めるところによる。

ロ　証人、鑑定人の旅費、日当、宿泊料

民事訴訟の例により、国土交通大臣又は当該都道府県の知事が相当と認める額

ハ　鑑定人の特別手当

国土交通大臣又は当該都道府県の知事が相当と認める額

ニ　送達を依頼するため裁判所に納付する手数料

執行官の手数料及び費用に関する規則の定めるところによる。

ホ　送付に要する費用、電報料、電話料その他

実費

㈡　費用の経理方法について

費用の支出は通常の予算執行であるが、当事者の申立てに係る分の支出は、予納が前提となるのでいわばヒモつき予算である。この予納金の性質は入札保証金、契約保証金等と同じく担保の意味で納付させる保管金であって予納した分がただちに歳入となるのではなく、国又は都道府県が当事者の申立てによる行為をするために経費の支出を行ったときに歳入調定を行い、この保管金のうちから徴収することとなる。また、証人、鑑定人等の旅費、日当その他各種費用の支出方法については国又は都道府県の会計法規の定めるところによる。

**〔法　律〕**

（申請手数料）

**第二十五条の二十四**　中央審査会に対して紛争処理の申請をする者は、政令の定めるところにより、申請手数料を納めなければならない。

**〔政　令〕**

（申請手数料）

**第二十六条**　法第二十五条の二十四の申請手数料の額は、次の表の上欄の申請の区分に応じ、それぞれ同表の下欄に掲げる額とする。

| 項 | 上欄 | 下欄 |
|---|---|---|
| 一 | あつせんの申請 | あつせんを求める事項の価額に応じて、次に定めるところにより算出して得た額<br>㈠　あつせんを求める事項の価額が百万円まで　一万円<br>㈡　あつせんを求める事項の価額が百万円を超え五百万円までの部分<br>その価額一万円までごとに　二十円<br>㈢　あつせんを求める事項の価額が五百万円を超え二千五百万円までの部分<br>その価額一万円までごとに　十五円<br>㈣　あつせんを求める事項の価額が二千五百万円を超える部分<br>その価額一万円までごとに　十円 |
| 二 | 調停の申請 | 調停を求める事項の価額に応じて、次に定めるところにより算出して得た額<br>㈠　調停を求める事項の価額が百万円まで　二万円<br>㈡　調停を求める事項の価額が百万円を超え五百万円までの部分<br>その価額一万円までごとに　四十円<br>㈢　調停を求める事項の価額が五百万円を超え一億円までの部分<br>その価額一万円までごとに　二十五円<br>㈣　調停を求める事項の価額が一億円を超える部分<br>その価額一万円までごとに　十五円 |
| 三 | 仲裁の申請 | 仲裁を求める事項の価額に応じて、次に定めるところにより算出して得た額<br>㈠　仲裁を求める事項の価額が百万円まで　五万円<br>㈡　仲裁を求める事項の価額が百万円を超え五百万円までの部分<br>その価額一万円までごとに　百円<br>㈢　仲裁を求める事項の価額が五百万円を超え一億円までの部分<br>その価額一万円までごとに　六十円<br>㈣　仲裁を求める事項の価額が一億円を超える部分<br>その価額一万円までごとに　二十円 |

2　前項の場合において、あつせん、調停又は仲裁を求める事項の価額を算定することができないときは、その価額は、五百万円とみなす。

3　申請手数料は、紛争処理の申請書に申請手数料の金額に相当する額の収入印紙をはつて納めなければならない。

4　あつせん、調停又は仲裁を求める事項の価額を増加するときは、増加後の価額につき納付すべき申請手数料の額と増加前の申請について納められた申請手数料の額との差額に相当する額の申請手数料を納めなければならない。この場合においては、その差額に相当する額の収入印紙を変更申請書にはつて納めなければならない。

（申請手数料を納めたものとみなす場合）

**第二十六条の二**　あつせん又は調停の申請人が法第二十五条の十五第二項の規定による通知を受けた日から二週間以内に当該あつせん又は調停の目的となつた事項について仲裁の申請をする場合における申請手数料については、当該あつせん又は調停の申請について納めた申請手数料の額に相当する額は、納めたものとみなす。

（申請手数料の還付）

**第二十六条の三**　審査会は、次の各号に掲げる申請についてそれぞれ当該各号に定める事由が生じた場合においては、納められた申請手数料の額（第二号に掲げる申請にあつては、前条の規定により納めたものとみなされた額を除く。）の二分の一に相当する額の金銭を還付しなければならない。

一　あつせん又は調停の申請　最初にすべきあつせん又は調停の期日の終了前における取下げ

二　仲裁の申請　口頭審理を経ない仲裁手続の終了決定又は最初にすべき口頭審理の期日の終了前における取下げ

**〔地方公共団体の手数料の標準に関する政令〕**

| 標準事務 | 手数料を徴収する事務 | 金額 |
| --- | --- | --- |
| 二十六　建設業法第二十五条第二項の規定に基づく建設工事の請負契約に関する紛争に係るあつせん、調停及び仲裁に関する事務 | 1　建設業法第二十五条第二項の規定に基づくあつせん | あつせんを求める事項の価額（価額を算定することができないときは、五百万円とみなす。）に応じて、次に定めるところにより算出して得た金額（あつせんを求める事項の価額が増加するときは、増加後の価額に応じて算出して得た額から増加前の価額に応じて算出して得た額を控除した金額）<br>イ　あつせんを求める事項の価額が百万円まで　一万円<br>ロ　あつせんを求める事項の価額が百万円を超え五百万円までの部分　その価額一万円までごとに　二十円<br>ハ　あつせんを求める事項の価額が五百万円を超え二千五百万円までの部分　その価額一万円までごとに　十五円<br>ニ　あつせんを求める事項の価額が二千五百万円を超える部分　その価額一万円までごとに　十円 |

| | |
|---|---|
| 2　建設業法第二十五条第二項の規定に基づく調停 | 調停を求める事項の価額（価額を算定することができないときは、五百万円とみなす。）に応じて、次に定めるところにより算出して得た金額（調停を求める事項の価額が増加するときは、増加後の価額に応じて算出して得た額から増加前の価額に応じて算出して得た額を控除した金額）<br>イ　調停を求める事項の価額が百万円まで　二万円<br>ロ　調停を求める事項の価額が百万円を超え五百万円までの部分　その価額一万円までごとに　四十円<br>ハ　調停を求める事項の価額が五百万円を超え一億円までの部分　その価額一万円までごとに　二十五円<br>ニ　調停を求める事項の価額が一億円を超える部分　その価額一万円までごとに　十五円 |

| | |
|---|---|
| 3　建設業法第二十五条第二項の規定に基づく仲裁 | 仲裁を求める事項の価額（価額を算定することができないときは、五百万円とみなす。）に応じて、次に定めるところにより算出して得た金額（仲裁を求める事項の価額が増加するときは、増加後の価額に応じて算出して得た額から増加前の価額に応じて算出して得た額を控除した金額）<br>イ　仲裁を求める事項の価額が百万円まで　五万円<br>ロ　仲裁を求める事項の価額が百万円を超え五百万円までの部分　その価額一万円までごとに　百円<br>ハ　仲裁を求める事項の価額が五百万円を超え一億円までの部分　その価額一万円までごとに　六十円<br>ニ　仲裁を求める事項の価額が一億円を超える部分　その価額一万円までごとに　二十円 |

本条は、中央審査会に対して紛争処理の申請をする者の申請手数料についての規定である。なお、都道府県審査会に係る申請手数料については、別途、それぞれの都道府県の条例で定められるものである。

一　手数料の額は第一に紛争処理の方法ごとにその効果に応じたものであり、かつ、訴訟、民事調停等他の制度との関連において定められなければならない。したがって、あっせん及び調停は決定的な法的効果を有しないという意味で、なし得れば民事調停より低廉な額を基準とすべく、仲裁は確定判決と同一の効力を有するという点、しかもそれがおおむね裁判より短期間に達成されるという意味で相当な額を徴収するも差し支えないという結論になる。第二に手数料は、委員手当、会合に要する費用、庶務に従事する職員の人件費等審査会の間接経費を賄うものでなければならない。この二つの原則の調和を図って定められたのが令第二十六条の額であって、あっせん、調停及び仲裁に分け、紛争処理を求める事項の価額（即ち申請者の要求額）に対応して定められている。

| 区分 | 申請手数料の額 |
| --- | --- |
| あっせんの申請 | あっせんを求める事項の価額に応じて、次に定めるところにより算出して得た額<br>①　あっせんを求める事項の価額が一〇〇万円まで　一万円<br>②　一〇〇万円を超え五〇〇万円までの部分　その価額一万円までごとに　二〇円<br>③　五〇〇万円を超え二、五〇〇万円までの部分　その価額一万円までごとに　一五円<br>④　二、五〇〇万円を超える部分　その価額一万円までごとに　一〇円 |
| 調停の申請 | 調停を求める事項の価額に応じて、次に定めるところにより算出して得た額<br>①　調停を求める事項の価額が一〇〇万円まで　二万円<br>②　一〇〇万円を超え五〇〇万円までの部分　その価額一万円までごとに　四〇円<br>③　五〇〇万円を超え、一億円までの部分　その価額一万円までごとに　二五円<br>④　一億円を超える部分　その価額一万円までごとに　一五円 |
| 仲裁の申請 | 仲裁を求める事項の価額に応じて、次に定めるところにより算出して得た額<br>①　仲裁を求める事項の価額が一〇〇万円まで　五万円 |

| | | |
|---|---|---|
| ② 一〇〇万円を超え五〇〇万円までの部分 | その価額一万円までごとに | 一〇〇円 |
| ③ 五〇〇万円を超え一億円までの部分 | その価額一万円までごとに | 六〇円 |
| ④ 一億円を超える部分 | その価額一万円までごとに | 二〇円 |

なお、申請手数料を算定するに当たって次の点に注意する必要がある。

① 紛争処理を求める事項の価額が算定できないとき、つまり、金銭に換価し得ない非財産上の請求（たとえば監督員の交替要求等）は、その価額を五〇〇万円とみなし、それに対応する手数料を納付すること。

② 紛争処理を求める事項が数項にわたるときは、申請手数料を各項ごとに算定し、これらの額を合算した額を事件金額とすること。

③ 紛争処理の申請後、紛争処理を求める事項の価額を増加するときは、増加後の価額につき納付すべき手数料の額と増加前の申請について納められた手数料の額との差額を追加納入すること。

二　本条の手数料は申請手数料であり、紛争処理に要する経費の一部を賄うことを目的に徴収されるものであり、事件金額に応じてこれをスライドすることにしたのは、民事訴訟等の他の制度と同様算定の目安を定めたにすぎないので紛争処理の結果が当事者の請求金額と異なる結果を生じても、それを追徴し、あるいは返納する等の措置は必要でない。

手数料は国又は都道府県の収入とし、中央審査会に対する申請に係る手数料は紛争処理の申請書又は変更申請書に手数料の額に相当する額の収入印紙をはって、都道府県審査会に対する申請に係る手数料は申請書に証紙を添付する等当該都道府県知事の定める方法で納めなければならない。

〔法　律〕

（紛争処理状況の報告）

**第二十五条の二十五**　中央審査会は、国土交通大臣に対し、都道府県審査会は、当該都道府県知事に対し、国土交通省令の定めるところにより、紛争処理の状況について報告しなければならない。

本条は、紛争処理状況の報告について定めたものである。

審査会は、個々の事件の処理については他の制約を受けないが、附属機関たる性格上、所轄の長たる国土交通大臣又は都道府県知事の一般的監督権に服するのは勿論であって、規則第九条の定めるところにより、定期的に一定の事項について、国土交通大臣又は都道府県知事に紛争処理状況の報告を行わなければならない。

〔法　律〕

（政令への委任）

**第二十五条の二十六**　この章に規定するもののほか、紛争処理の手続及びこれに要する費用に関し必要な事項は、政令で定める。

〔政　令〕

（名簿の作成）

**第八条**　建設工事紛争審査会（以下「審査会」という。）は、当該審査会の委員又は特別委員の名簿を作成しておかなければならない。

2　前項の名簿の記載事項は、国土交通省令で定める。

（特別委員の意見の陳述）

**第九条**　特別委員は、会長の承認を得て、審査会の会議に出席し、意見を述べることができる。

（審査会の会議）

**第十条**　この政令で定めるもののほか、審査会の会議に関し必要な事項は、審査会が定める。

（中央建設工事紛争審査会の庶務）

**第十一条**　中央建設工事紛争審査会（以下「中央審査会」という。）の庶務は、国土交通省土地・建設産業局建設業課において処理する。

（指定職員）

**第十二条**　審査会の庶務に従事する職員で国土交通大臣又は都道府県知事が指定した者（以下「指定職員」という。）は、審査会の行う紛争処理に立ち会い、調書を作成し、その他紛争処理に関し審査会の命ずる事務を取り扱うものとする。

（紛争処理の通知）

**第十六条**　審査会は、当事者の一方から紛争処理の申請がなされたときは申請書の写しを添えてその相手方に対し、法第二十五条の十一第二号に規定する決議をしたときは当事者の双方に対し、遅滞なく、書面をもつてその旨を通知しなければならない。

（申請の変更）

**第十六条の二**　あつせん、調停又は仲裁の申請人は、書面をもつて第十三条第一項第三号に掲げる事項を変更することができる。ただし、これにより、当該あつせん、調停又は仲裁の手続を著しく遅延させる場合は、この限りでない。

2　審査会は、前項の規定による変更の申請がなされたときは、同項の書面（以下「変更申請書」という。）の写しを添えて、その相手方に対し、遅滞なく、書面をもつてその旨を通知しなければならない。

（調査の嘱託）

**第二十四条**　審査会は、必要があると認めるときは、事実の調査を官公署その他適当であると認める者に嘱託することができる。

本条は、紛争処理に関する事項の政令委任規定である。

本条の委任を受けて令第八条以下に紛争処理の手続等について詳しく定められているが、その内容についてはそれぞれ関係部分で触れているのでそれぞれの条項を参照されたい。

# 第四章　施工技術の確保

〔法　律〕

（建設工事の担い手の育成及び確保その他の施工技術の確保）

**第二十五条の二十七**　建設業者は、建設工事の担い手の育成及び確保その他の施工技術の確保に努めなければならない。

2　国土交通大臣は、前項の建設工事の担い手の育成及び確保その他の施工技術の確保に資するため、必要に応じ、講習及び調査の実施、資料の提供その他の措置を講ずるものとする。

本条は、建設業者は、建設工事の担い手の育成及び確保など、施工技術の確保に努めるべきことを規定したものである。

一　本法の目的は、建設工事の適正な施工を確保し、発注者を保護するとともに、建設業の健全な発達を促進することであるが、科学技術の進歩が著しく、新しい工法等が絶えず導入され、また、建設工事に対する需要も著しい今日において、この目的を十分に達成するためには、建設業者の施工技術の確保を図ることが強く要請されるところである。そして、施工技術の確保を図ることにより、工事の施工に伴う公衆災害や労働災害を防止し、あるいは注文者と請負人の間における紛争を未然に防止するという消極的目的を実現するにとどまらず、より積極的に工事の合理的施工、質的向上をもたらすことができるものと考えられる。

二　施工技術の確保に当たっては、それを有する技術者や技能労働者、すなわち建設工事の担い手が将来にわたって確保されることが必要不可欠である。しかしながら、近年、工事現場を担う技能労働者の高齢化と入職者の減少が他産業と比べ大幅に進行し、技術者や技能労働者など現場における工事の担い手の減少が強く懸念される状況となってきたことから、平成二十六年改正により、「施工技術の確保」の例示として、「建設工事の担い手の育成及び確保」が明記され、建設業者による担い手の育成及び確保の責務が明らかにされたところである。

三　「施工技術」とは、設計図書に従って建設工事を施工するために必要な専門の知識及びその能力をいうとされている。

設計図書とは、建設工事を施工するために必要な図面（原寸図その他これに類するものを除く。）及び仕様書をいい、たとえば、通常設計図、設計説明書、現場説明書などといわれるものも、これに含まれるのである。したがって、この設計図書は、建設工事の注文者が希望する工事目的物の構造、機能等を図面仕様等で具体化したものということができる。そこで、建設業者は、この設計図書から注文者の希望、意図を的確に読みとり、それを実際の工事の施工に反映させる十分な能力を有することが期待されるわけである。

四　「施工技術の確保」とは、単に現在の技術水準をそのまま維持することにとどまるものではなく、より積極的に、新しい技術、より高度な技術を求めること、すなわち、施工技術の向上も当然予定しているのであり、むしろ、それが本来建設業者が常に努力すべき問題である。

五　本法は、建設工事の適正な施工を制度的に確保するために、営業所ごとの技術者の設置のほか次条及び第二十六条の二において、建設工事の現場における技術者の設置を義務付けるとともに、さらに、具体的に本条の趣旨に沿って施工技術の確保、向上を図るため、第二十七条において施工技術検定制度に関する規定を、技術者の適正な配置を確保するため、第二十七条の十八以下において監理技術者資格者証の交付に関する規定を設けている。

六　第一項は、訓示規定であり、建設業者が本条の努力をしなかったからといって、直ちに罰則等の適用があるわけではないが、適正な請負契約の締結とともに、施工技術の確保は、建設業者として、もっとも重視すべきものであることはここで繰り返すまでもない。

七　第一項では、建設業者自らが建設工事の担い手の育成及び確保その他の施工技術の確保に努めるべきことを義務付けるとともに、第二項では国土交通大臣がこれに資するよう講習や調査の実施等の措置を講ずるべきことを規定したものである。

〔**法　律**〕

（主任技術者及び監理技術者の設置等）

**第二十六条**　建設業者は、その請け負つた建設工事を施工するときは、当該建設工事に関し第七条第二号イ、ロ又はハに該当する者で当該工事現場における建設工事の施工の技術上の管理をつかさどるもの（以下「主任技術者」という。）を置かなければならない。

2　発注者から直接建設工事を請け負つた特定建設業者は、当該建設工事を施工するために締結した下請契約の請負代金の額（当該下請契約が二以上あるときは、それらの請負代金の額の総額）が第三条第一項第二号の政令で定める金額以上になる場合においては、前項の規定にかかわらず、当該建設工事に関し第十五条第二号イ、ロ又はハに該当する者（当該建設工事に係る建設業が指定建設業である場合にあつては、同号イに該当する者又は同号ハの規定により国土交通大臣が同号イに掲げる者と同等以上の能力を有するものと認定した者）で当該工事現場における建設工事の施工の技術上の管理をつかさどるもの（以下「監理技術者」という。）を置かなければならない。

3　公共性のある施設若しくは工作物又は多数の者が利用する施設若しくは工作物に関する重要な建設工事で政令で定めるものについては、前二項の規定により置かなければならない主任技術者又は監理技術者は、工事現場ごとに、専任の者でなければならない。

4　前項の規定により専任の者でなければならない監理技術者は、第二十七条の十八第一項の規定による監理技術者資格者証の交付を受けている者であつて、第二十六条の四から第二十六条の六までの規定により国土交通大臣の登録を受けた講習を受講したもののうちから、これを選任しなければならない。

5　前項の規定により選任された監理技術者は、発注者から請求があつたときは、監理技術者資格者証を提示しなければならない。

〔**政　令**〕

（法第三条第一項第二号の金額）

**第二条**　法第三条第一項第二号の政令で定める金額は、四千万円とする。ただし、同項の許可を受けようとする建設業が建築工事業である場合においては、六千万円とする。

（専任の主任技術者又は監理技術者を必要とする建設工事）

**第二十七条**　法第二十六条第三項の政令で定める重要な建設工事は、次の各号のいずれかに該当する建設工事で工事一件の請負代金の額が三千五百万円（当該建設工事が建築一式工事である場合にあつては、七千万円）以上のものとする。
一　国又は地方公共団体が注文者である施設又は工作物に関する建設工事
二　第十五条第一号及び第三号に掲げる施設又は工作物に関する建設工事
三　次に掲げる施設又は工作物に関する建設工事
イ　石油パイプライン事業法（昭和四十七年法律第百五号）第五条第二項第二号に規定する事業用施設
ロ　電気通信事業法（昭和五十九年法律第八十六号）第二条第五号に規定する電気通信事業者（同法第九条第一号に規定する電気通信回線設備を設置するものに限る。）が同条第四号に規定する電気通信事業の用に供する施設
ハ　放送法（昭和二十五年法律第百三十二号）第二条第二十三号に規定する基幹放送事業者又は同条第二十四号に規定する基幹放送局提供事業者が同条第一号に規定する放送の用に供する施設（鉄骨造又は鉄筋コンクリート造の塔その他これに類する施設に限る。）
ニ　学校
ホ　図書館、美術館、博物館又は展示場
ヘ　社会福祉法（昭和二十六年法律第四十五号）第二条第一項に規定する社会福祉事業の用に供する施設
ト　病院又は診療所
チ　火葬場、と畜場又は廃棄物処理施設
リ　熱供給事業法（昭和四十七年法律第八十八号）第二条第四項に規定する熱供給施設
ヌ　集会場又は公会堂
ル　市場又は百貨店
ヲ　事務所
ワ　ホテル又は旅館
カ　共同住宅、寄宿舎又は下宿
ヨ　公衆浴場
タ　興行場又はダンスホール
レ　神社、寺院又は教会
ソ　工場、ドック又は倉庫
ツ　展望塔

2　前項に規定する建設工事のうち密接な関係のある二以上の建設工事を同一の建設業者が同一の場所又は近接した場所において施工するものについては、同一の専任の主任技術者がこれらの建設工事を管理することができる。

本条は、建設業者は、建設工事の現場に当該工事について一定の資格又は施工実務の経験を有する主任技術者又は監理技術者を置くべきことを規定したものである。

一　建設業の許可の基準として、建設業者は各営業所ごとに専任の技術者を置くことが要求されているが、この営業所ごとの技術者の設置は、取引の中心である営業所における契約の適正な締結及び履行を確保するためのものであり、必ずしも具体的な建設工事の施工に直接携わることを予定しているものではない。したがって、建設工事の適正な施工を確保するという本法の目的を十分に達成するためには、建設業者がその請け負った建設工事を施工する工事現場に、当該工事について一定の施工実務の経験又は一定の資格を有する者を置いて工事の施工の技術上の管理を行わせることが必要である。本条は、このような趣旨から建設工事の現場には、当該工事の施工の技術上の管理をつかさどる主任技術者又は監理技術者を置くべきこととしたものである。本条の規定により置くことが必要となる主任技術者又は監理技術者の要件は、後述の通り、許可の基準として営業所ごとに置くことが要求されている専任の技術者の要件と同一であり、二十九の建設工事の種類に応じて定められている。すなわち、業種別の許可制度と相まって、建設工事の種類に応じた建設工事の適正な施工を担保しようとする、本法の根幹となる制度である。

二　第一項は、建設業者は、その請け負った建設工事を施工するときは、当該建設工事に関し第七条第二号イ、ロ又はハに該当する者（一般建設業の許可基準を満たす技術者）で当該工事現場における建設工事の施工の技術上の管理をつかさどるもの、すなわち、主任技術者を置くべきことを規定したものである。

㈠　本項の規定により主任技術者を置かなければならない建設業者は、次項の規定により監理技術者を置かなければならないこととされている特定建設業者（発注者から直接建設工事を請け負った者で四千万円以上（建築一式工事にあっては六千万円以上。以下同じ。）の工事を下請施工させるものに限る。）を除くすべての建設業者である。したがって、一般建設業者は元請又は下請の如何を問わずすべて主任技術者を置かなければならないことはもちろん、特定建設業者であっても、下請負人を使用しないもの、発注者から直接請け負った建設工事のうち四千万円未満（建築一式工事にあっては六千万円未満。以下同じ。）の工事のみを下請施工させるもの、又は他の建設業者の下請負人として工事を施工するものは、すべて本項により主任技術者を置かなければならない。要するに本項は、当該建設工事に係る請負契約の締結につき特定建設業の許可を受けていることを要しない場合に適用されるものと考えることができる。

㈡　建設業者が許可の適用除外の軽微な建設工事を施工する場合においても本項の適用があるか否かは、若干疑問のあるところである。本項は対象となる工事について範囲を限定していないので、文理上は、軽微な建設工事の施工についても適用があると解される。これに対し次条においては、土木工事業者若しくは建築工事業者が土木一式工事若しくは建築一式工事の内容である専門工事を施工する場合又は建設業者が附帯工事を施工する場合における対象となる工事を限定し、許可の適用除外の軽微な建設工事を除外していることを考えると、本条の技術者の設置も次条と本来同じ趣旨、目的を持つものであるから、その対象とする建設工事の範囲を異にする特段の理由のない以上、許可の適用除外の軽微な建設工事についてまで、主任技術者の設置を義務付けるものではないということもできよう。

しかしながら、建設工事の施工は、その工事現場における技術上の管理をつかさどる主任技術者を欠いて施工することは不可能であり、第七条第二号に規定する技術者の資格の水準がいわば最低条件を求めていること、さらには、次条の規定により土木工事業者若しくは建築工事業者が土木一式工事若しくは建築一式工事の内容である専門工事を施工する場合、又は建設業者が附帯工事を施工する場合においては、それぞれ一式工事に関する技術者又は許可を受けた建設業に係る建設工事に関する技術者を置いていること等を併せ考えると、軽微な建設工事の施工についても本条の適用があると解するのが妥当であろう。

㈢　本項により設置される主任技術者は、当該建設工事に関し第七条第二号イ、ロ又はハに該当する者でなければならない。「第七条第二号イ、ロ又はハに該当する者」とは、すなわち、一般建設業の許可の基準として、一般建設業の許可を受けようとする者の営業所ごとに置くことが要求されている専任の技術者の要件を充足する者である（第七条の解説参照）。

主任技術者の職務は、当該建設現場における建設工事の施工の技術上の管理をつかさどることであり、これにより建設工事の適正な施工を確保しようとするものである（第二十六条の三の解説参照）。なお、第十九条の二にいう現場代理人は、請負契約の的確な履行を確保するため、工事現場の取締りのほか、工事の施工及び契約関係事務に関する一切の事項を処理するものとして工事現場に置かれる請負人の代理人であり、主任技術者や第二項の監理技術者とは役割等が異なるものであるが、これらを兼ねても工事の施工上支障はないので、主任技術者（又は監理技術者）と現場代理人の兼任は可能であると解される。

三　第二項は、発注者から直接建設工事を請け負った特定建設業者は、当該建設工事を施工するために第三条第一項第二号の政令で定める金額である四千万円以上の工事を下請施工させる場合には、当該建設工事に関し第十五条第二号イ、ロ又はハに該当する者（特定建設業の許可基準を満たす技術者）で当該工事現場における建設工事の施工の技術上の管理をつかさどるもの、すなわち、監理技術者を置くべきことを規定したものである。

ただし、当該建設工事に係る建設業が指定建設業である場合は、監理技術者は許可基準と同様に第十五条第二号イに該当する者又は同号ハの規定により同号イに掲げる者と同等以上の能力を有すると認定された者でなければならない。

(一)　本項により監理技術者を置かなければならない建設業者は、特定建設業者のうち、発注者から直接建設工事を請け負った者で四千万円以上の工事を下請施工させるものである。

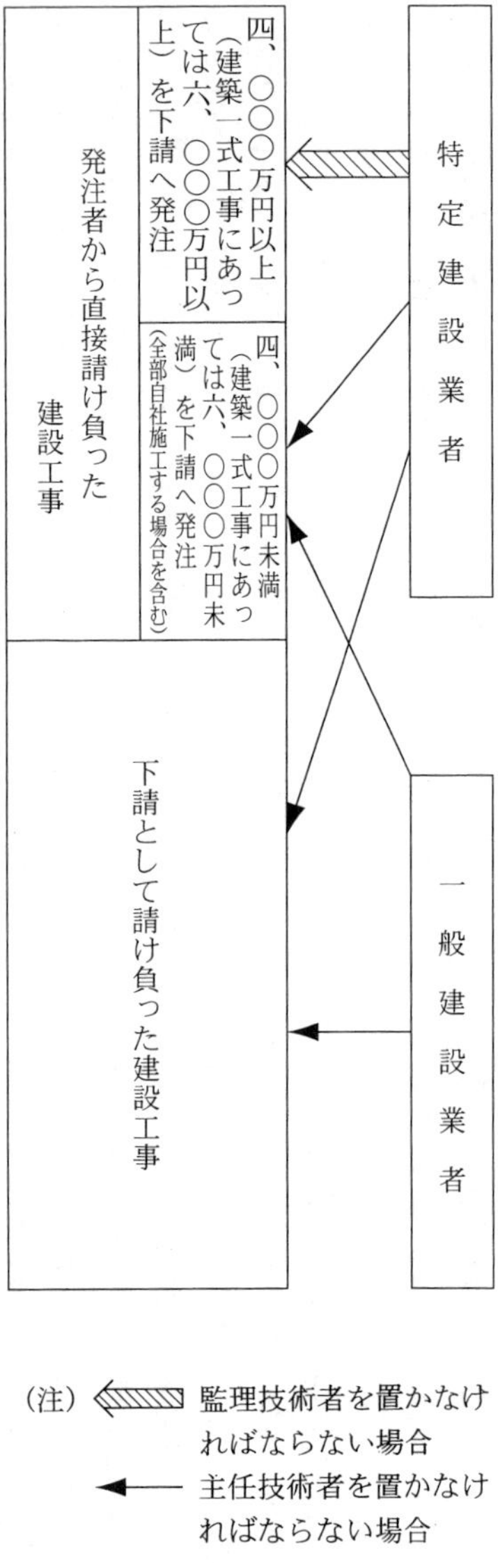

特定建設業者

一般建設業者

発注者から直接請け負った建設工事

四、〇〇〇万円以上（建築一式工事にあっては六、〇〇〇万円以上）を下請へ発注

四、〇〇〇万円未満（建築一式工事にあっては六、〇〇〇万円未満）を下請へ発注（全部自社施工する場合を含む）

下請として請け負った建設工事

（注）［斜線矢印］監理技術者を置かなければならない場合

［矢印］主任技術者を置かなければならない場合

四千万円以上の工事を下請施工させるとは、当該建設工事を施工するために締結した下請契約の請負代金の額（下請契約が二以上あるときは、それらの請負代金の総額）が四千万円以上になることである。したがって、特定建設業者であっても、発注者から直接請け負った建設工事でなければ、たとえ下請契約の請負代金の額が四千万円以上となっても、本項による監理技術者を置く必要はない。また、発注者から直接建設工事を請け負った者でも、直営施工するもの、すなわち、下請を使用しないもの及び下請契約を締結して施工する場合であってもその下請代金の総額が四千万円未満であるものは、同様に監理技術者を置くことを要しない（ただし、これらの場合には、前項の規定により主任技術者を置くことが必要である。）。

これは、要するに、監理技術者は、建設工事の施工に当たり、大規模な下請をする場合に下請負人を適切に指導、監督するという総合的な機能を果たすもので、主任技術者のように直接具体的な工事に密接に関与して細かな指示を与えるものとは、若干性格を異にするものであることを意味する。

なお、下請負人に対する指導監督を適切に行うためには、監理技術者は、第二十四条の七に規定する施工体制台帳や施工体系図を通じ、工事の施工体制を的確に把握しておく必要がある。

（二）　本項により設置される監理技術者は、当該建設工事に関し第十五条第二号イ、ロ又はハに該当する者でなければならない。「第十五条第二号イ、ロ又はハに該当する者（当該建設工事に係る建設業が指定建設業である場合にあつては、同号イに該当する者又は同号ハの規定により国土交通大臣が同号イに掲げる者と同等以上の能力を有するものと認定した者）」とは、すなわち、特定建設業の許可の基準として、特定建設業の許可を受けようとする者の営業所ごとに置くことが要求されている専任の技術者の要件を充足するものである（第十五条）。

監理技術者の職務は、主任技術者と同様、当該工事現場における建設工事の施工の技術上の管理をつかさどることであるが、具体的に果たす機能は、前述したように若干異なり、いわば工事の施工に関する総合的な企画、指導等の職務が重視されるものと考えられる（第二十六条の三の解説参照）。

主任技術者を置かなければならない場合及び監理技術者を置かなければならない場合を図示すると、前頁のとおりである。

㈢　指定建設業に係る特定建設業者が、工事現場に置かなければならない監理技術者については、許可基準と同様に国家資格者等でなければならない。

工事現場に置く監理技術者は、許可基準で必要とされる専任技術者と同一の能力を有するものでなければならないこととされているため、指定建設業についても、特定建設業の許可基準に合わせ、指定建設業に係る監理技術者については、国家資格者等でなければならないこととしている。

指定建設業とは、土木工事業、建築工事業、電気工事業、管工事業、鋼構造物工事業、舗装工事業及び造園工事業である（令第五条の二）。

指定建設業は、建設業の中でも、その施工技術の基礎となる理論体系が高度かつ複雑であり、工種も大規模かつ複雑となっているため、他の建設業よりも高度の施工管理能力が必要である。このため、営業所に置く専任技術者のみならず、監理技術者についても、技術水準が高度で客観的に確認できる国家資格者等に限定したものである。

四　建設工事の適正な施工を確保するため、監理技術者等は所属建設業者と直接的かつ恒常的な雇用関係にあることが必要である。また、建設業者としてもこのような監理技術者等を設置して適正な施工を確保することが、当該建設業者が技術と経営に優れた企業として評価されることにつながる。発注者は設計図書の中で雇用関係に関する条件や雇用関係を示す書面の提出義務を明示するなど、あらかじめ雇用関係の確認に関する措置を定め、適切に対処することが必要である。

㈠　直接的な雇用関係の考え方

直接的な雇用関係とは、監理技術者等とその所属建設業者との間に第三者の介入する余地のない雇用に関する一定の権利義務関係（賃金、労働時間、雇用、権利構成）が存在することをいい、資格者証、健康保険被保険者証又は市区町村が作成する住民税特別徴収税額通知書等によって建設業者との雇用関係が確認できることが必要である。したがって、在籍出向者、派遣社員については直接的な雇用関係にあるとはいえない。

直接的な雇用関係であることを明らかにするため、資格者証には所属建設業者名が記載されており、所属建設業者名の変更があった場合には、三十日以内に指定資格者証交付機関に対して記載事項の変更を届け出なければならない（建設業法施行規則（昭和二十四年建設省令第十四号。以下「規則」という。）第十七条の三十第一項、第十七条の三十一第一項）。

指定資格者証交付機関は、資格者証への記載に当たって、所属建設業者との直接的かつ恒常的な雇用関係を、健康保険被保険者証、市区町村が作成する住民税特別徴収税額通知書により確認しているが、資格者証中の所属建設業者の記載や主任技術者の雇用関係に疑義がある場合は、同様の方法等により行う必要がある。具体的には、

① 本人に対しては健康保険被保険者証

② 建設業者に対しては健康保険被保険者標準報酬決定通知書、市区町村が作成する住民税特別徴収税額通知書、当該技術者の工事経歴書の提出を求め確認するものとする。

(二) 恒常的な雇用関係の考え方

恒常的な雇用関係とは、一定の期間にわたり当該建設業者に勤務し、日々一定時間以上職務に従事することが担保されていることに加え、監理技術者等と所属建設業者が双方の持つ技術力を熟知し、建設業者が責任を持って技術者を工事現場に設置できるとともに、建設業者が組織として有する技術力を、技術者が十分かつ円滑に活用して工事の管理等の業務を行うことができることが必要であり、特に国、地方公共団体等（法第二十六条第四項に規定する国、地方公共団体その他政令で定める法人）が発注する建設工事（以下「公共工事」という。）において、発注者から直接請け負う建設業者の専任の監理技術者等については、所属建設業者から入札の申込のあった日（指名競争に付す場合であって入札の申込を伴わないものにあっては入札の執行日、随意契約による場合にあっては見積書の提出のあった日）以前に三ヶ月以上の雇用関係にあることが必要である。

恒常的な雇用関係については、資格者証の交付年月日若しくは変更履歴又は健康保険被保険者証の交付年月日等により確認できることが必要である。

ただし、合併、事業譲渡又は会社分割等の組織変更に伴う所属建設業者の変更（契約書又は登記簿の謄本等に

より確認）があった場合には、変更前の建設業者と三ヶ月以上の雇用関係にある者については、変更後に所属する建設業者との間にも恒常的な雇用関係にあるものとみなす。また、震災等の自然災害の発生又はその恐れにより、最寄りの建設業者により即時に対応することが、その後の被害の発生又は拡大を防止する観点から最も合理的であって、当該建設業者に要件を満たす技術者がいない場合など、緊急の必要その他やむを得ない事情がある場合については、この限りではない。

㈢　持株会社化等による直接的かつ恒常的な雇用関係の取扱い

建設業を取り巻く経営環境の変化等に対応するため、建設業者が事業譲渡や会社分割をした場合や持株会社化等により企業集団を形成している場合における建設業者と監理技術者等との間の直接的かつ恒常的な雇用関係の取扱いの特例について、次の通り定めている。

①　建設業者の営業譲渡又は会社分割に係る主任技術者又は監理技術者の直接的かつ恒常的な雇用関係の確認の事務取扱いについて（平成十三年五月三十日付、国総建第百五十五号）

②　持株会社の子会社が置く主任技術者又は監理技術者の直接的かつ恒常的な雇用関係の確認の取扱いについて（平成十四年四月十六日付、国総建第九十七号）

③　親会社及びその連結子会社の間の出向社員に係る主任技術者又は監理技術者の直接的かつ恒常的な雇用関係の取扱い等について（平成十五年一月二十二日付、国総建第三百三十五号）

五　第三項により、公共性のある施設若しくは工作物又は多数の者が利用する施設若しくは工作物に関する重要な工事で政令で定めるものについては、主任技術者又は監理技術者は、工事現場ごとに、専任の者でなければならないとされている。

「専任」とは、他の工事現場の主任技術者又は監理技術者との兼任を認めないことを意味するものであり、専任の主任技術者又は専任の監理技術者は、常時継続的に当該建設工事の現場に置かれていなければならない。これは監理技術者が行える工事の施工上の監理には限界があり、特に適正な施工が強く求められる公共性のある施設若しくは工作物又は多数の者が利用する施設若しくは工作物に関する重要な工事については、適正な施工をより厳格に確保するため監理技術者が他の工事現場と兼任して工事の施工上の監理を行うことを禁じたものである。

(一)　公共性のある施設若しくは工作物又は多数の者が利用する施設若しくは工作物に関する重要な工事とは、次に掲げる建設工事で工事一件の請負代金の額が三千五百万円（建築一式工事の場合は七千万円）以上のものをいう（令第二十七条第一項）。

イ　国又は地方公共団体が注文者である工作物に関する工事

ロ　鉄道、道路、上下水道等の公共施設に関する工事

ハ　電気事業用施設、ガス事業用施設に関する工事

ニ　学校、図書館、工場等公衆又は多数の者が利用する施設

なお、注文者が材料を提供する場合には、その市場価格又は市場価格及び運送賃を当該請負契約の額に加えた額で判断する。

(二)　発注者から直接建設工事を請け負った建設業者にあっては、施工における品質確保、安全確保等を図るため、施工計画の立案等準備期間における監理・指導が重要であることから、基本的には契約工期をもって主任技術者又は監理技術者を専任で設置する必要がある。

ただし、次のような期間については、設置される技術者は必ずしも専任を要しないと解されるが、いずれにおいても、発注者はこれらの期間においても専任での配置を期待していることが想定されることから、発注者と建設業者の間で次に掲げる期間が設計図書若しくは打合わせ記録等の書面により明確になっている必要がある。

①　請負契約の締結後、現場施工に着手するまでの期間（現場事務所の設置、資機材の搬入又は仮設工事等が開始されるまでの間。）

②　工事用地等の確保が未了、自然災害の発生又は埋蔵文化財調査等により、工事を全面的に一時中止している期間

③　橋梁、ポンプ、ゲート、エレベーター等の工場製作を含む工事であって、工場製作のみが行われている期間

④　工事完成後、検査が終了し（発注者の都合により検査が遅延した場合を除く。）、事務手続、後片付け等のみ

が残っている期間

なお、工場製作の過程を含む工事の工場製作過程においても、建設工事を適正に施工するため、監理技術者等がこれを管理する必要があるが、当該工場製作過程において、同一工場内で他の同種工事に係る製作と一元的な管理体制のもとで製作を行うことが可能である場合は、同一の監理技術者等がこれらの製作を一括して管理することができる。

また、下請工事においては、施工が断続的に行われることが多いことにかんがみ、専任の必要な期間は、当該下請工事の施工期間とする。

専任での配置については、「工事現場ごとに専任」することとされており、工事現場が稼働していない前述①から④までの期間については専任が不要であるが、監理技術者等が「工事現場における建設工事の施工の技術上の管理をつかさどるもの」であることに鑑みると、実際に工事現場が稼働していない段階であっても、工事の段取り等を決める打ち合わせ等、工事現場における建設工事の施工上の管理のために必要な期間においては、監理技術者等の設置自体は必要とされるものと解されよう。

なお、フレックス工期（建設業者が一定の期間内で工事開始日を選択することができ、これが書面により手続上明確になっている契約方式に係る工期をいう。）を採用する場合には、工事開始日をもって契約工期の開始日とみなし、契約締結日から工事開始日までの期間は、技術者の設置自体を要しない。

㈢　令第二十七条第二項の規定により、密接な関連のある二以上の工事を同一の建設業者が同一の場所又は近接した場所において施工する場合は、同一の専任の主任技術者がこれらの工事を管理することができるとされている。

具体的にどのような工事が「密接な関係」にあるといえるかは各事業に即して慎重に検討する必要があるが、たとえば、下水道工事と区間の重なる道路工事等はこれに該当するものと考えられよう。ただし、この場合においても、当該建設工事現場が「同一の場所又は近接した場所」にあることが必要であるので注意を要する。「建設工事の技術者の専任等に係る取扱いについて（平成二十六年二月三日国土建第二百七十二号）」においては、工事の対象となる工作物に一体性若しくは連続性が認められる工事又は施工にあたり相互に調整を要する工事で、かつ、工事現場の相互の間隔が一〇ｋｍ程度の近接した場所において同一の建設業者が施工する場合には、「密接な関連のある二以上の工事を同一の建設業者が同一の場所又は近接した場所において施工する場合」に該当するとしている。また、施工にあたり相互に調整を要する工事について、資材の調達を一括で行う場合や工事の相当の部分を同一の下請け業者で施工する場合等も含まれると判断して差し支えないこととされている。

なお、専任の監理技術者については大規模な工事に係る統合的な監理を行う性格上二以上の工事を兼任することは認められないので、常時継続的に一工事現場に置かれていることが必要である。

ただし、発注者が同一の建設業者と締結する契約工期の重複する複数の請負契約に係る工事であって、かつ、それぞれの工事の対象となる工作物等に一体性が認められるもの（当初の請負契約以外の請負契約が随意契約により締結される場合に限る。）については、全体の工事を当該建設業者が設置する同一の主任技術者又は同一の監理技術者が掌握し、技術上の管理を行うことが合理的であると考えられることから、これを一の工事とみなして、当該技術者が当該工事全体を管理することができると解する。この場合、第三条第一項（一般建設業と特定建設業の区分）、第二十六条第一項及び第二項（主任技術者と監理技術者の区分）等の適用については、一の工事としてこれらの規定を適用することとなろう。

六　本条は、公共性のある施設若しくは工作物又は多数の者が利用する施設若しくは工作物に関する重要な工事以外の工事については、「専任」を要求していないので、これらの工事に係る主任技術者又は監理技術者は、職務を適正に遂行できる範囲において他の工事現場の主任技術者又は監理技術者を兼ねることができる。また、営業所ごとに置かれる専任の技術者との関係では、営業所の専任の技術者は「営業所に常勤して専らその職務に従事することを要する者」とされているところであるが、当該営業所において請負契約が締結された建設工事であって、工事現場の職務に従事しながら実質的に営業所の職務にも従事しうる程度に工事現場と営業所が近接し、当該営業所との間で常時連絡をとりうる体制にあるものについては、当該営業所において専任の技術者である者が、当該工事の現場における主任技術者又は監理技術者となった場合についても、「営業所に常勤して専らその職務に従事」しているものとされる。ただ、建設工事の適正な施工を確保するためには、可能な限り、工事現場ごとに専任とすることが望ましいことはいうまでもないので、建設業者がこの点十分な配慮をすることが期待される。

七　主任技術者又は監理技術者が工事の施工の管理について著しく不適当であり、その変更が公益上必要と認められるときは、指示又は営業の停止の対象となる（第二十八条第一項、第三項、第四項及び第五項）。

八　本条の規定に違反して、主任技術者又は監理技術者を置かなかった場合には、罰則の適用がある（第四十七条第一号、第四十八条）。

九　第四項は、第三項の規定により建設工事現場ごとに専任でなければならない監理技術者は、監理技術者資格者証（以下「資格者証」という。）の交付を受けた者であって国土交通大臣の登録を受けた講習を受講した者のうちからこれを選任しなければならないことを規定したものである。

　これは、公共性のある施設若しくは工作物又は多数の者が利用する施設若しくは工作物に関する重要な建設工事について、当

監理技術者資格者証の携帯が必要な工事の範囲（元請工事に限られる）

<table>
<tr><th>建設業の許可の区別</th><th>下請契約の合計額</th><th>設置が必要な技術者</th><th>工事の公共性</th><th>技術者の専任性</th><th>資格者証の携帯の必要性</th><th>講習の受講の必要性</th></tr>
<tr><td rowspan="4">特定建設業</td><td rowspan="2">4,000万円以上（建築一式工事にあっては6,000万円以上）</td><td rowspan="2">監理技術者</td><td>公共性のある施設若しくは工作物又は多数の者が利用する施設若しくは工作物に関する重要な工事</td><td>専任</td><td>○</td><td>○</td></tr>
<tr><td>その他の工事</td><td>—</td><td rowspan="5">—</td><td rowspan="5">—</td></tr>
<tr><td rowspan="4">4,000万円未満（建築一式工事にあっては6,000万円未満）</td><td rowspan="4">主任技術者</td><td>公共性のある施設若しくは工作物又は多数の者が利用する施設若しくは工作物に関する重要な工事</td><td>専任</td></tr>
<tr><td>その他の工事</td><td>—</td></tr>
<tr><td rowspan="2">一般建設業</td><td>公共性のある施設若しくは工作物又は多数の者が利用する施設若しくは工作物に関する重要な工事</td><td>専任</td></tr>
<tr><td>その他の工事</td><td>—</td></tr>
</table>

該建設工事を施工する建設業者が選任し、設置する監理技術者が、所定の資格を有しているかどうか、監理技術者として定められた本人が専任で従事しているかどうか、当該建設工事を施工する建設業者と直接的かつ恒常的な雇用関係にある者であるかどうか等について、資格者証により、発注者が容易に確認できる者であるとともに、国土交通大臣の登録を受けた講習を適切に受講することにより、監理技術者に求められる施工技術、施工管理等に関する適切な知識を有する者でなければならないこととしたものである。

㈠　資格者証には、本人の顔写真、氏名、住所、資格名、所属建設業者名等が記載されている（第二十七条の十八）。このため、資格者証は、許可の際に営業所ごとに置くことが要求されている専任の技術者の要件を満たすことの証明書としても用いることが可能とされている。

㈡　監理技術者は、建設工事の施工の技術上の管理をつかさどるいわば要としての役割を担っており、建設工事の適正な施工の確保を図る責務は重い。このため、単に一定の知識を有しているのみならず、施工を適切に管理し、下請業者を含め工事に携わるすべての者を的確に指導できることが求められる。

また、建設工事の施工技術、建設業を取り巻く社会経済情勢や、建設工事の施工管理に必要な知識は、日進月歩で変化していることから、監理技術者の資質の向上及び一層適正な施工を確保するためには、講習会を通じて新たな知識を付与していくことが必要である。

なお、規則第十七条の十四の規定により、公共性のある施設若しくは工作物又は多数の者が利用する施設若しくは工作物に関する重要な工事の専任の監理技術者は、五年以内に講習を受講していなければならないこととされている。

十　第五項は、第四項の規定により選任された監理技術者は、当該建設工事の発注者から請求があったときは、資格者証を提示しなければならないことを規定したものである。

〔法　律〕

**第二十六条の二**　土木工事業又は建築工事業を営む者は、土木一式工事又は建築一式工事を施工する場合において、土木一式工事又は建築一式工事以外の建設工事（第三条「建設業の許可」第一項ただし書の政令で定める軽微な建設工事を除く。）を施工するときは、当該建設工事に関し第七条第二号イ、ロ又はハに該当する者で当該工事現場における当該建設工事の施工の技術上の管理をつかさどるものを置いて自ら施工する場合のほか、当該建設工事に係る建設業の許可を受けた建設業者に当該建設工事を施工させなければならない。

2　建設業者は、許可を受けた建設業に係る建設工事に附帯する他の建設工事（第三条第一項ただし書の政令で定める軽微な建設工事を除く。）を施工する場合においては、当該建設工事に関し第七条第二号イ、ロ又はハに該当する者で当該工事現場における当該建設工事の施工の技術上の管理をつかさどるものを置いて自ら施工する場合のほか、当該建設工事に係る建設業の許可を受けた建設業者に当該建設工事を施工させなければならない。

〔政　令〕

（法第三条第一項ただし書の軽微な建設工事）

**第一条の二**　法第三条第一項ただし書の政令で定める軽微な建設工事は、工事一件の請負代金の額が建築一式工事にあつては千五百万円に満たない工事又は延べ面積が百五十平方メートルに満たない木造住宅工事、建築一式工事以外の建設工事にあつては五百万円に満たない工事とする。

2　前項の請負代金の額は、同一の建設業を営む者が工事の完成を二以上の契約に分割して請け負うときは、各契約の請負代金の額の合計額とする。ただし、正当な理由に基いて契約を分割したときは、この限りでない。

3　注文者が材料を提供する場合においては、その市場価格又は市場価格及び運送賃を当該請負契約の請負代金の額に加えたものを第一項の請負代金の額とする。

本条は、一式工事業者が一式工事の内容である専門工事を施工する場合及び建設業者が附帯工事を施工する場合における当該専門工事又は附帯工事に係る技術者の設置等に関する規定である。

一　本法は、建設工事の適正な施工を確保するために前条において建設工事現場における主任技術者又は監理技術者の設置を義務付けているが、土木工事業者又は建築工事業者が当該土木一式工事又は建築一式工事の内容である他の建設工事を自ら施工する場合においても、その工事の適正な施工を確保するためには、そのような工事を直接発注者から請け負って施工する建設業者と同様、当該工事に係る専門の技術者を置いて工事の施工の技術上の管理を行わせることが必要である。すなわち、土木工事業者又は建築工事業者の主任技術者又は監理技術者は、土木一式工事又は建築一式工事を総合的に指導、監督するものではあるが、その機能はむしろ総合的な企画、指導等を行うことにあり、各部分的専門工事について、詳細な専門的知識を要するものではなく、当該専門工事について実務の経験等を有する技術者の設置とはその性格を異にするものである。したがって、個々の具体的な工事を的確に施工するためには、それぞれの工事について施工実務の経験を有する技術者を置いて、管理を行わせる必要があり、本条の規定が置かれたものである。

二　第一項は、土木工事業又は建築工事業を営む者、すなわち一式工事業者が、土木一式工事又は建築一式工事を施工する場合において、当該一式工事以外の建設工事を施工するときの規定である。

「土木一式工事又は建築一式工事以外の建設工事」とは、たとえば、住宅建築工事を施工する場合における大工工事、屋根工事、内装仕上工事、電気工事、管工事、建具工事等のように一式工事の内容となる専門工事を指すものである。

本項は、このような専門工事を一式工事業者が自ら施工するときは、当該工事に関し第七条第二号イ、ロ又はハに該当する者で当該工事現場における当該建設工事の施工の技術上の管理をつかさどるものを置くべきこととし、それができない場合においては、当該専門工事に係る建設業の許可を受けた建設業者に当該工事を施工させるべきこととしたものである。

「第七条第二号イ、ロ又はハに該当する者」とは、すなわち、一般建設業の許可の基準として、一般建設業の許可を受けようとする者の営業所ごとに置くことが要求されている専任の技術者の要件を充足するものであるが、この要件を充足する者を当該工事現場において工事の施工の技術上の管理を行わせることができる場合に限り、一式工事業者は、一式工事の内容である専門工事を自ら施工することができるのである。そして、もし仮に、このような要件を充足する者を置くことができない場合には、一式工事業者は、当該専門工事の許可を受けた建設業者に当該工事を請け負わせて施工させるべきこととなる。この場合において、一式工事業者から専門工事を請け負った建設業者が当該工事を施工するときは、当該建設業者は、前条第一項の規定により、主任技術者を置かなければならない。したがって、いずれの場合においても、当該専門工事の施工に当たっては、法第二十六条第一項に規定する主任技術者あるいはそれに相当する者が置かれ工事の施工の技術上の管理をつかさどることとなるのである。

三　第二項は、建設業者が附帯工事を施工する場合における規定である。

建設業者は、第四条の規定により、許可を受けた建設業に係る建設工事を請け負う場合においては、その建設工事に附帯する他の建設業に係る建設工事をも請け負うことができることとされているが（第四条参照）、この附帯工事も前項の場合と同様、その的確な施工を確保するため、主任技術者又は主任技術者に相当する者を置いて自ら施工するか、当該専門工事の許可を受けた建設業者に請け負わせて施工させるべきこととしたものである。

四　第一項又は第二項の場合において、当該専門工事又は附帯工事が令第一条の二に規定する許可の適用除外の軽微な建設工事であるときは、本条の適用はない。

五　一式工事業者が当該一式工事に係る専門工事を、建設業者が附帯工事を、それぞれ自ら施工する場合に置かなければならない技術者は、当該一式工事又は許可を受けた建設業に係る建設工事の主任技術者又は監理技術者とは別に他の技術者を必ず置くことを求めるものではなく、要件が備わっている限り、当該主任技術者又は監理技術者がこれを兼任することができると解される。

六　本条の違反には、罰則の適用がある（第五十二条第二号、第五十三条）。

〔法　律〕

（主任技術者及び監理技術者の職務等）

**第二十六条の三**　主任技術者及び監理技術者は、工事現場における建設工事を適正に実施するため、当該建設工事の施工計画の作成、工程管理、品質管理その他の技術上の管理及び当該建設工事の施工に従事する者の技術上の指導監督の職務を誠実に行わなければならない。

2　工事現場における建設工事の施工に従事する者は、主任技術者又は監理技術者がその職務として行う指導に従わなければならない。

本条は、主任技術者及び監理技術者の職務等について規定したものである。

主任技術者及び監理技術者の職務は、建設工事の適正な施工を確保する観点から、当該工事現場における建設工事の施工の技術上の管理をつかさどることである。すなわち、建設工事の施工に当たり、施工内容、工程、技術的事項、契約書及び設計図書の内容を把握したうえで、その施工計画を作成し、工事全体の工程の把握、工程変更への適切な対応等具体的な工事の工程管理、品質確保の体制整備、検査及び試験の実施等及び工事目的物、工事仮設物、工事用資材等の品質管理を行うとともに、当該建設工事の施工に従事する者の技術上の指導監督を行うことである。

特に、監理技術者は、建設工事の施工に当たり外注する工事が多い場合に、当該建設工事の施工を担当するすべての専門工事業者等を適切に指導監督するという総合的な役割を果たすものであり、工事の施工に関する総合的な企画、指導等の職務がとりわけ重視されるため、より高度な技術力が必要である。

また、工事現場における建設工事の施工に従事する者は、主任技術者及び監理技術者がその職務として行う指導に従わなければならない。

なお、主任技術者及び監理技術者が、同じ建設業者に所属する他の技術者を活用しながら主任技術者及び監理技術者としての職務を遂行する場合には、監理技術者等を補佐するこれらの他の技術者の職務を総合的に掌握するとともに指導監督する必要がある。この場合において、適切な施工を確保する観点から、個々の技術者の職務分担を明確にしておく必要があり、発注者から請求があった場合は、その職務分担等について、発注者に説明することが重要である。

〔法　律〕

（登録）

**第二十六条の四**　第二十六条第四項の登録は、同項の講習を行おうとする者の申請により行う。

本条は、国土交通大臣による講習の登録が申請により行われることを定めたものである。

本条以下は国土交通大臣により登録された講習（以下「登録講習」という。）を行う者（以下「登録講習実施機関」という。）に関する規定である。国、地方公共団体等が発注者である建設工事において専任の監理技術者となる者については、良質な社会資本の提供という社会的責務を負っていることから、施工技術、施工管理等について十分な知識を有していることが求められる。したがって、こうした者が受講を義務づけられる講習については、国土交通大臣により登録された講習でなければならないこととし、適正な講習の内容を確保することとした。平成十六年の改正により、従来指定制度により実施されてきた監理技術者講習について、登録制度を採用し、国土交通大臣が法律で定められた基準に適合する講習のうちから監理技術者講習を指定する制度から、行政の裁量の余地のない形で、公正・中立な第三者機関が実施する法律で定められた要件に適合する講習を登録する制度へと改められたところである。

本条以下第二十六条の二十一までは、登録講習実施機関に関する監督規定等を設け、もって登録講習実施機関による業務の適正な遂行を担保することとしている。

なお、平成十六年の改正前に指定講習機関であった（一財）全国建設研修センター及び（一財）建設業振興基金は、改正後も国土交通大臣による登録を受けて、引き続き登録講習実施機関としての業務を行っている。

〔法　律〕
（欠格条項）
**第二十六条の五**　次の各号のいずれかに該当する者が行う講習は、第二十六条第四項の登録を受けることができない。
一　この法律又はこの法律に基づく命令に違反し、罰金以上の刑に処せられ、その執行を終わり、又は執行を受けることがなくなつた日から二年を経過しない者
二　第二十六条の十五の規定により第二十六条第四項の講習の登録を取り消され、その取消しの日から二年を経過しない者
三　法人であつて、第二十六条第四項の講習を行う役員のうちに前二号のいずれかに該当する者があるもの

本条は、登録の要件のうち、消極的な要件、すなわち欠格要件を規定したものである。本条により、登録を受けることができない事由として、講習を行う者に関する犯罪履歴、登録の取消履歴及び役員の犯罪・登録の取消履歴を定めている。次のいずれかに該当する者が行う講習は登録を受けることができない。
一　この法律又はこの法律に基づく命令に違反し、罰金以上の刑に処せられ、その執行を終わり、又は執行を受けることがなくなった日から二年を経過しない者（第一号）。
「その執行を終わり」及び「執行を受けることがなくなつた」の解釈については、第八条の解説三㈦ハを参照されたい。
二　第二十六条の十五の規定により第二十六条第四項の講習の登録を取り消され、その取消しの日から二年を経過し

ない者（第二号）

第二十六条の十五の規定による取消しとは、登録講習実施機関が本条による欠格事由に該当するに至った場合、本法に定める登録講習実施機関の業務の実施に係る規定に違反した場合、建設業者その他の利害関係人からの財務諸表等の閲覧の請求を拒んだ場合、国土交通大臣による適合命令若しくは改善命令に違反した場合又は不正の手段により登録を受けた場合において、国土交通大臣により行われる登録の取消しである。

三　法人であって、第二十六条第四項の講習を行う役員のうちに前二号のいずれかに該当する者があるもの（第三号）

講習を行う者が法人である場合において、その法人自身が本条に規定する欠格要件に該当するときは、当然に登録を受けることはできないが、法人の役員の中に本条に規定する欠格要件に該当する者がいる場合においても、その者が法人において実質的に講習の業務を行う場合には、その法人の行う講習を登録することは、講習の適正な実施を期待する上から適切でなく、欠格要件とされている。

また、役員の登録の取消履歴については、一定の要件に適合する者であれば登録を受けることができる登録制度においては、設立が比較的容易な営利法人も参入することができ、登録を取り消された法人の役員が新たな別法人を設立して申請を行うことも容易であるため、欠格要件とする必要性は高い。

〔法　律〕

（登録の要件等）

**第二十六条の六**　国土交通大臣は、第二十六条の四の規定により申請のあつた講習が次に掲げる要件のすべてに適合しているときは、その登録をしなければならない。この場合において、登録に関して必要な手続は、国土交通省令で定める。

一　次に掲げる科目について行われるものであること。

イ　建設工事に関する法律制度

ロ　建設工事の施工計画の作成、工程管理、品質管理その他の技術上の管理

ハ　建設工事に関する最新の材料、資機材及び施工方法

二　前号ロ及びハに掲げる科目にあつては、次のいずれかに該当する者が講師として講習の業務に従事するものであること。

イ　監理技術者となつた経験を有する者

ロ　学校教育法による高等学校、中等教育学校、大学、高等専門学校又は専修学校における別表第二に掲げる学科の教員となつた経歴を有する者
ハ　イ又はロに掲げる者と同等以上の能力を有する者
三　建設業者に支配されているものとして次のいずれかに該当するものでないこと。
イ　第二十六条の四の規定により登録を申請した者（以下この号において「登録申請者」という。）が株式会社である場合にあつては、建設業者がその親法人（会社法（平成十七年法律第八十六号）第八百七十九条第一項に規定する親法人をいう。第二十七条の三十一第二項第一号において同じ。）であること。
ロ　登録申請者の役員（持株会社（会社法第五百七十五条第一項に規定する持株会社をいう。第二十七条の三十一第二項第二号において同じ。）にあつては、業務を執行する社員）に占める建設業者の役員又は職員（過去二年間に当該建設業者の役員又は職員であつた者を含む。）の割合が二分の一を超えていること。
ハ　登録申請者（法人にあつては、その代表権を有する役員）が建設業者の役員又は職員（過去二年間に当該建設業者の役員又は職員であつた者を含む。）であること。
2　登録は、講習登録簿に次に掲げる事項を記載してするものとする。
一　登録年月日及び登録番号
二　第二十六条第四項の登録を受けた講習（以下単に「講習」という。）を行う者（以下「登録講習実施機関」という。）の氏名又は名称及び住所並びに法人にあつては、その代表者の氏名
三　登録講習実施機関が講習を行う事務所の所在地

一　本条は、講習の登録の要件等について規定したものである。本法の規定に従い講習を適正に実施する能力を有する者に対しては、登録講習の実施に関して広く門戸を開放し、国民に対して透明性を確保する趣旨から、国土交通大臣は、申請のあった講習が次のいずれの要件にも適合するものであれば、裁量の余地なくこれを登録しなければならないこととされている。
㈠　第一号は、公共工事の監理技術者となる者に必要な知識を付与するという講習の目的を達成する観点から、講習で行われる科目を規定したものである。申請のあった講習が登録されるためには、その講習が次の科目を含むものでなければならない。

イ　建設工事に関する法律制度

本法及び本法に基づく命令並びに関係法令等や建設工事の適正な施工に係る施策がその内容である。

ロ　建設工事の施工計画の作成、工程管理、品質管理その他技術上の管理

監理技術者に求められる知識の中核である現場の監理の実務に関する知識に関する科目であり、建設工事の施工計画の作成に関する事項や工程管理、品質管理及び安全管理に関する事項がその内容である。

ハ　建設工事に関する最新の材料、資機材及び施工方法

技術革新などに伴う施工技術の向上に資する知識に関する科目であり、最新の材料及び資機材の特性、施工の合理化、材料、資機材及び施工方法に係る技術基準などがその内容である。

㈡　第二号は、講習の適正な内容を担保するためには、適正な科目の講習が行われるのみならず、その科目を教授するのに適当な講師が選任されていなければならないことから、講習の業務に従事する講師について規定したものである。申請のあった講習が登録されるためには、一㈡及び㈢の科目について、次のいずれかに該当する者が講師として従事するものでなければならない。

イ　監理技術者となった経験を有する者

ロ　高等学校、大学、高等専門学校等における次に掲げる学科の教員となった経歴を有する者

①　土木工学（農業土木、鉱山土木、森林土木、砂防、治山、緑地又は造園に関するものを含む。）に関する学科

②　都市工学に関する学科

③　衛生工学に関する学科

④　交通工学に関する学科

⑤　建築学に関する学科

⑥　電気工学に関する学科

⑦　電気通信工学に関する学科

⑧　機械工学に関する学科
⑨　林学に関する学科
⑩　鉱山学に関する学科

ハ　㈠又は㈡に掲げる者と同等以上の能力を有する者
建設工事の発注者の行う監督の業務に関し、二年以上指導監督した経験を有する者や日本国外において監理技術者の職務に相当する職務に従事した経験を有する者がこれに該当する。
本号においては、講師の人数については規定していない。講師の人数は、登録講習実施機関が、自らの財力、想定される受講者の数などに応じて決定すべきものであり、講習の内容の適正を最低限担保する観点からも、受講者の数によっては上記の要件を充足する講師が少なくとも一人いれば足りることもあり得ると考えられるためである。

㈢　第三号は、講習を行う者が建設業者に実質的に支配されていない者であることを規定したものである。建設業者あるいは建設業者に実質的に支配されているものが講習を行った場合には、当該建設業者に雇用される、あるいは当該建設業者と利害関係を有する受講者について、講習の修了を証する修了証の発行などに関し、登録講習実施機関により不正が行われるおそれがあるものと考えられる。講習の受講が公共工事の専任の監理技術者に義務付けられることにかんがみれば、もしこうした不正が行われた場合、公共工事の適正な施工に支障が生じるおそれがあることから、こうした不正を未然に防止するため、講習の実施主体から、建設業者に実質的に支配されていると考えられる者をあらかじめ排除するものである。建設業者の実質的に支配されていると考えられる者は、次のとおりである。
イ　建設業者が親法人であること
ロ　役員に占める建設業者の役員又は職員の割合が二分の一を超えていること
「役員」は、持株会社における業務を執行する社員も該当する。「役員又は職員」には、過去二年間に役員又は職員であった者を含む。

ハ　建設業者の役員又は職員であること
　法人の場合は、代表権を有する役員が建設業者の役員又は職員である場合に該当する。また、「役員又は職員」については、(ロ)と同じ。
二　第二項は、国土交通大臣は、登録を講習登録簿に記載して行うことを規定したものである。
三　なお、平成十七年四月一日以降に受ける登録講習実施機関の登録については、登録免許税九万円が課税されることとなった。

〔法　律〕
（登録の更新）
**第二十六条の七**　第二十六条第四項の登録は、三年を下らない政令で定める期間ごとにその更新を受けなければ、その期間の経過によつて、その効力を失う。
２　前三条の規定は、前項の登録の更新について準用する。

〔政　令〕
（登録の有効期間）
**第二十七条の二**　法第二十六条の七第一項（法第二十七条の三十二において準用する場合を含む。）の政令で定める期間は、三年とする。

　本条は、登録の有効期間について規定したものである。講習の適正な実施を担保するためには、登録講習について定期的に登録要件への適合を確認する必要があることから、一定期間ごとに登録の更新を義務付けている。この期間をごく短い期間とすることは、講習の業務の継続性について不安を生じるのみならず、登録の更新の手続、費用の負担等について登録講習実施機関に過重の負担をかけることとなることから、本法では、この期間を「三年を下らない政令で定める期間」としている。政令では、施工技術、施工監理等に必要な新たな知識を付与し、公共工事の専任の監理技術者の資質の向上を図るという講習が公共工事の適正な施工に果たす役割の重要性にかんがみ、この期間を法律で定められた期間のうち最短の期間である三年と定めている（令第二十七条の二の二）。

〔法　律〕
（講習の実施に係る義務）

**第二十六条の八**　登録講習実施機関は、公正に、かつ、第二十六条の六第一項第一号及び第二号に掲げる要件並びに国土交通省令で定める基準に適合する方法により講習を行わなければならない。

一　本条は、登録講習実施機関が講習を実施する場合の基準を規定したものである。監理技術者講習については、一定の法律に定められた要件に該当する講習であれば、すべからく登録されることとなるが、この登録講習を行う登録講習実施機関が、正当な理由なく講習の受講や修了証の発行を拒否したり、受講者を公正に扱わなかった場合には、受講しようとする者や講習を受講した者にとって、公共性のある施設若しくは工作物又は多数の者が利用する施設若しくは工作物に関する重要な工事の専任の監理技術者となる機会が不当に制限されることとなり、不都合を生じる。また、講習が適正に実施されなかった場合には、受講者に対して公共性のある施設若しくは工作物又は多数の者が利用する施設若しくは工作物に関する重要な工事の専任の監理技術者となるために必要な知識が付与されず、公共性のある施設若しくは工作物又は多数の者が利用する施設若しくは工作物に関する重要な工事の適正な施工に支障が生じるおそれがある。したがって、登録講習実施機関に対して、講習を公正に実施すること、第二十六条の六第一項第一号で定める科目について実施すること、同条同項第二号で定める者が講師として講習の業務に従事すること及び省令で定める基準に適合する方法により講習を行うことを義務付けたものである。

二　省令で定める基準では、主として公共性のある施設若しくは工作物又は多数の者が利用する施設若しくは工作物に関する重要な工事の専任の監理技術者となるために必要な知識を習得するのに十分な講習の水準等を確保するため、講習を実施する際の基準を具体的に定めており、その内容は次のとおりである（規則第十七条の六）。

(一)　講習は、講義及び試験により行うものであること。

講義には、通信放送の方法によるものも含まれる。また、試験とは、受講者に対して問題を出題し、その答案を回収し、受講者の理解を確認するものと解され、問題の内容については登録講習実施機関に委ねられる。法令上は、問題の正答や一定以上の正答率を講習の修了の条件とすることを義務付けるものではないが、登録講習実施機関の判断によりこれらを講習の修了の条件とすることも可能である。

㈡　受講者があらかじめ受講を申請した本人であることを確認すること

監理技術者となる資格を有さない者などあらかじめ受講を申請した者以外の者が申請した者と偽って監理技術者講習を受講することを未然に防止するものである。

㈢　講習は、次の表の上欄に掲げる科目に応じ、それぞれ同表の中欄に掲げる内容について、同表の下欄に掲げる時間以上行うこと。

| | 科目 | 内容 | 時間 |
|---|---|---|---|
| ㈠ | 建設工事に関する法律制度 | イ　法及び法に基づく命令並びに関係法令等<br>ロ　建設工事の適正な施工に係る施策 | 一・五時間 |
| ㈡ | 建設工事の施工計画の作成、工程管理、品質管理その他の技術上の管理 | イ　建設工事の施工計画の作成に関する事項<br>ロ　工程管理に関する事項<br>ハ　品質管理に関する事項<br>ニ　安全管理に関する事項 | 二・五時間 |
| ㈢ | 建設工事に関する最新の材料、資機材及び施工方法 | イ　最新の材料及び資機材の特性に関する事項<br>ロ　施工の合理化に係る方法に関する事項<br>ハ　材料、資機材及び施工方法に係る技術基準に関する事項<br>ニ　その他材料、資機材及び施工方法に関し必要な事項 | 二時間 |
| 備考　㈡及び㈢に掲げる科目は、最新の事例を用いて講習を行うこと。 | | | |

公共工事の専任の監理技術者となるために必要な知識を習得するのに十分な講習の水準を確保するため、最低限講習において実施すべき科目、内容（範囲）、時間等について定めたものである。登録講習実施機関の任意に

より、この他の内容やこれ以上の時間を付加することを妨げるものでない。

㈣　科目及び内容に応じ、教本等必要な教材を用いて実施されること。

受講者による講習の内容の理解を十分なものとするとともに受講後における継続的な学習に資するため、講習の内容に即した教材を配布し、これを用いて講義を実施することが必要である。

㈤　講師は、講義の内容に関する受講者の質問に対し、講義中に適切に応答すること。

受講者による講義の内容の理解を十分なものとするため、講師が受講者の質問に適切に応答すべきことを定めたものである。通信放送の方法による場合であっても、講師が受講者の質問に適切に応答できる体制をもって実施することが必要である。

㈥　試験は、受講者が講義の内容を十分に理解しているかどうか的確に把握できるものであること。

受講者の理解の度合いを把握することで登録講習実施機関自らによる講習の内容の改善、充実に資するだけでなく、国土交通大臣が、帳簿とともに保存された試験の答案を確認することにより、講習の内容が適正なものであったかを確認することも可能となる。試験の問題は㈢の科目に沿って作成される必要がある。

㈦　講習の課程を修了した者に対して、所定の修了証を交付すること。

公共工事の発注者は、受注者が当該建設工事の専任の監理技術者として選任した者が適正に監理技術者講習を受講した者であるかを逐一確認する必要があることから、この確認を容易にするため、登録講習実施機関は、講習の課程を修了した者に対して所定の様式による修了証を交付することを定めている。

㈧　講習を実施する日時、場所その他講習の実施に関し必要な事項及び当該講習が国土交通大臣の登録を受けた講習である旨を公示すること。

講習を受講しようとする者の便宜を図るため、受講に必要な情報を広く提供することを定めている。

㈨　講習以外の業務を行う場合にあっては、当該業務が国土交通大臣の登録を受けた講習であると誤認されるおそれがある表示その他の行為をしないこと。

登録講習実施機関が登録講習と併せて他の講習等のサービスを提供している場合に、受講者等がこれらのサービスを法令上義務付けられた登録講習であると誤認して、不測の損害を被るおそれや混乱が生じるおそれがあることから、これを未然に防ぐものである。

〔法　律〕
（登録事項の変更の届出）
**第二十六条の九**　登録講習実施機関は、第二十六条の六第二項第二号又は第三号に掲げる事項を変更しようとするときは、変更しようとする日の二週間前までに、その旨を国土交通大臣に届け出なければならない。

本条は、登録講習実施機関が登録した事項を変更する際の届出義務について規定したものである。改善命令の発動等を通じて登録講習実施機関の行う業務の適正な実施を確保するためには、国土交通大臣が登録講習実施機関の業務を常に把握できる状態を確保する必要がある。また、事務所の所在地等が前触れなく変更されれば、当該登録講習実施機関の講習を受けようとしていた者や受講の申し込みをし、受講を待つ者などに不測の損害が生じるおそれがある。したがって、登録講習実施機関は氏名又は名称、住所、法人の場合は代表者の氏名及び講習を行う事務所を変更しようとする場合には、変更の二週間前までに国土交通大臣に届け出ることを義務付けられている。

〔法　律〕
（講習規程）
**第二十六条の十**　登録講習実施機関は、講習に関する規程（以下「講習規程」という。）を定め、講習の開始前に、国土交通大臣に届け出なければならない。これを変更しようとするときも、同様とする。
２　講習規程には、講習の実施方法、講習に関する料金その他の国土交通省令で定める事項を定めておかなければならない。

一　本条は、登録講習実施機関が作成すべき講習規程について規定したものである。登録講習実施機関は、指定機関のように国土交通大臣の代行機関として業務を行うものではない以上、講習の費用、業務の方法等については、登録講習実施機関自身が自らの責任により自由に決定すべきものであり、登録講習実施機関の業務に関して定める講習規程については、国土交通大臣の認可を義務付けてはいない。一方、国土交通大臣は、受講者等への情報提供や改善命令の発動等による制度の円滑な運用のため、登録講習実施機関の業務内容を把握しておく必要があることから、一定の事項については講習規程としてあらかじめ届出を義務付けている。

二　講習規程において定めるべき主な事項はあらかじめ法律上明らかになっていることが望ましいことから、第二項においてその内容を例示している。省令において規定する講習規程において定めるべき事項の具体的内容は次のとおりである（規則第十七条の七）。

㈠　講習業務を行う時間及び休日に関する事項
㈡　講習業務を行う事務所及び講習の実施場所に関する事項
㈢　講習の実施に係る公示の方法に関する事項
㈣　講習の受講の申請に関する事項
㈤　講習の実施方法に関する事項
㈥　講習の内容及び時間に関する事項
㈦　講義に用いる教材に関する事項
㈧　試験の方法に関する事項
㈨　修了証の交付に関する事項
㈩　講習に関する料金の額及びその収納の方法に関する事項
⑪　登録講習実施機関が備え、保存すべき帳簿その他の講習業務に関する書類の管理に関する事項
⑫　その他講習業務の実施に必要な事項

〔法　律〕

（業務の休廃止）

**第二十六条の十一**　登録講習実施機関は、講習の全部又は一部を休止し、又は廃止しようとするときは、国土交通省令で定めるところにより、あらかじめ、その旨を国土交通大臣に届け出なければならない。

一　登録講習実施機関による登録講習の業務が前触れなく休廃止されれば、当該登録講習実施機関の講習を受けよう

としていた者や受講の申し込みをし、受講を待つ者などに不測の損害が生じるおそれがある。また、登録講習実施機関を監督する国土交通大臣としても登録講習実施機関の有無等を常時把握しておく必要がある。したがって、登録講習実施機関が業務の全部又は一部を休廃止しようとするときは、あらかじめその旨を国土交通大臣に届け出なければならないこととしたものである。

二　業務の全部又は一部を休廃止しようとする登録講習実施機関が届け出なければならない事項は、次のとおりである（規則第十七条の八）。

㈠　休廃止する業務の範囲
㈡　休廃止する年月日
㈢　休廃止する事務所
㈣　休廃止する期間
㈤　休廃止する理由

〔法　律〕

（財務諸表等の備付け及び閲覧等）

**第二十六条の十二**　登録講習実施機関は、毎事業年度経過後三月以内に、その事業年度の財産目録、貸借対照表及び損益計算書又は収支計算書並びに事業報告書（その作成に代えて電磁的記録（電子的方式、磁気的方式その他の人の知覚によつては認識することができない方式で作られる記録であつて、電子計算機による情報処理の用に供されるものをいう。以下この条において同じ。）の作成がされている場合における当該電磁的記録を含む。次項及び第五十四条において「財務諸表等」という。）を作成し、五年間事務所に備えて置かなければならない。

2　建設業者その他の利害関係人は、登録講習実施機関の業務時間内は、いつでも、次に掲げる請求をすることができる。ただし、第二号又は第四号の請求をするには、登録講習実施機関の定めた費用を支払わなければならない。

一　財務諸表等が書面をもつて作成されているときは、当該書面の閲覧又は謄写の請求
二　前号の書面の謄本又は抄本の請求
三　財務諸表等が電磁的記録をもつて作成されているときは、当該電磁的記録に記録された事項を国土交通省令で定める方法により表示したものの閲覧又は謄写の請求

四　前号の電磁的記録に記録された事項を電磁的方法であって国土交通省令で定めるものにより提供することの請求又は当該事項を記載した書面の交付の請求

一　監理技術者講習については、一定の法律に定められた要件に該当する講習であれば、すべからく登録されることとなり、講習を受講しようとする者は、自らの責任において登録講習実施機関の適否を判断した上で、受講する講習を選択することとなる。このため、受講者が的確に講習を選択することができるよう、登録講習実施機関に関する情報開示の仕組みを設けることとしたものである。特に経理的基礎については、指定制度においては、「業務を適格かつ円滑に実施するための経理的基礎」が指定の基準の一つとされ、指定に当たっては、国土交通大臣がその有無を判断することとなるが、登録制度である監理技術者講習に関しては、これについても受講しようとする者が自ら判断することとなるため、これに対応したものである。

二　第二項は、建設業者等の利害関係人が、費用を支払って、書面又は電磁的方法により、登録講習実施機関によって備え置かれた財務諸表等の閲覧を請求できることとしている。

〔法　律〕
（適合命令）
**第二十六条の十三**　国土交通大臣は、講習が第二十六条の六第一項の規定に適合しなくなつたと認めるときは、その登録講習実施機関に対し、同項の規定に適合するため必要な措置をとるべきことを命ずることができる。

一　いったん登録された講習であっても、その後の事情の変化により登録要件に適合しなくなる事態が想定され、このような場合には、講習の適正な実施が担保されないおそれがある。こうした事態を防止するため、国土交通大臣は、講習が登録要件に適合しなくなったと認めるときは、登録講習実施機関に対して講習を登録要件に適合するため必要な措置を講ずることを命ずることができることとしたものである。

二　本条に基づき適合命令がなされたにもかかわらず、登録講習実施機関が必要な措置を講じなかった場合、法第二十六条の十五第四号の規定に基づく、登録の取消しの対象となり得る。

〔法　律〕

（改善命令）

**第二十六条の十四**　国土交通大臣は、登録講習実施機関が第二十六条の八の規定に違反していると認めるときは、その登録講習実施機関に対し、同条の規定による講習を行うべきこと又は講習の方法その他の業務の方法の改善に関し必要な措置をとるべきことを命ずることができる。

一　第二十六条の八において講習の実施に係る義務について規定しているが、登録講習実施機関がこれに違反している場合、公共工事の適正な施工への支障や受講者に混乱が生じおそれがあることから、これを防止するため、国土交通大臣は、登録講習実施機関が講習の実施に係る義務に違反していると認めるときは、講習を行うべきこと又は講習の方法その他業務の方法の改善に関し必要な措置をとるべきことを命ずることとしている。

二　本条に基づき改善命令がなされたにもかかわらず、登録講習実施機関が必要な措置を講じなかった場合、法第二十六条の十五第四号の規定に基づく、登録の取消しの対象となり得る。

〔法　律〕

（登録の取消し等）

**第二十六条の十五**　国土交通大臣は、登録講習実施機関が次の各号のいずれかに該当するときは、当該登録講習実施機関の行う講習の登録を取り消し、又は期間を定めて講習の全部若しくは一部の停止を命ずることができる。

一　第二十六条の五第一号又は第三号に該当するに至つたとき。

二　第二十六条の九から第二十六条の十一まで、第二十六条の十二第一項又は次条の規定に違反したとき。

三　正当な理由がないのに第二十六条の十二第二項各号の規定による請求を拒んだとき。

四　前二条の規定による命令に違反したとき。

五　不正の手段により第二十六条第四項の登録を受けたとき。

登録講習実施機関が、欠格条項に該当するに至った場合や法に定める義務に違反するような事態が生じた場合等には、講習の適正な実施が阻害され、公共工事の適正な施工への支障や受講者に混乱が生じるおそれがある。これを防止するため、次の場合に該当するときは、国土交通大臣は登録の取消しや講習の停止命令を行うことができることとしたものである。

㈠　法第二十六条の五第一号又は第三号の欠格条項に該当するに至ったとき。
㈡　事業所の変更の届出義務違反、講習規程の届出義務違反、業務の休廃止の届出義務違反又は帳簿の記載義務違反。
㈢　正当な理由がないのに財務諸表等の閲覧や謄本の請求を拒んだとき。
㈣　法第二十六条の十三の規定による適合命令違反又は法第二十六条の十四の規定による改善命令違反。
㈤　虚偽の書類による申請に基づいて登録を受けた場合等、不正の手段により法第二十六条第四項の登録を受けたとき。

〔法　律〕
（帳簿の記載）
**第二十六条の十六**　登録講習実施機関は、国土交通省令で定めるところにより、帳簿を備え、講習に関し国土交通省令で定める事項を記載し、これを保存しなければならない。

一　登録講習実施機関にその業務の状況をあきらかにさせるとともに、監督行政庁である国土交通大臣がその状況を把握し、必要に応じて報告の聴取、立入検査等を行うことにより、改善命令等の端緒とし、講習の適正な実施を担保するため、登録講習実施機関に対し、帳簿の記載と保存を義務付けたものである。これに併せて、講習が法第二十六条の八の規定に基づき省令で定められた基準に適合する方法により適切な水準で実施されているかを把握し、適切な措置をとることにより講習の内容の適正を担保するため、省令の規定により、講義に用いた教材並びに試験に用いた問題用紙及び答案用紙の保存も義務付けている（規則第十七条の十一第四項）。

二　帳簿には次の内容を記載するものとされ、電磁的方法による保存も可能である。

①　講習の年月日及び講習会場

②　講師の氏名、担当科目及び時間数
③　修了者の氏名、本籍、生年月日、修了証交付日及び修了証番号

三　帳簿の保存期間については、受講者が受講後に公共性のある施設若しくは工作物又は多数の者が利用する施設若しくは工作物に関する重要な工事の専任の監理技術者となれる期間中は最低限帳簿を保存しておく趣旨から、省令により五年間と定められている。また、講義に用いた教材並びに試験に用いた問題用紙及び答案用紙の保存期間については、当該講習の登録が有効である期間中は最低限保存しておく趣旨から、省令により登録の更新期間と同じ三年間と定められている。

四　なお、登録講習実施機関は、規則第十七条の十三等により、講習を実施した日から一ヶ月以内に講習の実施年月日、実施場所及び修了者数を記載した報告書に修了者の氏名等を記載した修了者一覧表及び講義に用いた教材及び試験に用いた問題用紙を添えて提出しなければならないこととされている。

〔**法　律**〕

（国土交通大臣による講習の実施）

**第二十六条の十七**　国土交通大臣は、講習を行う者がいないとき、第二十六条の十一の規定による講習の全部又は一部の休止又は廃止の届出があつたとき、第二十六条の十五の規定により第二十六条第四項の登録を取り消し、又は登録講習実施機関に対し講習の全部若しくは一部の停止を命じたとき、登録講習実施機関が天災その他の事由により講習の全部又は一部を実施することが困難となつたとき、その他必要があると認めるときは、講習の全部又は一部を自ら行うことができる。

2　国土交通大臣が前項の規定により講習の全部又は一部を自ら行う場合における講習の引継ぎその他の必要な事項については、国土交通省令で定める。

監理技術者講習制度においては、登録講習を受講しなければ公共性のある施設若しくは工作物又は多数の者が利用する施設若しくは工作物に関する重要な工事の専任の監理技術者とはなれない仕組みになっており、登録講習を行う者がいないとき、あるいは登録講習実施機関が天災等の緊急の事態により業務が困難となった場合等において他の登録講習実施機関も存在しないようなときには、公共性のある施設若しくは工作物又は多数の者が利用する施設若しく

は工作物に関する重要な工事の適正かつ円滑な施工に悪影響が生じることとなるため、国土交通大臣は、必要があると認めるときは緊急かつ一時的な措置として、自ら講習を行うことができることとしている。これに伴い、省令において、国土交通大臣が講習の業務を行う場合、登録講習実施機関は、国土交通大臣に対して、講習業務を引き継ぐこと、帳簿等の書類を引き継ぐことと等が義務付けられている。

〔法　律〕
（手数料）
**第二十六条の十八**　前条第一項の規定により国土交通大臣が行う講習を受けようとする者は、実費を勘案して政令で定める額の手数料を国に納めなければならない。

〔政　令〕
（国土交通大臣が行う講習手数料）
**第二十七条の二の二**　法第二十六条の十八の政令で定める手数料の額は、一万五百円とする。

本条は、法第二十六条の十七の規定により国土交通大臣が代わって講習を行った場合の手数料について規定したものである。

〔法　律〕
（報告の徴収）
**第二十六条の十九**　国土交通大臣は、この法律の施行に必要な限度において、登録講習実施機関に対し、その業務又は経理の状況に関し報告をさせることができる。

国土交通大臣は、登録講習実施機関に対し、適合命令や改善命令、登録の取消しや講習の停止命令を行うことができ、また、登録講習実施機関による業務の実施が困難となった場合等には自ら講習を行うことができるが、このような権限を適切に行使するため、国土交通大臣が登録講習実施機関から、法の施行に必要な限度において、業務や経理の状況に関し報告聴取ができることとしたものである。

〔法　律〕
（立入検査）

**第二十六条の二十**　国土交通大臣は、この法律の施行に必要な限度において、その職員に、登録講習実施機関の事務所に立ち入り、業務の状況又は帳簿、書類その他の物件を検査させることができる。
2　前項の規定により職員が立入検査をする場合においては、その身分を示す証明書を携帯し、関係者に提示しなければならない。
3　第一項の規定による立入検査の権限は、犯罪捜査のために認められたものと解釈してはならない。

一　国土交通大臣は、登録講習実施機関に課される所要の義務が遵守されているかについて監督する必要があることから、その職員に登録講習実施機関の事務所等への立入検査を行わせることができることとしたものである。立入検査が認められるのは、国土交通大臣がその権限を的確に行使し、講習の適正な実施等本法の施行に必要な限度においてであり、立入検査の目的に関係のない書類を検査したり、業務に関係のない住居等に立ち入ることはできない。

二　本条の立入検査は、単なる行政措置であって、司法上の権限とは無関係である。立入検査をする職員は、身分証明書を携帯し、関係者にこれを提示しなければならないこととしている。これは、憲法第三十五条において住居の不可侵を規定し、捜索又は押収については司法官憲の発する礼状主義をとっていることにかんがみ、この立入検査が犯罪捜査のために行われるものではないことを示すとともに、立入検査を適正に行うためにとられる措置である。

**〔法　律〕**

（公示）
**第二十六条の二十一**　国土交通大臣は、次に掲げる場合には、その旨を官報に公示しなければならない。
一　第二十六条第四項の登録をしたとき。
二　第二十六条の九の規定による届出があつたとき。
三　第二十六条の十一の規定による届出があつたとき。
四　第二十六条の十五の規定により第二十六条第四項の登録を取り消し、又は講習の停止を命じたとき。
五　第二十六条の十七の規定により講習の全部若しくは一部を自ら行うこととするとき、又は自ら行つていた講習の全部若しくは一部を行わないこととするとき。

一　本法の規定に基づく国土交通大臣又は登録講習実施機関の行為には、講習を受講しようとする者、建設業者等にとって重大な関心事項があることから、国土交通大臣に対して、これらの事項を官報に公示する義務を課し、広く一般に周知せしめることとしたものである。

二　本条の規定により、公示の対象となる場合は、次のとおりである。

① 講習の登録をしたとき。

② 氏名又は名称、住所、法人の場合は代表者の氏名及び講習を行う事務所の変更の届出があったとき。

③ 業務の休廃止の届出があったとき。

④ 講習の登録を取り消し、又は業務停止命令を発したとき。

⑤ 登録講習実施機関の不存在又は天災等の緊急の事態によりその業務が困難となった場合において、他の登録講習実施機関が存在しない場合等に国土交通大臣が自ら講習を実施するとき又は既に行っていた講習を行わないこととするとき。

〔**法　律**〕

（技術検定）

**第二十七条**　国土交通大臣は、施工技術の向上を図るため、建設業者の施工する建設工事に従事し又はしようとする者について、政令の定めるところにより、技術検定を行うことができる。

2　前項の検定は、学科試験及び実地試験によつて行う。

3　国土交通大臣は、第一項の検定に合格した者に、合格証明書を交付する。

4　合格証明書の交付を受けた者は、合格証明書を滅失し、又は損傷したときは、合格証明書の再交付を申請することができる。

5　第一項の検定に合格した者は、政令で定める称号を称することができる。

〔**政　令**〕

（技術検定の種目等）

**第二十七条の三**　法第二十七条第一項の規定による技術検定は、次の表の検定種目の欄に掲げる種目について、同表の検定技術の欄に掲げる技術を対象として行う。

| 検定種目 | 検定技術 |
| --- | --- |
| 建設機 | 建設工事の実施に当たり、建設機械を適確に |

| | |
|---|---|
| 械施工 | 操作するとともに、建設機械の運用を統一的かつ能率的に行うために必要な技術 |
| 土木施工管理 | 土木一式工事の実施に当たり、その施工計画の作成及び当該工事の工程管理、品質管理、安全管理等工事の施工の管理を適確に行うために必要な技術 |
| 建築施工管理 | 建築一式工事の実施に当たり、その施工計画及び施工図の作成並びに当該工事の工程管理、品質管理、安全管理等工事の施工の管理を適確に行うために必要な技術 |
| 電気工事施工管理 | 電気工事の実施に当たり、その施工計画及び施工図の作成並びに当該工事の工程管理、品質管理、安全管理等工事の施工の管理を適確に行うために必要な技術 |
| 管工事施工管理 | 管工事の実施に当たり、その施工計画及び施工図の作成並びに当該工事の工程管理、品質管理、安全管理等工事の施工の管理を適確に行うために必要な技術 |
| 造園施工管理 | 造園工事の実施に当たり、その施工計画及び施工図の作成並びに当該工事の工程管理、品質管理、安全管理等工事の施工の管理を適確に行うために必要な技術 |

2　技術検定は、一級及び二級に区分して行う。

3　建設機械施工、土木施工管理及び建築施工管理に係る二級の技術検定は、当該種目を国土交通大臣が定める種別に細分して行う。

（技術検定の方法及び基準）

**第二十七条の四**　実地試験は、その回の技術検定における学科試験に合格した者及び第二十七条の七の規定により学科試験の全部の免除を受けた者について行うものとする。ただし、国土交通省令で定める種目及び級に係る技術検定の実地試験は、種目及び級を同じくするその回の技術検定における学科試験を受験した者及び同条の規定により当該学科試験の全部の免除を受けた者について行うものとする。

2　学科試験及び実地試験の科目及び基準は、国土交通省令で定める。

（受検資格）

**第二十七条の五**　一級の技術検定を受けることができる者は、次のとおりとする。

一　学校教育法（昭和二十二年法律第二十六号）による大学（短期大学を除き、旧大学令（大正七年勅令第三百八十八号）による大学を含む。）を卒業した後受検しようとする種目に関し指導監督的実務経験一年以上を含む三年以上の実務経験を有する者で在学中に国土交通省令で定める学科を修めたもの

二　学校教育法による短期大学又は高等専門学校（旧専門

学校令（明治三十六年勅令第六十一号）による専門学校を含む。）を卒業した後受検しようとする種目に関し指導監督的実務経験一年以上を含む五年以上の実務経験を有する者で在学中に国土交通省令で定める学科を修めたもの

三　受検しようとする種目について二級の技術検定に合格した後同種目に関し指導監督的実務経験一年以上を含む五年以上の実務経験を有する者

四　国土交通大臣が前三号に掲げる者と同等以上の知識及び経験を有するものと認定した者

2　二級の技術検定を受けることができる者は、次の各号に掲げる種目の区分に応じ、当該各号に定める者とする。

一　建設機械施工　次に掲げる試験の区分に応じ、それぞれに定める者

イ　学科試験　当該学科試験が行われる日の属する年度の末日における年齢が十七歳以上の者

ロ　実地試験　次のいずれかに該当する者

(1)　学校教育法による高等学校（旧中等学校令（昭和十八年勅令第三十六号）による実業学校を含む。(2)及び次号ロ(1)において同じ。）又は中等教育学校を卒業した後受検しようとする種別に関し二年以上の実務経験を有する者で在学中に国土交通省令で定める学科を修めたもの

(2)　学校教育法による高等学校又は中等教育学校を卒業した後建設機械施工に関し、受検しようとする種別に関する一年六月以上の実務経験を含む三年以上の実務経験を有する者で在学中に国土交通省令で定める学科を修めたもの

(3)　受検しようとする種別に関し六年以上の実務経験を有する者

(4)　建設機械施工に関し、受検しようとする種別に関する四年以上の実務経験を含む八年以上の実務経験を有する者

(5)　国土交通大臣が(1)から(4)までに掲げる者と同等以上の知識及び経験を有するものと認定した者

二　土木施工管理、建築施工管理、電気工事施工管理、管工事施工管理又は造園施工管理　次に掲げる試験の区分に応じ、それぞれに定める者

イ　学科試験　当該学科試験が行われる日の属する年度の末日における年齢が十七歳以上の者

ロ　実地試験　次のいずれかに該当する者

(1)　学校教育法による高等学校又は中等教育学校を卒業した後受検しようとする種目（土木施工管理又は建築施工管理にあつては、種別。(2)において同じ。）に関し三年以上の実務経験を有する者で在学中に国土交通省令で定める学科を修めたもの

(2)　受検しようとする種目に関し八年以上の実務経験を有する者

(3)　国土交通大臣が(1)又は(2)に掲げる者と同等以上の知識及び経験を有するものと認定した者

（受検欠格）

**第二十七条の六**　国土交通大臣が、種目ごとに、当該種目に係る建設工事に従事するのに障害となると認めて指定する精神上又は身体上の欠陥を有する者は、前条の規定にかかわらず、当該種目に係る技術検定を受けることができない。

（試験の免除）

**第二十七条の七**　次の表の上欄に掲げる者については、申請により、それぞれ同表の下欄に掲げる試験を免除する。

| 一級の技術検定の学科試験に合格した者 | 種目を同じくする次回の一級の技術検定の学科試験の全部 |
|---|---|
| 二級の技術検定の学科試験に合格した者 | 種目（建設機械施工、土木施工管理又は建築施工管理にあつては、種目及び種別）を同じくする二級の技術検定（検定種目その他の事項を勘案して国土交通大臣が定める期間内に行われるものに限る。）の学科試験の全部 |
| 一級の技術検定に合格した者 | 二級の技術検定の学科試験又は実地試験の一部で国土交通大臣が定めるもの |
| 二級の技術検定に合格した者 | 種目を同じくする一級の技術検定の学科試験又は実地試験の一部で国土交通大臣が定めるもの |
| 他の法令の規定による免許で国土交通大臣が定めるものを受けた者又は国土交通大臣が定める検定若しくは試験に合格した者 | 国土交通大臣が定める学科試験又は実地試験の全部又は一部 |

（称号）

**第二十七条の八**　法第二十七条第五項の政令で定める称号は、級及び種目の名称を冠する技士とする。

（合格の取消し等）

**第二十七条の九**　国土交通大臣は、不正の手段によつて技術検定を受け、又は受けようとした者に対しては、合格の決定を取り消し、又はその技術検定を受けることを禁止することができる。

2　前項の規定により合格の決定を取り消された者は、合格証明書を国土交通大臣に返付しなければならない。

3　国土交通大臣は、第一項の規定による処分を受けた者に対し、三年以内の期間を定めて技術検定を受けることができないものとすることができる。

（受験手数料等）

**第二十七条の十**　学科試験又は実地試験の受験手数料の額は、次の表に掲げるとおりとする。ただし、第二十七条の七の規定により学科試験又は実地試験の一部の免除を受けることができる者が当該学科試験又は実地試験を受けようとする場合においては、当該学科試験又は実地試験について同表に掲げる額から国土交通大臣が定める額を減じた額とする。

| 検定種目 | 一級 | | 二級 | |
|---|---|---|---|---|
| | 学科試験 | 実地試験 | 学科試験 | 実地試験 |
| 建設機械施工 | 一万百円 | 二万七千八百円 | 一万百円 | 二万千六百円 |
| 土木施工管理 | 八千二百円 | 八千二百円 | 四千百円 | 四千百円 |
| 建築施工管理 | 九千四百円 | 九千四百円 | 四千七百円 | 四千七百円 |
| 電気工事施工管理 | 一万千八百円 | 一万千八百円 | 五千九百円 | 五千九百円 |
| 管工事施工管理 | 八千五百円 | 八千五百円 | 四千二百五十円 | 四千二百五十円 |
| 造園施工管理 | 一万四百円 | 一万四百円 | 五千二百円 | 五千二百円 |

2　技術検定の合格証明書の交付又は再交付の手数料の額は、二千二百円とする。

（国土交通省令への委任）

**第二十七条の十一**　この政令で定めるもののほか、技術検定に関し必要な事項は、国土交通省令で定める。

本条は、建設工事の施工技術の向上を図るため国土交通大臣が行う技術検定について定めたものである。

一　近年の科学技術の進歩は著しく、これに伴い建設工事の施工技術も長足の向上をみてきた。しかし、建設工事の施工技術の進歩向上の必要性が今日ほど痛感されることもかつてない。

すなわち、近年における様々な建設需要に的確に対処し、その適正な施工を確保することは、現在の建設業に負わされた重大な使命であり、ますます高度化する施工技術を備え、なお、合理的経済的に建設工事を施工する責務を果たす必要があるのである。

さらにはわが国の建設業が国際舞台へ進出し、活躍するためにも建設業者の施工技術の向上は強く要請されているところである。

このような趣旨から、本法は、建設業者に対して施工技術の確保の義務を課すとともに（第二十五条の二十五）、さらにこれを進めて、積極的に技術の向上を図る制度として「技術検定」制度をとり入れたものである。

二　この技術検定は、建設工事に携わる者の施工技術の向上が目的であるから、合格者が称号を称することができることとした以外には、合格者でなければ特定の仕事はできないといういわゆる就業制限を伴う法律効果は予定されていない。しかし、この検定に合格した者は、一定水準以上の施工技術を有することを公的に認定された者であることから各種の制度における取扱いについて優遇され、結果的に施工技術の向上の意欲が刺激されたことを期待するものであり、ひいてはその者の技術者としての地位が向上する効果は十分認められるものである。

たとえば、本法においては、この技術検定の合格者について、その区分及び種目に応じ、許可の要件として営業所に置かれる専任技術者及び現場に置かれる主任技術者又は監理技術者の資格を満たすものとして取り扱っている（第七条の解説四の㈣、第十五条、第二十六条及び第二十六条の二の解説参照）。特に、指定建設業に係る専任技術者及び監理技術者は、技術検定の合格者などの国家資格者に限定されている。

三　この技術検定は、まず、昭和三十五年度に、建設機械が大型化し、高性能化した点を踏まえ、機械化施工の中軸となるべき技術者を確保するために、「建設機械施工技術検定」が実施された。次いで昭和四十四年度に、増大する大型土木工事に対処し、土木工事の施工管理を行う技術者を養成確保する趣旨から「土木施工管理技術検定」が追加された。そして、昭和四十七年度には、今後ますます需要が増大し、また生活空間としての建築物等において、その重要性が高まると予想される管工事について「管工事施工管理技術検定」が、また昭和五十年度には「造園施工管理技術検定」が追加されたのである。

さらに、昭和五十八年度には、多数の分野にわたる業種の分担作業である等の特殊性を有する建築一式工事について、その施工管理の適正化を図るため、「建築施工管理技術検定」が設けられた。また昭和六十二年度には近年の電気設備の高度化、大型化の傾向の下で、電気工事の適正な施工に対する社会的要請の増大に応えるため、「電気工事施工管理技術検定」が追加された。

今後も、社会的要請が強く、しかも他の制度によって目的を達せられない施工技術について順次技術検定が行われることになろう。

四　技術検定は、令第二十七条の三に定める種目についてそれぞれ対応する技術を対象として行われる。

(一)　種目とは、技術検定の対象となる技術の内容を総称した名称であり、前に述べたとおり「建設機械施工」、「土木施工管理」、「建築施工管理」、「電気工事施工管理」、「管理工事施工管理」及び「造園施工管理」の六種目が定められている。検定の対象となる技術は令第二十七条の三第一項の表の検定技術の欄に掲げられており、後で述べる学科試験及び実地試験は、これらの検定技術を有するか否かの判断のために行われるものである。

**技術検定の種目及び担当課**

| 種目 | 開始年度 | 国土交通省担当課 |
|---|---|---|
| 建設機械施工 | 三五年度 | 総合政策局公共事業企画調整課 |
| 土木施工管理 | 四四　〃 | 大臣官房技術調査課 |
| 建築施工管理 | 五八　〃 | 大臣官房官庁営繕部整備課 |
| 電気工事施工管理 | 六三　〃 | 大臣官房官庁営繕部設備・環境課 |

| | | |
|---|---|---|
| 管工事施工管理 | 四七　〃 | 大臣官房官庁営繕部設備・環境課 |
| 造園施工管理 | 五〇　〃 | 都市局公園緑地・景観課 |

㈡　技術検定は、それぞれの種目について、一級及び二級に区分して行われる（令第二十七条の三第二項）。この一級と二級との相違は、主として一級の技術検定が高度の知識及び応用能力を求めているのに対し、二級の技術検定は一応の知識及び応用能力又は限定された範囲での比較的高度の応用能力を求めていることであり、具体的にはその施工技術をもって行い得る工事の複雑性、規模、範囲等が異なるものである（施工技術検定規則（昭和三十五年建設省令第十七号。以下「検定規則」という。）別表第一及び第二）。

㈢　技術検定は六種目に分けて実施されるが、さらに国土交通大臣が指定する種目の二級の技術検定は、その種目を種別に細分して行うことができる（令第二十七条の三第三項）。これは、同じ種目に属する技術であっても、その具体的な技術の内容に独自性が認められ、またそれを担当する技術者においても専門化が進んでいる技術部門に対応するため、全体にわたる高度の技術を求める必要のない二級の技術検定についてのみ認められたものである。

現在、種別に細分して行われている技術検定の種目は、土木施工管理、建築施工管理及び建設機械施工である。土木施工管理については「土木」、「薬液注入」、「鋼構造物塗装」の三つの種別に（昭和五十九年建設省告示第千二百五十四号）、建築施工管理については「建築」、「躯体」、「仕上げ」の三つの種別に（昭和五十八年建設省告示第千五百八号）、建設機械施工については「第一種」から「第六種」までの六つの種別に（昭和四十八年建設省告示第八百六十号）細分されている。

**技術検定の種別**

| 種目 | 種別 | |
|---|---|---|
| | 名称 | 内容 |

| | | |
|---|---|---|
| 建設機械施工 | 第一種 | ブルドーザー、トラクター・ショベル、モーター・スクレーパーその他これらに類する建設機械による施工 |
| | 第二種 | パワー・ショベル、バックホウ、ドラグライン、クラムシエルその他これらに類する建設機械による施工 |
| | 第三種 | モーター・グレーダーによる施工 |
| | 第四種 | ロード・ローラー、タイヤ・ローラー、振動ローラーその他これらに類する建設機械による施工 |
| | 第五種 | アスファルト・プラント、アスファルト・デストリビユーター、アスファルト・フイニツシヤー、コンクリート・スプレッダー、コンクリート・フイニツシヤー、コンクリート表面仕上機等による施工 |
| | 第六種 | くい打機、くい抜機、大口径掘削機その他これらに類する建設機械による加工 |
| 建築施工管理 | 建築 | |
| | 躯体 | |
| | 仕上げ | |
| 土木施工管理 | 土木 | |
| | 鋼構造物塗装 | |
| | 薬液注入 | |

(四) 技術検定は、学科試験と実地試験とによって行われる（第二十七条第二項）。学科試験は、現在、筆記によって行われ、択一式又は択一式と記述式の併用による筆記試験である。

実地試験は、学科試験に合格した者又は学科試験の全部の免除を受けた者でなければ受けることができない

（令第二十七条の四第一項）。試験の方法は建設機械の操作等の実技試験、施工図の作成等実地における応用能力などを判断する筆記試験、あるいは口述試験等の全部又は一部で組み立てられており、種別及び級により異なっている。

なお、各試験の科目及び基準は、検定規則第一条（別表第一及び第二）に定められているので、参考とされたい。

五　技術検定を受けようとする者は受検資格を有し、かつ受検欠格事由に該当しないことが必要である。

(一)　受検資格は、一級と二級との区分ごとに、学歴又は資格と実務経験の両面から定められている（令第二十七条の五）。なお、実務経験としては、当該種目又は種別に細分されている場合においては当該種別に関する一年の年数が必要とされているが、建設機械施工の場合においては、当該種目が主に機械の操作を対象にすること等の特殊性を考慮し、年数の短縮等の配慮がなされている（令第二十七条の五並びに昭和三十七年建設省告示第二千七百五十五号及び昭和三十五年建設省告示第二千二百七号）。

**一級の受検資格**

| 学歴等 | | 実務経験年数 |
|---|---|---|
| 大学<br>専修学校専門課程<br>（高度専門士） | 指定学科 | 受検しようとする種目に関し指導監督的実務経験一年以上を含む三年以上の実務経験 |
| | 指定学科以外 | 受検しようとする種目に関し指導監督的実務経験一年以上を含む四年六月以上の実務経験 |
| 短期大学<br>高等専門学校<br>専修学校専門課程<br>（専門士） | 指定学科 | 受検しようとする種目に関し指導監督的実務経験一年以上を含む五年以上の実務経験 |
| | 指定学科以外 | 受検しようとする種目に関し指導監督的実務経験一年以上を含む七年六月以上の実務経験 |
| 高等学校 | 指定学科 | 受検しようとする種目に関し指導監督的実務経験一年以上を含む十 |

| | | |
|---|---|---|
| 中等教育学校<br>専修学校専門課程 | | 年以上の実務経験<br>※五年以上の実務経験の後に専任の監理技術者による指導を受けた実務経験を二年以上有する場合は、八年以上に短縮される |
| | 指定学科以外 | 受検しようとする種目に関し指導監督的実務経験一年以上を含む十一年六月以上の実務経験 |
| 二級の技術検定に合格した者 | | 合格後同種目に関し指導監督的実務経験一年以上を含む五年以上の実務経験 |
| 二級建築士試験に合格した者 | | （受検しようとする種目が建築施工管理である場合のみ）合格後同種目に関し指導監督的実務経験一年以上を含む五年以上の実務経験 |
| 電気事業法による第一種、第二種又は第三種電気工事主任技術者免状の交付を受けた者 | | （受検しようとする種目が電気工事施工管理である場合のみ）同種目に関し指導監督的実務経験一年以上を含む六年以上の実務経験 |
| 電気工事士法による第一種電気工事士免状の交付を受けた者 | | （受検しようとする種目が電気工事施工管理である場合のみ）不要 |
| 職業能力開発促進法による技能検定のうち検定職種を一級の配管（選択科目を「建築配管作業」とするものに限る。）とするものに合格した者 | | （受検しようとする種目が管工事施工管理である場合のみ）同種目に関し指導監督的実務経験一年以上を含む十年以上の実務経験 |
| 職業能力開発促進法による技能検定のうち検定職種を一級の造園とするものに平成十六年度以降に合格した者 | | （受検しようとする種目が造園施工管理である場合のみ）同種目に関し指導監督的実務経験一年以上を含む十年以上の実務経験 |
| 職業能力開発促進法による技能検定のうち検定職種を一級の造園とするものに平 | | （受検しようとする種目が造園施工管理である場合のみ）不要 |

| | |
|---|---|
| 成十五年度までに合格した者 | |
| そ　の　他 | 受検しようとする種目に関し指導監督的実務経験一年以上を含む十五年以上の実務経験 |

なお、高等学校卒業者、中等教育学校卒業者若しくは専修学校卒業者であって在学中に指定学科を修めたもの又は受検しようとする種目について二級の技術検定に合格した者については、受検要件である実務経験のうち、専任の監理技術者による指導を受けた実務経験を二年有している場合は、実務経験年数を二年短縮できる。また、高等学校卒業者若しくは中等教育学校卒業者で在学中に指定学科を修めなかったもの、専修学校卒業者又は受検しようとする種目について二級の技術検定に合格した者については、受検要件である実務経験のうち、指導監督的実務として専任の主任技術者の実務を一年以上有している場合は、実務経験年数を二年短縮できる。

**二級の受検資格**

二級の技術検定のうち学科試験の受検資格要件については、平成二十八年度より、当該学科試験が行われる日の属する年度の末日における年齢が十七歳以上の者とされ、実務経験は不要となった。実地試験の受検資格要件は次のとおり。

**種目を建設機械施工とするもの**

| 学　歴　等 | | 実　務　経　験　年　数 |
|---|---|---|
| 大　　　学<br>専修学校専門課程<br>（高　度　専　門　士） | 指　定　学　科 | 受検しようとする種別に関する六月以上の実務経験を含め、他の種別に関する経験も通算して一年以上の実務経験 |
| | 指定学科以外 | 受検しようとする種別に関する九月以上の実務経験を含め、他の種別に関する経験も通算して一年六月以上の実務経験 |
| 短　期　大　学 | 指　定　学　科 | 受検しようとする種別に関し一年六月以上の実務経験 |

| 学歴等 | | 実務経験年数 |
|---|---|---|
| 高等専門学校<br>専修学校専門課程<br>（専門士） | | 受検しようとする種別に関する一年以上の実務経験を含め、他の種別に関する経験も通算して二年以上の実務経験 |
| | 指定学科以外 | 受検しようとする種別に関し二年以上の実務経験<br>受検しようとする種別に関する一年六月以上の実務経験を含め、他の種別に関する経験も通算して三年以上の実務経験 |
| 高等学校<br>中等教育学校<br>専修学校専門課程 | 指定学科 | 受検しようとする種別に関し二年以上の実務経験<br>受検しようとする種別に関する一年六月以上の実務経験を含め、他の種別に関する経験も通算して三年以上の実務経験 |
| | 指定学科以外 | 受検しようとする種別に関し三年以上の実務経験<br>受検しようとする種別に関する二年三月以上の実務経験を含め、他の種別に関する経験も通算して四年六月以上の実務経験 |
| その他 | | 受検しようとする種別に関し六年以上の実務経験<br>受検しようとする種別に関する四年以上の実務経験を含め、他の種別に関する経験も通算して八年以上の実務経験 |

**種目を土木施工管理、建築施工管理、電気工事施工管理、管工事施工管理又は造園施工管理とするもの**

| 学歴等 | | 実務経験年数 |
|---|---|---|
| 大学<br>専修学校専門課程<br>（高度専門士） | 指定学科 | 受検しようとする種目（土木施工管理又は建築施工管理にあっては、種別。以下同じ。）に関し一年以上の実務経験 |
| | 指定学科以外 | 受検しようとする種目に関し一年六月以上の実務経験 |
| 短期大学<br>高等専門学校 | 指定学科 | 受検しようとする種目に関し二年以上の実務経験 |

| | | |
|---|---|---|
| 専修学校専門課程（専門士） | 指定学科以外 | 受検しようとする種目に関し三年以上の実務経験 |
| 高等学校<br>中等教育学校<br>専修学校専門課程 | 指定学科 | 受検しようとする種目に関し三年以上の実務経験 |
| | 指定学科以外 | 受検しようとする種目に関し四年六月以上の実務経験 |
| 電気工事士法による第一種電気工事士免状の交付を受けた者 | | （受検しようとする種目が電気工事施工管理である場合のみ）不要 |
| 電気工事士法による第二種電気工事士免状の交付を受けた者 | | （受検しようとする種目が電気工事施工管理である場合のみ）同種目に関し一年以上の実務経験 |
| 電気事業法による第一種、第二種又は第三種電気工事主任技術者免状の交付を受けた者 | | （受検しようとする種目が電気工事施工管理である場合のみ）同種目に関し一年以上の実務経験 |
| 職業能力開発促進法による技能検定のうち検定職種を一級の鉄工（選択科目を「構造物鉄工作業」とするものに限る。以下同じ。）、とび、ブロック建築、型枠施工、鉄筋施工（選択科目を「鉄筋組立て作業」とするものに限る。以下同じ。）若しくはコンクリート圧送施工とするものに合格した者又は二級の鉄工、とび、ブロック建築、型枠施工、鉄筋施工若しくはコンクリート圧送施工とするものに合格した者 | | （受検しようとする種目が建築施工管理であり、かつ、受検しようとする種別が躯体である場合のみ）同種別に関し四年以上の実務経験 |

| | |
|---|---|
| 職業能力開発促進法による技能検定のうち検定職種をエーエルシーパネル施工とするものに合格した者又は職業訓練法施行令の一部を改正する政令（昭和六十年政令第二百四十八号）による改正前の職業訓練法施行令による技能検定のうち鉄筋組立てとするものに合格した者 | （受検しようとする種目が建築施工管理であり、かつ、受検しようとする種別が躯体である場合のみ）不要 |
| 職業能力開発促進法による技能検定のうち検定職種を一級の建築板金（選択科目を「内外装板金作業」とするものに限る。以下同じ。）、石材施工（選択科目を「石張り作業」とするものに限る。以下同じ。）、建築大工、左官、タイル張り、畳製作、防水施工、内装仕上げ施工（選択科目を「プラスチック系床仕上げ工事作業」、「カーペット系床仕上げ工事作業」、「鋼製下地工事作業」若しくは「ボード仕上げ工事作業」とするものに限る。以下同じ。）、スレート施工、熱絶縁施工、カーテンウオール施工、サッシ施工、ガラス施工、表装（選択科目を「壁装作業」とするものに限る。以下同じ。）若しくは塗装（選択科目を「建築塗装作業」とするものに限る。以下同じ。）とするものに合格した者又は二級の建築板金、石 | （受検しようとする種目が建築施工管理であり、かつ、受検しようとする種別が仕上げである場合のみ）同種別に関し四年以上の実務経験 |

| | |
|---|---|
| 材施工、建築大工、左官、タイル張り、畳製作、防水施工、内装仕上げ施工、スレート施工、熱絶縁施工、カーテンウオール施工、サッシ施工、ガラス施工、表装若しくは塗装とするものに合格した者 | |
| 職業能力開発促進法による技能検定のうち検定職種をれんが積みとするものに合格した者又は職業能力開発促進法施行令及び地方公共団体手数料令の一部を改正する政令（昭和六十一年政令第十九号）による改正前の職業能力開発促進法施行令による技能検定のうち検定職種を石工（選択科目を「石張り作業」とするものに限る。）、床仕上げ施工、天井仕上げ施工とするものに合格した者 | （受検しようとする種目が建築施工管理であり、かつ、受検しようとする種別が仕上げである場合のみ）不要 |
| 職業能力開発促進法による技能検定のうち検定職種を一級の配管とするもの（選択科目を「建築配管作業」とするものに限る。以下同じ。）に合格した者又は二級の配管とするものに合格した者（平成十五年までの一級又は二級の空気調和設備配管、給排水衛生設備配管、配管工とするものに合格した者を含む） | （受検しようとする種目が管工事施工管理である場合のみ）同種目に関し四年以上の実務経験 |
| 職業能力開発促進法による技能検定のう | （受検しようとする種目が造園施工管理である場合のみ）同種目に |

| | |
|---|---|
| ち検定職種を二級の造園とするものに平成十六年度以降に合格した者 | 関し四年以上の実務経験 |
| 職業能力開発促進法による技能検定のうち検定職種を一級の造園とするものに合格した者又は二級の造園とするものに平成十五年度までに合格した者 | （受検しようとする種目が造園施工管理である場合のみ）不要 |
| その他 | 受検しようとする種別に関し八年以上の実務経験 |

六　技術検定の試験は、申請により一部又は全部につき免除される場合がある（令第二十七条の七）。

この試験を免除されるのは、①学科試験に合格した後、実地試験を受検して不合格となった者が再び試験を受ける場合の学科試験、②一級の技術検定に合格した者が他の二級の技術検定を受検する場合の学科試験又は実地試験の一部、③二級の技術検定に合格した者が同一種目の一級の技術検定を受検する場合の学科試験又は実地試験の一部及び④他の法令の規定による免許で国土交通大臣の定めるものを受けた者又は国土交通大臣の定める検定、試験に合格した者が技術検定を受検する場合の学科試験又は実地試験の全部又は一部で、それぞれ国土交通大臣の定めるものとされている。

七　以上述べたほか、技術検定に合格した者には合格証明書が交付され（第二十七条第三項）、合格者は、たとえば一級土木施工管理技士、二級建設機械施工技士といったように級名及び種目の名称を冠する技士と称することができることとされている（第五項、令第二十七条の八）。

また、技術検定を受けようとする者は、令第二十七条の十に規定する手数料を納めなければならない。

八㈠　令第二十七条の十一は、技術検定に関し、必要な事項を国土交通省令で定めることができると規定した、いわゆる省令委任規定である。

㈡　この規定により国土交通省令で定められているものは、検定等の指定（規則第十七条の十五）、指定試験機関の指定（規則第十七条の十六）、指定試験機関の指定の申請（規則第十七条の十七）、名称等の変更の届出（規則

第十七条の十八）、役員の選任又は解任の認可の申請（規則第十七条の十九）、試験委員の選任又は解任の届出（規則第十七条の二十一）、試験事務規程の認可の申請（規則第十七条の二十三）、事業計画等の認可の申請（規則第十七条の二十四）、試験事務の実施結果の報告（規則第十七条の二十六）、試験事務の休廃止の許可（規則第十七条の二十七）及び技術検定の受検に関する事項（施工技術検定規則第三条から第十一条）である。

〔**法　律**〕

（指定試験機関の指定）

**第二十七条の二**　国土交通大臣は、その指定する者（以下「指定試験機関」という。）に、学科試験及び実地試験の実施に関する事務（以下「試験事務」という。）の全部又は一部を行わせることができる。

2　前項の規定による指定は、試験事務を行おうとする者の申請により行う。

3　国土交通大臣は、指定試験機関に試験事務を行わせるときは、当該試験事務を行わないものとする。

本条以下は指定試験機関に関する規定である。指定試験機関制度は、昭和五十八年の第五次臨調答申を踏まえ、技術士、建築士等各種国家試験において実施されているところであるが、技術検定においても、事務の簡素化の見地から指定試験機関制度を採用している。

本条以下第二十七条の十七までは、国土交通大臣の指定試験機関に関する監督規定等を設け、もって指定試験機関の業務の適正な遂行を担保することとしている。

なお指定試験機関制度に基づく試験は平成元年度から実施され、指定試験機関としては、技術検定の種目に応じ、従来、技術検定に係る試験を実施してきた㈳日本建設機械施工協会、㈶全国建設研修センター、㈶建設業振興基金が指定されている。

| 検定種目 | 試験実施機関 | 住所 | ＴＥＬ |
| --- | --- | --- | --- |
| 建設機械施工 | ㈳日本建設機械施工協会 | 東京都港区芝公園三―五―八　機械振興会館 | 〇三-三四三三-一五〇一 |
| 土木施工管理 | | | |

| | | | |
|---|---|---|---|
| 管工事施工管理 | ㈶全国建設研修センター | 東京都小平市喜平町二―一―二 | 〇四二・三二一・一六三四 |
| 造園施工管理 | | | |
| 建築施工管理 | ㈶建設業振興基金 | 東京都港区虎ノ門四―二―一二<br>虎ノ門四丁目MTビル二号館 | 〇三・五四七三・一五八一 |
| 電気工事施工管理 | | | |

従来、技術検定に係る試験は、土木施工管理及び造園施工管理の一級の実地試験については国土交通大臣が自ら行い、他は外部機関の行う試験の合格者についてその申請により技術検定の試験の一部又は全部を免除する方法により実施されてきた。

昭和六十二年の改正により、従来、形の上では民間の任意の試験であった技術者試験を行ってきたそれらの外部機関を、建設業法上の指定試験機関として位置付け、国家試験実施機関として技術検定を行わせることとしたものである。

〔法　律〕

（指定の基準）

**第二十七条の三**　国土交通大臣は、前条第二項の規定による申請が次の各号に適合していると認めるときでなければ、同条第一項の規定による指定をしてはならない。

一　職員、設備、試験事務の実施の方法その他の事項についての試験事務の実施に関する計画が試験事務の適正かつ確実な実施のために適切なものであること。

二　前号の試験事務の実施に関する計画の適正かつ確実な実施に必要な経理的及び技術的な基礎を有するものであること。

三　試験事務以外の業務を行つている場合には、その業務を行うことによつて試験事務が不公正になるおそれがないこと。

2　国土交通大臣は、前条第二項の規定による申請をした者が次の各号のいずれかに該当するときは、同条第一項の規定による指定をしてはならない。

一　一般社団法人又は一般財団法人以外の者であること。

二　この法律の規定に違反して、刑に処せられ、その執行を終わり、又は執行を受けることがなくなつた日から起算して二年を経過しない者であること。

三　第二十七条の十四第一項又は第二項の規定により指定

を取り消され、その取消しの日から起算して二年を経過しない者であること。
四　その役員のうちに、次のいずれかに該当する者があること。
イ　第二号に該当する者
ロ　第二十七条の五第二項の規定による命令により解任され、その解任の日から起算して二年を経過しない者

本条は、指定試験機関の指定の際の基準について規定したものである。

〔法　律〕
（指定の公示等）
**第二十七条の四**　国土交通大臣は、第二十七条の二第一項の規定による指定をしたときは、当該指定を受けた者の名称及び主たる事務所の所在地並びに当該指定をした日を公示しなければならない。
2　指定試験機関は、その名称又は主たる事務所の所在地を変更しようとするときは、変更しようとする日の二週間前までに、その旨を国土交通大臣に届け出なければならない。
3　国土交通大臣は、前項の規定による届出があつたときは、その旨を公示しなければならない。

本条は、国土交通大臣が指定試験機関を指定した場合等に公示すべきことを規定したものである。

〔法　律〕
（役員の選任及び解任）
**第二十七条の五**　指定試験機関の役員の選任及び解任は、国土交通大臣の認可を受けなければ、その効力を生じない。
2　国土交通大臣は、指定試験機関の役員が、この法律（この法律に基づく命令又は処分を含む。）若しくは第二十七条の八第一項の試験事務規程に違反する行為をしたとき、又は試験事務に関し著しく不適当な行為をしたときは、指定試験機関に対して、その役員を解任すべきことを命ずることができる。

本条は、指定試験機関の役員の選任及び解任について規定したものである。

〔法　律〕

（試験委員）

**第二十七条の六**　指定試験機関は、国土交通省令で定める要件を備える者のうちから試験委員を選任し、試験の問題の作成及び採点を行わせなければならない。

2　指定試験機関は、前項の試験委員を選任し、又は解任したときは、遅滞なく、その旨を国土交通大臣に届け出なければならない。

3　前条第二項の規定は、第一項の試験委員の解任について準用する。

本条は、指定試験機関の試験委員について規定したものである。

〔法　律〕

（秘密保持義務等）

**第二十七条の七**　指定試験機関の役員若しくは職員（前条第一項の試験委員を含む。次項において同じ。）又はこれらの職にあつた者は、試験事務に関して知り得た秘密を漏らしてはならない。

2　試験事務に従事する指定試験機関の役員及び職員は、刑法その他の罰則の適用については、法令により公務に従事する職員とみなす。

本条は、指定試験機関の役員及び職員の秘密保持義務について規定したものである。

〔法　律〕

（試験事務規程）

**第二十七条の八**　指定試験機関は、国土交通省令で定める試験事務の実施に関する事項について試験事務規程を定め、国土交通大臣の認可を受けなければならない。これを変更しようとするときも、同様とする。

2　国土交通大臣は、前項の規定により認可をした試験事務規程が試験事務の適正かつ確実な実施上不適当となつたと認めるときは、指定試験機関に対して、これを変更すべきことを命ずることができる。

本条は、指定試験機関が作成すべき試験事務規程について規定したものである。

〔法　律〕

（事業計画等）

**第二十七条の九**　指定試験機関は、毎事業年度、事業計画及び収支予算を作成し、当該事業年度の開始前に（第二十七条の二第一項の規定による指定を受けた日の属する事業年度にあつては、その指定を受けた後遅滞なく）、国土交通大臣の認可を受けなければならない。これを変更しようとするときも、同様とする。

2　指定試験機関は、毎事業年度、事業報告書及び収支決算書を作成し、当該事業年度の終了後三月以内に、国土交通大臣に提出しなければならない。

本条は、指定試験機関が作成すべき事業計画等について規定したものである。

〔法　律〕

（帳簿の備付け等）

**第二十七条の十**　指定試験機関は、国土交通省令で定めるところにより、試験事務に関する事項で国土交通省令で定めるものを記載した帳簿を備え、保存しなければならない。

本条は、指定試験機関が備えるべき帳簿について規定したものである。

〔法　律〕

（監督命令）

**第二十七条の十一**　国土交通大臣は、試験事務の適正な実施を確保するため必要があると認めるときは、指定試験機関に対して、試験事務に関し監督上必要な命令をすることができる。

本条は、国土交通大臣の指定試験機関に対する監督命令権について規定したものである。

〔法　律〕

（報告及び検査）

**第二十七条の十二**　国土交通大臣は、試験事務の適正な実施を確保するため必要があると認めるときは、指定試験機関に対して、試験事務の状況に関し必要な報告を求め、又はその職員に、指定試験機関の事務所に立ち入り、試験事務の状況若しくは設備、帳簿、書類その他の物件を検査させることができる。

2　前項の規定により立入検査をする職員は、その身分を示す証明書を携帯し、関係人の請求があつたときは、これを提示しなければならない。

3　第一項の規定による立入検査の権限は、犯罪捜査のために認められたものと解してはならない。

本条は、国土交通大臣が指定試験に対し試験事務の実施に関し、報告を求めることができること等について規定したものである。

〔法　律〕

（試験事務の休廃止）

**第二十七条の十三**　指定試験機関は、国土交通大臣の許可を受けなければ、試験事務の全部又は一部を休止し、又は廃止してはならない。

2　国土交通大臣は、指定試験機関の試験事務の全部又は一部の休止又は廃止により試験事務の適正かつ確実な実施が損なわれるおそれがないと認めるときでなければ、前項の規定による許可をしてはならない。

3　国土交通大臣は、第一項の規定による許可をしたときは、その旨を公示しなければならない。

本条は、指定試験機関の試験事務の休廃止について国土交通大臣の許可を要すること等を定めたものである。

〔法　律〕

（指定の取消し等）

**第二十七条の十四**　国土交通大臣は、指定試験機関が第二十七条の三第二項各号（第三号を除く。）の一に該当するに至つたときは、当該指定試験機関の指定を取り消さなければならない。

2　国土交通大臣は、指定試験機関が次の各号の一に該当するときは、当該指定試験機関に対して、その指定を取り消し、又は期間を定めて試験事務の全部若しくは一部の停止を命ずることができる。

一　第二十七条の三第一項各号の一に適合しなくなつたと認められるとき。

二　第二十七条の四第二項、第二十七条の六第一項若しくは第二項、第二十七条の九、第二十七条の十又は前条第一項の規定に違反したとき。
三　第二十七条の五第二項（第二十七条の六第三項において準用する場合を含む。）、第二十七条の八第二項又は第二十七条の十一の規定による命令に違反したとき。
四　第二十七条の八第一項の規定により認可を受けた試験事務規程によらないで試験事務を行つたとき。
五　不正な手段により第二十七条の二第一項の規定による指定を受けたとき。

3　国土交通大臣は、前二項の規定により指定を取り消し、又は前項の規定により試験事務の全部若しくは一部の停止を命じたときは、その旨を公示しなければならない。

本条は、国土交通大臣による指定試験機関の指定の取消しについて規定したものである。

〔**法　律**〕

（国土交通大臣による試験事務の実施）

**第二十七条の十五**　国土交通大臣は、指定試験機関が第二十七条の十三第一項の規定により試験事務の全部若しくは一部を休止したとき、前条第二項の規定により指定試験機関に対して試験事務の全部若しくは一部の停止を命じたとき、又は指定試験機関が天災その他の事由により試験事務の全部若しくは一部を実施することが困難となつた場合において必要があると認めるときは、第二十七条の二第三項の規定にかかわらず、当該試験事務の全部又は一部を行うものとする。

2　国土交通大臣は、前項の規定により試験事務を行うこととし、又は同項の規定により行つている試験事務を行わないこととするときは、あらかじめ、その旨を公示しなければならない。

3　国土交通大臣が、第一項の規定により試験事務を行うこととし、第二十七条の十三第一項の規定により試験事務の廃止を許可し、又は前条第一項若しくは第二項の規定により指定を取り消した場合における試験事務の引継ぎその他の必要な事項は、国土交通省令で定める。

本条は、指定試験機関の試験事務の休止、指定の停止等により指定試験機関が試験事務を実施することができない場合に、国土交通大臣が代わって試験事務を実施することについて規定したものである。

〔法　律〕

（手数料）

**第二十七条の十六**　学科試験若しくは実地試験を受けようとする者又は合格証明書の交付若しくは再交付を受けようとする者は、実費を勘案して政令で定める額の手数料を国（指定試験機関が行う試験を受けようとする者は、指定試験機関）に納めなければならない。

2　前項の規定により指定試験機関に納められた手数料は、指定試験機関の収入とする。

〔政　令〕

（受験手数料等）

**第二十七条の十**　学科試験又は実地試験の受験手数料の額は、次の表に掲げるとおりとする。ただし、第二十七条の七の規定により学科試験又は実地試験の一部の免除を受けることができる者が当該学科試験又は実地試験を受けようとする場合においては、当該学科試験又は実地試験について同表に掲げる額から国土交通大臣が定める額を減じた額とする。

| 検定種目 | 一級 | | 二級 | |
|---|---|---|---|---|
| | 学科試験 | 実地試験 | 学科試験 | 実地試験 |
| 建設機械施工 | 一万百円 | 二万七千八百円 | 一万百円 | 二万千六百円 |
| 土木施工管理 | 八千二百円 | 八千二百円 | 四千百円 | 四千百円 |
| 建築施工管理 | 九千四百円 | 九千四百円 | 四千七百円 | 四千七百円 |
| 電気工事施工管理 | 一万千八百円 | 一万千八百円 | 五千九百円 | 五千九百円 |
| 管工事施工管理 | 八千五百円 | 八千五百円 | 四千二百五十円 | 四千二百五十円 |
| 造園施工管理 | 一万四百円 | 一万四百円 | 五千二百円 | 五千二百円 |

2　技術検定の合格証明書の交付又は再交付の手数料の額は、二千二百円とする。

技術検定に係る試験の手数料は、種目及び級に応じ定められている。

| 検定種目 | 一級 | | 二級 | |
|---|---|---|---|---|
| | 学科試験 | 実地試験 | 学科試験 | 実地試験 |
| 建設機械施工 | 一万百円 | 二万七千八百円 | 一万百円 | 二万千六百円 |

| | | | | |
|---|---|---|---|---|
| 土木施工管理 | 八千二百円 | 八千二百円 | 四千百円 | 四千百円 |
| 建築施工管理 | 九千四百円 | 九千四百円 | 四千七百円 | 四千七百円 |
| 電気工事施工管理 | 一万千八百円 | 一万千八百円 | 五千九百円 | 五千九百円 |
| 管工事施工管理 | 八千五百円 | 八千五百円 | 四千二百五十円 | 四千二百五十円 |
| 造園施工管理 | 一万四百円 | 一万四百円 | 五千二百円 | 五千二百円 |

ただし、検定種目を建設機械施工とする一級の技術検定の実地試験については同種目の二級の技術検定の実地試験において合格した科目を免除することとされており、手数料が一科目につき六千四百円減額される。

なお、技術検定の合格者に対する合格証明書の交付又は再交付の手数料は二千二百円である。

〔法　律〕

（指定試験機関がした処分等に係る審査請求）

**第二十七条の十七**　指定試験機関が行う試験事務に係る処分又はその不作為については、国土交通大臣に対して、審査請求をすることができる。この場合において、国土交通大臣は、行政不服審査法（平成二十六年法律第六十八号）第二十五条第二項及び第三項、第四十六条第一項及び第二項、第四十七条並びに第四十九条第三項の規定の適用については、指定試験機関の上級行政庁とみなす。

本条は、指定試験機関の試験事務について不服のある者は国土交通大臣に対して、行政不服審査法による審査請求ができることを規定したものである。

〔法　律〕

（監理技術者資格者証の交付）

**第二十七条の十八**　国土交通大臣は、監理技術者資格（建設業の種類に応じ、第十五条第二号イの規定により国土交通大臣が定める試験に合格し、若しくは同号イの規定により国土交通大臣が定める免許を受けていること、第七条第二号イ若しくはロに規定する実務の経験若しくは学科の修得若しくは同号ハの規定による国土交通大臣の認定があり、かつ、第十五条第二号ロに規定する実務の経験を有していること、又は同号ハの規定により同号イ若しくはロに掲げる者と同等以上の能力を有するものとして国土交通大臣がした認定を受けていることをいう。以下同じ。）を有する者の申請により、その申請者に対して、監理技術者資格者証（以下「資格者証」という。）を交付する。

2　資格者証には、交付を受ける者の氏名、交付の年月日、交付を受ける者が有する監理技術者資格、建設業の種類その他の国土交通省令で定める事項を記載するものとする。

3　第一項の場合において、申請者が二以上の監理技術者資格を有する者であるときは、これらの監理技術者資格を合わせて記載した資格者証を交付するものとする。

4　資格者証の有効期間は、五年とする。

5　資格者証の有効期間は、申請により更新する。

6　第四項の規定は、更新後の資格者証の有効期間について準用する。

本条は、監理技術者資格者証の交付について規定したものである。

一　監理技術者資格者証の交付

㈠　監理技術者資格者証（第一項）

監理技術者資格者証（以下「資格者証」という。）は、公共工事における監理技術者に携帯が義務付けられており（第二十六条第四項）、建設業の種類に応じ、監理技術者資格を有する者の申請により交付される。

資格者証は、監理技術者になり得る者であれば誰でも申請をして交付を受けることができるものである。監理技術者になり得る者は、指定建設業七業種については一定の国家資格者又は国土交通大臣認定者に限られるが、指定建設業以外の二十一業種については、一定の国家資格者、国土交通大臣認定者のほか、一定の指導監督的な実務経験を有する者も監理技術者になり得る。

この資格者証の交付等の事務は、指定資格者証交付機関である一般財団法人建設業技術者センターが行っている（第二十七条の十九）。なお、資格者証の交付申請は、原則として、申請者本人が同法人に直接出向いて行わなければならない。

**監理技術者となる資格**

| | 指定建設業七業種*について | その他の建設業二一業種*について |
|---|---|---|
| 《一級国家資格者》一級施工管理技士、一級建築士など、建設業の種類ごとに国土交通大臣が定めた一級国家資格を有する者 | ○ | ○ |
| 《一定の実務経験を有する者》次のいずれかに該当する者のうち四千五百万円以上の建設工事に関し元請として二年以上指導監督的な実務経験のある者<br>・二級の国家資格者<br>・国土交通省令で定める所定の学科を修め、高卒後五年以上、大卒又は高専卒後三年以上の実務経験を有する者<br>・学歴に関係なく十年以上の実務経験を有する者 | — | ○ |
| 《国土交通大臣の認定を受けた者A》一級国家資格と同等以上の能力を有すると国土交通大臣に認定された者 | ○ | ○ |
| 《国土交通大臣の認定を受けた者B》一定の実務経験者と同等以上の能力を有すると国土交通大臣に認定された者 | — | ○ |

＊　指定建設業は、土木、建築、管、鋼構造物、舗装、電気及び造園の七業種

㈡　資格者証の交付申請手続

資格者証の交付を受けようとする者は、資格者証交付申請書に、次の書類を添付しなければならない。

①　監理技術者資格を有することを証する書面

②　建設業者の業務に従事している場合にあっては、当該建設業者の業務に従事している旨を証する書面

③　住民票の抄本又はこれに代わる書面（住民基本台帳法第三十条の七第三項の規定による本人確認情報の提供を受けられない場合）

二　資格者証記載事項（第二項）

㈠ 資格者証には、本人の顔写真の他に、次の事項が記載される。
① 交付を受ける者の氏名、生年月日、本籍及び住所
② 最初に資格者証の交付を受けた年月日
③ 現に所有する資格者証の交付を受けた年月日
④ 交付を受ける者が有する監理技術者資格
⑤ 建設業の種類
⑥ 資格者証交付番号
⑦ 資格者証の有効期間の満了する日
⑧ 所属建設業者名

㈡ 資格者証の交付を受けている者は、次の事項に該当することとなった場合においては、三十日以内に届け出て、資格者証に変更に係る事項の記載を受けなければならない。
① 氏名、本籍又は住所を変更したとき
② 資格者証に記載されている監理技術者資格を有しなくなったとき
③ 所属建設業者名に変更があったとき

三 二以上の監理技術者資格についての申請（第三項）
資格者証交付申請者が二以上の監理技術者資格について交付申請を行う場合には、それら二以上の資格を記載した資格者証が一枚本人に交付される。
また、すでに資格者証の交付を受けている者が、新たに別の監理技術者資格について資格者証の交付を申請する場合は、既に交付してある資格者証と引き換えに、新たに二つの資格を記載した資格者証が交付される。

四 資格者証の有効期間等（第四項、第五項）
資格者証の有効期間は五年とされ、申請により更新されることとされている。
資格者証は、資格確認及び本人確認の性格を有するものであるために、定期的に資格の存否及び本人の確認を行

う必要があるので、その更新を行うことが必須となる。

五　資格者証は、特定建設業者が公共工事に置くべき監理技術者について、建設工事の特性にかんがみ、その専任を容易にチェックするための方策として導入されたものである。したがって、資格者証は、監理技術者の有する資格を表示し、また本人確認の役割を果たすものであって、資格者証を持つこと自体が新たな資格となるものではない。

〔法　律〕

（指定資格者証交付機関）

**第二十七条の十九**　国土交通大臣は、その指定する者（以下「指定資格者証交付機関」という。）に、資格者証の交付及びその有効期間の更新の実施に関する事務（以下「交付等事務」という。）を行わせることができる。

2　前項の規定による指定は、交付等事務を行おうとする者の申請により行う。

3　国土交通大臣は、前項の規定による申請をした者が次の各号のいずれかに該当するときは、第一項の規定による指定をしてはならない。

一　一般社団法人又は一般財団法人以外の者であること。

二　第五項において準用する第二十七条の十四第一項又は第二項の規定により指定を取り消され、その取消しの日から起算して二年を経過しない者であること。

4　国土交通大臣は、指定資格者証交付機関に交付等事務を行わせるときは、当該交付等事務を行わないものとする。

5　第二十七条の四、第二十七条の八、第二十七条の十二、第二十七条の十三、第二十七条の十四（同条第二項第一号を除く。）、第二十七条の十五及び第二十七条の十七の規定は、指定資格者証交付機関について準用する。この場合において、第二十七条の四第一項及び第二十七条の十四第二項第五号中「第二十七条の二第一項」とあるのは「第二十七条の十九第一項」と、第二十七条の八及び第二十七条の十四第二項第四号中「試験事務規程」とあるのは「交付等事務規程」と、第二十七条の十二第一項、第二十七条の十三第一項及び第二項、第二十七条の十四第二項及び第三項、第二十七条の十五並びに第二十七条の十七中「試験事務」とあるのは「交付等事務」と、第二十七条の十四第一項中「第二十七条の三第二項各号（第三号を除く。）の一に」とあるのは「第二十七条の十九第三項第一号に」と、同条第二項第二号中「第二十七条の六第一項若しくは第二項、第二十七条の九、第二十七条の十又は前条第一項」とあるのは「前条第一項又は第二十七条の二十」と、同項第三号中「第二十七条の五第二項（第二十七条の六第三項において準用する場合を含む。）、第二十七条の八第二項又は第二十七条の十一」とあるのは「第二十七条の八第二項」と、第二十七条の十五第一項中「第二十七条の二第三項」とあるのは「第二十七条の十九第四項」と読み替えるものとする。

資格者証の交付及び有効期間の更新に関する事務は国土交通大臣の指定する者に行わせることができる。指定試験機関と同様、行政事務の簡素合理化の見地から資格者証の交付等の事務についても指定機関制度が導入されたものである。

これにより資格者証の交付申請をする者は次の指定資格者証交付機関に申請することとなる。

| 指定資格者証交付機関の名称 | 主たる事務所の所在地 | TEL |
|---|---|---|
| ㈶建設業技術者センター | 東京都千代田区二番町三番地　麹町スクエア | 〇三―三五一四―四七一一 |

指定資格者証交付機関については、指定試験機関に係る監督等の規定が一部について準用されている。

〔法　律〕

（事業計画等）

**第二十七条の二十**　指定資格者証交付機関は、毎事業年度、事業計画及び収支予算を作成し、国土交通省令で定めるところにより、国土交通大臣に届け出なければならない。これを変更しようとするときも、同様とする。

2　指定資格者証交付機関は、毎事業年度、事業報告書及び収支決算書を作成し、国土交通省令で定めるところにより、国土交通大臣に提出しなければならない。

本条は、指定資格者証交付機関の作成すべき事業計画等について規定したものである。

〔法　律〕

（手数料）

**第二十七条の二十一**　資格者証の交付又は資格者証の有効期間の更新を受けようとする者は、実費を勘案して政令で定める額の手数料を国（指定資格者証交付機関が行う資格者証の交付又は資格者証の有効期間の更新を受けようとする者は、指定資格者証交付機関）に納めなければならない。

2　前項の規定により指定資格者証交付機関に納められた手数料は、指定資格者証交付機関の収入とする。

〔政　令〕

（資格者証交付等手数料）

**第二十七条の十二**　法第二十七条の二十一第一項の政令で定める額は、七千六百円とする。

資格者証の交付又は有効期間の更新を受けようとする者は七千六百円の手数料を納めなければならない。

〔法　律〕

（国土交通省令への委任）

**第二十七条の二十二**　この章に規定するもののほか、第二十六条第四項の登録及び講習の受講並びに第二十七条の十八第一項の資格者証に関し必要な事項は、国土交通省令で定める。

一　本条は、講習の登録、講習の受講及び資格者証に関し、必要な事項を国土交通省令で定めることができると規定した、いわゆる省令委任規定である。

二　本条の規定により国土交通省令で定められているものは、講習の登録の申請及び更新手続き（規則第十七条の四及び第十七条の五）、講習の実施結果の報告(規則第十七条の十三)、講習の受講の有効期間(規則第十七条の十四)、資格者証の交付の申請（規則第十七条の二十九）、資格者証の記載事項の変更（規則第十七条の三十一）、資格者証の再交付等（規則第十七条の三十二）、資格者証の有効期間の更新（規則十七条の三十三）、指定資格者証交付機関に関する規定（規則第十七条の三十四、第十七条の三十五、第十七条の三十八及び第十七条の三十九）である。

# 第四章の二　建設業者の経営に関する事項の審査等

〔法　律〕

（経営事項審査）

**第二十七条の二十三**　公共性のある施設又は工作物に関する建設工事で政令で定めるものを発注者から直接請け負おうとする建設業者は、国土交通省令で定めるところにより、その経営に関する客観的事項について審査を受けなければならない。

2　前項の審査（以下「経営事項審査」という。）は、次に掲げる事項について、数値による評価をすることにより行うものとする。

一　経営状況

二　経営規模、技術的能力その他の前号に掲げる事項以外の客観的事項

3　前項に定めるもののほか、経営事項審査の項目及び基準は、中央建設業審議会の意見を聴いて国土交通大臣が定める。

〔政　令〕

（公共性のある施設又は工作物に関する建設工事）

**第二十七条の十三**　法第二十七条の二十三第一項の政令で定める建設工事は、国、地方公共団体、法人税法（昭和四十年法律第三十四号）別表第一に掲げる公共法人（地方公共団体を除く。）又はこれらに準ずるものとして国土交通省令で定める法人が発注者であり、かつ、工事一件の請負代金の額が五百万円（当該建設工事が建築一式工事である場合にあつては、千五百万円）以上のものであつて、次に掲げる建設工事以外のものとする。

一　堤防の欠壊、道路の埋没、電気設備の故障その他施設又は工作物の破壊、埋没等で、これを放置するときは、著しい被害を生ずるおそれのあるものによつて必要を生じた応急の建設工事

二　前号に掲げるもののほか、経営事項審査を受けていない建設業者が発注者から直接請け負うことについて緊急の必要その他やむを得ない事情があるものとして国土交通大臣が指定する建設工事

本条は、公共工事の入札に参加しようとする建設業者は、経営に関する客観的事項の審査を受けなければならないことを定めるとともに、審査方法、審査項目・審査基準の決定方法、審査手続等について規定したものである。

一㈠　建設工事の適正な施工を確保するため、本法はすでに述べたように、建設業の許可制度を設け、その許可に際しては、営業所ごとの専任の技術者の設置、財産的基礎等の有無を審査することとしている（第七条、第十五条）が、これらの許可基準は、建設業の営業の開始及びその継続のために一般的に要求されるものであり、また、建設業の営業のための最低必要条件であるにとどまる。したがって、工事規模、施工技術の程度等に差異がある個別的な建設工事の適正な施工を確保するためには、これらの許可基準を充足しているだけでは必ずしも十分ではなく、各建設工事の発注者が、その建設工事の規模、それが要求する技術的水準等を勘案して、それに見合うだけの能力を有する建設業者を選定する必要がある。

㈡　このため、たとえば国の会計制度においては、各省各庁の長又は委任を受けた職員は、工事の契約の種類ごとに、その金額等に応じ、工事の実績、従業員の数、資本の額その他経営の規模及び経営の状況に関する事項について、一般競争又は指名競争に参加する者に必要な資格を定めなければならないとされ、同時にこの資格が定められた場合においては、その定めるところにより、定期に又は随時に、一般競争又は指名競争に参加しようとする者の申請をまって、その者が当該資格を有するかどうかを審査しなければならないこととされている（予算決算及び会計令第七十二条第二項、第九十五条第一項及び同条第二項）。また、地方公共団体においても同様の取扱いである（地方自治法施行令第百六十七条の五第二項、第百六十七条の十一第二項及び第三項）。

㈢　このように、各公共発注機関においては、公共工事の入札に参加を希望する建設業者の資格審査を行わなければならないが、その対象となる事項は大きく分けると、客観的事項と発注者ごとに評価する事項の二つに区分される。

二　前記一において述べたとおり、国、地方公共団体等の公共工事の発注機関は、その発注に係る建設工事の入札に参加しようとする建設業者について、あらかじめ資格審査によって格付けを行い、また、この審査に当たっては、通常客観的事項に関するものと発注者ごとに評価する事項に関するものを区分しているが、このうち経営の状況、経営の規模、技術的能力等の客観的な事項については、どの発注機関が行っても同一の結果となるべきものであるから、各々の発注機関が個別的に行うよりも、特定の第三者が統一的に一定基準により審査するのが効率的である。このため昭和三十六年五月の本法の改正において第四章の二を追加し、経営事項の審査制度を確立した（なお、この制度が法律上の制度となる昭和三十六年以前は、中央建設業審議会が、建設大臣登録業者のうち公共工事の入札に参加しようとするものの希望に基づいて、客観的事項の審査を行い、その結果を公共工事の主要発注機関に参考資料として通知する制度が存在していた）。

三　従来、国、地方公共団体等の発注に係るいわゆる公共工事にあっては、そのほとんどが指名競争入札又は随意契約で行われてきたが、平成五年十二月の中央建設業審議会建議「公共工事に関する入札・契約制度の改革について」に基づき、大規模公共工事において一般競争入札が本格的に採用されることとなり、現在多くの公共発注者が一般競争入札を導入しているところである。

一般競争入札を行う際に、最も重要な問題となるのは、適正な入札参加資格者の選定及び不良不適格業者の排除であり、指名競争入札により業者選定を行う場合以上に客観性、厳格さが要求されることとなる。このため、平成六年の法改正により、従来から入札参加資格審査において活用されてきた経営事項審査を法律上義務付けることとしたものである（第一項）。（なお、これに併せ、経営事項審査の申請書類に虚偽の記載があった場合を罰則の対象とすることとした（第五十条第一項第四号）。）

四　経営事項審査の対象となる者は、公共性のある施設又は工作物に関する建設工事で政令で定めるものを発注者から直接請け負おうとする建設業者であり、経営事項審査を行う機関は、経営事項審査のうち、経営状況についての評価（以下「経営状況分析」という。）は、国土交通大臣により登録を受けた機関（以下「登録経営状況分析機関」という。）、経営規模、技術的能力その他の経営状況以外の客観的事項についての評価（以下「経営規模等評価」と

**公共工事の競争参加資格審査の概要**

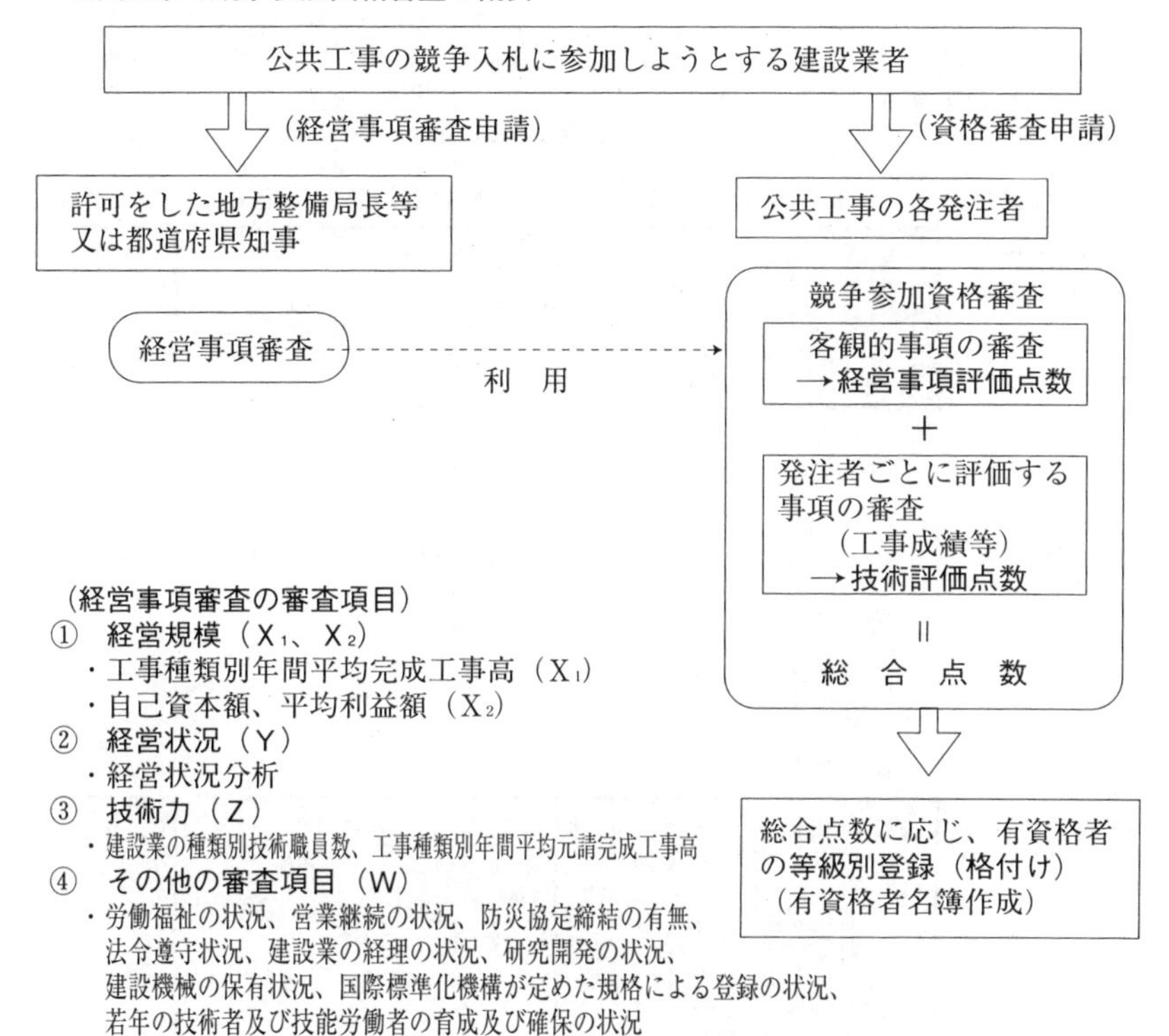


総合評定値（P）$=0.25X_1+0.15X_2+0.20Y+.025Z+0.15W$

（$X_1$、$X_2$等の記号は、①～④の各評価項目に対応する項目別の評点である。）

**経営事項審査の審査項目及び基準の概要**

※1　許可業種別に審査し、総合評定値を付与するが、業種ごとに数値が異なる審査項目は下表の網掛け部分である。その他の項目は、一の建設業者全体について審査する事項であるため、業種にかかわらず共通の点数となる。
※2　項目区分ごとの評点については、**計算上の最高点・最低点**である。

| 項目区分 | 審査項目 | 項目区分ごとの点数 | ウェイト |
|---|---|---|---|
| **①経営規模（$X_1$，$X_2$）** | ・完成工事高（直前2年又は直前3年の平均完成工事高のいずれかを選択した上で業種別に審査） | $X_1$の点数<br>最高点（1,000億円以上）**2,309**<br>最低点（1,000万円未満）**397** | 0.25 |
| | ・自己資本額　（注）<br>・利払前税引前償却前利益 | $X_2$の点数<br>最高点 **2,280**<br>最低点 **454** | 0.15 |
| **②経営状況（Y）** | ・純支払利息比率<br>・負債回転期間<br>・売上高経常利益率<br>・総資本売上総利益率<br>・自己資本対固定資産比率<br>・自己資本比率<br>・営業キャッシュ・フロー<br>・利益剰余金 | Yの点数<br>最高点 **1,595**<br>最低点 **0** | 0.20 |
| **③技術力（Z）** | ・技術職員数（業種別に次のように点数化して審査）（注）<br>1級監理受講者…6点<br>1級国家資格者…5点<br>基幹技能者…3点<br>2級国家資格者…2点<br>その他の技術者…1点<br>・元請完成工事高 | Zの点数<br>最高点（15,500点以上）**2,441**<br>最低点（5点未満）**456** | 0.25 |
| **④その他の審査項目（社会性等）（W）** | ・労働福祉の状況<br>・営業継続の状況<br>・防災活動への貢献の状況<br>・法令遵守の状況<br>・建設業の経理の状況<br>・研究開発の状況<br>・建設機械の保有状況<br>・国際標準化機構が定めた規格による登録の状況<br>・若年の技術者及び技能労働者の育成及び確保の状況 | Wの点数<br>最高点 **1,919**<br>最低点 **0** | 0.15 |

（注）自己資本額　→審査基準日現在の自己資本額又は直前2期の各営業年度末における平均自己資本額のいずれかを選択

総合評定値（P）$=0.25X_1+0.15X_2+0.20Y+0.25Z+0.15W$

総合評定値（P）の点数　　最高点 **2,136**　　最低点 **281**

いう。）は当該建設業者の許可行政庁である国土交通大臣又は都道府県知事である。

「公共性のある施設又は工作物に関する建設工事で政令で定めるもの（以下「公共工事」という。）」とは、次に掲げる発注者が発注する施設又は工作物に関する建設工事である（施行令第二十七条の十三）。

㈠　国、地方公共団体

㈡　施行令第二十七条の二に規定する公共法人

①　法人税法別表第一に掲げる公共法人（地方公共団体を除く）

②　国土交通省令で定める法人（規則第十七条の三）

㈢　特別の法律により特別の設立行為をもって設立された法人その他の法人で国土交通省令で定めるもの（規則第十八条）

ただし、軽微な建設工事（建築一式工事は千五百万円未満、その他の建設工事は五百万円未満）や物理的・経済的に影響の大きい災害等により必要を生じた応急の建設工事及び緊急の必要その他やむを得ない事情により国土交通大臣が指定する建設工事については、義務付けの対象外とされている。なお、通常の災害復旧工事は、義務付けの対象となる。

五　公共工事を発注者から直接請け負おうとする建設業者は、当該公共工事について発注者と請負契約を締結する日の一年七月前の日の直後の事業年度終了の日以降に経営事項審査を受けていなければならない（規則第十八条の二）。

したがって、公共工事について発注者と請負契約を締結できるのは、経営事項審査を受けた後その経営事項審査の申請の直前の事業年度の終了の日（＝審査基準日）から一年七月の間に限られる（図―1参照）ことから、毎年公共工事を発注者から直接請け負おうとする建設業者は、審査基準日から一年七月間の「公共工事を請け負うことができる期間」が切れ目なく継続するよう、毎年定期に経営事項審査を受けることが必要となる（図―2参照）。

このことに関連して、次の点に十分注意することが必要である。

イ　公共工事の競争入札への参加資格を有する者の名簿については、その有効期間を二年とし二年に一回見直しを行うものとしている例が多く見受けられるが、この名簿の有効期間とは関わりなく、毎年公共工事を発注者から直接請け負おうとする建設業者は、毎年経営事項審査を受けることが必要である。

ロ　また、毎事業年度終了後、決算関係書類が整い次第、速やかに経営事項審査の申請を行う必要がある。「公共工事を請け負うことができる期間」は、申請の時期に関わりなく審査基準日から一年七月間とされているので、申請が遅れると審査や結果通知が遅れ、その分だけ「公共工事を請け負うことができる期間」が短くなり、「公共工事を請け負うことができる期間」が継続せず切れ目ができてしまう（＝公共工事を請け負うことができない期間ができてしまう）ことがあるためである（図―3参照）。

ハ　なお、当然のことであるが、単に申請を行っただけでは公共工事を請け負うことはできず、審査が終了し、結果の通知を受けていなければならないため、申請後審査が終了するまでの時間的余裕を十分見込んだ上で、早めに申請を行う必要がある。

また、審査基準日は申請する建設業者の申請日の直前の事業年度終了の日（決算日）とされており、審査申請の受付は随時となっている。

六　経営事項審査は、次の事項について数値により評価を行うものとされている（第二項）。

イ　経営状況

ロ　経営規模、技術的能力その他のイ以外の客観的事項

これは、建設業者の企業力を的確に把握するためには、経営の健全性、経営の規模、技術的能力等を別個に審査し、数値により評価をする必要があると考えられるからである。

七　第二項に定めるほか、審査の項目及び基準は、中央建設業審議会の意見を聴いて国土交通大臣が定めることとされている（第三項）。審査の項目及び基準は審査制度の根幹をなすものであり、また、審査の結果が個別の建設業者の営業に重大な影響をもたらすものであるため、その決定については一方的に国土交通大臣の権限にのみ委ねることなく、学識経験者、発注者及び建設業者により構成され、建設業について専門の学識を有し公正な立場にある中央建設業審議会の意見を聴くこととされたものである。

八　現行の審査の項目及び基準は、平成二十年国土交通省告示第八十五号により定められている。

〔図－１〕

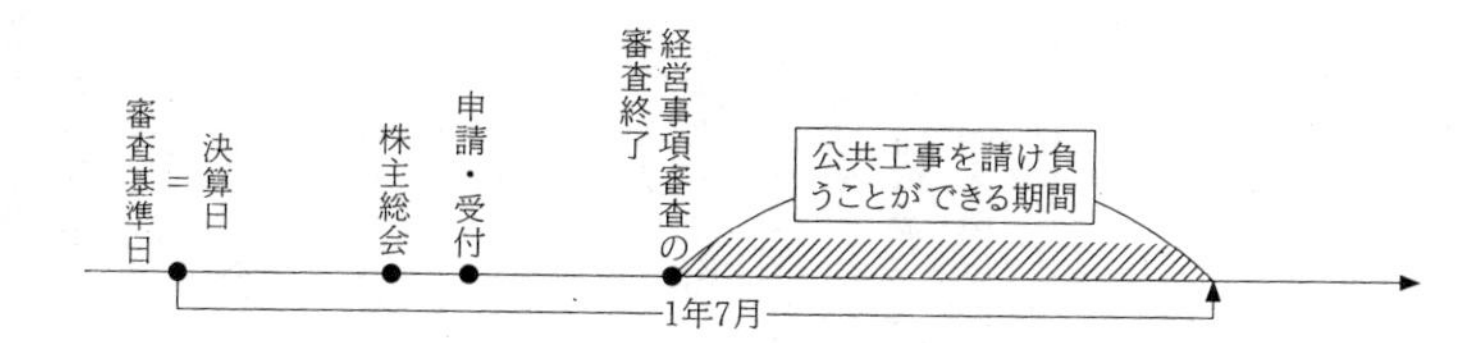

審査基準日＝決算日
株主総会
申請・受付
経営事項審査の審査終了
公共工事を請け負うことができる期間
1年7月


〔図－２〕

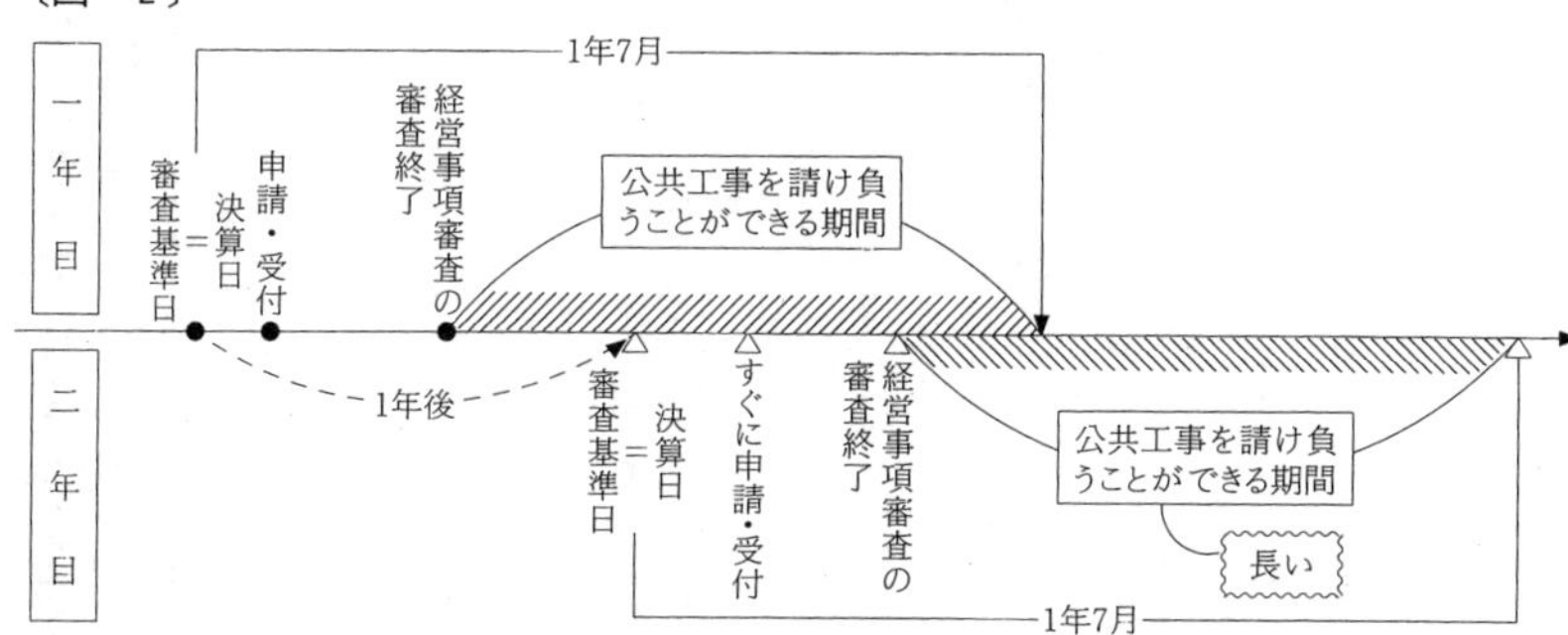

一年目
二年目
1年7月
審査基準日＝決算日
申請・受付
経営事項審査の審査終了
公共工事を請け負うことができる期間
1年後
審査基準日＝決算日
すぐに申請・受付
経営事項審査の審査終了
公共工事を請け負うことができる期間
長い
1年7月


〔図－３〕

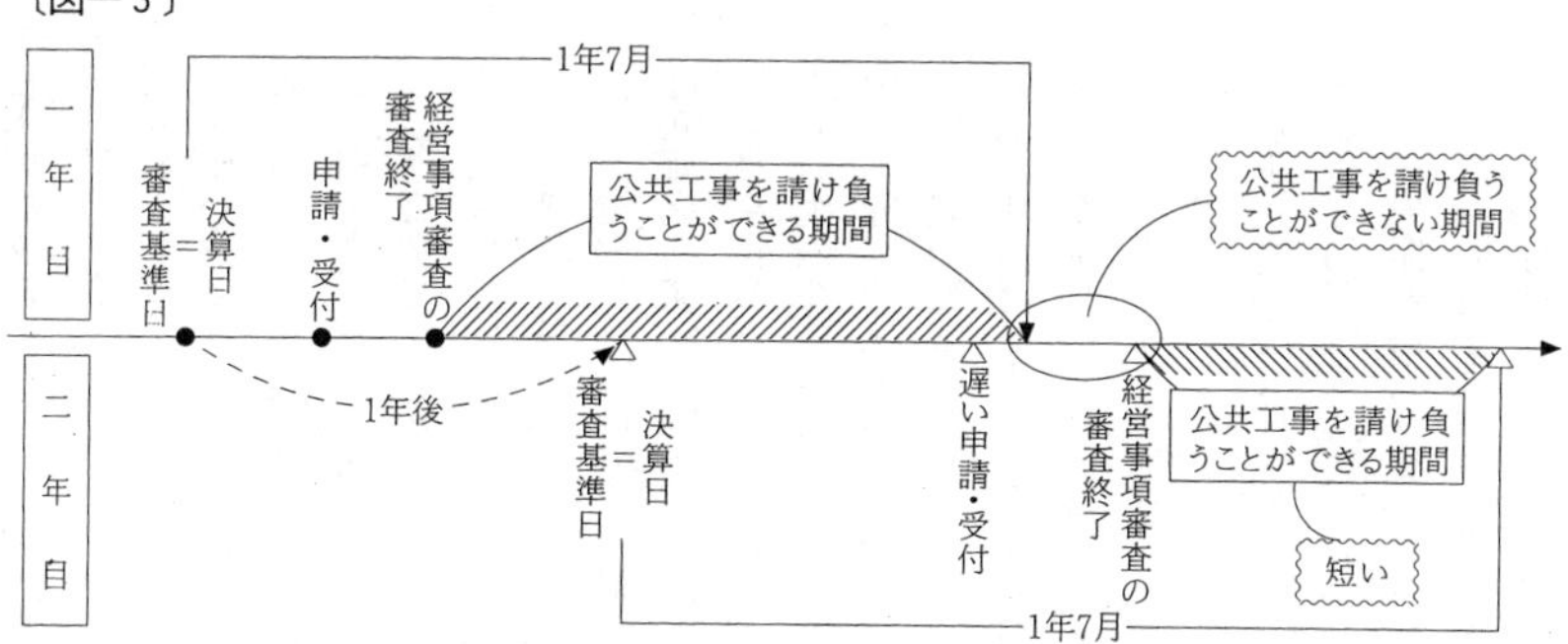

一年目
二年目
1年7月
審査基準日＝決算日
申請・受付
経営事項審査の審査終了
公共工事を請け負うことができる期間
公共工事を請け負うことができない期間
1年後
審査基準日＝決算日
遅い申請・受付
経営事項審査の審査終了
公共工事を請け負うことができる期間
短い
1年7月

## 経営事項審査を受けなければ請け負うことができない建設工事の発注者一覧（令第二十七条の十三）

国
沖縄振興開発金融公庫
株式会社国際協力銀行
株式会社日本政策金融公庫
港務局
国立大学法人
社会保険診療報酬支払基金
水害予防組合
水害予防組合連合
大学共同利用機関法人
地方公共団体
地方公共団体金融機構
地方公共団体情報システム機構
地方住宅供給公社
地方道路公社
地方独立行政法人
土地開発公社
土地改良区
土地改良区連合
土地区画整理組合
日本下水道事業団
日本司法支援センター
日本中央競馬会
日本年金機構
日本放送協会
国立研究開発法人医薬基盤・健康・栄養研究所
国立研究開発法人海上・港湾・航空技術安全研究所
国立研究開発法人建築研究所
国立研究開発法人国際農林水産業研究センター
国立研究開発法人国立環境研究所
国立研究開発法人国立がん研究センター
国立研究開発法人国立国際医療研究センター
国立研究開発法人国立循環器病研究センター
国立研究開発法人国立成育医療研究センター
国立研究開発法人国立精神・神経医療研究センター
国立研究開発法人国立長寿医療研究センター
国立研究開発法人産業技術総合研究所
国立研究開発法人森林総合研究所
国立研究開発法人水産研究・教育機構
国立研究開発法人土木研究所
国立研究開発法人日本医療研究開発機構
国立研究開発法人農業・食品産業技術総合研究機構
国立研究開発法人物質・材料研究機構
国立研究開発法人防災科学技術研究所
国立研究開発法人量子科学技術研究開発機構

（独）奄美群島振興開発基金
（独）医薬品医療機器総合機構
（独）海技教育機構
（独）家畜改良センター
（独）教員研修センター
（独）空港周辺整備機構
（独）経済産業研究所
（独）工業所有権情報・研修館
（独）航空大学校
（独）高齢・障害・求職者雇用支援機構
（独）国際観光振興機構
（独）国際協力機構
（独）国際交流基金
（独）国民生活センター
（独）国立印刷局
（独）国立科学博物館
（独）国立高等専門学校機構
（独）国立公文書館
（独）国立重度知的障害者総合施設のぞみの園
（独）国立女性教育会館
（独）国立青少年教育振興機構
（独）国立特別支援教育総合研究所
（独）国立美術館
（独）国立病院機構

（独）国立文化財機構
（独）自動車技術総合機構
（独）住宅金融支援機構
（独）酒類総合研究所
（独）製品評価技術基盤機構
（独）石油天然ガス・金属鉱物資源機構
（独）造幣局
（独）大学入試センター
（独）大学改革支援・学位授与機構
（独）地域医療機能推進機構
（独）駐留軍等労働者労務管理機構
（独）鉄道建設・運輸施設整備支援機構
（独）統計センター
（独）都市再生機構
（独）日本学術振興会
（独）日本学生支援機構
（独）日本芸術文化振興会
（独）日本高速道路保有・債務返済機構
（独）日本スポーツ振興センター
（独）日本貿易振興機構
（独）日本貿易保険
（独）農畜産業振興機構
（独）農林水産消費安全技術センター
（独）福祉医療機構

(独) 北方領土問題対策協会
(独) 水資源機構
(独) 郵便貯金・簡易生命保険管理機構
(独) 労働者健康安全機構
(独) 労働政策研究・研修機構
年金積立金管理運用 (独)
公益財団法人ＪＫＡ
国立研究開発法人科学技術振興機構
国立研究開発法人新エネルギー・産業技術総合開発機構
国立研究開発法人日本原子力研究開発機構
国立研究開発法人理化学研究所
首都高速道路株式会社
消防団員等公務災害補償等共済基金
新関西国際空港株式会社
地方競馬全国協会
中間貯蔵・環境安全事業株式会社
東京地下鉄株式会社
東京湾横断道路建設事業者
(独) 環境再生保全機構
(独) 勤労者退職金共済機構
(独) 中小企業基盤整備機構
(独) 農業者年金基金
中日本高速道路株式会社
成田国際空港株式会社

西日本高速道路株式会社
日本私立学校振興・共済事業団
日本たばこ産業株式会社
日本電信電話株式会社
東日本電信電話株式会社
西日本電信電話株式会社
農林漁業団体職員共済組合
阪神高速道路株式会社
東日本高速道路株式会社
本州四国連絡高速道路株式会社
北海道旅客鉄道株式会社
四国旅客鉄道株式会社
九州旅客鉄道株式会社
日本貨物鉄道株式会社

〔法　律〕

（経営状況分析）

**第二十七条の二十四**　前条第二項第一号に掲げる事項の分析（以下「経営状況分析」という。）については、第二十七条の三十一及び第二十七条の三十二において準用する第二十六条の五の規定により国土交通大臣の登録を受けた者（以下「登録経営状況分析機関」という。）が行うものとする。

2　経営状況分析の申請は、国土交通省令で定める事項を記載した申請書を登録経営状況分析機関に提出してしなければならない。

3　前項の申請書には、経営状況分析に必要な事実を証する書類として国土交通省令で定める書類を添付しなければならない。

4　登録経営状況分析機関は、経営状況分析のため必要があると認めるときは、経営状況分析の申請をした建設業者に報告又は資料の提出を求めることができる。

本条は、経営状況分析については国土交通大臣の登録を受けた者（登録経営状況分析機関）が行うものとし、登録経営状況分析機関に対する経営状況分析の申請について定めたものである。

一　経営事項審査の審査項目は大別して、

①　経営状況…売上高経常利益率など

②　経営規模…完成工事高、自己資本額、利益額

③　技術力…建設業の種類別技術職員数、元請完成工事高

④　その他の審査項目（社会性等）…労働福祉の状況、法令遵守の状況等

となっている（前条解説を参照）。

このうち、売上高経常利益率など八項目からなる「経営状況」は、主として財務諸表上の諸データに基づくものであって、他の項目からの独立性が高く、かつ一群のまとまりを有するものであるとともに、諸データの分析に当たっては専門的知識と設備を要するものである。一方、一定の数式に従って数値を算出するものであることから、財務諸表上の諸データが同じであれば、どの者が算出しても同じ結果となるものである。したがって、個々の許可

行政庁が、それぞれ独自に人員、電子計算機等の体制を整備して経営状況の分析を行うよりも、専門的知識と設備が揃っている専門機関に行わせた方が効率的である。

ここで経営事項審査は入札参加者の評価を行うに際して重要な役割を果たすものであって、より厳正な審査が確保されるよう審査体制の充実が要請されるものであることから、行政の裁量の余地のない形で国により登録された公正・中立な第三者機関が経営状況分析を行うこととしたものである。

二　経営状況分析の申請は、国土交通省令で定める事項を記載した経営状況分析申請書を提出して行わなければならず（第二項）、経営状況分析申請書には、経営状況分析に必要な事実を証する書類として国土交通省令で定める書類を添付しなければならない（第三項）。

申請書の記載事項としては次のものが定められている（規則第十九条の三）。

(一)　商号又は名称

(二)　主たる営業所の所在地

(三)　許可番号

国土交通省令で定める添付書類としては次のものが定められている（規則第十九条の四）。

(一)　会社法上の大会社であってかつ有価証券報告書提出会社である場合においては、連結会社の直前三年の各事業年度の連結貸借対照表、連結損益計算書、連結株主資本等変動計算書及び連結キャッシュ・フロー計算書、それ以外の法人である場合には、直前三年の各事業年度の貸借対照表、損益計算書、株主資本等変動計算書及び注記表、個人である場合は、直前三年の各事業年度の貸借対照表及び損益計算書

(二)　建設業以外の事業を併せて営む者にあっては、直前三年の各営業年度の兼業事業売上原価報告書

三　登録経営状況分析機関は、経営状況分析のため必要があると認めるときは、申請をした建設業者に報告又は資料の提出を求めることができる（第五項）。

〔法　律〕

一　（経営状況分析の結果の通知）

**第二十七条の二十五**　登録経営状況分析機関は、経営状況分析を行ったときは、遅滞なく、国土交通省令で定めるところにより、当該経営状況分析の申請をした建設業者に対して、当該経営状況分析の結果に係る数値を通知しなければならない。

本条は、経営状況分析の結果の通知について規定したものである。

一　登録経営状況分析機関は、経営状況分析を行ったときは、遅滞なく、申請をした建設業者に対し分析の結果に係る数値を通知しなければならない。これは、経営状況分析の結果が、各発注機関において広く利用され、建設業者の営業に関し重大な影響を与える入札参加の機会に係るものであるので、その分析の結果の内容を申請者である建設業者に確実かつ速やかに知らしめる必要があるためである。

二　結果の通知を受けた建設業者は、当該結果を自らの責任で国土交通大臣又は都道府県知事に対する総合評定値の請求などに用いることとなる。

〔法　律〕

（経営規模等評価）

**第二十七条の二十六**　第二十七条の二十三第二項第二号に掲げる事項の評価（以下「経営規模等評価」という。）については、国土交通大臣又は都道府県知事が行うものとする。

2　経営規模等評価の申請は、国土交通省令で定める事項を記載した申請書を建設業の許可をした国土交通大臣又は都道府県知事に提出してしなければならない。

3　前項の申請書には、経営規模等評価に必要な事実を証する書類として国土交通省令で定める書類を添付しなければならない。

4　国土交通大臣又は都道府県知事は、経営規模等評価のため必要があると認めるときは、経営規模等評価の申請をした建設業者に報告又は資料の提出を求めることができる。

本条は、経営規模等評価については、許可行政庁である国土交通大臣又は都道府県知事が行うこと等について規定したものである。

一　経営事項審査は、建設業行政とも密接な関連を有するので、本法の施行をつかさどる行政機関が行うのが妥当であり、かつ、合理的であると考えられることから、専門機関に行わせた方が効率的である経営状況分析を除き、申請をした建設業者の許可行政庁が行うこととしている。

二　経営規模等評価の申請は、国土交通省令で定める事項を記載した経営規模等評価申請書を提出して行わなければならず（第二項）、経営規模等評価申請書には、経営規模等評価に必要な事実を証する書類として工事経歴書（様式第二号によるもの。）を添付しなければならない（第三項）。

三　国土交通大臣又は都道府県知事は、経営規模等評価のため必要があると認めるときは、申請をした建設業者に報告又は資料の提出を求めることができる（第四項）。

〔法　律〕

（経営規模等評価の結果の通知）

**第二十七条の二十七**　国土交通大臣又は都道府県知事は、経営規模等評価を行つたときは、遅滞なく、国土交通省令で定めるところにより、当該経営規模等評価の申請をした建設業者に対して、当該経営規模等評価の結果に係る数値を通知しなければならない。

本条は、経営規模等評価の結果の通知について規定したものである。

国土交通大臣又は都道府県知事は、経営規模等評価を行ったときは、遅滞なく、その業者に対し評価の結果に係る数値を通知しなければならない。これは経営規模等評価の結果が、各公共発注機関において広く利用され、建設業者の営業に関し重大な影響を与える入札参加の機会に係るものであるので、その評価の結果の内容を申請者である建設業者に十分知らしめるとともに、その結果について異議がある場合には再審査の申立をすることができるようにするためである。

〔法　律〕

（再審査の申立）

**第二十七条の二十八**　経営規模等評価の結果について異議のある建設業者は、当該経営規模等評価を行つた国土交通大臣又は都道府県知事に対して、再審査を申し立てることができる。

本条は、審査の結果について異議のある建設業者が、審査庁に対して再審査の申立てをすることができることを定めたものである。

一　経営規模等評価の結果は、前にも述べたとおり、各公共発注機関において広く利用され、競争入札の参加資格者の選定の基礎資料となり、したがって評価の結果如何は個々の建設業者の営業に重大な影響を及ぼすものであることにかんがみ、評価の結果について誤り等があったため建設業者に不利益を与えた場合に抗弁の機会を与えるとともに、審査の公平、適正を確保しようとするものである。

二　再審査制度は審査庁自らが審査主体として行った審査の適否を明らかにするために、審査主体が自ら審査をやり直す制度であることから、登録経営状況分析機関が審査主体となる経営状況分析については、その対象とはならない。また、法第二十七条の二十九の規定による総合評定値については、一定の数式に従って機械的に算出されるものであり、結果について誤りがあることは通常考えられないことから、再審査の対象とはしていない。

三　経営規模等評価の結果について異議のある場合における再審査の申立ては、評価の結果の通知を受けた日から三十日以内に、規則別記様式第二十五号の十一による申立書に、再審査を求める事項及び再審査を求める理由を記して行わなければならない。また、経営事項審査の基準その他の評価方法（経営規模等評価に係るものに限る。）が改正された場合において、改正前に旧評価方法による評価結果の通知を受けた者は、改正の日から百二十日以内に限り当該改正についての再審査を申し立てることができることとされている。

再審査の申立ての相手は当初の審査を行った国土交通大臣又は都道府県知事であるが、経営事項審査の基準その他の評価方法が改正された場合における再審査の申立ては、国土交通大臣の許可を受けた者についてはその主たる営業所を管轄する都道府県知事を経由して国土交通大臣に、都道府県知事の許可を受けた者については都道府県知事に対して行うこととされている（規則第二十条）。

四　再審査の申立てを受けた国土交通大臣又は都道府県知事は、再審査を行い、その結果を、申立てをした建設業者に対して通知する。これは、再審査の結果が最初の評価結果と同一である場合と異なる場合とを問わない。

第二十七条の二十三第二項の規定による評価の結果の通知を受けた公共発注機関に対しては、再審査の結果が最初の評価の結果と異なる場合にだけ通知が行われる（規則第二十一条）。

〔法　律〕

（総合評定値の通知）

**第二十七条の二十九**　国土交通大臣又は都道府県知事は、経営規模等評価の申請をした建設業者から請求があつたときは、遅滞なく、国土交通省令で定めるところにより、当該建設業者に対して、総合評定値（経営状況分析の結果に係る数値及び経営規模等評価の結果に係る数値を用いて国土交通省令で定めるところにより算出した客観的事項の全体についての総合的な評定の結果に係る数値をいう。以下同じ。）を通知しなければならない。

2　前項の請求は、第二十七条の二十五の規定により登録経営状況分析機関から通知を受けた経営状況分析の結果に係る数値を当該建設業者の建設業の許可をした国土交通大臣又は都道府県知事に提出してしなければならない。

3　国土交通大臣又は都道府県知事は、第二十七条の二十三第一項の建設工事の発注者から請求があつたときは、遅滞なく、国土交通省令で定めるところにより、当該発注者に対して、同項の建設業者に係る総合評定値（当該発注者から同項の建設業者に係る経営状況分析の結果に係る数値及び経営規模等評価の結果に係る数値の請求があつた場合にあつては、これらの数値を含む。）を通知しなければならない。ただし、第一項の規定による請求をしていない建設業者に係る当該発注者からの請求にあつては、当該建設業者に係る経営規模等評価の結果に係る数値のみを通知すれば足りる。

本条は、国土交通大臣又は都道府県知事が、建設業者からの請求に応じて、総合評定値を通知しなければならないこと等について規定したものである。

一　公共工事の適正な施工を確保するためには、国、地方公共団体等の公共発注機関は、その建設工事の規模、それが要求する技術的水準等に照らして、経営状況、経営規模、技術的能力等の点で当該工事を施行するに見合うだけの能力を有するかを総合的に勘案した上で、建設業者を選定する必要がある。その際の便宜を図るため、経営規模等評価を行った国土交通大臣又は都道府県知事は、自らが行った経営規模等評価の結果に係る数値及び登録経営状況分析機関が行った経営状況分析の結果に係る数値を用いて、国土交通大臣が統一的に定めた一定の数式に従い請求をした建設業者に係る客観的事項の全体を総合的に評定し、その結果である総合評定値を、当該建設業者又は発注者に対して通知することとされている。

総合評定値は、一定の数式に従い機械的に算出するものであり、建設業者や発注者においても容易に算出が可能である。しかし、こうした計算を建設業者自らに委ねることとした場合、発注者に対して虚偽の記載をして申告を行う者が多く現れる事態が予想される。発注者は一時期に大量の申請を処理しなければならないことが想定され、この場合、建設業者による虚偽の記載の有無を逐一チェックすることは困難である。これは発注者が計算事務を行うこととした場合であっても総合評定値の請求の際の経営状況分析の結果の申告に係る虚偽に関して同様である。

また、国土交通大臣及び都道府県知事は、競争参加資格選定手続の透明性の一層の向上による公正性の確保、企業情報の開示や相互監視による虚偽の抑止等の観点から、経営事項審査の結果について総合性のあるデータベース・システムを活用し、積極的な情報開示を図っているところである。このため、国土交通大臣又は都道府県知事は、許可をした建設業者について、経営状況分析の結果も含む客観的事項の全体を把握する端緒を確保する必要がある。

したがって、国土交通大臣又は都道府県知事が総合評定値の算出に係る事務を行う制度としたものである。

二　総合評定値は、次の式によって算出される（規則第二十一条の三）。

$$P = 0.25X_1 + 0.15X_2 + 0.2Y + 0.25Z + 0.15W$$

この式において、P、$X_1$、$X_2$、Y、Z及びWは、それぞれ次の数値を表すものとする。

P　総合評定値

$X_1$　経営規模等評価の結果に係る数値のうち、完成工事高に係るもの

$X_2$　経営規模等評価の結果に係る数値のうち、自己資本額及び利益額に係るもの

Y　経営状況分析の結果に係る数値

Z　経営規模等評価の結果に係る数値のうち、技術職員数及び元請完成工事高に係るもの

W　経営規模等評価の結果に係る数値のうち、$X_1$、$X_2$、Y及びZ以外に係るもの

三　総合評定値の請求は、建設業者が経営状況分析結果通知書を提出して行わなければならない（第二項）。

四　国土交通大臣又は都道府県知事は、公共工事の発注者が請求したときは当該発注者に対して総合評定値を通知し

なければならないこととしている。これは公共発注機関の便宜を図り、入札参加資格審査の効率性を確保することにより広く各公共発注機関の利用を待つ趣旨によるものである。ただし、経営状況分析については登録経営状況分析機関が審査主体として自らの責任において行うこととなる。このため、建設業者から総合評定値の請求がなかった場合についてまで建設業者に経営状況分析結果通知書の提出を義務付けることは合理的ではない。こうした場合においては、国土交通大臣又は都道府県知事は建設業者についての経営状況分析の結果に係る情報を保有していないことも考えられる。このため、国土交通大臣又は都道府県知事は、総合評定値の請求をしていない建設業者については、経営規模等評価の結果のみを発注者に通知すればよいこととしている。

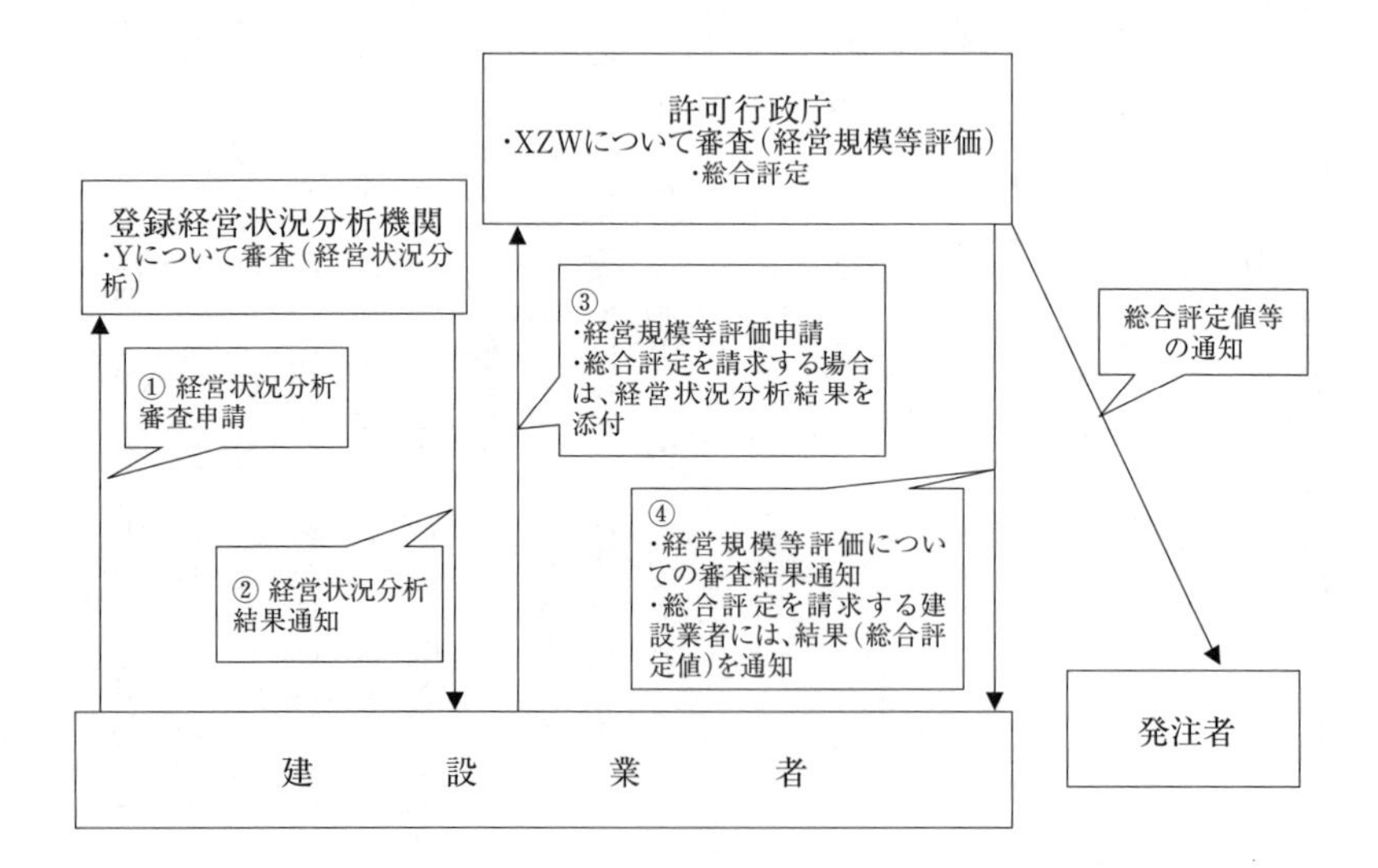

〔法　律〕

（手数料）

**第二十七条の三十**　国土交通大臣に対して第二十七条の二十六第二項の申請又は前条第一項の請求をしようとする者は、政令で定めるところにより、実費を勘案して政令で定める額の手数料を国に納めなければならない。

〔政　令〕

（国土交通大臣が行う経営規模等評価等手数料）

**第二十七条の十四**　法第二十七条の三十の政令で定める手数料の額のうち経営規模等評価の申請に係るものは、八千百円に法第二十七条の二十三第一項に規定する建設業者が審査を受けようとする建設業（次項において「審査対象建設業」という。）一種類につき二千三百円として計算した額を加算した額とする。

2　法第二十七条の三十の政令で定める手数料の額のうち総合評定値の請求に係るものは、四百円に審査対象建設業一種類につき二百円として計算した額を加算した額とする。

〔地方公共団体の手数料の標準に関する政令〕

| 標準事務 | 手数料を徴収する事務 | 金額 |
| --- | --- | --- |
| 二十七　建設業法第二十七条の二十六第一項の規定に基づく経営規模等評価に関する事務 | 建設業法第二十七条の二十六第一項の規定に基づく経営規模等評価 | 八千百円と二千三百円に評価に係る建設業の種類数を乗じて得た額との合計額 |
| 二十七の二　建設業法第二十七条の二十九第一項の規定に基づく総合評定値の通知に関する事務 | 建設業法第二十七条の二十九第一項の規定に基づく総合評定値の通知 | 四百円と二百円に通知に係る建設業の種類数を乗じて得た額との合計額 |

本条は、経営規模等評価の申請及び総合評定値の請求の手数料に関する規定である。

一　国土交通大臣が行う経営規模等評価又は総合的な評定を受けようとする者は、次のとおり手数料を納めなければならない。

㈠　経営規模等評価の申請に係る手数料

八千百円＋審査申請業種一業種につき二千三百円

㈡　総合評定値の請求に係る手数料

四百円＋審査申請業種一業種につき二百円

二　都道府県知事が行う経営規模等評価の申請及び総合評定値の請求の手数料については、各都道府県の条例においてそれぞれ定められることとなっているが、その際の標準となる額が、地方公共団体の手数料の標準に関する政令（平成十二年政令第十六号）で定められている。

三　なお、経営状況分析の申請に係る手数料の額については、各登録経営状況分析機関がそれぞれ任意に定めることとなる。

〔法　律〕

（登録）

**第二十七条の三十一**　第二十七条の二十四第一項の登録は、経営状況分析を行おうとする者の申請により行う。

2　国土交通大臣は、前項の規定により登録を申請した者（以下この項において「登録申請者」という。）が、電子計算機（入出力装置を含む。）及び経営状況分析に必要なプログラム（電子計算機に対する指令であつて、一の結果を得ることができるように組み合わされたものをいう。）を有し、かつ、第二十七条の二十三第一項の規定により経営事項審査を受けなければならないこととされる建設業者（以下この項において単に「建設業者」という。）に支配されているものとして次のいずれかに該当するものでないときは、その登録をしなければならない。この場合において、登録に関して必要な手続は、国土交通省令で定める。

一　登録申請者が株式会社である場合にあつては、建設業者がその親法人であること。

二　登録申請者の役員（持分会社にあつては、業務を執行する社員）に占める建設業者の役員又は職員（過去二年間に当該建設業者の役員又は職員であつた者を含む。）の割合が二分の一を超えていること。

三　登録申請者（法人にあつては、その代表権を有する役員）が建設業者の役員又は職員（過去二年間に当該建設業者の役員又は職員であつた者を含む。）であること。

3　登録は、登録経営状況分析機関登録簿に次に掲げる事項を記載してするものとする。

一　登録年月日及び登録番号

二　登録経営状況分析機関の氏名又は名称及び住所並びに法人にあつては、その代表者の氏名

三　登録経営状況分析機関が経営状況分析を行う事務所の所在地

一　本条は、経営状況分析を行う者の登録の要件等について規定したものである。本法の規定に従い経営状況分析を適正に実施する能力を有する者に対して、経営状況分析の実施に関して広く門戸を開放し、国民に対して透明性を確保する趣旨から、国土交通大臣は、申請した者が法律で定められた要件に適合すれば、裁量の余地なくこれを登録しなければならないこととされている。

二　経営状況分析の結果は公共工事の入札参加資格審査に活用されることから、公共工事の適正な施工を確保するため、経営状況分析には厳格性、公正性が求められる。一方、公共工事を受注しようとする建設業者はすべて経営状況分析を受ける必要があり、審査が終了し、経営状況分析の結果の通知を受けない限り公共工事を請け負うことができないことから、建設業者は毎事業年度終了後、決算関係書類が整い次第、速やかに登録経営状況分析機関に対し、経営状況分析の申請を行うこととなる。したがって、登録経営状況分析機関には、決算期終了後の特定の時期に多数の経営状況分析の申請を受けることとなった場合であっても、正確性、迅速性、均一性を確保した上で、申請を安定的かつ効率的に処理することが求められる。このため、本条では、登録の要件として、登録を申請した者が電子計算機及び経営状況分析に必要なプログラムを有していることを定め、これらを用いることを義務付けることにより、経営状況分析の申請の安定的かつ効率的な処理が図られている。国土交通大臣は、申請した者の有する電子計算機及びプログラムが適切に作動し、経営状況分析の厳格性を確保するのに必要な機能を有しているかどうかをあらかじめ確認した上で登録を行うこととなる。

三　また、登録講習実施機関の場合と同様、経営状況分析を行う者が建設業者に実質的に支配されていない者であることを登録の要件とした。建設業者あるいは建設業者に実質的に支配されているものが経営状況分析を実施した場合には、当該建設業者に便宜を図るため、登録経営状況分析機関により実際よりも高い評点を算出し通知する、あるいは、申請書類に虚偽の記載があった場合に意図的にこれを見過ごして結果を算出するなどの不正が行われるおそれがあるものと考えられる。経営状況分析の結果が公共工事の入札参加資格者審査に活用されることにかんがみれば、こうした不正が行われた場合、公共工事の適正な施工に支障が生じるおそれがあることから、こうした不正を未然に防止するため、講習の実施主体から、建設業者に実質的に支配されていると考えられる者をあらかじめ排除するものである。

四　なお、平成十七年四月一日以降に受ける登録経営状況分析機関の登録については、登録免許税九万円が課税されることとなった。

〔法　律〕

（準用規定）

**第二十七条の三十二**　第二十六条の五、第二十六条の七から第二十六条の十六まで及び第二十六条の十九から第二十六条の二十一までの規定は、登録経営状況分析機関について準用する。この場合において、次の表の上欄に掲げる規定中同表の中欄に掲げる字句は、それぞれ同表の下欄に掲げる字句に読み替えるものとする。

| | | |
|---|---|---|
| 第二十六条の五 | 該当する者が行う講習 | 該当する者 |
| 第二十六条の五、第二十六条の七第一項、第二十六条の十五第五号並びに第二十六条の二十一第一号及び第四号 | 第二十六条第四項 | 第二十七条の二十四第一項 |
| 第二十六条の五第二号及び第二十六条の二十一第四号 | 第二十六条の十五 | 第二十七条の三十二において準用する第二十六条の十五 |
| 第二十六条の五第二号 | 第二十六条第四項の講習 | 第二十七条の二十四第一項 |
| 第二十六条の五第三号 | 第二十六条第四項の講習 | 経営状況分析の業務 |
| 第二十六条の七第二項 | 前三条 | 第二十七条の三十一及び第二十七条の三十二において準用する第二十六条の五 |
| 第二十六条の八の見出し | 講習の実施に係る | 経営状況分析の |
| 第二十六条の八 | 第二十六条の六第一項第一号及び第二号に掲げる要件並びに国土交通省令 | 国土交通省令 |
| 第二十六条の八及び第二十六条の十 | 講習 | 経営状況分析 |

| | | | |
|---|---|---|---|
| 六 | | | |
| | 第二十六条の九 | 第二十六条の六第二項第二号又は第三号 | 第二十七条の三十一第三項第二号又は第三号 |
| | 第二十六条の十（見出しを含む。） | 講習規程 | 経営状況分析規程 |
| | 第二十六条の十第一項 | 講習に | 経営状況分析の業務に |
| | | 講習の | 経営状況分析の業務の |
| | 第二十六条の十第二項及び第二十六条の十四 | 講習の | 経営状況分析の |
| | 第二十六条の十第二項 | 講習に | 経営状況分析に |
| | 第二十六条の十一並びに第二十六条の二十一第四号及び第五号 | 講習 | 経営状況分析の業務 |
| | 第二十六条の十二第二項 | 建設業者 | 第二十七条の三十一第二項に規定する建設業者 |

| | | |
|---|---|---|
| 第二十六条の十三 | 講習 | 登録経営状況分析機関 |
| | 第二十六条の六第一項 | 第二十七条の三十一第二項 |
| 第二十六条の十四 | 登録講習実施機関が第二十六条の八 | 登録経営状況分析機関が第二十七条の三十二において準用する第二十六条の八又は第二十七条の三十三 |
| | 同条の規定による講習を | これらの規定による経営状況分析の業務を |
| 第二十六条の十五 | 当該登録講習実施機関の行う講習の登録 | その登録 |
| | 講習の全部 | 経営状況分析の業務の全部 |
| 第二十六条の十五第一号 | 第二十六条の五第一号又は第三号 | 第二十七条の三十二において準用する第二十六条の五第一号又は第三号 |

| 第二十六条の十五第二号及び第二十六条の二十一第二号 | 第二十六条の九 | 第二十七条の三十二において準用する第二十六条の九 |
| --- | --- | --- |
| 第二十六条の十五第三号 | 第二十六条の十二第二項各号 | 第二十七条の三十二において準用する第二十六条の十二第二項各号 |
| 第二十六条の十五第四号 | 前二条 | 第二十七条の三十二において準用する第二十六条の十三又は前条 |
| 第二十六条の二十一第三号 | 第二十六条の十一 | 第二十七条の三十二において準用する第二十六条の十一 |
| 第二十六条の二十一第五号 | 第二十六条の十七 | 第二十七条の三十五 |

登録経営状況分析機関については、登録講習実施機関に係る監督等の規定が一部について準用されている。読み替え後の条文については、次のとおりである。

（欠格条項）
**第二十六条の五**　次の各号のいずれかに該当する者は、第二十七条の二十四第一項の登録を受けることができない。
一　この法律又はこの法律に基づく命令に違反し、罰金以上の刑に処せられ、その執行を終わり、又は執行を受けることがなくなつた日から二年を経過しない者
二　第二十七条の三十二において準用する第二十六条の十五の規定により第二十七条の二十四第一項の登録を取り消され、その取消しの日から二年を経過しない者
三　法人であつて、経営状況分析の業務を行う役員のうちに前二号のいずれかに該当する者があるもの

（登録の更新）
**第二十六条の七**　第二十七条の二十四第一項の登録は、三年を下らない政令で定める期間ごとにその更新を受けなければ

ば、その期間の経過によつて、その効力を失う。

2　第二十七条の三十一及び第二十七条の三十二において準用する第二十六条の五の規定は、前項の登録の更新について準用する。

（経営状況分析の義務）

**第二十六条の八**　登録経営状況分析機関は、公正に、かつ、国土交通省令で定める基準に適合する方法により経営状況分析を行わなければならない。

（登録事項の変更の届出）

**第二十六条の九**　登録経営状況分析機関は、第二十七条の三十一第三項第二号又は第三号に掲げる事項を変更しようとするときは、変更しようとする日の二週間前までに、その旨を国土交通大臣に届け出なければならない。

（経営状況分析規程）

**第二十六条の十**　登録経営状況分析機関は、経営状況分析の業務に関する規程（以下「経営状況分析規程」という。）を定め、経営状況分析の業務の開始前に、国土交通大臣に届け出なければならない。これを変更しようとするときも、同様とする。

2　経営状況分析規程には、経営状況分析の実施方法、経営状況分析に関する料金その他の国土交通省令で定める事項を定めておかなければならない。

（業務の休廃止）

**第二十六条の十一**　登録経営状況分析機関は、経営状況分析の業務の全部又は一部を休止し、又は廃止しようとするときは、国土交通省令で定めるところにより、あらかじめ、その旨を国土交通大臣に届け出なければならない。

（財務諸表等の備付け及び閲覧等）

**第二十六条の十二**　登録経営状況分析機関は、毎事業年度経過後三月以内に、その事業年度の財産目録、貸借対照表及び損益計算書又は収支計算書並びに営業報告書又は事業報告書（その作成に代えて電磁的記録（電子的方式、磁気的方式その他の人の知覚によつては認識することができない方式で作られる記録であつて、電子計算機による情報処理の用に供されるものをいう。以下この条において同じ。）の作成がされている場合における当該電磁的記録を含む。次項及び第五十四条において「財務諸表等」という。）を作成し、五年間事務所に備えて置かなければならない。

2　第二十七条の三十一第二項に規定する建設業者その他の利害関係人は、登録経営状況分析機関の業務時間内は、いつでも、次に掲げる請求をすることができる。ただし、第二号又は第四号の請求をするには、登録経営状況分析機関の定めた費用を支払わなければならない。

一　財務諸表等が書面をもつて作成されているときは、当該書面の閲覧又は謄写の請求

二　前号の書面の謄本又は抄本の請求

三　財務諸表等が電磁的記録をもつて作成されているときは、当該電磁的記録に記録された事項を国土交通省令で定める方法により表示したものの閲覧又は謄写の請求

四　前号の電磁的記録に記録された事項を電磁的方法であ

つて国土交通省令で定めるものにより提供することの請求又は当該事項を記載した書面の交付の請求

（適合命令）

**第二十六条の十三**　国土交通大臣は、登録経営状況分析機関が第二十七条の三十一第二項の規定に適合しなくなつたと認めるときは、その登録経営状況分析機関に対し、同項の規定に適合するため必要な措置をとるべきことを命ずることができる。

（改善命令）

**第二十六条の十四**　国土交通大臣は、登録経営状況分析機関が第二十七条の三十二において準用する第二十六条の八又は第二十七条の三十三の規定に違反していると認めるときは、その登録経営状況分析機関に対し、これらの規定による経営状況分析の業務を行うべきこと又は経営状況分析の方法その他の業務の方法の改善に関し必要な措置をとるべきことを命ずることができる。

（登録の取消し等）

**第二十六条の十五**　国土交通大臣は、登録経営状況分析機関が次の各号のいずれかに該当するときは、その登録を取り消し、又は期間を定めて経営状況分析の業務の全部若しくは一部の停止を命ずることができる。

一　第二十七条の三十二において準用する第二十六条の五第一号又は第三号に該当するに至つたとき。

二　第二十七条の三十二において準用する第二十六条の九から第二十六条の十一まで、第二十六条の十二第一項又は次条の規定に違反したとき。

三　正当な理由がないのに第二十七条の三十二において準用する第二十六条の十二第二項各号の規定による請求を拒んだとき。

四　第二十七条の三十二において準用する第二十六条の十三又は前条の規定による命令に違反したとき。

五　不正の手段により第二十七条の二十四第一項の登録を受けたとき。

（帳簿の記載）

**第二十六条の十六**　登録経営状況分析機関は、国土交通省令で定めるところにより、帳簿を備え、経営状況分析に関し国土交通省令で定める事項を記載し、これを保存しなければならない。

（報告の徴収）

**第二十六条の十九**　国土交通大臣は、この法律の施行に必要な限度において、登録経営状況分析機関に対し、その業務又は経理の状況に関し報告をさせることができる。

（立入検査）

**第二十六条の二十**　国土交通大臣は、この法律の施行に必要な限度において、その職員に、登録経営状況分析機関の事務所に立ち入り、業務の状況又は帳簿、書類その他の物件を検査させることができる。

2　前項の規定により職員が立入検査をする場合においては、その身分を示す証明書を携帯し、関係者に提示しなければならない。

3　第一項の規定による立入検査の権限は、犯罪捜査のために認められたものと解釈してはならない。

（公示）

**第二十六条の二十一**　国土交通大臣は、次に掲げる場合には、その旨を官報に公示しなければならない。

一　第二十七条の二十四第一項の登録をしたとき。

二　第二十七条の三十二において準用する第二十六条の九の規定による届出があつたとき。

三　第二十七条の三十二において準用する第二十六条の十一の規定による届出があつたとき。

四　第二十七条の三十二において準用する第二十六条の十五の規定により第二十七条の二十四第一項の登録を取り消し、又は経営状況分析の業務の停止を命じたとき。

五　第二十七条の三十五の規定により経営状況分析の業務の全部若しくは一部を自ら行うこととするとき、又は自ら行つていた経営状況分析の業務の全部若しくは一部を行わないこととするとき。

一　本条で準用する第二十六条の八では、登録経営状況分析機関が経営状況分析を実施する際の基準について規定している。経営状況分析については、一定の法律に定められた要件に該当する者であれば、すべからく国土交通大臣により登録され、その業務を実施することが可能となるが、この登録を受けた登録経営状況分析機関が、公正に経営状況分析を行わなかった場合には、入札参加資格審査の公平性が損なわれ、一部の建設業者に不利益が生じる。また、経営状況分析が適正に行われなかった場合には、適正な入札参加資格審査が阻害され、公共工事の適正な施工に支障が生じるおそれがある。したがって、本条において、登録経営状況分析機関に対して、経営状況分析を公正に実施すること及び省令で定める基準に適合する方法により実施することを義務付けたものである。

二　省令で定める基準では、経営状況分析の厳格性等を確保するため、経営状況分析を実施する際の基準を具体的に定めており、その内容は次のとおりである（規則第二十一条の六）。

㈠　法第二十七条の二十三第三項の規定により国土交通大臣が定める経営事項審査の項目及び基準に従い、電子計算機及びプログラムを用いて経営状況分析を行い、数値を算出すること。

登録経営状況分析機関は、経営状況分析の正確性、迅速性、均一性を確保した上で、建設業者からの申請を安定的かつ効率的に処理することが求められるため、経営状況分析の実施方法として次のことを定めている。

① 国土交通大臣が定める経営事項審査の項目及び基準（平成二十年国土交通省告示第八十五号）に従って数値を算出すること。

② 登録を申請した際に国土交通大臣の確認を受けた電子計算機及びプログラムを用いて経営状況分析を行うこと。

㈡ 経営状況分析申請書等に記載された内容が、国土交通大臣が定めて通知する各勘定科目間の関係、各勘定科目に計上された金額等に関する基準に照らし、真正なものでない疑いがあると認める場合においては、国土交通大臣が定めて通知する方法によりその内容を確認すること。

経営状況分析の厳格性を確保するためには、登録経営状況分析機関は、建設業者からの申請のあった財務諸表等の内容に誤りや虚偽の記載がないかを厳格かつ公正に確認する必要がある。このため、各登録経営状況分析機関により行われる経営状況分析について財務諸表等の確認等に係る厳格性の水準を確保するため、誤りや虚偽の記載である疑いがあると判断すべき基準やこの基準に照らして疑いがあると判断した場合における確認の方法を、国土交通大臣が統一的に定めてあらかじめ通知することとし、これらに従って経営状況分析を行うことを登録経営状況分析機関に義務付けたものである。この基準及び方法では、統計的方法により真正でない疑いが強い財務諸表等上の数値を抽出し、これを基準として定めるとともに、この基準に抵触する財務諸表等について真正を裏付ける書類の提出を求めるなどして、更に厳格な確認を行うべきことを定めている。

ただし、この基準及び方法については、すべて法令等で明示した場合には、かえって建設業者による虚偽の申請を助長することともなりかねないことから、登録を受けた者に対してのみ通知することとした。登録経営状況分析機関がこの通知の内容を他の者に漏らした場合には、法第二十七条の三十四の規定に違反したものとして罰則の対象となり得る。

なお、登録経営状況分析機関がこの基準及び方法に従い適正に業務を行うことを担保するため、登録経営状況分析機関は、六月ごとの経営状況分析の結果及び厳格な確認の結果を、経営状況分析終了後三月以内に国土交通大臣に対して省令に定められた様式により報告することを義務付けられている（規則第二十一条の九）。

㈢　経営状況分析申請書等に記載された内容が、適当でないと認める場合においては、申請をした建設業者から理由を聴取し、又はその補正を求めること。

経営状況分析結果の適正を確保するため、経営状況分析申請書等に形式上一見明白な誤りがある場合のみならず、㈡の確認を通じて財務諸表等が真正でないことが判明した場合も含め、経営状況分析申請書等に記載された内容が適当でないと判断するすべての場合について、すべからく登録経営状況分析機関が自身の責任で理由を聴取し、必要に応じて申請をした建設業者に対して補正を求めるべきことを義務付けている。

㈣　登録経営状況分析機関が経営状況分析の申請を自ら行った場合、申請に係る経営状況分析申請書等の作成に関与した場合その他の場合であって、経営状況分析の公正な実施に支障を及ぼすおそれがあるものとして国土交通大臣が定める場合においては、これらの申請に係る経営状況分析を行わないこと。

登録経営状況分析機関が、建設業者を代理して自らに対して申請をし経営状況分析を行うことや、財務諸表等をはじめとする経営状況分析申請書等の作成に自らが関与しながら経営状況分析を行うことは、自らの行った行為の結果を審査の対象とすることとなり、審査の公正性を歪める可能性が高い。これらを認めた場合、経営状況分析の制度の信頼性を著しく損なうことから、こうした場合において経営状況分析を行うことをあらかじめ排除したものである。

国土交通大臣が定める告示（平成十六年六十七号）においては、経営状況分析の公正な実施に支障を及ぼすおそれがある場合として、登録経営状況分析機関等が、代理人として経営状況分析を申請する業務、経営状況分析申請書等を作成する業務、財務諸表等を調整する業務、会計帳簿の記帳を代行する業務、財務諸表等の作成に関する助言を行う業務等を登録経営状況分析機関が行った場合等を定めている。

三　本条で準用する第二十六条の十では、第二十六条の十と同様の趣旨により、登録経営状況分析機関が作成すべき経営状況分析規程について規定している。省令において規定する経営状況分析規程において定めるべき事項の具体的な内容は次のとおりである（規則第二十一条の七）。

㈠　経営状況分析を行う時間及び休日に関する事項

㈡　経営状況分析を行う事務所に関する事項
㈢　経営状況分析の実施に係る公示の方法に関する事項
㈣　経営状況分析の実施方法に関する事項
㈤　経営状況分析の業務に関する料金の額及び収納の方法に関する事項
㈥　経営状況分析に関する秘密の保持に関する事項
㈦　電子計算機その他設備の維持管理に関する事項
㈧　帳簿その他の経営状況分析に関する書類の管理に関する事項
㈨　その他経営状況分析の実施に関し必要な事項

四　本条で準用する第二十六条の十六では、第二十六条の十六と同様の趣旨により、登録経営状況分析機関に対して帳簿の記載と保存を義務付けている。帳簿には次の内容を記載するものとされ、電磁的方法による保存も可能である。

①　経営状況分析を受けた建設業者の商号又は名称
②　経営状況分析を受けた建設業者の主たる営業所の所在地
③　経営状況分析を受けた建設業者の許可番号
④　経営状況分析を行った年月日
⑤　経営状況分析の結果

また、国土交通大臣による立入検査の際等に登録経営状況分析機関の業務が法令に定める経営状況分析を実施する際の基準等に基づき適切に業務を行っているかを確認するため、経営状況分析申請書等についても併せて保存を義務付けている（規則第二十一条の八第四項）。

五　帳簿及び経営状況分析申請書等の保存期間については、登録が有効である期間中は最低限保存しておく趣旨から、登録の更新期間と同じく三年間と定められている。

〔法　律〕

（経営状況分析の義務）

**第二十七条の三十三**　登録経営状況分析機関は、経営状況分析を行うことを求められたときは、正当な理由がある場合を除き、遅滞なく、経営状況分析を行わなければならない。

本条は、登録経営状況分析機関が経営状況分析を実施する際の義務を規定したものである。登録経営状況分析機関が、正当な理由なく建設業者による経営状況分析の申請を拒絶したり、遅らせたりした場合には、建設業者は公共工事の競争参加資格審査を受ける機会を不当に制限されることにもなりかねないことから、登録経営状況分析機関に対し、正当な理由がある場合を除き、遅滞なく経営状況分析を行うべき義務を課している。正当な理由がある場合とは、申請に係る書類に不備やその内容に一見明白に真正でない記載がある場合などが該当する。

〔法　律〕

（秘密保持義務）

**第二十七条の三十四**　登録経営状況分析機関の役員若しくは職員又はこれらの職にあつた者は、経営状況分析の業務に関して知り得た秘密を漏らしてはならない。

本条は、登録経営状況分析機関に課される秘密保持義務を規定したものである。登録経営状況分析機関は、経営状況分析の業務を通じて、申請した建設業者の経営状況等を知り得る立場にある。経営状況分析の内容は多岐にわたり、経営状況分析を通じて知り得る情報のうちには、当該建設業者の経営上の秘密に属するものが含まれる可能性がある。これら広く一般に知られていない情報が外部に漏洩されることは、当該建設業者の利益を損なうものであるのにとどまらず、健全な競争、経営の安定性、取引の安全性等を阻害するなど市場の健全性を損なうおそれがあり、また、経営事項審査制度の公正な運営に対する信頼の低下を招くおそれもあることから、著しい社会的不利益をもたらすものである。したがって、登録経営状況分析機関の役職員等（過去に役職員であった者を含む。）に対して秘密保持を義務付けるとともに、これに違反した場合には、本法による罰則の対象としたものである。

〔法　律〕

（国土交通大臣又は都道府県知事による経営状況分析の実施）

**第二十七条の三十五**　国土交通大臣又は都道府県知事は、第二十七条の二十四第一項の登録を受けた者がいないとき、第二十七条の三十二において準用する第二十六条の十一の規定による経営状況分析の業務の全部又は一部の休止又は廃止の届出があつたとき、第二十七条の三十二において準用する第二十六条の十五の規定により第二十七条の二十四第一項の登録を取り消し、又は登録経営状況分析機関に対し経営状況分析の業務の全部若しくは一部の停止を命じたとき、登録経営状況分析機関が天災その他の事由により経営状況分析の業務の全部又は一部を実施することが困難となつたとき、その他国土交通大臣が必要があると認めるときは、経営状況分析の業務の全部又は一部を自ら行うことができる。

2　国土交通大臣は、都道府県知事が前項の規定により経営状況分析を行うこととなる場合又は都道府県知事が同項の規定により経営状況分析を行うこととなる事由がなくなつた場合には、速やかにその旨を当該都道府県知事に通知しなければならない。

3　国土交通大臣又は都道府県知事が第一項の規定により経営状況分析の業務の全部又は一部を自ら行う場合における経営状況分析の業務の引継ぎその他の必要な事項については、国土交通省令で定める。

4　第二十七条の三十の規定は、第一項の規定により国土交通大臣が行う経営状況分析を受けようとする者について準用する。

5　都道府県知事は、第一項の規定により経営状況分析の業務の全部若しくは一部を自ら行うこととするとき、又は自ら行つていた経営状況分析の業務の全部若しくは一部を行わないこととするときは、その旨を当該都道府県の公報に公示しなければならない。

一　本条は、第二十六条の十七と同様の趣旨により、登録を受けた者がいないとき、あるいは登録経営状況分析機関が天災等の緊急の事態により業務が困難となった場合等において他の登録経営状況分析機関も存在しないようなときには、公共工事の適正かつ円滑な施工に支障が生じるおそれあることから、国土交通大臣又は都道府県知事は、必要があると認めるときは緊急かつ一時的な措置として、自ら経営状況分析を行うことができることとしている。

二　登録経営状況分析機関の業務が困難となった場合等においては、都道府県知事が迅速に経営状況分析の実施体制を整備する必要が出てくることもあり得ることから、国土交通大臣は速やかにその旨を都道府県知事に通知すべきことを定めている（第二項）。

〔法　律〕

（国土交通省令への委任）

**第二十七条の三十六**　この章に規定するもののほか、経営事項審査及び第二十七条の二十八の再審査に関し必要な事項は、国土交通省令で定める。

一　本条は、経営事項審査及び再審査に関し、必要な事項を国土交通省令で定めることができると規定した、いわゆる省令委任規定である。

二　本条の規定により国土交通省令で定められているものは、経営事項審査の項目及び基準（規則第十九条）、経営状況分析の申請（規則第十九条の二）、経営規模等評価の申請（規則第十九条の六）、再審査の申立て（規則第二十条）、再審査の結果の通知（規則第二十一条）、経営状況分析結果の報告（規則第二十一条の九）及び準用規定（規則第二十一条の十）である。

# 第四章の三　建設業者団体

〔法　律〕

（届出）

**第二十七条の三十七**　建設業に関する調査、研究、講習、指導、広報その他の建設工事の適正な施工を確保するとともに、建設業の健全な発達を図ることを目的とする事業を行う社団又は財団で国土交通省令で定めるもの（以下「建設業者団体」という。）は、国土交通省令の定めるところにより、国土交通大臣又は都道府県知事に対して、国土交通省令で定める事項を届け出なければならない。

本条は、建設業者団体に関する届出義務について規定したものである。

一　建設業は、典型的な注文生産であり、その活動が時期的に不定期的であり、場所的に移動的である等他の産業にはみられない特殊性を有しているが、その実態は、請負契約関係殊に下請契約関係において明らかなとおり、非合理な側面を残している。この建設業の前近代性を改善するため、本法は「建設工事の請負契約」の適正化を図る（第三章）等所要の規正措置を定めているが、より一層建設業の近代化を促進し建設業の健全な発達を図るためには、建設業者自らの手による建設業の体質改善、振興の努力が不可欠である。このような趣旨から、昭和三十六年五月の本法の改正により、建設業者団体に関する第四章の三が設けられ、建設業に関する調査、研究、指導等建設工事の適正な施工を確保するとともに、建設業の健全な発達を図ることを目的とする事業を行う社団又は財団は、建設業者団体として届け出るべきものとし、併せてこれに対する行政庁の指導、助言等の途を開いたのである。

二　後で述べるように、国土交通大臣又は都道府県知事は、建設業者団体に対して、建設工事の適正な施工を確保し、又は建設業の健全な発達を図るために必要な指導、助言及び勧告を行うことができる（第四十一条第一項）とされているが、この前提として国土交通大臣又は都道府県知事は、建設業者団体の実態及び活動状況をあらかじめ知っておく必要がある。そこで本条は、建設業に係る一定の目的を有する社団又は財団に対し、一定の事項を国土交通大臣又は都道府県知事に届け出るべき義務を課したものである。

三　届出を要する建設業者団体は、「建設業に関する調査、研究、講習、指導、広報その他の建設工事の適正な施工を確保するとともに、建設業の健全な発達を図ることを目的」とする事業を行う社団又は財団である。

ここにいう「建設業」とは、必ずしも本法において区分されている二十九業種すべてについて具体的な事業目的を持つものである必要はなく、特定の建設業の発達だけを目的とするものであってもよく、また、中小建設業者のみの発達を目指すものであってもよい。ただし、特定された構成員のみの経済的地位の向上、福利厚生を目的とするものは該当しないと解される。

その行う活動としては、建設業に関する調査、研究、講習、指導及び広報が掲げられているが、これは例示であり、これに限る趣旨ではない。建設業者団体に期待される具体的な事業活動の例としては、㈠建設業者の社会的信用の向上、契約関係の改善等により経済的地位の向上を図ること、㈡建設工事の適正な施工の確保を図ること、㈢建設工事の施工技術の向上と価格の安定を図ること、㈣建設工事の需要者に対し、適当な建設業者の紹介又は選定のあっせんその他の利便の供与を行うこと、㈤技術開発、技術者・技能者の養成、機械化の推進等建設業者の経営の合理化に貢献すること等が考えられ、そのほか、建設業者間の公正な競争秩序を維持することもこれに含められるであろう。なお、例示のうち、講習及び広報については、平成二十六年改正において、後述のとおり建設工事の担い手の育成及び確保に関する建設業者団体の責務が規定されたことと併せて、担い手の育成及び確保のためには、建設業者団体が技術者等への講習や若年入職者促進のための広報を行うことが期待されることから、例示として追加されたものである。

四　届出を要する建設業者団体は、三の目的を有する「社団又は財団」である。

「社団」とは、社会関係において、団体が全一体として現われ、その構成分子たる個人は、対外的な権利能力の主体となるものではなく、その団体自身が社会上単一体として存在し活動する人（自然人又は法人）の結合体である。また、「財団」とは、一定の目的の下に結合され、一定の組織によって運営される財産の集合である。このうち、剰余金の分配を目的としない社団又は財団については、その行う事業の公益性の有無にかかわらず、一般社団法人及び一般財団法人に関する法律（平成十八年法律第四十八号）に基づき、準則主義（登記）により、一般社団法人又は一般財団法人とし法人格を取得することができる。本条の届出に関しては法人格の有無は直接関係がなく、いわゆる任意団体であっても届出を行うことができるとされている。ただし、社団であっても営利を目的とするいわゆる会社である場合には、前述の目的との関係で、本条にいう建設業者団体には当たらないのは当然である。

五　届出を必要とする建設業者団体は、以上のような社団又は財団のうち、その事業が一の都道府県（地方自治法第二百五十二条の十九第一項に規定する指定都市の存する道府県にあっては、指定都市）の区域の全域に及ぶもの及びこれらの区域を超えるものに限られている（規則第二十二条）。本条の趣旨からみて、ごく限られた地域において活動するにすぎない建設業者団体を届出させる実益はないからである。

六　建設業者団体は、㈠設立の日（設立行為（定款又は寄附行為の作成）が成立した日。）から三十日以内に、㈡その事業が二以上の都道府県にわたるものにあっては国土交通大臣に、その他のものにあってはその事務所の所在地を管轄する都道府県知事に、㈢次に掲げる事項を届け出なければならない（規則第二十三条第一項）。

イ　目的

ロ　名称

ハ　設立年月日

ニ　法人の設立について許可を受けている場合においては、その年月日及び主務官庁の名称

ホ　事務所の所在地

ヘ　役員又は代表者若しくは管理人の氏名及び住所

ト　社団である場合においては、構成員の氏名（構成員が社団又は財団である場合においては、その名称及び役員又は代表者若しくは管理人の氏名）

チ　国土交通大臣又は都道府県知事の許可に係る法人以外の社団にあっては、定款若しくは寄附行為又は規約

この届出をした建設業者団体は、届出をした事項につき変更があったときは、遅滞なく、その旨を書面で国土交通大臣又は都道府県知事に届け出なければならない（規則第二十三条第二項）。また届出をした建設業者団体が解散した場合には、当該建設業者団体の役員又は代表者若しくは管理人であった者は、解散の日から三十日以内に、その旨を書面で国土交通大臣又は都道府県知事に届け出なければならない（同条第三項）。

〔法　律〕

（報告等）

**第二十七条の三十八**　国土交通大臣又は都道府県知事は、前条の届出のあった建設業者団体に対して、建設工事の適正な施工を確保し、又は建設業の健全な発達を図るために必要な事項に関して報告を求めることができる。

本条は、国土交通大臣又は都道府県知事の建設業者団体に対する報告徴取について規定したものである。

本法が、建設業者団体に関する規定を設けた趣旨は、前にも述べたように、建設工事の適正な施工及び建設業の健全な発達を図るためには、個々の建設業者に対する監督的行政のほかに指導育成的行政、殊に建設業者団体を通しての指導育成的行政が不可欠であると考えたからである。本条は、この建設業者団体に対する指導育成的行政（指導、助言及び勧告）を行うために、建設業者団体に対して、建設工事の適正な施工を確保し、建設業の健全な発達を図るために必要な事項に関して報告を求める根拠を定めたものである。

〔法　律〕

（建設業者団体等の責務）

**第二十七条の三十九**　建設業者団体は、その事業を行うに当たつては、建設工事の担い手の育成及び確保その他の施工技術の確保に資するよう努めなければならない。

2　国土交通大臣は、建設業者団体が行う建設工事の担い手の育成及び確保その他の施工技術の確保に関する取組の状況について把握するよう努めるとともに、当該取組が促進されるように必要な措置を講ずるものとする。

ものである。

本条は、建設業者団体による担い手の育成及び確保等と、それに対する国土交通大臣による支援の責務を規定した

建設工事の担い手を将来にわたって確保するためには、個々の建設業者の積極的な取組に加えて、建設業者団体が、自主的に、また、組織力を活かして効率的に取組を進めることが必要不可欠である。このため、平成二十六年改正において、技術者や技能労働者など現場における工事の担い手の減少が強く懸念される状況となっていたことから、本条が追加されたものである。

第一項では、建設業者団体が、その事業を行うに当たって、建設工事の担い手の育成及び確保をはじめとした施工技術の確保に資するよう努めなければならない旨規定している。

本項に基づき、建設業者団体は、

・技術者、技能労働者等に対する講習・研修の実施等の人材育成

・技能労働者への適正な賃金支払いや社会保険加入の徹底等の就労環境の整備

・下請契約における請負代金の適切な設定及び適切な代金の支払い等元請下請取引の一層の適正化

・広報等による若年者や女性の入職促進

等に取り組むことが期待される。

また、第二項は、第一項の建設業者団体の責務に対応し、国土交通大臣に対し、建設業者団体が行う建設工事の担い手の育成及び確保その他の施工技術の確保に関する取組の状況について把握するよう努めるとともに、当該取組が促進されるように必要な措置を講ずる責務を課したものである。

# 第五章　監　督

〔**法　律**〕

（指示及び営業の停止）

**第二十八条**　国土交通大臣又は都道府県知事は、その許可を受けた建設業者が次の各号のいずれかに該当する場合又はこの法律の規定（第十九条の三、第十九条の四及び第二十四条の三から第二十四条の五までを除き、公共工事の入札及び契約の適正化の促進に関する法律（平成十二年法律第百二十七号。以下「入札契約適正化法」という。）第十五条第一項の規定により読み替えて適用される第二十四条の七第一項、第二項及び第四項を含む。第四項において同じ。）、入札契約適正化法第十五条第二項若しくは第三項の規定若しくは特定住宅瑕疵担保責任の履行の確保等に関する法律（平成十九年法律第六十六号。以下この条において「履行確保法」という。）第三条第六項、第四条第一項、第七条第二項、第八条第一項若しくは第二項若しくは第十条の規定に違反した場合においては、当該建設業者に対して、必要な指示をすることができる。特定建設業者が第四十一条第二項又は第三項の規定による勧告に従わない場合において必要があると認めるときも、同様とする。

一　建設業者が建設工事を適切に施工しなかつたために公衆に危害を及ぼしたとき、又は危害を及ぼすおそれが大であるとき。

二　建設業者が請負契約に関し不誠実な行為をしたとき。

三　建設業者（建設業者が法人であるときは、当該法人又はその役員等）又は政令で定める使用人がその業務に関し他の法令（入札契約適正化法及び履行確保法並びにこれらに基づく命令を除く。）に違反し、建設業者として不適当であると認められるとき。

四　建設業者が第二十二条の規定に違反したとき。

五　第二十六条第一項又は第二項に規定する主任技術者又

は監理技術者が工事の施工の管理について著しく不適当であり、かつ、その変更が公益上必要であると認められるとき。

六　建設業者が、第三条第一項の規定に違反して同項の許可を受けないで建設業を営む者と下請契約を締結したとき。

七　建設業者が、特定建設業者以外の建設業を営む者と下請代金の額が第三条第一項第二号の政令で定める金額以上となる下請契約を締結したとき。

八　建設業者が、情を知つて、第三項の規定により営業の停止を命ぜられている者又は第二十九条の四第一項の規定により営業を禁止されている者と当該停止され、又は禁止されている営業の範囲に係る下請契約を締結したとき。

九　履行確保法第三条第一項、第五条又は第七条第一項の規定に違反したとき。

2　都道府県知事は、その管轄する区域内で建設工事を施工している第三条第一項の許可を受けないで建設業を営む者が次の各号のいずれかに該当する場合においては、当該建設業を営む者に対して、必要な指示をすることができる。

一　建設工事を適切に施工しなかつたために公衆に危害を及ぼしたとき、又は危害を及ぼすおそれが大であるとき。

二　請負契約に関し著しく不誠実な行為をしたとき。

3　国土交通大臣又は都道府県知事は、その許可を受けた建設業者が第一項各号のいずれかに該当するとき若しくは同項若しくは次項の規定による指示に従わないとき又は建設業を営む者が前項各号のいずれかに該当するとき若しくは同項の規定による指示に従わないときは、その者に対し、一年以内の期間を定めて、その営業の全部又は一部の停止を命ずることができる。

4　都道府県知事は、国土交通大臣又は他の都道府県知事の許可を受けた建設業者で当該都道府県の区域内において営業を行うものが、当該都道府県の区域内における営業に関し、第一項各号のいずれかに該当する場合又はこの法律の規定、入札契約適正化法第十五条第二項若しくは第三項の規定若しくは履行確保法第三条第六項、第四条第一項、第七条第二項、第八条第一項若しくは第二項若しくは第十条の規定に違反した場合においては、当該建設業者に対して、必要な指示をすることができる。

5　都道府県知事は、国土交通大臣又は他の都道府県知事の許可を受けた建設業者で当該都道府県の区域内において営業を行うものが、当該都道府県の区域内における営業に関し、第一項各号のいずれかに該当するとき又は同項若しくは前項の規定による指示に従わないときは、その者に対し、一年以内の期間を定めて、当該営業の全部又は一部の停止を命ずることができる。

6　都道府県知事は、前二項の規定による処分をしたときは、遅滞なく、その旨を、当該建設業者が国土交通大臣の許可を受けたものであるときは国土交通大臣に報告し、当該建設業者が他の都道府県知事の許可を受けたものであるときは当該他の都道府県知事に通知しなければならない。

7　国土交通大臣又は都道府県知事は、第一項第一号若しくは第三号に該当する建設業者又は第二項第一号に該当する第三条第一項の許可を受けないで建設業を営む者に対して指示をする場合において、特に必要があると認めるときは、注文者に対しても、適当な措置をとるべきことを勧告することができる。

〔政　令〕

（使用人）

**第三条**　法第六条第一項第四号（法第十七条において準用する場合を含む。）、法第七条第三号、法第八条第四号、第十一号及び第十二号（これらの規定を法第十七条において準用する場合を含む。）、法第二十八条第一項第三号並びに法第二十九条の四の政令で定める使用人は、支配人及び支店又は第一条に規定する営業所の代表者（支配人である者を除く。）であるものとする。

**〔入札契約適正化法〕**

（施工体制台帳の作成及び提出等）

**第十五条**　公共工事についての建設業法第二十四条の七第一項、第二項及び第四項の規定の適用については、これらの規定中「特定建設業者」とあるのは「建設業者」と、同条第一項中「締結した下請契約の請負代金の額（当該下請契約が二以上あるときは、それらの請負代金の額の総額）が政令で定める金額以上になる」とあるのは「下請契約を締結した」と、同条第四項中「見やすい場所」とあるのは「工事関係者が見やすい場所及び公衆が見やすい場所」とする。

2　公共工事の受注者（前項の規定により読み替えて適用される建設業法第二十四条の七第一項の規定により同項に規定する施工体制台帳（以下単に「施工体制台帳」という。）を作成しなければならないこととされているものに限る。）は、作成した施工体制台帳（同項の規定により記載すべきものとされた事項に変更が生じたことに伴い新たに作成されたものを含む。）の写しを発注者に提出しなければならない。この場合においては、同条第三項の規定は、適用しない。

3　前項の公共工事の受注者は、発注者から、公共工事の施工の技術上の管理をつかさどる者（次条において「施工技術者」という。）の設置の状況その他の工事現場の施工体制が施工体制台帳の記載に合致しているかどうかの点検を求められたときは、これを受けることを拒んではならない。

本条は、建設業者その他の建設業を営む者に対する監督処分のうち、指示処分及び営業停止処分について定めたものである。

一　本法の目的は、建設工事の適正な施工を確保し、発注者を保護するとともに、建設業の健全な発達を促進し、もって公共の福祉の増進に寄与することにある（第一条）。

したがって、建設業者は、本法はもちろん、建設業の営業に関連して守るべきその他の法令の規定を遵守するとともに、建設工事の施工に際しては、業務上通常必要とされる事項に関して注意義務を怠らず、適正な建設工事の施工を行うことによって、本法の目的を達成することができるものである。

しかしながら、現実には建設業者によっては、必ずしも本法その他関連する法令の規定が遵守されず、また、建設工事の適正な施工が確保されないこともある。このため、一般的に法はこのような場合に備えて間接的に法の遵守を図るため罰則を定めるほか、行政上直接的に法の遵守等を図る監督処分の規定を定めているのが通例である。

この行政処分として行われる監督処分は、罰則が法律上の義務に違反した者に対し相当の刑罰又は過料を課すことにより法律上の義務違反を一般的に予防しようとするのに対し、指示、営業の停止又は許可の取消しといった行政処分の権限を許可行政庁に与え、この行政処分の的確な運用により、建設業者に対し一定の行為について作為又は不作為を命じ（指示）、又は法の規定により与えられた法律上の地位を一定期間停止し（営業の停止）、あるいははく奪する（許可の取消し）ことにより、不適正な者の是正を行い、又は不適格者を建設業者から排除することを目的としている。

そのため、この行政処分は監督行政庁の助言勧告権を含め行政上の監督権の一端をなすものであり、罰則とは異なり、処分の対象となる行為も一般的には必ずしも詳細には規定されずその時点の行政上の判断を許容するものであり、また同じく行政処分の内容もその時点における行政上の判断に待つものである。

二　国土交通大臣又は都道府県知事は、その許可を受けた建設業者が次の㈠から㈨までの一に該当する場合又は本法の規定（第十九条の三、第十九条の四及び第二十四条の三から第二十四条の五までを除き、入札契約適正化法第十五条第一項の規定により読み替えて適用される第二十四条の七第一項、第二項及び第四項を含む。）若しくは入札契約適正化法第十五条第二項若しくは第三項の規定に違反した場合においては、当該建設業者に対して必要な指示をすることができる（第一項）。

㈠　「指示」とは、建設業者に本法に違反する事実があった場合又は本条第一項各号に規定する事項に該当する事実があった場合に、その法令違反又は不適正な事実の是正のため具体的にとるべき措置を命令するものであり、それは拘束力を有する行政命令である。したがって、指示処分がなされると、被処分者が指示処分を不服とし、行政不服審査法の規定による審査請求又は異議の申立、あるいは行政事件訴訟法の規定による抗告訴訟等の手続きに訴え、その結果として当該処分が取り消されない限り被処分者を拘束する。

しかし、指示処分を受けた者は、処分庁に対してその指示内容を履行すべき義務を負うものであるが、それ以外の第三者に対しては直接の義務を負うものでないことは当然である。

必要な指示の「必要な」範囲は、建設業者に本法に違反する事実があった場合、又は本条第一項各号に規定する事項に該当する事実があった場合において、その不適正な事実を改善するために具体的にとるべき措置のみならず、同種又は類似の事実の有無の調査点検等及びそれにより同種又は類似の事実があった場合の是正のための措置、並びに将来において同種又は類似の事実が再び発生することを予防することを併せ考慮して決せられるべきもので、これは個々の事案ごとに監督行政庁の判断により決定されるべきである。

第十九条の三、第十九条の四、第二十四条の三、第二十四条の四及び第二十四条の五の規定に違反した者を本条の規定による監督処分の対象から除外したのは、これらの規定に違反したときは、通常同時に独占禁止法第十九条の規定に違反することとなり、その違反に対しては同法の定めるところにより公正取引委員会が差止命令（独占禁止法第二十条）等の措置をとることができるからである。

したがって、行政の一元化を図るため、これらの規定に違反した建設業者に対する監督処分は、建設業者の監督行政庁である国土交通大臣又は都道府県知事が扱うこととなく、独占禁止法の手続きに委ねることとして、本法の監督処分の対象から除いたものである。

なお、監督行政庁である国土交通大臣又は都道府県知事が、建設業者がこれらの規定に違反している事実がありそれが独占禁止法第十九条の規定に違反していると認めたときは、公正取引委員会に対し措置請求ができることとされている（第四十二条第一項、なお第四十二条の二参照）。

また、入札契約適正化法第十五条第一項の規定により読み替えて適用される第二十四条の七第一項、第二項及び第四項並びに同法第十五条第二項及び第三項の規定は、公共工事における本法の特則であることから、これらの規定に違反した場合には、同様の処分の対象となることとされている。

(二) 建設業者が建設工事を適切に施工しなかったために公衆に危害を及ぼしたとき、又は危害を及ぼすおそれが大であるとき（第一号）。

建設業者は、建設工事の施工に関し一般人の注意義務以上に高度の注意義務を、その業務の遂行に当たって求められることは当然のことであり、工事の施工に際しては故意によるときはもとより、当然に払うべき注意を怠って、不適切な施工により公衆に危害を及ぼし、又は及ぼすおそれが大きいと認められるときに、そのような行為を再び繰り返すことのないよう適切な措置をとるべきことを命ずるものである。

「適切に施工しなかつた」とは、建築基準法その他の建設工事の施工の安全の確保を目的とする法令に違反した場合は当然のこと、その他建設工事の安全の確保に関する慣行、あるいは建設業者としての一般的常識等に反して工事を施工した場合をいうものである。

「公衆」とは、建設工事の関係者以外の不特定多数の一般人をいう。

「危害」とは、人の生命身体に与える危害及び財産に対する危害を意味するものであるが、特に最近の社会情勢においてはこれらの直接的な危害のほか、道路の交通あるいは電気、ガス、上水道の送配等に著しい支障を与えることにより社会生活に著しい悪影響を与える場合なども含めて解することが必要であろう。

「及ぼしたとき」とは、現実にそのような危害を与える事故が発生したときをいい、「及ぼすおそれが大であるとき」とは、具体的危険性が通常社会人に認識される段階に達したときをいい、いわば事故寸前の危険な状態をいうものであるが、事故が発生しても偶然その事故では公衆に危害を及ぼすことはなかったとしても、他の類似の事故の例から判断して危害を及ぼすことが十分予想されるような場合も含まれるであろう。

また、建設工事を適切に施工すべき責任は、建設工事が下請負によってなされる場合においては、元請負人と下請負人の双方が負うものであり、単に行為者の責任のみならず、その監督責任も当然に追求されなければならないものであると同時に、元請負人も含めて工事の注文者の指図、指示等に従って行った行為であっても、それがため必ずしも責任を免れ得るものではない。

㈢　建設業者が請負契約に関し不誠実な行為をしたとき（第二号）。

建設業者は、ここで述べるまでもなく許可を受けて建設工事の完成を請け負うことをその営業とする者であるので、請負契約に関して不誠実な行為を行うことは許されないことはいうまでもなく、仮にそのような事実のある者がいる場合には、その是正を命ずることが必要である。

「請負契約に関し」とは、建設工事の請負契約に関する一切の過程をいい、入札、契約の締結、履行、瑕疵担保責任の履行等のすべてを指すものである。

「不誠実な行為」とは、故意又は重過失により請負契約に違反し、かつ、社会通念上建設業者が有すべき誠実性を著しく欠く行為をいい、設計図書に従って工事を完成させない場合のほか、入札に関し不正な行為を行った場合、注文者の指図等に従わない場合等も不誠実な行為に該当するものと解される。

しかしながら、法令に違反する行為その他建設工事の施工の適正を欠く行為については、注文者の命ずる行為であっても従う必要がないことはいうまでもない。

㈣　建設業者（建設業者が法人であるときは、当該法人又はその役員等）又は令第三条の使用人がその業務に関し他の法令に違反し、建設業者として不適当であると認められるとき（第三号）。

建設業者がその業務の運営に当たって、本法以外の他の法令の規定をも遵守すべきであることは当然であり、特に建設業者、その役員等又は重要な地位にある令第三条の使用人の違反について、違反の態様が建設業者として不適当なものであるときは、その是正を命じようとするものである。

「業務」とは、当該建設業者の業務の全般を指し、建設工事の請負契約、工事の施工等の狭義の建設業の業務ばかりでなく、管理的な業務、さらには営業として行われる建設業以外の営業に関する業務をも含むものであるが、個人の私生活上のものは含まれない。

「他の法令に違反して」とは、建設業法以外のわが国におけるすべての法令に違反した場合をいい、その違反の事実が明白である限り必ずしも刑が確定することを要しない。しかしながら、個々具体の監督処分に当たって、その違反の事実が必ずしも明白でない場合又はその違反の程度等の判断が的確に行い得ない場合等は、別途行われる司法上の送検、起訴、一審判決、確定判決等の処分手続の結果を待って判断することは差し支えないと解する。

本号の違反については、建設業者が単に他の法令に違反したのみならず、その違反の事実及び態様が「建設業者として不適当であると認められるとき」に、初めて処分の要件を充足するものである。

この「建設業者として不適当であると認められる」か否かは、当然違反の内容、程度、違反により生じた結果、建設業の営業との関連の有無、建設工事の施工の適正に関する社会の要請等を総合的に判断して決定されるべきである。

㈤　建設業者が第二十二条の規定に違反したとき（第四号）。

第二十二条の規定は、いわゆる一括下請負の禁止の規定であり、この規定の遵守を徹底させるため、その違反についてはその是正を求めることができることとしたものである。

第二十二条には、建設業者はその請け負った建設工事を一括して他人に請け負わせてはならず、また、建設業を営む者は建設業者から一括して請け負ってはならない旨規定されているので、一括して下請負をさせた元請負人のみならず、一括して請け負った下請負人も、本号の対象となる。ただし、入札契約適正化法に規定する公共工事以外の建設工事については、あらかじめ発注者の書面による承諾を得ている場合には、一括下請負の禁止の規定の違反とはならず、従って本号にも該当しない。

㈥　第二十六条第一項又は第二項に規定する主任技術者又は監理技術者が工事の施工の管理について著しく不適当であり、かつ、その変更が公益上必要であると認められるとき（第五号）。

第二十六条第一項又は第二項の規定は、建設業者がその請け負った建設工事を施工する場合、又は特定建設業者が発注者から直接請け負った建設工事を施工する場合で一定のときは、それぞれ一定の資格を有する主任技術者又は監理技術者を置いて施工しなければならない旨を規定したものであり、建設工事の全般についてその施工の適正化を図るため、これらの主任技術者又は監理技術者について、著しく不適格な者を排除しようとするものである。

「工事の施工の管理について著しく不適当」とは、主任技術者又は監理技術者が、工事の施工における技術面の管理について、その能力が欠如しあるいはその判断が不適切であるため、請負契約に基づく所定の工事が行えない場合又は公衆に危害を及ぼし若しくは危害を及ぼすおそれが大であるときなどの場合と解される。

また「公益上必要があると認められるとき」とは、当該工事の適正な施工が単に一私人の利益となるのみならず、公衆の危害の防止等広く公共の利益にもつながるときでなければならない。

なお、本号に該当する場合であっても、その監督処分の対象は主任技術者又は監理技術者の属する建設業者であり、主任技術者又は監理技術者の直接の責任を追求するものではない。

㈦　建設業者が、第三条第一項の規定に違反して同項の許可を受けないで建設業を営む者と下請契約を締結したとき（第六号）。

第三条第一項の規定は、建設業を営もうとする者は、令第一条の二に定める軽微な建設工事を請け負うことのみを営業とする者を除き、一般建設業又は特定建設業の区分に応じて、法の別表に定める建設業の種類ごとに、国土交通大臣又は都道府県知事の許可を受けなければならないことを定めたものであり、本号は、この規定に違反して建設業を営む者と下請契約を締結した建設業者に対し、その是正を求めることができる途を設け、無許可営業の禁止の効果をより確実にしようとするものである。

第三条第一項の規定に違反する場合とは、全く許可を受けずに建設業を営んでいるときと、当該下請契約の建設工事の種類に係る建設業について許可を受けていないときの二つの場合がある。

下請契約を締結したときとは、一般的には建設業者が元請負人となって許可を受けないで建設業を営む者を下請負人として下請契約を締結することが通例と考えられるが、その逆に、許可を受けないで建設業を営む者から建設業者が下請負をする場合も、当然に本号の要件に該当し、当該建設業者は監督処分の対象となる。

なお、令第一条の二に定める軽微な建設工事の下請契約については本号の適用がないことは勿論であり、第四条の附帯工事についても、許可を受けた建設業に係る建設工事に附帯して請け負った限り同じく適用がない。

(八) 建設業者が、特定建設業者以外の建設業を営む者と下請代金の額が令第二条の金額（四千万円。ただし、当該建設業が建築工事業である場合においては、六千万円）以上となる下請契約を締結したとき（第七号）。

発注者から直接請け負った建設工事につき、下請代金の額が四千万円以上（建築工事業においては六千万円以上）の工事を下請負させる場合は、特定建設業の許可を受けなければならず、特定建設業者以外の者はこれができないので、その徹底を図るため、これに違反して下請契約を締結した元請負人の取引相手である下請負人たる建設業者に対し、その是正を求めることができることとしたものである。

建設業者とは、本号においては条理上下請負人である建設業者をいうものである。

「下請代金の額が令第二条の金額以上となる下請契約を締結したとき」とは、当該下請負人である建設業者が下請契約の締結に当たってその是非を判断し得るものでなければならないので、元請負人が発注者から請け負った一件の建設工事につき、一件の下請契約で下請代金が四千万円以上（建築工事業においては、六千万円以上）となるもの及びその下請契約を締結することにより当該下請負人の下請代金の総額が当該建設工事に関し四千万円以上（建築工事業においては、六千万円以上）となるものと解すべきである。

したがって、特定建設業者以外の建設業を営む者との下請契約であっても、その下請契約が発注者から直接請け負った工事に係るものでなく、他の元請負人から請け負った工事をさらに下請負にするいわゆる孫請負以下の場合には、本号の適用はなく、また、発注者から直接請け負った工事に係る下請契約であっても、他の下請負人の下請代金と合わせて令第二条の金額以上となる場合には、元請負人は第十六条の規定に違反することとなっても、下請負人には本号の適用はないと解すべきであろう。

(九) 建設業者が、情を知って、本条第三項の規定により営業の停止を命ぜられている者又は第二十九条の四第一項の規定により営業を禁止されている者と当該停止され、又は禁止されている営業の範囲に係る下請契約を締結したとき（第八号）。

本条第三項の規定により営業の停止を命ぜられ、又は第二十九条の四の規定により営業を禁止されている者は、その停止され、又は禁止されている営業の範囲の建設業は定められた期間中は行うことはできないこととなるので、その実効を確保するため、その事実を知りながらなおかつそれらの者と、当然停止され、又は禁止されている営業の範囲に係る下請契約を締結した建設業者に、その不適正な契約の是正を求めるものである。

停止され、又は禁止されている営業は、その営業の停止又は営業の禁止の処分において特にその範囲から除外されない限り、令第一条の二に定める軽微な建設工事をも含むものである。

「下請契約を締結したとき」とは、元請負人としてであるか下請負人としてであるかを問わない。すなわち、建設業者が元請負人となり、営業の停止又は営業の禁止を命ぜられている者を下請負人として下請契約を締結した場合のほか、建設業者が下請負人となり、営業の停止又は営業の禁止を命ぜられている者と下請負契約を締結した場合も含むものである。

㈩　指示処分は、㈡から㈨までに掲げる場合のほか、建設業者が本法の規定（第十九条の三、第十九条の四及び第二十四条の三から第二十四条の五までを除き、入札契約適正化法第十五条第一項の規定により読み替えて適用される第二十四条の七第一項、第二項及び第四項を含む。）又は入札契約適正化法第十五条第二項若しくは第三項の規定に違反した場合にも行うことができる。

なお、本法の規定に違反したときには、本法に基づく政令又は省令に違反したときを含むものである。

三　国土交通大臣又は都道府県知事は、その許可を受けた特定建設業者が第四十一条第二項又は第三項の規定による勧告に従わない場合において必要があると認めるときも、当該特定建設業者に対して、必要な指示をすることができる（第一項各号列記以外の部分後段）。

第四十一条第二項及び第三項は特定建設業者が発注者から直接請け負った建設工事につき、その施工に参加している下請負人等が、建設労働者に対する賃金の支払を遅滞した場合又は他人に損害を加えた場合において、必要があると認めるときは、その特定建設業者の許可行政庁は、当該特定建設業者に対して不払賃金又は他人の受けた損害につき、立替払等の措置を講ずることを勧告することができることとしている。

しかしながら、この特定建設業者に対する勧告は、あくまでも勧告であり、特定建設業者の自由な意思に基づき労働者あるいは第三者の救済を期待するもので、法的な強制力は伴わないものである。

しかし、その賃金の不払又は他人の受けた損害の発生の原因について、特定建設業者に何らかの責任がある場合には、特定建設業者に対し立替払等を強制することが行政上妥当であるので、この場合には特定建設業者に指示処分をすることができることとされたものである。

特定建設業者が勧告に従わない場合に指示することができるので、第四十一条第二項又は第三項の勧告が指示処分の前提として必要であり、たとえ本条の規定により必要があると認めても、勧告を行わず直ちに指示をすることはできない。

「必要があると認めるとき」とは、前述のとおり、特定建設業者が発注者から直接請け負った建設工事につき、その下請負人等が賃金の支払を遅滞した場合又は他人に損害を与えた場合に、当該不払又は債務の不履行等の事実の発生原因について特定建設業者に何らかの責任があり、立替払等を強制することが行政上妥当であると認められるときと解される。

したがって、具体的には、当該特定建設業者が第十九条の三（不当に低い請負代金の禁止）、第十九条の四（不当な使用資材等の購入強制の禁止）、第二十四条の三（下請代金の支払）、第二十四条の四（検査及び引渡し）又は第二十四条の五（特定建設業者の下請代金の支払期日等）の規定に違反する行為を行ったため結果的に下請負人が倒産した場合、当該特定建設業者が第二十四条の六の規定に違反して下請負人に対し的確な指導を行わなかった場合又は当該特定建設業者が本条第一項第六号に掲げる場合に該当したとき等がこれに当たるものと解されよう。

必要な指示の内容は、勧告の内容である立替払等を実施することを命ずることが一般的であると考えられるが、実状に応じて勧告の内容と異なる他の措置を命ずることもできるものと解される。

四　都道府県知事は、その管轄する区域内で建設工事を施工している第三条第一項の許可を受けないで建設業を営むことができる者が次の㈠又は㈡に該当する場合においては、当該建設業を営む者に対して、必要な指示をすることができる（第二項）。

第三条第一項ただし書の規定により、令第一条の二に規定する軽微な建設工事のみを請け負うことをその営業とする者は、建設業の許可を受けなくても営業することができ、本法の規制の対象の多くからはずされている。しかし、これら許可の対象から除外された者についても、その行う建設工事の施工について、公衆に危害を及ぼす場合もあり、また、請負契約に関して不誠実な行為により零細な発注者に著しい損害を及ぼす場合もあるので、特に公益上放置できない場合に限定して、許可を受けないで建設業を営む者に対しその不適正な行為等の是正を求めることができることとされたものである。

許可を受けないで建設業を営む者の監督行政庁は、その業者の施工する工事現場を管轄する都道府県知事である。

「許可を受けないで建設業を営む者」とは、本法の別表に定めるいずれの業種の建設業の許可をも受けていない者と解するのが妥当であろう。すなわち、いずれかの業種について建設業の許可を受けている者はその許可行政庁が監督行政庁となることが行政運営上適切であり、かつ、的確な監督処分を期待し得るものである。

㈠　建設工事を適切に施工しなかったため公衆に危害を及ぼしたとき、又は危害を及ぼすおそれが大であるとき（第一号）。

前記二の㈡を参照のこと。

㈡　請負契約に関し著しく不誠実な行為をしたとき（第二号）。

「著しく不誠実な行為」とは、悪質又は重大な手抜工事、契約不履行等をいう。

五　国土交通大臣又は都道府県知事は、その許可に係る建設業者が本条第一項各号の一に該当するとき、又は本条第一項若しくは第四項の規定により指示処分を受けたにもかかわらずその指示処分に従わないときは、その建設業者に対し、一年以内の期間を定めてその営業の全部又は一部の停止を命ずることができる（第三項）。

また、都道府県知事は、その管轄する区域内で建設工事を施工している第三条第一項の許可を受けないで建設業を営むことができる者が本条第二項第一号又は第二号に該当するとき、又は同項第一号又は第二号に該当し指示処分を受けたにもかかわらずその指示処分に従わないときは、その建設業を営む者に対し、一年以内の期間を定めてその営業の全部又は一部の停止を命ずることができる（同項）。

㈠　営業停止の処分は、建設業者等に建設工事の施工に関し本条第一項各号の一又は第二項各号の一に該当する特に不適切な行為等がありその改善又は是正を求める場合において、行為の内容等から判断して指示処分では十分担保し得ず、一定の期間、建設業の営業を停止することにより、その改しゅんを促すことが必要であるとき、又は建設業者が法令に違反したこと等の理由により指示処分を行ったにもかかわらず、その指示に違反し、あるいは指示が徹底しないときに、一定の期間、建設業の営業を停止することにより、指示内容の遵守、徹底を図ろうとするものである。

したがって、既に行われた義務違反に対する制裁である罰則とは異なり、その目的は建設業者の爾後の業務運営の適正化を促すものではあるが、現実の運用においては、監督処分の社会一般に与える影響等から、ある程度は結果責任の追求がなされるのもやむを得ないものであろう。

(二) 「第一項各号の一又は第二項各号の一に該当するとき」とは、その事実について情状が重く、建設業者に対する指示処分のみでは十分でないと認められ、かつ、情状が特に重いとして許可の取消処分に至るものではないものである。

「指示に従わないとき」とは、指示された行為を積極的に行わないなど指示の内容を実行しない場合はもとより、指示された内容が徹底されないこと等により指示処分後短期間内に再び同種の事案の発生があった場合もこれに含めて解すべきである。

(三) 営業を停止することができる期間は、一年以内であり、監督行政庁の判断により、事案ごとに適切に定められるべきである。したがって、事案の内容、建設業者の過失の程度及び爾後の措置状況等を総合的に勘案し、他の事案との均衡を図って決定されるべきである。この期間は一度処分がなされるとその短縮又は延長は行えないものと解される。

(四) 「その営業」には、許可の適用除外に係る令第一条の二に規定する軽微な建設工事のみを営業とする場合も含まれるものであり、停止される営業の範囲から積極的に除外されない限り、営業の停止の処分によって軽微な建設工事をも請け負って営業することはできない。

営業の停止の処分は、その営業の全部でも一部でもよいこととされている。したがって、全部又は一部の判断は、期間の場合と同様に、監督行政庁において適切に定められるべきものである。なお、「一部の停止」とは、具体的には特定の地域、特定の営業所、特定の工種又は工事目的物について行うのが妥当であろう。

㈤　「営業の停止」とは、請負契約の締結及び入札、見積等これに附随する行為の停止と解されており（具体的には次表を参照。）、停止処分が行われた場合でも、停止処分命令の到達以前に締結した請負契約に係る建設工事については、引き続き施工することができることとされている。ただし、この場合には、その処分を受けた者又はその一般承継人は、その処分を受けた後、二週間以内に、その旨をその建設工事の注文者に通知しなければならないこととされている（第二十九条の三参照）。また、このようなときに、たとえば公衆災害の防止等のため特に工事の中止をも必要とする場合には、国土交通大臣又は都道府県知事は、工事の差止を命ずることができる（第二十九条の三第三項）。

なお、営業の停止の処分がなされたときには、その者（法人である場合においてはその役員）及びその処分の原因である事実について相当の責任を有する令第三条の使用人に対して、同一の期間及び範囲についての営業の禁止の処分が必ずなされることとされている（第二十九条の四第一項参照）。

㈥　特定建設業者が第四十一条第二項又は第三項の規定による勧告に従わない場合において、監督行政庁が必要があると認めて支払を遅滞した賃金相当額の立替払等を指示したにもかかわらず、当該特定建設業者がその指示に従わないときも、営業の停止を命じ得ることはいうまでもない。

㈦　なお、建設業者による不正行為等について、国土交通大臣が監督処分を行う場合の統一的な基準を定めることにより、建設業者の行う不正行為等に厳正に対処し、もって建設業に対する国民の信頼確保と不正行為等の未然防止に寄与することを目的として、「建設業者の不正行為等に対する監督処分の基準について」（平成十四年三月二十八日付け国土交通省総合政策局長通知）が定められ、平成十四年五月一日以後に行われた不正行為等についてはこの基準によって監督処分が実施されているところである。

具体的内容は次のとおりとなっている。

イ　監督処分の基本的考え方

建設業者の不正行為等に対する監督処分は、建設工事の適正な施工を確保し、発注者を保護するとともに、

一　営業停止期間中は行えない行為

1　新たな建設工事の請負契約の締結（仮契約等に基づく本契約の締結を含む。）

2　処分を受ける前に締結された請負契約の変更であって、工事の追加に係るもの（工事の施工上特に必要があると認められるものを除く。）

3　前2号及び営業停止期間満了後における新たな建設工事の請負契約の締結に関連する入札、見積り、交渉等

4　営業停止処分に地域限定が付されている場合にあっては、当該地域内における前各号の行為

5　営業停止処分に業種限定が付されている場合にあっては、当該業種に係る第1号から第3号までの行為

6　営業停止処分に公共工事又はそれ以外の工事に係る限定が付されている場合にあっては、当該公共工事又は当該それ以外の工事に係る第1号から第3号までの行為

二　営業停止期間中でも行える行為

1　建設業の許可、経営事項審査、入札の参加資格審査の申請

2　処分を受ける前に締結された請負契約に基づく建設工事の施工

3　施工の瑕疵に基づく修繕工事等の施工

4　アフターサービス保証に基づく修繕工事等の施工

5　災害時における緊急を要する建設工事の施工

6　請負代金等の請求、受領、支払い等

7　企業運営上必要な資金の借入れ等

建設業の健全な発達を促進するという建設業法の目的を踏まえつつ、本基準に従い、当該不正行為等の内容・程度、社会的影響、情状等を総合的に勘案して行う。

ロ　監督処分の対象

①　地域

監督処分は、地域を限定せずに行うことを基本とする。ただし、営業停止処分を行う場合において、不正行為等が地域的に限定され当該地域の担当部門のみで処理されたことが明らかな場合は、必要に応じ地域を限って処分を行う。この場合においては、当該不正行為等が行われた地域を管轄する地方整備局又は北海道開発局（当該地域が沖縄県の区域にあっては沖縄総合事務局）の管轄区域全域（九州地方整備局にあっては沖縄県の区域全域を、沖縄総合事務局にあっては九州地方整備局の管轄区域全域を含む。）における処分を行うことを基本として地域を決定する。なお、役員が不正行為等を行ったときは、代表権の有無にかかわらず、地域を限った処分は行わない。

②　業種

監督処分は、業種を限定せずに行うことを基本とする。ただし、営業停止処分を行う場合において、不正行為等が他と区別された特定の工事の種別（土木、建築等）に係る部門のみで発生したことが明らかなときは、必要に応じ当該工事の種別に応じた処分を行う。この場合においては、不正行為等に関連する業種について一括して処分を行うこととし、原則として許可業種ごとに細分化した処分は行わない。

③　請負契約に関する不正行為等に対する営業停止処分

建設工事の請負契約に関する不正行為等に対する営業停止処分は、公共工事の請負契約（当該公共工事について下請契約が締結されている場合における各下請契約を含む。）に関して不正行為等を行った場合はその営業のうち公共工事に係るものについて、それ以外の工事の請負契約に関して不正行為等を行った場合はその営業のうち公共工事以外の工事に係るものについて、それぞれ行う。

ハ　監督処分等の時期等

① 他法令違反に係る監督処分については、原則として、その刑の確定、排除措置命令又は課徴金納付命令の確定等の法令違反の事実が確定した時点で行うことを基本とするが、その違反事実が明白な場合は、刑の確定等を待たずに行うことを妨げるものではない。

② 贈賄等の容疑で役員等が逮捕された場合など社会的影響の大きい事案については、営業停止処分その他法令上の必要な措置を行うまでに相当の期間を要すると見込まれるときは、これらの措置を行う前に、まず、法令遵守のための社内体制の整備等を求めることを内容とする勧告を書面で行う。

③ 公正取引委員会による警告が行われた場合、建設業者が建設工事を適切に施工しなかったために公衆に危害を及ぼすおそれが大である場合、工事関係者に死亡者又は負傷者を生じさせた場合等で必要があるときは、監督処分に至らない場合であっても、勧告等の措置を機動的に行う。

④ 指示処分を行った場合においては、建設業者が当該指示に従っているかどうかの点検、調査を行う等の所要の措置を講ずる。

二　不正行為等が複合する場合の監督処分

不正行為等が複合する場合の監督処分の基準は、次のとおり。なお、情状により、必要な加重又は減軽を行うことを妨げない。

① 一の不正行為等が二以上の処分事由に該当するとき

当該処分事由に係る監督処分の基準のうち当該建設業者に対して最も重い処分を課すこととなるものに従い、監督処分を行う。

② 複数の不正行為等が二以上の処分事由に該当するとき

(i) 建設業者の複数の不正行為等が二以上の処分事由に該当する場合で、それぞれが営業停止処分事由に当たるとき

a 複数の不正行為等が二の営業停止処分事由に該当するときは、それぞれの処分事由に係る監督処分基準に定める営業停止の期間の合計により営業停止処分を行う。ただし、一の不正行為等が他の不正行為

等の手段又は結果として行われたことが明らかなときは、それぞれの処分事由に係る監督処分の基準のうち当該建設業者に対して重い処分を課すこととなるものについて、営業停止の期間を二分の三倍に加重して行う。

b　複数の不正行為等が三以上の営業停止処分事由に該当するときは、情状により、aに定める期間に必要な加重を行う。

(ii)　建設業者の複数の不正行為等が二以上の処分事由に該当する場合で、ある行為が営業停止処分事由に該当し、他の行為が指示処分事由に該当するとき

営業停止処分事由に該当する行為については前記ニ②(i)又は後記チの定めるところにより営業停止処分を行い、指示処分事由に該当する行為については当該事由について指示処分を行う。

(iii)　建設業者の複数の不正行為等が二以上の処分事由に該当する場合で、それぞれが指示処分事由に当たるとき

原則として指示処分を行う。なお、不正行為等が建設業法第二十八条第一項各号の一に該当するものであるときは、当該不正行為等の内容・程度等により、営業停止処分を行うことを妨げない。

③　複数の不正行為等が一の処分事由に二回以上該当するとき

(i)　建設業者の複数の不正行為等が一の営業停止処分事由に二回以上該当するとき

当該処分事由に係る監督処分の基準について、営業停止の期間を二分の三倍に加重した上で、当該加重後の基準に従い、営業停止処分を行う。

(ii)　建設業者の複数の不正行為等が一の指示処分事由に二回以上該当するとき

原則として指示処分を行う。なお、不正行為等が建設業法第二十八条第一項各号の一に該当するものであるときは、当該不正行為等の内容・程度等により、営業停止処分を行うことを妨げない。

ホ　不正行為等を重ねて行った場合の加重

①　営業停止処分を受けた者が再び営業停止処分を受ける場合

営業停止処分を受けた建設業者が、当該営業停止の期間の満了後三年を経過するまでの間に再び同種の不正行為等を行った場合において、当該不正行為等に対する営業停止処分を行うときは、情状により、必要な加重を行う。なお、先行して行われた営業停止処分の処分日より前に行われた不正行為等により再び営業停止処分を受ける場合は、この限りでない。

② 指示処分を受けた者が指示に従わなかった場合

建設業者が指示の内容を実行しなかった場合又は指示処分を受けた日から三年を経過するまでの間に指示に違反して再び類似の不正行為等を行った場合（技術者の専任義務違反により指示処分を受けた建設業者が再び専任義務違反を犯すなどの場合をいう。）には、情状を重くみて、営業停止処分を行う。

へ 営業停止処分により停止を命ずる行為

営業停止処分により停止を命ずる行為は、請負契約の締結及び入札、見積り等これに付随する行為とする。営業停止処分を受けた建設業者が当該営業停止の期間中に行えない行為及び当該営業停止の期間中でも行える行為の例は、前掲のとおり。

ト 不正行為等を行った企業に合併等があったときの監督処分

不正行為等を行った建設業者（以下「行為者」という。）に、不正行為等の後、合併、会社分割又は営業譲渡があった場合で、行為者の営業を承継した建設業者（以下「承継者」という。）の建設業の営業が、行為者の建設業の営業と継続性及び同一性を有すると認められるとき

① 行為者が当該建設業を廃業している場合には、承継者に対して監督処分を行う。

② 行為者及び承継者がともに当該建設業を営んでいる場合には、両者に対して監督処分を行う。

チ 監督処分の基準に関する基本的考え方

① 建設業法第二十八条第一項各号の一に該当する不正行為等があった場合

当該不正行為等が故意又は重過失によるときは原則として営業停止処分を、その他の事由によるときは原則として指示処分を行う。なお、個々の監督処分を行うに当たっては、情状により、必要な加重又は減軽を

行うことを妨げない。

② ①以外の場合において、建設業法の規定（第十九条の三、第十九条の四及び第二十四条の三から第二十四条の五までを除き、入札契約適正化法第十五条第一項の規定により読み替えて適用される第二十四条の七第一項、第二項及び第四項を含む。）又は入札契約適正化法第十五条第二項若しくは第三項の規定に違反する行為を行ったとき

指示処分を行う。具体的には、建設業法第十二条、第十九条、第四十条、第四十条の三違反等がこれに該当する。

③ 不正行為等に関する建設業者の情状が特に重い場合又は建設業者が営業停止処分に違反した場合

建設業法第二十九条の規定により、許可の取消しを行う。

リ　監督処分に関する具体的基準

① 建設業者の業務に関する談合・贈賄等（刑法違反（競売入札妨害罪、談合罪、贈賄罪、詐欺罪）、補助金等適正化法違反、独占禁止法違反）

(i) 代表権のある役員（建設業者が個人である場合においてはその者。以下同じ。）が刑に処せられた場合は、一年間の営業停止処分を行う。

(ii) その他の場合においては、六十日以上の営業停止を行う。この場合において、代表権のない役員又は政令で定める使用人が刑に処せられたときは百二十日以上の営業停止処分を行う。

(iii) 独占禁止法に基づく排除措置命令又は課徴金納付命令の確定があった場合（独占禁止法第七条の二第十八項に基づく通知を受けた場合を含む。）は、三十日以上の営業停止処分を行う。

(iv) (i)～(iii)により営業停止処分（独占禁止法第三条違反に係るものに限る。）を受けた建設業者に対して、当該営業停止の期間の満了後十年を経過するまでの間に(i)～(iii)に該当する事由（独占禁止法第三条違反に係るものに限る。）があった場合は、(i)～(iii)にかかわらず、それぞれの処分事由に係る監督処分基準に定める営業停止の期間を二倍に加重して、一年を超えない範囲で営業停止処分を行う。

② 請負契約に関する不誠実な行為

建設業者が請負契約に関し（入札、契約の締結・履行、瑕疵担保責任の履行その他の建設工事の請負契約に関する全ての過程をいう。）、社会通念上建設業者が有すべき誠実性を欠くものと判断されるものとしては、次のとおり監督処分を行う。

(i) 虚偽申請

a 公共工事の請負契約に係る一般競争及び指名競争において、競争参加資格確認申請書、競争参加資格確認資料その他の入札前の調査資料に虚偽の記載をしたときその他公共工事の入札及び契約手続について不正行為等を行ったとき（(ii)に規定される場合を除く。）は、十五日以上の営業停止処分を行う。

b 完成工事高の水増し等の虚偽の申請を行うことにより得た経営事項審査結果を公共工事の発注者に提出し、公共発注者がその結果を資格審査に用いたときは、三十日以上の営業停止処分を行う。この場合において、平成二十年国土交通省告示第八十五号第一の四の5の㈠に規定する監査の受審状況において加点され、かつ、監査の受審の対象となった計算書類、財務諸表等の内容に虚偽があったときには、四十五日以上の営業停止処分を行う。

(ii) 一括下請負

建設業者が建設業法第二十二条の規定に違反したときは、十五日以上の営業停止処分を行う。ただし、元請負人が施工管理等について契約を誠実に履行しない場合等、建設工事を他の建設業者から一括して請け負った建設業者に酌量すべき情状があるときは、営業停止の期間について必要な減軽を行う。

(iii) 主任技術者等の不設置等

建設業法第二十六条の規定に違反して主任技術者又は監理技術者を置かなかったとき（資格要件を満たさない者を置いたときを含む。）は、十五日以上の営業停止処分を行う。ただし、工事現場に置かれた主任技術者又は監理技術者が、同条第三項に規定する専任義務に違反する場合には、指示処分を行う。指示処分に従わない場合は、機動的に営業停止処分を行う。この場合において、営業停止の期間は、七日以上とする。

また、主任技術者又は監理技術者が工事の施工の管理について著しく不適当であり、かつ、その変更が公益上必要であると認められるときは、直ちに当該技術者の変更の勧告を書面で行うこととし、必要に応じ、指示処分を行う。指示処分に従わない場合は、機動的に営業停止処分を行う。この場合において、営業停止期間は、七日以上とする。

(iv)　粗雑工事等による重大な瑕疵

施工段階での手抜きや粗雑工事を行ったことにより、工事目的物に重大な瑕疵が生じたときは、七日以上の営業停止処分を行う。

(v)　施工体制台帳等の不作成

施工体制台帳又は施工体系図を作成せず、又は虚偽の施工体制台帳又は施工体系図の作成を行ったときは、七日以上の営業停止処分を行う。

(vi)　無許可業者等との下請契約

建設業者が、情を知って、建設業法第三条第一項の規定に違反して同項の許可を受けないで建設業を営む者、営業停止処分を受けた者等と下請契約を締結したときは、七日以上の営業停止処分を行う。

また、建設業者が、情を知って、特定建設業者以外の建設業を営む者と下請代金の額が建設業法第三条第一項第二号の政令で定める金額以上となる下請契約を締結したときは、当該建設業者及び当該特定建設業者以外の建設業を営む者で一般建設業者であるものに対し、七日以上の営業停止処分を行う。

③　事故

(i)　公衆危害

建設業者が建設工事を適切に施工しなかったために、公衆に死亡者又は三人以上の負傷者を生じさせたことにより、その役職員が業務上過失致死傷罪等の刑に処せられた場合で、公衆に重大な危害を及ぼしたと認められる場合は、七日以上の営業停止処分を行う。それ以外の場合であって、危害の程度が軽微であると認められるときにおいては、指示処分を行う。

また、建設業者が建設工事を適切に施工しなかったために公衆に危害を及ぼすおそれが大であるときは、直ちに危害を防止する措置を行うよう勧告を行い、必要に応じ、指示処分を行う。指示処分に従わない場合は、機動的に営業停止処分を行う。この場合において、営業停止の期間は、七日以上とする。

(ii) 工事関係者事故

役職員が労働安全衛生法違反により刑に処せられた場合は、指示処分を行う。ただし、工事関係者に死亡者又は三人以上の負傷者を生じさせたことにより業務上過失致死傷罪等の刑に処せられた場合で、特に重大な事故を生じさせたと認められる場合には、三日以上の営業停止処分を行う。

④ 建設工事の施工等に関する他法令違反

他法令違反の例は次のとおりであるが、監督処分に当たっては、他法令違反の確認と併せて、当該違反行為の内容・程度、建設業の営業との関連等を総合的に勘案し、建設業者として不適当であるか否かの認定を行う。

(i) 建設工事の施工等に関する法令違反

a 建築基準法違反等

(あ) 役員又は政令で定める使用人が懲役刑に処せられた場合は七日以上、それ以外の場合で役職員が刑に処せられたときは三日以上の営業停止処分を行う。

(い) 建築基準法第九条に基づく措置命令等建設業法施行令第三条の二第一号等に規定する命令を受けた場合は指示処分を行うこととし、当該命令に違反した場合は三日以上の営業停止処分を行う。

b 廃棄物処理法違反、労働基準法違反等

役員又は政令で定める使用人が懲役刑に処せられた場合は七日以上、それ以外の場合で役職員が刑に処せられたときは三日以上の営業停止処分を行う。

c 特定商取引に関する法律違反

㈠　役員又は政令で定める使用人が懲役刑に処せられた場合は七日以上、それ以外の場合で役職員が刑に処せられたときは三日以上の営業停止処分を行う。

㈡　特定商取引に関する法律第七条等に規定する指示処分を受けた場合は、指示処分を行う。また、同法第八条第一項等に規定する業務等の停止命令を受けた場合は、三日以上の営業停止処分を行う。

(ii)　役員等による信用失墜行為等

a　法人税法、消費税法等の税法違反

役員又は政令で定める使用人が懲役刑に処せられた場合は七日以上、それ以外の場合で役職員が刑に処せられたときは三日以上の営業停止処分を行う。

b　暴力団員による不当な行為の防止等に関する法律違反（第三十二条の二第七項の規定を除く。）等

役員又は政令で定める使用人が刑に処せられた場合は、七日以上の営業停止処分を行う。

(iii)　健康保険法違反、厚生年金保険法違反、雇用保険法違反

a　役員又は政令で定める使用人が懲役刑に処せられた場合は七日以上、それ以外の場合で役職員が刑に処せられたときは三日以上の営業停止処分を行うこととする。

b　健康保険、厚生年金保険又は雇用保険（以下「健康保険等」という。）に未加入であり、かつ、保険担当部局による立入検査を正当な理由がなく複数回拒否する等、再三の加入指導等に従わず引き続き健康保険等に未加入の状態を継続し、健康保険法、厚生年金保険法又は雇用保険法に違反していることが保険担当部局からの通知により確認された場合は、指示処分を行うこととする。指示処分に従わない場合は、機動的に営業停止処分を行うこととする。この場合において、営業停止の期間は、3日以上とする。

⑤　履行確保法違反

(i)　履行確保法第5条の規定に違反した場合は、指示処分を行うこととする。指示処分に従わない場合は、

機動的に営業停止処分を行うこととする。この場合において、営業停止の期間は、十五日以上とする。

(ii) 履行確保法第三条第一項又は第七条第一項の規定に違反した場合は、指示処分を行うこととする。指示処分に従わない場合は、機動的に営業停止処分を行うこととする。この場合において、営業停止の期間は、七日以上とする。

ヌ　その他

(i) 建設業許可又は経営事項審査に係る虚偽申請等建設業法に規定する罰則の適用対象となる不正行為等については、告発をもって臨むなど、法の厳正な運用に努める。

(ii) 不正行為等に対する監督処分に係る調査等は、原則として、当該不正行為等があった時から三年以内に行う。ただし、他法令違反等に係る監督処分事由に該当する不正行為等であって、公訴提起されたもの等については、この限りでない。

(iii) 監督処分の内容については、速やかに公表する。

六　都道府県知事は、国土交通大臣又は他の都道府県知事の許可を受けた建設業者の当該都道府県の区域内における営業に関し、指示処分又は営業停止処分を行うことができることとされている（第四項及び第五項）。

建設業者の営業は、広く複数の都道府県にわたって行われる場合が少なくない。このような状況の下で監督処分の権限を許可行政庁のみに限定すると、許可行政庁たる国土交通大臣又は都道府県知事が監督処分を行うまでに相当の時間を要する場合が生じることも想定される。

このため、建設業者の不正行為に関する事実についてより的確に把握している者によって建設工事現場等に即した適切な監督処分が迅速に行われるよう、都道府県知事は、自らが許可を与えた建設業者のみならず、自らの管轄区域内における建設業者の営業についても、指示処分又は営業停止処分を行うことができることとしたものである。

なお、この場合、処分を行った都道府県知事は、処分を受けた建設業者に許可を与えた国土交通大臣又は都道府県知事に、その旨を通知することとされている（第六項）。

七　国土交通大臣又は都道府県知事は、建設工事を適切に施工しなかったため公衆に危害を及ぼしたとき、又は危害を及ぼすおそれが大であるとき、又は業務に関し他の法令に違反し、建設業者として不適当であると認められるときに建設業者に対して指示をする場合に、また都道府県知事は、建設工事を適切に施工しなかったため公衆に危害を及ぼしたとき、又は危害を及ぼすおそれが大であるときに許可を受けないで建設業を営む者に対して指示をする場合に、特に必要があると認めるときは、注文者に対しても適当な措置をとるべきことを勧告することができる。

㈠　建設業者等の施工する建設工事は、それが請負契約に従ってなされるため、注文者との間における請負契約又はそれに基づく指図、指示等に拘束される場合が非常に多い。

そのため、建設業者が公衆災害を発生させたり、又は法令に違反したりする場合も、その原因を調査すると注文者の強力な介入が一因となっているものもあるので、その是正については注文者に適当な措置をとるべきことを勧告し、是正の一助としようとするものである。

㈡　「特に必要があると認めるとき」とは、前述の趣旨のとおり、建設業者による危害の発生の原因が注文者の指図、指示等に起因するものであり、その防止につき注文者の是正措置が必要であるときをいう。

「注文者」とは、発注者のほか、建設工事の下請契約における元請負人をも含むものである。

「適当な措置」とは、当該事業に係る建設工事の請負契約及びそれに基づく指図、指示等の変更並びに注文者が継続的に建設工事を注文する者である場合等は、今後再び建設業者等をして違反に追い込むことを防止するため措置する事項等をその内容とするのが妥当であろう。

なお、この勧告は強制力を伴うものではなく、注文者の理解と協力に期待されるものである。

八　なお、本条、次条等に基づく国土交通大臣の監督処分に関する権限は、地方整備局長及び北海道開発局長に委任されている（第四十四条の三）。

〔法　律〕

（許可の取消し）

**第二十九条**　国土交通大臣又は都道府県知事は、その許可を受けた建設業者が次の各号のいずれかに該当するときは、当該建設業者の許可を取り消さなければならない。

一　一般建設業の許可を受けた建設業者にあつては第七条

第一号又は第二号、特定建設業者にあつては同条第一号又は第十五条第二号に掲げる基準を満たさなくなつた場合
二　第八条第一号又は第七号から第十三号まで（第十七条において準用する場合を含む。）のいずれかに該当するに至つた場合
二の二　第九条第一項各号（第十七条において準用する場合を含む。）のいずれかに該当する場合において一般建設業の許可又は特定建設業の許可を受けないとき。
三　許可を受けてから一年以内に営業を開始せず、又は引き続いて一年以上営業を休止した場合
四　第十二条各号（第十七条において準用する場合を含む。）のいずれかに該当するに至つた場合
五　不正の手段により第三条第一項の許可（同条第三項の許可の更新を含む。）を受けた場合
六　前条第一項各号のいずれかに該当し情状特に重い場合又は同条第三項若しくは第五項の規定による営業の停止の処分に違反した場合
2　国土交通大臣又は都道府県知事は、その許可を受けた建設業者が第三条の二第一項の規定により付された条件に違反したときは、当該建設業者の許可を取り消すことができる。

本条は、建設業者に対する監督処分のうち、許可の取消しについて定めたものである。
一　建設業の許可は許可の基準に適合する者に対し、一般的禁止を解除して適法に建設業を営むことを認めるものである。
　したがって、許可を受けた者が死亡したり解散したりしたことによりその人格が消滅した場合、若しくは営業する意思を失った場合等は建設業の許可が対人的に与えられる行政処分であり、許可を受けている地位はいわば一身専属権ともいうべきものであるから、許可の取消しを行って法律効果そのものを消滅させることが必要である。

　また、建設業の許可は一定の許可の基準に適合する者に対し与えられるものであり、この基準に適合しない者は的確に建設業を営むことが期待し得ないと考えられるから、一度許可を受けた者であっても、その後この基準に適合しないこととなったときは、許可を取り消して建設業を営むことを禁止すべきものである。不正の手段により許可行政庁を錯誤に陥れ許可を受けた者についても同様である。

　さらに建設業の許可は、許可申請者の有する営業所の設置の実態により区分され、その実態が変更された場合に

はそれに応じた必要な行政庁の許可を受けなければならないこととされているから（第九条、第十七条）、当該行政庁の許可を受けない場合には、その者の許可は、適法な許可とはいい難く、取り消されるべきものといえよう。また適法に許可を受けている場合であっても、監督処分事由に該当し情状特に重い場合又は監督処分のうちの営業停止の処分に違反した者は、適正な建設業の営業を行うことが期待し得ないので、許可を取り消して建設業を営むことを禁止するのは当然のことである。

したがって、本法はこれらの場合に対応するため建設業の許可の取消し事由を明示するとともに、建設業者がそれに該当した場合にはその許可の取消しを許可行政庁に義務付けたものである。

また、国土交通大臣又は都道府県知事は、その許可を受けた建設業者が第三条の二第一項の規定により付された条件に違反したときは、その建設業者の許可を取り消すことができることとされている。

二　国土交通大臣又は都道府県知事は、その許可を受けた建設業者が次の㈠から㈦までの一に該当するときは、当該建設業者の許可を取り消さなければならない（第一項）。

建設業者の許可の取消しをすべき行政庁は、当該建設業者に許可をした行政庁である。

「許可を取り消さなければならない」とされているから、許可の取消しについて行政庁が自由な裁量権を持つものではない。しかし、当該取消し事由に該当するか否かは、許可行政庁において判断するのが当然である。

㈠　一般建設業者にあっては第七条第一号又は第二号、特定建設業者にあっては同条第一号又は第十五条第二号に掲げる基準を満たさなくなった場合（第一号）

これは、一般建設業者又は特定建設業者のいずれにおいても、許可に係る建設業に関し、経営業務の管理責任者としての経験を有する者を欠くに至った場合、又は営業所ごとに置くべき専任の技術者を欠くに至った場合である。

なお、これらの者が死亡、退職、配置換え等で所要の場所に不在となった場合等においても、それらの者に代わるべき者があるときには、欠くに至った場合とはならず、変更の届出を提出することをもって足りる（第十一条第四項、第十七条）。

なお、これらの者を欠くに至った場合は、第十一条第五項の規定（第十七条において準用する場合を含む。）により、二週間以内に、その旨を届け出なければならない。

また、これに関連して、第七条第三号に規定する要件を欠くに至った場合又は同条第四号（特定建設業者にあっては第十五条第三号）に規定する要件を欠くに至った場合を許可の取消事由に含めない理由は、前者はそのような事実のある者は本条第六号に該当することをもってその許可を取り消すべきものであり、後者は企業の経営状態は常に変動するものであり、一時的に悪化しても企業の努力で回復することも十分期待され、また、一時的な悪化を理由として許可を取り消すことは、立ち直るべき企業を倒産に追い込むことにもなるので、ある程度長期的な見通し（許可の有効期間の五年間）の下にその状態を判断することとしたものである。

(二)　第八条第一号又は第七号から第十三号まで（第十七条において準用する場合を含む。）のいずれかに該当するに至った場合（第二号）

これは、許可を受けた後に許可の拒否事由に該当することとなった場合である。

第八条第二号から第六号までを許可の取消事由に含めないのは、許可の更新の拒否事由に含めない理由と同様である（第八条の解説の四参照）。

なお、この取消事由に該当するに至った場合は、第十一条第五項の規定（第十七条において準用する場合を含む。）により、二週間以内に、その旨を届け出なければならない。

(三)　第九条第一項各号（第十七条において準用する場合を含む。）の一に該当する場合において一般建設業の許可又は特定建設業の許可を受けないとき（第二号の二）。

「第九条第一項各号（第十七条において準用する場合を含む。）の一に該当する場合」とは、次のいずれかの場合である。

イ　国土交通大臣の許可を受けた者が一の都道府県の区域内にのみ営業所を有することとなったとき（第九条第一項第一号）。

ロ　都道府県知事の許可を受けた者が当該都道府県の区域内における営業所を廃止して、他の一の都道府県の区域内に営業所を設置することとなったとき（同条第一項第二号）。
ハ　都道府県知事の許可を受けた者が二以上の都道府県の区域内に営業所を有することとなったとき（同条第一項第三号）。
これらの場合には、いずれも第三条により必要とされる行政庁の許可を受けなければならず、新たな許可を受けたときは従前の許可はその効力を失うこととされているが、新たな許可を受けないときは、その者の許可は不適法な許可として取り消されるべきものである。
㈣　許可を受けてから一年以内に営業を開始せず、又は引き続いて一年以上営業を休止した場合（第三号）
いずれも建設業を営む意思がないものと認められるものであり、許可を取り消すものである。
この場合「営業」とは、建設工事の施工のみでなく、入札参加、積極的な契約の誘引等の請負契約の準備的行為あるいは前提行為等も広く含まれると解すべきであろう。
㈤　第十二条各号（第十七条において準用する場合を含む。）の一に該当するに至った場合（第四号）
具体的には、次のいずれかの場合である。
イ　許可に係る建設業者が死亡したとき（第十二条第一号）。
ロ　許可に係る建設業者である法人が合併により消滅したとき（同条第二号）。
ハ　許可に係る建設業者である法人が破産手続開始の決定により解散したとき（同条第三号）。
ニ　許可に係る建設業者である法人が合併又は破産手続開始の決定以外の事由により解散したとき（同条第四号）。
ホ　許可を受けた建設業を廃止したとき（同条第五号）。
これらは、許可に係る建設業者が消滅し又は許可に係る建設業を継続する意思を失ったものであるので、当然に許可の取消しを行うものである。

これらに該当するに至った場合には、第十二条の規定（第十七条において準用する場合を含む。）により、その事実を相続人等が届け出なければならないこととされているので、この届出により行政庁はその事実を了知し得されるが、仮にその届出がなされないものであっても許可行政庁が自らその事実を知った場合には当然許可が取り消される。

㈥　不正の手段により第三条第一項の許可（同条第三項の許可の更新を含む。）を受けた場合（第五号）

偽りその他の不正の手段により建設業の許可の申請をし、許可行政庁を錯誤に陥れ、営業の実体がないのに建設業の許可を受けた場合あるいは許可を拒否されるべき者が許可を受けたような場合には、建設業の許可の適正を保つためその許可は取り消されなければならないものである。

「不正の手段」とは、許可申請書及びその添付書類に虚偽の記載をしたり、許可の審査に関連する行政庁の照会、検査等に対し虚偽の回答等をしたり、あるいは暴行、脅迫その他の不正な行為により行政庁の判断を誤らせた場合等をいう。

㈦　第二十八条第一項各号の一に該当し情状特に重い場合又は同条第三項又は第五項の規定による営業の停止の処分に違反した場合（第六号）

許可を受けている建設業者が、建設工事を適正に施工しなかったため公衆に危害を及ぼしたとき、請負契約に関し不誠実な行為をしたとき等第二十八条第一項各号に掲げる監督処分事由に該当しその情状が特に重いと認められるとき、又は既に行われた営業の停止の処分に違反したときは、爾後建設工事を適切に施工する等建設業の営業を適正に行うことを期待することができないので、許可の取消しを行うものである。

「情状特に重い場合」とは、当該事案に関し建設業者の故意又は特に重大な過失が認められる場合、同種の事案を繰り返して生じさせていた場合などで建設業者の自主的な是正が期待し得ないときをいい、監督行政庁の適正な判断に基づいて決定されるべきである。

「営業の停止の処分に違反した場合」とは、その停止を命ぜられている範囲の営業について停止を命ぜられている期間中に営業行為を行ったときをいい、請負契約の締結に至る準備的行為としての入札、見積りその他契約の誘引行為もこれに含まれると解される。

三　第二十八条の解説の五㈦ロ②で述べたのと同様に建設業の業種別許可制の採用により、建設業の許可は業種ごとに独立した許可となるので、一の建設業者が二以上の建設業の許可を受けている場合は、その取り消すべき許可の範囲が問題となるが、取消し事由ごとに分類して説明すると次のとおりとなる。

㈠　本条第一項第一号に該当する場合には、その該当する事実に関する建設業の許可を取り消さなければならない。

㈡　本条第一項第二号に該当する場合には、次のイ、ロ、又はハに掲げる許可を取り消さなければならない。

イ　その該当する事実が第八条第一号、第七号から第九号まで又は第十三号に係るものであるときは、その建設業者が受けているすべての建設業の許可

ロ　その該当する事実が第八条第十号に係るもので、法定代理人が同条第一号から第五号まで又は第七号から第九号までに該当するときはその建設業者が受けているすべての建設業の許可、同条第六号に該当するときはその建設業の許可

ハ　その該当する事実が第八条第十一号又は第十二号に係るもので、その法人の役員等又はその法人若しくは個人の令第三条の使用人が同条第一号から第四号まで又は第七号から第九号までに該当するときはその建設業者が受けているすべての建設業の許可、同条第六号に該当するときはその建設業の許可

㈢　本条第一項第二号の二に該当する場合には、その建設業者が受けているすべての建設業の許可を取り消さなければならない。

㈣　本条第一項第三号に該当する場合には、その該当する事実に関する建設業の許可を取り消さなければならない。

㈤　本条第一項第四号に該当する場合には、その該当する事実が第十二条第一号から第四号までのいずれかに係るものであるときはその建設業者が受けているすべての建設業の許可を、同条第五号に係るものであるときはその廃止された建設業の許可を、それぞれ取り消さなければならない。

㈥　本条第一項第五号に該当する場合には、その該当する事実に関する建設業の許可を取り消さなければならない。

㈦　本条第一項第六号に該当する場合には、その該当する事実がその建設業者の経営のあり方等建設工事の施工に関する全般の姿勢に係るものであるときは、その情状に応じて許可の種類の区分にとらわれず相当と認める範囲の建設業の許可を、その該当する個々具体の建設工事の施工に関して生ずるものであるときはその具体の建設工

事に係る建設業の許可を、それぞれ取り消さなければならない。

四　建設業の許可の取消しの処分の効果は次のとおりである。

(一)　許可の取消しの処分の到達以後は、その許可を取り消された建設業については、令第一条の二に定める軽微な建設工事となるもののみを請け負って営業することを除き、営業することはできず、これに違反すればいわゆる無許可営業となり罰則の適用がある。

(二)　許可の取消しの処分を受けても、その処分の到達前に受注した建設工事については引き続き施工することができるとされているが、この場合においてその処分を受けた者又はその一般承継人は、許可を取り消された後二週間以内に、その旨を当該建設工事の注文者に通知しなければならない（第二十九条の三）。

(三)　本条第一項第五号又は第六号に該当することにより一般建設業又は特定建設業の許可を取り消された者は、その取消しの日から五年間は建設業の許可を受けることができない（第八条第二号、第十七条）。

(四)　本条第一項第五号又は第六号に該当することにより建設業の許可を取り消されたときは、その建設業者が法人であるときはその役員等及び当該処分の原因である事実について相当の責任を有する令第三条の使用人に対して、個人であるときは当該処分の原因である事実について相当の責任を有する令第三条の使用人に対し当該取消しに係る建設業について、営業の禁止の処分が必ずなされることとされている（第二十九条の四第二項）。

五　国土交通大臣又は都道府県知事は、その許可を受けた建設業者が第三条の二第一項の規定により付された条件に違反したときは、当該建設業者の許可を取り消すことができる（第二項）。

なお、法令上の義務を履行することを許可の条件として付することも可能ではあるが、この場合には、当該条件違反があったとしても、本条第一項第六号に該当する場合を除き、本項の規定により許可を取り消す前に、当該義務の履行を確保するための指示をし、又は営業停止を命ずることが妥当であろう。

〔法　律〕

**第二十九条の二**　国土交通大臣又は都道府県知事は、建設業者の営業所の所在地を確知できないとき、又は建設業者の所在（法人である場合においては、その役員の所在をいい、個人である場合においては、その支配人の所在を含むものとする。）を確知できないときは、官報又は当該都道府県の公報でその事実を公告し、その公告の日から三十日を経過しても当該建設業者から申出がないときは、当該建設業者の許可を取り消すことができる。

２　前項の規定による処分については、行政手続法第三章の規定は、適用しない。

本条は、建設業者の営業所の所在地又は建設業者の所在を確知できない場合における許可の取消しについての規定である。

一　建設業の健全な発達を促進し、公共の福祉の増進に寄与することを目的とする本法の趣旨からすると営業所の所在地が不明であるもの、あるいは建設業者の所在が不明であるものは、建設業者として社会的信用に疑問があり、これを放置することは、注文者の保護に欠け、建設業者に対する適正な指導監督等にも支障をきたすので、一定の手続きを経て、その許可を取り消し得ることとしたのが本条の趣旨である。

二　「建設業者の営業所の所在地を確知できないとき」とは、本店又は支店若しくは常時請負契約を締結する事務所の存在する場所が不明確な場合であり、「建設業者の所在を確知できないとき」とは、法人である場合においては役員の所在が、個人である場合においては本人又は支配人の所在が不明確な場合である。なお、「所在地」と「所在」では、一般的には、前者が広く一定の区域を指すのに対し、後者は具体的な場所を指すとされているが、ここでは要するに問題となる営業所の物的存在又は建設業者の行方が確認できない場合と考えればよい。

三　許可を取り消すに当たっては、許可行政庁が国土交通大臣であるときは官報により、都道府県知事であるときは公報により、あらかじめ当該確知できない事実を公告し、その公告の日から三十日を経過してもなお建設業者から申出がないときは、許可を取り消すこととなる。

四　なお、第一項の許可取消し処分については、行政手続法第三章の規定（不利益処分に係る規定）は適用しない。したがって、許可の取消しに当たって、同法に基づく聴聞を行うことを要しない。

〔法　律〕

（許可の取消し等の場合における建設工事の措置）

**第二十九条の三**　第三条第三項の規定により建設業の許可がその効力を失つた場合にあつては当該許可に係る建設業者であつた者又はその一般承継人は、第二十八条第三項若しくは第五項の規定により営業の停止を命ぜられた場合又は前二条の規定により建設業の許可を取り消された場合にあつては当該処分を受けた者又はその一般承継人は、許可がその効力を失う前又は当該処分を受ける前に締結された請負契約に係る建設工事に限り施工することができる。この場合において、これらの者は、許可がその効力を失つた後又は当該処分を受けた後、二週間以内に、その旨を当該建設工事の注文者に通知しなければならない。

2　特定建設業者であつた者又はその一般承継人若しくは特定建設業者の一般承継人が前項の規定により建設工事を施工する場合においては、第十六条の規定は、適用しない。

3　国土交通大臣又は都道府県知事は、第一項の規定にかかわらず、公益上必要があると認めるときは、当該建設工事の施工の差止めを命ずることができる。

4　第一項の規定により建設工事を施工する者で建設業者であつたもの又はその一般承継人は、当該建設工事を完成する目的の範囲内においては、建設業者とみなす。

5　建設工事の注文者は、第一項の規定により通知を受けた日又は同項に規定する許可がその効力を失つたこと、若しくは処分があつたことを知つた日から三十日以内に限り、その建設工事の請負契約を解除することができる。

本条は、許可の取消し等の場合における建設工事の措置等に関する規定である。

一　第一項は、第三条第三項の規定により有効期間が経過したため許可がその効力を失った場合、第二十八条第三項若しくは第五項の規定により営業の停止を命ぜられた場合、又は第二十九条若しくは第二十九条の二の規定により許可を取り消された場合においても、建設業者（建設業者であった者を含む。）又はその一般承継人は、許可が失効する前又は営業の停止若しくは許可の取消しを受ける前に有効に締結した請負契約に基づく建設工事については、これを施工することができるとしたものである。これは、許可が失効した場合や取り消された場合においても、それ以前に締結した請負契約が存するときは、それが特に問題を有するわけではなく適法に締結されたものである限り、注文者が解除をしない以上契約としてなお有効であり、当該許可の取消しを受けた者等は請負人として、依然として当該債務を履行すべき責を負うからである。また、逆に工事の施工を認めることは、場合によっては、注文者の期待に応えるものである。特に既に工事に着手している場合においては、途中でその施工を中止することは、通常注文者に不利益を被らせることとなるので、いたずらに工事の施工までも拒否すべきではないと考えられたものである。

なお、許可が効力を失った場合にあっては「当該許可に係る建設業者であつた者」とし、単に「建設業者であった者」としていないのは、建設業者が許可年月日の異なる複数の建設業の許可を受けている場合も予想され、そのような場合には、ある建設業の許可だけが失効し、他の建設業の許可はなお有効であるからである。

また、「一般承継人」とは、相続人、合併会社等のように前主の権利義務を包括的に承継する者をいう（民法第八百九十六条、商法第百三条参照）が、本法は、許可を個々の人格に着目した一身専属的なものとして、その一般承継を認めていない。しかし、許可を受けた個人が死亡した場合や、法人が合併により消滅した場合には、その相続人や合併後存続する会社は許可を受けていない場合においても、建設業者であった個人又は法人の請負契約に係る債権債務を引き継ぐのが例であり、当該請負契約に係る建設工事の施工を認めることが実際上必要とされるので、第四項において一般承継人も工事を完成する目的の範囲内においては建設業者とみなすこととし、工事の的確な施工を担保することとして、これを認めたものである。

二　第一項後段は、前段において、許可が失効した場合、営業の停止を命ぜられた場合、又は許可を取り消された場合においても、これらの処分等がなされる前に締結した請負契約に基づく建設工事については施工することができるとしているのを受けて、当該工事を施工することができる建設業者若しくは建設業者であった者、又はその一般承継人に対し、当該許可が失効したこと又は許可の取消し等の処分を受けたこと及び自分が工事を引き続き施工することなどを注文者に通知すべきことを義務付けたものである。この通知は、当該事実のあった日から二週間以内に行わなければならず（期間の計算は民法の例による。）、この通知を怠った者については罰則の適用がある（第五十二条、第五十三条）。

三　第二項は、前項の規定により建設工事を施工する場合において、当該失効し、又は処分を受けた許可が特定建設業の許可であったときには、下請代金の額が令第二条に定める四千万円（ただし、建築工事業においては六千万円）

を超える下請契約を締結することを前提としていたことも当然考えられるので、当該工事を円滑かつ的確に施工させるために、第十六条を適用しないこととしてそのような下請契約の締結を認めることにしたものである。

四　第一項の規定により、建設業者若しくは建設業者であった者又はその一般承継人は原則としてすでに締結している請負契約に係る建設工事を施工することができるのであるが、たとえば第二十九条第一項第六号に該当することを理由として許可を取り消された建設業者や、工事の的確な施工を管理する能力のない一般承継人については、工事の適正な施工自体に懸念があり、公衆に危害を及ぼすおそれさえある。そこで、このように公衆災害を防止するなど「公益上必要があると認めるとき」は、国土交通大臣又は都道府県知事は第三項の規定により当該建設工事の施工の差止めを命ずることができることとされている。この場合差止めを命ずる行政庁については特に明文の規定はないが、通常当該処分等を受けた建設業者又は建設業者であった者の許可行政庁あるいは当該建設工事の現場を管轄する都道府県知事が当該命令をするべきであろう。

第三項の規定により、建設工事の施工が差し止められた場合には、当該工事の注文者は、第五項との関連から、損害賠償をするまでもなく当然に契約の解除をすることができるものと解される。

五　第一項の規定により建設工事を施工する者は建設業者でない場合においても第四項の規定により、「当該建設工事を完成する目的の範囲内」においては、建設業者とみなされる。すなわち、これらの者も請負契約に係る建設工事を施工する以上、本法の規定に従って工事現場に必要な技術者を設置し（第二十六条、第二十六条の二）、工事の適正な施工を図るとともに、請負代金の支払その他下請負人の保護等請負契約に関する規定（第三章）を遵守しなければならない。

この場合、第二項の規定により第十六条の規定の適用を受けないものとされた特定建設業者であった者等も、単に「建設業者」とみなされているだけであるが、これらの者は特定建設業者に準じて下請代金の支払その他の義務を負うと考えるべきであろう。

六　第五項は、失効した許可を受けていた建設業者や、処分を受けた建設業者等と請負契約を締結した注文者に当該請負契約の解除権を認めたものである。これは許可業者であることに信用を置いて請負契約を締結した注文者の利益を保護するために、営業の停止を受けたり、許可を取り消されたりした建設業者等との請負契約を損害賠償をすることなく解除し得るとしたものである（民法第六百四十一条）。

ただし、この解除は、第一項の規定による通知を受けた日又は同項に規定する事実があったことを知った日のいずれか早い方の日から三十日以内に行わなければならない。この場合における期間の計算も民法の原則により初日は算入しない。

〔**法　律**〕

（営業の禁止）

**第二十九条の四**　国土交通大臣又は都道府県知事は、建設業者その他の建設業を営む者に対して第二十八条第三項又は第五項の規定により営業の停止を命ずる場合においては、その者が法人であるときはその役員等及び当該処分の原因である事実について相当の責任を有する政令で定める使用人（当該処分の日前六十日以内においてその役員等又はその政令で定める使用人であつた者を含む。次項において同じ。）に対して、個人であるときはその者及び当該処分の原因である事実について相当の責任を有する政令で定める使用人（当該処分の日前六十日以内においてその政令で定める使用人であつた者を含む。次項において同じ。）に対して、当該停止を命ずる範囲の営業について、当該停止を命ずる期間と同一の期間を定めて、新たに営業を開始すること（当該停止を命ずる範囲の営業をその目的とする法人の役員等になることを含む。）を禁止しなければならない。

2　国土交通大臣又は都道府県知事は、第二十九条第一項第五号又は第六号に該当することにより建設業者の許可を取り消す場合においては、当該建設業者が法人であるときはその役員等及び当該処分の原因である事実について相当の責任を有する政令で定める使用人に対して、個人であるときは当該処分の原因である事実について相当の責任を有する政令で定める使用人に対して、当該取消しに係る建設業について、五年間、新たに営業（第三条第一項ただし書の政令で定める軽微な建設工事のみを請け負うものを除く。）を開始することを禁止しなければならない。

〔**政　令**〕

（法第三条第一項ただし書の軽微な建設工事）

**第一条の二**　法第三条第一項ただし書の政令で定める軽微な建設工事は、工事一件の請負代金の額が建築一式工事にあつては千五百万円に満たない工事又は延べ面積が百五十平方メートルに満たない木造住宅工事、建築一式工事以外の建設工事にあつては五百万円に満たない工事とする。

2　前項の請負代金の額は、同一の建設業を営む者が工事の完成を二以上の契約に分割して請け負うときは、各契約の請負代金の額の合計額とする。ただし、正当な理由に基いて契約を分割したときは、この限りでない。

3　注文者が材料を提供する場合においては、その市場価格又は市場価格及び運送賃を当該請負契約の請負代金の額に加えたものを第一項の請負代金の額とする。

（使用人）

**第三条**　法第六条第一項第四号（法第十七条において準用する場合を含む。）、法第七条第三号、法第八条第四号、第十一号及び第十二号（これらの規定を法第十七条において準用する場合を含む。）、法第二十八条第一項第三号並びに法第二十九条の四の政令で定める使用人は、支配人及び支店又は第一条に規定する営業所の代表者（支配人である者を除く。）であるものとする。

本条は、営業の停止又は許可の取消しの処分を受けた建設業者等の役員等又は使用人等に対する営業の禁止に関する規定である。

一　建設業を営む者が営業の停止を受けた場合や、建設業者が許可の取消しを受けた場合にその企業の役員等や相当の責任を有する使用人が、新たに、自ら、又は他の建設業者の役員等となって営業を行うこととなったのでは、監督処分を行ってもその実効性を期することができないので、これらの者に対しても建設業者等に対する営業の停止や許可の取消しの処分と同時に営業の禁止をすることとしたのが、本条の趣旨である。

二　第一項は、建設業者や許可を受けないで建設業を営んでいる者に対して営業の停止を命ずる場合における営業の禁止に関する規定である。

営業を禁止される者は、営業の停止処分を受ける者が法人であるときはその役員等及び当該処分の原因である事実について相当の責任を有する政令で定める使用人であり、個人であるときは当該個人及び同じく相当の責任を有する政令で定める使用人である。「政令で定める使用人」とは、この場合も令第三条の使用人をさす（第六条の解説二の㈣参照）が、「相当の責任を有する」使用人とは、そのうち当該処分の原因である事実に関し、直接行為責任を有し、又はその職務権限等からみて監督責任を有する使用人のことをいう。なお、営業の禁止をする法人の役員等の範囲については、特に規定されていないが、処分原因発生後に新たに役員等になった者（処分原因により刑罰を受けた者を除く。）は除くものと解される。

また、本条においては、役員等及び使用人には、当該処分の日前六十日以内において役員等又は使用人であった者も含むこととされている。それは、処分の原因となる事実が発生しても、処分がなされるまでにはある程度の期間を要するので、その間に役員等又は使用人の地位にある者が処分を免れるためそれらの職を退くことが考えられるので、通常処分を行うために必要とされる期間も考慮して、処分の日前六十日以内において当該地位にあった者は処分の対象とすることとしたものである。また、個人の場合には、営業の停止を命ぜられた本人に対しても営業を禁止することとされているが、これは他の法人の役員等になることを特に禁止する必要があるからである（第八条第十号参照）。

禁止される行為は、営業の停止を命ずる範囲の営業を内容とする営業を新たに開始すること、又はそれを目的とする法人の役員等になることである（なお、営業の停止の範囲については、第二十八条の解説五参照）。また、営業を禁止される期間も営業の停止の期間と同一の期間である。これは、本項の営業の禁止が第二十八条第三項及び第五項の営業の停止の実効性を期するためのものであることから、それと同一範囲、同一期間について営業を禁止することが必要でありかつ十分であることによる。

三　第二項は、建設業者の許可を取り消す場合における営業の禁止に関する規定である。

本項により営業を禁止されるのは、第二十九条により許可を取り消す場合のうち、その事由が同条第五号又は第六号に該当するものに限られる。これは、同条第一号から第四号までに該当する場合の許可の取消しは、多分に形式的な要件の欠缺によるものであるという性格を持つことから、これを許可の拒否の基準として取り扱わないこととしている（第八条第二号から第四号）のに対応し、本条の営業の禁止事由から除外したものである。

営業を禁止される者は、前項の場合と同様に処分を受ける建設業者が法人であるときはその役員等及び相当の責任を有する令第三条の使用人、個人であるときは相当の責任を有する令第三条の使用人とされている。個人の場合に、前項と異なり、本人が含まれていないのは、本人は、第八条の規定により、五年間自ら許可を受けることができないばかりでなく（第八条第二号から第四号）、許可を受けようとする法人の役員等や個人の使用人となることもできない（第八条第十号及び第十一号）から、本項において特に営業を禁止する必要がないことによる。営業の禁止の対象となる使用人の範囲は、前項の場合と同じである。
禁止される行為は、取消しに係る建設業について、新たに営業を開始することである。本項の営業の禁止は、許可の取消しの処分の実効性を期するためのものであるから、本来許可を受ける必要のない軽微な建設工事（令第一条の二）のみを請け負うことは、これを禁止する理由がないので禁止の対象から除外するとともに、営業の禁止の期間も許可を受けることができない期間と同じく五年間としている。

四　本条による営業の禁止とは、「新たに」営業を開始することを禁止するものであり、処分を受ける以前から既に他の法人の役員等又は令三条の使用人となって行っている営業活動に影響を及ぼすものではない。

五　第一項の営業の禁止の処分に違反して建設業を営んだ者については、罰則の適用がある（第四十七条、第五十三条）。また、第二項の営業の禁止の処分に違反して建設業を営む場合には、当然無許可営業になる。

〔法　律〕

（監督処分の公告等）

**第二十九条の五**　国土交通大臣又は都道府県知事は、第二十八条第三項若しくは第五項、第二十九条又は第二十九条の二第一項の規定による処分をしたときは、国土交通省令で定めるところにより、その旨を公告しなければならない。

2　国土交通省及び都道府県に、それぞれ建設業者監督処分簿を備える。

3　国土交通大臣又は都道府県知事は、その許可を受けた建設業者が第二十八条第一項若しくは第四項の規定による指示又は同条第三項若しくは第五項の規定による営業停止の命令を受けたときは、建設業者監督処分簿に、当該処分の年月日及び内容その他国土交通省令で定める事項を登載しなければならない。

4　国土交通大臣又は都道府県知事は、建設業者監督処分簿を公衆の閲覧に供しなければならない。

本条は、建設業者に対する監督処分に係る公告等について定めたものである。

一　第一項は、監督処分の公告についての規定である。
国土交通大臣又は都道府県知事は、建設業者に対し営業停止又は許可の取消しを行ったときは、当該建設業者と新たに取引関係に入ろうとしている者にその処分に関する情報を提供するため、その旨を公告しなければならないこととしたものである。公告は、国土交通大臣が行う場合は官報により、都道府県知事が行う場合は当該都道府県の公報又はウェブサイトへの掲載等適切な方法で行うこととされている（規則第二十三条の二）。

なお、この公告は、不正行為を原因とする処分だけでなく、廃業等の届出が行われた場合や建設業者の所在が確知できない場合に行われる許可の取消しについても、行われるものである。

二　第二項以下は、監督処分簿についての規定である。

国土交通大臣又は都道府県知事は、その許可に係る建設業者が不正行為を原因として受けた指示処分又は営業停止処分の結果について、当該処分の年月日、内容等を記載した建設業者監督処分簿を備え、公衆の閲覧に供しなければならないとされている。

〔法　律〕

（不正事実の申告）

**第三十条**　建設業者に第二十八条第一項各号の一に該当する事実があるときは、その利害関係人は、当該建設業者が許可を受けた国土交通大臣若しくは都道府県知事又は営業としてその建設工事の行われる区域を管轄する都道府県知事に対し、その事実を申告し、適当な措置をとるべきことを求めることができる。

2　第三条第一項の許可を受けないで建設業を営む者に第二十八条第二項各号の一に該当する事実があるときは、その利害関係人は、当該建設業を営む者が当該建設工事を施工している地を管轄する都道府県知事に対し、その事実を申告し、適当な措置をとるべきことを求めることができる。

本条は、利害関係人に建設業を営む者の不正事実の申告権を認めた規定である。

一　建設業者に第二十八条第一項各号の一に該当する事実があるとき、又は許可を受けないで建設業を営む者に第二十八条第二項各号の一に該当する事実があるときは、国土交通大臣又は都道府県知事が指示又は営業の停止をすることができるが、行政庁がそのような事実を迅速、かつ、的確に把握できない場合も予想されるので、不正不当な建設業者等に対する監督の適切、かつ、十分な実施を確保するため、広く一般国民についても利害関係のある限り、当該不正事実を申告し、適当な措置をとるべきことを求めることができることとしたものである。

二　第一項は、建設業者に第二十八条第一項各号の一に該当する事実がある場合であり、この場合には当該建設業者の許可行政庁又は当該建設工事の現場を管轄する都道府県知事に対し申告することとなる。これに対し第二項は、許可を受けないで建設業を営む者に第二十八条第二項各号の一に該当する事実がある場合であり、この場合には許可行政庁がないので当該建設業を営む者が建設工事を施工している地を管轄する都道府県知事に対し申告することとなる。

三　「利害関係人」とは、法律上の利害関係人、すなわち、特定の事情の有無によって権利義務の得喪又は実行に影響を受ける者をいうが、公益の保護をなすべき行政庁もこの利害関係人に含まれると解すべきであろう。どのような者が利害関係人に該当するかは、具体的な事例に即して判断しなければならないが、注文者、粗雑な工事の施工のため危害を被った第三者等が典型的なものとして想定される。この場合現実に危害を生じたことは必ずしも要件ではないが、危害を受けることとなるかも知れないという抽象的なおそれがあるだけの不特定の第三者は含まれない。

四　申告を受けた行政庁は、事実を速やかに調査して、違反の是正、危害の防止等必要な措置を的確に講じるべきであることはいうまでもない。

〔法　律〕

（報告及び検査）

**第三十一条**　国土交通大臣は、建設業を営むすべての者に対して、都道府県知事は、当該都道府県の区域内で建設業を営む者に対して、特に必要があると認めるときは、その業務、財産若しくは工事施工の状況につき、必要な報告を徴し、又は当該職員をして営業所その他営業に関係のある場所に立ち入り、帳簿書類その他の物件を検査させることができる。

2　当該職員は、前項の規定により立入検査をする場合においては、その身分を示す証票を携帯し、関係人の請求があつたときは、これを呈示しなければならない。

3　当該職員の資格に関し必要な事項は、政令で定める。

〔政　令〕

（立入検査をする職員の資格）

**第二十八条**　法第三十一条第一項の規定により立入検査をすることができる職員は、一般職の職員の給与に関する法律（昭和二十五年法律第九十五号）第六条第一項第一号イに規定する行政職俸給表㈠の適用を受ける国家公務員又はこれに準ずる都道府県の公務員でなければならない。

本条は、国土交通大臣又は都道府県知事の建設業を営む者に対する報告徴取、及び当該職員の営業所等に対する立入検査に関する規定である。

一　報告徴取権及び立入検査権が認められているのは、行政庁がその権限を的確に行使し、建設工事の適正な施工の確保、発注者の保護等本法の目的を十分に達成することができるようにすることを意図したものである。したがって、報告の徴取又は立入検査をすることができる場合は、行政庁が本法の目的に沿ってその権限を行使する上で「特に必要があると認めるとき」に限られる。たとえば、第三条の許可、第二十八条の指示又は営業の停止、第二十九条の許可の取消し等の処分をするに当たって、その是非を判断する上で必要な場合がこれに該当し得るであろう。これに対し、具体的な必要性がないのにむやみに報告を徴したり、他の営業所に立入検査をしたついでに目的外の営業所に立入検査することは許されない。

さらに、報告を徴することができる事項の範囲も当該目的を達するために必要な業務、財産又は工事施工の状況に限られる。また立入検査をし得る場所及び物件も必要な営業所又は帳簿等に限られ、検査の目的に関係のない書類を検査したり、営業には関係のない建設業者の住居等に立ち入ることはできない。「営業所その他の営業に関係のある場所に立ち入り」とあるのは、この趣旨を明らかにしたものであり、ここに「営業の関係のある場所」とは、たとえば工事現場をはじめ、資材置場、法律上営業所とは認められない連絡事務所、現場事務所等を含むものである。

二　報告の徴取又は立入検査の対象となる者は、国土交通大臣にあっては「建設業を営むすべての者」であるが、都道府県知事にあっては「当該都道府県の区域内で建設業を営む者」に限られている。しかし、いずれの場合においても建設業を営む者でありさえすれば、許可の有無にかかわらず対象とされ、また、後者の場合においても当該都道府県の区域内で建設業を営む者であれば大臣許可業者あるいは他県知事許可業者の如何を問わず対象となる。

三　第二項は、立入検査をする職員は省令で定められた様式による身分証明書（規則第二十四条）を携帯し、関係人から請求があったときは、これを見せなければならないことと規定したものである。

これは、憲法第三十五条において住居の不可侵を規定し、捜索又は押収については司法官憲の発する令状主義をとっていることにかんがみ、この立入検査が犯罪捜査のために行われるものではないことを示すとともに、立入検査を適正に行うためにとられる措置である。

四　立入検査をする職員は、一般職の職員の給与に関する法律第六条第一項第一号イに規定する行政職俸給表(一)の適用を受ける国家公務員又はこれに準ずる都道府県の公務員でなければならないとされている（令第二十八条）。これは、三に述べた理由から、立入検査権の乱用を防止し、適正な検査を実施するために設けられた制限である。

〔法　律〕

（参考人の意見聴取）

**第三十二条**　第二十九条の規定による許可の取消しに係る聴聞の主宰者は、必要があると認めるときは、参考人の意見を聴かなければならない。

2　前項の規定は、国土交通大臣又は都道府県知事が第二十八条第一項から第五項まで又は第二十九条の四第一項若しくは第二項の規定による処分に係る弁明の機会の付与を行う場合について準用する。

本条は、監督処分を行う場合における参考人の意見聴取に関する規定である。

行政庁が不利益処分をしようとする場合には、当該不利益処分の名あて人となるべき者について、その処分の内容に応じ、聴聞か弁明の機会の付与のいずれかの手続きをとらなければならないこととされている（行政手続法第十三条）。

建設業を営む者に対し監督処分を行う場合にも、これらの手続きがとられることとなるが、本条は、適切かつ公正な処分を期する観点から、当該手続きに際し、必要に応じ、参考人より意見を聴取しなければならないこととしたものである。

本条において、聴聞が必要なものとして、建設業の許可の取消しが、弁明の機会の付与が必要なものとして、指示処分、営業停止処分及び営業禁止処分があげられているが、いずれの場合も、主宰者は、必要があると認めるときは、参考人の意見を聴かなければならない。なお、参考人としては、処分の対象となっている建設業を営む者と請負契約を締結した注文者、建設工事の施工により損害を受けた第三者、学識経験者等が考えられる。

# 第六章　中央建設業審議会等

〔法　律〕
**第三十三条**　削除
（中央建設業審議会の設置等）
**第三十四条**　この法律、公共工事の前払金保証事業に関する法律及び入札契約適正化法によりその権限に属させられた事項を処理するため、国土交通省に、中央建設業審議会を設置する。
2　中央建設業審議会は、建設工事の標準請負契約約款、入札の参加者の資格に関する基準並びに予定価格を構成する材料費及び役務費以外の諸経費に関する基準を作成し、並びにその実施を勧告することができる。

〔政令〕
（中央建設業審議会の所掌事務）
**第二十八条の二**　中央建設業審議会は、法第三十四条第一項に規定するもののほか、資源の有効な利用の促進に関する法律（平成三年法律第四十八号）第十七条第三項及び第三十六条第三項の規定に基づきその権限に属させられた事項を処理する。

本条は、中央建設業審議会についてその設置、設置の目的等を規定したものである。
一　建設業の改善に関する重要な事項を調査審議するため設置される建設業審議会には中央建設業審議会と都道府県建設業審議会とがある。本法が制定されたときには、建設業審議会は必置機関であり、現在のように都道府県建設業審議会が任意機関となっているのとは異なっていたのみならず、その所掌範囲も当時の方が広かった。すなわち、本法制定当時の建設業審議会は、建設大臣又は都道府県知事の諮問に応じて重要事項を調査審議し、建設業に関する事項について関係各庁に建議するほかに、建設大臣又は都道府県知事の行う監督処分のうち重要なものについて同意又は不同意を議決し（監督行政庁は、建設業審議会の同意を得なければ建設業者の登録の取消処分等を行うことはできなかった。）、また建設工事の請負契約に関する紛争のあっせんを行っていた。

しかし昭和二十六年の改正で審議会の簡素化の一環として監督行政庁の建設業者に対する処分に関して建設業審議会に同意を求めることは廃止され、ついで昭和三十一年の改正で建設工事の請負契約に関する紛争を処理するために建設工事紛争審査会が設置されたことに伴い、建設業審議会が紛争の解決のためにあっせんを行うこともなくなり、結局現在の姿となったのであった。都道府県建設業審議会が必置機関でなく、任意機関になったのもこの昭和三十一年である。

その後、「審議会等の整理合理化に関する基本的計画」（平成十一年四月二十七日中央省庁等改革推進本部決定）に基づき、中央省庁等改革の一環として国の行政組織の減量・効率化を図るための審議会等の整理合理化として、中央建設業審議会についても改組が行われ、平成十三年一月六日より、従来中央建設業審議会が有していた基本的な政策審議機能は社会資本整備審議会（第三十九条の三参照）に移管されることとなった。そして、改組後の中央建設業審議会では行政の執行過程における計画・基準の策定について同意・勧告等を行うこととなった。

二　中央建設業審議会は、第三十四条第一項の規定により本法、公共工事の前払金保証事業に関する法律及び入札契約適正化法によりその権限に属させられた事項を処理するとともに、令第二十八条の二の規定により再生資源の利用の促進に関する法律（平成三年法律第三十八号。再生資源の利用の促進に関する法律の一部を改正する法律（平成十二年法律第百十三号）により「資源の有効な利用の促進に関する法律」に改称。）の規定に基づいてその権限に属させられた事項も処理することとされている。具体的には、国土交通大臣は、保証事業会社に対する登録の取消し等の処分、入札契約適正化法に基づく適正化指針の作成等の前に、中央建設業審議会の意見を聴かなければならないこととされている。

三　また、中央建設業審議会の機能としては、二で述べたほかに、建設工事の標準請負契約約款、入札の参加者の資格に関する基準並びに予定価格を構成する材料費及び役務費以外の諸経費に関する基準を作成すること、そして、その実施を勧告することがあげられる（第三十四条第二項参照）が、これらは本審議会の特色をなすものである。すなわち、標準請負契約約款を定めたり、入札参加者の資格の基準や予定価格の基準を定めたりすることは、本来契約当事者、あるいは注文者が自由に判断し、決定すべきものであって、一行政機関がこれを一方的に作成して使用を勧告する性質のものではない。しかし請負契約を締結する当事者間の力関係が一方的であるならば、たとえば大発注機関と受注者との契約であるならば発注者に有利に、また一般消費者と建設業者との請負契約であるならば受注者に有利に契約内容や請負代金が定められてしまうおそれが強い。実質的な当事者間の平等性を確保するために契約内容を適正なものとし、また契約の履行を確保するために紛争処理機関を設置するというのが本法の基本的な態度であり、そのためには抽象的な規定を設けるより、当事者間の具体的な権利義務の内容を定めることが最も適当であるので、このような見地から標準請負契約約款等を作成することとしたものである。このような約款の作成は発注者、受注者そして学識経験者よりなる中立的な機関で行われることが望ましく、そのような機関として中央建設業審議会が存するわけである。中央建設業審議会が他の審議会と異なる特色を有するのはここにあり、発注者、受注者及び学識経験者よりなる中央建設業審議会という一つの機関がその名において発注者であるすべての機関に対して標準請負契約約款の採用を勧告し、建設工事の入札制度の合理化対策について勧告したものである。現在までのところでは建設工事の標準請負契約約款は、公共工事用のもの一種、民間工事用のもの二種そして下請工事用のもの一種の合計四種が作成勧告されている。また入札参加者の資格の基準についても入札合理化対策が関係各庁に建議されている。

四　なお、中央建設業審議会は、中央建設工事紛争審査会と同様、国家行政組織法第八条に規定する審議会等として置かれているものである。

## 中央建設業審議会の改組

**☆中央建設業審議会（旧）**
○機能：①建設業の改善に関する重要事項の調査審議
　　　　②建設業に関する事項について関係各庁に建議
　　　　③経営事項審査の項目及び基準について意見を述べる
　　　　④建設工事の標準請負契約約款等の作成及びその実施の勧告　等
○組織：委員は三十人以内（学識経験者、建設工事の需要者及び建設業者）
　　　　委員の任期は二年
　　　　専門事項を調査審議するために専門委員を置くことができる。

**☆中央建設業審議会（新）**
○機能：①経営事項審査の項目及び基準について意見を述べる
　　　　②建設工事の標準請負契約約款等の作成及びその実施の勧告　等
○組織：委員は二十人以内（学識経験者、建設工事の需要者及び建設業者）
　　　　委員の任期は二年
　　　　専門事項を調査審議するために専門委員を置くことができる。

**☆社会資本整備審議会（新）**
○機能：①建設業の改善に関する重要事項の調査審議
　　　　②建設業に関する事項について関係各庁へ意見を述べる
○組織：委員は三十人以内（学識経験者）
　　　　委員の任期は二年
　　　　特別の事項を調査審議させるために臨時委員を置くことができる。
　　　　専門の事項を調査させるため専門委員を置くことができる。
○分科会：審議会に分科会を置き、建設業に関する事務については産業分科が所掌

〔法　律〕

（中央建設業審議会の組織）

**第三十五条**　中央建設業審議会は、委員二十人以内をもつて組織する。

2　中央建設業審議会の委員は、学識経験のある者、建設工事の需要者及び建設業者のうちから、国土交通大臣が任命する。

3　建設工事の需要者及び建設業者のうちから任命する委員の数は同数とし、これらの委員の数は、委員の総数の三分の二以上であることができない。

本条は、中央建設業審議会の組織についての定めである。

中央建設業審議会は、発注者及び受注者からは中立的な機関として建設工事の請負契約の適正化のために標準請負契約約款を作成し、あるいは入札参加資格者の基準、予定価格の基準を定め、その実施を広く各発注者、建設業者に勧告する機関であるので、審議会の組織においてはその中立性の確保が重要である。そこで本条第二項、第三項の規定があり、委員は、学識経験者、発注者そして建設業者からなり、委員の任命に際しては、発注者側委員数と建設業者（受注者）側委員の数とを同数とし、両者を合わせた委員の数が総数の三分の二以上とならないこととすることにより、調査審議の内容の中立性、適確性を確保しているわけである。また同じ考え方により、審議会は委員の総数の二分の一以上が出席しなければ会議を開くことができず、また審議会としての議決は、学識経験者、発注者、建設業者のいずれか一に属する委員の出席者の数が出席委員の総数の二分の一を超えるときには行うことができないこととなっている（令第二十九条）。

〔法　律〕

（準用規定）

**第三十六条**　第二十五条の三第一項、第二項及び第四項並びに第二十五条の四の規定は、中央建設業審議会の委員について準用する。

本条は、建設工事紛争審議会の委員に関する規定を中央建設業審議会の委員について準用した規定である。準用の結果は次のようになる。
審議会の委員の任期は二年であり、補欠の委員の任期は前任者の残任期間である。また再任を妨げない。また破産者で復権を得ない者、禁錮以上の刑に処せられ、その執行を終わり、又はその執行を受けることがなくなった日から五年を経過しない者は委員となることができない。

〔法　律〕
（専門委員）
**第三十七条**　建設業に関する専門の事項を調査審議させるために、中央建設業審議会に専門委員を置くことができる。
2　専門委員は、当該専門の事項に関する調査審議が終了したときは、解任されるものとする。
3　第二十五条の三第四項、第二十五条の四及び第三十五条第二項の規定は、専門委員について準用する。

本条は中央建設業審議会の専門委員に関する規定である。
一　中央建設業審議会の審議する事項は、その内容も多岐にわたり、事柄によっては専門的な知識を要するものも多い。このため、委員とは別に、建設業に関する専門の事項を調査審議させるため、昭和三十六年の法改正により、中央建設業審議会に専門委員を置くことができることとなった。
二　専門委員は、学識経験者、建設工事の需要者及び建設業者から国土交通大臣が任命するが、破産者で復権を得ない者、禁錮以上の刑に処せられ、その執行を終わり、またはその執行を受けることがなくなった日から五年を経過しない者は専門委員になることができない。専門委員も委員と同様非常勤である。
専門委員は、特定の専門の事項を調査審議させるために任命され、当該専門の事項に関する調査審議が終了したときは、当然に解任される。したがって任命については発令行為が必要であるが、解任については発令行為を必要としない。
三　専門委員は議決権を有せず、また部会の委員になることもできない。

〔法　律〕
（中央建設業審議会の会長）

**第三十八条**　中央建設業審議会に会長を置く。会長は、学識経験のある者である委員のうちから、委員が互選する。
2　会長は、会務を総理する。
3　会長に事故があるときは、学識経験のある者である委員のうちからあらかじめ互選された者が、その職務を代理する。

本条は中央建設業審議会の会長の職務等に関する規定である。
中央建設業審議会の会務を総理するため、会長が置かれる。中央建設業審議会の発注者及び受注者から中立的な性格（第三十四条参照）を確保するため、会長は学識経験者である委員の中から委員の互選により決定される。
会長に事故がある場合に備えてあらかじめ互選で決める会長代理も同様に学識経験者でなければならない。

**〔法　律〕**
（政令への委任）
**第三十九条**　この章に規定するもののほか、中央建設業審議会の所掌事務その他中央建設業審議会について必要な事項は、政令で定める。

**〔政　令〕**
（中央建設業審議会の議事）
**第二十九条**　中央建設業審議会は、委員の総数の二分の一以上が出席しなければ、会議を開くことができない。
2　学識経験のある者、建設工事の需要者又は建設業者のいずれか一に属する委員の出席者の数が出席委員の総数の二分の一を超えるときは、議決をすることができない。
3　中央建設業審議会の議事は、出席委員の過半数をもつて決する。可否同数のときは、会長が決する。
（部会）
**第三十条**　中央建設業審議会は、その定めるところにより、部会を置くことができる。
2　部会は、それぞれ学識経験のある者、建設工事の需要者及び建設業者である委員のうちから会長が指名した者で組織する。法第三十五条第三項の規定は、この場合に準用する。
3　部会に部会長を置き、会長が指名する。
4　部会長は、部会の事務を掌理する。
5　中央建設業審議会は、その定めるところにより、部会の議決をもつて中央建設業審議会の議決とすることができる。
6　前条の規定は、部会の議事に準用する。この場合において、同条第三項中「会長」とあるのは、「部会長」と読み替えるものとする。
（中央建設業審議会の庶務）
**第三十一条**　中央建設業審議会の庶務は、国土交通省土地・建設産業局建設業課において処理する。

（中央建設業審議会の運営）
**第三十二条**　この政令で定めるもののほか、中央建設業審議会の運営に関し必要な事項は、中央建設業審議会が定める。

本条は、中央建設業審議会に関する規定の政令委任規定である。
政令では、本条を受けて、中央建設業審議会の議事に関する規定を設けている（令第二十九条）。

〔**法　律**〕
（都道府県建設業審議会）
**第三十九条の二**　都道府県知事の諮問に応じ建設業の改善に関する重要事項を調査審議させるため、都道府県は、条例で、都道府県建設業審議会を設置することができる。
２　都道府県建設業審議会に関し必要な事項は、条例で定める。

本条は都道府県建設業審議会についての定めである。
建設業法制定当初は、都道府県建設業審議会は、知事の行う監督処分について同意を与えること、建設工事の請負契約に関する紛争についてあっせんを行うこともその職権に含んでいたので必置機関であったが、現在は任意機関となっており、都道府県知事の諮問に応じ建設業の改善に関する重要事項を調査審議させるために設置されることになっている。
都道府県建設業審議会に関し必要な事項は条例で定めることとされている。

〔**法　律**〕
（社会資本整備審議会の調査審議等）
**第三十九条の三**　社会資本整備審議会は、国土交通大臣の諮問に応じ、建設業の改善に関する重要事項を調査審議する。
２　社会資本整備審議会は、建設業に関する事項について関係各庁に意見を述べることができる。

一　社会資本整備審議会は、旧都市計画中央審議会、公共用地審議会、中央建設業審議会、歴史的風土審議会、河川審議会、道路審議会、国土開発幹線自動車道建設審議会、住宅宅地審議会及び建築審議会の機能の全部又は一部を

統合し、基本的政策型審議会として平成十三年一月六日より国土交通省に置かれたものである。

二　その主な機能としては、①国土交通大臣の諮問に応じて不動産業、宅地、住宅等に関する重要事項を調査審議すること、②①の重要事項に関し、関係行政機関に意見を述べること、③建設業法等の規定により、その権限に属せられた事項を処理することがあげられる。

三　本条においては、①国土交通大臣の諮問に応じ、建設業の改善に関する重要事項を調査審議すること（第一項）及び②建設業に関する事項について関係各庁に意見を述べること（第二項）という、旧中央建設業審議会から引き継がれた機能について規定している。

四　なお、社会資本整備審議会の組織等については、社会資本整備審議会令（平成十二年政令第二百九十九号）で定められている。

# 第七章　雑　則

〔法　律〕

（電子計算機による処理に係る手続の特例等）

**第三十九条の四**　許可申請書の提出その他のこの法律の規定による国土交通大臣又は都道府県知事（指定経営状況分析機関を含む。）に対する手続であつて国土交通省令で定めるもの（以下「特定手続」という。）については、国土交通省令で定めるところにより、磁気ディスク（これに準ずる方法により一定の事項を確実に記録しておくことができる物を含む。以下同じ。）の提出により行うことができる。

2　前項の規定により行われた特定手続については、当該特定手続を書面の提出により行うものとして規定したこの法律の規定に規定する書面の提出により行われたものとみなして、この法律の規定（これに係る罰則を含む。）を適用する。この場合においては、磁気ディスクへの記録をもつて書面への記載とみなす。

本条は、磁気ディスクの提出により建設業の許可の申請等の手続が行えるよう、規定の整備を行ったものである。

磁気ディスクの提出により行うことができる手続については、証明書・誓約書の提出等、事柄の性質上、磁気ディスクによる提出になじまない手続を除き、各々の許可行政庁（国土交通大臣又は都道府県知事）や建設業者のＯＡ化の状況等を見定めつつ、慎重に検討されることとなる。

一　第一項は、本法の規定に基づき国土交通大臣又は都道府県知事に対して行われる一定の手続を、磁気ディスクの提出により行うことができることとしたものである。

「磁気ディスク（これに準ずる方法により一定の事項を確実に記録しておくことができる物を含む。）」とは、機械装置等を使用して、記録されるべき事項が、一定の場所に確実に記録できるとともに、いったん記録された内容が長期間にわたって保存でき、かつ、必要に応じて記録された内容を再生することができる物を指すものである。ここで、「これに準ずる方法により一定の事項を確実に記録しておくことができる物」とあるのは、将来の技術の進展に応じて記録媒体を選択できる余地を残しているものであり、したがって、法律上は、フレキシブルディスク等技術的な意味での磁気ディスクのほか、磁気テープ、光ディスク、不揮発性ＩＣメモリ等の記録媒体をも含むものである。

二　第二項は、本法の規定上は各種の手続を書面の提出により行うこととされているので、本項により、磁気ディスクの提出を書面の提出とみなすこととしたものである。この場合、磁気ディスクへの記録を書面への記載とみなすこととなる。

三　従来、第三項には、閲覧に供するための書類の提出が磁気ディスクの提出により行われた場合、国土交通大臣又は都道府県知事は書面による閲覧に代え、電子計算機に備えられたファイルに記録された事項を公衆の閲覧に供することができる旨の規定が置かれていたが、行政手続等における情報通信の技術の利用に関する法律（平成十四年法律第百五十一号。以下「オンライン化法」という。）第五条において同旨の規定が整備されたことに伴い、同項は削除されたものである。

なお、第一項及び第二項に規定されている、磁気ディスクを使用した申請については、オンライン化法第三条（行政機関等に対する申請等についでは原則としてすべてオンライン手続を可能とする規定）とは重複しないため、引き続き規定されているものである。

〔法　律〕

一（標識の掲示）

**第四十条**　建設業者は、その店舗及び建設工事の現場ごとに、公衆の見易い場所に、国土交通省令の定めるところにより、許可を受けた別表第一の下欄の区分による建設業の名称、一般建設業又は特定建設業の別その他国土交通省令で定める事項を記載した標識を掲げなければならない。

本条は、建設業者に対し、その店舗及び建設工事の現場ごとに、一定の標識を掲げるべきことを義務付けたものである。

一　本条が建設業者に対して標識の掲示を義務付けた趣旨は、第一に、当該建設業の営業又は当該建設工事の施工が建設業法による許可を受けた適法な業者によってなされていることを対外的に明らかにさせようとすることにある。

建設工事の現場に掲げなければならない標識としては、本条による建設業の許可票のほかたとえば建築基準法第八十九条の規定による建築確認票及び労働者災害補償保険法施行規則第四十九条の規定による労災保険関係成立票があるが、これらの標識の掲示も当該建設工事の施工、建設労働者の使用等が建築基準法及び労働者災害補償保険法上適法なものであることを対外的に明らかにすることをその趣旨として含んでいる。

このように本条の建設業の許可に係る標識の掲示は、建設業の営業及び建設工事の施工の適法性を対外的に明らかにする趣旨を含むものであるが、ここにいう適法性とは業種別許可制を踏まえた上での適法性であることはいうまでもない。したがって、後で述べるようにこの標識は許可を受けた建設業の業種を必ず記載しなければならないとされている。

標識の掲示を義務付けた第二の趣旨は、建設工事の施工形態の特殊性に由来するものである。すなわち、建設工事の施工は場所的に移動的であり、時間的に一時的であることから、安全施工、災害防止等の責任があいまいになりがちであり、また建設工事においては通常、多数の下請負人が交互にあるいは同時に施工に携わるという実態があり、対外的に責任主体が誰であるかが不明確となりやすく、これらを防止する意味において標識の掲示が必要とされるのである。

二　標識の記載事項等
本条の規定によって店舗又は建設工事の現場に掲示すべき標識の記載事項は次のとおりである（規則第二十五条第一項）。
(一)　一般建設業又は特定建設業の別
(二)　許可年月日、許可番号及び許可を受けた建設業
(三)　商号又は名称
(四)　代表者の氏名
(五)　主任技術者又は監理技術者の氏名
ただし主任技術者又は監理技術者の氏名については、店舗に掲げる標識には記載する必要はない。
これらの事項を記載した標識は、一定の様式に従って作製することを義務付けられており、その大きさについても定められている（規則第二十五条第二項）。
三　本条の違反については、罰則の適用がある（第五十五条第三号）。

〔法　律〕
（表示の制限）
**第四十条の二**　建設業を営む者は、当該建設業について、第三条第一項の許可を受けていないのに、その許可を受けた建設業者であると明らかに誤認されるおそれのある表示をしてはならない。

本条は、建設業を営む者が、その営業に際し、許可を受けていない建設業に関しあたかもその許可を受けているような表示をすることを禁止したものである。
一　本条の主たる趣旨は取引の相手方たる発注者特に民間の一般発注者を保護しようとするものである。一般的に、元請負人又は下請負人たる建設業者には、請負契約の相手方が許可を受けた建設業者であるかどうかを確認する注意義務が課せられていると考えられ、第二十八条第一項第六号も、建設業者が、第三条第一項の規定に違反して許

可を受けないで建設業を営む者と下請契約を締結したときは、当該契約において元請負人であるか下請負人であるかを問わず、指示処分等の対象となり得るとしているのであるが、建設業者でないいわゆる民間の一般発注者については、請負人が許可を受けた者であるか否かを周到に調査することは望ましいにしても、義務とすることはできない。そのため、特に請負人の側における虚偽の表示を禁止し、発注者の保護を図ろうとするのが本条の趣旨である。しかし本条が設けられた趣旨はそれだけではない。すなわち、許可業者であることの不正表示は、それ自体が許可制を骨格とする本法の制度自体を脅かすものであり、制度上許されない行為である。

このように本条の趣旨は、発注者の保護と許可制度の確保の二点にあるのであって、建設業者間の公正な競争秩序の維持を目的とするものではない。

ただし、建設業者であることの表示が、同時に他の建設業者の商号又は許可番号の不正表示である場合においては、不正競争防止法の違反として公正な競争秩序の維持の観点から規制を加えられる場合がある。

二　本条によって禁止されるのは、建設業を営む者が許可を受けた建設業者であると表示することであるが、その表示の態様及び程度は、許可を受けた建設業者であると明らかに誤認されるおそれのある表示である。

まず、態様としては、次の三つに分けられる。

㈠　一般建設業又は特定建設業の許可のいずれをも問わず、建設業の許可をまったく受けていない者が、一般建設業又は特定建設業の許可を受けていると表示する場合

㈡　一般建設業の許可を受けている者が、その許可に係る建設業以外の建設業について一般建設業の許可を受けていると表示する場合、又は特定建設業の許可を受けていると表示する場合

㈢　特定建設業の許可を受けている者が、その許可に係る建設業以外の建設業について一般建設業又は特定建設業の許可を受けていると表示する場合

「許可を受けた建設業者と明らかに誤認されるおそれのある表示」をするとは必ずしも許可という言葉を使用することに限定されない。本条は、通常営業の開始又は継続の適法要件とされている行政行為の存在を表示することにより、公的にその資質を保証された者であると相手に誤認させることを排除しようとするものであり、使用され

た言葉が許可であることを必ずしも要しない。すなわち、使用される言葉は「許可」のほか「登録」、「免許」、「公認」等であっても本条に違反することになる。またこれらの言葉を使用しない場合であっても、常識的にこれと同じ意味を含むと考えられる言葉、たとえば「国土交通大臣第〇〇号」といったものも本条違反となる。したがって本条は許可若しくは許可番号又はこれらに類する言葉の使用を禁止したものであるといえる。

これらの表示をした場合に本条違反となるが、表示の方法としては広告（ビラ、看板等への記載）のほか名刺、契約書、第四十条の規定による標識等に記載することが含まれる。

三　本条の違反については、罰則の適用がある（第五十五条第四号）。

〔法　律〕

（帳簿の備付け等）

**第四十条の三**　建設業者は、国土交通省令で定めるところにより、その営業所ごとに、その営業に関する事項で国土交通省令で定めるものを記載した帳簿を備え、かつ、当該帳簿及びその営業に関する図書で国土交通省令で定めるものを保存しなければならない。

本条は、建設業者が、営業所ごとに、営業に関する事項を記録した帳簿を備え、かつ、当該帳簿及びその営業に関する図書を保存しなければならないこととしたものである。

一　建設業者が適正な経営を行っていく上で、自ら締結した請負契約の内容を適切に整理・保存して、その進行管理を行っていくことが重要であり、請負契約を締結する事務所である営業所ごとに帳簿の備付けを徹底することが必要不可欠である。

このため、営業所ごとに、一定の事項を記載した帳簿を備え付けることを義務付け、請負契約の目的物の引渡しの日から五年間（請負契約の目的物の引渡しをする前に契約が解除されたことに伴い、請負契約を完成させる債務とそれに対する報酬を受け取る債権とが消滅した場合は、当該債権債務の消滅した日から五年間）は、これを保存しなければならないこととしたものである。なお、帳簿に関する義務は、すべての建設業者を対象とするものであり、民間工事についても、また、下請負人となった場合でも、請負契約の代金の額の多寡にかかわらず、履行しなければならないものである。

二　帳簿の記載事項、記載方法等は、次のとおりである。

㈠　帳簿の記載事項は、営業所の代表者に関する事項、注文者と締結した請負契約に関する事項及び下請負人と締結した下請契約に関する事項に大別される（〔参考〕の一参照）。また、帳簿には、所定の添付書類を添付しなければならない（〔参考〕の二参照）。

㈡　帳簿の記載方法については、添付書類に帳簿の記載事項が記載されていれば、当該事項を記載すべき帳簿の箇所と当該添付書類との関係を明らかにした上で、当該事項の記載を省略できることに留意する必要がある。この場合、一つの請負契約について系統的に記載事項を見ることができるようにしておくことが必要であるが、具体的には、帳簿に記載すべき事項を見ることができる添付書類の番号、頁、項目等を帳簿に記載しておくことが考えられる。なお、磁気ディスク等に帳簿の記載事項を記録し、その記録された事項を必要に応じて紙面に表示できれば帳簿への記載を要しない。

㈢　帳簿の備付け等を行うべき営業所については、次のように解されている。

イ　まず、「営業所」とは、第三条第一項の「営業所」と同義であり、請負契約の見積り、入札、狭義の契約締結等請負契約の締結に係る実体的な行為を行う事務所をいい、契約書の名義人が当該営業所を代表する者であるか否かを問わない。

ロ　次に、帳簿は、請け負った建設工事ごとに、これを単位として整理されていることが必要であり、また、その備付け等は、契約を履行するための業務を実体的に行う営業所において行う必要がある。

　たとえば、発注者から請け負った一の建設工事を施工するための業務を複数の営業所で分担して実施する場合には、それぞれの業務を行う営業所において、それぞれの業務に関する帳簿を備え付けておくことが必要である。

　このように、帳簿の備付け等の義務は、請け負った一の建設工事に関し、必ずしも一の営業所においてこれを行う必要はなく、当該建設業者が設けるすべての営業所を通じて所定の記載事項、添付書類が網羅された帳簿の備付け等が行われていれば差し支えないものである。

ただし、帳簿の備付け等は、請け負った建設工事ごとに行うのが原則であるので、このような場合には、請け負った一の建設工事に関する所定の記載事項、添付書類を系統的に見ることができるよう、それぞれの営業所で備付け等を行う帳簿において、当該帳簿に記載されていない事項又は添付されていない書類が、どの営業所の帳簿のどの部分に記載され又は添付されているかを明示しておくことが必要である。

ハ　一方、営業上の都合や社内規則等により、注文者から請け負った建設工事に関し、注文者と締結した請負契約の名義人が代表者である営業所と、下請負人と締結した下請契約の名義人が代表者である営業所とが異なる場合であっても、実体的にこれらの契約を履行するためのそれぞれの業務を同一の営業所で担当するのであれば、形式的に契約書の名義人が代表者であるそれぞれの営業所においてこれらの契約に関する帳簿の備付け等を行うのではなく、実体的にこれらの契約に関する業務を担当する一の営業所において行うとともに、これらの契約に関する事項がひとまとまりになるように整理しておくことが必要である。

(四)　帳簿を備えず、帳簿に記載をせず、若しくは帳簿に虚偽の記載をし、又は帳簿を保存しなかった者は、十万円以下の過料に処することとされている（第五十五条第五号）。

**〔参考〕帳簿の記載事項及び添付書類**

一　帳簿の記載事項

(一)　営業所の代表者の氏名及びその者が当該営業所の代表者となった年月日

(二)　注文者と締結した建設工事の請負契約に関する次に掲げる事項

イ　請け負った建設工事の名称及び工事現場の所在地

ロ　請け負った建設工事について注文者と請負契約を締結した年月日

ハ　注文者（その法定代理人を含む。）の商号・名称・氏名、住所及び許可番号（注文者が建設業の許可を受けている者であるときのみ。）

ニ　請け負った建設工事の完成を確認するために受けた検査が実際に完了した年月日

ホ　請け負った建設工事の目的物の引渡しを実際にした年月日

㈢　下請人と締結した建設工事の下請契約に関する次に掲げる事項

イ　下請人に請け負わせた建設工事の名称及び工事現場の所在地

ロ　下請人に請け負わせた建設工事について下請負人と下請契約を締結した年月日

ハ　下請人（その法定代理人を含む。）の商号・名称、住所及び許可番号（下請負人が建設業の許可を受けている者であるときのみ。）

ニ　下請負人に請け負わせた建設工事の完成を確認するために行った検査を実際に完了した年月日

ホ　下請負人に請け負わせた建設工事の目的物の引渡しを実際に受けた年月日

ヘ　自社が特定建設業者であって、自社が注文者（発注者から直接建設工事を請け負った者であるか否かは問わない。）となって一般建設業者（資本の額が四千万円以上の法人会社を除く。）と下請契約を締結したときは、その下請負人と締結した下請契約に関する次に掲げる事項

①　支払った下請代金の額、支払った年月日及び支払手段

ここにいう支払は、現金、銀行振込、小切手その他これらに準ずる手形等の手段によることが考えられるが、「支払った下請代金の額」は、そのうち手形以外の手段による支払について記載し、部分払が行われた場合にはそれぞれについて記載し、また、複数の建設工事について一括して支払がされるときは当該支払の対象となった建設工事と支払をした額との関係を明らかにして記載する。また、「支払った年月日」は、下請負人に現金又は小切手を交付した日をいい、銀行振込により支払ったときは下請負人の口座に振り込まれた日が「支払った日」となるが、下請代金が下請負人の口座にその支払期日までに確実に振り込まれるよう振込手続を行った場合には、当該振込手続を行った日を記載して差し支えない。

②　下請代金の全部又は一部の支払につき手形を交付したときは、その手形の金額、手形を交付した年月日及び手形の満期

「手形の金額」は、満期の同一の手形を一時に複数交付したときは、その合計額を記載して差し支えない。

また、「手形を交付した日」は、振出年月日ではなく、現実に手形を交付した日を記載する。
③　下請代金の一部を支払ったときは、その後の下請代金の残額
④　第二十四条の五第四項に規定する遅延利息を支払ったときは、その遅延利息の額及び遅延利息を支払った年月日

二　帳簿の添付書類
㈠　契約書若しくはその写し又は当該契約に関する電磁的記録
㈡　自社が特定建設業者であって、自社が注文者（発注者から直接建設工事を請け負った者であるか否かは問わない。）となって一般建設業者（資本の額が四千万円以上の法人会社を除く。）と下請契約を締結したときは、その下請負人に支払った下請代金の額、支払った年月日及び支払手段を証明する書類（領収書等）又はその写し
㈢　自社が特定建設業者で、発注者から直接請け負った建設工事を施工するために総額で四千万円（建築一式工事にあっては、六千万円）以上の下請契約を締結したときは、第二十四条の七の規定により作成しなければならない施工体制台帳のうち、次のイからヘまでに掲げる事項の記載がされた部分（ただし、工事現場における施工体制台帳の備え置きを終えた後に、必要部分のみを抜粋して行えば足りる。）
イ　自社が実際に工事現場に置いた監理技術者の氏名及びその有する監理技術者資格
ロ　自社が監理技術者以外に専門技術者（附帯工事を施工する場合や、土木一式工事又は建築一式工事を請け負って自らこれら以外の建設工事を施工する場合に、工事現場に置く技術者をいう。）を置いたときは、その者の氏名、その者が管理をつかさどる建設工事の内容及びその有する主任技術者資格
ハ　下請負人の商号又は名称及び許可番号（下請負人が建設業の許可を受けている者であるときのみ）
ニ　下請負人に請け負わせた建設工事の内容及び工期
ホ　下請負人が実際に工事現場に置いた主任技術者の氏名及びその有する主任技術者資格
ヘ　下請負人が主任技術者以外に専門技術者を置いたときは、その者の氏名、その者が管理をつかさどる建設工事の内容及びその有する主任技術者資格

三　本条では、帳簿のほか、営業に関する図書の保存が義務づけられている。これは、工事目的物の引渡し後に瑕疵をめぐる紛争を生じることが多く、その解決の円滑化を図るためには、単に帳簿とその添付書類だけではなく、施工に関する事実関係の証拠となる書類を適切に保存することが必要であることから、平成十八年の法改正において、新たに義務づけられたものである。保存を要する期間については、瑕疵担保責任期間を勘案し、目的物の引渡しをしたときから十年間とされている。

㈠　図書の保存は、発注者と直接相対する元請業者の元請としての責任の徹底を図るという観点から、元請業者に限って義務づけられている。一方、建設工事の瑕疵をめぐる紛争の解決の円滑化を図るという今般の改正の趣旨を踏まえ、工事の規模や種類による限定はされていない。

㈡　保存が必要となる図書は、以下のもの又はその写しである。

イ　建設工事の施工上の必要に応じて作成し、又は発注者から受領した完成図

完成図とは、建設工事の目的物の完成時の状況を表した図をいう。建設工事の種類や規模、請負契約の内容によっては、完成図を作成する場合もあれば、しない場合もあるものと考えられるが、作成した場合又は受領した場合には、建設工事の目的物の完成示の状況を表した完成図を保存しなければならない。完成図としては、例えば、土木工事であれば平面図・縦断面図・横断面図・構造図等、建築工事であれば平面図・配置図・立面図・断面図等が該当する。なお、完成図が作成される場合としては、①請負契約において建設業者が作成することが求められている場合、②請負契約に定めはないが建設業者が建設工事の施工上の必要に応じて作成した場合、③発注者から提供された場合等が考えられる。

ロ　建設工事の施工上の必要に応じて作成した工事内容に関する発注者との打合せ記録（請負契約の当事者が相互に交付したものに限る。）

建設工事を進めていくに当たっては、工事内容の確認・変更、発注者からの工事方法に関する具体的な指示、建設業者からの工事方法に関する具体的な指示、建設業者からの工事方法の提案等の様々な目的で当事者間で打合せが行われるものと考えられる。こうした打合せの記録を作成している場合にあっては、建設工事の施工

の過程を明らかにするため、その保存を義務付けたものである。工事目的物の瑕疵をめぐる紛争の解決の円滑化に資する資料を保存するという観点から、保存が必要な打合せ記録の範囲は、打合せ方法（対面、電話等）の別による限定はされていないが、当該打合せが工事内容に関するものであり、かつ、当該記録を当事者間で相互に交付した場合に限定されている。なお、いわゆる「指示書」「報告書」等についても、その名称の如何を問わず、当該記録が工事内容に関するものであって、かつ、当事者間で相互に交付された場合には、保存義務の対象となる。

ハ　施工体系図

施工体系図の保存が必要とされているのは、法令上施工体系図の作成が義務づけられている場合（公共工事にあっては下請契約を締結した場合、それ以外の建設工事にあっては下請契約の総額が四千万円（建築一式工事の場合は六千万円）以上となる場合。）に限られている。施工体系図は、工期の進行により変更が加えられる場合が考えられるが、保存された施工体系図により、重層化した下請構造の全体像が明らかになるようにしなければならない。

㈢　営業に関する図書は、これをそのまま保存する方法のほか、必要に応じてその営業所において電子計算機等を用いて明確に紙面に表示されるのであれば、電子計算機に備えられたファイル又は磁気ディスク等により記録を保存する方法によることも可能である。

〔法　律〕

（建設業を営む者及び建設業者団体に対する指導、助言及び勧告）

**第四十一条**　国土交通大臣又は都道府県知事は、建設業を営む者又は第二十七条の三十七の届出のあつた建設業者団体に対して、建設工事の適正な施工を確保し、又は建設業の健全な発達を図るために必要な指導、助言及び勧告を行うことができる。

2　特定建設業者が発注者から直接請け負つた建設工事の全部又は一部を施工している他の建設業を営む者が、当該建設工事の施工のために使用している労働者に対する賃金の支払を遅滞した場合において、必要があると認めるときは、当該特定建設業者の許可をした国土交通大臣又は都道府県知事は、当該特定建設業者に対して、支払を遅滞した賃金のうち当該建設工事における労働の対価として適正と認められる賃金相当額を立替払することその他の適切な措置を講ずることを勧告することができる。

3　特定建設業者が発注者から直接請け負つた建設工事の全部又は一部を施工している他の建設業を営む者が、当該建設工事の施工に関し他人に損害を加えた場合において、必要があると認めるときは、当該特定建設業者の許可をした国土交通大臣又は都道府県知事は、当該特定建設業者に対して、当該他人が受けた損害につき、適正と認められる金額を立替払することその他の適切な措置を講ずることを勧告することができる。

本条は、建設業を営む者及び建設業者団体に対して行われる非権力的行政である指導、助言及び勧告の根拠を定めるとともに、下請負人が起こした賃金不払、第三者損害等につき立替払等の勧告を特定建設業者に対して行うことを定めたものである。

一　本条は、建設業を営む者及び建設業者団体に対する指導、助言及び勧告に関する規定であるが、各項の性格は必ずしも同一ではない。すなわち第一項は、建設工事の適正な施工の確保と建設業の健全な発達を積極的な指導行為の立場から達成しようとするものである。これに対し、第二項及び第三項は、本法において高い資質、特に確実な財産的基礎等を有する者として認められている特定建設業者に対して、その下請負人が起こした賃金不払又は不法行為等の解決の責任を、道義的に負担せしめようとするものであって、建設工事の適正な施工又は建設業の健全な発達という一般的な目的を直接的に目指すものではない。むしろ、建設工事の施工の周辺に発生する賃金不払事件、第三者損害等の問題を、労働政策又は社会政策的な観点から、建設業法の体系の中で解決しようとするものであるといえよう。しかしながら、これらの制度が広い意味において、建設工事の適正な施工又は建設業の健全な発達に寄与するものであることはいうまでもない。

二　第一項は、建設業を営む者及び建設業者団体に対する指導、助言及び勧告について定めている。

㈠　本項は、建設業者等に対する行政指導の根拠を定めたものである。建設業行政は建設工事の適正な施工と建設業の健全な発達を目的として行われるものであることはいうまでもないところであり、本法においても、建設業者の法令違反その他一定の不適法な行為について監督処分の対象とし、前述のとおり、指示、営業の停止又は許可の取消しを行うことによって、建設業者の資質の向上を図ることとしているが、それだけでは必ずしも十分とはいうことができない。

すなわち、監督処分においては、それ自体があくまでも監督的な立場から行われるものであって、処分権限の行使が限定されており、また、建設工事の技術革新、専門化、経営の近代化等をより積極的に前進させるための指導とは直接結びつかないものである。

このような趣旨から本項の規定が明文化されたものであり、本来、明文の規定を置かなくても行政目的から判断して当然の権限である指導、助言及び勧告権を規定したのは、その指導の徹底を期するためあえて明文化したものといえよう。

なお、本項の規定による指導、助言及び勧告は、行政処分ではないので、行政不服審査法又は行政事件訴訟法の適用を受けるものではない。

(二) 本項の指導、助言、勧告の対象となる者は、建設業を営む者又は第二十七条の三十七の届出のあった建設業者団体である。建設業を営む者の中に許可の適用除外業者が含まれることはいうまでもない。この許可の適用除外業者に対し誰が指導等を行うかは明らかではないが、その者に対する監督の権限は、その者が建設工事を施工している区域を管轄する都道府県知事にあることにかんがみると、原則的にはその適用除外業者の営業活動する地域を管轄する都道府県知事が指導権限を有すると解すべきである（第二十八条第二項参照）が、指導的行政であることからして、必ずしもそれに限らず、場合によっては他の都道府県知事又は国土交通大臣も行い得ると解して差し支えないであろう。許可を受けた建設業者及び建設業者団体についても同様とされる。この点は第二項及び第三項の勧告権限が許可行政庁の専属になっているのと異なっている。ここにも第一項と第二項及び第三項の質的差があらわれているといえよう。

本項は、前述したとおり、行政指導の根拠を定めたものであり、その類型として、「指導」、「助言」及び「勧告」の三つを掲げているが、これらの概念上の区別は必ずしも明確ではなく、一般的には行政庁が強制力によることなく、行政客体（建設業を営む者及び建設業者団体）の協力によって行政目的達成のために行う事実行為としての誘導行為ということになるであろう。

㈢　これらの指導、助言及び勧告の内容は、指示等の監督処分が必要な範囲に限定されているのに比べ、広汎にわたるものである。

例えば、①経理の適正化、資金調達、設備投資の合理化等の経営に関する指導、②安全施工に係る情報及び指針の提示、③労働力の調達の適正化、技術者等の養成と確保等雇用に係る指導、④協業化の推進等中小業者の育成に係る指導、その他建設業の信用高揚等本法の目的に沿って助長育成を図る措置が広くその内容として考えられるであろう。

また、建設業者その他建設業を営む者の不適法な行為等で、第二十八条第一項又は第二項の規定による指示処分を行うに至らない軽微なものについても、本項の規定に基づく指導、勧告等によりその適正化を図ることができるのは当然のことである。

三　第二項は特定建設業者に対する不払賃金の立替払等の勧告について定めている。

本項は、建設工事の施工に関して生ずる労働者に対する賃金不払事件を労働福祉行政の観点から解決しようという趣旨により定められたものである。もちろんこの制度が、広い意味における建設業の健全な発達に資するものであることはいうまでもないが、前項と本項及び第三項は、規定の趣旨を異にしているのであって、この三項が同一条文の中に規定されたのは、いずれも非権力的な行政庁の行為であって、直接的に建設業者等を拘束するものではないことによるものである。

㈠　発注者から建設工事を請け負った特定建設業者は、各下請負人を総合的に指導管理しながら目的物を完成してゆくのであるが、その工事現場で働く労働者は、特定建設業者と直接雇用関係に立たなくとも、特定建設業者の直接又は間接の指図によって作業を行っている実情にある。また本法は第二十四条の六の規定により特定建設業者に下請負人に対する指導責任を負わせている。このように建設工事を施工するに際し総合的に指導監督を行う第一次元請負人たる特定建設業者と下請負人及びその労働者との間には実質的に監督関係が存在するといえる。

したがって工事現場で働く労働者について賃金不払い事案が発生した場合には、特定建設業者に本来法律上の責任がないときでも、当該工事の全般にわたる指導、監督を行う責任者として、当該事案の解決に当たらせることが妥当である。このような趣旨から本項は、特定建設業者が発注者から直接請け負った建設工事の現場で下請負人が賃金の支払を遅滞した場合には、許可行政庁は特定建設業者に対し、支払の遅滞があった賃金相当額の立替払やそれに代わる適切な措置をとるよう勧告することができることとしたのである。

㈡　特定建設業者が発注者から直接請け負った建設工事の全部又は一部を下請負して施工している者が、その建設工事の施工のために使用している労働者に対する賃金の支払を遅滞した場合で、必要があると認めるときは、第一次元請負人たる特定建設業者の許可行政庁である国土交通大臣又は都道府県知事は、その特定建設業者に対して、支払を遅滞した賃金のうち、当該建設工事における労働の対価として適正と認められる賃金相当額を立替払することその他の適切な措置を講ずることを勧告することができる。

㈢　この勧告の対象となるのは、発注者から直接建設工事を請け負った特定建設業者に限られる。したがって特定建設業者であっても第二次元請負人である場合は本項の適用はない。

建設工事の全部又は一部を施工している他の建設業を営む者は、必ずしも、勧告を受ける特定建設業者と直接に下請契約を締結したいわゆる第一次下請負人に限らない。当該特定建設業者が発注者から直接請け負った建設工事の全部又は一部を施工する者である限り、当該特定建設業者と直接的な契約関係に立たないいわゆる孫請負人等第二次下請負人以下の者も含まれる。また当該下請負人が許可を受けた者であるか否か及びどこの行政庁の許可を受けた者であるかを問わない。賃金の支払の遅滞を受けた労働者は、特定建設業者が発注者から直接請け負った建設工事の施工に携わっている者でなければならない。したがって、賃金の支払を受けていない建設労働者であっても、他の建設工事に従事している者については、特定建設業者は本項の勧告を受けることはない。また、営業所等でもっぱら経理等の一般事務に携わっているいわゆる事務員等も本項の対象とするところではないと解すべきである。

㈣　「賃金の支払を遅滞した場合」とは、労働基準法第二十四条第二項にいう賃金の支払日とされる「一定の期日」

までに支払がない場合と解される。この場合当該賃金の支払義務者は本来不払事件を惹起せしめた下請負人であり、この者に対しては都道府県労働基準監督署長又は労働基準監督官から、支払うべき旨の勧告等が行われるのが通常であるから、この勧告により当該不払事件が下請負人において解決され得る場合は、それによるべきである。したがってこれらの勧告にもかかわらず下請負人が支払わなかった場合又は支払う見込がない場合にはじめて本項による勧告が行われると解すべきである。本項による労働者の救済は労働行政の補完的なものであるからである。

㈤　本項の勧告は、「必要があると認めるとき」に行われる。

必要性の有無の判断は、特定建設業者に対して許可を与えた許可行政庁が不払を受けた労働者の救済の必要性の有無を判断して行うべきである。すなわち支払が遅滞した賃金の額、労働者の生活事情等の労働者側における具体的事情を検討し、労働者の救済が必要であるか否かにより勧告の必要性の有無が判断されるのであって、勧告を受ける特定建設業者側の有責性は判断の対象とならない。前述したとおり、本項の勧告の制度は、もっぱら労働福祉の観点から創設されたものであって、特定建設業者の指導不十分等に対し制裁を加える趣旨を含まないのである。このことは、下請負人が不況による受注難で倒産したことにより、不払事件を惹起せしめた場合等、特定建設業者にまったく非がない場合であっても、本項の勧告があり得ることを意味する。

㈥　第一次元請負人たる特定建設業者が本項の勧告を受けるのは、「支払を遅滞した賃金のうち当該建設工事における労働の対価として適正と認められる賃金相当額」についてである。特定建設業者の下請負人に使用される労働者であっても、当該特定建設業者の請け負った建設工事の施工に係らない労働者については、本項の立替払等の対象ではないことは前に述べたとおりである。さらに当該特定建設業者が請け負った建設工事の施工に携わった労働者であっても、他の建設工事の現場に同時に従事していた場合には、他の現場に係る報酬は本項の立替払等から除外される。すなわち、本項の趣旨は建設工事に従事する労働者の実態を前提として、場合によっては賃金不払につき何ら責任のない特定建設業者に対しても立替払等を勧告するものであり、立替払等の範囲を特定建設業者の請け負った建設工事に係る労働の対価に限定するのは当然であろう。

次に、立替払等の対象となるのは、当該労働者の「労働の対価として適正と認められる賃金相当額」に限定される。これは、たまたま支払を遅滞した賃金が下請負人とその労働者の雇用契約上通常の相場を超える賃金であるような場合に、そのようなものまで立替払等を勧告することは、特定建設業者に過度の負担を強いるのみならず、窮状にある労働者の救済という本条の趣旨からみても、必要の限度を超えており不適当であると考えられるので、通常の賃金水準、いわば賃金相場に相応する賃金額に限って立替払等をさせようというものである。

この適正と認められる賃金相当額の認定は、すでに述べた趣旨により、不払賃金のうち当該建設工事の相当分及び当該地域におけるその労働に関する一般の賃金水準を考量して行われるべきであり、具体的には労働行政機関の認定等も参考とすべきであろう。

(七) 本項による特定建設業者に対する勧告は、立替払のほか、「その他の適切な措置」がある。このうち「その他の適切な措置」には、立替払と同等の効果を有する当該労働者に対する貸付（無利子、無担保で、かつ、労働者が賃金の支払を受けるまでの返済を猶予するもの）又は賃金の支払に充当することを条件とする当該賃金不払を行った下請負人に対する融資などが考えられる。

(八) 勧告は、指示等の行政命令とは異なり、相手方に拘束を加える行政処分ではないので、これに従わなかった者であってもただちに制裁を加えることができないのが原則である。また勧告は単なる事実行為であるので行政不服審査法や行政事件訴訟法の適用を受けるものではない。本項による立替払等の勧告もほぼ同様の性格を有するものであるが、ただ、本項の規定による勧告に従わない場合においてなおかつ、さらに必要があると認めるときは、指示処分の対象になり得るとされており、この点が単なる勧告とは異なるものであるといえよう（第二十八条第一項後段）。

四　第三項は下請負人が他人に損害を与えた場合における特定建設業者に対する立替払等の勧告を定めている。

(一) 本項は、発注者から直接請け負った建設工事の全部又は一部を施工している下請負人が、その建設工事の施工に関し、他人に損害を加える場合において、下請負人が債務を履行しないため債権者である当該他人が窮状に陥り、当該他人を行政上救済する必要があると認められる場合に、行政庁が特定建設業者に損害額のうち救済に必要な適正な額を立替払する等の勧告をする途を開いたものである。

㈡　本項の「損害」の中には、不法行為に基づく損害と取引行為に基づく損害とが考えられる。

まず、下請負人の不法行為に基づく損害としては、下請負人が建設工事を適切に施工しなかったため第三者の生命、身体又は財産に危害を与えた場合、及び同じく下請負人が建設工事の安全な施工に関する監督を怠り雇用する労働者に労働災害を生じさせた場合とがある。

しかしながら、これらの下請負人の不法行為に基づく損害であっても、下請負人の選任及びその工事の施工の指導監督について元請負人に過失がある場合には、元請負人も当然に損害賠償の責に任ずるのであるので、本項の損害とはならず、本項の勧告の対象となるものではない。

次に、下請負人の取引行為に基づく損害であるが、この損害には、下請負人がさらに工事を下請施工させる場合におけるその下請負人（いわゆる孫請負人）に対する下請代金の支払の遅滞するような場合、下請負人の建設資材納入業者との間の取引関係に基づく代金の不払等をする場合、下請負人と工事現場周辺の商店等との取引関係に基づく代金の不払等をする場合などの損害が考えられる。

これらの損害は、いずれも特定建設業者にとって直接の責任があるものでなく、したがって、元請負人である特定建設業者には、下請負人と第三者との間における取引関係における損害を賠償する義務はないので、すべて本項の「損害」と解すべきであろう。

㈢　国土交通大臣又は都道府県知事が勧告をすることができるのは、「必要があると認めるとき」に限られる。

この「必要がある」ときは、すでに述べたとおり、元請負人である特定建設業者に対し、勧告ではあるにせよ本来は支払義務等のないものについて立替払等を求め、かつ、場合によっては立替払等を指示することもできることとされていることとも関連して厳格に解すべきであろう。

したがって、下請負人が支払能力がないため債務を履行せず、それによって債権者である他人が窮状に陥り、放置することが許されずに行政運営上救済する必要がある場合と解すべきであり、行政庁の民事不介入の原則はあくまでも守るべきであるということができよう。

㈣　立替払等の勧告の対象となる金額は、「当該他人が受けた損害につき、適正と認められる金額」である。この適正であるかどうかの判断は、損害を受けた他人の現実の窮状を救済するのに十分であるか否かによってなされる。したがって、損害の額を限度とし当面の窮状を救済するに足りるかどうかを基本として求めるべきであろう。

その他の事項については前項と同趣旨であり、前項の解説を参照されたい。

五　なお、本条に基づく国土交通大臣の勧告等に関する権限は、地方整備局長及び北海道開発局長に委任されている（第四十四条の三参照）。

〔法　律〕

（公正取引委員会への措置請求等）

**第四十二条**　国土交通大臣又は都道府県知事は、その許可を受けた建設業者が第十九条の三、第十九条の四、第二十四条の三第一項、第二十四条の四又は第二十四条の五第三項若しくは第四項の規定に違反している事実があり、その事実が私的独占の禁止及び公正取引の確保に関する法律第十九条の規定に違反していると認めるときは、公正取引委員会に対し、同法の規定に従い適当な措置をとるべきことを求めることができる。

2　国土交通大臣又は都道府県知事は、中小企業者（中小企業基本法（昭和三十八年法律第百五十四号）第二条第一項に規定する中小企業者をいう。次条において同じ。）である下請負人と下請契約を締結した元請負人について、前項の規定により措置をとるべきことを求めたときは、遅滞なく、中小企業庁長官にその旨を通知しなければならない。

本条は、建設業者が第十九条の三、第十九条の四、第二十四条の三第一項、第二十四条の四又は第二十五条の五第三項若しくは第四項の規定に違反した場合における許可行政庁である国土交通大臣又は都道府県知事の公正取引委員会に対する措置請求及び中小企業庁長官に対する通報義務について定めたものである。

一　元請負人である建設業者が、建設工事の下請契約において第十九条の三の規定に違反して不当に低い請負代金で請負契約を締結することを強制した場合、第十九条の四の規定に違反して不当な使用資材等の購入を強制した場合、第二十四条の三の規定に違反して下請代金を定められた期間内に支払わなかった場合、第二十四条の四の規定に違反して定められた期間内に検査を完了し又は引渡しを受けなかった場合又は第二十四条の五の規定に違反して定められた期間内に下請代金を支払わなかった場合においては、これらの違反が同時に独占禁止法第十九条の規定にも違反することとなるので、行政の一元化を図るため、公正取引委員会が独占禁止法の規定に基づき、差止命令等の措置をとることとしたのは、前に述べたとおりである。

したがって、建設業の監督行政庁である国土交通大臣又は都道府県知事は、その許可に係る建設業者についてこれらの違反に係る事実を知り得ても、直接本法に基づく監督処分等を行うことはせずに、そのようなときは公正取引委員会に対して独占禁止法の規定により適当な措置をとることを求めることができることを明文化したのが本条の趣旨である。

さらに、建設業者が第十九条の三等の規定に違反した場合において、下請負人が中小企業者である場合には、国土交通大臣又は都道府県知事が本条第一項の規定により公正取引委員会に対して措置請求することができるほか、第四十二条の二の規定により中小企業庁長官も中小企業者である下請負人の利益を保護するため同様の措置請求をすることができることとされているので、両者の間に取扱いの齟齬を生じないようにする必要がある。そのため、許可行政庁である国土交通大臣又は都道府県知事が、第一項の規定により公正取引委員会に対し措置請求をした場合において、それが中小企業者である下請負人との請負契約に係るものであるときは、同時に中小企業庁長官にも通知しなければならないこととされたものである。

なお、中小企業庁長官から国土交通大臣又は都道府県知事への通知に関する規定は、第四十二条の二第四項に規定されている。

二　措置請求の対象となる事実

第一項の規定により、国土交通大臣又は都道府県知事が公正取引委員会に対し適当な措置をとるべきことを求めることができるのは、建設業者が次に掲げる場合に該当し、かつ、独占禁止法第十九条の規定に違反していると認められるときであるが、これらの事実はいずれも「建設業の下請取引に関する不公正な取引方法の認定基準」（第十九条の三の解説参照）において不公正な取引方法に該当するものとして取り扱うものとされているので、すべて措置請求の対象となる。

㈠　自己の取引上の地位を不当に利用して注文した建設工事を施工するために通常必要と認められる原価に満たない金額を請負代金の額とする下請契約を締結すること（第十九条の三、認定基準㈥）。
㈡　下請契約の締結後、自己の取引上の地位を不当に利用して、注文した建設工事に使用する資材若しくは機械器具又はこれらの購入先を指定し、これらを下請負人に購入させることによって、その利益を害すること（第十九条の四、認定基準㈧）。
㈢　請負代金の出来形部分に対する支払又は工事完成後における支払を受けたときに、当該支払の対象となった建設工事を施工した下請負人に対して、元請負人が支払を受けた金額の出来形に対する割合及び当該下請負人が施工した出来形部分に相応する下請代金を、正当な理由がないのに、当該支払を受けた日から起算して一月以内に支払わないこと（第二十四条の三第一項、認定基準㈢）。
㈣　下請負人からその請け負った建設工事が完成した旨の通知を受けたときに、正当な理由がないのに、当該通知を受けた日から起算して二十日以内に、その完成を確認するための検査を完了しないこと（第二十四条の四第一項、認定基準㈠）。
㈤　㈣の検査によって建設工事の完成を確認した後、下請負人が申し出た場合に、下請契約において定められた工事完成の時期から二十日を経過した日以前の一定の日に引渡しを受ける旨の特約がなされているときを除き、正当な理由がないのに、直ちに、当該建設工事の目的物の引渡しを受けないこと（第二十四条の四第二項、認定基準㈡）。
㈥　特定建設業者が元請負人（発注者から直接請け負ったいわゆる第一次元請負人に限られない。後記㈦において同じ。）となった下請契約（下請負人が特定建設業者又は資本金四千万円以上の法人であるものを除く。後記㈦において同じ。）における下請代金を、正当な理由がないのに、㈤の申出の日（引渡しの日が、工事完成の時期から二十日以内と特約で定められている場合には、その特約の日）から起算して五十日以内に支払わないこと（第二十四条の五第四項、認定基準㈣）。
㈦　特定建設業者である場合において、下請契約に係る下請代金の支払につき、㈤の申出の日から起算して五十日以内に、一般の金融機関（預金又は貯金の受け入れ及び資金の融通を業とするものをいう。）による割引を受けることが困難であると認められる手形を交付することによって、下請負人の利益を不当に害すること（第二十四条の五第三項、認定基準㈤）。

三　国土交通大臣又は都道府県知事は、前項の措置請求をした場合において、下請負人が中小企業者であるときは、併せて中小企業庁長官に対しその旨を通知しなければならないが、ここにいう中小企業者とは、資本の額又は出資の総額が三億円以下の会社並びに常時使用する従業員の数が三百人以下の会社及び個人である者（中小企業基本法第二条）をいう。

〔法　律〕

**第四十二条の二**　中小企業庁長官は、中小企業者である下請負人の利益を保護するため特に必要があると認めるときは、元請負人若しくは下請負人に対しその取引に関する報告をさせ、又はその職員に元請負人若しくは下請負人の営業所その他営業に関係のある場所に立ち入り、帳簿書類その他の物件を検査させることができる。

2　前項の規定により職員が立ち入るときは、その身分を示す証票を携帯し、関係人の請求があつたときは、これを提示しなければならない。

3　中小企業庁長官は、第一項の規定による報告又は検査の結果中小企業者である下請負人と下請契約を締結した元請負人が第十九条の三、第十九条の四、第二十四条の三第一項、第二十四条の四又は第二十四条の五第三項若しくは第四項の規定に違反している事実があり、その事実が私的独占の禁止及び公正取引の確保に関する法律第十九条の規定に違反していると認めるときは、公正取引委員会に対し、同法の規定に従い適当な措置をとるべきことを求めることができる。

4　中小企業庁長官は、前項の規定により措置をとるべきことを求めたときは、遅滞なく、当該元請負人につき第三条第一項の許可をした国土交通大臣又は都道府県知事に、その旨を通知しなければならない。

本条は、中小企業庁長官が、中小企業者である下請負人の利益を保護する見地から行う、元請負人等に対する報告の徴取、立入検査及び公正取引委員会に対する措置請求等について定めたものである。

一　本法の下請保護規定については、建設業行政を所管する国土交通大臣及び都道府県知事がその運用を図るべきことはいうまでもないが、建設業においては中小企業者が業者数の大多数を占め、殊に下請負人のほとんどが中小企業者である実態を考慮すると、中小企業の保護育成について総括的な行政を行う中小企業庁長官がこれらの運用の一翼を担うことが妥当である。したがって、このような趣旨により、本条において中小企業庁長官は、中小企業者である下請負人の利益を保護するため特に必要があると認めるときは、下請契約に係る取引について報告を求め又は立入検査を行い、中小企業者である下請負人と下請契約を締結した元請負人が、第十九条の三等の規定に違反していると認めるときは、公正取引委員会に対して独占禁止法の規定に基づく措置を請求することができることとしたものである。

また、公正取引委員会に対し措置請求をした場合には、併せて当該元請負人の許可行政庁たる国土交通大臣又は都道府県知事にその旨を通知すべきこととしたのは、第四十二条第二項の規定と同じ趣旨による。

二　中小企業庁長官が本条の規定により報告を徴取し、又は立入検査を行うことができるのは、中小企業者である下請負人の利益を保護するために特に必要があると認めるときである。

この「下請負人の利益を保護するため特に必要があると認めるとき」とは、一般的には下請負人と取引している元請負人が本法の下請保護に関する規定に違反しているおそれがあり、その是正について適当な措置を講ずる必要があると認めるときと解されるが、必ずしも個別の事案を前提とせず、予防的な場合も含むものと解されよう。

また「特に必要があると認める」か否かは、中小企業庁長官の自由裁量行為に属すると解される。

「報告」は、文書による報告であると聴取によるものであるとを問わない。

「その他営業に関係のある場所」とは、営業所の支所、建設工事の現場事務所等をいう（第三十一条の解説参照）。

三　本条第一項の規定により、中小企業庁の職員が立入検査を行うときは、その身分を示す証票を携帯し、請求に応じてこれを提示しなければならないこととされている。

許可行政庁たる国土交通大臣又は都道府県知事が、建設業を営む者の営業所等に立ち入り、帳簿書類その他の物件を検査する場合においては、それに携わる職員の資格について制限があり（第三十一条第三項、令第二十八条）、また、携帯すべき証票についても様式が定められている（第三十一条第二項、規則第二十四条）が、本条による中小企業庁の職員のする立入検査については、このような制限又は様式は定められていない。したがって、本項の規定により携帯すべきその身分を示す証票は、中小企業庁長官の発行する一般的な身分証明書で足りると解される。

四　中小企業庁長官も、本法の下請保護規定に違反している元請負人に対し、その是正を行わせるための権限を有しないので、報告を求め又は立入検査を行った結果、そのような事実を認めたときは、公正取引委員会に対し措置請求を行うこととされている。措置請求を行うべき事案及びこれに対して公正取引委員会がとるべき措置については、すでに述べたとおりである（第四十二条の解説二参照）。

五　また、中小企業庁長官が公正取引委員会に措置請求を行ったときは、第四十二条第二項の規定の趣旨と同趣旨により、その旨を当該元請負人である建設業者の許可行政庁に通知しなければならないこととされている。

六　本条の規定による検査を拒み、妨げ、又は忌避した者については、罰則の適用がある（第五十二条、第五十三条）。

〔法　律〕

（都道府県の費用負担）

**第四十三条**　都道府県知事がこの法律を施行するために必要とする経費は、当該都道府県の負担とする。

本条は、都道府県知事の必要とする経費の負担について定めたものである。

建設業法に基づいて都道府県知事が行う建設業の許可、指導監督等の事務については、自治事務であるか法定受託事務であるかにかかわらず、その経費は当該都道府県の負担とされている。

〔法　律〕

（参考人の費用請求権）

**第四十四条**　第三十二条の規定により意見を求められて出頭した参考人は、政令の定めるところにより、旅費、日当その他の費用を請求することができる。

〔政　令〕

（参考人に支給する費用）

**第三十三条**　法第四十四条に規定する旅費、日当その他の費用は、国土交通大臣に意見を求められて出頭した参考人に係るものにあつては国家公務員等の旅費に関する法律の定めるところにより、都道府県知事に意見を求められて出頭した参考人に係るものにあつては当該都道府県の条例の定めるところによる。

本条は、参考人の費用請求権について定めたものである。

一　第三十二条においては、国土交通大臣又は都道府県知事が、建設業者に対して、指示、営業の停止若しくは許可の取消しの処分をする場合、又はその役員等に対し営業の禁止の処分をする場合において必要があると認めるときは参考人の意見を聴かなければならない旨規定している。そのため、本条は、意見を求められて出頭したその参考人に対し、一定の費用を請求する権利を認めるとともに、費用の範囲等について定めたものである。

二　請求することができる費用の額は、国土交通大臣に意見を求められて出頭した参考人に係るものにあっては、国家公務員等の旅費に関する法律の定めるところにより旅費、日当、宿泊費が支払われることとされており、都道府県知事に意見を求められて出頭した参考人に係るものにあっては当該都道府県の条例で定めることとされている（令第三十三条）。

〔法　律〕

（経過措置）

**第四十四条の二**　この法律の規定に基づき、命令を制定し、又は改廃する場合においては、その命令で、その制定又は改廃に伴い合理的に必要と判断される範囲内において、所要の経過措置（罰則に関する経過措置を含む。）を定めることができる。

本条は、政令等の下位規定において、その制定又は改廃に伴う経過措置（罰則に関する経過措置を含む。）を定めることができる旨規定したものである。

本法は、指定建設業の業種、主任技術者を専任で置くべき建設工事の範囲等政令により定めることとされている事項が多く、改正の程度によっては、相応の経過措置を定めることが必要な場合があるものと考えられる。

〔法　律〕

（権限の委任）

**第四十四条の三**　この法律に規定する国土交通大臣の権限は、国土交通省令で定めるところにより、その一部を地方整備局長又は北海道開発局長に委任することができる。

〔政　令〕

（権限の委任）

**第三十四条**　この政令に規定する国土交通大臣の権限は、国土交通省令で定めるところにより、その一部を地方整備局長又は北海道開発局長に委任することができる。

一　平成十年六月に公布された中央省庁等改革基本法（平成十年法律第百三号）第二十二条第六号、第四十五条第六号等の規定による地方支分部局の整理及び合理化等の精神などを踏まえ、平成十三年一月六日の中央省庁等改革に関する諸法の施行に伴い、国土交通大臣の許可権限等は、ブロックを超えた利害の調整が必要となるもの、全国に適用される統一的な基準・指針の作成に係るもの等を除き、地方整備局長及び北海道開発局長に委任されることとなった。

二　建設業法、建設業法施行令、建設業法施行規則及び施工技術検定規則に基づく国土交通大臣の権限については、中央省庁等改革のための関係建設省令の整備に関する省令（平成十二年建設省令第四十一号）による建設業法施行規則の改正により、別表に掲げるものは地方整備局長及び北海道開発局長に委任されることとなった。

三　なお、個別の事務の性質等にかんがみ、全国的、緊急的な事態に適切に対処するため、法第二十五条の二十五第二項（施工技術の確保）、法第二十七条の三十四（建設業者団体への報告要求）、法第二十八条第一項（建設業者への指示処分）、第三項（建設業者への営業停止処分）及び第七項（指示処分をする場合の注文者への勧告）、法第二十九条（建設業者の許可取消し）、法第二十九条の二第一項（建設業者の所在等が確知できない場合の建設業者の許可の取消し）、法第二十九条の三第三項（建設工事の施工の差止め命令）、法第二十九条の四（営業の禁止処分）、法第三十一条第一項（報告徴収及び立入検査）並びに法第四十一条（建設業を営む者及び建設業者団体への指導、助言及び勧告）の規定に基づく権限については、必要に応じて国土交通大臣も行い得るよう法令上の措置がなされている。

| 法令名 | 条 | 項 | 号 | 権限の内容 | 備考 |
|---|---|---|---|---|---|
| 建設業法 | 三 | 一 | | 建設業の許可 | |
| | 三の二 | 一 | | 許可の条件及び変更 | |
| | 五 | | | 許可申請書の受理 | 十七条において準用する場合を含む。 |
| | 七 | | 一ロ | 経営業務管理責任者の認定 | 外国における経験に関するものを除く。 |
| | | | 二ハ | 営業所専任技術者の認定 | 外国における学歴又は実務経験に関するものを除く。 |
| | 十一 | 一～五 | | 変更等の届出の受理 | 十七条において準用する場合を含む。 |
| | 十二 | | | 廃業届の受理 | 十七条において準用する場合を含む。 |
| | 十三 | | | 提出書類を閲覧に供すること | 十七条において準用する場合を含む。 |
| | 十五 | | 二ハ | 営業所専任技術者の認定 | 外国における学歴、資格又は実務経験に関するものを除く。 |
| | 十九の五 | | | 発注者に対する勧告 | |
| | 二十四の六 | 三 | | 特定建設業者の通報の受理 | |
| | 二十五の二十五 | 二 | | 施工技術の確保 | |
| | 二十七 | 三 | | 合格証明書の交付 | |

| | | | | |
|---|---|---|---|---|
| 二十七の二十六 | 一 | | 経営規模等評価の実施 | |
| | 二 | | 経営規模等評価の申請の受理 | |
| | 四 | | 報告又は資料の提出要求 | |
| 二十七の二十七 | | | 経営規模等評価の結果の通知 | |
| 二十七の二十八 | | | 再審査の申立の受理 | |
| 二十七の二十九 | 一 | | 建設業者に対する総合評定値の通知 | |
| | 二 | | 総合評定値の請求の受理 | |
| | 三 | | 発注者に対する総合評定値の通知 | |
| 二十七の三十七 | | | 建設業者団体の届出の受理 | |
| 二十七の三十八 | | | 建設業者団体への報告要求 | |
| 二十八 | 一 | | 建設業者への指示 | |
| | 三 | | 建設業者の営業停止 | |
| | 六 | | 処分の報告の受理 | |
| | 七 | | 注文者への勧告 | |
| 二十九 | 一・二 | | 建設業者の許可取消し | |
| 二十九の二 | 一 | | 官報公告、許可取消し | |
| 二十九の三 | 三 | | 建設工事の施工の差止め命令 | |
| 二十九の四 | 一・二 | | 営業の禁止 | |
| 二十九の五 | 一 | | 監督処分の公告 | |

| | | | | | |
|---|---|---|---|---|---|
| | | 二 | | 監督処分簿の備え | |
| | | 三 | | 監督処分簿への登載 | |
| | | 四 | | 監督処分簿の閲覧 | |
| | 三十 | 一 | | 不正事実の申告の受理 | |
| | 三十一 | 一 | | 報告徴収及び立入検査 | |
| | 三十二 | 一 | | 参考人の意見聴取 | 三十二条二項において準用する場合に限る。 |
| | 三十九の四 | 三 | | 磁気ファイルの閲覧 | |
| | 四十一 | 一 | | 建設業を営む者及び建設業者団体への指導、助言及び勧告 | |
| | | 二・三 | | 立替払等の勧告 | |
| | 四十二 | 一 | | 公正取引委員会への措置要求 | |
| | | 二 | | 中小企業庁長官への通知 | |
| | 四十二の二 | 四 | | 中小企業庁長官からの通知の受理 | |
| 建設業法施行令 | 五 | 一 | | 閲覧所規則を定め、場所及び規則を告示 | |
| | | 三 | 二 | 書類等の送付又は提供 | |
| | 二十七の九 | 二 | | 合格証明書の返付の受理 | |
| 建設業法施行規則 | 七の二 | 一 | | 氏名変更届出の受理 | 十三条において準用する場合を含む。 |
| | | 二 | | 戸籍謄本又は住民票の抄本の提出要求 | 十三条において準用する場合を含む。 |

| | | | | | |
|---|---|---|---|---|---|
| | 八 | | | 使用人変更届出の受理 | 十三条において準用する場合を含む。 |
| | 十九の六 | 一 | | 経営規模等評価の申請の時期及び方法等を定め、公示すること | |
| | | 二 | | 経営規模等評価の申請の受理 | |
| | 二十 | 三・五 | | 再審査の申立ての受理 | |
| | 二十一 | | | 再審査の結果の通知 | |
| | 二十一の二 | 一 | | 総合評定値の請求の時期及び方法等を定め、公示すること | |
| | | 三 | | 総合評定値の請求の受理 | |
| | 二十一の五 | 二 | | 戸籍謄本又は住民票の抄本の提出要求 | |
| | 二十三 | 一～三 | | 建設業者団体の届出の受理 | |
| | 二十三の三 | 四 | | 監督処分簿の調整 | |
| 施工技術検定規則 | 八の二 | | | 合格証明書交付申請書の受理 | |
| | 十 | 二 | | 合格証明書書換え申請書の受理 | |
| | 十一 | | | 合格証明書再交付申請書の受理 | |

〔**法　律**〕

（都道府県知事の経由）

**第四十四条の四**　第三条第一項の許可を受けようとする者、建設業者及び第十二条各号に掲げる者がこの法律又はこの法律に基づく命令で定めるところにより国土交通大臣に提出する許可申請書その他の書類で国土交通省令で定めるものは、国土交通省令で定める都道府県知事を経由しなければならない。

（事務の区分）

**第四十四条の五**　前条の規定により都道府県が処理することとされている事務は、地方自治法（昭和二十二年法律第六十七号）第二条第九項第一号に規定する第一号法定受託事務とする。

一　第四十四条の四の規定に基づき、規則第六条、第十一条、第十九条の三第三項及び第二十条第五項に規定するところにより、国土交通大臣に提出すべき許可申請書、添付書類等については、建設業者等の主たる営業所の所在地を管轄する都道府県知事を経由しなければならないこととされている。許可申請書等を建設業者等の主たる営業所の所在地を管轄する都道府県知事を経由して提出することとしているのは、それぞれの書類の提出者の便宜を図るためである。

二　第四十四条の五の規定により、一に掲げる経由事務については、地方自治法第二条第九項第一号に規定する第一号法定受託事務とされている。なお、第一号法定受託事務とは、法律又はこれに基づく政令により都道府県、市町村又は特別区が処理することとされる事務のうち、国が本来果たすべき役割に係るものであって、国においてその適正な処理を特に確保する必要があるものとして法律又はこれに基づく政令に特に定めるもののことである。

三　建設業法に基づく都道府県知事の事務は、従来は都道府県知事に国から委任された事務である機関委任事務とされていたが、地方分権の推進を図るための関係法律の整備等に関する法律（平成十一年法律第八十七号）の平成十二年四月一日からの施行に伴って機関委任事務が廃止されたことにより、一に掲げる法定受託事務以外の事務については、都道府県の自治事務とされた。

# 第八章　罰　則

〔法　律〕

**第四十五条**　登録経営状況分析機関（その者が法人である場合にあつては、その役員）又はその職員で経営状況分析の業務に従事するものが、その職務に関し、賄賂を収受し、又は要求し、若しくは約束したときは、三年以下の懲役に処する。よつて不正の行為をし、又は相当の行為をしないときは、七年以下の懲役に処する。

2　前項に規定する者であつた者が、その在職中に請託を受けて職務上不正の行為をし、又は相当の行為をしなかつたことにつき賄賂を収受し、又は要求し、若しくは約束したときは、三年以下の懲役に処する。

3　第一項に規定する者が、その職務に関し、請託を受けて第三者に賄賂を供与させ、又はその供与を約束したときは、三年以下の懲役に処する。

4　犯人又は情を知つた第三者の収受した賄賂は、没収する。その全部又は一部を没収することができないときは、その価額を追徴する。

本条は、登録経営状況分析機関による業務の公正な実施を確保するための罰則である。

一　経営状況分析の結果は、公共工事の競争参加資格審査に用いられ、建設業者の利害に重大な影響を及ぼすことから、罰則により特別な措置を講じなければ、登録経営状況分析機関の役員等に対する贈収賄などの不正が頻発し、経営状況分析の公正性及び制度の信頼性が損なわれるおそれがある。したがって、登録経営状況分析機関の役員等が、職務に関し、賄賂を収受した場合等について、懲役に処することとしたものである。

二　本条では、非公務員である登録経営状況分析機関の役員等について、刑法上の単純収賄罪（刑法第百九十七条第一項）、加重収賄罪（刑法第百九十七条の三第一項）、事後収賄罪（刑法第百九十七条の三第三項）、第三者収賄罪（刑法第百九十七条の二）に相当する規定を設けている。また、併せて犯人又は情を知った第三者の収受した賄賂を没収することを定めている。

〔法　律〕

**第四十六条**　前条第一項から第三項までに規定する賄賂を供与し、又はその申込み若しくは約束をした者は、三年以下の懲役又は二百万円以下の罰金に処する。

2　前項の罪を犯した者が自首したときは、その刑を減軽し、又は免除することができる。

本条は、第四十五条と同様の趣旨により、賄賂等を供与した建設業者等に対しても罰則を課したものである。刑法上の贈賄罪（刑法第百九十八条）に相当する規定である。

〔法　律〕

**第四十七条**　次の各号の一に該当する者は、三年以下の懲役又は三百万円以下の罰金に処する。

一　第三条第一項の規定に違反して許可を受けないで建設業を営んだ者

一の二　第十六条の規定に違反して下請契約を締結した者

二　第二十八条第三項又は第五項の規定による営業停止の処分に違反して建設業を営んだ者

二の二　第二十九条の四第一項の規定による営業の禁止の処分に違反して建設業を営んだ者

三　虚偽又は不正の事実に基づいて第三条第一項の許可（同条第三項の許可の更新を含む。）を受けた者

2　前項の罪を犯した者には、情状により、懲役及び罰金を併科することができる。

本条は、建設業の許可制度を確保するための罰則である。

一　本法は、建設業を営もうとする者は、建設業の許可を受けるべきことを規定するとともに（第三条第一項、なお

第十六条）、許可を受けた者であっても、一定の違反事実又は違反行為等がある者については、営業の停止又は営業の禁止の処分をすることとしている（第二十八条第三項及び第五項、第二十九条の四）。したがって、これらの規定の適正な遵守を確保し、法秩序を維持するために各規定に違反した者又は不正な手段により許可を受けた者については、懲役又は罰金に処することとしたものである。

二　第一項第一号の「第三条第一項の規定に違反して許可を受けないで建設業を営んだ者」とは、同項第一号に該当し、一般建設業の許可を受けるべきであるのに許可を受けていない者及び同項第二号に該当し、特定建設業の許可を受けるべきであるのに許可を受けていない者の双方を含む。したがって、後者の場合に、その者が第十六条の規定に違反して下請代金の総額が四千万円以上となる下請契約を締結したときは、第一項第一号の二にも該当することとなる。これは、法条競合といわれるものであり、このような場合には、包括的な規定である第一号に吸収され、同号の規定によってのみ処罰されることとなる。これに対し、特定建設業の許可を受けるべき者が一般建設業の許可を受けているときは、第一号ではなく第一号の二に該当することとなる。

三　第一項第二号の二が「第二十九条の四第一項の規定による営業の禁止の処分に違反して建設業を営んだ者」だけを処罰の対象とし、同条第二項の規定による営業の禁止の処分に違反して建設業を営んだ者を処罰の対象としていないのは、後者の場合は、前者の場合（個人が法人の役員になることをも禁止している。）と異なり、営業の禁止を受けている者の営業行為は常に無許可営業となり、本条第一号に該当することとなるからである。

四　第一項第三号の「虚偽又は不正の事実に基づいて」許可を受けた者とは、たとえば、許可の基準である経営業務の管理責任者や技術者の略歴、経験等を偽って許可を受けた者等がこれに該当する。

五　第一項各号の一に該当する者は、三年以下の懲役又は三百万円以下の罰金に処せられる。

　懲役又は罰金については、どちらか一方が科されるのが原則であるが、情状に応じて裁判所が懲役及び罰金を併科することもできるとされている（第二項）。「併科」とは、数個の主刑を同時に科することをいい、刑の対象たる犯罪行為が一個であるか数個であるかは問うところではないが、ここでは、一個の犯罪行為に対して数個の刑を併科する場合の規定であり、数個の犯罪行為に対して数個の刑を併科する場合の併科については、刑法総則に規定するところである（刑法第四十八条第一項）。

六　本条の規定により処罰されるのは、法人又は人そのものではなく、当該犯罪行為を具体的に行った法人の代表者あるいは法人又は人の代理人、使用人、その他の従業員である（第五十条、第五十二条及び第五十五条について同じ。）。法人又は人に対する罰則については、別途第五十三条に規定するところである。

〔法　律〕

**第四十八条**　第二十七条の七第一項又は第二十七条の三十四の規定に違反した者は、一年以下の懲役又は百万円以下の罰金に処する。

本条は、罰則のうち指定試験機関又は登録経営状況分析機関の役職員等の秘密保持義務を確保するための罰則である。

指定機関及び登録機関は、本来行政庁が執行すべき事務を法律に基づく委任を受けて行うものであり、私人の秘密を守ることについては、行政庁と同じだけの責任を有しているといえる。したがって、罰則を設け秘密の保持を担保することとしたものである。

〔法　律〕

**第四十九条**　第二十六条の十五（第二十七条の三十二において準用する場合を含む。）又は第二十七条の十四第二項（第二十七条の十九第五項において準用する場合を含む。）の規定による講習、試験事務、交付等事務又は経営状況分析の停止の命令に違反したときは、その違反行為をした登録講習実施機関（その者が法人である場合にあつては、その役員）若しくはその職員、指定試験機関若しくは指定資格者証交付機関の役員若しくは職員又は登録経営状況分析機関（その者が法人である場合にあつては、その役員）若しくはその職員（第五十一条において「登録講習実施機関等の役職員」という。）は、一年以下の懲役又は百万円以下の罰金に処する。

本条は、本法の各指定機関又は登録機関に対する業務停止命令の履行を確保するための罰則である。

業務停止命令に違反することは、指定機関又は登録機関が行う業務の適正な実施を著しく阻害するものであり、本法の目的の達成に支障をきたすものであるため、罰則をもって担保することとしたものである。

〔法　律〕

**第五十条**　次の各号のいずれかに該当する者は、六月以下の懲役又は百万円以下の罰金に処する。

一　第五条（第十七条において準用する場合を含む。）の規定による許可申請書又は第六条第一項（第十七条において準用する場合を含む。）の規定による書類に虚偽の記載をしてこれを提出した者

二　第十一条第一項から第四項まで（第十七条において準用する場合を含む。）の規定による書類を提出せず、又は虚偽の記載をしてこれを提出した者

三　第十一条第五項（第十七条において準用する場合を含む。）の規定による届出をしなかつた者

四　第二十七条の二十四第二項若しくは第二十七条の二十六第二項の申請書又は第二十七条の二十四第三項若しくは第二十七条の二十六第三項の書類に虚偽の記載をしてこれを提出した者

2　前項の罪を犯した者には、情状により、懲役及び罰金を併科することができる。

本条は、本法の規定による許可申請書、変更届出書、経営状況分析申請書、経営規模等評価申請書等の書類の適正かつ的確な提出を確保するための罰則である。

一　本法は、建設業の許可を書類審査により行うことを原則としているので、審査の対象となる許可申請書及びその添付書類に虚偽の記載をする者や、許可を受けた後で当該申請に係る事実に変更があったときに必要な届出をしない者あるいは虚偽の届出をする者等があれば、本法の適正な運用に支障をきたすので、そのようなことのないよう、これらの義務の的確な履行を確保するため罰則を定めたものである（第一項第一号～第三号）。

また、経営状況分析申請書及び経営規模等評価申請書並びにその添付書類に虚偽の記載をした者についても、本項の罰則の対象となる（第一項第四号）。

二　第一項の罪を犯した者については、第四十七条と同様、情状により、懲役と罰金を併科することができるとされている（第二項、なお第四十七条の解説五参照）。

三　本条の規定により処罰される者は、前条の場合と同様、行為者であり、法人又は人そのものに対する罰則につい

ては、別途第五十三条に規定するところである（第四十七条の解説六参照）。

〔法　律〕

**第五十一条**　次の各号のいずれかに該当するときは、その違反行為をした登録講習実施機関等の役職員は、五十万円以下の罰金に処する。

一　第二十六条の十一（第二十七条の三十二において準用する場合を含む。）の規定による届出をしないで講習若しくは経営状況分析の業務の全部を廃止し、又は第二十七条の十三第一項（第二十七条の十九第五項において準用する場合を含む。）の規定による許可を受けないで試験事務若しくは交付等事務の全部を廃止したとき。

二　第二十六条の十六（第二十七条の三十二において準用する場合を含む。）又は第二十七条の十の規定に違反して帳簿を備えず、帳簿に記載せず、若しくは帳簿に虚偽の記載をし、又は帳簿を保存しなかつたとき。

三　第二十六条の十九（第二十七条の三十二において準用する場合を含む。）若しくは第二十七条の十二第一項（第二十七条の十九第五項において準用する場合を含む。以下同じ。）の規定による報告を求められて、報告をせず、若しくは虚偽の報告をし、又は第二十六条の二十（第二十七条の三十二において準用する場合を含む。）若しくは第二十七条の十二第一項の規定による検査を拒み、妨げ、若しくは忌避したとき。

本条は、本法の各登録機関又は指定機関に対する国土交通大臣の監督権を確保するための罰則である。本条が設けられた趣旨は、第四十九条と同じであるが、その違反行為の重大性及び法秩序に与える影響の度合い等を勘案し、軽い法定刑を規定したものである。

〔法　律〕

**第五十二条**　次の各号のいずれかに該当する者は、百万円以下の罰金に処する。

一　第二十六条第一項から第三項までの規定による主任技術者又は監理技術者を置かなかつた者

二　第二十六条の二の規定に違反した者

三　第二十九条の三第一項後段の規定による通知をしなかつた者

四　第二十七条の二十四第四項又は第二十七条の二十六第四項の規定による報告をせず、若しくは資料の提出をせず、又は虚偽の報告をし、若しくは虚偽の資料を提出した者

五　第三十一条第一項又は第四十二条の二第一項の規定による報告をせず、又は虚偽の報告をした者

六　第三十一条第一項又は第四十二条の二第一項の規定による検査を拒み、妨げ、又は忌避した者

本条は、建設工事の適正な施工並びに国土交通大臣及び都道府県知事の監督権を確保するための罰則である。

一　第一号は、建設工事の現場に置くべきこととされている主任技術者又は監理技術者を置かなかった者に対するものである。第二十六条第三項の規定により専任の者を置くべきこととされる公共性のある工作物に関する重要な工事であるのに、これに違反して、「専任」の主任技術者又は監理技術者を置いていない者も当然これに含まれる。

二　「第二十九条の三第一項後段の規定による通知」とは、許可が失効した場合又は営業の停止若しくは許可の取消しの処分を受けた場合における建設工事の注文者に対するその旨の通知である。

三　本条の規定により処罰される者も、第四十七条の場合と同様、行為者である（第四十七条、第五十三条）。

〔法　律〕

**第五十三条**　法人の代表者又は法人若しくは人の代理人、使用人、その他の従業者が、その法人又は人の業務又は財産に関し、次の各号に掲げる規定の違反行為をしたときは、その行為者を罰するほか、その法人に対して当該各号に定める罰金刑を、その人に対して各本条の罰金刑を科する。

一　第四十七条　一億円以下の罰金刑

二　第五十条又は前条　各本条の罰金刑

本条は、両罰規定である。

一　両罰規定とは、犯罪が行われた場合に、その行為者を罰するほか、その行為者と一定の関係にある法人又は人もともに刑に処せられるべき旨を定めた規定で、一般に本条と同様犯罪が「法人又は人の業務又は財産に関し」て行われた場合に、財産刑として科されるのが通例である。これは、当該行為者（法人の代表者又は法人若しくは人の代理人、使用人、その他の従業者）を監督する立場にある者に対し、違反行為を防止するため十分な注意をするよう強制するための罰則であると考えることができよう。

二　本条は、「その法人に対して当該各号に定める罰金刑を、その人に対して各本条の罰金刑を科する」としている

が、「各本条の罰金刑」とは、それぞれ第四十五条から前条までの三百万円以下の罰金、五十万円以下の罰金、三十万円以下の罰金で、第四十七条の懲役は除かれている。また、罰金刑を「科する」としているが、「処する」というのが具体的な犯罪とこれに対する処罰を規定する場合に使用されるのに対し、「科する」というのは、抽象的包括的にある罰を人又は法人にかける場合に用いられるものである。なお、「科する」とした場合に、常に法人又は人に対し刑罰が科されるとは限らないが、法人又は人が違反行為を防止するため相当の注意又は監督を尽くしたことが証明されない限り、刑罰を免がれないとするのが判例である（昭和三十二年大法廷判決）。

〔法　律〕

**第五十四条**　第二十六条の十二第一項（第二十七条の三十二において準用する場合を含む。）の規定に違反して財務諸表等を備えて置かず、財務諸表等に記載すべき事項を記載せず、若しくは虚偽の記載をし、又は正当な理由がないのに第二十六条の十二第二項各号（第二十七条の三十二において準用する場合を含む。）の規定による請求を拒んだ者は、二十万円以下の過料に処する。

本条は、登録講習実施機関及び登録経営状況分析機関が財務諸表等の備付け、閲覧等の義務に違反した場合の罰則である。

一　第四十五条から第五十三条までに掲げる違反行為は、違反の態様において直接、法目的を損ない、あるいはそのおそれが極めて大であるのに対し、本条各号に掲げる違反行為は、ただちに危険性を生じたり、法制度の存立そのものを直接脅かすものではないことにより、前各条と異なり、本条の罰則は、秩序罰としての過料とされている。

二　秩序罰としての過料については、反倫理性が稀薄なため、原則として故意、過失という主観的責任は必要ないとされている。なお、この過料は、非訟事件手続法により過料に処せられるべき者の住所地の地方裁判所において言い渡され、検察官の命令をもって執行される（非訟事件手続法第二百六条以下）。

〔法　律〕

**第五十五条**　次の各号のいずれかに該当する者は、十万円以下の過料に処する。

一　第十二条（第十七条において準用する場合を含む。）の

規定による届出を怠つた者
二　正当な理由がなくて第二十五条の十三第三項の規定による出頭の要求に応じなかつた者
三　第四十条の規定による標識を掲げない者
四　第四十条の二の規定に違反した者
五　第四十条の三の規定に違反して、帳簿を備えず、帳簿に記載せず、若しくは帳簿に虚偽の記録をし、又は帳簿若しくは図書を保存しなかつた者

本条は、前条と同様、建設業者等が行った比較的軽微な違反行為に対する秩序罰である。

# 第三部　関係法令

# ○建設業法

（昭和二十四年五月二十四日
法　律　第　百　号）

改正
昭和二六年六月一日法律第一七八号
同二六年六月八日同第二一一号
同二七年六月一二日同第一八四号
同二八年八月一七日同第二一三号
同三一年六月一二日同第一二五号
同三五年五月二日同第七四号
同三六年五月一六日同第八六号
同三六年六月一七日同第一四五号
同三七年九月一五日同第一六一号
同四二年六月一二日同第三六号
同四六年四月一日同第三一号
同五〇年一二月二六日同第九〇号
同五三年五月二三日同第五五号
同五八年一二月一〇日同第八三号
同六二年六月六日同第六九号
平成五年一一月一二日同第八九号
同六年六月二九日同第六三号
同七年五月一二日同第九一号
同八年六月二六日同第一一〇号
同一〇年六月一二日同第一〇一号
同一一年七月一六日同第八七号
同一一年七月一六日同第一〇二号
同一一年一二月三日同第一四六号
同一一年一二月八日同第一五一号

平成一一年一二月二二日法律第一六〇号
同一二年一一月二七日同第一二六号
同一二年一一月二七日同第一二七号
同一三年一二月五日同第一三八号
同一四年五月二九日同第四五号
同一四年一二月一三日同第一五二号
同一五年六月一八日同第九六号
同一五年八月一日同第一三八号
同一六年六月二日同第七六号
同一六年一二月一日同第一四七号
同一七年七月二六日同第八七号
同一八年六月二日同第五〇号
同一八年六月二一日同第九二号
同一八年一二月二〇日同第一一四号
同一九年五月三〇日同第六六号
同二〇年五月二日同第二八号
同二三年六月三日同第六一号
同二三年六月二四日同第七四号
同二四年八月一日同第五三号
同二五年六月一四日同第四四号
同二五年一一月二七日同第八六号
同二六年六月四日同第五五号
同二六年六月一三日同第六九号

建設業法をここに公布する。

建設業法

目次



## 第一章　総則

（目的）

**第一条**　この法律は、建設業を営む者の資質の向上、建設工事の請負契約の適正化等を図ることによつて、建設工事の適正な施工を確保し、発注者を保護するとともに、建設業の健全な発達を促進し、もつて公共の福祉の増進に寄与することを目的とする。

（定義）

**第二条**　この法律において「建設工事」とは、土木建築に関する工事で別表第一の上欄に掲げるものをいう。

2　この法律において「建設業」とは、元請、下請その他いかなる名義をもつてするかを問わず、建設工事の完成を請け負う営業をいう。

3　この法律において「建設業者」とは、第三条第一項の許可を受けて建設業を営む者をいう。

4　この法律において「下請契約」とは、建設工事を他の者から請け負つた建設業を営む者と他の建設業を営む者との間で当該建設工事の全部又は一部について締結される請負契約をいう。

5　この法律において「発注者」とは、建設工事（他の者から請け負つたものを除く。）の注文者をいい、「元請負人」とは、下請契約における注文者で建設業者であるものをいい、「下請負人」とは、下請契約における請負人をいう。

## 第二章　建設業の許可

### 第一節　通則

（建設業の許可）

**第三条**　建設業を営もうとする者は、次に掲げる区分により、この章で定めるところにより、二以上の都道府県の区域内に営業所（本店又は支店若しくは政令で定めるこれに準ずるものをいう。以下同じ。）を設けて営業をしようとする場合にあつては国土交通大臣の、一の都道府県の区域内にのみ営業所を設けて営業をしようとする場合にあつては当該営業所の所在地を管轄する都道府県知事の許可を受けなければならない。ただし、政令で定める軽微な建設工事のみを請け負うことを営業とする者は、この限りでない。

一　建設業を営もうとする者であつて、次号に掲げる者以外のもの

二　建設業を営もうとする者であつて、その営業にあたつて、その者が発注者から直接請け負う一件の建設工事につき、その工事の全部又は一部を、下請代金の額（その工事に係る下請契約が二以上あるときは、下請代金の額の総額）が政令で定める金額以上となる下請契約を締結して施工しようとするもの

2　前項の許可は、別表第一の上欄に掲げる建設工事の種類ごとに、それぞれ同表の下欄に掲げる建設業に分けて与えるものと

する。

3　第一項の許可は、五年ごとにその更新を受けなければ、その期間の経過によつて、その効力を失う。

4　前項の更新の申請があつた場合において、同項の期間（以下「許可の有効期間」という。）の満了の日までにその申請に対する処分がされないときは、従前の許可は、許可の有効期間の満了後もその処分がされるまでの間は、なおその効力を有する。

5　前項の場合において、許可の更新がされたときは、その許可の有効期間は、従前の許可の有効期間の満了の日の翌日から起算するものとする。

6　第一項第一号に掲げる者に係る同項の許可（第三項の許可の更新を含む。以下「一般建設業の許可」という。）を受けた者が、当該許可に係る建設業について、第一項第二号に掲げる者に係る同項の許可（第三項の許可の更新を含む。以下「特定建設業の許可」という。）を受けたときは、その者に対する当該建設業に係る一般建設業の許可は、その効力を失う。

注　一項の「政令で定める」＝施行令一条
一項ただし書の「政令で定める軽微な建設工事」＝施行令一条の二
一項二号の「政令で定める金額」＝施行令二条
三項の「許可の更新の申請」＝施行規則五条
「許可の取消」＝二九条
一・三項の「罰則」＝四七条・五三条

（許可の条件）

**第三条の二**　国土交通大臣又は都道府県知事は、前条第一項の許可に条件を付し、及びこれを変更することができる。

2　前項の条件は、建設工事の適正な施工の確保及び発注者の保護を図るため必要な最小限度のものに限り、かつ、当該許可を受ける者に不当な義務を課することとならないものでなければならない。

注　「許可の取消し」＝二九条二項

（附帯工事）

**第四条**　建設業者は、許可を受けた建設業に係る建設工事を請け負う場合においては、当該建設工事に附帯する他の建設業に係る建設工事を請け負うことができる。

注　「附帯工事の施工」＝二六条の二

## 第二節　一般建設業の許可

（許可の申請）

**第五条**　一般建設業の許可（第八条第二号及び第三号を除き、以下この節において「許可」という。）を受けようとする者は、国土交通省令で定めるところにより、二以上の都道府県の区域内に営業所を設けて営業をしようとする場合にあつては国土交通大臣に、一の都道府県の区域内にのみ営業所を設けて営業をしようとする場合にあつては当該営業所の所在地を管轄する都道府県知事に、次に掲げる事項を記載した許可申請書を提出しなければならない。
一　商号又は名称
二　営業所の名称及び所在地
三　法人である場合においては、その資本金額（出資総額を含む。以下同じ。）及び役員等（業務を執行する社員、取締役、執行役若しくはこれらに準ずる者又は相談役、顧問その他いかなる名称を有する者であるかを問わず、法人に対し業務を執行する社員、取締役、執行役若しくはこれらに準ずる者と同等以上の支配力を有するものと認められる者をいう。以下同じ。）の氏名
四　個人である場合においては、その者の氏名及び支配人があるときは、その者の氏名
五　第七条第一号イ又はロに該当する者（法人である場合においては同号に規定する役員のうち常勤であるものの一人に限り、個人である場合においてはその者又はその支配人のうち一人に限る。）及びその営業所ごとに置かれる同条第二号イ、ロ又はハに該当する者の氏名
六　許可を受けようとする建設業
七　他に営業を行つている場合においては、その営業の種類

注　「国土交通省令で定めるところ」＝施行規則二条・六条・七条

「罰則」＝五〇条・五三条

（許可申請書の添付書類）
**第六条**　前条の許可申請書には、国土交通省令の定めるところにより、次に掲げる書類を添付しなければならない。
一　工事経歴書
二　直前三年の各事業年度における工事施工金額を記載した書面
三　使用人数を記載した書面
四　許可を受けようとする者（法人である場合においては当該法人、その役員等及び政令で定める使用人、個人である場合においてはその者及び政令で定める使用人）及び法定代理人（法人である場合においては、当該法人及びその役員等）が第八条各号に掲げる欠格要件に該当しない者であることを誓約する書面
五　次条第一号及び第二号に掲げる基準を満たしていることを証する書面
六　前各号に掲げる書面以外の書類で国土交通省令で定めるもの
2　許可の更新を受けようとする者は、前項の規定にかかわらず、同項第一号から第三号までに掲げる書類を添付することを要しない。

注　一項の「国土交通省令の定めるところ」＝施行規則二条・三条・四条二・三項
　一項四号の「政令で定める使用人」＝施行令三条
　一項六号の「国土交通省令で定めるもの」＝施行規則四条一項
　一項の「罰則」＝五〇条・五三条

（許可の基準）

**第七条**　国土交通大臣又は都道府県知事は、許可を受けようとする者が次に掲げる基準に適合していると認めるときでなければ、許可をしてはならない。

一　法人である場合においてはその役員（業務を執行する社員、取締役、執行役又はこれらに準ずる者をいう。以下同じ。）のうち常勤であるものの一人が、個人である場合においてはその者又はその支配人のうち一人が次のいずれかに該当する者であること。

イ　許可を受けようとする建設業に関し五年以上経営業務の管理責任者としての経験を有する者

ロ　国土交通大臣がイに掲げる者と同等以上の能力を有するものと認定した者

二　その営業所ごとに、次のいずれかに該当する者で専任のものを置く者であること。

イ　許可を受けようとする建設業に係る建設工事に関し学校教育法（昭和二十二年法律第二十六号）による高等学校（旧中等学校令（昭和十八年勅令第三十六号）による実業学校を含む。以下同じ。）若しくは中等教育学校を卒業した後五年以上又は同法による大学（旧大学令（大正七年勅令第三百八十八号）による大学を含む。以下同じ。）若しくは高等専門学校（旧専門学校令（明治三十六年勅令第六十一号）による専門学校を含む。以下同じ。）を卒業した後三年以上実務の経験を有する者で在学中に国土交通省令で定める学科を修めたもの

ロ　許可を受けようとする建設業に係る建設工事に関し十年以上実務の経験を有する者

ハ　国土交通大臣がイ又はロに掲げる者と同等以上の知識及び技術又は技能を有するものと認定した者

三　法人である場合においては当該法人又はその役員等若しくは政令で定める使用人が、個人である場合においてはその者又は政令で定める使用人が、請負契約に関して不正又は不誠実な行為をするおそれが明らかな者でないこと。

四　請負契約（第三条第一項ただし書の政令で定める軽微な建設工事に係るものを除く。）を履行するに足りる財産的基礎又は金銭的信用を有しないことが明らかな者でないこと。

注　一号ロの「同等以上の能力を有するもの」＝昭和四七年三月八日建設省告示三五一号

二号イの「国土交通省令で定める学科」＝施行規則一条
二号ハの「同等以上の知識及び技術又は技能を有するもの」＝施行規則七条の三
三号の「政令で定める使用人」＝施行令三条
四号の「政令で定める軽微な建設工事」＝施行令一条の二
「許可の取消」＝二九条

**第八条**　国土交通大臣又は都道府県知事は、許可を受けようとする者が次の各号のいずれか（許可の更新を受けようとする者にあつては、第一号又は第七号から第十三号までのいずれか）に該当するとき、又は許可申請書若しくはその添付書類中に重要な事項について虚偽の記載があり、若しくは重要な事実の記載が欠けているときは、許可をしてはならない。

一　成年被後見人若しくは被保佐人又は破産者で復権を得ないもの

二　第二十九条第一項第五号又は第六号に該当することにより一般建設業の許可又は特定建設業の許可を取り消され、その取消しの日から五年を経過しない者

三　第二十九条第一項第五号又は第六号に該当するとして一般建設業の許可又は特定建設業の許可の取消しの処分に係る行政手続法（平成五年法律第八十八号）第十五条の規定による通知があつた日から当該処分があつた日又は処分をしないことの決定があつた日までの間に第十二条第五号に該当する旨の同条の規定による届出をした者で当該届出の日から五年を経過しないもの

四　前号に規定する期間内に第十二条第五号に該当する旨の同条の規定による届出があつた場合において、前号の通知の日前六十日以内に当該届出に係る法人の役員等若しくは政令で定める使用人であつた者又は当該届出に係る個人の政令で定める使用人であつた者で、当該届出の日から五年を経過しないもの

五　第二十八条第三項又は第五項の規定により営業の停止を命ぜられ、その停止の期間が経過しない者

六　許可を受けようとする建設業について第二十九条の四の規定により営業を禁止され、その禁止の期間が経過しない者

七　禁錮以上の刑に処せられ、その刑の執行を終わり、又はその刑の執行を受けることがなくなつた日から五年を経過しない者

八　この法律、建設工事の施工若しくは建設工事に従事する労働者の使用に関する法令の規定で政令で定めるもの若しくは暴力団員による不当な行為の防止等に関する法律（平成三年法律第七十七号）の規定（同法第三十二条の三第七項及び第三十二条の十一第一項の規定を除く。）に違反したことにより、又は刑法（明治四十年法律第四十五号）第二百四条、第

二百六条、第二百八条、第二百八条の二、第二百二十二条若しくは第二百四十七条の罪若しくは暴力行為等処罰に関する法律（大正十五年法律第六十号）の罪を犯したことにより、罰金の刑に処せられ、その刑の執行を終わり、又はその刑の執行を受けることがなくなつた日から五年を経過しない者

九　暴力団員による不当な行為の防止等に関する法律第二条第六号に規定する暴力団員又は同号に規定する暴力団員でなくなつた日から五年を経過しない者（第十三号において「暴力団員等」という。）

十　営業に関し成年者と同一の行為能力を有しない未成年者でその法定代理人が前各号又は次号（法人でその役員等のうちに第一号から第四号まで又は第六号から前号までのいずれかに該当する者のあるものに係る部分に限る。）のいずれかに該当するもの

十一　法人でその役員等又は政令で定める使用人のうちに、第一号から第四号まで又は第六号から第九号までのいずれかに該当する者（第二号に該当する者についてはその者が第二十九条の規定により許可を取り消される以前から、第三号又は第四号に該当する者についてはその者が第十二条第五号に該当する旨の同条の規定による届出がされる以前から、第六号に該当する者についてはその者が第二十九条の四の規定により営業を禁止される以前から、建設業者である当該法人の役員等又は政令で定める使用人であつた者を除く。）のあるもの

十二　個人で政令で定める使用人のうちに、第一号から第四号まで又は第六号から第九号までのいずれかに該当する者（第二号に該当する者についてはその者が第二十九条の規定により許可を取り消される以前から、第三号又は第四号に該当する者についてはその者が第十二条第五号に該当する旨の同条の規定による届出がされる以前から、第六号に該当する者についてはその者が第二十九条の四の規定により営業を禁止される以前から、建設業者である当該個人の政令で定める使用人であつた者を除く。）のあるもの

十三　暴力団員等がその事業活動を支配する者

注　八号の「政令」＝施行令三条の二
四・一一・一二号の「政令」＝施行令三条
「許可の取消」＝二九条

**参照**

**○行政手続法**（平五・一一・一二法八八現）

（聴聞の通知の方式）

**第十五条**　行政庁は、聴聞を行うに当たっては、聴聞を行うべき期日までに相当な期間をおいて、不利益処分の名

あて人となるべき者に対し、次に掲げる事項を書面により通知しなければならない。
一　予定される不利益処分の内容及び根拠となる法令の条項
二　不利益処分の原因となる事実
三　聴聞の期日及び場所
四　聴聞に関する事務を所掌する組織の名称及び所在地
2　前項の書面においては、次に掲げる事項を教示しなければならない。
一　聴聞の期日に出頭して意見を述べ、及び証拠書類又は証拠物（以下「証拠書類等」という。）を提出し、又は聴聞の期日への出頭に代えて陳述書及び証拠書類等を提出することができること。
二　聴聞が終結する時までの間、当該不利益処分の原因となる事実を証する資料の閲覧を求めることができること。
3　行政庁は、不利益処分の名あて人となるべき者の所在が判明しない場合においては、第一項の規定による通知を、その者の氏名、同項第三号及び第四号に掲げる事項並びに当該行政庁が同項各号に掲げる事項を記載した書面をいつでもその者に交付する旨を当該行政庁の事務所の掲示場に掲示することによって行うことができる。この場合においては、掲示を始めた日から二週間を経過したときに、当該通知がその者に到達したものとみなす。

**○刑法**〔平二五・一一・二七法八六現〕

（傷害）
**第二百四条**　人の身体を傷害した者は、十五年以下の懲役又は五十万円以下の罰金に処する。

（現場助勢）
**第二百六条**　前二条の犯罪が行われるに当たり、現場において勢いを助けた者は、自ら人を傷害しなくても、一年以下の懲役又は十万円以下の罰金若しくは科料に処する。

（暴行）
**第二百八条**　暴行を加えた者が人を傷害するに至らなかったときは、二年以下の懲役若しくは三十万円以下の罰金又は拘留若しくは科料に処する。

（凶器準備集合及び結集）
**第二百八条の二**　二人以上の者が他人の生命、身体又は財産に対し共同して害を加える目的で集合した場合において、凶器を準備して又はその準備があることを知って集合した者は、二年以下の懲役又は三十万円以下の罰金に処する。

２　前項の場合において、凶器を準備して又はその準備があることを知って人を集合させた者は、三年以下の懲役に処する。

（脅迫）

**第二百二十二条**　生命、身体、自由、名誉又は財産に対し害を加える旨を告知して人を脅迫した者は、二年以下の懲役又は三十万円以下の罰金に処する。

２　親族の生命、身体、自由、名誉又は財産に対し害を加える旨を告知して人を脅迫した者も、前項と同様とする。

（背任）

**第二百四十七条**　他人のためにその事務を処理する者が、自己若しくは第三者の利益を図り又は本人に損害を加える目的で、その任務に背く行為をし、本人に財産上の損害を加えたときは、五年以下の懲役又は五十万円以下の罰金に処する。

**○暴力団員による不当な行為の防止等に関する法律**〔平二六・六・二五法七九現〕

（定義）

**第二条**　この法律において、次の各号に掲げる用語の意義は、それぞれ当該各号に定めるところによる。

六　暴力団員　暴力団の構成員をいう。

（許可換えの場合における従前の許可の効力）

**第九条**　許可に係る建設業者が許可を受けた後次の各号の一に該当して引き続き許可を受けた建設業を営もうとする場合において、第三条第一項の規定により国土交通大臣又は都道府県知事の許可を受けたときは、その者に係る従前の国土交通大臣又は都道府県知事の許可は、その効力を失う。

一　国土交通大臣の許可を受けた者が一の都道府県の区域内にのみ営業所を有することとなつたとき。

二　都道府県知事の許可を受けた者が当該都道府県の区域内における営業所を廃止して、他の一の都道府県の区域内に営業所を設置することとなつたとき。

三　都道府県知事の許可を受けた者が二以上の都道府県の区域内に営業所を有することとなつたとき。

２　第三条第四項の規定は建設業者が前項各号の一に該当して引き続き許可を受けた建設業を営もうとする場合において第五条の規定による申請があつたときについて、第六条第二項の規定はその申請をする者について準用する。

注　「許可の取消」＝二九条

（登録免許税及び許可手数料）

**第十条**　国土交通大臣の許可を受けようとする者は、次に掲げる区分により、登録免許税法（昭和四十二年法律第三十五号）で定める登録免許税又は政令で定める許可手数料を納めなければならない。

一　許可を受けようとする者であつて、次号に掲げる者以外のものについては、登録免許税

二　第三条第三項の許可の更新を受けようとする者及び既に他の建設業について国土交通大臣の許可を受けている者については、許可手数料

注　「政令で定める許可手数料」＝施行令四条、地方公共団体手数料の標準に関する政令

参照

○登録免許税法〔平二八・六・三法六二現〕

（趣旨）

**第一条**　この法律は、登録免許税について、課税の範囲、納税義務者、課税標準、税率、納付及び還付の手続並びにその納税義務の適正な履行を確保するため必要な事項を定めるものとする。

（課税の範囲）

**第二条**　登録免許税は、別表第一に掲げる登記、登録、特許、免許、許可、認可、認定、指定及び技能証明（以下「登記等」という。）について課する。

**別表第一**　課税範囲、課税標準及び税率の表（第二条、第五条、第九条、第十条、第十三条、第十五条—第十七条、第十八条、第十九条、第二十三条、第二十四条、第三十四条関係）

| 登記、登録、特許、免許、許可、認可、認定、指定又は技能証明の事項 | 課税標準 | 税率 |
| --- | --- | --- |
| 百四十四　建設業の許可又は監理技術者に係る講習の登録若しくは建設業者に係る登録経営状況分析機関の登録 | | |
| ㈠　建設業法（昭和二十四年法律第百号）第三条第一項（建設業の許可）の国土交通大臣がする建設業（同法別表第一の下欄に掲げる建設業をいう。以下㈠において同じ。）の許可（更新の許可及び次の区分ごとに他の建設業について既に国土交通大臣の許可がされている場合における許可を除くものとし、二以上の建設業について同時に国土交通大臣の許可がされる場合には、次の区分ごとにこれらの許可を一の許可とみなす。） | | |

| | | |
|---|---|---|
| イ　建設業法第三条第一項第一号に掲げる者に係る同項の許可 | 許可件数 | 一件につき十五万円 |
| ロ　建設業法第三条第一項第二号に掲げる者に係る同項の許可 | 許可件数 | 一件につき十五万円 |
| (二)　建設業法第二十六条第四項（講習の登録）の登録（更新の登録を除く。） | 登録件数 | 一件につき九万円 |
| (三)　建設業法第二十七条の二十四第一項（登録経営状況分析機関の登録）の登録（更新の登録を除く。） | 登録件数 | 一件につき九万円 |

○地方公共団体の手数料の標準に関する政令〔平一二・一二・一六政四二四現〕

地方自治法第二百二十八条第一項の手数料について全国的に統一して定めることが特に必要と認められるものとして政令で定める事務（以下「標準事務」という。）は、次の表の上欄に掲げる事務とし、同項の当該標準事務に係る事務のうち政令で定めるもの（以下「手数料を徴収する事務」という。）は、同表の上欄に掲げる標準事務についてそれぞれ同表の中欄に掲げる事務とし、同項の政令で定める金額は、同表の中欄に掲げる手数料を徴収する事務についてそれぞれ同表の下欄に掲げる金額とする。

| 標準事務 | 手数料を徴収する事務 | 金額 |
|---|---|---|
| 二十五　建設業法（昭和二十四年法律第百号）第三条第一項及び第三項の規定に基づく建設業の許可に関する事務 | 1　建設業法第三条第一項の規定に基づく建設業の許可の申請に対する審査 | 九万円（既に他の建設業について当該都道府県知事がした許可と建設業法第三条第一項各号に掲げる区分を同じくする建設業の許可の申請に係る審査にあつては、五万円） |
| | 2　建設業法第三条第三項の規定に基づく建設業の許可の更新の申請に対する審査 | 五万円 |

（変更等の届出）

**第十一条**　許可に係る建設業者は、第五条第一号から第五号までに掲げる事項について変更があつたときは、国土交通省令の定めるところにより、三十日以内に、その旨の変更届出書を国土交通大臣又は都道府県知事に提出しなければならない。

2　許可に係る建設業者は、毎事業年度終了の時における第六条第一項第一号及び第二号に掲げる書類その他国土交通省令で定める書類を、毎事業年度経過後四月以内に、国土交通大臣又は都道府県知事に提出しなければならない。

3　許可に係る建設業者は、第六条第一項第三号に掲げる書面その他国土交通省令で定める書類の記載事項に変更を生じたときは、毎事業年度経過後四月以内に、その旨を書面で国土交通大臣又は都道府県知事に届け出なければならない。

4　許可に係る建設業者は、第七条第一号イ又はロに該当する者として証明された者が、法人である場合においてはその役員、個人である場合においてはその支配人でなくなつた場合若しくは同号ロに該当しなくなつた場合又は営業所に置く同条第二号イ、ロ若しくはハに該当する者として証明された者が当該営業所に置かれなくなつた場合若しくは同号ハに該当しなくなつた場合において、これに代わるべき者があるときは、国土交通省令の定めるところにより、二週間以内に、その者について、第六条第一項第五号に掲げる書面を国土交通大臣又は都道府県知事に提出しなければならない。

5　許可に係る建設業者は、第七条第一号若しくは第二号に掲げる基準を満たさなくなつたとき、又は第八条第一号及び第七号から第十三号までのいずれかに該当するに至つたときは、国土交通省令の定めるところにより、二週間以内に、その旨を書面で国土交通大臣又は都道府県知事に届け出なければならない。

注　一項の「国土交通省令の定めるところ」＝施行規則九条・一一条・一二条
二項の「国土交通省令で定める書類」＝施行規則一〇条一項
三項の「国土交通省令で定める書類」＝施行規則一〇条二項
三項の「届出」＝施行規則一〇条三項
四項の「国土交通省令の定めるところ」＝施行規則一一条・一二条
五項の「国土交通省令の定めるところ」＝施行規則一〇条の二・一一条・一二条
「罰則」＝五〇条・五三条

（廃業等の届出）

**第十二条**　許可に係る建設業者が次の各号のいずれかに該当することとなつた場合においては、当該各号に掲げる者は、三十日以内に、国土交通大臣又は都道府県知事にその旨を届け出なければならない。

一　許可に係る建設業者が死亡したときは、その相続人

二　法人が合併により消滅したときは、その役員であつた者

三　法人が破産手続開始の決定により解散したときは、その破産管財人

四　法人が合併又は破産手続開始の決定以外の事由により解散したときは、その清算人

五　許可を受けた建設業を廃止したときは、当該許可に係る建

設業者であつた個人又は当該許可に係る建設業者であつた法人の役員

注　「届出」＝施行規則一〇条の三・一一条
「許可の取消」＝二九条
「罰則」＝五五条

（提出書類の閲覧）

**第十三条**　国土交通大臣又は都道府県知事は、政令の定めるところにより、次に掲げる書類又はこれらの写しを公衆の閲覧に供する閲覧所を設けなければならない。

一　第五条の許可申請書

二　第六条第一項に規定する書類（同項第一号から第四号までに掲げる書類であるものに限る。）

三　第十一条第一項の変更届出書

四　第十一条第二項に規定する第六条第一項第一号及び第二号に掲げる書類

五　第十一条第三項に規定する第六条第一項第三号に掲げる書面の記載事項に変更が生じた旨の書面

六　前各号に掲げる書類以外の書類で国土交通省令で定めるもの

注　「政令の定めるところ」＝施行令五条
「国土交通省令」＝施行規則一二条の二

（国土交通省令への委任）

**第十四条**　この節に規定するもののほか、許可の申請に関し必要な事項は、国土交通省令で定める。

注　「国土交通省令」＝施行規則五条・七条の二・八条・一一条・一二条

## 第三節　特定建設業の許可

（許可の基準）

**第十五条**　国土交通大臣又は都道府県知事は、特定建設業の許可を受けようとする者が次に掲げる基準に適合していると認めるときでなければ、許可をしてはならない。

一　第七条第一号及び第三号に該当する者であること。

二　その営業所ごとに次のいずれかに該当する者で専任のものを置く者であること。ただし、施工技術（設計図書に従つて建設工事を適正に実施するために必要な専門の知識及びその応用能力をいう。以下同じ。）の総合性、施工技術の普及状況その他の事情を考慮して政令で定める建設業（以下「指定建設業」という。）の許可を受けようとする者にあつては、その営業所ごとに置くべき専任の者は、イに該当する者又はハの規定により国土交通大臣がイに掲げる者と同等以上の能力を有するものと認定した者でなければならない。

イ　第二十七条第一項の規定による技術検定その他の法令の規定による試験で許可を受けようとする建設業の種類に応じ国土交通大臣が定めるものに合格した者又は他の法令の

規定による免許で許可を受けようとする建設業の種類に応じ国土交通大臣が定めるものを受けた者

ロ　第七条第二号イ、ロ又はハに該当する者のうち、許可を受けようとする建設業に係る建設工事で、発注者から直接請け負い、その請負代金の額が政令で定める金額以上であるものに関し二年以上指導監督的な実務の経験を有する者

ハ　国土交通大臣がイ又はロに掲げる者と同等以上の能力を有するものと認定した者

三　発注者との間の請負契約で、その請負代金の額が政令で定める金額以上であるものを履行するに足りる財産的基礎を有すること。

注　二号ただし書の「政令で定める建設業」＝施行令五条の二
二号イの「国土交通大臣が定める試験及び免許」＝昭和六三年建設省告示第一三一七号
二号ロの「政令で定める金額」＝施行令五条の三
二号ハの「国土交通大臣の認定」＝平成元年建設省告示一二八号
三号の「政令で定める金額」＝施行令五条の四

（下請契約の締結の制限）

**第十六条**　特定建設業の許可を受けた者でなければ、その者が発注者から直接請け負つた建設工事を施工するための次の各号の一に該当する下請契約を締結してはならない。

一　その下請契約に係る下請代金の額が、一件で、第三条第一項第二号の政令で定める金額以上である下請契約

二　その下請契約を締結することにより、その下請契約及びすでに締結された当該建設工事を施工するための他のすべての下請契約に係る下請代金の額の総額が、第三条第一項第二号の政令で定める金額以上となる下請契約

注　一・二号の「政令で定める金額」＝施行令二条
「罰則」＝四七条・五三条

（準用規定）

**第十七条**　第五条、第六条及び第八条から第十四条までの規定は、特定建設業の許可及び特定建設業の許可を受けた者（以下「特定建設業者」という。）について準用する。この場合において、第五条第五号中「同条第二号イ、ロ又はハ」とあるのは「第十五条第二号イ、ロ又はハ」と、第六条第一項第五号中「次条第一号及び第二号」とあるのは「第七条第一号及び第十五条第二号」と、第十一条第四項中「同条第二号イ、ロ若しくはハ」とあるのは「第十五条第二号イ、ロ若しくはハ」と、「同号ハ」とあるのは「同号イ、ロ又はハ」と、同条第五項中「第七条第一号若しくは第二号」とあるのは「第七条第一号若しくは第十五条第二号」と読み替えるものとする。

注　本条で準用する五条各号列記以外の部分の「国土交通省令」＝施行規則二条・六条・七条、本条で準用する六条各号列記以外の部分・六号の「国土交通省令」＝施行規則二条―四条、本条で準用する六条四号・八条四・一一・一二号の「政令」＝施行令三条、本条で準用する八条八号・一

○条各号列記以外の部分の「政令」＝施行令三条の二・四条、本条で準用する一一条一―五項の「国土交通省令」＝施行規則九条―一二条、本条で準用する一三条の「政令」＝施行令五条、本条で準用する一四条の「国土交通省令」＝施行規則五条
「罰則」＝五〇条・五三条・五五条一号

## 第三章　建設工事の請負契約

### 第一節　通則

（建設工事の請負契約の原則）

**第十八条**　建設工事の請負契約の当事者は、各々の対等な立場における合意に基いて公正な契約を締結し、信義に従つて誠実にこれを履行しなければならない。

（建設工事の請負契約の内容）

**第十九条**　建設工事の請負契約の当事者は、前条の趣旨に従つて、契約の締結に際して次に掲げる事項を書面に記載し、署名又は記名押印をして相互に交付しなければならない。

一　工事内容
二　請負代金の額
三　工事着手の時期及び工事完成の時期
四　請負代金の全部又は一部の前金払又は出来形部分に対する支払の定めをするときは、その支払の時期及び方法
五　当事者の一方から設計変更又は工事着手の延期若しくは工事の全部若しくは一部の中止の申出があつた場合における工期の変更、請負代金の額の変更又は損害の負担及びそれらの額の算定方法に関する定め
六　天災その他不可抗力による工期の変更又は損害の負担及びその額の算定方法に関する定め
七　価格等（物価統制令（昭和二十一年勅令第百十八号）第二条に規定する価格等をいう。）の変動若しくは変更に基づく請負代金の額又は工事内容の変更
八　工事の施工により第三者が損害を受けた場合における賠償金の負担に関する定め
九　注文者が工事に使用する資材を提供し、又は建設機械その他の機械を貸与するときは、その内容及び方法に関する定め
十　注文者が工事の全部又は一部の完成を確認するための検査の時期及び方法並びに引渡しの時期
十一　工事完成後における請負代金の支払の時期及び方法
十二　工事の目的物の瑕疵（かし）を担保すべき責任又は当該責任の履行に関して講ずべき保証保険契約の締結その他の措置に関する定めをするときは、その内容
十三　各当事者の履行の遅滞その他債務の不履行の場合における遅延利息、違約金その他の損害金
十四　契約に関する紛争の解決方法

2　請負契約の当事者は、請負契約の内容で前項に掲げる事項に

該当するものを変更するときは、その変更の内容を書面に記載し、署名又は記名押印をして相互に交付しなければならない。

3　建設工事の請負契約の当事者は、前二項の規定による措置に代えて、政令で定めるところにより、当該契約の相手方の承諾を得て、電子情報処理組織を使用する方法その他の情報通信の技術を利用する方法であつて、当該各項の規定による措置に準ずるものとして国土交通省令で定めるものを講ずることができる。この場合において、当該国土交通省令で定める措置を講じた者は、当該各項の規定による措置を講じたものとみなす。

注　三項の「政令で定めるところ」＝施行令五条の五
三項の「国土交通省令で定める措置」＝施行規則一三条の二

**参照**

**○物価統制令**〔平一八・六・七法五三現〕

**第二条**　本令ニ於テ価格等トハ価格、運送賃、保管料、保険料、賃貸料、加工賃、修繕料其ノ他給付ノ対価タル財産的給付ヲ謂フ

（現場代理人の選任等に関する通知）

**第十九条の二**　請負人は、請負契約の履行に関し工事現場に現場代理人を置く場合においては、当該現場代理人の権限に関する事項及び当該現場代理人の行為についての注文者の請負人に対する意見の申出の方法（第三項において「現場代理人に関する事項」という。）を、書面により注文者に通知しなければならない。

2　注文者は、請負契約の履行に関し工事現場に監督員を置く場合においては、当該監督員の権限に関する事項及び当該監督員の行為についての請負人の注文者に対する意見の申出の方法（第四項において「監督員に関する事項」という。）を、書面により請負人に通知しなければならない。

3　請負人は、第一項の規定による書面による通知に代えて、政令で定めるところにより、同項の注文者の承諾を得て、現場代理人に関する事項を、電子情報処理組織を使用する方法その他の情報通信の技術を利用する方法であつて国土交通省令で定めるものにより通知することができる。この場合において、当該請負人は、当該書面による通知をしたものとみなす。

4　注文者は、第二項の規定による書面による通知に代えて、政令で定めるところにより、同項の請負人の承諾を得て、監督員に関する事項を、電子情報処理組織を使用する方法その他の情報通信の技術を利用する方法であつて国土交通省令で定めるものにより通知することができる。この場合において、当該注文者は、当該書面による通知をしたものとみなす。

注　三・四項の「政令で定めるところ」＝施行令五条の六・五条の七
三・四項の「国土交通省令で定めるもの」＝施行規則一三条の五・一三

（不当に低い請負代金の禁止）

**第十九条の三**　注文者は、自己の取引上の地位を不当に利用して、その注文した建設工事を施工するために通常必要と認められる原価に満たない金額を請負代金の額とする請負契約を締結してはならない。

注　「違反に対する措置」＝四二条・四二条の二、独禁法一九条・二〇条

（不当な使用資材等の購入強制の禁止）

**第十九条の四**　注文者は、請負契約の締結後、自己の取引上の地位を不当に利用して、その注文した建設工事に使用する資材若しくは機械器具又はこれらの購入先を指定し、これらを請負人に購入させて、その利益を害してはならない。

注　「違反に対する措置」＝四二条・四二条の二、独禁法一九条・二〇条

（発注者に対する勧告）

**第十九条の五**　建設業者と請負契約を締結した発注者（私的独占の禁止及び公正取引の確保に関する法律（昭和二十二年法律第五十四号）第二条第一項に規定する事業者に該当するものを除く。）が前二条の規定に違反した場合において、特に必要があると認めるときは、当該建設業者の許可をした国土交通大臣又は都道府県知事は、当該発注者に対して必要な勧告をすることができる。



**参照**

**○私的独占の禁止及び公正取引の確保に関する法律**（平二六・六・一三法六九現）

**第二条**　この法律において「事業者」とは、商業、工業、金融業その他の事業を行う者をいう。事業者の利益のためにする行為を行う役員、従業員、代理人その他の者は、次項又は第三章の規定の適用については、これを事業者とみなす。

（建設工事の見積り等）

**第二十条**　建設業者は、建設工事の請負契約を締結するに際して、工事内容に応じ、工事の種別ごとに材料費、労務費その他の経費の内訳を明らかにして、建設工事の見積りを行うよう努めなければならない。

2　建設業者は、建設工事の注文者から請求があつたときは、請負契約が成立するまでの間に、建設工事の見積書を交付しなければならない。

3　建設工事の注文者は、請負契約の方法が随意契約による場合にあつては契約を締結する以前に、入札の方法により競争に付する場合にあつては入札を行う以前に、第十九条第一項第一号及び第三号から第十四号までに掲げる事項について、できる限り具体的な内容を提示し、かつ、当該提示から当該契約の締結

又は入札までに、建設業者が当該建設工事の見積りをするために必要な政令で定める一定の期間を設けなければならない。

注　三項の「政令で定める一定の期間」＝施行令六条

（契約の保証）

**第二十一条**　建設工事の請負契約において請負代金の全部又は一部の前金払をする定がなされたときは、注文者は、建設業者に対して前金払をする前に、保証人を立てることを請求することができる。但し、公共工事の前払金保証事業に関する法律（昭和二十七年法律第百八十四号）第二条第四項に規定する保証事業会社の保証に係る工事又は政令で定める軽微な工事については、この限りでない。

2　前項の請求を受けた建設業者は、左の各号の一に規定する保証人を立てなければならない。

一　建設業者の債務不履行の場合の遅延利息、違約金その他の損害金の支払の保証人

二　建設業者に代つて自らその工事を完成することを保証する他の建設業者

3　建設業者が第一項の規定により保証人を立てることを請求された場合において、これを立てないときは、注文者は、契約の定にかかわらず、前金払をしないことができる。

注　一項ただし書の「政令で定める軽微な工事」＝施行令六条の二

（一括下請負の禁止）

**第二十二条**　建設業者は、その請け負つた建設工事を、いかなる方法をもつてするかを問わず、一括して他人に請け負わせてはならない。

2　建設業を営む者は、建設業者から当該建設業者の請け負つた建設工事を一括して請け負つてはならない。

3　前二項の建設工事が多数の者が利用する施設又は工作物に関する重要な建設工事で政令で定めるもの以外の建設工事である場合において、当該建設工事の元請負人があらかじめ発注者の書面による承諾を得たときは、これらの規定は、適用しない。

4　発注者は、前項の規定による書面による承諾に代えて、政令で定めるところにより、同項の元請負人の承諾を得て、電子情報処理組織を使用する方法その他の情報通信の技術を利用する方法であつて国土交通省令で定めるものにより、同項の承諾を

**参照**

**○公共工事の前払金保証事業に関する法律**〔平二六・六・二七法九一現〕

**第二条**　〔略〕

4　この法律において「保証事業会社」とは、第五条の規定により国土交通大臣の登録を受けて前払金保証事業を営む会社をいう。

する旨の通知をすることができる。この場合において、当該発注者は、当該書面による承諾をしたものとみなす。

注　三項の「政令で定めるもの」＝施行令六条の三
四項の「政令で定めるところ」＝施行令六条の四
四項の「国土交通省令で定めるところ」＝施行規則一三条の九
「監督処分」＝二八条

（下請負人の変更請求）

**第二十三条**　注文者は、請負人に対して、建設工事の施工につき著しく不適当と認められる下請負人があるときは、その変更を請求することができる。ただし、あらかじめ注文者の書面による承諾を得て選定した下請負人については、この限りでない。

2　注文者は、前項ただし書の規定による書面による承諾に代えて、政令で定めるところにより、同項ただし書の規定により下請負人を選定する者の承諾を得て、電子情報処理組織を使用する方法その他の情報通信の技術を利用する方法であつて国土交通省令で定めるものにより、同項ただし書の承諾をする旨の通知をすることができる。この場合において、当該注文者は、当該書面による承諾をしたものとみなす。

注　二項の「政令で定めるところ」＝施行令七条
二項の「国土交通省令で定めるもの」＝施行規則一三条の一一

（工事監理に関する報告）

**第二十三条の二**　請負人は、その請け負つた建設工事の施工について建築士法（昭和二十五年法律第二百二号）第十八条第三項の規定により建築士から工事を設計図書のとおりに実施するよう求められた場合において、これに従わない理由があるときは、直ちに、第十九条の二第二項の規定により通知された方法により、注文者に対して、その理由を報告しなければならない。

参照

**○建築士法**〔平二六・六・二七法九二現〕

（設計及び工事監理）

**第十八条**　〔略〕

3　建築士は、工事監理を行う場合において、工事が設計図書のとおりに実施されていないと認めるときは、直ちに、工事施工者に対して、その旨を指摘し、当該工事を設計図書のとおりに実施するよう求め、当該工事施工者がこれに従わないときは、その旨を建築主に報告しなければならない。

（請負契約とみなす場合）

**第二十四条**　委託その他いかなる名義をもつてするかを問わず、報酬を得て建設工事の完成を目的として締結する契約は、建設工事の請負契約とみなして、この法律の規定を適用する。

## 第二節　元請負人の義務

（下請負人の意見の聴取）

**第二十四条の二**　元請負人は、その請け負つた建設工事を施工するために必要な工程の細目、作業方法その他元請負人において定めるべき事項を定めようとするときは、あらかじめ、下請負人の意見をきかなければならない。

（下請代金の支払）

**第二十四条の三**　元請負人は、請負代金の出来形部分に対する支払又は工事完成後における支払を受けたときは、当該支払の対象となつた建設工事を施工した下請負人に対して、当該元請負人が支払を受けた金額の出来形に対する割合及び当該下請負人が施工した出来形部分に相応する下請代金を、当該支払を受けた日から一月以内で、かつ、できる限り短い期間内に支払わなければならない。

2　元請負人は、前払金の支払を受けたときは、下請負人に対して、資材の購入、労働者の募集その他建設工事の着手に必要な費用を前払金として支払うよう適切な配慮をしなければならない。

注　「違反に対する措置」＝四二条・四二条の二、独禁法一九条・二〇条

（検査及び引渡し）

**第二十四条の四**　元請負人は、下請負人からその請け負つた建設工事が完成した旨の通知を受けたときは、当該通知を受けた日から二十日以内で、かつ、できる限り短い期間内に、その完成を確認するための検査を完了しなければならない。

2　元請負人は、前項の検査によつて建設工事の完成を確認した後、下請負人が申し出たときは、直ちに、当該建設工事の目的物の引渡しを受けなければならない。ただし、下請契約において定められた工事完成の時期から二十日を経過した日以前の一定の日に引渡しを受ける旨の特約がされている場合には、この限りでない。

注　「違反に対する措置」＝四二条・四二条の二、独禁法一九条・二〇条

（特定建設業者の下請代金の支払期日等）

**第二十四条の五**　特定建設業者が注文者となつた下請契約（下請契約における請負人が特定建設業者又は資本金額が政令で定める金額以上の法人であるものを除く。以下この条において同じ。）における下請代金の支払期日は、前条第二項の申出の日（同項ただし書の場合にあつては、その一定の日。以下この条において同じ。）から起算して五十日を経過する日以前において、かつ、できる限り短い期間内において定められなければならない。

2　特定建設業者が注文者となつた下請契約において、下請代金の支払期日が定められなかつたときは前条第二項の申出の日が、前項の規定に違反して下請代金の支払期日が定められたときは同条第二項の申出の日から起算して五十日を経過する日が

下請代金の支払期日と定められたものとみなす。

3　特定建設業者は、当該特定建設業者が注文者となつた下請契約に係る下請代金の支払につき、当該下請代金の支払期日までに一般の金融機関（預金又は貯金の受入れ及び資金の融通を業とする者をいう。）による割引を受けることが困難であると認められる手形を交付してはならない。

4　特定建設業者は、当該特定建設業者が注文者となつた下請契約に係る下請代金を第一項の規定により定められた支払期日又は第二項の支払期日までに支払わなければならない。当該特定建設業者がその支払をしなかつたときは、当該特定建設業者は、下請負人に対して、前条第二項の申出の日から起算して五十日を経過した日から当該下請代金の支払をする日までの期間について、その日数に応じ、当該未払金額に国土交通省令で定める率を乗じて得た金額を遅延利息として支払わなければならない。

注　一項の「政令で定める金額」＝施行令七条の二
四項の「国土交通省令で定める率」＝施行規則一四条
「違反に対する措置」＝四一条・四二条の二、独禁法一九条・二〇条

（下請負人に対する特定建設業者の指導等）

**第二十四条の六**　発注者から直接建設工事を請け負つた特定建設業者は、当該建設工事の下請負人が、その下請負に係る建設工事の施工に関し、この法律の規定又は建設工事の施工若しくは建設工事に従事する労働者の使用に関する法令の規定で政令で定めるものに違反しないよう、当該下請負人の指導に努めるものとする。

2　前項の特定建設業者は、その請け負つた建設工事の下請負人である建設業を営む者が同項に規定する規定に違反していると認めたときは、当該建設業を営む者に対し、当該違反している事実を指摘して、その是正を求めるように努めるものとする。

3　第一項の特定建設業者が前項の規定により是正を求めた場合において、当該建設業を営む者が当該違反している事実を是正しないときは、同項の特定建設業者は、当該建設業を営む者が建設業者であるときはその許可をした国土交通大臣若しくは都道府県知事又は営業としてその建設工事の行われる区域を管轄する都道府県知事に、その他の建設業を営む者であるときはその建設工事の現場を管轄する都道府県知事に、速やかに、その旨を通報しなければならない。

注　一項の「政令で定めるもの」＝施行令七条の三

（施工体制台帳及び施工体系図の作成等）

**第二十四条の七**　特定建設業者は、発注者から直接建設工事を請け負つた場合において、当該建設工事を施工するために締結した下請契約の請負代金の額（当該下請契約が二以上あるときは、それらの請負代金の額の総額）が政令で定める金額以上になる

ときは、建設工事の適正な施工を確保するため、国土交通省令で定めるところにより、当該建設工事について、下請負人の商号又は名称、当該下請負人に係る建設工事の内容及び工期その他の国土交通省令で定める事項を記載した施工体制台帳を作成し、工事現場ごとに備え置かなければならない。

2 前項の建設工事の下請負人は、その請け負つた建設工事を他の建設業を営む者に請け負わせたときは、国土交通省令で定めるところにより、同項の特定建設業者に対して、当該他の建設業を営む者の商号又は名称、当該者の請け負つた建設工事の内容及び工期その他の国土交通省令で定める事項を通知しなければならない。

3 第一項の特定建設業者は、同項の発注者から請求があつたときは、同項の規定により備え置かれた施工体制台帳を、その発注者の閲覧に供しなければならない。

4 第一項の特定建設業者は、国土交通省令で定めるところにより、当該建設工事における各下請負人の施工の分担関係を表示した施工体系図を作成し、これを当該工事現場の見やすい場所に掲げなければならない。

注 一項の「政令で定める金額」＝施行令七条の四
一項の「国土交通省令で定めるところ」＝施行規則一四条の二第二項・一四条の五第一―四項・一四条の七
一項の「国土交通省令で定める事項」＝施行規則一四条の二第一項
「下請負人に対する通知等」＝施行規則一四条の三
二項の「国土交通省令で定めるところ」＝施行規則一四条の四第二・三項・一四条の五第五項
二項の「国土交通省令で定める事項」＝施行規則一四条の四第一項
四項の「国土交通省令で定めるところ」＝施行規則一四条の六・一四条の七

## 第三章の二　建設工事の請負契約に関する紛争の処理

（建設工事紛争審査会の設置）

**第二十五条**　建設工事の請負契約に関する紛争の解決を図るため、建設工事紛争審査会を設置する。

2 建設工事紛争審査会（以下「審査会」という。）は、この法律の規定により、建設工事の請負契約に関する紛争（以下「紛争」という。）につきあつせん、調停及び仲裁（以下「紛争処理」という。）を行う権限を有する。

3 審査会は、中央建設工事紛争審査会（以下「中央審査会」という。）及び都道府県建設工事紛争審査会（以下「都道府県審査会」という。）とし、中央審査会は、国土交通省に、都道府県審査会は、都道府県に置く。

（審査会の組織）

**第二十五条の二**　審査会は、委員をもつて組織し、中央審査会の委員の定数は、十五人以内とする。

2 委員は、人格が高潔で識見の高い者のうちから、中央審査会にあつては国土交通大臣が、都道府県審査会にあつては都道府県知事が任命する。

3　中央審査会及び都道府県審査会にそれぞれ会長を置き、委員の互選により選任する。

4　会長は、会務を総理する。

5　会長に事故があるときは、委員のうちからあらかじめ互選された者がその職務を代理する。

注　「委員の名簿」＝施行令八条

（委員の任期等）

**第二十五条の三**　委員の任期は、二年とする。ただし、補欠の委員の任期は、前任者の残任期間とする。

2　委員は、再任されることができる。

3　委員は、後任の委員が任命されるまでその職務を行う。

4　委員は、非常勤とする。

（委員の欠格条項）

**第二十五条の四**　次の各号のいずれかに該当する者は、委員となることができない。

一　破産者で復権を得ない者

二　禁錮以上の刑に処せられ、その執行を終わり、又はその執行を受けることがなくなつた日から五年を経過しない者

（委員の解任）

**第二十五条の五**　国土交通大臣又は都道府県知事は、それぞれその任命に係る委員が前条各号の一に該当するに至つたときは、その委員を解任しなければならない。

2　国土交通大臣又は都道府県知事は、それぞれその任命に係る委員が次の各号の一に該当するときは、その委員を解任することができる。

一　心身の故障のため職務の執行に堪えないと認められるとき。

二　職務上の義務違反その他委員たるに適しない非行があると認められるとき。

（会議及び議決）

**第二十五条の六**　審査会の会議は、会長が招集する。

2　審査会は、会長又は第二十五条の二第五項の規定により会長を代理する者のほか、委員の過半数が出席しなければ、会議を開き、議決をすることができない。

3　審査会の議事は、出席者の過半数をもつて決する。可否同数のときは、会長が決する。

注　「審査会の会議」＝施行令一〇条
　　「審査会の庶務」＝施行令一一条・一二条

（特別委員）

**第二十五条の七**　紛争処理に参与させるため、審査会に、特別委

員を置くことができる。
2　特別委員の任期は、二年とする。
3　第二十五条の二第二項、第二十五条の三第二項及び第四項、第二十五条の四並びに第二十五条の五の規定は、特別委員について準用する。
4　この法律に規定するもののほか、特別委員に関し必要な事項は、政令で定める。

注　四項の「政令」＝施行令九条

（都道府県審査会の委員等の一般職に属する地方公務員たる性質）
**第二十五条の八**　都道府県審査会の委員及び特別委員は、地方公務員法（昭和二十五年法律第二百六十一号）第三十四条、第六十条第二号及び第六十二条の規定の適用については、同法第三条第二項に規定する一般職に属する地方公務員とみなす。

**参照**

○**地方公務員法**〔平二六・六・一三法六九現〕

（一般職に属する地方公務員及び特別職に属する地方公務員）
**第三条**　〔略〕
2　一般職は、特別職に属する職以外の一切の職とする。

（秘密を守る義務）
**第三十四条**　職員は、職務上知り得た秘密を漏らしてはならない。その職を退いた後も、また、同様とする。
2　法令による証人、鑑定人等となり、職務上の秘密に属する事項を発表する場合においては、任命権者（退職者については、その退職した職又はこれに相当する職に係る任命権者）の許可を受けなければならない。
3　前項の許可は、法律に特別の定がある場合を除く外、拒むことができない。

（罰則）
**第六十条**　次の各号のいずれかに該当する者は、一年以下の懲役又は五十万円以下の罰金に処する。
二　第三十四条第一項又は第二項の規定（第九条の二第十二項において準用する場合を含む。）に違反して秘密を漏らした者
**第六十二条**　第六十条第二号又は前条第一号から第三号まで若しくは第五号に掲げる行為を企て、命じ、故意にこれを容認し、そそのかし、又はそのほう助をした者は、それぞれ各本条の刑に処する。

（管轄）
**第二十五条の九**　中央審査会は、次の各号に掲げる場合における紛争処理について管轄する。

一　当事者の双方が国土交通大臣の許可を受けた建設業者であるとき。
二　当事者の双方が建設業者であつて、許可をした行政庁を異にするとき。
三　当事者の一方のみが建設業者であつて、国土交通大臣の許可を受けたものであるとき。

2　都道府県審査会は、次の各号に掲げる場合における紛争処理について管轄する。
一　当事者の双方が当該都道府県の知事の許可を受けた建設業者であるとき。
二　当事者の一方のみが建設業者であつて、当該都道府県の知事の許可を受けたものであるとき。
三　当事者の双方が許可を受けないで建設業を営む者である場合であつて、その紛争に係る建設工事の現場が当該都道府県の区域内にあるとき。
四　前項第三号に掲げる場合及び第二号に掲げる場合のほか、当事者の一方のみが許可を受けないで建設業を営む者である場合であつて、その紛争に係る建設工事の現場が当該都道府県の区域内にあるとき。

3　前二項の規定にかかわらず、当事者は、双方の合意によつて管轄審査会を定めることができる。

注　三項の「合意」＝施行令一三条三項

（紛争処理の申請）
**第二十五条の十**　審査会に対する紛争処理の申請は、政令の定めるところにより、書面をもつて、中央審査会に対するものにあつては国土交通大臣を、都道府県審査会に対するものにあつては当該都道府県知事を経由してこれをしなければならない。

注　「政令の定めるところ」＝施行令一三条・一四条・一六条の二
「紛争処理の通知」＝施行令一六条・一六条の二

（あつせん又は調停の開始）
**第二十五条の十一**　審査会は、紛争が生じた場合において、次の各号の一に該当するときは、あつせん又は調停を行う。
一　当事者の双方又は一方から、審査会に対しあつせん又は調停の申請がなされたとき。
二　公共性のある施設又は工作物で政令で定めるものに関する紛争につき、審査会が職権に基き、あつせん又は調停を行う必要があると決議したとき。

注　二号の「政令で定めるもの」＝施行令一五条
二号の「紛争処理の通知」＝施行令一六条

（あつせん）
**第二十五条の十二**　審査会によるあつせんは、あつせん委員がこれを行う。

2　あつせん委員は、委員又は特別委員のうちから、事件ごとに、審査会の会長が指名する。

3　あつせん委員は、当事者間をあつせんし、双方の主張の要点を確かめ、事件が解決されるように努めなければならない。

（調停）

**第二十五条の十三**　審査会による調停は、三人の調停委員がこれを行う。

2　調停委員は、委員又は特別委員のうちから、事件ごとに、審査会の会長が指名する。

3　審査会は、調停のため必要があると認めるときは、当事者の出頭を求め、その意見をきくことができる。

4　審査会は、調停案を作成し、当事者に対しその受諾を勧告することができる。

5　前項の調停案は、調停委員の過半数の意見で作成しなければならない。

注　三項の「罰則」＝五五条

（あつせん又は調停をしない場合）

**第二十五条の十四**　審査会は、紛争がその性質上あつせん若しくは調停をするのに適当でないと認めるとき、又は当事者が不当な目的でみだりにあつせん若しくは調停の申請をしたと認めるときは、あつせん又は調停をしないものとする。

注　「あつせん又は調停をしない場合の措置」＝施行令一七条

（あつせん又は調停の打切り）

**第二十五条の十五**　審査会は、あつせん又は調停に係る紛争についてあつせん又は調停による解決の見込みがないと認めるときは、あつせん又は調停を打ち切ることができる。

2　審査会は、前項の規定によりあつせん又は調停を打ち切つたときは、その旨を当事者に通知しなければならない。

（時効の中断）

**第二十五条の十六**　前条第一項の規定によりあつせん又は調停が打ち切られた場合において、当該あつせん又は調停の申請をした者が同条第二項の通知を受けた日から一月以内にあつせん又は調停の目的となつた請求について訴えを提起したときは、時効の中断に関しては、あつせん又は調停の申請の時に、訴えの提起があつたものとみなす。

（訴訟手続の中止）

**第二十五条の十七**　紛争について当事者間に訴訟が係属する場合において、次の各号のいずれかに掲げる事由があり、かつ、当事者の共同の申立てがあるときは、受訴裁判所は、四月以内の期間を定めて訴訟手続を中止する旨の決定をすることができる。

一　当該紛争について、当事者間において審査会によるあつせん又は調停が実施されていること。
二　前号に規定する場合のほか、当事者間に審査会によるあつせん又は調停によつて当該紛争の解決を図る旨の合意があること。
2　受訴裁判所は、いつでも前項の決定を取り消すことができる。
3　第一項の申立てを却下する決定及び前項の規定により第一項の決定を取り消す決定に対しては、不服を申し立てることができない。

（仲裁の開始）
**第二十五条の十八**　審査会は、紛争が生じた場合において、次の各号のいずれかに該当するときは、仲裁を行う。
一　当事者の双方から、審査会に対し仲裁の申請がなされたとき。
二　この法律による仲裁に付する旨の合意に基き、当事者の一方から、審査会に対し仲裁の申請がなされたとき。

注　二号の「合意」＝施行令一三条四項

（仲裁）
**第二十五条の十九**　審査会による仲裁は、三人の仲裁委員がこれを行う。
2　仲裁委員は、委員又は特別委員のうちから当事者が合意によつて選定した者につき、審査会の会長が指名する。ただし、当事者の合意による選定がなされなかつたときは、委員又は特別委員のうちから審査会の会長が指名する。
3　仲裁委員のうち少なくとも一人は、弁護士法（昭和二十四年法律第二百五号）第二章の規定により、弁護士となる資格を有する者でなければならない。
4　審査会の行う仲裁については、この法律に別段の定めがある場合を除いて、仲裁委員を仲裁人とみなして、仲裁法（平成十五年法律第百三十八号）の規定を適用する。

注　二項の「仲裁委員の選定」＝施行令一八条・一九条
二項の「当事者の合意による選定がなされなかつたとき」＝施行令一九条二項
「仲裁委員が欠けた場合」＝施行令二〇条
「仲裁判断の作成」＝施行令二一条

参照
○**弁護士法**…五八七頁参照
○**仲裁法**…五九一頁参照

（文書及び物件の提出）
**第二十五条の二十**　審査会は、仲裁を行う場合において必要があると認めるときは、当事者の申出により、相手方の所持する当該請負契約に関する文書又は物件を提出させることができる。
2　審査会は、相手方が正当な理由なく前項に規定する文書又は物件を提出しないときは、当該文書又は物件に関する申立人の主張を真実と認めることができる。

（立入検査）

**第二十五条の二十一**　審査会は、仲裁を行う場合において必要があると認めるときは、当事者の申出により、相手方の占有する工事現場その他事件に関係のある場所に立ち入り、紛争の原因たる事実関係につき検査をすることができる。

2　審査会は、前項の規定により検査をする場合においては、当該仲裁委員の一人をして当該検査を行わせることができる。

3　審査会は、相手方が正当な理由なく第一項に規定する検査を拒んだときは、当該事実関係に関する申立人の主張を真実と認めることができる。

（調停又は仲裁の手続の非公開）

**第二十五条の二十二**　審査会の行う調停又は仲裁の手続は、公開しない。ただし、審査会は、相当と認める者に傍聴を許すことができる。

（紛争処理の手続に要する費用）

**第二十五条の二十三**　紛争処理の手続に要する費用は、当事者が当該費用の負担につき別段の定めをしないときは、各自これを負担する。

2　審査会は、当事者の申立に係る費用を要する行為については、当事者に当該費用を予納させるものとする。

3　審査会が前項の規定により費用を予納させようとする場合において、当事者が当該費用の予納をしないときは、審査会は、同項の行為をしないことができる。

注　「費用の算定方法」＝施行令二五条

（申請手数料）

**第二十五条の二十四**　中央審査会に対して紛争処理の申請をする者は、政令の定めるところにより、申請手数料を納めなければならない。

注　「政令の定めるところ」＝施行令二六条・阪神・淡路大震災に伴う建設工事紛争審査会による紛争処理に係る申請手数料の特例に関する政令、地方公共団体の手数料の標準に関する政令

参照

**○地方公共団体の手数料の標準に関する政令**〔平二七・一二・一六政四二四現〕

地方自治法第二百二十八条第一項の手数料について全国的に統一して定めることが特に必要と認められるものとして政令で定める事務（以下「標準事務」という。）は、次の表の上欄に掲げる事務とし、同項の当該標準事務に係る事務のうち政令で定めるもの（以下「手数料を徴収する事務」という。）は、同表の上欄に掲げる標準事務についてそれぞれ同表の中欄に掲げる事務とし、同項の政令で定める金額は、同表の中欄に掲げる手数料を徴収する事務につ

いてそれぞれ同表の下欄に掲げる金額とする。

| 標準事務 | 手数料を徴収する事務 | 金額 |
|---|---|---|
| 二十六　建設業法第二十五条第二項の規定に基づく建設工事の請負契約に関する紛争に係るあっせん、調停及び仲裁に関する事務 | 1　建設業法第二十五条第二項の規定に基づくあっせん | あっせんを求める事項の価額（価額を算定することができないときは、五百万円とみなす。）に応じて、次に定めるところにより算出して得た金額（あっせんを求める事項の価額が増加するときは、増加後の価額に応じて算出して得た額から増加前の価額に応じて算出して得た額を控除した金額）<br>イ　あっせんを求める事項の価額が百万円まで　一万円<br>ロ　あっせんを求める事項の価額が百万円を超え五百万円までの部分　その価額一万円までごとに　二十円<br>ハ　あっせんを求める事項の価額が五百万円を超え二千五百万円までの部分　その価額一万円までごとに　十五円<br>ニ　あっせんを求める事項の価額が二千五百万円を超える部分　その価額一万円までごとに　十円 |
| | 2　建設業法第二十五条第二項の規定に基づく調停 | 調停を求める事項の価額（価額を算定することができないときは、五百万円とみなす。）に応じて、次に定めるところにより算出して得た金額（調停を求める事項の価額が増加するときは、増加後の価額に応じて算出して得た額から増加前の価額に応じて算出して得た額を控除した金額）<br>イ　調停を求める事項の価額が百万円まで　二万円<br>ロ　調停を求める事項の価額が百万円を超え五百万円までの部分　その価額一万円までごとに　四十円 |

| | |
|---|---|
| | ハ　調停を求める事項の価額が五百万円を超え一億円までの部分　その価額一万円までごとに　二十五円<br>ニ　調停を求める事項の価額が一億円を超える部分　その価額一万円までごとに　十五円 |
| 3　建設業法第二十五条第二項の規定に基づく仲裁 | 仲裁を求める事項の価額（価額を算定することができないときは、五百万円とみなす。）に応じて、次に定めるところにより算出して得た金額（仲裁を求める事項の価額が増加するときは、増加後の価額に応じて算出して得た額から増加前の価額に応じて算出して得た額を控除した金額）<br>イ　仲裁を求める事項の価額が百万円まで　五万円<br>ロ　仲裁を求める事項の価額が百万円を超え五百万円までの部分　その価額一万円までごとに　百円 |
| | |
| | |
| | ハ　仲裁を求める事項の価額が五百万円を超え一億円までの部分　その価額一万円までごとに　六十円<br>ニ　仲裁を求める事項の価額が一億円を超える部分　その価額一万円までごとに　二十円 |

（紛争処理状況の報告）

**第二十五条の二十五**　中央審査会は、国土交通大臣に対し、都道府県審査会は、当該都道府県知事に対し、国土交通省令の定めるところにより、紛争処理の状況について報告しなければならない。

注　「国土交通省令の定めるところ」＝施行規則一五条

（政令への委任）

**第二十五条の二十六**　この章に規定するもののほか、紛争処理の手続及びこれに要する費用に関し必要な事項は、政令で定める。

注　「政令」＝施行令一四条・一六条―二一条・二三条―二六条

## 第四章　施工技術の確保

（建設工事の担い手の育成及び確保その他の施工技術の確保）

**第二十五条の二十七**　建設業者は、建設工事の担い手の育成及び確保その他の施工技術の確保に努めなければならない。

２　国土交通大臣は、前項の建設工事の担い手の育成及び確保その他の施工技術の確保に資するため、必要に応じ、講習及び調査の実施、資料の提供その他の措置を講ずるものとする。

（主任技術者及び監理技術者の設置等）

**第二十六条**　建設業者は、その請け負つた建設工事を施工するときは、当該建設工事に関し第七条第二号イ、ロ又はハに該当する者で当該工事現場における建設工事の施工の技術上の管理をつかさどるもの（以下「主任技術者」という。）を置かなければならない。

２　発注者から直接建設工事を請け負つた特定建設業者は、当該建設工事を施工するために締結した下請契約の請負代金の額（当該下請契約が二以上あるときは、それらの請負代金の額の総額）が第三条第一項第二号の政令で定める金額以上になる場合においては、前項の規定にかかわらず、当該建設工事に関し第十五条第二号イ、ロ又はハに該当する者（当該建設工事に係る建設業が指定建設業である場合にあつては、同号イに該当する者又は同号ハの規定により国土交通大臣が同号イに掲げる者と同等以上の能力を有するものと認定した者）で当該工事現場における建設工事の施工の技術上の管理をつかさどるもの（以下「監理技術者」という。）を置かなければならない。

３　公共性のある施設若しくは工作物又は多数の者が利用する施設若しくは工作物に関する重要な建設工事で政令で定めるものについては、前二項の規定により置かなければならない主任技術者又は監理技術者は、工事現場ごとに、専任の者でなければならない。

４　前項の規定により専任の者でなければならない監理技術者は、第二十七条の十八第一項の規定による監理技術者資格者証の交付を受けている者であつて、第二十六条の四から第二十六条の六までの規定により国土交通大臣の登録を受けた講習を受講したもののうちから、これを選任しなければならない。

５　前項の規定により選任された監理技術者は、発注者から請求があつたときは、監理技術者資格者証を提示しなければならない。

注　二項の「政令で定める金額」＝施行令二条
三項の「政令で定めるもの」＝施行令二七条
四項の「登録」＝施行規則一七条の四
四項の「講習の受講」＝施行規則一七条の一四
「監督処分」＝二八条・二九条・二九条の四
「罰則」＝五二条・五三条

**第二十六条の二**　土木工事業又は建築工事業を営む者は、土木一式工事又は建築一式工事を施工する場合において、土木一式工事又は建築一式工事以外の建設工事（第三条「建設業の許可」第一項ただし書の政令で定める軽微な建設工事を除く。）を施工するときは、当該建設工事に関し第七条第二号イ、ロ又はハに該当する者で当該工事現場における当該建設工事の施工の技術上の管理をつかさどるものを置いて自ら施工する場合のほか、当該建設工事に係る建設業の許可を受けた建設業者に当該建設工事を施工させなければならない。

2　建設業者は、許可を受けた建設業に係る建設工事に附帯する他の建設工事（第三条第一項ただし書の政令で定める軽微な建設工事を除く。）を施工する場合においては、当該建設工事に関し第七条第二号イ、ロ又はハに該当する者で当該工事現場における当該建設工事の施工の技術上の管理をつかさどるものを置いて自ら施工する場合のほか、当該建設工事に係る建設業の許可を受けた建設業者に当該建設工事を施工させなければならない。

注　一・二項の「政令で定める軽微な建設工事」＝施行令一条の二
「監督処分」＝二八条・二九条・二九条の四
「罰則」＝五二条・五三条

（主任技術者及び監理技術者の職務等）

**第二十六条の三**　主任技術者及び監理技術者は、工事現場における建設工事を適正に実施するため、当該建設工事の施工計画の作成、工程管理、品質管理その他の技術上の管理及び当該建設工事の施工に従事する者の技術上の指導監督の職務を誠実に行わなければならない。

2　工事現場における建設工事の施工に従事する者は、主任技術者又は監理技術者がその職務として行う指導に従わなければならない。

（登録）

**第二十六条の四**　第二十六条第四項の登録は、同項の講習を行おうとする者の申請により行う。

（欠格条項）

**第二十六条の五**　次の各号のいずれかに該当する者が行う講習は、第二十六条第四項の登録を受けることができない。

一　この法律又はこの法律に基づく命令に違反し、罰金以上の刑に処せられ、その執行を終わり、又は執行を受けることがなくなつた日から二年を経過しない者

二　第二十六条の十五の規定により第二十六条第四項の講習の登録を取り消され、その取消しの日から二年を経過しない者

三　法人であつて、第二十六条第四項の講習を行う役員のうちに前二号のいずれかに該当する者があるもの

（登録の要件等）

**第二十六条の六**　国土交通大臣は、第二十六条の四の規定により申請のあつた講習が次に掲げる要件のすべてに適合しているときは、その登録をしなければならない。この場合において、登録に関して必要な手続は、国土交通省令で定める。

一　次に掲げる科目について行われるものであること。
イ　建設工事に関する法律制度
ロ　建設工事の施工計画の作成、工程管理、品質管理その他の技術上の管理
ハ　建設工事に関する最新の材料、資機材及び施工方法
二　前号ロ及びハに掲げる科目にあつては、次のいずれかに該当する者が講師として講習の業務に従事するものであること。
イ　監理技術者となつた経験を有する者
ロ　学校教育法による高等学校、中等教育学校、大学、高等専門学校又は専修学校における別表第二に掲げる学科の教員となつた経歴を有する者
ハ　イ又はロに掲げる者と同等以上の能力を有する者
三　建設業者に支配されているものとして次のいずれかに該当するものでないこと。
イ　第二十六条の四の規定により登録を申請した者（以下この号において「登録申請者」という。）が株式会社である場合にあつては、建設業者がその親法人（会社法（平成十七年法律第八十六号）第八百七十九条第一項に規定する親法人をいう。第二十七条の三十一第二項第一号において同じ。）であること。
ロ　登録申請者の役員（持分会社（会社法第五百七十五条第一項に規定する持分会社をいう。第二十七条の三十一第二項第二号において同じ。）にあつては、業務を執行する社員）に占める建設業者の役員又は職員（過去二年間に当該建設業者の役員又は職員であつた者を含む。）の割合が二分の一を超えていること。
ハ　登録申請者（法人にあつては、その代表権を有する役員）が建設業者の役員又は職員（過去二年間に当該建設業者の役員又は職員であつた者を含む。）であること。

2　登録は、講習登録簿に次に掲げる事項を記載してするものとする。
一　登録年月日及び登録番号
二　第二十六条第四項の登録を受けた講習（以下単に「講習」という。）を行う者（以下「登録講習実施機関」という。）の氏名又は名称及び住所並びに法人にあつては、その代表者の氏名
三　登録講習実施機関が講習を行う事務所の所在地

**参照**

注　一項の「国土交通省令」＝施行規則一七条の四
一項二号イ又はロに掲げる者と「同等以上の能力を有する者」＝平成一六年国土交通省告示六四号

○会社法〔平二七・九・四法六三現〕

（定款の作成）

**第五百七十五条**　合名会社、合資会社又は合同会社（以下「持分会社」と総称する。）を設立するには、その社員になろうとする者が定款を作成し、その全員がこれに署名し、又は記名押印しなければならない。

（特別清算事件の管轄）

**第八百七十九条**　第八百六十八条第一項の規定にかかわらず、法人が株式会社の総株主（株主総会において決議をすることができる事項の全部につき議決権を行使することができない株主を除く。次項において同じ。）の議決権の過半数を有する場合には、当該法人（以下この条において「親法人」という。）について特別清算事件、破産事件、再生事件又は更生事件（以下この条において「特別清算事件等」という。）が係属しているときにおける当該株式会社についての特別清算開始の申立ては、親法人の特別清算事件等が係属している地方裁判所にもすることができる。

（登録の更新）

**第二十六条の七**　第二十六条第四項の登録は、三年を下らない政令で定める期間ごとにその更新を受けなければ、その期間の経過によつて、その効力を失う。

2　前三条の規定は、前項の登録の更新について準用する。

注　一項の「政令で定める期間」＝施行令二七条の二
　　一項の「登録の更新」＝施行規則一七条の五

（講習の実施に係る義務）

**第二十六条の八**　登録講習実施機関は、公正に、かつ、第二十六条の六第一項第一号及び第二号に掲げる要件並びに国土交通省令で定める基準に適合する方法により講習を行わなければならない。

注　「国土交通省令で定める基準」＝施行規則一七条の六

（登録事項の変更の届出）

**第二十六条の九**　登録講習実施機関は、第二十六条の六第二項第二号又は第三号に掲げる事項を変更しようとするときは、変更しようとする日の二週間前までに、その旨を国土交通大臣に届け出なければならない。

（講習規程）

**第二十六条の十**　登録講習実施機関は、講習に関する規程（以下「講習規程」という。）を定め、講習の開始前に、国土交通大臣に届け出なければならない。これを変更しようとするときも、同様とする。

2　講習規程には、講習の実施方法、講習に関する料金その他の国土交通省令で定める事項を定めておかなければならない。

注　二項の「国土交通省令で定める事項」＝施行規則一七条の七

（業務の休廃止）

**第二十六条の十一**　登録講習実施機関は、講習の全部又は一部を休止し、又は廃止しようとするときは、国土交通省令で定めるところにより、あらかじめ、その旨を国土交通大臣に届け出なければならない。

注　「国土交通省令で定めるところ」＝施行規則一七条の八
「罰則」＝五一条

（財務諸表等の備付け及び閲覧等）

**第二十六条の十二**　登録講習実施機関は、毎事業年度経過後三月以内に、その事業年度の財産目録、貸借対照表及び損益計算書又は収支計算書並びに事業報告書（その作成に代えて電磁的記録（電子的方式、磁気的方式その他の人の知覚によつては認識することができない方式で作られる記録であつて、電子計算機による情報処理の用に供されるものをいう。以下この条において同じ。）の作成がされている場合における当該電磁的記録を含む。次項及び第五十四条において「財務諸表等」という。）を作成し、五年間事務所に備えて置かなければならない。

2　建設業者その他の利害関係人は、登録講習実施機関の業務時間内は、いつでも、次に掲げる請求をすることができる。ただし、第二号又は第四号の請求をするには、登録講習実施機関の定めた費用を支払わなければならない。

一　財務諸表等が書面をもつて作成されているときは、当該書面の閲覧又は謄写の請求

二　前号の書面の謄本又は抄本の請求

三　財務諸表等が電磁的記録をもつて作成されているときは、当該電磁的記録に記録された事項を国土交通省令で定める方法により表示したものの閲覧又は謄写の請求

四　前号の電磁的記録に記録された事項を電磁的方法であつて国土交通省令で定めるものにより提供することの請求又は当該事項を記載した書面の交付の請求

注　二項三号の「国土交通省令で定める方法」＝施行規則一七条の九
二項四号の「国土交通省令で定めるもの」＝施行規則一七条の一〇
「罰則」＝五四条

（適合命令）

**第二十六条の十三**　国土交通大臣は、講習が第二十六条の六第一項の規定に適合しなくなつたと認めるときは、その登録講習実施機関に対し、同項の規定に適合するため必要な措置をとるべきことを命ずることができる。

（改善命令）

**第二十六条の十四**　国土交通大臣は、登録講習実施機関が第二十六条の八の規定に違反していると認めるときは、その登録講習

実施機関に対し、同条の規定による講習を行うべきこと又は講習の方法その他の業務の方法の改善に関し必要な措置をとるべきことを命ずることができる。

（登録の取消し等）

**第二十六条の十五**　国土交通大臣は、登録講習実施機関が次の各号のいずれかに該当するときは、当該登録講習実施機関の行う講習の登録を取り消し、又は期間を定めて講習の全部若しくは一部の停止を命ずることができる。

一　第二十六条の五第一号又は第三号に該当するに至つたとき。

二　第二十六条の九から第二十六条の十一まで、第二十六条の十二第一項又は次条の規定に違反したとき。

三　正当な理由がないのに第二十六条の十二第二項各号の規定による請求を拒んだとき。

四　前二条の規定による命令に違反したとき。

五　不正の手段により第二十六条第四項の登録を受けたとき。

注　「罰則」＝四九条

（帳簿の記載）

**第二十六条の十六**　登録講習実施機関は、国土交通省令で定めるところにより、帳簿を備え、講習に関し国土交通省令で定める事項を記載し、これを保存しなければならない。

注　「国土交通省令で定める事項」＝施行規則一七条の一一
「罰則」＝五一条

（国土交通大臣による講習の実施）

**第二十六条の十七**　国土交通大臣は、講習を行う者がいないとき、第二十六条の十一の規定による講習の全部又は一部の休止又は廃止の届出があつたとき、第二十六条の十五の規定により第二十六条第四項の登録を取り消し、又は登録講習実施機関に対し講習の全部若しくは一部の停止を命じたとき、登録講習実施機関が天災その他の事由により講習の全部又は一部を実施することが困難となつたとき、その他必要があると認めるときは、講習の全部又は一部を自ら行うことができる。

2　国土交通大臣が前項の規定により講習の全部又は一部を自ら行う場合における講習の引継ぎその他の必要な事項については、国土交通省令で定める。

注　二項の「国土交通省令」＝施行規則一七条の一二

（手数料）

**第二十六条の十八**　前条第一項の規定により国土交通大臣が行う講習を受けようとする者は、実費を勘案して政令で定める額の手数料を国に納めなければならない。

注　「政令で定める額の手数料」＝施行令二七条の二の二

（報告の徴収）

**第二十六条の十九**　国土交通大臣は、この法律の施行に必要な限度において、登録講習実施機関に対し、その業務又は経理の状況に関し報告をさせることができる。

注　「罰則」＝五一条

（立入検査）

**第二十六条の二十**　国土交通大臣は、この法律の施行に必要な限度において、その職員に、登録講習実施機関の事務所に立ち入り、業務の状況又は帳簿、書類その他の物件を検査させることができる。

2　前項の規定により職員が立入検査をする場合においては、その身分を示す証明書を携帯し、関係者に提示しなければならない。

3　第一項の規定による立入検査の権限は、犯罪捜査のために認められたものと解釈してはならない。

注　「罰則」＝五一条

（公示）

**第二十六条の二十一**　国土交通大臣は、次に掲げる場合には、その旨を官報に公示しなければならない。

一　第二十六条第四項の登録をしたとき。

二　第二十六条の九の規定による届出があつたとき。

三　第二十六条の十一の規定による届出があつたとき。

四　第二十六条の十五の規定により第二十六条第四項の登録を取り消し、又は講習の停止を命じたとき。

五　第二十六条の十七の規定により講習の全部若しくは一部を自ら行うこととするとき、又は自ら行つていた講習の全部若しくは一部を行わないこととするとき。

（技術検定）

**第二十七条**　国土交通大臣は、施工技術の向上を図るため、建設業者の施工する建設工事に従事し又はしようとする者について、政令の定めるところにより、技術検定を行うことができる。

2　前項の検定は、学科試験及び実地試験によつて行う。

3　国土交通大臣は、第一項の検定に合格した者に、合格証明書を交付する。

4　合格証明書の交付を受けた者は、合格証明書を滅失し、又は損傷したときは、合格証明書の再交付を申請することができる。

5　第一項の検定に合格した者は、政令で定める称号を称することができる。

注　一項の「政令の定めるところ」＝施行令二七条の三―二七条の七・二七条の九・二七条の一一
五項の「政令で定める称号」＝施行令二七条の八

（指定試験機関の指定）

**第二十七条の二**　国土交通大臣は、その指定する者（以下「指定試験機関」という。）に、学科試験及び実地試験の実施に関する事務（以下「試験事務」という。）の全部又は一部を行わせることができる。
2　前項の規定による指定は、試験事務を行おうとする者の申請により行う。
3　国土交通大臣は、指定試験機関に試験事務を行わせるときは、当該試験事務を行わないものとする。

（指定の基準）
**第二十七条の三**　国土交通大臣は、前条第二項の規定による申請が次の各号に適合していると認めるときでなければ、同条第一項の規定による指定をしてはならない。
一　職員、設備、試験事務の実施の方法その他の事項についての試験事務の実施に関する計画が試験事務の適正かつ確実な実施のために適切なものであること。
二　前号の試験事務の実施に関する計画の適正かつ確実な実施に必要な経理的及び技術的な基礎を有するものであること。
三　試験事務以外の業務を行つている場合には、その業務を行うことによつて試験事務が不公正になるおそれがないこと。
2　国土交通大臣は、前条第二項の規定による申請をした者が次の各号のいずれかに該当するときは、同条第一項の規定による指定をしてはならない。
一　一般社団法人又は一般財団法人以外の者であること。
二　この法律の規定に違反して、刑に処せられ、その執行を終わり、又は執行を受けることがなくなつた日から起算して二年を経過しない者であること。
三　第二十七条の十四第一項又は第二項の規定により指定を取り消され、その取消しの日から起算して二年を経過しない者であること。
四　その役員のうちに、次のいずれかに該当する者があること。
イ　第二号に該当する者
ロ　第二十七条の五第二項の規定による命令により解任され、その解任の日から起算して二年を経過しない者

（指定の公示等）
**第二十七条の四**　国土交通大臣は、第二十七条の二第一項の規定による指定をしたときは、当該指定を受けた者の名称及び主たる事務所の所在地並びに当該指定をした日を公示しなければならない。
2　指定試験機関は、その名称又は主たる事務所の所在地を変更しようとするときは、変更しようとする日の二週間前までに、その旨を国土交通大臣に届け出なければならない。
3　国土交通大臣は、前項の規定による届出があつたときは、その旨を公示しなければならない。

注　二項の「名称等の変更の届出」＝施行規則一七条の一八

（役員の選任及び解任）

**第二十七条の五**　指定試験機関の役員の選任及び解任は、国土交通大臣の認可を受けなければ、その効力を生じない。

2　国土交通大臣は、指定試験機関の役員が、この法律（この法律に基づく命令又は処分を含む。）若しくは第二十七条の八第一項の試験事務規程に違反する行為をしたとき、又は試験事務に関し著しく不適当な行為をしたときは、指定試験機関に対して、その役員を解任すべきことを命ずることができる。

注　「役員の選任又は解任の届出」＝施行規則一七条の一九

（試験委員）

**第二十七条の六**　指定試験機関は、国土交通省令で定める要件を備える者のうちから試験委員を選任し、試験の問題の作成及び採点を行わせなければならない。

2　指定試験機関は、前項の試験委員を選任し、又は解任したときは、遅滞なく、その旨を国土交通大臣に届け出なければならない。

3　前条第二項の規定は、第一項の試験委員の解任について準用する。

注　一項の「国土交通省令で定める要件」＝施行規則一七条の二〇
「試験委員の選任又は解任の届出」＝施行規則一七条の二一

（秘密保持義務等）

**第二十七条の七**　指定試験機関の役員若しくは職員（前条第一項の試験委員を含む。次項において同じ。）又はこれらの職にあつた者は、試験事務に関して知り得た秘密を漏らしてはならない。

2　試験事務に従事する指定試験機関の役員及び職員は、刑法その他の罰則の適用については、法令により公務に従事する職員とみなす。

注　第一項の「罰則」＝四八条

（試験事務規程）

**第二十七条の八**　指定試験機関は、国土交通省令で定める試験事務の実施に関する事項について試験事務規程を定め、国土交通大臣の認可を受けなければならない。これを変更しようとするときも、同様とする。

2　国土交通大臣は、前項の規定により認可をした試験事務規程が試験事務の適正かつ確実な実施上不適当となつたと認めるときは、指定試験機関に対して、これを変更すべきことを命ずることができる。

注　一項の「国土交通省令で定める試験事務の実施に関する事項」＝施行規則一七条の二二
「試験事務規程の認可の申請」＝施行規則一七条の二三

（事業計画等）

**第二十七条の九**　指定試験機関は、毎事業年度、事業計画及び収支予算を作成し、当該事業年度の開始前に（第二十七条の二第一項の規定による指定を受けた日の属する事業年度にあつては、その指定を受けた後遅滞なく）、国土交通大臣の認可を受けなければならない。これを変更しようとするときも、同様とする。

2　指定試験機関は、毎事業年度、事業報告書及び収支決算書を作成し、当該事業年度の終了後三月以内に、国土交通大臣に提出しなければならない。

注　「事業計画等の認可の申請」＝施行規則一七条の二四

（帳簿の備付け等）

**第二十七条の十**　指定試験機関は、国土交通省令で定めるところにより、試験事務に関する事項で国土交通省令で定めるものを記載した帳簿を備え、保存しなければならない。

注　「国土交通省令で定めるところ」＝施行規則一七条の二五第二項
「国土交通省令で定めるもの」＝施行規則一七条の二五第一項
「罰則」＝五一条第二号

（監督命令）

**第二十七条の十一**　国土交通大臣は、試験事務の適正な実施を確保するため必要があると認めるときは、指定試験機関に対して、試験事務に関し監督上必要な命令をすることができる。

（報告及び検査）

**第二十七条の十二**　国土交通大臣は、試験事務の適正な実施を確保するため必要があると認めるときは、指定試験機関に対して、試験事務の状況に関し必要な報告を求め、又はその職員に、指定試験機関の事務所に立ち入り、試験事務の状況若しくは設備、帳簿、書類その他の物件を検査させることができる。

2　前項の規定により立入検査をする職員は、その身分を示す証明書を携帯し、関係人の請求があつたときは、これを提示しなければならない。

3　第一項の規定による立入検査の権限は、犯罪捜査のために認められたものと解してはならない。

注　一項の「罰則」＝五一条第三号

（試験事務の休廃止）

**第二十七条の十三**　指定試験機関は、国土交通大臣の許可を受けなければ、試験事務の全部又は一部を休止し、又は廃止してはならない。

2　国土交通大臣は、指定試験機関の試験事務の全部又は一部の休止又は廃止により試験事務の適正かつ確実な実施が損なわれるおそれがないと認めるときでなければ、前項の規定による許可をしてはならない。

3　国土交通大臣は、第一項の規定による許可をしたときは、その旨を公示しなければならない。

注　「試験事務の休廃止の許可」＝施行規則一七条の二七

一項の「罰則」＝五一条第一号

（指定の取消し等）

**第二十七条の十四**　国土交通大臣は、指定試験機関が第二十七条の三第二項各号（第三号を除く。）の一に該当するに至つたときは、当該指定試験機関の指定を取り消さなければならない。

2　国土交通大臣は、指定試験機関が次の各号の一に該当するときは、当該指定試験機関に対して、その指定を取り消し、又は期間を定めて試験事務の全部若しくは一部の停止を命ずることができる。

一　第二十七条の三第一項各号の一に適合しなくなつたと認められるとき。

二　第二十七条の四第二項、第二十七条の六第一項若しくは第二項、第二十七条の九、第二十七条の十又は前条第一項の規定に違反したとき。

三　第二十七条の五第二項（第二十七条の六第三項において準用する場合を含む。）、第二十七条の八第二項又は第二十七条の十一の規定による命令に違反したとき。

四　第二十七条の八第一項の規定により認可を受けた試験事務規程によらないで試験事務を行つたとき。

五　不正な手段により第二十七条の二第一項の規定による指定を受けたとき。

3　国土交通大臣は、前二項の規定により指定を取り消し、又は前項の規定により試験事務の全部若しくは一部の停止を命じたときは、その旨を公示しなければならない。

注　二項の「罰則」＝四九条

（国土交通大臣による試験事務の実施）

**第二十七条の十五**　国土交通大臣は、指定試験機関が第二十七条の十三第一項の規定により試験事務の全部若しくは一部を休止したとき、前条第二項の規定により指定試験機関に対して試験事務の全部若しくは一部の停止を命じたとき、又は指定試験機関が天災その他の事由により試験事務の全部若しくは一部を実施することが困難となつた場合において必要があると認めるときは、第二十七条の二第三項の規定にかかわらず、当該試験事務の全部又は一部を行うものとする。

2　国土交通大臣は、前項の規定により試験事務を行うこととし、又は同項の規定により行つている試験事務を行わないこととするときは、あらかじめ、その旨を公示しなければならない。

3　国土交通大臣が、第一項の規定により試験事務を行うこととし、第二十七条の十三第一項の規定により試験事務の廃止を許可し、又は前条第一項若しくは第二項の規定により指定を取り消した場合における試験事務の引継ぎその他の必要な事項は、国土交通省令で定める。

注　三項の「国土交通省令」＝施行規則一七条の二八

（手数料）

**第二十七条の十六**　学科試験若しくは実地試験を受けようとする者又は合格証明書の交付若しくは再交付を受けようとする者は、実費を勘案して政令で定める額の手数料を国（指定試験機関が行う試験を受けようとする者は、指定試験機関）に納めなければならない。

2　前項の規定により指定試験機関に納められた手数料は、指定試験機関の収入とする。

注　一項の「政令で定める額の手数料」＝施行令二七条の一〇

（指定試験機関がした処分等に係る審査請求）

**第二十七条の十七**　指定試験機関が行う試験事務に係る処分又はその不作為については、国土交通大臣に対して、審査請求をすることができる。この場合において、国土交通大臣は、行政不服審査法（平成二十六年法律第六十八号）第二十五条第二項及び第三項、第四十六条第一項及び第二項、第四十七条並びに第四十九条第三項の規定の適用については、指定試験機関の上級行政庁とみなす。

（監理技術者資格者証の交付）

**第二十七条の十八**　国土交通大臣は、監理技術者資格（建設業の種類に応じ、第十五条第二号イの規定により国土交通大臣が定める試験に合格し、若しくは同号イの規定により国土交通大臣が定める免許を受けていること、第七条第二号イ若しくは同号ハの規定による実務の経験若しくは学科の修得若しくは同号ハの規定による国土交通大臣の認定があり、かつ、第十五条第二号ロに規定する実務の経験を有していること、又は同号ハの規定により同号イ若しくはロに掲げる者と同等以上の能力を有するものとして国土交通大臣がした認定を受けていることをいう。以下同じ。）を有する者の申請により、その申請者に対して、監理技術者資格者証（以下「資格者証」という。）を交付する。

2　資格者証には、交付を受ける者の氏名、交付の年月日、交付を受ける者が有する監理技術者資格、建設業の種類その他の国土交通省令で定める事項を記載するものとする。

3　第一項の場合において、申請者が二以上の監理技術者資格を有する者であるときは、これらの監理技術者資格を合わせて記載した資格者証を交付するものとする。

4　資格者証の有効期間は、五年とする。

5　資格者証の有効期間は、申請により更新する。

6　第四項の規定は、更新後の資格者証の有効期間について準用する。

注　「資格者証の交付の申請」＝施行規則一七条の二九
　　二項の「国土交通省令で定める事項」＝施行規則一七条の三〇

「資格者証の記載事項の変更」＝施行規則一七条の三一
「資格者証の再交付等」＝施行規則一七条の三二
「資格者証の有効期間の更新」＝施行規則一七条の三三

（指定資格者証交付機関）

**第二十七条の十九**　国土交通大臣は、その指定する者（以下「指定資格者証交付機関」という。）に、資格者証の交付及びその有効期間の更新の実施に関する事務（以下「交付等事務」という。）を行わせることができる。

2　前項の規定による指定は、交付等事務を行おうとする者の申請により行う。

3　国土交通大臣は、前項の規定による申請をした者が次の各号のいずれかに該当するときは、第一項の規定による指定をしてはならない。

一　一般社団法人又は一般財団法人以外の者であること。

二　第五項において準用する第二十七条の十四第一項又は第二項の規定により指定を取り消され、その取消しの日から起算して二年を経過しない者であること。

4　国土交通大臣は、指定資格者証交付機関に交付等事務を行わせるときは、当該交付等事務を行わないものとする。

5　第二十七条の四、第二十七条の八、第二十七条の十二、第二十七条の十三、第二十七条の十四（同条第二項第一号を除く。）、第二十七条の十五及び第二十七条の十七の規定は、指定資格者証交付機関について準用する。この場合において、第二十七条の四第一項及び第二十七条の十四第二項第五号中「第二十七条の二第一項」とあるのは「第二十七条の十九第一項」と、第二十七条の八及び第二十七条の十四第二項第四号中「試験事務規程」とあるのは「交付等事務規程」と、第二十七条の十二第一項、第二十七条の十三第一項及び第二項、第二十七条の十四第二項及び第三項、第二十七条の十五並びに第二十七条の十七中「試験事務」とあるのは「交付等事務」と、第二十七条の十四第一項中「第二十七条の三第二項各号（第三号を除く。）の一に」とあるのは「第二十七条の十九第三項第一号に」と、同条第二項第二号中「第二十七条の六第一項若しくは第二項、第二十七条の九、第二十七条の十又は前条第一項」とあるのは「前条第一項又は第二十七条の二十」と、同項第三号中「第二十七条の五第二項（第二十七条の六第三項において準用する場合を含む。）、第二十七条の八第二項又は第二十七条の十一」とあるのは「第二十七条の八第二項」と、第二十七条の十五第一項中「第二十七条の二第三項」とあるのは「第二十七条の十九第四項」と読み替えるものとする。

注　五項で準用する二七条の八の「国土交通省令」＝施行規則一七条の三六
　　五項で準用する二七条の一五の「国土交通省令」＝施行規則一七条の三

九
「罰則」＝四九条・五一条

（事業計画等）

**第二十七条の二十**　指定資格者証交付機関は、毎事業年度、事業計画及び収支予算を作成し、国土交通省令で定めるところにより、国土交通大臣に届け出なければならない。これを変更しようとするときも、同様とする。

2　指定資格者証交付機関は、毎事業年度、事業報告書及び収支決算書を作成し、国土交通省令で定めるところにより、国土交通大臣に提出しなければならない。

注　一項の「国土交通省令で定めるところ」＝施行規則一七条の二七
二項の「国土交通省令で定めるところ」＝施行規則一七条の二八

（手数料）

**第二十七条の二十一**　資格者証の交付又は資格者証の有効期間の更新を受けようとする者は、実費を勘案して政令で定める額の手数料を国（指定資格者証交付機関が行う資格者証の交付又は資格者証の有効期間の更新を受けようとする者は、指定資格者証交付機関）に納めなければならない。

2　前項の規定により指定資格者証交付機関に納められた手数料は、指定資格者証交付機関の収入とする。

注　一項の「政令で定める額」＝施行令二七条の一二

（国土交通省令への委任）

**第二十七条の二十二**　この章に規定するもののほか、第二十六条第四項の登録及び講習の受講並びに第二十七条の十八第一項の資格者証に関し必要な事項は、国土交通省令で定める。

注　「国土交通省令」＝施行規則一七条の二九、一七条の三一―三三、一七条の三九

## 第四章の二　建設業者の経営に関する事項の審査等

（経営事項審査）

**第二十七条の二十三**　公共性のある施設又は工作物に関する建設工事で政令で定めるものを発注者から直接請け負おうとする建設業者は、国土交通省令で定めるところにより、その経営に関する客観的事項について審査を受けなければならない。

2　前項の審査（以下「経営事項審査」という。）は、次に掲げる事項について、数値による評価をすることにより行うものとする。

一　経営状況

二　経営規模、技術的能力その他の前号に掲げる事項以外の客観的事項

3　前項に定めるもののほか、経営事項審査の項目及び基準は、中央建設業審議会の意見を聴いて国土交通大臣が定める。

注　一項の「政令で定めるもの」＝施行令二七条の一三

一項の「国土交通省令の定めるところ」＝施行規則一八条の二
二項二号の「客観的事項」＝施行規則一八条の三―一八条の七
三項の「審査の項目及び基準」＝平成二〇年国土交通省告示八五号

（経営状況分析）

**第二十七条の二十四**　前条第二項第一号に掲げる事項の分析（以下「経営状況分析」という。）については、第二十七条の三十一及び第二十七条の三十二において準用する第二十六条の五の規定により国土交通大臣の登録を受けた者（以下「登録経営状況分析機関」という。）が行うものとする。

2　経営状況分析の申請は、国土交通省令で定める事項を記載した申請書を登録経営状況分析機関に提出してしなければならない。

3　前項の申請書には、経営状況分析に必要な事実を証する書類として国土交通省令で定める書類を添付しなければならない。

4　登録経営状況分析機関は、経営状況分析のため必要があると認めるときは、経営状況分析の申請をした建設業者に報告又は資料の提出を求めることができる。

注　一項の「登録」＝施行規則二一条の五
二項・三項の「経営状況分析申請書」＝施行規則一九条の二
二項の「申請書の記載事項」＝施行規則一九条の三
三項の「国土交通省令で定める書類」＝施行規則一九条の四
「罰則」＝五〇条四号・五二条四号

（経営状況分析の結果の通知）

**第二十七条の二十五**　登録経営状況分析機関は、経営状況分析を行つたときは、遅滞なく、国土交通省令で定めるところにより、当該経営状況分析の申請をした建設業者に対して、当該経営状況分析の結果に係る数値を通知しなければならない。

注　「国土交通省令」＝施行規則一九条の五

（経営規模等評価）

**第二十七条の二十六**　第二十七条の二十三第二項第二号に掲げる事項の評価（以下「経営規模等評価」という。）については、国土交通大臣又は都道府県知事が行うものとする。

2　経営規模等評価の申請は、国土交通省令で定める事項を記載した申請書を建設業の許可をした国土交通大臣又は都道府県知事に提出してしなければならない。

3　前項の申請書には、経営規模等評価に必要な事実を証する書類として国土交通省令で定める書類を添付しなければならない。

4　国土交通大臣又は都道府県知事は、経営規模等評価のため必要があると認めるときは、経営規模等評価の申請をした建設業者に報告又は資料の提出を求めることができる。

注　二項・三項の「国土交通省令」＝施行規則一九条の六
二項の「国土交通省令で定める事項」＝施行規則一九条の七

三項の「国土交通省令で定める書類」＝施行規則一九条の八
「罰則」＝五〇条四号・五二条四号

（経営規模等評価の結果の通知）

**第二十七条の二十七**　国土交通大臣又は都道府県知事は、経営規模等評価を行つたときは、遅滞なく、国土交通省令で定めるところにより、当該経営規模等評価の申請をした建設業者に対して、当該経営規模等評価の結果に係る数値を通知しなければならない。

注　「国土交通省令」＝施行規則一九条の九

（再審査の申立）

**第二十七条の二十八**　経営規模等評価の結果について異議のある建設業者は、当該経営規模等評価を行つた国土交通大臣又は都道府県知事に対して、再審査を申し立てることができる。

注　「再審査の申立」＝施行規則二〇条・二一条

（総合評定値の通知）

**第二十七条の二十九**　国土交通大臣又は都道府県知事は、経営規模等評価の申請をした建設業者から請求があつたときは、遅滞なく、国土交通省令で定めるところにより、当該建設業者に対して、総合評定値（経営状況分析の結果に係る数値及び経営規模等評価の結果に係る数値を用いて国土交通省令で定めるところにより算出した客観的事項の全体についての総合的な評定の結果に係る数値をいう。以下同じ。）を通知しなければならない。

2　前項の請求は、第二十七条の二十五の規定により登録経営状況分析機関から通知を受けた経営状況分析の結果に係る数値を当該建設業者の建設業の許可をした国土交通大臣又は都道府県知事に提出してしなければならない。

3　国土交通大臣又は都道府県知事は、第二十七条の二十三第一項の建設工事の発注者から請求があつたときは、遅滞なく、国土交通省令で定めるところにより、当該発注者に対して、同項の建設業者に係る総合評定値（当該発注者から同項の建設業者に係る経営状況分析の結果に係る数値及び経営規模等評価の結果に係る数値の請求があつた場合にあつては、これらの数値を含む。）を通知しなければならない。ただし、第一項の規定による請求をしていない建設業者に係る当該発注者からの請求にあつては、当該建設業者に係る経営規模等評価の結果に係る数値のみを通知すれば足りる。

注　一項の「総合評定値の請求」＝施行規則二一条の二
一項の「総合評定値」＝施行規則二一条の三
一項・三項の「通知」＝施行規則二一条・二一条の四

（手数料）

**第二十七条の三十**　国土交通大臣に対して第二十七条の二十六第二項の申請又は前条第一項の請求をしようとする者は、政令で定めるところにより、実費を勘案して政令で定める額の手数料を国に納めなければならない。

注　「政令で定める額の手数料」＝施行令二七条の一四

**参照**

○地方公共団体の手数料の標準に関する政令〔平一二・一二・一六政四二四現〕

地方自治法第二百二十八条第一項の手数料について全国的に統一して定めることが特に必要と認められるものとして政令で定める事務（以下「標準事務」という。）は、次の表の上欄に掲げる事務とし、同項の当該標準事務に係る事務のうち政令で定めるもの（以下「手数料を徴収する事務」という。）は、同表の上欄に掲げる標準事務についてそれぞれ同表の中欄に掲げる事務とし、同項の政令で定める金額は、同表の中欄に掲げる手数料を徴収する事務についてそれぞれ同表の下欄に掲げる金額とする。

| 標準事務 | 手数料を徴収する事務 | 金額 |
| --- | --- | --- |
| 二十七　建設業法第二十七条の二十六第一項の規定に基づく経営規模等評価に関する事務 | 建設業法第二十七条の二十六第一項の規定に基づく経営規模等評価 | 八千百円と二千三百円に評価に係る建設業の種類数を乗じて得た額との合計額 |
| 二十七の二　建設業法第二十七条の二十九第一項の規定に基づく総合評定値の通知に関する事務 | 建設業法第二十七条の二十九第一項の規定に基づく総合評定値の通知 | 四百円と二百円に通知に係る建設業の種類数を乗じて得た額との合計額 |

（登録）

**第二十七条の三十一**　第二十七条の二十四第一項の登録は、経営状況分析を行おうとする者の申請により行う。

2　国土交通大臣は、前項の規定により登録を申請した者（以下この項において「登録申請者」という。）が、電子計算機（入出力装置を含む。）及び経営状況分析に必要なプログラム（電子計算機に対する指令であつて、一の結果を得ることができるように組み合わされたものをいう。）を有し、かつ、第二十七条の二十三第一項の規定により経営事項審査を受けなければならないこととされる建設業者（以下この項において単に「建設業者」という。）に支配されているものとして次のいずれかに該当するものでないときは、その登録をしなければならない。この場合において、登録に関して必要な手続は、国土交通省令で定める。
一　登録申請者が株式会社である場合にあっては、建設業者がその親法人であること。
二　登録申請者の役員（持分会社にあっては、業務を執行する社員）に占める建設業者の役員又は職員（過去二年間に当該建設業者の役員又は職員であつた者を含む。）の割合が二分の一を超えていること。
三　登録申請者（法人にあっては、その代表権を有する役員）が建設業者の役員又は職員（過去二年間に当該建設業者の役員又は職員であつた者を含む。）であること。
3　登録は、登録経営状況分析機関登録簿に次に掲げる事項を記載してするものとする。
一　登録年月日及び登録番号
二　登録経営状況分析機関の氏名又は名称及び住所並びに法人にあつては、その代表者の氏名
三　登録経営状況分析機関が経営状況分析を行う事務所の所在地

注　二項の「国土交通省令」＝施行規則二一条の五
二項の「電子計算機及び経営状況分析に必要なプログラムの内容等」＝平成一六年国土交通省告示六六号

（準用規定）

**第二十七条の三十二**　第二十六条の五、第二十六条の七から第二十六条の十六まで及び第二十六条の十九から第二十六条の二十一までの規定は、登録経営状況分析機関について準用する。この場合において、次の表の上欄に掲げる規定中同表の中欄に掲げる字句は、それぞれ同表の下欄に掲げる字句に読み替えるものとする。

| | | |
|---|---|---|
| 第二十六条の五 | 該当する者が行う講習 | 該当する者 |
| 第二十六条の五、第二十六条の七第一項、第二十六条の十五第五号並びに第二十六条の二十一第一号及び第四号 | 第二十六条第四項 | 第二十七条の二十四第一項 |
| 第二十六条の五第二号及び第二十六条の二十一第四号 | 第二十六条の十五 | 第二十七条の三十二において準用する第二十六条の十五 |
| 第二十六条の五第二号 | 第二十六条第四項の講習 | 第二十七条の二十四第一項 |
| 第二十六条の五第三号 | 第二十六条第四項の講習 | 経営状況分析の業務 |
| 第二十六条の七第 | 前三条 | 第二十七条の三十一及 |

| | | |
|---|---|---|
| 二項 | | び第二十七条の三十二において準用する第二十六条の五 |
| 第二十六条の八の見出し | 講習の実施に係る | 経営状況分析の |
| 第二十六条の八 | 第二十六条の六第一項第一号及び第二号に掲げる要件並びに国土交通省令 | 国土交通省令 |
| 第二十六条の八及び第二十六条の十六 | 講習 | 経営状況分析 |
| 第二十六条の九 | 第二十六条の六第二項第二号又は第三号 | 第二十七条の三十一第三項第二号又は第三号 |
| 第二十六条の十（見出しを含む。） | 講習規程 | 経営状況分析規程 |
| 第二十六条の十第一項 | 講習に | 経営状況分析の業務に |
| | 講習の | 経営状況分析の業務の |
| 第二十六条の十第二項及び第二十六条の十四 | 講習の | 経営状況分析の |
| 第二十六条の十第 | 講習に | 経営状況分析に |

〜〜〜〜〜〜〜〜〜〜

| | | |
|---|---|---|
| 二項 | | |
| 第二十六条の十一並びに第二十六条の二十一第四号及び第五号 | 講習 | 経営状況分析の業務 |
| 第二十六条の十二第二項 | 建設業者 | 第二十七条の三十一第二項に規定する建設業者 |
| 第二十六条の十三 | 講習 | 登録経営状況分析機関 |
| | 第二十六条の六第一項 | 第二十七条の三十一第二項 |
| 第二十六条の十四 | 登録講習実施機関が第二十六条の八 | 登録経営状況分析機関が第二十七条の三十二において準用する第二十六条の八又は第二十七条の三十三 |
| | 同条の規定による講習を | これらの規定による経営状況分析の業務を |
| 第二十六条の十五 | 当該登録講習実施機関の行う講習の登録 | その登録 |
| | 講習の全部 | 経営状況分析の業務の全部 |
| 第二十六条の十五 | 第二十六条の五 | 第二十七条の三十二に |

| | | |
|---|---|---|
| 第一号 | 第一号又は第三号 | おいて準用する第二十六条の五第一号又は第三号 |
| 第二十六条の十五第二号及び第二十六条の二十一第二号 | 第二十六条の九 | 第二十七条の三十二において準用する第二十六条の九 |
| 第二十六条の十五第三号 | 第二十六条の十二第二項各号 | 第二十七条の三十二において準用する第二十六条の十二第二項各号 |
| 第二十六条の十五第四号 | 前二条 | 第二十七条の三十二において準用する第二十六条の十三又は前条 |
| 第二十六条の二十一第三号 | 第二十六条の十一 | 第二十七条の三十二において準用する第二十六条の十一 |
| 第二十六条の二十一第五号 | 第二十六条の十七 | 第二十七条の三十五 |

注　「登録経営状況分析機関についての準用」＝施行規則二一条の五―二一条の八
「罰則」＝四九条・五一条・五四条

（経営状況分析の義務）

**第二十七条の三十三**　登録経営状況分析機関は、経営状況分析を行うことを求められたときは、正当な理由がある場合を除き、遅滞なく、経営状況分析を行わなければならない。

（秘密保持義務）

**第二十七条の三十四**　登録経営状況分析機関の役員若しくは職員又はこれらの職にあつた者は、経営状況分析の業務に関して知り得た秘密を漏らしてはならない。

注　「罰則」＝四八条

（国土交通大臣又は都道府県知事による経営状況分析の実施）

**第二十七条の三十五**　国土交通大臣又は都道府県知事は、第二十七条の二十四第一項の登録を受けた者がいないとき、第二十七条の三十二において準用する第二十六条の十一の規定による経営状況分析の業務の全部又は一部の休止又は廃止の届出があつたとき、第二十七条の三十二において準用する第二十六条の十五の規定により第二十七条の二十四第一項の登録を取り消し、又は登録経営状況分析機関に対し経営状況分析の業務の全部若しくは一部の停止を命じたとき、登録経営状況分析機関が天災その他の事由により経営状況分析の業務の全部又は一部を実施することが困難となつたとき、その他国土交通大臣が必要があると認めるときは、経営状況分析の業務の全部又は一部を自ら行うことができる。

2　国土交通大臣は、都道府県知事が前項の規定により経営状況分析を行うこととなる場合又は都道府県知事が同項の規定により経営状況分析を行うこととなる事由がなくなつた場合には、速やかにその旨を当該都道府県知事に通知しなければならない。

3　国土交通大臣又は都道府県知事が第一項の規定により経営状況分析の業務の全部又は一部を自ら行う場合における経営状況分析の業務の引継ぎその他の必要な事項については、国土交通省令で定める。

4　第二十七条の三十の規定は、第一項の規定により国土交通大臣が行う経営状況分析を受けようとする者について準用する。

5　都道府県知事は、第一項の規定により経営状況分析の業務の全部若しくは一部を自ら行うこととするとき、又は自ら行つていた経営状況分析の業務の全部若しくは一部を行わないこととするときは、その旨を当該都道府県の公報に公示しなければならない。

注　三項の「国土交通省令」＝施行規則二九条

（国土交通省令への委任）

**第二十七条の三十六**　この章に規定するもののほか、経営事項審査及び第二十七条の二十八の再審査に関し必要な事項は、国土交通省令で定める。

注　「国土交通省令」＝施行規則一八条―二一条の九

## 第四章の三　建設業者団体

（届出）

**第二十七条の三十七**　建設業に関する調査、研究、講習、指導、広報その他の建設工事の適正な施工を確保するとともに、建設業の健全な発達を図ることを目的とする事業を行う社団又は財団で国土交通省令で定めるもの（以下「建設業者団体」という。）は、国土交通省令の定めるところにより、国土交通大臣又は都道府県知事に対して、国土交通省令で定める事項を届け出なければならない。

注　「国土交通省令で定めるもの」＝施行規則二二条
「国土交通省令の定めるところ」＝施行規則二三条
「国土交通省令で定める事項」＝施行規則二三条

（報告等）

**第二十七条の三十八**　国土交通大臣又は都道府県知事は、前条の届出のあつた建設業者団体に対して、建設工事の適正な施工を確保し、又は建設業の健全な発達を図るために必要な事項に関して報告を求めることができる。

（建設業者団体等の責務）

**第二十七条の三十九**　建設業者団体は、その事業を行うに当たつては、建設工事の担い手の育成及び確保その他の施工技術の確保に資するよう努めなければならない。

2　国土交通大臣は、建設業者団体が行う建設工事の担い手の育成及び確保その他の施工技術の確保に関する取組の状況について把握するよう努めるとともに、当該取組が促進されるように必要な措置を講ずるものとする。

## 第五章　監督

（指示及び営業の停止）

**第二十八条**　国土交通大臣又は都道府県知事は、その許可を受けた建設業者が次の各号のいずれかに該当する場合又はこの法律の規定（第十九条の三、第十九条の四及び第二十四条の三から第二十四条の五までを除き、公共工事の入札及び契約の適正化の促進に関する法律（平成十二年法律第百二十七号。以下「入札契約適正化法」という。）第十五条第一項の規定により読み替えて適用される第二十四条の七第一項、第二項及び第四項を含む。第四項において同じ。）、入札契約適正化法第十五条第二項若しくは第三項の規定若しくは特定住宅瑕疵担保責任の履行の確保等に関する法律（平成十九年法律第六十六号。以下この条において「履行確保法」という。）第三条第六項、第四条第一項、第七条第二項、第八条第一項若しくは第二項若しくは第十条の規定に違反した場合においては、当該建設業者に対して、必要な指示をすることができる。特定建設業者が第四十一条第二項又は第三項の規定による勧告に従わない場合において必要があると認めるときも、同様とする。

一　建設業者が建設工事を適切に施工しなかつたために公衆に危害を及ぼしたとき、又は危害を及ぼすおそれが大であるとき。

二　建設業者が請負契約に関し不誠実な行為をしたとき。

三　建設業者（建設業者が法人であるときは、当該法人又はその役員等）又は政令で定める使用人がその業務に関し他の法令（入札契約適正化法及び履行確保法並びにこれらに基づく命令を除く。）に違反し、建設業者として不適当であると認められるとき。

四　建設業者が第二十二条の規定に違反したとき。

五　第二十六条第一項又は第二項に規定する主任技術者又は監理技術者が工事の施工の管理について著しく不適当であり、かつ、その変更が公益上必要であると認められるとき。

六　建設業者が、第三条第一項の規定に違反して同項の許可を受けないで建設業を営む者と下請契約を締結したとき。

七　建設業者が、特定建設業者以外の建設業を営む者と下請代金の額が第三条第一項第二号の政令で定める金額以上となる下請契約を締結したとき。

八　建設業者が、情を知つて、第三項の規定により営業の停止を命ぜられている者又は第二十九条の四第一項の規定により営業を禁止されている者と当該停止され、又は禁止されている営業の範囲に係る下請契約を締結したとき。
九　履行確保法第三条第一項、第五条又は第七条第一項の規定に違反したとき。
2　都道府県知事は、その管轄する区域内で建設工事を施工している第三条第一項の許可を受けないで建設業を営む者が次の各号のいずれかに該当する場合においては、当該建設業を営む者に対して、必要な指示をすることができる。
一　建設工事を適切に施工しなかつたために公衆に危害を及ぼしたとき、又は危害を及ぼすおそれが大であるとき。
二　請負契約に関し著しく不誠実な行為をしたとき。
3　国土交通大臣又は都道府県知事は、その許可を受けた建設業者が第一項各号のいずれかに該当するとき若しくは同項若しくは次項の規定による指示に従わないとき又は建設業を営む者が前項各号のいずれかに該当するとき若しくは同項の規定による指示に従わないときは、その者に対し、一年以内の期間を定めて、その営業の全部又は一部の停止を命ずることができる。
4　都道府県知事は、国土交通大臣又は他の都道府県知事の許可を受けた建設業者で当該都道府県の区域内において営業を行うものが、当該都道府県の区域内における営業に関し、第一項各号のいずれかに該当する場合又はこの法律の規定、入札契約適正化法第十五条第二項若しくは第三項の規定若しくは履行確保法第三条第六項、第四条第一項、第七条第二項、第八条第一項若しくは第二項若しくは第十条の規定に違反した場合においては、当該建設業者に対して、必要な指示をすることができる。
5　都道府県知事は、国土交通大臣又は他の都道府県知事の許可を受けた建設業者で当該都道府県の区域内において営業を行うものが、当該都道府県の区域内における営業に関し、第一項各号のいずれかに該当するとき又は同項若しくは前項の規定による指示に従わないときは、その者に対し、一年以内の期間を定めて、当該営業の全部又は一部の停止を命ずることができる。
6　都道府県知事は、前二項の規定による処分をしたときは、遅滞なく、その旨を、当該建設業者が国土交通大臣の許可を受けたものであるときは国土交通大臣に報告し、当該建設業者が他の都道府県知事の許可を受けたものであるときは当該他の都道府県知事に通知しなければならない。
7　国土交通大臣又は都道府県知事は、第一項第一号若しくは第三号に該当する建設業者又は第二項第一号に該当する第三条第一項の許可を受けないで建設業を営む者に対して指示をする場合において、特に必要があると認めるときは、注文者に対しても、適当な措置をとるべきことを勧告することができる。

注　一項三号の「政令で定める使用人」＝施行令三条
一項七号の「政令で定める金額」＝施行令二条

「参考人の意見聴取」＝三二条
「許可の取消」＝二九条
「営業の禁止」＝二九条の四
三・五項の「罰則」＝四七条・五三条

参照

**〇公共工事の入札及び契約の適正化の促進に関する法律**

〔平二七・九・一一法六六現〕

（施工体制台帳の作成及び提出等）

**第十五条**　公共工事についての建設業法第二十四条の七第一項、第二項及び第四項の規定の適用については、これらの規定中「特定建設業者」とあるのは「建設業者」と、同条第一項中「締結した下請契約の請負代金の額（当該下請契約が二以上あるときは、それらの請負代金の額の総額）が政令で定める金額以上になる」とあるのは「下請契約を締結した」と、同条第四項中「見やすい場所」とあるのは「工事関係者が見やすい場所及び公衆が見やすい場所」とする。

2　公共工事の受注者（前項の規定により読み替えて適用される建設業法第二十四条の七第一項の規定により同項に規定する施工体制台帳（以下単に「施工体制台帳」という。）を作成しなければならないこととされているものに限る。）は、作成した施工体制台帳（同項の規定により記載すべきものとされた事項に変更が生じたことに伴い新たに作成されたものを含む。）の写しを発注者に提出しなければならない。この場合においては、同条第三項の規定は、適用しない。

3　前項の公共工事の受注者は、発注者から、公共工事の施工の技術上の管理をつかさどる者（次条において「施工技術者」という。）の設置の状況その他の工事現場の施工体制が施工体制台帳の記載に合致しているかどうかの点検を求められたときは、これを受けることを拒んではならない。

（許可の取消し）

**第二十九条**　国土交通大臣又は都道府県知事は、その許可を受けた建設業者が次の各号のいずれかに該当するときは、当該建設業者の許可を取り消さなければならない。

一　一般建設業の許可を受けた建設業者にあつては第七条第一号又は第二号、特定建設業者にあつては同条第一号又は第十五条第二号に掲げる基準を満たさなくなつた場合

二　第八条第一号又は第七号から第十三号まで（第十七条において準用する場合を含む。）のいずれかに該当するに至つた場合

二の二　第九条第一項各号（第十七条において準用する場合を

含む。）のいずれかに該当する場合において一般建設業の許可又は特定建設業の許可を受けないとき。
三　許可を受けてから一年以内に営業を開始せず、又は引き続いて一年以上営業を休止した場合
四　第十二条各号（第十七条において準用する場合を含む。）のいずれかに該当するに至つた場合
五　不正の手段により第三条第一項の許可（同条第三項の許可の更新を含む。）を受けた場合
六　前条第一項各号のいずれかに該当し情状特に重い場合又は同条第三項若しくは第五項の規定による営業の停止の処分に違反した場合

2　国土交通大臣又は都道府県知事は、その許可を受けた建設業者が第三条の二第一項の規定により付された条件に違反したときは、当該建設業者の許可を取り消すことができる。

注　「参考人の意見聴取」＝三二条
「営業の禁止」＝二九条の四

**第二十九条の二**　国土交通大臣又は都道府県知事は、建設業者の営業所の所在地を確知できないとき、又は建設業者の所在（法人である場合においては、その役員の所在をいい、個人である場合においては、その支配人の所在を含むものとする。）を確知できないときは、官報又は当該都道府県の公報でその事実を公告し、その公告の日から三十日を経過しても当該建設業者から申出がないときは、当該建設業者の許可を取り消すことができる。

2　前項の規定による処分については、行政手続法第三章の規定は、適用しない。

（許可の取消し等の場合における建設工事の措置）

**第二十九条の三**　第三条第三項の規定により建設業の許可がその効力を失つた場合にあつては当該許可に係る建設業者であつた者又はその一般承継人は、第二十八条第三項若しくは第五項の規定により営業の停止を命ぜられた場合又は前二条の規定により建設業の許可を取り消された場合にあつては当該処分を受けた者又はその一般承継人は、許可がその効力を失う前又は当該処分を受ける前に締結された請負契約に係る建設工事に限り施工することができる。この場合において、これらの者は、許可がその効力を失つた後又は当該処分を受けた後、二週間以内に、その旨を当該建設工事の注文者に通知しなければならない。

2　特定建設業者であつた者又はその一般承継人若しくは特定建設業者の一般承継人が前項の規定により建設工事を施工する場合においては、第十六条の規定は、適用しない。

3　国土交通大臣又は都道府県知事は、第一項の規定にかかわらず、公益上必要があると認めるときは、当該建設工事の施工の

差止めを命ずることができる。

4　第一項の規定により建設工事を施工する者で建設業者であつたもの又はその一般承継人は、当該建設工事を完成する目的の範囲内においては、建設業者とみなす。

5　建設工事の注文者は、第一項の規定により通知を受けた日又は同項に規定する許可がその効力を失つたこと、若しくは処分があつたことを知つた日から三十日以内に限り、その建設工事の請負契約を解除することができる。

注　一項後段の「罰則」＝五二条・五三条

（営業の禁止）

**第二十九条の四**　国土交通大臣又は都道府県知事は、建設業者その他の建設業を営む者に対して第二十八条第三項又は第五項の規定により営業の停止を命ずる場合においては、その者が法人であるときはその役員等及び当該処分の原因である事実について相当の責任を有する政令で定める使用人（当該処分の日前六十日以内においてその役員等又はその政令で定める使用人であつた者を含む。次項において同じ。）に対して、個人であるときはその者及び当該処分の原因である事実について相当の責任を有する政令で定める使用人（当該処分の日前六十日以内においてその政令で定める使用人であつた者を含む。次項において同じ。）に対して、当該停止を命ずる範囲の営業について、当該停止を命ずる期間と同一の期間を定めて、新たに営業を開始すること（当該停止を命ずる範囲の営業をその目的とする法人の役員等になることを含む。）を禁止しなければならない。

2　国土交通大臣又は都道府県知事は、第二十九条第一項第五号又は第六号に該当することにより建設業者の許可を取り消す場合においては、当該建設業者が法人であるときはその役員等及び当該処分の原因である事実について相当の責任を有する政令で定める使用人に対して、個人であるときは当該処分の原因である事実について相当の責任を有する政令で定める使用人に対して、当該取消しに係る建設業について、五年間、新たに営業（第三条第一項ただし書の政令で定める軽微な建設工事のみを請け負うものを除く。）を開始することを禁止しなければならない。

注　一・二項の「政令で定める使用人」＝施行令三条
二項の「政令で定める軽微な建設工事」＝施行令一条の二
「参考人の意見聴取」＝三二条
一項の「罰則」＝四七条・五三条

（監督処分の公告等）

**第二十九条の五**　国土交通大臣又は都道府県知事は、第二十八条第三項若しくは第五項、第二十九条又は第二十九条の二第一項の規定による処分をしたときは、国土交通省令で定めるところにより、その旨を公告しなければならない。

２　国土交通省及び都道府県に、それぞれ建設業者監督処分簿を備える。

３　国土交通大臣又は都道府県知事は、その許可を受けた建設業者が第二十八条第一項若しくは第四項の規定による指示又は同条第三項若しくは第五項の規定による営業停止の命令を受けたときは、建設業者監督処分簿に、当該処分の年月日及び内容その他国土交通省令で定める事項を登載しなければならない。

４　国土交通大臣又は都道府県知事は、建設業者監督処分簿を公衆の閲覧に供しなければならない。

注　一項の「国土交通省令で定めるところ」＝施行規則二三条の二
三項の「国土交通省令で定める事項」＝施行規則二三条の三第一項
四項の「閲覧所」＝施行令五条
「建設業者監督処分簿の作成、保存期間、様式」＝施行規則二三条の三第二―四項

（不正事実の申告）

**第三十条**　建設業者に第二十八条第一項各号の一に該当する事実があるときは、その利害関係人は、当該建設業者が許可を受けた国土交通大臣若しくは都道府県知事又は営業としてその建設工事の行われる区域を管轄する都道府県知事に対し、その事実を申告し、適当な措置をとるべきことを求めることができる。

２　第三条第一項の許可を受けないで建設業を営む者に第二十八条第二項各号の一に該当する事実があるときは、その利害関係人は、当該建設業を営む者が当該建設工事を施工している地を管轄する都道府県知事に対し、その事実を申告し、適当な措置をとるべきことを求めることができる。

（報告及び検査）

**第三十一条**　国土交通大臣は、建設業を営むすべての者に対して、都道府県知事は、当該都道府県の区域内で建設業を営む者に対して、特に必要があると認めるときは、その業務、財産若しくは工事施工の状況につき、必要な報告を徴し、又は当該職員をして営業所その他営業に関係のある場所に立ち入り、帳簿書類その他の物件を検査させることができる。

２　当該職員は、前項の規定により立入検査をする場合においては、その身分を示す証票を携帯し、関係人の請求があつたときは、これを呈示しなければならない。

３　当該職員の資格に関し必要な事項は、政令で定める。

注　二項の「身分を示す証票」＝施行規則二四条
三項の「政令」＝施行令二八条
一項の「罰則」＝五二条・五三条

（参考人の意見聴取）

**第三十二条**　第二十九条の規定による許可の取消しに係る聴聞の主宰者は、必要があると認めるときは、参考人の意見を聴かなければならない。

２　前項の規定は、国土交通大臣又は都道府県知事が第二十八条

第一項から第五項まで又は第二十九条の四第一項若しくは第二項の規定による処分に係る弁明の機会の付与を行う場合について準用する。

注　一項の「聴聞」、二項の「弁明の機会の付与」＝行政手続法三章

第六章　中央建設業審議会等

**第三十三条**　削除

（中央建設業審議会の設置等）

**第三十四条**　この法律、公共工事の前払金保証事業に関する法律及び入札契約適正化法によりその権限に属させられた事項を処理するため、国土交通省に、中央建設業審議会を設置する。

2　中央建設業審議会は、建設工事の標準請負契約約款、入札の参加者の資格に関する基準並びに予定価格を構成する材料費及び役務費以外の諸経費に関する基準を作成し、並びにその実施を勧告することができる。

（中央建設業審議会の組織）

**第三十五条**　中央建設業審議会は、委員二十人以内をもつて組織する。

2　中央建設業審議会の委員は、学識経験のある者、建設工事の需要者及び建設業者のうちから、国土交通大臣が任命する。

3　建設工事の需要者及び建設業者のうちから任命する委員の数は同数とし、これらの委員の数は、委員の総数の三分の二以上であることができない。

（準用規定）

**第三十六条**　第二十五条の三第一項、第二項及び第四項並びに第二十五条の四の規定は、中央建設業審議会の委員について準用する。

（専門委員）

**第三十七条**　建設業に関する専門の事項を調査審議させるために、中央建設業審議会に専門委員を置くことができる。

2　専門委員は、当該専門の事項に関する調査審議が終了したときは、解任されるものとする。

3　第二十五条の三第四項、第二十五条の四及び第三十五条第二項の規定は、専門委員について準用する。

（中央建設業審議会の会長）

**第三十八条**　中央建設業審議会に会長を置く。会長は、学識経験のある者である委員のうちから、委員が互選する。

2　会長は、会務を総理する。

3　会長に事故があるときは、学識経験のある者である委員のうちからあらかじめ互選された者が、その職務を代理する。

（政令への委任）

**第三十九条**　この章に規定するもののほか、中央建設業審議会の所掌事務その他中央建設業審議会について必要な事項は、政令

で定める。

注　「政令」＝施行令二八条の二―三二条

（都道府県建設業審議会）

**第三十九条の二**　都道府県知事の諮問に応じ建設業の改善に関する重要事項を調査審議させるため、都道府県は、条例で、都道府県建設業審議会を設置することができる。

２　都道府県建設業審議会に関し必要な事項は、条例で定める。

（社会資本整備審議会の調査審議等）

**第三十九条の三**　社会資本整備審議会は、国土交通大臣の諮問に応じ、建設業の改善に関する重要事項を調査審議する。

２　社会資本整備審議会は、建設業に関する事項について関係各庁に意見を述べることができる。

## 第七章　雑則

（電子計算機による処理に係る手続の特例等）

**第三十九条の四**　許可申請書の提出その他のこの法律の規定による国土交通大臣又は都道府県知事（指定経営状況分析機関を含む。）に対する手続であつて国土交通省令で定めるもの（以下「特定手続」という。）については、国土交通省令で定めるところにより、磁気ディスク（これに準ずる方法により一定の事項を確実に記録しておくことができる物を含む。以下同じ。）の提出により行うことができる。

２　前項の規定により行われた特定手続については、当該特定手続を書面の提出により行うものとして規定したこの法律の規定に規定する書面の提出により行われたものとみなして、この法律の規定（これに係る罰則を含む。）を適用する。この場合においては、磁気ディスクへの記録をもつて書面への記載とみなす。

（標識の掲示）

**第四十条**　建設業者は、その店舗及び建設工事の現場ごとに、公衆の見易い場所に、国土交通省令の定めるところにより、許可を受けた別表第一の下欄の区分による建設業の名称、一般建設業又は特定建設業の別その他国土交通省令で定める事項を記載した標識を掲げなければならない。

注　「国土交通省令の定めるところ」＝施行規則二五条二項
「国土交通省令で定める事項」＝施行規則二五条一項
「罰則」＝五五条

（表示の制限）

**第四十条の二**　建設業を営む者は、当該建設業について、第三条第一項の許可を受けていないのに、その許可を受けた建設業者であると明らかに誤認されるおそれのある表示をしてはならない。

注　「罰則」＝五五条

（帳簿の備付け等）

**第四十条の三**　建設業者は、国土交通省令で定めるところにより、その営業所ごとに、その営業に関する事項で国土交通省令で定めるものを記載した帳簿を備え、かつ、当該帳簿及びその営業に関する図書で国土交通省令で定めるものを保存しなければならない。

注　「国土交通省令で定めるところ」＝施行規則二六条二―五項・二七条・二八条
「国土交通省令で定めるもの」＝施行規則二六条一項
「罰則」＝五五条

（建設業を営む者及び建設業者団体に対する指導、助言及び勧告）

**第四十一条**　国土交通大臣又は都道府県知事は、建設業を営む者又は第二十七条の三十七の届出のあつた建設業者団体に対して、建設工事の適正な施工を確保し、又は建設業の健全な発達を図るために必要な指導、助言及び勧告を行うことができる。

2　特定建設業者が発注者から直接請け負つた建設工事の全部又は一部を施工している他の建設業を営む者が、当該建設工事の施工のために使用している労働者に対する賃金の支払を遅滞した場合において、必要があると認めるときは、当該特定建設業者の許可をした国土交通大臣又は都道府県知事は、当該特定建設業者に対して、支払を遅滞した賃金のうち当該建設工事における労働の対価として適正と認められる賃金相当額を立替払することその他の適切な措置を講ずることを勧告することができる。

3　特定建設業者が発注者から直接請け負つた建設工事の全部又は一部を施工している他の建設業を営む者が、当該建設工事の施工に関し他人に損害を加えた場合において、必要があると認めるときは、当該特定建設業者の許可をした国土交通大臣又は都道府県知事は、当該特定建設業者に対して、当該他人が受けた損害につき、適正と認められる金額を立替払することその他の適切な措置を講ずることを勧告することができる。

注　「監督処分」＝二八条・二九条・二九条の四

（公正取引委員会への措置請求等）

**第四十二条**　国土交通大臣又は都道府県知事は、その許可を受けた建設業者が第十九条の三、第十九条の四、第二十四条の三第一項、第二十四条の四又は第二十四条の五第三項若しくは第四項の規定に違反している事実があり、その事実が私的独占の禁止及び公正取引の確保に関する法律第十九条の規定に違反していると認めるときは、公正取引委員会に対し、同法の規定に従い適当な措置をとるべきことを求めることができる。

2　国土交通大臣又は都道府県知事は、中小企業者（中小企業基本法（昭和三十八年法律第百五十四号）第二条第一項に規定する中小企業者をいう。次条において同じ。）である下請負人と下請契約を締結した元請負人について、前項の規定により措置をとるべきことを求めたときは、遅滞なく、中小企業庁長官にその旨を通知しなければならない。

**参照**

**○私的独占の禁止及び公正取引の確保に関する法律**〔平二六・六・一三法六九現〕

**第十九条**　事業者は、不公正な取引方法を用いてはならない。

**○中小企業基本法**〔平二八・六・三法五八現〕

（中小企業者の範囲及び用語の定義）

**第二条**　この法律に基づいて講ずる国の施策の対象とする中小企業者は、おおむね次の各号に掲げるものとし、その範囲は、これらの施策が次条の基本理念の実現を図るため効率的に実施されるように施策ごとに定めるものとする。

一　資本金の額又は出資の総額が三億円以下の会社並びに常時使用する従業員の数が三百人以下の会社及び個人であつて、製造業、建設業、運輸業その他の業種（次号から第四号までに掲げる業種を除く。）に属する事業を主たる事業として営むもの

二～四　〔略〕

2～5　〔略〕

**第四十二条の二**　中小企業庁長官は、中小企業者である下請負人の利益を保護するため特に必要があると認めるときは、元請負人若しくは下請負人に対しその取引に関する報告をさせ、又はその職員に元請負人若しくは下請負人の営業所その他営業に関係のある場所に立ち入り、帳簿書類その他の物件を検査させることができる。

2　前項の規定により職員が立ち入るときは、その身分を示す証票を携帯し、関係人の請求があつたときは、これを提示しなければならない。

3　中小企業庁長官は、第一項の規定による報告又は検査の結果中小企業者である下請負人と下請契約を締結した元請負人が第十九条の三、第十九条の四、第二十四条の三第一項、第二十四条の四又は第二十四条の五第三項若しくは第四項の規定に違反している事実があり、その事実が私的独占の禁止及び公正取引の確保に関する法律第十九条の規定に違反していると認めるときは、公正取引委員会に対し、同法の規定に従い適当な措置をとるべきことを求めることができる。

4　中小企業庁長官は、前項の規定により措置をとるべきことを求めたときは、遅滞なく、当該元請負人につき第三条第一項の許可をした国土交通大臣又は都道府県知事に、その旨を通知し

なければならない。

注　一項の「罰則」＝五二条・五三条

**参照**

○私的独占の禁止及び公正取引の確保に関する法律〔平二六・六・一三法六九現〕

**第十九条**　事業者は、不公正な取引方法を用いてはならない。

（都道府県の費用負担）

**第四十三条**　都道府県知事がこの法律を施行するために必要とする経費は、当該都道府県の負担とする。

（参考人の費用請求権）

**第四十四条**　第三十二条の規定により意見を求められて出頭した参考人は、政令の定めるところにより、旅費、日当その他の費用を請求することができる。

注　「政令の定めるところ」＝施行令二三条

（経過措置）

**第四十四条の二**　この法律の規定に基づき、命令を制定し、又は改廃する場合においては、その命令で、その制定又は改廃に伴い合理的に必要と判断される範囲内において、所要の経過措置（罰則に関する経過措置を含む。）を定めることができる。

（権限の委任）

**第四十四条の三**　この法律に規定する国土交通大臣の権限は、国土交通省令で定めるところにより、その一部を地方整備局長又は北海道開発局長に委任することができる。

注　「国土交通省令で定めるところ」＝施行規則二九条

（都道府県知事の経由）

**第四十四条の四**　第三条第一項の許可を受けようとする者、建設業者及び第十二条各号に掲げる者がこの法律又はこの法律に基づく命令で定めるところにより国土交通大臣に提出する許可申請書その他の書類で国土交通省令で定めるものは、国土交通省令で定める都道府県知事を経由しなければならない。

（事務の区分）

**第四十四条の五**　前条の規定により都道府県が処理することとされている事務は、地方自治法（昭和二十二年法律第六十七号）第二条第九項第一号に規定する第一号法定受託事務とする。

## 第八章　罰則

**第四十五条**　登録経営状況分析機関（その者が法人である場合にあつては、その役員）又はその職員で経営状況分析の業務に従事するものが、その職務に関し、賄賂を収受し、又は要求し、若しくは約束したときは、三年以下の懲役に処する。よつて不正の行為をし、又は相当の行為をしないときは、七年以下の懲役に処する。

2　前項に規定する者であつた者が、その在職中に請託を受けて職務上不正の行為をし、又は相当の行為をしなかつたことにつき賄賂を収受し、又は要求し、若しくは約束したときは、三年以下の懲役に処する。

3　第一項に規定する者が、その職務に関し、請託を受けて第三者に賄賂を供与させ、又はその供与を約束したときは、三年以下の懲役に処する。

4　犯人又は情を知つた第三者の収受した賄賂は、没収する。その全部又は一部を没収することができないときは、その価額を追徴する。

**第四十六条**　前条第一項から第三項までに規定する賄賂を供与し、又はその申込み若しくは約束をした者は、三年以下の懲役又は二百万円以下の罰金に処する。

2　前項の罪を犯した者が自首したときは、その刑を減軽し、又は免除することができる。

**第四十七条**　次の各号の一に該当する者は、三年以下の懲役又は三百万円以下の罰金に処する。

一　第三条第一項の規定に違反して許可を受けないで建設業を営んだ者

一の二　第十六条の規定に違反して下請契約を締結した者

二　第二十八条第三項又は第五項の規定による営業停止の処分に違反して建設業を営んだ者

二の二　第二十九条の四第一項の規定による営業の禁止の処分に違反して建設業を営んだ者

三　虚偽又は不正の事実に基づいて第三条第一項の許可（同条第三項の許可の更新を含む。）を受けた者

2　前項の罪を犯した者には、情状により、懲役及び罰金を併科することができる。

**第四十八条**　第二十七条の七第一項又は第二十七条の三十四の規定に違反した者は、一年以下の懲役又は百万円以下の罰金に処する。

**第四十九条**　第二十六条の十五（第二十七条の三十二において準用する場合を含む。）又は第二十七条の十四第二項（第二十七条の十九第五項において準用する場合を含む。）の規定による講習、試験事務、交付等事務又は経営状況分析の停止の命令に違反したときは、その違反行為をした登録講習実施機関（その者が法人である場合にあつては、その役員）若しくはその職員、指定試験機関若しくは指定資格者証交付機関の役員若しくは職員又は登録経営状況分析機関（その者が法人である場合にあつては、その役員）若しくはその職員（第五十一条において「登録講習実施機関等の役職員」という。）は、一年以下の懲役又は百万円以下の罰金に処する。

**第五十条**　次の各号のいずれかに該当する者は、六月以下の懲役又は百万円以下の罰金に処する。
一　第五条（第十七条において準用する場合を含む。）の規定による許可申請書又は第六条第一項（第十七条において準用する場合を含む。）の規定による書類に虚偽の記載をしてこれを提出した者
二　第十一条第一項から第四項まで（第十七条において準用する場合を含む。）の規定による書類を提出せず、又は虚偽の記載をしてこれを提出した者
三　第十一条第五項（第十七条において準用する場合を含む。）の規定による届出をしなかつた者
四　第二十七条の二十四第二項若しくは第二十七条の二十六第二項の申請書又は第二十七条の二十四第三項若しくは第二十七条の二十六第三項の書類に虚偽の記載をしてこれを提出した者
2　前項の罪を犯した者には、情状により、懲役及び罰金を併科することができる。
**第五十一条**　次の各号のいずれかに該当するときは、その違反行為をした登録講習実施機関等の役職員は、五十万円以下の罰金に処する。
一　第二十六条の十一（第二十七条の三十二において準用する場合を含む。）の規定による届出をしないで講習若しくは経営状況分析の業務の全部を廃止し、又は第二十七条の十三第一項（第二十七条の十九第五項において準用する場合を含む。）の規定による許可を受けないで試験事務若しくは交付等事務の全部を廃止したとき。
二　第二十六条の十六（第二十七条の三十二において準用する場合を含む。）又は第二十七条の十の規定に違反して帳簿を備えず、帳簿に記載せず、若しくは帳簿に虚偽の記載をし、又は帳簿を保存しなかつたとき。
三　第二十六条の十九（第二十七条の三十二において準用する場合を含む。）若しくは第二十七条の十二第一項（第二十七条の十九第五項において準用する場合を含む。以下同じ。）の規定による報告を求められて、報告をせず、若しくは虚偽の報告をし、又は第二十六条の二十（第二十七条の三十二において準用する場合を含む。）若しくは第二十七条の十二第一項の規定による検査を拒み、妨げ、若しくは忌避したとき。
**第五十二条**　次の各号のいずれかに該当する者は、百万円以下の罰金に処する。
一　第二十六条第一項から第三項までの規定による主任技術者又は監理技術者を置かなかつた者
二　第二十六条の二の規定に違反した者

三　第二十九条の三第一項後段の規定による通知をしなかつた者

四　第二十七条の二十四第四項又は第二十七条の二十六第四項の規定による報告をせず、若しくは資料の提出をせず、又は虚偽の報告をし、若しくは虚偽の資料を提出した者

五　第三十一条第一項又は第四十二条の二第一項の規定による報告をせず、又は虚偽の報告をした者

六　第三十一条第一項又は第四十二条の二第一項の規定による検査を拒み、妨げ、又は忌避した者

**第五十三条**　法人の代表者又は法人若しくは人の代理人、使用人、その他の従業者が、その法人又は人の業務又は財産に関し、次の各号に掲げる規定の違反行為をしたときは、その行為者を罰するほか、その法人に対して当該各号に定める罰金刑を、その人に対して各本条の罰金刑を科する。

一　第四十七条　一億円以下の罰金刑

二　第五十条又は前条　各本条の罰金刑

**第五十四条**　第二十六条の十二第一項（第二十七条の三十二において準用する場合を含む。）の規定に違反して財務諸表等を備えて置かず、財務諸表等に記載すべき事項を記載せず、若しくは虚偽の記載をし、又は正当な理由がないのに第二十六条の十二第二項各号（第二十七条の三十二において準用する場合を含む。）の規定による請求を拒んだ者は、二十万円以下の過料に処する。

**第五十五条**　次の各号のいずれかに該当する者は、十万円以下の過料に処する。

一　第十二条（第十七条において準用する場合を含む。）の規定による届出を怠つた者

二　正当な理由がなくて第二十五条の十三第三項の規定による出頭の要求に応じなかつた者

三　第四十条の規定による標識を掲げない者

四　第四十条の二の規定に違反した者

五　第四十条の三の規定に違反して、帳簿を備えず、帳簿に記載せず、若しくは帳簿に虚偽の記載をし、又は帳簿若しくは図書を保存しなかつた者

## 附　則

（施行期日）

1　この法律は、公布の日から起算して六十日をこえ九十日をこえない期間内において政令で定める日から施行する。

注　「政令で定める日」＝昭和二四年七月政令二八三号により、昭和二四年八月二〇日から施行

（この法律施行の際建設業を営んでいる者）

2　この法律施行の際、現に建設業を営んでいる者は、第四条第

一項の規定による登録を受けないでも、その施行の日から六十日を限り、建設業者とみなす。その者がその期間内に第六条の規定により登録を申請した場合においてその期間を経過したときは、その申請に対する処分のある日まで、また同様とする。

3　第十八条から第二十四条まで、第二十六条、第二十七条及び第四十条の規定は、前項の規定により建設業者とみなされた者については、適用しない。

4　第十七条の規定は、附則第二項後段の規定により建設業者とみなされた者の登録が第十一条第一項の規定により拒否された場合に、準用する。

5　前項において準用する第十七条第一項後段の規定による通知をしなかつた者は、二万円以下の罰金に処する。

（最初に建設業審議会の委員となる者の任期）

6　最初に建設業審議会の委員となる者の任期は、関係各庁の職員のうちから命ぜられた委員を除き、その半数は二年、他の半数は四年とし、最初の会議において抽せんで定める。

附　則〔昭和二六年六月一日法律第一七八号〕

1　この法律は、公布の日から施行する。

2　この法律施行の際、現に建設業審議会の委員である者に対する改正後の建設業法第三十七条第一項の規定の適用については、その任期は、この法律施行の日から起算する。

附　則〔昭和二六年六月八日法律第二一一号抄〕

1　この法律は、昭和二十六年七月一日から施行する。

4　この法律施行前にした行為に対する罰則の適用については、なお従前の例による。

附　則〔昭和二七年六月一二日法律第一八四号抄〕

1　この法律は、公布の日から起算して六十日をこえない期間内において政令で定める日から施行する。

注　「政令で定める日」＝昭和二七年七月政令二八五号により、昭和二七年七月三一日から施行

附　則〔昭和二八年八月一七日法律第二二三号抄〕

1　この法律は、公布の日から施行する。但し、第十一条第一項第二号及び第三号並びに第二十二条の改正規定は、この法律公布の日から起算して六十日を経過した日から施行する。

2　この法律施行の際、現に建設業を営んでいる者で、この法律の施行によつて新たに建設業法第四条第一項の規定により登録を受けなければならなくなつたものは、同法同条同項による登録を受けないでも、この法律施行の日から起算して六十日を限り、建設業者とみなす。その者がその期間内に同法第六条の規定により登録を申請した場合においてその期間を経過したときは、その申請に対する処分のある日まで、また同様とする。

3　建設業法第十八条から第二十四条まで、第二十六条及び第四

十条の規定により建設業者とみなされた者については、適用しない。

4　建設業法第十七条の規定は、附則第二項後段の規定により建設業者とみなされた者の登録が同法第十一条第一項の規定により拒否された場合について準用する。

5　前項において準用する建設業法第十七条第一項後段に規定する通知をしなかつた者は、二万円以下の罰金に処する。

6　改正後の建設業法第五条第二項の規定は、この法律施行の際、現に建設大臣の登録を受けている者又はこの法律施行の日前若しくは施行の日から起算して六十日以内において建設大臣に登録を申請した者については、適用せず、これらの者については、なお、改正前の建設業法第二十七条及び第四十七条第三号の規定の例によるものとする。

7　この法律施行の際、現に建設業審議会の委員である者の任期は、この法律施行の日前に委員であつた期間を通算する。

附　則〔昭和三一年六月二日法律第一二五号抄〕

（施行期日）

1　この法律は、公布の日から起算して九十日をこえない範囲内において政令で定める日から施行する。

注　「政令で定める日」＝昭和三一年八月政令二七二号により、昭和三一年八月三〇日から施行

附　則〔昭和三五年五月二日法律第七四号〕

1　この法律は、公布の日から施行する。

2　この法律の施行の際現に登録を受けている者又はこの法律の施行の日前若しくは施行の日から起算して六十日以内において登録を申請した者の登録の要件については、改正後の建設業法第五条第一項第二号の規定にかかわらず、なお、従前の例による。

附　則〔昭和三六年五月一六日法律第八六号〕

（施行期日）

1　この法律は、公布の日から起算して六月をこえ一年をこえない範囲内において政令で定める日から施行する。

注　「政令で定める日」＝昭和三六年一〇月政令三三五号により、昭和三六年一二月一日から施行。ただし、三七条の改正規定は昭和三六年一一月一六日から施行

（経過規定）

2　この法律の施行の際、現にこの法律による改正前の建設業法の定めるところにより登録を受けている建設業者の当該登録に関しては、その有効期間内は、なお、従前の例による。

3　前項の建設業者については、この法律による改正後の建設業法（以下「新法」という。）第二章の二の規定は、当該建設業者が、建設省令の定めるところにより、新法第五条第一項に規定する要件をそなえていることを証する書面を建設大臣又は都

道府県知事に提出した場合に限り、適用する。

4　前項の規定により新法第二章の二の規定の適用を受ける建設業者については、附則第二項の規定にかかわらず、同項に規定する登録を新法の定めるところにより受けた登録とみなして新法の規定を適用する。

注　三項の「建設省令」＝本法施行規則の一部を改正する省令〔昭和三六年一〇月建設令二九号〕附則五項

附　則〔昭和三六年六月一七日法律第一四五号〕

この法律は、〔中略〕建設業法の一部を改正する法律（昭和三十六年法律第八十六号）の施行の日〔昭和三六年一二月一日〕から施行する。

附　則〔昭和三七年九月一五日法律第一六一号抄〕

1　この法律は、昭和三十七年十月一日から施行する。

2　この法律による改正後の規定は、この附則に特別の定めがある場合を除き、この法律の施行前にされた行政庁の処分、この法律の施行前にされた申請に係る行政庁の不作為その他この法律の施行前に生じた事項についても適用する。ただし、この法律による改正前の規定によつて生じた効力を妨げない。

3　この法律の施行前に提起された訴願、審査の請求、異議の申立てその他の不服申立て（以下「訴願等」という。）については、この法律の施行後も、なお従前の例による。この法律の施行前にされた訴願等の裁決、決定その他の処分（以下「裁決等」という。）又はこの法律の施行前に提起された訴願等につきこの法律の施行後にされる裁決等にさらに不服がある場合の訴願等についても、同様とする。

4　前項に規定する訴願等で、この法律の施行後は行政不服審査法による不服申立てをすることができることとなる処分に係るものは、同法以外の法律の適用については、行政不服審査法による不服申立てとみなす。

5　第三項の規定によりこの法律の施行後にされる審査の請求、異議の申立てその他の不服申立ての裁決等については、行政不服審査法による不服申立てをすることができない。

6　この法律の施行前にされた行政庁の処分で、この法律による改正前の規定により訴願等をすることができるものとされ、かつ、その提起期間が定められていなかつたものについて、行政不服審査法による不服申立てをすることができる期間は、この法律の施行の日から起算する。

8　この法律の施行前にした行為に対する罰則の適用については、なお従前の例による。

9　前八項に定めるもののほか、この法律の施行に関して必要な経過措置は、政令で定める。

注　九項の「政令」＝なし

附　則〔昭和四二年六月一二日法律第三六号抄〕

1　この法律は、登録免許税法の施行の日〔昭和四二年八月一日〕から施行する。

附　則〔昭和四六年四月一日法律第三一号抄〕

（施行期日）

1　この法律は、公布の日から起算して一年を経過した日から施行する。

（経過措置）

2　この法律の施行の際現にこの法律による改正後の建設業法（以下「新法」という。）第二条第一項及び第二項の規定により新たに建設業となる事業を営んでいる者は、この法律の施行の日から六十日間は、新法第三条第一項の許可（以下「新法の許可」という。）を受けないでも、引き続き当該建設業を営むことができる。その者がその期間内に当該許可の申請をした場合において、その期間を経過したときは、その申請に対し許可をするかどうかの処分がある日まで、同様とする。

3　前項の規定により引き続き建設業を営むことができる者が、同項前段に規定する期間内に新法の許可を受けなかつた場合においては、その者は、新法第三条第一項の規定にかかわらず、当該期間内に新法の許可の申請をしてその期間が経過する際まだ申請に対し許可をするかどうかの処分がされていないときはこの法律の施行の日から当該処分がある日まで、その他のときはこの法律の施行の日から六十日を経過する日までの間に締結した請負契約に係る建設工事に限り、施工することができる。

4　この法律の施行の際現にこの法律による改正前の建設業法（以下「旧法」という。）の規定により登録を受けて建設業を営んでいる者（新法第三条第一項ただし書の規定により、新法の許可を受けないで建設業を営むことができる者に該当するものを除く。）は、この法律の施行の日から二年間は、新法の許可を受けないでも、引き続き当該登録（その更新を含む。）を受けている限り、旧法第二条第一項に規定する建設工事に係る建設業を引き続き営むことができる。その者がその期間内に当該許可の申請をした場合において、その期間を経過したときは、その申請に対し許可をするかどうかの処分がある日まで、同様とする。

5　前項の場合において、同項の登録を受けて建設業を営んでいる者の営む旧法第二条第一項に規定する建設工事については、この法律附則に別段の定めがあるものを除くほか、なお従前の例による。

6　附則第四項の規定により引き続き建設業を営むことができる者は、同項前段に規定する期間内においても新法の許可を受けることができるものとし、その者がその期間内に新法の許可を受けたときは、その者に係る前項の規定によりその例によるものとされる旧法第八条第一項の規定による登録は、その効力を失う。

7　建設大臣又は都道府県知事は、前項の規定により新法の許可を申請した者が新法第七条第三号及び第四号に掲げる基準に適合しているかどうかを審査する場合には、その者の建設業についての実績を配慮しなければならない。

8　新法第二条第四項及び第五項、第三章（第二十四条の五及び第二十四条の六を除く。）並びに第三章の二の規定（第二十五条の十三第三項の規定に係る罰則を含む。）は、附則第四項の規定により引き続き建設業を営むことができる者についても、適用する。この場合においては、その引き続き建設業を営むことができる者を新法の建設業者とみなすものとし、新法第二十五条の九第一項及び第二項中「許可」とあるのは、「登録」とする。

9　附則第四項の規定により引き続き建設業を営むことができる者が、同項前段に規定する期間内に新法の許可を受けた場合においては、その者は、当該許可を受ける前に締結した請負契約に係る旧法第二条第一項に規定する建設工事を施工することができる。

10　附則第四項の規定により引き続き建設業を営むことができる者が、同項前段に規定する期間内に新法の許可を受けなかつた場合において、当該期間内に新法の許可の申請をしてその期間が経過する際まだ申請に対し許可をするかどうかの処分がされていないときはこの法律の施行の日から当該処分がある日まで、その他のときはこの法律の施行の日から二年を経過する日までの間に締結した請負契約があるときは、当該請負契約に係る建設工事の施工に関しては、その者につき当該処分がある日又は当該期間が経過する日において附則第五項の規定によりその例によるものとされる旧法第十五条第一項の規定による登録の抹消があつたものとみなし、なお従前の例による。

11　この法律の施行の際旧法第二十五条の十九第一項の規定による異議の申出がされている事件の処理については、なお従前の例による。

12　新法の許可を受けた建設業者が、旧法の建設業者であつた間に旧法第二十八条第一項に規定する場合に該当した場合における当該建設業者に対する処分及び注文者に対する勧告については、新法第二十八条第一項に規定する相当の場合に該当したものとみなして、新法第二十八条及び第二十九条の規定を適用する。この場合において、新法第二十八条第三項中「一年以内」とあるのは、「六月以内」とする。

13　旧法第二十九条第一項第五号又は第六号に該当した場合にお

ける同項の規定による登録の取消しは、新法第八条（第十七条において準用する場合を含む。）の規定の適用については、新法第二十九条第五号又は第六号に該当した場合における同条の規定による許可の取消しとみなす。

14 この法律の施行前にした行為及びこの法律附則の規定により従前の例によることとされる建設工事に係るこの法律の施行後にした行為に対する罰則の適用については、なお従前の例による。

注 五項の「別段の定め」＝附則九項、一四項の「この法律附則の規定」＝附則五項・一〇項

**附 則**〔昭和五〇年一二月二六日法律第九〇号抄〕

（施行期日）

1 この法律は、公布の日から施行する。〔後略〕

（経過措置）

3 この法律〔中略〕の施行前にした行為に対する罰則の適用については、なお従前の例による。

**附 則**〔昭和五三年五月二三日法律第五五号抄〕

（施行期日等）

1 この法律は、公布の日から施行する。〔後略〕

**附 則**〔昭和五八年一二月一〇日法律第八三号抄〕

（施行期日）

**第一条** この法律は、公布の日から施行する。〔後略〕

（罰則に関する経過措置）

**第十六条** この法律の施行前にした行為及び附則第三条、第五条第五項、第八条第二項、第九条又は第十条の規定により従前の例によることとされる場合における第十七条、第二十二条、第三十六条、第三十七条又は第三十九条の規定の施行後にした行為に対する罰則の適用については、なお従前の例による。

**附 則**〔昭和六二年六月六日法律第六九号〕

（施行期日）

1 この法律は、公布の日から起算して一年を経過した日から施行する。

（経過措置）

2 この法律の施行の際現に建設工事紛争審査会の特別委員に任命されている者の任期については、なお従前の例による。

3 この法律の施行前に申出をした建設業者についての経営に関する事項の審査については、なお従前の例による。

4 この法律の施行前に行つた経営に関する事項の審査及び前項の規定によりなお従前の例によることとされる場合におけるこの法律の施行後に行つた経営に関する事項の審査に関する再審査については、なお従前の例による。

5 この法律の施行前にした行為に対する罰則の適用について

は、なお従前の例による。

附　則〔平成五年一一月一二日法律第八九号抄〕

（施行期日）

**第一条**　この法律は、行政手続法（平成五年法律第八十八号）の施行の日〔平成六年一〇月一日〕から施行する。

（諮問等がされた不利益処分に関する経過措置）

**第二条**　この法律の施行前に法令に基づき審議会その他の合議制の機関に対し行政手続法第十三条に規定する聴聞又は弁明の機会の付与の手続その他の意見陳述のための手続に相当する手続を執るべきことの諮問その他の求めがされた場合においては、当該諮問その他の求めに係る不利益処分の手続に関しては、この法律による改正後の関係法律の規定にかかわらず、なお従前の例による。

（罰則に関する経過措置）

**第十三条**　この法律の施行前にした行為に対する罰則の適用については、なお従前の例による。

（聴聞に関する規定の整理に伴う経過措置）

**第十四条**　この法律の施行前に法律の規定により行われた聴聞、聴問若しくは聴聞会（不利益処分に係るものを除く。）又はこれらのための手続は、この法律による改正後の関係法律の相当規定により行われたものとみなす。

（政令への委任）

**第十五条**　附則第二条から前条までに定めるもののほか、この法律の施行に関して必要な経過措置は、政令で定める。

附　則〔平成六年六月二九日法律第六三号〕

（施行期日）

1　この法律は、公布の日から起算して六月を超えない範囲内において政令で定める日から施行する。ただし、次の各号に掲げる規定は、当該各号に定める日から施行する。

一　第六条、第十一条第一項から第四項まで及び第十三条の改正規定、第十七条の改正規定（「第六条第五号」を「第六条第一項第五号」に改める部分に限る。）並びに第四十六条第一号の改正規定並びに附則第四項の規定　この法律の公布の日

二　目次の改正規定（「第二十四条の六」を「第二十四条の七」に改める部分に限る。）、第二十四条の六の次に一条を加える改正規定、第二十七条の十八、第二十七条の二十三、第二十七条の二十六及び第二十七条の二十七の改正規定、第四十六条の改正規定（第三号の次に一号を加える部分に限る。）並びに第四十七条の改正規定（第三号の次に一号を加える部分に限る。）並びに附則第五項から第九項までの規定　この法律の公布の日から起算して一年を経過した日

三　第二十六条の改正規定　この法律の公布の日から起算して二年を経過した日

注　「政令で定める日」＝平成六年一二月政令三九〇号により、平成六年一二月二八日から施行

（許可の有効期間に関する経過措置）

2　この法律の施行の際現に改正前の建設業法第三条第一項の許可を受けている者又はこの法律の施行前にした許可（同条第三項の許可の更新を含む。）の申請に基づきこの法律の施行後に同条第一項の許可を受けた者（許可の更新の場合にあっては、この法律の施行後に許可の有効期間が満了する者を除く。）の当該許可の有効期間については、なお従前の例による。

（許可の基準に関する経過措置）

3　この法律の施行前に改正前の建設業法第三条第一項の許可（同条第三項の許可の更新を含む。）の申請をした者（許可の更新の場合にあっては、この法律の施行後に許可の有効期間が満了する者を除く。）の当該申請に係る許可の基準については、なお従前の例による。

（変更の届出等に関する経過措置）

4　附則第一項第一号に掲げる改正規定の施行前に生じた事由に係る変更届出書の提出、当該改正規定の施行前に終了した営業年度に係る営業年度終了の時における書類の提出又は当該営業年度に係る書類の記載事項に変更が生じた旨の書面による届出については、改正後の建設業法第十一条第一項から第三項までの規定にかかわらず、なお従前の例による。

（監理技術者資格者証及び監理技術者の選任に関する経過措置）

5　附則第一項第二号に掲げる改正規定の施行の際現に改正前の建設業法第二十七条の十八第一項の規定により交付されている指定建設業監理技術者資格者証及び現に指定建設業監理技術者資格者証の交付を受けている者は、それぞれ、改正後の建設業法第二十七条の十八第一項の規定により交付されている監理技術者資格者証及び監理技術者資格者証の交付を受けている者とみなす。

6　附則第一項第二号に掲げる改正規定の施行の時から同項第三号に掲げる改正規定の施行の時までの間（以下この項において「移行期間」という。）における建設業法第二十六条第四項の規定の適用については、同項中「第二十七条の十八第一項の規定による指定建設業監理技術者資格者証の交付を受けている者」とあるのは「建設業法の一部を改正する法律（平成六年法律第六十三号）附則第五項の規定により監理技術者資格者証の交付を受けている者とみなされた者又は同法による改正前の建設業法第二十七条の十八第一項に規定する指定建設業監理技術

者資格を有する者で同法による改正後の建設業法第二十七条の十八第一項の規定による監理技術者資格者証の交付を受けている者」とし、移行期間における建設業法第二十六条第五項の規定の適用については、同項中「指定建設業監理技術者資格者証」とあるのは「建設業法の一部を改正する法律附則第五項の規定により監理技術者資格者証とみなされた指定建設業監理技術者資格者証又は同法による改正後の建設業法第二十七条の十八第一項の規定による監理技術者資格者証」とする。

（経営事項審査に関する経過措置）

7　附則第一項第二号に掲げる改正規定の施行前にされた改正前の建設業法第二十七条の二十三の経営事項審査の申請は、改正後の建設業法第二十七条の二十三の経営事項審査の申請とみなす。

8　附則第一項第二号に掲げる改正規定の施行前一年以内に改正前の建設業法第二十七条の二十七第一項の規定により経営事項審査の結果の通知を受けた建設業者で改正後の建設業法第二十七条の二十三第一項に規定する建設工事を発注者から直接請け負おうとするものは、当該改正規定の施行後一年間に限り、同項の規定にかかわらず、同項の経営事項審査を受けることを要しない。

9　前項の経営事項審査の結果は、改正後の建設業法第二十七条の二十七第三項の規定の適用については、同法第二十七条の二十三第一項の経営事項審査の結果とみなす。

（監督処分に関する経過措置）

10　附則第二項に規定する者に対する許可の取消しその他の監督上の処分に関しては、この法律の施行前に生じた事由については、なお従前の例による。

（罰則に関する経過措置）

11　この法律（附則第一項第一号に掲げる改正規定にあっては、当該改正規定）の施行前にした行為及び附則の規定によりなお従前の例によることとされる場合における当該規定の施行後にした行為に対する罰則の適用については、なお従前の例による。

附　則〔平成七年五月一二日法律第九一号抄〕

（施行期日）

**第一条**　この法律は、公布の日から起算して二十日を経過した日から施行する。

〔平成八年六月二六日法律第一一〇号抄〕

（罰則の適用に関する経過措置）

**第五十五条**　この法律の施行前にした行為に対する罰則の適用については、なお従前の例による。

（最高裁判所規則への委任）

**第五十六条**　この法律に定めるもののほか、この法律の施行の際現に裁判所に係属し、又は執行官が取り扱っている事件の処理に関し必要な事項は、最高裁判所規則で定める。

附　則〔平成八年六月二六日法律第一一〇号〕

この法律は、新民訴法の施行の日〔公布の日から起算して二年を超えない範囲内において政令で定める日〕から施行する。〔後略〕

注　「政令で定める日」＝平成九年一一月政令三三二号により、平成一〇年一月一日から施行

附　則〔平成一〇年六月一二日法律第一〇一号抄〕

（施行期日）

**第一条**　この法律は、平成十一年四月一日から施行する。〔後略〕

附　則〔平成一一年七月一六日法律第八七号抄〕

（施行期日）

**第一条**　この法律は、平成十二年四月一日から施行する。ただし、次の各号に掲げる規定は、当該各号に定める日から施行する。

一　〔前略〕附則第七条、第十条、第十二条、第五十九条ただし書、第六十条第四項及び第五項、第七十三条、第七十七条、第百五十七条第四項から第六項まで、第百六十条、第百六十三条、第百六十四条並びに第二百二条の規定　公布の日

（国等の事務）

**第百五十九条**　この法律による改正前のそれぞれの法律に規定するもののほか、この法律の施行前において、地方公共団体の機関が法律又はこれに基づく政令により管理し又は執行する国、他の地方公共団体その他公共団体の事務（附則第百六十一条において「国等の事務」という。）は、この法律の施行後は、地方公共団体が法律又はこれに基づく政令により当該地方公共団体の事務として処理するものとする。

（処分、申請等に関する経過措置）

**第百六十条**　この法律（附則第一条各号に掲げる規定については、当該各規定。以下この条及び附則第百六十三条において同じ。）の施行前に改正前のそれぞれの法律の規定によりされた許可等の処分その他の行為（以下この条において「処分等の行為」という。）又はこの法律の施行の際現に改正前のそれぞれの法律の規定によりされている許可等の申請その他の行為（以下この条において「申請等の行為」という。）で、この法律の施行の日においてこれらの行為に係る行政事務を行うべき者が異なることとなるものは、附則第二条から前条までの規定又は改正後のそれぞれの法律（これに基づく命令を含む。）の経過措置に関する規定に定めるものを除き、この法律の施行の日以後における改正後のそれぞれの法律の適用については、改正後のそれぞれの法律の相当規定によりされた処分等の行為又は申請等の行為とみなす。

2　この法律の施行前に改正前のそれぞれの法律の規定により国

又は地方公共団体の機関に対し報告、届出、提出その他の手続をしなければならない事項で、この法律の施行の日前にその手続がされていないものについては、この法律及びこれに基づく政令に別段の定めがあるもののほか、これを、改正後のそれぞれの法律の相当規定により国又は地方公共団体の相当の機関に対して報告、届出、提出その他の手続をしなければならない事項についてその手続がされていないものとみなして、この法律による改正後のそれぞれの法律の規定を適用する。

（不服申立てに関する経過措置）

**第百六十一条**　施行日前にされた国等の事務に係る処分であって、当該処分をした行政庁（以下この条において「処分庁」という。）に施行日前に行政不服審査法に規定する上級行政庁（以下この条において「上級行政庁」という。）があったものについての同法による不服申立てについては、施行日以後においても、当該処分庁に引き続き上級行政庁があるものとみなして、行政不服審査法の規定を適用する。この場合において、当該処分庁の上級行政庁とみなされる行政庁は、施行日前に当該処分庁の上級行政庁であった行政庁とする。

2　前項の場合において、上級行政庁とみなされる行政庁が地方公共団体の機関であるときは、当該機関が行政不服審査法の規定により処理することとされる事務は、新地方自治法第二条第九項第一号に規定する第一号法定受託事務とする。

（手数料に関する経過措置）

**第百六十二条**　施行日前においてこの法律による改正前のそれぞれの法律（これに基づく命令を含む。）の規定により納付すべきであった手数料については、この法律及びこれに基づく政令に別段の定めがあるもののほか、なお従前の例による。

（罰則に関する経過措置）

**第百六十三条**　この法律の施行前にした行為に対する罰則の適用については、なお従前の例による。

（その他の経過措置の政令への委任）

**第百六十四条**　この附則に規定するもののほか、この法律の施行に伴い必要な経過措置（罰則に関する経過措置を含む。）は、政令で定める。

附　則〔平成一一年七月一六日法律第一〇二号抄〕

（施行期日）

**第一条**　この法律は、内閣法の一部を改正する法律（平成十一年法律第八十八号）の施行の日〔平成一三年一月六日〕から施行する。ただし、次の各号に掲げる規定は、当該各号に定める日から施行する。

二　附則第十条第一項及び第五項、第十四条第三項、第二十三条、第二十八条並びに第三十条の規定　公布の日

（建設業法の一部改正に伴う経過措置）

**第二十一条**　この法律の施行の際現に従前の建設省の中央建設工事紛争審査会の委員である者は、この法律の施行の日に、第百四十五条の規定による改正後の建設業法（以下この条において「新建設業法」という。）第二十五条の二第二項の規定により、国土交通省の中央建設工事紛争審査会の委員として任命されたものとみなす。この場合において、その任命されたものとみなされる者の任期は、新建設業法第二十五条の三第一項の規定にかかわらず、同日における従前の建設省の中央建設工事紛争審査会の委員としての任期の残任期間と同一の期間とする。

2　この法律の施行の際現に従前の建設省の中央建設工事紛争審査会の会長である者は、この法律の施行の日に、新建設業法第二十五条の二第三項の規定により、国土交通省の中央建設工事紛争審査会の会長として選任されたものとみなす。

3　この法律の施行の際現に従前の建設省の中央建設工事紛争審査会の特別委員である者は、この法律の施行の日に、新建設業法第二十五条の七第三項の規定により準用される新建設業法第二十五条の二第二項の規定により、国土交通省の中央建設工事紛争審査会の特別委員として任命されたものとみなす。この場合において、その任命されたものとみなされる者の任期は、新建設業法第二十五条の七第二項の規定にかかわらず、同日における従前の建設省の中央建設工事紛争審査会の特別委員としての任期の残任期間と同一の期間とする。

（委員等の任期に関する経過措置）

**第二十八条**　この法律の施行の日の前日において次に掲げる従前の審議会その他の機関の会長、委員その他の職員である者（任期の定めのない者を除く。）の任期は、当該会長、委員その他の職員の任期を定めたそれぞれの法律の規定にかかわらず、その日に満了する。

四十八　中央建設業審議会

（別に定める経過措置）

**第三十条**　第二条から前条までに規定するもののほか、この法律の施行に伴い必要となる経過措置は、別に法律で定める。

**附　則**〔平成一一年一二月三日法律第一四六号抄〕

（施行期日）

**第一条**　この法律は、公布の日から施行する。〔ただし書略〕

**附　則**〔平成一一年一二月八日法律第一五一号抄〕

（施行期日）

**第一条**　この法律は、平成十二年四月一日から施行する。〔ただし書略〕

（経過措置）

**第三条**　民法の一部を改正する法律（平成十一年法律第百四十九

号）附則第三条第三項の規定により従前の例によることとされる準禁治産者及びその保佐人に関するこの法律による改正規定の適用については、次に掲げる改正規定を除き、なお従前の例による。

七　第三十一条中建設業法第二十五条の四の改正規定

**第四条**　この法律の施行前にした行為に対する罰則の適用については、なお従前の例による。

**〔平成一一年一二月二二日法律第一六〇号抄〕**

（処分、申請等に関する経過措置）

**第千三百一条**　中央省庁等改革関係法及びこの法律（以下「改革関係法等」と総称する。）の施行前に法令の規定により従前の国の機関がした免許、許可、認可、承認、指定その他の処分又は通知その他の行為は、法令に別段の定めがあるもののほか、改革関係法等の施行後は、改革関係法等の施行後の法令の相当規定に基づいて、相当の国の機関がした免許、許可、認可、承認、指定その他の処分又は通知その他の行為とみなす。

2　改革関係法等の施行の際現に法令の規定により従前の国の機関に対してされている申請、届出その他の行為は、法令に別段の定めがあるもののほか、改革関係法等の施行後は、改革関係法等の施行後の法令の相当規定に基づいて、相当の国の機関に対してされた申請、届出その他の行為とみなす。

3　改革関係法等の施行前に法令の規定により従前の国の機関に対し報告、届出、提出その他の手続をしなければならないとされている事項で、改革関係法等の施行の日前にその手続がされていないものについては、法令に別段の定めがあるもののほか、改革関係法等の施行後は、これを、改革関係法等の施行後の法令の相当規定により相当の国の機関に対して報告、届出、提出その他の手続をしなければならないとされた事項についてその手続がされていないものとみなして、改革関係法等の施行後の法令の規定を適用する。

（従前の例による処分等に関する経過措置）

**第千三百二条**　なお従前の例によることとする法令の規定により、従前の国の機関がすべき免許、許可、認可、承認、指定その他の処分若しくは通知その他の行為又は従前の国の機関に対してすべき申請、届出その他の行為については、法令に別段の定めがあるもののほか、改革関係法等の施行後は、改革関係法等の施行後の法令の規定に基づくその任務及び所掌事務の区分に応じ、それぞれ、相当の国の機関がすべきものとし、又は相当の国の機関に対してすべきものとする。

（罰則に関する経過措置）

**第千三百三条**　改革関係法等の施行前にした行為に対する罰則の適用については、なお従前の例による。

（職務上の義務違反に関する経過措置）
**第千三百八条**　改革関係法等の施行後は、改革関係法等の施行前の〔中略〕建設業法第二十五条の五第二項（同法第二十五条の七第三項において準用する場合を含む。）〔中略〕に規定する従前の国の機関の委員その他の職員であった者（以下この条において「旧委員等」という。）が改革関係法等の施行前に行った旧委員等としての職務上の義務違反その他旧委員等たるに適しない非行は、それぞれ、改革関係法等の施行後のこれらの規定〔中略〕に規定する国の機関の委員その他の職員（以下この条において「新委員等」という。）として行った職務上の義務違反その他新委員等たるに適しない非行とみなして、改革関係法等の施行後のこれらの法律を適用する。

（政令への委任）
**第千三百四十四条**　第七十一条から第七十六条まで及び第千三百一条から前条まで並びに中央省庁等改革関係法に定めるもののほか、改革関係法等の施行に関し必要な経過措置（罰則に関する経過措置を含む。）は、政令で定める。

**附　則**〔平成一一年一二月二二日法律第一六〇号抄〕

（施行期日）
**第一条**　この法律（第二条及び第三条を除く。）は、平成十三年一月六日から施行する。〔ただし書略〕

**附　則**〔平成一二年一一月二七日法律第一二六号抄〕

（施行期日）
**第一条**　この法律は、公布の日から起算して五月を超えない範囲内において政令で定める日から施行する。〔ただし書略〕

注　「政令で定める日」＝平成一三年一月政令三号により、平成一三年四月一日から施行

（罰則に関する経過措置）
**第二条**　この法律の施行前にした行為に対する罰則の適用については、なお従前の例による。

**附　則**〔平成一二年一一月二七日法律第一二七号抄〕

（施行期日）
**第一条**　この法律は、公布の日から起算して三月を超えない範囲内において政令で定める日から施行する。ただし、〔中略〕附則第三条（建設業法第二十八条の改正規定に係る部分に限る。）の規定は平成十三年四月一日から〔中略〕施行する。

注　「政令で定める日」＝平成一三年二月政令三三号により、平成一三年二月一六日から施行

（経過措置）
**第二条**　〔中略〕

2　第四章及び次条（建設業法第二十八条の改正規定に係る部分に限る。）の規定は、これらの規定の施行前に締結された契約

に係る公共工事については、適用しない。

附　則〔平成一三年一二月五日法律第一三八号抄〕

（施行期日）

**第一条**　この法律は、公布の日から起算して二十日を経過した日から施行する。

（経過措置）

**第二条**　この法律の施行前にした行為の処罰については、なお従前の例による。

附　則〔平成一四年五月二九日法律第四五号抄〕

（施行期日）

1　この法律は、公布の日から起算して一年を超えない範囲内において政令で定める日から施行する。

注　「政令で定める日」＝平成一四年六月政令二一七号により、平成一五年四月一日から施行

附　則〔平成一四年一二月一三日法律第一五二号抄〕

（施行期日）

**第一条**　この法律は、行政手続等における情報通信の技術の利用に関する法律（平成十四年法律第百五十一号）の施行の日〔平成一五年二月三日〕から施行する。〔ただし書略〕

（罰則に関する経過措置）

**第四条**　この法律の施行前にした行為に対する罰則の適用については、なお従前の例による。

（その他の経過措置の政令への委任）

**第五条**　前三条に定めるもののほか、この法律の施行に関し必要な経過措置は、政令で定める。

附　則〔平成一五年六月一八日法律第九六号抄〕

（施行期日）

**第一条**　この法律は、平成十六年三月一日から施行する。

（建設業法の一部改正に伴う経過措置）

**第三条**　第二条の規定による改正後の建設業法（以下この条において「新建設業法」という。）第二十六条第四項の登録を受けようとする者は、第二条の規定の施行前においても、その申請を行うことができる。新建設業法第二十六条の十第一項の規定による講習規程の届出についても、同様とする。

2　第二条の規定の施行の際現に同条の規定による改正前の建設業法（以下この条において「旧建設業法」という。）第二十七条の十八第四項の指定を受けている講習は、第二条の規定の施行の日から起算して六月を経過する日までの間は、新建設業法第二十六条第四項の登録を受けた講習とみなす。

3　第二条の規定の施行前五年以内に受講した旧建設業法第二十七条の十八第四項の指定を受けた講習は、その講習を修了した日から起算して五年を経過する日までの間は、新建設業法第二

十六条第四項の登録を受けた講習とみなす。

4　新建設業法第二十七条の二十四第一項の登録を受けようとする者は、第二条の規定の施行前においても、その申請を行うことができる。新建設業法第二十七条の三十二において準用する新建設業法第二十六条の十第一項の規定による経営状況分析規程の届出についても、同様とする。

5　第二条の規定の施行の際現に旧建設業法第二十七条の二十四第一項の指定を受けている者は、第二条の規定の施行の日から起算して六月を経過する日までの間は、新建設業法第二十七条の二十四第一項の登録を受けているものとみなす。

6　第二条の規定の施行前にされた旧建設業法第二十七条の二十三第四項の規定による旧建設業法第二十七条の二十三第二項に規定する経営事項審査（以下この条において「旧経営事項審査」という。）の申請又は旧建設業法第二十七条の二十六第一項の規定による旧建設業法第二十七条の二十四第一項に規定する経営状況分析（以下この条において「旧経営状況分析」という。）の申請であって、第二条の規定の施行の際、これらの結果の通知がなされていないものについての結果の通知については、なお従前の例による。

7　旧建設業法第二十七条の二十四第一項に規定する指定経営状況分析機関の役員又は職員であった者に係る同項に規定する経営状況分析に関して知り得た秘密を漏らしてはならない義務については、第二条の規定の施行後も、なお従前の例による。

8　第二条の規定の施行の際現に旧建設業法第二十七条の二十四第一項の指定を受けている者が行うべき第二条の規定の施行の日の属する事業年度の事業報告書及び収支決算書の作成並びにこれらの書類の国土交通大臣に対する提出については、なお従前の例による。

9　第二条の規定の施行前にされた旧経営事項審査又は旧経営状況分析の結果（第六項の規定によりなお従前の例によることとされる場合におけるものを含む。）に係る再審査の申立てについては、なお従前の例による。

10　第二条の規定の施行前に旧経営事項審査において旧建設業法第二十七条の二十四第一項に規定する指定経営状況分析機関がした旧経営状況分析（第六項の規定によりなお従前の例によることとされる場合におけるものを含む。）に係る処分又はその不作為に関する行政不服審査法（昭和三十七年法律第百六十号）による審査請求については、なお従前の例による。

（処分、手続等の効力に関する経過措置）

**第十四条**　附則第二条から前条までに規定するもののほか、この法律の施行前にこの法律による改正前のそれぞれの法律（これに基づく命令を含む。）の規定によってした処分、手続その他の行為であって、この法律による改正後のそれぞれの法律（これに基づく命令を含む。）中相当する規定があるものは、これらの規定によってした処分、手続その他の行為とみなす。

（罰則の適用に関する経過措置）

**第十五条**　この法律の施行前にした行為及びこの附則の規定によりなお従前の例によることとされる場合におけるこの法律の施行後にした行為に対する罰則の適用については、なお従前の例による。

（その他の経過措置の政令への委任）

**第十六条**　附則第二条から前条までに定めるもののほか、この法律の施行に関し必要となる経過措置（罰則に関する経過措置を含む。）は、政令で定める。

附　則〔平成一五年八月一日法律第一三八号抄〕

（施行期日）

**第一条**　この法律は、公布の日から起算して九月を超えない範囲内において政令で定める日から施行する。

注　「政令で定める日」＝平成一五年一二月政令五四四号により、平成一六年三月一日から施行

附　則〔平成一六年六月二日法律第七六号抄〕

（施行期日）

**第一条**　この法律は、破産法（平成十六年法律第七十五号。次条第八項並びに附則第三条第八項、第五条第八項、第十六項及び第二十一項、第八条第三項並びに第十三条において「新破産法」という。）の施行の日〔平成一七年一月一日〕から施行する。〔ただし書略〕

（政令への委任）

**第十四条**　附則第二条から前条までに規定するもののほか、この法律の施行に関し必要な経過措置は、政令で定める。

附　則〔平成一六年一二月一日法律第一四七号抄〕

（施行期日）

**第一条**　この法律は、公布の日から起算して六月を超えない範囲内において政令で定める日から施行する。

注　「政令で定める日」＝平成一七年三月政令三六号により、平成一七年四月一日から施行

〔平成一七年七月二六日法律第八七号抄〕

（罰則に関する経過措置）

**第五百二十七条**　施行日前にした行為及びこの法律の規定によりなお従前の例によることとされる場合における施行日以後にした行為に対する罰則の適用については、なお従前の例による。

（政令への委任）

**第五百二十八条**　この法律に定めるもののほか、この法律の規定による法律の廃止又は改正に伴い必要な経過措置は、政令で定

める。

附　則〔平成一七年七月二六日法律第八七号抄〕

この法律は、会社法の施行の日から施行する。〔ただし書略〕

注〔政令で定める日〕＝平成一八年三月政令七七号により、平成一八年五月一日から施行

**〔平成一八年六月二日法律第五〇号抄〕**

（罰則に関する経過措置）

**第四百五十七条**　施行日前にした行為及びこの法律の規定によりなお従前の例によることとされる場合における施行日以後にした行為に対する罰則の適用については、なお従前の例による。

（政令への委任）

**第四百五十八条**　この法律に定めるもののほか、この法律の規定による法律の廃止又は改正に伴い必要な経過措置は、政令で定める。

附　則〔平成一八年六月二日法律第五〇号抄〕

（施行期日）

1　この法律は、一般社団・財団法人法の施行の日〔公布の日から起算して二年六月を超えない範囲内において政令で定める日〕から施行する。〔ただし書略〕

附　則〔平成一八年六月二一日法律第九二号抄〕

（施行期日）

**第一条**　この法律は、公布の日から起算して一年を超えない範囲内において政令で定める日から施行する。ただし、次の各号に掲げる規定は、当該各号に定める日から施行する。

一　第三条、〔中略〕附則第五条から第七条まで〔中略〕の規定　公布の日から起算して六月を超えない範囲内において政令で定める日

注〔政令で定める日〕＝平成一八年一二月政令三七二号により、平成一八年一二月二〇日から施行

（建設業法の一部改正に伴う経過措置）

**第五条**　附則第一条第一号に掲げる規定の施行の際現に第三条の規定による改正前の建設業法第三条第一項の許可を受けている者に対する許可の取消しその他の監督上の処分に関しては、同号に掲げる規定の施行前に生じた事由については、なお従前の例による。

（政令への委任）

**第七条**　この附則に定めるもののほか、この法律の施行に関して必要な経過措置（罰則に関する経過措置を含む。）は、政令で定める。

（検討）

**第八条**　政府は、この法律の施行後五年を経過した場合において、第一条から第四条までの規定による改正後の規定の施行の状況

について検討を加え、必要があると認めるときは、その結果に基づいて必要な措置を講ずるものとする。

附　則〔平成一八年一二月二〇日法律第一一四号抄〕

（施行期日）

**第一条**　この法律は、公布の日から起算して二年を超えない範囲内において政令で定める日から施行する。ただし、次の各号に掲げる規定は、当該各号に定める日から施行する。

一　第四条（建設業法第二十二条第一項及び第三項の改正規定、同法第二十三条の次に一条を加える改正規定並びに同法第二十四条、第二十六条第三項から第五項まで、第四十条の三及び第五十五条の改正規定を除く。）及び附則第十三条（一般社団法人及び一般財団法人に関する法律及び公益社団法人及び公益財団法人の認定等に関する法律の施行に伴う関係法律の整備等に関する法律（平成十八年法律第五十号）附則第一項ただし書の改正規定に限る。）の規定　平成十九年四月一日

注　〔政令で定める日〕＝平成二〇年五月政令一八五号により、平成二〇年一一月二八日から施行

（建設業法の一部改正に伴う経過措置）

**第五条**　施行日前に建設業者が請け負った建設工事については、第四条の規定による改正後の建設業法（以下「新建設業法」という。）第二十二条第三項の規定にかかわらず、なお従前の例による。

2　附則第一条第一号に掲げる規定の施行の際現に建設工事紛争審査会に係属している第四条の規定による改正前の建設業法（次項において「旧建設業法」という。）第二十五条の十一のあっせん又は調停に関し当該あっせん又は調停の目的となっている請求についての新建設業法第二十五条の十六の規定の適用については、附則第一条第一号に掲げる規定の施行の時に、あっせん又は調停の申請がされたものとみなす。

3　この法律の施行の際現に旧建設業法第三条第一項の許可を受けている者に対する新建設業法第二十九条の規定による許可の取消しその他の監督上の処分に関しては、施行日前に生じた事由については、なお従前の例による。

（罰則に関する経過措置）

**第六条**　この法律（附則第一条第三号に掲げる規定については、当該規定）の施行前にした行為に対する罰則の適用については、なお従前の例による。

（政令への委任）

**第七条**　附則第二条から前条までに定めるもののほか、この法律の施行に関して必要な経過措置（罰則に関する経過措置を含む。）は、政令で定める。

（検討）

**第八条**　政府は、この法律の施行後五年を経過した場合において、第一条から第四条までの規定による改正後の規定の施行の状況について検討を加え、必要があると認めるときは、その結果に基づいて必要な措置を講ずるものとする。

附　則〔平成一九年五月三〇日法律第六六号抄〕

（施行期日）

**第一条**　この法律は、公布の日から起算して一年を超えない範囲内で政令で定める日から施行する。ただし、第二章、第三章、第三十九条、第四十一条及び第四十三条並びに附則第三条、第四条、第六条及び第七条の規定は、公布の日から起算して二年六月を超えない範囲内で政令で定める日から施行する。

注　〔政令で定める日〕＝平成一九年一二月政令三九四号により、平成二一年一〇月一日から施行

**第三条**　附則第一条ただし書に規定する規定の施行の日が株式等の取引に係る決済の合理化を図るための社債等の振替に関する法律等の一部を改正する法律（平成十六年法律第八十八号）の施行の日前である場合には、同法の施行の日の前日までの間における第三条第五項の規定の適用については、同項中「社債、株式等の振替に関する法律」とあるのは「社債等の振替に関する法律」と、「第二百七十八条第一項」とあるのは「第百二十九条第一項」と、「振替債」とあるのは「振替社債等」とする。

（経過措置）

**第四条**　附則第一条ただし書に規定する規定の施行の日から起算して十年を経過する日までの間は、第三条第一項及び第十一条第一項中「当該基準日前十年間」とあるのは「附則第一条ただし書に規定する規定の施行の日から当該基準日までの間」と、第六条第一項中「発注者」とあるのは「発注者（附則第一条ただし書に規定する規定の施行の日以後に当該新築住宅の引渡しを受けたものに限る。）」と、第十四条第一項中「買主」とあるのは「買主（附則第一条ただし書に規定する規定の施行の日以後に当該新築住宅の引渡しを受けたものに限る。）」とする。

（検討）

**第五条**　政府は、この法律の施行後五年を経過した場合において、この法律の施行の状況について検討を加え、必要があると認めるときは、その結果に基づいて所要の措置を講ずるものとする。

附　則〔平成二〇年五月二日法律第二八号抄〕

（施行期日）

**第一条**　この法律は、公布の日から施行する。〔ただし書略〕

附　則〔平成二三年六月三日法律第六一号抄〕

（施行期日）

**第一条**　この法律は、公布の日から起算して一年を超えない範囲

内において政令で定める日（以下「施行日」という。）から施行する。〔ただし書略〕

附　則〔平成二四年八月一日法律第五三号抄〕

（施行期日）

**第一条**　この法律は、公布の日から起算して三月を超えない範囲内において政令で定める日から施行する。ただし、次の各号に掲げる規定は、当該各号に定める日から施行する。

一　第二条の規定並びに附則第五条、第七条、第十条、第十二条、第十四条、第十六条、第十八条、第二十条、第二十三条、第二十八条及び第三十一条第二項の規定　公布の日から起算して六月を超えない範囲内において政令で定める日

二　〔省略〕

附　則〔平成二五年六月一四日法律第四四号抄〕

（施行期日）

**第一条**　この法律は、公布の日から施行する。ただし、次の各号に掲げる規定は、当該各号に定める日から施行する。

一　〔前略〕第五十条（同号に掲げる改正規定を除く。）〔中略〕の規定　公布の日から起算して三月を経過した日

二　〔前略〕第五十条（建設業法第二十五条の二第一項の改正規定に限る。）〔中略〕の規定　平成二十六年四月一日

三　〔略〕

（罰則に関する経過措置）

**第十条**　この法律（附則第一条各号に掲げる規定にあっては、当該規定）の施行前にした行為に対する罰則の適用については、なお従前の例による。

（政令への委任）

**第十一条**　この附則に規定するもののほか、この法律の施行に関し必要な経過措置（罰則に関する経過措置を含む。）は、政令で定める。

附　則〔平成二五年一一月二七日法律第八六号抄〕

（施行期日）

**第一条**　この法律は、公布の日から起算して六月を超えない範囲内において政令で定める日から施行する。

（罰則の適用等に関する経過措置）

**第十四条**　この法律の施行前にした行為に対する罰則の適用については、なお従前の例による。

附　則〔平成二六年六月四日法律第五五号抄〕

（施行期日）

**第一条**　この法律は、公布の日から起算して一年を超えない範囲内において政令で定める日から施行する。ただし、次の各号に掲げる規定は、当該各号に定める日から施行する。

一　第一条（建設業法目次、第二十五条の二十七（見出しを含

む。）及び第二十七条の三十七の改正規定並びに同法第四章の三中第二十七条の三十八の次に一条を加える改正規定に限る。）及び附則第七条の規定　公布の日

二　第一条（建設業法別表第一の改正規定に限る。）、第四条（建設工事に係る資材の再資源化等に関する法律第二十一条第一項の改正規定に限る。）及び附則第三条の規定　公布の日から起算して二年を超えない範囲内において政令で定める日

注　第一条各号列記以外の部分の「政令で定める日」＝平成二六年九月政令三〇七号により、平成二七年四月一日から施行

注　第一条第二号の「政令で定める日」＝平成二七年一二月政令四一九号により、平成二八年六月一日から施行

（建設業法の一部改正に伴う経過措置）

**第二条**　第一条の規定による改正後の建設業法（以下「新建設業法」という。）第十一条第一項（新建設業法第十七条において準用する場合を含む。）の規定は、新建設業法第五条第一号から第五号までに掲げる事項の変更であってこの法律の施行後にあるものについて適用し、この法律の施行前にあった当該事項の変更については、なお従前の例による。

2　新建設業法第十三条（新建設業法第十七条において準用する場合を含む。）の規定は、この法律の施行後に提出された書類について適用し、この法律の施行前に提出された書類については、なお従前の例による。

**第三条**　附則第一条第二号に掲げる規定の施行の際現に第一条の規定による改正前の建設業法（以下この条において「旧建設業法」という。）別表第一の下欄に掲げるとび・土工工事業（第五項において「とび・土工工事業」という。）に係る旧建設業法第三条第一項の許可を受けている者であって、新建設業法別表第一の下欄に掲げる解体工事業（以下この条において「解体工事業」という。）に該当する営業を営んでいるものは、同号に掲げる規定の施行の日（第五項において「第二号施行日」という。）から三年間は、解体工事業に係る新建設業法第三条第一項の許可を受けないでも、引き続き当該営業を営むことができる。その者がその期間内に解体工事業に係る同項の許可を申請した場合において、その期間を経過したときは、その申請について許可又は不許可の処分があるまでの間も、同様とする。

2　前項の規定により引き続き解体工事業に該当する営業を営む者については、その者を解体工事業に係る新建設業法第三条第一項の許可を受けた者とみなして、新建設業法第四条及び第二十六条の二の規定を適用する。

3　第一項の規定により引き続き解体工事業に該当する営業を営む者がその請け負った解体工事を施工する場合における新建設業法第二十六条の規定の適用については、同条第一項及び第二項中「当該建設工事に関し」とあるのは、「解体工事又はとび

・土工・コンクリート工事に関し」とする。

4　第一項の規定により引き続き解体工事業に該当する営業を営む者については、第四条の規定による改正後の建設工事に係る資材の再資源化等に関する法律（附則第六条において「新建設資材再資源化法」という。）第二十一条第一項の規定は、適用しない。

5　新建設業法第七条第一号の規定による解体工事業に係る許可の基準については、第二号施行日前におけるとび・土工工事業に関する旧建設業法第七条第一号イに規定する経営業務の管理責任者としての経験は、解体工事業に関する新建設業法第七条第一号イに規定する経営業務の管理責任者としての経験とみなす。

（政令への委任）

**第七条**　附則第二条から前条までに定めるもののほか、この法律の施行に関し必要な経過措置（罰則に関する経過措置を含む。）は、政令で定める。

（検討）

**第八条**　政府は、この法律の施行後五年を経過した場合において、第一条から第四条までの規定による改正後の規定の施行の状況について検討を加え、必要があると認めるときは、その結果に基づいて所要の措置を講ずるものとする。

附　則〔平成二六年六月一三日法律第六九号抄〕

（施行期日）

**第一条**　この法律は、行政不服審査法（平成二十六年法律第六十八号）の施行の日から施行する。

（経過措置の原則）

**第五条**　行政庁の処分その他の行為又は不作為についての不服申立てであってこの法律の施行前にされた行政庁の処分その他の行為又はこの法律の施行前にされた申請に係る行政庁の不作為に係るものについては、この附則に特別の定めがある場合を除き、なお従前の例による。

（訴訟に関する経過措置）

**第六条**　この法律による改正前の法律の規定により不服申立てに対する行政庁の裁決、決定その他の行為を経た後でなければ訴えを提起できないこととされる事項であって、当該不服申立てを提起しないでこの法律の施行前にこれを提起すべき期間を経過したもの（当該不服申立てが他の不服申立てに対する行政庁の裁決、決定その他の行為を経た後でなければ提起できないとされる場合にあっては、当該他の不服申立てを提起しないでこの法律の施行前にこれを提起すべき期間を経過したものを含む。）の訴えの提起については、なお従前の例による。

2　この法律の規定による改正前の法律の規定（前条の規定によ

りなお従前の例によることとされる場合を含む。）により異議申立てが提起された処分その他の行為であって、この法律の規定による改正後の法律の規定により審査請求に対する裁決を経た後でなければ取消しの訴えを提起することができないこととされるものの取消しの訴えの提起については、なお従前の例による。

3　不服申立てに対する行政庁の裁決、決定その他の行為の取消しの訴えであって、この法律の施行前に提起されたものについては、なお従前の例による。

（罰則に関する経過措置）

**第九条**　この法律の施行前にした行為並びに附則第五条及び前二条の規定によりなお従前の例によることとされる場合におけるこの法律の施行後にした行為に対する罰則の適用については、なお従前の例による。

（その他の経過措置の政令への委任）

**第十条**　附則第五条から前条までに定めるもののほか、この法律の施行に関し必要な経過措置（罰則に関する経過措置を含む。）は、政令で定める。

| | |
|---|---|
| 土木一式工事 | 土木工事業 |
| 建築一式工事 | 建築工事業 |
| 大工工事 | 大工工事業 |
| 左官工事 | 左官工事業 |
| とび・土工・コンクリート工事 | とび・土工工事業 |
| 石工事 | 石工事業 |
| 屋根工事 | 屋根工事業 |
| 電気工事 | 電気工事業 |
| 管工事 | 管工事業 |
| タイル・れんが・ブロック工事 | タイル・れんが・ブロック工事業 |
| 鋼構造物工事 | 鋼構造物工事業 |
| 鉄筋工事 | 鉄筋工事業 |
| 舗装工事 | 舗装工事業 |
| しゅんせつ工事 | しゅんせつ工事業 |
| 板金工事 | 板金工事業 |
| ガラス工事 | ガラス工事業 |
| 塗装工事 | 塗装工事業 |
| 防水工事 | 防水工事業 |
| 内装仕上工事 | 内装仕上工事業 |
| 機械器具設置工事 | 機械器具設置工事業 |
| 熱絶縁工事 | 熱絶縁工事業 |
| 電気通信工事 | 電気通信工事業 |
| 造園工事 | 造園工事業 |
| さく井工事 | さく井工事業 |
| 建具工事 | 建具工事業 |
| 水道施設工事 | 水道施設工事業 |
| 消防施設工事 | 消防施設工事業 |
| 清掃施設工事 | 清掃施設工事業 |
| 解体工事 | 解体工事業 |

注　「上欄に掲げる建設工事の内容」＝昭和四七年三月八日建設省告示三五〇号

**別表第二**（第二十六条の六関係）

一　土木工学（農業土木、鉱山土木、森林土木、砂防、治山、緑地又は造園に関するものを含む。）に関する学科
二　都市工学に関する学科
三　衛生工学に関する学科
四　交通工学に関する学科
五　建築学に関する学科
六　電気工学に関する学科
七　電気通信工学に関する学科
八　機械工学に関する学科
九　林学に関する学科
十　鉱山学に関する学科

---

**参照**

**○弁護士法**〔平二七・九・一一法六六現〕

**第二章　弁護士の資格**

（弁護士の資格）

**第四条**　司法修習生の修習を終えた者は、弁護士となる資格を有する。

（法務大臣の認定を受けた者についての弁護士の資格の特例）

**第五条**　法務大臣が、次の各号のいずれかに該当し、その後に弁護士業務について法務省令で定める法人が実施する研修であつて法務大臣が指定するものの課程を修了したと認定した者は、前条の規定にかかわらず、弁護士となる資格を有する。

一　司法修習生となる資格を得た後に簡易裁判所判事、検察官、裁判所調査官、裁判所事務官、法務事務官、司法研修所、裁判所職員総合研修所若しくは法務省設置法（平成十一年法律第九十三号）第四条第一項第三十五号若しくは第三十七号の事務をつかさどる機関で政令で定めるものの教官、衆議院若しくは参議院の議員若しくは法制局参事、内閣法制局参事官又は学校教育法（昭和二十二年法律第二十六号）による大学で法

律学を研究する大学院の置かれているものの法律学を研究する学部、専攻科若しくは大学院における法律学の教授若しくは准教授の職に在つた期間が通算して五年以上になること。

二　司法修習生となる資格を得た後に自らの法律に関する専門的知識に基づいて次に掲げる事務のいずれかを処理する職務に従事した期間が通算して七年以上になること。

イ　企業その他の事業者（国及び地方公共団体を除く。）の役員、代理人又は使用人その他の従業者として行う当該事業者の事業に係る事務であつて、次に掲げるもの（第七十二条の規定に違反しないで行われるものに限る。）

(1)　契約書案その他の事業活動において当該事業者の権利義務についての法的な検討の結果に基づいて作成することを要する書面の作成

(2)　裁判手続等（裁判手続及び法務省令で定めるこれに類する手続をいう。以下同じ。）のための事実関係の確認又は証拠の収集

(3)　裁判手続等において提出する訴状、申立書、答弁書、準備書面その他の当該事業者の主張を記載した書面の案の作成

(4)　裁判手続等の期日における主張若しくは意見の陳述又は尋問

(5)　民事上の紛争の解決のための和解の交渉又はそのために必要な事実関係の確認若しくは証拠の収集

ロ　公務員として行う国又は地方公共団体の事務であつて、次に掲げるもの

(1)　法令（条例を含む。）の立案、条約その他の国際約束の締結に関する事務又は条例の制定若しくは改廃に関する議案の審査若しくは審議

(2)　イ(2)から(5)までに掲げる事務

(3)　法務省令で定める審判その他の裁判に類する手続における審理又は審決、決定その他の判断に係る事務であつて法務省令で定める者が行うもの

三　検察庁法（昭和二十二年法律第六十一号）第十八条第三項に規定する考試を経た後に検察官（副検事を除く。）の職に在つた期間が通算して五年以上になること。

四　前三号に掲げるもののほか、次のイ又はロに掲げる期間（これらの期間のうち、第一号に規定する職に在

った期間及び第二号に規定する職務に従事した期間については司法修習生となる資格を得た後のものに限り、前号に規定する職に在つた期間については検察庁法第十八条第三項に規定する考試を経た後のものに限る。）が、当該イ又はロに定める年数以上になること。

イ　第一号及び前号に規定する職に在つた期間を通算した期間　五年

ロ　第二号に規定する職務に従事した期間に第一号及び前号に規定する職に在つた期間を通算した期間　七年

（認定の申請）

**第五条の二**　前条の規定により弁護士となる資格を得ようとする者は、氏名、司法修習生となる資格を取得し、又は検察庁法第十八条第三項の考試を経た年月日、前条第一号若しくは第三号の職に在つた期間又は同条第二号の職務に従事した期間及び同号の職務の内容その他の法務省令で定める事項を記載した認定申請書を法務大臣に提出しなければならない。

2　前項の認定申請書には、司法修習生となる資格を取得し、又は検察庁法第十八条第三項の考試を経たことを証する書類、前条第一号若しくは第三号の職に在つた期間又は同条第二号の職務に従事した期間及び同号の職務の内容を証する書類その他の法務省令で定める書類を添付しなければならない。

3　第一項の規定による申請をする者は、実費を勘案して政令で定める額の手数料を納めなければならない。

（認定の手続等）

**第五条の三**　法務大臣は、前条第一項の規定による申請をした者（以下この章において「申請者」という。）が第五条各号のいずれかに該当すると認めるときは、申請者に対し、その受けるべき同条の研修（以下この条において単に「研修」という。）を定めて書面で通知しなければならない。

2　研修を実施する法人は、申請者がその研修の課程を終えたときは、遅滞なく、法務省令で定めるところにより、当該申請者の研修の履修の状況（当該研修の課程を修了したと法務大臣が認めてよいかどうかの意見を含む。）を書面で法務大臣に報告しなければならない。

3　法務大臣は、前項の規定による報告に基づき、申請者が研修の課程を修了したと認めるときは、当該申請者について第五条の認定（以下この章において単に「認定」という。）を行わなければならない。

4　法務大臣は、前条第一項の規定による申請につき認定又は却下の処分をするときは、申請者に対し、書面によりその旨を通知しなければならない。

5　前条第一項の規定による申請に係る処分（申請者が第五条各号のいずれにも該当しないことを理由とする却下の処分を除く。）又はその不作為についての審査請求については、行政不服審査法（平成二十六年法律第六十八号）第二章第四節の規定は、適用しない。

（研修の指定）

**第五条の四**　法務大臣は、研修の内容が、弁護士業務を行うのに必要な能力の習得に適切かつ十分なものと認めるときでなければ、第五条の規定による研修の指定をしてはならない。

2　研修を実施する法人は、前項の研修の指定に関して法務大臣に対して意見を述べることができる。

3　法務大臣は、第五条の研修の適正かつ確実な実施を確保するために必要な限度において、当該研修を実施する法人に対し、当該研修に関して、必要な報告若しくは資料の提出を求め、又は必要な意見を述べることができる。

（資料の要求等）

**第五条の五**　法務大臣は、認定に関する事務の処理に関し必要があると認めるときは、申請者に対し必要な資料の提出を求め、又は公務所、公私の団体その他の関係者に照会して必要な事項の報告を求めることができる。

（法務省令への委任）

**第五条の六**　この法律に定めるもののほか、認定の手続に関し必要な事項は、法務省令で定める。

（最高裁判所の裁判官の職に在つた者についての弁護士の資格の特例）

**第六条**　最高裁判所の裁判官の職に在つた者は、第四条の規定にかかわらず、弁護士となる資格を有する。

（弁護士の欠格事由）

**第七条**　次に掲げる者は、第四条、第五条及び前条の規定にかかわらず、弁護士となる資格を有しない。

一　禁錮以上の刑に処せられた者

二　弾劾裁判所の罷免の裁判を受けた者

三　懲戒の処分により、弁護士若しくは外国法事務弁護士であつて除名され、弁理士であつて業務を禁止され、公認会計士であつて登録を抹消され、税理士であつて業務を禁止され、又は公務員であつて免職され、その処分を受けた日から三年を経過しない者

四　成年被後見人又は被保佐人

五　破産者であつて復権を得ない者

参照

**○仲裁法**〔平一六・一二・一法一四七現〕

**第一章　総則**

（趣旨）

**第一条**　仲裁地が日本国内にある仲裁手続及び仲裁手続に関して裁判所が行う手続については、他の法令に定めるもののほか、この法律の定めるところによる。

（定義）

**第二条**　この法律において「仲裁合意」とは、既に生じた民事上の紛争又は将来において生ずる一定の法律関係（契約に基づくものであるかどうかを問わない。）に関する民事上の紛争の全部又は一部の解決を一人又は二人以上の仲裁人にゆだね、かつ、その判断（以下「仲裁判断」という。）に服する旨の合意をいう。

2　この法律において「仲裁廷」とは、仲裁合意に基づき、その対象となる民事上の紛争について審理し、仲裁判断を行う一人の仲裁人又は二人以上の仲裁人の合議体をいう。

3　この法律において「主張書面」とは、仲裁手続において当事者が作成して仲裁廷に提出する書面であって、当該当事者の主張が記載されているものをいう。

（適用範囲）

**第三条**　次章から第七章まで、第九章及び第十章の規定は、次項及び第八条に定めるものを除き、仲裁地が日本国内にある場合について適用する。

2　第十四条第一項及び第十五条の規定は、仲裁地が日本国内にある場合、仲裁地が日本国外にある場合及び仲裁地が定まっていない場合に適用する。

3　第八章の規定は、仲裁地が日本国内にある場合及び仲裁地が日本国外にある場合に適用する。

（裁判所の関与）

**第四条**　仲裁手続に関しては、裁判所は、この法律に規定する場合に限り、その権限を行使することができる。

（裁判所の管轄）

**第五条**　この法律の規定により裁判所が行う手続に係る事件は、次に掲げる裁判所の管轄に専属する。

一　当事者が合意により定めた地方裁判所

二　仲裁地（一の地方裁判所の管轄区域のみに属する地域を仲裁地として定めた場合に限る。）を管轄する地方裁判所

三　当該事件の被申立人の普通裁判籍の所在地を管轄する地方裁判所

2　この法律の規定により二以上の裁判所が管轄権を有するときは、先に申立てがあった裁判所が管轄する。

3　裁判所は、この法律の規定により裁判所が行う手続に係る事件の全部又は一部がその管轄に属しないと認めるときは、申立てにより又は職権で、これを管轄裁判所に移送しなければならない。

（任意的口頭弁論）

**第六条**　この法律の規定により裁判所が行う手続に係る裁判は、口頭弁論を経ないですることができる。

（裁判に対する不服申立て）

**第七条**　この法律の規定により裁判所が行う手続に係る裁判につき利害関係を有する者は、この法律に特別の定めがある場合に限り、当該裁判に対し、その告知を受けた日から二週間の不変期間内に、即時抗告をすることができる。

（仲裁地が定まっていない場合における裁判所の関与）

**第八条**　裁判所に対する次の各号に掲げる申立ては、仲裁地が定まっていない場合であって、仲裁地が日本国内となる可能性があり、かつ、申立人又は被申立人の普通裁判籍（最後の住所により定まるものを除く。）の所在地が日本国内にあるときも、することができる。この場合においては、当該各号に掲げる区分に応じ、当該各号に定める規定を適用する。

一　第十六条第三項の申立て　同条

二　第十七条第二項から第五項までの申立て　同条

三　第十九条第四項の申立て　第十八条及び第十九条

四　第二十条の申立て　同条

2　前項の場合における同項各号に掲げる申立てに係る事件は、第五条第一項の規定にかかわらず、前項に規定する普通裁判籍の所在地を管轄する地方裁判所の管轄に専属する。

（裁判所が行う手続に係る事件の記録の閲覧等）

**第九条**　この法律の規定により裁判所が行う手続について利害関係を有する者は、裁判所書記官に対し、次に掲げる事項を請求することができる。

一　事件の記録の閲覧又は謄写

二　事件の記録中の電子的方式、磁気的方式その他人の知覚によっては認識することができない方式で作られた記録の複製

三　事件の記録の正本、謄本又は抄本の交付

四　事件に関する事項の証明書の交付

（裁判所が行う手続についての民事訴訟法の準用）

**第十条**　この法律の規定により裁判所が行う手続に関しては、特別の定めがある場合を除き、民事訴訟法（平成八年法律第百九号）の規定を準用する。

（最高裁判所規則）

**第十一条**　この法律に定めるもののほか、この法律の規定により裁判所が行う手続に関し必要な事項は、最高裁判所規則で定める。

（書面によってする通知）

**第十二条**　仲裁手続における通知を書面によってするときは、当事者間に別段の合意がない限り、名あて人が直接当該書面を受領した時又は名あて人の住所、常居所、営業所、事務所若しくは配達場所（名あて人が発信人からの書面の配達を受けるべき場所として指定した場所をいう。以下この条において同じ。）に当該書面が配達された時に、通知がされたものとする。

2　裁判所は、仲裁手続における書面によってする通知について、当該書面を名あて人の住所、常居所、営業所、事務所又は配達場所に配達することが可能であるが、発信人が当該配達の事実を証明する資料を得ることが困難である場合において、必要があると認めるときは、発信人の申立てにより、裁判所が当該書面の送達をする旨の決定をすることができる。この場合における送達については、民事訴訟法第百四条及び第百十条から第百十三条までの規定は適用しない。

3　前項の規定は、当事者間に同項の送達を行わない旨の合意がある場合には、適用しない。

4　第二項の申立てに係る事件は、第五条第一項の規定にかかわらず、同項第一号及び第二号に掲げる裁判所並びに名あて人の住所、常居所、営業所、事務所又は配達場所の所在地を管轄する地方裁判所の管轄に専属する。

5　仲裁手続における通知を書面によってする場合において、名あて人の住所、常居所、営業所、事務所及び配達場所のすべてが相当の調査をしても分からないときは、当事者間に別段の合意がない限り、発信人は、名あて人の最後の住所、常居所、営業所、事務所又は配達場所にあてて当該書面を書留郵便その他配達を試みたことを証明することができる方法により発送すれば足りる。この場合においては、当該書面が通常到達すべきであった時に通知がされたものとする。

6　第一項及び前項の規定は、この法律の規定により裁判所が行う手続において通知を行う場合については、適用しない。

## 第二章　仲裁合意

（仲裁合意の効力等）

**第十三条**　仲裁合意は、法令に別段の定めがある場合を除き、当事者が和解をすることができる民事上の紛争（離婚又は離縁の紛争を除く。）を対象とする場合に限り、その効力を有する。

2　仲裁合意は、当事者の全部が署名した文書、当事者が交換した書簡又は電報（ファクシミリ装置その他の隔地者間の通信手段で文字による通信内容の記録が受信者に提供されるものを用いて送信されたものを含む。）その他の書面によってしなければならない。

3　書面によってされた契約において、仲裁合意を内容とする条項が記載された文書が当該契約の一部を構成するものとして引用されているときは、その仲裁合意は、書面によってされたものとする。

4　仲裁合意がその内容を記録した電磁的記録（電子的方式、磁気的方式その他人の知覚によっては認識することができない方式で作られる記録であって、電子計算機による情報処理の用に供されるものをいう。）によってされたときは、その仲裁合意は、書面によってされたものとする。

5　仲裁手続において、一方の当事者が提出した主張書面に仲裁合意の内容の記載があり、これに対して他方の当事者が提出した主張書面にこれを争う旨の記載がないときは、その仲裁合意は、書面によってされたものとみなす。

6　仲裁合意を含む一の契約において、仲裁合意以外の契約条項が無効、取消しその他の事由により効力を有しないものとされる場合においても、仲裁合意は、当然には、その効力を妨げられない。

（仲裁合意と本案訴訟）

**第十四条**　仲裁合意の対象となる民事上の紛争について訴えが提起されたときは、受訴裁判所は、被告の申立てにより、訴えを却下しなければならない。ただし、次に掲げる場合は、この限りでない。

一　仲裁合意が無効、取消しその他の事由により効力を有しないとき。

二　仲裁合意に基づく仲裁手続を行うことができないとき。

三　当該申立てが、本案について、被告が弁論をし、又は弁論準備手続において申述をした後にされたものであるとき。

2　仲裁廷は、前項の訴えに係る訴訟が裁判所に係属する間においても、仲裁手続を開始し、又は続行し、かつ、仲裁判断をすることができる。

（仲裁合意と裁判所の保全処分）

**第十五条**　仲裁合意は、その当事者が、当該仲裁合意の対象となる民事上の紛争に関して、仲裁手続の開始前又は進行中に、裁判所に対して保全処分の申立てをすること、及びその申立てを受けた裁判所が保全処分を命ずることを妨げない。

## 第三章　仲裁人

（仲裁人の数）

**第十六条**　仲裁人の数は、当事者が合意により定めるところによる。

2　当事者の数が二人である場合において、前項の合意がないときは、仲裁人の数は、三人とする。

3　当事者の数が三人以上である場合において、第一項の合意がないときは、当事者の申立てにより、裁判所が仲裁人の数を定める。

（仲裁人の選任）

**第十七条**　仲裁人の選任手続は、当事者が合意により定めるところによる。ただし、第五項又は第六項に規定するものについては、この限りでない。

2　当事者の数が二人であり、仲裁人の数が三人である場合において、前項の合意がないときは、当事者がそれぞれ一人の仲裁人を、当事者により選任された二人の仲裁人がその余の仲裁人を、選任する。この場合において、一方の当事者が仲裁人を選任した他方の当事者から仲裁人を選任すべき旨の催告を受けた日から三十日以内にその選任をしないときは当該当事者の申立てにより、当事者により選任された二人の仲裁人がその選任後三十日以内にその余の仲裁人を選任しないときは一方の当事者の申立てにより、裁判所が仲裁人を選任する。

3　当事者の数が二人であり、仲裁人の数が一人である場合において、第一項の合意がなく、かつ、当事者間に仲裁人の選任についての合意が成立しないときは、一方の当事者の申立てにより、裁判所が仲裁人を選任する。

4　当事者の数が三人以上である場合において、第一項の合意がないときは、当事者の申立てにより、裁判所が仲裁人を選任する。

5　第一項の合意により仲裁人の選任手続が定められた場合であっても、当該選任手続において定められた行為がされないことその他の理由によって当該選任手続による仲裁人の選任ができなくなったときは、一方の当事者は、裁判所に対し、仲裁人の選任の申立てをすることができる。
6　裁判所は、第二項から前項までの規定による仲裁人の選任に当たっては、次に掲げる事項に配慮しなければならない。
一　当事者の合意により定められた仲裁人の要件
二　選任される者の公正性及び独立性
三　仲裁人の数を一人とする場合又は当事者により選任された二人の仲裁人が選任すべき仲裁人を選任すべき場合にあっては、当事者双方の国籍と異なる国籍を有する者を選任することが適当かどうか。
（忌避の原因等）
**第十八条**　当事者は、仲裁人に次に掲げる事由があるときは、当該仲裁人を忌避することができる。
一　当事者の合意により定められた仲裁人の要件を具備しないとき。
二　仲裁人の公正性又は独立性を疑うに足りる相当な理由があるとき。
2　仲裁人を選任し、又は当該仲裁人の選任について推薦その他これに類する関与をした当事者は、当該選任後に知った事由を忌避の原因とする場合に限り、当該仲裁人を忌避することができる。
3　仲裁人への就任の依頼を受けてその交渉に応じようとする者は、当該依頼をした者に対し、自己の公正性又は独立性に疑いを生じさせるおそれのある事実の全部を開示しなければならない。
4　仲裁人は、仲裁手続の進行中、当事者に対し、自己の公正性又は独立性に疑いを生じさせるおそれのある事実（既に開示したものを除く。）の全部を遅滞なく開示しなければならない。
（忌避の手続）
**第十九条**　仲裁人の忌避の手続は、当事者が合意により定めるところによる。ただし、第四項に規定するものについては、この限りでない。
2　前項の合意がない場合において、仲裁人の忌避についての決定は、当事者の申立てにより、仲裁廷が行う。
3　前項の申立てをしようとする当事者は、仲裁廷が構成されたことを知った日又は前条第一項各号に掲げる事由のいずれかがあることを知った日のいずれか遅い日から十五日以内に、忌避の原因を記載した申立書を仲裁廷に提出しなければならない。この場合において、仲裁廷は、当該仲裁人に忌避の原因があると認めるときは、忌避を理由があるとする決定をしなければならない。

4　前三項に規定する忌避の手続において仲裁人の忌避を理由がないとする決定がされた場合には、その忌避をした当事者は、当該決定の通知を受けた日から三十日以内に、裁判所に対し、当該仲裁人の忌避の申立てをすることができる。この場合において、裁判所は、当該仲裁人に忌避の原因があると認めるときは、忌避を理由があるとする決定をしなければならない。

5　仲裁廷は、前項の忌避の申立てに係る事件が裁判所に係属する間においても、仲裁手続を開始し、又は続行し、かつ、仲裁判断をすることができる。

（解任の申立て）

**第二十条**　当事者は、次に掲げる事由があるときは、裁判所に対し、仲裁人の解任の申立てをすることができる。この場合において、裁判所は、当該仲裁人にその申立てに係る事由があると認めるときは、当該仲裁人を解任する決定をしなければならない。

一　仲裁人が法律上又は事実上その任務を遂行することができなくなったとき。

二　前号の場合を除くほか、仲裁人がその任務の遂行を不当に遅滞させたとき。

（仲裁人の任務の終了）

**第二十一条**　仲裁人の任務は、次に掲げる事由により、終了する。

一　仲裁人の死亡

二　仲裁人の辞任

三　当事者の合意による仲裁人の解任

四　第十九条第一項から第四項までに規定する忌避の手続においてされた忌避を理由があるとする決定

五　前条の規定による仲裁人の解任の決定

2　第十九条第一項から第四項までに規定する忌避の手続又は前条の規定による解任の手続の進行中に、仲裁人が辞任し、又は当事者の合意により仲裁人が解任されたという事実のみから、当該仲裁人について第十八条第一項各号又は前条各号に掲げる事由があるものと推定してはならない。

（後任の仲裁人の選任方法）

**第二十二条**　前条第一項各号に掲げる事由により仲裁人の任務が終了した場合における後任の仲裁人の選任の方法は、当事者間に別段の合意がない限り、任務が終了した仲裁人の選任に適用された選任の方法による。

## 第四章　仲裁廷の特別の権限

（自己の仲裁権限の有無についての判断）

**第二十三条**　仲裁廷は、仲裁合意の存否又は効力に関する主張についての判断その他自己の仲裁権限（仲裁手続における審理及び仲裁判断を行う権限をいう。以下この条において同じ。）の有無についての判断を示すことができる。

2　仲裁手続において、仲裁廷が仲裁権限を有しない旨の主張は、その原因となる事由が仲裁手続の進行中に生じた場合にあってはその後速やかに、その他の場合にあっては本案についての最初の主張書面の提出の時（口頭審理において口頭で最初に本案についての主張をする時を含む。）までに、しなければならない。ただし、仲裁権限を有しない旨の主張の遅延について正当な理由があると仲裁廷が認めるときは、この限りでない。

3　当事者は、仲裁人を選任し、又は仲裁人の選任について推薦その他これに類する関与をした場合であっても、前項の主張をすることができる。

4　仲裁廷は、適法な第二項の主張があったときは、次の各号に掲げる区分に応じ、それぞれ当該各号に定める決定又は仲裁判断により、当該主張に対する判断を示さなければならない。

一　自己が仲裁権限を有する旨の判断を示す場合　仲裁判断前の独立の決定又は仲裁判断

二　自己が仲裁権限を有しない旨の判断を示す場合　仲裁手続の終了決定

5　仲裁廷が仲裁判断前の独立の決定において自己が仲裁権限を有する旨の判断を示したときは、当事者は、当該決定の通知を受けた日から三十日以内に、裁判所に対し、当該仲裁廷が仲裁権限を有するかどうかについての判断を求める申立てをすることができる。この場合において、当該申立てに係る事件が裁判所に係属する場合であっても、当該仲裁廷は、仲裁手続を続行し、かつ、仲裁判断をすることができる。

（暫定措置又は保全措置）

**第二十四条**　仲裁廷は、当事者間に別段の合意がない限り、その一方の申立てにより、いずれの当事者に対しても、紛争の対象について仲裁廷が必要と認める暫定措置又は保全措置を講ずることを命ずることができる。

2　仲裁廷は、いずれの当事者に対しても、前項の暫定措置又は保全措置を講ずるについて、相当な担保を提供すべきことを命ずることができる。

第五章　仲裁手続の開始及び仲裁手続における審理

（当事者の平等待遇）

第二十五条　仲裁手続においては、当事者は、平等に取り扱われなければならない。

2　仲裁手続においては、当事者は、事案について説明する十分な機会が与えられなければならない。

（仲裁手続の準則）

第二十六条　仲裁廷が従うべき仲裁手続の準則は、当事者が合意により定めるところによる。ただし、この法律の公の秩序に関する規定に反してはならない。

2　前項の合意がないときは、仲裁廷は、この法律の規定に反しない限り、適当と認める方法によって仲裁手続を実施することができる。

3　第一項の合意がない場合における仲裁廷の権限には、証拠に関し、証拠としての許容性、取調べの必要性及びその証明力についての判断をする権限が含まれる。

（異議権の放棄）

第二十七条　仲裁手続においては、当事者は、この法律の規定又は当事者間の合意により定められた仲裁手続の準則（いずれも公の秩序に関しないものに限る。）が遵守されていないことを知りながら、遅滞なく（異議を述べるべき期限についての定めがある場合にあっては、当該期限までに）異議を述べないときは、当事者間に別段の合意がない限り、異議を述べる権利を放棄したものとみなす。

（仲裁地）

第二十八条　仲裁地は、当事者が合意により定めるところによる。

2　前項の合意がないときは、仲裁廷は、当事者の利便その他の紛争に関する事情を考慮して、仲裁地を定める。

3　仲裁廷は、当事者間に別段の合意がない限り、前二項の規定による仲裁地にかかわらず、適当と認めるいかなる場所においても、次に掲げる手続を行うことができる。

一　合議体である仲裁廷の評議

二　当事者、鑑定人又は第三者の陳述の聴取

三　物又は文書の見分

（仲裁手続の開始及び時効の中断）

第二十九条　仲裁手続は、当事者間に別段の合意がない限り、特定の民事上の紛争について、一方の当事者が他方の当事者に対し、これを仲裁手続に付する旨の通知をした日に開始する。

2　仲裁手続における請求は、時効中断の効力を生ずる。

ただし、当該仲裁手続が仲裁判断によらずに終了したときは、この限りでない。

（言語）

**第三十条**　仲裁手続において使用する言語及びその言語を使用して行うべき手続は、当事者が合意により定めるところによる。

2　前項の合意がないときは、仲裁廷が、仲裁手続において使用する言語及びその言語を使用して行うべき手続を定める。

3　第一項の合意又は前項の決定において、定められた言語を使用して行うべき手続についての定めがないときは、その言語を使用して行うべき手続は、次に掲げるものとする。

一　口頭による手続

二　当事者が行う書面による陳述又は通知

三　仲裁廷が行う書面による決定（仲裁判断を含む。）又は通知

4　仲裁廷は、すべての証拠書類について、第一項の合意又は第二項の決定により定められた言語（翻訳文について使用すべき言語の定めがある場合にあっては、当該言語）による翻訳文を添付することを命ずることができる。

（当事者の陳述の時期的制限）

**第三十一条**　仲裁申立人（仲裁手続において、これを開始させるための行為をした当事者をいう。以下同じ。）は、仲裁廷が定めた期間内に、申立ての趣旨、申立ての根拠となる事実及び紛争の要点を陳述しなければならない。この場合において、仲裁申立人は、取り調べる必要があると思料するすべての証拠書類を提出し、又は提出予定の証拠書類その他の証拠を引用することができる。

2　仲裁被申立人（仲裁申立人以外の仲裁手続の当事者をいう。以下同じ。）は、仲裁廷が定めた期間内に、前項の規定により陳述された事項についての自己の主張を陳述しなければならない。この場合においては、同項後段の規定を準用する。

3　すべての当事者は、仲裁手続の進行中において、自己の陳述の変更又は追加をすることができる。ただし、当該変更又は追加が時機に後れてされたものであるときは、仲裁廷は、これを許さないことができる。

4　前三項の規定は、当事者間に別段の合意がある場合には、適用しない。

（審理の方法）

**第三十二条**　仲裁廷は、当事者に証拠の提出又は意見の陳

述をさせるため、口頭審理を実施することができる。ただし、一方の当事者が第三十四条第三項の求めその他の口頭審理の実施の申立てをしたときは、仲裁手続における適切な時期に、当該口頭審理を実施しなければならない。

2　前項の規定は、当事者間に別段の合意がある場合には、適用しない。

3　仲裁廷は、意見の聴取又は物若しくは文書の見分を行うために口頭審理を行うときは、当該口頭審理の期日までに相当な期間をおいて、当事者に対し、当該口頭審理の日時及び場所を通知しなければならない。

4　当事者は、主張書面、証拠書類その他の記録を仲裁廷に提供したときは、他の当事者がその内容を知ることができるようにする措置を執らなければならない。

5　仲裁廷は、仲裁判断その他の仲裁廷の決定の基礎となるべき鑑定人の報告その他の証拠資料の内容を、すべての当事者が知ることができるようにする措置を執らなければならない。

（不熱心な当事者がいる場合の取扱い）

**第三十三条**　仲裁廷は、仲裁申立人が第三十一条第一項の規定に違反したときは、仲裁手続の終了決定をしなければならない。ただし、違反したことについて正当な理由がある場合は、この限りでない。

2　仲裁廷は、仲裁被申立人が第三十一条第二項の規定に違反した場合であっても、仲裁被申立人が仲裁申立人の主張を認めたものとして取り扱うことなく、仲裁手続を続行しなければならない。

3　仲裁廷は、一方の当事者が口頭審理の期日に出頭せず、又は証拠書類を提出しないときは、その時までに収集された証拠に基づいて、仲裁判断をすることができる。ただし、当該当事者が口頭審理に出頭せず、又は証拠書類を提出しないことについて正当な理由がある場合は、この限りでない。

4　前三項の規定は、当事者間に別段の合意がある場合には、適用しない。

（仲裁廷による鑑定人の選任等）

**第三十四条**　仲裁廷は、一人又は二人以上の鑑定人を選任し、必要な事項について鑑定をさせ、文書又は口頭によりその結果の報告をさせることができる。

2　前項の場合において、仲裁廷は、当事者に対し、次に掲げる行為をすることを求めることができる。

一　鑑定に必要な情報を鑑定人に提供すること。

二　鑑定に必要な文書その他の物を、鑑定人に提出し、又は鑑定人が見分をすることができるようにすること。

3　当事者の求めがあるとき、又は仲裁廷が必要と認めるときは、鑑定人は、第一項の規定による報告をした後、口頭審理の期日に出頭しなければならない。

4　当事者は、前項の口頭審理の期日において、次に掲げる行為をすることができる。

一　鑑定人に質問をすること。

二　自己が依頼した専門的知識を有する者に当該鑑定に係る事項について陳述をさせること。

5　前各項の規定は、当事者間に別段の合意がある場合には、適用しない。

（裁判所により実施する証拠調べ）

**第三十五条**　仲裁廷又は当事者は、民事訴訟法の規定による調査の嘱託、証人尋問、鑑定、書証（当事者が文書を提出してするものを除く。）及び検証（当事者が検証の目的を提示してするものを除く。）であって仲裁廷が必要と認めるものにつき、裁判所に対し、その実施を求める申立てをすることができる。ただし、当事者間にこれらの全部又は一部についてその実施を求める申立てをしない旨の合意がある場合は、この限りでない。

2　当事者が前項の申立てをするには、仲裁廷の同意を得なければならない。

3　第一項の申立てに係る事件は、第五条第一項の規定にかかわらず、次に掲げる裁判所の管轄に専属する。

一　第五条第一項第二号に掲げる裁判所

二　尋問を受けるべき者若しくは文書を所持する者の住所若しくは居所又は検証の目的の所在地を管轄する地方裁判所

三　申立人又は被申立人の普通裁判籍の所在地を管轄する地方裁判所（前二号に掲げる裁判所がない場合に限る。）

4　第一項の申立てについての決定に対しては、即時抗告をすることができる。

5　第一項の申立てにより裁判所が当該証拠調べを実施するに当たり、仲裁人は、文書を閲読し、検証の目的を検証し、又は裁判長の許可を得て証人若しくは鑑定人（民事訴訟法第二百十三条に規定する鑑定人をいう。）に対して質問をすることができる。

6　裁判所書記官は、第一項の申立てにより裁判所が実施する証拠調べについて、調書を作成しなければならない。

## 第六章　仲裁判断及び仲裁手続の終了

（仲裁判断において準拠すべき法）

**第三十六条**　仲裁廷が仲裁判断において準拠すべき法は、当事者が合意により定めるところによる。この場合において、一の国の法令が定められたときは、反対の意思が明示された場合を除き、当該定めは、抵触する内外の法令の適用関係を定めるその国の法令ではなく、事案に直接適用されるその国の法令を定めたものとみなす。

2　前項の合意がないときは、仲裁廷は、仲裁手続に付された民事上の紛争に最も密接な関係がある国の法令であって事案に直接適用されるべきものを適用しなければならない。

3　仲裁廷は、当事者双方の明示された求めがあるときは、前二項の規定にかかわらず、衡平と善により判断するものとする。

4　仲裁廷は、仲裁手続に付された民事上の紛争に係る契約があるときはこれに定められたところに従って判断し、当該民事上の紛争に適用することができる慣習があるときはこれを考慮しなければならない。

（合議体である仲裁廷の議事）

**第三十七条**　合議体である仲裁廷は、仲裁人の互選により、仲裁廷の長である仲裁人を選任しなければならない。

2　合議体である仲裁廷の議事は、仲裁廷を構成する仲裁人の過半数で決する。

3　前項の規定にかかわらず、仲裁手続における手続上の事項は、当事者双方の合意又は他のすべての仲裁人の委任があるときは、仲裁廷の長である仲裁人が決することができる。

4　前三項の規定は、当事者間に別段の合意がある場合には、適用しない。

（和解）

**第三十八条**　仲裁廷は、仲裁手続の進行中において、仲裁手続に付された民事上の紛争について当事者間に和解が成立し、かつ、当事者双方の申立てがあるときは、当該和解における合意を内容とする決定をすることができる。

2　前項の決定は、仲裁判断としての効力を有する。

3　第一項の決定をするには、次条第一項及び第三項の規定に従って決定書を作成し、かつ、これに仲裁判断であることの表示をしなければならない。

4　当事者双方の承諾がある場合には、仲裁廷又はその選任した一人若しくは二人以上の仲裁人は、仲裁手続に付された民事上の紛争について、和解を試みることができる。

5　前項の承諾又はその撤回は、当事者間に別段の合意がない限り、書面でしなければならない。

（仲裁判断書）

**第三十九条**　仲裁判断をするには、仲裁判断書を作成し、これに仲裁判断をした仲裁人が署名しなければならない。ただし、仲裁廷が合議体である場合には、仲裁廷を構成する仲裁人の過半数が署名し、かつ、他の仲裁人の署名がないことの理由を記載すれば足りる。

2　仲裁判断書には、理由を記載しなければならない。ただし、当事者間に別段の合意がある場合は、この限りでない。

3　仲裁判断書には、作成の年月日及び仲裁地を記載しなければならない。

4　仲裁判断は、仲裁地においてされたものとみなす。

5　仲裁廷は、仲裁判断がされたときは、仲裁人の署名のある仲裁判断書の写しを送付する方法により、仲裁判断を各当事者に通知しなければならない。

6　第一項ただし書の規定は、前項の仲裁判断書の写しについて準用する。

---

（仲裁手続の終了）

**第四十条**　仲裁手続は、仲裁判断又は仲裁手続の終了決定があったときに、終了する。

2　仲裁廷は、第二十三条第四項第二号又は第三十三条第一項の規定による場合のほか、次に掲げる事由のいずれかがあるときは、仲裁手続の終了決定をしなければならない。

一　仲裁申立人がその申立てを取り下げたとき。ただし、仲裁被申立人が取下げに異議を述べ、かつ、仲裁手続に付された民事上の紛争の解決について仲裁被申立人が正当な利益を有すると仲裁廷が認めるときは、この限りでない。

二　当事者双方が仲裁手続を終了させる旨の合意をしたとき。

三　仲裁手続に付された民事上の紛争について、当事者間に和解が成立したとき（第三十八条第一項の決定があったときを除く。）。

四　前三号に掲げる場合のほか、仲裁廷が、仲裁手続を続行する必要がなく、又は仲裁手続を続行することが不可能であると認めたとき。

3　仲裁手続が終了したときは、仲裁廷の任務は、終了する。ただし、次条から第四十三条までの規定による行為をすることができる。

（仲裁判断の訂正）

**第四十一条**　仲裁廷は、当事者の申立てにより又は職権で、仲裁判断における計算違い、誤記その他これらに類する誤りを訂正することができる。

2　前項の申立ては、当事者間に別段の合意がない限り、仲裁判断の通知を受けた日から三十日以内にしなければならない。

3　当事者は、第一項の申立てをするときは、あらかじめ、又は同時に、他の当事者に対して、当該申立ての内容を記載した通知を発しなければならない。

4　仲裁廷は、第一項の申立ての日から三十日以内に、当該申立てについての決定をしなければならない。

5　仲裁廷は、必要があると認めるときは、前項の期間を延長することができる。

6　第三十九条の規定は、仲裁判断の訂正の決定及び第一項の申立てを却下する決定について準用する。

（仲裁廷による仲裁判断の解釈）

**第四十二条**　当事者は、仲裁廷に対し、仲裁判断の特定の部分の解釈を求める申立てをすることができる。

2　前項の申立ては、当事者間にかかる申立てをすることができる旨の合意がある場合に限り、することができる。

3　前条第二項及び第三項の規定は第一項の申立てについて、第三十九条並びに前条第四項及び第五項の規定は第一項の申立てについての決定について、それぞれ準用する。

（追加仲裁判断）

**第四十三条**　当事者は、仲裁手続における申立てのうちに仲裁判断において判断が示されなかったものがあるときは、当事者間に別段の合意がない限り、仲裁廷に対し、当該申立てについての仲裁判断を求める申立てをすることができる。この場合においては、第四十一条第二項及び第三項の規定を準用する。

2　仲裁廷は、前項の申立ての日から六十日以内に、当該申立てについての決定をしなければならない。この場合においては、第四十一条第五項の規定を準用する。

3　第三十九条の規定は、前項の決定について準用する。

## 第七章　仲裁判断の取消し

**第四十四条**　当事者は、次に掲げる事由があるときは、裁判所に対し、仲裁判断の取消しの申立てをすることができる。

一　仲裁合意が、当事者の行為能力の制限により、その効力を有しないこと。
二　仲裁合意が、当事者が合意により仲裁合意に適用すべきものとして指定した法令（当該指定がないときは、日本の法令）によれば、当事者の行為能力の制限以外の事由により、その効力を有しないこと。
三　申立人が、仲裁人の選任手続又は仲裁手続において、日本の法令（その法令の公の秩序に関しない規定に関する事項について当事者間に合意があるときは、当該合意）により必要とされる通知を受けなかったこと。
四　申立人が、仲裁手続において防御することが不可能であったこと。
五　仲裁判断が、仲裁合意又は仲裁手続における申立ての範囲を超える事項に関する判断を含むものであること。
六　仲裁廷の構成又は仲裁手続が、日本の法令（その法令の公の秩序に関しない規定に関する事項について当事者間に合意があるときは、当該合意）に違反するものであったこと。
七　仲裁手続における申立てが、日本の法令によれば、仲裁合意の対象とすることができない紛争に関するものであること。
八　仲裁判断の内容が、日本における公の秩序又は善良の風俗に反すること。

2　前項の申立ては、仲裁判断書（第四十一条から前条までの規定による仲裁廷の決定の決定書を含む。）の写しの送付による通知がされた日から三箇月を経過したとき、又は第四十六条の規定による執行決定が確定したときは、することができない。

3　裁判所は、第一項の申立てに係る事件がその管轄に属する場合においても、相当と認めるときは、申立てにより又は職権で、当該事件の全部又は一部を他の管轄裁判所に移送することができる。

4　第一項の申立てに係る事件についての第五条第三項又は前項の規定による決定に対しては、即時抗告をすることができる。

5　裁判所は、口頭弁論又は当事者双方が立ち会うことができる審尋の期日を経なければ、第一項の申立てについての決定をすることができない。

6　裁判所は、第一項の申立てがあった場合において、同項各号に掲げる事由のいずれかがあると認めるとき（同項第一号から第六号までに掲げる事由にあっては、申立人が当該事由の存在を証明した場合に限る。）は、仲裁判断を取り消すことができる。

7　第一項第五号に掲げる事由がある場合において、当該仲裁判断から同号に規定する事項に関する部分を区分することができるときは、裁判所は、仲裁判断のうち当該部分のみを取り消すことができる。

8　第一項の申立てについての決定に対しては、即時抗告をすることができる。

### 第八章　仲裁判断の承認及び執行決定

（仲裁判断の承認）

**第四十五条**　仲裁判断（仲裁地が日本国内にあるかどうかを問わない。以下この章において同じ。）は、確定判決と同一の効力を有する。ただし、当該仲裁判断に基づく民事執行をするには、次条の規定による執行決定がなければならない。

2　前項の規定は、次に掲げる事由のいずれかがある場合（第一号から第七号までに掲げる事由にあっては、当事者のいずれかが当該事由の存在を証明した場合に限る。）には、適用しない。

一　仲裁合意が、当事者の行為能力の制限により、その効力を有しないこと。

二　仲裁合意が、当事者が合意により仲裁合意に適用すべきものとして指定した法令（当該指定がないときは、仲裁地が属する国の法令）によれば、当事者の行為能力の制限以外の事由により、その効力を有しないこと。

三　当事者が、仲裁人の選任手続又は仲裁手続において、仲裁地が属する国の法令の規定（その法令の公の秩序に関しない規定に関する事項について当事者間に合意があるときは、当該合意）により必要とされる通知を受けなかったこと。

四　当事者が、仲裁手続において防御することが不可能であったこと。

五　仲裁判断が、仲裁合意又は仲裁手続における申立ての範囲を超える事項に関する判断を含むものであること。

六　仲裁廷の構成又は仲裁手続が、仲裁地が属する国の法令の規定（その法令の公の秩序に関しない規定に関する事項について当事者間に合意があるときは、当該合意）に違反するものであったこと。

七　仲裁地が属する国（仲裁手続に適用された法令が仲裁地が属する国以外の国の法令である場合にあっては、当該国）の法令によれば、仲裁判断が確定していないこと、又は仲裁判断がその国の裁判機関により取り消され、若しくは効力を停止されたこと。
八　仲裁手続における申立てが、日本の法令によれば、仲裁合意の対象とすることができない紛争に関するものであること。
九　仲裁判断の内容が、日本における公の秩序又は善良の風俗に反すること。
3　前項第五号に掲げる事由がある場合において、当該仲裁判断から同号に規定する事項に関する部分を区分することができるときは、当該部分及び当該仲裁判断のその他の部分をそれぞれ独立した仲裁判断とみなして、同項の規定を適用する。

（仲裁判断の執行決定）
**第四十六条**　仲裁判断に基づいて民事執行をしようとする当事者は、債務者を被申立人として、裁判所に対し、執行決定（仲裁判断に基づく民事執行を許す旨の決定をいう。以下同じ。）を求める申立てをすることができる。
2　前項の申立てをするときは、仲裁判断書の写し、当該写しの内容が仲裁判断書と同一であることを証明する文書及び仲裁判断書（日本語で作成されたものを除く。）の日本語による翻訳文を提出しなければならない。

---

3　第一項の申立てを受けた裁判所は、前条第二項第七号に規定する裁判機関に対して仲裁判断の取消し又はその効力の停止を求める申立てがあった場合において、必要があると認めるときは、第一項の申立てに係る手続を中止することができる。この場合において、裁判所は、同項の申立てをした者の申立てにより、他の当事者に対し、担保を立てるべきことを命ずることができる。
4　第一項の申立てに係る事件は、第五条第一項の規定にかかわらず、同項各号に掲げる裁判所及び請求の目的又は差し押さえることができる債務者の財産の所在地を管轄する地方裁判所の管轄に専属する。
5　裁判所は、第一項の申立てに係る事件がその管轄に属する場合においても、相当と認めるときは、申立てにより又は職権で、当該事件の全部又は一部を他の管轄裁判所に移送することができる。
6　第一項の申立てに係る事件についての第五条第三項又は前項の規定による決定に対しては、即時抗告をすることができる。
7　裁判所は、次項又は第九項の規定により第一項の申立てを却下する場合を除き、執行決定をしなければならない。

8　裁判所は、第一項の申立てがあった場合において、前条第二項各号に掲げる事由のいずれかがあると認める場合（同項第一号から第七号までに掲げる事由にあっては、被申立人が当該事由の存在を証明した場合に限る。）に限り、当該申立てを却下することができる。

9　前条第三項の規定は、同条第二項第五号に掲げる事由がある場合における前項の規定の適用について準用する。

10　第四十四条第五項及び第八項の規定は、第一項の申立てについての決定について準用する。

**第九章　雑則**

（仲裁人の報酬）

**第四十七条**　仲裁人は、当事者が合意により定めるところにより、報酬を受けることができる。

2　前項の合意がないときは、仲裁廷が、仲裁人の報酬を決定する。この場合において、当該報酬は、相当な額でなければならない。

（仲裁費用の予納）

**第四十八条**　仲裁廷は、当事者間に別段の合意がない限り、仲裁手続の費用の概算額として仲裁廷の定める金額について、相当の期間を定めて、当事者に予納を命ずることができる。

2　仲裁廷は、前項の規定により予納を命じた場合において、その予納がないときは、当事者間に別段の合意がない限り、仲裁手続を中止し、又は終了することができる。

（仲裁費用の分担）

**第四十九条**　当事者が仲裁手続に関して支出した費用の当事者間における分担は、当事者が合意により定めるところによる。

2　前項の合意がないときは、当事者が仲裁手続に関して支出した費用は、各自が負担する。

3　仲裁廷は、当事者間に合意があるときは、当該合意により定めるところにより、仲裁判断又は独立の決定において、当事者が仲裁手続に関して支出した費用の当事者間における分担及びこれに基づき一方の当事者が他方の当事者に対して償還すべき額を定めることができる。

4　独立の決定において前項に規定する事項を定めた場合においては、当該決定は、仲裁判断としての効力を有する。

5　第三十九条の規定は、前項の決定について準用する。

**第十章　罰則**

（収賄、受託収賄及び事前収賄）

**第五十条**　仲裁人が、その職務に関し、賄賂を収受し、又はその要求若しくは約束をしたときは、五年以下の懲役に処する。この場合において、請託を受けたときは、七年以下の懲役に処する。

2　仲裁人になろうとする者が、その担当すべき職務に関し、請託を受けて、賄賂を収受し、又はその要求若しくは約束をしたときは、仲裁人となった場合において、五年以下の懲役に処する。

（第三者供賄）

**第五十一条**　仲裁人が、その職務に関し、請託を受けて、第三者に賄賂を供与させ、又はその供与の要求若しくは約束をしたときは、五年以下の懲役に処する。

（加重収賄及び事後収賄）

**第五十二条**　仲裁人が前二条の罪を犯し、よって不正な行為をし、又は相当の行為をしなかったときは、一年以上の有期懲役に処する。

2　仲裁人が、その職務上不正な行為をしたこと又は相当の行為をしなかったことに関し、賄賂を収受し、若しくはその要求若しくは約束をし、又は第三者にこれを供与させ、若しくはその供与の要求若しくは約束をしたときも、前項と同様とする。

3　仲裁人であった者が、その在職中に請託を受けて職務上不正な行為をしたこと又は相当の行為をしなかったことに関し、賄賂を収受し、又はその要求若しくは約束をしたときは、五年以下の懲役に処する。

（没収及び追徴）

**第五十三条**　犯人又は情を知った第三者が収受した賄賂は、没収する。その全部又は一部を没収することができないときは、その価額を追徴する。

（贈賄）

**第五十四条**　第五十条から第五十二条までに規定する賄賂を供与し、又はその申込み若しくは約束をした者は、三年以下の懲役又は二百五十万円以下の罰金に処する。

（国外犯）

**第五十五条**　第五十条から第五十三条までの規定は、日本国外において第五十条から第五十二条までの罪を犯した者にも適用する。

2　前条の罪は、刑法（明治四十年法律第四十五号）第二条の例に従う。

附　則〔抄〕

（施行期日）

**第一条**　この法律は、公布の日から起算して九月を超えない範囲内において政令で定める日から施行する。

注　「政令で定める日」＝平成一五年一二月政令五四四号により、平成一六年三月一日から施行

（仲裁合意の方式に関する経過措置）

**第二条**　この法律の施行前に成立した仲裁合意の方式については、なお従前の例による。

（消費者と事業者との間に成立した仲裁合意に関する特例）

**第三条**　消費者（消費者契約法（平成十二年法律第六十一号）第二条第一項に規定する消費者をいう。以下この条において同じ。）と事業者（同条第二項に規定する事業者をいう。以下この条において同じ。）の間の将来において生ずる民事上の紛争を対象とする仲裁合意（次条に規定する仲裁合意を除く。以下この条において「消費者仲裁合意」という。）であって、この法律の施行後に締結されたものに関しては、当分の間、次項から第七項までに定めるところによる。

2　消費者は、消費者仲裁合意を解除することができる。ただし、消費者が当該消費者仲裁合意に基づく仲裁手続の仲裁申立人となった場合は、この限りでない。

3　事業者が消費者仲裁合意に基づく仲裁手続の仲裁申立人となる場合においては、当該事業者は、仲裁廷が構成された後遅滞なく、第三十二条第一項の規定による口頭審理の実施の申立てをしなければならない。この場合において、仲裁廷は、口頭審理を実施する旨を決定し、当事者双方にその日時及び場所を通知しなければならない。

4　仲裁廷は、当該仲裁手続における他のすべての審理に先立って、前項の口頭審理を実施しなければならない。

5　消費者である当事者に対する第三項の規定による通知は、次に掲げる事項を記載した書面を送付する方法によってしなければならない。この場合において、仲裁廷は、第二号から第五号までに掲げる事項については、できる限り平易な表現を用いるように努めなければならない。

一　口頭審理の日時及び場所

二　仲裁合意がある場合には、その対象となる民事上の紛争についての仲裁判断には、確定判決と同一の効力があるものであること。

三　仲裁合意がある場合には、仲裁判断の前後を問わず、その対象となる民事上の紛争について提起した訴えは、却下されるものであること。

四　消費者は、消費者仲裁合意を解除することができる

こと。

五　消費者である当事者が第一号の口頭審理の期日に出頭しないときは、消費者である当事者が消費者仲裁合意を解除したものとみなされること。

6　第三項の口頭審理の期日においては、仲裁廷は、まず、消費者である当事者に対し、口頭で、前項第二号から第四号までに掲げる事項について説明しなければならない。この場合において、当該消費者である当事者が第二項の規定による解除権を放棄する旨の意思を明示しないときは、当該消費者である当事者は、消費者仲裁合意を解除したものとみなす。

7　消費者である当事者が第三項の口頭審理の期日に出頭しないときは、当該消費者である当事者は、消費者仲裁合意を解除したものとみなす。

（個別労働関係紛争を対象とする仲裁合意に関する特例）

**第四条**　当分の間、この法律の施行後に成立した仲裁合意であって、将来において生ずる個別労働関係紛争（個別労働関係紛争の解決の促進に関する法律（平成十三年法律第百十二号）第一条に規定する個別労働関係紛争をいう。）を対象とするものは、無効とする。

---

（仲裁手続に関する経過措置）

**第五条**　この法律の施行前に開始した仲裁手続及び当該仲裁手続に関して裁判所が行う手続（仲裁判断があった後に開始されるものを除く。）については、なお従前の例による。

（仲裁人忌避の訴えに関する経過措置）

**第六条**　前条に定めるもののほか、この法律の施行前に提起された仲裁人忌避の訴えについては、なお従前の例による。

（仲裁廷に対する忌避の申立てに関する経過措置）

**第七条**　前二条に定めるもののほか、当事者が、この法律の施行前に、仲裁廷が構成されたこと及び仲裁人に第十八条第一項各号に掲げる事由のいずれかがあることを知った場合における第十九条第三項の規定の適用については、同項中「仲裁廷が構成されたことを知った日又は前条第一項各号に掲げる事由のいずれかがあることを知った日のいずれか遅い日」とあるのは、「この法律の施行の日」とする。

（仲裁判断の効力に関する経過措置）

**第八条**　この法律の施行前に仲裁判断があった場合においては、当該仲裁判断の裁判所への預置き、当該仲裁判断の効力、当該仲裁判断の取消しの訴え及び当該仲裁判断に基づく民事執行については、なお従前の例による。

（罰則の適用に関する経過措置）

**第十四条**　この法律の施行前にした行為及び附則第五条の規定によりなお従前の例によることとされる場合におけるこの法律の施行後にした行為に対する罰則の適用については、なお従前の例による。

**附　則**〔平成一六年一二月一日法律第一四七号抄〕

（施行期日）

**第一条**　この法律は、公布の日から起算して六月を超えない範囲内において政令で定める日から施行する。

注　「政令で定める日」＝平成一七年三月政令三六号により、平成一七年四月一日から施行

# ○建設業法施行令

（昭和三十一年八月二十九日政令第二百七十三号）

改正
昭和三五年六月二八日政令第一八二号
同　三五年九月一〇日同　第二五二号
同　三六年一〇月三一日同　第三三六号
同　三六年一一月一日同　第三三九号
同　三七年七月三一日同　第三一四号
同　三七年九月二九日同　第三九一号
同　四〇年三月三〇日同　第六三号
同　四四年八月二五日同　第二三一号
同　四五年四月二一日同　第八二号
同　四六年一二月二七日同　第三八〇号
同　四七年六月一二日同　第二一九号
同　四七年八月一九日同　第三一八号
同　四七年一二月八日同　第四二〇号
同　四七年一二月二一日同　第四三七号
同　四九年九月一八日同　第三二七号
同　五〇年一月九日同　第二号
同　五〇年四月二二日同　第一三〇号
同　五二年六月八日同　第一九四号
同　五三年三月二二日同　第三八号
同　五三年五月二三日同　第一九八号
同　五六年三月三一日同　第五八号
同　五八年七月一九日同　第一七四号
同　五九年四月一七日同　第一二〇号
同　五九年六月二一日同　第二〇九号
同　六〇年三月五日同　第二四号
同　六〇年三月一五日同　第三一号
同　六〇年一二月二一日同　第三一七号
同　六一年三月一八日同　第五〇号
同　六一年六月六日同　第二〇三号
同　六一年一二月二六日同　第三五二号
同　六二年三月二〇日同　第五四号
同　六二年八月四日同　第二七〇号
同　六三年五月二〇日同　第一四八号
平成元年三月二八日同　第七二号
同　三年三月一三日同　第二五号
同　六年三月二四日同　第六九号
平成六年七月二七日政令第二五一号
同　六年九月一九日同　第三〇三号
同　六年一二月一四日同　第三九一号
同　九年三月二六日同　第七四号
同　一〇年一〇月三〇日同　第三五一号
同　一一年一一月一〇日同　第三五二号
同　一一年一一月一七日同　第三六七号
同　一二年三月二九日同　第一二二号
同　一二年六月七日同　第三一二号
同　一三年一月四日同　第四号
同　一三年三月二二日同　第五六号
同　一四年一二月一八日同　第三八六号
同　一五年一月三一日同　第二八号
同　一五年八月二九日同　第三七五号
同　一五年一二月一〇日同　第四九六号
同　一五年一二月二五日同　第五四二号
同　一六年三月二四日同　第五四号
同　一六年三月二四日同　第五九号
同　一七年五月二五日同　第一八二号
同　一七年六月一七日同　第二一四号
同　一七年九月三〇日同　第三一四号
同　一八年二月一日同　第一四号
同　一八年九月二二日同　第三一〇号
同　一八年九月二六日同　第三二〇号
同　一九年三月一六日同　第四七号
同　一九年三月一六日同　第四九号
同　二〇年五月二三日同　第一八六号
同　二三年六月二四日同　第一八一号
同　二三年七月一日同　第二〇三号
同　二三年八月三〇日同　第二八二号
同　二三年一一月二八日同　第三六三号
同　二四年八月一〇日同　第二一一号
同　二五年六月一四日同　第一八四号
同　二六年九月一九日同　第三〇八号
同　二七年一二月一六日同　第四二〇号
同　二八年四月六日同　第一九二号

---

建設業法施行令をここに公布する。

建設業法施行令

内閣は、建設業法（昭和二十四年法律第百号）の規定に基き、及び同法を実施するため、建設業法施行令（昭和二十四年政令第二百八十四号）の全部を改正するこの政令を制定する。

（支店に準ずる営業所）

**第一条**　建設業法（以下「法」という。）第三条第一項の政令で定める支店に準ずる営業所は、常時建設工事の請負契約を締結する事務所とする。

（法第三条第一項ただし書の軽微な建設工事）

**第一条の二**　法第三条第一項ただし書の政令で定める軽微な建設工事は、工事一件の請負代金の額が建築一式工事にあつては千五百万円に満たない工事又は延べ面積が百五十平方メートルに満たない木造住宅工事、建築一式工事以外の建設工事にあつては五百万円に満たない工事とする。

2　前項の請負代金の額は、同一の建設業を営む者が工事の完成を二以上の契約に分割して請け負うときは、各契約の請負代金の額の合計額とする。ただし、正当な理由に基いて契約を分割したときは、この限りでない。

3　注文者が材料を提供する場合においては、その市場価格又は市場価格及び運送賃を当該請負契約の請負代金の額に加えたものを第一項の請負代金の額とする。

（法第三条第一項第二号の金額）

**第二条**　法第三条第一項第二号の政令で定める金額は、四千万円とする。ただし、同項の許可を受けようとする建設業が建築工事業である場合においては、六千万円とする。

（使用人）

**第三条**　法第六条第一項第四号（法第十七条において準用する場合を含む。）、法第七条第三号、法第八条第四号、第十一号及び第十二号（これらの規定を法第十七条において準用する場合を含む。）、法第二十八条第一項第三号並びに法第二十九条の四の政令で定める使用人は、支配人及び支店又は第一条に規定する営業所の代表者（支配人である者を除く。）であるものとする。

（法第八条第八号の法令の規定）

**第三条の二**　法第八条第八号（法第十七条において準用する場合を含む。）の政令で定める建設工事の施工又は建設工事に従事する労働者の使用に関する法令の規定は、次に掲げるものとする。

一　建築基準法（昭和二十五年法律第二百一号）第九条第一項又は第十項前段（これらの規定を同法第八十八条第一項から第三項まで又は第九十条第三項において準用する場合を含む。）の規定による特定行政庁又は建築監視員の命令に違反した者に係る同法第九十八条第一項（第一号に係る部分に限る。）

二　宅地造成等規制法（昭和三十六年法律第百九十一号）第十四条第二項、第三項又は第四項前段の規定による都道府県知事の命令に違反した者に係る同法第二十六条

三　都市計画法（昭和四十三年法律第百号）第八十一条第一項の規定による国土交通大臣、都道府県知事又は市長の命令に違反した者に係る同法第九十一条

四　景観法（平成十六年法律第百十号）第六十四条第一項の規定による市町村長の命令に違反した者に係る同法第百一条

五　労働基準法（昭和二十二年法律第四十九号）第五条の規定に違反した者に係る同法第百十七条（労働者派遣事業の適正な運営の確保及び派遣労働者の保護等に関する法律（昭和六十年法律第八十八号。以下「労働者派遣法」という。）第四十四条第一項（建設労働者の雇用の改善等に関する法律（昭和五十一年法律第三十三号。以下「建設労働法」という。）第四十四条の規定により適用される場合を含む。第七条の三第三号において同じ。）の規定により適用される場合を含む。）又は労働基準法第六条の規定に違反した者に係る同法第百十八条第一項

六　職業安定法（昭和二十二年法律第百四十一号）第四十四条

の規定に違反した者に係る同法第六十四条

七　労働者派遣法第四条第一項の規定に違反した者に係る労働者派遣法第五十九条

参照

○建築基準法〔平二八・六・七法七二現〕

（違反建築物に対する措置）

**第九条**　特定行政庁は、建築基準法令の規定又はこの法律の規定に基づく許可に付した条件に違反した建築物又は建築物の敷地については、当該建築物の建築主、当該建築物に関する工事の請負人（請負工事の下請人を含む。）若しくは現場管理者又は当該建築物若しくは建築物の敷地の所有者、管理者若しくは占有者に対して、当該工事の施工の停止を命じ、又は、相当の猶予期限を付けて、当該建築物の除却、移転、改築、増築、修繕、模様替、使用禁止、使用制限その他これらの規定又は条件に対する違反を是正するために必要な措置をとることを命ずることができる。

10　特定行政庁は、建築基準法令の規定又はこの法律の規定に基づく許可に付した条件に違反することが明らかな建築、修繕又は模様替の工事中の建築物については、緊急の必要があつて第二項から第六項までに定める手続によることができない場合に限り、これらの手続によらないで、当該建築物の建築主又は当該工事の請負人（請負工事の下請人を含む。）若しくは現場管理者に対して、当該工事の施工の停止を命ずることができる。この場合において、これらの者が当該工事の現場にいないときは、当該工事に従事する者に対して、当該工事に係る作業の停止を命ずることができる。

（工作物への準用）

**第八十八条**　煙突、広告塔、高架水槽、擁壁その他これらに類する工作物で政令で指定するもの及び昇降機、ウォーターシュート、飛行塔その他これらに類する工作物で政令で指定するもの（以下この項において「昇降機等」という。）については、第三条、第六条（第三項、第五項及び第六項を除くものとし、第一項及び第四項は、昇降機等については第一項第一号から第三号までの建築物に係る部分、その他のものについては同項第四号の建築物に係る部分に限る。）、第六条の二（第三項を除く。）、第六条の四（第一項第一号及び第二号の建築物に係る部分に限る。）、第七条から第七条の四まで、第七条の五（第六条の四第一項第一号及び第二号の建築物に係る部分に限る。）、第八条から第十一条まで、第十二条第五項（第三号を除く。）及び第六項から第九項まで、第十三条、第十五条の二、第十八条（第四項から第十三項まで及び第二十四項を除く。）、第二十条、第二十八条の二（同条各号に掲げる基準のうち政令で定めるものに係る部分に限る。）、第三十二条、第三十三条、第三十四条第一項、第三十六条（避雷設備及び昇降機に係る部分に限る。）、第三十七条、第三十八条、第四十条、第三章の二（第六十八条の二十第二項については、同項に規定する建築物以外の認証型式部材等に係る部分に限る。）、第八十六条の七第一項（第二十八条の二（第八十六条の七第一項の政令で定める基準に係る部分に限る。）に係る部分に限る。）、第八十六条の七第二項（第二十条に係る部分に限る。）、第八十六条の七第三項（第三十二条、第三十四条第一項及び第三十六条（昇降機に係る部分に限る。）に係る部分に限る。）、前条、次条並びに第九十条の規定を、昇降機等については、第七条の六、第十二条第一項から第四項まで、第十二条の二、第十二条の三及び第十八条第二十四項の規定を準用する。この場合において、第二十条第一項中「次の各号に掲げる建築物の区分に応じ、それぞれ当該各号に定める基準」とあるのは、「政令で定める技術的基準」と読み替えるものとする。

2　製造施設、貯蔵施設、遊戯施設等の工作物で政令で指定するものについては、第三条、第六条（第三項、第五項及び第六項を除くものとし、第一項及び第四項は、第一項第一号から第三号までの建築物に係る部分に限る。）、第六条の二（第三項を除く。）、第七条、第七条の二、第七条の六から第九条の三まで、第十一条、第十二条第五項（第三号を除く。）及び第六項から第九項まで、第十三条、第十五条の二、第十八条（第四項から第十三項まで及び第十九項から第二十三項までを除く。）、第四十八条から第五十一条まで、第六十条の二第三項、第六十条の三第三項、第六十八条の二第一項及び第五項、第六十八条の三第六項から第九項まで、第八十六条の七第一項（第四十八条第一項から第十三項まで及び第五十一条に係る部分に限る。）、第八十七条第二項（第四十八条第一項から第十三項まで、第六十条の二第三項、第六十条の三第二項並びに第六十八条の二第一項及び第五項に係る部分に限る。）、第八十七条第三項（第四十八条第一項から第十三項まで、第四十九条から第五十一条まで及び第六十八条の二第一項に係る部分に限る。）、前条、次条、第九十一条、第九十二条の二並びに第九十三条の二の規定を準用する。この場合において、第六条第二項及び別表第二中「床面積の合計」とあるのは「築造面積」と、第六十八条の二第一項中「敷地、構造、建築設備又は用途」とあるのは「用途」と読み替えるものとする。

3　第三条、第八条から第十一条まで、第十二条（第五項第三号を除く。）、第十二条の二、第十二条の三、第十三条、第十五条の二並びに第十八条第一項及び第二十五項の規定は、第六十六条に規定する工作物について準用する。

（工事現場の危害の防止）

**第九十条**　〔略〕

3　第三条第二項及び第三項、第九条（第十三項及び第十四項を除く。）、第九条の二、第九条の三（設計者及び宅地建物取引業者に係る部分を除く。）並びに第十八条第一項及び第二十五項の規定は、第一項の工事の施工について準用する。

〔罰則〕

**第九十八条**　次の各号のいずれかに該当する者は、三年以下の懲役又は三百万円以下の罰金に処する。

一　第九条第一項又は第十項前段（これらの規定を第八十八条第一項から第三項まで又は第九十条第三項において準用する場合を含む。）の規定による特定行政庁又は建築監視員の命令に違反した者

**○宅地造成等規制法**〔平二六・五・三〇法四二現〕

（監督処分）

**第十四条**　〔略〕

2　都道府県知事は、宅地造成工事規制区域内において行われている宅地造成に関する工事で、第八条第一項若しくは第十二条第一項の規定に違反して第八条第一項本文若しくは第十二条第一項の許可を受けず、これらの許可に付した条件に違反し、又は第九条第一項の規定に適合していないものについては、当該造成主又は当該工事の請負人（請負工事の下請人を含む。）若しくは現場管理者に対して、当該工事の施行の停止を命じ、又は相当の猶予期限を付けて、擁壁等の設置その他宅地造成に伴う災害の防止のため必要な措置をとることを命ずることができる。

3　都道府県知事は、第八条第一項若しくは第十二条第一項の規定に違反して第八条第一項本文若しくは第十二条第一項の許可を受けないで宅地造成に関する工事が施行された宅地又は前条第一項の規定に違反して同項の検査を受けず、若しくは同項の検査の結果工事が第九条第一項の規定に適合していないと認められた宅地について

は、当該宅地の所有者、管理者若しくは占有者又は当該造成主に対して、当該宅地の使用を禁止し、若しくは制限し、又は相当の猶予期限を付けて、擁壁等の設置その他宅地造成に伴う災害の防止のため必要な措置をとることを命ずることができる。

4　都道府県知事は、第二項の規定により工事の施行の停止を命じようとする場合において、緊急の必要により弁明の機会の付与を行うことができないときは、同項に規定する工事に該当することが明らかな場合に限り、弁明の機会の付与を行わないで、同項に規定する者に対して、当該工事の施行の停止を命ずることができる。この場合において、これらの者が当該工事の現場にいないときは、当該工事に従事する者に対して、当該工事に係る作業の停止を命ずることができる。

〔罰則〕

**第二十六条**　第十四条第二項、第三項又は第四項前段の規定による都道府県知事の命令に違反した者は、一年以下の懲役又は五十万円以下の罰金に処する。

**○都市計画法**〔平二七・六・二六法五〇現〕

（監督処分等）

**第八十一条**　国土交通大臣、都道府県知事又は指定都市等の長は、次の各号のいずれかに該当する者に対して、都市計画上必要な限度において、この法律の規定によつてした許可、認可若しくは承認（都市計画の決定又は変更に係るものを除く。以下この条において同じ。）を取り消し、変更し、その効力を停止し、その条件を変更し、若しくは新たに条件を付し、又は工事その他の行為の停止を命じ、若しくは相当の期限を定めて、建築物その他の工作物若しくは物件（以下この条において「工作物等」という。）の改築、移転若しくは除却その他違反を是正するため必要な措置をとることを命ずることができる。

一　この法律若しくはこの法律に基づく命令の規定若しくはこれらの規定に基づく処分に違反した者又は当該違反の事実を知つて、当該違反に係る土地若しくは工作物等を譲り受け、若しくは賃貸借その他により当該違反に係る土地若しくは工作物等を使用する権利を取得した者

二　この法律若しくはこの法律に基づく命令の規定若しくはこれらの規定に基づく処分に違反した工事の注文主若しくは請負人（請負工事の下請人を含む。）又は請負契約によらないで自らその工事をしている者若しくはした者

三　この法律の規定による許可、認可又は承認に付した条件に違反している者

四　詐欺その他不正な手段により、この法律の規定による許可、認可又は承認を受けた者

〔罰則〕

**第九十一条**　第八十一条第一項の規定による国土交通大臣、都道府県知事又は指定都市等の長の命令に違反した者は、一年以下の懲役又は五十万円以下の罰金に処する。

**○景観法**〔平二七・六・二六法五〇現〕

（違反建築物に対する措置）

**第六十四条**　市町村長は、第六十二条の規定に違反した建築物があるときは、建築等工事主（建築物の建築等をする者をいう。以下同じ。）、当該建築物の建築等の工事の請負人（請負工事の下請人を含む。以下この章において同じ。）若しくは現場管理者又は当該建築物の所有者、管理者若しくは占有者に対し、当該建築物に係る工事の施工の停止を命じ、又は相当の期限を定めて当該建築物の改築、修繕、模様替、色彩の変更その他当該規定の違反を是正するために必要な措置をとることを命ずることができる。

2〜5　略

〔罰則〕

**第百一条**　第十七条第五項の規定による景観行政団体の長の命令又は第六十四条第一項の規定による市町村長の命令に違反した者は、一年以下の懲役又は五十万円以下の罰金に処する。

**○労働基準法**〔平二七・五・二九法三一現〕

（強制労働の禁止）

**第五条**　使用者は、暴行、脅迫、監禁その他精神又は身体の自由を不当に拘束する手段によつて、労働者の意思に反して労働を強制してはならない。

（中間搾取の排除）

**第六条**　何人も、法律に基いて許される場合の外、業として他人の就業に介入して利益を得てはならない。

〔罰則〕

**第百十七条**　第五条の規定に違反した者は、これを一年以上十年以下の懲役又は二十万円以上三百万円以下の罰金に処する。

**第百十八条**　第六条、第五十六条、第六十三条又は第六十四条の二の規定に違反した者は、これを一年以下の懲役又は五十万円以下の罰金に処する。

**○建設労働者の雇用の改善等に関する法律**〔平二七・九・一

八法七三現〕

（労働者派遣法の規定の読替え適用等）

**第四十四条**　第十五条第二項に定めるもののほか、送出事業主が行う建設業務労働者就業機会確保事業に関しては、労働者派遣法第二章第二節、第二十三条第三項及び第五項、第二十三条の二、第二十六条第一項、第三十条第一項第一号及び第二項、第三十四条第一項第三号、第三十四条の二、第三十五条の三、第三十五条の四第二項、第三十五条の五、第四十条の三から第四十条の五まで、第四十条の六第一項第四号、第四十条の九、第四十七条の三、第四十八条第二項及び第三項並びに第五十四条の規定は適用しないものとし、労働者派遣法の他の規定の適用については、雇用管理責任者を労働者派遣法第三十六条に規定する派遣元責任者と、送出事業主を労働者派遣法第二条第四号に規定する派遣元事業主と、受入事業主を同号に規定する派遣先とみなす。この場合において、次の表の上欄に掲げる労働者派遣法の規定中同表の中欄に掲げる字句は、同表の下欄に掲げる字句とする。

| | | |
|---|---|---|
| 第四条第三項 | 第一項各号 | 第一項第一号又は第三号 |
| 第二十六条第二項 | 前項 | 建設労働者の雇用の改善等に関する法律（以下「建設労働法」という。）第四十三条 |
| | 労働者派遣契約 | 同条に規定する建設業務労働者就業機会確保契約（以下「建設業務労働者就業機会確保契約」という。） |
| 第二十六条第三項から第六項まで、第二十七条から第二十九条の二まで、第三十九条、第四十一条第一号ロ、第四十四条第二項及び第三項、第四十五条第六項並びに第四十九条第二項 | 労働者派遣契約 | 建設業務労働者就業機会確保契約 |
| 第二十六条第三項 | 、第一項 | 、建設労働法第四十三条 |
| | 第五条第一項 | 建設労働法第三十一条第一項 |
| 第二十六条第四項 | 、第一項 | 、建設労働法第四十三条 |
| | 同条第一項 | 第四十条の二第一項 |
| 第三十条の見出し | 特定有期雇用派遣労働者等 | 有期雇用送出労働者等 |
| 第三十条第一項 | 有期雇用派遣労働者（期間を定めて雇用さ | 有期雇用送出労働者（期間を定めて雇用される送 |

| | | |
|---|---|---|
| | れる派遣労働者をいう。以下同じ。）であつて派遣先の事業所その他派遣就業の場所における同一の組織単位の業務について継続して一年以上の期間当該労働者派遣に係る労働に従事する見込みがあるものとして厚生労働省令で定めるもの（以下「特定有期雇用派遣労働者」という。） | 出労働者をいう。以下同じ。） |
| | 特定有期雇用派遣労働者等 | 有期雇用送出労働者等 |
| | 次の各号 | 第二号から第四号まで |
| 第三十条第一項第四号 | 前三号 | 前二号 |
| 第三十条の四 | 前三条 | 第三十条第一項第二号から第四号まで及び前二条 |
| 第三十四条第一項 | 次に | 第一号、第二号及び第四号に |
| | 第三号及び第四号 | 第四号 |
| | 第二十六条第一項各号 | 建設労働法第四十三条各号 |
| 第三十四条第三項 | 第四十条の六第一項第三号又は第四号 | 第四十条の六第一項第三号 |
| 第三十五条の四第一項 | その業務を迅速かつ的確に遂行するために専門的な知識、技術又は経験を必要とする業務 | その雇用する日雇労働者（日々又は三十日以内の期間を定めて雇用する労働者をいう。） |

| | | |
|---|---|---|
| | のうち、労働者派遣により日雇労働者（日々又は三十日以内の期間を定めて雇用する労働者をいう。以下この項において同じ。）を従事させても当該日雇労働者の適正な雇用管理に支障を及ぼすおそれがないと認められる業務として政令で定める業務について労働者派遣をする場合又は雇用の機会の確保が特に困難であると認められる労働者の雇用の継続等を図るために必要であると認められる場合その他の場合で政令で定める場合を除き、その雇用する日雇労働者 | |
| 第三十六条 | 第六条第一号から第八号まで | 建設労働法第三十二条第一号から第四号まで |
| 第三十七条第一項第四号 | 場所及び組織単位 | 場所 |
| 第三十七条第一項第八号 | 第三十条第一項（同条第二項の規定により読み替えて適用する場合を含む。）の規定により講じた措置 | 第三十条第一項の規定により講じた措置（同項第一号に掲げる措置を除く。） |
| 第三十九条及び第四十条の | 第二十六条第一項各号 | 建設労働法第四十三条各 |

| | | |
|---|---|---|
| 六第一項第五号 | | 号 |
| 第四十条の六第一項第一号 | 同条第一項各号 | 同条第一項第一号又は第三号 |
| 第四十条の六第一項第四号 | 又は次節の規定により適用される法律の規定 | 若しくは次節の規定により適用される法律の規定又は建設労働法（第六章（第四十四条を除く。）の規定に限る。）の規定 |
| 第四十一条第一号イ | 法律の規定 | 法律の規定並びに建設労働法（第六章（第四十四条を除く。）の規定に限る。）の規定 |
| 第四十四条第二項 | 適用する | 適用し、建設労働法第三十六条第一項に規定する送出事業主を、建設労働法第四十三条第三号に規定する受入事業主の請負人とみなして、労働基準法第八十七条の規定及び当該規定に基づいて発する命令の規定を適用する |
| | 労働者派遣法第二十六条第一項 | 建設労働法第四十三条 |
| 第四十八条第一項 | の施行 | 又は建設労働法（第六章（第四十四条及び第四十五条を除く。）の規定に限る。）の施行 |
| 第四十九条の二第一項 | 、第四十条の二第一項、第四項若しくは第五項、第四十条の三若しくは第四十条の九第一項 | 若しくは第四十条の二第一項、第四項若しくは第五項 |
| 第四十九条の三第一項 | この法律又はこれに基づく命令の規定 | この法律（前章第四節の規定を除く。）若しくは建設労働法（第六章（第四十四条及び第四十五条を除く。）の規定に限る。）又はこれらに基づく命令の規定 |
| 第五十条及び第五十一条第一項 | この法律 | この法律（前章第四節の規定を除く。）又は建設労働法（第六章（第四十四条及び第四十五条を除く。）の規定に限る。） |
| 第六十一条第三号 | 第三十五条の三、第三十六条 | 第三十六条 |

## ○職業安定法〔平二八・五・二〇法四七現〕

（労働者供給事業の禁止）

**第四十四条**　何人も、次条に規定する場合を除くほか、労働者供給事業を行い、又はその労働者供給事業を行う者から供給される労働者を自らの指揮命令の下に労働させてはならない。

〔罰則〕

**第六十四条**　次の各号のいずれかに該当する者は、これを一年以下の懲役又は百万円以下の罰金に処する。

九　第四十四条の規定に違反した者

○労働者派遣事業の適正な運営の確保及び派遣労働者の保護等に関する法律〔平二八・三・三一法一七現〕

**第四条** 何人も、次の各号のいずれかに該当する業務について、労働者派遣事業を行つてはならない。

二 建設業務（土木、建築その他工作物の建設、改造、保存、修理、変更、破壊若しくは解体の作業又はこれらの作業の準備の作業に係る業務をいう。）

（労働基準法の適用に関する特例）

**第四十四条** 労働基準法第九条に規定する事業（以下この節において単に「事業」という。）の事業主（以下この条において単に「事業主」という。）に雇用され、他の事業主の事業における派遣就業のために当該事業に派遣されている同条に規定する労働者（同居の親族のみを使用する事業に使用される者及び家事使用人を除く。）であつて、当該他の事業主（以下この条において「派遣先の事業主」という。）に雇用されていないもの（以下この節において「派遣中の労働者」という。）の派遣就業に関しては、当該派遣中の労働者が派遣されている事業（以下この節において「派遣先の事業」という。）もまた、派遣中の労働者を使用する事業とみなして、同法第三条、第五条及び第六十九条の規定（これらの規定に係る罰則の規定を含む。）を適用する。

〔罰則〕

**第五十九条** 次の各号のいずれかに該当する者は、一年以下の懲役又は百万円以下の罰金に処する。

一 第四条第一項又は第十五条の規定に違反した者

二 第五条第一項の許可を受けないで労働者派遣事業を行つた者

三 偽りその他不正の行為により第五条第一項の許可又は第十条第二項の規定による許可の有効期間の更新を受けた者

（許可手数料）

**第四条** 法第十条第二号（法第十七条において準用する場合を含む。）の許可手数料は、その金額を五万円とし、許可申請書にこれに相当する額の収入印紙をはつて納めなければならない。ただし、行政手続等における情報通信の技術の利用に関する法律（平成十四年法律第百五十一号）第三条第一項の規定により同項に規定する電子情報処理組織を使用して法第三条第一項の許可又は同条第三項の許可の更新の申請をする場合には、国土交通省令で定めるところにより、現金をもつてすることができる。

参照

〇行政手続等における情報通信の技術の利用に関する法律〔平一七・九・九法六五現〕

（電子情報処理組織による申請等）

第三条　行政機関等は、申請等のうち当該申請等に関する他の法令の規定により書面等により行うこととしているものについては、当該法令の規定にかかわらず、主務省令で定めるところにより、電子情報処理組織（行政機関等の使用に係る電子計算機（入出力装置を含む。以下同じ。）と申請等をする者の使用に係る電子計算機とを電気通信回線で接続した電子情報処理組織をいう。）を使用して行わせることができる。

（閲覧所）

第五条　国土交通大臣又は都道府県知事は、閲覧所を設けた場合においては、当該閲覧所の閲覧規則を定めるとともに、当該閲覧所の場所及び閲覧規則を告示しなければならない。

2　国土交通大臣の設ける閲覧所においては、許可申請書等（法第十三条（法第十七条において準用する場合を含む。）に規定する書類をいう。次項において同じ。）で国土交通大臣の許可を受けた建設業者に係るものを公衆の閲覧に供しなければならない。

3　都道府県知事の設ける閲覧所においては、当該都道府県知事の許可を受けた建設業者に係る許可申請書等を公衆の閲覧に供しなければならない。

注　一項の「閲覧所の場所」＝平成一二年一二月一二日建設省告示二三四六号
一項の「閲覧規則」＝昭和四七年三月八日建設省告示三五五号

（法第十五条第二号ただし書の建設業）

第五条の二　法第十五条第二号ただし書の政令で定める建設業は、次に掲げるものとする。

一　土木工事業
二　建築工事業
三　電気工事業
四　管工事業
五　鋼構造物工事業
六　舗装工事業
七　造園工事業

（法第十五条第二号ロの金額）

第五条の三　法第十五条第二号ロの政令で定める金額は、四千五百万円とする。

（法第十五条第三号の金額）

第五条の四　法第十五条第三号の政令で定める金額は、八千万円とする。

（建設工事の請負契約に係る情報通信の技術を利用する方法）

**第五条の五**　建設工事の請負契約の当事者は、法第十九条第三項の規定により同項に規定する国土交通省令で定める措置（以下この条において「電磁的措置」という。）を講じようとするときは、国土交通省令で定めるところにより、あらかじめ、当該契約の相手方に対し、その講じる電磁的措置の種類及び内容を示し、書面又は電子情報処理組織を使用する方法その他の情報通信の技術を利用する方法であつて国土交通省令で定めるもの（次項において「電磁的方法」という。）による承諾を得なければならない。

2　前項の規定による承諾を得た建設工事の請負契約の当事者は、当該契約の相手方から書面又は電磁的方法により当該承諾を撤回する旨の申出があつたときは、法第十九条第一項又は第二項の規定による措置に代えて電磁的措置を講じてはならない。ただし、当該契約の相手方が再び同項の規定による承諾をした場合は、この限りでない。

注　一項の「国土交通省令で定める」＝施行規則一三条の三・一三条の四

（現場代理人の選任等に関する通知に係る情報通信の技術を利用する方法）

**第五条の六**　請負人は、法第十九条の二第三項の規定により同項に規定する現場代理人に関する事項を通知しようとするときは、国土交通省令で定めるところにより、あらかじめ、当該注文者に対し、その用いる同項前段に規定する方法（以下この条において「電磁的方法」という。）の種類及び内容を示し、書面又は電磁的方法による承諾を得なければならない。

2　前項の規定による承諾を得た請負人は、当該注文者から書面又は電磁的方法により電磁的方法による通知を受けない旨の申出があつたときは、当該注文者に対し、現場代理人に関する事項の通知を電磁的方法によつてしてはならない。ただし、当該注文者が再び同項の規定による承諾をした場合は、この限りでない。

注　一項の「国土交通省令で定めるところ」＝施行規則一三条の六

**第五条の七**　注文者は、法第十九条の二第四項の規定により同項に規定する監督員に関する事項を通知しようとするときは、国土交通省令で定めるところにより、あらかじめ、当該請負人に対し、その用いる同項前段に規定する方法（以下この条において「電磁的方法」という。）の種類及び内容を示し、書面又は電磁的方法による承諾を得なければならない。

2　前項の規定による承諾を得た注文者は、当該請負人から書面又は電磁的方法により電磁的方法による通知を受けない旨の申出があつたときは、当該請負人に対し、監督員に関する事項の通知を電磁的方法によつてしてはならない。ただし、当該請負人が再び同項の規定による承諾をした場合は、この限りでない。

注　一項の「国土交通省令で定めるところ」＝施行規則一三条の八

（建設工事の見積期間）

**第六条**　法第二十条第三項に規定する見積期間は、次に掲げるとおりとする。ただし、やむを得ない事情があるときは、第二号及び第三号の期間は、五日以内に限り短縮することができる。

一　工事一件の予定価格が五百万円に満たない工事については、一日以上

二　工事一件の予定価格が五百万円以上五千万円に満たない工事については、十日以上

三　工事一件の予定価格が五千万円以上の工事については、十五日以上

2　国が入札の方法により競争に付する場合においては、予算決算及び会計令（昭和二十二年勅令第百六十五号）第七十四条の規定による期間を前項の見積期間とみなす。

参照

○予算決算及び会計令（平二八・四・二七政令二〇九現）

（入札の公告）

**第七十四条**　契約担当官等は、入札の方法により一般競争に付そうとするときは、その入札期日の前日から起算して少なくとも十日前に官報、新聞紙、掲示その他の方法により公告しなければならない。ただし、急を要する場合においては、その期間を五日までに短縮することができる。

（保証人を必要としない軽微な工事）

**第六条の二**　法第二十一条第一項ただし書の政令で定める軽微な工事は、工事一件の請負代金の額が五百万円に満たない工事とする。

（一括下請負の禁止の対象となる多数の者が利用する施設又は工作物に関する重要な建設工事）

**第六条の三**　法第二十二条第三項の政令で定める重要な建設工事は、共同住宅を新築する建設工事とする。

（一括下請負の承諾に係る情報通信の技術を利用する方法）

**第六条の四**　発注者は、法第二十二条第四項の規定により同条第三項の承諾をする旨の通知（次項において「承諾通知」という。）をしようとするときは、国土交通省令で定めるところにより、あらかじめ、当該元請負人に対し、その用いる同条第四項前段に規定する方法（以下この条において「電磁的方法」という。）の種類及び内容を示し、書面又は電磁的方法による承諾を得なければならない。

2　前項の規定による承諾を得た発注者は、当該元請負人から書面又は電磁的方法により電磁的方法による通知を受けない旨の申出があつたときは、当該請負人に対し、承諾通知を電磁的方

法によつてしてはならない。ただし、当該元請負人が再び同項の規定による承諾をした場合は、この限りでない。

注　一項の「国土交通省令で定めるところ」＝施行規則一三条の一〇

（下請負人の選定の承諾に係る情報通信の技術を利用する方法）

**第七条**　注文者は、法第二十三条第二項の規定により同条第一項ただし書の承諾をする旨の通知（次項において「承諾通知」という。）をしようとするときは、国土交通省令で定めるところにより、あらかじめ、同項ただし書の規定により下請負人を選定する者（次項において「下請負人選定者」という。）に対し、その用いる同条第二項前段に規定する方法（以下この条において「電磁的方法」という。）の種類及び内容を示し、書面又は電磁的方法による承諾を得なければならない。

2　前項の規定による承諾を得た注文者は、下請負人選定者から書面又は電磁的方法により電磁的方法による通知を受けない旨の申出があつたときは、下請負人選定者に対し、承諾通知を電磁的方法によつてしてはならない。ただし、下請負人選定者が再び同項の規定による承諾をした場合は、この限りでない。

注　一項の「国土交通省令で定めるところ」＝施行規則一三条の一一

（法第二十四条の五第一項の金額）

**第七条の二**　法第二十四条の五第一項の政令で定める金額は、四千万円とする。

（法第二十四条の六第一項の法令の規定）

**第七条の三**　法第二十四条の六第一項の政令で定める建設工事の施工又は建設工事に従事する労働者の使用に関する法令の規定は、次に掲げるものとする。

一　建築基準法第九条第一項及び第十項（これらの規定を同法第八十八条第一項から第三項までにおいて準用する場合を含む。）並びに第九十条

二　宅地造成等規制法第九条（同法第十二条第三項において準用する場合を含む。）及び第十四条第二項から第四項まで

三　労働基準法第五条（労働者派遣法第四十四条第一項の規定により適用される場合を含む。）、第六条、第二十四条、第五十六条、第六十三条及び第六十四条の二（労働者派遣法第四十四条第二項（建設労働法第四十四条の規定により適用される場合を含む。）の規定によりこれらの規定が適用される場合を含む。）、第九十六条の二第二項並びに第九十六条の三第一項

四　職業安定法第四十四条、第六十三条第一号及び第六十五条第八号

五　労働安全衛生法（昭和四十七年法律第五十七号）第九十八条第一項（労働者派遣法第四十五条第十五項（建設労働法第

四十四条の規定により適用される場合を含む。）の規定により適用される場合を含む。）

六　労働者派遣法第四条第一項

**参照**

**○建築基準法**〔平二八・六・七法七二現〕

**第九条**　〔第一項及び第十項　六一六頁参照〕

**第八十八条**　〔第一項～第三項　六一六～六一八頁参照〕

（工事現場の危害の防止）

**第九十条**　建築物の建築、修繕、模様替又は除却のための工事の施工者は、当該工事の施工に伴う地盤の崩落、建築物又は工事用の工作物の倒壊等による危害を防止するために必要な措置を講じなければならない。

2　前項の措置の技術的基準は、政令で定める。

3　第三条第二項及び第三項、第九条（第十三項及び第十四項を除く。）、第九条の二、第九条の三（設計者及び宅地建物取引業者に係る部分を除く。）並びに第十八条第一項及び第二十五項の規定は、第一項の工事の施工について準用する。

**○宅地造成等規制法**〔平二六・五・三〇法四二現〕

（宅地造成に関する工事の技術的基準等）

**第九条**　宅地造成工事規制区域内において行なわれる宅地造成に関する工事は、政令（その政令で都道府県の規則に委任した事項に関しては、その規則を含む。）で定める技術的基準に従い、擁壁又は排水施設の設置その他宅地造成に伴う災害を防止するため必要な措置が講ぜられたものでなければならない。

2　前項の規定により講ずべきものとされる措置のうち政令（同項の政令で都道府県の規則に委任した事項に関しては、その規則を含む。）で定めるものの工事は、政令で定める資格を有する者の設計によらなければならない。

（変更の許可等）

**第十二条**　〔略〕

3　第八条第二項及び第三項並びに前三条の規定は、第一項の許可について準用する。

**○労働基準法**〔平二七・五・二九法三一現〕

**第十四条**　〔第二項～第四項　六一八～六一九頁参照〕

**第五条・第六条**　〔六二〇頁参照〕

（賃金の支払）

**第二十四条**　賃金は、通貨で、直接労働者に、その全額を支払わなければならない。ただし、法令若しくは労働協約に別段の定めがある場合又は厚生労働省令で定める賃金について確実な支払の方法で厚生労働省令で定めるものによる場合においては、通貨以外のもので支払い、また、法令に別段の定めがある場合又は当該事業場の労働者の過半数で組織する労働組合があるときはその労働組合、労働者の過半数で組織する労働組合がないときは労働者の過半数を代表する者との書面による協定がある場合においては、賃金の一部を控除して支払うことができる。

② 賃金は、毎月一回以上、一定の期日を定めて支払わなければならない。ただし、臨時に支払われる賃金、賞与その他これに準ずるもので厚生労働省令で定める賃金（第八十九条において「臨時の賃金等」という。）については、この限りでない。

（最低年齢）

**第五十六条** 使用者は、児童が満十五歳に達した日以後の最初の三月三十一日が終了するまで、これを使用してはならない。

② 前項の規定にかかわらず、別表第一第一号から第五号までに掲げる事業以外の事業に係る職業で、児童の健康及び福祉に有害でなく、かつ、その労働が軽易なものについては、行政官庁の許可を受けて、満十三歳以上の児童をその者の修学時間外に使用することができる。映画の製作又は演劇の事業については、満十三歳に満たない児童についても、同様とする。

（坑内労働の禁止）

**第六十三条** 使用者は、満十八才に満たない者を坑内で労働させてはならない。

（坑内業務の就業制限）

**第六十四条の二** 使用者は、次の各号に掲げる女性を当該各号に定める業務に就かせてはならない。

一 妊娠中の女性及び坑内で行われる業務に従事しない旨を使用者に申し出た産後一年を経過しない女性　坑内で行われるすべての業務

二 前号に掲げる女性以外の満十八歳以上の女性　坑内で行われる業務のうち人力により行われる掘削の業務その他の女性に有害な業務として厚生労働省令で定めるもの

（監督上の行政措置）

**第九十六条の二** 〔略〕

② 行政官庁は、労働者の安全及び衛生に必要であると認める場合においては、工事の着手を差し止め、又は計画の変更を命ずることができる。

**第九十六条の三** 労働者を就業させる事業の附属寄宿舎

が、安全及び衛生に関し定められた基準に反する場合においては、行政官庁は、使用者に対して、その全部又は一部の使用の停止、変更その他必要な事項を命ずることができる。

**○職業安定法**〔平二八・五・二〇法四七現〕

**第四十四条**　〔六二三頁参照〕

〔罰則〕

**第六十三条**　次の各号のいずれかに該当する者は、これを一年以上十年以下の懲役又は二十万円以上三百万円以下の罰金に処する。

一　暴行、脅迫、監禁その他精神又は身体の自由を不当に拘束する手段によつて、職業紹介、労働者の募集若しくは労働者の供給を行つた者又はこれらに従事した者

**第六十五条**　次の各号のいずれかに該当する者は、これを六月以下の懲役又は三十万円以下の罰金に処する。

八　虚偽の広告をなし、又は虚偽の条件を呈示して、職業紹介、労働者の募集若しくは労働者の供給を行つた者又はこれらに従事した者

**○労働安全衛生法**〔平二七・五・七法一七現〕

（使用停止命令等）

**第九十八条**　都道府県労働局長又は労働基準監督署長は、第二十条から第二十五条まで、第二十五条の二第一項、第三十条の三第一項若しくは第四項、第三十一条第一項、第三十一条の二、第三十三条第一項又は第三十四条の規定に違反する事実があるときは、その違反した事業者、注文者、機械等貸与者又は建築物貸与者に対し、作業の全部又は一部の停止、建設物等の全部又は一部の使用の停止又は変更その他労働災害を防止するため必要な事項を命ずることができる。

**○労働者派遣事業の適正な運営の確保及び派遣労働者の保護等に関する法律**〔平二八・三・三一法一七現〕

**第四条**　〔第一項第二号　六二四頁参照〕

（労働基準法の適用に関する特例）

**第四十四条**　〔略〕

2　派遣中の労働者の派遣就業に関しては、派遣先の事業のみを、派遣中の労働者を使用する事業とみなして、労働基準法第七条、第三十二条、第三十二条の二第一項、第三十二条の三、第三十二条の四第一項から第三項まで、第三十三条から第三十五条まで、第三十六条第一項、第四十条、第四十一条、第六十条から第六十三条まで、第六十四条の二、第六十四条の三及び第六十六条から第六

十八条までの規定並びに当該規定に基づいて発する命令の規定（これらの規定に係る罰則の規定を含む。）を適用する。この場合において、同法第三十二条の二第一項中「当該事業場に」とあるのは「労働者派遣事業の適正な運営の確保及び派遣労働者の就業条件の整備等に関する法律（以下「労働者派遣法」という。）第四十四条第三項に規定する派遣元の使用者（以下単に「派遣元の使用者」という。）が、当該派遣元の事業（同項に規定する派遣元の事業をいう。以下同じ。）の事業場に」と、同法第三十二条の三中「就業規則その他これに準ずるものにより、」とあるのは「派遣元の使用者が就業規則その他これに準ずるものにより」と、「とした労働者」とあるのは「とした労働者であつて、当該労働者に係る労働者派遣法第二十六条第一項に規定する労働者派遣契約に基づきこの条の規定による労働時間により労働させることができるもの」と、「当該事業場の」とあるのは「派遣元の使用者が、当該派遣元の事業の事業場の」と、同法第三十二条の四第一項及び第二項中「当該事業場に」とあるのは「派遣元の使用者が、当該派遣元の事業の事業場に」と、同法第三十六条第一項中「当該事業場に」とあるのは「派遣元の使用者が、当該派遣元の事業の事業場に」と、「これを行政官庁に」とあるのは「及びこれを行政官庁に」とする。

（労働安全衛生法の適用に関する特例等）

**第四十五条**　〔略〕

15　前各項の規定による労働安全衛生法の特例については、同法第九条中「事業者、」とあるのは「事業者（労働者派遣事業の適正な運営の確保及び派遣労働者の就業条件の整備等に関する法律（以下「労働者派遣法」という。）第四十四条第一項に規定する派遣先の事業を行う者（以下「派遣先の事業者」という。）を含む。以下この条において同じ。）、」と、同法第二十八条第四項、第三十二条第一項から第四項まで、第三十三条第一項、第三十四条、第六十三条、第六十六条の五第三項、第七十条の二第二項、第七十一条の三第二項、第七十一条の四、第九十三条第二項及び第三項、第九十七条第二項、第九十八条第一項、第九十九条第一項、第九十九条の二第一項及び第二項、第百条から第百二条まで、第百三条第一項、第百六条第一項並びに第百八条の二第三項中「事業者」とあるのは「事業者（派遣先の事業者を含む。）」と、同法第三十一条第一項中「の労働者」とあるのは「の労働者（労働者派遣法第四十四条第一項に規定する派遣中の労働者（以下単に「派遣中の労働者」という。）を含む。）」と、同法第三十一条の二、第三十一条の四並びに第三十二条第四項、第六項及び第七項中「労働者」とあるのは「労働者（派遣中の労働者を含む。）」と、同法第三十一条の四及び第九十七条第一項中「この法律又はこれに基づく命令の規定」とあるのは「この法律若しくはこれに基づく命令の規定（労働者派遣法第四十五条の規定により適用される場合を含む。）又は同条第六項、第十項若しくは第十一項の規定若しくはこれらの規定に基づく命令の規定」と、同法第九十条、第九十一条第一項及び第百条中「この法律」とあるのは「この法律及び労働者派遣法第四十五条の規定」と、同法第九十二条中「この法律の規定に違反する罪」とあるのは「この法律の規定（労働者派遣法第四十五条の規定により適用される場合を含む。）に違反する罪（同条第七項の規定による第百十九条及び第百二十二条の罪を含む。）並びに労働者派遣法第四十五条第十二項及び第十三項の罪」と、同法第九十八条第一項中「第三十四条の規定」とあるのは「第三十四条の規定（労働者派遣法第四十五条の規定により適用される場合を含む。）」と、同法第百一条第一項中「この法律」とあるのは「この法律（労働者派遣法第四十五条の規定を含む。）」と、同法第百三条第一項中「この法律又はこれに基づく命令の規定」とあるのは「この法律又はこれに基づく命令の規定（労働者派遣法第四十五条の規定により適用される場合を含む。）」と、同法第百十五条第一項中「（第二章の規定を除く。）」とあるのは「（第二章の規定を除く。）及び労働者派遣法第四十五条の規定」として、これらの規定（これらの規定に係る罰則の規定を含む。）を適用する。

（法第二十四条の七第一項の金額）

**第七条の四**　法第二十四条の七第一項の政令で定める金額は、四千万円とする。ただし、特定建設業者が発注者から直接請け負った建設工事が建築一式工事である場合においては、六千万円とする。

（名簿の作成）

**第八条**　建設工事紛争審査会（以下「審査会」という。）は、当該審査会の委員又は特別委員の名簿を作成しておかなければならない。

2　前項の名簿の記載事項は、国土交通省令で定める。

注　二項の「国土交通省令」＝施行規則一六条

（特別委員の意見の陳述）

**第九条**　特別委員は、会長の承認を得て、審査会の会議に出席し、意見を述べることができる。

（審査会の会議）

**第十条**　この政令で定めるもののほか、審査会の会議に関し必要な事項は、審査会が定める。

参照

**○中央建設工事紛争審査会議事細則**〔昭和三十一年十一月二十八日制定〕

（細則の適用）

**第一条**　中央建設工事紛争審査会（以下「審査会」という。）の会議に関しては、建設業法及び同法施行令に規定するものを除くほか、この細則の定めるところによる。

（招集）

**第二条**　会議は、会長が必要と認めるときこれを招集する。ただし、委員の総数の三分の一以上の者から、付議すべき事項を示して招集の請求があつたときは、会長は、これを招集しなければならない。

2　招集は、あらかじめ議事事項及び期日を定めて会議の三日前までにこれを委員に通知しなければならない。ただし、止むを得ない場合は、この限りでない。

（委員の除斥）

**第三条**　委員は、次の各号の一に該当する場合においては、会議の議事に加わることができない。ただし、審査会の同意があつたときは、会議に出席し意見を述べることができる。

一　自己又は父母、祖父母、配偶者、子、孫若しくは兄弟姉妹が議事事項の当事者又は当事者である法人の役員であるとき。

二　委員が議事事項の当事者の参考人として出頭を求められているとき。

三　委員が議事事項につき当事者の代理人（法定代理人を含む。）又は保証人であるとき。

（会議の公開の原則）

**第四条**　会議は、これを公開する。この場合において、会長は、傍聴人の数を制限することができる。

2　前項の規定にかかわらず、会長は、必要があると認めるときは、出席委員の同意を得て会議を公開しないことができる。

（会議録）

**第五条**　会長は、会議録を調製し、会議の次第及び出席委員の氏名を記載しなければならない。

（中央建設工事紛争審査会の庶務）

**第十一条**　中央建設工事紛争審査会（以下「中央審査会」という。）

の庶務は、国土交通省土地・建設産業局建設業課において処理する。

（指定職員）

**第十二条**　審査会の庶務に従事する職員で国土交通大臣又は都道府県知事が指定した者（以下「指定職員」という。）は、審査会の行う紛争処理に立ち会い、調書を作成し、その他紛争処理に関し審査会の命ずる事務を取り扱うものとする。

（紛争処理の申請書の記載事項等）

**第十三条**　法第二十五条の十の書面には、次に掲げる事項を記載し、申請人が記名押印しなければならない。

一　当事者及びその代理人の氏名及び住所

二　当事者の一方又は双方が建設業者である場合においては、その許可をした行政庁の名称及び許可番号

三　あつせん、調停又は仲裁を求める事項

四　紛争の問題点及び交渉経過の概要

五　工事現場その他紛争処理を行うに際し参考となる事項

六　申請手数料の額

七　審査会の表示

八　申請の年月日

2　証拠書類がある場合においては、その原本又は写を前項の書面（以下「申請書」という。）に添附しなければならない。

3　法第二十五条の九第三項の規定により合意によつて管轄審査会が定められたときは、その合意を証する書面を申請書に添附しなければならない。

4　当事者の一方から仲裁の申請をする場合においては、紛争が生じた場合において法による仲裁に付する旨の合意を証する書面を申請書に添附しなければならない。

（代理権の証明）

**第十四条**　法定代理権又は紛争処理に係る行為を行うに必要な授権は、審査会に対し書面でこれを証明しなければならない。

（公共性のある施設又は工作物）

**第十五条**　法第二十五条の十一第二号の公共性のある施設又は工作物で政令で定めるものは、次の各号に掲げるものとする。

一　鉄道、軌道、索道、道路、橋、護岸、堤防、ダム、河川に関する工作物、砂防用工作物、飛行場、港湾施設、漁港施設、運河、上水道又は下水道

二　消防施設、水防施設、学校又は国若しくは地方公共団体が設置する庁舎、工場、研究所若しくは試験所

三　電気事業用施設（電気事業の用に供する発電、送電、配電又は変電その他の電気施設をいう。）又はガス事業用施設（ガス事業の用に供するガスの製造又は供給のための施設をいう。）

四　前各号に掲げるもののほか、紛争により当該施設又は工作物に関する工事の工期が遅延することその他適正な施工が妨げられることによつて公共の福祉に著しい障害を及ぼすおそれのある施設又は工作物で国土交通大臣が指定するもの

（紛争処理の通知）

**第十六条**　審査会は、当事者の一方から紛争処理の申請がなされたときは申請書の写しを添えてその相手方に対し、法第二十五条の十一第二号に規定する決議をしたときは当事者の双方に対し、遅滞なく、書面をもつてその旨を通知しなければならない。

（申請の変更）

**第十六条の二**　あつせん、調停又は仲裁の申請人は、書面をもつて第十三条第一項第三号に掲げる事項を変更することができる。ただし、これにより、当該あつせん、調停又は仲裁の手続を著しく遅延させる場合は、この限りでない。

2　審査会は、前項の規定による変更の申請がなされたときは、同項の書面（以下「変更申請書」という。）の写しを添えて、その相手方に対し、遅滞なく、書面をもつてその旨を通知しなければならない。

（あつせん又は調停をしない場合の措置）

**第十七条**　審査会は、法第二十五条の十四の規定によりあつせん又は調停をしないものとしたときは、当事者に対し、遅滞なく、書面をもつてその旨を通知しなければならない。

（仲裁委員の選定等）

**第十八条**　審査会は、仲裁の申請があつたときは、当事者に対して第八条第一項の名簿の写を送付しなければならない。

2　当事者が合意により仲裁委員となるべき者を選定したときは、その者の氏名を前項の名簿の写の送付を受けた日から二週間以内に審査会に対し書面をもつて通知しなければならない。

3　前項の期間内に同項の規定による通知がなかつたときは、当事者の合意による選定がなされなかつたものとみなす。

**第十九条**　当事者の合意による仲裁委員となるべき者の選定がなされない場合において、各当事者は、仲裁委員に指名されることが適当でないと認める委員又は特別委員があるときは、その者の氏名を前条第二項に規定する期間内に審査会に対し書面をもつて通知することができる。

2　会長は、法第二十五条の十九第二項ただし書の規定により仲裁委員を指名するに当たつては、当該事件の性質、当事者の意思等を勘案してするものとし、仲裁委員を指名したときは、当事者に対し、遅滞なく、その者の氏名を通知しなければならない。

（仲裁委員が欠けた場合の措置）

**第二十条**　審査会は、仲裁委員が死亡、解任、辞任その他の理由

により欠けた場合においては、当事者に対し、遅滞なく、その旨を通知しなければならない。

2　前二条の規定は、仲裁委員が欠けた場合における後任の仲裁委員となるべき者の選定及び後任の仲裁委員の指名について準用する。

（仲裁判断の作成）

**第二十一条**　審査会は、仲裁判断をするための審訊その他必要な調査を終了したときは、速やかに、仲裁判断をしなければならない。

2　仲裁判断の正本及び謄本には指定職員が正本又は謄本である旨の附記をし、及び記名押印し、かつ、正本には審査会の印を押さなければならない。

3　仲裁判断の正本は、その一通を仲裁判断の記録に添附しなければならない。

**第二十二条**　削除

（調書の作成）

**第二十三条**　指定職員は、審査会が行う紛争処理の手続について国土交通省令で定める様式により調書を作成しなければならない。ただし、あつせん又は調停手続について審査会が必要がないと認めたときは、この限りでない。

注　「国土交通省令で定める様式」＝施行規則一七条、様式二三号・二四号・二五号

（調査の嘱託）

**第二十四条**　審査会は、必要があると認めるときは、事実の調査を官公署その他適当であると認める者に嘱託することができる。

（紛争処理の手続に要する費用）

**第二十五条**　紛争処理の手続に要する費用のうち紛争処理の手続について審査会が必要とする費用の算定は、次の各号に掲げるところによる。

一　委員、特別委員及び指定職員の鉄道賃、船賃、航空賃、車賃、日当、宿泊料及び食卓料は、中央審査会にあつては国家公務員等の旅費に関する法律（昭和二十五年法律第百十四号）の定めるところにより、都道府県建設工事紛争審査会（以下「都道府県審査会」という。）にあつては当該都道府県の条例の定めるところによる。

二　証人及び鑑定人の旅費、日当及び宿泊料の額については、民事訴訟の例により、中央審査会に係るものにあつては国土交通大臣、都道府県審査会に係るものにあつては当該都道府県の知事が相当と認める額とする。

三　鑑定人の特別手当（鑑定について特別の技能若しくは費用又は長時間を要した場合において鑑定人に支給する特別の手

当をいう。）は、中央審査会に係るものにあつては国土交通大臣、都道府県審査会に係るものにあつては当該都道府県の知事が相当と認める額とする。

四　執行官の手数料及び立替金は、執行官の手数料及び費用に関する規則（昭和四十一年最高裁判所規則第十五号）の定めるところによる。

五　送付に要する費用、電報料及び電話料は、その実費とする。

六　前各号に掲げるもののほか必要な費用は、その実費とする。

注　二号の「民事訴訟の例」＝民事訴訟費用等に関する法律二一条～二三条、最高裁判所規則五号六条～八条

（申請手数料）

**第二十六条**　法第二十五条の二十四の申請手数料の額は、次の表の上欄の申請の区分に応じ、それぞれ同表の下欄に掲げる額とする。

| 項 | 上欄 | 下欄 |
| --- | --- | --- |
| 一 | あつせんの申請 | あつせんを求める事項の価額に応じて、次に定めるところにより算出して得た額<br>㈠　あつせんを求める事項の価額が百万円まで　一万円<br>㈡　あつせんを求める事項の価額が百万円を超え五百万円までの部分　その価額一万円までごとに　二十円<br>㈢　あつせんを求める事項の価額が五百万円を超え二千五百万円までの部分　その価額一万円までごとに　十五円<br>㈣　あつせんを求める事項の価額が二千五百万円を超える部分　その価額一万円までごとに　十円 |
| 二 | 調停の申請 | 調停を求める事項の価額に応じて、次に定めるところにより算出して得た額<br>㈠　調停を求める事項の価額が百万円まで　二万円<br>㈡　調停を求める事項の価額が百万円を超え五百万円までの部分　その価額一万円までごとに　四十円<br>㈢　調停を求める事項の価額が五百万円を超え一億円までの部分　その価額一万円までごとに　二十五円<br>㈣　調停を求める事項の価額が一億円を超える部分　その価額一万円までごとに　十五円 |
| 三 | 仲裁の申請 | 仲裁を求める事項の価額に応じて、次に定めるところにより算出して得た額<br>㈠　仲裁を求める事項の価額が百万円まで　五万円<br>㈡　仲裁を求める事項の価額が百万円を超え五百万円までの部分　その価額一万円までごとに　百円 |

| | | |
|---|---|---|
| (三) 仲裁を求める事項の価額が五百万円を超え一億円までの部分 | その価額一万円までごとに | 六十円 |
| (四) 仲裁を求める事項の価額が一億円を超える部分 | その価額一万円までごとに | 二十円 |

2　前項の場合において、あつせん、調停又は仲裁を求める事項の価額を算定することができないときは、その価額は、五百万円とみなす。

3　申請手数料は、紛争処理の申請書に申請手数料の金額に相当する額の収入印紙をはつて納めなければならない。

4　あつせん、調停又は仲裁を求める事項の価額を増加するときは、増加後の価額につき納付すべき申請手数料の額と増加前の申請について納められた申請手数料の額との差額に相当する額の申請手数料を納めなければならない。この場合においては、その差額に相当する額の収入印紙を変更申請書にはつて納めなければならない。

（申請手数料を納めたものとみなす場合）

**第二十六条の二**　あつせん又は調停の申請人が法第二十五条の十五第二項の規定による通知を受けた日から二週間以内に当該あつせん又は調停の目的となつた事項について仲裁の申請をする場合における申請手数料については、当該あつせん又は調停の申請について納めた申請手数料の額に相当する額は、納めたものとみなす。

（申請手数料の還付）

**第二十六条の三**　審査会は、次の各号に掲げる申請についてそれぞれ当該各号に定める事由が生じた場合においては、納められた申請手数料の額（第二号に掲げる申請にあつては、前条の規定により納めたものとみなされた額を除く。）の二分の一に相当する額の金銭を還付しなければならない。

一　あつせん又は調停の申請　最初にすべきあつせん又は調停の期日の終了前における取下げ

二　仲裁の申請　口頭審理を経ない仲裁手続の終了決定又は最初にすべき口頭審理の期日の終了前における取下げ

（専任の主任技術者又は監理技術者を必要とする建設工事）

**第二十七条**　法第二十六条第三項の政令で定める重要な建設工事は、次の各号のいずれかに該当する建設工事で工事一件の請負代金の額が三千五百万円（当該建設工事が建築一式工事である場合にあつては、七千万円）以上のものとする。

一　国又は地方公共団体が注文者である施設又は工作物に関する建設工事

二　第十五条第一号及び第三号に掲げる施設又は工作物に関する建設工事

三　次に掲げる施設又は工作物に関する建設工事
イ　石油パイプライン事業法（昭和四十七年法律第百五号）第五条第二項第二号に規定する事業用施設
ロ　電気通信事業法（昭和五十九年法律第八十六号）第二条第五号に規定する電気通信事業者（同法第九条第一号に規定する電気通信回線設備を設置するものに限る。）が同条第四号に規定する電気通信事業の用に供する施設
ハ　放送法（昭和二十五年法律第百三十二号）第二条第二十三号に規定する基幹放送事業者又は同条第二十四号に規定する基幹放送局提供事業者が同条第一号に規定する放送の用に供する施設（鉄骨造又は鉄筋コンクリート造の塔その他これに類する施設に限る。）
ニ　学校
ホ　図書館、美術館、博物館又は展示場
ヘ　社会福祉法（昭和二十六年法律第四十五号）第二条第一項に規定する社会福祉事業の用に供する施設
ト　病院又は診療所
チ　火葬場、と畜場又は廃棄物処理施設
リ　熱供給事業法（昭和四十七年法律第八十八号）第二条第四項に規定する熱供給施設
ヌ　集会場又は公会堂
ル　市場又は百貨店
ヲ　事務所
ワ　ホテル又は旅館
カ　共同住宅、寄宿舎又は下宿
ヨ　公衆浴場
タ　興行場又はダンスホール
レ　神社、寺院又は教会
ソ　工場、ドック又は倉庫
ツ　展望塔

2　前項に規定する建設工事のうち密接な関係のある二以上の建設工事を同一の建設業者が同一の場所又は近接した場所において施工するものについては、同一の専任の主任技術者がこれらの建設工事を管理することができる。

参照

○**児童福祉法**〔平二七・七・一五法五六現〕

**第七条**　この法律で、児童福祉施設とは、助産施設、乳児院、母子生活支援施設、保育所、幼保連携型認定こども園、児童厚生施設、児童養護施設、障害児入所施設、児童発達支援センター、情緒障害児短期治療施設、児童自立支援施設及び児童家庭支援センターとする。

○**旅館業法**〔平二八・五・二〇法四七現〕

（定義）

**第二条**　この法律で「旅館業」とは、ホテル営業、旅館営業、簡易宿所営業及び下宿営業をいう。

2　この法律で「ホテル営業」とは、洋式の構造及び設備を主とする施設を設け、宿泊料を受けて、人を宿泊させる営業で、簡易宿所営業及び下宿営業以外のものをいう。

3　この法律で「旅館営業」とは、和式の構造及び設備を主とする施設を設け、宿泊料を受けて、人を宿泊させる営業で、簡易宿所営業及び下宿営業以外のものをいう。

4　この法律で「簡易宿所営業」とは、宿泊する場所を多数人で共用する構造及び設備を主とする施設を設け、宿泊料を受けて、人を宿泊させる営業で、下宿営業以外のものをいう。

5　この法律で「下宿営業」とは、施設を設け、一月以上の期間を単位とする宿泊料を受けて、人を宿泊させる営業をいう。

6　この法律で「宿泊」とは、寝具を使用して前各項の施設を利用することをいう。

## ○熱供給事業法〔平二七・六・二四法四七現〕

（定義）

**第二条**　〔略〕

4　この法律において「熱供給施設」とは、熱供給事業の用に供されるボイラー、冷凍設備、循環ポンプ、整圧器、導管その他の設備であつて、熱供給事業を営む者の管理に属するものをいう。

## ○石油パイプライン事業法〔平二六・六・一三法六九現〕

（石油パイプライン事業の許可）

**第五条**　〔略〕

2　前項の許可を受けようとする者は、次の事項を記載した申請書を主務大臣に提出しなければならない。

二　石油パイプラインに属する導管及びその他の工作物並びにこれらの附属設備であつて、石油パイプライン事業の用に供するもの（以下「事業用施設」という。）に関する次の事項

イ　主務省令で定める導管にあつては、その設置の場所、延長及び内径並びに導管内の圧力

ロ　主務省令で定めるタンクにあつては、その設置の場所及び容量

ハ　主務省令で定める圧送機にあつては、その設置の場所及び能力別の数

## ○電気通信事業法〔平二七・五・二二法二六現〕

（電気通信事業の登録）

**第九条**　電気通信事業を営もうとする者は、総務大臣の登録を受けなければならない。ただし、次に掲げる場合は、この限りでない。

一　その者の設置する電気通信回線設備（送信の場所と受信の場所との間を接続する伝送路設備及びこれと一体として設置される交換設備並びにこれらの附属設備をいう。以下同じ。）の規模及び当該電気通信回線設備を設置する区域の範囲が総務省令で定める基準を超えない場合

二　その者の設置する電気通信回線設備が電波法（昭和二十五年法律第百三十一号）第七条第二項第六号に規定する基幹放送に加えて基幹放送以外の無線通信の送信をする無線局の無線設備である場合（前号に掲げる場合を除く。）

（登録の有効期間）

**第二十七条の二**　法第二十六条の七第一項（法第二十七条の三十二において準用する場合を含む。）の政令で定める期間は、三年とする。

（国土交通大臣が行う講習手数料）

**第二十七条の二の二**　法第二十六条の十八の政令で定める手数料の額は、一万五百円とする。

（技術検定の種目等）

**第二十七条の三**　法第二十七条第一項の規定による技術検定は、次の表の検定種目の欄に掲げる種目について、同表の検定技術の欄に掲げる技術を対象として行う。

| 検定種目 | 検定技術 |
| --- | --- |
| 建設機械施工 | 建設工事の実施に当たり、建設機械を適確に操作するとともに、建設機械の運用を統一的かつ能率的に行うために必要な技術 |
| 土木施工管理 | 土木一式工事の実施に当たり、その施工計画の作成及び当該工事の工程管理、品質管理、安全管理等工事の施工の管理を適確に行うために必要な技術 |
| 建築施工管理 | 建築一式工事の実施に当たり、その施工計画及び施工図の作成並びに当該工事の工程管理、品質管理、安全管理等工事の施工の管理を適確に行うために必要な技術 |
| 電気工事施工管理 | 電気工事の実施に当たり、その施工計画及び施工図の作成並びに当該工事の工程管理、品質管理、安全管理等工事の施工の管理を適確に行うために必要な技術 |
| 管工事施工管理 | 管工事の実施に当たり、その施工計画及び施工図の作成並びに当該工事の工程管理、品質管理、安全管理等工事の施工の管理を適確に行うために必要な技術 |

| 造園施工管理 | 造園工事の実施に当たり、その施工計画及び施工図の作成並びに当該工事の工程管理、品質管理、安全管理等工事の施工の管理を適確に行うために必要な技術 |
|---|---|

2　技術検定は、一級及び二級に区分して行う。

3　建設機械施工、土木施工管理及び建築施工管理に係る二級の技術検定は、当該種目を国土交通大臣が定める種別に細分して行う。

注　三項の「国土交通大臣が指定する種目」・「国土交通大臣の定める種別」＝昭和四八年四月一〇日建設省告示八六〇号、昭和五八年八月三一日建設省告示一五〇八号、昭和五九年八月二七日建設省告示一二五四号

（技術検定の方法及び基準）

**第二十七条の四**　実地試験は、その回の技術検定における学科試験に合格した者及び第二十七条の七の規定により学科試験の全部の免除を受けた者について行うものとする。ただし、国土交通省令で定める種目及び級に係る技術検定の実地試験は、種目及び級を同じくするその回の技術検定における学科試験を受験した者及び同条の規定により当該学科試験の全部の免除を受けた者について行うものとする。

2　学科試験及び実地試験の科目及び基準は、国土交通省令で定める。

注　一項の「国土交通省令で定める種目及び級」＝施工技術検定規則一条の二、二項の「国土交通省令」＝施工技術検定規則一条

（受検資格）

**第二十七条の五**　一級の技術検定を受けることができる者は、次のとおりとする。

一　学校教育法（昭和二十二年法律第二十六号）による大学（短期大学を除き、旧大学令（大正七年勅令第三百八十八号）による大学を含む。）を卒業した後受検しようとする種目に関し指導監督的実務経験一年以上を含む三年以上の実務経験を有する者で在学中に国土交通省令で定める学科を修めたもの

二　学校教育法による短期大学又は高等専門学校（旧専門学校令（明治三十六年勅令第六十一号）による専門学校を含む。）を卒業した後受検しようとする種目に関し指導監督的実務経験一年以上を含む五年以上の実務経験を有する者で在学中に国土交通省令で定める学科を修めたもの

三　受検しようとする種目について二級の技術検定に合格した後同種目に関し指導監督的実務経験一年以上を含む五年以上の実務経験を有する者

四　国土交通大臣が前三号に掲げる者と同等以上の知識及び経験を有するものと認定した者

2　二級の技術検定を受けることができる者は、次の各号に掲げ

る種目の区分に応じ、当該各号に定める者とする。

一　建設機械施工　次に掲げる試験の区分に応じ、それぞれに定める者

イ　学科試験　当該学科試験が行われる日の属する年度の末日における年齢が十七歳以上の者

ロ　実地試験　次のいずれかに該当する者

(1)　学校教育法による高等学校（旧中等学校令（昭和十八年勅令第三十六号）による実業学校を含む。(2)及び次号ロ(1)において同じ。）又は中等教育学校を卒業した後受検しようとする種別に関し二年以上の実務経験を有する者で在学中に国土交通省令で定める学科を修めたもの

(2)　学校教育法による高等学校又は中等教育学校を卒業した後建設機械施工に関し、受検しようとする種別に関する一年六月以上の実務経験を含む三年以上の実務経験を有する者で在学中に国土交通省令で定める学科を修めたもの

(3)　受検しようとする種別に関し六年以上の実務経験を有する者

(4)　建設機械施工に関し、受検しようとする種別に関する四年以上の実務経験を含む八年以上の実務経験を有する者

(5)　国土交通大臣が(1)から(4)までに掲げる者と同等以上の知識及び経験を有するものと認定した者

二　土木施工管理、建築施工管理、電気工事施工管理、管工事施工管理又は造園施工管理　次に掲げる試験の区分に応じ、それぞれに定める者

イ　学科試験　当該学科試験が行われる日の属する年度の末日における年齢が十七歳以上の者

ロ　実地試験　次のいずれかに該当する者

(1)　学校教育法による高等学校又は中等教育学校を卒業した後受検しようとする種目（土木施工管理又は建築施工管理にあつては、種別。(2)において同じ。）に関し三年以上の実務経験を有する者で在学中に国土交通省令で定める学科を修めたもの

(2)　受検しようとする種目に関し八年以上の実務経験を有する者

(3)　国土交通大臣が(1)又は(2)に掲げる者と同等以上の知識及び経験を有するものと認定した者

注
一項一・二号、二項一号の「国土交通省令で定める学科」＝施工技術検定規則二条
一項四号の「国土交通大臣が認定した者」＝昭和三七年一一月一日建設省告示二七五五号、昭和四六年三月五日建設省告示二九二号、平成六年一二月二一日建設省告示二四四〇号

二項一号の「国土交通大臣が認定した者」＝平成二七年一二月一六日国土交通省告示一一九六号
二項二号の「国土交通大臣が認定した者」＝平成二七年一二月一六日国土交通省告示一一九七号

（受検欠格）

**第二十七条の六**　国土交通大臣が、種目ごとに、当該種目に係る建設工事に従事するのに障害となると認めて指定する精神上又は身体上の欠陥を有する者は、前条の規定にかかわらず、当該種目に係る技術検定を受けることができない。

（試験の免除）

**第二十七条の七**　次の表の上欄に掲げる者については、申請により、それぞれ同表の下欄に掲げる試験を免除する。

| 上欄 | 下欄 |
|---|---|
| 一級の技術検定の学科試験に合格した者 | 種目を同じくする次回の一級の技術検定の学科試験の全部 |
| 二級の技術検定の学科試験に合格した者 | 種目（建設機械施工、土木施工管理又は建築施工管理にあつては、種目及び種別）を同じくする二級の技術検定（検定種目その他の事項を勘案して国土交通大臣が定める期間内に行われるものに限る。）の学科試験の全部 |
| 一級の技術検定に合格した者 | 二級の技術検定の学科試験又は実地試験の一部で国土交通大臣が定めるもの |
| 二級の技術検定に合格した者 | 種目を同じくする一級の技術検定の学科試験又は実地試験の一部で国土交通大臣が定めるもの |
| 他の法令の規定による免許で国土交通大臣が定めるものを受けた者又は国土交通大臣が定める検定若しくは試験に合格した者 | 国土交通大臣が定める学科試験又は実地試験の全部又は一部 |

注　表中「国土交通大臣の定める」＝昭和三七年一一月一日建設省告示二一七五四号、昭和四五年五月七日建設省告示七五八号、昭和五六年三月一六日建設省告示五〇六号、昭和五九年二月六日建設省告示一一八号、昭和六二年一一月一九日建設省告示一九四六号、昭和六三年一〇月二七日建設省告示二〇九三号、平成二年八月二〇日建設省告示一四六七号、平成五年八月九日建設省告示一六六一号、平成六年五月三〇日建設省告示一四三七号、平成二七年一二月一六日国土交通省告示一一九九号

（称号）

**第二十七条の八**　法第二十七条第五項の政令で定める称号は、級及び種目の名称を冠する技士とする。

（合格の取消し等）

**第二十七条の九**　国土交通大臣は、不正の手段によつて技術検定を受け、又は受けようとした者に対しては、合格の決定を取り消し、又はその技術検定を受けることを禁止することができる。

2　前項の規定により合格の決定を取り消された者は、合格証明書を国土交通大臣に返付しなければならない。

3　国土交通大臣は、第一項の規定による処分を受けた者に対し、三年以内の期間を定めて技術検定を受けることができないものとすることができる。

（受験手数料等）

**第二十七条の十**　学科試験又は実地試験の受験手数料の額は、次の表に掲げるとおりとする。ただし、第二十七条の七の規定により学科試験又は実地試験の一部の免除を受けることができる者が当該学科試験又は実地試験を受けようとする場合においては、当該学科試験又は実地試験について同表に掲げる額から国土交通大臣が定める額を減じた額とする。

| 検定種目 | 一級 | | 二級 | |
|---|---|---|---|---|
| | 学科試験 | 実地試験 | 学科試験 | 実地試験 |
| 建設機械施工 | 一万百円 | 二万七千八百円 | 一万百円 | 二万千六百円 |
| 土木施工管理 | 八千二百円 | 八千二百円 | 四千百円 | 四千百円 |
| 建築施工管理 | 九千四百円 | 九千四百円 | 四千七百円 | 四千七百円 |
| 電気工事施工管理 | 一万千八百円 | 一万千八百円 | 五千九百円 | 五千九百円 |
| 管工事施工管理 | 八千五百円 | 八千五百円 | 四千二百五十円 | 四千二百五十円 |
| 造園施工管理 | 一万四百円 | 一万四百円 | 五千二百円 | 五千二百円 |

2　技術検定の合格証明書の交付又は再交付の手数料の額は、二千二百円とする。

注　一項の「国土交通大臣が定める額」＝昭和六三年六月六日建設省告示一三一八号

（国土交通省令への委任）

**第二十七条の十一**　この政令で定めるもののほか、技術検定に関し必要な事項は、国土交通省令で定める。

注　「国土交通省令」＝施工技術検定規則三条―一一条

（資格者証交付等手数料）

**第二十七条の十二**　法第二十七条の二十一第一項の政令で定める額は、七千六百円とする。

（公共性のある施設又は工作物に関する建設工事）

**第二十七条の十三**　法第二十七条の二十三第一項の政令で定める建設工事は、国、地方公共団体、法人税法（昭和四十年法律第三十四号）別表第一に掲げる公共法人（地方公共団体を除く。）又はこれらに準ずるものとして国土交通省令で定める法人が発注者であり、かつ、工事一件の請負代金の額が五百万円（当該建設工事が建築一式工事である場合にあつては、千五百万円）以上のものであつて、次に掲げる建設工事以外のものとする。

一　堤防の欠壊、道路の埋没、電気設備の故障その他施設又は工作物の破壊、埋没等で、これを放置するときは、著しい被害を生ずるおそれのあるものによつて必要を生じた応急の建

設工事

二　前号に掲げるもののほか、経営事項審査を受けていない建設業者が発注者から直接請け負うことについて緊急の必要その他やむを得ない事情があるものとして国土交通大臣が指定する建設工事

注　「国土交通省令で定めるもの」＝施行規則一八条

（国土交通大臣が行う経営規模等評価等手数料）

**第二十七条の十四**　法第二十七条の三十の政令で定める手数料の額のうち経営規模等評価の申請に係るものは、八千百円に法第二十七条の二十三第一項に規定する建設業者が審査を受けようとする建設業（次項において「審査対象建設業」という。）一種類につき二千三百円として計算した額を加算した額とする。

2　法第二十七条の三十の政令で定める手数料の額のうち総合評定値の請求に係るものは、四百円に審査対象建設業一種類につき二百円として計算した額を加算した額とする。

（国土交通大臣が行う経営状況分析手数料）

**第二十七条の十五**　法第二十七条の三十五第四項において準用する法第二十七条の三十の政令で定める手数料の額は、一万五千九百円とする。

（立入検査をする職員の資格）

**第二十八条**　法第三十一条第一項の規定により立入検査をすることができる職員は、一般職の職員の給与に関する法律（昭和二十五年法律第九十五号）第六条第一項第一号イに規定する行政職俸給表㈠の適用を受ける国家公務員又はこれに準ずる都道府県の公務員でなければならない。

（中央建設業審議会の所掌事務）

**第二十八条の二**　中央建設業審議会は、法第三十四条第一項に規定するもののほか、資源の有効な利用の促進に関する法律（平成三年法律第四十八号）第十七条第三項及び第三十六条第三項の規定に基づきその権限に属させられた事項を処理する。

（中央建設業審議会の議事）

**第二十九条**　中央建設業審議会は、委員の総数の二分の一以上が出席しなければ、会議を開くことができない。

2　学識経験のある者、建設工事の需要者又は建設業者のいずれか一に属する委員の出席者の数が出席委員の総数の二分の一を超えるときは、議決をすることができない。

3　中央建設業審議会の議事は、出席委員の過半数をもつて決する。可否同数のときは、会長が決する。

参照

**○中央建設業審議会議事細則**〔昭和二十四年十月二十二日制定〕

改正　昭和二六年七月一二日

（招集）

**第一条**　中央建設業審議会（以下「審議会」という。）は会長が、これを招集する。委員の総数の四分の一以上の者から審議会に附議すべき事案を示して招集の請求があるときは会長は、これを招集しなければならない。
2　招集は、予め議事事項及び期日を定めて開会の日前二日までにこれを委員に通知しなければならない。但し、止むを得ない場合はこの限りでない。

（会議）
**第一条の二**　審議会は定例会及び臨時会とする。
2　定例会は毎年三回以上これを招集しなければならない。
3　臨時会は必要がある場合において、その事件に限りこれを招集する。

（委員の除斥）
**第二条**　委員は、左の各号の一に該当する場合においては、審議会の議事に加わることができない。但し、審議会の同意があつたときは、会議に出席し発言することができる。
一　自己又は父母、祖父母、配偶者、子、孫若しくは兄弟姉妹が審議事項の当事者又は当事者である法人の役員であるとき。
二　委員が審議事項の当事者の参考人として出頭を求められているとき。
三　委員が審議事項の当事者の代理人（法定代理人を含む。）又は保証人であるとき。

（書面による議事）
**第三条**　会長は、止むを得ない事由により審議会を開く猶予のない場合においては、事件の概要を記載した書面を委員に回付し、その意見を徴し又は賛否を問いその結果をもつて審議会の議決に代えることができる。

（会長の職務代理者）
**第四条**　会長又は会長の職務を代理するためあらかじめ選ばれた者に事故があるときは出席委員のうちから互選されたものが、その職務を代理する。

（議事の公開の原則、秘密会）
**第五条**　審議会の会議は、これを公開する。この場合において、会長は傍聴人の数を制限することができる。
2　会長は、必要があると認めるときは、出席委員の同意を得て前項の規定にかかわらず秘密会とすることができる。

（会議録）
**第六条**　会長は、会議録を調製し、会議の次第及び出席委員の氏名を記載しなければならない。

2　会議録には会長及び会議において定められた二人以上の委員が署名しなければならない。

**第七条**　前各条の規定は小委員会に準用する。この場合において「会長」とあるのは「委員長」と読み替えるものとする。

（部会）

**第三十条**　中央建設業審議会は、その定めるところにより、部会を置くことができる。

2　部会は、それぞれ学識経験のある者、建設工事の需要者及び建設業者である委員のうちから会長が指名した者で組織する。法第三十五条第三項の規定は、この場合に準用する。

3　部会に部会長を置き、会長が指名する。

4　部会長は、部会の事務を掌理する。

5　中央建設業審議会は、その定めるところにより、部会の議決をもつて中央建設業審議会の議決とすることができる。

6　前条の規定は、部会の議事に準用する。この場合において、同条第三項中「会長」とあるのは、「部会長」と読み替えるものとする。

（中央建設業審議会の庶務）

**第三十一条**　中央建設業審議会の庶務は、国土交通省土地・建設産業局建設業課において処理する。

（中央建設業審議会の運営）

**第三十二条**　この政令で定めるもののほか、中央建設業審議会の運営に関し必要な事項は、中央建設業審議会が定める。

（参考人に支給する費用）

**第三十三条**　法第四十四条に規定する旅費、日当その他の費用は、国土交通大臣に意見を求められて出頭した参考人に係るものにあつては国家公務員等の旅費に関する法律の定めるところにより、都道府県知事に意見を求められて出頭した参考人に係るものにあつては当該都道府県の条例の定めるところによる。

（権限の委任）

**第三十四条**　この政令に規定する国土交通大臣の権限は、国土交通省令で定めるところにより、その一部を地方整備局長又は北海道開発局長に委任することができる。

注　「国土交通省令で定める」＝施行規則二九条

**附　則**

この政令は、昭和三十一年八月三十日から施行する。

**附　則**〔昭和三五年六月二八日政令第一八二号〕

この政令は、国有鉄道運賃法の一部を改正する法律の施行の日から施行する。

**附　則**〔昭和三五年九月一〇日政令第二五二号抄〕

1　この政令は、公布の日から施行する。

附　則〔昭和三六年一〇月三一日政令第三三六号〕

この政令は、昭和三十六年十二月一日から施行する。

附　則〔昭和三六年一一月一日政令第三三九号抄〕

（施行期日）

1　この政令は、公布の日から施行する。

附　則〔昭和三七年七月三一日政令第三一四号抄〕

1　この政令は、会計法の一部を改正する法律（昭和三十六年法律第二百三十六号）の施行の日（昭和三十七年八月二十日）から施行する。

附　則〔昭和三七年九月二九日政令第三九一号〕

1　この政令は、行政不服審査法（昭和三十七年法律第百六十号）の施行の日（昭和三十七年十月一日）から施行する。

2　この政令による改正後の規定は、この政令の施行前にされた行政庁の処分その他この政令の施行前に生じた事項についても適用する。ただし、この政令による改正前の規定によつて生じた効力を妨げない。

3　この政令の施行前に提起された訴願、審査の請求、異議の申立てその他の不服申立て（以下「訴願等」という。）については、この政令の施行後も、なお従前の例による。この政令の施行前にされた訴願等の裁決、決定その他の処分（以下「裁定等」という。）又はこの政令の施行前に提起された訴願等につきこの政令の施行後にされた裁決等にさらに不服がある場合の訴願等についても、同様とする。

4　前項に規定する訴願等で、この政令の施行後は行政不服審査法による不服申立てをすることができることとなる処分に係るものは、この政令による改正後の規定の適用については、同法による不服申立てとみなす。

附　則〔昭和四〇年三月三〇日政令第六三号〕

この政令は、昭和四十年四月一日から施行する。

附　則〔昭和四四年八月二五日政令第二三一号〕

この政令は、公布の日から施行する。

附　則〔昭和四五年四月二一日政令第八一号〕

この政令は、公布の日から施行する。

附　則〔昭和四六年一二月二七日政令第三八〇号抄〕

（施行期日）

1　この政令は、建設業法の一部を改正する法律（昭和四十六年法律第三十一号）の施行の日（昭和四十七年四月一日）から施行する。

附　則〔昭和四七年六月一二日政令第二一九号〕

この政令は、公布の日から施行する。

附　則〔昭和四七年八月一九日政令第三一八号抄〕

（施行期日）

**第一条**　この政令は、昭和四十七年十月一日から施行する。〔後略〕

**附　則**〔昭和四七年一二月八日政令第四二〇号抄〕

（施行期日）

1　この政令は、法の施行の日（昭和四十七年十二月二十日）から施行する。

**附　則**〔昭和四七年一二月二一日政令第四三七号抄〕

（施行期日）

1　この政令は、法の施行の日（昭和四十七年十二月二十五日）から施行する。

**附　則**〔昭和四九年九月一八日政令第三二七号〕

この政令は、昭和四十九年十月一日から施行する。

**附　則**〔昭和五〇年一月九日政令第二号抄〕

（施行期日）

1　この政令は、都市計画法及び建築基準法の一部を改正する法律（昭和四十九年法律第六十七号）の施行の日（昭和五十年四月一日）から施行する。

**附　則**〔昭和五〇年四月二二日政令第一三〇号〕

この政令は、公布の日から施行する。

**附　則**〔昭和五二年六月八日政令第一九四号抄〕

1　この政令は、昭和五十二年十月一日から施行する。

2　昭和五十二年十月一日前に建設大臣に対し許可の申請がされたもの（許可の更新の申請にあつては、昭和五十三年三月三十一日までに更新を受けるべきものに限る。）に係る許可手数料は、改正後の建設業法施行令第四条の規定にかかわらず、なお従前の例による。

**附　則**〔昭和五三年三月二二日政令第三八号〕

この政令は、昭和五十三年四月一日から施行する。

**附　則**〔昭和五三年五月二三日政令第一九八号〕

この政令は、公布の日から施行する。

**附　則**〔昭和五六年三月三一日政令第五八号〕

この政令は、昭和五十六年四月一日から施行する。

**附　則**〔昭和五八年七月二九日政令第一七四号〕

この政令は、公布の日から施行する。

**附　則**〔昭和五九年四月二七日政令第一二〇号〕

1　この政令は、昭和五十九年十月一日から施行する。ただし、第二十七条の十第一項から第三項までの改正規定は、公布の日から施行する。

2　この政令の施行後に特定建設業の許可（その更新を含む。）を受けようとする者がその営業所ごとに置くべき建設業法第十五条第二号イの実務の経験を有する者のこの政令の施行前における実務の経験の基礎となる建設工事に係る請負代金の額については、改正後の第五条の二の規定にかかわらず、なお従前の例による。

**附　則**〔昭和五九年六月二一日政令第二〇九号〕

この政令は、昭和五十九年七月一日から施行する。

**附　則**〔昭和六〇年三月五日政令第二四号抄〕

（施行期日）

**第一条**　この政令は、昭和六十年四月一日から施行する。

**附　則**〔昭和六〇年三月一五日政令第三一号抄〕

（施行期日）

**第一条**　この政令は、昭和六十年四月一日から施行する。

**附　則**〔昭和六〇年一二月二一日政令第三一七号抄〕

（施行期日等）

1　この政令は、公布の日から施行する。ただし、第四十二条の規定は、昭和六十一年一月一日から施行する。

2　この政令（第四十二条の規定を除く。）による改正後の次に掲げる政令の規定は、昭和六十年七月一日から適用する。

七　建設業法施行令

**附　則**〔昭和六一年三月二八日政令第五〇号〕

この政令は、雇用の分野における男女の均等な機会及び待遇の確保を促進するための労働省関係法律の整備等に関する法律の施行の日（昭和六十一年四月一日）から施行する。

**附　則**〔昭和六一年六月六日政令第二〇三号〕

この政令は、労働者派遣事業の適正な運営の確保及び派遣労働者の就業条件の整備等に関する法律の施行の日（昭和六十一年七月一日）から施行する。

**附　則**〔昭和六一年一一月二六日政令第三五二号〕

1　この政令は、昭和六十二年一月一日から施行する。

2　この政令の施行前にした建設大臣に対する許可の申請（許可の更新の申請にあつては、更新を受けようとする許可の期間が昭和六十二年六月三十日までに満了するものに限る。）に係る許可手数料については、改正後の第四条の規定にかかわらず、なお従前の例による。

**附　則**〔昭和六二年三月二〇日政令第五四号抄〕

（施行期日）

**第一条**　この政令は、昭和六十二年四月一日から施行する。

**附　則**〔昭和六二年八月四日政令第二七〇号〕

この政令は、公布の日から施行する。

**附　則**〔昭和六三年五月二〇日政令第一四八号抄〕

（施行期日）

1　この政令は、建設業法の一部を改正する法律（昭和六十二年法律第六十九号）の施行の日（昭和六十三年六月六日）から施行する。ただし、第五条の三の改正規定（金額を改める部分に限る。）及び第七条の二の改正規定は、昭和六十四年一月一日から施行する。

（経過措置）

2　この政令の施行の際現に特定建設業の許可を受けて土木工事業、建築工事業、管工事業、鋼構造物工事業若しくは舗装工事業（以下「五業種」という。）を営んでいる者又はこの政令の施行前に五業種に係る特定建設業の許可の申請をした者に関しては、その営業所ごとに置くべき専任の者の資格及び監理技術者の資格については、この政令の施行の日から起算して二年を経過する日までの間は、なお従前の例による。

3　この政令の施行の日から起算して二年を経過する日までの間は、五業種に係る建設工事は、建設業法第二十六条第四項及び第五項の規定の適用については、指定建設業以外の建設業に係る建設工事とみなす。

4　この政令の施行前にした行為に対する罰則の適用については、なお従前の例による。

附　則〔平成元年三月二八日政令第七二号抄〕

（施行期日）

1　この政令は、平成元年四月一日から施行する。

（建設業法施行令及び浄化槽法関係手数料令の一部改正に伴う経過措置）

3　この政令の施行前に実施の公告がされた技術検定の学科試験若しくは実地試験又は浄化槽設備士試験を受けようとする者が納付すべき手数料の額については、なお従前の例による。

附　則〔平成三年三月一三日政令第二五号抄〕

（施行期日）

1　この政令は、平成三年四月一日から施行する。

（建設業法施行令の一部改正に伴う経過措置）

3　この政令の施行前に実施の公告がされた技術検定の学科試験又は実地試験を受けようとする者が納付すべき手数料の額については、なお従前の例による。

附　則〔平成六年三月二四日政令第六九号抄〕

（施行期日）

1　この政令は、平成六年四月一日から施行する。

（建設業法施行令の一部改正に伴う経過措置）

3　この政令の施行前にした建設大臣に対する許可の申請（許可の更新の申請にあっては、更新を受けようとする許可の期間が平成六年九月三十日までに満了するものに限る。）に係る許可手数料及びこの政令の施行前に実施の公告がされた技術検定の学科試験又は実地試験を受けようとする者が納付すべき手数料の額については、なお従前の例による。

附　則〔平成六年七月二七日政令第二五一号〕

この政令は、一般職の職員の勤務時間、休暇等に関する法律の施行の日（平成六年九月一日）から施行する。

附　則〔平成六年九月一九日政令第三〇三号抄〕

（施行期日）

**第一条**　この政令は、行政手続法の施行の日（平成六年十月一日）から施行する。

附　則〔平成六年一二月一四日政令第三九一号抄〕

（施行期日）

1　この政令は、建設業法の一部を改正する法律の施行の日（平成六年十二月二十八日）から施行する。ただし、第五条の二、第五条の四及び第七条の二の改正規定、第二十七条の十三の改正規定、第七条の三の次に一条を加える改正規定、第二十七条の十二の改正規定、同条を第二十七条の十四とし、第二十七条の十二の次に一条を加える改正規定並びに次項、附則第三項、第五項、第六項及び第八項の規定は、平成七年六月二十九日から施行する。

（経過措置）

2　前項ただし書に規定する改正規定の施行の際現に特定建設業の許可を受けて電気工事業若しくは造園工事業（以下「二業種」という。）を営んでいる者又は当該改正規定の施行前に二業種に係る特定建設業の許可の申請をした者に関しては、その営業所ごとに置くべき専任の者の資格及び監理技術者の資格については、平成八年六月二十八日までの間は、なお従前の例による。

3　二業種に係る建設工事は、建設業法第二十六条第四項及び第五項の規定の適用については、平成八年六月二十八日までの間は、指定建設業以外の建設業に係る建設工事とみなす。

4　この政令の施行後に特定建設業の許可（その更新を含む。）を受けようとする者がその営業所ごとに置くべき建設業法第十五条第二号ロの実務の経験を有する者の当該改正規定の施行前における実務の経験の基礎となる建設工事に係る請負代金の額については、改正後の第五条の三の規定にかかわらず、なお従前の例による。

5　特定建設業の許可の更新の申請をした者（平成九年三月三十一日までの間に許可の有効期間が満了する者に限る。）又は附則第一項ただし書に規定する改正規定の施行前に特定建設業の許可の申請をした者に係る建設業法第十五条第三号に掲げる基準については、改正後の第五条の四の規定にかかわらず、なお従前の例による。

6　附則第一項ただし書に規定する改正規定の施行前に特定建設業者が注文者となつて締結された下請契約に関しては、法第二十四条の五第一項の下請契約の範囲を定める下請負人の資本金額については、改正後の第七条の二の規定にかかわらず、なお従前の例による。

7　この政令の施行前にした行為に対する罰則の適用については、なお従前の例による。

**附　則**〔平成九年三月二六日政令第七四号抄〕

（施行期日）

1　この政令は、平成九年四月一日から施行する。

（建設業法施行令の一部改正に伴う経過措置）

3　この政令の施行前に実施の公告がされた技術検定の学科試験又は実地試験を受けようとする者が納付すべき手数料の額については、第七条の規定による改正後の建設業法施行令第二十七条の十第一項の規定にかかわらず、なお従前の例による。

**附　則**〔平成一〇年一〇月三〇日政令第三五一号抄〕

（施行期日）

1　この政令は、平成十一年四月一日から施行する。

**附　則**〔平成一一年一一月一〇日政令第三五二号抄〕

（施行期日）

**第一条**　この政令は、平成十二年四月一日から施行する。

**附　則**〔平成一一年一一月一七日政令第三六七号〕

この政令は、平成十一年十二月一日から施行する。

**附　則**〔平成一二年三月二九日政令第一一二号抄〕

（施行期日）

1　この政令は、平成十二年四月一日から施行する。

（建設業法施行令の一部改正に伴う経過措置）

3　この政令の施行前に実施の公告がされた技術検定の学科試験又は実地試験を受けようとする者が納付すべき手数料の額については、第四条の規定による改正後の建設業法施行令第二十七条の十第一項の規定にかかわらず、なお従前の例による。

**附　則**〔平成一二年六月七日政令第三一二号抄〕

（施行期日）

1　この政令は、内閣法の一部を改正する法律（平成十一年法律第八十八号）の施行の日（平成十三年一月六日）から施行する。〔ただし書略〕

**附　則**〔平成一三年一月四日政令第四号〕

（施行期日）

1　この政令は、書面の交付等に関する情報通信の技術の利用のための関係法律の整備に関する法律の施行の日（平成十三年四月一日）から施行する。〔ただし書略〕

（罰則に関する経過措置）

2　この政令の施行前にした行為に対する罰則の適用については、なお従前の例による。

**附　則**〔平成一三年二月二二日政令第五六号抄〕

（施行期日）

**第一条**　この政令は、平成十三年四月一日から施行する。

（罰則に関する経過措置）

**第二条**　この政令の施行前にした行為に対する罰則の適用については、なお従前の例による。

**附　則**〔平成一四年一二月一八日政令第三八六号抄〕

（施行期日）

**第一条**　この政令は、平成十五年四月一日から施行する。

**附　則**〔平成一五年一月三一日政令第二八号抄〕

（施行期日）

**第一条**　この政令は、行政手続等における情報通信の技術の利用に関する法律の施行の日（平成十五年二月三日）から施行する。

**附　則**〔平成一五年八月二九日政令第三七五号抄〕

（施行期日）

**第一条**　この政令は、平成十五年九月二日から施行する。

**附　則**〔平成一五年一二月一〇日政令第四九六号〕

この政令は、平成十六年三月一日から施行する。

**附　則**〔平成一五年一二月二五日政令第五四二号抄〕

（施行期日）

1　この政令は、平成十六年三月一日から施行する。

3　この政令の施行前にした行為に対する罰則の適用については、なお従前の例による。

**附　則**〔平成一六年三月二四日政令第五四号〕

この政令は、平成十六年三月三十一日から施行する。

**附　則**〔平成一六年三月二四日政令第五九号〕

この政令は、電気通信事業法及び日本電信電話株式会社等に関する法律の一部を改正する法律附則第一条第三号に掲げる規定の施行の日（平成十六年四月一日）から施行する。

**附　則**〔平成一七年五月二五日政令第一八二号〕

この政令は、景観法附則ただし書に規定する規定の施行の日（平成十七年六月一日）から施行する。

**附　則**〔平成一七年六月一七日政令第二一四号〕

（施行期日）

1　この政令は、公布の日から施行する。

（経過措置）

2　この政令による改正後の建設業法施行令第二十七条の三、第二十七条の五及び第二十七条の七の規定は、平成十八年において行われる技術検定から適用するものとし、平成十七年において行われる技術検定については、なお従前の例による。

**附　則**〔平成一七年九月三〇日政令第三一四号抄〕

（施行期日）

**第一条**　この政令は、建設労働者の雇用の改善等に関する法律の一部を改正する法律（平成十七年法律第八十四号）の施行の日

（平成十七年十月一日）から施行する。

附　則〔平成一八年二月一日政令第一四号抄〕

（施行期日）

第一条　この政令は、平成十八年四月一日から施行する。

附　則〔平成一八年九月二二日政令第三一〇号抄〕

（施行期日）

1　この政令は、宅地造成等規制法等の一部を改正する法律の施行の日（平成十八年九月三十日）から施行する。

附　則〔平成一八年九月二六日政令第三二〇号〕

この政令は、障害者自立支援法の一部の施行の日（平成十八年十月一日）から施行する。

附　則〔平成一九年三月一六日政令第四七号〕

この政令は、平成十九年四月一日から施行する。

附　則〔平成一九年三月一六日政令第四九号抄〕

（施行期日）

第一条　この政令は、建築物の安全性の確保を図るための建築基準法等の一部を改正する法律（以下「改正法」という。）の施行の日（平成十九年六月二十日）から施行する。ただし、次条の規定は、公布の日から施行する。

附　則〔平成二〇年五月二三日政令第一八六号抄〕

（施行期日）

第一条　この政令は、建築士法等の一部を改正する法律の施行の日（平成二十年十一月二十八日）から施行する。

（罰則に関する経過措置）

第三条　この政令の施行前にした行為に対する罰則の適用については、なお従前の例による。

附　則〔平成二三年六月二四日政令第一八一号抄〕

（施行期日）

第一条　この政令は、放送法等の一部を改正する法律（平成二十二年法律第六十五号。以下「放送法等改正法」という。）の施行の日（平成二十三年六月三十日。以下「施行日」という。）から施行する。

（罰則に関する経過措置）

第十三条　この政令の施行前にした行為に対する罰則の適用については、なお従前の例による。

附　則〔平成二三年七月一日政令第二〇三号抄〕

（施行期日）

第一条　この政令は、公布の日から施行する。

附　則〔平成二三年八月三〇日政令第二八二号〕

この政令は、公布の日から施行する。

附　則〔平成二三年一一月二八日政令第三六三号抄〕

（施行期日）

**第一条** この政令は、地域の自主性及び自立性を高めるための改革の推進を図るための関係法律の整備に関する法律附則第一条第一号に掲げる規定の施行の日（平成二十三年十一月三十日）から施行する。ただし、第一条、第三条、第四条、第五条（道路整備特別措置法施行令第十五条第一項及び第十八条の改正規定を除く。）、第六条、第九条、第十一条、第十二条、第十三条（都市再開発法施行令第四十九条の改正規定を除く。）、第十四条、第十五条、第十八条、第十九条（密集市街地における防災街区の整備の促進に関する法律施行令第五十九条の改正規定に限る。）、第二十条から第二十二条まで、第二十三条（景観法施行令第六条第一号の改正規定に限る。）、第二十五条及び第二十七条の規定並びに次条及び附則第三条の規定は、平成二十四年四月一日から施行する。

附　則〔平成二四年八月一〇日政令第二一一号抄〕

（施行期日）

1　この政令は、労働者派遣事業の適正な運営の確保及び派遣労働者の就業条件の整備等に関する法律等の一部を改正する法律の施行の日（平成二十四年十月一日）から施行する。

附　則〔平成二五年六月一四日政令第一八四号抄〕

（施行期日）

1　この政令は、公布の日から施行する。ただし、第二条の規定は、地域の自主性及び自立性を高めるための改革の推進を図るための関係法律の整備に関する法律附則第一条第一号に掲げる規定の施行の日から施行する。

附　則〔平成二六年九月一九日政令第三〇八号抄〕

（施行期日）

1　この政令は、建設業法等の一部を改正する法律の施行の日（平成二十七年四月一日）から施行する。

（建設業法施行令の一部改正に伴う経過措置）

2　この政令の施行前に行われた技術検定を不正の方法によって受けた者については、第一条の規定による改正後の建設業法施行令第二十七条の九の規定にかかわらず、なお従前の例による。

附　則〔平成二七年一二月一六日政令第四二〇号〕

（施行期日）

1　この政令は、平成二十八年四月一日から施行する。

（経過措置）

2　この政令による改正後の第二十七条の七の表二級の技術検定の学科試験に合格した者の項の規定は、この政令の施行の日以後に二級の技術検定の学科試験に合格した者について適用し、同日前に二級の技術検定の学科試験に合格した者については、なお従前の例による。

附　則〔平成二八年四月六日政令第一九二号〕

（施行期日）

1　この政令は、平成二十八年六月一日から施行する。

（罰則に関する経過措置）

2　この政令の施行前にした行為に対する罰則の適用については、なお従前の例による。

# ○建設業法施行規則

（昭和二十四年七月二十八日 建設省令第十四号）

改正
昭和二五年四月七日建設省令第九号
同二六年二月六日同第二号
同二六年七月二一日同第二二号
同二七年四月二五日同第一三号
同二八年八月一七日同第一九号
同三一年八月二九日同第二八号
同三三年一二月八日同第三一号
同三六年一〇月三一日同第二九号
同三七年二月九日同第二号
同三九年九月一〇日同第二三号
同四二年八月一一日同第二〇号
同四七年一月一八日同第一号
同五〇年四月二五日同第一一号
同五四年三月三〇日同第五号
同五六年九月二八日同第一二号
同五七年九月二〇日同第一二号
同五八年一二月一〇日同第一八号
同五九年四月二七日同第六号
同五九年六月一日同第一〇号
同六二年一月二八日同第一号
同六三年六月一六日同第一〇号
同六三年一一月三〇日同第二四号
平成元年三月二七日同第三号
同元年四月一日同第九号
同三年六月二〇日同第一一号
同五年四月二六日同第五号
同六年二月二三日同第四号
同六年六月八日同第一六号
同六年九月二九日同第二八号
同六年一二月一六日同第三三号
同七年六月一三日同第一六号
同八年七月二五日同第一〇号
同九年三月二六日同第四号
同九年一二月五日同第二一号
平成一〇年六月一八日建設省令第二七号
同一〇年九月三〇日同第三六号
同一一年三月三〇日同第五号
同一一年七月一日同第三七号
同一二年一月三一日同第一〇号
同一二年一一月二〇日同第四一号
同一二年一二月四日同第四六号
同一三年三月二六日国土交通省令第四二号
同一三年三月三〇日同第七二号
同一三年三月三〇日同第七六号
同一三年三月三〇日同第七七号
同一三年一一月三〇日同第一四二号
同一四年三月一九日同第三一号
同一四年三月一九日同第三二号
同一四年六月一八日同第八一号
同一四年八月一二日同第九三号
同一四年一〇月一日同第一〇六号
同一五年二月二〇日同第一四号
同一五年三月二〇日同第二六号
同一五年五月一三日同第六五号
同一五年五月一九日同第七一号
同一五年七月二五日同第八六号
同一五年一〇月一日同第一〇九号
同一五年一〇月一六日同第一一〇号
同一六年一月二九日同第一号
同一六年三月一六日同第一七号
同一六年三月三一日同第三四号
同一六年四月九日同第五六号
同一六年六月三〇日同第七四号
同一六年一二月一五日同第一〇三号
同一七年三月七日同第一二号
同一七年三月二八日同第二一号
同一七年六月一日同第六六号
平成一七年九月二一日国土交通省令第九〇号
同一七年九月三〇日同第九九号
同一七年一二月一六日同第一一三号
同一八年四月二八日同第六〇号
同一八年七月七日同第七六号
同一九年三月三〇日同第二七号
同一九年六月一九日同第六七号
同二〇年一月三一日同第三号
同二〇年三月二四日同第一〇号
同二〇年九月三〇日同第八〇号
同二〇年一〇月八日同第八四号
同二〇年一二月一日同第九七号
同二一年四月一日同第三〇号
同二一年七月七日同第四五号
同二二年二月三日同第二号
同二二年一〇月一五日同第五一号
平成二三年一二月二七日国土交通省令第一〇六号
同二四年三月二三日同第二〇号
同二四年三月三〇日同第三三号
同二四年三月三〇日同第三四号
同二四年五月一日同第五二号
同二四年一〇月一日同第八一号
同二五年二月一三日同第四号
同二五年九月一三日同第七六号
同二六年一〇月三一日同第八五号
同二六年一二月二四日同第九四号
同二七年二月一〇日同第八号
同二七年三月三一日同第一九号
同二七年一二月九日同第八二号
同二七年一二月一六日同第八三号
同二八年五月九日同第四七号

建設業法（昭和二十四年法律第百号）に基き、建設業法施行規則を次のように制定する。

建設業法施行規則

（国土交通省令で定める学科）

**第一条** 建設業法（以下「法」という。）第七条第二号イに規定する学科は、次の表の上欄に掲げる許可（一般建設業の許可をいう。第四条第二項を除き、以下この条から第十条までにおいて同じ。）を受けようとする建設業に応じて同表の下欄に掲げる学科とする。

| 許可を受けようとする建設業 | 学科 |
| --- | --- |
| 土木工事業 | 土木工学（農業土木、鉱山土木、森 |

| 舗装工事業 | 林土木、砂防、治山、緑地又は造園に関する学科を含む。以下この表において同じ。）、都市工学、衛生工学又は交通工学に関する学科 |
|---|---|
| 建築工事業 | 建築学又は都市工学に関する学科 |
| 大工工事業 | |
| ガラス工事業 | |
| 内装仕上工事業 | |
| 左官工事業 | 土木工学又は建築学に関する学科 |
| とび・土工工事業 | |
| 石工事業 | |
| 屋根工事業 | |
| タイル・れんが・ブロック工事業 | |
| 塗装工事業 | |
| 解体工事業 | |
| 電気工事業 | 電気工学又は電気通信工学に関する学科 |
| 電気通信工事業 | |
| 管工事業 | 土木工学、建築学、機械工学、都市工学又は衛生工学に関する学科 |
| 水道施設工事業 | |
| 清掃施設工事業 | |
| 鋼構造物工事業 | 土木工学、建築学又は機械工学に関する学科 |
| 鉄筋工事業 | |
| しゅんせつ工事業 | 土木工学又は機械工学に関する学科 |
| 板金工事業 | 建築学又は機械工学に関する学科 |
| 防水工事業 | 土木工学又は建築学に関する学科 |
| 機械器具設置工事業 | 建築学、機械工学又は電気工学に関する学科 |
| 消防施設工事業 | |
| 熱絶縁工事業 | 土木工学、建築学又は機械工学に関する学科 |
| 造園工事業 | 土木工学、建築学、都市工学又は林学に関する学科 |
| さく井工事業 | 土木工学、鉱山学、機械工学又は衛生工学に関する学科 |
| 建具工事業 | 建築学又は機械工学に関する学科 |

（許可申請書及び添付書類の様式）

**第二条**　法第五条の許可申請書及び法第六条第一項の許可申請書の添付書類のうち同条第一項第一号から第四号までに掲げるものの様式は、次に掲げるものとする。

一　許可申請書　別記様式第一号
二　法第六条第一項第一号に掲げる書面　別記様式第二号
三　法第六条第一項第二号に掲げる書面　別記様式第三号
四　法第六条第一項第三号に掲げる書面　別記様式第四号
五　削除
六　法第六条第一項第四号に掲げる書面　別記様式第六号

（法第六条第一項第五号の書面）

**第三条**　法第六条第一項第五号の書面のうち法第七条第一号に掲げる基準を満たしていることを証する書面は、別記様式第七号による証明書及び第一号又は第二号に掲げる証明書その他当該事項を証するに足りる書面とする。

一　経営業務の管理責任者としての経験を有することを証する別記様式第七号による使用者の証明書

二　法第七条第一号ロの規定により能力を有すると認定された者であることを証する証明書

2　法第六条第一項第五号の書面のうち法第七条第二号に掲げる基準を満たしていることを証する書面は、別記様式第八号による証明書並びに第一号及び第二号又は第二号から第四号までのいずれかに掲げる書面その他当該事項を証するに足りる書面とする。

一　学校を卒業したこと及び学科を修めたことを証する学校の証明書

二　実務の経験を証する別記様式第九号による使用者の証明書

三　法第七条第二号ハの規定により知識及び技術又は技能を有すると認定された者であることを証する証明書

四　監理技術者資格者証の写し

3　許可の更新を申請する者は、前項の規定にかかわらず、法第七条第二号に掲げる基準を満たしていることを証する書面の提出を省略することができる。

（法第六条第一項第六号の書類）

**第四条**　法第六条第一項第六号の国土交通省令で定める書類は、次に掲げるものとする。

一　別記様式第十一号による建設業法施行令（以下「令」という。）第三条に規定する使用人の一覧表

二　別記様式第十一号の二による法第七条第二号ハに該当する者、法第十五条第二号イに該当する者及び同号ハの規定により国土交通大臣が同号イに掲げる者と同等以上の能力を有するものと認定した者の一覧表

三　別記様式第十二号による許可申請者（法人である場合においてはその役員等をいい、営業に関し成年者と同一の行為能力を有しない未成年者である場合においてはその法定代理人（法人である場合においては、その役員等）を含む。次号において同じ。）の住所、生年月日等に関する調書

四　別記様式第十三号による令第三条に規定する使用人（当該使用人に許可申請者が含まれる場合には、当該許可申請者を除く。）の住所、生年月日等に関する調書

五　許可申請者（法人である場合においてはその役員をいい、営業に関し成年者と同一の行為能力を有しない未成年者であ

る場合においてはその法定代理人（法人である場合においては、その役員）を含む。次号において同じ。）及び令第三条に規定する使用人が、成年被後見人及び被保佐人に該当しない旨の登記事項証明書（後見登記等に関する法律（平成十一年法律第百五十二号）第十条第一項に規定する登記事項証明書をいう。）

六　許可申請者及び令第三条に規定する使用人が、民法の一部を改正する法律（平成十一年法律第百四十九号）附則第三条第一項又は第二項の規定により成年被後見人又は被保佐人とみなされる者に該当せず、また、破産者で復権を得ないものに該当しない旨の市町村の長の証明書

七　法人である場合においては、定款

八　法人である場合においては、別記様式第十四号による総株主の議決権の百分の五以上を有する株主又は出資の総額の百分の五以上に相当する出資をしている者の氏名又は名称、住所及びその有する株式の数又はその者のなした出資の価額を記載した書面

九　株式会社（会社法の施行に伴う関係法律の整備等に関する法律（平成十七年法律第八十七号）第三条第二項に規定する特例有限会社を除く。以下同じ。）以外の法人又は小会社（資本金の額が一億円以下であり、かつ、最終事業年度に係る貸借対照表の負債の部に計上した額の合計額が二百億円以上でない株式会社をいう。以下同じ。）である場合においては別記様式第十五号から第十七号の二までによる直前一年の各事業年度の貸借対照表、損益計算書、株主資本等変動計算書及び注記表、株式会社（小会社を除く。）である場合においてはこれらの書類及び別記様式第十七号の三による附属明細表

十　個人である場合においては、別記様式第十八号及び第十九号による直前一年の各事業年度の貸借対照表及び損益計算書

十一　商業登記がなされている場合においては、登記事項証明書

十二　個人である場合（第三号の未成年者であつて、その法定代理人が法人である場合に限る。）においては、その法定代理人の登記事項証明書

十三　別記様式第二十号による営業の沿革を記載した書面

十四　法第二十七条の三十七に規定する建設業者団体に所属する場合においては、別記様式第二十号の二による当該建設業者団体の名称及び当該建設業者団体に所属した年月日を記載した書面

十五　国土交通大臣の許可を申請する者については、法人にあつては法人税、個人にあつては所得税のそれぞれ直前一年の各年度における納付すべき額及び納付済額を証する書面

十六　都道府県知事の許可を申請する者については、事業税の直前一年の各年度における納付すべき額及び納付済額を証する書面

十七　別記様式第二十号の三による健康保険法（大正十一年法律第七十号）第四十八条の規定による被保険者の資格の取得の届出、厚生年金保険法（昭和二十九年法律第百十五号）第二十七条の規定による被保険者の資格の取得の届出及び雇用保険法（昭和四十九年法律第百十六号）第七条の規定による被保険者となつたことの届出の状況（以下「健康保険等の加入状況」という。）を記載した書面

十八　別記様式第二十号の四による主要取引金融機関名を記載した書面

2　一般建設業の許可を申請する者（一般建設業の許可の更新を申請する者を除く。）が、特定建設業の許可又は当該申請に係る建設業以外の建設業の一般建設業の許可を受けているときは、前項の規定にかかわらず、同項第二号、第七号から第十六号まで及び第十八号に掲げる書類の提出を省略することができる。ただし、法第九条第一項各号の一に該当して新たに一般建設業の許可を申請する場合は、この限りでない。

3　許可の更新を申請する者は、第一項の規定にかかわらず、同項第二号、第七号から第十二号まで、第十四号から第十六号まで及び第十八号に掲げる書類の提出を省略することができる。ただし、同項第七号、第八号、第十一号、第十二号、第十四号及び第十八号に掲げる書類については、その記載事項に変更がない場合に限る。

参照

**○後見登記等に関する法律**〔平一二・五・二五法五三現〕

（登記事項証明書の交付等）

**第十条**　何人も、登記官に対し、次に掲げる登記記録について、後見登記等ファイルに記録されている事項（記録がないときは、その旨）を証明した書面（以下「登記事項証明書」という。）の交付を請求することができる。

一　自己を成年被後見人等又は任意後見契約の本人とする登記記録

二　自己を成年後見人等、成年後見監督人等、任意後見受任者、任意後見人又は任意後見監督人（退任したこれらの者を含む。）とする登記記録

三　自己の配偶者又は四親等内の親族を成年被後見人等又は任意後見契約の本人とする登記記録

四　自己を成年後見人等、成年後見監督人等又は任意後見監督人の職務代行者（退任したこれらの者を含む。）とする登記記録

五　自己を後見命令等の本人とする登記記録
六　自己を財産の管理者（退任した者を含む。）とする登記記録
七　自己の配偶者又は四親等内の親族を後見命令等の本人とする登記記録

○会社法の施行に伴う関係法律の整備等に関する法律〔平一五・一二・二七法八六現〕

（商号に関する特則）
**第三条**
2　前項の規定によりその商号中に有限会社という文字を用いる前条第一項の規定により存続する株式会社（以下「特例有限会社」という。）は、その商号中に特例有限会社である株式会社以外の株式会社、合名会社、合資会社又は合同会社であると誤認されるおそれのある文字を用いてはならない。

（許可の更新の申請）
**第五条**　法第三条第三項の規定により、許可の更新を受けようとする者は、有効期間満了の日前三十日までに許可申請書を提出しなければならない。

（許可申請書の提出）
**第六条**　法第五条の規定により国土交通大臣に提出すべき許可申請書及びその添付書類は、その主たる営業所の所在地を管轄する都道府県知事を経由しなければならない。

（提出すべき書類の部数）
**第七条**　法第五条の規定により提出すべき許可申請書及びその添付書類の部数は、次のとおりとする。
一　国土交通大臣の許可を受けようとする者にあつては、正本及び副本各一通
二　都道府県知事の許可を受けようとする者にあつては、当該都道府県知事の定める数

（氏名の変更の届出）
**第七条の二**　建設業者は、法第七条第一号イ若しくはロに該当する者として証明された者又は営業所に置く同条第二号イ、ロ若しくはハに該当する者として証明された者が氏名を変更したときは、二週間以内に、国土交通大臣又は都道府県知事にその旨を届け出なければならない。
2　国土交通大臣又は都道府県知事は、前項の氏名の変更に係る本人確認情報（住民基本台帳法（昭和四十二年法律第八十一号）第三十条の六第一項に規定する本人確認情報をいう。以下同じ。）のうち住民票コード（同法第七条第十三号に規定する住民票コードをいう。以下同じ。）以外のものについて、同法第三十条の九若しくは第三十条の十一第一項（同項第一号に係る

部分に限る。）の規定によるその提供を受けることができないとき、又は同法第三十条の十五第一項（同項第一号に係る部分に限る。）の規定によるその利用ができないときは、当該建設業者に対し、戸籍抄本又は住民票の抄本を提出させることができる。

**参照**

**○住民基本台帳法**〔平二八・六・三法六三現〕

（市町村長から都道府県知事への本人確認情報の通知等）

**第三十条の六**　市町村長は、住民票の記載、消除又は第七条第一号から第三号まで、第七号、第八号の二及び第十三号に掲げる事項（同条第七号に掲げる事項については、住所とする。以下この項において同じ。）の全部若しくは一部についての記載の修正を行つた場合には、当該住民票の記載等に係る本人確認情報（住民票に記載されている同条第一号から第三号まで、第七号、第八号の二及び第十三号に掲げる事項（住民票の消除を行つた場合には、当該住民票に記載されていたこれらの事項）並びに住民票の記載等に関する事項で政令で定めるものをいう。以下同じ。）を都道府県知事に通知するものとする。

（住民票の記載事項）

**第七条**　住民票には、次に掲げる事項について記載（前条第三項の規定により磁気ディスクをもつて調製する住民票にあつては、記録。以下同じ。）をする。

十三　住民票コード（番号、記号その他の符号であつて総務省令で定めるものをいう。以下同じ。）

（国の機関等への本人確認情報の提供）

**第三十条の九**　機構は、別表第一の上欄に掲げる国の機関又は法人から同表の下欄に掲げる事務の処理に関し求めがあつたときは、政令で定めるところにより、第三十条の七第三項の規定により機構が保存する本人確認情報であつて同項の規定による保存期間が経過していないもの（以下「機構保存本人確認情報」という。）のうち住民票コード以外のものを提供するものとする。ただし、個人番号については、当該別表第一の上欄に掲げる国の機関又は法人が番号利用法第九条第一項の規定により個人番号を利用することができる場合に限り、提供するものとする。

**第三十条の十一**　機構は、次の各号のいずれかに該当する場合には、政令で定めるところにより、通知都道府県以外の都道府県の都道府県知事その他の執行機関に対し、機構保存本人確認情報（第一号及び第二号に掲げる場合にあつては、住民票コードを除く。）を提供するものとする。ただし、第一号に掲げる場合にあつては、個人番号については、当該都道府県知事その他の都道府県の執行機関が番号利用法第九条第一項の規定により個人番号を利用することができる場合に限り、提供するものとする。

一　通知都道府県以外の都道府県の都道府県知事その他の執行機関であつて別表第三の上欄に掲げるものから同表の下欄に掲げる事務の処理に関し求めがあつたとき。

（本人確認情報の利用）

**第三十条の十五**　都道府県知事は、次の各号のいずれかに該当する場合には、都道府県知事保存本人確認情報（住民票コードを除く。次項において同じ。）を利用することができる。ただし、個人番号については、当該都道府県知事が番号利用法第九条第一項又は第二項の規定により個人番号を利用することができる場合に限り、利用することができるものとする。

一　別表第五に掲げる事務を遂行するとき。

（法第七条第二号ハの知識及び技術又は技能を有するものと認められる者）

**第七条の三**　法第七条第二号ハの規定により、同号イ又はロに掲げる者と同等以上の知識及び技術又は技能を有するものとして国土交通大臣が認定する者は、次に掲げる者とする。

一　許可を受けようとする建設業に係る建設工事に関し、旧実業学校卒業程度検定規程（大正十四年文部省令第三十号）による検定で第一条に規定する学科に合格した後五年以上又は旧専門学校卒業程度検定規程（昭和十八年文部省令第四十六号）による検定で同条に規定する学科に合格した後三年以上実務の経験を有する者

二　前号に掲げる者のほか、次の表の上欄に掲げる許可を受けようとする建設業の種類に応じ、それぞれ同表の下欄に掲げる者

| | |
|---|---|
| 土木工事業 | 一　法第二十七条第一項の規定による技術検定のうち検定種目を建設機械施工又は一級の土木施工管理若しくは二級の土木施工管理（種別を「土木」とするものに限る。）とするものに合格した者<br>二　技術士法（昭和五十八年法律第二十五号）第四条第一項の規定による第二次試験のうち技術部門を建設部門、農業部門（選択科目を「農業土木」とするものに限る。）、森林部門（選択科目を「森林土木」とするものに限る。）、水産部門（選択科目を「水産土木」とするものに限る。） |

| 業種 | 要件 |
| --- | --- |
| | 又は総合技術監理部門（選択科目を建設部門に係るもの、「農業土木」、「森林土木」又は「水産土木」とするものに限る。）とするものに合格した者 |
| 建築工事業 | 一　法第二十七条第一項の規定による技術検定のうち検定種目を一級の建築施工管理又は二級の建築施工管理（種別を「建築」とするものに限る。）とするものに合格した者<br>二　建築士法（昭和二十五年法律第二百二号）第四条の規定による一級建築士又は二級建築士の免許を受けた者 |
| 大工工事業 | 一　法第二十七条第一項の規定による技術検定のうち検定種目を一級の建築施工管理又は二級の建築施工管理（種別を「躯体」又は「仕上げ」とするものに限る。）とするものに合格した者<br>二　建築士法第四条の規定による一級建築士、二級建築士又は木造建築士の免許を受けた者<br>三　職業能力開発促進法（昭和四十四年法律第六十四号）第四十四条第一項の規定による技能検定のうち検定職種を一級の建築大工若しくは型枠施工とするものに合格した者又は検定職種を二級の建築大工若しくは型枠施工とするものに合格した後大工工事に関し三年以上実務の経験を有する者<br>四　建築工事業及び大工工事業に係る建設工事に関し十二年以上実務の経験を有する者のうち、大工工事業に係る建設工事に関し八年を超える実務の経験を有する者<br>五　大工工事業及び内装仕上工事業に係る建設工事に関し十二年以上実務の経験を有する者のうち、大工工事業に係る建設工事に関し八年を超える実務の経験を有する者 |
| 左官工事業 | 一　法第二十七条第一項の規定による技術検定のうち検定種目を一級の建築施工管理又は二級の建築施工管理（種別を「仕上げ」とするものに限る。）とするものに合格した者<br>二　職業能力開発促進法第四十四条第一項の規定による技能検定のうち検定職種を一級の左官とするものに合格した者又は検定職種を二級の左官とするものに合格した後左官工事に関し三年以上実務の経験を有する者 |
| とび・土工工事業 | 一　法第二十七条第一項の規定による技術検定のうち検定種目を建設機械施工、一級の土木施工管理若しくは二級の土木施 |

工管理（種別を「土木」又は「薬液注入」とするものに限る。）又は一級の建築施工管理若しくは二級の建築施工管理（種別を「躯体」とするものに限る。）とするものに合格した者

二　技術士法第四条第一項の規定による第二次試験のうち技術部門を建設部門、農業部門（選択科目を「農業土木」とするものに限る。）、森林部門（選択科目を「森林土木」とするものに限る。）、水産部門（選択科目を「水産土木」とするものに限る。）又は総合技術監理部門（選択科目を建設部門に係るもの、「農業土木」、「森林土木」又は「水産土木」とするものに限る。）とするものに合格した者

三　職業能力開発促進法第四十四条第一項の規定による技能検定のうち検定職種を一級のとび、型枠施工、コンクリート圧送施工若しくはウェルポイント施工とするものに合格した者又は検定職種を二級のとびとするものに合格した後とび工事に関し三年以上実務の経験を有する者、検定職種を二級の型枠施工若しくはコンクリート圧送施工とするものに合格した後コンクリート工事に関し三年以上実務の経験を有する者若しくは検定職種を二級のウェルポイント施工とするものに合格した後土工工事に関し三年以上実務の経験を有する者

四　地すべり防止工事に必要な知識及び技術を確認するための試験であつて次条から第七条の六までの規定により国土交通大臣の登録を受けたもの（以下「登録地すべり防止工事試験」という。）に合格した後土工工事に関し一年以上実務の経験を有する者

五　基礎ぐい工事に必要な知識及び技術を確認するための試験であつて次条から第七条の六までの規定により国土交通大臣の登録を受けたもの（以下「登録基礎ぐい工事試験」という。）に合格した者

六　土木工事業及びとび・土工工事業に係る建設工事に関し十二年以上実務の経験を有する者のうち、とび・土工工事業に係る建設工事に関し八年を超える実務の経験を有する者

七　とび・土工工事業及び解体工事業に係る建設工事に関し十二年以上実務の経験を有する者のうち、とび・土工工事業に係る建設工事に関し八年を超える実務の経験を有する者

| 石工事業 | 一　法第二十七条第一項の規定による技術検定のうち検定種目を一級の土木施工管 |
| --- | --- |

| | |
|---|---|
| | 理若しくは二級の土木施工管理（種別を「土木」とするものに限る。）又は一級の建築施工管理若しくは二級の建築施工管理（種別を「仕上げ」とするものに限る。）とするものに合格した者<br>二　職業能力開発促進法第四十四条第一項の規定による技能検定のうち検定職種を一級のブロック建築若しくは石材施工とするものに合格した者又は検定職種を二級のブロック建築若しくは石材施工とするものに合格した後石工事に関し三年以上実務の経験を有する者 |
| 屋根工事業 | 一　法第二十七条第一項の規定による技術検定のうち検定種目を一級の建築施工管理又は二級の建築施工管理（種別を「仕上げ」とするものに限る。）とするものに合格した者<br>二　建築士法第四条の規定による一級建築士又は二級建築士の免許を受けた者<br>三　職業能力開発促進法第四十四条第一項の規定による技能検定のうち検定職種を一級の建築板金若しくはかわらぶきとするものに合格した者又は検定職種を二級の建築板金若しくはかわらぶきとするものに合格した後屋根工事に関し三年以上実務の経験を有する者 |

| | |
|---|---|
| | 四　建築工事業及び屋根工事業に係る建設工事に関し十二年以上実務の経験を有する者のうち、屋根工事業に係る建設工事に関し八年を超える実務の経験を有する者 |
| 電気工事業 | 一　法第二十七条第一項の規定による技術検定のうち検定種目を電気工事施工管理とするものに合格した者<br>二　技術士法第四条第一項の規定による第二次試験のうち技術部門を電気電子部門、建設部門又は総合技術監理部門（選択科目を電気電子部門又は建設部門に係るものとするものに限る。）とするものに合格した者<br>三　電気工事士法（昭和三十五年法律第百三十九号）第四条第一項の規定による第一種電気工事士免状の交付を受けた者又は同項の規定による第二種電気工事士免状の交付を受けた後電気工事に関し三年以上実務の経験を有する者<br>四　電気事業法（昭和三十九年法律第百七十号）第四十四条第一項の規定による第一種電気主任技術者免状、第二種電気主任技術者免状又は第三種電気主任技術者免状の交付を受けた者（同法附則第七項の規定によりこれらの免状の交付を受け |

| | |
|---|---|
| | ている者とみなされた者を含む。）であつて、その免状の交付を受けた後電気工事に関し五年以上実務の経験を有する者<br>五　建築士法第二条第五項に規定する建築設備士となつた後電気工事に関し一年以上実務の経験を有する者<br>六　建築物その他の工作物若しくはその設備に計測装置、制御装置等を装備する工事又はこれらの装置の維持管理を行う業務に必要な知識及び技術を確認するための試験であつて次条から第七条の六までの規定により国土交通大臣の登録を受けたもの（以下「登録計装試験」という。）に合格した後電気工事に関し一年以上実務の経験を有する者 |
| 管工事業 | 一　法第二十七条第一項の規定による技術検定のうち検定種目を管工事施工管理とするものに合格した者<br>二　技術士法第四条第一項の規定による第二次試験のうち技術部門を機械部門（選択科目を「熱工学」又は「流体工学」とするものに限る。）、上下水道部門、衛生工学部門又は総合技術監理部門（選択科目を「熱工学」、「流体工学」又は上下水道部門若しくは衛生工学部門に係るものとするものに限る。）とするものに合格 |

〜〜〜〜〜〜

| | |
|---|---|
| | した者<br>三　職業能力開発促進法第四十四条第一項の規定による技能検定のうち検定職種を一級の建築板金（選択科目を「ダクト板金作業」とするものに限る。以下この欄において同じ。）、冷凍空気調和機器施工若しくは配管（選択科目を「建築配管作業」とするものに限る。以下同じ。）とするものに合格した者又は検定職種を二級の建築板金、冷凍空気調和機器施工若しくは配管とするものに合格した後管工事に関し三年以上実務の経験を有する者<br>四　建築士法第二条第五項に規定する建築設備士となつた後管工事に関し一年以上実務の経験を有する者<br>五　水道法（昭和三十二年法律第百七十七号）第二十五条の五第一項の規定による給水装置工事主任技術者免状の交付を受けた後管工事に関し一年以上実務の経験を有する者<br>六　登録計装試験に合格した後管工事に関し一年以上実務の経験を有する者 |
| タイル・れんが・ブロック工事業 | 一　法第二十七条第一項の規定による技術検定のうち検定種目を一級の建築施工管理又は二級の建築施工管理（種別を「躯体」又は「仕上げ」とするものに限る。） |

| | |
|---|---|
| | とするものに合格した者<br>二　建築士法第四条の規定による一級建築士又は二級建築士の免許を受けた者<br>三　職業能力開発促進法第四十四条第一項の規定による技能検定のうち検定職種を一級のタイル張り、築炉若しくはブロック建築とするものに合格した者又は検定職種を二級のタイル張り、築炉若しくはブロック建築とするものに合格した後タイル・れんが・ブロック工事に関し三年以上実務の経験を有する者 |
| 鋼構造物工事業 | 一　法第二十七条第一項の規定による技術検定のうち検定種目を一級の土木施工管理若しくは二級の土木施工管理（種別を「土木」とするものに限る。）又は一級の建築施工管理若しくは二級の建築施工管理（種別を「躯体」とするものに限る。）とするものに合格した者<br>二　建築士法第四条の規定による一級建築士の免許を受けた者<br>三　技術士法第四条第一項の規定による第二次試験のうち技術部門を建設部門（選択科目を「鋼構造及びコンクリート」とするものに限る。）又は総合技術監理部門（選択科目を「鋼構造及びコンクリート」とするものに |

| | |
|---|---|
| | 合格した者<br>四　職業能力開発促進法第四十四条第一項の規定による技能検定のうち検定職種を一級の鉄工（選択科目を「製缶作業」又は「構造物鉄工作業」とするものに限る。以下同じ。）とするものに合格した者又は検定職種を二級の鉄工とするものに合格した後鋼構造物工事に関し三年以上実務の経験を有する者 |
| 鉄筋工事業 | 一　法第二十七条第一項の規定による技術検定のうち検定種目を一級の建築施工管理又は二級の建築施工管理（種別を「躯体」とするものに限る。）とするものに合格した者<br>二　職業能力開発促進法第四十四条第一項の規定による技能検定のうち検定職種を鉄筋施工とするものであつて選択科目を「鉄筋施工図作成作業」とするもの及び検定職種を鉄筋施工とするものであつて選択科目を「鉄筋組立て作業」とするものに合格した後鉄筋工事に関し三年以上実務の経験を有する者（検定職種を一級の鉄筋施工とするものであつて選択科目を「鉄筋施工図作成作業」とするもの及び検定職種を一級の鉄筋施工とするものであつて選択科目を「鉄筋組立て作業」 |

| | |
|---|---|
| | とするものに合格した者については、実務の経験を要しない。） |
| 舗装工事業 | 一　法第二十七条第一項の規定による技術検定のうち検定種目を建設機械施工又は一級の土木施工管理若しくは二級の土木施工管理（種別を「土木」とするものに限る。）とするものに合格した者<br>二　技術士法第四条第一項の規定による第二次試験のうち技術部門を建設部門又は総合技術監理部門（選択科目を建設部門に係るものとするものに限る。）とするものに合格した者 |
| しゅんせつ工事業 | 一　法第二十七条第一項の規定による技術検定のうち検定種目を一級の土木施工管理又は二級の土木施工管理（種別を「土木」とするものに限る。）とするものに合格した者<br>二　技術士法第四条第一項の規定による第二次試験のうち技術部門を建設部門、水産部門（選択科目を「水産土木」とするものに限る。）又は総合技術監理部門（選択科目を建設部門に係るもの又は「水産土木」とするものに限る。）とするものに合格した者<br>三　土木工事業及びしゅんせつ工事業に係る建設工事に関し十二年以上実務の経験を有する者のうち、しゅんせつ工事業に係る建設工事に関し八年を超える実務の経験を有する者 |
| 板金工事業 | 一　法第二十七条第一項の規定による技術検定のうち検定種目を一級の建築施工管理又は二級の建築施工管理（種別を「仕上げ」とするものに限る。）とするものに合格した者<br>二　職業能力開発促進法第四十四条第一項の規定による技能検定のうち検定職種を一級の工場板金若しくは建築板金とするものに合格した者又は検定職種を二級の工場板金若しくは建築板金とするものに合格した後板金工事に関し三年以上実務の経験を有する者 |
| ガラス工事業 | 一　法第二十七条第一項の規定による技術検定のうち検定種目を一級の建築施工管理又は二級の建築施工管理（種別を「仕上げ」とするものに限る。）とするものに合格した者<br>二　職業能力開発促進法第四十四条第一項の規定による技能検定のうち検定職種を一級のガラス施工とするものに合格した者又は検定職種を二級のガラス施工とするものに合格した後ガラス工事に関し三年以上実務の経験を有する者 |

| | |
|---|---|
| | 三　建築工事業及びガラス工事業に係る建設工事に関し十二年以上実務の経験を有する者のうち、ガラス工事業に係る建設工事に関し八年を超える実務の経験を有する者 |
| 塗装工事業 | 一　法第二十七条第一項の規定による技術検定のうち検定種目を一級の土木施工管理若しくは二級の土木施工管理（種別を「鋼構造物塗装」とするものに限る。）又は一級の建築施工管理若しくは二級の建築施工管理（種別を「仕上げ」とするものに限る。）とするものに合格した者<br>二　職業能力開発促進法第四十四条第一項の規定による技能検定のうち検定職種を一級の塗装とするものに合格した者若しくは検定職種を路面標示施工とするものに合格した者又は検定職種を二級の塗装とするものに合格した後塗装工事に関し三年以上実務の経験を有する者 |
| 防水工事業 | 一　法第二十七条第一項の規定による技術検定のうち検定種目を一級の建築施工管理又は二級の建築施工管理（種別を「仕上げ」とするものに限る。）とするものに合格した者<br>二　職業能力開発促進法第四十四条第一項の規定による技能検定のうち検定職種を |

| | |
|---|---|
| | 一級の防水施工とするものに合格した者又は検定職種を二級の防水施工とするものに合格した後防水工事に関し三年以上実務の経験を有する者<br>三　建築工事業及び防水工事業に係る建設工事に関し十二年以上実務の経験を有する者のうち、防水工事業に係る建設工事に関し八年を超える実務の経験を有する者 |
| 内装仕上工事業 | 一　法第二十七条第一項の規定による技術検定のうち検定種目を一級の建築施工管理又は二級の建築施工管理（種別を「仕上げ」とするものに限る。）とするものに合格した者<br>二　建築士法第四条の規定による一級建築士又は二級建築士の免許を受けた者<br>三　職業能力開発促進法第四十四条第一項の規定による技能検定のうち検定職種を一級の畳製作、内装仕上げ施工若しくは表装とするものに合格した者又は検定職種を二級の畳製作、内装仕上げ施工若しくは表装とするものに合格した後内装仕上工事に関し三年以上実務の経験を有する者<br>四　建築工事業及び内装仕上工事業に係る建設工事に関し十二年以上実務の経験を |

| | |
|---|---|
| | 有する者のうち、内装仕上工事業に係る建設工事に関し八年を超える実務の経験を有する者<br>五　大工工事業及び内装仕上工事業に係る建設工事に関し十二年以上実務の経験を有する者のうち、内装仕上工事業に係る建設工事に関し八年を超える実務の経験を有する者 |
| 機械器具設置工事業 | 技術士法第四条第一項の規定による第二次試験のうち技術部門を機械部門又は総合技術監理部門（選択科目を機械部門に係るものとするものに限る。）とするものに合格した者 |
| 熱絶縁工事業 | 一　法第二十七条第一項の規定による技術検定のうち検定種目を一級の建築施工管理又は二級の建築施工管理（種別を「仕上げ」とするものに限る。）とするものに合格した者<br>二　職業能力開発促進法第四十四条第一項の規定による技能検定のうち検定職種を一級の熱絶縁施工とするものに合格した者又は検定職種を二級の熱絶縁施工とするものに合格した後熱絶縁工事に関し三年以上実務の経験を有する者<br>三　建築工事業及び熱絶縁工事業に係る建設工事に関し十二年以上実務の経験を有 |

〰〰〰

| | |
|---|---|
| | する者のうち、熱絶縁工事業に係る建設工事に関し八年を超える実務の経験を有する者 |
| 電気通信工事業 | 一　技術士法第四条第一項の規定による第二次試験のうち技術部門を電気電子部門又は総合技術監理部門（選択科目を電気電子部門に係るものとするものに限る。）とするものに合格した者<br>二　電気通信事業法（昭和五十九年法律第八十六号）第四十六条第三項の規定による電気通信主任技術者資格者証の交付を受けた者であつて、その資格者証の交付を受けた後電気通信工事に関し五年以上実務の経験を有する者 |
| 造園工事業 | 一　法第二十七条第一項の規定による技術検定のうち検定種目を造園施工管理とするものに合格した者<br>二　技術士法第四条第一項の規定による第二次試験のうち技術部門を建設部門、森林部門（選択科目を「林業」又は「森林土木」とするものに限る。）又は総合技術監理部門（選択科目を建設部門に係るもの、「林業」又は「森林土木」とするものに限る。）とするものに合格した者<br>三　職業能力開発促進法第四十四条第一項の規定による技能検定のうち検定職種を |

| | |
|---|---|
| | 一級の造園とするものに合格した者又は検定職種を二級の造園とするものに合格した後造園工事に関し三年以上実務の経験を有する者 |
| さく井工事業 | 一　技術士法第四条第一項の規定による第二次試験のうち技術部門を上下水道部門（選択科目を「上水道及び工業用水道」とするものに限る。）又は総合技術監理部門（選択科目を「上水道及び工業用水道」とするものに限る。）とするものに合格した者<br>二　職業能力開発促進法第四十四条第一項の規定による技能検定のうち検定職種を一級のさく井とするものに合格した者又は検定職種を二級のさく井とするものに合格した後さく井工事に関し三年以上実務の経験を有する者<br>三　登録地すべり防止工事試験に合格した後さく井工事に関し一年以上実務の経験を有する者 |
| 建具工事業 | 一　法第二十七条第一項の規定による技術検定のうち検定種目を一級の建築施工管理又は二級の建築施工管理（種別を「仕上げ」とするものに限る。）とするものに合格した者<br>二　職業能力開発促進法第四十四条第一項の規定による技能検定のうち検定職種を一級の建具製作、カーテンウォール施工若しくはサッシ施工とするものに合格した者又は検定職種を二級の建具製作、カーテンウォール施工若しくはサッシ施工とするものに合格した後建具工事に関し三年以上実務の経験を有する者 |
| 水道施設工事業 | 一　法第二十七条第一項の規定による技術検定のうち検定種目を一級の土木施工管理又は二級の土木施工管理（種別を「土木」とするものに限る。）とするものに合格した者<br>二　技術士法第四条第一項の規定による第二次試験のうち技術部門を上下水道部門、衛生工学部門（選択科目を「水質管理」又は「廃棄物管理」とするものに限る。）又は総合技術監理部門（選択科目を上下水道部門に係るもの、「水質管理」又は「廃棄物管理」とするものに限る。）とするものに合格した者<br>三　土木工事業及び水道施設工事業に係る建設工事に関し十二年以上実務の経験を有する者のうち、水道施設工事業に係る建設工事に関し八年を超える実務の経験を有する者 |
| 消防施設工事業 | 消防法（昭和二十三年法律第百八十六号） |

| | |
|---|---|
| | 第十七条の七第一項の規定による甲種消防設備士免状又は乙種消防設備士免状の交付を受けた者 |
| 清掃施設工事業 | 技術士法第四条第一項の規定による第二次試験のうち技術部門を衛生工学部門（選択科目を「廃棄物管理」とするものに限る。）又は総合技術監理部門（選択科目を「廃棄物管理」とするものに限る。）とするものに合格した者 |
| 解体工事業 | 一　法第二十七条第一項の規定による技術検定のうち検定種目を一級の土木施工管理若しくは二級の土木施工管理（種別を「土木」とするものに限る。）又は一級の建築施工管理若しくは二級の建築施工管理（種別を「建築」又は「躯体」とするものに限る。）とするものに合格した者<br>二　技術士法第四条第一項の規定による第二次試験のうち技術部門を建設部門又は総合技術監理部門（選択科目を建設部門に係るものとするものに限る。）とするものに合格した者<br>三　職業能力開発促進法第四十四条第一項の規定による技能検定のうち検定職種を一級のとびとするものに合格した者又は検定職種を二級のとびとするものに合格した後解体工事に関し三年以上実務経験を有する者<br>四　解体工事に必要な知識及び技術を確認するための試験であつて次条から第七条の六までの規定により国土交通大臣の登録を受けたもの（以下「登録解体工事試験」という。）に合格した者<br>五　土木工事業及び解体工事業に係る建設工事に関し十二年以上実務の経験を有する者のうち、解体工事業に係る建設工事に関し八年を超える実務の経験を有する者<br>六　建築工事業及び解体工事業に係る建設工事に関し十二年以上実務の経験を有する者のうち、解体工事業に係る建設工事に関し八年を超える実務の経験を有する者<br>七　とび・土工工事業及び解体工事業に係る建設工事に関し十二年以上実務の経験を有する者のうち、解体工事業に係る建設工事に関し八年を超える実務の経験を有する者 |

三　国土交通大臣が前二号に掲げる者と同等以上の知識及び技術又は技能を有するものと認める者

注　三号の「国土交通大臣が認める者」＝平成一七年国土交通省告示一四二一

（登録の申請）

**第七条の四**　前条第二号の表とび・土工工事業の項第四号若しくは第五号、同表電気工事業の項第六号又は同表解体工事業の項第四号の登録（以下この条から第七条の七まで、第七条の十五及び第七条の十八において「登録」という。）は、それぞれ登録地すべり防止工事試験、登録基礎ぐい工事試験、登録計装試験又は登録解体工事試験（以下「登録技術試験」という。）の実施に関する事務（以下「登録技術試験事務」という。）を行おうとする者の申請により行う。

2　登録を受けようとする者（以下この項及び次項において「登録技術試験事務申請者」という。）は、次に掲げる事項を記載した申請書を国土交通大臣に提出しなければならない。

一　氏名又は名称及び住所並びに法人にあつては、その代表者の氏名

二　登録技術試験事務を行おうとする事務所の名称及び所在地

三　登録技術試験事務を開始しようとする年月日

四　登録技術試験委員（第七条の六第一項第二号に規定する合議制の機関を構成する者をいう。以下同じ。）となるべき者の氏名及び略歴並びに同号の表地すべり防止工事の項イ若しくはロ、同表計装の項イ若しくはロ又は同表解体工事の項イ若しくはロに該当する者にあつては、その旨

五　申請に係る試験の種目

3　前項の申請書には、次に掲げる書類を添付しなければならない。

一　個人である場合においては、次に掲げる書類

イ　住民票の抄本又はこれに代わる書面

ロ　登録地すべり防止工事試験事務申請者の略歴を記載した書類

二　法人である場合においては、次に掲げる書類

イ　定款又は寄附行為及び登記事項証明書

ロ　株主名簿若しくは社員名簿の写し又はこれらに代わる書面

ハ　申請に係る意思の決定を証する書類

ニ　役員（持分会社（会社法（平成十七年法律第八十六号）第五百七十五条第一項に規定する持分会社をいう。）にあつては、業務を執行する社員をいう。以下同じ。）の氏名及び略歴を記載した書類

三　登録技術試験委員のうち、第七条の六第一項第二号の表地すべり防止工事の項イ若しくはロ、同表計装の項イ若しくはロ又は同表解体工事の項イ若しくはロに該当する者にあつては、その資格等を有することを証する書類

四　登録技術試験事務以外の業務を行おうとするときは、その業務の種類及び概要を記載した書類

五　登録技術試験事務申請者が次条各号のいずれにも該当しない者であることを誓約する書面

六　その他参考となる事項を記載した書類

**参照**

**○会社法**〔平二七・九・四法六三現〕

（定款の作成）

**第五百七十五条**　合名会社、合資会社又は合同会社（以下「持分会社」と総称する。）を設立するには、その社員になろうとする者が定款を作成し、その全員がこれに署名し、又は記名押印しなければならない。

（欠格条項）

**第七条の五**　次の各号のいずれかに該当する者が行う試験は、登録を受けることができない。

一　法の規定に違反し、罰金以上の刑に処せられ、その執行を終わり、又は執行を受けることがなくなつた日から起算して二年を経過しない者

二　登録を受けようとする試験と種目を同じくする試験について第七条の十五の規定により登録を取り消され、その取消しの日から起算して二年を経過しない者

三　法人であつて、登録技術試験事務を行う役員のうちに前二号のいずれかに該当する者があるもの

（登録の要件等）

**第七条の六**　国土交通大臣は、第七条の四の規定による登録の申請が次に掲げる要件のすべてに適合しているときは、その登録をしなければならない。

一　第七条の八第一号の表の第一欄に掲げる種目に応じ、それぞれ同表第二欄に掲げる科目について試験が行われるものであること。

二　次の表の上欄に掲げる種目に応じ、それぞれ同表下欄に掲げる者を二名以上含む十名以上の者によつて構成される合議制の機関により試験問題の作成及び合否判定が行われるものであること。

| | |
|---|---|
| 地すべり防止工事 | 次のいずれかに該当する者<br>イ　学校教育法（昭和二十二年法律第二十六号）による大学若しくはこれに相当する外国の学校において砂防学、地すべり学その他の登録地すべり防止工事試験の実施に関する事務に関する科目を担当する教授若しくは准教授の職にあり、若しくはこれらの職にあつた者又は砂防学、地すべり学その他の登録地すべり防止工事試験の実施に関する事務に関する科目の研究により博士の学位を授与された者 |

| | |
|---|---|
| | ロ　国土交通大臣がイに掲げる者と同等以上の能力を有すると認める者 |
| 基礎ぐい工事 | 次のいずれかに該当する者<br>イ　学校教育法による大学若しくはこれに相当する外国の学校において地盤工学その他の登録基礎ぐい工事試験の実施に関する事務に関する科目を担当する教授若しくは准教授の職にあり、若しくはこれらの職にあつた者又は地盤工学その他の登録基礎ぐい工事試験の実施に関する事務に関する科目の研究により博士の学位を授与された者<br>ロ　国土交通大臣がイに掲げる者と同等以上の能力を有すると認める者 |
| 計装 | 次のいずれかに該当する者<br>イ　学校教育法による大学若しくはこれに相当する外国の学校において計測制御工学その他の登録計装試験の実施に関する事務に関する科目を担当する教授若しくは准教授の職にあり、若しくはこれらの職にあつた者又は計測制御工学その他の登録計装試験の実施に関する事務に関する科目の研究により博士の学位を授与された者<br>ロ　国土交通大臣がイに掲げる者と同等以上の能力を有すると認める者 |
| 解体工事 | 次のいずれかに該当する者<br>イ　学校教育法による大学若しくはこれに相当する外国の学校において土木工学、建築工学その他の登録解体工事試験の実施に関する事務に関する科目を担当する教授若しくは准教授の職にあり、若しくはこれらの職にあつた者又は土木工学、建築工学その他の登録解体工事試験の実施に関する事務に関する科目の研究により博士の学位を授与された者<br>ロ　国土交通大臣がイに掲げる者と同等以上の能力を有すると認める者 |

2　登録は、登録技術試験登録簿に次に掲げる事項を記載してするものとする。

一　登録年月日及び登録番号

二　登録技術試験事務を行う者（以下「登録技術試験実施機関」という。）の氏名又は名称及び住所並びに法人にあつては、その代表者の氏名

三　登録技術試験事務を行う事務所の名称及び所在地

四　登録技術試験事務を開始する年月日

五　登録に係る試験の種目

（登録の更新）

**第七条の七**　登録は、五年ごとにその更新を受けなければ、その期間の経過によつて、その効力を失う。

2　前三条の規定は、前項の登録の更新について準用する。

（登録技術試験事務の実施に係る義務）

**第七条の八**　登録技術試験実施機関は、公正に、かつ、第七条の六第一項各号に掲げる要件及び次に掲げる基準に適合する方法により登録技術試験事務を行わなければならない。

一　次の表の第一欄に掲げる種目ごとに、同表の第二欄に掲げる科目の区分に応じ、それぞれ同表の第三欄に掲げる内容について、同表の第四欄に掲げる時間を標準として試験を行うこと。

| 種目 | 科目 | 内容 | 時間 |
| --- | --- | --- | --- |
| 地すべり防止工事 | 一　地すべり一般知識に関する科目 | 砂防学、地すべり学、土質力学、構造力学、地形・地質学及び地下水学に関する事項 | 四時間三十分 |
| | 二　地すべり関係法令に関する科目 | 地すべり等防止法（昭和三十三年法律第三十号）、災害対策基本法（昭和三十六年法律第二百二十三号）、土砂災害警戒区域等における土砂災害防止対策の推進に関する法律（平成十二年法律第五十七号）その他関係法令に関する事項 | |
| | 三　地すべり調査に関する科目 | 地形判読技術、計測技術及び地すべり機構に関する事項 | |
| | 四　地すべり対策計画に関する科目 | 砂防及び地すべりの技術基準に関する事項 | |
| | 五　地すべり対策施設設計に関する科目 | 杭及びアンカーの設計及び施工、地下水排水工並びに土工に関する事項 | |
| 基礎ぐい工事 | 一　基礎ぐい工事の一般知識に関する科目 | 地盤工学、土質力学、構造力学、材料学その他基礎ぐい工事一般に関する事項 | 三時間 |
| | 二　基礎ぐい工事の施工方法に関する科目 | 場所打ちぐい工事及び既製ぐい工事の施工方法に関する事項 | |
| | 三　基礎ぐい工事の技術上の管理に関する科目 | 場所打ちぐい工事及び既製ぐい工事の施工計画、施工管理、安全管理その他の技術上の管理に関する事項 | |
| | 四　基礎ぐい工事の関係法令に関する科目 | 労働安全衛生法（昭和四十七年法律第五十七号）その他関係法令に関する事項 | |
| | 五　技術者倫理に関する | 技術者倫理に関する事項 | |

| | | | |
|---|---|---|---|
| | 科目 | | |
| 計装 | 一　計装一般知識に関する科目 | 計装一般及び計器に関する事項 | 八時間 |
| | 二　計装設備及び施工管理に関する科目 | プラント設備又はビル設備における計装設計、工事積算、検査、調整及び工事施工法に関する事項 | |
| | 三　計装関係法令に関する科目 | 労働安全衛生法その他関係法令に関する事項 | |
| | 四　計装設備計画に関する科目 | 計装設備に係る基本計画及び施工計画に関する事項 | |
| | 五　計装設備設計図に関する科目 | プラント設備又はビル設備における計装施工設計図の作成に関する事項 | |
| 解体工事 | 一　解体工事の関係法令に関する科目 | 廃棄物の処理及び清掃に関する法律（昭和四十五年法律第百三十七号）、建設工事に係る資材の再資源化等に関する法律（平成十二年法律第百四号）その他関係法令に関する事項 | 三時間三十分 |
| | 二　土木工学及び建築工学に関する科目 | 構造力学、材料学その他の基礎的な土木工学及び建築工学に関する事項 | |
| | 三　解体工事の技術上の管理に関する科目 | 解体工事の施工計画、施工管理、安全管理その他の技術上の管理に関する事項 | |
| | 四　解体工事の施工方法に関する科目 | 解体工事に係る木造、鉄筋コンクリート造その他の構造に応じた解体工事の施工方法に関する事項 | |
| | 五　解体工事の工法及び機器に関する科目 | 解体工事の工法及び機器の種類及び選定に関する事項 | |
| | 六　解体工事の実務に関する科目 | 解体工事の実務に関する事項 | |

二　登録技術試験を実施する日時、場所その他登録技術試験の実施に関し必要な事項をあらかじめ公示すること。

三　登録技術試験に関する不正行為を防止するための措置を講じること。

四　終了した登録技術試験の問題及び合格基準を公表すること。

五　登録技術試験に合格した者に対し、別記様式第二十一号による合格証明書（以下「登録技術試験合格証明書」という。）を交付すること。

（登録事項の変更の届出）

**第七条の九**　登録技術試験実施機関は、第七条の六第二項第二号から第四号までに掲げる事項を変更しようとするときは、変更しようとする日の二週間前までに、その旨を国土交通大臣に届け出なければならない。

（規程）

**第七条の十**　登録技術試験実施機関は、次に掲げる事項を記載した登録技術試験事務に関する規程を定め、当該事務の開始前に、国土交通大臣に届け出なければならない。これを変更しようとするときも、同様とする。

一　登録技術試験事務を行う時間及び休日に関する事項

二　登録技術試験事務を行う事務所及び試験地に関する事項

三　登録技術試験の日程、公示方法その他の登録技術試験事務の実施の方法に関する事項

四　登録技術試験の受験の申込みに関する事項

五　登録技術試験の受験手数料の額及び収納の方法に関する事項

六　登録技術試験委員の選任及び解任に関する事項

七　登録技術試験の問題の作成及び合否判定の方法に関する事項

八　終了した登録技術試験の問題及び合格基準の公表に関する事項

九　登録技術試験合格証明書の交付及び再交付に関する事項

十　登録技術試験事務に関する秘密の保持に関する事項

十一　登録技術試験事務に関する公正の確保に関する事項

十二　不正受験者の処分に関する事項

十三　第七条の十六第三項の帳簿その他の登録技術試験事務に関する書類の管理に関する事項

十四　その他登録技術試験事務に関し必要な事項

（登録技術試験事務の休廃止）

**第七条の十一**　登録技術試験実施機関は、登録技術試験事務の全部又は一部を休止し、又は廃止しようとするときは、あらかじめ、次に掲げる事項を記載した届出書を国土交通大臣に提出しなければならない。

一　休止し、又は廃止しようとする登録地すべり防止工事試験事務の範囲

二　休止し、又は廃止しようとする年月日及び休止しようとする場合にあつては、その期間

三　休止又は廃止の理由

（財務諸表等の備付け及び閲覧等）

**第七条の十二**　登録技術試験実施機関は、毎事業年度経過後三月以内に、その事業年度の財産目録、貸借対照表及び損益計算書又は収支計算書並びに事業報告書（その作成に代えて電磁的記録（電子的方式、磁気的方式その他の人の知覚によつては認識することができない方式で作られる記録であつて、電子計算機による情報処理の用に供されるものをいう。以下同じ。）の作成がされている場合における当該電磁的記録を含む。次項において「財務諸表等」という。）を作成し、五年間事務所に備えて置かなければならない。

2　登録技術試験を受験しようとする者その他の利害関係人は、登録技術試験実施機関の業務時間内は、いつでも、次に掲げる請求をすることができる。ただし、第二号又は第四号の請求をするには、登録地すべり防止工事試験実施機関の定めた費用を支払わなければならない。

一　財務諸表等が書面をもつて作成されているときは、当該書面の閲覧又は謄写の請求

二　前号の書面の謄本又は抄本の請求

三　財務諸表等が電磁的記録をもつて作成されているときは、当該電磁的記録に記録された事項を紙面又は出力装置の映像面に表示したものの閲覧又は謄写の請求

四　前号の電磁的記録に記録された事項を電磁的方法であつて、次に掲げるもののうち登録地すべり防止工事試験実施機関が定めるものにより提供することの請求又は当該事項を記載した書面の交付の請求

イ　送信者の使用に係る電子計算機と受信者の使用に係る電子計算機とを電気通信回線で接続した電子情報処理組織を使用する方法であつて、当該電気通信回線を通じて情報が送信され、受信者の使用に係る電子計算機に備えられたファイルに当該情報が記録されるもの

ロ　磁気ディスク、シー・ディー・ロムその他これらに準ずる方法により一定の事項を確実に記録しておくことができる物（以下「磁気ディスク等」という。）をもつて調製するファイルに情報を記録したものを交付する方法

3　前項第四号イ又はロに掲げる方法は、受信者がファイルへの記録を出力することにより書面を作成することができるものでなければならない。

（適合命令）

**第七条の十三**　国土交通大臣は、登録技術試験実施機関の実施する登録技術試験が第七条の六第一項の規定に適合しなくなつたと認めるときは、当該登録技術試験実施機関に対し、同項の規定に適合するため必要な措置をとるべきことを命ずることがで

きる。

（改善命令）

**第七条の十四**　国土交通大臣は、登録技術試験実施機関が第七条の八の規定に違反していると認めるときは、当該登録技術試験実施機関に対し、同条の規定による登録技術試験事務を行うべきこと又は登録技術試験事務の方法その他の業務の方法の改善に関し必要な措置をとるべきことを命ずることができる。

（登録の取消し等）

**第七条の十五**　国土交通大臣は、登録技術試験実施機関が次の各号のいずれかに該当するときは、当該登録技術試験実施機関が行う試験の登録を取り消し、又は期間を定めて登録技術試験事務の全部若しくは一部の停止を命じることができる。

一　第七条の五第一号又は第三号に該当するに至つたとき。

二　第七条の九から第七条の十一まで、第七条の十二第一項又は次条の規定に違反したとき。

三　正当な理由がないのに第七条の十二第二項各号の規定による請求を拒んだとき。

四　前二条の規定による命令に違反したとき。

五　第七条の十七の規定による報告を求められて、報告をせず、又は虚偽の報告をしたとき。

六　不正の手段により登録を受けたとき。

（帳簿の記載等）

**第七条の十六**　登録技術試験実施機関は、登録技術試験に関する次に掲げる事項を記載した帳簿を備えなければならない。

一　試験年月日

二　試験地

三　受験者の受験番号、氏名、生年月日及び合否の別

四　合格年月日

2　前項各号に掲げる事項が、電子計算機に備えられたファイル又は磁気ディスク等に記録され、必要に応じ登録技術試験実施機関において電子計算機その他の機器を用いて明確に紙面に表示されるときは、当該記録をもつて同項に規定する帳簿への記載に代えることができる。

3　登録技術試験実施機関は、第一項に規定する帳簿（前項の規定による記録が行われた同項のファイル又は磁気ディスク等を含む。）を、登録技術試験事務の全部を廃止するまで保存しなければならない。

4　登録技術試験実施機関は、次に掲げる書類を備え、登録技術試験を実施した日から三年間保存しなければならない。

一　登録技術試験の受験申込書及び添付書類

二　終了した登録技術試験の問題及び答案用紙

（報告の徴収）

**第七条の十七**　国土交通大臣は、登録技術試験事務の適切な実施を確保するため必要があると認めるときは、登録技術試験実施機関に対し、登録技術試験事務の状況に関し必要な報告を求めることができる。

（公示）

**第七条の十八**　国土交通大臣は、次に掲げる場合には、その旨を官報に公示しなければならない。

一　登録をしたとき。

二　第七条の九の規定による届出があつたとき。

三　第七条の十一の規定による届出があつたとき。

四　第七条の十五の規定により登録を取り消し、又は登録技術試験事務の停止を命じたとき。

（使用人の変更の届出）

**第八条**　建設業者は、新たに令第三条に規定する使用人になつた者がある場合には、二週間以内に、当該使用人に係る法第六条第一項第四号及び第四条第四号から第六号までに掲げる書面を添付した別記様式第二十二号の二による変更届出書により、国土交通大臣又は都道府県知事にその旨を届け出なければならない。

（電子情報処理組織による申請の場合の許可手数料の納付方法）

**第八条の二**　令第四条ただし書の規定により現金をもつて許可手数料を納めるときは、同条ただし書の申請を行つたことにより得られた納付情報により、当該許可手数料を納めるものとする。

（法第十一条第一項の変更の届出）

**第九条**　法第十一条第一項の規定による変更届出書は、別記様式第二十二号の二によるものとする。

2　法第十一条第一項の規定により変更届出書を提出する場合において当該変更が次に掲げるものであるときは、当該各号に掲げる書面を添付しなければならない。

一　法第五条第一号から第四号までに掲げる事項の変更（商業登記の変更を必要とする場合に限る。）　当該変更に係る登記事項を記載した登記事項証明書

二　法第五条第二号に掲げる事項のうち営業所の新設に係る変更　当該営業所に係る法第六条第一項第四号及び第五号の書面

三　法第五条第三号に掲げる事項のうち役員等の新任に係る変更及び同条第四号に掲げる事項のうち支配人の新任に係る変更　当該役員等又は支配人に係る法第六条第一項第四号の書面及び第四条第三号又は第四号から第六号までに掲げる書面

（毎事業年度経過後に届出を必要とする書類）

**第十条**　法第十一条第二項の国土交通省令で定める書類は、次に掲げるものとする。

一　株式会社以外の法人である場合においては別記様式第十五号から第十七号の二までによる貸借対照表、損益計算書、株主資本等変動計算書及び注記表、小会社である場合においてはこれらの書類及び事業報告書、株式会社（小会社を除く。）である場合においては別記様式第十五号から第十七号の三までによる貸借対照表、損益計算書、株主資本等変動計算書、注記表及び附属明細表並びに事業報告書

二　個人である場合においては、別記様式第十八号及び第十九号による貸借対照表及び損益計算書

三　国土交通大臣の許可を受けている者については、法人にあつては法人税、個人にあつては所得税の納付すべき額及び納付済額を証する書面

四　都道府県知事の許可を受けている者については、事業税の納付すべき額及び納付済額を証する書面

2　法第十一条第三項の国土交通省令で定める書類は、第四条第一項第一号、第二号、第七号及び第十七号に掲げる書面とする。

3　法第十一条第三項の規定による届出のうち第四条第一項第二号に掲げる書面に係るものは、別記様式第十一号の二による一覧表により行うものとする。

（法第十一条第五項の書面の様式）

**第十条の二**　法第十一条第五項の規定による届出は、別記様式第二十二号の三による届出書により行うものとする。

（廃業等の届出の様式）

**第十条の三**　法第十二条の規定による届出は、別記様式第二十二号の四による廃業届により行うものとする。

（届出書の提出）

**第十一条**　法第十一条若しくは法第十二条又は第七条の二若しくは第八条の規定により国土交通大臣に提出すべき届出書及びその添付書類は、その主たる営業所の所在地を管轄する都道府県知事を経由しなければならない。

（届出書の部数）

**第十二条**　法第十一条又は第七条の二若しくは第八条の規定により提出すべき届出書及びその添付書類の部数については、第七条の規定を準用する。

（閲覧に供する書類）

**第十二条の二**　法第十三条第六号の国土交通省令で定める書類は、次に掲げるものとする。

一　第四条第一項第一号、第七号、第九号、第十号、第十三号、第十四号、第十七号及び第十八号に掲げる書類

二　第九条第二項第二号及び第三号に掲げる法第六条第一項第四号の書面

三　第十条第一項第一号及び第二号に掲げる書類

（特定建設業についての準用）

**第十三条**　前各条（第三条第二項及び第三項を除く。）の規定は、特定建設業の許可及び特定建設業者について準用する。この場合において、第四条第一項第二号中「に該当する者、法第十五条第二号イに該当する者及び同号ハの規定により国土交通大臣が同号イに掲げる者と同等以上の能力を有するものと認定した者の一覧表」とあるのは「又は法第十五条第二号イ、ロ若しくはハに該当する者の一覧表並びに当該一覧表に記載された同号ロに該当する者に係る第三条第二項第一号若しくは第二号に掲げる証明書及び指導監督的な実務の経験を証する別記様式第十号による使用者の証明書又は監理技術者資格者証の写し」と、同条第二項中「一般建設業の許可」とあるのは「特定建設業の許可」と、「特定建設業の許可」とあるのは「一般建設業の許可」と、「書類」とあるのは「書類（一般建設業の許可のみを受けている者が特定建設業の許可を申請する場合にあつては、法第十五条第二号ロに該当する者及び同号ハの規定により国土交通大臣が同号ロに掲げる者と同等以上の能力を有するものと認定した者に係る前項第二号に掲げる書類を除く。）」と、第七条の二第一項中「同条第二号イ、ロ若しくはハ」とあるのは「第十五条第二号イ、ロ若しくはハ」と読み替えるものとする。

2　法第十七条において準用する法第六条第一項第五号の書面のうち、法第十五条第二号に掲げる基準を満たしていることを証する書面は、次の各号に掲げるいずれかの書面（指定建設業の許可を受けようとする者にあつては、第一号、第三号又は第四号に掲げる書面）その他当該事項を証するに足りる書面とする。

一　法第十五条第二号イの規定により国土交通大臣が定める試験に合格したこと又は国土交通大臣が定める免許を受けたことを証する証明書

二　第三条第二項に規定するもの及び指導監督的な実務の経験を証する別記様式第十号による使用者の証明書

三　法第十五条第二号ハの規定により能力を有すると認定された者であることを証する証明書

四　監理技術者資格者証の写し

3　許可の更新を申請する者は、前項の規定にかかわらず、法第十五条第二号に掲げる基準を満たしていることを証する書面のうち別記様式第八号による証明書以外の書面の提出を省略することができる。

（建設工事の請負契約に係る情報通信の技術を利用する方法）

**第十三条の二**　法第十九条第三項の国土交通省令で定める措置は、次に掲げる措置とする。

一　電子情報処理組織を使用する措置のうちイ又はロに掲げるもの

イ　建設工事の請負契約の当事者の使用に係る電子計算機（入出力装置を含む。以下同じ。）と当該契約の相手方の使用に係る電子計算機とを接続する電気通信回線を通じて送信し、受信者の使用に係る電子計算機に備えられたファイルに記録する措置

ロ　建設工事の請負契約の当事者の使用に係る電子計算機に備えられたファイルに記録された法第十九条第一項に掲げる事項又は請負契約の内容で同項に掲げる事項に該当するものの変更の内容（以下「契約事項等」という。）を電気通信回線を通じて当該契約の相手方の閲覧に供し、当該契約の相手方の使用に係る電子計算機に備えられたファイルに当該契約事項等を記録する措置

二　磁気ディスク等をもつて調製するファイルに契約事項等を記録したものを交付する措置

2　前項に掲げる措置は、次に掲げる技術的基準に適合するものでなければならない。

一　当該契約の相手方がファイルへの記録を出力することによる書面を作成することができるものであること。

二　ファイルに記録された契約事項等について、改変が行われていないかどうかを確認することができる措置を講じていること。

3　第一項第一号の「電子情報処理組織」とは、建設工事の請負契約の当事者の使用に係る電子計算機と、当該契約の相手方の使用に係る電子計算機とを電気通信回線で接続した電子情報処理組織をいう。

**第十三条の三**　令第五条の五第一項の規定により示すべき措置の種類及び内容は、次に掲げる事項とする。

一　前条第一項に規定する措置のうち建設工事の請負契約の当事者が講じるもの

二　ファイルへの記録の方式

**第十三条の四**　令第五条の五第一項の国土交通省令で定める方法は、次に掲げる方法とする。

一　電子情報処理組織を使用する方法のうちイ又はロに掲げるもの

イ　建設工事の請負契約の当事者の使用に係る電子計算機と当該契約の相手方の使用に係る電子計算機とを接続する電気通信回線を通じて送信し、受信者の使用に係る電子計算機に備えられたファイルに記録する方法

ロ　建設工事の請負契約の当事者の使用に係る電子計算機に備えられたファイルに記録された法第十九条第三項の承諾に関する事項を電気通信回線を通じて当該契約の相手方の閲覧に供し、当該建設工事の請負契約の当事者の使用に係

る電子計算機に備えられたファイルに当該承諾に関する事項を記録する方法

二　磁気ディスク等をもつて調製するファイルに当該承諾に関する事項を記録したものを交付する方法

2　前項第一号の「電子情報処理組織」とは、建設工事の請負契約の当事者の使用に係る電子計算機と、当該契約の相手方の使用に係る電子計算機とを電気通信回線で接続した電子情報処理組織をいう。

（現場代理人の選任等に関する通知に係る情報通信の技術を利用する方法）

**第十三条の五**　法第十九条の二第三項の国土交通省令で定める方法は、次に掲げる方法とする。

一　電子情報処理組織を使用する方法のうちイ又はロに掲げるもの

イ　請負人の使用に係る電子計算機と注文者の使用に係る電子計算機とを接続する電気通信回線を通じて送信し、受信者の使用に係る電子計算機に備えられたファイルに記録する方法

ロ　請負人の使用に係る電子計算機に備えられたファイルに記録された法第十九条の二第一項に規定する現場代理人に関する事項を電気通信回線を通じて注文者の閲覧に供し、当該注文者の使用に係る電子計算機に備えられたファイルに当該現場代理人に関する事項を記録する方法（同条第三項前段に規定する方法による通知を受ける旨の承諾又は受けない旨の申出をする場合にあつては、請負人の使用に係る電子計算機に備えられたファイルにその旨を記録する方法）

二　磁気ディスク等をもつて調製するファイルに現場代理人に関する事項を記録したものを交付する方法

2　前項に掲げる方法は、注文者がファイルへの記録を出力することによる書面を作成することができるものでなければならない。

3　第一項第一号の「電子情報処理組織」とは、請負人の使用に係る電子計算機と、注文者の使用に係る電子計算機とを電気通信回線で接続した電子情報処理組織をいう。

**第十三条の六**　令第五条の六第一項の規定により示すべき方法の種類及び内容は、次に掲げる事項とする。

一　前条第一項に規定する方法のうち請負人が使用するもの

二　ファイルへの記録の方式

**第十三条の七**　法第十九条の二第四項の国土交通省令で定める方法は、次に掲げる方法とする。

一　電子情報処理組織を使用する方法のうちイ又はロに掲げる

もの

イ　注文者の使用に係る電子計算機と請負人の使用に係る電子計算機とを接続する電気通信回線を通じて送信し、受信者の使用に係る電子計算機に備えられたファイルに記録する方法

ロ　注文者の使用に係る電子計算機に備えられたファイルに記録された法第十九条の二第二項に規定する監督員に関する事項を電気通信回線を通じて請負人の閲覧に供し、当該請負人の使用に係る電子計算機に備えられたファイルに当該監督員に関する事項を記録する方法（同条第四項前段に規定する方法による通知を受ける旨の承諾又は受けない旨の申出をする場合にあつては、注文者の使用に係る電子計算機に備えられたファイルにその旨を記録する方法）

二　磁気ディスク等をもつて調製するファイルに監督員に関する事項を記録したものを交付する方法

2　前項に掲げる方法は、請負人がファイルへの記録を出力することによる書面を作成することができるものでなければならない。

3　第一項第一号の「電子情報処理組織」とは、注文者の使用に係る電子計算機と、請負人の使用に係る電子計算機とを電気通信回線で接続した電子情報処理組織をいう。

**第十三条の八**　令第五条の七第一項の規定により示すべき方法の種類及び内容は、次に掲げる事項とする。

一　前条第一項に規定する方法のうち注文者が使用するもの

二　ファイルへの記録の方式

（一括下請負の承諾に係る情報通信の技術を利用する方法）

**第十三条の九**　法第二十二条第四項の国土交通省令で定める方法は、次に掲げる方法とする。

一　電子情報処理組織を使用する方法のうちイ又はロに掲げるもの

イ　発注者の使用に係る電子計算機と元請負人の使用に係る電子計算機とを接続する電気通信回線を通じて送信し、受信者の使用に係る電子計算機に備えられたファイルに記録する方法

ロ　発注者の使用に係る電子計算機に備えられたファイルに記録された法第二十二条第三項の承諾をする旨を電気通信回線を通じて元請負人の閲覧に供し、当該元請負人の使用に係る電子計算機に備えられたファイルに当該承諾をする旨を記録する方法（同条第四項前段に規定する方法による通知を受ける旨の承諾又は受けない旨の申出をする場合にあつては、発注者の使用に係る電子計算機に備えられたファイルにその旨を記録する方法）

二　磁気ディスク等をもつて調製するファイルに法第二十二条第三項の承諾をする旨を記録したものを交付する方法

2　前項に掲げる方法は、元請負人がファイルへの記録を出力することによる書面を作成することができるものでなければならない。

3　第一項第一号の「電子情報処理組織」とは、発注者の使用に係る電子計算機と、元請負人の使用に係る電子計算機とを電気通信回線で接続した電子情報処理組織をいう。

**第十三条の十**　令第六条の四第一項の規定により示すべき方法の種類及び内容は、次に掲げる事項とする。

一　前条第一項に規定する方法のうち発注者が使用するもの

二　ファイルへの記録の方式

（下請負人の選定の承諾に係る情報通信の技術を利用する方法）

**第十三条の十一**　法第二十三条第二項の国土交通省令で定める方法は、次に掲げる方法とする。

一　電子情報処理組織を使用する方法のうちイ又はロに掲げるもの

イ　注文者の使用に係る電子計算機と法第二十三条第一項ただし書の規定により下請負人を選定する者（以下この条において「下請負人選定者」という。）の使用に係る電子計算機とを接続する電気通信回線を通じて送信し、受信者の使用に係る電子計算機に備えられたファイルに記録する方法

ロ　注文者の使用に係る電子計算機に備えられたファイルに記録された法第二十三条第一項ただし書の承諾をする旨を電気通信回線を通じて下請負人選定者の閲覧に供し、当該下請負人選定者の使用に係る電子計算機に備えられたファイルに当該承諾をする旨を記録する方法（同条第二項前段に規定する方法による通知を受ける旨の承諾又は受けない旨の申出をする場合にあつては、注文者の使用に係る電子計算機に備えられたファイルにその旨を記録する方法）

二　磁気ディスク等をもつて調製するファイルに法第二十三条第一項ただし書の承諾をする旨を記録したものを交付する方法

2　前項に掲げる方法は、下請負人選定者がファイルへの記録を出力することによる書面を作成することができるものでなければならない。

3　第一項第一号の「電子情報処理組織」とは、注文者の使用に係る電子計算機と、下請負人選定者の使用に係る電子計算機とを電気通信回線で接続した電子情報処理組織をいう。

**第十三条の十二**　令第七条第一項の規定により示すべき方法の種

類及び内容は、次に掲げる事項とする。
一　前条第一項に規定する方法のうち注文者が使用するもの
二　ファイルへの記録の方式
（法第二十四条の五第四項の率）
**第十四条**　法第二十四条の五第四項の国土交通省令で定める率は、年十四・六パーセントとする。
（施工体制台帳の記載事項等）
**第十四条の二**　法第二十四条の七第一項の国土交通省令で定める事項は、次のとおりとする。
一　作成建設業者（法第二十四条の七第一項の規定（公共工事の入札及び契約の適正化の促進に関する法律（平成十二年法律第百二十七号。次項第一号において「入札契約適正化法」という。）第十五条第一項の規定により読み替えて適用される場合を含む。）により施工体制台帳を作成する場合における当該建設業者をいう。以下同じ。）に関する次に掲げる事項
イ　許可を受けて営む建設業の種類
ロ　健康保険等の加入状況
二　作成建設業者が請け負つた建設工事に関する次に掲げる事項
イ　建設工事の名称、内容及び工期
ロ　発注者と請負契約を締結した年月日、当該発注者の商号、名称又は氏名及び住所並びに当該請負契約を締結した営業所の名称及び所在地
ハ　発注者が監督員を置くときは、当該監督員の氏名及び法第十九条の二第二項に規定する通知事項
ニ　作成建設業者が現場代理人を置くときは、当該現場代理人の氏名及び法第十九条の二第一項に規定する通知事項
ホ　主任技術者又は監理技術者の氏名、その者が有する主任技術者資格（建設業の種類に応じ、法第七条第二号イ若しくはロに規定する実務の経験若しくは学科の修得又は同号ハの規定による国土交通大臣の認定があることをいう。以下同じ。）又は監理技術者資格及びその者が専任の主任技術者又は監理技術者であるか否かの別
ヘ　法第二十六条の二第一項又は第二項の規定により建設工事の施工の技術上の管理をつかさどる者でホの主任技術者又は監理技術者以外のものを置くときは、その者の氏名、その者が管理をつかさどる建設工事の内容及びその有する主任技術者資格
ト　出入国管理及び難民認定法（昭和二十六年政令第三百十九号）別表第一の二の表の技能実習の在留資格を決定された者（第四号チにおいて「外国人技能実習生」という。）

及び同法別表第一の五の表の上欄の在留資格を決定された者であつて、国土交通大臣が定めるもの（第四号チにおいて「外国人建設就労者」という。）の従事の状況

三　前号の建設工事の下請負人に関する次に掲げる事項

イ　商号又は名称及び住所

ロ　当該下請負人が建設業者であるときは、その者の許可番号及びその請け負つた建設工事に係る許可を受けた建設業の種類

ハ　健康保険等の加入状況

四　前号の下請負人が請け負つた建設工事に関する次に掲げる事項

イ　建設工事の名称、内容及び工期

ロ　当該下請負人が注文者と下請契約を締結した年月日

ハ　注文者が監督員を置くときは、当該監督員の氏名及び法第十九条の二第二項に規定する通知事項

ニ　当該下請負人が現場代理人を置くときは、当該現場代理人の氏名及び法第十九条の二第一項に規定する通知事項

ホ　当該下請負人が建設業者であるときは、その者が置く主任技術者の氏名、当該主任技術者が有する主任技術者資格及び当該主任技術者が専任の者であるか否かの別

ヘ　当該下請負人が法第二十六条の二第一項又は第二項の規定により建設工事の施工の技術上の管理をつかさどる者でホの主任技術者以外のものを置くときは、当該者の氏名、その者が管理をつかさどる建設工事の内容及びその有する主任技術者資格

ト　当該建設工事が作成建設業者の請け負わせたものであるときは、当該建設工事について請負契約を締結した作成建設業者の営業所の名称及び所在地

チ　外国人技能実習生及び外国人建設就労者の従事の状況

2　施工体制台帳には、次に掲げる書類を添付しなければならない。

一　前項第二号ロの請負契約及び同項第四号ロの下請契約に係る法第十九条第一項及び第二項の規定による書面の写し（作成建設業者が注文者となつた下請契約以外の下請契約であつて、公共工事（入札契約適正化法第二条第二項に規定する公共工事をいう。第十四条の四第三項において同じ。）以外の建設工事について締結されるものに係るものにあつては、請負代金の額に係る部分を除く。）

二　前項第二号ホの主任技術者又は監理技術者が主任技術者資格又は監理技術者資格を有することを証する書面（当該監理技術者が法第二十六条第四項の規定により選任しなければならない者であるときは、監理技術者資格者証の写しに限る。）

及び当該主任技術者又は監理技術者が作成建設業者に雇用期間を特に限定することなく雇用されている者であることを証する書面又はこれらの写し

三　前項第二号へに規定する者を置くときは、その者が主任技術者資格を有することを証する書面及びその者が作成建設業者に雇用期間を特に限定することなく雇用されている者であることを証する書面又はこれらの写し

3　第一項各号に掲げる事項が電子計算機に備えられたファイル又は磁気ディスク等に記録され、必要に応じ当該工事現場において電子計算機その他の機器を用いて明確に紙面に表示されるときは、当該記録をもつて法第二十四条の七第一項に規定する施工体制台帳への記載に代えることができる。

4　法第十九条第三項に規定する措置が講じられた場合にあつては、契約事項等が電子計算機に備えられたファイル又は磁気ディスク等に記録され、必要に応じ当該工事現場において電子計算機その他の機器を用いて明確に紙面に表示されるときは、当該記録をもつて第二項第一号に規定する添付書類に代えることができる。

参照

○公共工事の入札及び契約の適正化の促進に関する法律〔平一二六・六・四法五五現〕

（定義）

第二条　〔略〕

2　この法律において「公共工事」とは、国、特殊法人等又は地方公共団体が発注する建設工事をいう。

（下請負人に対する通知等）

第十四条の三　建設業者は、作成建設業者に該当することとなつたときは、遅滞なく、その請け負つた建設工事を請け負わせた下請負人に対し次に掲げる事項を書面により通知するとともに、当該事項を記載した書面を当該工事現場の見やすい場所に掲げなければならない。

一　作成建設業者の商号又は名称

二　当該下請負人の請け負つた建設工事を他の建設業を営む者に請け負わせたときは法第二十四条の七第二項の規定による通知（以下「再下請負通知」という。）を行わなければならない旨及び当該再下請負通知に係る書類を提出すべき場所

2　建設業者は、前項の規定による書面による通知に代えて、第五項で定めるところにより、当該下請負人の承諾を得て、前項各号に掲げる事項を電子情報処理組織を使用する方法その他の情報通信の技術を利用する方法であつて次に掲げるもの（以下この条において「電磁的方法」という。）により通知することができる。この場合において、当該建設業者は、当該書面によ

る通知をしたものとみなす。
一　電子情報処理組織を使用する方法のうちイ又はロに掲げるもの
イ　建設業者の使用に係る電子計算機と下請負人の使用に係る電子計算機とを接続する電気通信回線を通じて送信し、受信者の使用に係る電子計算機に備えられたファイルに記録する方法
ロ　建設業者の使用に係る電子計算機に備えられたファイルに記録された前項各号に掲げる事項を電気通信回線を通じて下請負人の閲覧に供し、当該下請負人の使用に係る電子計算機に備えられたファイルに当該事項を記録する方法（電磁的方法による通知を受ける旨の承諾又は受けない旨の申出をする場合にあつては、建設業者の使用に係る電子計算機に備えられたファイルにその旨を記録する方法）
二　磁気ディスク等をもつて調製するファイルに前項各号に掲げる事項を記録したものを交付する方法
3　前項に掲げる方法は、下請負人がファイルへの記録を出力することによる書面を作成することができるものでなければならない。
4　第二項第一号の「電子情報処理組織」とは、建設業者の使用に係る電子計算機と、下請負人の使用に係る電子計算機とを電気通信回線で接続した電子情報処理組織をいう。
5　建設業者は、第二項の規定により第一項各号に掲げる事項を通知しようとするときは、あらかじめ、当該下請負人に対し、その用いる次に掲げる電磁的方法の種類及び内容を示し、書面又は電磁的方法による承諾を得なければならない。
一　第二項各号に規定する方法のうち建設業者が使用するもの
二　ファイルへの記録の方式
6　前項の規定による承諾を得た建設業者は、当該下請負人から書面又は電磁的方法により電磁的方法による通知を受けない旨の申出があつたときは、当該下請負人に対し、第一項各号に掲げる事項の通知を電磁的方法によつてしてはならない。ただし、当該下請負人が再び前項の規定による承諾をした場合は、この限りでない。

（再下請負通知を行うべき事項等）
**第十四条の四**　法第二十四条の七第二項の国土交通省令で定める事項は、次のとおりとする。
一　再下請負通知人（再下請負通知を行う場合における当該下請負人をいう。以下同じ。）の商号又は名称及び住所並びに当該再下請負通知人が建設業者であるときは、その者の許可番号
二　再下請負通知人が請け負つた建設工事の名称及び注文者の

商号又は名称並びに当該建設工事について注文者と下請契約を締結した年月日

三　再下請負通知人が前号の建設工事を請け負わせた他の建設業を営む者に関する第十四条の二第一項第三号イからハまでに掲げる事項及び当該者が請け負つた建設工事に関する同項第四号イからへまで及びチに掲げる事項

2　再下請負通知人に該当することとなつた建設業を営む者（以下この条において「再下請負通知人該当者」という。）は、その請け負つた建設工事を他の建設業を営む者に請け負わせる都度、遅滞なく、前項各号に掲げる事項を記載した書面（以下「再下請負通知書」という。）により再下請負通知を行うとともに、当該他の建設業を営む者に対し、前条第一項各号に掲げる事項を書面により通知しなければならない。

3　再下請負通知書には、再下請負通知人が第一項第三号に規定する他の建設業を営む者と締結した請負契約に係る法第十九条第一項及び第二項の規定による書面の写し（公共工事以外の建設工事について締結される請負契約の請負代金の額に係る部分を除く。）を添付しなければならない。

4　再下請負通知人該当者は、第二項の規定による書面による通知に代えて、第七項で定めるところにより、作成建設業者又は第二項に規定する他の建設業を営む者（以下この条において「再下請負人」という。）の承諾を得て、第一項各号に掲げる事項又は前条第一項各号に掲げる事項を電子情報処理組織を使用する方法その他の情報通信の技術を利用する方法であつて次に掲げるもの（以下この条において「電磁的方法」という。）により通知することができる。この場合において、当該再下請負通知人該当者は、当該書面による通知をしたものとみなす。

一　電子情報処理組織を使用する方法のうちイ又はロに掲げるもの

イ　再下請負通知人該当者の使用に係る電子計算機と作成建設業者又は再下請負人の使用に係る電子計算機とを接続する電気通信回線を通じて送信し、受信者の使用に係る電子計算機に備えられたファイルに記録する方法

ロ　再下請負通知人該当者の使用に係る電子計算機に備えられたファイルに記録された第一項各号に掲げる事項又は前条第一項各号に掲げる事項を電気通信回線を通じて作成建設業者又は再下請負人の閲覧に供し、当該作成建設業者又は当該再下請負人の使用に係る電子計算機に備えられたファイルに当該事項を記録する方法（電磁的方法による通知を受ける旨の承諾又は受けない旨の申出をする場合にあつては、再下請負通知人該当者の使用に係る電子計算機に備えられたファイルにその旨を記録する方法）

二　磁気ディスク等をもつて調製するファイルに第一項各号に掲げる事項又は前条第一項各号に掲げる事項を記録したものを交付する方法

5　前項に掲げる方法は、作成建設業者又は再下請負人がファイルへの記録を出力することによる書面を作成することができるものでなければならない。

6　第四項第一号の「電子情報処理組織」とは、再下請負通知人該当者の使用に係る電子計算機と、作成建設業者又は再下請負人の使用に係る電子計算機とを電気通信回線で接続した電子情報処理組織をいう。

7　再下請負通知人該当者は、第四項の規定により第一項各号に掲げる事項又は前条第一項各号に掲げる事項を通知しようとするときは、あらかじめ、当該作成建設業者又は当該再下請負人に対し、その用いる次に掲げる電磁的方法の種類及び内容を示し、書面又は電磁的方法による承諾を得なければならない。

一　第四項各号に規定する方法のうち再下請負通知人該当者が使用するもの

二　ファイルへの記録の方式

8　前項の規定による承諾を得た再下請負通知人該当者は、当該作成建設業者又は当該再下請負人から書面又は電磁的方法により電磁的方法による通知を受けない旨の申出があつたときは、当該作成建設業者又は当該再下請負人に対し、第一項各号に掲げる事項又は前条第一項各号に掲げる事項の通知を電磁的方法によつてしてはならない。ただし、当該作成建設業者又は当該再下請負人が再び前項の規定による承諾をした場合は、この限りでない。

9　法第十九条第三項に規定する措置が講じられた場合にあつては、契約事項等が電子計算機に備えられたファイル又は磁気ディスク等に記録され、必要に応じ電子計算機その他の機器を用いて明確に紙面に表示されるときは、当該記録をもつて第三項に規定する添付書類に代えることができる。

（施工体制台帳の記載方法等）

**第十四条の五**　第十四条の二第二項の規定により添付された書類に同条第一項各号に掲げる事項が記載されているときは、同項の規定にかかわらず、施工体制台帳の当該事項を記載すべき箇所と当該書類との関係を明らかにして、当該事項の記載を省略することができる。この項前段に規定する書類以外の書類で同条第一項各号に掲げる事項が記載されたものを施工体制台帳に添付するときも、同様とする。

2　第十四条の二第一項第三号及び第四号に掲げる事項の記載並びに同条第二項第一号に掲げる書類（同条第一項第四号ロの下請契約に係るものに限る。）及び前項後段に規定する書類（同条第一項第三号又は第四号に掲げる事項が記載されたものに限る。）の添付は、下請負人ごとに、かつ、各下請負人の施工の分担関係が明らかとなるように行わなければならない。

3　作成建設業者は、第十四条の二第一項各号に掲げる事項の記載並びに同条第二項各号に掲げる書類及び第一項後段に規定する書類の添付を、それぞれの事項又は書類に係る事実が生じ、又は明らかとなつたとき（同条第一項第一号に掲げる事項にあつては、作成建設業者に該当することとなつたとき）に、遅滞なく、当該事項又は書類について行い、その見やすいところに商号又は名称、許可番号及び施工体制台帳である旨を明示して、施工体制台帳を作成しなければならない。

4　第十四条の二第一項各号に掲げる事項又は同条第二項第二号若しくは第三号に掲げる書類について変更があつたときは、遅滞なく、当該変更があつた年月日を付記して、変更後の当該事項を記載し、又は変更後の当該書類を添付しなければならない。

5　第一項の規定は再下請負通知書における前条第一項各号に掲げる事項の記載について、前項の規定は当該事項に変更があつたときについて準用する。この場合において、第一項中「第十四条の二第二項」とあるのは「前条第三項」と、前項中「記載し、又は変更後の当該書類を添付しなければ」とあるのは「書面により作成建設業者に通知しなければ」と読み替えるものとする。

6　再下請負通知人は、前項において準用する第四項の規定による書面による通知に代えて、第九項で定めるところにより、作成建設業者の承諾を得て、前条第一項各号に掲げる事項を電子情報処理組織を使用する方法その他の情報通信の技術を利用する方法であつて次に掲げるもの（以下この条において「電磁的方法」という。）により通知することができる。この場合において、当該再下請負通知人は、当該書面による通知をしたものとみなす。

一　電子情報処理組織を使用する方法のうちイ又はロに掲げるもの

イ　再下請負通知人の使用に係る電子計算機と作成建設業者の使用に係る電子計算機とを接続する電気通信回線を通じて送信し、受信者の使用に係る電子計算機に備えられたファイルに記録する方法

ロ　再下請負通知人の使用に係る電子計算機に備えられたファイルに記録された前条第一項各号に掲げる事項を電気通信回線を通じて作成建設業者の閲覧に供し、当該作成建設業者の使用に係る電子計算機に備えられたファイルに同項各号に掲げる事項を記録する方法（電磁的方法による通知を受ける旨の承諾又は受けない旨の申出をする場合にあつ

ては、再下請負通知人の使用に係る電子計算機に備えられたファイルにその旨を記録する方法

二　磁気ディスク等をもつて調製するファイルに前条第一項各号に掲げる事項を記録したものを交付する方法

7　前項に掲げる方法は、作成建設業者がファイルへの記録を出力することによる書面を作成することができるものでなければならない。

8　第六項第一号の「電子情報処理組織」とは、再下請負通知人の使用に係る電子計算機と、作成建設業者の使用に係る電子計算機とを電気通信回線で接続した電子情報処理組織をいう。

9　再下請負通知人は、第六項の規定により前条第一項各号に掲げる事項を通知しようとするときは、あらかじめ、当該作成建設業者に対し、その用いる次に掲げる電磁的方法の種類及び内容を示し、書面又は電磁的方法による承諾を得なければならない。

一　第六項各号に規定する方法のうち再下請負通知人が使用するもの

二　ファイルへの記録の方式

10　前項の規定による承諾を得た再下請負通知人は、当該作成建設業者から書面又は電磁的方法により電磁的方法による通知を受けない旨の申出があつたときは、当該作成建設業者に対し、前条第一項各号に掲げる事項の通知を電磁的方法によつてしてはならない。ただし、当該作成建設業者が再び前項の規定による承諾をした場合は、この限りでない。

（施工体系図）

**第十四条の六**　施工体系図は、第一号に掲げる事項を表示するほか、第二号に掲げる事項を同号の下請負人ごとに、かつ、各下請負人の施工の分担関係が明らかとなるよう系統的に表示して作成しておかなければならない。

一　作成建設業者の商号又は名称、作成建設業者が請け負つた建設工事の名称、工期及び発注者の商号、名称又は氏名、当該作成建設業者が置く主任技術者又は監理技術者の氏名並びに第十四条の二第一項第二号ヘに規定する者を置くときは、その者の氏名及びその者が管理をつかさどる建設工事の内容

二　前号の建設工事の下請負人で現にその請け負つた建設工事を施工しているものの商号又は名称、当該請け負つた建設工事の内容及び工期並びに当該下請負人が建設業者であるときは、当該下請負人が置く主任技術者の氏名並びに第十四条の二第一項第四号ヘに規定する者を置く場合における当該者の氏名及びその者が管理をつかさどる建設工事の内容

（施工体制台帳の備置き等）

**第十四条の七**　法第二十四条の七第一項の規定による施工体制台帳（施工体制台帳に添付された第十四条の二第二項各号に掲げ

る書類及び第十四条の五第一項後段に規定する書類を含む。）の備置き及び法第二十四条の七第四項の規定による施工体系図の掲示は、第十四条の二第一項第二号の建設工事の目的物の引渡しをするまで（同号ロの請負契約に基づく債権債務が消滅した場合にあつては、当該債権債務の消滅するまで）行わなければならない。

（紛争処理状況の報告）

**第十五条**　法第二十五条の二十五の規定による報告は、毎四半期経過後十五日以内に、当該四半期中における次の各号に掲げる事項につきしなければならない。

一　あつせん、調停又は仲裁の申請の件数

二　職権に基きあつせん又は調停を行う必要があると決議した事件の件数

三　あつせん若しくは調停をしないものとした事件又はあつせん若しくは調停を打ち切つた事件の件数

四　あつせん又は調停により解決した事件の件数

五　仲裁判断をした事件の件数

六　その他審査会の事務に関し重要な事項

（名簿の記載事項）

**第十六条**　令第八条第一項の委員又は特別委員の名簿には、次に掲げる事項を記載するものとする。

一　氏名及び職業

二　経歴及び弁護士となる資格を有する者にあつてはその旨

三　任命及び任期満了の年月日

（調書）

**第十七条**　令第二十三条の調書は、別記様式第二十三号、第二十四号及び第二十五号により作成しなければならない。

**第十七条の二**　削除

**第十七条の三**　削除

（講習の登録の申請）

**第十七条の四**　法第二十六条第四項の登録（以下この条において「登録」という。）を受けようとする者は、別記様式第二十五号の二による申請書に次に掲げる書類を添えて、これを国土交通大臣に提出しなければならない。

一　法人である場合においては、次に掲げる書類

イ　定款又は寄附行為及び登記事項証明書

ロ　株主名簿又は社員名簿の写し

ハ　申請に係る意思の決定を証する書類

ニ　役員の氏名及び略歴を記載した書類

二　個人である場合においては、登録を受けようとする者の略歴を記載した書類

三　法第二十六条の六第一項第一号ロ又はハに掲げる科目を担

当する講師が監理技術者となつた経験を有する場合においては、その者が有する監理技術者資格及び監理技術者となつた建設工事に係る経歴を記載した書類
四　法第二十六条の六第一項第一号ロ又はハに掲げる科目を担当する講師が教員となつた経歴を有する場合においては、その経歴を証する書類
五　登録を受けようとする者が法第二十六条の五各号のいずれにも該当しない者であることを誓約する書面
六　その他参考となる事項を記載した書類
2　国土交通大臣は、登録を受けようとする者（個人である場合に限る。）に係る機構保存本人確認情報（住民基本台帳法第三十条の九に規定する機構保存本人確認情報をいう。以下同じ。）のうち住民票コード以外のものについて、同法第三十条の九の規定によるその提供を受けることができないときは、その者に対し、住民票の抄本又はこれに代わる書面を提出させることができる。

参照

○住民基本台帳法〔平一八・六・三法六三現〕

（国の機関等への本人確認情報の提供）

**第三十条の九**　機構は、別表第一の上欄に掲げる国の機関又は法人から同表の下欄に掲げる事務の処理に関し求めがあつたときは、政令で定めるところにより、第三十条の七第三項の規定により機構が保存する本人確認情報であつて同項の規定による保存期間が経過していないもの（以下「機構保存本人確認情報」という。）のうち住民票コード以外のものを提供するものとする。ただし、個人番号については、当該別表第一の上欄に掲げる国の機関又は法人が番号利用法第九条第一項の規定により個人番号を利用することができる場合に限り、提供するものとする。

（登録の更新）

**第十七条の五**　前条の規定は、法第二十六条の七第一項の登録の更新について準用する。

（講習の実施基準）

**第十七条の六**　法第二十六条の八の国土交通省令で定める基準は、次に掲げるとおりとする。
一　講習は、講義及び試験により行うものであること。
二　受講者があらかじめ受講を申請した者本人であることを確認すること。
三　講習は、次の表の上欄に掲げる科目に応じ、それぞれ同表の中欄に掲げる内容について、同表の下欄に掲げる時間以上行うこと。

| | 科目 | 内容 | 時間 |
|---|---|---|---|
| (一) | 建設工事に関する法律制度 | イ　法及び法に基づく命令並びに関係法令等<br>ロ　建設工事の適正な施工に係る施策 | 一・五時間 |
| (二) | 建設工事の施工計画の作成、工程管理、品質管理その他の技術上の管理 | イ　建設工事の施工計画の作成に関する事項<br>ロ　工程管理に関する事項<br>ハ　品質管理に関する事項<br>ニ　安全管理に関する事項 | 二・五時間 |
| (三) | 建設工事に関する最新の材料、資機材及び施工方法 | イ　最新の材料及び資機材の特性に関する事項<br>ロ　施工の合理化に係る方法に関する事項<br>ハ　材料、資機材及び施工方法に係る技術基準に関する事項<br>ニ　その他材料、資機材及び施工方法に関 | 二時間 |

し必要な事項

備考　(二)及び(三)に掲げる科目は、最新の事例を用いて講習を行うこと。

四　前号の表の上欄に掲げる科目及び同表の中欄に掲げる内容に応じ、教本等必要な教材を用いて実施されること。

五　講師は、講義の内容に関する受講者の質問に対し、講義中に適切に応答すること。

六　試験は、受講者が講義の内容を十分に理解しているかどうか的確に把握できるものであること。

七　講習の課程を修了した者（以下「修了者」という。）の法第二十七条の十八第一項に規定する資格者証（修了者が資格者証の交付を受けていない場合にあつては、別記様式第二十五号の三によるラベル）に修了した旨を記載すること。

八　講習を実施する日時、場所その他講習の実施に関し必要な事項及び当該講習が国土交通大臣の登録を受けた講習である旨を公示すること。

九　講習以外の業務を行う場合にあつては、当該業務が国土交通大臣の登録を受けた講習であると誤認されるおそれがある表示その他の行為をしないこと。

（講習規程の記載事項）

**第十七条の七**　法第二十六条の十第二項の国土交通省令で定める

事項は、次に掲げるものとする。

一　講習に係る業務（以下「講習業務」という。）を行う時間及び休日に関する事項

二　講習業務を行う事務所及び講習の実施場所に関する事項

三　講習の実施に係る公示の方法に関する事項

四　講習の受講の申請に関する事項

五　講習の実施方法に関する事項

六　講習の内容及び時間に関する事項

七　講義に用いる教材に関する事項

八　試験の方法に関する事項

九　修了した旨の記載に関する事項

十　講習に関する料金の額及びその収納の方法に関する事項

十一　第十七条の十一第三項の帳簿その他の講習業務に関する書類の管理に関する事項

十二　その他講習業務の実施に関し必要な事項

（登録講習実施機関に係る業務の休廃止の届出）

**第十七条の八**　登録講習実施機関は、法第二十六条の十一の規定により講習業務の全部又は一部を廃止し、又は休止しようとするときは、次に掲げる事項を記載した届出書を国土交通大臣に提出しなければならない。

一　休止し、又は廃止しようとする講習業務の範囲

二　休止し、又は廃止しようとする年月日及び休止しようとする場合にあつては、その期間

三　休止又は廃止の理由

（電磁的記録に記録された事項を表示する方法）

**第十七条の九**　法第二十六条の十二第二項第三号の国土交通省令で定める方法は、当該電磁的記録に記録された事項を紙面又は出力装置の映像面に表示する方法とする。

（電磁的記録に記録された事項を提供するための方法）

**第十七条の十**　法第二十六条の十二第二項第四号の国土交通省令で定める方法は、次に掲げるもののうち、登録講習実施機関が定めるものとする。

一　送信者の使用に係る電子計算機と受信者の使用に係る電子計算機とを電気通信回線で接続した電子情報処理組織を使用する方法であつて、当該電気通信回線を通じて情報が送信され、受信者の使用に係る電子計算機に備えられたファイルに当該情報が記録されるもの

二　磁気ディスク等をもつて調製するファイルに情報を記録したものを交付する方法

2　前項各号に掲げる方法は、受信者がファイルへの記録を出力することによる書面を作成することができるものでなければならない。

（帳簿）

**第十七条の十一**　法第二十六条の十六の講習に関し国土交通省令で定める事項は、次に掲げるものとする。

一　講習の実施年月日

二　講習の実施場所

三　講習を行つた講師の氏名並びに講習において担当した科目及びその時間

四　修了者の氏名、本籍（日本の国籍を有しない者にあつては、その者の有する国籍。以下同じ。）及び住所、生年月日並びに修了した旨を記載した年月日及び修了番号

2　前項各号に掲げる事項が、電子計算機に備えられたファイル又は磁気ディスク等に記録され、必要に応じ登録講習実施機関において電子計算機その他の機器を用いて明確に紙面に表示されるときは、当該記録をもつて法第二十六条の十六に規定する帳簿への記載に代えることができる。

3　登録講習実施機関は、法第二十六条の十六に規定する帳簿（前項の規定による記録が行われた同項のファイル又は磁気ディスク等を含む。）を、講習を実施した日から五年間保存しなければならない。

4　登録講習実施機関は、講義に用いた教材並びに試験に用いた問題用紙及び答案用紙を講習を実施した日から三年間保存しなければならない。

（講習業務の引継ぎ）

**第十七条の十二**　登録講習実施機関は、法第二十六条の十七第二項に規定する場合には、次に掲げる事項を行わなければならない。

一　講習業務を国土交通大臣に引き継ぐこと。

二　前条第三項の帳簿その他の講習業務に関する書類を国土交通大臣に引き継ぐこと。

三　その他国土交通大臣が必要と認める事項

（講習の実施結果の報告）

**第十七条の十三**　登録講習実施機関は、講習を行つたときは、国土交通大臣の定める期日までに次に掲げる事項を記載した報告書を国土交通大臣に提出しなければならない。

一　講習の実施年月日

二　講習の実施場所

三　修了者数

2　前項の報告書には、第十七条の十一第一項第四号に掲げる事項を記載した修了者一覧表並びに講義に用いた教材及び試験に用いた問題用紙を添えなければならない。

3　報告書等（第一項の報告書及び前項の添付書類をいう。以下この項において同じ。）の提出については、当該報告書等が電

磁的記録で作成されている場合には、次に掲げる電磁的方法をもつて行うことができる。

一　登録講習実施機関の使用に係る電子計算機と国土交通大臣の使用に係る電子計算機とを電気通信回線で接続した電子情報処理組織を使用する方法であつて、当該電気通信回線を通じて情報が送信され、国土交通大臣の使用に係る電子計算機に備えられたファイルに当該情報が記録されるもの

二　磁気ディスク等をもつて調製するファイルに情報を記録したものを交付する方法

注　一項の「国土交通大臣の定める期日」＝平成一六年国土交通省告示六五号

（講習の受講）

**第十七条の十四**　法第二十六条第四項の規定により選任されている監理技術者は、当該選任の期間中のいずれの日においてもその日の前五年以内に行われた同項の登録を受けた講習を受講していなければならない。

（検定等の指定）

**第十七条の十五**　令第二十七条の七の表の他の法令の規定による免許で国土交通大臣の定めるものを受けた者又は国土交通大臣の定める検定若しくは試験に合格した者の項の規定により国土交通大臣が指定する検定又は試験（以下この条において「検定等」という。）は、次のすべてに該当するものでなければならない。

一　一般社団法人又は一般財団法人で、検定等を行うのに必要かつ適切な組織及び能力を有するものが実施する検定等であること。

二　正当な理由なく受検又は受験を制限する検定等でないこと。

三　国土交通大臣が定める検定等の実施要領に従つて実施される検定等であること。

2　前項に規定するもののほか、令第二十七条の七の表の他の法令の規定による免許で国土交通大臣の定めるものを受けた者又は国土交通大臣の定める検定若しくは試験に合格した者の項の検定等の指定に関し必要な事項は、国土交通大臣が定める。

3　令第二十七条の七の表の他の法令の規定による免許で国土交通大臣の定めるものを受けた者又は国土交通大臣の定める検定若しくは試験に合格した者の項の規定による指定を受けた検定等を実施する者の名称及び主たる事務所の所在地並びに検定等の名称は、次のとおりとする。

| 検定等を実施する者 | | 検定等の名称 |
|---|---|---|
| 名称 | 主たる事務所の所在地 | |

| | | |
|---|---|---|
| 一般社団法人日本建設機械施工協会 | 東京都港区芝公園三丁目五番八号 | 二級建設機械施工技術研修の修了試験 |
| 一般財団法人全国建設研修センター | 東京都小平市喜平町二丁目一番二号 | 二級土木施工管理技術研修の修了試験 |
| 一般財団法人全国建設研修センター | 東京都小平市喜平町二丁目一番二号 | 土木施工技術者試験 |
| 一般財団法人建設業振興基金 | 東京都港区虎ノ門四丁目二番十二号 | 二級建築施工管理技術研修の修了試験 |
| 一般財団法人建設業振興基金 | 東京都港区虎ノ門四丁目二番十二号 | 建築施工技術者試験 |
| 一般財団法人建設業振興基金 | 東京都港区虎ノ門四丁目二番十二号 | 電気工事施工技術者試験 |
| 一般財団法人全国建設研修センター | 東京都小平市喜平町二丁目一番二号 | 二級管工事施工管理技術研修の修了試験 |
| 一般財団法人全国建設研修センター | 東京都小平市喜平町二丁目一番二号 | 管工事施工技術者試験 |
| 一般財団法人全国建設研修センター | 東京都小平市喜平町二丁目一番二号 | 造園施工技術者試験 |

| | | |
|---|---|---|
| ター | | |

（指定試験機関の指定）

**第十七条の十六**　法第二十七条の二第一項に規定する指定試験機関の名称及び主たる事務所の所在地並びに指定をした日は、次の表の検定種目の欄に掲げる検定種目に応じて、次のとおりとする。

| 検定種目 | 指定試験機関 名称 | 指定試験機関 主たる事務所の所在地 | 指定をした日 |
|---|---|---|---|
| 建設機械施工 | 一般社団法人日本建設機械施工協会 | 東京都港区芝公園三丁目五番八号 | 昭和六十三年十月十七日 |
| 土木施工管理 | 一般財団法人全国建設研修センター | 東京都小平市喜平町二丁目一番二号 | 昭和六十三年十月十七日 |
| 建築施工管理 | 一般財団法人建設業振興基金 | 東京都港区虎ノ門四丁目二番十二号 | 昭和六十三年十月十七日 |
| 電気工事施工管理 | 一般財団法人建設業振興基金 | 東京都港区虎ノ門四丁目二番十二号 | 昭和六十三年十月十七日 |
| 管工事 | 一般財団法人全 | 東京都小平市喜 | 昭和六十三年十 |

| 施工管理 | 国建設研修センター | 平町二丁目一番二号 | 月十七日 |
|---|---|---|---|
| 造園施工管理 | 一般財団法人全国建設研修センター | 東京都小平市喜平町二丁目一番二号 | 昭和六十三年十月十七日 |

（指定試験機関の指定の申請）

**第十七条の十七**　法第二十七条の二第二項に規定する指定を受けようとする者は、次に掲げる事項を記載した申請書を国土交通大臣に提出しなければならない。

一　名称及び住所
二　試験事務を行おうとする事務所の名称及び所在地
三　行おうとする試験事務の範囲
四　試験事務を開始しようとする年月日

2　前項の申請書には、次に掲げる書類を添えなければならない。

一　定款及び登記事項証明書
二　申請の日の属する事業年度の前事業年度における財産目録及び貸借対照表（申請の日の属する事業年度に設立された法人にあつては、その設立時における財産目録）
三　申請の日の属する事業年度及び翌事業年度における事業計画書及び収支予算書
四　申請に係る意思の決定を証する書類
五　役員の氏名及び略歴を記載した書類
六　組織及び運営に関する事項を記載した書類
七　試験事務を行おうとする事務所ごとの試験用設備の概要及び整備計画を記載した書類
八　現に行つている業務の概要を記載した書類
九　試験事務の実施の方法に関する計画を記載した書類
十　法第二十七条の六第一項に規定する試験委員の選任に関する事項を記載した書類
十一　法第二十七条の三第二項第四号イ又はロの規定に関する役員の誓約書
十二　その他参考となる事項を記載した書類

（名称等の変更の届出）

**第十七条の十八**　指定試験機関は、法第二十七条の四第二項の規定による届出をしようとするときは、次に掲げる事項を記載した届出書を国土交通大臣に提出しなければならない。

一　変更後の指定試験機関の名称又は主たる事務所の所在地
二　変更しようとする年月日
三　変更の理由

（役員の選任又は解任の認可の申請）

**第十七条の十九**　指定試験機関は、法第二十七条の五第一項の規定により認可を受けようとするときは、次に掲げる事項を記載した申請書を国土交通大臣に提出しなければならない。
一　役員として選任しようとする者又は解任しようとする役員の氏名
二　選任又は解任の理由
三　選任の場合にあつては、その者の略歴
2　前項の場合において、選任の認可を受けようとするときは、同項の申請書に、当該選任に係る者の就任承諾書及び法第二十七条の三第二項第四号イ又はロの規定に関する誓約書を添えなければならない。

（試験委員の要件）
**第十七条の二十**　法第二十七条の六第一項の国土交通省令で定める要件は、技術検定に関し識見を有する者であつて、担当する検定種目について専門的な技術又は学識経験を有するものであることとする。

（試験委員の選任又は解任の届出）
**第十七条の二十一**　指定試験機関は、法第二十七条の六第二項の規定による届出をしようとするときは、次に掲げる事項を記載した届出書を国土交通大臣に提出しなければならない。
一　試験委員の氏名
二　選任又は解任の理由
三　選任の場合にあつては、その者の略歴

（試験事務規程の記載事項）
**第十七条の二十二**　法第二十七条の八第一項の国土交通省令で定める試験事務の実施に関する事項は、次のとおりとする。
一　試験事務を行う時間及び休日に関する事項
二　試験事務を行う事務所及び試験地に関する事項
三　試験事務の実施の方法に関する事項
四　受験手数料の収納の方法に関する事項
五　試験委員の選任又は解任に関する事項
六　試験事務に関する秘密の保持に関する事項
七　試験事務に関する帳簿及び書類の管理に関する事項
八　その他試験事務の実施に関し必要な事項

（試験事務規程の認可の申請）
**第十七条の二十三**　指定試験機関は、法第二十七条の八第一項前段の規定により認可を受けようとするときは、その旨を記載した申請書に、当該認可に係る試験事務規程を添え、これを国土交通大臣に提出しなければならない。
2　指定試験機関は、法第二十七条の八第一項後段の規定により認可を受けようとするときは、次に掲げる事項を記載した申請書を国土交通大臣に提出しなければならない。
一　変更しようとする事項
二　変更しようとする年月日

三　変更の理由

（事業計画等の認可の申請）

**第十七条の二十四**　指定試験機関は、法第二十七条の九第一項前段の規定により認可を受けようとするときは、その旨を記載した申請書に、当該認可に係る事業計画書及び収支予算書を添え、これを国土交通大臣に提出しなければならない。

2　指定試験機関は、法第二十七条の九第一項後段の規定により認可を受けようとするときは、次に掲げる事項を記載した申請書を国土交通大臣に提出しなければならない。

一　変更しようとする事項

二　変更しようとする年月日

三　変更の理由

（帳簿）

**第十七条の二十五**　法第二十七条の十の国土交通省令で定める事項は、次のとおりとする。

一　試験の区分

二　試験年月日

三　試験地

四　受験者の受験番号、氏名、生年月日及び合否の別

五　合格した者に書面でその旨を通知した日（以下「合格通知日」という。）

2　法第二十七条の十に規定する帳簿には、施工技術検定規則（昭和三十五年建設省令第十七号）第四条第一項第五号の規定により提出された写真を添付しなければならない。

3　第一項各号に掲げる事項が電子計算機に備えられたファイル又は磁気ディスク等に記録され、必要に応じ電子計算機その他の機器を用いて明確に紙面に表示されるときは、当該記録をもつて法第二十七条の十に規定する帳簿への記載に代えることができる。

4　第二項に規定する写真が電子計算機に備えられたファイル又は磁気ディスク等に記録され、必要に応じ電子計算機その他の機器を用いて明確に紙面に表示されるときは、当該記録をもつて同項の写真に代えることができる。

5　法第二十七条の十に規定する帳簿（第三項の規定による記録が行われた同項のファイル又は磁気ディスク等を含む。）及び第二項の規定により添付された写真（前項の規定による記録が行われた同項のファイル又は磁気ディスク等を含む。）は、試験の区分ごとに備え、試験事務を廃止するまで保存しなければならない。

（試験事務の実施結果の報告）

**第十七条の二十六**　指定試験機関は、試験事務を実施したときは、遅滞なく次に掲げる事項を試験の区分ごとに記載した報告書を

国土交通大臣に提出しなければならない。
一　試験年月日
二　試験地
三　受験申請者数
四　受験者数
五　合格者数
六　合格通知日
2　前項の報告書には、合格者の受験番号、氏名及び生年月日を記載した合格者一覧表並びに前条第二項に規定する写真のうち合格者に係るものを記録した磁気ディスク等を添付しなければならない。

（試験事務の休廃止の許可）
**第十七条の二十七**　指定試験機関は、法第二十七条の十三第一項の規定により許可を受けようとするときは、次に掲げる事項を記載した申請書を国土交通大臣に提出しなければならない。
一　休止し、又は廃止しようとする試験事務の範囲
二　休止し、又は廃止しようとする年月日及び休止しようとする場合にあつては、その期間
三　休止又は廃止の理由

（試験事務の引継ぎ）
**第十七条の二十八**　指定試験機関は、法第二十七条の十五第三項に規定する場合には、次に掲げる事項を行わなければならない。
一　試験事務を国土交通大臣に引き継ぐこと。
二　試験事務に関する帳簿及び書類を国土交通大臣に引き継ぐこと。
三　その他国土交通大臣が必要と認める事項

（資格者証の交付の申請）
**第十七条の二十九**　法第二十七条の十八第一項の規定による資格者証の交付を受けようとする者は、次に掲げる事項を記載した資格者証交付申請書に交付の申請前六月以内に撮影した無帽、正面、上三分身、無背景の縦の長さ三・〇センチメートル、横の長さ二・四センチメートルの写真でその裏面に氏名及び撮影年月日を記入したもの（以下「資格者証用写真」という。）を添えて、これを国土交通大臣（指定資格者証交付機関が交付等事務を行う場合にあつては、指定資格者証交付機関。第十七条の三十一第一項並びに第十七条の三十二第一項及び第四項において同じ。）に提出しなければならない。
一　申請者の氏名、生年月日、本籍及び住所
二　申請者が有する監理技術者資格
三　建設業者の業務に従事している場合にあつては、当該建設業者の商号又は名称及び許可番号
2　前項の資格者証交付申請書には、次に掲げる書類を添付しな

ければならない。

一　監理技術者資格を有することを証する書面

二　建設業者の業務に従事している場合にあつては、当該建設業者の業務に従事している旨を証する書面

3　国土交通大臣（指定資格者証交付機関が交付等事務を行う場合にあつては、指定資格者証交付機関。第十七条の三十一において同じ。）は、資格者証の交付を受けようとする者に係る機構保存本人確認情報のうち住民票コード以外のものについて、住民基本台帳法第三十条の九の規定によるその提供を受けることができないときは、その者に対し、住民票の抄本又はこれに代わる書面を提出させることができる。

4　資格者証交付申請書の様式は、別記様式第二十五号の四によるものとする。

5　資格者証の交付の申請が既に交付された資格者証に記載されている監理技術者資格以外の監理技術者資格の記載に係るものである場合には、当該申請により行う資格者証の交付は、その既に交付された資格者証と引換えに行うものとする。

**参照**

**○住民基本台帳法**〔平一八・六・三法六三現〕

（国の機関等への本人確認情報の提供）

**第三十条の九**〔七〇二頁参照〕

---

（資格者証の記載事項及び様式）

**第十七条の三十**　法第二十七条の十八第二項の国土交通省令で定める事項は、次のとおりとする。

一　交付を受ける者の氏名、生年月日、本籍及び住所

二　最初に資格者証の交付を受けた年月日

三　現に所有する資格者証の交付を受けた年月日

四　交付を受ける者が有する監理技術者資格

五　建設業の種類

六　資格者証交付番号

七　資格者証の有効期間の満了する日

八　交付を受ける者が建設業者の業務に従事している場合にあつては、前条第一項第二号に掲げる事項

九　交付を受ける者が法第二十六条第四項の講習を修了した場合にあつては、修了した旨

2　資格者証の様式は、別記様式第二十五号の五によるものとする。

3　資格者証の記載に用いる略語は、国土交通大臣が定めるところによるものとする。

注　三項の「国土交通大臣が定める略語」＝平成七年建設省告示一二九七号

（資格者証の記載事項の変更）

**第十七条の三十一**　資格者証の交付を受けている者は、次の各号

の一に該当することとなつた場合においては、三十日以内に国土交通大臣に届け出て、資格者証に変更に係る事項の記載を受けなければならない。

一　氏名、本籍又は住所を変更したとき。

二　資格者証に記載されている監理技術者資格を有しなくなつたとき。

三　資格者証の交付を受けている者が建設業者の業務に従事している場合にあつては、第十七条の二十九第一項第三号に掲げる事項について変更があつたとき。

2　前項の規定による届出をしようとする者は、別記様式第二十五号の六による資格者証変更届出書を、前項第三号に該当することとなつた場合においてはこれに第十七条の二十九第二項第二号に掲げる書面を添えて、これを提出しなければならない。

3　国土交通大臣は、第一項の規定による届出をしようとする者に係る機構保存本人確認情報のうち住民票コード以外のものについて、住民基本台帳法第三十条の九の規定によるその提供を受けることができないときは、その者に対し、住民票の抄本又はこれに代わる書面を提出させることができる。

**参照**

**○住民基本台帳法**〔平二八・六・三法六三現〕

（国の機関等への本人確認情報の提供）

**第三十条の九**〔七〇二頁参照〕

（資格者証の再交付等）

**第十七条の三十二**　資格者証の交付を受けている者は、資格者証を亡失し、滅失し、汚損し、又は破損したときは、国土交通大臣に資格者証の再交付を申請することができる。

2　前項の規定による再交付を申請しようとする者は、資格者証用写真を添付した別記様式第二十五号の七による資格者証再交付申請書を提出しなければならない。

3　汚損又は破損を理由とする資格者証の再交付は、汚損し、又は破損した資格者証と引換えに新たな資格者証を交付して行うものとする。

4　資格者証を亡失してその再交付を受けた者は、亡失した資格者証を発見したときは、遅滞なく、発見した資格者証を国土交通大臣に返納しなければならない。

（資格者証の有効期間の更新）

**第十七条の三十三**　法第二十七条の十八第五項の規定による資格者証の有効期間の更新の申請は、新たな資格者証の交付を申請することにより行うものとする。

2　第十七条の二十九第一項から第四項までの規定は、前項の交付申請について準用する。

3　第一項の新たな資格者証の交付は、当該申請者が現に有する資格者証と引換えに行うものとする。

（指定資格者証交付機関の指定）

**第十七条の三十四**　法第二十七条の十九第一項に規定する指定資格者証交付機関の名称及び主たる事務所の所在地並びに指定をした日は、次のとおりとする。

| 指定資格者証交付機関 | | |
|---|---|---|
| 名　称 | 主たる事務所の所在地 | 指定をした日 |
| 一般財団法人建設業技術者センター | 東京都千代田区二番町三番地 | 昭和六十三年七月十一日 |

（指定資格者証交付機関の指定の申請）

**第十七条の三十五**　法第二十七条の十九第二項に規定する指定を受けようとする者は、次に掲げる事項を記載した申請書を国土交通大臣に提出しなければならない。

一　名称及び住所

二　交付等事務を行おうとする事務所の名称及び所在地

三　交付等事務を開始しようとする年月日

2　前項の申請書には、次に掲げる書類を添えなければならない。

一　定款及び登記事項証明書

二　申請の日の属する事業年度の前事業年度における財産目録及び貸借対照表（申請の日の属する事業年度に設立された法人にあつては、その設立時における財産目録）

三　申請の日の属する事業年度及び翌事業年度における事業計画書及び収支予算書

四　申請に係る意思の決定を証する書類

五　役員の氏名及び略歴を記載した書類

六　組織及び運営に関する事項を記載した書類

七　交付等事務を行おうとする事務所ごとの交付等に用いる設備の概要及び整備計画を記載した書類

八　現に行つている業務の概要を記載した書類

九　交付等事務の実施の方法に関する計画を記載した書類

十　その他参考となる事項を記載した書類

（交付等事務規程の記載事項）

**第十七条の三十六**　法第二十七条の十九第五項において準用する法第二十七条の八第一項の国土交通省令で定める交付等事務の実施に関する事項は、次のとおりとする。

一　交付等事務を行う時間及び休日に関する事項

二　交付等事務を行う事務所に関する事項

三　交付等事務の実施の方法に関する事項

四　手数料の収納の方法に関する事項

五　交付等事務に関する書類の管理に関する事項

六　その他交付等事務の実施に関し必要な事項

（事業計画等の届出）

**第十七条の三十七**　指定資格者証交付機関は、法第二十七条の二十第一項前段の規定による届出をしようとするときは、事業計画及び収支予算を記載した届出書を当該事業年度の開始前に国土交通大臣に提出しなければならない。

2　指定資格者証交付機関は、法第二十七条の二十第一項後段の規定による届出をしようとするときは、次に掲げる事項を記載した届出書を国土交通大臣に提出しなければならない。

一　変更しようとする事項

二　変更しようとする年月日

三　変更の理由

（事業報告書等の提出）

**第十七条の三十八**　指定資格者証交付機関は、事業年度の終了後遅滞なく、当該事業年度における資格者証の交付等の件数、当該事業年度の末日において当該指定資格者証交付機関から資格者証の交付を受けている者の人数その他の事項を記載した事業報告書及び収支決算書を国土交通大臣に提出しなければならない。

（準用）

**第十七条の三十九**　第十七条の十八、第十七条の二十三、第十七条の二十七及び第十七条の二十八の規定は、指定資格者証交付機関について準用する。この場合において、第十七条の十八中「法第二十七条の四第二項」とあるのは「法第二十七条の十九第五項において準用する法第二十七条の四第二項」と、第十七条の二十三第一項中「法第二十七条の八第一項前段」とあるのは「法第二十七条の十九第五項において準用する法第二十七条の八第一項前段」と、「試験事務規程」とあるのは「交付等事務規程」と、同条第二項中「法第二十七条の八第一項後段」とあるのは「法第二十七条の十九第五項において準用する法第二十七条の八第一項後段」と、第十七条の二十七中「法第二十七条の十三第一項」とあるのは「法第二十七条の十九第五項において準用する法第二十七条の十三第一項」と、同条第一号並びに第十七条の二十八第一号及び第二号中「試験事務」とあるのは「交付等事務」と、同条中「法第二十七条の十五第三項」とあるのは「法第二十七条の十九第五項において準用する法第二十七条の十五第三項」と読み替えるものとする。

（令第二十七条の十三の法人）

**第十八条**　令第二十七条の十三の国土交通省令で定める法人は、公益財団法人ＪＫＡ、国立研究開発法人科学技術振興機構、国立研究開発法人新エネルギー・産業技術総合開発機構、国立研究開発法人日本原子力研究開発機構、国立研究開発法人理化学研究所、首都高速道路株式会社、消防団員等公務災害補償等共済基金、新関西国際空港株式会社、地方競馬全国協会、中間貯蔵・環境安全事業株式会社、東京地下鉄株式会社、東京湾横断道路の建設に関する特別措置法(昭和六十一年法律第四十五号)第二条第一項に規定する東京湾横断道路建設事業者、独立行政法人環境再生保全機構、独立行政法人勤労者退職金共済機構、独立行政法人中小企業基盤整備機構、独立行政法人農業者年金基金、中日本高速道路株式会社、成田国際空港株式会社、西日本高速道路株式会社、日本私立学校振興・共済事業団、日本たばこ産業株式会社、日本電信電話株式会社等に関する法律(昭和五十九年法律第八十五号)第一条第一項に規定する会社及び同条第二項に規定する地域会社、農林漁業団体職員共済組合、阪神高速道路株式会社、東日本高速道路株式会社、本州四国連絡高速道路株式会社並びに、旅客鉄道株式会社及び日本貨物鉄道株式会社に関する法律(昭和六十一年法律第八十八号)第一条第三項に規定する会社とする。

**参照**

**○日本電信電話株式会社等に関する法律**〔平二六・六・二七法九一現〕

(目的)

**第一条** 日本電信電話株式会社(以下「会社」という。)は、東日本電信電話株式会社及び西日本電信電話株式会社がそれぞれ発行する株式の総数を保有し、これらの株式会社による適切かつ安定的な電気通信役務の提供の確保を図ること並びに電気通信の基盤となる電気通信技術に関する研究を行うことを目的とする株式会社とする。

2 東日本電信電話株式会社及び西日本電信電話株式会社(以下「地域会社」という。)は、地域電気通信事業を経営することを目的とする株式会社とする。

**○旅客鉄道株式会社及び日本貨物鉄道株式会社に関する法律**〔平二七・六・一〇法三六現〕

(会社の目的及び事業)

**第一条** 〔略〕

3 旅客会社及び貨物会社(以下「会社」という。)は、それぞれ第一項又は前項の事業を営むほか、国土交通大臣の認可を受けて、自動車運送事業その他の事業を営むことができる。この場合において、国土交通大臣は、会社が当該事業を営むことにより第一項又は前項の事業の適切かつ健全な運営に支障を及ぼすおそれがないと認めるときは、認可をしなければならない。

(経営事項審査の受審)

**第十八条の二** 法第二十七条の二十三第一項の建設業者は、同項の建設工事について発注者と請負契約を締結する日の一年七月前の日の直後の事業年度終了の日以降に経営事項審査を受けていなければならない。

（経営事項審査の客観的事項）

**第十八条の三**　法第二十七条の二十三第二項第二号に規定する客観的事項は、経営規模、技術的能力及び次の各号に掲げる事項とする。

一　労働福祉の状況
二　建設業の営業継続の状況
三　法令遵守の状況
四　建設業の経理に関する状況
五　研究開発の状況
六　防災活動への貢献の状況
七　建設機械の保有状況
八　国際標準化機構が定めた規格による登録の状況
九　若年の技術者及び技能労働者の育成及び確保の状況

2　前項に規定する技術的能力は、次の各号に掲げる事項により評価することにより審査するものとする。

一　法第七条第二号イ、ロ若しくはハ又は法第十五条第二号イ、ロ若しくはハに該当する者の数
二　工事現場において基幹的な役割を担うために必要な技能に関する講習であつて、次条から第十八条の三の四までの規定により国土交通大臣の登録を受けたもの（以下「登録基幹技能者講習」という。）を修了した者の数
三　元請完成工事高

3　第一項第四号に規定する事項は、次の各号に掲げる事項により評価することにより審査するものとする。

一　会計監査人又は会計参与の設置の有無
二　建設業の経理に関する業務の責任者のうち次に掲げる者による建設業の経理が適正に行われたことの確認の有無
イ　公認会計士、会計士補、税理士及びこれらとなる資格を有する者
ロ　建設業の経理に必要な知識を確認するための試験であつて、第十八条の四、第十八条の五及び第十八条の七において準用する第七条の五の規定により国土交通大臣の登録を受けたもの（以下「登録経理試験」という。）に合格した者
三　建設業に従事する職員のうち前号イ又はロに掲げる者で建設業の経理に関する業務を遂行する能力を有するものと認められるものの数

（登録の申請）

**第十八条の三の二**　前条第二項第二号の登録は、登録基幹技能者講習の実施に関する事務（以下「登録基幹技能者講習事務」と

いう。）を行おうとする者の申請により行う。

2　前条第二項第二号の登録を受けようとする者（以下「登録基幹技能者講習事務申請者」という。）は、次に掲げる事項を記載した申請書を国土交通大臣に提出しなければならない。

一　登録基幹技能者講習事務申請者の氏名又は名称及び住所並びに法人（法人でない社団又は財団で代表者又は管理人の定めがあるものを含む。以下この条から第十八条の三の四までにおいて同じ。）にあつては、その代表者の氏名

二　登録基幹技能者講習事務を行おうとする事務所の名称及び所在地

三　登録基幹技能者講習事務を開始しようとする年月日

四　登録基幹技能者講習委員（第十八条の三の四第一項第二号に規定する合議制の機関を構成する者をいう。以下同じ。）となるべき者の氏名及び略歴並びに同号イ又はロに該当する者にあつては、その旨

五　登録基幹技能者講習の種目

3　前項の申請書には、次に掲げる書類を添付しなければならない。

一　個人である場合においては、次に掲げる書類

イ　住民票の抄本又はこれに代わる書面

ロ　略歴を記載した書類

二　法人である場合においては、次に掲げる書類

イ　定款又は寄附行為及び登記事項証明書

ロ　株主名簿若しくは社員名簿の写し又はこれらに代わる書面

ハ　申請に係る意思の決定を証する書類

ニ　役員の氏名及び略歴を記載した書類

三　登録基幹技能者講習事務の概要を記載した書類

四　登録基幹技能者講習委員のうち、第十八条の三の四第一項第二号イ又はロに該当する者にあつては、その資格等を有することを証する書類

五　登録基幹技能者講習事務以外の業務を行おうとするときは、その業務の種類及び概要を記載した書類

六　登録基幹技能者講習事務申請者が次条各号のいずれにも該当しない者であることを誓約する書面

七　その他参考となる事項を記載した書類

（欠格条項）

**第十八条の三の三**　次の各号のいずれかに該当する者が行う講習は、第十八条の三第二項第二号の登録を受けることができない。

一　法の規定に違反し、罰金以上の刑に処せられ、その執行を終わり、又は執行を受けることがなくなつた日から起算して二年を経過しない者

二　第十八条の三の十三の規定により第十八条の三第二項第二号の登録を取り消され、その取消しの日から起算して二年を経過しない者

三　法人であつて、登録基幹技能者講習事務を行う役員のうちに前二号のいずれかに該当する者があるもの

（登録の要件等）

**第十八条の三の四**　国土交通大臣は、第十八条の三の二の規定による登録の申請が次に掲げる要件のすべてに適合しているときは、その登録をしなければならない。

一　第十八条の三の六第三号の表の上欄に掲げる科目について講習が行われるものであること。

二　次のいずれかに該当する者を二名以上含む五名以上の者によつて構成される合議制の機関により試験問題の作成及び合否判定が行われるものであること。

イ　学校教育法による大学若しくはこれに相当する外国の学校において登録基幹技能者講習の種目に関する科目を担当する教授若しくは准教授の職にあり、若しくはこれらの職にあつた者又は登録基幹技能者講習の種目に関する科目の研究により博士の学位を授与された者

ロ　国土交通大臣がイに掲げる者と同等以上の能力を有すると認める者

2　第十八条の三第二項第二号の登録は、登録基幹技能者講習登録簿に次に掲げる事項を記載してするものとする。

一　登録年月日及び登録番号

二　登録基幹技能者講習事務を行う者（以下「登録基幹技能者講習実施機関」という。）の氏名又は名称及び住所並びに法人にあつては、その代表者の氏名

三　登録基幹技能者講習事務を行う事務所の名称及び所在地

四　登録基幹技能者講習事務を開始する年月日

五　登録基幹技能者講習の種目

（登録の更新）

**第十八条の三の五**　第十八条の三第二項第二号の登録は、五年ごとにその更新を受けなければ、その期間の経過によつて、その効力を失う。

2　前三条の規定は、前項の登録の更新について準用する。

（登録基幹技能者講習事務の実施に係る義務）

**第十八条の三の六**　登録基幹技能者講習実施機関は、公正に、かつ、第十八条の三の四第一項各号に掲げる要件及び次に掲げる基準に適合する方法により登録基幹技能者講習事務を行わなければならない。

一　講習は、講義及び試験により行うものであること。

二　受講者があらかじめ受講を申請した者本人であることを確

認すること。

三　講義は、次の表の上欄に掲げる科目に応じ、それぞれ同表の下欄に掲げる内容について、合計十時間以上行うこと。

| 科目 | 内容 |
|---|---|
| 基幹技能一般知識に関する科目 | 工事現場における基幹的な役割及び当該役割を担うために必要な技能に関する事項 |
| 基幹技能関係法令に関する科目 | 労働安全衛生法その他関係法令に関する事項 |
| 建設工事の施工管理、工程管理、資材管理その他の技術上の管理に関する科目 | イ　施工管理に関する事項<br>ロ　工程管理に関する事項<br>ハ　資材管理に関する事項<br>ニ　原価管理に関する事項<br>ホ　品質管理に関する事項<br>ヘ　安全管理に関する事項 |

四　前号の表の上欄に掲げる科目及び同表の下欄に掲げる内容に応じ、教本等必要な教材を用いて実施されること。

五　講師は、講義の内容に関する受講者の質問に対し、講義中に適切に応答すること。

六　試験は、第三号の表の上欄に掲げる科目に応じ、それぞれ同表の下欄に掲げる内容について、一時間以上行うこと。

七　終了した試験の問題及び合格基準を公表すること。

八　講習の課程を修了した者に対して、別記様式第三十号による登録基幹技能者講習修了証を交付すること。

九　講習を実施する日時、場所その他講習の実施に関し必要な事項及び当該講習が国土交通大臣の登録を受けた講習である旨を公示すること。

十　講習以外の業務を行う場合にあつては、当該業務が国土交通大臣の登録を受けた講習であると誤認されるおそれがある表示その他の行為をしないこと。

（登録事項の変更の届出）

**第十八条の三の七**　登録基幹技能者講習実施機関は、第十八条の三の四第二項第二号から第四号までに掲げる事項を変更しようとするときは、変更しようとする日の二週間前までに、その旨を国土交通大臣に届け出なければならない。

（規程）

**第十八条の三の八**　登録基幹技能者講習実施機関は、次に掲げる事項を記載した登録基幹技能者講習事務に関する規程を定め、当該事務の開始前に、国土交通大臣に届け出なければならない。これを変更しようとするときも、同様とする。

一　登録基幹技能者講習事務を行う時間及び休日に関する事項

二　登録基幹技能者講習事務を行う事務所及び講習の実施場所に関する事項

三　登録基幹技能者講習の日程、公示方法その他の登録基幹技能者講習事務の実施の方法に関する事項
四　登録基幹技能者講習の受講の申込みに関する事項
五　登録基幹技能者講習の受講手数料の額及び収納の方法に関する事項
六　登録基幹技能者講習委員の選任及び解任に関する事項
七　登録基幹技能者講習試験の問題の作成及び合否判定の方法に関する事項
八　終了した登録基幹技能者講習試験の問題及び合格基準の公表に関する事項
九　登録基幹技能者講習修了証の交付及び再交付に関する事項
十　登録基幹技能者講習事務に関する秘密の保持に関する事項
十一　登録基幹技能者講習事務に関する公正の確保に関する事項
十二　不正受講者の処分に関する事項
十三　第十八条の三の十四第三項の帳簿その他の登録基幹技能者講習事務に関する書類の管理に関する事項
十四　その他登録基幹技能者講習事務に関し必要な事項

（登録基幹技能者講習事務の休廃止）

**第十八条の三の九**　登録基幹技能者講習実施機関は、登録基幹技能者講習事務の全部又は一部を休止し、又は廃止しようとするときは、あらかじめ、次に掲げる事項を記載した届出書を国土交通大臣に提出しなければならない。
一　休止し、又は廃止しようとする登録基幹技能者講習事務の範囲
二　休止し、又は廃止しようとする年月日及び休止しようとする場合にあつては、その期間
三　休止又は廃止の理由

（財務諸表等の備付け及び閲覧等）

**第十八条の三の十**　登録基幹技能者講習実施機関は、毎事業年度経過後三月以内に、その事業年度の財産目録、貸借対照表及び損益計算書又は収支計算書並びに事業報告書（その作成に代えて電磁的記録の作成がされている場合における当該電磁的記録を含む。次項において「財務諸表等」という。）を作成し、五年間事務所に備えて置かなければならない。

2　登録基幹技能者講習を受講しようとする者その他の利害関係人は、登録基幹技能者講習実施機関の業務時間内は、いつでも、次に掲げる請求をすることができる。ただし、第二号又は第四号の請求をするには、登録基幹技能者講習実施機関の定めた費用を支払わなければならない。
一　財務諸表等が書面をもつて作成されているときは、当該書面の閲覧又は謄写の請求

二　前号の書面の謄本又は抄本の請求

三　財務諸表等が電磁的記録をもつて作成されているときは、当該電磁的記録に記録された事項を紙面又は出力装置の映像面に表示したものの閲覧又は謄写の請求

四　前号の電磁的記録に記録された事項を電磁的方法であつて、次に掲げるもののうち登録基幹技能者講習実施機関が定めるものにより提供することの請求又は当該事項を記載した書面の交付の請求

イ　送信者の使用に係る電子計算機と受信者の使用に係る電子計算機とを電気通信回線で接続した電子情報処理組織を使用する方法であつて、当該電気通信回線を通じて情報が送信され、受信者の使用に係る電子計算機に備えられたファイルに当該情報が記録されるもの

ロ　磁気ディスク等をもつて調製するファイルに情報を記録したものを交付する方法

3　前項第四号イ又はロに掲げる方法は、受信者がファイルへの記録を出力することにより書面を作成することができるものでなければならない。

（適合命令）

**第十八条の三の十一**　国土交通大臣は、登録基幹技能者講習実施機関の実施する登録基幹技能者講習が第十八条の三の四第一項の規定に適合しなくなつたと認めるときは、当該登録基幹技能者講習実施機関に対し、同項の規定に適合するため必要な措置をとるべきことを命ずることができる。

（改善命令）

**第十八条の三の十二**　国土交通大臣は、登録基幹技能者講習実施機関が第十八条の三の六の規定に違反していると認めるときは、当該登録基幹技能者講習実施機関に対し、同条の規定による登録基幹技能者講習事務を行うべきこと又は登録基幹技能者講習事務の方法その他の業務の方法の改善に関し必要な措置をとるべきことを命ずることができる。

（登録の取消し等）

**第十八条の三の十三**　国土交通大臣は、登録基幹技能者講習実施機関が次の各号のいずれかに該当するときは、当該登録基幹技能者講習実施機関が行う講習の登録を取り消し、又は期間を定めて登録基幹技能者講習事務の全部若しくは一部の停止を命ずることができる。

一　第十八条の三の三第一号又は第三号に該当するに至つたとき。

二　第十八条の三の七から第十八条の三の九まで、第十八条の三の十第一項又は次条の規定に違反したとき。

三　正当な理由がないのに第十八条の三の十第二項各号の規定

による請求を拒んだとき。
四　前二条の規定による命令に違反したとき。
五　第十八条の三の十五の規定による報告を求められて、報告をせず、又は虚偽の報告をしたとき。
六　不正の手段により第十八条の三第二項第二号の登録を受けたとき。

（帳簿の記載等）
**第十八条の三の十四**　登録基幹技能者講習実施機関は、登録基幹技能者講習に関する次に掲げる事項を記載した帳簿を備えなければならない。
一　講習の実施年月日
二　講習の実施場所
三　受講者の受講番号、氏名、生年月日及び合否の別
四　登録基幹技能者講習修了証の交付年月日
2　前項各号に掲げる事項が、電子計算機に備えられたファイル又は磁気ディスク等に記録され、必要に応じ登録基幹技能者講習実施機関において電子計算機その他の機器を用いて明確に紙面に表示されるときは、当該記録をもつて同項に規定する帳簿への記載に代えることができる。
3　登録基幹技能者講習実施機関は、第一項に規定する帳簿（前項の規定による記録が行われた同項のファイル又は磁気ディスク等を含む。）を、登録基幹技能者講習事務の全部を廃止するまで保存しなければならない。
4　登録基幹技能者講習実施機関は、次に掲げる書類を備え、登録基幹技能者講習を実施した日から三年間保存しなければならない。
一　登録基幹技能者講習の受講申込書及び添付書類
二　終了した登録基幹技能者講習の試験問題及び答案用紙

（報告の徴収）
**第十八条の三の十五**　国土交通大臣は、登録基幹技能者講習事務の適切な実施を確保するため必要があると認めるときは、登録基幹技能者講習実施機関に対し、登録基幹技能者講習事務の状況に関し必要な報告を求めることができる。

（公示）
**第十八条の三の十六**　国土交通大臣は、次に掲げる場合には、その旨を官報に公示しなければならない。
一　第十八条の三第二項第二号の登録をしたとき。
二　第十八条の三の七の規定による届出があつたとき。
三　第十八条の三の九の規定による届出があつたとき。
四　第十八条の三の十三の規定により登録を取り消し、又は登録基幹技能者講習事務の停止を命じたとき。

（登録の申請）

**第十八条の四**　第十八条の三第三項第二号ロの登録は、登録経理試験の実施に関する事務（以下「登録経理試験事務」という。）を行おうとする者の申請により行う。

2　第十八条の三第三項第二号ロの登録を受けようとする者（以下「登録経理試験事務申請者」という。）は、次に掲げる事項を記載した申請書を国土交通大臣に提出しなければならない。

一　登録経理試験事務申請者の氏名又は名称及び住所並びに法人にあつては、その代表者の氏名

二　登録経理試験事務を行おうとする事務所の名称及び所在地

三　登録経理試験事務を開始しようとする年月日

四　登録経理試験委員（次条第一項第二号に規定する合議制の機関を構成する者をいう。以下同じ。）となるべき者の氏名及び略歴並びに同号イからニまでのいずれかに該当する者にあつては、その旨

3　前項の申請書には、次に掲げる書類を添付しなければならない。

一　個人である場合においては、次に掲げる書類

イ　住民票の抄本又はこれに代わる書面

ロ　略歴を記載した書類

二　法人である場合においては、次に掲げる書類

イ　定款又は寄附行為及び登記事項証明書

ロ　株主名簿若しくは社員名簿の写し又はこれらに代わる書面

ハ　申請に係る意思の決定を証する書類

ニ　役員の氏名及び略歴を記載した書類

三　登録経理試験委員のうち、次条第一項第二号イからニまでのいずれかに該当する者にあつては、その資格等を有することを証する書類

四　登録経理試験事務以外の業務を行おうとするときは、その業務の種類及び概要を記載した書類

五　登録経理試験事務申請者が第十八条の七において準用する第七条の五各号のいずれにも該当しない者であることを誓約する書面

六　その他参考となる事項を記載した書類

（登録の要件等）

**第十八条の五**　国土交通大臣は、前条の規定による登録の申請が次に掲げる要件のすべてに適合しているときは、その登録をしなければならない。

一　次に掲げる内容について試験が行われるものであること。

イ　会計学

ロ　会社法その他会計に関する法令

ハ　建設業に関する法令（会計に関する部分に限る。）

ニ　その他建設業会計に関する知識

二　次のいずれかに該当する者を二名以上含む十名以上の者によつて構成される合議制の機関により試験問題の作成及び合否判定が行われるものであること。

イ　学校教育法による大学若しくはこれに相当する外国の学校において会計学その他の登録経理試験事務に関する科目を担当する教授若しくは准教授の職にあり、若しくはこれらの職にあつた者又は会計学その他の登録経理試験事務に関する科目の研究により博士の学位を授与された者

ロ　建設業者のうち株式会社であつて総売上高のうち建設業に係る売上高の割合が五割を超えているものに対し、金融商品取引法（昭和二十三年法律第二十五号）第百九十三条の二に規定する監査証明又は会社法第三百九十六条に規定する監査に係る業務（ハにおいて「建設業監査等」という。）に五年以上従事した者

ハ　監査法人の行う建設業監査等にその社員として五年以上関与した公認会計士

ニ　国土交通大臣がイからハまでに掲げる者と同等以上の能力を有すると認める者

2　第十八条の三第三項第二号ロの登録は、登録経理試験登録簿に次に掲げる事項を記載してするものとする。

一　登録年月日及び登録番号

二　登録経理試験事務を行う者（以下「登録経理試験実施機関」という。）の氏名又は名称及び住所並びに法人にあつては、その代表者の氏名

三　登録経理試験事務を行う事務所の名称及び所在地

四　登録経理試験事務を開始する年月日

（登録経理試験事務の実施に係る義務）

**第十八条の六**　登録経理試験実施機関は、公正に、かつ、前条第一項各号に掲げる要件及び次に掲げる基準に適合する方法により登録経理試験事務を行わなければならない。

一　次の表の第一欄に掲げる級ごとに、同表の第二欄に掲げる科目の区分に応じ、それぞれ同表の第三欄に掲げる内容について、同表の第四欄に掲げる時間を標準として試験を行うこと。

| 級 | 科目 | 内容 | 時間 |
|---|---|---|---|
| 一級 | 一　建設業の原価計算に関する科目 | 建設工事の施工前における見積り、積算段階における工事原価予測並びに発生原価の把握及び測定による工事原価管理に関する一般的事項 | 四時間三十分 |
| | 二　建設業の財 | 会計理論、会計基準及び建 | |

| | | | |
|---|---|---|---|
| | 務諸表に関する科目 | 設業の計算書類の作成に関する一般的事項 | |
| | 三　建設業の財務分析に関する科目 | 財務諸表等を用いた建設業の経営分析に関する一般的事項 | |
| 二級 | 一　建設業の原価計算に関する科目 | 建設工事の施工前における見積り、積算段階における工事原価予測並びに発生原価の把握及び測定による工事原価管理に関する概略的事項 | 二時間 |
| | 二　建設業の財務諸表に関する科目 | 会計理論、会計基準及び建設業の計算書類の作成に関する概略的事項 | |

二　登録経理試験を実施する日時、場所その他登録経理試験の実施に関し必要な事項をあらかじめ公示すること。

三　登録経理試験に関する不正行為を防止するための措置を講じること。

四　終了した登録経理試験の問題及び合格基準を公表すること。

五　登録経理試験に合格した者に対し、別記様式第二十五号の七の二による合格証明書（以下「登録経理試験合格証明書」という。）を交付すること。

（準用規定）

**第十八条の七**　第七条の五、第七条の七及び第七条の九から第七条の十八までの規定は、登録経理試験実施機関について準用する。この場合において、次の表の上欄に掲げる規定中同表の中欄に掲げる字句は、それぞれ同表の下欄に掲げる字句に読み替えるものとする。

| | | |
|---|---|---|
| 第七条の五 | 登録を | 第十八条の三第三項第二号ロの登録を |
| 第七条の五第二号、第七条の十八第四号 | 第七条の十五 | 第十八条の七において準用する第七条の十五 |
| 第七条の五第三号、第七条の十、第七条の十一（見出しを含む。）、第七条の十四、第七条の十五、第七条の十六第三項、第七条の十七、第七条の十八第四号 | 登録技術試験事務 | 登録経理試験事務 |
| 第七条の七第一項、第七条の十五第六号、第七条の | 登録 | 第十八条の三第三項第二号ロの登録 |

| | | |
|---|---|---|
| 十八第一号 | | |
| 第七条の七第二項 | 前三条 | 第十八条の四、第十八条の五及び第十八条の七において準用する第七条の五 |
| 第七条の九から第七条の十一まで、第七条の十二第一項及び第二項、第七条の十三から第七条の十七まで | 登録技術試験実施機関 | 登録経理試験実施機関 |
| 第七条の九 | 第七条の六第二項第二号 | 第十八条の五第二項第二号 |
| 第七条の十第三号 | 登録技術試験の | 登録経理試験の |
| 第七条の十第四号、第五号、第七号及び第八号、第七条の十六第四項各号 | 登録技術試験 | 登録経理試験 |
| 第七条の十第六号 | 登録技術試験委員 | 登録経理試験委員 |
| 第七条の十第九号 | 登録技術試験合格証明書 | 登録経理試験合格証明書 |
| 第七条の十第十三号 | 第七条の十六第三項 | 第十八条の七において準用する第七 |

| | | |
|---|---|---|
| | | 条の十六第三項 |
| 第七条の十二第二項、第七条の十六第四項 | 登録技術試験を | 登録経理試験を |
| 第七条の十三 | 登録技術試験が | 登録経理試験が |
| | 第七条の六第一項 | 第十八条の五第一項 |
| 第七条の十四 | 第七条の八 | 第十八条の六 |
| 第七条の十五第一号 | 第七条の五第一号 | 第十八条の七において準用する第七条の五第一号 |
| 第七条の十五第二号、第七条の十八第二号 | 第七条の九 | 第十八条の七において準用する第七条の九 |
| 第七条の十五第二号 | 次条 | 第七条の十六 |
| 第七条の十五第三号 | 第七条の十二第二項各号 | 第十八条の七において準用する第七条の十二第二項各号 |
| 第七条の十五第四号 | 前二条 | 第十八条の七において準用する第七条の十三又は前条 |
| 第七条の十五第五 | 第七条の十七 | 第十八条の七にお |

| | | |
|---|---|---|
| 号 | | いて準用する第七条の十七 |
| 第七条の十六第一項 | 登録技術試験に | 登録経理試験に |
| 第七条の十八第三号 | 第七条の十一 | 第十八条の七において準用する第七条の十一 |

**第十九条**　削除

（経営状況分析の申請）

**第十九条の二**　登録経営状況分析機関は、経営状況分析の申請の時期及び方法等を定め、その内容を公示するものとする。

2　法第二十七条の二十四第二項及び第三項の規定により提出すべき経営状況分析申請書及びその添付書類は、前項の規定に基づき公示されたところにより、提出しなければならない。

（経営状況分析申請書の記載事項及び様式）

**第十九条の三**　法第二十七条の二十四第二項の国土交通省令で定める事項は、次のとおりとする。

一　商号又は名称

二　主たる営業所の所在地

三　許可番号

2　経営状況分析申請書の様式は、別記様式第二十五号の八によるものとする。

（経営状況分析申請書の添付書類）

**第十九条の四**　法第二十七条の二十四第三項の国土交通省令で定める書類は、次のとおりとする。

一　会社法第二条第六号に規定する大会社であつて有価証券報告書提出会社（金融商品取引法（昭和二十三年法律第二十五号）第二十四条第一項の規定による有価証券報告書を内閣総理大臣に提出しなければならない株式会社をいう。）である場合においては、一般に公正妥当と認められる企業会計の基準に準拠して作成された連結会社の直前三年の各事業年度の連結貸借対照表、連結損益計算書、連結株主資本等変動計算書及び連結キャッシュ・フロー計算書

二　前号の会社以外の法人である場合においては、別記様式第十五号から第十七号の二までによる直前三年の各事業年度の貸借対照表、損益計算書、株主資本等変動計算書及び注記表

三　個人である場合においては、別記様式第十八号及び第十九号による直前三年の各事業年度の貸借対照表及び損益計算書

四　建設業以外の事業を併せて営む者にあつては、別記様式第二十五号の九による直前三年の各事業年度の当該建設業以外の事業に係る売上原価報告書

五　その他経営状況分析に必要な書類

2　前項第一号から第三号までに掲げる書類のうち、既に提出さ

れ、かつ、その内容に変更がないものについては、同項の規定にかかわらず、その添付を省略することができる。

参照

○**会社法**〔平二七・九・四法六三現〕

（定義）

**第二条**　この法律において、次の各号に掲げる用語の意義は、当該各号に定めるところによる。

六　大会社　次に掲げる要件のいずれかに該当する株式会社をいう。

イ　最終事業年度に係る貸借対照表（第四百三十九条前段に規定する場合にあっては、同条の規定により定時株主総会に報告された貸借対照表をいい、株式会社の成立後最初の定時株主総会までの間においては、第四百三十五条第一項の貸借対照表をいう。ロにおいて同じ。）に資本金として計上した額が五億円以上であること。

ロ　最終事業年度に係る貸借対照表の負債の部に計上した額の合計額が二百億円以上であること。

○**金融商品取引法**〔平二七・九・四法六三現〕

（有価証券報告書の提出）

**第二十四条**　有価証券の発行者である会社は、その会社が発行者である有価証券（特定有価証券を除く。次の各号を除き、以下この条において同じ。）が次に掲げる有価証券のいずれかに該当する場合には、内閣府令で定めるところにより、事業年度ごとに、当該会社の商号、当該会社の属する企業集団及び当該会社の経理の状況その他事業の内容に関する重要な事項その他の公益又は投資者保護のため必要かつ適当なものとして内閣府令で定める事項を記載した報告書（以下「有価証券報告書」という。）を、内国会社にあつては当該事業年度経過後三月以内（やむを得ない理由により当該期間内に提出できないと認められる場合には、内閣府令で定めるところにより、あらかじめ内閣総理大臣の承認を受けた期間内）、外国会社にあつては公益又は投資者保護のため必要かつ適当なものとして政令で定める期間内に、内閣総理大臣に提出しなければならない。ただし、当該有価証券が第三号に掲げる有価証券（株券その他の政令で定める有価証券に限る。）に該当する場合においてその発行者である会社（報告書提出開始年度（当該有価証券の募集又は売出しにつき第四条第一項本文、第二項本文若しくは第三項本文又は第二十三条の八第一項本文若しくは第二項の規定の適用を受けることとなつた日の属する事業年度をいい、当該報告書提出開始年度が複数あるときは、その直近のものをいう。）終了後五年を経過している場合に該当する会社に限る。）の当該事業年度の末日及び当該事業年度の開始の日前四年以内に開始した事業年度すべての末日における当該有価証券の所有者の数が政令で定めるところにより計算した数に満たない場合であつて有価証券報告書を提出しなくても公益又は投資者保護に欠けることがないものとして内閣府令で定めるところにより内閣総理大臣の承認を受けたとき、当該有価証券が第四号に掲げる有価証券に該当する場合において、その発行者である会社の資本金の額が当該事業年度の末日において五億円未満（当該有価証券が第二条第二項の規定により有価証券とみなされる有価証券投資事業権利等である場合にあつては、当該会社の資産の額として政令で定めるものの額が当該事業年度の末日において政令で定める額未満）であるとき、及び当該事業年度の末日における当該有価証券の所有者の数が政令で定める数に満たないとき、並びに当該有価証券が第三号又は第四号に掲げる有価証券に該当する場合において有価証券報告書を提出しなくても公益又は投資者保護に欠けることがないものとして政令で定めるところにより内閣総理大臣の承認を受けたときは、この限りでない。

一　金融商品取引所に上場されている有価証券（特定上場有価証券を除く。）

二　流通状況が前号に掲げる有価証券に準ずるものとして政令で定める有価証券（流通状況が特定上場有価証券に準ずるものとして政令で定める有価証券を除く。）

三　その募集又は売出しにつき第四条第一項本文、第二項本文若しくは第三項本文又は第二十三条の八第一項本文若しくは第二項の規定の適用を受けた有価証券（前二号に掲げるものを除く。）

四　当該会社が発行する有価証券（株券、第二条第二項の規定により有価証券とみなされる有価証券投資事業権利等その他の政令で定める有価証券に限る。）で、当該事業年度又は当該事業年度の開始の日前四年以内に開始した事業年度のいずれかの末日におけるその所有者の数が政令で定める数以上（当該有価証券が同項の規定により有価証券とみなされる有価証券投資事業権利等である場合にあつては、当該事業年度の末日におけるその所有者の数が政令で定める数以上）であるもの（前三号に掲げるものを除く。）

（経営状況分析の結果の通知）

**第十九条の五**　法第二十七条の二十五の通知は、別記様式第二十五号の十による通知書により行うものとする。

（経営規模等評価の申請）

**第十九条の六**　国土交通大臣又は都道府県知事は、経営規模等評価の申請の時期及び方法等を定め、その内容を公示するものとする。

2　法第二十七条の二十六第二項及び第三項の規定により提出すべき経営規模等評価申請書及びその添付書類は、前項の規定に基づき公示されたところにより、国土交通大臣の許可を受けた者にあつてはその主たる営業所の所在地を管轄する都道府県知事を経由して国土交通大臣に、都道府県知事の許可を受けた者にあつては当該都道府県知事に提出しなければならない。

注　一項の「経営規模等評価の申請の時期及び方法等」＝平成一六年国土交通省告示一七〇号

（経営規模等評価申請書の記載事項及び様式）

**第十九条の七**　法第二十七条の二十六第二項の国土交通省令で定める事項は、第十九条の三第一項各号に掲げる事項及び審査の対象とする建設業の種類とする。

2　経営規模等評価申請書の様式は、別記様式第二十五号の十一によるものとする。

（経営規模等評価申請書の添付書類）

**第十九条の八**　法第二十七条の二十六第三項の国土交通省令で定める書類は、別記様式第二号による工事経歴書とする。

2　法第六条第一項又は第十一条第二項（法第十七条において準用する場合を含む。）の規定により、経営規模等評価の申請をする日の属する事業年度の開始の日の直前一年間についての別記様式第二号による工事経歴書を国土交通大臣又は都道府県知事に既に提出している者は、前項の規定にかかわらず、その添付を省略することができる。

（経営規模等評価の結果の通知）

**第十九条の九**　法第二十七条の二十七の通知は、別記様式第二十五号の十二による通知書により行うものとする。

（再審査の申立て）

**第二十条**　法第二十七条の二十八に規定する再審査（以下「再審査」という。）の申立ては、法第二十七条の二十七の規定による審査の結果の通知を受けた日から三十日以内にしなければならない。

2　法第二十七条の二十三第三項の経営事項審査の基準その他の評価方法（経営規模等評価に係るものに限る。）が改正された場合において、当該改正前の評価方法に基づく法第二十七条の二十七の規定による審査の結果の通知を受けた者は、前項の規定にかかわらず、当該改正の日から百二十日以内に限り、再審査（当該改正に係る事項についての再審査に限る。）を申し立てることができる。

3　再審査の申立ては、別記様式第二十五号の十一による申立書を経営規模等評価を行つた国土交通大臣又は都道府県知事に提出してしなければならない。

4　第二項の規定による再審査の申立てにおいては、前項の申立書に、再審査のために必要な書類を添付するものとする。

5　第二項の規定により再審査の申立てをする場合において提出する第三項の申立書及びその添付書類は、同項の規定にかかわらず、国土交通大臣の許可を受けた者にあつてはその主たる営業所の所在地を管轄する都道府県知事を経由して国土交通大臣に、都道府県知事の許可を受けた者にあつては当該都道府県知事に提出しなければならない。

（再審査の結果の通知）

**第二十一条**　国土交通大臣又は都道府県知事は、法第二十七条の二十八の規定による再審査を行つたときは、再審査の申立てをした者に、再審査の結果を通知するものとし、再審査の結果が法第二十七条の二十六第一項の規定による評価の結果と異なることとなつた場合において、法第二十七条の二十九第三項の規定による通知を受けた発注者があるときは、当該発注者に、再審査の結果を通知するものとする。

（総合評定値の請求）

**第二十一条の二**　国土交通大臣又は都道府県知事は、総合評定値の請求（建設業者からの請求に限る。次項において同じ。）の時期及び方法等を定め、その内容を公示するものとする。

2　総合評定値の請求は、別記様式第二十五号の十一による請求書により行うものとし、当該請求書には、第十九条の五に規定する通知書を添付するものとする。

3　前項の規定により提出すべき請求書及び通知書は、第一項の規定に基づき公示されたところにより、国土交通大臣の許可を受けた者にあつてはその主たる営業所の所在地を管轄する都道府県知事を経由して国土交通大臣に、都道府県知事の許可を受けた者にあつては当該都道府県知事に提出しなければならない。

注　一項の「総合評定値の請求の時期及び方法等」＝平成一六年国土交通省告示一七〇号

（総合評定値の算出）

**第二十一条の三**　法第二十七条の二十九第一項の総合評定値は、次の式によつて算出するものとする。

$$P = 0.25X_1 + 0.15X_2 + 0.2Y + 0.25Z + 0.15W$$

この式において、P、$X_1$、$X_2$、Y及びWは、それぞれ次の数値を表すものとする。

P　総合評定値
$X_1$　経営規模等評価の結果に係る数値のうち、完成工事高に係るもの
$X_2$　経営規模等評価の結果に係る数値のうち、自己資本額及び利益額に係るもの
Y　経営状況分析の結果に係る数値
Z　経営規模等評価の結果に係る数値のうち、技術職員数及び元請完成工事高に係るもの
W　経営規模等評価の結果に係る数値のうち、$X_1$、$X_2$、Y及びZ以外に係るもの

（総合評定値の通知）

**第二十一条の四**　法第二十七条の二十九第一項及び第三項の規定による通知は、別記様式第二十五号の十二による通知書により行うものとする。

（登録経営状況分析機関の登録の申請）

**第二十一条の五**　法第二十七条の二十四第一項の登録（以下この条において「登録」という。）を受けようとする者は、別記様式第二十五号の十三の登録経営状況分析機関登録申請書に次に掲げる書類を添えて、これを国土交通大臣に提出しなければならない。

一　法人である場合においては、次に掲げる書類
イ　定款又は寄附行為及び登記事項証明書
ロ　株主名簿又は社員名簿の写し
ハ　申請に係る意思の決定を証する書類
ニ　役員の氏名及び略歴を記載した書類
二　個人である場合においては、登録を受けようとする者の略歴を記載した書類
三　電子計算機及び経営状況分析に必要なプログラムの概要を記載した書類
四　登録を受けようとする者が法第二十七条の三十二において準用する法第二十六条の五各号のいずれにも該当しない者であることを誓約する書面
五　その他参考となる事項を記載した書類

2　国土交通大臣は、登録を受けようとする者（個人である場合に限る。）に係る機構保存本人確認情報のうち住民票コード以外のものについて、住民基本台帳法第三十条の九の規定によるその提供を受けることができないときは、その者に対し、住民票の抄本又はこれに代わる書面を提出させることができる。

参照

○住民基本台帳法〔平一八・六・三法六三現〕

（国の機関等への本人確認情報の提供）

**第三十条の九**　〔七〇二頁参照〕

（経営状況分析の実施基準）

**第二十一条の六**　法第二十七条の三十二において準用する法第二十六条の八の国土交通省令で定める基準は、次に掲げるとおりとする。

一　法第二十七条の二十三第三項の規定により国土交通大臣が定める経営事項審査の項目及び基準に従い、電子計算機及びプログラムを用いて経営状況分析を行い、数値を算出すること。

二　経営状況分析申請書及び第十九条の四第一項各号に掲げる書類（以下「経営状況分析申請書等」という。）に記載された内容が、国土交通大臣が定める各勘定科目間の関係、各勘定科目に計上された金額等に関する確認基準に該当する場合においては、国土交通大臣が定めて通知する方法によりその内容を確認すること。

三　経営状況分析申請書等に記載された内容が、適正でないと認める場合においては、申請をした建設業者から理由を聴取し、又はその補正を求めること。

四　経営状況分析申請書等に記載された内容（前号の規定により補正が行われた場合においては、当該補正後の内容）が、国土交通大臣が定める各勘定科目間の関係、各勘定科目に計上された金額等に関する報告基準に該当する場合においては、国土交通大臣の定めるところにより、別記様式第二十五号の十四による報告書を国土交通大臣又は都道府県知事に提出すること。

五　登録経営状況分析機関が経営状況分析の申請を自ら行つた場合、申請に係る経営状況分析申請書等の作成に関与した場合その他の場合であつて、経営状況分析の公正な実施に支障を及ぼすおそれがあるものとして国土交通大臣が定める場合においては、これらの申請に係る経営状況分析を行わないこと。

六　第四号の報告書の提出については、当該報告書が電磁的記録で作成されている場合には、次に掲げる電磁的方法をもつて行うことができる。

イ　登録経営状況分析機関の使用に係る電子計算機と国土交通大臣又は都道府県知事の使用に係る電子計算機とを電気通信回線で接続した電子情報処理組織を使用する方法であつて、当該電気通信回線を通じて情報が送信され、国土交通大臣又は都道府県知事の使用に係る電子計算機に備えられたファイルに当該情報が記録されるもの

ロ　磁気ディスク等をもつて調製するファイルに情報を記録したものを交付する方法

注　四号の「経営状況分析の公正な実施に支障を及ぼすおそれがあるもの」

＝平成一六年国土交通省告示六七号

（経営状況分析規程の記載事項）

**第二十一条の七**　法第二十七条の三十二において準用する法第二十六条の十第二項の国土交通省令で定める事項は、次に掲げるものとする。

一　経営状況分析を行う時間及び休日に関する事項

二　経営状況分析を行う事務所に関する事項

三　経営状況分析の実施に係る公示の方法に関する事項

四　経営状況分析の実施方法に関する事項

五　経営状況分析の業務に関する料金の額及び収納の方法に関する事項

六　経営状況分析に関する秘密の保持に関する事項

七　電子計算機その他設備の維持管理に関する事項

八　次条第三項の帳簿その他の経営状況分析に関する書類の管理に関する事項

九　その他経営状況分析の実施に関し必要な事項

（帳簿）

**第二十一条の八**　法第二十七条の三十二において準用する法第二十六条の十六の経営状況分析に関し国土交通省令で定める事項は、次に掲げるものとする。

一　経営状況分析を受けた建設業者の商号又は名称

二　経営状況分析を受けた建設業者の主たる営業所の所在地

三　経営状況分析を受けた建設業者の許可番号

四　経営状況分析を行つた年月日

五　経営状況分析の結果

2　前項各号に掲げる事項が、電子計算機に備えられたファイル又は磁気ディスク等に記録され、必要に応じ登録経営状況分析機関において電子計算機その他の機器を用いて明確に紙面に表示されるときは、当該記録をもつて法第二十七条の三十二において準用する法第二十六条の十六に規定する帳簿への記載に代えることができる。

3　登録経営状況分析機関は、法第二十七条の三十二において準用する法第二十六条の十六に規定する帳簿（前項の規定による記録が行われた同項のファイル又は磁気ディスクを含む。）を、経営状況分析を行つた日から五年間保存しなければならない。

4　登録経営状況分析機関は、経営状況分析申請書等を経営状況分析を行つた日から三年間保存しなければならない。

（経営状況分析結果の報告）

**第二十一条の九**　登録経営状況分析機関は、経営状況分析を行つたときは、国土交通大臣の定める期日までに別記様式第二十五号の十四による報告書を国土交通大臣に提出しなければならない。

2 前項の報告書の提出については、当該報告書が電磁的記録で作成されている場合には、次に掲げる電磁的方法をもつて行うことができる。

一 登録経営状況分析機関の使用に係る電子計算機と国土交通大臣の使用に係る電子計算機とを電気通信回線で接続した電子情報処理組織を使用する方法であつて、当該電気通信回線を通じて情報が送信され、国土交通大臣の使用に係る電子計算機に備えられたファイルに当該情報が記録されるもの

二 磁気ディスク等をもつて調製するファイルに情報を記録したものを交付する方法

注 一項の「国土交通大臣の定める期日」＝平成一六年国土交通省告示六八号

（準用）

**第二十一条の十** 第十七条の五、第十七条の八から第十七条の十まで及び第十七条の十二の規定は登録経営状況分析機関について準用する。この場合において、次の表の上欄に掲げる規定中同表の中欄に掲げる字句は、それぞれ同表の下欄に掲げる字句に読み替えるものとする。

| | | |
|---|---|---|
| 第十七条の五 | 前条 | 第二十一条の五 |
| | 法第二十六条の七第一項 | 法第二十七条の三十二において準用する法第二十六条の七第一項 |
| 第十七条の八（見出しを含む。）、第十七条の十第一項及び第十七条の十二 | 登録講習実施機関 | 登録経営状況分析機関 |
| 第十七条の八 | 法第二十六条の十一 | 法第二十七条の三十二において準用する法第二十六条の十一 |
| 第十七条の八及び第十七条の十二（見出しを含む。） | 講習業務 | 経営状況分析の業務 |
| 第十七条の九 | 法第二十六条の十二第二項第三号 | 法第二十七条の三十二において準用する法第二十六条の十二第二項第三号 |
| 第十七条の十第一項 | 法第二十六条の十二第二項第四号 | 法第二十七条の三十二において準用する法第二十六条の十二第二項第四号 |
| 第十七条の十第二項 | 前項各号 | 第二十一条の十において準用する第十七条の十第一項各号 |
| 第十七条の十二 | 法第二十六条の十 | 法第二十七条の三十五 |

| | |
|---|---|
| 七第二項 | 第三項 |
| 前条第三項 | 第二十一条の八第三項 |

（建設業者団体）

**第二十二条**　法第二十七条の三十七に規定する国土交通省令で定める社団又は財団は、同条に規定する事業を行う社団又は財団のうち、その事業が一の都道府県（指定都市（地方自治法（昭和二十二年法律第六十七号）第二百五十二条の十九第一項に規定するものをいう。）の存する道府県にあつては、指定都市）の区域の全域に及ぶもの及びこれらの区域の全域を超えるものとする。

**参照**

**○地方自治法**〔平二八・五・一八法三九現〕

（指定都市の権能）

**第二百五十二条の十九**　政令で指定する人口五十万以上の市（以下「指定都市」という。）は、次に掲げる事務のうち都道府県が法律又はこれに基づく政令の定めるところにより処理することとされているものの全部又は一部で政令で定めるものを、政令で定めるところにより、処理することができる。

一～十五　〔略〕

（建設業者団体の届出）

**第二十三条**　建設業者団体は、その設立の日から三十日以内に、次の各号に掲げる事項を書面で、その事業が二以上の都道府県にわたるものにあつては国土交通大臣に、その他のものにあつてはその事務所の所在地を管轄する都道府県知事に届け出なければならない。

一　目的

二　名称

三　設立年月日

四　法人の設立について認可を受けている場合においては、その年月日及び主務官庁の名称

五　事務所の所在地

六　役員又は代表者若しくは管理人の氏名及び住所

七　社団である場合においては、構成員の氏名（構成員が社団又は財団である場合においては、その名称及び役員又は代表者若しくは管理人の氏名）

八　国土交通大臣又は都道府県知事の認可に係る法人以外の社団又は財団にあつては、定款若しくは寄附行為又は規約

2　建設業者団体は、前項各号に掲げる事項について変更があつたときは、遅滞なく、その旨を書面で国土交通大臣又は都道府県知事に届け出なければならない。

3　国土交通大臣又は都道府県知事の認可に係る法人以外の社団

又は財団である建設業者団体が解散した場合においては、当該建設業者団体の役員又は代表者若しくは管理人であつた者は、解散の日から三十日以内に、その旨を書面で国土交通大臣又は都道府県知事に届け出なければならない。

4　第一項の規定により国土交通大臣に届出をした建設業者団体は、同項に掲げる事項のほか、建設工事の担い手の育成及び確保その他の施工技術の確保に関する取組を実施している場合には、当該取組の内容を国土交通大臣に届け出ることができる。

5　国土交通大臣は、前項の規定による届出のあつた取組の内容が、建設工事の担い手の育成及び確保その他の施工技術の確保に資するものであり、かつ、法令に違反しないと認めるときは、当該取組が促進されるように必要な措置を講ずるものとする。

（監督処分の公告）

**第二十三条の二**　法第二十九条の五第一項の規定による公告は、次に掲げる事項について、国土交通大臣にあつては官報で、都道府県知事にあつては当該都道府県の公報又はウェブサイトへの掲載その他の適切な方法で行うものとする。

一　処分をした年月日

二　処分を受けた者の商号又は名称、主たる営業所の所在地及び代表者の氏名並びに当該処分を受けた者が建設業者であるときは、その者の許可番号

三　処分の内容

四　処分の原因となつた事実

（建設業者監督処分簿）

**第二十三条の三**　法第二十九条の五第三項の国土交通省令で定める事項は、次のとおりとする。

一　処分を行つた者

二　処分を受けた建設業者の商号又は名称、主たる営業所の所在地、代表者の氏名、当該建設業者が許可を受けて営む建設業の種類及び許可番号

三　処分の根拠となる法令の条項

四　処分の原因となつた事実

五　その他参考となる事項

2　建設業者監督処分簿は、法第二十九条の五第三項に規定する処分一件ごとに作成するものとし、その保存期間は、それぞれ当該処分の日から五年間とする。

3　次項の場合を除き、建設業者監督処分簿の様式は、別記様式第二十六号によるものとする。

4　国土交通大臣又は都道府県知事は、建設業者監督処分簿を国土交通省又は都道府県の使用に係る電子計算機に備えられたファイルをもつて調製することができる。

（立入検査をする職員の証票）

**第二十四条**　法第三十一条第二項の規定により立入検査をする職員が携帯すべき証票は、別記様式第二十七号による。

（標識の記載事項及び様式）

**第二十五条**　法第四十条の規定により建設業者が掲げる標識の記載事項は、店舗にあつては第一号から第四号までに掲げる事項、建設工事の現場にあつては第一号から第五号までに掲げる事項とする。

一　一般建設業又は特定建設業の別

二　許可年月日、許可番号及び許可を受けた建設業

三　商号又は名称

四　代表者の氏名

五　主任技術者又は監理技術者の氏名

2　法第四十条の規定により建設業者の掲げる標識は店舗にあつては別記様式第二十八号、建設工事の現場にあつては別記様式第二十九号による。

（帳簿の記載事項等）

**第二十六条**　法第四十条の三の国土交通省令で定める事項は、次のとおりとする。

一　営業所の代表者の氏名及びその者が当該営業所の代表者となつた年月日

二　注文者と締結した建設工事の請負契約に関する次に掲げる事項

イ　請け負つた建設工事の名称及び工事現場の所在地

ロ　イの建設工事について注文者と請負契約を締結した年月日、当該注文者（その法定代理人を含む。）の商号、名称又は氏名及び住所並びに当該注文者が建設業者であるときは、その者の許可番号

ハ　イの建設工事の完成を確認するための検査が完了した年月日及び当該建設工事の目的物の引渡しをした年月日

三　発注者（宅地建物取引業法（昭和二十七年法律第百七十六号）第二条第三号に規定する宅地建物取引業者を除く。以下この号及び第二十八条において同じ。）と締結した住宅を新築する建設工事の請負契約に関する次に掲げる事項

イ　当該住宅の床面積

ロ　当該住宅が特定住宅瑕疵担保責任の履行の確保等に関する法律施行令（平成十九年政令第三百九十五号）第三条第一項の建設新築住宅であるときは、同項の書面に記載された二以上の建設業者それぞれの建設瑕疵負担割合（同項に規定する建設瑕疵負担割合をいう。以下この号において同じ。）の合計に対する当該建設業者の建設瑕疵負担割合の割合

ハ　当該住宅について、住宅瑕疵担保責任保険法人（特定住

宅瑕疵担保責任の履行の確保等に関する法律（平成十九年法律第六十六号）第十七条第一項に規定する住宅瑕疵担保責任保険法人をいう。）と住宅建設瑕疵担保責任保険契約（同法第二条第五項に規定する住宅建設瑕疵担保責任保険契約をいう。）を締結し、保険証券又はこれに代わるべき書面を発注者に交付しているときは、当該住宅瑕疵担保責任保険法人の名称

四　下請負人と締結した建設工事の下請契約に関する次に掲げる事項

イ　下請負人に請け負わせた建設工事の名称及び工事現場の所在地

ロ　イの建設工事について下請負人と下請契約を締結した年月日、当該下請負人（その法定代理人を含む。）の商号又は名称及び住所並びに当該下請負人が建設業者であるときは、その者の許可番号

ハ　イの建設工事の完成を確認するための検査を完了した年月日及び当該建設工事の目的物の引渡しを受けた年月日

ニ　ロの下請契約が法第二十四条の五第一項に規定する下請契約であるときは、当該下請契約に関する次に掲げる事項

(1)　支払つた下請代金の額、支払つた年月日及び支払手段

(2)　下請代金の全部又は一部の支払につき手形を交付したときは、その手形の金額、手形を交付した年月日及び手形の満期

(3)　下請代金の一部を支払つたときは、その後の下請代金の残額

(4)　遅延利息を支払つたときは、その遅延利息の額及び遅延利息を支払つた年月日

2　法第四十条の三に規定する帳簿には、次に掲げる書類を添付しなければならない。

一　法第十九条第一項及び第二項の規定による書面又はその写し

二　前項第四号ロの下請契約が法第二十四条の五第一項に規定する下請契約であるときは、当該下請契約に関する同号ニ(1)に掲げる事項を証する書面又はその写し

三　前項第二号イの建設工事について施工体制台帳を作成しなければならないときは、当該施工体制台帳のうち次に掲げる事項が記載された部分（第十四条の五第一項の規定により次に掲げる事項の記載が省略されているときは、当該事項が記載された同項の書類を含む。）

イ　主任技術者又は監理技術者の氏名及びその有する主任技術者資格又は監理技術者資格並びに第十四条の二第一項第二号ヘに規定する者を置くときは、その者の氏名、その者

が管理をつかさどる建設工事の内容及びその有する主任技術者資格

ロ　当該建設工事の下請負人の商号又は名称及び当該下請負人が建設業者であるときは、その者の許可番号

ハ　ロの下請負人が請け負つた建設工事の内容及び工期

ニ　ロの下請負人が置いた主任技術者の氏名及びその有する主任技術者資格並びにロの下請負人が第十四条の二第一項第四号ヘに規定する者を置くときは、その者の氏名、その者が管理をつかさどる建設工事の内容及びその有する主任技術者資格

3　第十四条の七に規定する時までの間は、前項第三号に掲げる書類を法第四十条の三に規定する帳簿に添付することを要しない。

4　第二項の規定により添付された書類に第一項各号に掲げる事項が記載されているときは、同項の規定にかかわらず、法第四十条の三に規定する帳簿の当該事項を記載すべき箇所と当該書類との関係を明らかにして、当該事項の記載を省略することができる。

5　法第四十条の三の国土交通省令で定める図書は、発注者から直接建設工事を請け負つた建設業者（作成建設業者を除く。）にあつては第一号及び第二号に掲げるもの又はその写し、作成建設業者にあつては第一号から第三号までに掲げるもの又はその写しとする。

一　建設工事の施工上の必要に応じて作成し、又は発注者から受領した完成図（建設工事の目的物の完成時の状況を表した図をいう。）

二　建設工事の施工上の必要に応じて作成した工事内容に関する発注者との打合せ記録（請負契約の当事者が相互に交付したものに限る。）

三　施工体系図

6　第一項各号に掲げる事項が電子計算機に備えられたファイル又は磁気ディスク等に記録され、必要に応じ当該営業所において電子計算機その他の機器を用いて明確に紙面に表示されるときは、当該記録をもつて法第四十条の三に規定する帳簿への記載に代えることができる。

7　法第十九条第三項に規定する措置が講じられた場合にあつては、契約事項等が電子計算機に備えられたファイル又は磁気ディスク等に記録され、必要に応じ当該営業所において電子計算機その他の機器を用いて明確に紙面に表示されるときは、当該記録をもつて第二項第一号に規定する添付書類に代えることができる。

8　第五項各号に掲げる図書が電子計算機に備えられたファイル

又は磁気ディスク等に記録され、必要に応じ当該営業所において電子計算機その他の機器を用いて明確に紙面に表示されるときは、当該記録をもつて同項各号の図書に代えることができる。

（帳簿の記載方法等）

**第二十七条**　前条第一項各号に掲げる事項の記載（同条第六項の規定による記録を含む。次項において同じ。）及び同条第二項各号に掲げる書類の添付は、請け負つた建設工事ごとに、それぞれの事項又は書類に係る事実が生じ、又は明らかになつたとき（同条第一項第一号に掲げる事項にあつては、当該建設工事を請け負つたとき）に、遅滞なく、当該事項又は書類について行わなければならない。

2　前条第一項各号に掲げる事項について変更があつたときは、遅滞なく、当該変更があつた年月日を付記して変更後の当該事項を記載しなければならない。

（帳簿及び図書の保存期間）

**第二十八条**　法第四十条の三に規定する帳簿（第二十六条第六項の規定による記録が行われた同項のファイル又は磁気ディスクを含む。）及び第二十六条第二項の規定により添付された書類の保存期間は、請け負つた建設工事ごとに、当該建設工事の目的物の引渡しをしたとき（当該建設工事について注文者と締結した請負契約に基づく債権債務が消滅した場合にあつては、当該債権債務の消滅したとき）から五年間（発注者と締結した住宅を新築する建設工事に係るものにあつては、十年間）とする。

2　第二十六条第五項に規定する図書（同条第八項の規定による記録が行われた同項のファイル又は磁気ディスクを含む。）の保存期間は、請け負つた建設工事ごとに、当該建設工事の目的物の引渡しをしたときから十年間とする。

（権限の委任）

**第二十九条**　法、令及びこの省令に規定する国土交通大臣の権限のうち、次に掲げるもの以外のものは、建設業者若しくは法第三条第一項の許可を受けようとする者の主たる営業所の所在地、法第七条第一号ロ、第二号ハ若しくは法第十五条第二号ハの認定若しくは法第二十七条第三項の合格証明書の交付を受けようとする者若しくは令第二十七条の九第一項の規定により合格を取り消された者の住所地又は建設業者団体の主たる事務所の所在地を管轄する地方整備局長及び北海道開発局長に委任する。ただし、法第二十五条の二十七第二項、法第二十七条の三十八、法第二十七条の三十九第二項、法第二十八条第一項、第三項及び第七項、法第二十九条、法第二十九条の二第一項、法第二十九条の三第三項、法第二十九条の四、法第三十一条第一項並びに法第四十一条並びに第二十三条第五項の規定に基づく権限については、国土交通大臣が自ら行うことを妨げない。

一　法第七条第一号ロの規定により認定すること（外国における経験に関するものに限る。）。
二　法第七条第二号ハの規定により認定すること（外国における学歴又は実務経験に関するものに限る。）。
三　法第十五条第二号イの規定により試験及び免許を定め、並びに同号ハの規定により認定すること（外国における学歴、資格又は実務経験に関するものに限る。）。
四　中央建設工事紛争審査会に関する法第二十五条の二第二項並びに法第二十五条の五第一項及び第二項（法第二十五条の七第三項においてこれらの規定を準用する場合を含む。）、法第二十五条の十並びに法第二十五条の二十五の規定による権限
五　登録講習実施機関及び登録経営状況分析機関に関する法第二十六条の六（法第二十六条の七第二項において準用する場合を含む。）、法第二十六条の九から法第二十六条の十一まで（法第二十六条の十第二項を除く。）並びに法第二十六条の十三から法第二十六条の十五まで（法第二十七条の三十二において準用する場合を含む。）、法第二十六条の十七第一項、法第二十六条の十九、法第二十六条の二十第一項並びに法第二十六条の二十一（法第二十七条の三十二において準用する場合を含む。）、法第二十七条の三十一第二項及び第三項（法第二十七条の三十二において準用する法第二十六条の七第二項において準用する場合を含む。）並びに法第二十七条の三十五第一項及び第二項の規定による権限
六　法第二十七条第一項の規定により技術検定を行うこと。
七　指定試験機関及び指定資格者証交付機関に関する法第二十七条の二第一項及び第三項、法第二十七条の三、法第二十七条の四（法第二十七条の十九第五項において準用する場合を含む。）、法第二十七条の五第一項、同条第二項（法第二十七条の六第三項において準用する場合を含む。）、法第二十七条の六第二項、法第二十七条の八（法第二十七条の十九第五項において準用する場合を含む。）、法第二十七条の九、法第二十七条の十一、法第二十七条の十二第一項（法第二十七条の十九第五項において準用する場合を含む。）、法第二十七条の十三から法第二十七条の十五まで（同条第三項を除く。）並びに法第二十七条の十七（法第二十七条の十九第五項においてこれらの規定を準用する場合を含む。）、法第二十七条の十九第一項、第三項及び第四項並びに法第二十七条の二十の規定による権限
八　法第二十七条の十八第一項の規定により監理技術者資格者証を交付すること。

九　法第二十七条の二十三第三項の規定により経営事項審査の項目及び基準を定めること。

十　法第二十九条の五第一項の規定により公告すること（国土交通大臣の処分に係るものに限る。）。

十一　法第三十二条第二項において準用する同条第一項の規定により意見を聴くこと（国土交通大臣の処分に係るものに限る。）。

十二　法第三十五条第二項（法第三十七条第三項において準用する場合を含む。）の規定により任命すること。

十三　法第三十九条の三第一項の規定による諮問をすること。

十四　中央建設工事紛争審査会に関する令第十二条、令第十五条第四号並びに令第二十五条第二号及び第三号の規定による権限

十五　技術検定に関する令第二十七条の三第三項、令第二十七条の五第一項第四号及び第二項第三号、令第二十七条の六、令第二十七条の七、令第二十七条の九第一項並びに令第二十七条の十の規定による権限

十六　令第二十七条の十三第二号の規定により指定すること。

十六の二　登録技術試験実施機関及び登録経理試験実施機関に関する第七条の四第二項及び第七条の六第一項（第七条の七第二項（第十八条の七において準用する場合を含む。）においてこれらの規定を準用する場合を含む。）、第七条の九から第七条の十一まで及び第七条の十三から第七条の十五まで（第七条の二十二及び第十八条の七においてこれらの規定を準用する場合を含む。）、第七条の十七及び第七条の十八（第七条の二十二及び第十八条の七においてこれらの規定を準用する場合を含む。）、第十八条の四第二項並びに第十八条の五第一項の規定による権限

十七　登録講習実施機関及び登録経営状況分析機関に関する第十七条の四（第十七条の五（第二十一条の十において準用する場合を含む。）において準用する場合を含む。）、第十七条の八及び第十七条の十二（第二十一条の十においてこれらの規定を準用する場合を含む。）、第十七条の十三第一項、第二十一条の六第二号並びに第二十一条の九第一項の規定による権限

十八　指定試験機関及び指定資格者証交付機関に関する第十七条の十七第一項、第十七条の十八（第十七条の三十九において準用する場合を含む。）、第十七条の十九第一項、第十七条の二十一、第十七条の二十三（第十七条の三十九において準用する場合を含む。）、第十七条の二十四、第十七条の二十六第一項、第十七条の二十七及び第十七条の二十八（第十七条の三十九においてこれらの規定を準用する場合を含む。）、第

十七条の三十五第一項、第十七条の三十七並びに第十七条の三十八の規定による権限

十九　資格者証に関する第十七条の二十九第一項及び第三項（第十七条の三十三第二項において準用する場合を含む。）、第十七条の三十第三項、第十七条の三十一第一項及び第三項並びに第十七条の三十二第一項及び第四項の規定による権限

二十　別記様式第十五号及び第十六号の規定により勘定科目の分類を定めること。

二十一　別記様式第二十五号の八及び第二十五号の十一の規定により認定すること。

附　則

この省令は、建設業法施行の日〔昭和二四年八月二〇日〕から施行する。

附　則〔昭和二五年四月七日建設省令第九号〕

この省令は、公布の日から施行する。

附　則〔昭和二六年二月六日建設省令第二号〕

1　この省令は、公布の日から施行する。但し、第六条及び別記様式第二号中添附書類㈭及び㈬の改正規定は、昭和二十六年七月一日から施行する。

2　前項但書の場合において、施行の日前に始まる事業年度に係る書類の様式については、なお従前の例によることができる。

附　則〔昭和二六年七月二一日建設省令第二二号〕

この省令は、公布の日から施行する。

附　則〔昭和二七年四月二五日建設省令第一三号〕

この省令は、公布の日から施行する。

附　則〔昭和二八年八月一七日建設省令第一九号〕

1　この省令は、公布の日から施行する。

2　建設業法の一部を改正する法律（昭和二十八年法律第二百二十三号）附則第六項の適用を受ける者が登録を申請する場合における建設業法第五条第一項に規定する要件をそなえていることを誓約する書面は、別記様式第二号中添付書類（ヌ）によるものとする。

附　則〔昭和三一年八月二九日建設省令第二八号〕

この省令は、昭和三十一年八月三十日から施行する。

附　則〔昭和三三年一二月八日建設省令第三一号〕

この省令は、昭和三十四年一月一日から施行する。

附　則〔昭和三六年一〇月三一日建設省令第二九号〕

改正　昭和三七年　二月　九日建設省令第二号

1　この省令は、昭和三十六年十二月一日から施行する。

2　建設業法第四条第一項の登録の有効期間のこの省令の施行後における満了に伴い、建設業法施行規則（以下「規則」という。）第一条の規定により、更新の登録について登録申請書をこの省

令の施行前に提出しなければならない者は、同条の規定にかかわらず、この省令の施行の日に登録申請書を提出することができる。

3　昭和三十七年に法第二十七条の二第一項に規定する審査を受けようとする者については、この省令による改正後の規則第二十一条中「二月末日」とあるのは、「三月末日」と読み替えるものとする。

4　この省令の施行の際、現に法第二十七条の六に規定する事業を行なつている建設業者団体については、この省令による改正後の規則第二十六条第一項中「その設立の日」とあるのは、「この省令の施行の日」と読み替えるものとする。

5　建設業法の一部を改正する法律附則第三項に規定する書面のうち、学校を卒業したこと及び学科を修めたこと並びに実務の経験を証する書面は、この省令による改正後の規則第三条第一項に規定する書類とする。

6　この省令による改正後の規則第四条の規定は、前項に規定する書面の提出に準用する。

附　則〔昭和三七年二月九日建設省令第二号〕

この省令は、公布の日から施行する。

附　則〔昭和三九年九月一〇日建設省令第二三号〕

1　この省令は、昭和三十九年十二月一日から施行する。

2　この省令施行の日の前日までに決算期の到来した営業年度に係る貸借対照表、損益計算書、利益金処分に関する書類、営業用純資本額に関する調書及び収支計算に関する書類の様式については、なお従前の例によることができる。

附　則〔昭和四二年八月一日建設省令第二〇号〕

この省令は、公布の日から施行する。

附　則〔昭和四七年一月一八日建設省令第一号抄〕

（施行期日）

1　この省令は、建設業法の一部を改正する法律（昭和四十六年法律第三十一号）の施行の日（昭和四十七年四月一日）から施行する。

（経過措置）

2　建設業法の一部を改正する法律（昭和四十六年法律第三十一号）附則第六項の規定により建設業法の許可を申請する場合においては、別記様式第一号中「申請時においてすでに許可を受けている建設業」とあるのは「申請時の登録」と、「建設大臣知事許可（　）第　号 工事業昭和年月日許可」とあるのは「建設大臣知事登録第　号 昭和　年　月　日登録」とし、別記様式第二十号中「許可申を受け請直前の過去3年間で許可で継続して営業した期間」とあるのは「許可申請直前の過去3年間で許可又は登録を受けて継続して営業した期間」とするものとする。

附　則〔昭和五〇年四月二五日建設省令第一一号〕

（施行期日）

1　この省令は、公布の日から施行する。

（経過措置）

2　この省令の施行の日の前日までに決算期の到来した営業年度又はこの省令の施行後最初に決算期の到来する営業年度（この省令の施行の際現に存する株式会社にあつては、昭和五十年九月三十日までに決算期の到来するものに限る。）に係る別記様式第十五号から第十九号までの書類の様式については、なお従前の例によることができる。

附　則〔昭和五四年三月三〇日建設省令第五号〕

この省令は、公布の日から施行する。

附　則〔昭和五六年九月二八日建設省令第一二号抄〕

（施行期日）

**第一条**　この省令は、公布の日から施行する。ただし、附則第二条から第二十条までの規定は、昭和五十六年十月一日から施行する。

附　則〔昭和五七年九月二〇日建設省令第一二号〕

（施行期日）

1　この省令は、昭和五十七年十月一日から施行する。

（経過措置）

2　この省令の施行前に到来した最終の決算期に作成された貸借対照表に記載されている商法等の一部を改正する法律（昭和五十六年法律第七十四号。以下「改正法」という。）による改正前の商法第二百八十七条ノ二に規定する引当金で改正法による改正後の同条の規定により引当金として計上することができないものは、取り崩したものを除き、この省令の施行後最初に到来する決算期に作成すべき貸借対照表においては、資本の部中剰余金の部にその目的のための任意積立金として記載しなければならない。

附　則〔昭和五八年一二月一〇日建設省令第一八号〕

この省令は、公布の日から施行する。

附　則〔昭和五九年四月二七日建設省令第六号〕

この省令は、昭和五十九年十月一日から施行する。

附　則〔昭和五九年六月一日建設省令第一〇号〕

1　この省令は、公布の日から施行する。

2　この省令の施行の日の前日までに決算期の到来した営業年度に係る貸借対照表及び損益計算書の様式については、なお従前の例によることができる。

附　則〔昭和六二年一月二八日建設省令第一号〕

1　この省令は、昭和六十二年四月一日から施行する。

2　改正後の第三条第三項及び第十三条第三項の規定は、この省令の施行の際現に建設業の許可を受けている者でこの省令の施行後初めて当該建設業の許可の更新を申請するものについては、適用しない。

3　改正後の第四条第二項及び第三項の規定は、この省令の施行後初めて許可を申請する者については、適用しない。

4　この省令の施行の際現に提出されている許可申請書の添付書類並びに許可申請書及びその添付書類の様式は、なお従前の例による。

附　則〔昭和六三年六月六日建設省令第一〇号〕

この省令は、公布の日から施行する。

附　則〔昭和六三年一一月三〇日建設省令第二四号〕

この省令は、公布の日から施行する。

附　則〔平成元年三月二七日建設省令第三号〕

この省令は、公布の日から施行する。

附　則〔平成元年四月一日建設省令第九号〕

1　この省令は、公布の日から施行する。

2　この省令の施行の日の前日までに決算期の到来した営業年度に係る貸借対照表及び損益計算書の様式については、なお従前の例によることができる。

附　則〔平成三年六月二〇日建設省令第一一号〕

（施行期日）

1　この省令は、公布の日から施行する。

（経過措置）

2　この省令の施行の日の前日までに決算期の到来した営業年度に係る利益処分に関する書類の様式については、なお従前の例によることができる。

附　則〔平成五年四月二六日建設省令第五号〕

1　この省令は、公布の日から施行する。

2　別記様式第二十二号の三による変更届出書の様式については、平成五年六月三十日までの間は、なお従前の例によることができる。

附　則〔平成六年二月二三日建設省令第四号抄〕

（施行期日）

1　この省令は、公布の日から施行する。

（経過措置）

2　この省令による改正前の建設業法施行規則〔中略〕に規定する様式による書面は、平成六年三月三十一日までの間は、これを使用することができる。

附　則〔平成六年六月八日建設省令第一六号〕

この省令は、公布の日から施行する。ただし、第十八条及び第十九条の九の改正規定は、平成七年一月十五日から施行する。

附　則〔平成六年九月二九日建設省令第二八号〕

この省令は、公布の日から施行する。ただし、別記様式第十五号の改正規定は、平成六年十月一日から施行する。

附　則〔平成六年一二月一六日建設省令第三三号〕

（施行期日）

1　この省令は、建設業法の一部を改正する法律の施行の日（平成六年十二月二十八日）から施行する。ただし、第十七条の十五から第十七条の十七まで及び第十七条の十九の改正規定、第十七条の二十四を第十七条の二十五とし、第十七条の二十から第十七条の二十三までを一条ずつ繰り下げ、第十七条の十九の次に一条を加える改正規定、別表を削る改正規定並びに別記様式第二十五号の二から別記様式第二十五号の六までの改正規定は、平成七年六月二十九日から施行する。

（経過措置）

2　この省令の施行前に注文者と締結した建設工事の請負契約又はこの省令の施行前に下請負人と締結した建設工事の下請契約に関する事項については、建設業法第四十条の三の規定は、適用しない。

3　平成七年十二月三十一日までの間に注文者と締結した建設工事の請負契約又は同日までの間に下請負人と締結した建設工事の下請契約に関する事項については、この省令による改正後の第二十六条の規定にかかわらず、同条第一項第二号ハ及び第三号ハに掲げる事項の記載並びに同条第二項に規定する書類の添付を省略することができる。

4　この省令の施行の際現に提出されている許可申請書の添付書類並びに附則第一項ただし書に規定する改正規定の施行の際現に提出されている資格者証交付申請書、資格者証変更届出書、資格者証再交付申請書及び経営事項審査申請書並びにこれらの書類（経営事項審査申請書を除く。）により行われた申請に対して交付する資格者証の様式は、なお従前の例による。

附　則〔平成七年六月一三日建設省令第一六号〕

（施行期日）

1　この省令は、平成七年六月二十九日から施行する。ただし、第一条、第四条第二項、第十条第二項及び第三項、第十三条第一項、別記様式第七号及び別記様式第八号(1)の改正規定、別記様式第八号(2)を削る改正規定、別記様式第八号(3)の改正規定、同様式を別記様式第八号(2)とする改正規定並びに別記様式第九号から別記様式第十一号の二まで、別記様式第二十二号の三及び別記様式第二十二号の四の改正規定並びに次項及び附則第三項の規定は、平成八年六月二十九日から施行する。

（経過措置）

2　前項ただし書に規定する改正規定の施行後初めて特定建設業の許可（その更新を除く。）を申請する者で当該申請に係る建設業以外の建設業の特定建設業の許可を受けているもの又は当該改正規定の施行後初めて特定建設業の許可の更新を申請する者は、改正後の建設業法施行規則（以下「新規則」という。）第十三条第一項において準用する新規則第四条第二項及び第三項の規定にかかわらず、建設業法第十五条第二号ロに該当する者及び同号ハの規定により建設大臣が同号ロに掲げる者と同等以上の能力を有するものと認定した者に係る新規則第十三条第一項において準用する新規則第四条第一項第二号に掲げる書類を提出しなければならない。ただし、当該改正規定の施行後同条又はこの項本文の定めるところにより既に当該書類を提出した者については、この限りでない。

3　附則第一項ただし書に規定する改正規定の施行の際現に提出されている許可申請書の添付書類及びその様式は、なお従前の例による。

4　この省令の施行前に特定建設業者が発注者と締結した請負契約に係る建設工事については、建設業法第二十四条の七の規定は、適用しない。

5　平成七年十二月三十一日までの間に注文者と締結した建設工事の請負契約又は同日までの間に下請負人と締結した建設工事の下請契約に関する事項については、新規則第二十六条の規定にかかわらず、同条第一項第三号ニに掲げる事項の記載及び同条第二項各号に掲げる書類の添付を省略することができる。

附　則〔平成八年七月二五日建設省令第一〇号〕

この省令は、公布の日から施行する。

附　則〔平成九年三月二六日建設省令第四号〕

（施行期日）

1　この省令は、平成九年四月一日から施行する。ただし、第十八条の改正規定は、公布の日から施行する。

（経過措置）

2　この省令の施行の日の前日までに決算期の到来した営業年度に係る別記様式第十五号及び第十八号の書類の様式については、なお従前の例によることができる。

附　則〔平成九年一二月五日建設省令第二一号〕

この省令は、平成十年二月二日から施行する。

附　則〔平成一〇年六月一八日建設省令第二七号〕

改正　平成一二年一一月二〇日建設省令第四一号

1　この省令は、平成十年七月一日から施行する。

2　この省令の施行の日の前日までに決算期の到来した営業年度に係る工事経歴書、貸借対照表及び損益計算書の様式については、なお従前の例によることができる。

3　この省令の施行の日の前日までに決算期の到来した営業年度については、建設業者は、附属明細表を添付又は提出することを要しない。

4　この省令の施行の日以後経営事項審査の申請をする者であって、法第六条第一項又は第十一条第二項（法第十七条において準用する場合を含む。）の規定により、経営事項審査の申請をする日の属する営業年度の開始の日の直前一年間についての別記様式第二号による工事経歴書（この省令の施行の日の前日までに決算期の到来した営業年度に係るものに限る。）を国土交通大臣又は都道府県知事に既に提出しているものは、第十九条の三第一項の規定にかかわらず、同項第一号に掲げる書面の提出を省略することができる。

附　則〔平成一〇年九月三〇日建設省令第三六号〕

この省令は、平成十年十月一日から施行する。

附　則〔平成一一年三月三〇日建設省令第五号〕

1　この省令中、第一条の規定は平成十一年三月三十一日から、第二条の規定は平成十一年四月一日から、第三条の規定は平成十一年七月一日から施行する。

2　第一条の規定による改正後の建設業法施行規則別記様式第十五号及び第十六号は、平成十一年三月三十一日以後に決算期の到来した営業年度に係る貸借対照表及び損益計算書について適用し、同日前に決算期の到来した営業年度に係るものについては、なお従前の例による。

3　第二条の規定による改正後の建設業法施行規則別記様式第十五号及び第十六号は、平成十一年四月一日以後に開始した営業年度に係る決算期に関して作成すべき貸借対照表、損益計算書及び完成工事原価報告書について適用し、同日前に開始した営業年度に係る決算期に関して作成すべきものについては、なお従前の例による。ただし、平成十一年一月一日以後に決算期の到来した営業年度に係る貸借対照表、損益計算書及び完成工事原価報告書について適用することができる。

4　第二条の規定による改正後の建設業法施行規則別記様式第十五号及び第十六号を適用して貸借対照表、損益計算書及び完成工事原価報告書を作成する最初の営業年度においては、当該営業年度よりも前の営業年度に係る法人税等（法人税、住民税及び利益に関連する金額を課税標準として課される事業税をいう。次項において同じ。）の調整額は、前期繰越利益又は前期繰越損失の調整項目として処理するものとする。

5　第二条の規定による改正後の建設業法施行規則別記様式第十五号及び第十六号を適用して貸借対照表、損益計算書及び完成工事原価報告書を作成する最初の営業年度の期間中において法人税等の税率が変更された場合には、当該営業年度の期首及び期末における繰延税金資産、長期繰延税金資産、繰延税金負債及び長期繰延税金負債は、変更後の法人税等の税率により計算するものとする。

**附　則**〔平成一一年七月一日建設省令第三七号〕

この省令は、公布の日から施行する。

**附　則**〔平成一二年一月三一日建設省令第一〇号〕

この省令は、平成十二年四月一日から施行する。

**〔平成一二年一一月二〇日建設省令第四一号抄〕**

（様式又は書式の改正に伴う経過措置）

**第九十一条**　この省令の施行の際現にあるこの省令による改正前の様式又は書式により調製した用紙は、この省令の施行後においても当分の間、これを取り繕って使用することができる。

**附　則**〔平成一二年一一月二〇日建設省令第四一号抄〕

（施行期日）

1　この省令は、内閣法の一部を改正する法律（平成十一年法律第八十八号）の施行の日（平成十三年一月六日）から施行する。

**附　則**〔平成一二年一二月四日建設省令第四六号〕

この省令は、平成十三年一月四日から施行する。

**附　則**〔平成一三年三月二六日国土交通省令第四二号〕

この省令は、書面の交付等に関する情報通信の技術の利用のための関係法律の整備に関する法律の施行の日（平成十三年四月一日）から施行する。

**附　則**〔平成一三年三月三〇日国土交通省令第七二号〕

この省令は、平成十三年四月一日から施行する。

**附　則**〔平成一三年三月三〇日国土交通省令第七六号〕

1　この省令は、平成十三年十月一日から施行する。

2　この省令の施行前に特定建設業者が発注者と締結した請負契約に係る建設工事については、なお従前の例による。

**附　則**〔平成一三年三月三〇日国土交通省令第七七号〕

この省令は、公布の日から施行する。

**附　則**〔平成一三年一一月三〇日国土交通省令第一四二号〕

この省令は、公布の日から施行する。

**附　則**〔平成一四年三月二九日国土交通省令第三一号〕

この省令は、平成十四年四月一日から施行する。

**附　則**〔平成一四年三月二九日国土交通省令第三二号〕

この省令は、公布の日から施行する。

**附　則**〔平成一四年六月二八日国土交通省令第八一号〕

1　この省令は、公布の日から施行する。

2　この省令による改正後の建設業法施行規則別記様式第十五号及び第十七号は、平成十五年三月三十一日以後に決算期の到来した営業年度に係る貸借対照表及び利益処分に関する書類について適用し、同日前に決算期の到来した営業年度に係るものについては、なお従前の例による。ただし、施行日前に開始する事業年度に係る貸借対照表及び利益処分に関する書類のうち、施行日以後に終了する事業年度に係るものについては、改正後の建設業法施行規則を適用して作成することができる。

附　則〔平成一四年八月二日国土交通省令第九三号〕

この省令は、住民基本台帳法の一部を改正する法律の施行の日（平成十四年八月五日）から施行する。

附　則〔平成一四年一〇月一日国土交通省令第一〇六号〕

この省令は、公布の日から施行する。

附　則〔平成一五年二月二〇日国土交通省令第一四号〕

この省令は、平成十五年三月一日から施行する。

附　則〔平成一五年三月二〇日国土交通省令第二六号〕

この省令は、公布の日から施行する。

附　則〔平成一五年五月一三日国土交通省令第六五号〕

この省令は、公布の日から施行する。

附　則〔平成一五年五月二九日国土交通省令第七一号〕

この省令は、公布の日から施行する。

附　則〔平成一五年七月二五日国土交通省令第八六号〕

1　この省令は、公布の日から施行する。

2　この省令による改正後の建設業法施行規則別記様式第三号及び第十五号から第十九号までは、平成十六年三月三十一日以後に決算期の到来した事業年度に係る書類について適用し、同日前に決算期の到来した事業年度に係るものについては、なお従前の例による。ただし、施行日以後に決算期の到来した事業年度に係るものについては、改正後の建設業法施行規則を適用して作成することができる。

3　建設業法施行規則別記様式第二十五号の六から第二十五号の八までは、平成十五年九月三十日までの間は、なお従前の例によることができる。

附　則〔平成一五年一〇月一日国土交通省令第一〇九号抄〕

（施行期日）

第一条　この省令は、公布の日から施行する。〔ただし書略〕

附　則〔平成一五年一〇月六日国土交通省令第一一〇号〕

1　この省令は、公布の日から施行する。

2　経営事項審査申請書の様式については、この省令による改正後の建設業法施行規則別記様式第二十五号の六別紙二の様式にかかわらず、平成十五年十月三十一日までの間は、なお従前の例によることができる。

附　則〔平成一六年一月二九日国土交通省令第一号抄〕

（施行期日）

第一条　この省令は、平成十六年三月一日から施行する。

（建設業法施行規則の一部改正に伴う経過措置）

**第三条**　第二条の規定の施行の際現に法第二条の規定による改正前の建設業法（昭和二十四年法律第百号）第二十七条の二十四第一項の指定を受けている指定経営状況分析機関に対して経営状況分析を申請する場合にあつては、第十九条の四第一項第一号から第三号までに掲げる書類のうち、既に当該指定経営状況分析機関に対して提出され、かつ、その内容に変更がないものについては、同項の規定にかかわらず、その添付を省略することができる。

**附　則**〔平成一六年三月一六日国土交通省令第一七号〕

1　この省令は、平成十六年四月一日から施行する。

2　この省令による改正後の建設業法施行規則、測量法施行規則、公共工事の前払金保証事業に関する法律施行規則、宅地建物取引業法施行規則、自動車道事業会計規則、積立式宅地建物販売業法施行規則、港湾運送事業会計規則及び東京湾横断道路事業会計規則の規定は、平成十六年三月三十一日以後に終了する事業年度に係る会計の整理又は書類について適用し、同日前に終了した事業年度に係るものについては、なお従前の例による。

**附　則**〔平成一六年三月三一日国土交通省令第三四号〕

この省令は、公布の日から施行する。

**附　則**〔平成一六年四月九日国土交通省令第五六号〕

（施行期日）

1　この省令は、公布の日から施行する。

（経過措置）

2　この省令による改正後の建設業法施行規則（以下「新規則」という。）別記様式第一号から第二十二号の二まで並びに新規則第十条の二の届出書及び新規則第十条の三の廃業届の様式については、平成十六年六月三十日までの間は、なお従前の例によることができる。

**附　則**〔平成一六年六月三〇日国土交通省令第七四号抄〕

（施行期日）

**第一条**　この省令は、独立行政法人中小企業基盤整備機構の成立の時から施行する。

注　「独立行政法人中小企業基盤整備機構の成立の時」＝平成一六年六月一日

**附　則**〔平成一六年一二月一五日国土交通省令第一〇三号〕

（施行期日）

1　この省令は、平成十六年十二月十七日から施行する。

（経過措置）

2　この省令による改正後の建設業法施行規則別記様式第二十五号の三、第二十五号の四、第二十五号の六、第二十五号の七、第二十五号の九及び第二十五号の十四については、平成十七年三月三十一日までの間は、なお従前の例によることができる。

附　則〔平成一七年三月七日国土交通省令第一二号抄〕

（施行期日）

**第一条**　この省令は、公布の日から施行する。

附　則〔平成一七年三月二八日国土交通省令第二一号〕

この省令は、民法の一部を改正する法律の施行の日（平成十七年四月一日）から施行する。

附　則〔平成一七年六月一日国土交通省令第六六号抄〕

この省令は、法の施行の日（平成十七年十月一日）から施行する。〔ただし書略〕

附　則〔平成一七年九月二一日国土交通省令第九〇号〕

この省令は、公布の日から施行する。

附　則〔平成一七年九月三〇日国土交通省令第九九号〕

この省令は、平成十七年十月一日から施行する。

附　則〔平成一七年一二月一六日国土交通省令第一一三号〕

この省令は、平成十八年四月一日から施行する。ただし、第十八条の二の次に五条を加える改正規定（第十八条の三第一項第五号に係る部分に限る。）、別記様式第二十五号の十一別紙三の改正規定及び別記様式第二十五号の十二の改正規定は、平成十八年五月一日から施行する。

附　則〔平成一八年四月二八日国土交通省令第六〇号〕

（施行期日）

1　この省令は、会社法の施行の日（平成十八年五月一日）から施行する。

（経過措置）

2　この省令の施行の際現にあるこの省令による改正前の様式又は書式による申請書その他の文書は、この省令による改正後のそれぞれの様式又は書式にかかわらず、当分の間、なおこれを使用することができる。

3　この省令の施行前にこの省令による改正前のそれぞれの省令の規定によってした処分、手続その他の行為であって、この省令による改正後のそれぞれの省令の規定に相当の規定があるものは、これらの規定によってした処分、手続その他の行為とみなす。

附　則〔平成一八年七月七日国土交通省令第七六号〕

1　この省令は、公布の日から施行する。

2　この省令による改正後の建設業法施行規則の規定は、平成十八年五月一日以後に決算期の到来した事業年度に係る書類について適用する。ただし、平成十九年三月三十一日までに決算期の到来した事業年度に係るものについては、なお従前の例によることができる。

附　則〔平成一九年三月三〇日国土交通省令第二七号抄〕

（施行期日）

1　この省令は、平成十九年四月一日から施行する。

（助教授の在職に関する経過措置）

2　この省令の規定による改正後の次に掲げる省令の規定の適用については、この省令の施行前における助教授としての在職は、准教授としての在職とみなす。

二　建設業法施行規則第七条の六、第七条の二十及び第十八条の五

附　則〔平成一九年六月一九日国土交通省令第六七号〕

この省令は、建築物の安全性の確保を図るための建築基準法等の一部を改正する法律の施行の日（平成十九年六月二十日）から施行する。

附　則〔平成二〇年一月三一日国土交通省令第三号〕

1　この省令は、平成二十年四月一日から施行する。

2　この省令による改正後の建設業法施行規則別記様式第十五号から別記様式第十七号の三までは、平成十八年九月一日以後に決算期の到来した事業年度に係る書類について適用する。ただし、平成二十年三月三十一日までに決算期の到来した事業年度に係るものについては、なお従前の例によることができる。

附　則〔平成二〇年三月二四日国土交通省令第一〇号抄〕

（施行期日）

第一条　この省令は、法の施行の日（平成二十年四月一日）から施行する。ただし、第二章、第三章及び第四十二条第一項並びに附則第三条及び附則第四条の規定は、法附則第一条ただし書に規定する規定の施行の日（平成二十一年十月一日）から施行する。

附　則〔平成二〇年九月三〇日国土交通省令第八〇号〕

この省令は、平成二十年十月一日から施行する。

附　則〔平成二〇年一〇月八日国土交通省令第八四号〕

この省令は、平成二十年十一月二十八日から施行する。ただし、別記様式第一号の改正規定、別記様式第三号の改正規定、別記様式第四号の改正規定、別記様式第六号から別記様式第十一号の二の改正規定、別記様式第十三号の改正規定、別記様式第十七号の二記載要領3及び6の改正規定、別記様式第十七号の三記載要領第2の4の改正規定、別記様式第二十号の改正規定、別記様式第二十二号の二から別記様式第二十二号の四の改正規定、別記様式第二十五号の二備考1の改正規定、別記様式第二十五号の四の改正規定、別記様式第二十五号の六の改正規定、別記様式第二十五号の八記載要領1から3まで、5から10まで及び13から21までの改正規定、別記様式第二十五号の十一の改正規定、別記様式第二十五号の十三備考1の改正規定、並びに別記様式第二十五号の十四の改正規定は、平成二十一年四月一日から施行する。

附　則〔平成二〇年一二月一日国土交通省令第九七号抄〕

（施行期日）

1　この省令は、公布の日から施行する。

附　則〔平成二一年四月一日国土交通省令第三〇号〕

この省令は、公布の日から施行する。

附　則〔平成二一年七月七日国土交通省令第四五号抄〕

（施行期日）

1　この省令は、公布の日から施行する。〔ただし書略〕

附　則〔平成二二年二月三日国土交通省令第二号〕

（施行期日）

1　この省令は、平成二十二年四月一日から施行する。

（経過措置）

2　この省令による改正後の建設業法施行規則別記様式第十七号の二は、平成二十一年四月一日以後に開始した営業年度に係る決算期に関して作成すべき注記表について適用し、同日前に開始した営業年度に係る決算期に関して作成すべきものについては、なお従前の例によることができる。

附　則〔平成二二年一〇月一五日国土交通省令第五一号〕

この省令は、平成二十三年四月一日から施行する。ただし、第二十一条の六の改正規定、第二十一条の九の改正規定、別記様式第二十五号の十四の改正規定及び別記様式第二十五号の十四の次に一様式を加える改正規定は、平成二十三年一月一日から施行する。

附　則〔平成二三年一二月二七日国土交通省令第一〇六号〕

この省令は、公布の日から施行する。

附　則〔平成二四年三月二三日国土交通省令第二〇号〕

（施行期日）

**第一条**　この省令は、法の施行の日（平成二十四年七月一日）から施行する。ただし、次の各号に掲げる規定は、当該各号に定める日から施行する。

一　〔略〕

二　第九条、第十条、第十一条第一項、第十二条第一項、第十三条第一項、第十四条から第十九条まで及び第二十条（法第二十八条第一項の規定に基づく立入検査に係る部分に限る。）の規定並びに次条から附則第八条まで及び附則第十一条の規定（建設業法施行規則（昭和二十四年建設省令第十四号）第十八条の改正規定中「消防団員等公務災害補償等共済基金」の下に「、新関西国際空港株式会社」を加える部分に限る。）法附則第一条第二号に掲げる規定の日（平成二十四年四月一日）

附　則〔平成二四年三月三〇日国土交通省令第三三号〕

この省令は、平成二十四年四月一日から施行する。

附　則〔平成二四年三月三〇日国土交通省令第三四号〕

この省令は、民法等の一部を改正する法律の施行の日（平成二十四年四月一日）から施行する。

附　則〔平成二四年五月一日国土交通省令第五二号〕

1　この省令は、平成二十四年十一月一日から施行する。ただし、別記様式第二十五号の十一の改正規定及び別記様式第二十五号の十二の改正規定は、平成二十四年七月一日から施行する。

2　この省令の施行前に特定建設業者が発注者と締結した請負契約に係る建設工事については、この省令による改正後の第十四条の二第一項及び第十四条の四第一項の規定にかかわらず、なお従前の例による。

附　則〔平成二四年一〇月一日国土交通省令第八一号〕

この省令は、平成二十四年十月一日から施行する。ただし、第十七条の十五第三項及び第十七条の十六の改正規定は、公布の日から施行する。

附　則〔平成二五年二月一三日国土交通省令第四号〕

（施行期日）

1　この省令は、平成二十五年四月一日から施行する。

（経過措置）

2　この省令による改正後の建設業法施行規則の規定は、平成二十四年四月一日以後に開始した事業年度に係る決算期に関して作成すべき株主資本等変動計算書及び注記表について適用し、同日前に開始した事業年度に係る決算期に関して作成すべき株主資本等変動計算書及び注記表については、なお従前の例によることができる。

附　則〔平成二五年九月一三日国土交通省令第七六号〕

この省令は、地域の自主性及び自立性を高めるための改革の推進を図るための関係法律の整備に関する法律附則第一条第一号に掲げる規定の施行の日(平成二十五年九月十四日)から施行する。

附　則〔平成二六年一〇月三一日国土交通省令第八五号〕

この省令は、建設業法等の一部を改正する法律の施行の日（平成二十七年四月一日）から施行する。

附　則〔平成二六年一二月二四日国土交通省令第九四号〕

この省令は、公布の日から施行する。

附　則〔平成二七年二月一〇日国土交通省令第八号抄〕

（施行期日）

**第一条**　この省令は、建築士法の一部を改正する法律の施行の日（平成二十六年六月二十五日。以下「施行日」という。）から施行する。ただし、第一条中第二十条の四の改正規定は、平成二十八年六月二十五日から施行する。

附　則〔平成二七年三月三一日国土交通省令第一九号抄〕

（施行期日）

**第一条**　この省令は、独立行政法人通則法の一部を改正する法律

（以下「改正法」という。）の施行の日（平成二十七年四月一日）から施行する。

附　則〔平成二七年一二月九日国土交通省令第八二号抄〕

（施行期日）

**第一条**　この省令は、公布の日から施行する。ただし、第三条、第八条、第十七条、第二十四条及び第二十五条の規定は、行政手続における特定の個人を識別するための番号の利用等に関する法律（平成二十五年法律第二十七号。以下「番号利用法」という。）附則第一条第四号に掲げる規定の施行の日（平成二十八年一月一日）から施行する。

（建設業法施行規則の一部改正に伴う経過措置）

**第三条**　当分の間、第二十四条及び第二十五条の規定による改正後の建設業法施行規則第七条の二第二項、第十七条の四第二項、第十七条の二十九第三項、第十七条の三十一第三項及び第二十一条の五第二項の規定の適用については、同令第七条の二第二項中「のうち住民票コード（同法第七条第十三号に規定する住民票コードをいう。以下同じ。）以外のものについて」とあるのは「について」と、同令第十七条の四第二項、第十七条の二十九第三項、第十七条の三十一第三項及び第二十一条の五第二項中「のうち住民票コード以外のものについて」とあるのは「について」とする。

附　則〔平成二七年一二月一六日国土交通省令第八三号〕

（施行期日）

**第一条**　この省令は、建設業法等の一部を改正する法律（平成二十六年法律第五十五号）附則第一条第二号に掲げる規定の施行の日から施行する。

（経過措置）

**第二条**　平成二十七年度までに実施された建設業法第二十七条第一項の規定による技術検定のうち検定種目を一級の土木施工管理若しくは二級の土木施工管理（種別を「土木」とするものに限る。）又は一級の建築施工管理若しくは二級の建築施工管理（種別を「建築」又は「躯体」とするものに限る。）とするものに合格した者についての改正後の第七条の三の規定の適用については、同条第二号の表解体工事業の項第一号中「合格した者」とあるのは、「合格した者であつて、解体工事に関し必要な知識及び技術又は技能に関する講習であつて国土交通大臣の登録を受けたものを修了したもの又は当該技術検定に合格した後解体工事に関し一年以上実務の経験を有するもの」とする。

2　前項の規定により読み替えて適用される建設業法施行規則第七条の三第二号の表解体工事業の項第一号の登録については、建設業法施行規則第十八条の三の二から第十八条の三の十六まで（第十八条の三の二第二項第五号、第十八条の三の四第二項第五号及び第十八条の三の六第七号を除く。）の規定を準用する。この場合において、次の表の上欄に掲げる規定中同表の中欄に掲げる字句は、それぞれ同表の下欄に掲げる字句に読み替えるものとする。

| | | |
|---|---|---|
| 第十八条の三の二第一項 | 前条第二項第二号の登録 | 建設業法施行規則の一部を改正する省令（平成二十七年国土交通省令第八十三号。以下「改正規則」という。）附則第二条第一項の規定により読み替えて適用される第七条の三第二号の表解体工事業の項第一号の登録 |
| | 登録基幹技能者講習の | 解体工事に関し必要な知識及び技術又は技能に関する講習であつて国土交通大臣の登録を受けたもの（以下「登録解体工事講習」という。）の |
| 第十八条の三の二第一項、第二項第二号及び第三項第三号並びに第五号、第十八条の三の三第三号、第十八条の三の四第二項第二号から第四号まで、第十八条の三の六（見出しを含む。）、第十八条の三の八、第十八条の三の九（見出しを含む。）、第十八条の三の十二、第十八条の三の十三、第十八条の三の十四第三項、第十八条の三の十五並びに第十八条の三の十六第四号 | 登録基幹技能者講習事務 | 登録解体工事講習事務 |
| 第十八条の三の二第二項 | 前条第二項第二号の登録 | 改正規則附則第二条第一項の規定により読み替えて適用される第七条の三第二号の表解体工事業の項第一号の登録 |
| 第十八条の三の二第二項及び第三項第六号 | 登録基幹技能者講習事務申請者 | 登録解体工事講習事務申請者 |
| 第十八条の三の二第二項第一号 | 第十八条の三の四 | 改正規則附則第二条第二項において準用する第十八条の三の四 |

| | | |
|---|---|---|
| 第十八条の三の二第二項第四号及び第三項第四号並びに第十八条の三の八第六号 | 登録基幹技能者講習委員 | 登録解体工事講習委員 |
| 第十八条の三の二第二項第四号 | 第十八条の三の四第一項第二号 | 改正規則附則第二条第二項において準用する第十八条の三の四第一項第二号 |
| 第十八条の三の二第三項第四号 | 第十八条の三の四第一項第二号イ又はロ | 改正規則附則第二条第二項において準用する第十八条の三の四第一項第二号イ又はロ |
| 第十八条の三の二第三項第六号 | 次条各号 | 改正規則附則第二条第二項において準用する次条各号 |
| 第十八条の三の三、第十八条の三の四第二項、第十八条の三の五第一項、第十八条の三の十三第六号、第十八条の三の十六第一号 | 第十八条の三第二項第二号の登録 | 改正規則附則第二条第一項の規定により読み替えて適用される第七条の三第二号の表解体工事業の項第一号の登録 |
| 第十八条の三の十第二号、第十八条の三の十六第四号 | 第十八条の三の十三 | 改正規則附則第二条第二項において準用する第十八条の三の十三 |
| 第十八条の三の四第一項 | 第十八条の三の二 | 改正規則附則第二条第二項において準用する第十八条の三の二 |
| | 第十八条の三の六第三号 | 改正規則附則第二条第二項において準用する第十八条の三の六第三号 |
| | 二　次のいずれかに該当する者を二名以上含む五名以上の者によつて構成される合議制の機関により試験問題の作成及び合否判定が行われるものであること。<br>イ　学校教育法による大学若しくはこれに相当する外国の学校において登録基幹技能者講習の種目に関する科目を担当する教授若しくは | 二　次のいずれかに該当する者が講師として登録解体工事講習事務に従事するものであること。<br>イ　解体工事の監理技術者となつた経験を有する者<br>ロ　学校教育法による大学若しくはこれに相当する外国の学校において土木工学、建築工学その他登録解体工事講習に関する科目を担当する教授若しくは准教授の職にあり、若 |

<table>
<tr><td></td><td>准教授の職にあり、若しくはこれらの職にあつた者又は登録基幹技能者講習の種目に関する科目の研究により博士の学位を授与された者<br>ロ　国土交通大臣がイに掲げる者と同等以上の能力を有すると認める者</td><td>しくはこれらの職にあつた者又は登録解体工事講習に関する科目の研究により博士の学位を授与された者<br>ハ　国土交通大臣がイ又はロに掲げる者と同等以上の能力を有すると認める者</td></tr>
<tr><td>第十八条の三の四第二項</td><td>登録基幹技能者講習登録簿</td><td>登録解体工事講習登録簿</td></tr>
<tr><td>第十八条の三の四第二項第二号及び第十八条の三の六から第十八条の三の十五まで</td><td>登録基幹技能者講習実施機関</td><td>登録解体工事講習実施機関</td></tr>
<tr><td>第十八条の三の六</td><td>第十八条の三の四第一項各号</td><td>改正規則附則第二条第二項において準用する第十八条の三の四第一項各号</td></tr>
<tr><td>第十八条の三の六</td><td>三　講義は、次の表の上欄に掲げる科目に応じ、それぞれ同表の下欄に掲げる内容について、合計十時間以上行うこと。<br>
<table>
<tr><th>科目</th><th>内容</th></tr>
<tr><td>基幹技能一般知識に関する科目</td><td>工事現場における基幹的な役割及び当該役割を担うために必要な技能に関する事項</td></tr>
<tr><td>基幹技能関係法令に関する科目</td><td>労働安全衛生法その他関係法令に関する事項</td></tr>
<tr><td>建設工事の施工管理、工程管理、資材管理その他の技術上の管理に関する科目</td><td>イ　施工管理に関する事項<br>ロ　工程管理に関する事項<br>ハ　資材管理に関する事項<br>ニ　原価管理に関する事項<br>ホ　品質管理に関する事項</td></tr>
</table></td><td>三　講義は、次の表の上欄に掲げる科目に応じ、それぞれ同表の下欄に掲げる内容について、合計三・五時間以上行うこと。<br>
<table>
<tr><th>科目</th><th>内容</th></tr>
<tr><td>解体工事の関係法令に関する科目</td><td>廃棄物の処理及び清掃に関する法律（昭和四十五年法律第百三十七号）、建設工事に係る資材の再資源化等に関する法律（平成十二年法律第百四号）その他関係法令に関する事項</td></tr>
<tr><td>解体工事の工法に関する科目</td><td>木造、鉄筋コンクリート造その他の構造に応じた解体工事の施工方法に関する事項</td></tr>
<tr><td>解体工事の実務に関する科目</td><td>解体工事の作業の特性等の実務に関する事項</td></tr>
</table></td></tr>
</table>

| | | |
|---|---|---|
| | ヘ　安全管理に関する事項 | |
| | 六　試験は、第三号の表の上欄に掲げる科目に応じ、それぞれ同表の下欄に掲げる内容について、一時間以上行うこと。 | 六　試験は、受講者が講義の内容を十分に理解しているかどうか的確に把握できるものであること。 |
| 第十八条の三の六第八号 | 別記様式第三十号 | 改正規則附則様式 |
| 第十八条の三の六第八号、第十八条の三の八第九号及び第十八条の三の十四第一項第四号 | 登録基幹技能者講習修了証 | 登録解体工事講習修了証 |
| 第十八条の三の七 | 第十八条の三の四第二項第二号から第四号まで | 改正規則附則第二条第二項において準用する第十八条の三の四第二項第二号から第四号まで |
| 第十八条の三の八第三号 | 登録基幹技能者講習の | 登録解体工事講習の |
| 第十八条の三の八第四号及び第五号 | 登録基幹技能者講習 | 登録解体工事講習 |

| | | |
|---|---|---|
| 並びに第十八条の三の十四第四項第一号及び第二号 | | |
| 第十八条の三の八第七号 | 登録基幹技能者講習試験の問題の作成及び合否判定の方法に関する事項 | 登録解体工事講習に用いる教材の作成に関する事項 |
| 第十八条の三の八第八号 | 終了した登録基幹技能者講習試験の問題及び合格基準の公表に関する事項 | 試験の方法に関する事項 |
| 第十八条の三の八第十三号 | 第十八条の三の十四第三項 | 改正規則附則第二条第二項において準用する第十八条の三の十四第三項 |
| 第十八条の三の十第二項及び第十八条の三の十四第四項 | 登録基幹技能者講習を | 登録解体工事講習を |
| 第十八条の三の十一 | 登録基幹技能者講習が第十八条の三の四第一項 | 登録解体工事講習が改正規則附則第二条第二項において準用する第十八条の三の四第一項 |
| 第十八条の三の十二 | 第十八条の三の六 | 改正規則附則第二条第二項において準用 |

| | | |
|---|---|---|
| | | する第十八条の三の六 |
| 第十八条の三の十三第一号 | 第十八条の三の三第一号 | 改正規則附則第二条第二項において準用する第十八条の三の三第一号 |
| 第十八条の三の十三第二号 | 第十八条の三の七 | 改正規則附則第二条第二項において準用する第十八条の三の七 |
| 第十八条の三の十三第三号 | 第十八条の三の十第二項各号 | 改正規則附則第二条第二項において準用する第十八条の三の十第二項各号 |
| 第十八条の三の十三第四号 | 前二条 | 改正規則附則第二条第二項において準用する前二条 |
| 第十八条の三の十三第五号 | 第十八条の三の十五 | 改正規則附則第二条第二項において準用する第十八条の三の十五 |
| 第十八条の三の十四第一項 | 登録基幹技能者講習に | 登録解体工事講習に |
| 第十八条の三の十四第一項第三号 | 受講者の受講番号、氏名、生年月日及び合否の別 | 受講者の受講番号、氏名及び生年月日 |
| 第十八条の三の十六第二号 | 第十八条の三の七 | 改正規則附則第二条第二項において準用する第十八条の三の七 |
| 第十八条の三の十六第三号 | 第十八条の三の九 | 改正規則附則第二条第二項において準用する第十八条の三の九 |

**第三条**　技術士法（昭和五十八年法律第二十五号）第四条第一項の規定による第二次試験のうち技術部門を建設部門又は総合技術監理部門（選択科目を建設部門に係るものとするものに限る。）とするものに合格した者についての改正後の第七条の三の規定の適用については、当面の間、同条第二号の表解体工事業の項第二号中「合格した者」とあるのは、「合格した者であつて、解体工事に関し必要な知識及び技術又は技能に関する講習であつて国土交通大臣の登録を受けたものを修了したもの又は当該第二次試験に合格した後解体工事に関し一年以上実務の経験を有するもの」とする。

2　前項の規定により読み替えて適用される建設業法施行規則第七条の三第二号の表解体工事業の項第二号の登録については、前条第二項の表の規定により読み替えられた建設業法施行規則第十八条の三の二から第十八条の三の十六まで（第十八条の三の六第七号を除く。）の規定を準用する。

**第四条**　この省令の施行の際現にとび・土木工事業に関し建設業法施行規則第七条の三第一号及び第二号に掲げる者は、平成三十三年三月三十一日までの間に限り、解体工事業に関し改正後の建設業法施行規則第七条の三に規定する法第七条第二号ハの規定により、同号イ又はロに掲げる者と同等以上の知識及び技術又は技能を有するものとして国土交通大臣が認定する者とみなす。

附則様式

登録解体工事講習修了証

（修了証番号　第　　号）

氏　名

（生年月日　　年　　月　　日）

この者は旧建設業法施行規則の一部を改正する省令（平成二十七年国土交通省令第八十三号）附則第二条第一項又は附則第三条第一項の規定により読み替えて適用される建設業法施行規則（昭和二十四年建設省令第十四号）第七条の三第二号の表解体工事業の項第一号又は第二号の登録を受けた講習を修了した者であることを証します。

修了年月日　　年　　月　　日

登録講習実施機関代表者　　印

（登録番号　第　　号）

**附　則**〔平成二八年五月九日国土交通省令第四七号〕

（施行期日）

この省令は、平成二十八年十一月一日から施行する。ただし、第七条の三、第七条の四、第七条の六及び第七条の八の改正規定は、平成二十八年六月一日から施行する。

## 別記

### 様式第一号（第二条関係）

（用紙Ａ４）
0 0 0 0 1

**建設業許可申請書**

この申請書により、建設業の許可を申請します。
この申請書及び添付書類の記載事項は、事実に相違ありません。

平成　　年　　月　　日

地方整備局長
北海道開発局長
知事　殿

申請者　＿＿＿＿＿＿＿＿＿＿＿＿＿＿＿＿＿＿＿＿＿＿＿＿＿＿印

行政庁側記入欄

| | 項番 | |
|---|---|---|
| 許可番号 | 01 | 大臣/知事コード □□　国土交通大臣/知事 許可（般/特－□□）第□□□□□□号　許可年月日 平成□□年□□月□□日 |
| 申請の区分 | 02 | □（1.新規　2.許可換え新規　3.般・特新規　4.業種追加　5.更新　6.般・特新規＋業種追加　7.般・特新規＋更新　8.業種追加＋更新　9.般・特新規＋業種追加＋更新）　許可の有効期間の調整 □（1.する　2.しない） |
| 申請年月日 | 03 | 平成□□年□□月□□日 |

| | 項番 | |
|---|---|---|
| 許可を受けようとする建設業 | 04 | 土 建 大 左 と 石 屋 電 管 タ 鋼 筋 舗 しゅ 板 ガ 塗 防 内 機 絶 通 園 井 具 水 消 清 解 |
| 申請時において既に許可を受けている建設業 | 05 | （1.一般　2.特定） |
| 商号又は名称のフリガナ | 06 | |
| 商号又は名称 | 07 | |
| 代表者又は個人の氏名のフリガナ | 08 | |
| 代表者又は個人の氏名 | 09 | 支配人の氏名＿＿＿＿ |
| 主たる営業所の所在地市区町村コード | 10 | 都道府県名＿＿＿＿　市区町村名＿＿＿＿ |
| 主たる営業所の所在地 | 11 | |
| 郵便番号 | 12 | □□□－□□□□　電話番号 □□□□□□□□□□□□□□ |
| | | ファックス番号＿＿＿＿ |
| 法人又は個人の別 | 13 | □（1.法人　2.個人）　資本金額又は出資総額 □□□□□□□□□□（千円）　法人番号 □□□□□□□□□□□□□ |
| 兼業の有無 | 14 | □（1.有　2.無）　建設業以外に行っている営業の種類＿＿＿＿ |

経営業務の管理責任者の氏名＿＿＿＿＿＿＿＿

| | 項番 | |
|---|---|---|
| 許可換えの区分 | 15 | □（1.大臣許可→知事許可　2.知事許可→大臣許可　3.知事許可→他の知事許可） |
| 旧許可番号 | 16 | 大臣/知事コード □□　国土交通大臣/知事 許可（般/特－□□）第□□□□□□号　旧許可年月日 平成□□年□□月□□日 |

役員等、営業所及び営業所に置く専任の技術者については別紙による。

連絡先

所属等＿＿＿＿＿＿　氏名＿＿＿＿＿＿　電話番号＿＿＿＿＿＿

ファックス番号＿＿＿＿＿＿

記載要領

1　「地方整備局長／北海道開発局長／知事」、「国土交通大臣／知事」及び「般／特」については、不要のものを消すこと。

2　「申請者」の欄は、この申請書により許可を申請する者（以下「申請者」という。）の他にこの申請書又は添付書類を作成した者がある場合には、申請者に加え、その者の氏名も併記し、押印すること。この場合には、作成に係る委任状の写しその他の作成等に係る権限を有することを証する書面を添付すること。

3　太線の枠内には記入しないこと。

4　□□□□で表示された枠（以下「カラム」という。）に記入する場合は、1カラムに1文字ずつ丁寧に、かつ、カラムからはみ出さないように記入すること。数字を記入する場合は、例えば□□[1][2]のように右詰めで、また、文字を記入する場合は、例えば[A][建][設][工][業]□□のように左詰めで記入すること。

5　[0][2]「申請の区分」の欄の「許可の有効期間の調整」の欄は、この申請書により許可を申請する時に、既に許可を受けている建設業の全部について許可の更新の申請を行い許可の有効期間の満了の日を同一とする場合は「1」を、しない場合は「2」をカラムに記入すること。

6　[0][4]「許可を受けようとする建設業」の欄は、この申請書により許可を受けようとする建設業が一般建設業の場合は「1」を、特定建設業の場合は「2」を、次の表の（　）内に示された略号のカラムに記入すること。

| | | |
|---|---|---|
| 土木工事業(土) | 鋼構造物工事業(鋼) | 熱絶縁工事業(絶) |
| 建築工事業(建) | 鉄筋工事業(筋) | 電気通信工事業(通) |
| 大工工事業(大) | 舗装工事業(舗) | 造園工事業(園) |
| 左官工事業(左) | しゅんせつ工事業(しゅ) | さく井工事業(井) |
| とび・土工工事業(と) | 板金工事業(板) | 建具工事業(具) |
| 石工事業(石) | ガラス工事業(ガ) | 水道施設工事業(水) |
| 屋根工事業(屋) | 塗装工事業(塗) | 消防施設工事業(消) |
| 電気工事業(電) | 防水工事業(防) | 清掃施設工事業(清) |
| 管工事業(管) | 内装仕上工事業(内) | 解体工事業(解) |
| タイル・れんが・ブロック工事業(タ) | 機械器具設置工事業(機) | |

7　[0][5]「申請時において既に許可を受けている建設業」の欄は、この申請書により許可を申請する時に既に許可を受けている建設業があれば6と同じ要領で記入すること。

なお、更新の申請の場合は、[0][4]「許可を受けようとする建設業」の欄及び[0][5]「申請時において既に許可を受けている建設業」の欄の両方に記入すること。

8　[0][6]「商号又は名称のフリガナ」の欄は、カタカナで記入し、その際、濁音又は半濁音を表す文字については、例えば[ギ]又は[パ]のように1文字として扱うこと。

なお、株式会社等法人の種類を表す文字については、フリガナは記入しないこと。

9　07「商号又は名称」の欄は、法人の種類を表す文字については次の表の略号を用いること。

（例□(株)□A建設□
　B建設□(有)□□）

| 種　類 | 略　号 |
|---|---|
| 株式会社 | (株) |
| 特例有限会社 | (有) |
| 合名会社 | (名) |
| 合資会社 | (資) |
| 合同会社 | (合) |
| 協同組合 | (同) |
| 協業組合 | (業) |
| 企業組合 | (企) |

10　08「代表者又は個人の氏名のフリガナ」の欄は、カタカナで姓と名の間に1カラム空けて記入し、その際、濁音又は半濁音を表す文字については、例えばガ又はパのように1文字として扱うこと。

11　09「代表者又は個人の氏名」の欄は、申請者が法人の場合はその代表者の氏名を、個人の場合はその者の氏名を、それぞれ姓と名の間に1カラム空けて記入すること。また、「支配人の氏名」の欄は、申請者が個人の場合において、支配人があるときは、その者の氏名を記載すること。

12　10「主たる営業所の所在地市区町村コード」の欄は、都道府県の窓口備付けのコードブック（総務省編「全国地方公共団体コード」）により、主たる営業所の所在する市区町村の該当するコードを記入すること。

「都道府県名」及び「市区町村名」には、それぞれ主たる営業所の所在する都道府県名及び市区町村名を記載すること。

13　11「主たる営業所の所在地」の欄は、12により記入した市区町村コードによつて表される市区町村に続く町名、街区符号及び住居番号等を、「丁目」、「番」及び「号」についてはー（ハイフン）を用いて、例えば霞が関2ー1ー13□のように記入すること。

14　12のうち「電話番号」の欄は、市外局番、局番及び番号をそれぞれー（ハイフン）で区切り、例えば03ー5253ー8111□のように左詰めで記入すること。

15　13「資本金額又は出資総額」の欄は、申請者が法人の場合にのみ記入し、株式会社にあつては資本金額を、それ以外の法人にあつては出資総額を記入し、申請者が個人の場合には記入しないこと。

「法人番号」の欄は、申請者が法人であつて法人番号（行政手続における特定の個人を識別するための番号の利用等に関する法律（平成25年法律第27号）第2条第15項に規定する法人番号をいう。）の指定を受けたものである場合にのみ当該法人番号を記入すること。

16　[1][5]「許可換えの区分」の欄並びに[1][6]「旧許可番号」及び「旧許可年月日」の欄は、現在許可を受けている行政庁以外の行政庁に対し新規に許可を申請する場合にのみ記入すること。

「旧許可番号」の欄の「大臣 知事コード」の欄は、現在許可を受けている行政庁について別表（一）の分類に従い、該当するコードを記入すること。

また、「旧許可番号」及び「旧許可年月日」の欄は、例えば[0][0][1][2][3][4]又は[0][1]月[0][1]日のように、カラムに数字を記入するに当たつて空位のカラムに「０」を記入すること。

なお、現在２以上の建設業の許可を受けている場合で許可年月日が複数あるときは、そのうち最も古いものについて記入すること。

17　「連絡先」の欄は、この申請書又は添付書類を作成した者その他この申請の内容に係る質問等に応答できる者の氏名、電話番号等を記載すること。

別紙一

（用紙Ａ４）

役　員　等　の　一　覧　表

平成　　年　　月　　日

| 役員等の氏名及び役名等 | | |
|---|---|---|
| 氏（フリ）　名（ガナ） | 役　名　等 | 常勤・非常勤の別 |
| | | |
| | | |
| | | |
| | | |
| | | |
| | | |
| | | |
| | | |
| | | |
| | | |
| | | |
| | | |
| | | |
| | | |
| | | |
| | | |
| | | |
| | | |
| | | |
| | | |
| | | |
| | | |
| | | |

1　法人の役員、顧問、相談役又は総株主の議決権の100分の５以上を有する株主若しくは出資の総額の100分の５以上に相当する出資をしている者（個人であるものに限る。以下「株主等」という。）について記載すること。

2　「株主等」については、「役名等」の欄には「株主等」と記載することとし、「常勤・非常勤の別」の欄に記載することを要しない。

別紙二（１）

（用紙Ａ４）

## 営業所一覧表（新規許可等）

行政庁側記入欄

区　分　項番 8 1　1

許可番号　項番 8 2　大臣/知事コード　国土交通大臣/知事 許可（般/特－□□）第□□□□□□号　許可年月日 平成□□年□□月□□日

（主たる営業所）

主たる営業所の名称　フリガナ

営業しようとする建設業　8 3　土 建 大 左 と 石 屋 電 管 タ 鋼 筋 舗 しゅ 板 ガ 塗 防 内 機 絶 通 園 井 具 水 消 清 解　（1．一般 2．特定）

変更前

（従たる営業所）

従たる営業所の名称　8 4　フリガナ

内容

従たる営業所の所在地市区町村コード　8 5　都道府県名　市区町村名

従たる営業所の所在地　8 6

郵便番号　8 7　□□□－□□□□　電話番号

営業しようとする建設業　8 8　土 建 大 左 と 石 屋 電 管 タ 鋼 筋 舗 しゅ 板 ガ 塗 防 内 機 絶 通 園 井 具 水 消 清 解　（1．一般 2．特定）

変更前

（従たる営業所）

従たる営業所の名称　8 4　フリガナ

内容

従たる営業所の所在地市区町村コード　8 5　都道府県名　市区町村名

従たる営業所の所在地　8 6

郵便番号　8 7　□□□－□□□□　電話番号

営業しようとする建設業　8 8　土 建 大 左 と 石 屋 電 管 タ 鋼 筋 舗 しゅ 板 ガ 塗 防 内 機 絶 通 園 井 具 水 消 清 解　（1．一般 2．特定）

変更前

記載要領

1　太線の枠内には記入しないこと。

2　□□□□で表示された枠（以下「カラム」という。）に記入する場合は、1カラムに1文字ずつ丁寧に、かつ、カラムからはみ出さないように左詰めで記入すること。

3　83及び88「営業しようとする建設業」の欄は、営業しようとする建設業が一般建設業の場合は「1」を、特定建設業の場合は「2」を、次の表の（　）内に示された略号のカラムに記入すること。

| | | |
|---|---|---|
| 土木工事業（土） | 鋼構造物工事業（鋼） | 熱絶縁工事業（絶） |
| 建築工事業（建） | 鉄筋工事業（筋） | 電気通信工事業（通） |
| 大工工事業（大） | 舗装工事業（舗） | 造園工事業（園） |
| 左官工事業（左） | しゆんせつ工事業（しゆ） | さく井工事業（井） |
| とび・土工工事業（と） | 板金工事業（板） | 建具工事業（具） |
| 石工事業（石） | ガラス工事業（ガ） | 水道施設工事業（水） |
| 屋根工事業（屋） | 塗装工事業（塗） | 消防施設工事業（消） |
| 電気工事業（電） | 防水工事業（防） | 清掃施設工事業（清） |
| 管工事業（管） | 内装仕上工事業（内） | 解体工事業（解） |
| タイル・れんが・ブロツク工事業（タ） | 機械器具設置工事業（機） | |

「変更前」の欄は、既に営業している建設業がある場合は同様の要領により記入すること。

4　85「従たる営業所の所在地市区町村コード」の欄は、都道府県の窓口備付けのコードブック（総務省編「全国地方公共団体コード」）により、従たる営業所の所在する市区町村の該当するコードを記入すること。

「都道府県名」及び「市区町村名」には、それぞれ従たる営業所の所在する都道府県名及び市区町村名を記載すること。

5　86「従たる営業所の所在地」の欄は、4により記入した市区町村コードによつて表される市区町村に続く町名、街区符号及び住居番号等を、「丁目」、「番」及び「号」についてはー（ハイフン）を用いて、例えば霞が関2－1－13□のように記入すること。

6　87のうち「電話番号」の欄は、市外局番、局番及び番号をそれぞれー（ハイフン）で区切り、例えば03－5253－8111□のように左詰めで記入すること。

別紙二（２）　　　　　　　　　　　　　　　　　　　　　　　　　（用紙Ａ４）

# 営　業　所　一　覧　表（更　新）

| 営業所の名称 | | 所在地（郵便番号・電話番号） | 営業しようとする建設業 | |
|---|---|---|---|---|
| | | | 特定 | 一般 |
| 主たる営業所 | | | | |
| 従たる営業所 | | | | |
| | | | | |
| | | | | |
| | | | | |
| | | | | |
| | | | | |
| | | | | |
| | | | | |

1　「主たる営業所」及び「従たる営業所」の欄は、それぞれ本店、支店又は常時建設工事の請負契約を締結する事務所のうち該当するものについて記載すること。

2　「営業しようとする建設業」の欄は、許可を受けている建設業のうち左欄に記載した営業所において営業しようとする建設業を、許可申請書の記載要領６の表の（　）内に示された略号により、一般と特定に分けて記載すること。

別紙三（第二条関係）

| 収入印紙、証紙、登録免許税領収証書又は許可手数料領収証書はり付け欄 |
| --- |

記載要領

「収入印紙、証紙、登録免許税領収証書又は許可手数料領収証書はり付け欄」は、収入印紙、証紙、登録免許税領収証書又は許可手数料領収証書をはり付けること。ただし、登録免許税法（昭和42年法律第35号）第24条の２第１項又は令第４条ただし書の規定により国土交通大臣の許可に係る登録免許税又は許可手数料を現金をもつて納めた場合にあつては、この限りでない。

別紙四

# 専任技術者一覧表

平成　年　月　日

| 営業所の名称 | 専任の技術者の氏名（フリガナ） | 建設工事の種類 | 有資格区分 |
| --- | --- | --- | --- |
| | | | |

記載要領

1　「建設工事の種類」の欄は、建設業許可申請書（別記様式第一号）別紙二（1）「営業所一覧表（新規許可等）」又は別紙二（2）「営業所一覧表（更新）」の「営業しようとする建設業」の欄に記載した建設業のうち、記載する技術者が専任の技術者となる建設業に係る建設工事すべてについて、例えば「土－9」のように、次の分類に従い、該当する数字と次の表の（　）内に示された略号とを－（ハイフン）で結んで記載すること。

・一般建設業の場合

「1」・・・・・・・法第7条第2号イ該当

「4」・・・・・・・法第7条第2号ロ該当

「7」・・・・・・・法第7条第2号ハ該当

・特定建設業の場合

「2」・・・・・・・法第7条第2号イ及び法第15条第2号ロ該当

「3」・・・・・・・法第15条第2号ハ該当（同号イと同等以上）

「5」・・・・・・・法第7条第2号ロ及び法第15条第2号ロ該当

「6」・・・・・・・法第15条第2号ハ該当（同号ロと同等以上）

「8」・・・・・・・法第7条第2号ハ及び法第15条第2号ロ該当

「9」・・・・・・・法第15条第2号イ該当

| | | |
|---|---|---|
| 土木一式工事（土） | 鋼構造物工事（鋼） | 熱絶縁工事（絶） |
| 建築一式工事（建） | 鉄筋工事（筋） | 電気通信工事（通） |
| 大工工事（大） | 舗装工事（舗） | 造園工事（園） |
| 左官工事（左） | しゅんせつ工事（しゅ） | さく井工事（井） |
| とび・土工・コンクリート工事（と） | 板金工事（板） | 建具工事（具） |
| 石工事（石） | ガラス工事（ガ） | 水道施設工事（水） |
| 屋根工事（屋） | 塗装工事（塗） | 消防施設工事（消） |
| 電気工事（電） | 防水工事（防） | 清掃施設工事（清） |
| 管工事（管） | 内装仕上工事（内） | 解体工事（解） |
| タイル・れんが・ブロツク工事（タ） | 機械器具設置工事（機） | |

2　「有資格区分」の欄は、記載する技術者が専任の技術者として該当する法第7条第2号及び法第15条第2号の区分（法第7条第2号ハに該当する者又は法第15条第2号イに該当する者については、その有する資格等の区分）について別表（二）の分類に従い、該当するコードを記載すること。

**様式第二号**（第二条、第十九条の八関係）

（用紙Ａ４）

# 工　事　経　歴　書

（建設工事の種類）　　　　　　　　工事　（　税込　・　税抜　）

| 注　文　者 | 元請又は下請の別 | JVの別 | 工　事　名 | 工事現場のある都道府県及び市区町村名 | 配　置　技　術　者 | | | 請負代金の額 | | 工　期 | |
|---|---|---|---|---|---|---|---|---|---|---|---|
| | | | | | 氏　名 | 主任技術者又は監理技術者の別（該当箇所にレ印を記載） | | | うち、（・PC・法面処理・鋼橋上部） | 着工年月 | 完成又は完成予定年月 |
| | | | | | | 主任技術者 | 監理技術者 | | | | |
| | | | | | | | | 千円 | 千円 | 平成　年　月 | 平成　年　月 |
| | | | | | | | | 千円 | 千円 | 平成　年　月 | 平成　年　月 |
| | | | | | | | | 千円 | 千円 | 平成　年　月 | 平成　年　月 |
| | | | | | | | | 千円 | 千円 | 平成　年　月 | 平成　年　月 |
| | | | | | | | | 千円 | 千円 | 平成　年　月 | 平成　年　月 |
| | | | | | | | | 千円 | 千円 | 平成　年　月 | 平成　年　月 |
| | | | | | | | | 千円 | 千円 | 平成　年　月 | 平成　年　月 |
| | | | | | | | | 千円 | 千円 | 平成　年　月 | 平成　年　月 |
| | | | | | | | | 千円 | 千円 | 平成　年　月 | 平成　年　月 |
| | | | | | | | | 千円 | 千円 | 平成　年　月 | 平成　年　月 |
| | | | | | | | | 千円 | 千円 | 平成　年　月 | 平成　年　月 |
| | | | | | | | | 千円 | 千円 | 平成　年　月 | 平成　年　月 |
| | | | | | | | | 千円 | 千円 | 平成　年　月 | 平成　年　月 |

| | | | | うち　元請工事 | |
|---|---|---|---|---|---|
| 小　計 | 件 | 千円 | 千円 | 千円 | 千円 |

| | | | | うち　元請工事 | |
|---|---|---|---|---|---|
| 合　計 | 件 | 千円 | 千円 | 千円 | 千円 |

記載要領

1　この表は、法別表第一の上欄に掲げる建設工事の種類ごとに作成すること。

2　「税込・税抜」については、該当するものに丸を付すこと。

3　この表には、申請又は届出をする日の属する事業年度の前事業年度に完成した建設工事（以下「完成工事」という。）及び申請又は届出をする日の属する事業年度の前事業年度末において完成していない建設工事（以下「未成工事」という。）を記載すること。

記載を要する完成工事及び未成工事の範囲については、以下のとおりである。

(1)　経営規模等評価の申請を行う者の場合

①　元請工事（発注者から直接請け負つた建設工事をいう。以下同じ。）に係る完成工事について、当該完成工事に係る請負代金の額（工事進行基準を採用している場合にあつては、完成工事高。以下同じ。）の合計額のおおむね7割を超えるところまで、請負代金の額の大きい順に記載すること（令第1条の2第1項に規定する建設工事については、10件を超えて記載することを要しない。）。ただし、当該完成工事に係る請負代金の額の合計額が1,000億円を超える場合には、当該額を超える部分に係る完成工事については記載を要しない。

②　それに続けて、既に記載した元請工事以外の元請工事及び下請工事（下請負人として請け負つた建設工事をいう。以下同じ。）に係る完成工事について、すべての完成工事に係る請負代金の額の合計額のおおむね7割を超えるところまで、請負代金の額の大きい順に記載すること（令第1条の2第1項に規定する建設工事については、10件を超えて記載することを要しない。）。ただし、すべての完成工事に係る請負代金の額の合計額が1,000億円を超える場合には、当該額を超える部分に係る完成工事については記載を要しない。

③　さらに、それに続けて、主な未成工事について、請負代金の額の大きい順に記載すること。

(2)　経営規模等評価の申請を行わない者の場合

主な完成工事について、請負代金の額の大きい順に記載し、それに続けて、主な未成工事について、請負代金の額の大きい順に記載すること。

4　下請工事については、「注文者」の欄には当該下請工事の直接の注文者の商号又は名称を記載し、「工事名」の欄には当該下請工事の名称を記載すること。

5　「元請又は下請の別」の欄は、元請工事については「元請」と、下請工事については「下請」と記載すること。

6　「注文者」及び「工事名」の記入に際しては、その内容により個人の氏名が特定されることのないよう十分に留意すること。

7　「ＪＶの別」の欄は、共同企業体（ＪＶ）として行つた工事について「ＪＶ」と記載すること。

8　「配置技術者」の欄は、完成工事について、法第26条第1項又は第2項の規定により各工事現場に置かれた技術者の氏名及び主任技術者又は監理技術者の別を記載すること。また、当該工事の施工中に配置技術者の変更があつた場合には、変更前の者も含むすべての者を記載すること。

9　「請負代金の額」の欄は、共同企業体として行つた工事については、共同企業体全体の請負代金の額に出資の割合を乗じた額又は分担した工事額を記載すること。また、工事進行基準を採用している場合には、当該工事進行基準が適用される完成工事について、その完成工事高を括弧書で付記すること。

10　「請負代金の額」の「うち、ＰＣ、法面処理、鋼橋上部」の欄は、次の表の㈠欄に掲げる建設工事について工事経歴書を作成する場合において、同表の㈡欄に掲げる工事があるときに、同表の㈢に掲げる略称に丸を付し、工事ごとに同表の㈡欄に掲げる工事に該当する請負代金の額を記載すること。

| ㈠ | ㈡ | ㈢ |
|---|---|---|
| 土木一式工事 | プレストレストコンクリート構造物工事 | ＰＣ |
| とび・土工・コンクリート工事 | 法面処理工事 | 法面処理 |
| 鋼構造物工事 | 鋼橋上部工事 | 鋼橋上部 |

11　「小計」の欄は、ページごとの完成工事の件数の合計並びに完成工事及びそのうちの元請工事に係る請負代金の額の合計及び９により「ＰＣ」、「法面処理」又は「鋼橋上部」について請負代金の額を区分して記載した額の合計を記載すること。

12　「合計」の欄は、最終ページにおいて、すべての完成工事の件数の合計並びに完成工事及びそのうちの元請工事に係る請負代金の額の合計及び９により「ＰＣ」、「法面処理」又は「鋼橋上部」について請負代金の額を区分して記載した額の合計を記載すること。

**様式第三号**（第二条関係）

（用紙Ａ４）

## 直前３年の各事業年度における工事施工金額

（税込・税抜／単位：千円）

| 事業年度 | 注文者の区分 | | 許可に係る建設工事の施工金額 | | | | その他の建設工事の施工金額 | 合計 |
|---|---|---|---|---|---|---|---|---|
| | | | 工事 | 工事 | 工事 | 工事 | | |
| 第　　期 | 元請 | 公共 | | | | | | |
| 平成　年　月　日から | 元請 | 民間 | | | | | | |
| 平成　年　月　日まで | 下請 | | | | | | | |
| | 計 | | | | | | | |
| 第　　期 | 元請 | 公共 | | | | | | |
| 平成　年　月　日から | 元請 | 民間 | | | | | | |
| 平成　年　月　日まで | 下請 | | | | | | | |
| | 計 | | | | | | | |
| 第　　期 | 元請 | 公共 | | | | | | |
| 平成　年　月　日から | 元請 | 民間 | | | | | | |
| 平成　年　月　日まで | 下請 | | | | | | | |
| | 計 | | | | | | | |
| 第　　期 | 元請 | 公共 | | | | | | |
| 平成　年　月　日から | 元請 | 民間 | | | | | | |
| 平成　年　月　日まで | 下請 | | | | | | | |
| | 計 | | | | | | | |
| 第　　期 | 元請 | 公共 | | | | | | |
| 平成　年　月　日から | 元請 | 民間 | | | | | | |
| 平成　年　月　日まで | 下請 | | | | | | | |
| | 計 | | | | | | | |
| 第　　期 | 元請 | 公共 | | | | | | |
| 平成　年　月　日から | 元請 | 民間 | | | | | | |
| 平成　年　月　日まで | 下請 | | | | | | | |
| | 計 | | | | | | | |

記載要領

1　この表には、申請又は届出をする日の直前３年の各事業年度に完成した建設工事の請負代金の額を記載すること。

2　「税込・税抜」については、該当するものに丸を付すこと。

3　「許可に係る建設工事の施工金額」の欄は、許可に係る建設工事の種類ごとに区分して記載し、「その他の建設工事の施工金額」の欄は、許可を受けていない建設工事について記載すること。

4　記載すべき金額は、千円単位をもつて表示すること。
　ただし、会社法（平成17年法律第86号）第２条第６号に規定する大会社にあつては、百万円単位をもつて表示することができる。この場合、「(単位：千円)」とあるのは「(単位：百万円)」として記載すること。

5　「公共」の欄は、国、地方公共団体、法人税法（昭和40年法律第34号）別表第一に掲げる公共法人（地方公共団体を除く。）及び第18条に規定する法人が注文者である施設又は工作物に関する建設工事の合計額を記載すること。

6　「許可に係る建設工事の施工金額」に記載する建設工事の種類が５業種以上にわたるため、用紙が２枚以上になる場合は、「その他の建設工事の施工金額」及び「合計」の欄は、最終ページにのみ記載すること。

7　当該工事に係る実績が無い場合においては、欄に「０」と記載すること。

**様式第四号**（第二条関係）

（用紙Ａ４）

平成　　年　　月　　日

使　用　人　数

| 営業所の名称 | 技術関係使用人 | | 事務関係使用人 | 合　計 |
| --- | --- | --- | --- | --- |
| | 建設業法第７条第２号イ、ロ若しくはハ又は同法第15条第２号イ若しくはハに該当する者 | その他の技術関係使用人 | | |
| | 人 | 人 | 人 | 人 |
| | | | | |
| | | | | |
| | | | | |
| | | | | |
| | | | | |
| | | | | |
| | | | | |
| | | | | |
| | | | | |
| | | | | |
| | | | | |
| | | | | |
| | | | | |
| 合　　計 | 人 | 人 | 人 | 人 |

記載要領

1　この表には、法第５条の規定（法第17条において準用する場合を含む。）に基づく許可の申請の場合は、当該申請をする日、法第11条第３項（法第17条において準用する場合を含む。）の規定に基づく届出の場合は、当該事業年度の終了の日において建設業に従事している使用人数を、営業所ごとに記載すること。

2　「使用人」は、役員、職員を問わず雇用期間を特に限定することなく雇用された者（申請者が法人の場合は常勤の役員を、個人の場合はその事業主を含む。）をいい、労務者は含めないものとすること。

3　「その他の技術関係使用人」の欄は、法第７条第２号イ、ロ若しくはハ又は法第15条第２号イ若しくはハに該当する者ではないが、技術関係の業務に従事している者の数を記載すること。

**様式第五号**　削除

**様式第六号**（第二条関係）

（用紙Ａ４）

誓　　　　　　約　　　　　　書

申請者、申請者の役員、建設業法施行令第３条に規定する使用人並びに法定代理人及び法定代理人の役員等は、同法第８条各号（同法第17条において準用される場合を含む。）に規定されている欠格要件に該当しないことを誓約します。

平成　　年　　月　　日

申請者　　　　　　　印

地方整備局長
北海道開発局長
知事　　　　　　　　　　殿

記載要領

「　地方整備局長
北海道開発局長　については、不要のものを消すこと。
知事」

**様式第七号**（第三条関係）

（用紙Ａ４）
0 0 0 0 2

## 経営業務の管理責任者証明書

（1）　下記の者は、　　　　　　　　工事業に関し、次のとおり経営業務の管理責任者としての経験を有することを証明します。

役職名等

経験年数　　　年　　月から　　　年　　月まで　満　　年　　月

証明者と被証明者との関係

備　　考

平成　　年　　月　　日

証明者＿＿＿＿＿＿＿＿＿＿＿＿＿＿＿＿印

（2）　下記の者は、許可申請者｛の常勤の役員／本人／の支配人｝で建設業法第７条第１号｛イ／ロ｝に該当する者であることに相違ありません。

平成　　年　　月　　日

地方整備局長
北海道開発局長
知事　殿

申請者
届出者＿＿＿＿＿＿＿＿＿＿＿＿＿＿＿＿印

申請又は届出の区分　項番 1 7 □　（1．新規　2．変更　3．経営業務の管理責任者の追加　4．経営業務の管理責任者の更新等）

変更又は追加の年月日　平成　　年　　月　　日

許可番号　1 8　大臣／知事 コード □□　国土交通大臣／知事 許可（般／特－□□）第□□□□□□号　許可年月日 平成□□年□□月□□日

記

◎【新規・変更後・経営業務の管理責任者の追加・経営業務の管理責任者の更新等】

氏名のフリガナ　1 9 □□

元号〔平成Ｈ、昭和Ｓ、大正Ｔ、明治Ｍ〕

氏　　名　2 0 □□□□□□□□□□　生年月日 □□□年□□月□□日

住　　所＿＿＿＿＿＿＿＿＿＿＿＿＿＿＿＿

◎【変　更　前】

元号〔平成Ｈ、昭和Ｓ、大正Ｔ、明治Ｍ〕

氏　　名　2 1 □□□□□□□□□□　生年月日 □□□年□□月□□日

備考
　経営業務の管理責任者の略歴については、別紙による。

記載要領

1　この証明書は、被証明者１人について証明者別に作成すること。

2　（１）の証明者は、被証明者に使用者がいる場合にはその使用者（法人の場合は当該法人の代表者、個人の場合は当該個人）とすること。また、証明者が建設業者である場合には、当該建設業者に係る許可番号、許可年月日及び許可を受けた建設業の種類を「備考」の欄に記載すること。

ただし、これらの者の証明を得ることができない正当な理由がある場合には、「備考」の欄にその理由を記載して、この証明書に記載された事実を証し得る他の者を証明者とすることができる。この場合にあつては、その証明者の氏名及び役職を記載すること。

なお、既に提出した証明書の記載内容と同一の内容を証明しようとするときは、証明者の欄の記載を省略することができる。

3　「{の常勤の役員／本　　　人／の 支 配 人}」、「{イ／ロ}」、「地方整備局長／北海道開発局長／知事」、「国土交通大臣／知事」及び「般／特」

については、不要のものを消すこと。

4　□□□□で表示された枠（以下「カラム」という。）に記入する場合は、１カラムに１文字ずつ丁寧に、かつ、カラムからはみ出さないように記入すること。

5　[1][7]「申請又は届出の区分」の欄は、次の分類に従い、該当する数字をカラムに記入すること。

「１．新規」・・・・・・・・　許可を受けようとする行政庁に対し、初めて経営業務の管理責任者としての証明を行う場合

「２．変更」・・・・・・・・　現在証明されている経営業務の管理責任者に変更があつた場合

「３．経営業務の管理責任者の追加」・・・　現在証明されている経営業務の管理責任者に加えて新たな者を経営業務の管理責任者として証明する場合

「４．経営業務の管理責任者の更新等」・・　経営業務の管理責任者について、現在証明されている者のままとする場合

また、「１．新規」、「３．経営業務の管理責任者の追加」又は「４．経営業務の管理責任者の更新等」に該当する場合は◎【新規・変更後・経営業務の管理責任者の追加・経営業務の管理責任者の更新等】の欄に記入し、「２．変更」に該

当する場合は◎【新規・変更後・経営業務の管理責任者の追加・経営業務の管理責任者の更新等】の欄及び◎【変更前】の欄の両方に記入すること。

6　「変更又は追加の年月日」の欄は、5により[1][7]の「申請又は届出の区分」の欄に「2」又は「3」を記入した場合に、変更又は追加をした年月日を記載すること。

7　[1][8]「許可番号」及び「許可年月日」の欄は、5により[1][7]の「申請又は届出の区分」の欄に「2」、「3」又は「4」を記入した場合に、申請又は届出時に受けている許可について記入すること。

「許可番号」の欄の「大臣/知事コード」の欄は、現在許可を受けている行政庁について別表（一）の分類に従い、該当するコードを記入すること。

また、「許可番号」及び「許可年月日」の欄は、例えば[0][0][1][2][3][4]又は[0][1]月[0][1]日のように、カラムに数字を記入するに当たつて空位のカラムに「0」を記入すること。

なお、現在2以上の建設業の許可を受けている場合で許可年月日が複数あるときは、そのうち最も古いものについて記入すること。

8　[1][9]「氏名のフリガナ」の欄は、カタカナで最初から2文字だけをカラムに記入すること。その際、濁音又は半濁音を表す文字については、例えば[ギ]又は[パ]のように1文字として扱うこと。

9　[2][0]及び[2][1]「氏名」の欄は、姓と名の間に1カラム空けて、例えば[建][設][ ][太][郎][ ][ ]のように左詰めで文字をカラムに記入すること。

また、「生年月日」の欄は、「元号」のカラムに略号を記入するとともに、例えば[0][1]月[0][1]日のように、カラムに数字を記入するに当たつて空位のカラムに「0」を記入すること。

別紙

（用紙Ａ４）

# 経営業務の管理責任者の略歴書

| 現　　住　　所 | | | |
|---|---|---|---|
| 氏　　　　名 | | 生　年　月　日 | 年　月　日生 |
| 職　　　　名 | | | |

| | 期　間 | 従事した職務内容 |
|---|---|---|
| 職 | 自　年　月　日<br>至　年　月　日 | |
| | 自　年　月　日<br>至　年　月　日 | |
| | 自　年　月　日<br>至　年　月　日 | |
| | 自　年　月　日<br>至　年　月　日 | |
| | 自　年　月　日<br>至　年　月　日 | |
| | 自　年　月　日<br>至　年　月　日 | |
| | 自　年　月　日<br>至　年　月　日 | |
| | 自　年　月　日<br>至　年　月　日 | |
| | 自　年　月　日<br>至　年　月　日 | |
| | 自　年　月　日<br>至　年　月　日 | |
| | 自　年　月　日<br>至　年　月　日 | |
| | 自　年　月　日<br>至　年　月　日 | |
| 歴 | 自　年　月　日<br>至　年　月　日 | |
| | 自　年　月　日<br>至　年　月　日 | |

| | 年　月　日 | 賞罰の内容 |
|---|---|---|
| 賞 | | |
| | | |
| | | |
| 罰 | | |
| | | |

上記のとおり相違ありません。

平成　　年　　月　　日　　　　　　氏名　　　　　　印

記載要領

※　「賞罰」の欄は、行政処分等についても記載すること。

## 様式第八号（第三条関係）

（用紙Ａ４）
0 0 0 0 3

### 専任技術者証明書（新規・変更）

（1）　下記のとおり、｛建設業法第７条第２号／建設業法第15条第２号｝に規定する専任の技術者を営業所に置いていることに相違ありません。
（2）　下記のとおり、専任の技術者の交替に伴う削除の届出をします。

平成　　年　　月　　日

地方整備局長
北海道開発局長
知事　殿

申請者
届出者　　　　　　　　　　　　　　　　　　印

項番

区　分　[ ] 6 1　[ ]（1．新規許可等　2．専任技術者の担当業種又は有資格区分の変更　3．専任技術者の追加　4．専任技術者の交替に伴う削除　5．専任技術者が置かれる営業所のみの変更）
大臣
知事 コード

許可番号　[ ] 6 2　[ ][ ]　国土交通大臣／知事　許可（般／特－[ ][ ]）第[ ][ ][ ][ ][ ][ ]号　許可年月日　平成[ ][ ]年[ ][ ]月[ ][ ]日

記

項番　フリガナ　（フリガナ）　　　元号〔平成Ｈ、昭和Ｓ、大正Ｔ、明治Ｍ〕

氏　名　[ ] 6 3　[ ][ ]　[ ][ ][ ][ ][ ][ ][ ][ ][ ][ ]　生年月日[ ]　[ ][ ]年[ ][ ]月[ ][ ]日

土 建 大 左 と 石 屋 電 管 タ 鋼 筋 舗 しゅ 板 ガ 塗 防 内 機 絶 通 園 井 具 水 消 清 解

今後担当する建設工事の種類　[ ] 6 4　[ ]×29

現在担当している建設工事の種類　[ ]×29

1　2　3　4　5　6　7　8

有資格区分　[ ] 6 5　[ ][ ]　[ ][ ]　[ ][ ]　[ ][ ]　[ ][ ]　[ ][ ]　[ ][ ]　[ ][ ]

変更、追加又は削除の年月日　平成　　年　　月　　日　　　営業所の名称（旧所属）

専任技術者の住所　　　　　　　　　　営業所の名称（新所属）

項番　フリガナ　（フリガナ）　　　元号〔平成Ｈ、昭和Ｓ、大正Ｔ、明治Ｍ〕

氏　名　[ ] 6 3　[ ][ ]　[ ][ ][ ][ ][ ][ ][ ][ ][ ][ ]　生年月日[ ]　[ ][ ]年[ ][ ]月[ ][ ]日

土 建 大 左 と 石 屋 電 管 タ 鋼 筋 舗 しゅ 板 ガ 塗 防 内 機 絶 通 園 井 具 水 消 清 解

今後担当する建設工事の種類　[ ] 6 4　[ ]×29

現在担当している建設工事の種類　[ ]×29

1　2　3　4　5　6　7　8

有資格区分　[ ] 6 5　[ ][ ]　[ ][ ]　[ ][ ]　[ ][ ]　[ ][ ]　[ ][ ]　[ ][ ]　[ ][ ]

変更、追加又は削除の年月日　平成　　年　　月　　日　　　営業所の名称（旧所属）

専任技術者の住所　　　　　　　　　　営業所の名称（新所属）

項番　フリガナ　（フリガナ）　　　元号〔平成Ｈ、昭和Ｓ、大正Ｔ、明治Ｍ〕

氏　名　[ ] 6 3　[ ][ ]　[ ][ ][ ][ ][ ][ ][ ][ ][ ][ ]　生年月日[ ]　[ ][ ]年[ ][ ]月[ ][ ]日

土 建 大 左 と 石 屋 電 管 タ 鋼 筋 舗 しゅ 板 ガ 塗 防 内 機 絶 通 園 井 具 水 消 清 解

今後担当する建設工事の種類　[ ] 6 4　[ ]×29

現在担当している建設工事の種類　[ ]×29

1　2　3　4　5　6　7　8

有資格区分　[ ] 6 5　[ ][ ]　[ ][ ]　[ ][ ]　[ ][ ]　[ ][ ]　[ ][ ]　[ ][ ]　[ ][ ]

変更、追加又は削除の年月日　平成　　年　　月　　日　　　営業所の名称（旧所属）

専任技術者の住所　　　　　　　　　　営業所の名称（新所属）

記載要領

1　この証明書は、次の⑴から⑸までの場合に、それぞれの場合ごとに作成すること。

⑴　①現在有効な許可をどの許可行政庁からも受けていない者が初めて許可を申請する場合

②現在有効な許可を受けている行政庁以外の許可行政庁に対し新規に許可を申請する場合

③一般建設業の許可のみを受けている者が新たに特定建設業の許可を申請する場合又は特定建設業の許可のみを受けている者が新たに一般建設業の許可を申請する場合

④一般建設業の許可を受けている者が他の建設業について一般建設業の許可を申請する場合又は特定建設業の許可を受けている者が他の建設業について特定建設業の許可を申請する場合

この場合、「⑴」を○で囲み、「申請者 届出者」の「届出者」を消すとともに、⑥①「区分」の欄に「１」を記入すること。

⑵　許可を受けている建設業について現在証明されている者が専任の技術者となつている建設業の種類又はその者の有資格区分に変更があつた場合

この場合、「⑴」を○で囲み、「申請者 届出者」の「申請者」を消すとともに、⑥①「区分」の欄に「２」を記入すること。

⑶　許可を受けている建設業について現在証明されている専任の技術者に加えて、又はその者に代えて新たな者を専任の技術者として証明する場合

この場合、「⑴」を○で囲み、「申請者 届出者」の「申請者」を消すとともに、⑥①「区分」の欄に「３」を記入すること。

⑷　許可を受けている建設業について現在証明されている専任の技術者がこの証明書の提出を行う建設業者の専任の技術者でなくなつた場合（その者がこれまで専任の技術者となつていた建設業について、新たに専任の技術者となる者があり、当該新たに専任の技術者となる者を上記⑵又は⑶に該当する者として同時に届け出る場合に限る。）

この場合、「⑵」を○で囲み、「申請者 届出者」の「申請者」を消すとともに、⑥①「区分」の欄に「４」を記入すること。

なお、許可を受けている一部の業種の廃業若しくは営業所の廃止に伴い既に証明された専任の技術者を削除する場合又は法第７条第２号若しくは法第15条

第２号に掲げる基準を満たさなくなつた場合には、届出書（別記様式第22号の３）を用いて届け出ること。

⑸　許可を受けている建設業について現在証明されている専任の技術者が置かれる営業所のみに変更があつた場合

この場合、「⑴」を○で囲み、「申請者<br>届出者」の「申請者」を消すとともに、⑥①「区分」の欄に「５」を記入すること。

なお、婚姻等により氏名の変更があつた場合は、変更後の氏名につき上記⑶に該当するものとして、変更前の氏名につき上記⑷に該当するものとみなして、それぞれ作成し、提出すること。

２　「{建設業法第７条第２号<br>建設業法第15条第２号}」、「地方整備局長<br>北海道開発局長<br>知事」、「国土交通大臣<br>知事」及び「般<br>特」については、不要のものを消すこと。

３　「申請者<br>届出者」の欄は、この証明書により建設業の許可の申請等をしようとする者（以下「申請者」という。）の他にこの証明書を作成した者がある場合には、申請者に加え、その者の氏名も併記し、押印すること。この場合には、作成に係る委任状の写しその他の作成等に係る権限を有することを証する書面を添付すること。

４　□□□□で表示された枠（以下「カラム」という。）に記入する場合は、１カラムに１文字ずつ丁寧に、かつ、カラムからはみ出さないように記入すること。

５　⑥②「許可番号」の欄の「大臣<br>知事コード」の欄は、現在許可を受けている行政庁について別表㈠の分類に従い、該当するコードを記入すること。

また、「許可番号」及び「許可年月日」の欄は、例えば⓪⓪①②③④又は⓪①月⓪①日のように、カラムに数字を記入するに当たつて空位のカラムに「０」を記入すること。

なお、現在２以上の建設業の許可を受けている場合で許可年月日が複数あるときは、そのうち最も古いものについて記入すること。

６　⑥③「フリガナ」の欄は、カタカナで最初から２文字だけをカラムに記入すること。その際、濁音又は半濁音を表す文字については、例えば囝又は囜のように１文字として扱うこと。

また、「氏名」の欄は、姓と名の間に１カラム空けて、例えば建設□太郎□□のように左詰めで文字をカラムに記入し、その上欄にフリガナを記入すること。

また、「生年月日」の欄は、「元号」のカラムに略号を記入するとともに、例えば⓪①月⓪①日のように、カラムに数字を記入するに当たつて空位のカラムに「０」を記入すること。

7　64「今後担当する建設工事の種類」の欄は、61「区分」の欄に「４」を記入した場合を除き、建設業許可申請書（別記様式第一号）別紙二（１）「営業所一覧表（新規許可等）」の「営業しようとする建設業」の欄に記入した建設業のうち、証明しようとする技術者が今後専任の技術者となる建設業に係る建設工事すべてについて、次の分類に従い、該当する数字を次の表の（　）内に示された略号のカラムに記入すること。

・一般建設業の場合

「１」・・・・・・・法第７条第２号イ該当

「４」・・・・・・・法第７条第２号ロ該当

「７」・・・・・・・法第７条第２号ハ該当

・特定建設業の場合

「２」・・・・・・・法第７条第２号イ及び法第15条第２号ロ該当

「３」・・・・・・・法第15条第２号ハ該当（同号イと同等以上）

「５」・・・・・・・法第７条第２号ロ及び法第15条第２号ロ該当

「６」・・・・・・・法第15条第２号ハ該当（同号ロと同等以上）

「８」・・・・・・・法第７条第２号ハ及び法第15条第２号ロ該当

「９」・・・・・・・法第15条第２号イ該当

| | | |
|---|---|---|
| 土木一式工事(土) | 鋼構造物工事(鋼) | 熱絶縁工事(絶) |
| 建築一式工事(建) | 鉄筋工事(筋) | 電気通信工事(通) |
| 大工工事(大) | 舗装工事(舗) | 造園工事(園) |
| 左官工事(左) | しゅんせつ工事(しゅ) | さく井工事(井) |
| とび・土工・コンクリート工事(と) | 板金工事(板) | 建具工事(具) |
| 石工事(石) | ガラス工事(ガ) | 水道施設工事(水) |
| 屋根工事(屋) | 塗装工事(塗) | 消防施設工事(消) |
| 電気工事(電) | 防水工事(防) | 清掃施設工事(清) |
| 管工事(管) | 内装仕上工事(内) | 解体工事(解) |
| タイル・れんが・ブロック工事(タ) | 機械器具設置工事(機) | |

また、「現在担当している建設工事の種類」の欄は、61「区分」の欄に「１」、「２」、「４」又は「５」を記入した場合（記載要領１⑴①に該当する場合を除く。）に、現在証明されている専任の技術者についてこれまで専任の技術者となつていた建設業に係る建設工事すべてを、同様の要領により記入すること。

8　65「有資格区分」の欄は、証明しようとする技術者が専任の技術者として該当する法第７条第２号及び法第15条第２号の区分（法第７条第２号ハに該当する者又は法第15条第２号イに該当する者については、その有する資格等の区分）について別表㈡の分類に従い、該当するコードを記入すること。

9　「変更、追加又は削除の年月日」の欄は、⑹⑴「区分」の欄に「２」、「３」、「４」又は「５」を記入した場合に、変更、追加又は削除をした年月日を記入すること。

10　「営業所の名称（旧所属）」の欄は、現在証明されている専任の技術者である場合に限り、この証明書の提出前に所属していた営業所の名称を記載し、「営業所の名称（新所属）」の欄は、この証明書の提出後に、専任の技術者として所属する営業所の名称を記載すること。

**様式第九号**（第三条関係）

（用紙Ａ４）

実　務　経　験　証　明　書

下記の者は、　　　　　　　　工事に関し、下記のとおり実務の経験を有することに相違ないことを証明します。

平成　　年　　月　　日

証　明　者＿＿＿＿＿＿＿＿＿＿印

被証明者との関係＿＿＿＿＿＿＿＿＿＿

記

| 技術者の氏名 | | 生年月日 | | 使用された期間 | 年　月から<br>年　月まで |
|---|---|---|---|---|---|
| 使用者の商号又は名称 | | | | | |
| 職名 | 実務経験の内容 | | | 実務経験年数 | |
| | | | | 年　月から　年　月まで | |
| | | | | 年　月から　年　月まで | |
| | | | | 年　月から　年　月まで | |
| | | | | 年　月から　年　月まで | |
| | | | | 年　月から　年　月まで | |
| | | | | 年　月から　年　月まで | |
| | | | | 年　月から　年　月まで | |
| | | | | 年　月から　年　月まで | |
| | | | | 年　月から　年　月まで | |
| | | | | 年　月から　年　月まで | |
| | | | | 年　月から　年　月まで | |
| | | | | 年　月から　年　月まで | |
| | | | | 年　月から　年　月まで | |
| | | | | 年　月から　年　月まで | |
| | | | | 年　月から　年　月まで | |
| 使用者の証明を得ることができない場合はその理由 | | | | 合計　満　年　月 | |

記載要領

1　この証明書は、許可を受けようとする建設業に係る建設工事の種類ごとに、被証明者１人について、証明者別に作成すること。

2　「職名」の欄は、被証明者が所属していた部課名等を記載すること。

3　「実務経験の内容」の欄は、従事した主な工事名等を具体的に記載すること。

4　「合計　満　年　月」の欄は、実務経験年数の合計を記載すること。

**様式第十号**（第十三条関係）

（用紙Ａ４）

## 指導監督的実務経験証明書

下記の者は、　　　　　　　　工事に関し、下記の元請工事について指導監督的な実務の経験を有することに相違ないことを証明します。

平成　　年　　月　　日

証　明　者　　　　　　　　　　印

被証明者との関係

記

| 技術者の氏名 | | 生年月日 | | 使用された期間 | 年　月から<br>年　月まで |
|---|---|---|---|---|---|
| 使用者の商号又は名称 | | | | | |
| 発注者名 | 請負代金の額 | 職名 | 実務経験の内容 | 実務経験年数 | |
| | 千円 | | | 年　月から　年　月まで | |
| | 千円 | | | 年　月から　年　月まで | |
| | 千円 | | | 年　月から　年　月まで | |
| | 千円 | | | 年　月から　年　月まで | |
| | 千円 | | | 年　月から　年　月まで | |
| | 千円 | | | 年　月から　年　月まで | |
| | 千円 | | | 年　月から　年　月まで | |
| | 千円 | | | 年　月から　年　月まで | |
| | 千円 | | | 年　月から　年　月まで | |
| | 千円 | | | 年　月から　年　月まで | |
| | 千円 | | | 年　月から　年　月まで | |
| | 千円 | | | 年　月から　年　月まで | |
| | 千円 | | | 年　月から　年　月まで | |
| 使用者の証明を得ることができない場合はその理由 | | | | 合計　満　年　月 | |

記載要領

1　この証明書は、許可を受けようとする建設業に係る建設工事の種類ごとに、被証明者１人について、証明者別に作成し、請負代金の額が4,500万円以上の建設工事（平成６年12月28日前の建設工事にあつては3,000万円以上のもの、昭和59年10月１日前の建設工事にあつては1,500万円以上のもの）１件ごとに記載すること。

2　「職名」の欄は、被証明者が従事した工事現場において就いた地位を記載すること。

3　「実務経験の内容」の欄は、従事した元請工事名等を具体的に記載すること。

4　「合計　満　年　月」の欄は、実務経験年数の合計を記載すること。

**様式第十一号**（第四条関係）

（用紙Ａ４）

建設業法施行令第３条に規定する使用人の一覧表

平成　　年　　月　　日

| 営業所の名称 | 職　　名 | 氏（フリ）　　名（ガナ） |
|---|---|---|
| | | |
| | | |
| | | |
| | | |
| | | |
| | | |
| | | |
| | | |
| | | |
| | | |
| | | |
| | | |
| | | |
| | | |
| | | |
| | | |
| | | |

## 様式第十一号の二（第四条、第十条関係）

（用紙Ａ４）
0 0 0 0 7

### 国家資格者等・監理技術者一覧表（新規・変更・追加・削除）

（1）　国家資格者等及び監理技術者の一覧は下記のとおりです。
（2）　下記のとおり、国家資格者等・監理技術者一覧表の技術者に変更があつたので、届出をします。

平成　　年　　月　　日

地方整備局長
北海道開発局長
知事　殿

申請者
届出者　　　　　　　　　　　　　　　　印

項番

区　　分　7 1　（大臣 知事 コード）　（1．新規許可又は許可換え　2．一般建設業の許可のみ→特定建設業の許可を申請　3．有資格区分等の変更　4．技術者の追加　5．技術者の削除）

許可年月日

許可番号　7 2　国土交通大臣 知事 許可（般 特－　）第　　号　平成　年　月　日

記

項番　フリガナ　（フリガナ）　元号〔平成H、昭和S、大正T、明治M〕

氏　　名　7 3　　生年月日　年　月　日

土 建 大 左 と 石 屋 電 管 タ 鋼 筋 舗 しゅ 板 ガ 塗 防 内 機 絶 通 園 井 具 水 消 清 解

今後担当できる建設工事の種類（建設業法第15条第2号ロ又はハ関係）　7 4

既提出の一覧表における建設工事の種類

1　2　3　4　5　6　7　8

有資格区分　7 5

フリガナ　（フリガナ）　元号〔平成H、昭和S、大正T、明治M〕

氏　　名　7 3　　生年月日　年　月　日

土 建 大 左 と 石 屋 電 管 タ 鋼 筋 舗 しゅ 板 ガ 塗 防 内 機 絶 通 園 井 具 水 消 清 解

今後担当できる建設工事の種類（建設業法第15条第2号ロ又はハ関係）　7 4

既提出の一覧表における建設工事の種類

1　2　3　4　5　6　7　8

有資格区分　7 5

フリガナ　（フリガナ）　元号〔平成H、昭和S、大正T、明治M〕

氏　　名　7 3　　生年月日　年　月　日

土 建 大 左 と 石 屋 電 管 タ 鋼 筋 舗 しゅ 板 ガ 塗 防 内 機 絶 通 園 井 具 水 消 清 解

今後担当できる建設工事の種類（建設業法第15条第2号ロ又はハ関係）　7 4

既提出の一覧表における建設工事の種類

1　2　3　4　5　6　7　8

有資格区分　7 5

フリガナ　（フリガナ）　元号〔平成H、昭和S、大正T、明治M〕

氏　　名　7 3　　生年月日　年　月　日

土 建 大 左 と 石 屋 電 管 タ 鋼 筋 舗 しゅ 板 ガ 塗 防 内 機 絶 通 園 井 具 水 消 清 解

今後担当できる建設工事の種類（建設業法第15条第2号ロ又はハ関係）　7 4

既提出の一覧表における建設工事の種類

1　2　3　4　5　6　7　8

有資格区分　7 5

記載要領

1　この一覧表は、営業所に置く専任の技術者を除き、許可を受けようとする建設業又は許可を受けている建設業の種類にかかわりなく、法第７条第２号ハ又は法第15条第２号イ、ロ若しくはハに該当する者（以下「国家資格者等・監理技術者」という。）について、次の場合に、それぞれの場合ごとに作成すること。

ただし、法第15条第２号ロに該当する者及び同号ハに該当（同号ロと同等以上）する者の記入は、特定建設業の許可を受けようとする者又は特定建設業の許可を受けている者に限り行うこと。

⑴　①現在有効な許可をどの許可行政庁からも受けていない者が初めて許可を申請する場合

②現在有効な許可を受けている行政庁以外の許可行政庁に対し新規に許可を申請する場合

この場合、「⑴」を○で囲み、「申請者<br>届出者」の「届出者」を消すとともに、[7][1]「区分」の欄に「１」を記入し、国家資格者等・監理技術者全員について作成すること。

⑵　一般建設業の許可のみを受けている者が新たに特定建設業の許可を申請する場合

この場合、「⑴」を○で囲み、「申請者<br>届出者」の「届出者」を消すとともに、[7][1]「区分」の欄に「２」を記入し、既に提出している国家資格者等・監理技術者一覧表（以下「既提出の一覧表」という。）に記入された技術者以外の国家資格者等・監理技術者（法第７条第２号ハに該当する者として既提出の一覧表に記入された技術者が法第15条第２号ロに該当する者であるときは、その者を含む。）について作成すること。

⑶　既提出の一覧表に記入された技術者の有資格区分に変更があつた場合（法第７条第２号ハに該当する者として既提出の一覧表に記入された技術者が法第15条第２号ロに該当する者となつた場合を含む。）又は法第15条第２号ロに該当する者として既提出の一覧表に記入された技術者が当該一覧表記入の建設工事の種類に加えて新たな建設工事の種類について同号ロの指導監督的な実務の経験を有することとなつた場合

この場合、「⑵」を○で囲み、「申請者<br>届出者」の「申請者」を消すとともに、[7][1]「区分」の欄に「３」を記入し、当該変更のあつた国家資格者等・監理技術者について作成すること。

⑷　⑵の場合を除き、既提出の一覧表に記入された技術者に加えて新たに国家資格者等・監理技術者を追加する場合

この場合、「⑵」を○で囲み、「申請者／届出者」の「申請者」を消すとともに、⑦①「区分」の欄に「４」を記入し、新たに追加する国家資格者等・監理技術者について作成すること。

⑸　既提出の一覧表に記入された技術者がこの一覧表の提出を行う建設業者の国家資格者等・監理技術者でなくなつた場合

この場合、「⑵」を○で囲み、「申請者／届出者」の「申請者」を消すとともに、⑦①「区分」の欄に「５」を記入し、当該国家資格者等・監理技術者でなくなつた者について作成すること。

なお、婚姻等により氏名の変更があつた場合は、変更後の氏名につき上記⑷に該当するものとして、変更前の氏名につき上記⑸に該当するものとみなして、それぞれ作成し、提出すること。

2　「申請者／届出者」の欄は、この一覧表により建設業の許可の申請等をしようとする者（以下「申請者」という。）の他にこの一覧表を作成した者がある場合には、申請者に加え、その者の氏名も併記し、押印すること。この場合には、作成に係る委任状の写しその他の作成等に係る権限を有することを証する書面を添付すること。

3　「地方整備局長／北海道開発局長／知事」、「国土交通大臣／知事」及び「般／特」については、不要のものを消すこと。

4　□□□□で表示された枠（以下「カラム」という。）に記入する場合は、１カラムに１文字ずつ丁寧に、かつ、カラムからはみ出さないように記入すること。

5　⑦②「許可番号」の欄の「大臣／知事コード」の欄は、現在許可を受けている行政庁について別表㈠の分類に従い、該当するコードを記入すること。

また、「許可番号」及び「許可年月日」の欄は、例えば⓪⓪①②③④又は⓪①月⓪①日のように、カラムに数字を記入するに当たつて空位のカラムに「０」を記入すること。

なお、現在２以上の建設業の許可を受けている場合で許可年月日が複数あるときは、そのうち最も古いものについて記入すること。

6　⑦③「フリガナ」の欄は、カタカナで最初から２文字だけをカラムに記入する

こと。その際、濁音又は半濁音を表す文字については、例えば㋔又は㋩のように1文字として扱うこと。

また、「氏名」の欄は、姓と名の間に1カラム空けて、例えば建設□太郎□□のように左詰めで文字をカラムに記入し、その上欄にフリガナを記入すること。

また、「生年月日」の欄は、「元号」のカラムに略号を記入するとともに、例えば01月01日のように、カラムに数字を記入するに当たつて空位のカラムに「0」を記入すること。

7 74「今後担当できる建設工事の種類（建設業法第15条第2号ロ又はハ関係）」の欄は、71「区分」の欄に「5」を記入した場合を除き、特定建設業の許可を受けようとする者又は受けている者で法第15条第2号ロ又はハに該当する技術者がいる場合に、当該技術者が同号ロの指導監督的な実務の経験を有する建設業に係る建設工事又は同号ハにより認定を受けた建設業に係る建設工事について、次の分類に従い、該当する数字を次の表の（　）内に示された略号のカラムに記入すること。

「2」・・・・・・・法第7条第2号イ及び法第15条第2号ロ該当
「3」・・・・・・・法第15条第2号ハ該当（同号イと同等以上）
「5」・・・・・・・法第7条第2号ロ及び法第15条第2号ロ該当
「6」・・・・・・・法第15条第2号ハ該当（同号ロと同等以上）
「8」・・・・・・・法第7条第2号ハ及び法第15条第2号ロ該当

| | | |
|---|---|---|
| 土木一式工事(土) | 鋼構造物工事(鋼) | 熱絶縁工事(絶) |
| 建築一式工事(建) | 鉄筋工事(筋) | 電気通信工事(通) |
| 大工工事(大) | 舗装工事(舗) | 造園工事(園) |
| 左官工事(左) | しゆんせつ工事(しゆ) | さく井工事(井) |
| とび・土工・コンクリート工事(と) | 板金工事(板) | 建具工事(具) |
| 石工事(石) | ガラス工事(ガ) | 水道施設工事(水) |
| 屋根工事(屋) | 塗装工事(塗) | 消防施設工事(消) |
| 電気工事(電) | 防水工事(防) | 清掃施設工事(清) |
| 管工事(管) | 内装仕上工事(内) | 解体工事(解) |
| タイル・れんが・ブロック工事(タ) | 機械器具設置工事(機) | |

また、「既提出の一覧表における建設工事の種類」の欄は、71「区分」の欄に「3」を記入した場合に限り、既提出の一覧表の「今後担当する建設工事の種類」の欄に記入した数字を同様の要領により記入すること。

8　⑦⑤「有資格区分」の欄は、この一覧表に記入された技術者が該当する法第７条第２号及び法第15条第２号の区分（法第７条第２号ハに該当する者又は法第15条第２号イに該当する者については、その有する資格等の区分）について別表㈡の分類に従い、該当するコードを記入すること。

## 様式第十二号（第四条関係）

（用紙Ａ４）

許可申請者（法人の役員等／本人／法定代理人／法定代理人の役員等）の住所、生年月日等に関する調書

| 住所 | | | | |
|---|---|---|---|---|
| 氏名 | | 生年月日 | 年　月　日生 | |
| 役名等 | | | | |
| 賞罰 | 年月日 | 賞罰の内容 | | |
| | | | | |
| | | | | |
| | | | | |
| | | | | |
| | | | | |

上記のとおり相違ありません。

平成　年　月　日　　　　氏名　　　　印

記載要領

1 「（法人の役員等／本人／法定代理人／法定代理人の役員等）」については、不要のものを消すこと。

2 法人である場合においては、法人の役員、顧問、相談役又は総株主の議決権の100分の５以上を有する株主若しくは出資の総額の100分の５以上に相当する出資をしている者（個人であるものに限る。以下「株主等」という。）について記載すること。

3 株主等については、「役名等」の欄には「株主等」と記載することとし、「賞罰」の欄への記載並びに署名及び押印を要しない。

4 顧問及び相談役については、「賞罰」の欄への記載並びに署名及び押印を要しない。

5 「賞罰」の欄は、行政処分等についても記載すること。

6 様式第７号別紙に記載のある者については、本様式の作成を要しない。

## 様式第十三号（第四条関係）

（用紙Ａ４）

建設業法施行令第３条に規定する使用人の住所、生年月日等に関する調書

| 住　所 | | | |
|---|---|---|---|
| 氏　名 | | 生　年　月　日 | 年　月　日生 |
| 営業所名 | | | |
| 職　名 | | | |

| 賞罰 | 年　月　日 | 賞　罰　の　内　容 |
|---|---|---|
| 賞 | | |
| | | |
| | | |
| 罰 | | |
| | | |

上記のとおり相違ありません。

平成　年　月　日　　　氏名　　　印

記載要領

「賞罰」の欄は、行政処分等についても記載すること。

**様式第十四号**（第四条関係）

（用紙Ａ４）

株　主　（出　資　者）　調　書

| 株主（出資者）名 | 住　　所 | 所有株数又は出資の価額 |
|---|---|---|
| | | |

記載要領
　この調書は、総株主の議決権の100分の５以上を有する株主又は出資の総額の100分の５以上に相当する出資をしている者について記載すること。

**様式第十五号**（第四条、第十条、第十九条の四関係）

（用紙Ａ４）

# 貸　借　対　照　表

平成　　年　　月　　日現在

（会　社　名）

## 資　産　の　部

| | | 千円 |
|---|---|---|
| Ⅰ　流　動　資　産 | | |
| 現金預金 | | ×××  |
| 受取手形 | | ××× |
| 完成工事未収入金 | | ××× |
| 有価証券 | | ××× |
| 未成工事支出金 | | ××× |
| 材料貯蔵品 | | ××× |
| 短期貸付金 | | ××× |
| 前払費用 | | ××× |
| 繰延税金資産 | | ××× |
| その他 | | ××× |
| 貸倒引当金 | | △××× |
| 流動資産合計 | | ×××× |
| Ⅱ　固　定　資　産 | | |
| (1)　有形固定資産 | | |
| 建物・構築物 | ××× | |
| 減価償却累計額 | △××× | ××× |
| 機械・運搬具 | ××× | |
| 減価償却累計額 | △××× | ××× |
| 工具器具・備品 | ××× | |
| 減価償却累計額 | △××× | ××× |
| 土　地 | | ××× |
| リース資産 | ××× | |
| 減価償却累計額 | △××× | ××× |
| 建設仮勘定 | | ××× |
| その他 | ××× | |
| 減価償却累計額 | △××× | ××× |
| 有形固定資産計 | | ××× |
| (2)　無形固定資産 | | |
| 特許権 | | ××× |
| 借地権 | | ××× |
| のれん | | ××× |

| | |
|---|---|
| リース資産 | ××× |
| その他 | ××× |
| 無形固定資産計 | ××× |
| (3) 投資その他の資産 | |
| 投資有価証券 | ××× |
| 関係会社株式・関係会社出資金 | ××× |
| 長期貸付金 | ××× |
| 破産更生債権等 | ××× |
| 長期前払費用 | ××× |
| 繰延税金資産 | ××× |
| その他 | ××× |
| 貸倒引当金 | △××× |
| 投資その他の資産計 | ××× |
| 固定資産合計 | ×××× |
| Ⅲ 繰 延 資 産 | |
| 創立費 | ××× |
| 開業費 | ××× |
| 株式交付費 | ××× |
| 社債発行費 | ××× |
| 開発費 | ××× |
| 繰延資産合計 | ×××× |
| 資産合計 | ×××× |

## 負 債 の 部

| | |
|---|---|
| Ⅰ 流 動 負 債 | |
| 支払手形 | ××× |
| 工事未払金 | ××× |
| 短期借入金 | ××× |
| リース債務 | ××× |
| 未払金 | ××× |
| 未払費用 | ××× |
| 未払法人税等 | ××× |
| 繰延税金負債 | ××× |
| 未成工事受入金 | ××× |
| 預り金 | ××× |
| 前受収益 | ××× |
| ・・・引当金 | ××× |
| その他 | ××× |
| 流動負債合計 | ×××× |
| Ⅱ 固 定 負 債 | |

| | |
|---|---|
| 社債 | ××× |
| 長期借入金 | ××× |
| リース債務 | ××× |
| 繰延税金負債 | ××× |
| ・・・引当金 | ××× |
| 負ののれん | ××× |
| その他 | ××× |
| 固定負債合計 | ×××× |
| 負債合計 | ×××× |

純　資　産　の　部

| | |
|---|---|
| Ⅰ　株　主　資　本 | |
| (1)　資本金 | ×××× |
| (2)　新株式申込証拠金 | ×××× |
| (3)　資本剰余金 | |
| 資本準備金 | ××× |
| その他資本剰余金 | ××× |
| 資本剰余金合計 | ×××× |
| (4)　利益剰余金 | |
| 利益準備金 | ××× |
| その他利益剰余金 | |
| ・・・準備金 | ×× |
| ・・・積立金 | ×× |
| 繰越利益剰余金 | ××× |
| 利益剰余金合計 | ×××× |
| (5)　自己株式 | △×××× |
| (6)　自己株式申込証拠金 | ×××× |
| 株主資本合計 | ×××× |
| Ⅱ　評価・換算差額等 | |
| (1)　その他有価証券評価差額金 | ××× |
| (2)　繰延ヘッジ損益 | ××× |
| (3)　土地再評価差額金 | ××× |
| 評価・換算差額等合計 | ×××× |
| Ⅲ　新 株 予 約 権 | ×××× |
| 純資産合計 | ×××× |
| 負債純資産合計 | ×××× |

記載要領

1　貸借対照表は、一般に公正妥当と認められる企業会計の基準その他の企業会計の慣行をしん酌し、会社の財産の状態を正確に判断することができるよう明瞭に記載すること。

2　勘定科目の分類は、国土交通大臣が定めるところによること。

3　記載すべき金額は、千円単位をもって表示すること。

　ただし、会社法（平成17年法律第86号）第2条第6号に規定する大会社にあっては、百万円単位をもって表示することができる。この場合、「千円」とあるのは「百万円」として記載すること。

4　金額の記載に当たって有効数字がない場合においては、科目の名称の記載を要しない。

5　流動資産、有形固定資産、無形固定資産、投資その他の資産、流動負債及び固定負債に属する科目の掲記が「その他」のみである場合においては、科目の記載を要しない。

6　建設業以外の事業を併せて営む場合においては、当該事業の営業取引に係る資産についてその内容を示す適当な科目をもって記載すること。

　ただし、当該資産の金額が資産の総額の100分の5以下のものについては、同一の性格の科目に含めて記載することができる。

7　流動資産の「有価証券」又は「その他」に属する親会社株式の金額が資産の総額の100分の5を超えるときは、「親会社株式」の科目をもって記載すること。投資その他の資産の「関係会社株式・関係会社出資金」に属する親会社株式についても同様に、投資その他の資産に「親会社株式」の科目をもって記載すること。

8　流動資産、有形固定資産、無形固定資産又は投資その他の資産の「その他」に属する資産でその金額が資産の総額の100分の5を超えるものについては、当該資産を明示する科目をもって記載すること。

9　記載要領6及び8は、負債の部の記載に準用する。

10　「材料貯蔵品」、「短期貸付金」、「前払費用」、「特許権」、「借地権」及び「のれん」は、その金額が資産の総額の100分の5以下であるときは、それぞれ流動資産の「その他」、無形固定資産の「その他」に含めて記載することができる。

11　記載要領10は、「未払金」、「未払費用」、「預り金」、「前受収益」及び「負ののれん」の表示に準用する。

12　「繰延税金資産」及び「繰延税金負債」は、税効果会計の適用にあたり、一時差異(会計上の簿価と税務上の簿価との差額)の金額に重要性がないために、繰延税金資産又は繰延税金負債を計上しない場合には記載を要しない。

13　流動資産に属する「繰延税金資産」の金額及び流動負債に属する「繰延税金負債」の金額については、その差額のみを「繰延税金資産」又は「繰延税金負債」として流動資産又は流動負債に記載する。固定資産に属する「繰延税金資産」の金額及び固定負債に属する「繰延税金負債」の金額についても、同様とする。

14　各有形固定資産に対する減損損失累計額は、各資産の金額から減損損失累計額を直接控除し、その控除残高を各資産の金額として記載する。

15　「リース資産」に区分される資産については、有形固定資産に属する各科目（「リース資産」及び「建設仮勘定」を除く。）又は無形固定資産に属する各科目（「のれん」及び「リース資産」を除く。）に含めて記載することができる。
16　「関係会社株式・関係会社出資金」については、いずれか一方がない場合においては、「関係会社株式」又は「関係会社出資金」として記載すること。
17　持分会社である場合においては、「関係会社株式」を投資有価証券に、「関係会社出資金」を投資その他の資産の「その他」に含めて記載することができる。
18　「のれん」の金額及び「負ののれん」の金額については、その差額のみを「のれん」又は「負ののれん」として記載する。
19　持分会社である場合においては、「株主資本」とあるのは「社員資本」と、「新株式申込証拠金」とあるのは「出資金申込証拠金」として記載することとし、資本剰余金及び利益剰余金については、「準備金」と「その他」に区分しての記載を要しない。
20　その他利益剰余金又は利益剰余金合計の金額が負となった場合は、マイナス残高として記載する。
21　「その他有価証券評価差額金」、「繰延ヘッジ損益」及び「土地再評価差額金」のほか、評価・換算差額等に計上することが適当であると認められるものについては、内容を明示する科目をもつて記載することができる。

**注**　記載要領２の「国土交通大臣の定め」＝建設業法施行規則第４条及び第10条に規定する別記様式第15号及び第16号の国土交通大臣の定める勘定科目の分類

**様式第十六号**（第四条、第十条、第十九条の四関係）

（用紙Ａ４）

# 損　益　計　算　書

自　平成　　年　　月　　日
至　平成　　年　　月　　日

（会社名）

千円

| | | |
|---|---|---|
| Ⅰ　売　　上　　高 | | |
| 　　完成工事高 | ×××| |
| 　　兼業事業売上高 | ××× | ×××× |
| Ⅱ　売　上　原　価 | | |
| 　　完成工事原価 | ××× | |
| 　　兼業事業売上原価 | ××× | ×××× |
| 　　　売上総利益（売上総損失） | | |
| 　　　　完成工事総利益（完成工事総損失） | ××× | |
| 　　　　兼業事業総利益（兼業事業総損失） | ××× | ×××× |
| Ⅲ　販売費及び一般管理費 | | |
| 　　役員報酬 | ××× | |
| 　　従業員給料手当 | ××× | |
| 　　退職金 | ××× | |
| 　　法定福利費 | ××× | |
| 　　福利厚生費 | ××× | |
| 　　修繕維持費 | ××× | |
| 　　事務用品費 | ××× | |
| 　　通信交通費 | ××× | |
| 　　動力用水光熱費 | ××× | |
| 　　調査研究費 | ××× | |
| 　　広告宣伝費 | ××× | |
| 　　貸倒引当金繰入額 | ××× | |
| 　　貸倒損失 | ××× | |
| 　　交際費 | ××× | |
| 　　寄付金 | ××× | |
| 　　地代家賃 | ××× | |
| 　　減価償却費 | ××× | |
| 　　開発費償却 | ××× | |
| 　　租税公課 | ××× | |
| 　　保険料 | ××× | |
| 　　雑　　費 | ××× | ×××× |
| 　　　　営業利益（営業損失） | | ×××× |
| Ⅳ　営 業 外 収 益 | | |

| | | |
|---|---|---|
| 受取利息配当金 | ××× | |
| その他 | ××× | ×××× |
| Ⅴ　営業外費用 | | |
| 支払利息 | ××× | |
| 貸倒引当金繰入額 | ××× | |
| 貸倒損失 | ××× | |
| その他 | ××× | ×××× |
| 経常利益（経常損失） | | ×××× |
| Ⅵ　特別利益 | | |
| 前期損益修正益 | ××× | |
| その他 | ××× | ×××× |
| Ⅶ　特別損失 | | |
| 前期損益修正損 | ××× | |
| その他 | ××× | ×××× |
| 税引前当期純利益（税引前当期純損失） | | ×××× |
| 法人税、住民税及び事業税 | ××× | |
| 法人税等調整額 | ××× | ×××× |
| 当期純利益（当期純損失） | | ×××× |

記載要領

1　損益計算書は、一般に公正妥当と認められる企業会計の基準その他の企業会計の慣行をしん酌し、会社の損益の状態を正確に判断することができるよう明瞭に記載すること。

2　勘定科目の分類は、国土交通大臣が定めるところによること。

3　記載すべき金額は、千円単位をもって表示すること。

ただし、会社法（平成17年法律第86号）第２条第６項に規定する大会社にあっては、百万円単位をもって表示することができる。この場合、「千円」とあるのは「百万円」として記載すること。

4　金額の記載に当たって有効数字がない場合においては、科目の名称の記載を要しない。

5　兼業事業とは、建設業以外の事業を併せて営む場合における当該建設業以外の事業をいう。この場合において兼業事業の表示については、その内容を示す適当な名称をもって記載することができる。

なお、「兼業事業売上高」（二以上の兼業事業を営む場合においては、これらの兼業事業の売上高の総計）の「売上高」に占める割合が軽微な場合においては、「売上高」、「売上原価」及び「売上総利益（売上総損失）」を建設業と兼業事業とに区分して記載することを要しない。

6　「雑費」に属する費用で販売費及び一般管理費の総額の10分の１を超えるものについては、それぞれ当該費用を明示する科目を用いて掲記すること。

7　記載要領６は、営業外収益の「その他」に属する収益及び営業外費用の「その他」に属する費用の記載に準用する。

8　「前期損益修正益」の金額が重要でない場合においては、特別利益の「その他」に含めて記載することができる。

9　特別利益の「その他」については、それぞれ当該利益を明示する科目を用いて掲記すること。

ただし、各利益のうち、その金額が重要でないものについては、当該利益を区分掲記しないことができる。

10　「特別利益」に属する科目の掲記が「その他」のみである場合においては、科目の記載を要しない。

11　記載要領８は「前期損益修正損」の記載に、記載要領９は特別損失の「その他」の記載に、記載要領10は特別損失に属する科目の記載にそれぞれ準用すること。

12　「法人税等調整額」は、税効果会計の適用に当たり、一時差異（会計上の簿価と税務上の簿価との差額）の金額に重要性がないために、繰延税金資産又は繰延税金負債を計上しない場合には記載を要しない。

13　税効果会計を適用する最初の事業年度については、その期首に繰延税金資産に記載すべき金額と繰延税金負債に記載すべき金額とがある場合には、その差額を「過年度税効果調整額」として株主資本等変動計算書に記載するものとし、当該差額は「法人税等調整額」には含めない。

（用紙Ａ４）

完　成　工　事　原　価　報　告　書

自　平成　　年　　月　　日

至　平成　　年　　月　　日

（会社名）

千円

| | | | |
|---|---|---|---|
| Ⅰ | 材　料　費 | | ××× |
| Ⅱ | 労　務　費 | | ××× |
| | （うち労務外注費 | ××） | |
| Ⅲ | 外　注　費 | | ××× |
| Ⅳ | 経　　　費 | | ××× |
| | （うち人件費 | ××） | |
| | 完成工事原価 | | ×××× |

**注**　記載要領２の「国土交通大臣の定め」＝建設業法施行規則第４条及び第10条に規定する別記様式第15号及び第16号の国土交通大臣の定める勘定科目の分類

**様式第十七号**（第四条、第十条、第十九条の四関係）

（用紙Ａ４）

株　主　資　本　等　変　動　計　算　書

自　平成　　年　　月　　日
至　平成　　年　　月　　日

（会社名）

千円

| | 株主資本 | | | | | | | | | | 評価・換算差額等 | | | | | |
|---|---|---|---|---|---|---|---|---|---|---|---|---|---|---|---|---|
| | | 資本剰余金 | | | 利益剰余金 | | | | | | | | | | | |
| | | | | | | その他利益剰余金 | | | | | | | | | | |
| | 資本金 | 資本準備金 | その他資本剰余金 | 資本剰余金合計 | 利益準備金 | ××積立金 | 繰越利益剰余金 | 利益剰余金合計 | 自己株式 | 株主資本合計 | その他有価証券評価差額金 | 繰延ヘッジ損益 | 土地再評価差額金 | 評価・換算差額等合計 | 新株予約権 | 純資産合計 |
| 当期首残高 | ××× | ××× | ××× | ××× | ××× | ××× | ××× | ××× | △××× | ××× | ××× | ××× | ××× | ××× | ××× | ××× |
| 当期変動額 | | | | | | | | | | | | | | | | |
| 新株の発行 | ××× | ××× | | ××× | | | | | | ××× | | | | | | ××× |
| 剰余金の配当 | | | | | ××× | | △××× | △××× | | △××× | | | | | | △××× |
| 当期純利益 | | | | | | | ××× | ××× | | ××× | | | | | | ××× |
| 自己株式の処分 | | | | | | | | | ××× | ××× | | | | | | ××× |
| ××××× | | | | | | | | | | | | | | | | |
| 株主資本以外の項目の当期変動額（純額） | | | | | | | | | | | ××× | ××× | ××× | ××× | ××× | ××× |
| 当期変動額合計 | ××× | ××× | | ××× | ××× | | ××× | ××× | ××× | ××× | ××× | ××× | ××× | ××× | ××× | ××× |
| 当期末残高 | ××× | ××× | ××× | ××× | ××× | ××× | ××× | ××× | △××× | ××× | ××× | ××× | ××× | ××× | ××× | ××× |

記載要領

1　株主資本等変動計算書は、一般に公正妥当と認められる企業会計の基準その他の企業会計の慣行をしん酌し、純資産の部の変動の状態を正確に判断することができるよう明瞭に記載すること。

2　勘定科目の分類は、国土交通大臣が定めるところによること。

3　記載すべき金額は、千円単位をもって表示すること。

　ただし、会社法（平成17年法律第86号）第2条第6号に規定する大会社にあっては、百万円単位をもって表示することができる。この場合、「千円」とあるのは「百万円」として記載すること。

4　金額の記載に当たつて有効数字がない場合においては、項目の名称の記載を要しない。

5　その他利益剰余金については、その内訳科目の前期末残高、当期変動額（変動事由ごとの金額）及び当期末残高を株主資本等変動計算書に記載することに代えて、注記により開示することができる。この場合には、その他利益剰余金の前期末残高、当期変動額及び当期末残高の各合計額を株主資本等変動計算書に記載する。

6　評価・換算差額等については、その内訳科目の前期末残高、当期変動額（当期変動額については主な変動事由にその金額を表示する場合には、変動事由ごとの金額を含む。）及び当期末残高を株主資本等変動計算書に記載することに代えて、注記により開示することができる。この場合には、評価・換算差額等の当期首残高、当期変動額及び当期末残高の各合計額を株主資本等変動計算書に記載する。

7　各合計額の記載は、株主資本合計を除き省略することができる。

8　当期首残高については、会社計算規則（平成18年法務省令第13号）第2条第3項第59号に規定する遡及適用又は同項第64号に規定する誤謬（びゅう）の訂正をした場合には、当期首残高及びこれに対する影響額を記載する。

9　株主資本の各項目の変動事由及びその金額の記載は、概ね貸借対照表における表示の順序による。

10　株主資本の各項目の変動事由には、例えば以下のものが含まれる。

(1)　当期純利益又は当期純損失

(2)　新株の発行又は自己株式の処分

(3)　剰余金（その他資本剰余金又はその他利益剰余金）の配当

(4)　自己株式の取得

(5)　自己株式の消却

(6)　企業結合（合併、会社分割、株式交換、株式移転など）による増加又は分割型の会社分割による減少

(7) 株主資本の計数の変動

① 資本金から準備金又は剰余金への振替

② 準備金から資本金又は剰余金への振替

③ 剰余金から資本金又は準備金への振替

④ 剰余金の内訳科目間の振替

11 剰余金の配当については、剰余金の変動事由として当期変動額に表示する。

12 税効果会計を適用する最初の事業年度については、その期首に繰延税金資産に記載すべき金額と繰延税金負債に記載すべき金額とがある場合には、その差額を「過年度税効果調整額」として繰越利益剰余金の当期変動額に表示する。

13 新株の発行の効力発生日に資本金又は資本準備金の額の減少の効力が発生し、新株の発行により増加すべき資本金又は資本準備金と同額の資本金又は資本準備金の額を減少させた場合には、変動事由の表示方法として、以下のいずれかの方法により記載するものとする。

(1) 新株の発行として、資本金又は資本準備金の額の増加を記載し、また、株主資本の計数の変動手続き（資本金又は資本準備金の額の減少に伴うその他資本剰余金の額の増加）として、資本金又は資本準備金の額の減少及びその他資本剰余金の額の増加を記載する方法。

(2) 新株の発行として、直接、その他資本剰余金の額の増加を記載する方法。

企業結合の効力発生日に資本金又は資本準備金の額の減少の効力が発生した場合についても同様に取り扱う。

14 株主資本以外の各項目の当期変動額は、純額で表示するが、主な変動事由及びその金額を表示することができる。当該表示は、変動事由又は金額の重要性などを勘案し、事業年度ごとに、また、項目ごとに選択することができる。

15 株主資本以外の各項目の主な変動事由及びその金額を表示する場合、以下の方法を事業年度ごとに、また、項目ごとに選択することができる。

(1) 株主資本等変動計算書に主な変動事由及びその金額を表示する方法

(2) 株主資本等変動計算書に当期変動額を純額で記載し、主な変動事由及びその金額を注記により開示する方法

16 株主資本以外の各項目の主な変動事由及びその金額を表示する場合、当該変動事由には、例えば以下のものが含まれる。

(1) 評価・換算差額等

① その他有価証券評価差額金

その他有価証券の売却又は減損処理による増減

純資産の部に直接計上されたその他有価証券評価差額金の増減

② 繰延ヘッジ損益

ヘッジ対象の損益認識又はヘッジ会計の終了による増減

純資産の部に直接計上された繰延ヘッジ損益の増減

(2) 新株予約権

新株予約権の発行

新株予約権の取得

新株予約権の行使

新株予約権の失効

自己新株予約権の消却

自己新株予約権の処分

17 株主資本以外の各項目のうち、その他有価証券評価差額金について、主な変動事由及びその金額を表示する場合、時価評価の対象となるその他有価証券の売却又は減損処理による増減は、原則として、以下のいずれかの方法により計算する。

(1) 損益計算書に計上されたその他有価証券の売却損益等の額に税効果を調整した後の額を表示する方法

(2) 損益計算書に計上されたその他有価証券の売却損益等の額を表示する方法

この場合、評価・換算差額等に対する税効果の額を、別の変動事由として表示する。また、当該税効果の額の表示は、評価・換算差額等の内訳項目ごとに行う方法、その他有価証券評価差額金を含む評価・換算差額等に対する税効果の額の合計による方法のいずれによることもできる。また、繰延ヘッジ損益についても同様に取り扱う。

なお、税効果の調整の方法としては、例えば、評価・換算差額等の増減があった事業年度の法定実効税率を使用する方法や繰延税金資産の回収可能性を考慮した税率を使用する方法などがある。

18 持分会社である場合においては、「株主資本等変動計算書」とあるのは「社員資本等変動計算書」と、「株主資本」とあるのは「社員資本」として記載する。

**様式第十七号の二**（第四条、第十条、第十九条の四関係）

（用紙Ａ４）

注　記　表

自　平成　年　月　日
至　平成　年　月　日

（会社名）

注

1　継続企業の前提に重要な疑義を抱かせる事象又は状況
2　重要な会計方針
(1)　資産の評価基準及び評価方法
(2)　固定資産の減価償却の方法
(3)　引当金の計上基準
(4)　収益及び費用の計上基準
(5)　消費税及び地方消費税に相当する額の会計処理の方法
(6)　その他貸借対照表、損益計算書、株主資本等変動計算書、注記表作成のための基本となる重要な事項
3　会計方針の変更
4　表示方法の変更
5　会社上の見積りの変更
6　誤謬（びゅう）の訂正
7　貸借対照表関係
(1)　担保に供している資産及び担保付債務
①担保に供している資産の内容及びその金額
②担保に係る債務の金額
(2)　保証債務、手形遡及債務、重要な係争事件に係る損害賠償義務等の内容及び金額
(3)　関係会社に対する短期金銭債権及び長期金銭債権並びに短期金銭債務及び長期金銭債務
(4)　取締役、監査役及び執行役との間の取引による取締役、監査役及び執行役に対する金銭債権及び金銭債務
(5)　親会社株式の各表示区分別の金額
(6)　工事損失引当金に対応する未成工事支出金の金額
8　損益計算書関係
(1)　工事進行基準による完成工事高
(2)　売上高のうち関係会社に対する部分
(3)　売上原価のうち関係会社からの仕入高
(4)　売上原価のうち工事損失引当金繰入額
(5)　関係会社との営業取引以外の取引高
(6)　研究開発費の総額（会計監査人を設置している会社に限る。）
9　株主資本等変動計算書関係
(1)　事業年度末日における発行済株式の種類及び数
(2)　事業年度末日における自己株式の種類及び数

(3) 剰余金の配当
(4) 事業年度末において発行している新株予約権の目的となる株式の種類及び数

10 税効果会計
11 リースにより使用する固定資産
12 金融商品関係
(1) 金融商品の状況
(2) 金融商品の時価等

13 賃貸等不動産関係
(1) 賃貸等不動産の状況
(2) 賃貸等不動産の時価

14 関連当事者との取引
取引の内容

| 種類 | 会社等の名称又は氏名 | 議決権の所有(被所有)割合 | 関係内容 | 科目 | 期末残高(千　円) |
|---|---|---|---|---|---|
| | | | | | |

但し、会計監査人を設置している会社は以下の様式により記載する。

(1) 取引の内容

| 種類 | 会社等の名称又は氏名 | 議決権の所有(被所有)割合 | 関係内容 | 取引の内容 | 取引金額 | 科目 | 期末残高(千　円) |
|---|---|---|---|---|---|---|---|
| | | | | | | | |

(2) 取引条件及び取引条件の決定方針
(3) 取引条件の変更の内容及び変更が貸借対照表、損益計算書に与える影響の内容

15 一株当たり情報
(1) 一株当たりの純資産額
(2) 一株当たりの当期純利益又は当期純損失

16 重要な後発事象
17 連結配当規制適用の有無
18 その他

記載要領

1 記載を要する注記は、以下の通りとする。

| | 株式会社 | | | 持分会社 |
|---|---|---|---|---|
| | 会計監査人設置会社 | 会計監査人なし | | |
| | | 公開会社 | 株式譲渡制限会社 | |
| 1 継続企業の前提に重要な疑義を抱かせる事象又は状況 | ○ | × | × | × |
| 2 重要な会計方針 | ○ | ○ | ○ | ○ |
| 3 会計方針の変更 | ○ | ○ | ○ | ○ |

| 4　表示方法の変更 | ○ | ○ | ○ | ○ |
| --- | --- | --- | --- | --- |
| 5　会計上の見積りの変更 | ○ | × | × | × |
| 6　誤謬の訂正 | ○ | ○ | ○ | ○ |
| 7　貸借対照表関係 | ○ | ○ | × | × |
| 8　損益計算書関係 | ○ | ○ | × | × |
| 9　株主資本等変動計算書関係 | ○ | ○ | ○ | × |
| 10　税効果会計 | ○ | ○ | × | × |
| 11　リースにより使用する固定資産 | ○ | ○ | × | × |
| 12　金融商品関係 | ○ | ○ | × | × |
| 13　賃貸等不動産関係 | ○ | ○ | × | × |
| 14　関連当事者との取引 | ○ | ○ | × | × |
| 15　一株当たり情報 | ○ | ○ | × | × |
| 16　重要な後発事象 | ○ | ○ | × | × |
| 17　連結配当規制適用の有無 | ○ | × | × | × |
| 18　その他 | ○ | ○ | ○ | ○ |

【凡例】○・・・記載要、×・・・記載不要

2　注記事項は、貸借対照表、損益計算書、株主資本等変動計算書の適当な場所に記載することができる。この場合、注記表の当該部分への記載は要しない。

3　記載すべき金額は、注15を除き千円単位をもつて表示すること。

　ただし、会社法（平成17年法律第86号）第2条第6号に規定する大会社にあつては、百万円単位をもつて表示することができる。この場合、「千円」とあるのは「百万円」として記載すること。

4　注に掲げる事項で該当事項がない場合においては、「該当なし」と記載すること。

5　貸借対照表、損益計算書、株主資本等変動計算書の特定の項目に関連する注記については、その関連を明らかにして記載する。

6　注に掲げる事項の記載に当たつては、当該事項の番号に対応してそれぞれ以下に掲げる要領に従つて記載する。

注1　事業年度の末日において、当該会社が将来にわたつて事業を継続するとの前提に重要な疑義を生じさせるような事象又は状況が存在する場合であつて、当該事象又は状況を解消し、又は改善するための対応をしてもなおその前提に関する重要な不確実性が認められるとき（当該事業年度の末日後に当該重要な不確実性が認められなくなつた場合を除く。）は、次に掲げる事項を記載する。

①　当該事象又は状況が存在する旨及びその内容

②　当該事象又は状況が解消し、又は改善するための対応策

③　当該重要な不確実性が認められる旨及びその理由

④　当該重要な不確実性の影響を貸借対照表、損益計算書、株主資本等変動計

算書及び注記表に反映しているか否かの別

注２　重要性の乏しい事項は、記載を要しない。

(4)　完成工事高及び完成工事原価の認識基準、決算日における工事進捗度を見積もるために用いた方法その他の収益及び費用の計上基準について記載する。

(5)　税抜方式及び税込方式のうち貸借対照表及び損益計算書の作成に当たつて採用したものを記載する。ただし、経営状況分析申請書又は経営規模等評価申請書に添付する場合には、税抜方式を採用すること。

注３　一般に公正妥当と認められる会計方針を他の一般に公正妥当と認められる会計方針に変更した場合に、次に掲げる事項を記載する。ただし、重要性の乏しい事項は記載を要せず、また、会計監査人設置会社以外の株式会社及び持分会社にあつては、④ロ及びハに掲げる事項を省略することができる。

①　当該会計方針の変更の内容

②　当該会計方針の変更の理由

③　会社計算規則（平成18年法務省令第13号）第２条第３項第59号に規定する遡及適用（以下単に「遡及適用」という。）をした場合には、当該事業年度の期首における純資産額に対する影響額

④　当該事業年度より前の事業年度の全部又は一部について遡及適用をしなかつた場合には、次に掲げる事項（当該会計方針の変更を会計上の見積りの変更と区別することが困難なときは、ロに掲げる事項を除く。）

イ　貸借対照表、損益計算書、株主資本等変動計算書及び注記表の主な項目に対する影響額

ロ　当該事業年度より前の事業年度の全部又は一部について遡及適用をしなかつた理由並びに当該会計方針の変更の適用方法及び適用開始時期

ハ　当該会計方針の変更が当該事業年度の翌事業年度以降の財産又は損益に影響を及ぼす可能性がある場合であつて、当該影響に関する事項を注記することが適切であるときは、当該事項

注４　一般に公正妥当と認められる表示方法を他の一般に公正妥当と認められる表示方法に変更した場合に、次に掲げる事項を記載する。ただし、重要性の乏しい事項は、記載を要しない。

①　当該表示方法の変更の内容

②　当該表示方法の変更の理由

注５　会計上の見積りの変更をした場合に、次に掲げる事項を記載する。ただし、重要性の乏しい事項は、記載を要しない。

①　当該会計上の見積りの変更の内容

②　当該会計上の見積りの変更の貸借対照表、損益計算書、株主資本等変動計算書及び注記表の項目に対する影響額

③　当該会計上の見積りの変更が当該事業年度の翌事業年度以降の財産又は損益に影響を及ぼす可能性があるときは、当該影響に関する事項

注６　会社計算規則第２条第３項第64号に規定する誤謬（びゅう）の訂正をした場合に、次に掲げる事項を記載する。ただし、重要性の乏しい事項は、記載を要しない。

①　当該誤謬（びゅう）の内容

②　当該事業年度の期首における純資産額に対する影響額

注７
⑴　担保に供している資産及び担保に係る債務は、勘定科目別に記載する。
⑵　保証債務、手形遡求債務、損害賠償義務等（負債の部に計上したものを除く。）の種類別に総額を記載する。
⑶　総額を記載するものとし、関係会社別の金額は記載することを要しない。
⑷　総額を記載するものとし、取締役、監査役又は執行役別の金額は記載することを要しない。
⑸　貸借対照表に区分掲記している場合は、記載を要しない。
⑹　同一の工事契約に関する未成工事支出金と工事損失引当金を相殺せずに両建てで表示したときは、その旨及び当該未成工事支出金の金額のうち工事損失引当金に対応する金額を、未成工事支出金と工事損失引当金を相殺して表示したときは、その旨及び相殺表示した未成工事支出金の金額を記載する。
注８
⑴　工事進行基準を採用していない場合は、記載を要しない。
⑵　総額を記載するものとし、関係会社別の金額は記載することを要しない。
⑶　総額を記載するものとし、関係会社別の金額は記載することを要しない。
⑷　総額を記載するものとし、関係会社別の金額は記載することを要しない。
注９
⑶　事業年度中に行つた剰余金の配当（事業年度末日後に行う剰余金の配当のうち、剰余金の配当を受ける者を定めるための会社法第124条第１項に規定する基準日が事業年度中のものを含む。）について、配当を実施した回ごとに、決議機関、配当総額、一株当たりの配当額、基準日及び効力発生日について記載する。
注10　繰延税金資産及び繰延税金負債の発生原因を定性的に記載する。
注11　ファイナンス・リース取引（リース取引のうち、リース契約に基づく期間の中途において当該リース契約を解除することができないもの又はこれに準ずるもので、リース物件（当該リース契約により使用する物件をいう。）の借主が、当該リース物件からもたらされる経済的利益を実質的に享受することができ、かつ、当該リース物件の使用に伴つて生じる費用等を実質的に負担することとなるものをいう。）の借主である株式会社が当該ファイナンス・リース取引について通常の売買取引に係る方法に準じて会計処理を行つていない重要な固定資産について、定性的に記載する。
「重要な固定資産」とは、リース資産全体に重要性があり、かつ、リース資産の中に基幹設備が含まれている場合の当該基幹設備をいう。リース資産全体の重要性の判断基準は、当期支払リース料の当期支払リース料と当期減価償却費との合計に対する割合についておおむね１割程度とする。
ただし、資産の部に計上するものは、この限りでない。
注12　重要性の乏しいものについては記載することを要しない。
注13　賃貸等不動産の総額に重要性が乏しい場合は、記載を要しない。
注14　「関連当事者」とは、会社計算規則第112条第４項に定める者をいい、記載にあたつては、関連当事者ごとに記載する。関連当事者との取引には、会社と第三者との間の取引で当該会社と関連当事者との間の利益が相反するものを

含む。ただし、重要性の乏しい取引及び関連当事者との取引のうち以下の取引については記載を要しない。

① 一般競争入札による取引並びに預金利息及び配当金の受取りその他取引の性質からみて取引条件が一般の取引と同様であることが明白な取引

② 取締役、会計参与、監査役又は執行役に対する報酬等の給付

③ その他、当該取引に係る条件につき市場価格その他当該取引に係る公正な価格を勘案して一般の取引の条件と同様のものを決定していることが明白な取引

「種類」の欄には、会社計算規則第112条第4項各号に掲げる関連当事者の種類を記載する。

注15 株式会社が当該事業年度又は当該事業年度の末日後において株式の併合又は株式の分割をした場合において、当該事業年度の期首に株式の併合又は株式の分割をしたと仮定して(1)及び(2)に掲げる額を算定したときは、その旨を追加して記載する。

注17 会社計算規則第158条第4号に規定する配当規制を適用する場合に、その旨を記載する。

注18 注1から注17に掲げた事項のほか、貸借対照表、損益計算書及び株主資本等変動計算書により会社の財産又は損益の状態を正確に判断するために必要な事項を記載する。

**様式第十七号の三**（第四条、第十条関係）

（用紙Ａ４）

附　属　明　細　表

平成　年　月　日現在

1　完成工事未収入金の詳細

相手先別内訳

| 相　手　先 | 金　　　額 |
|---|---|
| | 千円 |
| | |
| | |
| 計 | |

滞留状況

| 発　生　時 | 完成工事未収入金 |
|---|---|
| 当期計上分 | 千円 |
| 前期以前計上分 | |
| 計 | |

2　短期貸付金明細表

| 相　手　先 | 金　　　額 |
|---|---|
| | 千円 |
| | |
| | |
| 計 | |

3　長期貸付金明細表

| 相　手　先 | 金　　　額 |
|---|---|
| | 千円 |
| | |
| | |
| 計 | |

4　関係会社貸付金明細表

| 関係会社名 | 期首残高 | 当期増加額 | 当期減少額 | 期末残高 | 摘　　要 |
|---|---|---|---|---|---|
| | 千円 | 千円 | 千円 | 千円 | |
| | | | | | |
| | | | | | |
| 計 | | | | | — |

5　関係会社有価証券明細表

| | 銘柄 | 一株の金額 | 期首残高 | | | 当期増加額 | | 当期減少額 | | 期末残高 | | | 摘要 |
|---|---|---|---|---|---|---|---|---|---|---|---|---|---|
| | | | 株式数 | 取得価額 | 貸借対照表計上額 | 株式数 | 金額 | 株式数 | 金額 | 株式数 | 取得価額 | 貸借対照表計上額 | |
| 株式 | | 千円 | | 千円 | 千円 | | 千円 | | 千円 | | 千円 | 千円 | |
| 株式 | | | | | | | | | | | | | |
| 株式 | 計 | | | | | | | | | | | | |

| | 銘柄 | 期首残高 | | 当期増加額 | 当期減少額 | 期末残高 | | 摘要 |
|---|---|---|---|---|---|---|---|---|
| | | 取得価額 | 貸借対照表計上額 | | | 取得価額 | 貸借対照表計上額 | |
| 社債 | | 千円 | 千円 | 千円 | 千円 | 千円 | 千円 | |
| 社債 | | | | | | | | |
| 社債 | 計 | | | | | | | |
| その他の有価証券 | | | | | | | | |
| その他の有価証券 | | | | | | | | |
| その他の有価証券 | 計 | | | | | | | |

6　関係会社出資金明細表

| 関係会社名 | 期首残高 | 当期増加額 | 当期減少額 | 期末残高 | 摘　要 |
|---|---|---|---|---|---|
| | 千円 | 千円 | 千円 | 千円 | |
| | | | | | |
| | | | | | |
| 計 | | | | | — |

7　短期借入金明細表

| 借　入　先 | 金　額 | 返済期日 | 摘　要 |
|---|---|---|---|
| | 千円 | | |
| | | | |
| | | | |
| 計 | | | — |

8　長期借入金明細表

| 借　入　先 | 期首残高 | 当期増加額 | 当期減少額 | 期末残高 | 摘　要 |
|---|---|---|---|---|---|
| | 千円 | 千円 | 千円 | 千円 | |
| | | | | | |
| | | | | | |
| 計 | | | | | — |

9　関係会社借入金明細表

| 関係会社名 | 期首残高 | 当期増加額 | 当期減少額 | 期末残高 | 摘要 |
|---|---|---|---|---|---|
| | 千円 | 千円 | 千円 | 千円 | |
| | | | | | |
| | | | | | |
| 計 | | | | | — |

10　保証債務明細表

| 相手先 | 金額 |
|---|---|
| | 千円 |
| | |
| | |
| 計 | |

記載要領

第1　一般的事項

1　「親会社」とは、会社法（平成17年法律第86号）第2条第4号に定める会社をいい、「子会社」とは、会社法第2条第3号に定める会社をいう。

2　「関連会社」とは、会社計算規則（平成18年法務省令第13号）第2条第3項第18号に定める会社をいう。

3　「関係会社」とは、会社計算規則第2条第3項第22号に定める会社をいう。

4　金融商品取引法（昭和23年法律第25号）第24条の規定により、有価証券報告書を内閣総理大臣に提出しなければならない者については、附属明細表の4、5、6及び9の記載を省略することができる。この場合、同条の規定により提出された有価証券報告書に記載された連結貸借対照表の写しを添付しなければならない。

5　記載すべき金額は、千円単位をもって表示すること。

ただし、会社法第2条第6号に規定する大会社にあっては、百万円単位をもって表示することができる。この場合、「千円」とあるのは、「百万円」として記載すること。

第2　個別事項

1　完成工事未収入金の詳細

(1)　別記様式第十五号による貸借対照表（以下単に「貸借対照表」という。）の流動資産の完成工事未収入金について、その主な相手先及び相手先ごとの額を記載すること。

(2)　同一の相手先について契約口数が多数ある場合には、相手先別に一括して記載することができる。

(3)　滞留状況については、当期計上分（1年未満）及び前期以前計上分（1年以上）に分け、各々の合計額を記載すること。

2　短期貸付金明細表

(1)　貸借対照表の流動資産の短期貸付金について、その主な相手先及び相手先ごとの額を記載すること。ただし、当該科目の額が資産総額の100分の１以下である時は記載を省略することができる。

(2)　同一の相手先について契約口数が多数ある場合には、相手先別に一括して記載することができる。

(3)　関係会社に対するものはまとめて記載することができる。

3　長期貸付金明細表

(1)　貸借対照表の固定資産の長期貸付金について、その主な相手先及び相手先ごとの額を記載すること。ただし、当該科目の額が資産総額の100分の１以下である時は記載を省略することができる。

(2)　同一の相手先について契約口数が多数ある場合には、相手先別に一括して記載することができる。

(3)　関係会社に対するものはまとめて記載することができる。

4　関係会社貸付金明細表

(1)　貸借対照表の短期貸付金、長期貸付金その他資産に含まれる関係会社貸付金について、その関係会社名及び関係会社ごとの額を記載すること。ただし、当該科目の額が資産総額の100分の５以下である時は記載を省略することができる。

(2)　関係会社貸付金は貸借対照表の勘定科目ごとに区別して記載し、親会社、子会社、関係会社及びその他の関係会社について各々の合計額を記載すること。

(3)　摘要の欄には、貸付の条件（返済期限（分割返済条件のある場合にはその条件）及び担保物件の種類）について記載すること。重要な貸付金で無利息又は特別の条件による利率が約定されているものについては、その旨及び当該利率について記載すること。

(4)　同一の関係会社について契約口数が多数ある場合には､関係会社別に一括し、担保及び返済期限について要約して記載することができる。

5　関係会社有価証券明細表

(1)　貸借対照表の有価証券、流動資産の「その他｣、投資有価証券、関係会社株式・関係会社出資金及び投資その他の資産の「その他」に含まれる関係会社有価証券について、その銘柄及び銘柄ごとの額を記載すること。ただし、当該科目の額が資産総額の100分の５以下である時は記載を省略することができる。

(2)　当該有価証券の発行会社について、附属明細表提出会社との関係（親会社、子会社等の関係）を摘要欄に記載すること。

(3)　社債の銘柄は､「何会社物上担保付社債」のように記載すること。なお、新株予約権が付与されている場合には、その旨を付記すること。

(4)　取得価額及び貸借対照表計上額については、その算定の基準とした評価基準及び評価方法を摘要欄に記載すること。ただし、評価基準及び評価方法が別記様式第17号の２による注記表（以下単に「注記表」という。）の２により記載されている場合には、その記載を省略することができる。

(5)　当期増加額及び当期減少額がともにない場合には、期首残高、当期増加額及び当期減少額の各欄を省略した様式に記載することができる。この場合には、その旨を摘要欄に記載すること。

(6)　一の関係会社の有価証券の総額と当該関係会社に対する債権の総額との合計額が附属明細表提出会社の資産の総額の100分の１を超える場合、一の関係会社に対する債務の総額が附属明細表提出会社の負債及び純資産の合計額が100分の１を超える場合又は一の関係会社に対する売上高が附属明細表提出会社の売上額の総額の100分の20を超える場合には、当該関係会社の発行済株式の総数に対する所有割合、社債の未償還残高その他当該関係会社との関係内容（例えば、役員の兼任、資金援助、営業上の取引、設備の賃貸借等の関係内容）を注記すること。

(7)　株式のうち、会社法第308条第１項の規定により議決権を有しないものについては、その旨を摘要欄に記載すること。

6　関係会社出資金明細表

(1)　貸借対照表の関係会社株式・関係会社出資金及び投資その他の資産の「その他」に含まれる関係会社出資金について、その関係会社名及び関係会社ごとの額を記載すること。ただし、当該科目の額が資産総額の100分の５以下である時は記載を省略することができる。

(2)　出資金額の重要なものについては、出資の条件（１口の出資金額、出資口数、譲渡制限等の諸条件）を摘要欄に記載すること。

(3)　本表に記載されている会社であって、第２の５の(6)に定められた会社と同一の条件のものがある場合には、当該関係会社に対してはこれに準じて注記すること。

7　短期借入金明細表

(1)　貸借対照表の流動負債の短期借入金について、その借入先及び借入先ごとの額を記載すること。ただし、比較的借入額が少額なものについては、無利息又は特別な利率が約定されている場合を除き、まとめて記載することができる。

(2)　設備資金と運転資金に分けて記載すること。

(3)　摘要の欄には、資金使途、借入の条件（担保、無利息の場合にはその旨、特別の利率が約定されている場合には当該利率）等について記載すること。

(4)　同一の借入先について契約口数が多数ある場合には、借入先別に一括し、返済期限、資金使途及び借入の条件について要約して記載することができる。

(5)　関係会社からのものはまとめて記載することができる。

8　長期借入金明細表

(1)　貸借対照表の固定負債の長期借入金及び契約期間が１年を超える借入金で最終の返済期限が１年内に到来するもの又は最終の返済期限が１年後に到来するもののうち１年内の分割返済予定額で貸借対照表において流動負債として掲げられているものについて、その借入先及び借入先ごとの額を記載すること。ただし、比較的借入額が少額なものについては、無利息又は特別な利率が約定されているものを除き、まとめて記載することができる。

(2) 契約期間が1年を超える借入金で最終の返済期限が1年内に到来するもの又は最終の返済期限が1年後に到来するもののうち1年内の分割返済予定額で貸借対照表において流動負債として掲げられているものについては、当期減少額として記載せず、期末残高に含めて記載すること。この場合においては、期末残高欄に内書（括弧書）として記載し、その旨を注記すること。

(3) 摘要の欄には、借入金の使途及び借入の条件（返済期限（分割返済条件のある場合にはその条件）及び担保物件の種類）について記載すること。重要な借入金で無利息又は特別の条件による利率が約定されているものについては、その旨及び当該利率について記載すること。

(4) 同一の借入先について契約口数が多数ある場合には、借入先別に一括し、使途、担保及び返済期限について要約して記載することができる。この場合においては、借入先別に一括されたすべての借入金について当該貸借対照表日以後3年間における1年ごとの返済予定額を注記すること。

(5) 関係会社からのものはまとめて記載することができる。

9 関係会社借入金明細表

(1) 貸借対照表の短期借入金、長期借入金その他負債に含まれる関係会社借入金について、その関係会社名及び関係会社ごとの額を記載すること。ただし、当該科目の額が資産総額の100分の1以下である時は記載を省略することができる。

(2) 関係会社借入金は貸借対照表の勘定科目ごとに区別して記載し、親会社、子会社、関連会社及びその他の関係会社について各々の合計額を記載すること。

(3) 短期借入金については、第2の7の(3)及び(4)に準じて記載し、長期借入金については、第2の8の(2)、(3)及び(4)に準じて記載すること。

10 保証債務明細表

(1) 注記表の3の(2)の保証債務額について、その相手先及び相手先ごとの額を記載すること。

(2) 注記表の3の(2)において、相手先及び相手先ごとの額が記載されている時は記載を省略することができる。

(3) 同一の相手先について契約口数が多数ある場合には、相手先別に一括して記載することができる。

**様式第十八号**（第四条、第十条、第十九条の四関係）

（用紙Ａ４）

貸　借　対　照　表

平成　年　月　日現在

（商号又は名称）

資　産　の　部

| | 千円 |
|---|---|
| Ⅰ　流　動　資　産 | |
| 現金預金 | ×× |
| 受取手形 | ×× |
| 完成工事未収入金 | ×× |
| 有価証券 | ×× |
| 未成工事支出金 | ×× |
| 材料貯蔵品 | ×× |
| その他 | ×× |
| 貸倒引当金 | △×× |
| 流動資産合計 | ××× |
| Ⅱ　固　定　資　産 | |
| 建物・構築物 | ×× |
| 機械・運搬具 | ×× |
| 工具器具・備品 | ×× |
| 土地 | ×× |
| 建設仮勘定 | ×× |
| 破産更生債権等 | ×× |
| その他 | ×× |
| 固定資産合計 | ××× |
| 資産合計 | ××× |

負　債　の　部

| | |
|---|---|
| Ⅰ　流　動　負　債 | |
| 支払手形 | ×× |
| 工事未払金 | ×× |
| 短期借入金 | ×× |
| 未払金 | ×× |
| 未成工事受入金 | ×× |
| 預り金 | ×× |
| ・・・引当金 | ×× |
| その他 | ×× |
| 流動負債合計 | ××× |
| Ⅱ　固　定　負　債 | |
| 長期借入金 | ×× |
| その他 | ×× |
| 固定負債合計 | ××× |
| 負債合計 | ××× |

純　資　産　の　部

| | |
|---|---|
| 期首資本金 | ×× |
| 事業主借勘定 | ×× |
| 事業主貸勘定 | △×× |
| 事業主利益 | ×× |
| 　　純資産合計 | ××× |
| 　　負債純資産合計 | ××× |

注　消費税及び地方消費税に相当する額の会計処理の方法

記載要領

1　貸借対照表は、財産の状態を正確に判断することができるよう明りょうに記載すること。

2　下記以外の勘定科目の分類は、法人の勘定科目の分類によること。

期首資本金———前期末の資本合計

事業主借勘定——事業主が事業外資金から事業のために借りたもの

事業主貸勘定——事業主が営業の資金から家事費等に充当したもの

事業主利益（事業主損失）——損益計算書の事業主利益（事業主損失）

3　記載すべき金額は、千円単位をもって表示すること。

4　金額の記載に当たって有効数字がない場合においては、科目の名称の記載を要しない。

5　流動資産、有形固定資産、無形固定資産、投資その他の資産、流動負債、固定負債に属する科目の掲記が「その他」のみである場合においては、科目の記載を要しない。

6　流動資産の「その他」又は固定資産の「その他」に属する資産で、その金額が資産の総額の100分の5を超えるものについては、当該資産を明示する科目をもって記載すること。

7　記載要領6は、負債の部の記載に準用する。

8　「・・・引当金」には、完成工事補償引当金その他の当該引当金の設定科目を示す名称を付した科目をもって掲記すること。

9　注は、税抜方式及び税込方式のうち貸借対照表及び損益計算書の作成に当たって採用したものをいう。

ただし、経営状況分析申請書又は経営規模等評価申請書に添付する場合には、税抜方式を採用すること。

**様式第十九号**（第四条、第十条、第十九条の四関係）

（用紙Ａ４）

損　益　計　算　書

自　平成　年　月　日

至　平成　年　月　日

（商号又は名称）

| | | 千円 |
|---|---|---|
| Ⅰ　完成工事高 | | ××× |
| Ⅱ　完成工事原価 | | |
| 　材料費 | ×× | |
| 　労務費 | ×× | |
| 　（うち労務外注費　××） | | |
| 　外注費 | ×× | |
| 　経　費 | ×× | ××× |
| 　　完成工事総利益（完成工事総損失） | | ××× |
| Ⅲ　販売費及び一般管理費 | | |
| 　従業員給料手当 | ×× | |
| 　退職金 | ×× | |
| 　法定福利費 | ×× | |
| 　福利厚生費 | ×× | |
| 　維持修繕費 | ×× | |
| 　事務用品費 | ×× | |
| 　通信交通費 | ×× | |
| 　動力用水光熱費 | ×× | |
| 　広告宣伝費 | ×× | |
| 　交際費 | ×× | |
| 　寄付金 | ×× | |
| 　地代家賃 | ×× | |
| 　減価償却費 | ×× | |
| 　租税公課 | ×× | |
| 　保険料 | ×× | |
| 　雑　費 | ×× | ××× |
| 　　営業利益（営業損失） | | ××× |
| Ⅳ　営業外収益 | | |
| 　受取利息配当金 | ×× | |
| 　その他 | ×× | ××× |
| Ⅴ　営業外費用 | | |
| 　支払利息 | ×× | |
| 　その他 | ×× | ××× |
| 　　事業主利益（事業主損失） | | ××× |

注　工事進行基準による「完成工事高」

記載要領

1　損益計算書は、損益の状態を正確に判断することができるよう明りょうに記載すること。

2　「事業主利益（事業主損失）」以外の勘定科目の分類は、法人の勘定科目の分類によること。

3　記載すべき金額は、千円単位をもって表示すること。

4　金額の記載に当たって有効数字がない場合においては、科目の名称の記載を要しない。

5　建設業以外の事業（以下「兼業事業」という。）を併せて営む場合において兼業事業における売上高が総売上高の10分の1を超えるときは、兼業事業の売上高及び売上原価を建設業と区分して表示すること。

6　「雑費」に属する費用で、「販売費及び一般管理費」の総額の10分の1を超えるものについては、それぞれ当該費用を明示する科目を用いて掲記すること。

7　記載要領6は、営業外収益の「その他」に属する収益及び営業外費用の「その他」に属する費用の記載に準用する。

8　注は、工事進行基準による完成工事高が完成工事高の総額の10分の1を超える場合に記載すること。

**様式第二十号**（第四条関係）

（用紙Ａ４）

営　業　の　沿　革

| | | |
|---|---|---|
| 創業以後の沿革 | 年　月　日 | |
| | 年　月　日 | |
| | 年　月　日 | |
| | 年　月　日 | |
| | 年　月　日 | |
| | 年　月　日 | |
| | 年　月　日 | |
| | 年　月　日 | |

| | | |
|---|---|---|
| 建設業の登録及び許可の状況 | 年　月　日 | |
| | 年　月　日 | |
| | 年　月　日 | |
| | 年　月　日 | |
| | 年　月　日 | |
| | 年　月　日 | |
| | 年　月　日 | |
| | 年　月　日 | |
| | 年　月　日 | |
| | 年　月　日 | |

| | | |
|---|---|---|
| 賞罰 | 年　月　日 | |
| | 年　月　日 | |
| | 年　月　日 | |
| | 年　月　日 | |

記載要領

1　「創業以後の沿革」の欄は、創業、商号又は名称の変更、組織の変更、合併又は分割、資本金額の変更、営業の休止、営業の再開等を記載すること。

2　「建設業の登録及び許可の状況」の欄は、建設業の最初の登録及び許可等（更新を除く。）について記載すること。

3　「賞罰」の欄は、行政処分等についても記載すること。

**様式第二十号の二**（第四条関係）

（用紙Ａ４）

所　属　建　設　業　者　団　体

| 団　体　の　名　称 | 所　属　年　月　日 |
| --- | --- |
| | |

記載要領

「団体の名称」の欄は、法第27条の37に規定する建設業者の団体の名称を記載すること。

## 様式第二十号の三（第四条、第十条関係）

（用紙Ａ４）

### 健康保険等の加入状況

（1）　健康保険等の加入状況は下記のとおりです。
（2）　下記のとおり、健康保険等の加入状況に変更があつたので、届出をします。

平成　　年　　月　　日

地方整備局長
北海道開発局長
知事　殿

申請者
届出者＿＿＿＿＿＿＿＿＿＿＿＿＿＿＿＿＿＿＿印

許可番号　国土交通大臣／知事　許可（般／特－＿＿）第＿＿＿＿＿号　許可年月日　平成＿＿年＿＿月＿＿日

（営業所毎の保険加入の有無）

| 営業所の名称 | 従業員数 | 保険加入の有無 | | | 事業所整理記号等 | |
|---|---|---|---|---|---|---|
| | | 健康保険 | 厚生年金保険 | 雇用保険 | | |
| | 人<br>（　人） | | | | 健康保険 | |
| | | | | | 厚生年金保険 | |
| | | | | | 雇用保険 | |
| | 人<br>（　人） | | | | 健康保険 | |
| | | | | | 厚生年金保険 | |
| | | | | | 雇用保険 | |
| | 人<br>（　人） | | | | 健康保険 | |
| | | | | | 厚生年金保険 | |
| | | | | | 雇用保険 | |
| | 人<br>（　人） | | | | 健康保険 | |
| | | | | | 厚生年金保険 | |
| | | | | | 雇用保険 | |
| | 人<br>（　人） | | | | 健康保険 | |
| | | | | | 厚生年金保険 | |
| | | | | | 雇用保険 | |
| 合計 | 人<br>（　人） | | | | | |

記載要領

1　この表は、次の⑴及び⑵の場合に、それぞれの場合ごとに作成すること。

⑴　①現在有効な許可をどの許可行政庁からも受けていない者が初めて許可を申請する場合

②現在有効な許可を受けている行政庁以外の許可行政庁に対し新規に許可を申請する場合

③一般建設業の許可のみを受けている者が新たに特定建設業の許可を申請する場合又は特定建設業の許可のみを受けている者が新たに一般建設業の許可を申請する場合

④一般建設業の許可を受けている者が他の建設業について一般建設業の許可を申請する場合又は特定建設業の許可を受けている者が他の建設業について特定建設業の許可を申請する場合

⑤既に受けている建設業の許可についてその更新を申請する場合

この場合、「⑴」を○で囲み、「申請者<br>届出者」の「届出者」を消すとともに、「保険加入の有無」の欄は、申請時の加入状況を記入すること。

⑵　既提出の表に記入された保険加入の有無に変更があった場合

この場合、「⑵」を○で囲み、「申請者<br>届出者」の「申請者」を消すとともに、「保険加入の有無」の欄は、変更後の加入状況を記入すること。

2　「申請者<br>届出者」の欄は、この表により建設業の許可の申請等をしようとする者（以下「申請者」という。）の他にこの表を作成した者がある場合には、申請者に加え、その者の氏名も併記し、押印すること。この場合には、作成に係る委任状の写しその他の作成等に係る権限を有することを証する書面を添付すること。

3　「地方整備局長<br>北海道開発局長<br>知事」、「国土交通大臣<br>知事」及び「般<br>特」については、不要のものを消すこと。

4　「許可番号」及び「許可年月日」の欄は、現在２以上の建設業の許可を受けている場合で許可年月日が複数あるときは、そのうち最も古いものについて記入すること。

5　「営業所の名称」の欄は、別記様式第一号別紙二に記載した順に記載すること。

6　「従業員数」の欄は、法人にあつてはその役員、個人にあつてはその事業主を含め全ての従業員数（建設業以外に従事する者を含む。）を記載すること。（　）内には、役員又は個人事業主（同居の親族である従業員を含む。）の人数を内数として記載すること。

7　「保険加入の有無」の「健康保険」の欄については、従業員が健康保険の被保険者の資格を取得したことについての日本年金機構又は健康保険組合に対する届出を行つている場合は「１」を、行つていない場合は「２」を、従業員が４人以下である個人事業主である場合等の健康保険の適用が除外される場合は「３」を記入すること。ただし、健康保険法（大正11年法律第70号）第34条第１項の規定による一括適用の承認に係る営業所（同条第２項の規定により適用事業所でなくなつたものとみなされるものに限る。以下同じ。）については、記入を要しない。

8　「保険加入の有無」の「厚生年金保険」の欄については、従業員が厚生年金保険の被保険者の資格を取得したことについての日本年金機構に対する届出を行つている場合は「１」を、行つていない場合は「２」を、従業員が４人以下である個人事業主である場合等の厚生年金保険の適用が除外される場合は「３」を記入すること。ただし、厚生年金保険法（昭和29年法律第115号）第８条の２第１項の規定による一括適用の承認に係る営業所（同条第２項の規定により適用事業所でなくなつたものとみなされるものに限る。以下同じ。）については、記入を要しない。

9　「保険加入の有無」の「雇用保険」の欄については、その雇用する労働者が雇用保険の被保険者となつたことについての公共職業安定所の長に対する届出を行つている場合は「１」を、行つていない場合は「２」を、従業員が１人も雇用されていない場合等の雇用保険の適用が除外される場合は「３」を記入すること。

10　「事業所整理記号等」の「健康保険」の欄については、事業所整理記号及び事業所番号（健康保険組合にあつては健康保険組合名）を記載すること。ただし、健康保険法第34条第１項の規定による一括適用の承認に係る営業所については、「本店（○○支店等）一括」と記載すること。

11　「事業所整理記号等」の「厚生年金保険」の欄については、事業所整理記号及び事業所番号を記載すること。ただし、厚生年金保険法第８条の２第１項の規定による一括適用の承認に係る営業所については、「本店（○○支店等）一括」と記載すること。

12　「事業所整理記号等」の「雇用保険」の欄については、労働保険番号を記載すること。ただし、労働保険の保険料の徴収等に関する法律（昭和44年法律第84号）第９条の規定による継続事業の一括の認可に係る営業所については、「本店（○○支店等）一括」と記載すること。

**様式第二十号の四**（第四条関係）

（用紙Ａ４）

主 要 取 引 金 融 機 関 名

| 政府関係金融機関 | 普　通　銀　行<br>長　期　信　用　銀　行 | 株式会社商工組合中央金庫<br>信用金庫・信用協同組合 | その他の金融機関 |
| --- | --- | --- | --- |
| | | | |

記載要領

1　「政府関係金融機関」の欄は、独立行政法人住宅金融支援機構、株式会社日本政策金融公庫、株式会社日本政策投資銀行等について記載すること。

2　各金融機関とも、本所、本店、支所、支店、営業所、出張所等の区分まで記載すること。
（例　○○銀行○○支店）

**様式第二十一号**（第七条の八関係）

（登録技術試験の名称）合格証明書

氏　　名

生年月日　　　　　年　　月　　日

この者は、建設業法施行規則第七条の四第一号の表の登録技術試験のうち、（登録試験の種目）試験に合格した者であることを証します。
（登録技術試験の名称）の

合　格　年　月　日　　　　　年　　月　　日

交　付　年　月　日　　　　　年　　月　　日

合格証明書番号　　　　　第　　　　号

（登録技術試験実施機関の名称）　　　印

（登録番号　第　　　　番）

**様式第二十二号**　削除

# 様式第二十二号の二（第八条、第九条関係）

（用紙Ａ４）
0 0 0 0 6

## 変　更　届　出　書
（第一面）

下記のとおり、
(1)商号又は名称　(2)営業所の名称、所在地又は業種　(3)資本金額　(4)役員の氏名　(5)個人業者の氏名
(6)支配人の氏名　(7)建設業法施行令第３条に規定する使用人　(8) {建設業法第7条第2号 / 建設業法第15条第2号} に規定する営業所に置かれる専任の技術者
について変更があつたので届出をします。

平成　　年　　月　　日

地方整備局長
北海道開発局長
知事　殿

届出者　　　　　　　　　　　　　　印

項番　大臣/知事コード　許可年月日

許可番号　3 5　国土交通大臣/知事 許可（般/特－　）第　　号　平成　年　月　日

法人番号　3 6

記

| 届出事項 | 変更前 | 変更後 | 変更年月日 | 備考 |
|---|---|---|---|---|
| | | | | |
| | | | | |
| | | | | |
| | | | | |
| | | | | |
| | | | | |
| | | | | |
| | | | | |
| | | | | |
| | | | | |
| | | | | |
| | | | | |

変更の内容が、次の◎【商号又は名称、代表者又は個人の氏名、主たる営業所の所在地、資本金額等の変更に関する入力事項】又は第二面の◎【営業しようとする建設業、従たる営業所の所在地の変更、新設、廃止に関する入力事項】の各欄に掲げる事項に係る場合には、該当する欄にも変更後の内容を記入すること。

◎【商号又は名称、代表者又は個人の氏名、主たる営業所の所在地、資本金額等の変更に関する入力事項】

商号又は名称のフリガナ　3 7

商号又は名称　3 8

代表者又は個人の氏名のフリガナ　3 9

代表者又は個人の氏名　4 0

主たる営業所の所在地市区町村コード　4 1　都道府県名　　市区町村名

主たる営業所の所在地　4 2

郵便番号　4 3　－　　電話番号

資本金額又は出資総額　4 4　（千円）

連絡先
所属等　　氏名　　電話番号
ファックス番号

（用紙Ａ４）

（第二面）

区　分　項番 81　（2．営業しようとする建設業又は従たる営業所の所在地の変更　3．従たる営業所の新設　4．従たる営業所の廃止）

大臣知事コード

許可番号　項番 82　国土交通大臣知事許可（般特－　）第　号　許可年月日　平成　年　月　日

◎【営業しようとする建設業、従たる営業所の所在地の変更、新設、廃止に関する入力事項】

（主たる営業所）

営業しようとする建設業　83　土 建 大 左 と 石 屋 電 管 タ 鋼 筋 舗 しゅ 板 ガ 塗 防 内 機 絶 通 園 井 具 水 消 清 解　（1．一般　2．特定）

変更前

（従たる営業所）

従たる営業所の名称　84　フリガナ

内容

従たる営業所の所在地市区町村コード　85　都道府県名　市区町村名

従たる営業所の所在地　86

郵便番号　87　－　電話番号

営業しようとする建設業　88　土 建 大 左 と 石 屋 電 管 タ 鋼 筋 舗 しゅ 板 ガ 塗 防 内 機 絶 通 園 井 具 水 消 清 解　（1．一般　2．特定）

変更前

（従たる営業所）

従たる営業所の名称　84　フリガナ

内容

従たる営業所の所在地市区町村コード　85　都道府県名　市区町村名

従たる営業所の所在地　86

郵便番号　87　－　電話番号

営業しようとする建設業　88　土 建 大 左 と 石 屋 電 管 タ 鋼 筋 舗 しゅ 板 ガ 塗 防 内 機 絶 通 園 井 具 水 消 清 解　（1．一般　2．特定）

変更前

（従たる営業所）

従たる営業所の名称　84　フリガナ

内容

従たる営業所の所在地市区町村コード　85　都道府県名　市区町村名

従たる営業所の所在地　86

郵便番号　87　－　電話番号

営業しようとする建設業　88　土 建 大 左 と 石 屋 電 管 タ 鋼 筋 舗 しゅ 板 ガ 塗 防 内 機 絶 通 園 井 具 水 消 清 解　（1．一般　2．特定）

変更前

記載要領

1　(1)から(7)までの事項については、該当するものの番号を○で囲むこと。

2　「　地方整備局長 北海道開発局長 知事」、「国土交通大臣 知事」及び「般 特」については、不要のものを消すこと。

3　「届出者」の欄は、この変更届出書により届出をしようとする者（以下「届出者」という。）の他にこの届出書を作成した者がある場合には、届出者に加え、その者の氏名も併記し、押印すること。この場合には、作成に係る委任状の写しその他の作成等に係る権限を有することを証する書面を添付すること。

4　□□□□で表示された枠（以下「カラム」という。）に記入する場合は、1カラムに1文字ずつ丁寧に、かつ、カラムからはみ出さないように記入すること。数字を記入する場合は、例えば□□1 2のように右詰めで、また、文字を記入する場合は、例えばＡ建設工業□□のように左詰めで記入すること。

5　3 5「許可番号」の欄の「大臣 知事コード」の欄は、現在許可を受けている行政庁について別表（一）の分類に従い、該当するコードを記入すること。

また、「許可番号」及び「許可年月日」の欄は、例えば0 0 1 2 3 4又は0 1月0 1日のように、カラムに数字を記入するに当たつて空位のカラムに「0」を記入すること。

なお、現在2以上の建設業の許可を受けている場合で許可年月日が複数あるときは、そのうち最も古いものについて記入すること。

6　3 6「法人番号」の欄は、申請者が法人であつて法人番号（行政手続における特定の個人を識別するための番号の利用等に関する法律（平成25年法律第27号）第2条第15項に規定する法人番号をいう。）の指定を受けたものである場合にのみ当該法人番号を記入すること。

7　「変更前」及び「変更後」の欄は、届出事項について変更に係る部分を対比させて記載すること。

8　「変更年月日」の欄は、実際に変更の行われた年月日を記載すること。

9　届出の内容が、経営業務の管理責任者である役員等の氏名に係る場合には、「備考」の欄にその旨を記載すること。

10　届出の内容が、主たる営業所若しくは従たる営業所において営業しようとする建設業又は従たる営業所の名称若しくは所在地に係る変更、従たる営業所の新設若しくは廃止以外の場合には、第二面の提出を要しない。

11　届出の内容が、営業所の新設の場合には、「変更後」の欄に、当該営業所に専任で置かれる法第7条第2号又は第15条第2号に規定する技術者の氏名を記載し、「備考」の欄に当該営業所の名称を記載すること。

12　[3][7]「商号又は名称のフリガナ」の欄は、カタカナで記入し、その際、濁音又は半濁音を表す文字については、例えば[ガ]又は[パ]のように1文字として扱うこと。

なお、株式会社等法人の種類を表す文字についてはフリガナは記入しないこと。

13　[3][8]「商号又は名称」の欄は、法人の種類を表す文字については次の表の略号を用いること。

（例　[ ][(][株][)][ ][A][建][設][ ]
[B][建][設][ ][(][有][)][ ][ ]）

| 種　　類 | 略　号 |
|---|---|
| 株式会社 | (株) |
| 特例有限会社 | (有) |
| 合名会社 | (名) |
| 合資会社 | (資) |
| 合同会社 | (合) |
| 協同組合 | (同) |
| 協業組合 | (業) |
| 企業組合 | (企) |

14　[3][9]「代表者又は個人の氏名のフリガナ」の欄は、カタカナで姓と名の間に1カラム空けて記入し、その際、濁音又は半濁音を表す文字については、例えば[ガ]又は[パ]のように1文字として扱うこと。

15　[4][0]「代表者又は個人の氏名」の欄は、届出者が法人の場合はその代表者の氏名を、個人の場合はその者の氏名を、それぞれ姓と名の間に1カラム空けて記入すること。

16　[4][1]「主たる営業所の所在地市区町村コード」及び[8][5]「従たる営業所の所在地市区町村コード」の欄は、都道府県の窓口備付けのコードブック（総務省編「全国地方公共団体コード」）により、営業所の所在する市区町村の該当するコードを記入すること。

「都道府県名」及び「市区町村名」には、それぞれ営業所の所在する都道府県名及び市区町村名を記載すること。

17　[4][2]「主たる営業所の所在地」及び[8][6]「従たる営業所の所在地」の欄は、13により記入した市区町村コードによつて表される市区町村に続く町名、街区符号及び住居番号等を、「丁目」、「番」及び「号」については－（ハイフン）を用いて、例えば[霞][が][関][2][－][1][－][1][3][ ]のように記入すること。

18　[4][3]及び[8][7]のうち「電話番号」の欄は、市外局番、局番及び番号をそれぞれ

－（ハイフン）で区切り、例えば[0][3][－][5][2][5][3][－][8][1][1][1][ ]のように左詰めで記入すること。

19　[4][4]「資本金額又は出資総額」の欄は、届出者が法人の場合にのみ記入し、株式会社にあつては資本金額を、それ以外の法人にあつては出資総額を記入し、届出者が個人の場合には記入しないこと。

20　「連絡先」の欄は、この申請書又は添付書類を作成した者その他この申請の内容に係る質問等に応答できる者の氏名、電話番号等を記載すること。

21　[8][1]「区分」の欄は、次の分類に従い、該当する数字をカラムに記入すること。

「2．営業しようとする建設業又は従たる営業所の所在地の変更」・・・既に許可を受けて営む建設業の種類を変更する場合及び従たる営業所の所在地を変更する場合

「3．従たる営業所の新設」・・・新たに従たる営業所を追加する場合

「4．従たる営業所の廃止」・・・従たる営業所を廃止する場合

なお、従たる営業所の名称を変更する場合には、「3．従たる営業所の新設」により変更後の名称で当該営業所を追加するとともに、「4．従たる営業所の廃止」により変更前の名称の当該営業所を廃止すること。

22　[8][3]及び[8][8]「営業しようとする建設業」の欄は、一般建設業の場合は「1」を、特定建設業の場合は「2」を、次の表の（　）内に示された略号のカラムに記入すること。

| 土木工事業（土） | 鋼構造物工事業（鋼） | 熱絶縁工事業（絶） |
|---|---|---|
| 建築工事業（建） | 鉄筋工事業（筋） | 電気通信工事業（通） |
| 大工工事業（大） | 舗装工事業（舗） | 造園工事業（園） |
| 左官工事業（左） | しゅんせつ工事業（しゅ） | さく井工事業（井） |
| とび・土工工事業（と） | 板金工事業（板） | 建具工事業（具） |
| 石工事業（石） | ガラス工事業（ガ） | 水道施設工事業（水） |
| 屋根工事業（屋） | 塗装工事業（塗） | 消防施設工事業（消） |
| 電気工事業（電） | 防水工事業（防） | 清掃施設工事業（清） |
| 管工事業（管） | 内装仕上工事業（内） | 解体工事業（解） |
| タイル・れんが・ブロック工事業（タ） | 機械器具設置工事業（機） | |

23　届出の変更が従たる営業所の所在地、電話番号、営業しようとする建設業の変更の場合においては、[8][4]「従たる営業所の名称」の欄に変更のある営業所の名称を記入するとともに、「内容」欄の変更する項目に変更後の内容を記入すること。

## 様式第二十二号の三（第十条の二関係）

（用紙Ａ４）
0 0 0 0 8

### 届　　出　　書

下記のとおり、{(1) 建設業法第7条第1号に掲げる基準を満たさなくなつた (2) 経営業務の管理責任者を削除した (3) 建設業法第7条第2号又は同法第15条第2号に掲げる基準を満たさなくなつた (4) 専任の技術者を削除した (5) 欠格要件に該当するに至つた} ので提出をします。

平成　　年　　月　　日

地方整備局長
北海道開発局長
知事　殿

届出者＿＿＿＿＿＿＿＿＿＿＿＿＿＿印

項番　大臣/知事コード

許可番号　□ 5 1　□□　国土交通大臣/知事 許可（般/特－□□）第□□□□□□号　許可年月日 平成□□年□□月□□日

記

{(1) 建設業法第7条第1号に掲げる基準〔経営業務の管理責任者〕を満たさなくなつた場合 (2) 経営業務の管理責任者を削除した場合}

元号〔平成Ｈ、昭和Ｓ、大正Ｔ、明治Ｍ〕

氏　名　□ 5 2　□□□□□□□□□□　生年月日 □ □□年□□月□□日

{(3) 建設業法第7条第2号又は同法第15条第2号に掲げる基準〔専任の技術者〕を満たさなくなった場合 (4) 専任の技術者を削除した場合}

元号〔平成Ｈ、昭和Ｓ、大正Ｔ、明治Ｍ〕

氏　名　□ 5 3　□□□□□□□□□□　生年月日 □ □□年□□月□□日

営業所の名称＿＿＿＿＿＿＿＿　建設工事の種類＿＿＿＿＿＿＿＿

元号〔平成Ｈ、昭和Ｓ、大正Ｔ、明治Ｍ〕

氏　名　□ 5 3　□□□□□□□□□□　生年月日 □ □□年□□月□□日

営業所の名称＿＿＿＿＿＿＿＿　建設工事の種類＿＿＿＿＿＿＿＿

元号〔平成Ｈ、昭和Ｓ、大正Ｔ、明治Ｍ〕

氏　名　□ 5 3　□□□□□□□□□□　生年月日 □ □□年□□月□□日

営業所の名称＿＿＿＿＿＿＿＿　建設工事の種類＿＿＿＿＿＿＿＿

(5) 建設業法第8条第1号及び第7号から第13号までに規定する欠格要件に該当するに至った場合

具体的事由

（　　　　　　　　　　　　）

記載要領

1　この届出書は次の場合に、それぞれの場合ごとに作成すること。

(1)　法第7条第1号に掲げる基準を満たさなくなつた場合

この場合、「(1)」を○で囲むとともに、⑸⑵「氏名」及び「生年月日」の欄に記入すること。

(2)　許可を受けている一部の業種を廃業したことにより、当該業種に係る経営業務の管理責任者を削除した場合

この場合、「(2)」を○で囲むとともに、⑸⑵「氏名」及び「生年月日」の欄に記入すること。

(3)　法第7条第2号又は法第15条第2号に掲げる基準を満たさなくなつた場合

この場合、「(3)」を○で囲むとともに、⑸⑶「氏名」及び「生年月日」、「営業所の名称」並びに「建設工事の種類」の欄に記入すること。

(4)　許可を受けている一部の業種の廃業、営業所の廃止等のため、専任の技術者を削除した場合

この場合、「(4)」を○で囲むとともに、⑸⑶「氏名」及び「生年月日」、「営業所の名称」並びに「建設工事の種類」の欄に記入すること。

(5)　法第8条第1号及び第7号から第13号までに規定する欠格要件に該当するに至つた場合

この場合、「(5)」を○で囲むとともに、「具体的事由」の欄に記入すること。

2　「地方整備局長 北海道開発局長 知事」、「国土交通大臣 知事」及び「般 特」については、不要のものを消すこと。

3　「届出者」の欄は、この届出書により届出をしようとする者（以下「届出者」という。）の他にこの届出書を作成した者がある場合には、届出者に加え、その者の氏名も併記し、押印すること。この場合には、作成に係る委任状の写しその他の作成等に係る権限を有することを証する書面を添付すること。

4　□□□□で表示された枠（以下「カラム」という。）に記入する場合は、1カラムに1文字ずつ丁寧に、かつ、カラムからはみ出さないように記入すること。

5　⑸⑴「許可番号」の欄の「大臣 知事コード」の欄は、現在許可を受けている行政庁について別表(一)の分類に従い、該当するコードを記入すること。

また、「許可番号」及び「許可年月日」の欄は、例えば⓪⓪①②③④又は⓪①月⓪①日のように、カラムに数字を記入するに当たつて空位のカラムに「０」を記入すること。

なお、現在２以上の建設業の許可を受けている場合で許可年月日が複数あるときは、そのうち最も古いものについて記入すること。

6　⑤②及び⑤③「氏名」の欄は、姓と名の間に１カラム空けて、例えば建設□太郎□□のように左詰めで文字をカラムに記入すること。

また、「生年月日」の欄は、「元号」のカラムに略号を記入するとともに、例えば⓪①月⓪①日のように、カラムに数字を記入するに当たつて空位のカラムに「０」を記入すること。

7　「建設工事の種類」の欄は、届け出た技術者が専任の技術者となつていた建設業に係る建設工事について、次の表の（　）内に示された略号で記載すること。

| | | |
|---|---|---|
| 土木一式工事(土) | 鋼構造物工事(鋼) | 熱絶縁工事(絶) |
| 建築一式工事(建) | 鉄筋工事(筋) | 電気通信工事(通) |
| 大工工事(大) | 舗装工事(舗) | 造園工事(園) |
| 左官工事(左) | しゆんせつ工事(しゆ) | さく井工事(井) |
| とび・土工・コンクリート工事(と) | 板金工事(板) | 建具工事(具) |
| 石工事(石) | ガラス工事(ガ) | 水道施設工事(水) |
| 屋根工事(屋) | 塗装工事(塗) | 消防施設工事(消) |
| 電気工事(電) | 防水工事(防) | 清掃施設工事(清) |
| 管工事(管) | 内装仕上工事(内) | 解体工事(解) |
| タイル・れんが・ブロック工事(タ) | 機械器具設置工事(機) | |

## 様式第二十二号の四（第十条の三関係）

（用紙A４）
0 0 0 0 9

### 廃　業　届

下記のとおり、建設業を廃止したので届出をします。

平成　年　月　日

地方整備局長
北海道開発局長
知事　殿

届出者 ________________ 印

届出の区分　5 4　項番 3 □　（1．全部の業種の廃業　2．一部の業種の廃業）

許可番号　5 5　大臣/知事コード 3 □□　国土交通大臣/知事 許可（般/特－□□）第□□□□□□号　許可年月日 平成□□年□□月□□日

記

廃止した建設業　5 6　土 建 大 左 と 石 屋 電 管 タ 鋼 筋 舗 しゅ 板 ガ 塗 防 内 機 絶 通 園 井 具 水 消 清 解

届出時に許可を受けている建設業　5 7　（1．一般　2．特定）

行政庁側記入欄
整理区分　5 8　□
決裁年月日　5 9　平成□□年□□月□□日

【備考】

| | | |
|---|---|---|
| 廃業等の年月日 | 平成　年　月　日 | |
| 廃業等の理由 | （1） | 許可に係る建設業者が死亡したため |
| | （2） | 法人が合併により消滅したため |
| | （3） | 法人が破産手続開始の決定により解散したため |
| | （4） | 法人が合併又は破産手続開始の決定以外の事由により解散したため |
| | （5） | 許可を受けた建設業を廃止したため |

記載要領

1　「地方整備局長 北海道開発局長 知事」、「国土交通大臣 知事」及び「般 特」については、不要のものを消すこと。

2　「届出者」の欄は、この廃業届により廃業等の届出をしようとする者（以下「届出者」という。）の他にこの届出書を作成した者がある場合には、届出者に加え、その者の氏名も併記し、押印すること。この場合には、作成に係る委任状の写しその他の作成等に係る権限を有することを証する書面を添付すること。

3　□□□□で表示された枠（以下「カラム」という。）に記入する場合は、１カラムに１文字ずつ丁寧に、かつ、カラムからはみ出さないように記入すること。

4　[5][4]「届出の区分」の欄は、許可を受けている全部の業種の廃業の場合は「１」を、許可を受けている一部の業種の廃業の場合には「２」をカラムに記入すること。

5　[5][5]「許可番号」の欄の「大臣 知事コード」の欄は、現在許可を受けている行政庁について別表（一）の分類に従い、該当するコードを記入すること。

また、「許可番号」及び「許可年月日」の欄は、例えば[0][0][1][2][3][4]又は[0][1]月[0][1]日のように、カラムに数字を記入するに当たつて空位のカラムに「０」を記入すること。

なお、現在２以上の建設業の許可を受けている場合で許可年月日が複数あるときは、そのうち最も古いものについて記入すること。

6　[5][6]「廃止した建設業」の欄は、この届出書により廃止を届け出る建設業が一般建設業の場合は「１」を、特定建設業の場合は「２」を、次の表の（　）内に示された略号のカラムに記入すること。

| | | |
|---|---|---|
| 土木工事業(土) | 鋼構造物工事業(鋼) | 熱絶縁工事業(絶) |
| 建築工事業(建) | 鉄筋工事業(筋) | 電気通信工事業(通) |
| 大工工事業(大) | 舗装工事業(舗) | 造園工事業(園) |
| 左官工事業(左) | しゅんせつ工事業(しゅ) | さく井工事業(井) |
| とび・土工工事業(と) | 板金工事業(板) | 建具工事業(具) |
| 石工事業(石) | ガラス工事業(ガ) | 水道施設工事業(水) |
| 屋根工事業(屋) | 塗装工事業(塗) | 消防施設工事業(消) |
| 電気工事業(電) | 防水工事業(防) | 清掃施設工事業(清) |
| 管工事業(管) | 内装仕上工事業(内) | 解体工事業(解) |
| タイル・れんが・ブロック工事業(タ) | 機械器具設置工事業(機) | |

7　[5][7]「届出時に許可を受けている建設業」の欄は、この届出書により廃止を届け出る建設業を含め、許可を受けている建設業のすべてについて、６と同じ要領で記入すること。

8　太線の枠内には記入しないこと。

9　【備考】の欄は、⑴から⑸までの廃業等の理由のうち、該当するものを○で囲むこと。

**様式第二十三号**（第十七条関係）　　　　（用紙Ａ４）

<table>
<tr><td colspan="2">第　　回　あつせん／調　停／仲　裁　調書</td></tr>
<tr><td>事件の表示</td><td>平成　　年（　）第　　号</td></tr>
<tr><td>期日</td><td>平成　年　月　日　午　　時　　分</td></tr>
<tr><td>紛争処理を行つた場所</td><td></td></tr>
<tr><td>担当委員の氏名</td><td></td></tr>
<tr><td>担当指定職員の氏名</td><td></td></tr>
<tr><td>当事者、証人又は鑑定人の出欠</td><td></td></tr>
<tr><td>次回期日</td><td>平成　年　月　日　午　　時　　分</td></tr>
<tr><td colspan="2">処理状況の概要</td></tr>
<tr><td colspan="2"></td></tr>
<tr><td colspan="2"></td></tr>
<tr><td colspan="2"></td></tr>
<tr><td colspan="2"></td></tr>
<tr><td colspan="2"></td></tr>
</table>

記載要領

1　この調書は、紛争処理を行つた日ごとに作成すること。

2　標題の欄中不要の文字を抹消すること。

3　「事件の表示」欄には、事件の申請の受付順に受付番号を付し、（　）内に記入する符号は、あつせんにあつては「あ」、調停にあつては「調」、仲裁にあつては「仲」とする。職権あつせん又は職権調停の決議をした事件については、当該決議をした順に番号を付し、（　）内に記入する符号は、職権あつせんにあつては「職あ」、職権調停にあつては「職調」とする。

4　「処理状況の概要」の記載の末尾に、担当委員及び担当指定職員が記名押印すること。

**様式第二十四号**（第十七条関係）　　　　　　　　　　　　　　　　（用紙Ａ４）

| 事件の表示 | 平成　　年（　）第　　号 |
|---|---|

| 証人 鑑定人 調書 | | | |
|---|---|---|---|
| 期日 | 平成　　年　　月　　日　午　　時　　分 | | |
| 氏名 | | 年齢 | |
| 職業 | | 住所 | |
| 陳述の要旨 | | | |
| | | | |
| | | | |
| | | | |
| | | | |
| | | | |
| | | | |
| | | | |
| | | | |
| | | | |
| | | | |
| | | | |

記載要領

1　この調書は、証人又は鑑定人が陳述を行つた日ごとに作成すること。

2　標題の欄中不要の文字を抹消すること。

3　「事件の表示」欄には、事件の申請の受付順に受付番号を付し、（　）内に記入する符号は、あつせんにあつては「あ」、調停にあつては「調」、仲裁にあつては「仲」とする。職権あつせん又は職権調停の決議をした事件については、当該決議をした順に番号を付し、（　）内に記入する符号は、職権あつせんにあつては「職あ」、職権調停にあつては「職調」とする。

4　「陳述の要旨」の記載の末尾に、担当指定職員が記名押印すること。

**様式第二十五号**（第十七条関係）　　（用紙Ａ４）

| 事件の表示 | 平成　年（　）第　号 |
|---|---|

| 立入検査調書 | |
|---|---|
| 期日 | 平成　年　月　日　午　時　分 |
| 立入検査を行つた場所 | |
| 担当委員の氏名 | |
| 担当指定職員の氏名 | |
| 立入検査の目的物 | |
| 検査の概況 | |
| | |
| | |
| | |
| | |
| | |
| | |
| | |

記載要領

1　この調書は、立入検査を行つた日ごとに作成すること。

2　「事件の表示」欄には、事件の申請の受付順に受付番号を付し、（　）内に記入する符号は、あつせんにあつては「あ」、調停にあつては「調」、仲裁にあつては「仲」とする。職権あつせん又は職権調停の決議をした事件については、当該決議をした順に番号を付し、（　）内に記入する符号は、職権あつせんにあつては「職あ」、職権調停にあつては「職調」とする。

3　「検査の概況」の記載の末尾に、担当委員及び担当指定職員が記名押印すること。

**様式第二十五号の二**（第十七条の十四関係）

（表　面）

（用紙Ａ４）

<table>
<tr><td colspan="6">講　習　登　録　申　請　書</td></tr>
<tr><td rowspan="2">登録の種類</td><td rowspan="2">新　規・更　新</td><td>※登録番号</td><td colspan="3"></td></tr>
<tr><td>※登録年月日</td><td colspan="3">年　　月　　日</td></tr>
<tr><td colspan="6">この申請書により、建設業法第26条第４項の登録を申請します。<br>年　　月　　日<br>申請者　　　　　　　印<br>国土交通大臣　殿</td></tr>
<tr><td>フリガナ<br>氏名又は名称</td><td colspan="5"></td></tr>
<tr><td>住　　所</td><td colspan="5">郵便番号（　―　）<br>電話番号（　）　―</td></tr>
<tr><td>講習業務を行う事務所の所在地</td><td colspan="5">郵便番号（　―　）<br>電話番号（　）　―</td></tr>
<tr><td>法人である場合の<br>フリガナ<br>代表者の氏名</td><td colspan="5"></td></tr>
<tr><td colspan="3">講習業務を開始しようとする年月日</td><td colspan="3">年　　月　　日</td></tr>
</table>

備考
1　※印のある欄には、記載しないこと。
2　「新規・更新」については、不要のものを消すこと。

（裏　面）

（用紙Ａ４）

| 講 師 に 関 す る 事 項 | |
|---|---|
| フ　リ　ガ　ナ<br>氏　　　　　名 | 担当する予定の科目 |
| | |

**様式第二十五号の三**（第十七条の三十関係）

<table>
<tr><td rowspan="3">監理技術者講習修了履歴</td><td>修了番号:第　　　　　　　　号　修了年月日:</td></tr>
<tr><td>氏名:　　　　　　　　　　　　　　　生年月日:</td></tr>
<tr><td>講習実施機関名:　　　　　　　　　　　　　　　　印</td></tr>
</table>

備考

監理技術者講習修了後、監理技術者資格者証が発行された場合は、本ラベルを監理技術者資格者証上部に貼付すること。

## 様式第二十五号の四（第十七条の二十九関係）

### 資格者証交付申請書

平成　年　月　日

国土交通大臣
　　　　　　　　　殿
指定資格者証交付機関代表者

（写真）
資格者証用写真
1枚を全面のり
付けする。
縦3.0センチメートル
横2.4センチメートル

1．申請区分（該当する区分に○印を付けてください。）　新規　追加　更新

2．既資格者証　交付番号 第　　号　有効期限 平成　年　月　日

3．申請者氏名　フリガナ（氏・名）
氏　名

4．生年月日　元号　　年　月　日
（1. 明治 2. 大正 3. 昭和 4. 平成）

5．本　籍　都道府県コード　都・道・府・県

6．住　所　都道府県コード　郡市区町村名・街区符号・住居番号等

郵便番号　－　　電話番号

7．所属建設業者　商号又は名称

許可番号　大臣・知事コード　国土交通大臣 知事　許可（般・特－　）第　　号

電話番号

8．監理技術者資格

(1) 区分　番号　号　(2) 区分　番号　号
(3) 区分　番号　号　(4) 区分　番号　号
(5) 区分　番号　号　(6) 区分　番号　号
(7) 区分　番号　号　(8) 区分　番号　号
(9) 区分　番号　号　(10) 区分　番号　号

9．監理技術者講習修了履歴（修了履歴がある場合のみ記載）

修了番号　第　－　号　修了年月日　平成　年　月　日

10．受付番号　　受付場所　　受付日 平成　年　月　日

記載要領

1　太線の枠内には記入しないこと。

2　この申請書の□□□□で表示された枠（以下「カラム」という。）に記入する場合には、1カラム1文字ずつ丁寧に、かつ、カラムからはみ出さないように記入すること。

3　「申請区分」の欄は、次の分類に従い該当する区分に○を記入すること。

「新規」…現在、資格者証の交付を受けていない者が交付を申請する場合

「追加」…既に資格者証の交付を受けている者が資格者証に記載されている監理技術者資格と異なる監理技術者資格を有することにより、記載される資格又は対応する建設業の種類を変更するために新たな資格者証の交付を申請する場合

「更新」…既に資格者証の交付を受けている者がその有効期間の更新を申請する場合

4　「既資格者証」の欄は、「申請区分」が「新規」以外である場合に、既に交付を受けている資格者証の交付番号及び有効期限を記入すること。

5　「申請者氏名」の欄における「フリガナ」のカラムには、申請者の氏名をカタカナで例えば、[カ][ス][ミ][カ][゛][セ][キ]□□□のように左詰めで記入すること。その際、濁点及び半濁点は1文字として扱うこと。

6　「生年月日」の欄における「元号」のカラムには、該当するコードを記入すること。

7　「本籍」の欄は、本籍地の所在する都道府県名とその都道府県コードを記入すること。

「都道府県コード」のカラムには、別表㈢の分類に従い該当するコードを記入すること。日本国籍を有しない者にあつては、その者の有する国籍とその該当するコードを別表㈢の分類に従い記入すること。

8　「住所」の欄は、都道府県コードとそれに続く住所を記入すること。「都道府県コード」のカラムには、別表㈢の分類に従い該当するコードを記入し、また、都道府県名に続く郡市区町村名・街区符号・住居番号等については、「丁目」「番」及び「号」をそれぞれ－（ハイフン）を用いて、例えば[霞][が][関][2][－][1][－][3]□□□のように左詰めで記入すること。

「電話番号」のカラムには、市外局番、局番及び番号をそれぞれ－（ハイフン）で区切り、例えば[0][6][－][9][4][2][－][1][1][4][1]□□のように左詰めで記入すること。

9　「所属建設業者」の欄における「商号又は名称」のカラムには、申請者が所属する建設業者の商号又は名称を記入すること。その際、法人の種類を表す文字については下表の略号を用いて、例えば[（][株][）][A][建][設][会][社]□□のように左詰めで記入すること。

（例 □（株）□甲建設□
乙建設□（有）□□）

| 種類 | 略号 |
|---|---|
| 株式会社 | （株） |
| 特例有限会社 | （有） |
| 合名会社 | （名） |
| 合資会社 | （資） |
| 合同会社 | （合） |
| 協同組合 | （同） |
| 協業組合 | （業） |
| 企業組合 | （企） |

「許可番号」のカラムには、所属建設業者の許可番号を記入すること。

「大臣・知事コード」のカラムには、所属建設業者が現在許可を受けている行政庁について別表㈠の分類に従い該当するコードを記入すること。

「国土交通大臣<br>知事」及び「般<br>特」のカラムについては、不要のものを消すこと。

「電話番号」のカラムには、所属建設業者の電話番号を記載要領８に従つて記入すること。

10　「監理技術者資格」の欄における「区分」のカラムには、資格者証に記載しようとする監理技術者資格について別表㈡の分類に従い該当するコードを記入すること。ただし、当該資格が法第15条第２号ロに該当することである場合には⓪⑤と記入すること。

「番号」のカラムには、当該資格が法第27条第１項の規定による一級の技術検定の合格である場合には技術検定合格証明書の番号を、建築士法（昭和25年法律第202号）に基づく一級の建築士である場合には建築士登録番号を、技術士法（昭和58年法律第25号）に基づく第二次試験の合格である場合には第二次試験合格証番号を、法第15条第２号ロに該当することである場合には同号ロの指導監督的な実務の経験の基礎となる建設工事の種類に応じ下表の番号を、法第15条第２号ハに基づく国土交通大臣の認定である場合には認定番号を、それぞれ対応するカラムに例えば□□□□□□□□①②のように右詰めで記入すること。

| 番号 | 建設工事の種類 | 番号 | 建設工事の種類 | 番号 | 建設工事の種類 |
|---|---|---|---|---|---|
| 03 | 大工工事 | 15 | 板金工事 | 24 | さく井工事 |
| 04 | 左官工事 | 16 | ガラス工事 | 25 | 建具工事 |
| 05 | とび・土工・コンクリート工事 | 17 | 塗装工事 | 26 | 水道施設工事 |
| 06 | 石工事 | 18 | 防水工事 | 27 | 消防施設工事 |
| 07 | 屋根工事 | 19 | 内装仕上工事 | 28 | 清掃施設工事 |
| 10 | タイル・れんが・ブロック工事 | 20 | 機械器具設置工事 | 29 | 解体工事 |
| 12 | 鉄筋工事 | 21 | 熱絶縁工事 | | |
| 14 | しゆんせつ工事 | 22 | 電気通信工事 | | |

11　「監理技術者講習修了履歴」の欄における「修了番号」のカラムには、過去５年以内に修了した監理技術者講習がある場合に限り記入すること。その際、過去５年以内に講習を複数回修了している場合にあつては、最新のものの修了番号を記入すること。

## **様式第二十五号の五**（第十七条の三十関係）

（表面）

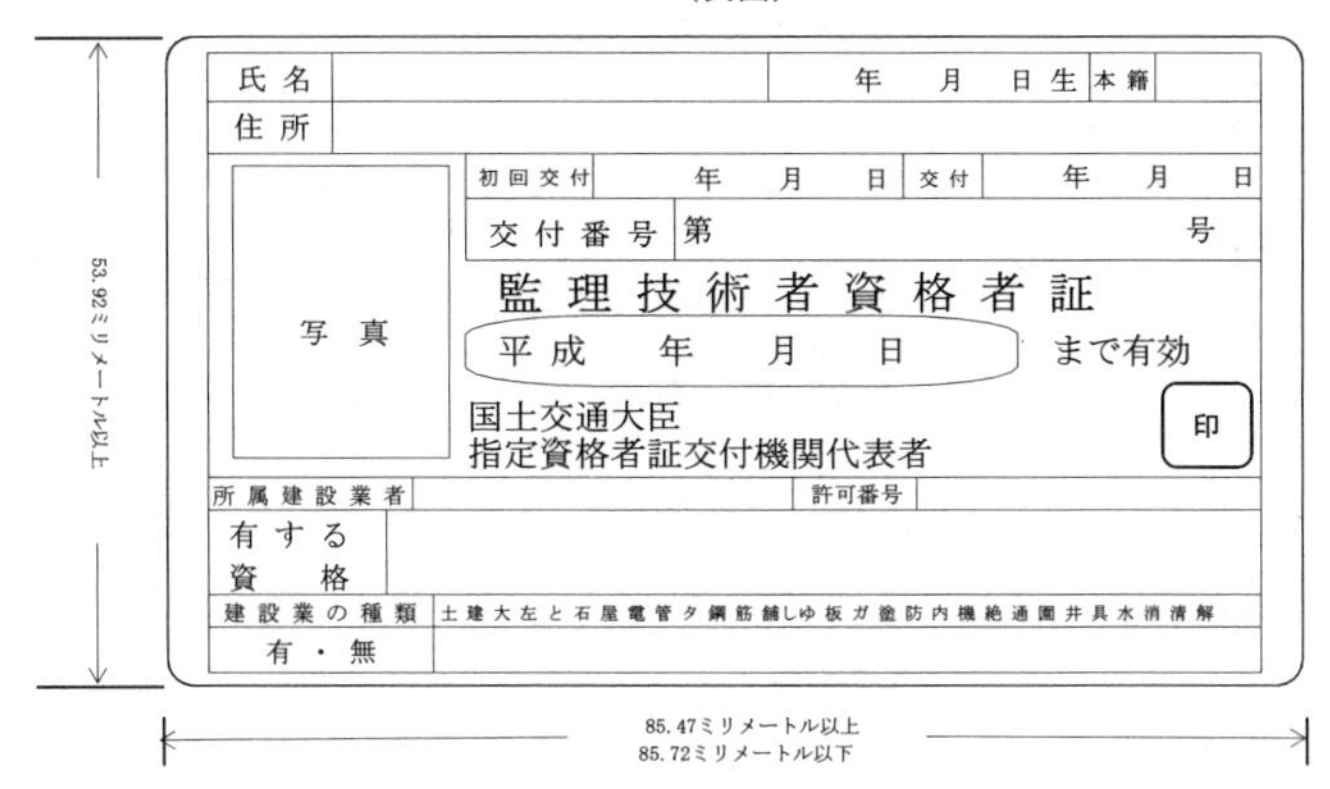

| 氏名 | | 年　月　日生 | 本籍 | |
|---|---|---|---|---|
| 住所 | | | | |

| 写真 | 初回交付　年　月　日 | 交付　年　月　日 |
|---|---|---|
| | 交付番号 | 第　　　号 |

監理技術者資格者証

平成　年　月　日　まで有効

国土交通大臣
指定資格者証交付機関代表者　印

| 所属建設業者 | | 許可番号 | |
|---|---|---|---|
| 有する資格 | | | |
| 建設業の種類 | 土 建 大 左 と 石 屋 電 管 タ 鋼 筋 舗 しゆ 板 ガ 塗 防 内 機 絶 通 園 井 具 水 消 清 解 | | |
| 有・無 | | | |

53.92ミリメートル以上

85.47ミリメートル以上
85.72ミリメートル以下

（裏面）

| 監理技術者講習修了履歴 | 修了番号:第　　　号　修了年月日: |
|---|---|
| | 氏名:　　　生年月日: |
| | 講習実施機関名:　　　印 |

| 資格者証備考 | |
|---|---|
| | |
| | |
| | |
| | |
| | |
| | |
| | |

備考
1　「本籍」の欄は、本籍地の所在する都道府県名（日本の国籍を有しない者にあっては、その者が有する国籍）を記載すること。
2　磁気ストライプを埋め込むこと。

## 様式第二十五号の六（第十七条の三十一関係）

（用紙Ａ４）

資格者証変更届出書

国土交通大臣
指定資格者証交付機関代表者　殿

平成　　年　　月　　日

下記のとおり、
⑴ 氏名　⑵ 本籍　⑶ 住所　⑷ 所属建設業者　⑸ 監理技術者資格
について、変更があつたので届出をします。

1．変更届出

| ⑴ | ⑵ | ⑶ | ⑷ | ⑸ |
|---|---|---|---|---|
| | | | | |

2．既資格者証　交付番号　第□□□□□□□□□□号　有効期限　平成　年　月　日

3．申請者氏名　フリガナ（氏・名）□□□□□□□□□□□□□□□□□□□□
氏名（氏・名）

4．生年月日　元号□　□□年□□月□□日
〔1．明治　2．大正　3．昭和　4．平成〕

5．本籍　都道府県コード□□　都・道・府・県

6．住所　都道府県コード□□　郡市区町村名・街区符号・住居番号等□□□□□□□□□□□□□□□□□□□□□□□□□
郵便番号□□□－□□□□　電話番号□□□□□□□□□□□□

7．所属建設業者　商号又は名称□□□□□□□□□□□□□□□□□□□□
許可番号　大臣・知事コード□□　国土交通大臣／知事　許可（般／特－□□）第□□□□□□号
電話番号□□□□□□□□□□□□

8．監理技術者資格
⑴区分□□　番号□□□□□□□□□□号　⑵区分□□　番号□□□□□□□□□□□号
⑶区分□□　番号□□□□□□□□□□号　⑷区分□□　番号□□□□□□□□□□□号
⑸区分□□　番号□□□□□□□□□□号　⑹区分□□　番号□□□□□□□□□□□号
⑺区分□□　番号□□□□□□□□□□号　⑻区分□□　番号□□□□□□□□□□□号
⑼区分□□　番号□□□□□□□□□□号　⑽区分□□　番号□□□□□□□□□□□号

9．受付番号□□□□□□　受付場所□□□　受付日平成□□年□□月□□日

記載要領

1　太線の枠内には記入しないこと。

2　この申請書の□□□□で表示された枠（以下「カラム」という。）に記入する場合には、1カラム1文字ずつ丁寧に、かつ、カラムからはみ出さないように記入すること。

3　「変更届出」の欄は、変更する項目の該当する区分に○を記入すること。

4　「既資格者証」の欄は、既に交付を受けている資格者証の交付番号及び有効期限を記入すること。

5　「申請者氏名」の欄は、申請者の氏名（変更があつた場合は、変更後の氏名）を記入すること。「フリガナ」のカラムには、申請者の氏名（変更があつた場合は、変更後の氏名）をカタカナで例えば、カスミカ゛セキ□□□のように左詰めで記入すること。その際、濁点及び半濁点は1文字として扱うこと。

6　「生年月日」の欄における「元号」のカラムには、該当するコードを記入すること。

7　「本籍」の欄は、本籍地の所在する都道府県名とその都道府県コード（変更があつた場合は、変更後の都道府県名とその都道府県コード）を記入すること。「都道府県コード」のカラムには、別表㈢の分類に従い該当するコードを記入すること。日本国籍を有しない者にあつては、その者の有する国籍とその該当するコードを別表㈢の分類に従い記入すること。

8　「住所」に変更があつた場合は、「住所」「郵便番号」「電話番号」のすべてのカラムに変更後の内容を記入すること。その際、「住所」のカラムには、都道府県コードとそれに続く住所を記入すること。「都道府県コード」のカラムには、別表㈢の分類に従い該当するコードを記入し、また、都道府県名に続く郡市区町村名・街区符号・住居番号等については、「丁目」「番」及び「号」をそれぞれ－（ハイフン）を用いて、例えば霞が関2－1－3□□□のように左詰めで記入すること。「電話番号」のカラムには、市外局番、局番及び番号をそれぞれ－（ハイフン）で区切り、例えば06－942－1141□のように左詰めで記入すること。

9　所属する建設業者を変更した場合は、「所属建設業者」の欄のうち「商号又は名称」「許可番号」「電話番号」のすべてのカラムに変更後の内容を記入すること。その際、「商号又は名称」のカラムには、申請者が所属する建設業者の商号又は名称を記入し、法人の種類を表す文字については下表の略号を用いて、例えば（株）□A建設会社□□のように左詰めで記入すること。

（例 □(株)□甲建設□

乙建設□(有)□)□

| 種　類 | 略　号 |
|---|---|
| 株式会社 | (株) |
| 特例有限会社 | (有) |
| 合名会社 | (名) |
| 合資会社 | (資) |
| 合同会社 | (合) |
| 協同組合 | (同) |
| 協業組合 | (業) |
| 企業組合 | (企) |

「許可番号」のカラムには、所属建設業者の許可番号を記入すること。

「大臣・知事コード」のカラムには、所属建設業者が現在許可を受けている行政庁について別表(一)の分類に従い該当するコードを記入すること。

「国土交通大臣 知事」及び「般 特」のカラムについては、不要のものを消すこと。

「電話番号」のカラムには、所属建設業者の電話番号を記載要領8に従つて記入すること。

10　「監理技術者資格」の欄は、既に交付を受けている資格者証に記載されている監理技術者資格を有しなくなつた場合についてのみ記入すること。その際、「区分」のカラムには、資格者証から記載を削除しようとする監理技術者資格について別表(二)の分類に従い該当するコードを記入すること。ただし、当該資格が法第15条第2号ロに該当することである場合には⓪⑤と記入すること。

「番号」のカラムには、資格者証から記載を削除しようとする当該資格が法第27条第1項の規定による一級の技術検定の合格である場合には技術検定合格証明書の番号を、建築士法（昭和25年法律第202号）に基づく一級の建築士である場合には建築士登録番号を、技術士法（昭和58年法律第25号）に基づく第二次試験の合格である場合には第二次試験合格証番号を、法第15条第2号ロに該当することである場合には同号ロの指導監督的な実務の経験の基礎となる建設工事の種類に応じ下表の番号を、法第15条第2号ハに基づく国土交通大臣の認定である場合には認定番号を、それぞれ対応するカラムに例えば□□□□□□□□①②のように右詰めで記入すること。

| 番号 | 建設工事の種類 | 番号 | 建設工事の種類 | 番号 | 建設工事の種類 |
|---|---|---|---|---|---|
| 03 | 大工工事 | 15 | 板金工事 | 24 | さく井工事 |
| 04 | 左官工事 | 16 | ガラス工事 | 25 | 建具工事 |
| 05 | とび・土工・コンクリート工事 | 17 | 塗装工事 | 26 | 水道施設工事 |
| 06 | 石工事 | 18 | 防水工事 | 27 | 消防施設工事 |
| 07 | 屋根工事 | 19 | 内装仕上工事 | 28 | 清掃施設工事 |
| 10 | タイル・れんが・ブロック工事 | 20 | 機械器具設置工事 | 29 | 解体工事 |
| 12 | 鉄筋工事 | 21 | 熱絶縁工事 | | |
| 14 | しゆんせつ工事 | 22 | 電気通信工事 | | |

**様式第二十五号の七**（第十七条の三十二関係）

資　格　者　証　再　交　付　申　請　書

平成　年　月　日

国土交通大臣
　　　　　　　　　　　　殿
指定資格者証交付機関代表者

（写真）
資格者証用写真
1枚を全面のり
付けする。
縦3.0センチメートル
横2.4センチメートル

1．既資格者証　　交付番号 第□□□□□□□□□□□号　　有効期限 平成　年　月　日

2．申請者氏名　　フリガナ（氏・名）
　　　　　　　　氏　名

3．生 年 月 日　　元号□ □□年□□月□□日
〔1．明治 2．大正 3．昭和 4．平成〕

4．本　　籍　　都道府県コード□□　　都・道・府・県

5．再交付の理由　　□〔1．忘失　2．滅失　3．汚損　4．破損〕
〔理　由　　　　　　　　　　　　　　　　〕

6．監理技術者講習修了履歴（修了履歴がある場合のみ記載）

修了番号　第□□□□－□□□□□□□□□□号　　修了年月日　平成□□年□□月□□日

| 7．受　付　番　号 | □□□□□□ | 受付場所 | □□□ | 受　付　日　平成□□年□□月□□日 |
|---|---|---|---|---|

記載要領

1　太線の枠内には記入しないこと。

2　この申請書の□□□□で表示された枠（以下「カラム」という。）に記入する場合には、1カラム1文字ずつ丁寧に、かつ、カラムからはみ出さないように記入すること。

3　「既資格者証」の欄は、既に交付を受けている資格者証の交付番号及び有効期限を記入すること。

4　「申請者氏名」の欄における「フリガナ」のカラムには、申請者の氏名をカタカナで例えばカスミカ゛セキ□□□のように左詰めで記入すること。その際、濁点及び半濁点は1文字として扱うこと。

5　「生年月日」の欄における「元号」のカラムには該当するコードを記入すること。

6　「本籍」の欄は、本籍地の所在する都道府県名とその都道府県コードを記入すること。

「都道府県コード」のカラムには、別表㈢の分類に従い該当するコードを記入すること。日本国籍を有しない者にあつては、その者の有する国籍とその該当するコードを別表㈢の分類に従い記入すること。

7　「再交付の理由」の欄においては、再交付を申請する理由に該当するコードをカラムに記入し、具体的な理由を記すこと。

8　「監理技術者講習修了履歴」の欄における「修了番号」のカラムには、過去5年以内に修了した監理技術者講習がある場合に限り記入すること。その際、過去5年以内に講習を複数回修了している場合にあっては、最新のものの修了番号を記入すること。

**様式第二十五号の七の二**（第十八条の六関係）

（登録経理試験の名称）合格証明書

氏　　名

生年月日　　　　　年　　月　　日

この者は、建設業法施行規則第十八条の三第二項第二号の登録経理試験に合格した者であることを証します。

登録経理試験の合格年月日　　　　年　　月　　日

交　付　年　月　日　　　　年　　月　　日

合格証明書番号　　　　第　　　号

（登録経理試験実施機関の名称）　　　印

（登録番号　第　　　番）

## 様式第二十五号の八（第十九条の三関係）

（用紙Ａ４）

# 経営状況分析申請書

建設業法第27条の24第２項の規定により、経営に関する客観的事項の審査のうち経営状況の分析の申請をします。
この申請書及び添付書類の記載事項は、事実に相違ありません。

登録経営状況分析機関代表者　　　　平成　　年　　月　　日

殿　　　　申請者　　　　　　　　　　　　　　　　　　印

| | |
|---|---|
| 申請年月日 | 平成　　年　　月　　日 |
| 申請時の許可番号 | 大臣 知事 コード　国土交通大臣 知事 許可（許可番号 般 特 ―　）第　　号 許可年月日 平成　　年　　月　　日 |
| 前回の申請時の許可番号 | 大臣 知事 コード　国土交通大臣 知事 許可（許可番号 般 特 ―　）第　　号 許可年月日 平成　　年　　月　　日 |
| 審査基準日 | 平成　　年　　月　　日 |
| 審査対象事業年度 | 期間 自 平成　　年　　月　　日～至平成　　年　　月　　日 処理の区分 ①　　② |
| 審査対象事業年度の前審査対象事業年度 | 期間 自 平成　　年　　月　　日～至平成　　年　　月　　日 処理の区分 ①　　② |
| 審査対象事業年度の前々審査対象事業年度 | 期間 自 平成　　年　　月　　日～至平成　　年　　月　　日 処理の区分 ①　　② |
| 法人又は個人の別 | ＿（１.法人　２.個人） |
| 前回の申請の有無 | ＿（１.有　２.無） |
| 単独決算又は連結決算の別 | ＿（１.単独決算　２.連結決算） |
| 商号又は名称のフリガナ | |
| 商号又は名称 | |
| 代表者又は個人の氏名のフリガナ | |
| 代表者又は個人の氏名 | |
| 主たる営業所の所在地 | |
| 主たる営業所の電話番号 | |
| 当期減価償却実施額 | .　.　.　（千円） |
| 前期減価償却実施額 | .　.　.　（千円） |

（備考欄）

連絡先

所属等＿＿＿＿　氏名＿＿＿＿　電話番号＿＿＿＿　ファックス番号＿＿＿＿

記載要領

1　「申請者」の欄は、この申請書により経営状況分析を受けようとする建設業者（以下「申請者」という。）の他に申請書又は第19条の４第１項各号に掲げる添付書類を作成した者（財務書類を調製した者等を含む。以下同じ。）がある場合には、申請者に加え、その者の氏名も併記し、押印すること。この場合には、作成に係る委任状の写しその他の作成等に係る権限を有することを証する書面を添付すること。

2　太枠（備考欄）の枠内には記載しないこと。

3　「申請年月日」の欄は、登録経営状況分析機関に申請書を提出する年月日を記載すること。

4　「申請時の許可番号」の欄の「国土交通大臣／知事」及び「般／特」は、不要のものを消すこと。

5　「申請時の許可番号」の欄の「大臣／知事コード」は、申請時に許可を受けている行政庁について別表(1)の分類に従い、該当するコードを記入すること。

「許可番号」及び「許可年月日」は、現在２以上の建設業の許可を受けている場合で許可を受けた年月日が複数あるときは、そのうち最も古いものについて記載すること。

6　「前回の申請時の許可番号」の欄は、前回の申請時の許可番号と申請時の許可番号が異なつている場合についてのみ記載すること。

7　「審査基準日」の欄は、審査の申請をしようとする日の直前の事業年度の終了の日（別表(2)の分類のいずれかに該当する場合で直前の事業年度の終了の日以外の日を審査基準日として定めるときは、その日）を記載すること。

8　「審査対象事業年度」の欄の「至平成　　年　　月　　日」は審査基準日等を、「自平成　　年　　月　　日」は審査基準日の１年前の日の翌日等を次の表の例により記載すること。

また、「処理の区分」の①は、次の表の分類に従い、該当するコードを記入すること。

| コード | 処　理　の　種　類 |
|---|---|
| 00 | 12か月ごとに決算を完結した場合<br>（例）平成15年４月１日から平成16年３月31日までの事業年度について申請する場合<br>自平成15年４月１日～至平成16年３月31日 |
| 01 | ６か月ごとに決算を完結した場合<br>（例）平成15年10月１日から平成16年３月31日までの事業年度について申請する場合<br>自平成15年４月１日～至平成16年３月31日 |

| | |
|---|---|
| 02 | 商業登記法（昭和38年法律第125号）の規定に基づく組織変更の登記後最初の事業年度その他12か月に満たない期間で終了した事業年度について申請する場合<br>（例１）合名会社から株式会社への組織変更に伴い平成15年10月１日に当該組織変更の登記を行つた場合で平成16年３月31日に終了した事業年度について申請するとき<br>自平成15年４月１日～至平成16年３月31日<br>（例２）申請に係る事業年度の直前の事業年度が平成15年３月31日に終了した場合で事業年度の変更により平成19年12月31日に終了した事業年度について申請するとき<br>自平成15年１月１日～至平成15年12月31日 |
| 03 | 事業を承継しない会社の設立後最初の事業年度について申請する場合<br>（例）平成15年10月１日に会社を新たに設立した場合で平成16年３月31日に終了した最初の事業年度について申請するとき<br>自平成15年10月１日～至平成16年３月31日 |
| 04 | 事業を承継しない会社の設立後最初の事業年度の終了の日より前の日に申請する場合<br>（例）平成15年10月１日に会社を新たに設立した場合で最初の事業年度の終了の日（平成16年３月31日）より前の日（平成15年11月１日）に申請するとき<br>自平成15年10月１日～至平成15年10月１日 |

また、「処理の区分」の②は、別表⑵の分類のいずれかに該当する場合は、同表の分類に従い、該当するコードを記入すること。

9　「審査対象事業年度の前審査対象事業年度」の欄は、「審査対象事業年度」の欄の「自平成　　年　　月　　日」に記載した日の直前の審査対象事業年度の期間及び処理の区分を８の例により記載すること。

10　「審査対象事業年度の前々審査対象事業年度」の欄は、「審査対象事業年度の前審査対象事業年度」の欄の「自平成　　年　　月　　日」に記載した日の直前の審査対象事業年度の期間及び処理の区分を８の例により記載すること。

11　「前回の申請の有無」の欄は、審査対象事業年度の直前の審査対象事業年度について経営状況分析を受けた登録経営状況分析機関と同一の機関に申請をする場合は「１」を、そうでない場合は「２」を記入すること。

12　「単独決算又は連結決算の別」の欄は、申請者が会社法（平成17年法律第86号）第２条第６号の規定に基づく大会社であり、かつ、金融商品取引法（昭和23年法律第25号）第24条の規定に基づき、有価証券報告書を内閣総理大臣に提出しなければならない者である場合は「２」を、そうでない場合は「１」を記入すること。

13　「商号又は名称のフリガナ」の欄は、カタカナで記載すること。

14　「商号又は名称」の欄は、法人の種類を表す文字については次の表の略号を用いて、記載すること。

| 種　　類 | 略　号 |
| --- | --- |
| 株式会社 | （株） |
| 特例有限会社 | （有） |
| 合名会社 | （名） |
| 合資会社 | （資） |
| 合同会社 | （合） |
| 協同組合 | （同） |
| 協業組合 | （業） |
| 企業組合 | （企） |

15　「代表者又は個人の氏名のフリガナ」の欄は、カタカナで記載すること。

16　「代表者又は個人の氏名」の欄は、申請者が法人の場合はその代表者の氏名を、個人の場合はその者の氏名を記載すること。

17　「主たる営業所の所在地」の欄は、都道府県、市区町村、町名、街区符号及び住居番号等を、「丁目」、「番」及び「号」については－（ハイフン）を用いて、記載すること。

18　「主たる営業所の電話番号」の欄は、市外局番、局番及び番号をそれぞれ－（ハイフン）で区切り、記載すること。

19　「当期減価償却実施額」の欄は、「単独決算又は連結決算の別」の欄に「１」と記入した者は、審査対象事業年度に係る減価償却実施額（未成工事支出金に係る減価償却費、販売費及び一般管理費に係る減価償却費、完成工事原価に係る減価償却費、兼業事業売上原価に係る減価償却費その他減価償却費として費用を計上した額をいう。以下同じ。）を記載すること。「２」と記載した者は、記載を要しない。

記載すべき金額は、千円未満の端数を切り捨てて表示すること。

ただし、会社法第２条第６号に規定する大会社にあつては、百万円未満の端数を切り捨てて表示することができる。この場合、単位は千円とし、百万円未満は「０」を記入すること。

20　「前期減価償却実施額」の欄は、審査対象事業年度の前審査対象事業年度に係る減価償却実施額を19の例により記載すること。

ただし、「前回の申請の有無」の欄に「１」と記入し、かつ、前回の「当期減価償却実施額」の欄の内容に変更がないものについては、記載を省略することができる。

21　「連絡先」の欄は、この申請書又は添付書類を作成した者その他この申請の内容に係る質問等に応答できる者の氏名、電話番号等を記載すること。

別表(1)

| 00 | 国土交通大臣 | 12 | 千葉県知事 | 24 | 三重県知事 | 36 | 徳島県知事 |
|---|---|---|---|---|---|---|---|
| 01 | 北海道知事 | 13 | 東京都知事 | 25 | 滋賀県知事 | 37 | 香川県知事 |
| 02 | 青森県知事 | 14 | 神奈川県知事 | 26 | 京都府知事 | 38 | 愛媛県知事 |
| 03 | 岩手県知事 | 15 | 新潟県知事 | 27 | 大阪府知事 | 39 | 高知県知事 |
| 04 | 宮城県知事 | 16 | 富山県知事 | 28 | 兵庫県知事 | 40 | 福岡県知事 |
| 05 | 秋田県知事 | 17 | 石川県知事 | 29 | 奈良県知事 | 41 | 佐賀県知事 |
| 06 | 山形県知事 | 18 | 福井県知事 | 30 | 和歌山県知事 | 42 | 長崎県知事 |
| 07 | 福島県知事 | 19 | 山梨県知事 | 31 | 鳥取県知事 | 43 | 熊本県知事 |
| 08 | 茨城県知事 | 20 | 長野県知事 | 32 | 島根県知事 | 44 | 大分県知事 |
| 09 | 栃木県知事 | 21 | 岐阜県知事 | 33 | 岡山県知事 | 45 | 宮崎県知事 |
| 10 | 群馬県知事 | 22 | 静岡県知事 | 34 | 広島県知事 | 46 | 鹿児島県知事 |
| 11 | 埼玉県知事 | 23 | 愛知県知事 | 35 | 山口県知事 | 47 | 沖縄県知事 |

別表(2)

| コード | 処理の種類 |
|---|---|
| 10 | 申請者について会社の合併が行われた場合で合併後最初の事業年度の終了の日を審査基準日として申請するとき |
| 11 | 申請者について会社の合併が行われた場合で合併期日又は合併登記の日を審査基準日として申請するとき |
| 12 | 申請者について建設業に係る事業の譲渡が行われた場合で譲渡後最初の事業年度の終了の日を審査基準日として申請するとき |
| 13 | 申請者について建設業に係る事業の譲渡が行われた場合で譲受人である法人の設立登記日又は事業の譲渡により新たな経営実態が備わつたと認められる日を審査基準日として申請するとき |
| 14 | 申請者について会社更生手続開始の申立て、民事再生手続開始の申立て又は特定調停手続開始の申立てが行われた場合で会社更生手続開始決定日、会社更生計画認可日、会社更生手続開始決定日から会社更生計画認可日までの間に決算日が到来した場合の当該決算日、民事再生手続開始決定日、民事再生手続開始決定日から民事再生計画認可日までの間に決算日が到来した場合の当該決算日又は特定調停手続開始申立日から調停条項受諾日までの間に決算日が到来した場合の当該決算日を審査基準日として申請するとき |

| | |
|---|---|
| 15 | 申請者が、国土交通大臣の定めるところにより、外国建設業者の属する企業集団に属するものとして認定を受けて申請する場合 |
| 16 | 申請者が、国土交通大臣の定めるところにより、その属する企業集団を構成する建設業者の相互の機能分担が相当程度なされているものとして認定を受けて申請する場合 |
| 17 | 申請者が、国土交通大臣の定めるところにより、建設業者である子会社の発行済株式の全てを保有する親会社と当該子会社からなる企業集団に属するものとして認定を受けて申請する場合 |
| 18 | 申請者について会社分割が行われた場合で分割後最初の事業年度の終了の日を審査基準日として申請するとき |
| 19 | 申請者について会社分割が行われた場合で分割期日又は分割登記の日を審査基準日として申請するとき |
| 20 | 申請者について事業を承継しない会社の設立後最初の事業年度の終了の日より前の日に申請する場合 |
| 21 | 申請者が、国土交通大臣の定めるところにより、一定の企業集団に属する建設業者（連結子会社）として認定を受けて申請する場合 |

**様式第二十五号の九**（第十九条の四関係）

（用紙Ａ４）

兼業事業売上原価報告書
自平成　　年　　月　　日
至平成　　年　　月　　日

（会　社　名）

| | 千円 |
|---|---|
| 兼業事業売上原価 | |
| 期首商品（製品）たな卸高 | ××× |
| 当期商品仕入高 | ××× |
| 当期製品製造原価 | ××× |
| 合　計 | ×××× |
| 期末商品（製品）たな卸高 | △　××× |
| 兼業事業売上原価 | ××× |
| （当期製品製造原価の内訳） | |
| 材料費 | ××× |
| 労務費 | ××× |
| 経　費 | ××× |
| （うち　外注加工費） | （　××） |
| 小計（当期総製造費用） | ××× |
| 期首仕掛品たな卸高 | ××× |
| 計 | ×××× |
| 期末仕掛品たな卸高 | △　××× |
| 当期製品製造原価 | ××× |

記載要領

1　建設業以外の事業を併せて営む場合における当該建設業以外の事業（以下「兼業事業」という。）に係る売上原価について記載すること。

2　二以上の兼業事業を営む場合はそれぞれの該当項目に合算して記載すること。

3　「（当期製品製造原価の内訳）」は、当期製品製造原価がある場合に記載すること。

4　「兼業事業売上原価」は損益計算書の兼業事業売上原価に一致すること。

5　記載すべき金額は、千円未満の端数を切り捨てて表示すること。

　ただし、会社法（平成17年法律第86号）第２条第６号に規定する大会社にあつては、百万円未満の端数を切り捨てて表示することができる。この場合、「千円」とあるのは「百万円」として記載すること。

## 様式第二十五号の十（第十九条の五関係）

（用紙Ａ４）
10006

### 経営状況分析結果通知書

平成　年　月　日

登録経営状況分析機関
登録番号
登録年月日　平成　年　月　日

殿　登録経営状況分析機関代表者　印

経営状況分析の結果を通知します。
この経営状況分析結果通知書の記載事項は、事実に相違ありません。

注）「処理の区分」の欄は、建設業法施行規則別記様式第25号の８の記載要領の別表(2)の分類に従い、経営状況分析を行った処理の区分を表示してあります。

許可番号　－　号
審査基準日　平成　年　月　日
電話番号　－　－
処理の区分

項番
資本金　（千円）

| 項番 |  |  |
|---|---|---|
| 7101 | 売上高に占める完成工事高の割合 | □□□□% |
| 7102 | 単独決算又は連結決算の別 | □〔1.単独決算、2.連結決算〕 |

経営状況分析

|  |  | 数値 |  | 数値 |
|---|---|---|---|---|
| 7103 | 純支払利息比率 | | 自己資本対固定資産比率 | |
| 7104 | 負債回転期間 | | 自己資本比率 | |
| 7105 | 総資本売上総利益率 | | 営業キャッシュフロー | |
| 7106 | 売上高経常利益率 | | 利益剰余金 | |
| | 経営状況点数（Ａ）＝ | | | |
| 7107 | 経営状況分析結果（Ｙ）＝ | | | |

|  |  | 金額（千円） |  | 金額（千円） |
|---|---|---|---|---|
| 7108 | 固定資産 | | 売上高 | |
| 7109 | 流動負債 | | 売上総利益 | |
| 7110 | 固定負債 | | 受取利息配当金 | |
| 7111 | 利益剰余金 | | 支払利息 | |
| 7112 | 自己資本 | | 経常（事業主）利益 | |
| 7113 | 総資本（当期） | | 営業キャッシュフロー（当期） | |
| 7114 | 総資本（前期） | | 営業キャッシュフロー（前期） | |

## 様式第二十五号の十一（第十九条の七、第二十条、第二十一条の二関係）

（用紙Ａ４）
20001

### 経営規模等評価申請書
### 経営規模等評価再審査申立書
### 総合評定値請求書

平成　　年　　月　　日

建設業法第27条の26第２項の規定により、経営規模等評価の申請をします。
建設業法第27条の28の規定により、経営規模等評価の再審査の申立をします。
建設業法第27条の29第１項の規定により、総合評定値の請求をします。

この申請書及び添付書類の記載事項は、事実に相違ありません。

地方整備局長
北海道開発局長
知事　殿

申請者＿＿＿＿＿＿＿＿＿＿＿＿印

| 行政庁側記入欄 | 項番 | | 請求年月日 | 土木事務所コード 整理番号 |
|---|---|---|---|---|
| 申請年月日 | 01 | 平成□□年□□月□□日 | 平成□□年□□月□□日 | □□－□□□□□□ |

|  | 項番 |  |
|---|---|---|
| 申請時の許可番号 | 02 | 大臣／知事 コード□□ 国土交通大臣／知事 許可（般／特－□□）第□□□□□□号 許可年月日 平成□□年□□月□□日 |
| 前回の申請時の許可番号 | 03 | 大臣／知事 コード□□ 国土交通大臣／知事 許可（般／特－□□）第□□□□□□号 許可年月日 平成□□年□□月□□日 |
| 審査基準日 | 04 | 平成□□年□□月□□日 |
| 申請等の区分 | 05 | □ |
| 処理の区分 | 06 | □□ □□ |
| 法人又は個人の別 | 07 | □（1. 法人 2. 個人） 資本金額又は出資総額 □□□□□□□□□□□（千円） 法人番号 □□□□□□□□□□□□□ |
| 商号又は名称のフリガナ | 08 | □×40 |
| 商号又は名称 | 09 | □×40 |
| 代表者又は個人の氏名のフリガナ | 10 | □×20 |
| 代表者又は個人の氏名 | 11 | □×10 |
| 主たる営業所の所在地市区町村コード | 12 | □□□□□ |
| 主たる営業所の所在地 | 13 | □×40 |
| 郵便番号 | 14 | □□□－□□□□ 電話番号 □□□□□□□□□□□□□□ |
| 許可を受けている建設業 | 15 | 土 建 大 左 と 石 屋 電 管 タ 鋼 筋 舗 しゅ 板 ガ 塗 防 内 機 絶 通 園 井 具 水 消 清 解 □×29（1. 一般 2. 特定） |
| 経営規模等評価等対象建設業 | 16 | □×29 |

項番　審査対象

自己資本額 [17] 3 5 10 (千円) 13 (1. 基準決算 2. 2期平均)

| 基準決算 | | (千円) |
|---|---|---|
| 直前の審査基準日 | | (千円) |

利益額（2期平均） [18] 3 5 10 (千円)

利益額（利払前税引前償却前利益）
= 営業利益+減価償却実施額

| 審査対象事業年度 | | | 審査対象事業年度の前審査対象事業年度 | | |
|---|---|---|---|---|---|
| 営業利益 | | (千円) | 営業利益 | | (千円) |
| 減価償却実施額 | | (千円) | 減価償却実施額 | | (千円) |

技術職員数 [19] 3 5 (人)

登録経営状況分析機関番号 [20] 3 5

経営状況分析を受けた機関の名称

工事種類別完成工事高、工事種類別元請完成工事高については別紙一による。
技術職員名簿については別紙二による。
その他の審査項目（社会性等）については別紙三による。

経営規模等評価の再審査の申立を行う者については、次に記載すること。

| 審査結果の通知番号 | 審査結果の通知の年月日 |
|---|---|
| 第　号 | 平成　年　月　日 |
| 再審査を求める事項 | 再審査を求める理由 |
| | |

連絡先

所属等　　氏名　　電話番号

ファックス番号

記載要領

1　「経営規模等評価申請書
　　経営規模等評価再審査申立書
　　総　合　評　定　値　請　求　書」、

「建設業法第27条の26第2項の規定により、経営規模等評価の申請をします。

　建設業法第27条の28の規定により、経営規模等評価の再審査の申立をします。

　建設業法第27条の29第1項の規定により、総合評定値の請求をします。　」、

「　地方整備局長<br>北海道開発局長<br>知事」、「国土交通大臣<br>知事」及び「般<br>特」については、不要のものを消すこと。

2　「申請者」の欄は、この申請書により経営規模等評価の申請、経営規模等評価の再審査の申立又は総合評定値の請求をしようとする建設業者（以下「申請者」という。）の他に申請書又は第19条の4第1項各号に掲げる添付書類を作成した者（財務書類を調製した者等を含む。以下同じ。）がある場合には、申請者に加え、その者の氏名も併記し、押印すること。この場合には、作成に係る委任状の写しその他の作成等に係る権限を有することを証する書面を添付すること。

3　太線の枠内には記入しないこと。

4　□□□□で表示された枠（以下「カラム」という。）に記入する場合は、1カラムに1文字ずつ丁寧に、かつ、カラムからはみ出さないように記入すること。数字を記入する場合は、例えば□□1 2のように右詰めで、また、文字を記入する場合は、例えば甲建設工業□□のように左詰めで記入すること。

5　0 2「申請時の許可番号」の欄の「大臣<br>知事」コードのカラムには、申請時に許可を受けている行政庁について別表(1)の分類に従い、該当するコードを記入すること。

「許可番号」及び「許可年月日」は、例えば0 0 1 2 3 4又は0 1月0 1日のように、カラムに数字を記入するに当たつて空位のカラムに「0」を記入すること。

なお、現在2以上の建設業の許可を受けている場合で許可を受けた年月日が複数あるときは、そのうち最も古いものについて記入すること。

6　0 3「前回の申請時の許可番号」の欄は、前回の申請時の許可番号と申請時の許可番号が異なつている場合についてのみ記入すること。

7　[0][4]「審査基準日」の欄は、審査の申請をしようとする日の直前の事業年度の終了の日（別表(2)の分類のいずれかに該当する場合で直前の事業年度の終了の日以外の日を審査基準日として定めるときは、その日）を記入し、例えば審査基準日が平成15年３月31日であれば、[1][5]年[0][3]月[3][1]日のように、カラムに数字を記入するに当たつて空位のカラムに「０」を記入すること。

8　[0][5]「申請等の区分」の欄は、次の表の分類に従い、該当するコードを記入すること。

| コード | 申　請　等　の　種　類 |
| --- | --- |
| 1 | 経営規模等評価の申請及び総合評定値の請求 |
| 2 | 経営規模等評価の申請 |
| 3 | 総合評定値の請求 |
| 4 | 経営規模等評価の再審査の申立及び総合評定値の請求 |
| 5 | 経営規模等評価の再審査の申立 |

9　[0][6]「処理の区分」の欄の左欄は、次の表の分類に従い、該当するコードを記入すること。

| コード | 処　理　の　種　類 |
| --- | --- |
| 00 | 12か月ごとに決算を完結した場合<br>（例）平成15年４月１日から平成16年３月31日までの事業年度について申請する場合 |
| 01 | ６か月ごとに決算を完結した場合<br>（例）平成15年10月１日から平成16年３月31日までの事業年度について申請する場合 |
| 02 | 商業登記法（昭和38年法律第125号）の規定に基づく組織変更の登記後最初の事業年度その他12か月に満たない期間で終了した事業年度について申請する場合<br>（例１）合名会社から株式会社への組織変更に伴い平成15年10月１日に当該組織変更の登記を行つた場合で平成16年３月31日に終了した事業年度について申請するとき<br>（例２）申請に係る事業年度の直前の事業年度が平成15年３月31日 |

| | |
|---|---|
| | に終了した場合で事業年度の変更により平成15年12月31日に終了した事業年度について申請するとき |
| 03 | 事業を承継しない会社の設立後最初の事業年度について申請する場合<br>（例）平成15年10月１日に会社を新たに設立した場合で平成16年３月31日に終了した最初の事業年度について申請するとき |
| 04 | 事業を承継しない会社の設立後最初の事業年度の終了の日より前の日に申請する場合<br>（例）平成15年10月１日に会社を新たに設立した場合で最初の事業年度の終了の日（平成16年３月31日）より前の日（平成15年11月１日）に申請するとき |

また、「処理の区分」の右欄は、別表⑵の分類のいずれかに該当する場合は、同表の分類に従い、該当するコードを記入すること。

10　07「資本金額又は出資総額」の欄は、申請者が法人の場合にのみ記入し、株式会社にあつては資本金額を、それ以外の法人にあつては出資総額を記入し、申請者が個人の場合には記入しないこと。

「法人番号」の欄は、申請者が法人であつて法人番号（行政手続における特定の個人を識別するための番号の利用等に関する法律（平成25年法律第27号）第２条第15項に規定する法人番号をいう。）の指定を受けたものである場合にのみ当該法人番号を記入すること。

11　08「商号又は名称のフリガナ」の欄は、カタカナで記入し、その際、濁音又は半濁音を表す文字については、例えばガ又はパのように１文字として扱うこと。なお、株式会社等法人の種類を表す文字についてはフリガナは記入しないこと。

12　09「商号又は名称」の欄は、法人の種類を表す文字については次の表の略号を用いて、記入すること。

（例□(株)□甲建設□
　乙建設□(有)□□）

| 種　類 | 略　号 |
|---|---|
| 株式会社 | （株） |
| 特例有限会社 | （有） |
| 合名会社 | （名） |
| 合資会社 | （資） |
| 合同会社 | （合） |
| 協同組合 | （同） |
| 協業組合 | （業） |
| 企業組合 | （企） |

13　[1][0]「代表者又は個人の氏名のフリガナ」の欄は、カタカナで姓と名の間に１カラム空けて記入し、その際、濁音又は半濁音を表す文字については、例えば[ギ]又は[パ]のように１文字として扱うこと。

14　[1][1]「代表者又は個人の氏名」の欄は、申請者が法人の場合はその代表者の氏名を、個人の場合はその者の氏名を、それぞれ姓と名の間に１カラム空けて記入すること。

15　[1][2]「主たる営業所の所在地市区町村コード」の欄は、都道府県の窓口備付けのコードブック（総務省編「全国地方公共団体コード」）により、主たる営業所の所在する市区町村の該当するコードを記入すること。

16　[1][3]「主たる営業所の所在地」の欄には、15により記入した市区町村コードによつて表される市区町村に続く町名、街区符号及び住居番号等を、「丁目」、「番」及び「号」については－（ハイフン）を用いて、例えば[霞][が][関][2][－][1][－][1][3][ ]のように記入すること。

17　[1][4]「電話番号」の欄は、市外局番、局番及び番号をそれぞれ－（ハイフン）で区切り、例えば[0][3][－][5][2][5][3][－][8][1][1][1][ ]のように記入すること。

18　[1][5]「許可を受けている建設業」の欄は、申請時に許可を受けている建設業が一般建設業の場合は「１」を、特定建設業の場合は「２」を次の表の（　）内に示された略号のカラムに記入すること。

| | | |
|---|---|---|
| 土木工事業（土） | 鋼構造物工事業（鋼） | 熱絶縁工事業（絶） |
| 建築工事業（建） | 鉄筋工事業（筋） | 電気通信工事業（通） |
| 大工工事業（大） | 舗装工事業（舗） | 造園工事業（園） |
| 左官工事業（左） | しゆんせつ工事業（しゆ） | さく井工事業（井） |
| とび・土工工事業（と） | 板金工事業（板） | 建具工事業（具） |
| 石工事業（石） | ガラス工事業（ガ） | 水道施設工事業（水） |
| 屋根工事業（屋） | 塗装工事業（塗） | 消防施設工事業（消） |
| 電気工事業（電） | 防水工事業（防） | 清掃施設工事業（清） |
| 管工事業（管） | 内装仕上工事業（内） | 解体工事業（解） |
| タイル・れんが・ブロック工事業（タ） | 機械器具設置工事業（機） | |

19　[1][6]「経営規模等評価等対象建設業」の欄は、経営規模等評価等を申請する建設業（総合評定値の請求のみを行う場合にあつては、経営規模等評価の結果の通知を受けた建設業）について18の表の（　）内に示された略号のカラムに「９」と記入すること。

20　[1][7]「自己資本額」の欄は、審査基準日の決算（以下「基準決算」という。）における自己資本の額又は基準決算及び前回の申請時における審査基準日（以下「直前の審査基準日」という。）の決算における自己資本の額の平均の額（以下「平均自己資本額」という。）を記入し、「審査対象」のカラムに「1」又は「2」を記入すること。また、平均自己資本額を記入した場合は、表内のカラムに基準決算における自己資本の額及び直前の審査基準日の決算における自己資本の額をそれぞれ記入すること。

　記入すべき金額は、千円未満の端数を切り捨てて表示すること。

　ただし、会社法（平成17年法律第86号）第2条第6号に規定する大会社にあつては、百万円未満の端数を切り捨てて表示することができる。ただし、「自己資本額」の欄に平均自己資本額を記入するときは、平均自己資本額を計算する際に生じる百万円未満の端数については切り捨てずにそのまま記入すること。カラムに数字を記入するに当たつては、単位は千円とし、例えば□,□□[1],[2][3][4],[0][0][0]のように百万円未満の単位に該当するカラムに「0」を記入すること。

21　[1][8]「利益額（2期平均）」の欄は、審査対象事業年度における利益額及び審査対象事業年度の前審査対象事業年度の利益額の平均の額を記入すること。また、表内のカラムに審査対象事業年度及び審査対象事業年度の前審査対象事業年度における営業利益の額及び減価償却実施額をそれぞれ記入すること。

　記入すべき金額は、千円未満の端数を切り捨てて表示すること。

　ただし、会社法第2条第6号に規定する大会社にあつては、百万円未満の端数を切り捨てて表示することができる。ただし、「利益額（2期平均）」を計算する際に生じる百万円未満の端数については切り捨てずにそのまま記入すること。

22　[1][9]「技術職員数」の欄は、別紙二で記入した技術職員の人数の合計を記入すること。

23　[2][0]「登録経営状況分析機関番号」の欄は、経営状況分析を受けた登録経営状況分析機関の登録番号を記入し、例えば[0][0][0][0][0][1]のように、カラムに数字を記入するに当たつて空位のカラムに「0」を記入すること。

24　「連絡先」の欄は、この申請書又は添付書類を作成した者その他この申請の内容に係る質問等に応答できる者の氏名、電話番号等を記載すること。

別表(1)

| 00 | 国土交通大臣 | 12 | 千葉県知事 | 24 | 三重県知事 | 36 | 徳島県知事 |
|---|---|---|---|---|---|---|---|
| 01 | 北海道知事 | 13 | 東京都知事 | 25 | 滋賀県知事 | 37 | 香川県知事 |
| 02 | 青森県知事 | 14 | 神奈川県知事 | 26 | 京都府知事 | 38 | 愛媛県知事 |
| 03 | 岩手県知事 | 15 | 新潟県知事 | 27 | 大阪府知事 | 39 | 高知県知事 |
| 04 | 宮城県知事 | 16 | 富山県知事 | 28 | 兵庫県知事 | 40 | 福岡県知事 |
| 05 | 秋田県知事 | 17 | 石川県知事 | 29 | 奈良県知事 | 41 | 佐賀県知事 |
| 06 | 山形県知事 | 18 | 福井県知事 | 30 | 和歌山県知事 | 42 | 長崎県知事 |
| 07 | 福島県知事 | 19 | 山梨県知事 | 31 | 鳥取県知事 | 43 | 熊本県知事 |
| 08 | 茨城県知事 | 20 | 長野県知事 | 32 | 島根県知事 | 44 | 大分県知事 |
| 09 | 栃木県知事 | 21 | 岐阜県知事 | 33 | 岡山県知事 | 45 | 宮崎県知事 |
| 10 | 群馬県知事 | 22 | 静岡県知事 | 34 | 広島県知事 | 46 | 鹿児島県知事 |
| 11 | 埼玉県知事 | 23 | 愛知県知事 | 35 | 山口県知事 | 47 | 沖縄県知事 |

別表(2)

| コード | 処理の種類 |
| --- | --- |
| 10 | 申請者について会社の合併が行われた場合で合併後最初の事業年度の終了の日を審査基準日として申請するとき |
| 11 | 申請者について会社の合併が行われた場合で合併期日又は合併登記の日を審査基準日として申請するとき |
| 12 | 申請者について建設業に係る事業の譲渡が行われた場合で譲渡後最初の事業年度の終了の日を審査基準日として申請するとき |
| 13 | 申請者について建設業に係る事業の譲渡が行われた場合で譲受人である法人の設立登記日又は事業の譲渡により新たな経営実態が備わつたと認められる日を審査基準日として申請するとき |
| 14 | 申請者について会社更生手続開始の申立て、民事再生手続開始の申立て又は特定調停手続開始の申立てが行われた場合で会社更生手続開始決定日、会社更生計画認可日、会社更生手続開始決定日から会社更生計画認可日までの間に決算日が到来した場合の当該決算日、民事再生手続開始決定日、民事再生手続開始決定日から民事再生計画認可日までの間に決算日が到来した場合の当該決算日又は特定調停手続開始申立日から調停条項受諾日までの間に決算日が到来した場合の当該決算日を審査基準日として申請するとき |
| 15 | 申請者が、国土交通大臣の定めるところにより、外国建設業者の属する企業集団に属するものとして認定を受けて申請する場合 |
| 16 | 申請者が、国土交通大臣の定めるところにより、その属する企業集団を構成する建設業者の相互の機能分担が相当程度なされているものとして認定を受けて申請する場合 |
| 17 | 申請者が、国土交通大臣の定めるところにより、建設業者である子会社の発行済株式の全てを保有する親会社と当該子会社からなる企業集団に属するものとして認定を受けて申請する場合 |
| 18 | 申請者について会社分割が行われた場合で分割後最初の事業年度の終了の日を審査基準日として申請するとき |
| 19 | 申請者について会社分割が行われた場合で分割期日又は分割登記の日を審査基準日として申請するとき |
| 20 | 申請者について事業を承継しない会社の設立後最初の事業年度の終了の日より前の日に申請する場合 |
| 21 | 申請者が、国土交通大臣の定めるところにより、一定の企業集団に属する建設業者（連結子会社）として認定を受けて申請する場合 |
| 22 | 申請者が、国土交通大臣の定めるところにより、その外国にある子会社について認定を受けて申請する場合 |

別紙一

（用紙Ａ４）

2 0 0 0 2

工事種類別完成工事高
工事種類別元請完成工事高

項番 3 1

審査対象事業年度の前審査対象事業年度又は前審査対象事業年度及び前々審査対象事業年度

自（3）□□年（5）□□月　至（7）□□年（9・10）□□月

| 審査対象事業年度の前審査対象事業年度 | 年　月～　年　月 |
| --- | --- |
| 審査対象事業年度の前々審査対象事業年度 | 年　月～　年　月 |

審査対象事業年度

自（11）□□年（13）□□月　至（15）□□年（17）□□月

計算基準の区分（19）□（1. 2年平均　2. 3年平均）

| 業種コード | 完成工事高（千円） | 元請完成工事高（千円） | 完成工事高（千円） | 元請完成工事高（千円） |
| --- | --- | --- | --- | --- |
| 3 2 □□□（3–5） | □□□□□□□□□□（6–15） | □□□□□□□□□□（16–25） | □□□□□□□□□□（26–35） | □□□□□□□□□□（36–45） |
| 工事の種類　　工事 | 完成工事高計算表（審査対象事業年度の前審査対象事業年度／審査対象事業年度の前々審査対象事業年度） | 元請完成工事高計算表（審査対象事業年度の前審査対象事業年度／審査対象事業年度の前々審査対象事業年度） | | |
| 3 2 □□□（3–5） | □□□□□□□□□□（6–15） | □□□□□□□□□□（16–25） | □□□□□□□□□□（26–35） | □□□□□□□□□□（36–45） |
| 工事の種類　　工事 | 完成工事高計算表（審査対象事業年度の前審査対象事業年度／審査対象事業年度の前々審査対象事業年度） | 元請完成工事高計算表（審査対象事業年度の前審査対象事業年度／審査対象事業年度の前々審査対象事業年度） | | |
| 3 2 □□□（3–5） | □□□□□□□□□□（6–15） | □□□□□□□□□□（16–25） | □□□□□□□□□□（26–35） | □□□□□□□□□□（36–45） |
| 工事の種類　　工事 | 完成工事高計算表（審査対象事業年度の前審査対象事業年度／審査対象事業年度の前々審査対象事業年度） | 元請完成工事高計算表（審査対象事業年度の前審査対象事業年度／審査対象事業年度の前々審査対象事業年度） | | |
| 3 2 □□□（3–5） | □□□□□□□□□□（6–15） | □□□□□□□□□□（16–25） | □□□□□□□□□□（26–35） | □□□□□□□□□□（36–45） |
| 工事の種類　　工事 | 完成工事高計算表（審査対象事業年度の前審査対象事業年度／審査対象事業年度の前々審査対象事業年度） | 元請完成工事高計算表（審査対象事業年度の前審査対象事業年度／審査対象事業年度の前々審査対象事業年度） | | |
| 3 3　その他 | □□□□□□□□□□（3–12） | □□□□□□□□□□（13–22） | □□□□□□□□□□（23–32） | □□□□□□□□□□（33–42） |
| 工事の種類　その他　工事 | 完成工事高計算表（審査対象事業年度の前審査対象事業年度／審査対象事業年度の前々審査対象事業年度） | 元請完成工事高計算表（審査対象事業年度の前審査対象事業年度／審査対象事業年度の前々審査対象事業年度） | | |
| 3 4　合計 | □□□□□□□□□□（3–12） | □□□□□□□□□□（13–22） | □□□□□□□□□□（23–32） | □□□□□□□□□□（33–42） |

契約後ＶＥに係る完成工事高の評価の特例　（ 1. 有　2. 無 ）

記載要領

1　□□□□で表示された枠（以下「カラム」という。）に記入する場合は、１カラムに１文字ずつ丁寧に、かつ、カラムからはみ出さないように数字を記入すること。例えば□□①②のように右詰めで記入すること。

2　③①「審査対象事業年度」の欄は、次の例により記入すること。

⑴　12か月ごとに決算を完結した場合

（例）平成15年４月１日から平成16年３月31日までの事業年度について申請する場合

自平成15年04月～至平成16年03月

⑵　６か月ごとに決算を完結した場合

（例）平成15年10月１日から平成16年３月31日までの事業年度について申請する場合

自平成15年04月～至平成16年03月

⑶　商業登記法（昭和38年法律第125号）の規定に基づく組織変更の登記後最初の事業年度その他12か月に満たない期間で終了した事業年度について申請する場合

（例１）合名会社から株式会社への組織変更に伴い平成15年10月１日に当該組織変更の登記を行つた場合で平成16年３月31日に終了した事業年度について申請するとき

自平成15年04月～至平成16年03月

（例２）申請に係る事業年度の直前の事業年度が平成15年３月31日に終了した場合で事業年度の変更により平成15年12月31日に終了した事業年度について申請するとき

自平成15年01月～至平成15年12月

⑷　事業を承継しない会社の設立後最初の事業年度について申請する場合

（例）平成15年10月１日に会社を新たに設立した場合で平成16年３月31日に終了した最初の事業年度について申請するとき

自平成15年10月～至平成16年03月

⑸　事業を承継しない会社の設立後最初の事業年度の終了の日より前の日に申請する場合

（例）平成15年10月１日に会社を新たに設立した場合で最初の事業年度の終了の日（平成16年３月31日）より前の日（平成15年11月１日）に申請するとき

自平成15年10月～至平成00年00月

3　31「審査対象事業年度の前審査対象事業年度又は前審査対象事業年度及び前々審査対象事業年度」の欄は、「審査対象事業年度」の欄に記入した期間の直前の審査対象事業年度の期間を2の例により記入すること。

ただし、審査対象事業年度及び審査対象事業年度の直前2年の審査対象事業年度の完成工事高及び元請完成工事高について申請する場合にあつては、直前2年の各審査対象事業年度の期間を2の例により記入し、下欄に直前2年の各審査対象事業年度の期間をそれぞれ記入すること。

4　32「業種コード」の欄は、次のコード表により該当する工事の種類に応じ、該当するコードをカラムに記入すること。

なお、「土木一式工事」について記入した場合においてはその次の「業種コード」の欄は「プレストレストコンクリート構造物工事」のコード「011」を記入し、「完成工事高」の欄には「土木一式工事」の完成工事高のうち「プレストレストコンクリート構造物工事」に係るものを記入することとし、当該工事に係る実績がない場合においてはカラムに「0」を記入すること。また、「元請完成工事高」の欄には「土木一式工事」の元請完成工事高のうち「プレストレストコンクリート構造物工事」に係るものを記入することとし、当該工事に係る実績がない場合においてはカラムに「0」を記入すること。同様に、「とび・土工・コンクリート工事」に記入した場合においては「業種コード」の欄に「法面処理工事」のコード「051」を記入し、「鋼構造物工事」に記入した場合においては「業種コード」の欄に「鋼橋上部工事」のコード「111」を記入し、それぞれの工事に係る完成工事高及び元請完成工事高を記入すること。

「完成工事高」の欄は、31で記入した各審査対象事業年度ごとに完成工事高を記入すること。また、「元請完成工事高」の欄においても同様に、各審査対象事業年度ごとに元請完成工事高を記入すること。

ただし、審査対象事業年度及び審査対象事業年度の直前2年の審査対象事業年度について申請する場合にあつては、完成工事高においては審査対象事業年度の直前2年の各審査対象事業年度の完成工事高の合計を2で除した数値を記入し、「完成工事高計算表」に直前2年の審査対象事業年度ごとに完成工事高を記載すること。同様に、元請完成工事高においても審査対象事業年度の直前2年の各審査対象事業年度の元請完成工事高の合計を2で除した数値を記入し、「元請完成工事高計算表」に直前2年の審査対象事業年度ごとに元請完成工事高を記載すること。

また、平成28年6月1日から平成31年5月31日までの間にとび・土工工事業又は解体工事業の経営事項審査を受けようとするときは、必ず「とび・土工・コンクリート工事・解体工事（経過措置）」についても記載すること。その際、「完成工事高」の欄にはとび・土工・コンクリート工事及び解体工事の完成工事に係る請負代金の額の合計を記載すること。元請完成工事高の欄についても同様とする。

| コード | 工事の種類 | コード | 工事の種類 | コード | 工事の種類 |
|---|---|---|---|---|---|
| 010 | 土木一式工事 | | 鋼構造物工事 | 230 | 造園工事 |
| 011 | プレストレストコンクリート工事 | 111 | 鋼橋上部工事 | 240 | さく井工事 |
| | | 120 | 鉄筋工事 | 250 | 建具工事 |
| 020 | 建築一式工事 | 130 | 舗装工事 | 260 | 水道施設工事 |
| 030 | 大工工事 | 140 | しゅんせつ工事 | 270 | 消防施設工事 |
| 040 | 左官工事 | | | 280 | 清掃施設工事 |
| 050 | とび・土工・コンクリート工事 | 150 | 板金工事 | 290 | 解体工事 |
| | | 160 | ガラス工事 | 300 | とび・土工・コンクリート工事・解体工事(経過措置) |
| 051 | 法面処理工事 | 170 | 塗装工事 | | |
| 060 | 石工事 | 180 | 防水工事 | | |
| 070 | 屋根工事 | 190 | 内装仕上工事 | | |
| 080 | 電気工事 | 200 | 機械器具設置工事 | | |
| 090 | 管工事 | | | | |
| 100 | タイル・れんが・ブロック工事 | 210 | 熱絶縁工事 | | |
| 110 | | 220 | 電気通信工事 | | |

5　[3][3]「その他工事」の欄は、審査対象建設業以外の建設業に係る建設工事の完成工事高及び元請完成工事高をそれぞれ記入すること。

6　[3][4]「合計」の欄は、完成工事高においては、[3][2]及び[3][3]に記入した完成工事高の合計を記入すること。同様に、元請完成工事高においては、元請完成工事高の合計を記入すること。

7　この表は審査対象建設業に係る4のコード表中の工事の種類4つごとに作成すること。この場合、「その他工事」及び「合計」は最後の用紙のみに記入すること。また、用紙ごとに、契約後ＶＥ（施工段階で施工方法等の技術提案を受け付ける方式をいう。以下同じ。）に係る工事の完成工事高について、契約後ＶＥによる縮減変更前の契約額で評価をする特例の利用の有無について記入すること。

8　記入すべき金額は、千円未満の端数を切り捨てて表示すること。

ただし、会社法（平成17年法律第86号）第2条第6号に規定する大会社にあつては、百万円未満の端数を切り捨てて表示することができる。この場合、カラムに数字を記入するに当たつては、例えば□,□□[1],[2][3][4],[0][0][0]のように、百万円未満の単位に該当するカラムに「0」を記入すること。

別紙二

（用紙Ａ４）

2 0 0 0 5

# 技術職員名簿

頁　　　項番 数 6 1　　［ ］［ ］［ ］ 頁

| 通番 | 新規掲載書 | 氏　　名 | 生　年　月　日 | 審査基準日現在の満年齢 | | | 業種コード | 有資格区分コード | 講習受講 | 業種コード | 有資格区分コード | 講習受講 | 監理技術者資格者証交付番号 |
|---|---|---|---|---|---|---|---|---|---|---|---|---|---|
| 1 | | | 年　月　日 | | 6 | 2 | | | | | | | |
| 2 | | | 〃 | | 6 | 2 | | | | | | | |
| 3 | | | 〃 | | 6 | 2 | | | | | | | |
| 4 | | | 〃 | | 6 | 2 | | | | | | | |
| 5 | | | 〃 | | 6 | 2 | | | | | | | |
| 6 | | | 〃 | | 6 | 2 | | | | | | | |
| 7 | | | 〃 | | 6 | 2 | | | | | | | |
| 8 | | | 〃 | | 6 | 2 | | | | | | | |
| 9 | | | 〃 | | 6 | 2 | | | | | | | |
| 10 | | | 〃 | | 6 | 2 | | | | | | | |
| 11 | | | 〃 | | 6 | 2 | | | | | | | |
| 12 | | | 〃 | | 6 | 2 | | | | | | | |
| 13 | | | 〃 | | 6 | 2 | | | | | | | |
| 14 | | | 〃 | | 6 | 2 | | | | | | | |
| 15 | | | 〃 | | 6 | 2 | | | | | | | |
| 16 | | | 〃 | | 6 | 2 | | | | | | | |
| 17 | | | 〃 | | 6 | 2 | | | | | | | |
| 18 | | | 〃 | | 6 | 2 | | | | | | | |
| 19 | | | 〃 | | 6 | 2 | | | | | | | |
| 20 | | | 〃 | | 6 | 2 | | | | | | | |
| 21 | | | 〃 | | 6 | 2 | | | | | | | |
| 22 | | | 〃 | | 6 | 2 | | | | | | | |
| 23 | | | 〃 | | 6 | 2 | | | | | | | |
| 24 | | | 〃 | | 6 | 2 | | | | | | | |
| 25 | | | 〃 | | 6 | 2 | | | | | | | |
| 26 | | | 〃 | | 6 | 2 | | | | | | | |
| 27 | | | 〃 | | 6 | 2 | | | | | | | |
| 28 | | | 〃 | | 6 | 2 | | | | | | | |
| 29 | | | 〃 | | 6 | 2 | | | | | | | |
| 30 | | | 〃 | | 6 | 2 | | | | | | | |

記載要領

1　この名簿は、⓪④「審査基準日」に記入した日（以下「審査基準日」という。）において在籍する技術職員（第18条の３第２項第１号又は第２号に該当する者。以下同じ。）に該当する者全員について作成すること。なお、一人の技術職員につき技術職員として申請できる建設業の種類の数は２までとする。

2　□□□□で表示された枠（以下「カラム」という。）に記入する場合は、１カラムに１文字ずつ丁寧に、かつ、カラムからはみ出さないように数字を記入すること。例えば□□①②のように右詰めで記入すること。

3　⑥①「頁数」の欄は、頁番号を記入すること。例えば技術職員名簿の枚数が３枚目であれば⓪⓪③、12枚目であれば⓪①②のように、カラムに数字を記入するに当たつて空位のカラムに「０」を記入すること。

4　「新規掲載者」の欄は、審査対象年内に新規に技術職員となった者につき、○印を記入すること。

5　「審査基準日現在の満年齢」の欄は、当該技術職員の審査基準日時点での満年齢を記入すること。

6　「業種コード」の欄は、経営規模等評価等対象建設業のうち、技術職員の数の算出において対象とする建設業の種類を次の表から２つ以内で選び該当するコードを記入すること。なお、平成28年６月１日から平成31年５月31日までの間に、とび・土工工事業又は解体工事業の経営事項審査を受けようとするときは、必ず、とび・土工工事業の技術職員については「業種コード」の欄に「とび・土工工事業」のコード「05」を、解体工事業の技術職員については「業種コード」の欄に「解体工事業」のコード「29」を、とび・土工工事業及び解体工事業の技術職員については「業種コード」の欄に「とび・土工工事業・解体工事業（経過措置）」のコード「99」を、それぞれ記入すること。この場合、「業種コード」の欄に「とび・土工工事業」のコード「05」が記入された技術職員はとび・土工工事業及びとび・土工工事業・解体工事業（経過措置）の技術職員として、「業種コード」の欄に「解体工事業」のコード「29」が記入された技術職員は解体工事業及びとび・土工工事業・解体工事業（経過措置）の技術職員として、「業種コード」の欄に「とび・土工工事業・解体工事業（経過措置）」のコード「99」が記入された技術職員はとび・土工工事業、解体工事業及びとび・土工工事業・解体工事業（経過措置）の技術職員として、それぞれ審査される。

| コード | 建設業の種類 | コード | 建設業の種類 | コード | 建設業の種類 |
|---|---|---|---|---|---|
| 01 | 土木工事業 | 12 | 鉄筋工事業 | 23 | 造園工事業 |
| 02 | 建築工事業 | 13 | 舗装工事業 | 24 | さく井工事業 |
| 03 | 大工工事業 | 14 | しゆんせつ工事業 | 25 | 建具工事業 |
| 04 | 左官工事業 | 15 | 板金工事業 | 26 | 水道施設工事業 |
| 05 | とび・土工工事業 | 16 | ガラス工事業 | 27 | 消防施設工事業 |
| 06 | 石工事業 | 17 | 塗装工事業 | 28 | 清掃施設工事業 |
| 07 | 屋根工事業 | 18 | 防水工事業 | 29 | 解体工事業 |
| 08 | 電気工事業 | 19 | 内装仕上工事業 | 99 | とび・土工工事業・解体工事業（経過措置） |
| 09 | 管工事業 | 20 | 機械器具設置工事業 | | |
| 10 | タイル・れんが・ブロック工事業 | 21 | 熱絶縁工事業 | | |
| 11 | 鋼構造物工事業 | 22 | 電気通信工事業 | | |

7　「有資格区分コード」の欄は、技術職員が保有する資格のうち、「業種コード」の欄で記入したコードに対応する建設業の種類に係るものについて別表㈣及び別表㈤の分類に従い、該当するコードを記入すること。

8　「講習受講」の欄は、法第15条第２号イに該当する者が、法第27条の18第１項の規定により監理技術者資格者証の交付を受けている場合であつて、法第26条の４から第26条の６までの規定により国土交通大臣の登録を受けた講習を受講した場合は「１」を、その他の場合は「２」を記入すること。

9　「監理技術者資格者証交付番号」の欄は、法第27条の18第１項の規定により監理技術者資格者証の交付を受けている者についてその交付番号を記載すること。

別紙三

（用紙Ａ４）

2 0 0 0 4

その他の審査項目（社会性等）

**労働福祉の状況**

項番

| | | |
|---|---|---|
| 雇用保険加入の有無 | 41 | 〔1. 有、2. 無、3. 適用除外〕 |
| 健康保険加入の有無 | 42 | 〔1. 有、2. 無、3. 適用除外〕 |
| 厚生年金保険加入の有無 | 43 | 〔1. 有、2. 無、3. 適用除外〕 |
| 建設業退職金共済制度加入の有無 | 43 | 〔1. 有、2. 無〕 |
| 退職一時金制度若しくは企業年金制度導入の有無 | 44 | 〔1. 有、2. 無〕 |
| 法定外労働災害補償制度加入の有無 | 45 | 〔1. 有、2. 無〕 |

**建設業の営業年数**

営業年数　46　（年）

| 初めて許可（登録）を受けた年月日 | 休業等期間 | 備考（組織変更等） |
|---|---|---|
| 昭和 平成 年 月 日 | 年 か月 | |

民事再生法又は会社更生法の適用の有無　48　〔1. 有、2. 無〕

| 再生手続又は更生手続開始決定日 | 再生計画又は更生計画認可日 | 再生手続又は更生手続終結決定日 |
|---|---|---|
| 平成 年 月 日 | 平成 年 月 日 | 平成 年 月 日 |

**防災活動への貢献の状況**

| | | |
|---|---|---|
| 防災協定の締結の有無 | 47 | 〔1. 有、2. 無〕 |

**法令遵守の状況**

| | | |
|---|---|---|
| 営業停止処分の有無 | 48 | 〔1. 有、2. 無〕 |
| 指示処分の有無 | 49 | 〔1. 有、2. 無〕 |

**建設業の経理の状況**

| | | |
|---|---|---|
| 監査の受審状況 | 50 | 〔1. 会計監査人の設置、2. 会計参与の設置、3. 経理処理の適正を確認した旨の書類の提出、4. 無〕 |
| 公認会計士等の数 | 51 | （人） |
| 二級登録経理試験合格者の数 | 52 | （人） |

**研究開発の状況**

研究開発費（２期平均）　53　（千円）

| 審査対象事業年度 | 審査対象事業年度の前審査対象事業年度 |
|---|---|
| （千円） | （千円） |

**建設機械の保有状況**

建設機械の所有及びリース台数　56　（台）

**国際標準化機構が定めた規格による登録の状況**

| | | |
|---|---|---|
| ISO9001 の登録の有無 | 57 | 〔1. 有、2. 無〕 |
| ISO14001 の登録の有無 | 58 | 〔1. 有、2. 無〕 |

**若年の技術者及び技能労働者の育成及び確保の状況**

| | | |
|---|---|---|
| 若年技術職員の継続的な育成及び確保 | 59 | 〔1. 該当、2. 非該当〕 |
| 新規若年技術職員の育成及び確保 | 60 | 〔1. 該当、2. 非該当〕 |

| 技術職員数 (A) | 若年技術職員数 (B) | 若年技術職員の割合 (B/A) |
|---|---|---|
| （人） | （人） | （%） |

| 新規若年技術職員数 (C) | 新規若年技術職員の割合 (C/A) |
|---|---|
| （人） | （%） |

記載要領

1　□□□□で表示された枠（以下「カラム」という。）に記入する場合は、１カラムに１文字ずつ丁寧に、かつ、カラムからはみ出さないように数字を記入すること。例えば□□①②のように右詰めで記入すること。

2　④①「雇用保険加入の有無」の欄は、その雇用する労働者が雇用保険の被保険者となつたことについて公共職業安定所の長に対する届出を行っている場合は「１」を、行っていない場合は「２」を、従業員が１人も雇用されていない場合等の雇用保険の適用が除外される場合は「３」を記入すること。

3　④②「健康保険加入の有無」の欄には、従業員が健康保険の被保険者の資格を取得したことについての日本年金機構又は健康保険組合に対する届出を行つている場合は「１」を、行つていない場合は「２」を、従業員が４人以下である個人事業主である場合等の健康保険の適用が除外される場合は「３」を記入すること。

4　④③「厚生年金保険加入の有無」の欄は、従業員が厚生年金保険の被保険者の資格を取得したことについての日本年金機構に対する届出を行つている場合は「１」を、行つていない場合は「２」を、従業員が４人以下である個人事業主である場合等の厚生年金保険の適用が除外される場合は「３」を記入すること。

5　④④「建設業退職金共済制度加入の有無」の欄は、審査基準日において、勤労者退職金共済機構との間で、特定業種退職金共済契約を締結している場合は「１」を、締結していない場合は「２」を記入すること。

5　④⑤「退職一時金制度もしくは企業年金制度導入の有無」の欄は、審査基準日において、次のいずれかに該当する場合は「１」を、いずれにも該当しない場合は「２」を記入すること。

⑴　労働協約若しくは就業規則に退職手当の定めがあること又は退職手当に関する事項についての規則が定められていること。

⑵　勤労者退職金共済機構との間で特定業種退職金共済契約以外の退職金共済契約が締結されていること。

⑶　所得税法施行令に規定する特定退職金共済団体との間で退職金共済についての契約が締結されていること。

⑷　厚生年金基金が設立されていること。

⑸　法人税法に規定する適格退職年金の契約が締結されていること。

⑹　確定給付企業年金法（平成13年法律第50号）に規定する確定給付企業年金が導入されていること。

⑺　確定拠出年金法（平成13年法律第88号）に規定する企業型年金が導入されて

いること。

7　④⑥「法定外労働災害補償制度加入の有無」の欄は、審査基準日において、（公財）建設業福祉共済団、（一社）建設業労災互助会、全日本火災共済協同組合連合会（一社）全国労働保険事務組合連合会又は保険会社との間で、労働者災害補償保険法（昭和22年法律第50号）に基づく保険給付の基因となつた業務災害及び通勤災害（下請負人に係るものを含む。）に関する給付についての契約を、締結している場合は「１」を、締結していない場合は「２」を記入すること。

8　④⑦「営業年数」の欄は、審査基準日までの建設業の営業年数（建設業の許可又は登録を受けて営業を行つていた年数をいい、休業等の期間を除く。ただし、平成23年４月１日以降の申立てに係る再生手続開始の決定又は更生手続開始の決定を受け、かつ、再生手続終結の決定又は更生手続終結の決定を受けてから営業を行つていた年数をいい、休業等の期間を除く。）を記入し、表内の年号については不要のものを消すこと。

9　④⑧「民事再生法又は会社更生法の適用の有無」の欄は、平成23年４月１日以降の申立てに係る再生手続開始の決定又は更正手続開始の決定を受け、かつ、再生手続終結の決定又は更生手続終結の決定を受けていない場合は「１」を、その他の場合は「２」を記入すること。

10　④⑨「防災協定の締結の有無」の欄は、審査基準日において、国、特殊法人等（公共工事の入札及び契約の適正化の促進に関する法律第２条第１項に規定する特殊法人等）又は地方公共団体との間で、防災活動に関する協定を締結している場合は「１」を、締結していない場合は「２」を記入すること。

11　⑤⓪「営業停止処分の有無」の欄は、審査対象年において、法第28条の規定による営業の停止を受けたことがある場合は「１」を、受けたことがない場合は「２」を記入すること。

12　⑤①「指示処分の有無」の欄は、審査対象年において、法第28条の規定による指示を受けたことがある場合は「１」を、受けたことがない場合は「２」を記入すること。

13　⑤②「監査の受審状況」の欄は、審査基準日において、会計監査人の設置を行つている場合は「１」を、会計参与の設置を行つている場合は「２」を、公認会計士、会計士補及び税理士並びにこれらとなる資格を有する者並びに一級登録経理試験の合格者が経理処理の適正を確認した旨の書類に自らの署名を付したものを提出している場合は「３」を、いずれにも該当しない場合は「４」を記入すること。

14　53「公認会計士等の数」及び54「二級登録経理試験合格者の数」の欄のうち、公認会計士等の数については、公認会計士、会計士補及び税理士並びにこれらとなる資格を有する者並びに一級登録経理試験の合格者の人数の合計を記入すること。

15　55「研究開発費（２期平均）」の欄は、審査対象事業年度及び審査対象事業年度の前審査対象事業年度における研究開発費の額の平均の額を記入すること。

ただし、会計監査人設置会社以外の建設業者はカラムに「０」を記入すること。また、表内のカラムに審査対象事業年度及び審査対象事業年度の前審査対象事業年度における研究開発費の額を記入すること。

16　56「建設機械の所有及びリース台数」の欄には、審査基準日において、自ら所有し、又はリース契約（審査基準日から１年７月以上の使用期間が定められているものに限る。）により使用する建設機械抵当法施行令（昭和29年政令第294号）別表に規定するショベル系掘削機、ブルドーザー、トラクターショベル及びモーターグレーダー、土砂等を運搬する大型自動車による交通事故の防止等に関する特別措置法（昭和42年法律第131号）第２条第２項に規定する大型自動車のうち、同法第３条第１項第２号に規定する経営する事業の種類として建設業を届け出、かつ、同項の規定による表示番号の指定を受けているもの並びに労働安全衛生法施行令（昭和47年政令第318号）第12条第１項第４号に規定するつり上げ荷重が三トン以上の移動式クレーンについて、台数の合計を記入すること。

17　57「ISO9001の登録の有無」の欄は、審査基準日において、国際標準化機構第9001号の規格により登録されている場合（登録範囲に建設業が含まれていない場合及び登録範囲が一部の支店等に限られている場合を除く。）は「１」を、登録されていない場合は「２」を記入すること。

18　58「ISO14001の登録の有無」の欄は、審査基準日において、国際標準化機構第14001号の規格により登録されている場合（登録範囲に建設業が含まれていない場合及び登録範囲が一部の支店等に限られている場合を除く。）は「１」を、登録されていない場合は「２」を記入すること。

19　59「若年技術職員の継続的な育成及び確保」の欄は、審査基準日において、満35歳未満の技術職員の人数が技術職員の人数の合計の15%に該当する場合は「１」を、該当しない場合は「２」を記入すること。また、「技術職員数」の欄には別紙二の技術職員名簿に記載した技術職員の合計人数を、「若年技術職員数」の欄には、審査基準日において満35歳未満の技術職員の人数を、「若年技術職員の割合」の欄には「若年技術職員数」の欄に記載した数値を「技術職員数」の欄に記載した数値で除した数値を百分率で表し、記載すること。

20　60「新規若年技術職員の育成及び確保」の欄は、審査基準日において、満35歳未満の技術職員のうち、審査対象年内に新規に技術職員となつた人数が技術職員の人数の合計の１％以上に該当する場合「１」を、該当しない場合は「２」を記入すること。また、「新規若年技術職員数」の欄には、別紙二の技術職員名簿に記載された技術職員のうち、「新規掲載者」が欄に○が付され、審査基準日において満35歳未満のものの人数を、「新規若年技術職員の割合」欄には「新規若年技術職員数」の欄に記載した数値を前項「技術職員数」の欄に記載した数値で除した数値を百分率で表し、記載すること。

記入すべき金額は、千円未満の端数を切り捨てて表示すること。

ただし、会社法（平成17年法律第86号）第２条第６号に規定する大会社にあつては、百万円未満の端数を切り捨てて表示することができる。ただし、研究開発費（２期平均）を計算する際に生じる百万円未満の端数については切り捨てずにそのまま記入すること。

記入すべき割合は、小数点第２位以下の端数を切り捨てて表示すること。

**様式第二十五号の十二**（第十九条の九、第二十一条の四関係）

経営規模等評価結果通知書
総合評定値通知書

許可　　－　　号
審査基準日　平成　年　月　日

電話番号
資本金額
完成工事高／売上高（%）
行政庁記入欄

経営規模等評価の結果
総合評定値
を通知します。

平成　年　月　日

印

| 許可区分 | 建設工事の種類 | 総合評定値（P） | 完成工事高 年平均 | 完成工事高 評点（$X_1$） | 元請完成工事高 年平均 | 技術職員数 一級 | （講習受講） | 基幹 | 二級 | その他 | 評点（Z） |
|---|---|---|---|---|---|---|---|---|---|---|---|
| | 土木一式 | | | | | | | | | | |
| | プレストレストコンクリート構造物 | | | | | | | | | | |
| | 建築一式 | | | | | | | | | | |
| | 大工 | | | | | | | | | | |
| | 左官 | | | | | | | | | | |
| | とび・土工・コンクリート | | | | | | | | | | |
| | 法面処理 | | | | | | | | | | |
| | 石 | | | | | | | | | | |
| | 屋根 | | | | | | | | | | |
| | 電気 | | | | | | | | | | |
| | 管 | | | | | | | | | | |
| | タイル・れんが・ブロック | | | | | | | | | | |
| | 鋼構造物 | | | | | | | | | | |
| | 鋼橋上部 | | | | | | | | | | |
| | 鉄筋 | | | | | | | | | | |
| | 舗装 | | | | | | | | | | |
| | しゆんせつ | | | | | | | | | | |
| | 板金 | | | | | | | | | | |
| | ガラス | | | | | | | | | | |
| | 塗装 | | | | | | | | | | |
| | 防水 | | | | | | | | | | |
| | 内装仕上 | | | | | | | | | | |
| | 機械器具設置 | | | | | | | | | | |
| | 熱絶縁 | | | | | | | | | | |
| | 電気通信 | | | | | | | | | | |
| | 造園 | | | | | | | | | | |
| | さく井 | | | | | | | | | | |
| | 建具 | | | | | | | | | | |
| | 水道施設 | | | | | | | | | | |
| | 消防施設 | | | | | | | | | | |
| | 清掃施設 | | | | | | | | | | |
| | 解体 | | | | | | | | | | |
| | とび・土工・コンクリート・解体（経過措置） | | | | | | | | | | |
| | その他 | | | | | | | | | | |
| | 合計 | | | | | | | | | | |

| 自己資本額及び利益額 | 数値 | 点数 |
|---|---|---|
| 自己資本額 X | | |
| 利益額 | | |
| 評点（$X_2$） | | |

| その他の審査項目（社会性等） | 数値等 | 点数 |
|---|---|---|
| 雇用保険加入の有無 | | |
| 健康保険加入の有無 | | |
| 厚生年金保険加入の有無 | | |
| 建設業退職金共済制度加入の有無 | | |
| 退職一時金制度若しくは企業年金制度導入の有無 | | |
| 法定外労働災害補償制度加入の有無 | | |
| 労働福祉の状況 | | |
| 営業年数 | 年 | |
| 民事再生法又は会社更生法の適用の有無 | | |
| 建設業の営業継続の状況 | | |
| 防災協定の締結の有無 | | |
| 防災活動への貢献の状況 | | |
| 営業停止処分の有無 | | |
| 指示処分の有無 | | |
| 法令遵守の状況 | | |
| 監査の受審状況 | | |
| 公認会計士等の数 | | |
| 二級登録経理試験合格者の数 | | |
| 建設業の経理の状況 | | |
| 研究開発費 | | |
| 研究開発の状況 | | |
| 建設機械の所有及びリース台数 | 台 | |
| 建設機械の保有状況 | | |
| ＩＳＯ９００１の登録の有無 | | |
| ＩＳＯ１４００１の登録の有無 | | |
| 国際標準化機構が定めた規格による登録の状況 | | |
| 若手技術職員の継続的な育成及び確保 | | |
| 新規若年技術職員の育成及び確保 | | |
| 若年の技術者及び技能労働者の育成及び確保の状況 | | |
| 評点（W） | | |

（参考）

| 科目 | 決算 | 科目 | 決算 | 経営状況 | 決算 | 経営状況 | 決算 |
|---|---|---|---|---|---|---|---|
| 固定資産 | | 売上高 | | 純支払利息比率 | | 自己資本対固定資産比率 | |
| 流動負債 | | 売上総利益 | | 負債回転期間 | | 自己資本比率 | |
| 固定負債 | | 受取利息配当金 | | 総資本売上総利益率 | | 営業キャッシュフロー | |
| 利益剰余金 | | 支払利息 | | 売上高経常利益率 | | 利益剰余金 | |
| 自己資本 | | 経常利益 | | 評点（Y） | | | |
| 総資本（当期） | | 営業ｷｬｯｼｭﾌﾛｰ（当期） | | | | | |
| 総資本（前期） | | 営業ｷｬｯｼｭﾌﾛｰ（前期） | | | | | |

［金額単位：千円］

**様式第二十五号の十三**（第二十一条の五関係）

（用紙Ａ４）

<table>
<tr><td colspan="5">登録経営状況分析機関登録申請書</td></tr>
<tr><td rowspan="2">登録の種類</td><td rowspan="2" colspan="2">新 規 ・ 更 新</td><td>※登録番号</td><td></td></tr>
<tr><td>※登録年月日</td><td>年　　月　　日</td></tr>
<tr><td colspan="5">この申請書により、建設業法第27条の24第１項の登録を申請します。<br>年　　月　　日<br><br>申請者　　　　　　　　印<br><br>国土交通大臣　殿</td></tr>
<tr><td>フリガナ<br>氏名又は名称</td><td colspan="4"></td></tr>
<tr><td>住　　　所</td><td colspan="4">郵便番号（　　—　　）<br>電話番号（　）　　—</td></tr>
<tr><td>経営状況分析の業務を行う事務所の所在地</td><td colspan="4">郵便番号（　　—　　）<br>電話番号（　）　　—</td></tr>
<tr><td>法人である場合の<br>フリガナ<br>代表者の氏名</td><td colspan="4"></td></tr>
<tr><td colspan="2">経営状況分析の業務を開始しようとする年月日</td><td colspan="3">年　　月　　日</td></tr>
</table>

備考

1　※印のある欄には、記載しないこと。

2　「新規・更新」については、不要のものを消すこと。

**様式第二十五号の十四**（第二十一条の六関係）

（用紙Ａ４）

報告基準該当項目報告書

建設業法施行規則第21条の６第４号の規定により、以下のとおり報告します。

平成　　年　　月　　日

地方整備局長
北海道開発局長
知事

殿

登録経営状況分析機関名
登録番号

| 申請者名 | 許可番号 | 審査基準日 | 該当項目 | 確認書類 | 確認結果等 |
|---|---|---|---|---|---|
| | | | | | |
| | | | | | |
| | | | | | |
| | | | | | |
| | | | | | |
| | | | | | |
| | | | | | |
| | | | | | |
| | | | | | |
| | | | | | |
| | | | | | |
| | | | | | |
| | | | | | |
| | | | | | |
| | | | | | |
| | | | | | |
| | | | | | |
| | | | | | |
| | | | | | |
| | | | | | |
| | | | | | |
| | | | | | |
| | | | | | |
| | | | | | |
| | | | | | |
| | | | | | |
| | | | | | |
| | | | | | |
| | | | | | |
| | | | | | |

記載要領

1 「 地方整備局長 については、不要のものを消すこと。
　北海道開発局長
　　　　知事」

2 「申請者名」の欄は経営状況分析の結果を通知した建設業者の商号又は名称を、「許可番号」の欄は当該建設業者に係る許可番号を記載すること。

3 「審査基準日」の欄は、経営状況分析の申請があつた日の直前の事業年度の終了の日（別記様式第25号の8の記載要領の別表(2)の各欄のいずれかに該当する場合で直前の事業年度の終了の日以外の日を審査基準日として定めるときは、その日）を記載すること。

4 「該当項目」の欄は、第21条の6第4号の報告基準に該当した勘定科目等を記載すること。

5 「確認書類」の欄は、第21条の6第2号の規定に基づいて記載内容を確認した書類を記載すること。

6 「確認結果等」の欄は、第21条の6第2号の規定に基づいて記載内容を確認した結果等について、以下を参考に記載すること。

　（例1）税務申告書類に添付した決算書と照合した結果、真正。

　（例2）有利子負債を期末に返済。

7 申請者ごとに区分して記載すること。

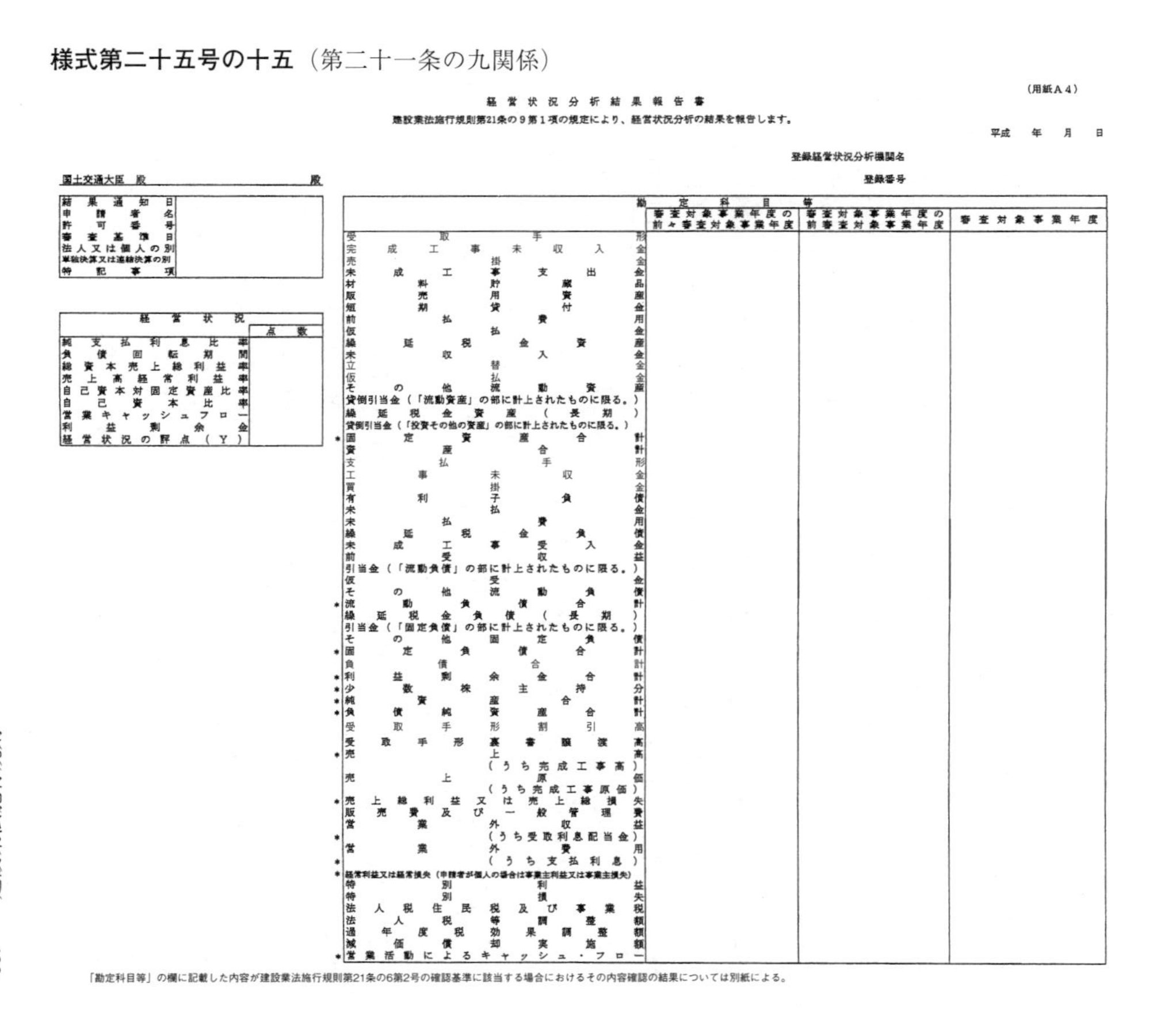

# 様式第二十五号の十五（第二十一条の九関係）

（用紙Ａ４）

経営状況分析結果報告書

建設業法施行規則第21条の９第１項の規定により、経営状況分析の結果を報告します。

平成　　年　　月　　日

登録経営状況分析機関名

登録番号

国土交通大臣　殿　　　　　　　　殿

| | |
|---|---|
| 結果通知日 | |
| 申請者名 | |
| 許可番号 | |
| 審査基準日 | |
| 法人又は個人の別 | |
| 単独決算又は連結決算の別 | |
| 特記事項 | |

| 経営状況 | 点数 |
|---|---|
| 純支払利息比率 | |
| 負債回転期間 | |
| 総資本売上総利益率 | |
| 売上高経常利益率 | |
| 自己資本対固定資産比率 | |
| 自己資本比率 | |
| 営業キャッシュフロー | |
| 利益剰余金 | |
| 経営状況の評点（Ｙ） | |

| 勘定科目等 | 審査対象事業年度の前々審査対象事業年度 | 審査対象事業年度の前審査対象事業年度 | 審査対象事業年度 |
|---|---|---|---|
| 受取手形 | | | |
| 完成工事未収入金 | | | |
| 売掛金 | | | |
| 未成工事支出金 | | | |
| 材料貯蔵品 | | | |
| 販売用資産 | | | |
| 短期貸付金 | | | |
| 前払費用 | | | |
| 仮払金 | | | |
| 繰延税金資産 | | | |
| 未収入金 | | | |
| 立替金 | | | |
| 仮払金 | | | |
| その他流動資産 | | | |
| 貸倒引当金（「流動資産」の部に計上されたものに限る。） | | | |
| 繰延税金資産（長期） | | | |
| 貸倒引当金（「投資その他の資産」の部に計上されたものに限る。） | | | |
| ＊固定資産合計 | | | |
| 資産合計 | | | |
| 支払手形 | | | |
| 工事未収金 | | | |
| 買掛金 | | | |
| 有利子負債 | | | |
| 未払金 | | | |
| 未払費用 | | | |
| 繰延税金負債 | | | |
| 未成工事受入金 | | | |
| 前受収益 | | | |
| 引当金（「流動負債」の部に計上されたものに限る。） | | | |
| 仮受金 | | | |
| その他流動負債 | | | |
| ＊流動負債合計 | | | |
| 繰延税金負債（長期） | | | |
| 引当金（「固定負債」の部に計上されたものに限る。） | | | |
| その他固定負債 | | | |
| ＊固定負債合計 | | | |
| 負債合計 | | | |
| ＊利益剰余金合計 | | | |
| ＊少数株主持分 | | | |
| ＊純資産合計 | | | |
| ＊負債純資産合計 | | | |
| 受取手形割引高 | | | |
| 受取手形裏書譲渡高 | | | |
| ＊売上高 | | | |
| （うち完成工事高） | | | |
| 売上原価 | | | |
| （うち完成工事原価） | | | |
| ＊売上総利益又は売上総損失 | | | |
| 販売費及び一般管理費 | | | |
| 営業外収益 | | | |
| ＊（うち受取利息配当金） | | | |
| 営業外費用 | | | |
| ＊（うち支払利息） | | | |
| ＊経常利益又は経常損失（申請者が個人の場合は事業主利益又は事業主損失） | | | |
| 特別利益 | | | |
| 特別損失 | | | |
| 法人税住民税及び事業税 | | | |
| 法人税等調整額 | | | |
| 過年度税効果調整額 | | | |
| 減価償却実施額 | | | |
| ＊営業活動によるキャッシュ・フロー | | | |

「勘定科目等」の欄に記載した内容が建設業法施行規則第21条の6第2号の確認基準に該当する場合におけるその内容確認の結果については別紙による。

記載要領

1　「結果通知日」の欄は、申請者に対して経営状況分析の結果を通知した日を記載すること。

2　「申請者名」の欄は、経営状況分析の結果を通知した建設業者の商号又は名称を、「許可番号」の欄は当該建設業者に係る許可番号を記載すること。

3　「審査基準日」の欄は、経営状況分析の申請があつた日の直前の事業年度の終了の日（別記様式第25号の８の記載要領の別表(2)の各欄のいずれかに該当する場合で直前の事業年度の終了の日以外の日を審査基準日として定めるときは、その日）を記載すること。

4　「法人又は個人の別」の欄は、別記様式第25号の８の「法人又は個人の別」の欄に応じて、「法人」又は「個人」と記載すること。

5　「単独決算又は連結決算の別」の欄は、経営状況分析に用いた財務諸表に応じて、「単独決算」又は「連結決算」と記載すること。

6　「特記事項」の欄は、別記様式第25号の８の記載要領の別表(2)の各欄のいずれかに該当する場合においては、「合併時経審」等、その旨を記載すること。

7　「経営状況」の欄は、申請者に対して通知した経営状況分析の結果に係る数値を記載すること。

8　「勘定科目等」の欄は、審査対象事業年度、審査対象事業年度の前審査対象事業年度及び審査対象事業年度の前々審査対象事業年度について、経営状況分析の結果の算出に用いた勘定科目等に係る金額のうち、左欄に掲げる項目に係るものを記載すること。ただし、「単独決算又は連結決算の別」の欄に「連結決算」と記載した場合は、項目にアスタリスクを表示しているものについてのみ記載すること。

別紙　（用紙Ａ４）

# 確認基準該当項目報告書

平成　　年　　月　　日

登録経営状況分析機関名

登録番号

| 申請者名 | 許可番号 | 審査基準日 | 疑義項目 | 確認書類 | 確認結果等 | 報告先 |
|---|---|---|---|---|---|---|
| | | | | | | |
| | | | | | | |
| | | | | | | |
| | | | | | | |
| | | | | | | |
| | | | | | | |
| | | | | | | |
| | | | | | | |
| | | | | | | |
| | | | | | | |
| | | | | | | |
| | | | | | | |
| | | | | | | |
| | | | | | | |
| | | | | | | |
| | | | | | | |
| | | | | | | |
| | | | | | | |
| | | | | | | |
| | | | | | | |
| | | | | | | |
| | | | | | | |
| | | | | | | |
| | | | | | | |
| | | | | | | |
| | | | | | | |
| | | | | | | |
| | | | | | | |
| | | | | | | |
| | | | | | | |

記載要領

1　「申請者名」の欄は経営状況分析の結果を通知した建設業者の商号又は名称を、「許可番号」の欄は当該建設業者に係る許可番号を記載すること。

2　「審査基準日」の欄は、経営状況分析の申請があった日の直前の事業年度の終了の日（別記様式第25号の８の記載要領の別表(2)の各欄のいずれかに該当する場合で直前の事業年度の終了の日以外の日を審査基準日として定めるときは、その日）を記載すること。

3　「疑義項目」の欄は、第21条の６第２号の確認基準に該当した勘定科目等を記載すること。

4　「確認書類」の欄は、第21条の６第２号の規定に基づいて記載内容を確認した書類を記載すること。

5　「確認結果等」の欄は、第21条の６第２号の規定に基づいて記載内容を確認した結果等について、以下を参考に記載すること。

（例１）税務申告書類に添付した決算書と照合した結果、真正。

（例２）有利子負債を期末に返済。

6　「報告先」の欄は、第21条の６第４号の規定に基づいて国土交通大臣又は都道府県知事に報告を行つた場合における地方整備局若しくは北海道開発局又は都道府県の名称を記載すること。

7　申請者ごとに区分して記載すること。

**様式第二十六号**（第二十三条の三関係）　　　　（用紙Ａ４）

建 設 業 者 監 督 処 分 簿

1.　処分を受けた建設業者に関する事項

| 商号又は名称 | | 代表者氏名 | |
|---|---|---|---|
| 主たる営業所の所在地 | | | |
| 許可番号 | 国土交通大臣 知事（般 特－　）第　　号 | 許可を受けている建設業の種類 | |

2.処分に関する事項

| 処分年月日 | 平成　　年　　月　　日 | 処分を行つた者 | |
|---|---|---|---|
| 根拠法令 | 該当 | | |
| 処分の内容 | | | |
| 処分の原因となつた事実 | | | |
| その他参考となる事項 | | | |

**様式第二十七号**（様式第二十四条関係）

（用紙B8）

表面

第　　号

平成　年　月　日交付

建設業法第三十一条第二項の規定による立入検査証

国土交通大臣、地方整備局長、北海道開発局長又は都道府県知事　印

所属局部課名

身分及び職名

氏名

生年月日

裏面

建設業法摘要

**第三十一条**　国土交通大臣は、建設業を営むすべての者に対して、都道府県知事は、当該都道府県の区域内で建設業を営む者に対して、特に必要があると認めるときは、その業務、財産若しくは工事施工の状況につき、必要な報告を徴し、又は当該職員をして営業所その他営業に関係のある場所に立ち入り、帳簿書類その他の物件を検査させることができる。

2　当該職員は、前項の規定により立入検査をする場合においては、その身分を示す証票を携帯し、関係人の請求があつたときは、これを呈示しなければならない。

3　当該職員の資格に関し必要な事項は、政令で定める。

**様式第二十八号**（第二十五条関係）

建設業の許可を受けた建設業者が標識を店舗に掲げる場合

| 建設業の許可票 | | | |
|---|---|---|---|
| 商号又は名称 | | | |
| 代表者の氏名 | | | |
| 一般建設業又は特定建設業の別 | 許可を受けた建設業 | 許可番号 | 許可年月日 |
| | | 国土交通大臣<br>知事許可（　）第　号 | |
| | | 国土交通大臣<br>知事許可（　）第　号 | |
| | | 国土交通大臣<br>知事許可（　）第　号 | |
| | | 国土交通大臣<br>知事許可（　）第　号 | |
| | | 国土交通大臣<br>知事許可（　）第　号 | |
| | | 国土交通大臣<br>知事許可（　）第　号 | |
| | | 国土交通大臣<br>知事許可（　）第　号 | |
| この店舗で営業している建設業 | | | |

35cm以上

40cm以上

記載要領

「国土交通大臣<br>知事」については、不要のものを消すこと。

**様式第二十九号**（第二十五条関係）

建設業の許可を受けた建設業者が標識を建設工事の現場に掲げる場合

<table>
<tr><td colspan="5">建　設　業　の　許　可　票</td></tr>
<tr><td colspan="3">商号又は名称</td><td colspan="2"></td></tr>
<tr><td colspan="3">代表者の氏名</td><td colspan="2"></td></tr>
<tr><td rowspan="2">主任技術者の氏名</td><td></td><td>専任の有無</td><td></td><td></td></tr>
<tr><td>資格名</td><td>資格者証交付番号</td><td></td><td></td></tr>
<tr><td colspan="3">一般建設業又は特定建設業の別</td><td colspan="2"></td></tr>
<tr><td colspan="3">許可を受けた建設業</td><td colspan="2"></td></tr>
<tr><td colspan="3">許可番号</td><td colspan="2">国土交通大臣<br>知事　許可（　　）第　　　　号</td></tr>
<tr><td colspan="3">許可年月日</td><td colspan="2"></td></tr>
</table>

25cm以上

35cm以上

記載要領

1　「主任技術者の氏名」の欄は、法第26条第２項の規定に該当する場合には、「主任技術者の氏名」を「監理技術者の氏名」とし、その監理技術者の氏名を記載すること。

2　「専任の有無」の欄は、法第26条第３項の規定に該当する場合に、「専任」と記載すること。

3　「資格名」の欄は、当該主任技術者又は監理技術者が法第７条第２号ハ又は法第15条第２号イに該当する者である場合に、その者が有する資格等を記載すること。

4　「資格者証交付番号」の欄は、法第26条第４項に該当する場合に、当該監理技術者が有する資格者証の交付番号を記載すること。

5　「許可を受けた建設業」の欄には、当該建設工事の現場で行つている建設工事に係る許可を受けた建設業を記載すること。

6　「国土交通大臣<br>知事」については、不要のものを消すこと。

**様式第三十号**（第十八条の三の六関係）

（表面）

（登録基幹技能者講習の種目）講習修了証
修了証番号　第　　　号

写　真

30.00ミリメートル
24.00ミリメートル

氏名
（生年月日　　年　　月　　日）

この者は、建設業法施行規則第18条の3第2項第2号の登録基幹技能者講習を修了した者であることを証します。

修了年月日　　年　　月　　日

（登録基幹技能者講習実施機関の名称）　　印
（登録番号　第　　番）

53.92ミリメートル以上
54.03ミリメートル以下

85.47ミリメートル以上
85.72ミリメートル以下

（裏面）

備考

備考

1　材質は、プラスチック又はこれと同等以上の耐久性を有するものとすること。

（別表）(一)

| | | | | | | | |
|---|---|---|---|---|---|---|---|
| 00 | 国土交通大臣 | 12 | 千葉県知事 | 24 | 三重県知事 | 36 | 徳島県知事 |
| 01 | 北海道知事 | 13 | 東京都知事 | 25 | 滋賀県知事 | 37 | 香川県知事 |
| 02 | 青森県知事 | 14 | 神奈川県知事 | 26 | 京都府知事 | 38 | 愛媛県知事 |
| 03 | 岩手県知事 | 15 | 新潟県知事 | 27 | 大阪府知事 | 39 | 高知県知事 |
| 04 | 宮城県知事 | 16 | 富山県知事 | 28 | 兵庫県知事 | 40 | 福岡県知事 |
| 05 | 秋田県知事 | 17 | 石川県知事 | 29 | 奈良県知事 | 41 | 佐賀県知事 |
| 06 | 山形県知事 | 18 | 福井県知事 | 30 | 和歌山県知事 | 42 | 長崎県知事 |
| 07 | 福島県知事 | 19 | 山梨県知事 | 31 | 鳥取県知事 | 43 | 熊本県知事 |
| 08 | 茨城県知事 | 20 | 長野県知事 | 32 | 島根県知事 | 44 | 大分県知事 |
| 09 | 栃木県知事 | 21 | 岐阜県知事 | 33 | 岡山県知事 | 45 | 宮崎県知事 |
| 10 | 群馬県知事 | 22 | 静岡県知事 | 34 | 広島県知事 | 46 | 鹿児島県知事 |
| 11 | 埼玉県知事 | 23 | 愛知県知事 | 35 | 山口県知事 | 47 | 沖縄県知事 |

（別表）(二)

| | コード | 資格区分 | |
|---|---|---|---|
| | 01 | 法第7条第2号イ該当 | |
| | 02 | 法第7条第2号ロ該当 | |
| | 03 | 法第15条第2号ハ該当（同号イと同等以上） | |
| | 04 | 法第15条第2号ハ該当（同号ロと同等以上） | |
| 建設業法 | 11 | 一級建設機械施工技士 | |
| | 1A | 〃 | （附則第4条該当） |
| | 12 | 二級　〃 | （第1種～第6種） |
| | 1B | 〃 | （第1種～第6種）（附則第4条該当） |
| | 13 | 一級土木施工管理技士 | |
| | 1C | 〃 | （附則第4条該当） |
| | 14 | 二級　〃 | （土木） |
| | 1D | 〃 | （土木）（附則第4条該当） |
| | 15 | 〃 | （鋼構造物塗装） |
| | 16 | 〃 | （薬液注入） |
| | 1E | 〃 | （薬液注入）（附則第4条該当） |
| | 20 | 一級建築施工管理技士 | |
| | 2A | 〃 | （附則第4条該当） |
| | 21 | 二級　〃 | （建築） |
| | 22 | 〃 | （躯体） |
| | 2B | 〃 | （躯体）（附則第4条該当） |
| | 23 | 〃 | （仕上げ） |
| | 27 | 一級電気工事施工管理技士 | |
| | 28 | 二級　〃 | |
| | 29 | 一級管工事施工管理技士 | |
| | 30 | 二級　〃 | |
| | 33 | 一級造園施工管理技士 | |
| | 34 | 二級　〃 | |

| | | |
|---|---|---|
| 建築士法 | 37 | 一級建築士 |
| | 38 | 二級　〃 |
| | 39 | 木造　〃 |

| | | |
|---|---|---|
| 技術士法 | 41 | 建設・総合技術監理（建設） |
| | 4A | 〃　（附則第４条該当） |
| | 42 | 建設「鋼構造及びコンクリート」・総合技術監理（建設「鋼構造物及びコンクリート」） |
| | 4B | 〃　（附則第４条該当） |
| | 43 | 農業「農業土木」・総合技術監理（農業「農業土木」） |
| | 4C | 〃　（附則第４条該当） |
| | 44 | 電気電子・総合技術監理（電気電子） |
| | 45 | 機械・総合技術監理（機械） |
| | 46 | 機械「流体工学」又は「熱工学」・総合技術監理（機械「流体工学」又は「熱工学」） |
| | 47 | 上下水道・総合技術監理（上下水道） |
| | 48 | 上下水道「上水道及び工業用水道」・総合技術監理（上下水道「上水道及び工業用水道」） |
| | 49 | 水産「水産土木」・総合技術監理（水産「水産土木」） |
| | 4D | 〃　（附則第４条該当） |
| | 50 | 森林「林業」・総合技術監理（森林「林業」） |
| | 51 | 森林「森林土木」・総合技術監理（森林「森林土木」） |
| | 5A | 〃　（附則第４条該当） |
| | 52 | 衛生工学・総合技術監理（衛生工学） |
| | 53 | 衛生工学「水質管理」・総合技術監理（衛生工学「水質管理」） |
| | 54 | 衛生工学「廃棄物管理」・総合技術監理（衛生工学「廃棄物管理」） |

| | | | |
|---|---|---|---|
| 電気工事士法 | 55 | 第一種電気工事士 | |
| | 56 | 第二種　〃 | ３年 |
| 電気事業法 | 58 | 電気主任技術者（第１種～第３種） | ５年 |

| | | | |
|---|---|---|---|
| 電気通信事業法 | 59 | 電気通信主任技術者 | ５年 |

| | | | |
|---|---|---|---|
| 水道法 | 65 | 給水装置工事主任技術者 | １年 |

| | | |
|---|---|---|
| 消防法 | 68 | 甲種消防設備士 |
| | 69 | 乙種　〃 |

| | | | |
|---|---|---|---|
| | 71 | 建築大工（１級） | |
| | | 〃　（２級） | ３年 |
| | 64 | 型枠施工（１級） | |
| | | 〃　（２級） | ３年 |
| | 6B | 型枠施工（１級）（附則第４条該当） | |
| | | 〃　（２級）（附則第４条該当） | ３年 |
| | 72 | 左官（１級） | |
| | | 〃　（２級） | ３年 |
| | 57 | とび・とび工（１級） | |
| | | 〃　（２級） | ３年 |
| | 5B | とび・とび工（１級）（附則第４条該当） | |
| | | 〃　（２級）（附則第４条該当） | ３年 |
| | 73 | コンクリート圧送施工（１級） | |
| | | 〃　（２級） | ３年 |

| | | |
|---|---|---|
| 7A | コンクリート圧送施工（1級）（附則第4条該当） | |
| | 〃（2級）（附則第4条該当） | 3年 |
| 66 | ウェルポイント施工（1級） | |
| | 〃（2級） | 3年 |
| 6C | ウェルポイント施工（1級）（附則第4条該当） | |
| | 〃（2級）（附則第4条該当） | 3年 |
| 74 | 冷凍空気調和機器施工・空気調和設備配管（1級） | |
| | 〃 〃（2級） | 3年 |
| 75 | 給排水衛生設備配管（1級） | |
| | 〃（2級） | 3年 |
| 76 | 配管・配管工（1級） | |
| | 〃 〃（2級） | 3年 |
| 70 | 建築板金「ダクト板金作業」（1級） | |
| | 〃（2級） | 3年 |
| 77 | タイル張り・タイル張り工（1級） | |
| | 〃 〃（2級） | 3年 |
| 78 | 築炉・築炉工（1級）・れんが積み | |
| | 〃 〃（2級） | 3年 |
| 79 | ブロック建築・ブロック建築工（1級）・コンクリート積みブロック施工 | |
| | 〃 〃（2級） | 3年 |
| 80 | 石工・石材施工・石積み（1級） | |
| | 〃 〃 〃（2級） | 3年 |
| 81 | 鉄工・製罐（1級） | |
| | 〃 〃（2級） | 3年 |
| 82 | 鉄筋組立て・鉄筋施工（1級） | |
| | 〃 〃（2級） | 3年 |
| 83 | 工場板金（1級） | |
| | 〃（2級） | 3年 |
| 84 | 板金「建築板金作業」・建築板金「内外装板金作業」・板金工「建築板金作業」（1級） | |
| | 〃 〃 〃（2級） | 3年 |
| 85 | 板金・板金工・打出し板金（1級） | |
| | 〃 〃 〃（2級） | 3年 |
| 86 | かわらぶき・スレート施工（1級） | |
| | 〃 〃（2級） | 3年 |
| 87 | ガラス施工（1級） | |
| | 〃（2級） | 3年 |
| 88 | 塗装・木工塗装・木工塗装工（1級） | |
| | 〃 〃 〃（2級） | 3年 |
| 89 | 建築塗装・建築塗装工（1級） | |
| | 〃 〃（2級） | 3年 |
| 90 | 金属塗装・金属塗装工（1級） | |
| | 〃 〃（2級） | 3年 |
| 91 | 噴霧塗装（1級） | |
| | 〃（2級） | 3年 |
| 67 | 路面標示施工 | |
| 92 | 畳製作・畳工（1級） | |
| | 〃 〃（2級） 3年 | |

| | | |
|---|---|---|
| 93 | 内装仕上げ施工・カーテン施工・天井仕上げ施工・床仕上げ施工・表装・表具・表具工（1級） | |
| | 〃　〃　〃　〃　〃　〃　〃（2級） | 3年 |
| 94 | 熱絶縁施工（1級） | |
| | 〃（2級） | 3年 |
| 95 | 建具製作・建具工・木工・カーテンウォール施工・サッシ施工（1級） | |
| | 〃　〃　〃　〃　〃（2級） | 3年 |
| 96 | 造園（1級） | |
| | 〃（2級） | 3年 |
| 97 | 防水施工（1級） | |
| | 〃（2級） | 3年 |
| 98 | さく井（1級） | |
| | 〃（2級） | 3年 |

| | | |
|---|---|---|
| 61 | 地すべり防止工事 | 1年 |
| 6A | 〃（附則第4条該当） | 1年 |
| 40 | 基礎ぐい工事 | |
| 62 | 建築設備士 | 1年 |
| 63 | 計装 | 1年 |
| 60 | 解体工事 | |
| 99 | その他 | |

備考

資格区分の欄の右端に記載されている年数は、当該欄に記載されている資格を取得するための試験に合格した後法第7条第2号ハに該当する者となるために必要な実務経験の年数である。

（別表）㈢

| | | | | | | | |
|---|---|---|---|---|---|---|---|
| 01 | 北海道 | 13 | 東京都 | 25 | 滋賀県 | 37 | 香川県 |
| 02 | 青森県 | 14 | 神奈川県 | 26 | 京都府 | 38 | 愛媛県 |
| 03 | 岩手県 | 15 | 新潟県 | 27 | 大阪府 | 39 | 高知県 |
| 04 | 宮城県 | 16 | 富山県 | 28 | 兵庫県 | 40 | 福岡県 |
| 05 | 秋田県 | 17 | 石川県 | 29 | 奈良県 | 41 | 佐賀県 |
| 06 | 山形県 | 18 | 福井県 | 30 | 和歌山県 | 42 | 長崎県 |
| 07 | 福島県 | 19 | 山梨県 | 31 | 鳥取県 | 43 | 熊本県 |
| 08 | 茨城県 | 20 | 長野県 | 32 | 島根県 | 44 | 大分県 |
| 09 | 栃木県 | 21 | 岐阜県 | 33 | 岡山県 | 45 | 宮崎県 |
| 10 | 群馬県 | 22 | 静岡県 | 34 | 広島県 | 46 | 鹿児島県 |
| 11 | 埼玉県 | 23 | 愛知県 | 35 | 山口県 | 47 | 沖縄県 |
| 12 | 千葉県 | 24 | 三重県 | 36 | 徳島県 | 48 | その他 |

（別表）㈣

| コード | 資格区分 |
|---|---|
| 001 | 法第7条第2号イ該当 |
| 002 | 法第7条第2号ロ該当 |
| 003 | 法第15条第2号ハ該当（同号イと同等以上） |
| 004 | 法第15条第2号ハ該当（同号ロと同等以上） |

| | コード | 資格区分 |
|---|---|---|
| 建設業法 | 111 | 一級建設機械施工技士 |
| | 11A | 〃 （附則第4条該当） |
| | 212 | 二級 〃 （第1種～第6種） |
| | 21B | 〃 （第1種～第6種）（附則第4条該当） |
| | 113 | 一級土木施工管理技士 |
| | 11C | 〃 （附則第4条該当） |
| | 214 | 二級 〃 （土木） |
| | 21D | 〃 （土木）（附則第4条該当） |
| | 215 | 〃 （鋼構造物塗装） |
| | 216 | 〃 （薬液注入） |
| | 21E | 〃 （薬液注入）（附則第4条該当） |
| | 120 | 一級建築施工管理技士 |
| | 12A | 〃 （附則第4条該当） |
| | 221 | 二級 〃 （建築） |
| | 222 | 〃 （躯体） |
| | 22B | 〃 （躯体）（附則第4条該当） |
| | 223 | 〃 （仕上げ） |
| | 127 | 一級電気工事施工管理技士 |
| | 228 | 二級 〃 |
| | 129 | 一級管工事施工管理技士 |
| | 230 | 二級 〃 |
| | 133 | 一級造園施工管理技士 |
| | 234 | 二級 〃 |

| | コード | 資格区分 |
|---|---|---|
| 建築士法 | 137 | 一級建築士 |
| | 238 | 二級 〃 |
| | 239 | 木造 〃 |

| | コード | 資格区分 |
|---|---|---|
| 技術士法 | 141 | 建設・総合技術監理（建設） |
| | 14A | 〃 （附則第4条該当） |
| | 142 | 建設「鋼構造及びコンクリート」・総合技術監理（建設「鋼構造物及びコンクリート」） |
| | 14B | 〃 （附則第4条該当） |
| | 143 | 農業「農業土木」・総合技術監理（農業「農業土木」） |
| | 14C | 〃 （附則第4条該当） |
| | 144 | 電気電子・総合技術監理（電気電子） |
| | 145 | 機械・総合技術監理（機械） |
| | 146 | 機械「流体工学」又は「熱工学」・総合技術監理（機械「流体工学」又は「熱工学」） |
| | 147 | 上下水道・総合技術監理（上下水道） |
| | 148 | 上下水道「上水道及び工業用水道」・総合技術監理（上下水道「上水道及び工業用水道」） |
| | 149 | 水産「水産土木」・総合技術監理（水産「水産土木」） |
| | 14D | 〃 （附則第4条該当） |

| | | | |
|---|---|---|---|
| | 150 | 森林「林業」・総合技術監理（森林「林業」） | |
| | 151 | 森林「森林土木」・総合技術監理（森林「森林土木」） | |
| | 15A | 〃　（附則第4条該当） | |
| | 152 | 衛生工学・総合技術監理（衛生工学） | |
| | 153 | 衛生工学「水質管理」・総合技術監理（衛生工学「水質管理」） | |
| | 154 | 衛生工学「廃棄物管理」・総合技術監理（衛生工学「廃棄物管理」） | |

| | | | |
|---|---|---|---|
| 電気工事士法 | 155 | 第一種電気工事士 | |
| | 256 | 第二種　〃 | 3年 |
| 電気事業法 | 258 | 電気主任技術者（第1種～第3種） | 5年 |

| | | | |
|---|---|---|---|
| 電気通信事業法 | 259 | 電気通信主任技術者 | 5年 |

| | | | |
|---|---|---|---|
| 水道法 | 265 | 給水装置工事主任技術者 | 1年 |

| | | | |
|---|---|---|---|
| 消防法 | 168 | 甲種消防設備士 | |
| | 169 | 乙種　〃 | |

| | | | |
|---|---|---|---|
| 職業能力 | 171 | 建築大工（1級） | |
| | 271 | 〃　（2級） | 3年 |
| | 164 | 型枠施工（1級） | |
| | 264 | 〃　（2級） | 3年 |
| | 16B | 型枠施工（1級）（附則第4条該当） | |
| | 26B | 〃　（2級）（附則第4条該当） | 3年 |
| | 172 | 左官（1級） | |
| | 272 | 〃（2級） | 3年 |
| | 157 | とび・とび工（1級） | |
| | 257 | 〃　（2級） | 3年 |
| | 15B | とび・とび工（1級）（附則第4条該当） | |
| | 25B | 〃　（2級）（附則第4条該当） | 3年 |
| | 173 | コンクリート圧送施工（1級） | |
| | 273 | 〃　（2級） | 3年 |
| | 17A | コンクリート圧送施工（1級）（附則第4条該当） | |
| | 27A | 〃　（2級）（附則第4条該当） | 3年 |
| | 166 | ウェルポイント施工（1級） | |
| | 266 | 〃　（2級） | 3年 |
| | 16C | ウェルポイント施工（1級）（附則第4条該当） | |
| | 26C | 〃　（2級）（附則第4条該当） | 3年 |
| | 174 | 冷凍空気調和機器施工・空気調和設備配管（1級） | |
| | 274 | 〃　〃　（2級） | 3年 |
| | 175 | 給排水衛生設備配管（1級） | |
| | 275 | 〃　（2級） | 3年 |
| | 176 | 配管・配管工（1級） | |
| | 276 | 〃　〃　（2級） | 3年 |
| | 170 | 建築板金「ダクト板金作業」（1級） | |
| | 270 | 〃　（2級） | 3年 |
| | 177 | タイル張り・タイル張り工（1級） | |
| | 277 | 〃　〃　（2級） | 3年 |

| | コード | 職種 | 年 |
|---|---|---|---|
| 開発促進法 | 178 | 築炉・築炉工（1級）・れんが積み | |
| | 278 | 〃　〃（2級） | 3年 |
| | 179 | ブロック建築・ブロック建築工（1級）・コンクリート積みブロック施工 | |
| | 279 | 〃　〃　（2級） | 3年 |
| | 180 | 石工・石材施工・石積み（1級） | |
| | 280 | 〃　〃　〃（2級） | 3年 |
| | 181 | 鉄工・製罐（1級） | |
| | 281 | 〃　〃（2級） | 3年 |
| | 182 | 鉄筋組立て・鉄筋施工（1級） | |
| | 282 | 〃　〃（2級） | 3年 |
| | 183 | 工場板金（1級） | |
| | 283 | 〃（2級） | 3年 |
| | 184 | 板金「建築板金作業」・建築板金「内外装板金作業」・板金工「建築板金作業」（1級） | |
| | 284 | 〃　〃　〃（2級） | 3年 |
| | 185 | 板金・板金工・打出し板金（1級） | |
| | 285 | 〃　〃　〃（2級） | 3年 |
| | 186 | かわらぶき・スレート施工（1級） | |
| | 286 | 〃　〃（2級） | 3年 |
| | 187 | ガラス施工（1級） | |
| | 287 | 〃（2級） | 3年 |
| | 188 | 塗装・木工塗装・木工塗装工（1級） | |
| | 288 | 〃　〃　〃（2級） | 3年 |
| | 189 | 建築塗装・建築塗装工（1級） | |
| | 289 | 〃　〃（2級） | 3年 |
| | 190 | 金属塗装・金属塗装工（1級） | |
| | 290 | 〃　〃（2級） | 3年 |
| | 191 | 噴霧塗装（1級） | |
| | 291 | 〃（2級） | 3年 |
| | 167 | 路面標示施工 | |
| | 192 | 畳製作・畳工（1級） | |
| | 292 | 〃　〃（2級） | 3年 |
| | 193 | 内装仕上げ施工・カーテン施工・天井仕上げ施工・床仕上げ施工・表装・表具・表具工（1級） | |
| | 293 | 〃　〃　〃　〃　〃　〃　〃（2級） | 3年 |
| | 194 | 熱絶縁施工（1級） | |
| | 294 | 〃（2級） | 3年 |
| | 195 | 建具製作・建具工・木工・カーテンウォール施工・サッシ施工（1級） | |
| | 295 | 〃　〃　〃　〃　〃（2級） | 3年 |
| | 196 | 造園（1級） | |
| | 296 | 〃（2級） | 3年 |
| | 197 | 防水施工（1級） | |
| | 297 | 〃（2級） | 3年 |
| | 198 | さく井（1級） | |
| | 298 | 〃（2級） | 3年 |

| コード | 職種 | 年 |
|---|---|---|
| 061 | 地すべり防止工事 | 1年 |
| 06A | 〃（附則第4条該当） | 1年 |
| 040 | 基礎ぐい工事 | |
| 062 | 建築設備士 | 1年 |

| | | |
|---|---|---|
| 063 | 計装 | 1年 |
| 060 | 解体工事 | |
| 064 | 基幹技能者 | |
| 099 | その他 | |

備考

資格区分の欄の右端に記載されている年数は、当該欄に記載されている資格を取得するための試験に合格した後法第7条第2号ハに該当する者となるために必要な実務経験の年数である。

（別表）(五)

| コード | 資格区分 | |
|---|---|---|
| 301 | 土木工事業について1級技術者と同等以上の潜在的能力があると国土交通大臣が認定した者に該当 | |
| 302 | 建築工事業 | 〃 |
| 303 | 大工工事業 | 〃 |
| 304 | 左官工事業 | 〃 |
| 305 | とび・土工工事業 | 〃 |
| 306 | 石工事業 | 〃 |
| 307 | 屋根工事業 | 〃 |
| 308 | 電気工事業 | 〃 |
| 309 | 管工事業 | 〃 |
| 310 | タイル・れんが・ブロック工事業 | 〃 |
| 311 | 鋼構造物工事業 | 〃 |
| 312 | 鉄筋工事業 | 〃 |
| 313 | 舗装工事業 | 〃 |
| 314 | しゆんせつ工事業 | 〃 |
| 315 | 板金工事業 | 〃 |
| 316 | ガラス工事業 | 〃 |
| 317 | 塗装工事業 | 〃 |
| 318 | 防水工事業 | 〃 |
| 319 | 内装仕上工事業 | 〃 |
| 320 | 機械器具設置工事業 | 〃 |
| 321 | 熱絶縁工事業 | 〃 |
| 322 | 電気通信工事業 | 〃 |
| 323 | 造園工事業 | 〃 |
| 324 | さく井工事業 | 〃 |
| 325 | 建具工事業 | 〃 |
| 326 | 水道施設工事業 | 〃 |
| 327 | 消防施設工事業 | 〃 |
| 328 | 清掃施設工事業 | 〃 |
| 329 | 解体工事業 | 〃 |
| 401 | 土木工事業について2級技術者と同等以上の潜在的能力があると国土交通大臣が認定した者に該当 | |
| 402 | 建築工事業 | 〃 |
| 403 | 大工工事業 | 〃 |
| 404 | 左官工事業 | 〃 |
| 405 | とび・土工工事業 | 〃 |
| 406 | 石工事業 | 〃 |

| | | |
|---|---|---|
| 407 | 屋根工事業 | 〃 |
| 408 | 電気工事業 | 〃 |
| 409 | 管工事業 | 〃 |
| 410 | タイル・れんが・ブロック工事業 | 〃 |
| 411 | 鋼構造物工事業 | 〃 |
| 412 | 鉄筋工事業 | 〃 |
| 413 | 舗装工事業 | 〃 |
| 414 | しゅんせつ工事業 | 〃 |
| 415 | 板金工事業 | 〃 |
| 416 | ガラス工事業 | 〃 |
| 417 | 塗装工事業 | 〃 |
| 418 | 防水工事業 | 〃 |
| 419 | 内装仕上工事業 | 〃 |
| 420 | 機械器具設置工事業 | 〃 |
| 421 | 熱絶縁工事業 | 〃 |
| 422 | 電気通信工事業 | 〃 |
| 423 | 造園工事業 | 〃 |
| 424 | さく井工事業 | 〃 |
| 425 | 建具工事業 | 〃 |
| 426 | 水道施設工事業 | 〃 |
| 427 | 消防施設工事業 | 〃 |
| 428 | 清掃施設工事業 | 〃 |
| 429 | 解体工事業 | 〃 |

| | | |
|---|---|---|
| 501 | 土木工事業についてその他の技術者と同等以上の潜在的能力があると国土交通大臣が認定した者に該当 | |
| 502 | 建築工事業 | 〃 |
| 503 | 大工工事業 | 〃 |
| 504 | 左官工事業 | 〃 |
| 505 | とび・土工工事業 | 〃 |
| 506 | 石工事業 | 〃 |
| 507 | 屋根工事業 | 〃 |
| 508 | 電気工事業 | 〃 |
| 509 | 管工事業 | 〃 |
| 510 | タイル・れんが・ブロック工事業 | 〃 |
| 511 | 鋼構造物工事業 | 〃 |
| 512 | 鉄筋工事業 | 〃 |
| 513 | 舗装工事業 | 〃 |
| 514 | しゅんせつ工事業 | 〃 |
| 515 | 板金工事業 | 〃 |
| 516 | ガラス工事業 | 〃 |
| 517 | 塗装工事業 | 〃 |
| 518 | 防水工事業 | 〃 |
| 519 | 内装仕上工事業 | 〃 |
| 520 | 機械器具設置工事業 | 〃 |
| 521 | 熱絶縁工事業 | 〃 |
| 522 | 電気通信工事業 | 〃 |
| 523 | 造園工事業 | 〃 |
| 524 | さく井工事業 | 〃 |

| 525 | 建具工事業 | 〃 |
|---|---|---|
| 526 | 水道施設工事業 | 〃 |
| 527 | 消防施設工事業 | 〃 |
| 528 | 清掃施設工事業 | 〃 |
| 529 | 解体工事業 | 〃 |

| 601 | 登録基幹技能者講習を修了した者と同等以上の潜在的能力があると国土交通大臣が認定した者に該当 |
|---|---|

備考

1級技術者…法第15条第2号イに該当する者

2級技術者…法第27条第1項の技術検定その他の法令の規定による試験で当該試験に合格することによつて直ちに法第7条第2号ハに該当することとなるものに合格した者又は他の法令の規定による免許若しくは免状の交付(以下「免許等」という。)で当該免許等を受けることによつて直ちに同号ハに該当することとなるものを受けた者であつて1級技術者及び登録基幹技能者講習を修了した者以外の者

その他の技術者…法第7条第2号イ、ロ若しくはハ又は法第15条第2号ハに該当する者で1級技術者、登録基幹技能者講習を修了した者及び2級技術者以外の者

登録基幹技能者講習を修了した者…第18条の3第2項第2号の登録を受けた講習を終了した者で1級技術者以外の者

# ○施工技術検定規則

（昭和三十五年十月十三日　建設省令第十七号）

改正
昭和三六年　五月二〇日建設省令第一八号
同　三七年一一月　一日同　第三三号
同　四四年　九月　二日同　第五一号
同　四五年　五月　七日同　第一〇号
同　四七年　七月一二日同　第二〇号
同　四八年　四月一〇日同　第　六号
同　五〇年　七月　九日同　第一二号
同　五六年　三月　二日同　第　一号
同　五八年　八月三一日同　第一三号
同　五九年　八月二七日同　第一四号
同　六二年一一月一九日同　第二六号
昭和六三年　六月　六日建設省令第一〇号
平成一〇年　六月一八日同　第二七号
同　一二年一一月二〇日同　第四一号
同　一四年　八月　二日国土交通省令第九三号
同　一五年　三月二〇日同　第二六号
同　一七年　六月一七日同　第六八号
同　二〇年　二月　一日同　第　五号
同　二一年　七月　七日同　第四五号
同　二七年一二月　九日同　第八二号
同　二八年　一月二三日同　第　三号

建設業法施行令（昭和三十一年政令第二百七十三号）第二十七条の三第三項、第二十七条の四、第二十七条の十第三項及び第二十七条の十一の規定に基づき、施工技術検定規則を次のように定める。

施工技術検定規則

（試験の科目及び基準）

**第一条**　一級の技術検定の学科試験及び実地試験の科目及び基準は別表第一に、二級の技術検定の学科試験及び実地試験の科目及び基準は別表第二に定めるとおりとする。

2　建設業法施行令（以下「令」という。）第二十七条の三第三項の規定により国土交通大臣が種別を定めた場合における学科試験及び実地試験の科目は、別表第二に定める科目のうちから国土交通大臣が種別ごとに指定するものとする。

（令第二十七条の四第一項ただし書の種目及び級）

**第一条の二**　令第二十七条の四第一項ただし書の国土交通省令で定める種目及び級は、土木施工管理、建築施工管理、電気工事施工管理、管工事施工管理及び造園施工管理の二級とする。

（令第二十七条の五の学科）

**第二条**　令第二十七条の五第一項第一号及び第二号並びに第二項第一号イ及びロ、第二号イ並びに第三号イ(1)及びロ(1)の国土交通省令で定める学科は、次の表の上欄に掲げる検定種目に応じて、同表の下欄に掲げる学科とする。

| 検定種目 | 学科 |
|---|---|
| 建設機械施工 | 土木工学（農業土木、鉱山土木、森林土木、砂防、治山、緑地又は造園に関する学科を含む。以下同じ。）、都市工学、衛生工学、交通工学、電気工学、機械工学又は建築学に関する学科 |
| 土木施工管理 | 土木工学、都市工学、衛生工学、交通工学又は建築学に関する学科 |
| 建築施工管理 | 建築学、土木工学、都市工学、衛生工学、電気工学又は機械工学に関する学科 |

| | |
|---|---|
| 電気工事施工管理 | 電気工学、土木工学、都市工学、機械工学又は建築学に関する学科 |
| 管工事施工管理 | 土木工学、都市工学、衛生工学、電気工学、機械工学又は建築学に関する学科 |
| 造園施工管理 | 土木工学、園芸学、林学、都市工学、交通工学又は建築学に関する学科 |

（検定の公告）

**第三条**　技術検定の実施期日、実施場所その他の技術検定の実施に関し必要な事項は、国土交通大臣があらかじめ官報で公告する。

（受検申請）

**第四条**　技術検定の学科試験又は実地試験を受けようとする者は、様式第一号による技術検定受検申請書に、令第二十七条の五第一項第一号若しくは第二号又は第二項第一号ロ(1)若しくは(2)若しくは第二号ロ(1)に該当する者にあつては第一号及び第三号から第五号までに掲げる書類を、同条第一項第三号又は第二項第一号ロ(3)若しくは(4)若しくは第二号ロ(2)に該当する者にあつては第三号から第五号までに掲げる書類を、同項第一号イ又は第二号イに該当する者にあつては第四号及び第五号に掲げる書類を、その他の者にあつては第二号から第五号までに掲げる書類をそれぞれ添付して、これを国土交通大臣（技術検定の学科試験又は実地試験を受けようとする者からの技術検定受検申請書の受理に関する事務を行う者が指定試験機関であるときは、指定試験機関）に提出しなければならない。

一　令第二十七条の五第一項第一号若しくは第二号又は第二項第一号ロ(1)若しくは(2)若しくは第二号ロ(1)に規定する学校を卒業したこと及びこれらの規定に規定する学科を修めたことを証する証明書（その証明書を得ることができない正当な理由があるときは、これに代わる適当な書類）

二　国土交通大臣が令第二十七条の五第一項第四号又は第二項第一号ロ(5)若しくは第二号ロ(3)の規定による認定をするために必要な資料となるべき書類（実務経験を証する書類を除く。）

三　実務経験を証する様式第二号による使用者の証明書（その証明書を得ることができない正当な理由があるときは、これに代わる適当な書類）

四　国土交通大臣が令第二十七条の六の規定によつて指定する精神上及び身体上の欠陥がないことを証するに足りる書面

五　申請前六月以内に撮影した無帽、正面、上三分身、無背景の縦の長さ四・五センチメートル、横の長さ三・五センチメートルの写真

2　国土交通大臣（技術検定の学科試験又は実地試験を受けようとする者からの技術検定受検申請書の受理に関する事務を行う者が指定試験機関であるときは、指定試験機関。第十条第三項において同じ。）は、技術検定の学科試験又は実地試験を受けようとする者に係る機構保存本人確認情報（住民基本台帳法（昭和四十二年法律第八十一号）第三十条の九に規定する本人確認情報をいう。以下同じ。）のうち住民票コード（同法第七条第十三号に規定する住民票コードをいう。以下同じ。）以外のものについて、同法第三十条の九の規定によるその提供を受けることができないときは、その者に対し、住民票の抄本又はそれに代わる書面を提出させることができる。

3　学科試験に合格した者は、種目及び級（学科試験に合格した技術検定が建設機械施工、土木施工管理又は建築施工管理に係る二級の技術検定である場合においては、種目及び種別）を同じくする次回の技術検定を受けようとする場合においては、第一項の規定にかかわらず、令第二十七条の五第一項第一号若しくは第二号又は第二項第一号ロ⑴若しくは⑵若しくは第二号ロ⑴に該当する者にあつては第一項第一号及び第三号に掲げる書類、同条第一項第三号又は第二項第一号ロ⑶若しくは⑷若しくは第二号ロ⑵に該当する者にあつては第一項第三号に掲げる書類、その他の者にあつては第一項第二号及び第三号に掲げる書類を添付することを要しない。ただし、同条第二項第一号ロ⑴から⑸までに該当する者及び第二号ロ⑴から⑶までに該当する者が初めて実地試験を受けようとする場合にあつては、この限りでない。

（試験の免除の申請）

**第五条**　令第二十七条の七の規定により技術検定の学科試験又は実地試験の全部の免除を受けようとする者は様式第三号による技術検定試験全部免除申請書に、同条の規定により技術検定の学科試験又は実地試験の一部の免除を受けようとする者は様式第四号による技術検定試験一部免除申請書に、それぞれ当該免除を受ける資格を有することを証明する書類を添付して、これを技術検定受検申請書とともに国土交通大臣（技術検定の学科試験又は実地試験の全部又は一部を受けようとする者からの技術検定試験全部免除申請書又は技術検定試験一部免除申請書の受理に関する事務を行う者が指定試験機関であるときは、指定試験機関）に提出しなければならない。

（受検票の交付）

**第六条**　国土交通大臣（受検票の交付に関する事務を行う者が指定試験機関であるときは、指定試験機関）は、技術検定受検申請書及びその添付書類（令第二十七条の七に規定する試験の免除の申請があつた場合においては、これらの書類並びに技術検定試験全部免除申請書又は技術検定試験一部免除申請書及びその添付書類）を審査し、受検資格（令第二十七条の七に規定する試験の免除の申請があつた場合においては、受検資格及び試験の免除を受ける資格）があると認めた者に様式第五号による受検票を交付するものとする。ただし、令第二十七条の七の規定により学科試験及び実地試験の全部の免除を受けて技術検定を受けようとする者については、受検票を交付することを要しない。

（試験の合格の通知）

**第七条**　国土交通大臣又は指定試験機関は、技術検定の学科試験又は実地試験に合格した者に、書面でその旨を通知するものとする。

（合格者の公告）

**第八条**　技術検定に合格した者は、国土交通大臣（合格者の公告に関する事務を行う者が指定試験機関であるときは、指定試験機関）が官報で公告する。

（合格証明書の交付）

**第八条の二**　建設業法（昭和二十四年法律第百号。以下「法」という。）第二十七条第三項の規定により合格証明書の交付を受けようとする者は、様式第五号の二による合格証明書交付申請書を国土交通大臣に提出しなければならない。

（合格証明書の様式）

**第九条**　合格証明書の様式は、様式第六号によるものとする。

（合格証明書の書換え申請）

**第十条**　合格証明書の交付を受けた者は、本籍又は氏名を変更したときは、合格証明書の書換えを申請することができる。

2　前項の申請をしようとする者は、様式第七号による技術検定合格証明書書換申請書に合格証明書及び住民票の抄本又はこれに代わる書面を添付して、これを国土交通大臣に提出しなければならない。

3　国土交通大臣は、第一項の申請をしようとする者に係る機構保存本人確認情報のうち住民票コード以外のものについて、住民基本台帳法第三十条の九の規定によるその提供を受けることができないときは、その者に対し、住民票の抄本又はこれに代わる書面を提出させることができる。

（合格証明書の再交付申請）

**第十一条**　法第二十七条第四項の規定により合格証明書の再交付を申請しようとする者は、様式第八号による技術検定合格証明書再交付申請書を国土交通大臣に提出しなければならない。

（権限の委任）

**第十二条**　この省令に規定する国土交通大臣の権限のうち、次に掲げるものは、第八条の二に規定する合格証明書の交付を受けようとする者、第十条第二項に規定する申請をしようとする者又は第十一条に規定する合格証明書の再交付を申請しようとする者の住所地を管轄する地方整備局長及び北海道開発局長に委任する。
一　第八条の二の規定による合格証明書の交付の申請を受理すること。
二　第十条第二項の規定による合格証明書の書換えの申請を受理すること。
三　第十一条の規定による合格証明書の再交付の申請を受理すること。

附　則

1　この省令は、公布の日から施行する。
2　建設省内部部局組織規程（昭和二十七年建設省令第二十九号）の一部を次のように改正する。
〔次のよう略〕

附　則〔昭和三六年五月二〇日建設省令第一八号〕

この省令は、公布の日から施行する。

附　則〔昭和三七年一一月一日建設省令第三三号〕

この省令は、公布の日から施行する。

附　則〔昭和四四年九月二日建設省令第五一号〕

この省令は、公布の日から施行する。

附　則〔昭和四五年五月七日建設省令第一〇号〕

この省令は、公布の日から施行する。

附　則〔昭和四七年七月一二日建設省令第二〇号〕

この省令は、公布の日から施行する。

附　則〔昭和四八年四月一〇日建設省令第六号〕

この省令は、公布の日から施行する。

附　則〔昭和五〇年七月九日建設省令第一二号〕

この省令は、公布の日から施行する。

附　則〔昭和五六年三月二日建設省令第一号〕

この省令は、公布の日から施行する。

附　則〔昭和五八年八月三一日建設省令第一三号〕

この省令は、公布の日から施行する。

附　則〔昭和五九年八月二七日建設省令第一四号〕

この省令は、公布の日から施行する。

附　則〔昭和六二年一一月一九日建設省令第二六号〕

この省令は、公布の日から施行する。

附　則〔昭和六三年六月六日建設省令第一〇号〕

この省令は、公布の日から施行する。

附　則〔平成一〇年六月一八日建設省令第二七号抄〕

1　この省令は、平成十年七月一日から施行する。

〔平成一二年一一月二〇日建設省令第四一号抄〕

（様式又は書式の改正に伴う経過措置）

**第九十一条**　この省令の施行の際現にあるこの省令による改正前の様式又は書式により調製した用紙は、この省令の施行後においても当分の間、これを取り繕って使用することができる。

附　則〔平成一二年一一月二〇日建設省令第四一号抄〕

（施行期日）

1　この省令は、内閣法の一部を改正する法律（平成十一年法律第八十八号）の施行の日（平成十三年一月六日）から施行する。

附　則〔平成一四年八月二日国土交通省令第九三号〕

この省令は、住民基本台帳法の一部を改正する法律の施行の日（平成十四年八月五日）から施行する。

附　則〔平成一五年三月二〇日国土交通省令第二六号〕

この省令は、公布の日から施行する。

附　則〔平成一七年六月一七日国土交通省令第六八号〕

（施行期日）

1　この省令は、公布の日から施行する。

（経過措置）

2　この省令による改正後の施工技術検定規則第一条、第二条及び第四条の規定は、平成十八年において行われる技術検定から適用するものとし、平成十七年において行われる技術検定については、なお従前の例による。

附　則〔平成二〇年二月一日国土交通省令第五号〕

この省令は、公布の日から施行する。

附　則〔平成二一年七月七日国土交通省令第四五号〕

（施行期日）

1　この省令は、公布の日から施行する。ただし、第二条中施工技術検定規則第四条第一項第五号の改正規定は、平成二十一年八月一日から施行する。

（経過措置）

2　この省令の施行前に交付した改正前の施工技術検定規則別記様式第六号による合格証明書は、改正後の施工技術検定規則（以下「新規則」という。）別記様式第六号による合格証明書とみなす。

3　この省令の施行前に建設業法第二十七条第三項の規定により合格証明書の交付を受けていた者から新規則第十条第二項の規定による合格証明書の書換え又は新規則第十一条の規定による合格証明書の再交付の申請があった場合に交付する合格証明書の様式については、新規則別記様式第六号の様式にかかわらず、なお従前の例による。

附　則〔平成二七年一二月九日国土交通省令第八二号〕

（施行期日）

**第一条**　この省令は、公布の日から施行する。ただし、第三条、

第八条、第十七条、第二十四条及び第二十五条の規定は、行政手続における特定の個人を識別するための番号の利用等に関する法律（平成二十五年法律第二十七号。以下「番号利用法」という。）附則第一条第四号に掲げる規定の施行の日（平成二十八年一月一日）から施行する。

（施工技術検定規則の一部改正に伴う経過措置）

**第六条**　当分の間、第二十四条及び第二十五条の規定による改正後の施工技術検定規則第四条第二項及び第十条第三項の規定の適用については、同令第四条第二項中「のうち住民票コード（同法第七条第十三号に規定する住民票コードをいう。以下同じ。）以外のものについて」とあるのは「について」と、同令第十条第三項中「のうち住民票コード以外のものについて」とあるのは「について」とする。

**附　則**〔平成二八年一月二二日国土交通省令第三号〕

この省令は、建設業法施行令の一部を改正する政令の施行の日（平成二十八年四月一日）から施行する。

## 別表第一（第一条関係）

| 種目 | 試験区分 | 一級技術検定試験科目 | 一級技術検定試験基準 |
|---|---|---|---|
| 建設機械施工 | 学科試験 | 土木工学 | 1　建設機械による建設工事の施工に必要な土木工学に関する一般的な知識を有すること。<br>2　設計図書に関する一般的な知識を有すること。 |
| | | 建設機械原動機 | 1　建設機械の内燃機関の構造及び機能に関する一般的な知識を有すること。<br>2　建設機械の内燃機関の運転及び取扱いに関する一般的な知識を有すること。<br>3　建設機械の内燃機関の衰損、故障及び不調の原因並びにその対策に関する一般的な知識を有すること。 |
| | | 石油燃料 | 石油燃料の種類、用途及び取扱いに関する一般的な知識を有すること。 |
| | | 潤滑剤 | 潤滑剤の種類、用途及び取扱いに関する一般的な知識を有すること。 |
| | | 建設機械 | 1　建設機械の構造及び機能に関する一般的な知識を有すること。<br>2　建設機械の運転及び取扱いに関する一般的な知識を有すること。<br>3　建設機械の衰損、故障及び不調の原因並びにその対策に関する一般的な知識を有すること。 |
| | | 建設機械施工法 | 1　建設機械による建設工事の施工の方法に関する一般的な知識を有すること。<br>2　建設機械の施工能力の測定に関する一般的な知識を有すること。<br>3　建設機械による建設工事の施工の経費の積算に関する一般的な知識を有すること。<br>4　建設機械による建設工事の施工の計画、運営及び管理に関する一般的な知識を有すること。 |
| | | 法規 | 建設工事の施工に必要な法令に関する一般的な知識を有すること。 |
| | 実地試験 | 下欄に掲げる科目のうち二 | |
| | | トラクター系建設機械操作 | 1　トラクター系建設機械（ブルドーザー、トラクター・ショベル、モーター・スクレーパーその他これらに類する建設機械をいう。以下同じ。）の操作を正確に行う能力を有すること。 |

| 科目 | | |
|---|---|---|
| | 施工法 | 2　トラクター系建設機械の点検及び故障の発見を正確に行う能力を有すること。<br>3　トラクター系建設機械による建設工事の施工を適確に行う能力を有すること。 |
| | ショベル系建設機械操作施工法 | 1　ショベル系建設機械（パワー・ショベル、バックホウ、ドラグライン、クラムシェルその他これらに類する建設機械をいう。以下同じ。）の操作を正確に行う能力を有すること。<br>2　ショベル系建設機械の点検及び故障の発見を正確に行う能力を有すること。<br>3　ショベル系建設機械による建設工事の施工を適確に行う能力を有すること。 |
| | モーター・グレーダー操作施工法 | 1　モーター・グレーダーの操作を正確に行う能力を有すること。<br>2　モーター・グレーダーの点検及び故障の発見を正確に行う能力を有すること。<br>3　モーター・グレーダーによる建設工事の施工を適確に行う能力を有すること。 |
| | 締め固め建設機械操作施工法 | 1　締め固め建設機械（ロード・ローラー、タイヤ・ローラー、振動ローラーその他これらに類する建設機械をいう。以下同じ。）の操作を正確に行う能力を有すること。<br>2　締め固め建設機械の点検及び故障の発見を正確に行う能力を有すること。<br>3　締め固め建設機械による建設工事の施工を適確に行う能力を有すること。 |
| | ほ装用建設機械操作施工法 | 1　ほ装用建設機械（アスファルト・プラント、アスファルト・デストリビューター、アスファルト・フィニッシャー、コンクリート・スプレッダー、コンクリート・フィニッシャー、コンクリート表面仕上機等をいう。以下同じ。）の操作を正確に行う能力を有すること。<br>2　ほ装用建設機械の点検及び故障の発見を正確に行う能力を有すること。<br>3　ほ装用建設機械による建設工事の施工を適確に行う能力を有すること。 |
| | 基礎工事用建設機械操作施工法 | 1　基礎工事用建設機械（くい打機、くい抜機、大口径掘削機その他これらに類する建設機械をいう。以下同じ。）の操作を正確に行う能力を有すること。<br>2　基礎工事用建設機械の点検及び故障の発見を正確に行う能力を有すること。<br>3　基礎工事用建設機械による建設工事の施工を適確に行う能力を有すること。 |
| 建設機械組合せ施工法 | | 建設機械の組合せによる建設工事の施工の監督を適確に行う能力を有すること。 |

| 土木施工管理 | 学科試験 | 土木工学等 | 1　土木一式工事の施工に必要な土木工学、電気工学、機械工学及び建築学に関する一般的な知識を有すること。<br>2　設計図書に関する一般的な知識を有すること。 |
|---|---|---|---|
| | | 施工管理法 | 土木一式工事の施工計画の作成方法及び工程管理、品質管理、安全管理等工事の施工の管理方法に関する一般的な知識を有すること。 |
| | | 法規 | 建設工事の施工に必要な法令に関する一般的な知識を有すること。 |
| | 実地試験 | 施工管理法 | 1　土質試験及び土木材料の強度等の試験を正確に行うことができ、かつ、その試験の結果に基づいて工事の目的物に所要の強度を得る等のために必要な措置を行うことができる高度の応用能力を有すること。<br>2　設計図書に基づいて工事現場における施工計画を適切に作成すること、又は施工計画を実施することができる高度の応用能力を有すること。 |
| 建築施工管理 | 学科試験 | 建築学等 | 1　建築一式工事の施工に必要な建築学、土木工学、電気工学及び機械工学に関する一般的な知識を有すること。<br>2　設計図書に関する一般的な知識を有すること。 |
| | | 施工管理法 | 建築一式工事の施工計画の作成方法及び工程管理、品質管理、安全管理等工事の施工の管理方法に関する一般的な知識を有すること。 |
| | | 法規 | 建設工事の施工に必要な法令に関する一般的な知識を有すること。 |
| | 実地試験 | 施工管理法 | 1　建築材料の強度等を正確に把握し、及び工事の目的物に所要の強度、外観等を得るために必要な措置を適切に行うことができる高度の応用能力を有すること。<br>2　設計図書に基づいて、工事現場における施工計画を適切に作成し、及び施工図を適正に作成することができる高度の応用能力を有すること。 |
| 電気工事施工 | 学科試験 | 電気工学等 | 1　電気工事の施工に必要な電気工学、土木工学、機械工学及び建築学に関する一般的な知識を有すること。 |

| | | | |
|---|---|---|---|
| 管理 | | | 2 発電設備、変電設備、送配電設備、構内電気設備等（以下「電気設備」という。）に関する一般的な知識を有すること。<br>3 設計図書に関する一般的な知識を有すること。 |
| | | 施工管理法 | 電気工事の施工計画の作成方法及び工程管理、品質管理、安全管理等工事の施工の管理方法に関する一般的な知識を有すること。 |
| | | 法規 | 建設工事の施工に必要な法令に関する一般的な知識を有すること。 |
| | 実地試験 | 施工管理法 | 設計図書で要求される電気設備の性能を確保するために設計図書を正確に理解し、電気設備の施工図を適正に作成し、及び必要な機材の選定、配置等を適切に行うことができる高度の応用能力を有すること。 |
| 管工事施工管理 | 学科試験 | 機械工学等 | 1 管工事の施工に必要な機械工学、衛生工学、電気工学及び建築学に関する一般的な知識を有すること。<br>2 冷暖房、空気調和、給排水、衛生等の設備（以下「設備」という。）に関する一般的な知識を有すること。<br>3 設計図書に関する一般的な知識を有すること。 |
| | | 施工管理法 | 管工事の施工計画の作成方法及び工程管理、品質管理、安全管理等工事の施工の管理方法に関する一般的な知識を有すること。 |
| | | 法規 | 建設工事の施工に必要な法令に関する一般的な知識を有すること。 |
| | 実地試験 | 施工管理法 | 設計図書で要求される設備の性能を確保するために設計図書を正確に理解し、設備の施工図を適正に作成し、及び必要な機材の選定、配置等を適切に行うことができる高度の応用能力を有すること。 |
| 造園施工管理 | 学科試験 | 土木工学等 | 1 造園工事の施工に必要な土木工学、園芸学、電気工学、機械工学及び建築学に関する一般的な知識を有すること。<br>2 設計図書に関する一般的な知識を有すること。 |
| | | 施工管理法 | 造園工事の施工計画の作成方法及び工程管理、品質管理、安全管理等工事の施工の管理方 |

| | | | |
|---|---|---|---|
| | | | 法に関する一般的な知識を有すること。 |
| | | 法規 | 建設工事の施工に必要な法令に関する一般的な知識を有すること。 |
| | 実地試験 | 施工管理法 | 1　工事の目的物に所要の外観、強度等を得るために必要な措置を適切に行うことができる高度の応用能力を有すること。<br>2　設計図書に基づいて工事現場における施工計画を適切に作成すること、又は施工計画を実施することができる高度の応用能力を有すること。 |

別表第二（第一条関係）

| 種目 | 試験区分 | 二級技術検定試験科目 | 二級技術検定試験基準 |
|---|---|---|---|
| 建設機械施工 | 学科試験 | 土木工学 | 1　建設機械による建設工事の施工に必要な土木工学に関する概略の知識を有すること。<br>2　設計図書を正確に読みとるための知識を有すること。 |
| | | 建設機械原動機 | 1　建設機械の内燃機関の構造及び機能に関する概略の知識を有すること。<br>2　建設機械の内燃機関の運転及び取扱いに関する概略の知識を有すること。<br>3　建設機械の内燃機関の衰損、故障及び不調の原因並びにその対策に関する概略の知識を有すること。 |
| | | 石油燃料 | 石油燃料の種類、用途及び取扱いに関する概略の知識を有すること。 |
| | | 潤滑剤 | 潤滑剤の種類、用途及び取扱いに関する概略の知識を有すること。 |
| | | トラクター系建設機械 | 1　トラクター系建設機械の構造及び機能に関する一般的な知識を有すること。<br>2　トラクター系建設機械の運転及び取扱いに関する一般的な知識を有すること。<br>3　トラクター系建設機械の衰損、故障及び不調の原因並びにその対策に関する一般的な知識を有すること。 |
| | | ショベル系建設機械 | 1　ショベル系建設機械の構造及び機能に関する一般的な知識を有すること。<br>2　ショベル系建設機械の運転及び取扱いに関する一般的な知識を有すること。<br>3　ショベル系建設機械の衰損、故障及び不調の原因並びにその対策に関する一般的な知識 |

| | |
|---|---|
| | を有すること。 |
| モーター・グレーダー | 1　モーター・グレーダーの構造及び機能に関する一般的な知識を有すること。<br>2　モーター・グレーダーの運転及び取扱いに関する一般的な知識を有すること。<br>3　モーター・グレーダーの衰損、故障及び不調の原因並びにその対策に関する一般的な知識を有すること。 |
| 締め固め建設機械 | 1　締め固め建設機械の構造及び機能に関する一般的な知識を有すること。<br>2　締め固め建設機械の運転及び取扱いに関する一般的な知識を有すること。<br>3　締め固め建設機械の衰損、故障及び不調の原因並びにその対策に関する一般的な知識を有すること。 |
| ほ装用建設機械 | 1　ほ装用建設機械の構造及び機能に関する一般的な知識を有すること。<br>2　ほ装用建設機械の運転及び取扱いに関する一般的な知識を有すること。<br>3　ほ装用建設機械の衰損、故障及び不調の原因並びにその対策に関する一般的な知識を有すること。 |
| 基礎工事用建設機械 | 1　基礎工事用建設機械の構造及び機能に関する一般的な知識を有すること。<br>2　基礎工事用建設機械の運転及び取扱いに関する一般的な知識を有すること。<br>3　基礎工事用建設機械の衰損、故障及び不調の原因並びにその対策に関する一般的な知識を有すること。 |
| トラクター系建設機械施工法 | 1　トラクター系建設機械による建設工事の施工の方法に関する一般的な知識を有すること。<br>2　トラクター系建設機械を主にした建設機械の組合せによる建設工事の施工に関する概略の知識を有すること。<br>3　トラクター系建設機械の施工能力の測定に関する一般的な知識を有すること。<br>4　トラクター系建設機械による建設工事の施工の運営及び管理に関する概略の知識を有すること。 |
| ショベル系建設 | 1　ショベル系建設機械による建設工事の施工の方法に関する一般的な知識を有すること。 |

| | |
|---|---|
| 機械施工法 | 2　ショベル系建設機械を主にした建設機械の組合せによる建設工事の施工に関する概略の知識を有すること。<br>3　ショベル系建設機械の施工能力の測定に関する一般的な知識を有すること。<br>4　ショベル系建設機械による建設工事の施工の運営及び管理に関する概略の知識を有すること。 |
| モーター・グレーダー施工法 | 1　モーター・グレーダーによる建設工事の施工の方法に関する一般的な知識を有すること。<br>2　モーター・グレーダーを主にした建設機械の組合せによる建設工事の施工に関する概略の知識を有すること。<br>3　モーター・グレーダーの施工能力の測定に関する一般的な知識を有すること。<br>4　モーター・グレーダーによる建設工事の施工の運営及び管理に関する概略の知識を有すること。 |
| 締め固め建設機械施工法 | 1　締め固め建設機械による建設工事の施工の方法に関する一般的な知識を有すること。<br>2　締め固め建設機械を主にした建設機械の組合せによる建設工事の施工に関する概略の知識を有すること。<br>3　締め固め建設機械の施工能力の測定に関する一般的な知識を有すること。<br>4　締め固め建設機械による建設工事の施工の運営及び管理に関する概略の知識を有すること。 |
| ほ装用建設機械施工法 | 1　ほ装用建設機械による建設工事の施工の方法に関する一般的な知識を有すること。<br>2　ほ装用建設機械を主にした建設機械の組合せによる建設工事の施工に関する概略の知識を有すること。<br>3　ほ装用建設機械の施工能力の測定に関する一般的な知識を有すること。<br>4　ほ装用建設機械による建設工事の施工の運営及び管理に関する概略の知識を有すること。 |
| 基礎工事用建設 | 1　基礎工事用建設機械による建設工事の施工の方法に関する一般的な知識を有すること。 |

| | | |
|---|---|---|
| | 機械施工法 | 2　基礎工事用建設機械を主にした建設機械の組合せによる建設工事の施工に関する概略の知識を有すること。<br>3　基礎工事用建設機械の施工能力の測定に関する一般的な知識を有すること。<br>4　基礎工事用建設機械による建設工事の施工の運営及び管理に関する概略の知識を有すること。 |
| | 法規 | 建設工事の施工に必要な法令に関する概略の知識を有すること。 |
| 実地試験 | トラクター系建設機械操作施工法 | 1　トラクター系建設機械の操作を正確に行う能力を有すること。<br>2　トラクター系建設機械の点検及び故障の発見を正確に行う能力を有すること。<br>3　トラクター系建設機械による建設工事の施工を適確に行う能力を有すること。 |
| | ショベル系建設機械操作施工法 | 1　ショベル系建設機械の操作を正確に行う能力を有すること。<br>2　ショベル系建設機械の点検及び故障の発見を正確に行う能力を有すること。<br>3　ショベル系建設機械による建設工事の施工を適確に行う能力を有すること。 |
| | モーター・グレーダー操作施工法 | 1　モーター・グレーダーの操作を正確に行う能力を有すること。<br>2　モーター・グレーダーの点検及び故障の発見を正確に行う能力を有すること。<br>3　モーター・グレーダーによる建設工事の施工を適確に行う能力を有すること。 |
| | 締め固め建設機械操作施工法 | 1　締め固め建設機械の操作を正確に行う能力を有すること。<br>2　締め固め建設機械の点検及び故障の発見を正確に行う能力を有すること。<br>3　締め固め建設機械による建設工事の施工を適確に行う能力を有すること。 |
| | ほ装用建設機械操作施工法 | 1　ほ装用建設機械の操作を正確に行う能力を有すること。<br>2　ほ装用建設機械の点検及び故障の発見を正確に行う能力を有すること。<br>3　ほ装用建設機械による建設工事の施工を適確に行う能力を有すること。 |
| | 基礎工事用建設機械操作施工法 | 1　基礎工事用建設機械の操作を正確に行う能力を有すること。<br>2　基礎工事用建設機械の点検及び故障の発見を正確に行う能力を有すること。<br>3　基礎工事用建設機械による建設工事の施工を適確に行う能力を有すること。 |
| 土木施 | | |
| 学科試 | 土木工学等 | 1　土木一式工事の施工に必要な土木工学、電気工学、機械工学及び建築学に関する概略の |

| | | | |
|---|---|---|---|
| 工管理 | 験 | | 知識を有すること。<br>2　設計図書を正確に読みとるための知識を有すること。 |
| | | 施工管理法 | 土木一式工事の施工計画の作成方法及び工程管理、品質管理、安全管理等工事の施工の管理方法に関する概略の知識を有すること。 |
| | | 鋼構造物塗装施工管理法 | 土木一式工事のうち鋼構造物塗装に係る工事の施工計画の作成方法及び工程管理、品質管理、安全管理等工事の施工の管理方法に関する一般的な知識を有すること。 |
| | | 薬液注入施工管理法 | 土木一式工事のうち薬液注入に係る工事の施工計画の作成方法及び工程管理、品質管理、安全管理等工事の施工の管理方法に関する一般的な知識を有すること。 |
| | | 法規 | 建設工事の施工に必要な法令に関する概略の知識を有すること。 |
| | 実地試験 | 施工管理法 | 1　土質試験及び土木材料の強度等の試験を正確に行うことができ、かつ、その試験の結果に基づいて工事の目的物に所要の強度を得る等のために必要な措置を行うことができる一応の応用能力を有すること。<br>2　設計図書に基づいて工事現場における施工計画を適切に作成すること又は施工計画を実施することができる一応の応用能力を有すること。 |
| | | 鋼構造物塗装施工管理法 | 1　鋼構造物塗装に係る土木材料の特性等を正確に把握することができ、かつ、鋼構造物の防錆等の工事の目的に必要な措置を行うことができる高度の応用能力を有すること。<br>2　設計図書に基づいて土木一式工事のうち鋼構造物塗装に係る工事の工事現場における施工計画を適切に作成すること又は施工計画を実施することができる高度の応用能力を有すること。 |
| | | 薬液注入施工管理法 | 1　薬液注入に係る土木材料の特性等を正確に把握することができ、かつ、地盤の強化等の工事の目的に必要な措置を行うことができる高度の応用能力を有すること。<br>2　設計図書に基づいて土木一式工事のうち薬液注入に係る工事の工事現場における施工計画を適切に作成すること又は施工計画を実施することができる高度の応用能力を有すること。 |

| 建築施工管理 | | | |
| --- | --- | --- | --- |
| | 学科試験 | 建築学等 | 1　建築一式工事の施工に必要な建築学、土木工学、電気工学及び機械工学に関する概略の知識を有すること。<br>2　設計図書を正確に読みとるための知識を有すること。 |
| | | 施工管理法 | 建築一式工事の施工計画の作成方法及び工程管理、品質管理、安全管理等工事の施工の管理方法に関する概略の知識を有すること。 |
| | | 躯体施工管理法 | 建築一式工事のうち基礎及び躯体に係る工事の施工計画の作成方法及び工程管理、品質管理、安全管理等工事の施工の管理方法に関する一般的な知識を有すること。 |
| | | 仕上施工管理法 | 建築一式工事のうち仕上げに係る工事の施工計画の作成方法及び工程管理、品質管理、安全管理等工事の施工の管理方法に関する一般的な知識を有すること。 |
| | | 法規 | 建設工事の施工に必要な法令に関する概略の知識を有すること。 |
| | 実地試験 | 施工管理法 | 1　建築材料の強度等を正確に把握し、及び工事の目的物に所要の強度、外観等を得るために必要な措置を適切に行うことができる一応の応用能力を有すること。<br>2　設計図書に基づいて、工事現場における施工計画を適切に作成し、及び施工図を適正に作成することができる一応の応用能力を有すること。 |
| | | 躯体施工管理法 | 1　基礎及び躯体に係る建築材料の強度等を正確に把握し、及び工事の目的物に所要の強度等を得るために必要な措置を適切に行うことができる高度の応用能力を有すること。<br>2　設計図書に基づいて、建築一式工事のうち基礎及び躯体に係る工事の工事現場における施工計画を適切に作成し、及び施工図を適正に作成することができる高度の応用能力を有すること。 |
| | | 仕上施工管理法 | 1　仕上げに係る建築材料の強度等を正確に把握し、及び工事の目的物に所要の強度、外観等を得るために必要な措置を適切に行うことができる高度の応用能力を有すること。<br>2　設計図書に基づいて、建築一式工事のうち仕上げに係る工事の工事現場における施工計画を適切に作成し、及び施工図を適正に作成することができる高度の応用能力を有すること。 |

| | | | |
|---|---|---|---|
| 電気工事施工管理 | 学科試験 | 電気工学等 | 1　電気工事の施工に必要な電気工学、土木工学、機械工学及び建築学に関する概略の知識を有すること。<br>2　電気設備に関する概略の知識を有すること。<br>3　設計図書を正確に読み取るための知識を有すること。 |
| | | 施工管理法 | 電気工事の施工計画の作成方法及び工程管理、品質管理、安全管理等工事の施工の管理方法に関する概略の知識を有すること。 |
| | | 法規 | 建設工事の施工に必要な法令に関する概略の知識を有すること。 |
| | 実地試験 | 施工管理法 | 設計図書で要求される電気設備の性能を確保するために設計図書を正確に理解し、電気設備の施工図を適正に作成し、及び必要な機材の選定、配置等を適切に行うことができる一応の応用能力を有すること。 |
| 管工事施工管理 | 学科試験 | 機械工学等 | 1　管工事の施工に必要な機械工学、衛生工学、電気工学及び建築学に関する概略の知識を有すること。<br>2　設備に関する概略の知識を有すること。<br>3　設計図書を正確に読みとるための知識を有すること。 |
| | | 施工管理法 | 管工事の施工計画の作成方法及び工程管理、品質管理、安全管理等工事の施工の管理方法に関する概略の知識を有すること。 |
| | | 法規 | 建設工事の施工に必要な法令に関する概略の知識を有すること。 |
| | 実地試験 | 施工管理法 | 設計図書で要求される設備の性能を確保するために設計図書を正確に理解し、設備の施工図を適正に作成し、及び必要な機材の選定、配置等を適切に行うことができる一応の応用能力を有すること。 |
| 造園施工管理 | 学科試験 | 土木工学等 | 1　造園工事の施工に必要な土木工学、園芸学、電気工学、機械工学及び建築学に関する概略の知識を有すること。<br>2　設計図書を正確に読みとるための知識を有すること。 |

| | | |
|---|---|---|
| | 施工管理法 | 造園工事の施工計画の作成方法及び工程管理、品質管理、安全管理等工事の施工の管理方法に関する概略の知識を有すること。 |
| | 法規 | 建設工事の施工に必要な法令に関する概略の知識を有すること。 |
| 実地試験 | 施工管理法 | 1　工事の目的物に所要の外観、強度等を得るために必要な措置を適切に行うことができる一応の応用能力を有すること。<br>2　設計図書に基づいて工事現場における施工計画を適切に作成すること、又は施工計画を実施することができる一応の応用能力を有すること。 |

**様式第１号**（イ）〔規則第４条第１項〕

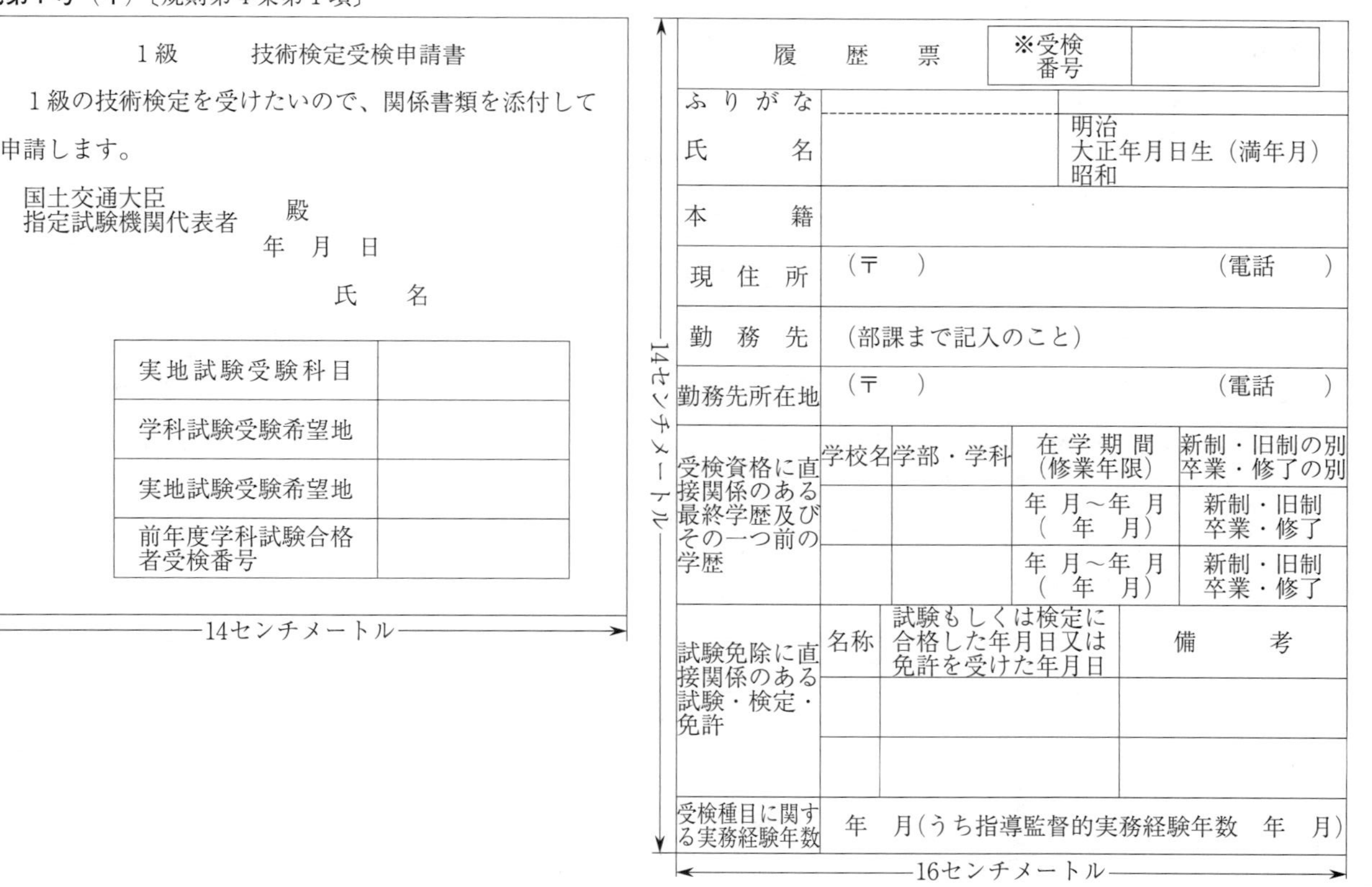

1級　　技術検定受検申請書

１級の技術検定を受けたいので、関係書類を添付して申請します。

国土交通大臣
指定試験機関代表者　殿

年　月　日

氏　　名

| 実地試験受験科目 | |
|---|---|
| 学科試験受験希望地 | |
| 実地試験受験希望地 | |
| 前年度学科試験合格者受検番号 | |

12センチメートル

14センチメートル

<table>
<tr><td colspan="3">履　　歴　　票</td><td colspan="2">※受検番号</td><td></td></tr>
<tr><td>ふりがな</td><td colspan="2"></td><td colspan="3" rowspan="2">明治<br>大正年月日生（満年月）<br>昭和</td></tr>
<tr><td>氏　　名</td><td colspan="2"></td></tr>
<tr><td>本　　籍</td><td colspan="5"></td></tr>
<tr><td>現住所</td><td colspan="5">（〒　　）　　　（電話　　）</td></tr>
<tr><td>勤務先</td><td colspan="5">（部課まで記入のこと）</td></tr>
<tr><td>勤務先所在地</td><td colspan="5">（〒　　）　　　（電話　　）</td></tr>
<tr><td rowspan="3">受検資格に直接関係のある最終学歴及びその一つ前の学歴</td><td>学校名</td><td>学部・学科</td><td colspan="2">在学期間<br>（修業年限）</td><td>新制・旧制の別<br>卒業・修了の別</td></tr>
<tr><td></td><td></td><td colspan="2">年　月～年　月<br>（　年　月）</td><td>新制・旧制<br>卒業・修了</td></tr>
<tr><td></td><td></td><td colspan="2">年　月～年　月<br>（　年　月）</td><td>新制・旧制<br>卒業・修了</td></tr>
<tr><td rowspan="3">試験免除に直接関係のある試験・検定・免許</td><td>名称</td><td colspan="2">試験もしくは検定に合格した年月日又は免許を受けた年月日</td><td colspan="2">備　　考</td></tr>
<tr><td></td><td colspan="2"></td><td colspan="2"></td></tr>
<tr><td></td><td colspan="2"></td><td colspan="2"></td></tr>
<tr><td>受検種目に関する実務経験年数</td><td colspan="5">年　月（うち指導監督的実務経験年数　年　月）</td></tr>
</table>

14センチメートル

16センチメートル

**様式第１号**（ロ）〔規則第４条第１項〕

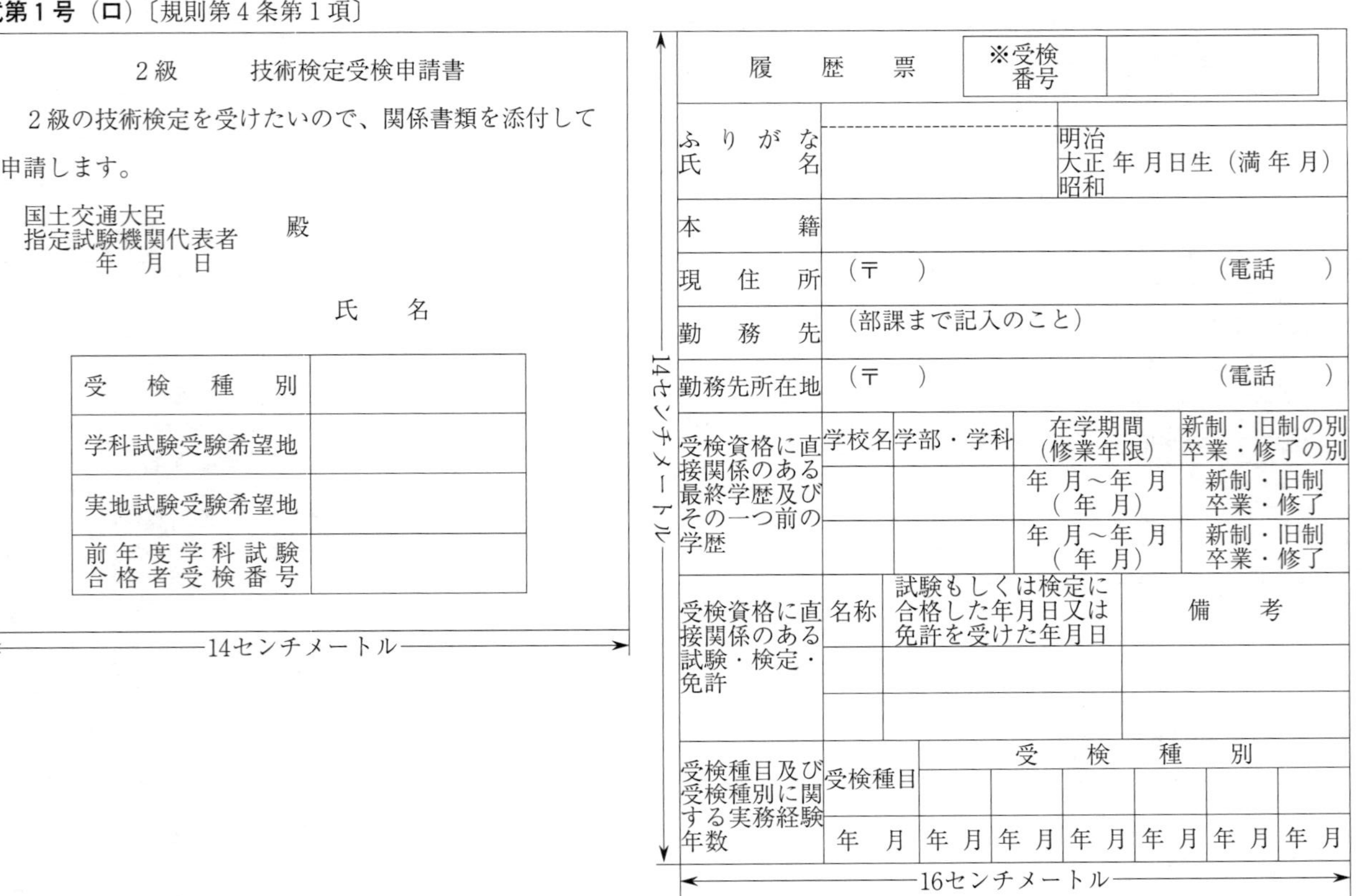

2級　技術検定受検申請書

２級の技術検定を受けたいので、関係書類を添付して申請します。

国土交通大臣
指定試験機関代表者　殿
年　月　日

氏　名

| 受検種別 | |
|---|---|
| 学科試験受験希望地 | |
| 実地試験受験希望地 | |
| 前年度学科試験合格者受検番号 | |

12センチメートル

14センチメートル

| 履歴票 | ※受検番号 | |
|---|---|---|

| ふりがな<br>氏名 | | 明治<br>大正 年 月日生（満 年 月）<br>昭和 |
|---|---|---|
| 本籍 | | |
| 現住所 | （〒　） | （電話　） |
| 勤務先 | （部課まで記入のこと） | |
| 勤務先所在地 | （〒　） | （電話　） |

| 受検資格に直接関係のある最終学歴及びその一つ前の学歴 | 学校名 | 学部・学科 | 在学期間（修業年限） | 新制・旧制の別 卒業・修了の別 |
|---|---|---|---|---|
| | | | 年 月～年 月（年 月） | 新制・旧制 卒業・修了 |
| | | | 年 月～年 月（年 月） | 新制・旧制 卒業・修了 |

| 受検資格に直接関係のある試験・検定・免許 | 名称 | 試験もしくは検定に合格した年月日又は免許を受けた年月日 | 備考 |
|---|---|---|---|
| | | | |
| | | | |

| 受検種目及び受検種別に関する実務経験年数 | 受検種目 | 受検種別 | | | | | |
|---|---|---|---|---|---|---|---|
| | | | | | | | |
| | 年　月 | 年　月 | 年　月 | 年　月 | 年　月 | 年　月 | 年　月 |

14センチメートル

16センチメートル

## 様式第２号（イ）〔規則第４条第１項第３号〕

1 級 技 術 検 定 実 務 経 験 証 明 書

下記の受検申請者の実務経験の内容は、下記のとおりであることを証明します。

国土交通大臣
指定試験機関代表者　殿　　　　年　　月　　日

証明者　　会社又は事業所名
所　在　地
職　　名
氏　　名　　㊞

| 受検申請者 | 氏名 | | 生年月日 | 大正<br>昭和　年　月　日生<br>平成 | 証明者との関係 | |
|---|---|---|---|---|---|---|
| | 本籍 | | 現住所 | | | |

| 受検種目に関する実務経験 | 勤務先名 | 勤務先所在地 | 所属（部課名） | 在職期間中の受検種目に関する実務経験の内容 | | | 在職期間中の受検種目に関する実務経験年数 | |
|---|---|---|---|---|---|---|---|---|
| | | | | 工事種別 | 工事内容 | 従事した立場 | 年 月～ 年 月 | 年 ヶ月 |
| | | | | | | | ・ ～ ・ | ・ |
| | | | | | | | ・ ～ ・ | ・ |
| | | | | | | | ・ ～ ・ | ・ |
| | | | | | | | ・ ～ ・ | ・ |
| | | | | | | | ・ ～ ・ | ・ |
| | | | | | | | ・ ～ ・ | ・ |
| | | | | | | | ・ ～ ・ | ・ |
| | | | | | | | ・ ～ ・ | ・ |
| | 実務経験年数の合計 | | | | | | | ・ |

| 受検種目に関する指導監督的実務経験 | 上記実務経験のうち指導監督的実務経験の内容 | | | | | | | | |
|---|---|---|---|---|---|---|---|---|---|
| | 勤務先名 | 所属（部課名） | 工事名 | 発注者名 | 工事工期 | 指導監督的実務経験の内容 | | | 指導監督的実務経験年数 |
| | | | | | 年月～年月（年ヶ月） | 工事種別 | 工事内容 | 地位・職名 | 年月～年月（年ヶ月） |
| | あなたが担当した業務の具体的な内容（工程管理・品質管理・安全管理等の具体的内容） | | | | | | | | |
| | | | | | ・ ～ ・<br>（ ・ ） | | | | ・ ～ ・<br>（ ・ ） |
| | | | | | | | | | |
| | | | | | ・ ～ ・<br>（ ・ ） | | | | ・ ～ ・<br>（ ・ ） |
| | | | | | | | | | |
| | | | | | ・ ～ ・<br>（ ・ ） | | | | ・ ～ ・<br>（ ・ ） |
| | | | | | | | | | |
| | | | | | ・ ～ ・<br>（ ・ ） | | | | ・ ～ ・<br>（ ・ ） |
| | | | | | | | | | |
| | 指導監督的実務経験年数の合計 | | | | | | | | （ ・ ） |

記載要領
1「所属（部課名）」の欄は、建設部、工事部、工務課、技術課等、具体的に記入すること。
2「工事種別」の欄は、受験する種目に応じて、以下のように具体的に記入すること。
　建設機械施工：河川工事、道路工事、海岸工事、砂防工事、ダム工事　等
　土木施工管理：河川工事、道路工事、海岸工事、砂防工事、ダム工事　等
　建築施工管理：建築一式工事、大工工事、鉄筋工事、左官工事　等
　電気工事施工管理：構内電気設備工事、発電設備工事、変電設備工事、送配電線工事　等
　管工事施工管理：冷暖房設備工事、冷凍冷房設備工事、空気調和設備工事、給排水・給湯設備工事　等
　造園施工管理：公園工事、庭園工事、道路緑化工事、屋上緑化工事　等
3「従事した立場」の欄は、現場代理人、主任技術者、施工監督、工事主任等、具体的に記入すること。

## 様式第２号（ロ）〔規則第４条第１項第３号〕

２級技術検定実務経験証明書

下記の受検申請者の実務経験の内容は、下記のとおりであることを証明します。

国土交通大臣
指定試験機関代表者　殿　　　年　月　日

証明者　会社又は事業所名
所　在　地
職　名
氏　名　㊞

| 受検申請者 | 氏　名 | | 生年月日 | 大正<br>昭和<br>平成　年　月　日生 | 証明者との関係 | |
|---|---|---|---|---|---|---|
| | 本　籍 | | 現住所 | | | |

| 受検種目に関する実務経験 | 勤務先名 | 勤務先所在地 | 所属（部課名） | 在職期間中の受検種目に関する実務経験の内容 | | | 在職期間中の受検種別に関する実務経験年数 | |
|---|---|---|---|---|---|---|---|---|
| | | | | 工事種別 | 工事内容 | 従事した立場 | 年 月～ 年 月 | 年　ヶ月 |
| | | | | | | | ・ ～ ・ | ・ |
| | | | | | | | ・ ～ ・ | ・ |
| | | | | | | | ・ ～ ・ | ・ |
| | | | | | | | ・ ～ ・ | ・ |
| | | | | | | | ・ ～ ・ | ・ |
| | | | | | | | ・ ～ ・ | ・ |
| | | | | | | | ・ ～ ・ | ・ |
| | | | | | | | ・ ～ ・ | ・ |
| | 実務経験年数の合計 | | | | | | | ・ |

記載要領

1 「所属（部課名）」の欄は、建設部、工事部、工務課、技術課　等、具体的に記入すること。

2 「工事種別」の欄は、受験する種目に応じて、以下のように具体的に記入すること。
　建設機械施工：河川工事、道路工事、海岸工事、砂防工事、ダム工事　等
　土木施工管理：河川工事、道路工事、海岸工事、砂防工事、ダム工事　等
　建築施工管理：建築一式工事、大工工事、鉄筋工事、左官工事　等
　電気工事施工管理：構内電気設備工事、発電設備工事、変電設備工事、送配電線工事　等
　管工事施工管理：冷暖房設備工事、冷凍冷房設備工事、空気調和設備工事、給排水・給湯設備工事　等
　造園施工管理：公園工事、庭園工事、道路緑化工事、屋上緑化工事　等

3 「従事した立場」の欄は、現場代理人、主任技術者、施工監督、工事主任　等、具体的に記入すること。

**様式第３号**（イ）〔規則第５条〕　　日本工業規格Ａ列５番

１級技術検定試験全部免除申請書　　※番号

１級の技術検定の下記試験の全部の免除を受けたいので、関係書類を添付して申請します。

国土交通大臣
指定試験機関代表者　殿

年　月　日

ふりがな
氏　名

| 生年月日 | 年　月　日生 | | 本籍 | | |
|---|---|---|---|---|---|
| 年令 | 満　年　月 | | 現住所 | | |
| ※免除番号 | | 受検種目 | | 免除を受けようとする試験 | 学科試験・実地試験 |

| 試験の免除を受ける資格に直接関係のある試験、検定、免許 | 名称 | 試験若しくは検定に合格した年月日又は免許を受けた年月日 | 備考 |
|---|---|---|---|
| | | 年　月　日 | |
| | | 年　月　日 | |

記載方法
1．この用紙は１種目につき１枚を使用すること。
2．※印のある欄には記載しないこと。
3．数字は算用数字を用いること。
4．「免除を受けようとする試験」の欄は、免除を受けようとするものを○で囲むこと。

**様式第３号**（ロ）〔規則第５条〕

日本工業規格Ａ列５番

| ※番号 | |
|---|---|

## ２ 級 技 術 検 定 試 験 全 部 免 除 申 請 書

２級の技術検定の下記の試験の全部の免除を受けたいので、関係書類を添付して申請します。

国土交通大臣
指定試験機関代表者　殿

年　月　日

ふりがな
氏　　名

| 生年月日・年令 | 年　月　日生・満　年　月 | 本　籍 | |
|---|---|---|---|
| ※免除番号 | | 現住所 | |

| 受検種目 | | 受検種別 | | | | | | |
|---|---|---|---|---|---|---|---|---|
| 免除を受けようとする試験(1) | 学科試験・実地試験 | 免除を受けようとする試験(2) | 学科試験<br>実地試験 | 学科試験<br>実地試験 | 学科試験<br>実地試験 | 学科試験<br>実地試験 | 学科試験<br>実地試験 | 学科試験<br>実地試験 |

| 試験の免除を受ける資格に直接関係のある試験、検定、免許 | 名　称 | 試験若しくは検定に合格した年月日又は免許を受けた年月日 | 備　考 |
|---|---|---|---|
| | | 年　月　日 | |
| | | 年　月　日 | |

記載方法

1．この用紙は、１種目につき１枚を使用すること。
2．※印のある欄には記載しないこと。
3．数字は算用数字を用いること。
4．受検しようとする種目が種別に細分されていない場合には、「受検種目」の欄に受検しようとする種目を記載し、「免除を受けようとする試験(1)」の欄の免除を受けようとするものを○で囲むこと。
5．受検しようとする種目が種別に細分されている場合には、「受検種目」の欄に受検しようとする種目を、「受検種別」の欄に受検しようとする種別をそれぞれ記載し、「免除を受けようとする試験(2)」の欄の免除を受けようとするものを受検種別ごとに○で囲むこと。

**様式第4号**（イ）〔規則第5条〕

日本工業規格Ａ列５番

1 級 技 術 検 定 試 験 一 部 免 除 申 請 書

| ※番号 | |
|---|---|

１級の技術検定の試験の下記の試験科目の免除を受けたいので、関係書類を添付して申請します。

国土交通大臣
指定試験機関代表者　殿

年　月　日

ふりがな
氏　　名

| 生年月日 | 年　月　日生 | | 本籍 | |
|---|---|---|---|---|
| 年令 | 満　年　月 | | 現住所 | |
| ※免除番号 | | | 受検種目 | |
| 免除を受けようとする試験科目 | （学科試験科目） | | （実地試験科目） | |
| 試験の免除を受ける資格に直接関係のある試験、検定、免許 | 名称 | 試験若しくは検定に合格した年月日又は免許を受けた年月日 | 備考 | |
| | | 年　月　日 | | |
| | | 年　月　日 | | |

記載方法

１．この用紙は、１種目につき１枚を使用すること。
２．※印のある欄には記載しないこと。
３．数字は算用数字を用いること。

**様式第４号**（ロ）〔規則第５条〕　　日本工業規格Ａ列５番

２ 級 技 術 検 定 試 験 一 部 免 除 申 請 書

| ※番号 | |
|---|---|

２級の技術検定の試験の下記の試験科目の免除を受けたいので、関係書類を添付して申請します。

国土交通大臣
指定試験機関代表者　殿

年　月　日

ふりがな
氏　名

| 生年月日・年令 | 年　月　日生・満　年　月 | | | 本籍 | | | | |
|---|---|---|---|---|---|---|---|---|
| ※免除番号 | | | | 現住所 | | | | |
| 受検種目 | | 受検種別 | | | | | | |
| 免除を受けようとする試験科目 (1) | (学科試験科目) | 免除を受けようとする試験科目 (2) | 学科試験科目 | | | | | |
| | (実地試験科目) | | 実地試験科目 | | | | | |

| 試験の免除を受ける資格に直接関係のある試験、検定、免許 | 名称 | 試験若しくは検定に合格した年月日又は免許を受けた年月日 | 備考 |
|---|---|---|---|
| | | 年　月　日 | |
| | | 年　月　日 | |

記載方法

1. この用紙は、１種目につき１枚を使用すること。
2. ※印のある欄には記載しないこと。
3. 数字は算用数字を用いること。
4. 受検しようとする種目が種別に細分されていない場合には、「受検種目」の欄に受検しようとする種目を記載し、「免除を受けようとする試験科目(1)」の欄に免除を受けようとする試験科目を試験区分ごとに記載すること。
5. 受検しようとする種目が種別に細分されている場合には、「受検種目」の欄に受検しようとする種目を、「受検種別」の欄に受検しようとする種別をそれぞれ記載し、「免除を受けようとする試験科目(2)」の欄に免除を受けようとする試験科目を受検種別及び試験区分ごとに記載すること。

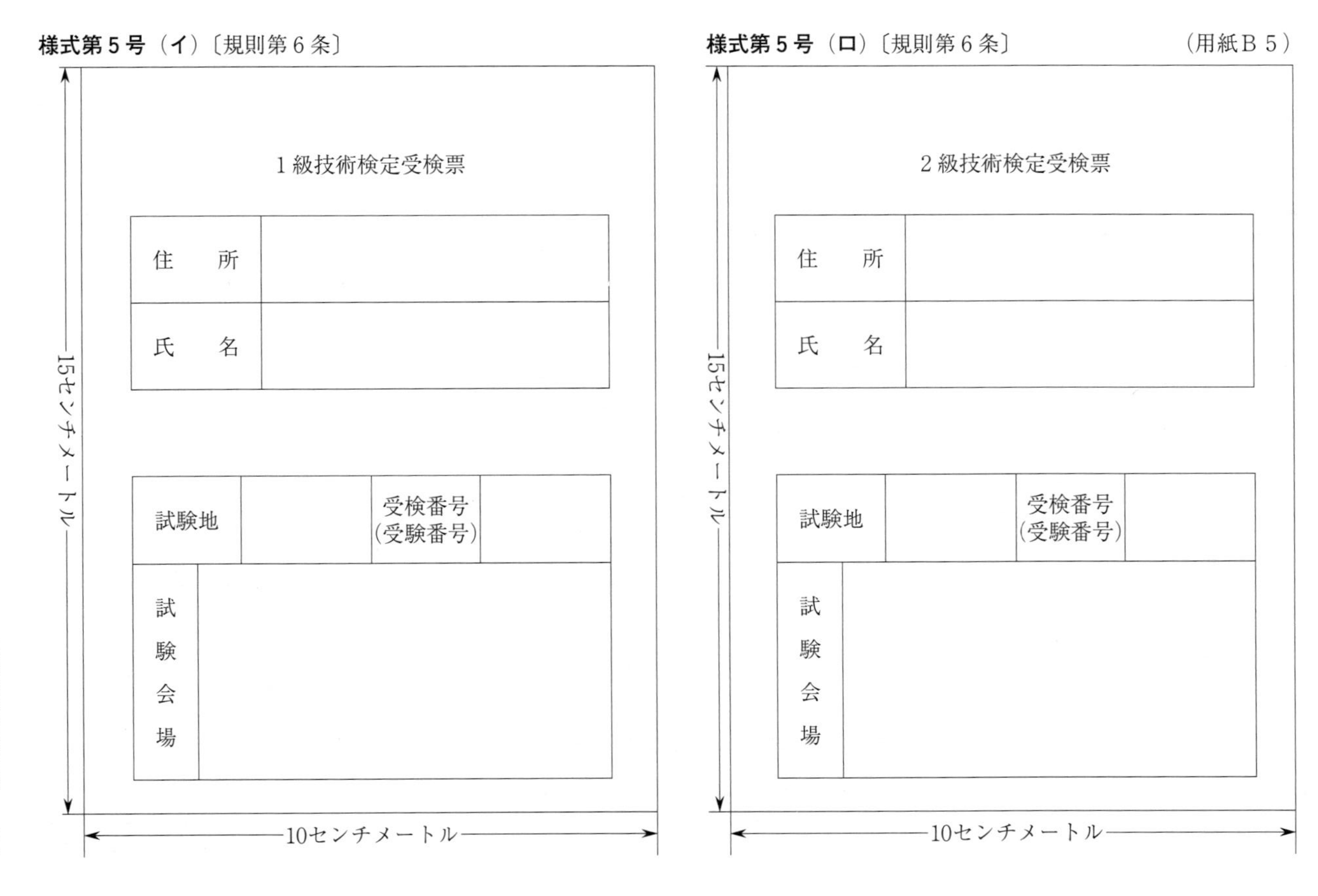

**様式第５号（イ）**〔規則第６条〕

１級技術検定受検票

| 住　所 | |
|---|---|
| 氏　名 | |

| 試験地 | | 受検番号（受験番号） | |
|---|---|---|---|
| 試験会場 | | | |

15センチメートル
10センチメートル

**様式第５号（ロ）**〔規則第６条〕　（用紙Ｂ５）

２級技術検定受検票

| 住　所 | |
|---|---|
| 氏　名 | |

| 試験地 | | 受検番号（受験番号） | |
|---|---|---|---|
| 試験会場 | | | |

15センチメートル
10センチメートル

**様式第５号の２（イ）**〔規則第８条の２〕

１級技術検定合格証明書交付申請書

１級の技術検定合格証明書の交付を受けたいので、関係書類を添付して申請します。

地方整備局長<br>北海道開発局長　殿

年　月　日

氏　名＿＿＿＿＿＿＿＿

| | |
|---|---|
| 本　　籍 | |
| 現　住　所 | 郵便番号（　―　）<br>電話番号（　）　― |
| 生　年　月　日 | 年　月　日生 |
| 技術検定の種目 | |

14センチメートル

22センチメートル

**様式第5号の2（ロ）**〔規則第8条の2〕

2級技術検定合格証明書交付申請書

2級の技術検定合格証明書の交付を受けたいので、関係書類を添付して申請します。

地方整備局長<br>北海道開発局長　殿

年　月　日

氏　名＿＿＿＿＿＿＿＿

| 本籍 | |
|---|---|
| 現住所 | 郵便番号（　—　）<br>電話番号（　）　— |
| 生年月日 | 年　月　日生 |
| 技術検定の種目及び種別 | |

14センチメートル

22センチメートル

**様式第６号**（**イ**）〔規則第９条〕　日本工業規格Ｂ列５番

番　　号

１ 級 技 術 検 定 合 格 証 明 書

本籍

氏名

年　　月　　日生

写真

建設業法の規定に基づく　　　　　に関する１級の技術検定に合格した

ことを証し、１級　　　　　技士と称することを認める。

年　　月　　日

国土交通大臣　　　　㊞

**様式第６号**（**ロ**）〔規則第９条〕　日本工業規格Ｂ列５番

番　　号

２ 級 技 術 検 定 合 格 証 明 書

本籍

氏名

年　　月　　日生

写真

建設業法の規定に基づく　　　　　に関する２級の技術検定に合格した

ことを証し、２級　　　　　技士と称することを認める。

年　　月　　日

国土交通大臣　　　　㊞

**様式第７号**〔規則第10条〕　　日本工業規格Ａ列５番

技術検定合格証明書書換申請書

| ※<br>番号 | |
|---|---|

技術検定合格証明書の書換えを受けたいので、関係書類を添付して申請します。

地方整備局長
北海道開発局長　　殿

年　月　日

住　所
氏　名

(1)　技術検定合格証明書の交付を受けた年月日
(2)　技術検定の種目、級及び種別並びに技術検定合格証明書の番号
(3)　申請の理由

本籍の変更　（新本籍）（旧本籍）

氏名の変更　（新氏名）（旧氏名）

**様式第８号**〔規則第11条〕　　日本工業規格Ａ列５番

技術検定合格証明書再交付申請書

| ※<br>番号 | |
|---|---|

技術検定合格証明書の再交付を受けたいので、申請します。

地方整備局長
北海道開発局長　　殿

年　月　日

住　所
氏　名

(1)　技術検定合格証明書の交付を受けた年月日
(2)　技術検定の種目、級及び種別並びに技術検定合格証明書の番号
(3)　再交付申請の理由

〔合格証明書の再交付手数料として納める収入印紙をはる欄
申請者は消印をしないこと。〕

[逐条解説]
建設業法解説
改訂12版

1972年11月30日　第1版第1刷発行
2016年11月30日　第12版第1刷発行

編　著　建設業法研究会

発行者　箕　浦　文　夫
発行所　株式会社大成出版社
東京都世田谷区羽根木1—7—11
〒156-0042　電話 (03)3321—4131 (代)
http://www.taisei-shuppan.co.jp/


印刷　亜細亜印刷

ＩＳＢＮ978—4—8028—3273—1